Auf einen Blick

Nutzpflanzengruppe — Protein-Pflanzen

deutscher Name — **Erbse**

weitere deutsche Namen — Kaiserschote, Zuckererbse

gültiger wissenschaftlicher Name — ***Lathyrus oleraceus***

weitere wissenschaftliche Namen (Synonyme) — *(Pisum sativum)*

wissenschaftlicher und deutscher Name der Familie — *Fabaceae* – Schmetterlingsblütengewächse

Die Erbse ist eine 1-jährige, kletternde Pflanze mit großen Nebenblättern, gefiederten Blättern und geteilten Ranken. Ihre hohlen Stängel sind leicht kantig. Die weißen oder violetten Blüten entwickeln sich zu länglichen Hülsen mit kugeligen Samen. Manchen wird die Erbse noch unter dem wissenschaftlichen Namen *Pisum sativum* bekannt sein. Genetische Studien zeigen aber eine enge Verwandtschaft der Erbse mit den Platterbsen der Gattung *Lathyrus* und haben zu der Umbenennung geführt.

L. oleraceus stammt vermutlich aus dem östlichen Mittelmeerraum und Vorderasien. Heute wird sie weltweit in gemäßigten Klimazonen angebaut.

Die Erbse gehört zu den ältesten Kulturpflanzen und wird zuweilen als eine der »Gründerpflanzen« der Landwirtschaft bezeichnet. Archäologische Funde belegen ihren Anbau bereits vor 11.300–10.000 Jahren

β-Carotin, B-Vitaminen (besonders Folsäure), Vitamin C sowie den Mineralstoffen Kalium, Magnesium und Eisen. An antinutritiven Substanzen sind v. a. Lektine zu nennen.

Erbsen werden in vielen Küchen der Welt sowohl frisch als auch getrocknet verwendet und sind vielseitig einsetzbar. Dank ihres hohen Ballaststoff- und Proteingehalts weisen Erbsen einen relativ niedrigen glykämischen Index auf. Er liegt bei frischen Erbsen meist bei 35–40 und bleibt auch bei gekochten Erbsen meist unter 50. Durch ihren hohen Proteingehalt sind Erbsen zudem eine wichtige Basis für vegetarische und vegane Fleischalternativen. Von den Zuckerschoten wird die ganze Hülse gegessen.
Beim Verzehr roher Erbsen kann es aufgrund ihres Lektingehalts zu Verdauungsbeschwerden kommen.

Erbsenstärke findet in technischen Anwendungen wie biologisch abbau-

Icons

- Beschreibung
- Vorkommen
- Kulturgeschichte
- Zuchtformen
- Kultivierung
- Inhaltsstoffe
- Kulinarisches
- Heilwirkungen
- Sonstiges

WAS WIR
ESSEN

Obst, Gemüse, Gewürze, Kräuter und Grundnahrungsmittel

Essbare Pflanzen aus aller Welt

FAVORITEN
PRESSE

Lest's Bücher und
ernährt's euch gesund!

… und tausend Dank an Bodo von Hodenberg,
Karolin Leyendecker und natürlich Christin Albert –
wie immer herausragend! – Oliver Tackenberg

Inhalt

Einleitung **4**
Eine kurze Kulturgeschichte der Nahrungspflanzen 8
Nahrungspflanzen als Akteure der Weltgeschichte 11
Pflanzenzüchtung 18
Die globale Pflanzenproduktion 21
Bedrohte Vielfalt 23
Landwirtschaft im 21. Jahrhundert: Nachhaltige Intensivierung 26
Klimawandel und Ernährungssicherheit 27

Nährstoffe und funktionelle Inhaltstoffe **32**
Kohlenhydrate 32
Fette 34
Proteine 36
Vitamine 37
Sekundäre Pflanzenstoffe 41
Mineralstoffe 42
Antinutritive Substanzen 42

Pflanzenporträts **45**
Kohlenhydrat-Pflanzen 46
Öl-Pflanzen 173
Protein-Pflanzen 207
Gemüse 247
Obst 393
Gewürze 620
Genussmittel und Drogen 766
Algen 796

Bildquellenverzeichnis **813**
Auswahlbibliografie **824**
Glossar **826**
Register der Pflanzennamen **883**

Einleitung

Von den alltäglichen Grundnahrungsmitteln wie Weizen und Kartoffeln über aromatische Gewürze wie Kümmel und kostbarem Safran bis hin zu exotischen Spezialitäten wie der Pekannuss oder dem intensiv duftenden Durian – essbare Pflanzen sind weit mehr als nur Nahrungsquellen. Sie bilden das Fundament menschlicher Ernährung und schenken uns eine schier unendliche Vielfalt an Geschmackserlebnissen, Konsistenzen und lebenswichtigen Nährstoffen.

Die beeindruckende Formenvielfalt zeigt sich auch in der erstaunlichen Anpassungsfähigkeit der Pflanzen an die unterschiedlichsten Lebensräume. Von den frostresistenten Kartoffelsorten der Hochanden bis zu den hitzeliebenden tropischen Mangos oder Wasserpflanzen wie der Stachelseerose – jede Art hat im Laufe der Evolution raffinierte Strategien entwickelt, um in ihrem speziellen Lebensraum zu überleben und zu gedeihen. Diese evolutionäre Anpassungsfähigkeit der Pflanzen bildet eine der wichtigsten Grundlagen dafür, dass auch die Menschheit nahezu jeden Winkel unseres Planeten besiedeln konnte.

Die Domestizierung von Wildpflanzen zu Kulturpflanzen stellt einen der bedeutendsten Wendepunkte in der Menschheitsgeschichte dar. Durch bewusste Selektion haben unsere Vorfahren Pflanzen mit vorteilhaften Eigenschaften ausgewählt und über Generationen hinweg weiterentwickelt. Ein eindrucksvolles Beispiel für den dadurch möglichen Wandel zeigt der Vergleich zwischen der unscheinbaren Wildform des Kohls und den vielen Kulturformen, die daraus gezüchtet wurden: Weißkohl, Rotkohl, Wirsing, der krause Grünkohl, Rosenkohl, Blumenkohl, Brokkoli und der knollige Kohlrabi. Diese Vielfalt ist so verblüffend, dass man kaum glauben kann, dass alle diese Gemüsesorten tatsächlich von ein und derselben Wildpflanze abstammen.

Die globale Verbreitung von Nahrungspflanzen folgte oft den verschlungenen Pfaden historischer Handelsrouten und Migrationsbewegungen. Die Banane, ursprünglich aus dem tropischen Südostasien stammend und dort vor etwa 7.000 Jahren domestiziert, erreichte Afrika mit frühen Reisenden bereits vor ± 3.000 Jahren. Von dort wurde sie im 14.–15. Jh. von portugiesischen Seefahrenden auf die Kanarischen Inseln gebracht. Im Gepäck des spanischen Dominikanermönchs Fray Tomás de Berlanga gelangte sie 1516 von dort in die Karibik und trat anschließend ihren Siegeszug in Mittel- und Südamerika an. Umgekehrt wurde der nahrhafte Maniok aus Südamerika nach Afrika und Asien eingeführt und ist dort zum unverzichtbaren Grundnahrungsmittel geworden. Selbst Kohl und Kartoffel, die heute als typisch deutsch

geltenden Nahrungspflanzen, stammen ursprünglich aus dem Mittelmeergebiet bzw. den Anden.

Der seit prähistorischen Zeiten bestehende Austausch und Handel von Nahrungspflanzen zwischen Regionen und Kontinenten hat die globale Ernährungslandschaft grundlegend verändert und bereichert. Allerdings hatte dieser Handel auch seine dunklen Seiten: Er führte zur Entstehung unmenschlicher Wirtschaftssysteme wie dem transatlantischen Sklavenhandel, bei dem versklavte Afrikaner:innen den enormen Arbeitskräftebedarf in amerikanischen Plantagen decken mussten – hauptsächlich für den Anbau von Zuckerrohr und Baumwolle, die wiederum nach Europa verschifft wurden.

Von den schätzungsweise 390.000 bekannten Pflanzenarten (Landpflanzen ohne Algen) werden etwa 7.000 für die menschliche Ernährung kultiviert oder gesammelt. Diese Zahl klingt auf den ersten Blick beeindruckend, doch die Realität unserer Ernährung sieht anders aus: Lediglich 12 Pflanzenarten und 5 Tierarten stellen zusammen etwa 75 % der weltweiten Nahrungsmittelversorgung sicher. Die drei wichtigsten Getreidearten – Weizen, Reis und Mais – liefern allein mehr als 40 % der weltweit konsumierten Kalorien.

Der Nährwert von Pflanzen variiert dabei erheblich: Getreidearten wie Gerste oder Roggen liefern hauptsächlich Kohlenhydrate, während Hülsenfrüchte wie Sojabohnen oder Kichererbsen wichtige Proteinquellen darstellen. Samen und Früchte wie Sonnenblumenkerne oder Oliven sind reich an gesunden Fetten und Ölen. Obst, Gemüse und Gewürze versorgen uns mit essenziellen Vitaminen, Mineralstoffen und sekundären Pflanzenstoffen. Letztere verdienen besondere Aufmerksamkeit, da sie nicht nur für Farbe, Geschmack und Aroma sorgen, sondern auch zahlreiche gesundheitsfördernde Eigenschaften besitzen. Die bläulich-rötlichen Anthocyane in Heidelbeeren, die orange-gelben Carotinoide in Kürbissen oder die scharf-würzigen Senfölglycoside in Kohl entfalten nachweislich positive Effekte auf die menschliche Gesundheit.

In der Welt der Ernährungstrends gibt es kaum einen Begriff, der in den letzten zwei Jahrzehnten so inflationär verwendet wurde wie »Superfood«. Dunkle Acai-Beeren, kleine Chiasamen, die rötlichen Goji-Beeren und das proteinreiche Quinoa sind nur einige Vertreter einer scheinbar endlosen Liste von Lebensmitteln, denen nahezu wundersame Eigenschaften zugeschrieben werden. Betrachtet man die wissenschaftliche Evidenz, zeigt sich ein wesentlich komplexeres Bild: Viele als Superfoods beworbene Lebensmittel enthalten tatsächlich beeindruckende Nährstoffprofile – hohe Konzentrationen an

Antioxidantien, sekundären Pflanzenstoffen, Vitaminen oder Mineralstoffen. Laboruntersuchungen bestätigen häufig das Potenzial einzelner Inhaltsstoffe, oxidativen Stress zu reduzieren, entzündungshemmend zu wirken oder andere gesundheitsfördernde Eigenschaften zu besitzen. Die entscheidende Lücke in der Beweiskette liegt jedoch oft in der Übertragbarkeit dieser Ergebnisse auf den menschlichen Organismus. Zwischen Laborstudien an isolierten Zellkulturen und der tatsächlichen Wirkung im komplexen System des menschlichen Körpers liegen oft Welten.

Die in den Pflanzenporträts dieses Buches enthaltenen Informationen zu den Inhaltsstoffen der Pflanzen und deren physiologischen Wirkungen (ausführlich im Glossar beschrieben) sowie die Angaben zu Anwendungen sowohl der traditionellen als auch der modernen Medizin sollen eine Orientierungshilfe bei der Einschätzung des tatsächlichen gesundheitlichen Nutzens der Nahrungspflanzen bieten. Trotz aller berechtigten Kritik wäre es falsch, das Konzept der Superfoods vollständig zu verdammen. Die Auseinandersetzung mit gesunden Lebensmitteln hat das Bewusstsein für die Bedeutung pflanzlicher Kost geschärft und das Interesse an traditionellen Nahrungsmitteln verschiedener Kulturen gefördert. Die Wiederentdeckung und Erforschung bisher vernachlässigter Nahrungspflanzen werden auch zukünftig eine immer wichtigere Rolle spielen. Heute kaum genutzte Pflanzen wie der salztolerante Queller aus den Küstenregionen Europas oder der Meerrettichbaum aus Indien gewinnen international an Bedeutung aufgrund ihrer Nährstoffprofile und ihrer Anpassungsfähigkeit an ungünstige Standort- und Klimaverhältnisse. Zudem werden traditionelle Nahrungspflanzen indigener Völker, wie die Afrikanische Helmbohne oder die stärkehaltige Knollige Kapuzinerkresse aus den Anden, zunehmend weltweit genutzt und auf ihre gesundheitsfördernden Wirkungen hin untersucht.

Die moderne Landwirtschaft steht vor der gewaltigen Herausforderung, eine wachsende Weltbevölkerung zu ernähren und gleichzeitig die Biodiversität zu erhalten. Von den ± 7.000 essbaren Pflanzenarten werden heute kommerziell nur ± 150 in größerem Maßstab angebaut. Die Konzentration auf wenige Hochleistungssorten gefährdet die genetische Vielfalt in dramatischem Ausmaß. Alte Landsorten wie die längliche Kartoffel-Sorte BAMBERGER HÖRNCHEN oder regionale Apfelsorten wie die ANANASRENETTE sind stark gefährdet, enthalten aber wertvolle genetische Ressourcen, die für die Züchtung von Resistenzen gegen Krankheiten oder Anpassungen an klimatische Veränderungen genutzt werden können.

In diesem Buch wird die faszinierende Welt der Nahrungspflanzen ausführlich vorgestellt. Der erste Teil führt durch ihre bewegte Kulturgeschichte und zeigt auf, dass Nahrungspflanzen weit mehr als bloße Nährstoffquellen sind – sie haben die Weltgeschichte entscheidend geprägt. Anschließend wird die Züchtung der Pflanzen kurz skizziert – einer

der bedeutendsten und am längsten andauernden Innovationsprozesse der Menschheit. Der Bogen spannt sich dabei von den Anfängen der Domestikation des Getreides im sogenannten »Fruchtbaren Halbmond« des Nahen Ostens vor 12.000–10.000 Jahren bis zu aktuellen molekulargenetischen Verfahren wie dem CRISPR/Cas-System. Danach werden die drängendsten Herausforderungen unserer Zeit betrachtet: Wie kann die globale Ernährungssicherheit gewährleistet werden? Welche Bedrohungen bestehen für die biologische Vielfalt der Nutzpflanzen? Und welche Anpassungen sind nötig in Zeiten des Klimawandels?

Das Herzstück des Buches bilden 321 detaillierte, illustrierte Pflanzenporträts, in denen mehr als 500 Arten vorgestellt werden. Hierfür wurden Informationen aus vielen Lehrbüchern und Monografien, Hunderten von Fachartikeln und wissenschaftlichen Datenbanken zusammengetragen, wobei auch moderne KI-Technologien genutzt wurden. Die Abbildungen der Pflanzen wurden aus zahlreichen historischen Florenwerken und botanischen Fachzeitschriften neu zusammengestellt. Die vorgestellten Arten reichen von global bedeutenden Handelspflanzen über regionale Grundnahrungsmittel bis zu exotischen Tropenpflanzen und fast vergessenen Gemüsesorten. Auch ausgewählte heimische Wildpflanzen wie Bärlauch, Knoblauchrauke oder Schlehe werden berücksichtigt, wenn sie heute oder in früheren Zeiten in größerem Umfang gesammelt wurden.

Die Porträts liefern Einblicke in die botanischen Merkmale und globale Verbreitung der Arten, ihre spannende Kulturgeschichte und die wichtigsten Inhaltsstoffe. Abgerundet werden die Steckbriefe durch einen Überblick über die kulinarische Verwendung und weitere Nutzungsmöglichkeiten. Zunächst werden Pflanzenarten vorgestellt, die als wichtige Nährstoffquellen für Kohlenhydrate, Fette und Öle sowie Proteine angebaut werden. Danach stehen die vielfältigen Obst- und Gemüsesorten sowie Gewürze im Fokus, bevor abschließend ausgewählte Genussmittelpflanzen und die oft übersehenen Algen betrachtet werden. Pilze werden in diesem Buch – da sie keine Pflanzen sind – nicht berücksichtigt, auch wenn sie seit Jahrtausenden eine wichtige Rolle in der menschlichen Ernährung spielen.

Die diesem Buch zugrunde liegenden Abbildungen stammen überwiegend von den führenden Wissenschaftler:innen und Illustrator:innen des 18.–19. Jahrhunderts. Ihnen, aber auch den Privatpersonen und Organisationen, welche diese Abbildungen der Öffentlichkeit zugänglich gemacht haben, gilt mein ganz besonderer Dank, denn ohne sie wäre dieses Buch nicht realisierbar gewesen.

Erläuterungen zu botanischen Fachbegriffen und detaillierte Angaben zur chemischen Struktur und physiologischen Wirkung der verschiedenen Pflanzeninhaltsstoffe finden sich in einem ausführlichen und illustrierten Glossar am Ende dieses Buches.

Eine kurze Kulturgeschichte der Nahrungspflanzen

Die Domestizierung von Wildpflanzen und der Übergang zum gezielten Anbau stellen einen der bedeutendsten Wendepunkte in der Menschheitsgeschichte dar. Diese als neolithische Revolution bezeichnete Entwicklung begann vor etwa 12.000 Jahren und veränderte grundlegend, wie Menschen lebten, arbeiteten und sich in Gemeinschaften organisierten. Der Schritt von einer nomadischen Lebensweise der jagenden und sammelnden Gesellschaften zur sesshaften Agrargesellschaft legte den Grundstein für die Entstehung komplexer Zivilisationen und prägt bis heute unser Verhältnis zu Nahrungspflanzen.

Die frühesten Nachweise für den systematischen Anbau von Pflanzen stammen aus dem »Fruchtbaren Halbmond«, jener sichelförmigen Region, die sich vom heutigen Israel und Jordanien über Syrien und die Südtürkei bis in den Irak und Iran erstreckt. Archäologische Funde belegen, dass dort bereits vor 12.000–10.000 Jahren Wildformen der Getreide Gerste und Einkorn (Weizen) angebaut wurden, aber auch Erbsen, Linsen und Feigen. Die frühen Bauern und Bäuerinnen erkannten dabei einen entscheidenden Zusammenhang: Sie konnten durch die bewusste Auswahl und Aussaat von Samen mit gewünschten Eigenschaften – etwa größeren Körnern oder weniger brüchigen Ähren – bessere Ernten erzielen. Dieser scheinbar einfache Schritt der gezielten Samenauswahl markierte den Beginn einer Entwicklung, die unser Leben bis heute prägt.

Bemerkenswerterweise entwickelte sich der Pflanzenanbau unabhängig voneinander in mehreren Regionen der Welt. In Asien begann die Domestizierung von Reis vor 9.500–6.000 Jahren (nach anderen Quellen bereits vor etwa 12.500 Jahren). In Mittelamerika wurden Kürbisse vor 10.000–8.000 Jahren kultiviert und Mais vor 9.000–7.000 Jahren. In den Anden Südamerikas begann die Domestizierung der Kartoffel vor etwa 8.000 Jahren und im Amazonasgebiet wird Maniok seit 10.000–8.000 Jahren angebaut. In den fruchtbaren Sumpfgebieten Papua-Neuguineas begannen die Papuaner vor etwa 10.000 Jahren mit der gezielten Kultivierung von Yams und Taro. In Afrika begann der Anbau von Hirse vor etwa 8.000 Jahren.

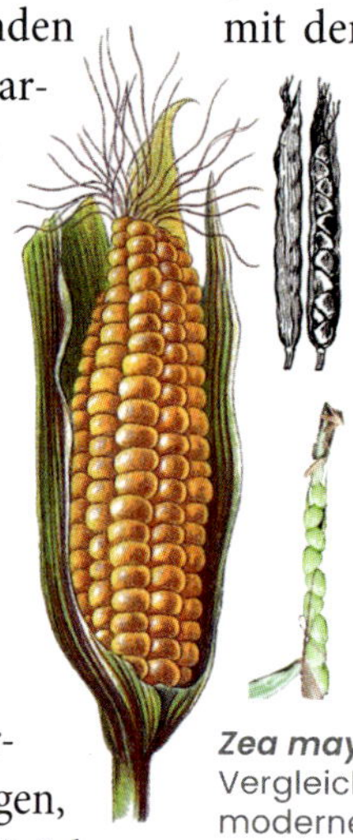

***Zea mays*:** Vergleich von modernem Mais mit seiner Wildform Teosinte

Die gezielte Auslese und Züchtung führten über Jahrtausende zu dramatischen Veränderungen der Pflanzen. Ein eindrucksvolles Beispiel ist Mais, dessen moderne Form sich so stark von seinen wilden Vorfahren Teosinte (*Zea mays* subsp. *parviglumis* und *Zea mays* subsp. *mexicana*) unterscheidet, dass selbst Botaniker:innen den evolutionären Zusammenhang lange Zeit nicht erkannten. Noch beeindruckender verhält es sich mit Kohl, dessen verschiedene uns heute bekannte Kulturformen vom Blumenkohl bis zum Rosenkohl alle auf dieselbe Wildpflanze zurückgehen, aber durch Selektion verschiedener Pflanzenorgane völlig verschiedene Erscheinungsformen entwickelten. Diese Beispiele verdeutlichen die bemerkenswerte Formbarkeit der Pflanzenwelt durch menschliche Auslese – ein Prozess, der ohne moderne genetische Kenntnisse allein durch Beobachtung und Geduld erreicht wurde.

Die landwirtschaftliche Revolution brachte auch tiefgreifende gesellschaftliche Veränderungen mit sich. Mit der Sesshaftigkeit und dem Ackerbau veränderten sich die sozialen Strukturen grundlegend. Die Notwendigkeit,

Feldarbeit zu koordinieren, Bewässerungssysteme anzulegen und Ernteerträge zu verwalten, führte zur Entwicklung hierarchischer Gesellschaftsformen.

Die ersten Stadtstaaten und Hochkulturen entstanden nicht zufällig in den fruchtbaren Flusstälern des Nil, des Euphrat und Tigris, des Indus und des Gelben Flusses – allesamt Regionen mit günstigen Bedingungen für intensiven Ackerbau.

Die ägyptische Zivilisation beispielsweise basierte auf dem Anbau von Gerste und Emmer (einem Vorfahren des modernen Weizen), deren regelmäßige Ernte durch die jährlichen Nilüberschwemmungen gesichert war. Dieses Beispiel zeigt deutlich: Kulturpflanzen prägen nicht nur Ernährungsgewohnheiten, sondern formen auch kulturelle Identitäten – vom Getreide im Mittelmeerraum über Mais in Mittelamerika bis zum Reis in Ostasien sind sie tief in lokale Traditionen, Rituale und die Selbstwahrnehmung der Gesellschaften verankert.

Parallel zur Domestikation der Nutzpflanzen entwickelten die frühen Agrargesellschaften ausgeklügelte Techniken zur Steigerung und Sicherung ihrer Erträge. In Mesopotamien konstruierten die Sumerer vor 7.000 Jahren komplexe Bewässerungssysteme mit Kanälen und Schleusen. In Südostasien entwickelten Bauern und Bäuerinnen bereits vor etwa 4.000 Jahren den Nassreisanbau in kunstvoll angelegten Terrassen.

Die Verbreitung von Kulturpflanzen folgte den Migrations- und Handelswegen der Menschen, wobei umgekehrt die Handelswege sich auch oft nach dem Vorkommen wertvoller Kulturpflanzen richteten. Die sogenannten Gewürzrouten zählen zu den bedeutendsten Handelsverbindungen der Weltgeschichte und haben maßgeblich zum kulturellen und wirtschaftlichen Austausch zwischen verschiedenen Zivilisationen beigetragen. Die Weihrauchstraße, die von der Arabischen Halbinsel über den Nahen Osten bis in den Mittelmeerraum führte, war bereits im 1. Jahrtausend v. Chr. eine etablierte Handelsroute für kostbare Harze und Gewürze. Über die Seidenstraße, die China mit Europa verband, wurden neben Seide auch wertvolle Gewürze wie Zimt, Muskat und Sternanis transportiert. Diese Handelsrouten waren mehr als nur Wirtschaftswege – sie wurden zu Lebensadern des kulturellen Austauschs, über die nicht nur Waren, sondern auch Wissen, Technologien und Traditionen flossen. Im Mittelalter erreichten Gewürze aus Asien und Afrika in Europa einen geradezu mythischen Status. Pfeffer war zeitweise so wertvoll, dass er als Zahlungsmittel diente und in Erbverträgen gesondert aufgeführt wurde.

Die enorm hohen Preise für Gewürze resultierten aus den komplexen und gefährlichen Handelswegen – entweder über Zentralasien oder über das Meer entlang der arabischen Küste – wobei es zu großen Verlusten kam und zahlreiche Zwischenhändler:innen beteiligt waren. Der direkte Zugang zu den Gewürzquellen wurde daher zum zentralen Motiv für die europäischen Entdeckungsreisen des 15. und 16. Jh. und war der Hauptantrieb für die Expeditionen von Christoph Kolumbus, Vasco da Gama und Ferdinand Magellan.

Mit der Entdeckung der Seewege nach Amerika im Jahr 1492 durch Christoph Kolumbus und nach Indien durch Vasco da Gama im Jahr 1498 setzte ein noch viel massiverer Transfer von Tieren und Pflanzen zwischen den Kontinenten ein. Dieser als »Columbian Exchange« bezeichnete Prozess veränderte die Welt für immer. Amerikanische Kulturpflanzen wie Kartoffel, Mais, Maniok, Tomate, Kakao, Paprika und Chili sowie die Sonnenblume revolutionierten die Ernährung und Landwirtschaft in Europa, Afrika und Asien. Umgekehrt veränderten Nutzpflanzen, die nach Amerika gelangten – wie Weizen (aus Europa), Zuckerrohr (aus Südostasien) und Kaffee (aus dem äthiopischen Hochland) – die amerikanische Agrarlandschaft und die

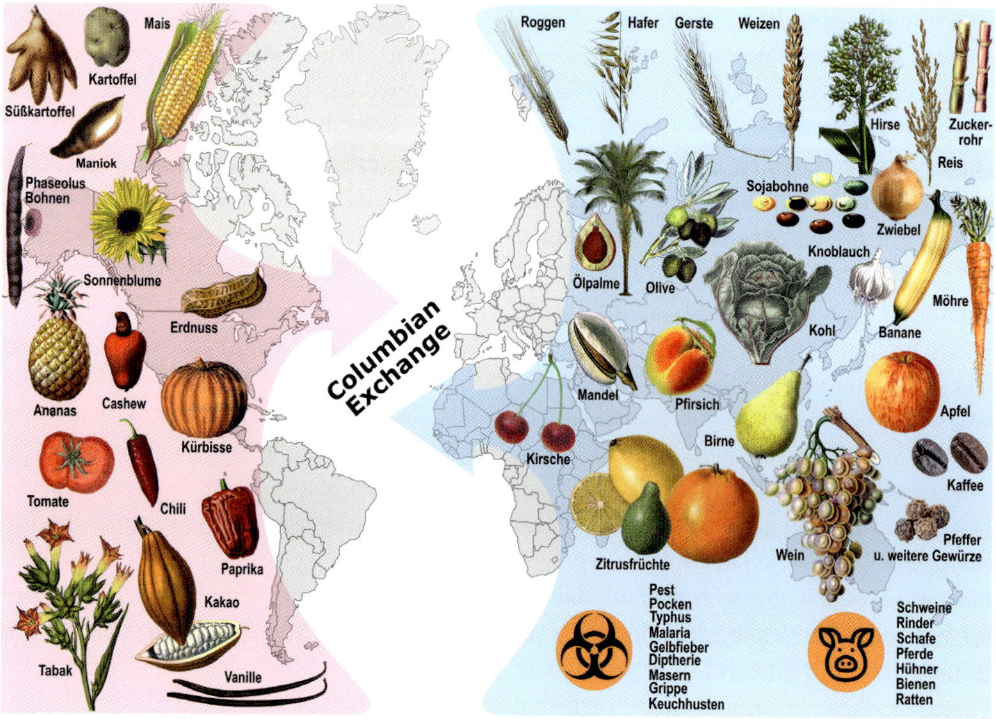

Mit dem »Columbian Exchange« begann ein intensiver Austausch von Kulturpflanzen und Nutztieren zwischen der »Alten« und der »Neuen Welt« – während die europäischen Eroberer zugleich tödliche Krankheitserreger einschleppten.

Ernährungsgewohnheiten der Amerikaner nachhaltig.

Die Etablierung direkter Handelsverbindungen zu den legendären Gewürzinseln (den heutigen Molukken in Indonesien) durch Portugal und später die Niederlande führte zu enormen Gewinnen und geopolitischen Machtverschiebungen. Insbesondere Muskatnuss, Gewürznelken und Pfeffer erlangten den Status von »schwarzem Gold«. Die niederländische Ostindien-Kompanie und die britische East India Company – die ersten multinationalen Handelsgesellschaften – bauten ihre kolonialen Imperien anfangs hauptsächlich auf dem Gewürzhandel auf. Später kamen Tee, Kaffee und Textilien hinzu. Der erbitterte Wettlauf um die Kontrolle der Gewürzproduktion führte zu kolonialen Eroberungen, der Vertreibung einheimischer Bevölkerungen und sogar zur systematischen und vollständigen Vernichtung von Gewürzpflanzungen auf konkurrierenden Inseln. Diese dunkle Seite des Gewürzhandels zeigt, wie wirtschaftliche Interessen rund um Nahrungspflanzen zu Gewalt und Unterdrückung führen konnten.

Die industrielle Revolution des späten 19. und frühen 20. Jh. läutete auch für die Landwirtschaft ein neues Zeitalter ein. Drei entscheidende Innovationen veränderten den Pflanzenanbau grundlegend: die Mechanisierung durch Dampfmaschinen und später Verbrennungsmotoren, die erstmalige Verfügbarkeit künstlicher Düngemittel (basierend auf dem 1908 patentierten Haber-Bosch-Verfahren zur Synthese von Ammoniak) sowie die Einführung wissenschaftlicher Züchtungsmethoden nach der Wiederentdeckung der Mendel'schen Regeln. Diese Veränderungen führten in wenigen Jahrzehnten zu enormen Ertragssteigerungen. Gleichzeitig wich die traditionelle Landwirtschaft mit ihrer Vielfalt an regionalen

Sorten und angepassten Anbaumethoden zunehmend einer auf Massenproduktion ausgerichteten Agrarwirtschaft.
Die sogenannte Grüne Revolution der 1950er- und 1960er-Jahre brachte schließlich Hochleistungssorten von Weizen, Reis, Mais und anderen Kulturpflanzen hervor, die in Kombination mit intensivem Einsatz von Düngemitteln, Pestiziden und künstlicher Bewässerung die globalen Erträge vervielfachten. Während diese Entwicklung einerseits Millionen Menschen vor Hungersnöten bewahrte, führte sie andererseits auch zu schwerwiegenden ökologischen Problemen wie Bodendegradation, Pestizidbelastung, Grundwasserverknappung und zum Verlust der Biodiversität durch ausgedehnte Monokulturen und zum Verlust genetischer Vielfalt durch die Verdrängung lokaler Landsorten. Diese Entwicklung verdeutlicht das Dilemma der modernen Landwirtschaft: den Spagat zwischen der Ernährung einer wachsenden Weltbevölkerung und dem Erhalt der Biodiversität als unabdingbare Grundlage für nachhaltiges Wirtschaften.
Die jüngste Phase in der Kulturgeschichte des Pflanzenanbaus ist geprägt von biotechnologischen und gentechnischen Methoden, die seit den 1980er-Jahren kommerzielle Anwendung finden. Gentechnisch veränderte Sorten von Sojabohne, Mais und Kartoffel mit Herbizidresistenz oder integriertem Insektenschutz werden heute auf Millionen von Hektar angebaut, bleiben aber gesellschaftlich umstritten. Parallel dazu gewinnen ökologische Anbaumethoden und der Erhalt traditioneller Sorten als Gegentrend zur industriellen Landwirtschaft an Bedeutung.
Als Antwort auf die Herausforderungen der industriellen Landwirtschaft entstehen heute innovative Konzepte wie Permakultur, vertikale Stadtfarmen und digitale Präzisionslandwirtschaft, die Nachhaltigkeit und Produktivität zu verbinden suchen. Diese neuen Ansätze zeigen, dass die Kulturgeschichte der Nahrungspflanzen noch lange nicht zu Ende geschrieben ist – sie entwickelt sich weiter, während wir nach Wegen suchen, eine wachsende Weltbevölkerung zu ernähren, ohne dabei unseren Planeten zu zerstören.

Nahrungspflanzen als Akteure der Weltgeschichte

Die Geschichte des Pflanzenanbaus verdeutlicht die tiefgreifende Wechselbeziehung zwischen Mensch und Kulturpflanzen. Menschen formten Pflanzen durch gezielte Selektion und Züchtung nach ihren Bedürfnissen, während die Eigenschaften und Anforderungen der Kulturpflanzen ihrerseits menschliche Gesellschaften, Technologien und Lebensweisen grundlegend veränderten. Der israelische Historiker Yuval Noah Harari stellt in seinem inspirierenden Buch »Sapiens – Eine kurze Geschichte der Menschheit« die provokante These auf: Nicht wir Menschen haben den Weizen [oder andere Kulturpflanzen] domestiziert, sondern der Weizen hat in gewissem Sinne uns Menschen domestiziert. Auf den ersten Blick mag diese Sichtweise überraschend erscheinen, doch sie verdeutlicht eine wichtige Wahrheit: Die landwirtschaftliche Revolution veränderte uns Menschen mindestens ebenso stark wie die Pflanzen. Der Getreideanbau zwang die Menschen dazu, ihre nomadische Lebensweise aufzugeben und sesshaft zu werden. So entstand eine wechselseitige Abhängigkeit: Der Weizen brauchte die Menschen für seine Vermehrung und Ausbreitung, aber

auch die Menschen konnten ohne den Weizen ihre neu gewonnene Sesshaftigkeit nicht aufrechterhalten. Harari führt dann pointiert aus, dass der Weizen uns in eine Art Falle gelockt hat: Während sich der Weizen durch diese Beziehung global ausbreiten konnte, bedeutete der Übergang zur Landwirtschaft für die Menschen in vielerlei Hinsicht ein härteres Leben, verglichen mit den Lebensbedingungen in den jagenden und sammelnden Gesellschaften.
Nahrungspflanzen sind also weit mehr als bloße Quellen von Nährstoffen – sie sind wahre Akteure der Weltgeschichte, Träger kultureller Identität und Symbole gesellschaftlicher Strukturen. Der Zugang zu bestimmten Kulturpflanzen, ihre Kontrolle und ihr Anbau haben Machtverhältnisse geprägt, Handelsrouten bestimmt, Kriege ausgelöst, Bevölkerungsentwicklungen beeinflusst und religiöse Praktiken geformt.

Gerste und Weizen: Grundlage westlicher Zivilisationen

Gerste und Weizen gehörten zu den ersten domestizierten Kulturpflanzen und bildeten das Fundament der frühen Hochkulturen im Nahen Osten. Die Domestizierung von Wildgetreide vor 12.000–10.000 Jahren führte zur Entstehung der ersten dauerhaften Siedlungen und komplexen Gesellschaftsformen. Dabei war es nicht nur die Ernährung selbst, die den gesellschaftlichen Wandel antrieb: Die Notwendigkeit, Überschüsse zu verwalten und zu schützen, förderte die Entwicklung von Schrift, Mathematik und staatlichen Strukturen. Ohne die verlässlichen Gersten- und Weizenernten wären die mesopotamischen Stadtstaaten undenkbar gewesen.

Die besondere Bedeutung des Weizens liegt in seinem hohen Glutengehalt, der die Herstellung von gesäuertem Brot ermöglicht – einer energiedichten, lange haltbaren Nahrung, die leicht transportiert werden konnte. Weizen und gesäuertes Brot stellte auch einen idealen Proviant für Armeen dar. Die römischen Legionen erhielten tägliche Weizenrationen, und die gesicherte Versorgung Roms mit Getreide aus Ägypten und Nordafrika hatte oberste politische Priorität. Der Satiriker Juvenal charakterisierte die römische Bevölkerung des 1. und 2. Jh. als eine, die nur nach »panem et circenses« (»Brot und Spiele«) verlangte – eine Beobachtung, die die zentrale Rolle des Getreides für die politische Stabilität verdeutlicht.
Im mittelalterlichen Europa entwickelte sich Weizen schnell zum Statussymbol: Adel und wohlhabende Bürger:innen aßen feines Weißbrot aus Weizenmehl, während die Landbevölkerung mit dunklem Brot aus Roggen, Gerste oder Hafer vorliebnehmen musste. Die Kontrolle über die Getreidereserven wurde zu einem Instrument politischer Macht – Herrscher:innen, die in Zeiten der Knappheit Getreide zu günstigen Preisen abgaben, sicherten sich die Loyalität der Bevölkerung. Umgekehrt führten Missernten und Getreideknappheit immer wieder zu sozialen Unruhen und politischen Umwälzungen.

Verwaltungsdokument zur Gerstenverteilung mit Abdruck einer Männergestalt, Jagdhunden und Ebern. Sumerische Keilschrifttafel, um 3.100–2.900 v. Chr.

In der Neuzeit wurde Weizen zu einer der weltweit am häufigsten angebauten Kulturpflanzen. Die nordamerikanischen Prärien, die ukrainischen Schwarzerdegebiete und später Australien und Argentinien entwickelten sich zu »Kornkammern«, die nicht nur ihre eigenen Bevölkerungen ernährten, sondern durch Getreideexport erheblich zum wirtschaftlichen Aufschwung ihrer Länder beitrugen. Die industrielle Verarbeitung und globale Vermarktung von Weizenprodukten führte zur weitgehenden Standardisierung der Ernährung – Brot, Nudeln und Backwaren auf Weizenbasis sind heute auf allen Kontinenten verbreitet und prägen unsere moderne Esskultur.

Reis: Fundament asiatischer Zivilisationen

Keine andere Pflanze hat die Entwicklung Asiens so nachhaltig geprägt wie Reis. Seine Domestizierung im Jangtse-Tal in China vor 13.500–8.200 Jahren und vor mindestens 8.500 Jahren am mittleren und unteren Ganges in Indien ermöglichte einen beispiellosen Bevölkerungsanstieg. Der entscheidende Unterschied zu anderen Getreidearten liegt in den speziellen Anbaubedingungen: Anders als bei Weizen oder Mais erfordert intensiver Nassreisanbau eine hochgradig organisierte Gesellschaft. Bewässerungssysteme müssen angelegt und gewartet, Arbeitskräfte koordiniert und Wasserrechte verwaltet werden. Diese Notwendigkeit zur Kooperation formte hierarchische Staatsstrukturen in China, Japan und vielen Ländern Südostasiens.

Die komplexen Bewässerungssysteme für Reisterrassen, wie sie etwa auf Bali oder den Philippinen zu finden sind, stellen beeindruckende Beispiele nachhaltiger Landnutzung dar, die über Jahrhunderte hinweg funktionieren. Das »Subak«-System auf Bali, heute als UNESCO-Weltkulturerbe anerkannt, vereint Wassermanagement, landwirtschaftliche Praktiken und religiöse Rituale zu einem harmonischen Ganzen.

Die kulturelle Bedeutung des Reises in Asien ist kaum zu überschätzen. In Japan war die Reisproduktion so eng mit politischer Macht

Landwirtschaftliche Szene mit Getreideernte und Erfassen der Ernte durch Schreiber aus der 18. Dynastie Ägyptens (Wandmalerei aus dem bei Theben gelegenen Grab T69 von Menna, 16.–13. Jh. v. Chr.)

Die Tegalalang-Reisterassen wurden wahrscheinlich im 8. Jh. angelegt und zählen zu den ältesten erhaltenen Reisterassen auf Bali.

verbunden, dass Steuerabgaben jahrhundertelang in Reis gemessen wurden. In China bedeutet das Wort »fàn« gleichzeitig »Gekochter Reis« und »Essen« bzw. »Mahlzeit«. In vielen asiatischen Sprachen wird bei der Begrüßung gefragt, ob man schon Reis gegessen hat – gleichbedeutend mit der Frage nach dem Wohlbefinden. Ohne die enorme Produktivität der Reisfelder wären die Hochkulturen Asiens mit ihren Millionenstädten, komplexen Verwaltungsapparaten und kulturellen Errungenschaften nicht möglich gewesen. Die Notwendigkeit zur engen Zusammenarbeit und Abstimmung beim Nassreisanbau wird oft als prägender Faktor für die in vielen asiatischen Gesellschaften ausgeprägte Bedeutung von Gemeinschaft und Hierarchie betrachtet.

Kartoffel: Revolution der europäischen Ernährung

Als die Kartoffel im 16. Jh. aus der »Neuen Welt« nach Europa gelangte, begegnete man ihr zunächst mit tiefem Misstrauen. Viele Menschen fürchteten die unbekannte Knolle, manche hielten sie sogar für giftig. Doch im 18. Jh. erkannten Herrscher:innen wie Friedrich der Große in Preußen und Zarin Katharina die Große in Russland ihren enormen Nutzen: Auf derselben Fläche lieferte sie 3-mal so viele Kalorien wie Getreide, war als unterirdisch wachsende Knolle weniger anfällig für Unwetter und militärische Plünderungen und konnte zudem auf nährstoffärmeren Böden gedeihen. Diese bemerkenswerten Eigenschaften machten sie zu einer idealen Ergänzung der europäischen Landwirtschaft.

Die Einführung der Kartoffel half, die wiederkehrenden Hungersnöte in Europa zu überwinden, und führte zu einem dramatischen Bevölkerungswachstum. Der renommierte Historiker William McNeill argumentierte, dass die durch die Kartoffel ermöglichte Bevölkerungszunahme in Nord- und Mitteleuropa, insbesondere in Deutschland, die Grundlage für die Industrialisierung und den Aufstieg Europas zur globalen Macht im 19. Jh. schuf. Ohne das »Proletariergemüse« Kartoffel wäre die Industrialisierung Europas kaum in dieser Geschwindigkeit möglich gewesen – die wachsende Stadtbevölkerung benötigte eine verlässliche und preiswerte Nahrungsquelle.

Die einseitige Abhängigkeit von der Kartoffel bedeutete jedoch auch erhebliche Risiken. In Irland wurde die Kartoffel zur Hauptnahrungsquelle der ländlichen Bevölkerung – mit fatalen Folgen, als *Phytophthora infestans*, der pilzartige Erreger der Kraut- und Knollenfäule, von 1845–1852 mehrere Ernten vernichtete. Die resultierende »Große Hungersnot« kostete etwa 1 Mio. Menschen das Leben und zwang weitere 1,5 Mio. zur Auswanderung, vor allem in die USA.

Zu den Auswanderern gehörten auch die Vorfahren des späteren US-Präsidenten John F. Kennedy. *Phytophthora infestans* wurde deshalb vom englischen Wissenschaftsjournalisten Bernard Dixon in seinem preisgekrönten

Friedrich II. inspiziert die Kartoffelernte. Gemälde von Robert Warthmüller, 1886.

Buch auch als »der Pilz, der John F. Kennedy zum Präsidenten machte«, bezeichnet. Diese irische Diaspora veränderte die demografische und politische Landschaft Irlands und Nordamerikas nachhaltig und zeigt, dass nicht nur Pflanzen, sondern sogar Pflanzenkrankheiten Weltgeschichte schreiben können.

Zuckerrohr: Süße Revolution mit bitterem Beigeschmack

Ursprünglich aus dem Indopazifik stammend und vor etwa 10.000 Jahren auf Neuguinea domestiziert, gelangte Zuckerrohr über Indien zunächst nach Europa und nach Amerika – und veränderte von dort aus die Weltwirtschaft grundlegend. Zucker, in Europa zuvor ein Luxusgut der Eliten, wurde durch die Etablierung von riesigen Plantagen in der Karibik und Brasilien zu einem Massenprodukt. Die stetig steigende Nachfrage nach diesem »weißen Gold« trieb die europäische Kolonisierung der Tropen voran und formte internationale Handelsbeziehungen neu.

Die dunkle Seite dieser Geschichte war das Entstehen des transatlantischen Handels mit versklavten Afrikaner:innen: Schiffe der europäischen Kolonialmächte brachten versklavte Menschen in die Karibik und nach Amerika, wo sie vor allem auf Zuckerrohr- und Baumwollplantagen arbeiten mussten. Mit Handelswaren beladen kehrten die Schiffe nach Afrika zurück, um dort die nächsten Arbeiter:innen zu verschleppen. Zwischen dem 16. und 19. Jh. wurden so etwa 12,5 Mio. Afrikaner:innen gewaltsam nach Amerika deportiert. Dieses brutale System wirtschaftlicher Ausbeutung formte die ethnische Zusammensetzung der süd-, mittel- und nordamerikanischen Gesellschaften nachhaltig und hinterließ tiefe Wunden in den afrikanischen Gesellschaften – Wunden, die bis heute nachwirken.

Die durch die Zuckerindustrie ermöglichte Kapitalakkumulation trug wesentlich zur industriellen Revolution bei. Gleichzeitig veränderte die zunehmende Verfügbarkeit von Zucker die europäischen Essgewohnheiten grundlegend – der Pro-Kopf-Verbrauch in England stieg von ± 1,8 kg pro Jahr im Jahr 1700 auf 8,1 kg im Jahr 1800 und unglaubliche

Versklavte Arbeiter:innen auf einer Zuckerrohrplantage auf Antigua im 19. Jh., dargestellt aus der Sicht des Briten William Clark, 1823. Clarks Lithografie vermittelt eine idealisierte Vision der Sklaverei: Die Sklaven sind gut gekleidet und arbeiten ohne die Bedrohung durch die Peitsche – die Realität sah anders aus.

45 kg im Jahr 1900 (aktuell sind es ± 30 kg). Diese »Versüßung« führte zu neuen kulinarischen Traditionen, wie dem (erst) in den 1840er-Jahren entstandenen Brauch des Nachmittagstees mit süßem Gebäck (»tea time«) in England. Der Zuckerkonsum hatte aber auch negative Auswirkungen auf die öffentliche Gesundheit – ein Problem, das heute weiter an Bedeutung gewinnt.

Vanille: Nicht nur aromatisch eine Revolution

Nur wenige Kulturpflanzen haben die menschliche Geschichte in so vielen Regionen und unterschiedlichen Kulturen geprägt wie die unscheinbare Kletterpflanze *Vanilla planifolia*. Ursprünglich im tropischen Mexiko beheimatet, war der komplizierte Prozess der Gewinnung von Vanille ein gut gehütetes Geheimnis der Totonaken, einem indigenen Volk, das an der Golfküste des heutigen Mexikos lebte. Die Orchideenschoten wurden sorgfältig geerntet und einem komplexen Fermentationsprozess unterzogen, bei dem sie tagsüber der Sonne ausgesetzt und nachts in Tücher gewickelt wurden. Dieses traditionelle Wissen der Totonaken war der Schlüssel zur Verwandlung der geruchlosen grünen Schoten in das kostbare Gewürz. Die Azteken unterwarfen die Totonaken in der Mitte des 15. Jh. und erhoben Abgaben, darunter Vanille. Die Azteken nannten die Vanille »tlilxochitl« (»schwarze Blume«) und verwendeten sie hauptsächlich zur Aromatisierung ihres »xocolatl«-Getränks, einer bitteren Kakaomischung für die Elite. Vanille galt als heilig und wurde in Zeremonien verwendet, die den Göttern gewidmet waren.

Als die spanischen Konquistador:innen im frühen 16. Jh. das Aztekenreich eroberten, stießen sie auf dieses kostbare Gewürz, das bereits eine jahrhundertealte Tradition besaß. Die Kolonialherren erkannten schnell das wirtschaftliche Potenzial der Vanille und übernahmen nicht nur die Kontrolle über die

Anbaugebiete, sondern auch das traditionelle Wissen der indigenen Völker.
Durch königliche Dekrete wurde der Vanillehandel reglementiert, wobei erhebliche Steuern und Abgaben eingefordert wurden. Europäische Kaufleute mussten exorbitante Preise zahlen, was Vanille zu einem der wertvollsten Handelsgüter der Neuen Welt machte, zeitweise sogar wertvoller als Silber. Die Ausfuhr lebender Vanillepflanzen wurde unter schwere Strafe gestellt. Die Spanier etablierten so ein streng kontrolliertes Handelsmonopol, das drei Jahrhunderte Bestand haben sollte. Erst Mitte des 18. Jh. gelang es, Vanillepflanzen auch in anderen Ländern zu kultivieren, z. B. in französischen Kolonien im Indopazifik. Zunächst wurden dort aber keine der wertvollen Früchte ausgebildet – ein Problem, das die Botaniker:innen noch viele Jahrzehnte beschäftigen sollte.
1841 gelang dem zwölfjährigen, versklavten Edmond Albius auf der Insel Réunion im Indischen Ozean eine bahnbrechende Entdeckung: die Handbestäubung der Vanilleblüten. Dieses Verfahren löste ein fundamentales Problem, denn außerhalb ihres natürlichen Verbreitungsgebiets fehlten die spezialisierten *Melipona*-Bienen, die als einzige natürliche Bestäuber der Vanillepflanze fungieren.
Die von Albius entwickelte Methode – ein präziser Handgriff mit einem dünnen Bambusstäbchen – ermöglichte erstmals die kommerzielle Vanilleproduktion außerhalb Mittelamerikas und wird bis heute in nahezu unveränderter Form eingesetzt. Die wirtschaftlichen und geopolitischen Auswirkungen dieses einen Handgriffs waren immens. Praktisch über Nacht verlor Mexiko sein Monopol auf Vanille und es entstanden neue Handelswege und wirtschaftliche Abhängigkeiten. Insbesondere Madagaskar, damals eine französische Kolonie und heute der weltgrößte Vanilleproduzent, verdankt seine wirtschaftliche Entwicklung zu einem beträchtlichen Teil dem Gewürz der kleinen mittelamerikanischen

Künstliche Bestäubung einer Vanilleblüte

Orchidee – und einem versklavten Jungen, der trotz seiner bahnbrechenden Leistung bis zur offiziellen Abschaffung der Sklaverei in den französischen Kolonien ein Sklave blieb und in Armut starb.
In Europa und Nordamerika löste Vanille eine kulinarische Revolution aus. Von einem exotischen Luxusgut wandelte sie sich zu einer charakteristischen Geschmacksnote von Süßspeisen. Die wirtschaftliche Bedeutung und der immer noch hohe Preis der Vanille führten auch zu wissenschaftlichen Durchbrüchen. Die Isolierung des Hauptaromastoffs Vanillin im Jahr 1858 und die synthetische Herstellung von Vanillin ab 1874 markieren wichtige Meilensteine in der organischen Chemie und legten den Grundstein für die moderne Aromastoffindustrie. Heute stammt der Großteil des weltweiten Vanillin-Verbrauchs aus synthetischer Produktion, während echte Vanille weiterhin eines der teuersten Gewürze der Welt ist.
Die Geschichte der Vanille illustriert exemplarisch, wie eine einzelne Pflanzenart globale Wirtschaftssysteme, wissenschaftliche Forschung, kulinarische Traditionen und sogar soziale Strukturen transformieren kann. Sie zeigt auch, wie kleine technische Durchbrüche – in diesem Fall die Entdeckung der Handbestäubung – neue geopolitische Realitäten schaffen können. Pfeffer, Muskatnuss, Zimt und viele andere Gewürze haben ähnliche Spuren in der Weltgeschichte hinterlassen.

Pflanzenzüchtung

Die Züchtung von Nahrungspflanzen stellt einen der bedeutendsten kontinuierlichen Innovationsprozesse der Menschheitsgeschichte dar. Von der intuitiven Selektion unserer Vorfahren bis zu den modernen gentechnischen Verfahren des 21. Jh. hat die Pflanzenzüchtung die Evolution der Kulturpflanzen um ein Vielfaches beschleunigt und gelenkt.

Die Geschichte der Pflanzenzüchtung begann vor 12.000–10.000 Jahren mit der Domestizierung – dem ersten und grundlegendsten Schritt, bei dem Menschen begannen, Wildpflanzen mit vorteilhaften Eigenschaften auszuwählen und anzubauen. Dieser Domestikationsprozess brachte bei kultivierten Pflanzen typische Veränderungen mit sich: Die Früchte und Samen wurden größer, blieben länger an den Mutterpflanzen hängen, reiften gleichmäßiger und keimten besser, was Ernte und Wiederaussaat erleichterte.

Über Jahrtausende erfolgte die Pflanzenzüchtung durch die intuitive Methode der »positiven Massenauslese«, bei der Bauern und Bäuerinnen Samen von Pflanzen mit gewünschten Merkmalen für die nächste Aussaat bewahrten. Diese Methode führte im Laufe der Zeit zur Entstehung lokal angepasster Sorten, die an spezifische Umweltbedingungen, Anbaumethoden und kulturelle Präferenzen angepasst waren.

Die Vielfalt, die dabei entstand, ist beeindruckend: Mindestens 4.000 Reissorten wurden allein in Indien identifiziert, weltweit sind es mehrere Zehntausend. Schätzungen des National Bureau of Plant Genetic Resources in Indien gehen sogar von insgesamt 75.000–100.000 Reis-Landsorten aus, von denen allerdings viele bereits wieder ausgestorben sind. 4.000 Kartoffelsorten kommen in den Anden von Peru, Bolivien und Ecuador vor – jede angepasst an unterschiedliche Höhenlagen, Bodentypen und kulinarische Verwendungen. Auch Äpfel zählen mit über 7.000 Sorten (nach einigen Quellen sind es bis zu 20.000 Sorten) zu den äußerst formenreichen Kulturpflanzen.

Ein entscheidender wissenschaftlicher Durchbruch ereignete sich Anfang des 20. Jh. mit der Wiederentdeckung der Mendel'schen Vererbungsregeln, die der mährisch-österreichische Priester Gregor Mendel bereits 1865/1866 veröffentlicht hatte – die jedoch jahrzehntelang unbeachtet geblieben waren. Ab 1900 läuteten sie das Zeitalter der wissenschaftlich fundierten Pflanzenzüchtung ein.

Gezielte Kreuzungen zwischen Pflanzen mit sich ergänzenden Eigenschaften, gefolgt von sorgfältiger Selektion in den folgenden Generationen, wurden zur Standardmethode. Ein frühes und erfolgreiches Beispiel ist die Entwicklung von Weizensorten wie der qualitativ hochwertigen Sorte Marquis, deren Anbau in den 1910er-Jahren die kanadische Prärie in Getreideäcker verwandelte und den Grundstein für die Rolle Kanadas als führender Weizenexporteur legte.

Ein weiteres bemerkenswertes Beispiel aus Kanada ist die Entwicklung des Canola-Raps (abgeleitet von »Canadian Oil, Low Acid«) in den 1970er-Jahren. Durch konventionelle Züchtungsmethoden gelang es kanadischen Wissenschaftler:innen, den Gehalt an Erucasäure und Glucosinolaten, die den Nährwert und Geschmack des Rapsöls stark beeinträchtigen, drastisch zu reduzieren und so aus der traditionellen Industriepflanze ein hochwertiges Speiseöl zu entwickeln. Ähnliche Sorten sind hierzulande als Doppelnull-Raps (»Doppelnull« steht für die beiden fehlenden schädlichen Inhaltsstoffe) bekannt und dominierten in den 1980er- und 1990er-Jahren praktisch die gesamte Anbaufläche.

Ein bahnbrechender Meilenstein der Pflanzenzüchtung war die Entdeckung und Nutzung des sogenannten »Heterosis-Effekts« – des faszinierenden Phänomens, dass Nachkommen aus der Kreuzung genetisch unterschiedlicher Elternlinien (Hybride) oft größer, ertragreicher und widerstandsfähiger sind als ihre Eltern. Die kommerzielle Nutzung von Hybridmaissorten, beginnend in den 1930er-Jahren in den USA, führte zu enormen Ertragssteigerungen von zuweilen mehr als 100 %. Heute sind Hybridsorten bei zahlreichen weiteren Kulturen wie Sorghumhirse, Tomate und vielen Gemüsearten Standard.

Ab den 1950er-Jahren erweiterte die gezielte Erzeugung von Mutationen das Repertoire der Züchter:innen. Dabei wurden Samen oder Pflanzenteile mit ionisierender Strahlung oder chemischen Substanzen (Mutagenen) behandelt, um zufällige genetische Veränderungen hervorzurufen, unter denen dann die potenziell nützlichen selektiert werden konnten. Der Erfolg dieser Methode zeigt sich in beeindruckenden Zahlen: Weltweit wurden bis heute über 3.400 Sorten von mehr als 220 Pflanzenarten durch Mutationszüchtung entwickelt, darunter die kurzstrohige Reissorte CALROSE 76, die Gerste GOLDEN PROMISE und die kernlose Grapefruit STAR RUBY.

lieferten. Ähnliche revolutionäre Fortschritte wurden mit der Züchtung von Hochertrags-Reis-Sorten und anderen Kulturpflanzen erzielt. Diese neuen Züchtungsmethoden waren ein wichtiger Bestandteil der sogenannten »Grünen Revolution« der 1950er- bis 1970er-Jahre, die einen entscheidenden Wendepunkt der Agrarwirtschaft markierte. Die neuen Hochleistungssorten, kombiniert mit verbesserter Agrartechnik und massivem Einsatz von Kunstdünger und Pestiziden, verdoppelten oder verdreifachten die Erträge und verhinderten dadurch vorhergesagte Hungerkatastrophen in Asien.

Ab den 1970er-Jahren erweiterten neue Labortechniken die Möglichkeiten der Pflanzenzüchtung erheblich. Durch diese Techniken gelangen Kreuzungen zwischen Arten verschiedener Gattungen, die natürliche Kreuzungsbarrieren überbrückten und die gewünschten Eigenschaften der beiden Elternarten in sich vereinten. Ein Beispiel ist TRIORDEUM, eine neue Getreidesorte aus der Kreuzung von *Triticum durum* (Hartweizen) mit *Hordeum chilense*, einer wilden Gerstenart aus Südamerika.

Die kernlose Grapefruit STAR RUBY

TRIORDEUM: Ähre und Vollkornbrot

Unter der wissenschaftlichen Leitung des amerikanischen Agrarwissenschaftlers Norman Borlaug, der 1970 für seine bahnbrechenden Arbeiten zur Verbesserung der Landwirtschaft und Bekämpfung des Hungers den Friedensnobelpreis erhielt, wurden kleinere Weizen-Sorten entwickelt, die bei hoher Düngung nicht umkippten und deutlich höhere Erträge

Gentechnisch veränderte Pflanzen, erstmals 1983 bei Tabak realisiert, erweiterten die Möglichkeiten der Pflanzenzüchtung noch einmal erheblich. Durch das gezielte Einbringen spezifischer Gene, oft aus nicht-verwandten Organismen, konnten gezielt Eigenschaften wie Insekten- oder Herbizidresistenz eingebracht werden. Die erste kommerziell

angebaute und gentechnisch veränderte Nahrungspflanze war 1994 die FLAVR SAVR-Tomate mit verlängerter Haltbarkeit.
Heute werden gentechnisch veränderte Sorten von Sojabohne, Mais, Baumwolle und Raps auf ± 190 Mio. Hektar weltweit angebaut, hauptsächlich in Nord- und Südamerika. Außerdem werden seit den 2020er-Jahren auch in China zahlreiche neue Anbaugenehmigungen für gentechnisch veränderten Mais und Sojabohnen erteilt. Doch der Anbau genetisch einheitlicher Hochleistungssorten bringt auch Risiken mit sich, wie eine erhöhte Anfälligkeit gegenüber neuen Krankheitserregern und den Verlust an Kulturpflanzenvielfalt in der landwirtschaftlichen Praxis.
Ein besonders kontroverses Ergebnis gentechnischer Methoden sind herbizidresistente Sorten. Obwohl sie zunächst eine vereinfachte Unkrautbekämpfung versprachen, entstanden dadurch erhebliche Umweltprobleme: Der intensivierte Einsatz von Breitbandherbiziden schädigt die Bodenfauna, reduziert die Artenvielfalt und fördert durch Selektion die Entstehung resistenter Unkräuter. Besonders problematisch entwickelte sich die zunehmende Abhängigkeit der Landwirt:innen von den entsprechenden Herbiziden und den sie zusammen mit dem Saatgut verkaufenden Agrarkonzernen – ein Teufelskreis aus steigenden Anwendungsmengen mit langfristig sowohl ökologischen als auch ökonomischen Nachteilen.
Ein weiterer Kritikpunkt betrifft die potenzielle unkontrollierte Ausbreitung der eingeführten Resistenzgene durch Pollenübertragung und deren mögliche Einwanderung in verwandte Wildpopulationen oder konventionelle Nutzpflanzensorten. Wenn dies geschieht, kann es zu irreversiblen Auswirkungen auf natürliche Pflanzenpopulationen oder zur Entstehung herbizidresistenter Unkräuter durch Gentransfer kommen.
Befürworter der neuen Technik argumentieren, dass durch moderne Containment-Strategien und Sicherheitsvorkehrungen das Risiko unkontrollierter Gen-Ausbreitung erheblich reduziert werden kann. Andererseits konnten in einer Studie in Westaustralien Pollen von gentechnisch verändertem Raps eine Distanz von 26 km zurücklegen und dort erfolgreich konventionelle Rapspflanzen bestäuben. Auch für andere gentechnisch veränderte Pflanzenarten (z. B. das Weiße Straußgras – *Agrostis stolonifera*) wurde Genfluss in isolierte Populationen und sogar Einkreuzung in nahe verwandte Arten über Entfernungen von mehr als 10 km nachgewiesen.
Seit den 2010er-Jahren revolutionieren neue gentechnische Methoden, v. a. CRISPR/Cas, die Pflanzenzüchtung. CRISPR (Clustered Regularly Interspaced Short Palindromic Repeats) und die damit assoziierten Cas-Proteine bilden ein molekulares Werkzeug, das ursprünglich als Teil des bakteriellen Immunsystems entdeckt wurde. Seit seiner Entschlüsselung und Weiterentwicklung hat sich CRISPR/Cas zu einer schnellen und potenziell präzisen Methode für gezielte genetische Veränderungen entwickelt. Während herkömmliche Züchtungsmethoden Jahrzehnte benötigen können und ältere gentechnische Verfahren häufig ungenaue oder unbeabsichtigte genetische Veränderungen hervorbringen, ermöglicht CRISPR/Cas potenziell gezielte Veränderungen im Pflanzengenom, auch wenn die langfristigen Auswirkungen dieser Veränderungen oft nicht sicher abgeschätzt werden können.
Die praktischen Anwendungsmöglichkeiten für Nahrungspflanzen sind vielfältig. Wissenschaftler:innen arbeiten an Nutzpflanzen mit verbesserter Krankheits- und Schädlingsresistenz, wodurch der Einsatz von Pestiziden reduziert werden könnte. Trocken- und salztolerante Varietäten könnten in Zukunft auch unter widrigen Bedingungen angebaut werden – ein entscheidender Vorteil angesichts des Klimawandels. Gleichzeitig werden Nährstoffprofile von Pflanzen verbessert, wie bei GOLDEN RICE und Süßkartoffeln mit er-

höhtem Gehalt an β-Carotin, Weizensorten mit reduziertem Glutengehalt oder eisenangereicherten Gartenbohnen.
Die ethischen und gesellschaftlichen Diskussionen um diese Technologie sind jedoch vielschichtig und kontrovers. Befürworter:innen betonen das Potenzial für eine nachhaltigere Landwirtschaft und die Bewältigung globaler Herausforderungen wie Ernährungssicherheit und Klimawandel. Kritiker:innen äußern Bedenken hinsichtlich möglicher unbeabsichtigter ökologischer Auswirkungen und der Konzentration von geistigem Eigentum in der Saatgutindustrie. Die rechtlichen Rahmenbedingungen müssen daher eine schwierige Balance finden: zwischen dem Schutz geistigen Eigentums für Züchter:innen einerseits und dem Erhalt von Zugangsrechten für Landwirt:innen und kleinere Unternehmen andererseits.
Als eine Antwort auf diese Herausforderungen entstanden neue, partizipative Züchtungsansätze. Die ökologisch-partizipative Pflanzenzüchtung bezieht Landwirt:innen stärker in den Züchtungsprozess ein, wodurch lokales Wissen und die Anpassung an spezifische Anbaubedingungen besser berücksichtigt und geschützt werden können.

Die globale Pflanzenproduktion

Der Anbau von Nahrungspflanzen bildet heute das Rückgrat der globalen Ernährungssicherheit. Mit einer Weltbevölkerung von gegenwärtig über 8,2 Mrd. Menschen, die bis 2080 voraussichtlich auf 10,3 Mrd. Menschen anwachsen wird, steht die Pflanzenproduktion vor immensen Herausforderungen. Um die gewaltigen Dimensionen zu verstehen, lohnt sich ein Blick auf die nackten Zahlen: Jeden Tag müssen weltweit etwa 24 Mrd. Mahlzeiten bereitgestellt werden – die größtenteils auf pflanzlichen Grundnahrungsmitteln basieren. Diese enormen Mengen spiegeln sich auch in den wirtschaftlichen Dimensionen wider: Der Gesamtwert der weltweiten landwirtschaftlichen Produktion beträgt etwa 5 % des globalen Bruttoinlandsprodukts und wird von der Welternährungsorganisation FAO auf ± 5 Billionen US-Dollar jährlich geschätzt, wobei Pflanzenprodukte 50–60 % dieser Summe ausmachen. Gleichzeitig bietet die Landwirtschaft weltweit etwa 1 Mrd. Menschen Beschäftigung, was etwa 25 % der globalen Arbeitskraft entspricht. In Entwicklungsländern liegt dieser Anteil oft bei 50 %, in einzelnen Ländern auch deutlich höher.

Ein genauerer Blick auf die wichtigsten Kulturpflanzen verdeutlicht die Dimensionen der modernen Landwirtschaft: Die weltweite Produktion betrug in der ersten Hälfte der 2020er-Jahren bei Mais über 1,2 Mrd. t, bei Weizen 790 Mio. t und bei Reis 520 Mio. t. Diese drei Getreidearten liefern allein mehr als 40 % der weltweiten Kalorienversorgung und mehr als 35 % des Proteinbedarfs der Menschheit. Die Kartoffel ist mit 380 Mio. t das wichtigste Nicht-Getreide-Grundnahrungsmittel. Darüber hinaus erreichte die Produktion von Palmöl 75–80 Mio. t, die von Sojabohnen, einer zentralen Protein- und Ölpflanze, über 390 Mio. t, und die von Raps 80–90 Mio. t. Bei der Interpretation der Zahlen für Mais, Soja und Raps muss allerdings beachtet werden, dass diese zu einem erheblichen Teil auch als Futtermittel eingesetzt werden.
Die Verteilung der globalen Pflanzenproduktion zeigt deutliche regionale Schwerpunkte: China ist der größte Agrarproduzent der Welt und führend bei Reis, Weizen, Kartoffeln und zahlreichen Gemüse- und Obstarten. Die USA dominieren die Produktion von Mais und sind

gemeinsam mit Brasilien und Argentinien führend bei Sojabohnen. Indien zählt zu den führenden Produzenten von Reis, Weizen, Hülsenfrüchten und Gewürzen.
Trotz dieser beeindruckenden Produktionsmengen gibt es ein Paradoxon: Nach Angaben der Welternährungsorganisation FAO leiden weltweit etwa 735 Mio. Menschen an chronischem Hunger und etwa 2 Mrd. Menschen haben keinen regelmäßigen Zugang zu ausreichender Ernährung. Gleichzeitig besteht eine globale Überproduktion an Nahrungsmitteln und es werden mehr Nahrungsmittel produziert, als tatsächlich konsumiert werden. Viele Pflanzen, die durchaus als hochwertige Nahrungsmittel für den Menschen geeignet wären – wie Mais, Soja oder Zuckerrüben – werden heute primär als Tierfutter oder zur Herstellung von Biokraftstoffen wie Ethanol verwendet. Zusätzlich gehen etwa ein Drittel aller produzierten Nahrungsmittel zwischen Feld und Teller verloren oder werden verschwendet – mehr als 1 Mrd. t jährlich. Dies sind deutliche Hinweise darauf, dass Hunger heute weniger ein Produktions-, als vielmehr ein Verteilungs- und Zugangsproblem ist.
Ein wichtiger Faktor dabei ist die zunehmende Marktkonzentration in der Agrar- und Lebensmittelindustrie, die in den vergangenen Jahrzehnten dramatisch angestiegen ist. Vier Unternehmen kontrollieren ± 60 % des globalen Saatgutmarktes und über 70 % des Pestizidmarktes, darunter auch die deutschen Firmen BASF und Bayer. Allerdings sieht sich Bayer seit der Übernahme des US-amerikanischen Saatgut- und Herbizidherstellers Monsanto im Jahr 2018 mit massiven rechtlichen und finanziellen Problemen konfrontiert, insbesondere durch Tausende von Klagen wegen möglicher Gesundheitsrisiken des Unkrautvernichters Glyphosat.
Ähnliche Oligopole existieren in der Getreideverarbeitung und im Lebensmitteleinzelhandel. Diese Konzentration wirft wichtige Fragen hinsichtlich Marktmacht, fairer Preisbildung und der Resilienz des Ernährungssystems auf.

Bedrohte Vielfalt

Inmitten der beeindruckenden Produktivitätssteigerungen der modernen Landwirtschaft vollzieht sich ein stiller, aber dramatischer Verlust: das Verschwinden Tausender traditioneller Pflanzensorten, die über Generationen von Bauern und Bäuerinnen selektiert und bewahrt wurden. Diese genetische Erosion stellt nicht nur einen kulturellen Verlust dar, sondern gefährdet auch die Zukunftsfähigkeit und Resilienz unserer Ernährungssysteme. Der Erhalt alter Sorten ist daher eine der Schlüsselaufgaben für nachhaltige Entwicklung und Ernährungssicherheit im 21. Jh.

Das Ausmaß des Sortenschwundes ist erschreckend und beunruhigend. Nach Schätzungen der Welternährungsorganisation FAO sind seit Beginn des 20. Jh. ± 75 % der genetischen Vielfalt unserer Kulturpflanzen verloren gegangen. Dieser Verlust findet auf zwei Ebenen statt, wie die folgenden Zahlen verdeutlichen: Von den ± 7.000 Pflanzenarten, die in der Menschheitsgeschichte kultiviert wurden, tragen heute nur 30 Arten zu 95 % der weltweiten Kalorienversorgung bei. Doch selbst innerhalb dieser verbliebenen Arten findet ein weiterer dramatischer Diversitätsverlust statt. Ein anschauliches Beispiel stammt aus Deutschland: Hier wurden im 19. Jh. noch 1.500–2.000 verschiedene Apfelsorten angebaut – heute dominieren weniger als 15 Sorten den Markt. In China, wo historisch viele Tausend verschiedene Weizensorten angebaut wurden, nehmen wenige moderne Hochleistungssorten inzwischen über 90 % der Anbaufläche ein. Ähnliche Verluste sind bei praktisch allen wichtigen Kulturpflanzen zu verzeichnen.

Besonders gefährdet sind sogenannte »lokale Landsorten« – das sind Populationen von Kulturpflanzen, die durch natürliche Prozesse und die gezielte Selektion durch Bauern und Bäuerinnen an spezifische Umweltbedingungen und kulturelle Präferenzen angepasst wurden – ein Prozess, der oft seit Jahrhunderten andauert. Diese lokalen Landsorten zeichnen sich oft durch eine bemerkenswerte Widerstandsfähigkeit gegen ungünstige Umweltbedingungen aus und sind oft besonders widerstandsfähig gegenüber Krankheitserregern. Ihre Erträge sind oft nur moderat, aber selbst unter widrigen Umständen relativ stabil.

Die Konsequenzen dieser genetischen Erosion sind weitreichend und haben bereits zu dramatischen Folgen geführt. Der Verlust genetischer Vielfalt bedeutet den Verlust wertvoller Eigenschaften für künftige Züchtungsprogramme, etwa Resistenzen gegen neue Krankheiten oder Anpassungen an Klimaveränderungen.

Die berüchtigte »Große Hungersnot« in Irland (1845–1852) illustriert eindringlich die Gefahren genetischer Uniformität: Die durch den Pilz *Phytophthora infestans* verursachte Kraut- und Knollenfäule vernichtete die damals hauptsächlich angebaute Kartoffelsorte LUMPER und führte zu einer humanitären Katastrophe. Jüngere Beispiele zeigen, dass diese Gefahr keineswegs der Vergangenheit angehört: Der Erreger des Blattbrandes bei Reis, das Bakterium *Xanthomonas oryzae*, breitete sich in den 1960er-Jahren in Asien unter den neu eingeführten Hochleistungssorten aus. Diese erwiesen sich als besonders anfällig für den Erreger und bis zu 60 % der Ernten wurden vernichtet.

Aktuell steht die weltweite Bananenproduktion vor einer existenziellen Bedrohung: Der aggressive Pilz *Fusarium oxysporum* »Tropical Race 4« verursacht die Panamakrankheit und gefährdet die Bananen-Sorte CAVENDISH, von der über 95 % des globalen Bananenexports abhängen. Ohne wirksame Behandlungsmöglichkeiten – die es bisher nicht gibt – könnte dieser Erreger die gesamte Bananenindustrie lahmlegen.

Hoffnung bieten jedoch einige alte Bananensorten, die sich als resistent gegen den Pilz erwiesen haben. Da diese alten Sorten für den kommerziellen Anbau ungeeignet sind, konzentrierte sich die Forschung darauf, ihre Resistenzgene in kommerzielle Sorten wie CAVENDISH zu übertragen. Mitte der 2020er-Jahre gelang dieser Durchbruch, und die ersten resistenten Sorten erhielten ihre Zulassung. Ob diese wissenschaftlichen Fortschritte langfristig ausreichen werden, um die Krankheit erfolgreich zurückzudrängen, wird sich erst in den kommenden Jahren zeigen – ebenso wie die Frage, ob die neuen, gentechnisch veränderten Sorten auch von den Verbrauchern akzeptiert werden.

BRANDYWINE-Tomate

Neben den wirtschaftlichen Schäden droht auch ein Verlust kultureller Werte. Alte Sorten sind oft eng mit der regionalen Vielfalt und lokalen Identitäten verbunden und erzählen die Geschichte ihrer Herkunftsregionen. Die Toskana ist untrennbar mit traditionellen Bohnen-Sorten wie ZOLFINO oder SORANA verbunden, während Grünkohl-Sorten wie LERCHENZUNGE oder OSTFRIESISCHE PALME Teil der norddeutschen Identität sind.

Infolge der Panamakrankheit welkende Bananenpflanze

Mit dem Verschwinden dieser Sorten geht auch jahrhundertealtes traditionelles Wissen über ihre Kultivierung, Zubereitung und medizinische Nutzung verloren. Gleichzeitig bieten alte Sorten auch enormes Potenzial für Nischenmärkte, regionale Spezialitäten und die Entwicklung neuer Produkte. Der Tomaten-Kultivar BRANDYWINE, eine fast vergessene amerikanische Züchtung, erzielte aufgrund seines herausragenden Geschmacks eine bemerkenswerte Renaissance und wird heute zu Premium-Preisen vermarktet. Ähnliches gilt für alte Paprika-Sorten wie den spanischen PIMIENTO DE PADRÓN oder blaufleischige Kartoffelsorten wie BLAUER SCHWEDE.

Patente auf genetische Ressourcen von Landsorten, die Generationen von Bauern und Bäuerinnen in mühsamer Arbeit gezüchtet haben, führen zu einer Form der »Biopiraterie«, bei der traditionelles Wissen kommerzialisiert wird. Landwirt:innen, deren Vorfahren seit vielen Generationen Saatgut tauschen und weiterzüchten, werden plötzlich mit komplizierten rechtlichen Einschränkungen konfrontiert und dürfen bestimmte Sorten nicht mehr anpflanzen. Abkommen wie der »Internationale Vertrag über pflanzengenetische Ressourcen« von 2004 versuchen deshalb einen Ausgleich zwischen dem Schutz traditioneller Rechte und wirtschaftlichen Interessen zu schaffen.

Aber auch jede und jeder Einzelne kann zur Erhaltung der Diversität unserer Kulturpflanzen beitragen: Eine wichtige Rolle für den Erhalt der Sortenvielfalt spielen die Kaufentscheidungen der Verbraucher:innen, da die Nachfrage nach traditionellen Sorten den

Eingang des »Svalbard Global Seed Vault«

Tiefgekühlter Innenraum mit Saatgutcontainern

Anbau wirtschaftlich attraktiv macht und Anreize für die Landwirt:innen schafft, diese zu kultivieren. Ergänzend und unterstützend wirken Bildungsinitiativen wie Schulgärten mit alten Sorten, Kochkurse und bunte Saatgutfestivals, die das öffentliche Bewusstsein schärfen und es Menschen ermöglichen, die Geschichte und den Geschmack traditioneller Lebensmittel wiederzuentdecken.

Die zunehmende Wertschätzung alter Sorten verbindet kulturelles Erbe mit Zukunftsvorsorge. Indem traditionelle Sorten erhalten und aktiv in moderne Ernährungssysteme integriert werden, wird das genetische Reservoir, das die Menschheit über Jahrtausende aufgebaut hat, bewahrt und wichtige Optionen für künftige Generationen offengehalten.

Neben solchen konsumentengestützten Ansätzen haben sich in den letzten Jahren weltweit zahlreiche weitere Initiativen zum direkten Erhalt bedrohter Sorten und Arten formiert, die zwei Hauptstrategien verfolgen: Die »In-situ-Konservierung« erhält Sorten in ihrer natürlichen Umgebung und ermöglicht die fortgesetzte gemeinsame Entwicklung von Pflanzen und Umwelt sowie die kontinuierliche Anpassung an veränderte Bedingungen. Beispiele für diesen Ansatz finden sich weltweit: In Peru haben traditionelle Gemeinschaften in der Region Cusco sogenannte »Parques de las Papas« (»Kartoffelparks«) eingerichtet, in denen über 1.300 verschiedene Kartoffel-Sorten angebaut und bewahrt werden. In Europa zeigt das Netzwerk »Arche Noah« aus Österreich mit seinen zahlreichen Erhaltungsgärten, wie erfolgreich private Initiativen sein können. In ihren Gärten werden mehr als 6.000 gefährdete Kulturpflanzensorten angebaut und für nachfolgende Generationen bewahrt.

Bei der 2. Strategie, der sogenannten »Ex-situ-Konservierung«, wird in Genbanken und botanischen Gärten Saatgut oder vegetatives Material unter kontrollierten Bedingungen aufbewahrt. Die weltweit größte und wichtigste Sammlung ist das 2008 eröffnete »Svalbard Global Seed Vault« auf Spitzbergen, das wie eine eingefrorene »Arche Noah« 4,5 Mio. Saatgutproben sichern kann.

Die Beispiele verdeutlichen, dass die Diversität alter Sorten nicht nur unsere Geschichte repräsentiert, sondern auch das Zukunftspotenzial für resiliente, angepasste und kulturell reichhaltige Nahrungssysteme in einer Welt des beschleunigten Wandels bildet.

Landwirtschaft im 21. Jahrhundert: Nachhaltige Intensivierung

Die nachhaltige Produktion von Nahrungspflanzen stellt eine der zentralen Herausforderungen des 21. Jh. dar. Klimawandel, schwindende biologische Vielfalt, knapper werdende Ressourcen und eine weiter wachsende Weltbevölkerung zwingen uns dazu, unsere Ernährungssysteme von Grund auf zu überdenken. Das Konzept der Nachhaltigkeit im Kontext des Pflanzenanbaus umfasst dabei wesentlich mehr als nur Umwelt- und Naturschutzaspekte – es verbindet ökologische, ökonomische und soziale Dimensionen.

Besonders die ökologischen Folgen des intensiven Pflanzenanbaus bereiten Wissenschaftler:innen und Landwirt:innen zunehmend Sorgen. Bodendegradation, Wasserknappheit und der dramatische Verlust biologischer Vielfalt gefährden langfristig die Grundlagen unserer Nahrungsmittelproduktion. Doch wie genau zeigt sich diese Bedrohung?

Der Rückgang der Artenvielfalt durch moderne landwirtschaftliche Methoden zeigt sich auf verschiedenen Ebenen. Die Expansion landwirtschaftlicher Flächen zerstört natürliche Habitate. Während die Landnutzungsänderungen in den vergangenen Jahrhunderten vor allem in den Industrieländern stattfanden, gehen ± 80 % der jüngsten Entwaldung auf das Konto der Ausweitung landwirtschaftlicher Flächen in den artenreichen Tropen. Dort, wo einst üppige Wälder mit Tausenden von Arten standen, erstrecken sich heute monotone Ackerflächen. Intensive Monokulturen und der Einsatz chemischer Pflanzenschutzmittel reduzieren die Artenvielfalt in Agrarlandschaften dramatisch. Ein besonders alarmierendes Beispiel ist der Rückgang von Bestäubern wie Wildbienen – dabei sind viele Kulturpflanzen auf diese fleißigen Helferinnen angewiesen. Ohne sie würden unsere Obstbäume nicht blühen und unsere Gemüsegärten kümmerlich wirken.

Ebenso kritisch ist die Situation bei den Grundlagen allen Pflanzenwachstums – bei Boden und Wasser: Weltweit sind etwa ein Drittel der landwirtschaftlichen Böden mäßig bis stark degradiert durch Erosion, Versalzung, Verdichtung und den Schwund von wertvollem Humus. Gleichzeitig verschlingt die Landwirtschaft etwa 70 % des global genutzten Süßwassers, hauptsächlich für die Bewässerung der Felder. In vielen Regionen übersteigt die Wasserentnahme bereits heute die natürliche Erneuerungsrate, was zu einem teilweise dramatischen Absinken des Grundwasserspiegels führt.

Pestizide, die in der konventionellen Landwirtschaft – insbesondere beim Anbau der neuen herbizidresistenten Sorten – zum Schutz vor Schädlingen und Krankheiten eingesetzt werden, können als Rückstände auf und in pflanzlichen Lebensmitteln verbleiben und stellen eine potenzielle Gesundheitsgefahr dar. Natio-

Einsatz von Herbiziden in einer Agrarwüste

nale und europäische Behörden überwachen zwar regelmäßig die Pestizidrückstände in Obst und Gemüse und legen Höchstmengen fest, die nicht überschritten werden dürfen – dennoch zeigen Studien, dass auch geringe Konzentrationen bei langfristiger Aufnahme negative gesundheitliche Auswirkungen haben können. Besonders problematisch sind dabei Mehrfachrückstände verschiedener Wirkstoffe, deren Wechselwirkungen noch nicht vollständig erforscht sind.
Gründliches Waschen und Schälen kann die Rückstandsbelastung reduzieren – und der Griff zu biologisch angebauten Produkten das Risiko einer Pestizidbelastung über Lebensmittel deutlich minimieren.
Ein weiteres Problem stellt der exzessive Einsatz von Düngemitteln dar. Stickstoffdünger, dessen weltweiter Verbrauch von unter 12 Mio. t im Jahr 1961 auf ± 110 Mio. t im Jahr 2022 anstieg, trägt durch die Auswaschung in Gewässer zur Eutrophierung bei und heizt über Lachgasemissionen den Klimawandel an. Diese Zahlen verdeutlichen eine fast 10-fache Steigerung des Stickstoffeintrags in nur sechs Jahrzehnten – ein Tempo, mit dem die Natur nicht Schritt halten kann.
Wie lässt sich dieser Gordische Knoten lösen? Die Herausforderung nachhaltiger Pflanzenproduktion besteht darin, diese vielfältigen ökologischen und sozioökonomischen Aspekte anzugehen, während gleichzeitig ausreichende Nahrungsmittel für eine wachsende Weltbevölkerung erzeugt werden müssen. Wissenschaftler:innen haben für dieses scheinbar unlösbare Dilemma einen Begriff geprägt: »nachhaltige Intensivierung«. Dieses Konzept beschreibt das ambitionierte Ziel, die Produktion zu erhalten oder zu steigern, während gleichzeitig negative Umweltauswirkungen reduziert und soziale Gerechtigkeit gefördert werden. Es ist der Versuch, den scheinbaren Widerspruch zwischen »mehr produzieren« und »Umwelt schonen« aufzulösen.

Klimawandel und Ernährungssicherheit

Klimawandel

Auch Klimawandel und globale Ernährungssicherheit stehen in einer komplexen Wechselbeziehung. Während die Landwirtschaft selbst erheblich zum Klimawandel beiträgt, reagiert sie gleichzeitig empfindlich auf Klimaveränderungen.
Diese dramatischen Veränderungen beginnen bereits heute, die globale Landkarte der Nahrungsmittelproduktion umzuzeichnen. Die Ausbreitung von wärmeliebenden Kulturpflanzen in kühlere Regionen – Oliven in Großbritannien oder Wein in Südschweden – illustrieren diese Verschiebungen eindrucksvoll. Während sich manche Anbaugürtel polwärts verschieben, könnten andere Anbauregionen für bestimmte Kulturen ungeeignet werden. In Skandinavien könnten sich die für Weizen geeigneten Flächen bis 2050 verdoppeln, während es in Teilen Südeuropas so trocken werden könnte, dass ohne künstliche Bewässerung praktisch nichts mehr angebaut werden kann.
Besonders beunruhigend ist das Tempo der Erwärmung: Seit der vorindustriellen Zeit ist die globale Durchschnittstemperatur bereits um 1,1–1,4 °C angestiegen und das Tempo der Erwärmung nimmt beständig und rasant zu. Die Analyse der jährlichen Mitteltemperaturen zeigt, dass 2024 erstmals die kritische Schwelle von 1,5 °C über dem vorindustriellen Niveau erreicht wurde. Sollten die gegenwärtigen klimapolitischen Maßnahmen unverändert fortgeführt werden, prognostizieren Wissenschaftler:innen einen Temperaturanstieg von

2,7–3,1 °C bis zum Jahr 2100. Diese dramatische Erwärmung bringt – zusätzlich zu den zahlreichen anderen schwerwiegenden Konsequenzen für Mensch und Umwelt – auch bedeutende Veränderungen für das Pflanzenwachstum und die globale Nahrungsmittelproduktion mit sich.

Bedrohung für die globale Ernährungssicherheit

Jede Pflanze besitzt einen spezifischen Temperaturbereich für optimales Wachstum. Unser wichtigstes Grundnahrungsmittel Weizen gedeiht am besten bei Temperaturen, die während der Wachstumsphase bei 15–20 °C liegen, Reis bei 20–35 °C und Mais bei 18–32 °C. Temperaturen oberhalb dieser optimalen Bereiche verkürzen die Entwicklungsphasen der Pflanzen, beschleunigen die Reifung und reduzieren dadurch die Erntemenge. Besonders kritisch sind Hitzewellen während sensibler Entwicklungsphasen wie der Blüte oder der Phase der Kornfüllung, wenn sich die Getreidekörner entwickeln. Temperaturen über 35 °C während der Bestäubung können bei Mais zu einer Reduktion der Kornzahl um bis zu 80 % führen. Weizen erleidet erhebliche Ertragseinbußen, wenn die Temperaturen während der Kornfüllung auf über 30 °C ansteigen. Laborexperimente deuten beunruhigende Entwicklungen an: Die Erträge von Mais könnten um 7 %, die von Weizen um 6 % und die von Reis um 3 % pro 1 °C Erwärmung zurückgehen.

Noch schwerwiegender könnten sich die wandelnden Niederschlagsmuster auswirken. Während die globale Niederschlagsmenge vermutlich leicht zunehmen wird, verschärft sich die regionale Ungleichverteilung – nasse Regionen werden tendenziell nasser, während trockene Regionen noch trockener werden. Gleichzeitig nehmen extreme Niederschlagsereignisse an Häufigkeit und Intensität zu, was das Risiko für zerstörerische Überschwemmungen und Bodenerosion erhöht. Parallel dazu steigt die Häufigkeit und Dauer von Dürreperioden in vielen Regionen, insbesondere in bereits trockenen Gebieten, stark an.

Der steigende CO_2-Gehalt der Atmosphäre hat einen direkten Einfluss auf die Pflanzen. Dieser ist von vorindustriellen 280 ppm auf aktuell über 420 ppm gestiegen. In kontrollierten Laborexperimenten führt erhöhtes CO_2 bei C_3-Pflanzen – das sind die meisten der global bedeutsamen Nutzpflanzen wie Weizen, Reis, Kartoffeln oder Hülsenfrüchte – zu einer gesteigerten Photosyntheserate und einer verbesserten Wassernutzungseffizienz. Dieser positive Effekt wird als »CO_2-Düngung« bezeichnet. Bei C_4-Pflanzen wie Mais oder Zuckerrohr ist dieser Effekt zwar ebenfalls vorhanden, fällt aber deutlich geringer aus.

Die Realität ist jedoch ernüchternd: In praxisnahen Freilandexperimenten fallen die Ertragsgewinne deutlich geringer aus als in kontrollierten Laborstudien. Außerdem nimmt die Nährstoffkonzentration, insbesondere von Proteinen, Zink und Eisen ab – ein bedenkliches Phänomen, das die Qualität der Nahrung verschlechtern könnte.

Die kumulativen Effekte des Klimawandels auf die globale Ernährungssicherheit sind alarmierend. Szenarien der Welternährungsorganisation FAO deuten darauf hin, dass ohne effektive Anpassungsmaßnahmen bis 2050 die Ernteerträge in manchen Regionen um 20–30 % zurückgehen könnten.

Besonders gefährdet sind dabei Länder mit geringer Anpassungskapazität in tropischen und subtropischen Regionen – genau jene Regionen, in denen auch in den nächsten Jahrzehnten noch ein signifikantes Bevölkerungswachstum erwartet wird. Die Zahl der Menschen, die von Hunger und Unterernährung bedroht sind, könnte durch klimabedingte Produktionsrückgänge deshalb um weitere 100–150 Mio. Menschen steigen. Besonders tragisch ist, dass sich die klimatischen Auswirkungen in ohnehin benachteiligten Regionen und bei vulnerablen Bevölkerungsgruppen besonders stark auswirken.

Die Landwirtschaft als Klimatreiberin

Die Landwirtschaft ist allerdings nicht nur Leidtragende, sondern auch Verursacherin des Klimawandels. Etwa 23 % der von Menschen verursachten Treibhausgasemissionen stammen aus der Land- und Forstwirtschaft. Die Hauptquellen sind dabei Methan (CH_4) aus Reisanbau und aus der Verdauung der Wiederkäuer, Lachgas (N_2O) aus gedüngten Böden, CO_2-Emissionen aus Entwaldung und Bodendegradation sowie der hohe Energieverbrauch, insbesondere für die Düngerproduktion. Die Expansion landwirtschaftlicher Flächen führt zur Umwandlung natürlicher Ökosysteme mit hoher Kohlenstoffspeicherkapazität in Agrarökosysteme, die deutlich weniger Kohlenstoff speichern können oder sogar Kohlenstoff freisetzen.

Strategien für eine klimaresiliente Landwirtschaft

Angesichts dieser Herausforderungen ist ein dualer Ansatz erforderlich: die Anpassung der Landwirtschaft an bereits unvermeidbare Klimaveränderungen bei gleichzeitiger Minderung der Treibhausgasemissionen. Die Anpassungsstrategien umfassen ein breites Spektrum technischer, landwirtschaftlicher und sozialer Innovationen.
Die verhältnismäßig leicht umzusetzenden Anpassungsstrategien umfassen die Optimierung von Anbauterminen und -methoden. In höheren Breiten kann eine frühere Aussaat längere Vegetationsperioden nutzen, während in wärmeren Regionen die Verlegung der Anbauperiode in kühlere Jahreszeiten hitzebedingte Ertragseinbußen reduzieren kann. Auch ein effizientes Wassermanagement gewinnt angesichts veränderter Niederschlagsmuster zentrale Bedeutung. Moderne wassersparende Tröpfchenbewässerung und Unterflurbewässerung verbessern die Wassernutzungseffizienz um beeindruckende 30–70 % im Vergleich zu konventionellen Methoden.
Intelligente Fruchtfolgen mit verschiedenen Kulturpflanzen und Mischkulturen bieten wirksamen Schutz vor wetter- und marktbedingten Risiken und optimieren die Nutzung der verfügbaren Ressourcen. Besonders wirkungsvoll sind mehrschichtige Agroforstsysteme, die günstigere Mikroklimata schaffen, Windgeschwindigkeiten reduzieren und die Bodenverdunstung minimieren. Die Landschaftsdiversifizierung durch Hecken, blühende Feldraine und strukturreiche Agroforststreifen verbessert zusätzlich wichtige Ökosystemdienstleistungen wie Bestäubung und natürliche Schädlingskontrolle.
Die moderne Pflanzenzüchtung spielt eine Schlüsselrolle bei der Entwicklung klimaresilienter Sorten. Die Identifizierung und Nutzung genetischer Ressourcen für Hitze- und Trockentoleranz hat in den letzten Jahren bemerkenswerte Fortschritte gemacht. So wurden z. B. Weizen-Sorten entwickelt, die selbst bei extremen Temperaturen bis zu 40 °C während der Kornfüllung noch akzeptable Erträge liefern. Neue Reisorten (Scuba) können vollständige Überflutungen von bis zu 17 Tagen tolerieren – eine überlebenswichtige Eigenschaft angesichts zunehmender Extremniederschläge. Auch robuste Mais-Hybriden, die unter Wasserstress 20–30 % höhere Erträge liefern, verdeutlichen das enorme Potenzial moderner Züchtungsmethoden.
Die hier nur kurz skizzierten Ansätze verdeutlichen, dass vielfältige Möglichkeiten zur Anpassung der Landwirtschaft an den Klimawandel existieren. Damit sie jedoch nach-

haltige Wirkung entfalten können, müssen sie ökologisch verantwortungsvoll und sozial gerecht umgesetzt werden.

Klimaschutz durch nachhaltige Landwirtschaft

Parallel zu den Anpassungsmaßnahmen erfordert eine nachhaltige Sicherung der Ernährung auch die konsequente Minderung landwirtschaftlicher Treibhausgasemissionen. Hier bieten sich verschiedene vielversprechende Wege an.
Besonders dringlich sind die Reduzierung von Entwaldung und Landnutzungsänderungen, die ein enormes Potenzial zur Emissionsvermeidung bieten. Durch nachhaltige Intensivierung bestehender landwirtschaftlicher Flächen – mit verbesserten Anbaumethoden, klimaangepassten Sorten und optimiertem Management – kann die Notwendigkeit zusätzlicher Rodungen reduziert werden. Die gezielte Wiederherstellung degradierter Landschaften durch Aufforstung, Agroforstwirtschaft oder mehrjährige Bepflanzung kann erhebliche Mengen Kohlenstoff binden.
Die Verbesserung der Kohlenstoffbindung in landwirtschaftlichen Böden fördert sowohl Klimaschutz als auch Bodengesundheit. Die internationale »4 per 1.000«-Initiative verfolgt einen auf den ersten Blick verblüffend einfachen Ansatz: Ihre Berechnungen zeigen, dass bereits eine jährliche Erhöhung des Bodenkohlenstoffs um 0,4 % ausreichen könnte, um die weltweiten anthropogenen CO_2-Emissionen zu kompensieren. Erreicht werden soll dies u. a. durch nachhaltige Bewirtschaftungsmethoden wie »Conservation Agriculture«, Permakultur oder kontrollierte Beweidung, mit denen sich organischer Kohlenstoff im Boden speichern lässt. Diese Strategie gilt jedoch als äußerst anspruchsvoll, da die Kohlenstoffspeicherkapazität der Böden begrenzt ist und gespeicherter Kohlenstoff bei unsachgemäßer Bewirtschaftung wieder freigesetzt werden kann.
Die Optimierung des Stickstoffmanagements kann Lachgasemissionen deutlich reduzieren – ein besonders problematisches Treibhausgas mit 273-fach höherem Erwärmungspotenzial als CO_2 (bezogen auf einen Zeitraum von 100 Jahren). Die verstärkte Integration von Schmetterlingsblütlern wie Sojabohnen oder Klee in Fruchtfolgen reduziert den Bedarf an energieintensiven synthetischen Stickstoffdüngern, da diese Pflanzen Stickstoff mithilfe ihrer symbiotischen Bakterien selbst fixieren können.
Auch die Reduktion von Methanemissionen aus dem Nassreisanbau ist von großer Bedeutung, da dieser etwa 10 % der globalen landwirtschaftlichen Treibhausgasemissionen verursacht. Die innovative intermittierende Bewässerung – also das gezielte Trockenfallenlassen der Felder während der Vegetationsperiode – kann Methanemissionen beim Reisanbau um beachtliche 40–70 % reduzieren, allerdings mit potenziell erhöhten Lachgas-Emissionen.

Klimagerechtigkeit und individuelle Verantwortung

Bei allen technischen Möglichkeiten zur Vermeidung und Anpassung sollte ein fundamentaler ethischer Aspekt nicht übersehen werden: Klimagerechtigkeit. Die Verantwortung für die historischen Emissionen liegt hauptsächlich bei den Industrieländern, während die negativen Auswirkungen des Klimawandels auf die Landwirtschaft vor allem ärmere Entwicklungsländer treffen. Die Bereitstellung finanzieller, technologischer und bildungsbezogener Unterstützung für gefährdete Regionen ist daher nicht nur pragmatisch, sondern auch ethisch geboten.
Doch nicht nur die globale Politik ist gefragt – auch jede und jeder Einzelne kann durch

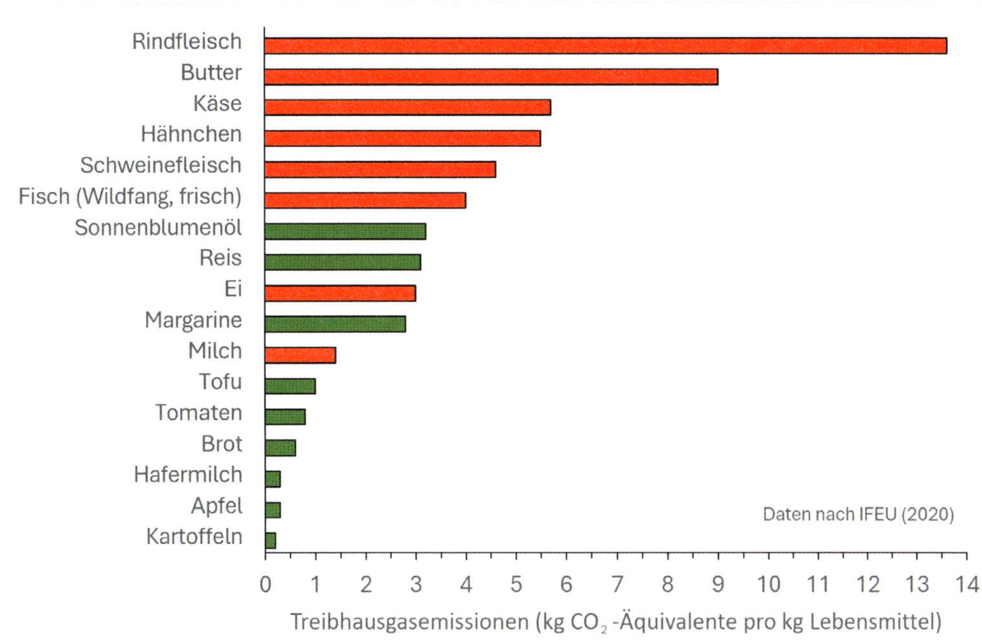

Ökologische Fußabdrücke von Lebensmitteln in Deutschland

bewusste Ernährungsentscheidungen einen wichtigen Beitrag leisten. Unsere Ernährung trägt in den westlichen Industriestaaten nämlich 15–25 % zu den CO_2-Emissionen bzw. unserem ökologischen Fußabdruck bei. Dabei ist der ökologische Fußabdruck von tierischen Produkten um ein Vielfaches höher als der von pflanzlichen Alternativen: Die Produktion von einem Kilogramm Rindfleisch verursacht 14–60 kg CO_2-Äquivalente, verglichen mit nur 0,9–2 kg für ebenfalls proteinreiche Hülsenfrüchte.

Mit seinen persönlichen Essgewohnheiten beeinflusst jeder Mensch den eigenen ökologischen Fußabdruck – und kann ihn gezielt verringern: Ernährungsumstellungen hin zu mehr pflanzenbasierten Ernährungsweisen bieten eine relativ einfache Möglichkeit, den individuellen ökologischen Fußabdruck und die individuellen Treibhausgasemissionen deutlich zu reduzieren – und dabei gleichzeitig gesünder zu leben.

Nährstoffe und funktionelle Inhaltstoffe

Kohlenhydrate

Kohlenhydrate bilden neben Proteinen und Fetten einen der drei Hauptnährstoffe der menschlichen Ernährung und dienen vor allem als Energiequellen für Körper und Gehirn. Sie lassen sich in mehrere Gruppen unterteilen, die unterschiedliche Eigenschaften und Wirkungen im menschlichen Körper entfalten.

Monosaccharide (Einfachzucker): Diese einfachen, süß schmeckenden Zuckermoleküle wie Glucose (Traubenzucker) und Fructose (Fruchtzucker) können direkt vom Körper aufgenommen werden. In reiner Form kommen sie in Pflanzen eher selten vor, sind aber in manchen reifen Früchten, einigen Gemüsesorten sowie in Honig enthalten. Glucose stellt die primäre Energiequelle für das Gehirn und die Muskulatur dar und ist ein zentrales Molekül im Energiestoffwechsel aller Zellen.

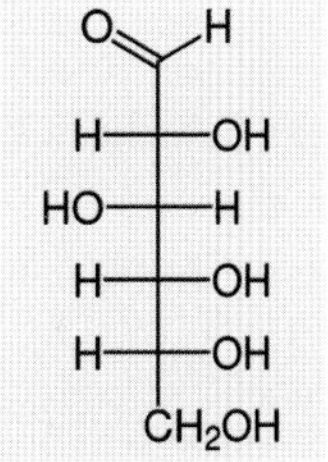

D-Glucose

Disaccharide (Zweifachzucker): Diese bestehen aus 2 verbundenen Einfachzuckern. Der bekannteste Vertreter ist Saccharose (Haushaltszucker), ein Molekül aus Glucose und Fructose, das in hoher Konzentration in Zuckerrohr und Zuckerrübe vorkommt.

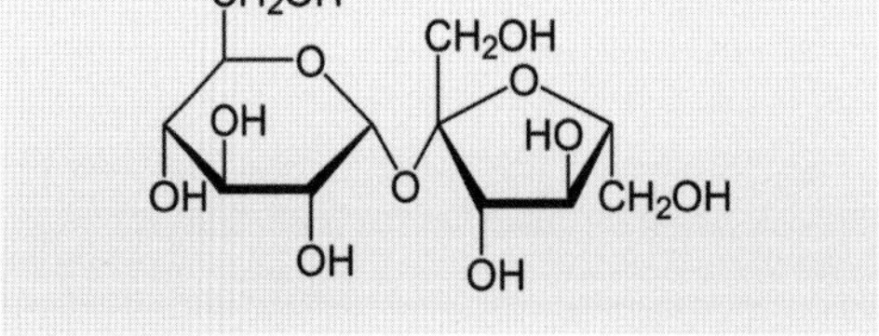

Saccharose

Weitere wichtige Disaccharide sind Maltose (Malzzucker), die während der Keimung von Getreide entsteht, und Lactose (Milchzucker), die praktisch ausschließlich tierischen Ursprungs ist.

Oligosaccharide: Diese mittellangen Moleküle aus 3–10 Zuckereinheiten kommen in vielen Pflanzen vor, wie etwa Raffinose in Hülsenfrüchten oder Stachyose in Sojabohnen. Da der menschliche Dünndarm keine passenden Enzyme besitzt, um diese Verbindungen vollständig aufzuspalten, gelangen sie teilweise unverdaut in den Dickdarm, wo sie von Bakterien genutzt werden.

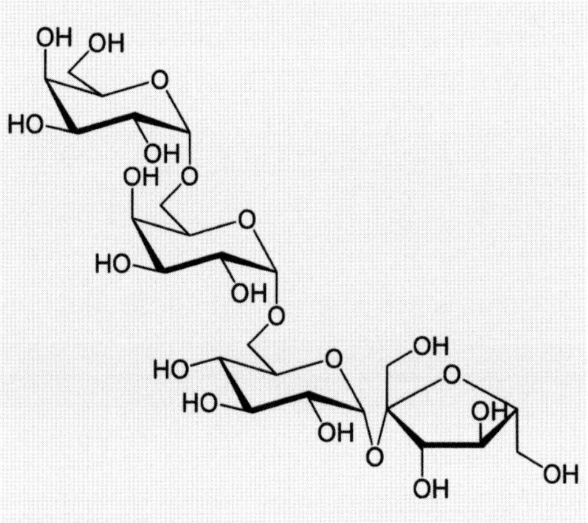

Stachyose, ein Oligosaccharid aus 4 Zuckereinheiten

Polysaccharide: Diese komplexen Kohlenhydrate bestehen aus langen Ketten von Zuckermolekülen und lassen sich weiter unterteilen:

Stärke ist das wichtigste Speicherpolysaccharid in Pflanzen und besteht aus langen Glucose-Ketten, die verzweigt (Amylopektin) oder unverzweigt (Amylose) sein können. Sie kommt in besonders hoher Konzentration in Getreidekörnern, Kartoffeln, den fleischigen Wurzeln von Maniok und verschiedenen Früchten vor. Stärke kann durch menschliche Verdauungsenzyme in ihre Glucose-Bausteine zerlegt und als Energie genutzt werden.

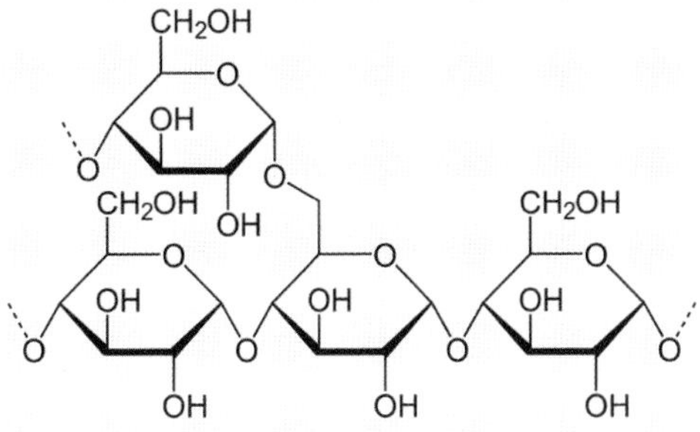

Amylopektin

Ballaststoffe umfassen verschiedene pflanzliche Polysaccharide, die vom menschlichen Verdauungssystem nicht oder nur teilweise abgebaut werden können. Hierzu zählen Cellulose (der Hauptbestandteil pflanzlicher Zellwände), Hemicellulose, Pektine und Inulin. Besonders ballaststoffreich sind Vollkornprodukte, Hülsenfrüchte sowie viele Wurzelgemüse und Früchte.

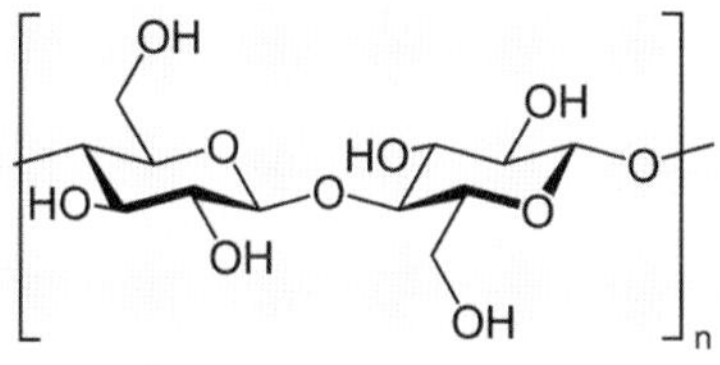

Cellulose, n = 100–10.000

Obwohl Ballaststoffe von Menschen nicht direkt verdaut werden können, erfüllen sie wichtige physiologische Funktionen im Verdauungstrakt und beeinflussen Sättigungsgefühl, Blutzuckerspiegel und Darmgesundheit. Sie sind eine wichtige Nahrungsquelle für nützliche Darmbakterien und können diese gezielt fördern, wodurch sie zu einem gesunden und stabilen »Darmmikrobiom« beitragen.

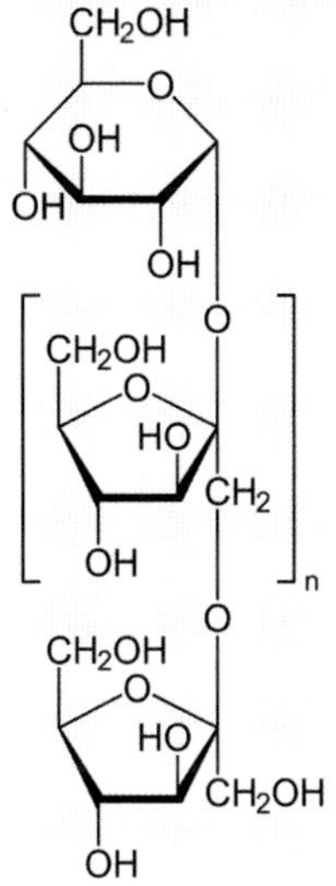

Inulin, n = ± 35

Diese positiven Wirkungen von Ballaststoffen werden als »präbiotische Wirkung« bezeichnet. Ballaststoffe werden insbesondere von Bakterienstämmen wie Bifidobakterien und Laktobazillen fermentiert, wodurch kurzkettige Fettsäuren entstehen, die nicht nur die Darmschleimhaut stärken, sondern auch entzündungshemmende Eigenschaften besitzen. Da bei der Verdauung durch die Darmbakterien Gase wie Wasserstoff, Methan und Kohlendioxid entstehen, kann es allerdings zu Blähungen kommen.

Die verschiedenen Kohlenhydratformen unterscheiden sich erheblich in ihrer Wirkung auf den menschlichen Stoffwechsel. Einfache Zucker werden schnell aufgenommen und führen zu einem raschen Anstieg des Blutzuckerspiegels, gefolgt von einer verstärkten Insulinausschüttung. Komplexe Kohlenhydrate wie Stärke werden dagegen langsamer verdaut und bewirken einen moderateren, länger anhaltenden Blutzuckeranstieg.

Diese unterschiedlichen Verdauungs- und Aufnahmegeschwindigkeiten lassen sich durch den sogenannten »glykämischen Index« (GI) beschreiben. Dieser gibt an, wie stark ein kohlenhydrathaltiges Lebensmittel den Blutzuckerspiegel im Vergleich zu reiner Glucose (GI = 100) erhöht. Lebensmittel mit niedrigem GI wie Vollkornprodukte, Hülsenfrüchte und viele Wurzelgemüse führen zu einer langsameren, gleichmäßigeren Energiebereitstellung. Besonders für Menschen mit Diabetes oder Insulinresistenz sind solche Lebensmittel empfehlenswert. Zudem sättigen sie besser und beugen Heißhungerattacken vor.

Im Gegensatz dazu lassen Produkte mit hohem GI wie aus Weißmehl hergestellte Backwaren oder gezuckerte Getränke den Blutzuckerspiegel schnell ansteigen und ebenso schnell wieder abfallen, was bei häufigem Konsum das Risiko für Übergewicht und Stoffwechsel-Erkrankungen erhöhen kann.

Fette

Pflanzenfette bzw. Öle gehören zu den ältesten und wertvollsten Rohstoffen, die Menschen aus der Natur gewinnen. Als konzentrierte Energiequellen und Träger lebenswichtiger essenzieller Fettsäuren und Vitamine spielen sie eine fundamentale Rolle in der menschlichen Ernährung. Gleichzeitig geht ihr Nutzen weit darüber hinaus: Die vielseitigen pflanzlichen Öle finden Anwendungen in der Medizin, der Kosmetikindustrie, als Brennstoffe und als industrielle Rohstoffe. Pflanzliche Fette bestehen hauptsächlich aus Triglyceriden – komplexen Molekülen, bei denen drei Fettsäuren an ein Glycerin-Molekül gebunden sind. Die charakteristischen Eigenschaften eines Fettes werden maßgeblich durch die Art der enthaltenen Fettsäuren bestimmt, die sich in ihrer Kettenlänge und dem Vorhandensein von Doppelbindungen unterscheiden. Diese strukturellen Unterschiede führen zu unterschiedlichen physikalischen und ernährungsphysiologischen Eigenschaften. Eine grundlegende Klassifizierung erfolgt nach dem Sättigungsgrad der Fettsäuren:

Gesättigte Fettsäuren enthalten keine Doppelbindungen zwischen den Kohlenstoffatomen. Sie zeichnen sich durch eine besonders hohe Stabilität gegen Oxidation aus und werden daher nur langsam ranzig. Wenn sie in höheren Anteilen konsumiert werden, kann dies zu einem Anstieg des »schlechten« LDL-Cholesterins im Blut führen.

In pflanzlichen Ölen finden sich gesättigte Fettsäuren besonders reichlich in tropischen Ölen wie Kokosöl (Laurinsäure) oder Palmöl und Palmkernöl (Palmitinsäure), während die meisten gängigen Pflanzenöle – im Gegensatz zu tierischen Fetten – vergleichsweise geringe Mengen davon enthalten.

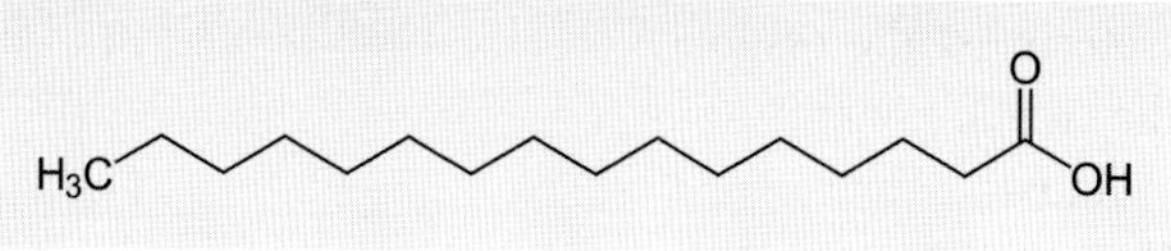

Palmitinsäure

Einfach ungesättigte Fettsäuren besitzen eine Doppelbindung. Die prominenteste Vertreterin ist die Ölsäure, die in besonders hoher Konzentration in Olivenöl (bis zu 83 %), Rapsöl, Avocadoöl und Haselnussöl vorkommt. Einfach ungesättigte Fettsäuren gelten als ernährungsphysiologisch besonders wertvoll, da sie das LDL-Cholesterin senken können, ohne das schützende HDL-Cholesterin zu reduzieren. Darüber hinaus sind sie vergleichsweise hitzestabil und daher gut zum Kochen und Braten geeignet.

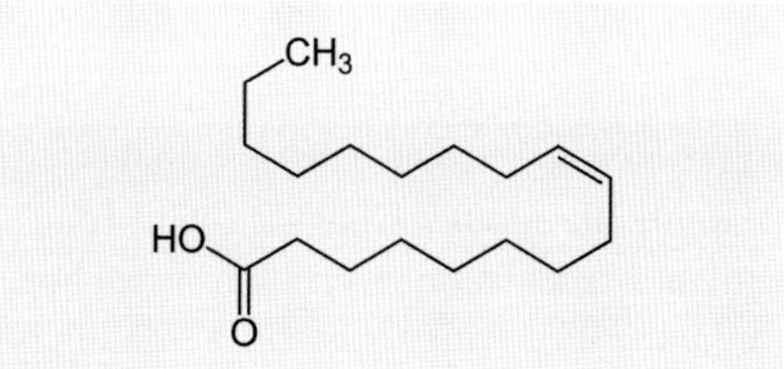

Ölsäure

Mehrfach ungesättigte Fettsäuren enthalten zwei oder mehr Doppelbindungen. Sie sind dadurch besonders anfällig für Oxidation, werden schnell ranzig und sind empfindlich gegenüber hohen Temperaturen. Daher eignen sie sich nicht besonders gut zum Braten oder Frittieren. Interessanterweise haben ölreiche Samen oder Früchte, die viele mehrfach ungesättigte Fettsäuren enthalten, oft spezielle Schutzmechanismen entwickelt, um die empfindlichen Moleküle zu schützen: Sie enthalten meist hohe Konzentrationen an antioxidativ wirkenden Verbindungen wie Vitamin E oder Polyphenolen. Diese wertvollen Antioxidantien gehen teilweise ins Öl über und erhöhen dessen gesundheitlichen Wert.

Die mehrfach ungesättigten Fettsäuren lassen sich in zwei Hauptgruppen unterteilen:

Omega-3-Fettsäuren: Die wichtigste Vertreterin ist die essenzielle α-Linolensäure, die sich in höherer Konzentration in Leinöl, Walnussöl, Chiasamen und Rapsöl findet.

Omega-6-Fettsäuren: Die wichtigste Vertreterin ist die essenzielle Linolsäure, die besonders reichlich in Sonnenblumenöl, Distelöl, Maiskeimöl und Sojaöl vorkommt.

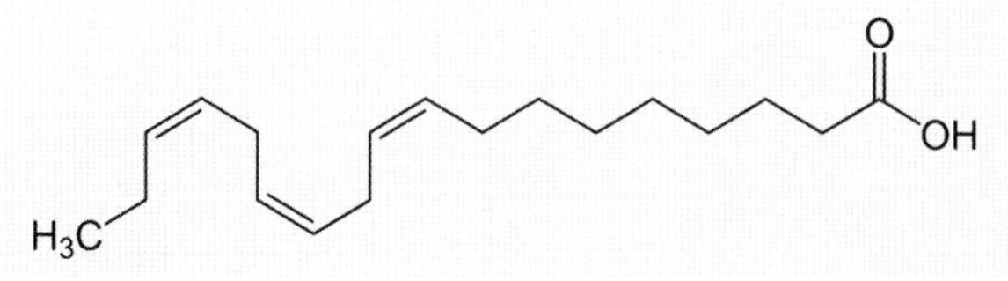

α-Linolensäure

Während Omega-6-Fettsäuren in hohen Mengen entzündungsfördernd wirken können, gelten Omega-3-Fettsäuren als entzündungshemmend. Problematisch ist, dass eine typische westliche Ernährung oft ein Vielfaches an Omega-6- im Vergleich zu Omega-3-Fettsäuren enthält. Ernährungsexpert:innen empfehlen daher, gezielt Öle mit einem hohen Omega-3-Anteil zu verwenden.

Das aktuelle ernährungswissenschaftliche Verständnis betont die Qualität der aufgenommenen Fette stärker als deren Gesamtmenge. Während eine übermäßige Aufnahme gesättigter und trans-Fettsäuren (die durch industrielle Härtung von Pflanzenfetten entstehen) mit einem erhöhten Risiko für Herz-

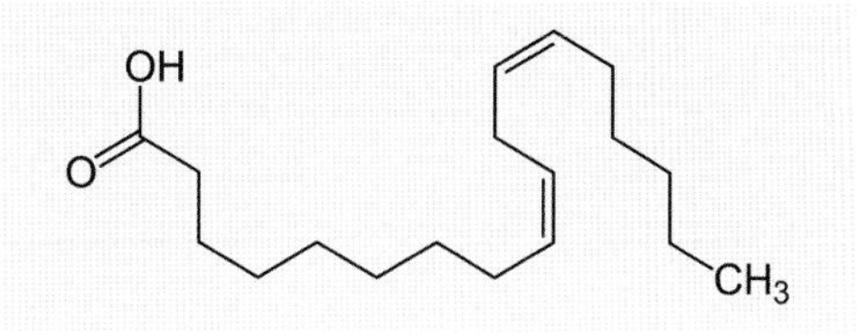

Linolsäure

Kreislauf-Erkrankungen verbunden ist, gelten einfach und mehrfach ungesättigte Fettsäuren als gesundheitsfördernd. Besonders die mediterrane Ernährungsweise, die reich an Olivenöl ist, wird mit einem reduzierten Risiko für zahlreiche chronische Erkrankungen in Verbindung gebracht.

Die Deutsche Gesellschaft für Ernährung empfiehlt, dass weniger als ein Drittel der täglichen Energiezufuhr aus Fetten stammen sollte. Von den aufgenommenen Fetten sollte der Anteil gesättigter Fettsäuren weniger als ein Drittel und der Anteil der mehrfach ungesättigten Fettsäuren bis zu einem Drittel ausmachen. Expert:innen raten außerdem, dass das Verhältnis von Omega-6-Fettsäuren zu Omega-3-Fettsäuren 5:1 nicht überschreiten sollte – es liegt in der westlichen Ernährung jedoch oft bei 15:1 oder höher, was mit einem erhöhten Risiko für Entzündungsprozesse in Verbindung gebracht wird.

Neben den Fettsäuren als Hauptbestandteil enthalten viele pflanzliche Öle weitere biologisch aktive Substanzen wie Phytosterine, die eine cholesterinsenkende Wirkung besitzen, fettlösliche Vitamine (insbesondere Vitamin E und K) sowie sekundäre Pflanzenstoffe wie Polyphenole.

Die ernährungsphysiologische Bedeutung pflanzlicher Öle ist vielschichtig und eng mit der Zusammensetzung der enthaltenen Fettsäuren verbunden. Fette erfüllen im menschlichen Körper zahlreiche wichtige Funktionen: Als Energiequellen stellen sie mit 9 kcal / g mehr als doppelt so viel Energie bereit wie Kohlenhydrate oder Proteine (je 4 kcal / g). Fette dienen dem menschlichen Körper als konzentrierte Energiereserve, die bei Nahrungsmangel mobilisiert werden kann. Allerdings müssen sie im Körper zunächst in ihre Bestandteile zerlegt werden, weshalb es vergleichsweise lange dauert, bis die Energie aus Fetten tatsächlich zur Verfügung steht. Außerdem ermöglichen Fette die Aufnahme der fettlöslichen Vitamine A, D, E und K – sie verbessern deren Bioverfügbarkeit erheblich. Insbesondere Vitamin E, ein wichtiges Antioxidans, kommt auch in vielen pflanzlichen Ölen in nennenswerten Mengen vor.

Proteine

Proteine, auch als »Eiweiße« bekannt, werden von unserem Organismus für den Aufbau und die Regeneration von Gewebe benötigt. Als Enzyme fungieren sie als biologische Katalysatoren und steuern praktisch alle biochemischen Reaktionen von Pflanzen und Tieren. Den Hauptanteil an pflanzlichen Proteinen liefern Pflanzen aus der Familie der *Fabaceae*, auch bekannt als Schmetterlingsblütler oder Hülsenfrüchtler. Diese Pflanzenfamilie zeichnet sich durch eine im Pflanzenreich nahezu einzigartige Fähigkeit aus: Sie kann durch eine Symbiose mit Knöllchenbakterien der Gattung *Rhizobium* atmosphärischen Stickstoff binden. Diese außergewöhnliche Eigenschaft ermöglicht es den Hülsenfrüchtlern außerordentlich proteinreiche Samen zu produzieren und macht sie zu einem unverzichtbaren Bestandteil der menschlichen Ernährung.

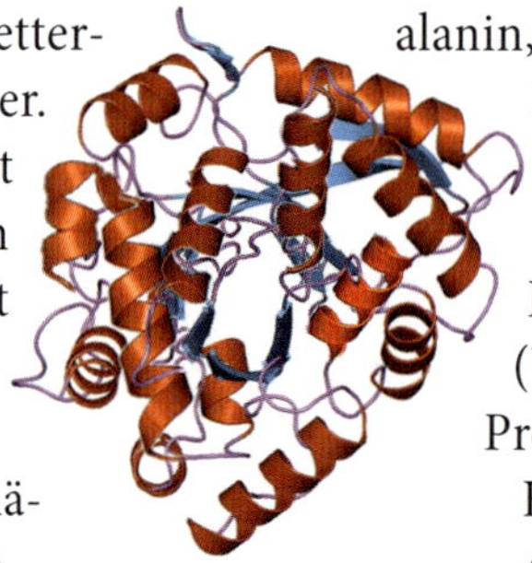

3D-Struktur eines Gliadins (Kleberprotein des Weizens), das aus 200–300 Aminosäuren besteht

Proteine bestehen aus langen Ketten von Aminosäuren, die über sogenannte »Peptidbindungen« miteinander verknüpft sind. Diese Aminosäureketten falten sich in komplexe dreidimensionale Strukturen, wodurch erst die spezifischen Eigenschaften und Funktionen der verschiedenen Proteine entstehen. In den Proteinen von Tieren und Pflanzen kommen 20 Aminosäuren vor, die im genetischen Code festgelegt sind. Davon kann unser Körper 9 nicht selbst herstellen: Histidin, Isoleucin, Leucin, Lysin, Methionin, Phenylalanin, Threonin, Tryptophan, Valin. Diese essenziellen Aminosäuren müssen wir über die Nahrung aufnehmen.

Die Weltgesundheitsorganisation (WHO) empfiehlt eine tägliche Proteinzufuhr von 0,8 g pro kg Körpergewicht. Während tierische Produkte oft als vollständige Proteinquellen gelten, da sie alle 9 essenziellen Aminosäuren in ausgewogenen Verhältnissen enthalten, weisen pflanzliche Proteinquellen oft unterschiedliche Aminosäure-Profile auf.

Zu den wenigen Pflanzenarten, die alle essenziellen Aminosäuren enthalten (allerdings nicht immer mit einem günstigen Profil), gehören die Schmetterlingsblütler Sojabohne, Lupine, Bockshornklee und die Erdnuss, aber auch Amaranth, Hanf, Kakaobohnen, Mexikanische Chia, Pistazie, Quinoa und die Blaualge Spirulina. Unter diesen Arten sind es insbesondere die Sojabohne und die »Pseudogetreide« Quinoa, Ama-

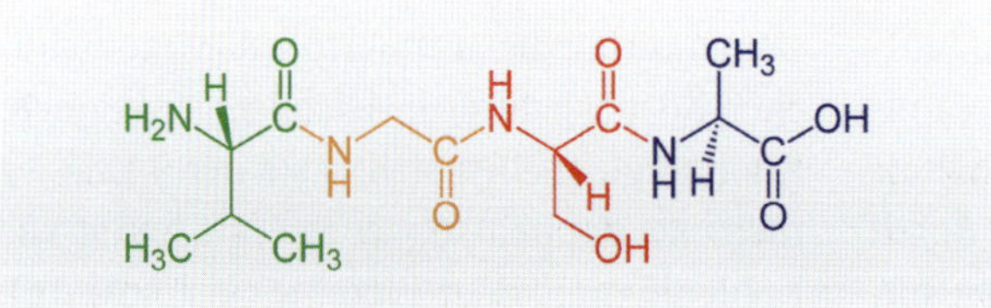

Peptid aus 4 Aminosäuren

ranth und Mexikanische Chia, die essenzielle Aminosäuren in einem relativ ausgewogenen Verhältnis und ausreichender Menge enthalten – ein Grund für ihre wachsende Beliebtheit in den letzten Jahrzehnten. Auch die Blaualge Spirulina hat sich als proteinreiches Nahrungsergänzungsmittel mit einem guten Aminosäureprofil etabliert.
Auch bei einer rein veganen Ernährung ist es problemlos möglich, alle essenziellen Aminosäuren durch die geschickte Kombination verschiedener Proteinquellen in ausreichender Menge zu erhalten: Hülsenfrüchte wie Sojabohnen und Kichererbsen zeichnen sich durch besonders hohe Mengen an Lysin aus, während sie vergleichsweise wenig schwefelhaltige Aminosäuren wie Methionin und Cystein enthalten. Getreide wie Weizen und Reis weisen demgegenüber ein ideal ergänzendes Profil auf: Sie sind reich an schwefelhaltigen Aminosäuren, aber ärmer an Lysin. Diese sich ergänzenden Nährstoffprofile erklären, warum traditionelle Gerichte wie Reis mit Bohnen oder Brot mit Hummus auch ernährungsphysiologisch so sinnvoll sind.

Vitamine

Vitamine sind organische Verbindungen, die der menschliche Körper nicht selbst herstellen kann und daher mit der Nahrung aufnehmen muss. Sie sind für viele lebenswichtige Funktionen im Stoffwechsel notwendig, u. a. als Cofaktoren für Enzyme, und ein Vitaminmangel kann zu ernsthaften Gesundheitsproblemen führen.
Die meisten Vitamine gehören zu den sekundären Pflanzenstoffen und kommen in vielen pflanzlichen Lebensmitteln wie Obst, Gemüse, Vollkornprodukten und Nüssen vor. Die Vitamine A, D, E und K sind fettlöslich, während die B-Vitamine und Vitamin C wasserlöslich sind.
Provitamine: Dies sind Vorstufen von Vitaminen, die der menschliche Körper in die aktive Form umwandeln kann. Ein bekanntes Beispiel ist β-Carotin, das Provitamin A, aus dem der Organismus bei Bedarf Vitamin A herstellt.

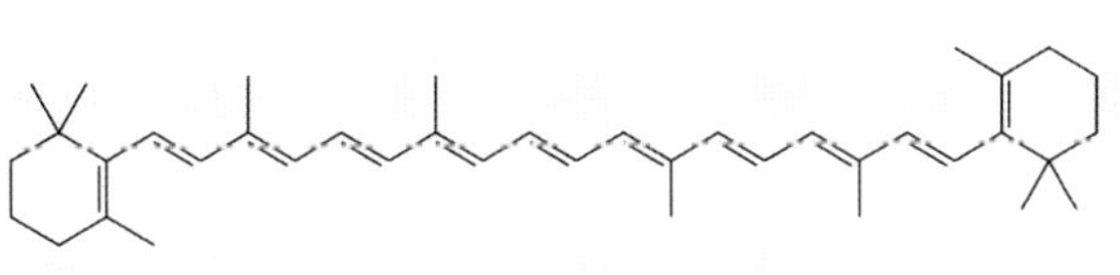

β-Carotin (Provitamin A)

Vitamin A: Vitamin A ist eine Gruppe von fettlöslichen Vitaminen, die in Form von Retinol und Provitamin A (wie β-Carotin) in Lebensmitteln vorkommen. Vitamin A spielt eine wichtige Rolle für das Sehvermögen, die Immunfunktion, das Zellwachstum und die Entwicklung von Embryonen. Vitamin-A-Mangel kann zu Nachtblindheit und einem erhöhten Infektionsrisiko führen. Gute pflanzliche Quellen sind grünes und gelb-oranges Gemüse wie Spinat, Grünkohl, Möhren, aber auch Süßkartoffeln.

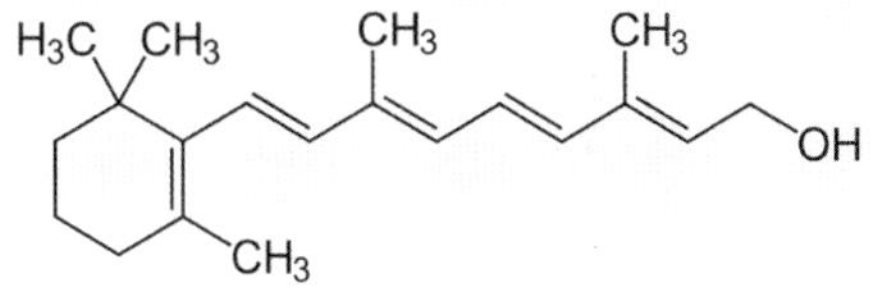

Retinol

Vitamin B: Vitamin B ist ein Sammelbegriff für 8 wasserlösliche Vitamine: B_1 (Thiamin), B_2 (Riboflavin), B_3 (Niacin), B_5 (Pantothensäure), B_6 (u. a. Pyridoxin), B_7 (Biotin), B_9 (Folsäure) und B_{12} (Cobalamin). Sie spielen eine Schlüsselrolle bei der Energiegewinnung aus Nährstoffen, der Blutbildung, der Nervenfunktion und vielen weiteren Stoffwechselprozessen.

Vitamin B_1: Vitamin B_1 (Thiamin) ist als Cofaktor essenziell für den Energiestoffwechsel. Ein ausgeprägter Mangel führt zu der Krankheit »Beriberi« (Schafsgang) mit Störungen des Nervensystems, Muskelschwäche und Herzinsuffizienz. In Industrieländern tritt echter Mangel selten auf, ist aber z. B. bei chronischem Alkoholismus möglich. Es kommt in vielen pflanzlichen Lebensmitteln wie Vollkornprodukten, Hülsenfrüchten und Kartoffeln vor. Auch einige Pilze und Algen sind gute Thiaminquellen.

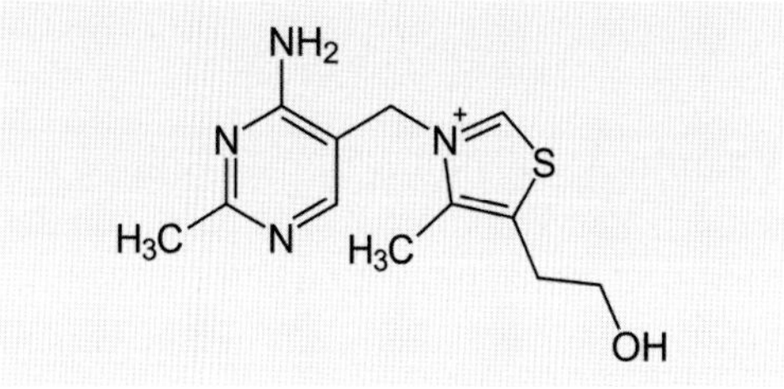

Thiamin

Vitamin B_2: Vitamin B_2 (Riboflavin) spielt eine wichtige Rolle im Energiestoffwechsel, indem es als Cofaktor für verschiedene Enzyme fungiert. Riboflavin ist essenziell für die Aufrechterhaltung einer gesunden Haut, gesunder Schleimhäute und des Nervensystems. Ein Mangel kann zu Symptomen wie Müdigkeit, Hautproblemen und Entzündungen im Mund- und Rachenraum führen. Wichtige pflanzliche Quellen für Riboflavin sind Hülsenfrüchte, grünes Blattgemüse und Getreide sowie Pilze. Der Gehalt in Lebensmitteln kann durch Hitze, Licht und Sauerstoff reduziert werden.

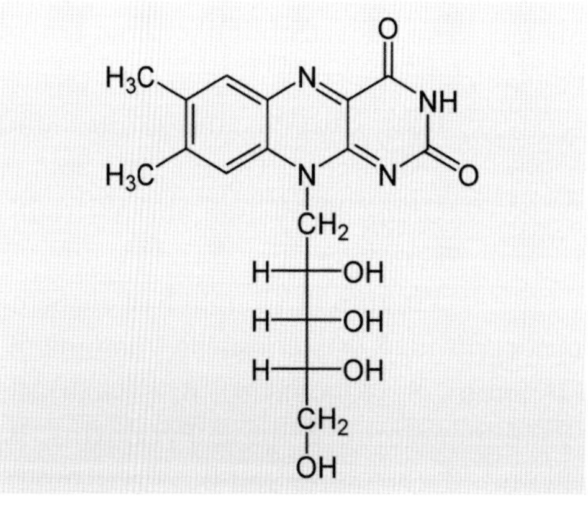

Riboflavin

Vitamin B_3: Vitamin B_3 (Nicotinsäure, Niacin, Pyridin-3-Carbonsäure) ist ein wasserlösliches B-Vitamin. Es spielt eine wichtige Rolle im Energiestoffwechsel und ist an > 400 Enzymreaktionen beteiligt. Vitamin B_3 kommt in vielen Lebensmitteln vor, besonders reichhaltige Quellen sind Fleisch, Fisch, Nüsse sowie Getreide (aber nicht Mais oder Sorghumhirse) und Hülsenfrüchte. Ein Mangel kann zu Müdigkeit, Konzentrationsstörungen und in schweren Fällen zur Haut- und Nervenkrankheit Pellagra führen. Vitamin B_3 wird therapeutisch zur Verbesserung des Lipidprofils und zur Prävention kardiovaskulärer Erkrankungen eingesetzt.

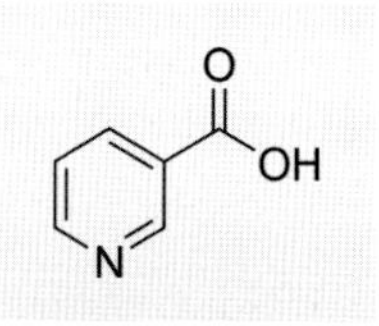

Nicotinsäure

Vitamin B_5: Vitamin B_5 (Pantothensäure) kommt in fast allen Lebensmitteln vor, besonders reichhaltige Quellen sind Vollkornprodukte, Hülsenfrüchte, Avocado, aber auch Pilze und Eigelb. Pantothensäure ist essenziell für den Stoffwechsel von Kohlenhydraten, Fetten und Proteinen und an der Biosynthese von Hormonen, Neurotransmittern und Hämoglobin beteiligt. Pantothensäure unterstützt auch die Wundheilung und Regeneration der Haut.

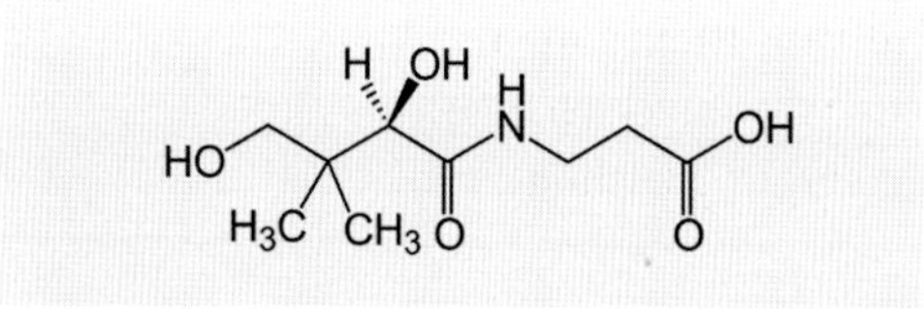

Pantothensäure

Vitamin B_6: Vitamin B_6 umfasst mehrere verwandte Verbindungen, darunter Pyridoxin, Pyridoxal und Pyridoxamin. Es ist an > 100 enzymatischen Reaktionen im Stoffwechsel beteiligt, insbesondere beim Aminosäure-,

Kohlenhydrat- und Fettstoffwechsel. Vitamin B_6 ist wichtig für die Blutbildung, das Immunsystem und die Nervenfunktion. Gute pflanzliche Quellen sind Hülsenfrüchte, Kartoffeln, Vollkornprodukte und Bananen.

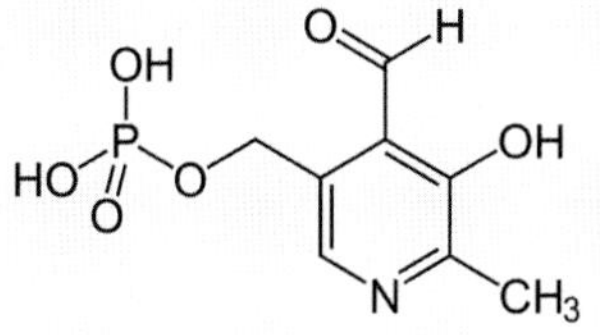

Pyridoxalphosphat, die aktive Form von Vitamin B_6

Vitamin B_7: Vitamin B_7 (Biotin) kommt in vielen Pflanzenarten vor, z. B. in Hafer, Soja, Blumenkohl oder Sonnenblumen. Biotin ist ein Cofaktor für Enzyme wie Carboxylasen und spielt eine wichtige Rolle bei der Neubildung von Glucose, dem Fettsäurestoffwechsel und dem Aminosäureabbau. Es ist essenziell für gesunde Haut, Haare und Nägel. Ein Mangel ist selten, kann aber zu Hautproblemen, Haarausfall und neurologischen Störungen führen.

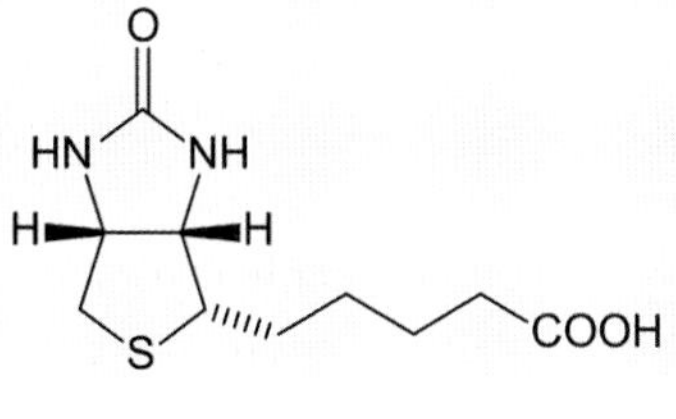

Biotin

Vitamin B_9: Vitamin B_9 (Folsäure, Vitamin B_{11}) ist für die Blutbildung, Zellteilung und das Nervensystem unentbehrlich. Besonders in der Schwangerschaft ist eine gute Folsäureversorgung wichtig für die Entwicklung des Kindes. Folsäuremangel kann zu Blutarmut und Entwicklungsstörungen führen. Folsäure kommt v. a. in grünem Blattgemüse, Hülsenfrüchten und Vollkornprodukten vor. Besonders folsäurereich sind Spinat, Spargel und Brokkoli. Synthetisch hergestellte Folsäure wird oft Lebensmitteln zugesetzt, z. B. Frühstückscerealien.

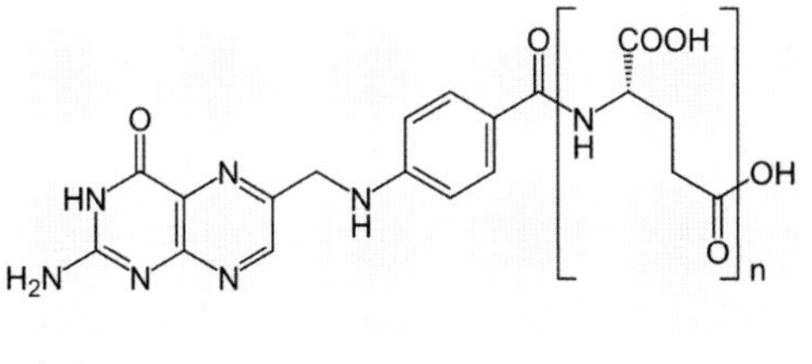

Folsäure

Vitamin B_{12}: Vitamin B_{12} (Cobalmine) kommt fast ausschließlich in tierischen Lebensmitteln vor, wird aber auch von Mikroorganismen synthetisiert. Cobalmine sind auch in Rotalgen wie *Porphyra* – Purpurtang zu finden, stammen dort aber eventuell von assozierten Mikroorganismen. Damit zusammenhängend ist auch die Frage der Bioverfügbarkeit dieses Vitamins aus den Algen nicht abschließend geklärt. Vitamin B_{12} ist essenziell für die Bildung roter Blutkörperchen, die Funktion des Nervensystems und die DNA-Synthese. Ein Mangel kann zu Blutarmut und neurologischen Störungen führen. Veganer:innen und ältere Menschen haben ein erhöhtes Risiko für eine Unterversorgung.

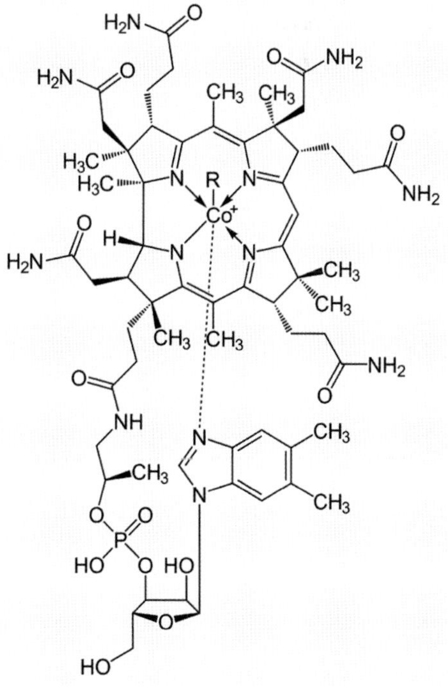

Adenosylcobalamin

Vitamin C: Vitamin C (Ascorbinsäure) ist ein wichtiges Antioxidans und an der Bildung von Kollagen, einem Bindegewebsprotein, beteiligt. Gute Vitamin-C-Quellen sind frisches Obst und Gemüse, v. a. Zitrusfrüchte, Paprika, Brokkoli und Kartoffeln. Vitamin C fördert die Eisenaufnahme und stärkt das Immunsystem. Ein Mangel äußert sich in Müdigkeit, verzögerter Wundheilung und Zahnfleischbluten und kann zu Skorbut führen.

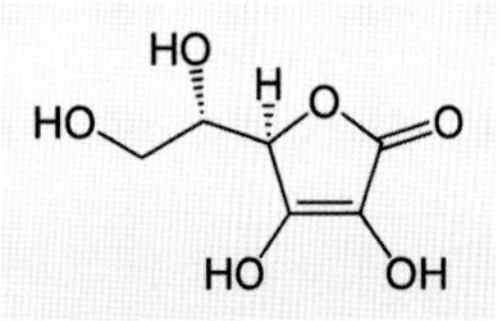

L-Ascorbinsäure

Vitamin D: Vitamin D ist ein fettlösliches Vitamin. Vitamin D_2 ist hauptsächlich pilzlichen Ursprungs. Es wird durch UV-Bestrahlung aus dem Sterol Ergosterin gebildet. Vitamin D_3 (Cholecalciferol) wird unter Einwirkung von UV-Licht von tierischen Organismen, also auch dem Menschen gebildet. Vitamin D reguliert die Aufnahme und den Stoffwechsel von Calcium und Phosphat und ist daher essenziell für gesunde Knochen und Zähne. Es beeinflusst auch das Immunsystem, die Muskelkraft und möglicherweise die Stimmung.

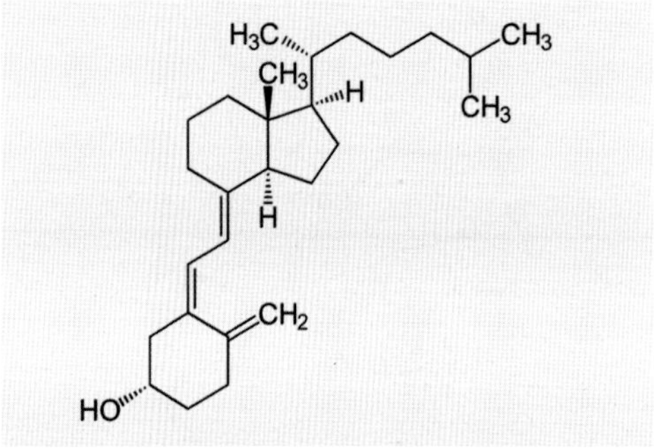

Vitamin D_3 (Cholecalciferol)

Vitamin E: Vitamin E umfasst 8 verschiedene Verbindungen (4 Tocopherole und 4 Tocotrienole), wobei α-Tocopherol die biologisch aktivste Form darstellt. Vitamin E ist ein fettlösliches Vitamin und wirkt als Antioxidans. Es schützt ungesättigte Fettsäuren vor dem oxidativen Verderb und ist wichtig für die Stabilität von Zellmembranen. Besonders gute Quellen sind pflanzliche Öle, Nüsse und grünes Blattgemüse. Ein ausgeprägter Vitamin-E-Mangel ist selten, kann aber zu Muskelschwäche und neurologischen Störungen führen.

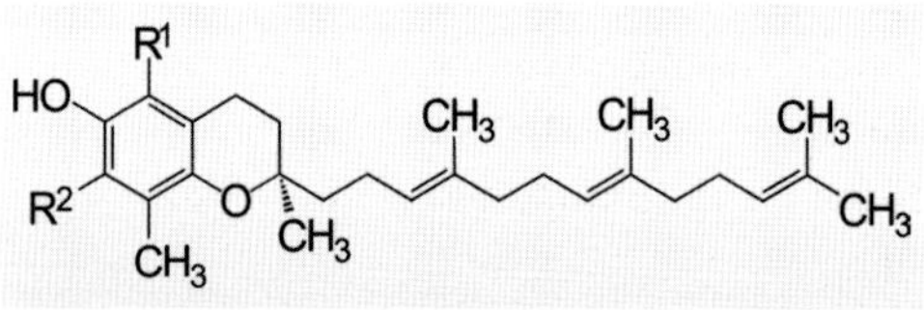

Grundstruktur der Tocotrienole

Vitamin K: Vitamin K (Phyllochinon, Menachinon) ist ein fettlösliches Vitamin, das als Vitamin K_1 (Phyllochinon) in Pflanzen und als Vitamin K_2 (Menachinon) in tierischen Lebensmitteln und fermentierten Produkten vorkommt. Es spielt eine zentrale Rolle bei der Blutgerinnung sowie im Knochenstoffwechsel. Gute pflanzliche Quellen für Vitamin K_1 sind grünes Blattgemüse, z. B. Kohl, und Pflanzenöle. Vitamin-K-Mangel ist selten, kann aber zu Blutgerinnungsstörungen führen.

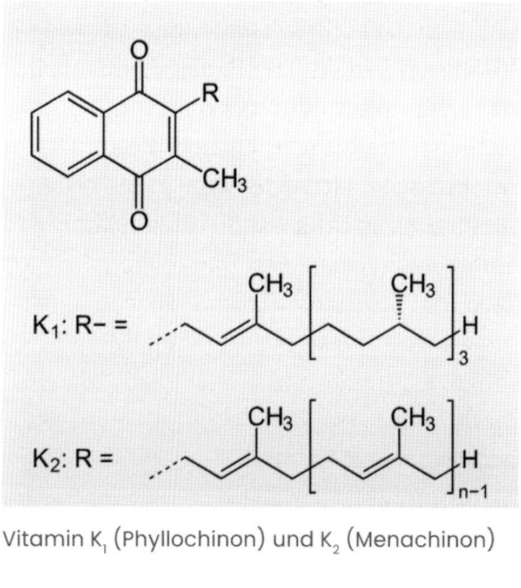

Vitamin K_1 (Phyllochinon) und K_2 (Menachinon)

Sekundäre Pflanzenstoffe

Diese vielfältige Gruppe bioaktiver, organischer Substanzen ist im Gegensatz zu primären Pflanzenstoffen wie Kohlenhydraten, Fetten und Proteinen nicht direkt am Wachstum und der Entwicklung der Pflanze beteiligt. Sie erfüllen jedoch wichtige Funktionen für die Pflanzen, beispielsweise als Antioxidantien, Fraßschutz, Lockstoff oder Signalstoff. Viele dieser Verbindungen verleihen Nahrungspflanzen ihre charakteristischen Farben und

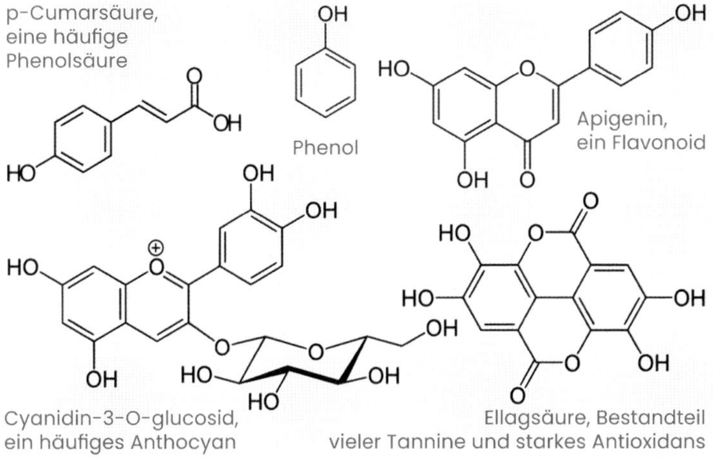

Polpyhenole

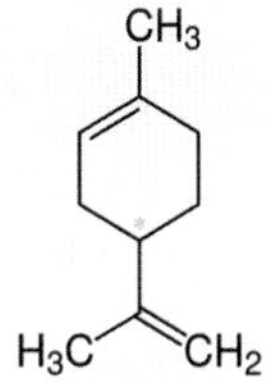

Limonen, ein Terpen aus Zitrusfrüchten

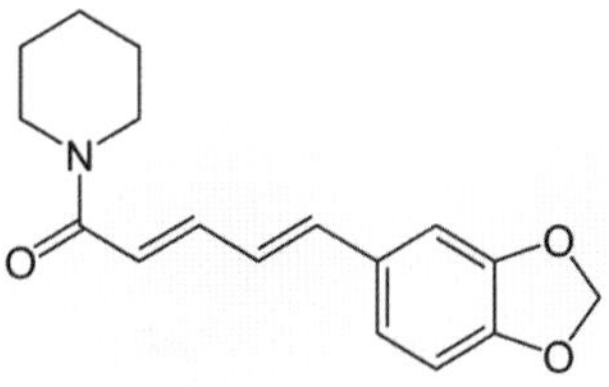

Piperin, ein Alkaloid aus Pfeffer

Aromen und besitzen darüber hinaus zahlreiche gesundheitsfördernde Wirkungen. Seriöse Schätzungen gehen davon aus, dass es bis zu 100.000 verschiedene sekundäre Pflanzenstoffe gibt, von denen 5.000–10.000 in Nahrungspflanzen vorkommen. Zu den wichtigsten Substanzklassen gehören:

Polyphenole: Sie bilden die größte Gruppe mit über 8.000 bekannten Verbindungen, darunter Anthocyane (als Farbstoffe in vielen roten und blauen Obstsorten), Flavonoide (in Beeren, Tee und Rotwein), Phenolsäuren (in Vollkorngetreide und Kaffee) und Tannine (Gerbstoffe). Polyphenole wirken meist antioxidativ und oft entzündungshemmend.

Carotinoide: Es handelt sich um meist gelbliche, orange oder rötliche Farbstoffe wie Beta-Carotin in Karotten oder Lycopin in Tomaten, die als Provitamin A fungieren und die Pflanzenzellen als Antioxidantien vor Schädigungen durch intensives Sonnenlicht schützen.

Terpene: Diese fettlöslichen Verbindungen kommen in den aromatischen Ölen vieler Kräuter und Gewürze vor und verleihen den Pflanzen ihre charakteristischen Düfte und Aromen. Darüber hinaus zeigen sie oft antimikrobielle und verdauungsfördernde Eigenschaften.

Alkaloide: Alkaloide sind stickstoffhaltige Verbindungen wie Coffein in Kaffee, Capsaicin in Chili oder Piperin aus Echtem Pfeffer, die oft stimulierend oder schmerzlindernd wirken. Viele Alkaloide, wie z. B. Nicotin, sind hochgiftig.

Saponine: Saponine sind seifenähnliche Substanzen, die mit Wasser schäumende Lösungen

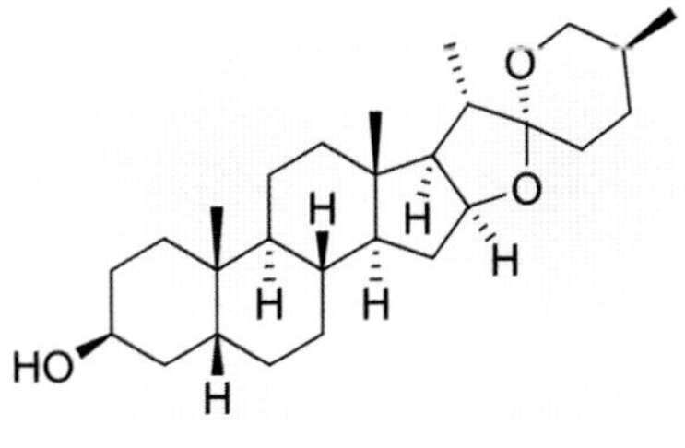

Sarsasapogenin, ein Steroid-Sapogenin aus Yams

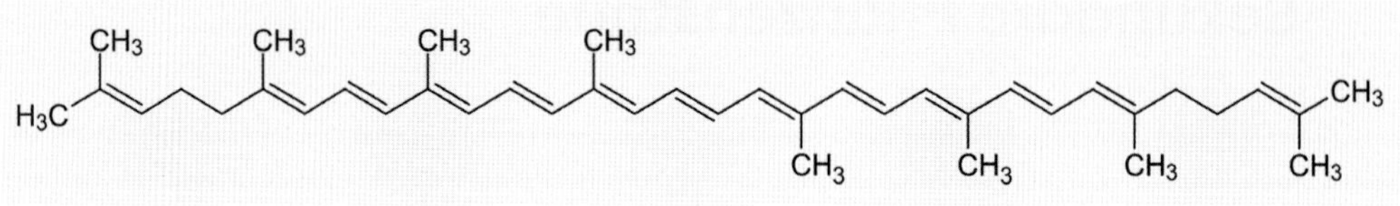

Lycopin, ein rotes Carotinoid aus der Tomate

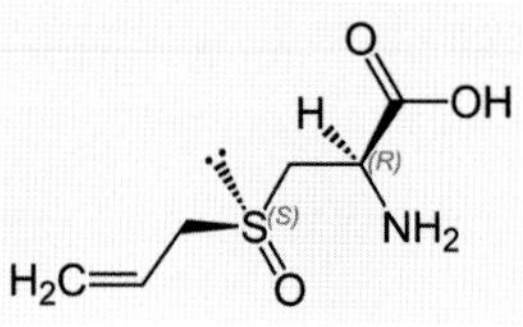

Alliin, eine schwefelhaltige nicht-proteinogene Aminosäure und geruchlose Vorstufe des Hauptaromastoffs Allicin aus Knoblauch

bilden. Sie kommen z. B. in vielen Hülsenfrüchten vor und können cholesterinsenkend wirken. Andere Saponine sind hingegen hochgiftig, z. B. Digitonin aus dem Fingerhut.
Sulfide: Dies sind schwefelhaltige Verbindungen, die z. B. in Zwiebeln und Knoblauch zu finden sind. Sie besitzen oft antimikrobielle Eigenschaften und tragen zum intensiven Geruch vieler Laucharten bei.
Phytosterine (Phytosterole): Dies sind dem Cholesterin ähnliche Substanzen aus Pflanzen, die den Cholesterinspiegel senken können.

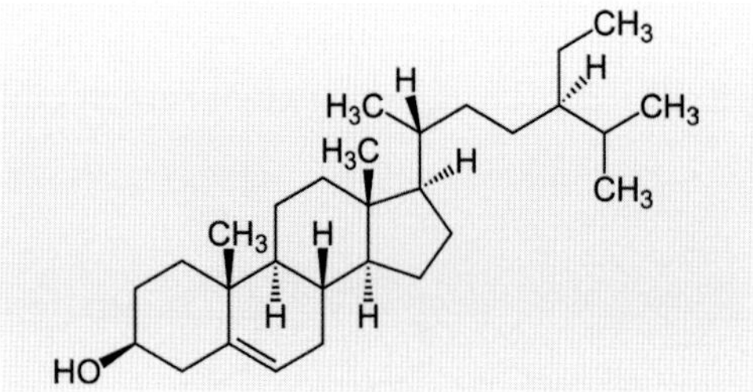

β-Sitosterol, ein häufiges Phytosterin

Mineralstoffe

Mineralstoffe sind anorganische Nährstoffe, die für den menschlichen Körper essenziell sind. Dazu zählen Makronährstoffe wie Calcium, Phosphor, Kalium, Magnesium und Spurenelemente wie Eisen, Zink, Selen. Mineralstoffe erfüllen vielfältige Funktionen, z. B. als Bausteine für Knochen und Zähne, bei der Reizübertragung in Nerven und Muskeln oder als Cofaktoren für Enzyme.

Kalium ist in vielen Obst- und Gemüsearten der mengenmäßig bedeutendste Mineralstoff und trägt zur Regulation des Blutdrucks bei. Daneben finden sich in vielen Pflanzen auch Magnesium, Calcium und Spurenelemente wie Eisen, Zink und Mangan in bedeutenden Mengen.

Antinutritive Substanzen

Antinutritive Substanzen (Antinährstoffe) können die Aufnahme und Verwertung von Nährstoffen beeinträchtigen. Dazu gehören z. B. Lektine, Phytate, Oxalate und Proteaseinhibitoren. Sie kommen in vielen Pflanzen vor. In hohen Konzentrationen können antinutritive Substanzen die Verdauung stören und die Bioverfügbarkeit von Mineralstoffen verringern oder sogar toxisch wirken. Durch geeignete Verarbeitungsmethoden wie Kochen, Keimen oder Fermentieren lässt sich der Gehalt oft reduzieren bzw. die Stoffe neutralisieren.

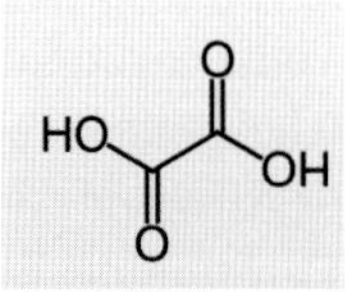

Oxalsäure

Pflanzenporträts

Die folgenden Kapitel geben detaillierte Einblicke in die faszinierende Vielfalt der essbaren Pflanzen. Dabei werden zunächst Arten vorgestellt, die als wichtige Nährstoffquellen für Kohlenhydrate, Fette sowie Proteine angebaut werden. Im Anschluss stehen Obst- und Gemüsesorten sowie Gewürze und ausgewählte Genussmittelpflanzen im Fokus. Um das Verständnis der Verwandtschaftsverhältnisse zu erleichtern, sind die Arten innerhalb dieser Abschnitte entsprechend ihrer botanischen Systematik angeordnet. Den Abschluss bildet ein kurzer Einblick in die Bedeutung von Algen als Nahrungspflanzen.

Jedes Pflanzenporträt ist nach einem einheitlichen Schema aufgebaut. In den einzelnen Darstellungen werden zunächst die charakteristischen Merkmale der Arten und ihre geografische Verbreitung kurz beschrieben. Danach werden Informationen über die oft jahrtausendealte Kulturgeschichte dieser Arten gegeben. Wo es für das Verständnis wichtig ist, wird auch auf Zuchtformen und Kultivierungsmethoden eingegangen. Jedes Porträt enthält detaillierte Angaben zu den gesunden, aber auch schädlichen oder giftigen Inhaltsstoffen und ihrer kulinarischen Nutzung. Zusätzlich werden weitere Nutzungsmöglichkeiten vorgestellt. Der Schwerpunkt liegt dabei auf traditionellen und modernen medizinischen Anwendungen sowie auf traditionellen Produkten. Auf die Verwendung des Holzes von Bäumen und Sträuchern wird nur in Ausnahmefällen eingegangen.

Es mag zunächst beunruhigend erscheinen, doch eine erstaunliche Vielzahl unserer gewöhnlichen Nahrungspflanzen enthält von Natur aus **giftige oder potenziell schädliche Substanzen**. Diese natürlichen Abwehrmechanismen, die sich über Millionen von Jahren der Evolution entwickelt haben, schützen die Pflanzen vor Pflanzenfressern und Krankheitserregern. Von den bitteren Alkaloiden in grünen Kartoffelschalen über die Blausäureglycoside in Bittermandeln bis hin zu den sauren Oxalaten im frischen Rhabarber – unsere Küchen sind voller Pflanzen, die durchaus respektable Mengen an Toxinen produzieren. **Verzehren Sie daher am besten nur Pflanzenteile, von denen Sie sicher sind, dass sie ungiftig sind.**

Der entscheidende Grundsatz, den bereits der berühmte Arzt Paracelsus im 16. Jh. formulierte, lautet jedoch: »Alle Dinge sind Gift, und nichts ist ohne Gift. Allein die Dosis macht, dass ein Ding kein Gift ist.« Diese zeitlose Weisheit erklärt, warum wir täglich Tomaten, Bohnen und Spinat genießen können, ohne Schaden zu nehmen. Die meisten dieser natürlichen Giftstoffe sind in den üblichen Verzehrmengen so gering konzentriert oder durch Zubereitungsverfahren wie Schälen, Kochen oder Fermentation so weit reduziert, dass sie für gesunde Menschen völlig unbedenklich sind. Dennoch ist Vorsicht geboten: Einige wenige Pflanzenteile – wie rohe getrocknete Kidneybohnen (nicht aber die als Konserven erhältlichen vorbehandelten Bohnen) oder die Blätter von Rhabarberpflanzen – können auch in haushaltsüblichen Portionen problematisch werden und sollten gemieden oder speziell vorbehandelt werden.

Die vielfältigen Wirkungen der zahlreichen gesunden sowie der wenigen wirklich problematischen Inhaltsstoffe können in den Steckbriefen der Arten nur kurz umrissen werden. Detailliertere Beschreibungen der chemischen Struktur und physiologischen Wirkungen finden sich im ausführlichen Glossar.

Kohlenhydrat-Pflanzen

Auf den folgenden Seiten werden Pflanzen vorgestellt, die primär wegen ihrer Kohlenhydrate angebaut werden. Die meisten dieser Arten dienen dabei als Grundnahrungsmittel, können aber auch als Gemüse zubereitet werden. Die Pflanzen produzieren durch Photosynthese große Mengen an Kohlenhydraten und speichern sie in bestimmten Pflanzenteilen – sei es in stärkereichen Knollen, verdickten Wurzeln und Sprossachsen oder in zuckerreichen Früchten.

Kohlenhydrat-Pflanzen als Grundnahrungsmittel

Die Bedeutung der Kohlenhydrat-Pflanzen als Grundnahrungsmittel kann kaum überschätzt werden. Sie liefern für etwa die Hälfte der Weltbevölkerung mehr als 60 % der täglichen Kalorienaufnahme. In vielen Entwicklungsländern bilden nur wenige stärkereiche Pflanzen die Basis der Ernährung, wobei regionale Unterschiede deutlich erkennbar sind:
In Ostasien dominiert Reis, der oft zu allen drei Hauptmahlzeiten verzehrt wird. Die komplexen Reisanbausysteme mit mehreren Ernten pro Jahr ermöglichen seit Langem hohe Bevölkerungsdichten in fruchtbaren Regionen wie der nordchinesischen Tiefebene, dem Jangtse-Delta oder auf der Insel Java.
Südasien zeigt eine größere Diversität mit Reis im Osten und Süden, während im Norden und Westen Weizen wichtiger ist. Hinzu kommen regionale Getreidearten, vor allem robuste Hirse-Arten in trockeneren Gebieten.
In Afrika südlich der Sahara variieren die stärkehaltigen Grundnahrungsmittel noch mehr: In Westafrika sind Yams, Maniok und mehrere Hirsearten verbreitet, in Ostafrika Mais und Sorghum, in Äthiopien Tef und in Teilen Zentralafrikas Kochbananen und Maniok.
Mittel- und Südamerika sind geprägt von Mais, insbesondere in Mexiko und Zentralamerika. In den Andenländern spielen Kartoffeln und Mais eine zentrale Rolle, während in Brasilien Maniok eine wichtige Kohlenhydratquelle darstellt.
Im wohlhabenden Europa und Nordamerika hat sich durch veränderte Ernährungsgewohnheiten der Anteil von Kohlenhydraten an der Gesamternährung reduziert. Dennoch bleiben Weizen (in Form von Brot, Teigwaren und Backwaren), Reis und Kartoffeln wichtige Bestandteile der täglichen Ernährung. Neben den klassischen Kohlenhydratquellen nimmt hier in den letzten Jahrzehnten die Bedeutung nährstoffreicher Pseudogetreide wie Quinoa, Amaranth und Mexikanischer Chia zu.

Anbau und Handel

Die wirtschaftliche Bedeutung der Kohlenhydrat-Pflanzen für die globale Agrarwirtschaft, Ernährungssicherheit und den internationalen Handel ist enorm und stellt den größten Bereich des globalen Agrarmarktes dar. Allein der Wert der Ernte der 10 wichtigsten Getreidearten wird im Jahr 2025 fast die Marke von 1.000 Mrd. US-Dollar erreichen. Die Produktion der wichtigsten Kohlenhydratquellen erreichte in den 2020er-Jahre etwa folgende Mengen:
Die globale Getreideproduktion belief sich auf ± 3 Mrd. t, wobei Mais (1,2 Mrd. t), Reis (800 Mio. t) und Weizen (780 Mio. t) die Hauptkulturen darstellten. Weitere bedeutende Getreidearten sind Gerste (150 Mio. t), Sorghumhirse (60 Mio. t) und Echte Hirse (30 Mio. t).
Der globale Handel mit Getreide ist ein wichtiger Wirtschaftsfaktor. Weizen ist das meistgehandelte Getreide mit einem jährlichen Exportvolumen von 190 Mio. t. Die Hauptexporteure sind Russland, die USA, Kanada,

Frankreich und Australien. Bei Reis, der für die Ernährungssicherheit in vielen asiatischen und afrikanischen Ländern entscheidend ist, wird der überwiegende Teil der Ernte direkt in den Anbauländern konsumiert. Die Hauptanbauländer sind mit großem Abstand China und Indien, die zusammen mehr als die Hälfte der weltweiten Reisproduktion ausmachen. Nur ± 10 % der Reisproduktion werden international gehandelt. Die wichtigsten Exporteure für Reis sind Thailand, Vietnam, Indien und Pakistan.

Bei Wurzel- und Knollenfrüchten dominiert die Kartoffel mit einer jährlichen Produktion von 370 Mio. t, gefolgt von Maniok (277–315 Mio. t), Süßkartoffeln (90 Mio. t) und Yams (75–88 Mio. t).

Die weltweite Zuckerproduktion aus Zuckerrohr (1,9 Mrd. t Rohertrag) und Zuckerrüben (260 Mio. t Rohertrag) wird zu einer raffinierten Zuckermenge von 180 Mio. t jährlich verarbeitet. Die größten Anbauregionen finden sich in Brasilien, Indien, der EU, Thailand, China und den USA.

Neben der direkten Verwendung als Nahrungsmittel werden Kohlenhydrat-Pflanzen zunehmend für industrielle Zwecke genutzt. Stärke aus Mais, Weizen, Kartoffeln und anderen Quellen dient als Rohstoff für die Herstellung von Bioethanol, Bioplastik, Papier, Textilien und zahlreichen anderen Produkten. Insbesondere die Produktion von Bioethanol hat in den letzten Jahrzehnten stark zugenommen, wobei vor allem in den USA und Brasilien große Mengen an Mais bzw. Zuckerrohr für Kraftstoffe verwendet werden. Diese Entwicklung führt allerdings zu kontroversen Debatten über die Konkurrenz zwischen »Tank und Teller«, also der Nutzung von Nahrungspflanzen für industrielle Nicht-Nahrungszwecke.

Taro, Kolokasie

Eddo, Taioba, Wasserbrotwurzel
Colocasia esculenta *(Arum esculentum, Caladium esculentum, Colocasia antiquorum)*

Taro ist eine mehrjährige, krautige Pflanze, die eine Höhe von 1–2 m erreichen kann. Besonders auffällig sind die großen, lang gestielten, pfeil- bis herzförmigen Blätter. Die Pflanze bildet unscheinbare, gelblich-grünliche Blütenstände in Form eines Kolbens, der von einem grünlichen Hüllblatt umgeben ist.
Das knollenförmige Rhizom – die »Taroknolle« – kann mehrere Kilogramm wiegen. Das stärkereiche Innere ist meist weißlich bis cremefarben. Je nach Sorte kann die Färbung auch rosa oder violett sein.

C. esculenta stammt aus Südostasien und ist heute in tropischen und subtropischen Regionen weltweit verbreitet. Die Hauptanbaugebiete liegen in Nigeria, China und Kamerun.

Taro wurde bereits vor mehr als 5.000 Jahren in Südostasien und auf pazifischen Inseln kultiviert. Von dort aus verbreitete sie sich nach Afrika, Indien und in die Karibik.
In Hawaii wurde sie von polynesischen Siedler:innen eingeführt und gilt dort bis heute als bedeutende Nutzpflanze mit hohem kulturellem Stellenwert.

Die intensive Kultivierung hat zur Entwicklung zahlreicher Sorten geführt. Allein auf Hawaii entstanden mehr als 300 Sorten.

Taroknollen enthalten 17–30 % Kohlenhydrate, hauptsächlich in Form von leicht verdaulicher Stärke. Der Proteingehalt liegt bei 1,5–3 %, während der Fettgehalt sehr niedrig ist. Die Knollen sind außerdem reich an Ballaststoffen, den Mineralstoffen Kalium und Calcium sowie Vitamin C und B-Vitaminen. Sie enthalten auch viel Calciumoxalat und Anthocyane.

Taroknollen müssen vor dem Verzehr gründlich gekocht, gebacken oder fermentiert werden, um die Calciumoxalat-Kristalle zu neutralisieren.
Sie haben einen milden, nussigen Geschmack und eine angenehm mehlige Konsistenz. Die Knollen können gekocht, gebraten, püriert oder zu Mehl verarbeitet werden und finden in Suppen, Currys und Desserts Verwendung. In der hawaiianischen Küche wird aus gekochtem und zerstampftem Taro das Grundnahrungsmittel »Poi« hergestellt – eine leicht fermentierte Paste.

In der traditionellen Medizin werden Tarozubereitungen zur Behandlung von Verdauungsproblemen, Hauterkrankungen und als stärkendes Mittel eingesetzt.

Die Knolle und auch oberirdische Pflanzenteile dienen als Tierfutter.

Taro, Kolokasie: A Blütenstand mit Hochblatt (Spatha) **B** lang gestieltes, herzförmiges Grundblatt **C** Habitus einer Pflanze mit zahlreichen Grundblättern und langen, distal verdickten Ausläufern **D** knollenförmig verdickte, unterirdische Ausläufer (Rhizome) **1** Pflanze mit langen und distal verdickten Rhizomen **2** kolbenförmiger Blütenstand (Spatha entfernt), unten mit ♀-Blüten **3** Samenanlagen **4** Fruchtknoten mit Samenanlagen im LS **5** Fruchtknoten im QS **6** Fruchtknoten **7** Staubblätter.

Quellen: Curtis Botanical Magazine (1894); Sō (1804ff); Alphand (1867-1873).

Tannia

Malanga
Xanthosoma sagittifolium *(Arum nigrum, Arum sagittifolium, Xanthosoma atrovirens, Xanthosoma violaceum)*

Tannia (auch »Tania«) ist eine imposante mehrjährige Pflanze, die bis 2 m hoch wird und große, pfeilförmige Blätter ausbildet. Der Blütenstand ist ein heller Kolben, der von einer blassgelben Hochblatt-Hülle (Spatha) umgeben ist. Die Pflanze hat ein unterirdisches, knolliges Rhizom mit einer rauen, bräunlichen Schale und einem weißlichen, stärkehaltigen Mark.

Ursprünglich stammt *X. sagittifolium* aus dem nördlichen Südamerika. Heute wird die Art auch in anderen tropischen und subtropischen Regionen angebaut, z. B. in der Karibik, Westafrika, Südostasien und auf einigen Pazifikinseln.

Tannia wurde bereits vor mehr als 5.000 Jahren von indigenen Völkern kultiviert und wurde früh in die Karibik eingeführt. Von dort verbreitete sich die Pflanze durch den kolonialen Handel nach Afrika und Asien. In Westafrika entwickelte sich Tannia ab dem 16. Jh. zu einer wichtigen Nahrungspflanze.

Die Farbe der Knollen variiert – je nach Sorte – von weißlich bis cremefarben zu rosafarben bis violett.

Die Rhizome von Tannia sind reich an Kohlenhydraten, v. a. Stärke. Sie enthalten moderate Mengen an Proteinen, Calcium, Phosphor und verschiedenen B-Vitaminen. Tannia enthält Calciumoxalatkristalle sowie Enzyme, die zu Hautreizungen und Schleimhautirritationen führen können.

Rohe *Tannia*-Rhizome und -Blätter enthalten viel Calciumoxalat, das vor dem Verzehr durch gründliches Erhitzen unschädlich gemacht werden muss. Auch das Schälen der Knollen vor der Zubereitung ist empfehlenswert.
Die stärkehaltigen Rhizome sind in vielen tropischen Regionen ein wichtiges Grundnahrungsmittel. In der karibischen Küche dienen sie als Basis für Eintöpfe und Suppen oder werden als Beilage zu Fleisch- und Fischgerichten serviert, aber auch zu Mehl verarbeitet.

Anbau von Tannia auf São Tomé, São Tomé und Príncipe

Tannia-Rhizome auf einem Bauernmarkt in New York

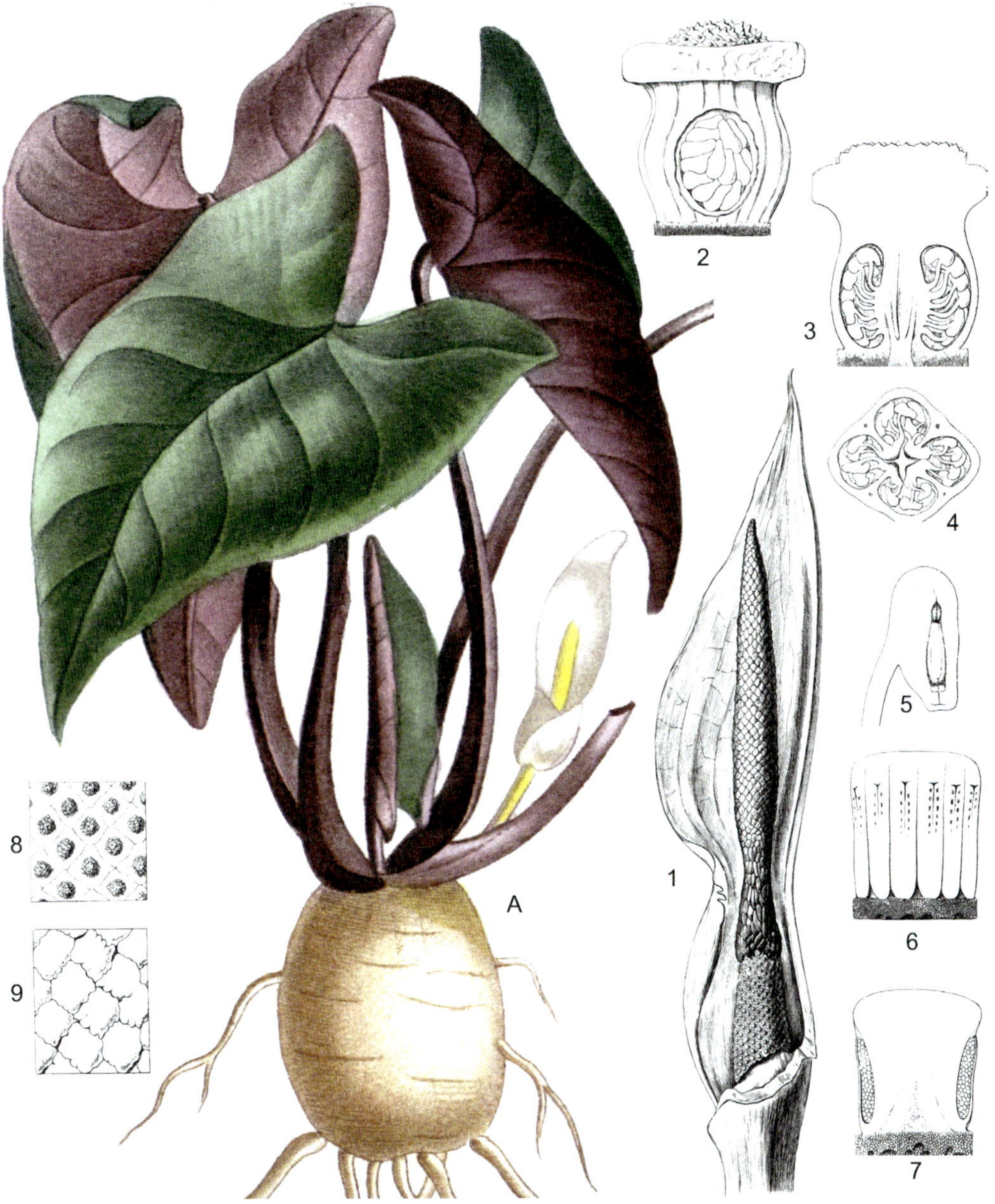

Tannia: A Pflanze mit Blütenstand, Grundblättern und knolligem Rhizom **1** Blütenstand mit umgebendem Hochblatt: Kolben unten mit ♀-Blüten, mittlere Blüten steril, oben mit ♂-Blüten **2** ♀-Blüte von der Seite **3** ♀-Blüte im LS **4** ♀-Blüte im QS **5** Fruchtknoten im LS **6** ♂-Blüte von der Seite **7** ♂-Blüte im LS **8** ♀-Blüten von oben **9** ♂-Blüten von oben.

Quellen: Descourtilz (1821-1829); von Martius et al. (1840-1904).

Auch die jungen Blätter können nach gründlichem Kochen als Gemüse zubereitet werden, ähnlich wie Spinat. Die älteren, großen und dekorativen Blätter werden zuweilen zum Einwickeln von Speisen beim Garen verwendet.

⚕ *X. sagittifolium* wird in der traditionellen Medizin zur Behandlung von Entzündungen oder Hauterkrankungen eingesetzt.

Yams

Yamswurzel
Dioscorea

Die Gattung *Dioscorea* umfasst über 600 Arten mehrjähriger Kletterpflanzen mit unterirdischen Speicherorganen und herz- bis pfeilförmigen Blättern. Die meisten Arten sind 2-häusig mit unscheinbaren, kleinen Blüten in achselständigen Blütenständen. Ihre Früchte sind typischerweise 3-fächrige Kapseln mit geflügelten Samen, seltener auch Beeren. Einige Arten, wie *D. bulbifera*, produzieren auch Brutknospen in den Blattachseln.
± 10 *Dioscorea*-Arten werden wegen ihrer stärkehaltigen Wurzelknollen landwirtschaftlich genutzt. Dabei haben 4 Arten besondere wirtschaftliche Bedeutung: Chinesischer Yams (*D. polystachya* = *D. batatas*), Weißer Yams (*D. rotundata*), Gelber Yams (*D. cayenensis*) und Großer Yams (*D. alata*).
Weitere kultivierte Arten sind Kleiner Yams (*D. esculenta*), Luftkartoffel (*D. bulbifera*), Indischer Yams (*D. trifida*), Bitter-Yams (*D. dumetorum*) und Japanischer Yams (*D. japonica*).

Archäologische Funde belegen den Anbau von Yams vor mehr als 10.000 Jahren in Südostasien und vor ± 8.000 Jahren in Westafrika. In den traditionellen Agrargesellschaften Westafrikas nimmt Yams eine zentrale kulturelle Rolle ein und ist eng mit religiösen Ritualen verbunden. Das jährliche Yamsfest zur Ernte ist in vielen traditionellen afrikanischen Gesellschaften ein wichtiges Ereignis.
Während der Zeit des transatlantischen Handels mit versklavten Menschen gelangte Yams als Proviant in die Karibik und nach Südamerika, wo er von den verschleppten Afrikaner:innen angebaut wurde.

Allein vom Wasseryams (*D. alata*) existieren Hunderte von alten Landsorten, die sich in Knollengröße, Form, Fleischfarbe und Geschmack deutlich unterscheiden. Die Farbe des Inneren reicht z. B. von strahlendem Weiß über Gelb bis zu tiefem Violett.

Dioscorea alata

Dioscorea alata

Yams ist in tropischen und subtropischen Regionen weltweit verbreitet. Die größten Anbaugebiete befinden sich in Westafrika, wo diese Pflanzen als Grundnahrungsmittel kultiviert werden. Weitere Anbauregionen liegen in Südamerika, der Karibik und Teilen Asiens.

Der Anbau von Yams erfolgt überwiegend in kleinbäuerlichen Betrieben. Die Vermehrung geschieht typischerweise durch Pflanzung von Knollenstücken. Bei Arten wie *D. bulbifera* ist auch eine Vermehrung über die Brutknospen aus den Blattachseln möglich. Die meisten Arten benötigen

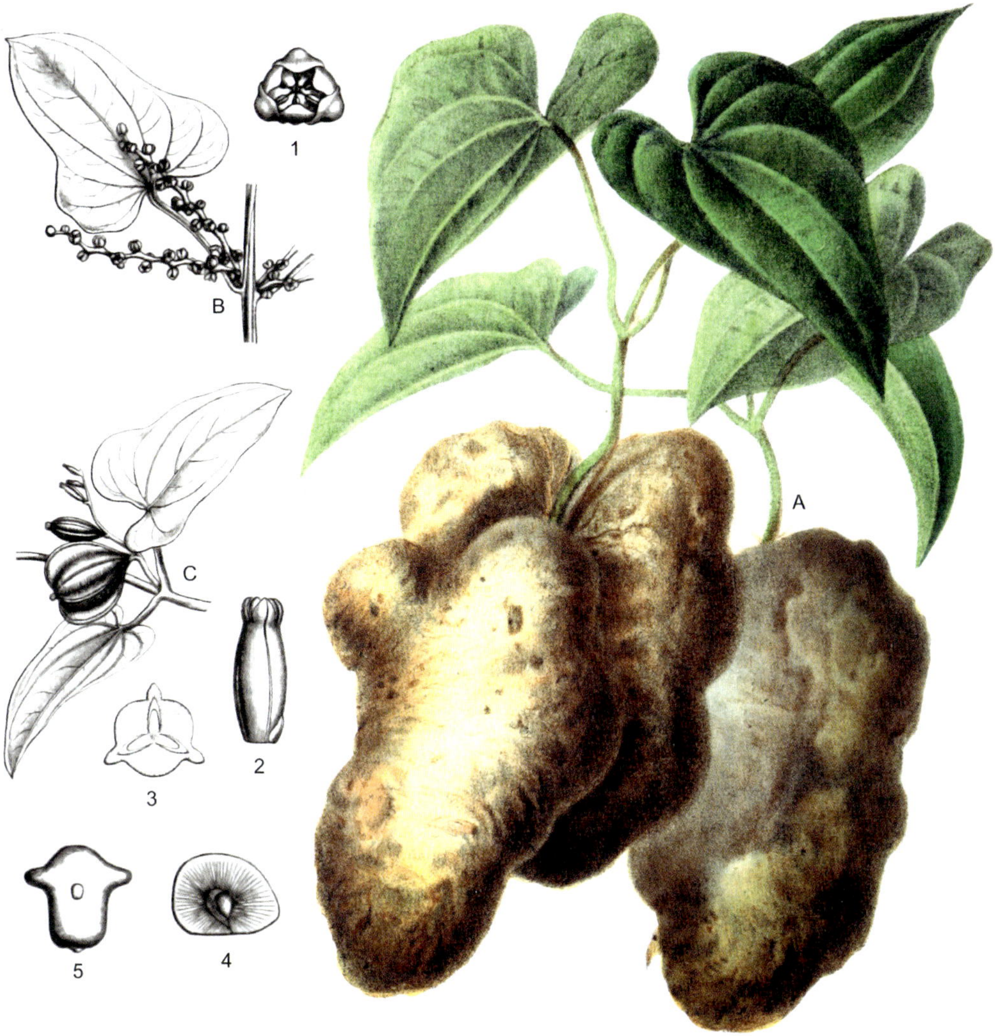

Chinesischer Yams: **A** basaler Teil einer Pflanze mit Grundblättern und knollig verdickten Wurzeln **B** ♂-Blütenstand mit Tragblatt **C** ♀-Blütenstand mit Tragblatt **1** ♂-Blüte **2** ♀-Blüte **3** Fruchtknoten im QS **4** Same **5** Embryo.

Quellen: Revue horticole (1865); Gilg & Schumann (1900).

Stützen zum Emporranken. Traditionell erfolgt die Ernte von Hand, um die empfindlichen Knollen nicht zu beschädigen.
Yams ist gut lagerfähig, jedoch anfällig für Pilzkrankheiten und Schädlingsbefall. Nach der Ernte müssen die Knollen unter optimalen Bedingungen gelagert werden, um eine lange Haltbarkeit zu gewährleisten.

Yamswurzeln bestehen zu 70–80 % der Trockenmasse aus Stärke und enthalten außerdem Proteine und Mineralstoffe in nennenswerten Mengen. Zudem finden sich Steroidsaponine, Alkaloide und Phenole.

Yamswurzeln sind ein wichtiges Grundnahrungsmittel für mehr als 300 Mio. Menschen weltweit, v. a. in Afrika.

Nigerianische Frau, die »Fufu« zubereitet

Die Saponine und Alkaloide schmecken bitter und sind bei den meisten Arten giftig. Erst durch traditionelle Zubereitungsmethoden der geschälten Yamswurzeln wie sorgfältiges Kochen, mehrmaliges Wässern oder auch Fermentation werden diese potenziell unerwünschten Inhaltsstoffe abgebaut. Yams hat dann einen milden bis bitteren Geschmack und eine mehlige bis feuchte Textur.
In Westafrika wird aus Yams häufig »Fufu« hergestellt, ein teigiger Brei als Beilage zu Suppen. In Asien werden aus Yamswurzeln auch Nudeln hergestellt.

In der traditionellen chinesischen Medizin gilt »Shan Yao« (*D. opposita*) als stärkendes Mittel für Milz, Lunge und Niere. Yamszubereitungen werden auch bei Verdauungsbeschwerden, Diabetes und Entzündungen eingesetzt.
Bestimmte Yamsarten enthalten Diosgenin, eine Verbindung, die dem weiblichen Sexualhormon Progesteron ähnelt. In den 1950er-Jahren wurden daraus Antibabypillen hergestellt.

In der Kosmetikindustrie finden Yams-Extrakte Verwendung in Anti-Aging-Produkten.

Yams-Feld mit Wuchshilfen in Hokuei, Japan

Dioscorea polystachya auf einem Markt in Changzhou, Volksrepublik China

Ostindische Pfeilwurz

Grüne Fledermausblume
Tacca leontopetaloides *(Tacca pinnatifida)*

Die Ostindische Pfeilwurz ist eine bis 2,5 m hohe, mehrjährige krautige Pflanze mit einem knollig verdickten Rhizom und großen, lang gestielten und tief gelappten Blättern. In den lang gestielten Blütenständen finden sich Hochblätter, die teils blattartig und teils fadenförmig ausgebildet sind. Die kleinen, grünlichen bis purpurfarbenen Blüten entwickeln sich zu eiförmigen bis kugeligen, orange bis rötlich gefärbten Früchten.

T. leontopetaloides ist in den tropischen Regionen Afrikas, Asiens, Australiens und v. a. auf den Inseln des Indopazifiks beheimatet. Angebaut wird sie in geringem Umfang in China, Südostasien, Indien und Kamerun.

Die Ostindische Pfeilwurz spielte eine wichtige Rolle bei der Besiedlung der Pazifikinseln: Frühe polynesische Seefahrende nutzten die Knollen als lang haltbaren Vorrat auf ihren Reisen. Vor der Einführung des Reisanbaus war die Art in vielen pazifischen und südostasiatischen Kulturen ein bedeutsames Grundnahrungsmittel. Archäologische Funde belegen die Nutzung seit mindestens 3.000 Jahren.

Die Knollen enthalten viel Stärke. Daneben finden sich kleine Mengen an Proteinen, Ballaststoffen und Mineralstoffen wie Kalium. Jedoch enthalten die rohen Knollen auch Bitterstoffe, Taccalonolide (Steroide) und giftige Komponenten wie Saponine.

Die Knollen können erst nach einem komplexen Verarbeitungsprozess gegessen werden, der das Auswaschen der Bitter- und Giftstoffe umfasst. Diese Zubereitungsmethoden wurden bereits von den frühen polynesischen Kulturen über Generationen entwickelt und weitergegeben.
Der Geschmack der verarbeiteten Stärke ist neutral. In der traditionellen polynesischen Küche werden daraus Brote gebacken oder sie wird mit süßen Zutaten wie Kokoscreme, Früchten oder Zucker kombiniert sowie zur Verdickung von Soßen verwendet.

Die Stärke der Pflanze wird in der traditionellen Medizin zur Behandlung von Hauterkrankungen, bei Durchfall und Darmentzündungen eingesetzt.
Die Taccalonolide werden aktuell intensiv auf ihre Wirkungen gegen Krebszellen und protozoische Parasiten wie *Trypanosoma* und *Leishmania* untersucht.

Die Stärke wird traditionell auch zum Stärken von Stoffen verwendet.

Ausgegrabene Pflanze
in Pemba, Mosambik

Ostindische Pfeilwurz: A Pflanze mit lang gestielten, tief handförmig gelappten Grundblättern und lang gestieltem Blütenstand **B** knollig verdicktes Rhizom **1** Blüte **2** aufpräparierte Blüte (ohne Perigon) **3** Perigonblatt mit Staubblatt **4–5** Staubblätter **6** Griffel mit Narben in aufpräparierter Blüte **7** Fruchtknoten im QS **8** Samenanlage **9** Teil eines fadenförmigen Hochblatts aus dem Blütenstand.

Quellen: Curtis Botanical Magazine (1893); Roxburgh (1795–1819).

Palmen – *Arecaceae*: Süße (aber auch ölige) Riesen der Tropen

Ob honigsüße Datteln, Palmzucker oder das erfrischende Wasser der Kokosnuss – die Familie der Palmen gehört zu den wichtigsten Kohlenhydratquellen der tropischen Welt. Diese majestätischen Tropenbewohnerinnen versorgen seit Jahrtausenden ganze Kulturen mit süßen Früchten, energiereichem Zucker und stärkehaltigen Grundnahrungsmitteln. Beispielsweise wird aus dem stärkereichen Stammmark der Sagopalme das Grundnahrungsmittel Sago gewonnen, das Millionen Menschen in Südostasien sättigt.

Prestoa acuminata wurde in Ecuador früher in großem Maßstab für die Gewinnung von Palmherzen genutzt – wodurch ihr Bestand stark zurückging.

Mit etwa 180 Gattungen und 2.500 Arten besiedeln die Palmengewächse nahezu alle tropischen und subtropischen Regionen der Erde. Die meist baumartigen Pflanzen zeichnen sich durch ihren einzigartigen Wuchs aus: Ein meist unverzweigter, säulenförmiger und aufrechter Stamm trägt einen großen Schopf aus gefiederten oder fächerförmigen Wedeln, die aus einer einzigen Scheitelknospe entspringen. Eine Beschädigung dieser Scheitelknospe, z. B. bei der Ernte von Palmherzen, führt i. d. R. zum Absterben des Stammes. Ein unverkennbares Merkmal dieser Pflanzenfamilie sind auch die oft imposanten Blüten- und Fruchtstände. Die fleischigen Steinfrüchte oder Beeren stecken voller Zucker oder fetter Öle.

Die Früchte vieler Palmenarten sind außerordentlich reich an Ballaststoffen, Kalium und B-Vitaminen. Besonders bemerkenswert ist auch die Bedeutung der Palmen als Öllieferantinnen: Die afrikanische Ölpalme hat sich in den letzten Jahrzehnten zur weltweit wichtigsten Pflanzenöl-Lieferantin entwickelt. Sie liefert mit 4–6 t pro Hektar 4–10-mal mehr Öl als Raps und vergleichbare Ölfrüchte. Das Palmöl aus dem Fruchtfleisch und das Palmkernöl aus den Samen finden sich heute in etwa jedem zweiten Supermarktprodukt – von Margarine über Schokolade bis hin zu Kosmetika und Biodiesel.

Doch damit nicht genug: Palmen sind klassische Multifunktionsbäume. So zählt z. B. die Kokospalme zu den vielseitigsten Nutzpflanzen der Tropen. Sie liefert nicht nur Kokosnüsse und Kokoswasser, sondern auch nahrhaftes Kokosfett, robuste Fasern und stabiles Baumaterial. Das zarte Palmherz – der wachsende Vegetationskegel an der Spitze des Stamms – gilt als exquisite Delikatesse. Allerdings sterben die Palmen bei der Ernte der Palmherzen meist ab – ein hoher Preis für den kulinarischen Genuss.

Zuckerpalme

Arenga pinnata (*Arenga saccharifera*)

Die Zuckerpalme wird bis zu 20 m hoch und hat bis zu 6 m lange, gefiederte Blätter mit lanzettlichen Fiederblättchen. Diese imposante Palme entwickelt große Blütenstände, aus denen ein zuckerreicher Saft gewonnen wird. Nach der Blüte entwickeln sich hängende Fruchtstände mit zahlreichen gelben bis orangen Steinfrüchten.

A. pinnata ist in den feuchten Tropen Südostasiens heimisch und wird v. a. in Indonesien, Malaysia, Thailand und auf den Philippinen angebaut.

Die Zuckerpalme wird seit Jahrhunderten zur Gewinnung von Zucker, Palmwein und Stärke verwendet. Der unvergorene Saft der Blütenstände war in der Heimat der Palme die wichtigste Süßstoffquelle, bevor er durch Zucker aus Zuckerrohr abgelöst wurde. Der vergorene Palmwein (lokal oft »Tuak«) spielt in vielen Gemeinden Südostasiens nicht nur als Getränk, sondern auch bei sozialen und zeremoniellen Anlässen eine wichtige Rolle.

Die Zuckerpalme benötigt 10–15 Jahre bis zur ersten Blüte. Sobald die Palme blüht, wird der Saft aus den hängenden Blütenständen durch Anritzen gewonnen. Der Stamm stirbt nach der Blüte ab, jedoch können bei dieser Art neue Stämme aus der Basis nachwachsen. Die Zuckerpalme wird häufig in Mischkulturen gemeinsam mit anderen Nutzpflanzen kultiviert.

Der Saft der Blütenstände wird mit langen Bambusröhren abgeleitet.

Der Saft der Zuckerpalme enthält hohe Mengen an Zucker (v. a. Saccharose) sowie Mineralstoffe wie Kalium, Magnesium und Eisen.
Die jungen Früchte sind reich an Vitamin C, enthalten allerdings auch Oxalat. Die Samen weisen einen hohen Gehalt an Kohlenhydraten und fetten Ölen auf.

Palmzucker auf einem Markt in Tomohon, Indonesien

In der traditionellen südostasiatischen Küche ist die Zuckerpalme eine wichtige Zuckerquelle. Zur Gewinnung des Palmzuckers wird der Saft der Blütenstände eingekocht. Durch Fermentation erhält man Palmwein.
Die Früchte sind wegen der Oxalatkristalle roh ungenießbar und müssen vor dem Verzehr entsprechend verarbeitet werden, z. B. durch Kochen.
Darüber hinaus werden aus dem stärkereichen Stamm auch (falsche) »Sago-Perlen« gewonnen.

Die Blätter werden traditionell auch zum Dachdecken genutzt und liefern robuste Fasern für die Herstellung von Seilen, Bürsten, Matten, Körben und Hüten.

Zuckerpalme: **A** Spitze einer blühenden Palme **1** Teil eines Laubblatts mit Rhachis und Basis der Fiederblättchen **2** Teil eines ♂-Blütenstands **3** Teil eines ♀-Blütenstands **4** Frucht, basal mit Perigonblättern **5** 3-kantige Frucht im QS **6–8** Samen.

Quellen: Blanco (1875); Blume (1835-1848).

Sagopalme

Metroxylon sagu *(Metroxylon rumphii, Sagus rumphii)*

Die Sagopalme erreicht Wuchshöhen von bis zu 15 m. Die gefiederten Blätter erreichen Längen von bis zu 8 m. Nach der Blüte stirbt der Hauptstamm ab, bildet jedoch an der Basis zuvor meist ausläuferartige Schösslinge aus, aus denen neue Stämme entstehen können.

M. sagu ist im Indopazifik, insbesondere auf Neuguinea und auf den Molukken (»Gewürzinseln«) in Indonesien heimisch. Sie kann auf extrem lang überschwemmten Flächen gedeihen, in denen selbst Nassreisanbau nicht mehr möglich ist. Die Art wird in vielen Ländern der südostasiatischen Tropen kultiviert.

Die Sagopalme bildete in vielen indigenen Kulturen Südostasiens und Ozeaniens ein Grundnahrungsmittel. Aus ihren stärkereichen Stämmen wird Sago-Stärke gewonnen. Während der Kolonialzeit wurde Sago nach Europa exportiert und war dort als Verdickungsmittel und Backzutat beliebt.

Die Palme wird in gefluteten Plantagen kultiviert und kann nach 10–12 Jahren geerntet werden, wenn ihr Stärkegehalt am höchsten ist. Für die Ernte wird sie gefällt und das stärkehaltige Mark anschließend mechanisch oder traditionell durch Auswaschen und Filtern gewonnen. Der Anbau erfolgt in Rotationssystemen, bei denen immer neue Schösslinge aus den Stämmen nachwachsen.

Die Stämme der Sagopalme enthalten zum Erntezeitpunkt bis zu 300 kg Stärke. Diese besteht aus 69–76 % Amylopektin und 24–31 % Amylose. Das Mark enthält auch geringe Mengen an Proteinen, Ballaststoffen und Mineralstoffen wie Eisen und Kalium.

Sagostärke ist ein wichtiges Grundnahrungsmittel in Südostasien, insbesondere in Papua-Neuguinea. Aus dem »Sago« genannten Mehl werden traditionell Fladen, Klöße, Suppen und Puddings hergestellt. Sago wird heute weltweit in der Lebensmittelindustrie genutzt und dient als Zutat für Backwaren, Desserts und Fertiggerichte.
Für die Herstellung von »Sago-Perlen« wird feuchter Stärketeig durch Siebe gepresst. Die durchfallenden Teilchen landen auf erhitzten Platten, welche das Mehl durch kontinuierliche Schaukelbewegungen zu kugelförmigen Körnern formen und dabei zugleich trocknen.

Sago-Perlen

Sagostärke wird industriell zur Herstellung von Klebstoffen, Kosmetika, Tabletten und biologisch abbaubarem Plastik verwendet. Die Reststoffe aus der Produktion dienen als nährstoffreiches Viehfutter.
Die Blätter der Palme werden traditionell für das Decken von Dächern verwendet und die Fasern dienen zur Herstellung von Körben und Matten.

Sagopalme: A Habitus einer fruchtenden Palme **1** sich entfaltendes Blatt **2** Teile eines ♀-Blütenstands mit kugeligen Früchten **3** aufpräparierte ♀-Blüte (mit 2 Perigonblättern und Fruchtknoten mit Griffel) **4** Steinfrucht mit schuppigem Exokarp **5** Steinfrucht im QS **6** Teil eines ♂-Blütenstandes **7** aufpräparierte ♂-Blüte.

Quellen: Carson et al. (1847); von Martius (1823-1850); Blume (1835-1848).

Palmyrapalme

Borassus flabellifer
(Borassus flabelliformis, Borassus sundaicus)

Die Palmyrapalme ist eine 2-häusige Palme, die bis zu 30 m hoch werden kann. Ihr grauer Stamm trägt eine Krone aus großen, fächerförmigen Blättern, die bis zu 3 m ⌀ erreichen. Die ♀-Palmen produzieren große, kugelige, schwarzbraune Steinfrüchte mit einem süßlich schmeckenden Fruchtfleisch. Sie enthalten 3 Steinkerne mit harter Schale und gallertartigem Inneren.

B. flabellifer ist in Süd- und Südostasien beheimatet. Heute wird sie in weiten Bereichen des tropischen Asiens und Afrikas angebaut.

Die Palmyrapalme ist seit Jahrtausenden in vielen Kulturen Süd- und Südostasiens tief verwurzelt. Bereits alte tamilische und buddhistische Schriften priesen ihre Vielseitigkeit und Nützlichkeit: In Südindien wird sie als »Himmlischer Baum« bezeichnet und der indische Freiheitskämpfer Mahatma Gandhi nannte sie ein »Gegenmittel gegen Armut«. In Kambodscha wird sie als Nationalbaum verehrt und ist wichtiger Bestandteil der nationalen Identität.

Die Palmyrapalme benötigt 12–20 Jahre, bevor sie erste Früchte trägt. Sie ist äußerst widerstandsfähig gegen Trockenheit, was sie insbesondere in Zeiten des Klimawandels zu einer wertvollen Nutzpflanze in ressourcenarmen Regionen macht.

Der frische Saft der ♂-Blütenstände enthält 9–17 % Kohlenhydrate, v. a. Saccharose, aber auch Fructose und Glucose. Das orange Fruchtfleisch der reifen Früchte ist reich an Carotinoiden, Vitamin C sowie Zucker. Samen und junge Keimlinge enthalten ebenfalls viele Kohlenhydrate, aber auch Proteine und fette Öle.

In vielen Regionen Süd- und Südostasiens ist der zuckerreiche Saft der Blütenstände eine wichtige Kohlenhydratquelle. Der Saft beginnt allerdings innerhalb weniger Stunden nach der Ernte durch natürliche Hefen und Bakterien zu fermentieren und wird so zu Palmwein vergoren. Um die Fermentation zu stoppen, wird der Saft schnell erhitzt oder mit Kalk versetzt. Anschließend kann er zu Sirup oder Palmzucker eingekocht werden.

Das gelatinöse Innere der Samen und das süße Fruchtfleisch werden meist roh verzehrt, können aber auch gekocht oder geröstet werden.

Die großen Fächerblätter werden traditionell zum Dachdecken verwendet und aus den Fasern der Blätter und Blattstiele werden Seile, Matten und andere Flechtwaren hergestellt.

v. l. n. r.: unreife Steinfrucht mit Perigonblättern, selbige im QS, unreife Steinkerne

Palmyrapalme: **A** Habitus einer fruchtenden Palme **1** ♂-Blütenstand **2** Detail eines ♂-Blütenstands **3** Perigon- und Staubblatt **4** ♀-Blütenstand **5** Detail eines ♀-Blütenstands, teilweise im QS **6** Steinfrucht, basal mit Perigonblättern **7** Steinfrucht im QS **8** Steinkerne.

Quellen: Wilhelm (1792-1828); von Martius (1823-1850); Roxburgh (1795-1819).

Honigpalme

Jubaea chilensis *(Jubaea spectabilis)*

Die Honigpalme kann bis zu 25 m hoch werden und besitzt einen glatten, grauen Stamm. Dieser kann bei alten Individuen 1,5–2 m ⌀ erreichen und gilt als einer der dicksten unter allen Palmenarten. Gleichzeitig zählt *J. chilensis* zu den langlebigsten Palmenarten und kann viele Hundert Jahre alt werden. Die derben, gefiederten Blätter werden bis 5 m lang.
Aus den kleinen Blüten entstehen große, ± kugelige, gelblich-orange Steinfrüchte, die in Chile als »Coquito« (Kokosnüsschen) bekannt sind. Das essbare Fruchtfleisch umgibt einen großen, 1-samigen Steinkern. Dieser hat ein weißliches, fleischiges Nährgewebe, das ebenfalls essbar ist.

J. chilensis ist in Zentralchile beheimatet. Die Art gilt als biogeographisches Relikt und hat ihre engsten Verwandten unter ausgestorbenen Palmenarten der Osterinsel. Aufgrund ihrer Seltenheit und Gefährdung steht sie in Chile heute unter Naturschutz und wird kaum noch kommerziell genutzt. Stattdessen wird die stattliche Palme in Parks und großen Gärten als Zierpflanze kultiviert.
Zuweilen wird sie auch in anderen mediterranen Klimazonen kultiviert, z. B. in Kalifornien und dem Mittelmeergebiet.

Die Früchte der Honigpalme wurden von den indigenen Völkern Chiles schon in prähistorischer Zeit zur Zuckergewinnung genutzt. Die spanischen Siedler:innen übernahmen diese Kultur.

Der aus dem Stamm gewonnene Saft enthält 10–20 % Saccharose. Auch das Fruchtfleisch ist kohlenhydratreich und enthält darüber hinaus Vitamin C, Ballaststoffe und geringe Mengen an Fett. In den Samen finden sich darüber hinaus fette Öle und Proteine in nennenswerten Mengen.

Aus dem Stammsaft wird durch Kochen ein dicker Sirup »Miel de Palma« hergestellt, der traditionell zum Süßen von Speisen verwendet wird. Die Samen schmecken süß und nussig. Sie werden frisch verzehrt oder zu Konfitüre oder Gebäck verarbeitet. Aus den Samen kann zudem ein Speiseöl gewonnen werden.
Auch die Palmherzen wurden früher genutzt. Da die Entnahme aber zum Absterben der Pflanzen führt, ist diese Praxis mittlerweile verboten.

Honigpalme: **A** Habitus einer Palme mit verdicktem Stamm **1–2** Teile eines Blatts mit Rhachis und Fiederblättchen **3** Blütendiagramm **4** distaler Teil des Griffels mit 3-teiliger Narbe **5** innere Perigonblätter **6** innere und äußere Perigonblätter **7** inneres Perigonblatt mit 3 Staubblättern **8** Staubblätter **9** untypisches Staubblatt mit 3 Staubbeuteln **10** Staubbeutel mit Konnektiv im QS **11** Steinfrucht **12** aufpräparierte Frucht mit Steinkern **13** Steinkern **14** geschlossene Blüte (mit 3 kleinen, äußeren und 1 großen, inneren Perigonblatt).

Quelle: Gaudichaud-Beaupré (1841-1852).

Silber-Dattelpalme

Indische Wald-Dattelpalme, Indische Waldpalme
Phoenix sylvestris *(Elate sylvestris)*

Die Silber-Dattelpalme hat einen schlanken Stamm, der an der Spitze lange, gefiederte Blätter trägt. Die kleinen, gelblichen bis cremefarbenen Blüten entwickeln sich in großen und stark verzweigten Blütenständen. Aus den ♀-Blüten entstehen orange bis dunkelbraune, kleine Steinfrüchte mit essbarem, süßlichem Fruchtfleisch.

Im Saft der Stämme findet sich reichlich Zucker, v. a. Saccharose, aber auch Fructose. Auch die Palmherzen sind reich an Kohlenhydraten und enthalten darüber hinaus nennenswerte Mengen an Proteinen und den Vitaminen B_3 und C.
Das Fruchtfleisch enthält hohe Mengen an Fructose, Vitamin C und Mineralstoffen.

Fruchtende Palme mit orangen Steinfrüchten

Gefäß zum Sammeln des zuckerhaltigen Safts

P. sylvestris stammt aus Indien, Pakistan und Nepal und wird in vielen subtropischen Regionen der Welt kultiviert.

Die Art wird seit Jahrhunderten zur Zucker- und Saftgewinnung genutzt. In Indien spielte sie lange eine bedeutende Rolle bei der Herstellung von Palmzucker und fermentierten Getränken. Mit der Einführung des Zuckers aus Zuckerrohr nahm ihre wirtschaftliche Bedeutung jedoch ab. Dennoch stellt die Silber-Dattelpalme in einigen Regionen weiterhin einen wichtigen Bestandteil traditioneller Anbausysteme dar.

Die Palme wächst relativ langsam, kann jedoch über Jahrzehnte hinweg produktiv bleiben. Zur Zuckergewinnung werden zunächst die älteren Blätter entfernt. Anschließend wird der Stamm eingeschnitten, wobei der austretende Saft in ein Gefäß abgeleitet wird.

Besonders in Indien und Bangladesch ist der aus dem Stammsaft gewonnene Palmzucker ein traditioneller Süßstoff für Desserts und Getränke. Aus dem Saft wird auch Sirup oder durch Gärung Palmwein hergestellt. Das Fruchtfleisch lässt sich sowohl frisch als auch getrocknet verzehren.

In der ayurvedischen Medizin dient der Palmsaft als stärkendes Mittel.

Die Früchte werden als Viehfutter genutzt. Aus den Blättern können Flechtwerk, Seile, Besen und Dachbedeckungen hergestellt werden. Schließlich wird die gegenüber Trockenheit unempfindliche Palme als Zierbaum in städtischen Gebieten angepflanzt.

Silber-Dattelpalme: A Habitus **1** gefiedertes Blatt, basal mit Dornen **2** ♂-Blütenstand mit großem Tragblatt **3** Tragblatt eines Blütenstands **4** Zweig eines ♂-Blütenstands **5** ♀-Blütenstand **6** Steinfrucht.

Quellen: L' Illustration horticole (1863); van Rheede tot Drakestein (1678-1703); Wilhelm (1792-1828).

Indisches Blumenrohr

Achira, Westindisches Blumenrohr
Canna indica *(Canna edulis)*

Das Indische Blumenrohr ist eine mehrjährige, krautige Pflanze, die bis zu 2 m hoch wird. Sie bildet unterirdische, knollige, stärkehaltige Rhizome aus. Die großen, meist rötlichen bis orangefarbenen Blüten entwickeln sich zu warzigen Kapseln mit schwarzen Samen.

C. indica ist in Mittel- und Südamerika beheimatet. Heute ist sie weltweit in warmen Klimazonen zu finden und wird als Zier- und Nutzpflanze kultiviert.
Der Name »Indisches Blumenrohr« verweist dabei nicht auf Indien, sondern auf die früher als »Westindische Inseln« bezeichnete Karibik.

Die Pflanze wurde schon vor 5.000–4.500 Jahren von den indigenen Völkern Südamerikas kultiviert, die aus den schwarzen Samen auch Perlen herstellten.

Durch Züchtung entstanden in den letzten 200 Jahren ± 1.000 eingetragene Sorten. In den meisten Fällen handelt es sich dabei um Ziersorten.

Die Rhizome sind reich an Kohlenhydraten, insbesondere Stärke, und stellen auch eine gute Quelle für Kalium und Calcium dar.

Die Rhizome können gekocht, gedämpft oder gebacken als Beilage oder Bestandteil von Eintöpfen zubereitet werden. Sie liefern ein hochwertiges Mehl mit guten Bindemitteleigenschaften, weil die Stärkekörner von *C. indica* zu den größten im Pflanzenreich gehören. Das Mehl wird deshalb auch in der Lebensmittelindustrie genutzt.

In der traditionellen Medizin dient *C. indica* zur Behandlung von Entzündungen und Verdauungsproblemen.

Die Blätter dienen als Verpackungsmaterial und daraus gewonnene Fasern werden zu Seilen und Textilien verarbeitet.
Die Pflanze nimmt Schwermetalle wie Chrom, Cadmium und Blei aus kontaminierten Böden und Gewässern auf und ihr Potenzial bei der Sanierung belasteter Standorte steht im Fokus aktueller Studien.
Außerdem ist *C. indica* aufgrund ihrer dekorativen Blüten eine beliebte Zierpflanze.

Zum Trocknen aufgehängte Nudeln aus *Canna*-Mehl in Nord-Vietnam

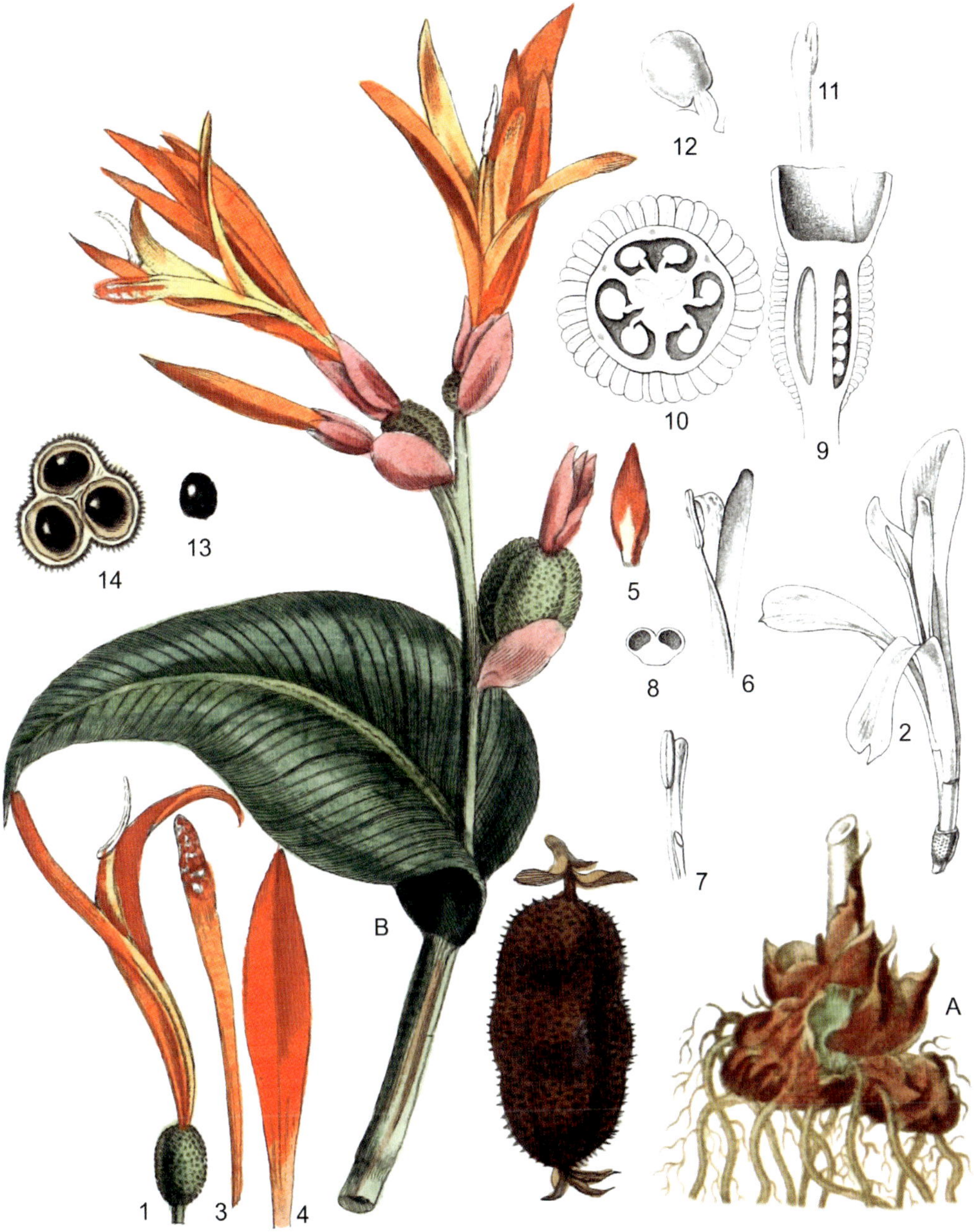

Indisches Blumenrohr: A basaler Teil einer Pflanze mit Stängelbasis, knollig verdickten Rhizomen und Wurzeln **B** distaler Teil einer Pflanze mit Stängelblatt, Blüten und unreifer Frucht **1–2** Blüte mit unterständigem Fruchtknoten, 3 Kronblättern, kronblattartigem Staminodium und 1 Staubblatt **2** Blüte **3** kronblattartiges Staminodium **4** Kronblatt **5** Kelchblatt **6–7** Staubblatt und Staminodium **8** Staubbeutel im QS **9** Fruchtknoten im LS **10** Fruchtknoten im QS **11–12** Samenanlage **13** Same **14** Frucht im QS.

Quellen: von Jacquin (1764–1771); d'Orbigny (1841–1849); Curtis Botanical Magazine (1855); Chaumeton (1814ff).

Pfeilwurz

Maranta arundinacea *(Maranta indica, Maranta sylvatica)*

Die Pfeilwurz ist eine mehrjährige Pflanze mit stärkehaltigen Rhizomen und Sprossen, die 1–2 m hoch werden. Die Blütenstände bestehen aus 2–5 weißlichen Blüten, die von kleinen Tragblättern eingehüllt werden. Die Kapsel enthält nur 1 Samen.

M. arundinacea stammt aus dem Regenwaldgebiet des Amazonas. Heute wird sie in vielen tropischen Ländern wie Brasilien, der Karibik, Westafrika, Indonesien und Indien kultiviert.

Die Pfeilwurz wurde von den indigenen Völkern Südamerikas bereits vor 7.000 Jahren als Nahrungsmittel genutzt. Die Bezeichnung PFEILWURZ bezieht sich auf die Verwendung von Wurzel-Extrakten zur Behandlung von Wunden, die durch vergiftete Pfeile verursacht wurden. Dieser Name steht allerdings nicht exklusiv für diese Art: Auch andere Arten der Gattung *Maranta* und *Canna indica* werden zuweilen so bezeichnet.
Während der Kolonialzeit wurde *M. arundinacea* aus Südamerika zunächst in die Karibik und dann nach Asien eingeführt und entwickelte sich in beiden Regionen zu einer wichtigen Kohlenhydratquelle. In Europa wurde »Pfeilwurzelmehl« schon früh als leicht verdauliches Lebensmittel für Kleinkinder und Kranke geschätzt.

Die frischen Rhizome enthalten 20–25 % Stärke, die zu 25–40 % aus Amylose besteht. Sie enthalten außerdem geringe Mengen an Proteinen, fetten Ölen und Mineralstoffen wie Kalium und Calcium.

Aus den Rhizomen wird nach Waschen, Sieben und Trocknen das »Pfeilwurzelmehl« gewonnen, das aus gleichmäßig geformten Stärkekörnern besteht und als sehr hochwertig gilt. Der hohe Amylosegehalt verleiht dem Mehl exzellente Gelierfähigkeiten und sorgt für leichte Verdaulichkeit. Es ist deshalb auch für Säuglings- und Kindernahrung gut geeignet.
Die frischen Rhizome werden traditionell gekocht oder gedämpft und als Beilage oder Suppeneinlage verwendet.

Pfeilwurzelmehl wird traditionell als Mittel gegen Verdauungsbeschwerden und zur Wundheilung genutzt.

Dank seiner feinen Textur findet das Mehl auch industrielle Anwendung: Es wird als Puderbasis in Kosmetika, zur Herstellung von biologisch abbaubaren Folien und Verpackungen und in der Papierherstellung eingesetzt.

Pfeilwurz: **A** Habitus **B** basaler Teil einer Pflanze mit Stängelbasis, verdicktem Rhizom und austreibendem Rhizom **1** Diagramm eines 2-blütigen Blütenstands mit gemeinsamen Tragblatt **2** aufpräparierte Blüte **3** Kronblatt mit Staubblatt.

Quellen: Koorders & Valeton (1897–1914); von Panhuys (1811–1824).

Erdmandel

Tigernuss

Cyperus esculentus

(Chlorocyperus aureus, Cyperus gracilis)

Die Erdmandel ist eine mehrjährige krautige Pflanze, die bis zu 90 cm hoch wird. An der Basis ihrer 3-eckigen Stängel bildet sie zahlreiche verdickte Rhizome, die meist als Knollen bezeichnet werden. Diese haben eine eiförmige bis kurz-zylindrische Form und eine durch hervorstehende Leisten gegliederte Oberfläche, die cremefarben bis dunkelbraun gefärbt ist.

C. esculentus stammt vermutlich aus dem Mittelmeergebiet und Westasien. Heute wird sie weltweit kultiviert und ist häufig auch verwildert anzutreffen. In einigen Gebieten, z. B. in den USA, aber auch in Westeuropa, gilt *C. esculentus* als invasive Art, die sich v. a. über ihre robusten Knollen ausbreitet.

Erdmandeln wurden bereits vor 2.500 Jahren in Ägypten als Nahrungsmittel geschätzt. Später verbreiteten sie sich im gesamten Mittelmeergebiet. In Spanien dienten die Knollen während des Bürgerkrieges als Kaffeeersatz und die Pflanze wird dort bis heute angebaut.

Die Vermehrung der Pflanze erfolgt durch das Setzen von Knollen. Im Laufe der Vegetationsperiode bilden sich zahlreiche neue Knollen an den Enden der unterirdischen Ausläufer. Diese können nach einigen Monaten geerntet werden. Anschließend werden sie gewaschen und sorgfältig getrocknet, um ihre Haltbarkeit zu verlängern.

Getrocknete Erdmandeln enthalten 30–42 % Kohlenhydrate, v. a. Stärke und Zucker. Fette Öle machen ± 25 % aus. Dabei handelt es sich v. a. um ungesättigte Fettsäuren (v. a. Ölsäure), aber auch um die mehrfach ungesättigte Linolsäure. Zudem finden sich Ballaststoffe und Mineralstoffe, wie Calcium, Kalium, Natrium und Kupfer, sowie die Vitamine E und C. Ebenfalls enthalten sind Flavonoide und Saponine.

Die nussig schmeckenden Knollen können roh als Snack verzehrt oder geröstet als Zutat für Müslis und Gebäck verwendet werden. In Spanien wird aus ihnen die erfrischende Erdmandelmilch »Orxata de Xufa« hergestellt. Außerdem liefern sie ein Speiseöl.

C. esculentus wird gelegentlich auch als Tierfutter und zur Produktion von Biokraftstoff verwendet.

Geschälte und ungeschälte Erdmandeln sowie Erdmandelöl

Erdmandel: **A** basaler Teil einer Pflanze mit Stängelbasis, Grundblättern, langen Rhizomen mit knollig verdickten Enden sowie Wurzeln **B** distaler Teil einer Pflanze mit Blütenstand und Tragblättern **C** Rhizom mit knollig verdickten Endabschnitten **1** Blatt im QS **2** Ast des Blütenstands mit mehreren Ährchen **3** vielblütiges Ährchen **4** Tragblatt mit Blüte aus 2 Staubblättern und Fruchtknoten mit 3-teiliger Narbe **5** verdickte Rhizomabschnitte.

Quellen: von Schlechtendal (1840ff); Hérincq & Gérard (1870).

Süßgräser – *Poaceae*: Die heimlichen Herrscher:innen auf unseren Tellern

Weizen, Reis, Mais – diese drei Getreide allein decken mehr als die Hälfte des weltweiten Kalorienbedarfs. Sie gehören alle zur Familie der Süßgräser, die mit etwa 800 Gattungen und über 12.000 Arten zu den größten Pflanzenfamilien der Erde zählt. Von arktischen Tundren bis zu tropischen Savannen besiedeln sie nahezu jeden Lebensraum unseres Planeten. Zuckerrohr produziert in seinen dicken Halmen bis zu 20 % Saccharose und deckt damit 80 % der weltweiten Zuckerproduktion. Hirsearten gedeihen in den trockensten Regionen und sichern Millionen Menschen das Überleben. Bambusarten, die ebenfalls zu den Süßgräsern gehören, können 35 m hoch werden und wachsen bis zu 1 m pro Tag in die Höhe. Sie liefern sowohl essbare Sprosse als auch vielseitige Baumaterialien.

Trotz der Anpassungen an unterschiedlichste Lebensbedingungen ist der Bauplan der Süßgräser bemerkenswert einheitlich: Hohle, knotige Halme tragen schmale Blätter mit parallelen Nerven, während die unscheinbaren, windbestäubten Blüten in Ähren oder Rispen angeordnet sind. Diese schlichte Architektur verbirgt jedoch eine revolutionäre biochemische Innovation. Viele tropische Süßgräser nutzen die sogenannte C_4-Photosynthese, die es ihnen ermöglicht, Sonnenlicht auch bei hohen Temperaturen und Trockenheit äußerst effizient in Kohlenhydrate umzuwandeln. Mais, Hirse und Zuckerrohr verdanken diesem Stoffwechselweg ihre außergewöhnliche Produktivität.

Getreide wie Weizen, Roggen, Gerste oder Hafer beherrschen diesen Trick hingegen nicht, weil sie keine C_4-Pflanzen sind und nicht aus tropischen Regionen stammen, wo die C_4-Photosynthese besonders vorteilhaft ist.

Besonders faszinierend ist auch der Aufbau der Grasblüten, der sich deutlich von dem anderer Blütenpflanzen unterscheidet. Die winzigen, unscheinbaren Einzelblüten sind zu charakteristischen Ährchen zusammengefasst – der Grundbaustein aller Grasblütenstände. Jedes Ährchen wird von 2 schützenden Hüllspelzen umschlossen, die wie kleine Schuppen die darin liegenden Blüten umhüllen. Die eigentlichen Blüten bestehen aus nur wenigen, aber hochspezialisierten Teilen: einer äußeren Deckspelze und einer inneren Vorspelze, die zusammen die Blüte und die Frucht schützen. Anstelle der sonst üblichen farbenprächtigen Kronblätter besitzen Grasblüten nur 2–3 winzige, durchscheinende Schwellkörper – die Lodiculae –, die bei der Blüte anschwellen, die Spelzen auseinanderdrücken und so für eine optimale Bestäubung sorgen.

Im Inneren der Blüte befinden sich meist 3 Staubblätter mit pendelnden Staubbeuteln, die bei geöffneten Spelzen an langen Staubfäden aus der Blüte heraushängen, sowie

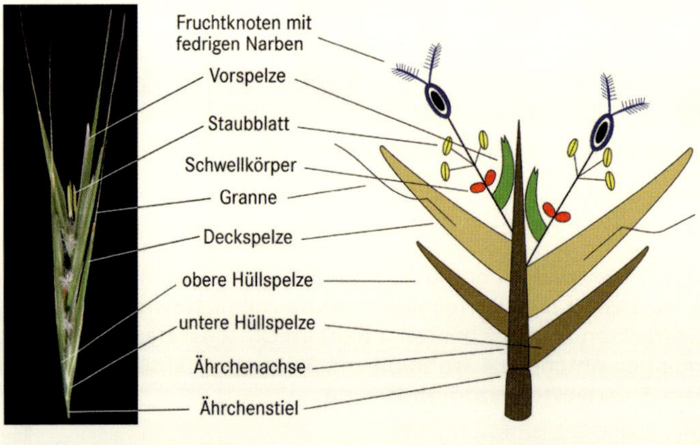

Aufbau der Blüte und Ährchen von Süßgräsern. Foto eines 4-blütigen *Trespen*-Ährchens und Schemazeichnung eines 2-blütigen Ährchens

ein einzelner Fruchtknoten mit meist 2 fedrigen Narben. Deren feine, verzweigte Oberfläche fängt selbst kleinste Pollenkörnchen aus der Luft ab.
Die Ährchen wiederum ordnen sich zu verschiedenartigen Blütenständen: lockere, verzweigte Rispen wie beim Hafer, dichte, unverzweigte Ähren wie beim Weizen oder kompakte, kolbenförmige Strukturen wie beim Mais.
Das Geheimnis der Bedeutung der Getreide für unsere Ernährung liegt in den Körnern selbst – botanisch korrekt als »Karyopsen« bezeichnet. Diese winzigen Pakete konzentrieren eine Fülle an Nährstoffen: Das stärkereiche Endosperm im Inneren der Karyopse macht bis zu 80 % des Korngewichts aus und ist dicht mit Stärkekörnern gefüllt. Die sogenannte »Aleuronschicht«, die sich direkt unter der Samenschale befindet, dient dem Keimling als »Nährstoffdepot« und »Enzymzentrale« für die Keimung. In ihr finden sich hochwertige Proteine, B-Vitamine, Mineralstoffe wie Eisen und Zink, sowie Ballaststoffe in hohen Konzentrationen. Diese hohe Nährstoffdichte der Aleuronschicht erklärt, warum Vollkorngetreide ernährungsphysiologisch deutlich wertvoller ist als geschältes Getreide. Beim »Schälen« von Getreide werden die äußersten Schichten des Korns entfernt und ein großer Teil der wertvollen Inhaltsstoffe geht verloren.
Die Domestikation des Getreides markierte einen Wendepunkt der Menschheitsgeschichte. Die Kultivierung von Weizen und Gerste im »Fruchtbaren Halbmond«, von Reis in Asien und von Mais in Amerika ermöglichte den Übergang zur sesshaften Landwirtschaft. Dieser Wandel der Ernährungsweise schuf erst die Grundlage für die Entstehung komplexer Gesellschaften und Zivilisationen.
Man kann diese neolithische Revolution aber auch aus einer anderen Perspektive betrachten: Der israelische Historiker Yuval Noah Harari argumentiert in seinem Buch »Sapiens – Eine kurze Geschichte der Menschheit«, dass nicht die Menschen den Weizen domestizierten, sondern der Weizen die Menschen domestizierte, indem er sie zur Sesshaftigkeit zwang und eine wechselseitige Abhängigkeit schuf. Diese Beziehung führte paradoxerweise dazu, dass sich der Weizen global ausbreiten konnte, während die meisten Menschen im Vergleich zu den sich durch Jagen und Sammeln ernährenden Gesellschaften ein härteres Leben führen mussten: Sie mussten mehr arbeiten, wurden öfter krank und mussten sich den strengen gesellschaftlichen Regeln der aufkommenden Hochkulturen unterwerfen – in den jagenden und sammelnden Gesellschaften waren die sozialen Hierarchien flacher und so etwas wie versklavte Menschen vermutlich gänzlich unbekannt. Nach dieser Sichtweise ist der wahre Gewinner also nicht die Menschheit, sondern das Getreide.

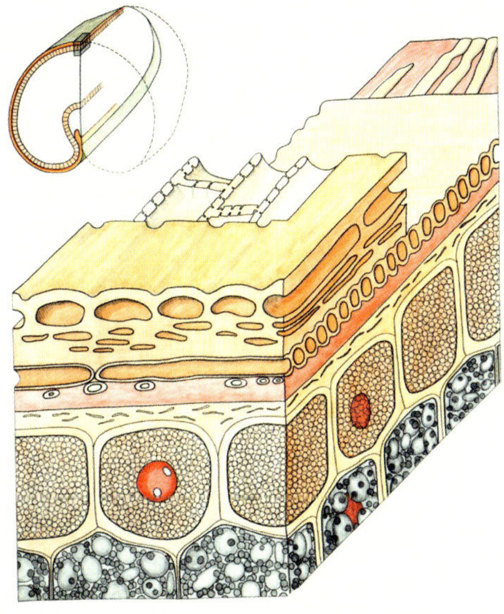

Weizen-Karyopse im QS: Äußerste Zellschicht des Endosperms mit großen Stärkekörnern (unten, in blaugrau), darüber die proteinreiche Aleuronschicht mit großen Zellen und oben die mit der Fruchtwand verwachsene Samenschale. Der Embryo liegt außerhalb der Schnittfläche.

Weizen

Triticum *(Crithodium)*

Die Gattung *Triticum* umfasst etwa 6 Arten 1-jähriger Süßgräser, darunter den Saatweizen, eine unserer wichtigsten Getreidearten. Der Blütenstand ist eine dichte Ähre, die allenfalls kurz begrannt ist.

Weizen hat seinen Ursprung im Nahen Osten, genauer im »Fruchtbaren Halbmond« im Nahen Osten. Er wird weltweit angebaut, mit Schwerpunkt in der gemäßigten Klimazone. Weizen ist die am häufigsten angebaute Nahrungspflanze und wird gegenwärtig auf 15–16 % der weltweiten Ackerfläche angebaut. Bedeutende Anbauregionen sind Europa, Nordamerika, Russland, China, Indien und Australien.

Die Domestikation des Weizens begann vor 10.000–9.000 Jahren im Gebiet des »Fruchtbaren Halbmonds« und markiert einen der wichtigsten Schritte in der Entwicklung der menschlichen Zivilisation – zusammen mit der vor 12.000–10.000 Jahren erfolgten Domestizierung der Gerste.
Mit der Entwicklung des Ackerbaus verbreitete sich der Weizenanbau zunächst im Nahen Osten und erreichte vor 9.000 Jahren Griechenland und den Balkan, vor 8.000 Jahren Italien und vor 7.500–7.000 Jahren auch schon Mitteleuropa. Die Römer:innen trugen in der Antike maßgeblich zur weiteren Verbreitung des Weizens und seiner Anbaumethoden bei. Während der Kolonialzeit gelangten Weizen und die Techniken seiner Kultivierung nach Amerika, Australien und in andere Teile der Welt.

Durch jahrtausendelange Selektion und moderne Pflanzenzüchtung ist eine Vielzahl von Weizenarten und -sorten entstanden. Archäologische Funde belegen, dass zunächst Einkorn (*T. monococcum*) und Emmer (*T. turgidum* subsp. *dicoccon*) kultiviert wurden.
Einkorn (*T. monococcum*) stellt die älteste Weizenart dar: mit niedrigem Ertrag, aber hohem Nährwert. Jedes Ährchen enthält nur ein Korn. Einkorn ist typischerweise bespelzt und es gibt Winter- und Sommerformen.
Die dichten, begrannten Ähren des Emmers (*T. turgidum*) enthalten pro Ährchen 2 Körner. Ausgehend vom Wildemmer (subsp. *dicoccoides*) führte die Selektion von Pflanzen mit nicht brüchigen Ähren zum heute kultivierten Emmer, bei dem die Körner auch bei der Reife fest an der Spindel verbleiben – eine Eigenschaft, die die Ernte deutlich erleichtert. Der kultivierte Emmer (subsp. *dicoccon*) war bis zur Römerzeit das wichtigste Brotgetreide. Ab dem Mittelalter wurde er nach und nach vom ertragreicheren Saatweizen verdrängt.
Hartweizen (*T. turgidum* subsp. *durum*) eignet sich besonders für Teigwaren wie Pasta – sein hoher Glutengehalt bedingt seine besonders guten Quell- und Backeigenschaften.
Dinkel (*T. aestivum* subsp. *spelta*) ist eine alte Kulturform mit besonders stabilen Spelzen, die das Korn fest umschließen. Er enthält mehr Proteine und Mineralstoffe als gewöhnlicher Weizen. Heute wird Dinkel hauptsächlich in Süddeutschland, der Schweiz, Österreich und Norditalien angebaut.
Der hexaploide Saatweizen bzw. Weichweizen (*T. aestivum*) entstand durch natürliche Hybridisierung und wurde dann gezielt weiterentwickelt. Er stellt die heute weltweit bedeutendste Art dar. Moderne Züchtungen zielen auf hohe Erträge, gute Backeigenschaften und Resistenz gegenüber Krankheiten wie Mehltau, Braunrost und *Fusarium*-Pilzen ab. Um den Nährwert von Weizen als

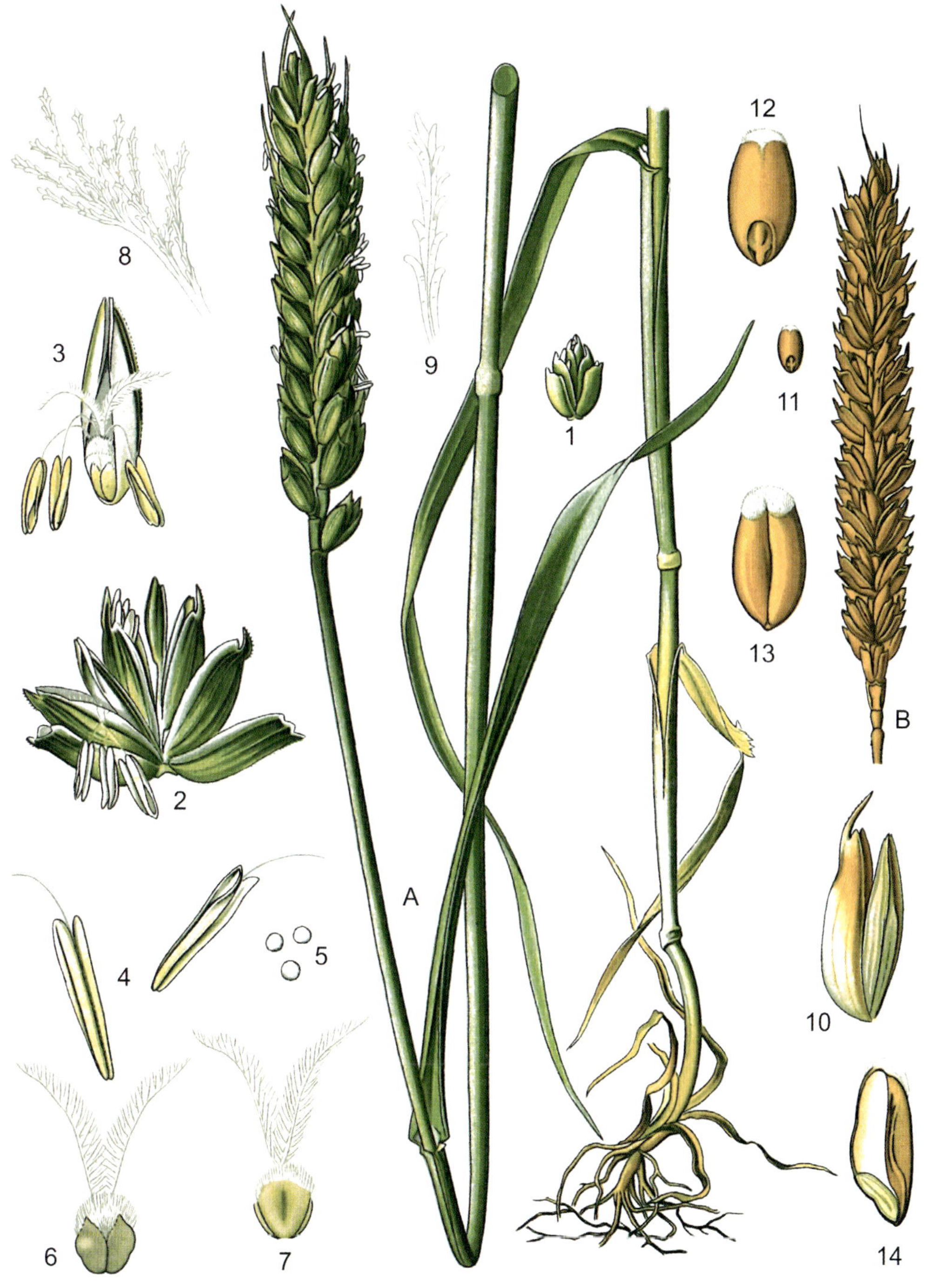

Saatweizen: A Habitus einer blühenden Pflanze **B** reife Ähre **1** Ährchen (Knospe) **2** aufpräpariertes blühendes Ährchen, basal mit 4 fertilen und distal mit 1 unfruchtbarem Blütchen **3** Blütchen mit Hüllspelze **4** Staubbeutel **5** Pollen **6–7** Fruchtknoten mit fedrigen Narben und Schwellkörpern (Lodiculae) **8–9** Narbenäste **10** Frucht mit Spelzen **11–13** Frucht (Karyopse) **14** Karyopse im QS.

Quelle: Köhler (1883-1898ff).

v. l. n. r.: *T. polonicum, T. monococcum, T. spelta, Secale cereale*

Grundnahrungsmittel weiter zu verbessern, werden auch Züchtungsprogramme zur Biofortifikation durchgeführt: Dabei werden Weizensorten gezüchtet, die höhere Gehalte an wichtigen Mikronährstoffen wie Zink und Eisen aufweisen. Dies kann insbesondere in Regionen, in denen Weizen einen Großteil der Nahrung ausmacht, zur Bekämpfung von Nährstoffmangel beitragen.
Der Klimawandel stellt eine große Bedrohung für den globalen Weizenanbau dar und die Anpassung des Weizens an veränderte Klimabedingungen ist zentral für die zukünftige Welternährung. Züchter:innen arbeiten deshalb intensiv daran, hitze- und trockenheitstolerantere Weizensorten zu entwickeln und die Anbaumethoden anzupassen.

Je nach Klimazone und Sorte wird Weizen als Winter- oder Sommergetreide angebaut. WINTERWEIZEN wird im Herbst gesät und überwintert als junge Pflanze, was zu höheren Erträgen führt. SOMMERWEIZEN wird hingegen im Frühjahr ausgesät und noch im gleichen Jahr geerntet.

Weizenkörner enthalten durchschnittlich 60–70 % Kohlenhydrate (hauptsächlich Stärke), 10–14 % Proteine, 2–3 % fettes Öl und ± 2 % Mineralstoffe. Darüber hinaus enthält Weizen B-Vitamine (insbesondere Folsäure und Niacin), Vitamin E, Mineralstoffe wie Eisen, Zink, Magnesium und Selen sowie Ballaststoffe. Bis auf die Kohlenhydrate sind alle Nährstoffe v. a. in den äußeren Schichten (Aleuronschicht, Samenschale) des Korns konzentriert. Vollkornprodukte enthalten deshalb deutlich mehr Ballaststoffe, Vitamine und Mineralstoffe als Produkte aus Weiß- bzw. Auszugsmehl.
Besonders charakteristisch für Weizen sind die enthaltenen Kleberproteine (Gluten), die

sich aus Glutenin und Gliadin zusammensetzen und für die elastischen und viskösen Eigenschaften des Teigs verantwortlich sind. Bezogen auf den Gesamtproteingehalt macht Gluten beim Weizen 80–85 % aus. Bezogen auf das Trockengewicht der Karyopse sind es 80–150 mg pro g.

Weizen gehört zu den wichtigsten Grundnahrungsmitteln der Menschheit und dient rund einem Drittel der Weltbevölkerung als Hauptkalorienquelle.
Weizenmehl lässt sich zu zahlreichen Backwaren verarbeiten, deren Konsistenz und Qualität maßgeblich vom Glutengehalt des Mehls abhängt. Für unterschiedliche Backwaren kommen verschiedene Mehltypen zum Einsatz – diese werden durch Ausmahlungsgrad und Mineralstoffgehalt definiert und reichen von fein ausgemahlenen Weißmehlen bis zu den nährstoffreicheren Vollkornmehlen.
Neben der Mehlproduktion werden Weizenkörner auch zu Grieß, Bulgur, Flocken und Frühstückscerealien verarbeitet oder als gekeimtes Ganzkorn verwendet. Aus Weizenkeimen lässt sich auch ein Vitamin E-reiches Speiseöl gewinnen. Durch Fermentation entstehen alkoholische Getränke wie Weizenbier und Wodka.

In der modernen Lebensmittelindustrie findet Weizengluten vielfältige Verwendung. Es dient z. B. der Herstellung von Fleischersatzprodukten (»Seitan«) und fungiert als Stabilisator.

In der pharmazeutischen Industrie dient Weizenstärke als Bindemittel für Tabletten und als Grundlage für Puder.

Weizenkeimöl findet in der Kosmetikindustrie Verwendung in Hautpflegeprodukten. Aus Weizen gewonnene Stärke wird in der Papier-, Textil- und Klebstoffindustrie eingesetzt. Durch Vergärung wird Bioethanol hergestellt.

Weizen kann bei manchen Menschen gesundheitliche Probleme verursachen: Bei der Zöliakie, einer Autoimmunerkrankung, führt der Verzehr von Gluten (Klebereiweiß) zu Entzündungen der Dünndarmschleimhaut. Etwa 1 % der Bevölkerung ist davon betroffen. Eine Weizenallergie stellt hingegen eine klassische Nahrungsmittelallergie dar, bei der das Immunsystem auf bestimmte Proteine im Weizen reagiert.

Gerste

Hordeum vulgare *(Hordeum sativum)*

Gerste ist ein 1-jähriges Getreide, das sich durch seinen markanten Fruchtstand auszeichnet, der aus einer dichten Ähre mit langen Grannen besteht. Die 1-blütigen Ährchen stehen dabei in 2 sich gegenüberstehenden Dreiergruppen an den Knoten der Ährenspindel. Bei 6-ZEILIGEN GERSTEN sind alle Blütchen fertil und die Körner stehen in 6 Reihen. Bei 2-ZEILIGEN GERSTEN sind nur die mittleren Blütchen fertil.

Die Wildform von *H. vulgare* ist im Nahen Osten, Anatolien und im westlichen Iran heimisch. Heute wird Gerste weltweit angebaut, v. a. in gemäßigten, aber auch in borealen Klimazonen. Mit ± 50 Mio. ha Anbaufläche rangiert sie nach Weizen, Reis und Mais auf Platz 4 der wichtigsten Getreidearten.

Als eher anspruchsloses Getreide gedeiht Gerste auch unter widrigen Bedingungen wie Trockenheit, salzigen Böden und kurzen Vegetationsperioden. Diese Robustheit ermöglicht den Anbau selbst in Hochgebirgsregionen. So gedeiht NACKTGERSTE in Tibet sogar in 4.500 m Höhe.

Gerste war zusammen mit Weizen (und eventuell auch Reis) das erste Getreide, das überhaupt domestiziert wurde. Der Prozess begann vor 12.000–10.500 Jahren im »Fruchtbaren Halbmond« des Nahen Ostens. In der neolithischen Siedlung Jericho fanden Archäolog:innen bereits domestizierte Gerste aus der Zeit vor ± 10.500 Jahren.

In Mesopotamien entwickelte sich Gerste vor 8.000–7.000 Jahren zum wichtigsten Getreide und diente v. a. der Brot- und Bierherstellung. Im Ägypten des 3. Jahrtausends v. Chr. fungierte sie als offizielles Zahlungsmittel. So erhielten die Arbeiter:innen beim Pyramidenbau als Lohn das Getreide und daraus gebrautes Bier direkt ausbezahlt. Die Notwendigkeit, Ernte, Lagerung und Verteilung des Getreides zu organisieren, trieb die Entwicklung von Bürokratie und Keilschrift voran. Letztendlich trug die Domestizierung des Getreides und die dadurch ausgelöste revolutionäre Änderung der Gesellschaften zur Entstehung einer der frühesten Schriftformen der Menschheit bei und förderte auch die Entstehung der Mathematik maßgeblich. In Mittel- und Nordeuropa spielte Gerste lange Zeit als Hauptbrotgetreide eine zentrale Rolle, bevor sie im Mittelalter allmählich vom Weizen und Roggen verdrängt wurde.

Verwaltungsdokument mit Einträgen über Malz und Gerstenschrot. Sumerische Keilschrifttafel (um 3.100–2.900 v. Chr.)

Die Hauptunterscheidung der Gerstensorten erfolgt nach der Anzahl der Körner, die auf einer Ebene der Ährenachse gebildet werden. Auf einer Ebene der Ährenachse stehen dabei 2 jeweils 3-blütige Ährchen.

Bei der 2-ZEILIGEN GERSTE sind nur die mittleren Blütchen der beiden Ährchen fertil. Sie liefert gleichmäßigere Körner und wird hauptsächlich als Braugerste für die Bierproduktion verwendet. Die 2-ZEILIGE GERSTE wird oft auch als eigenständige Art *Hordeum distichon* angesehen.

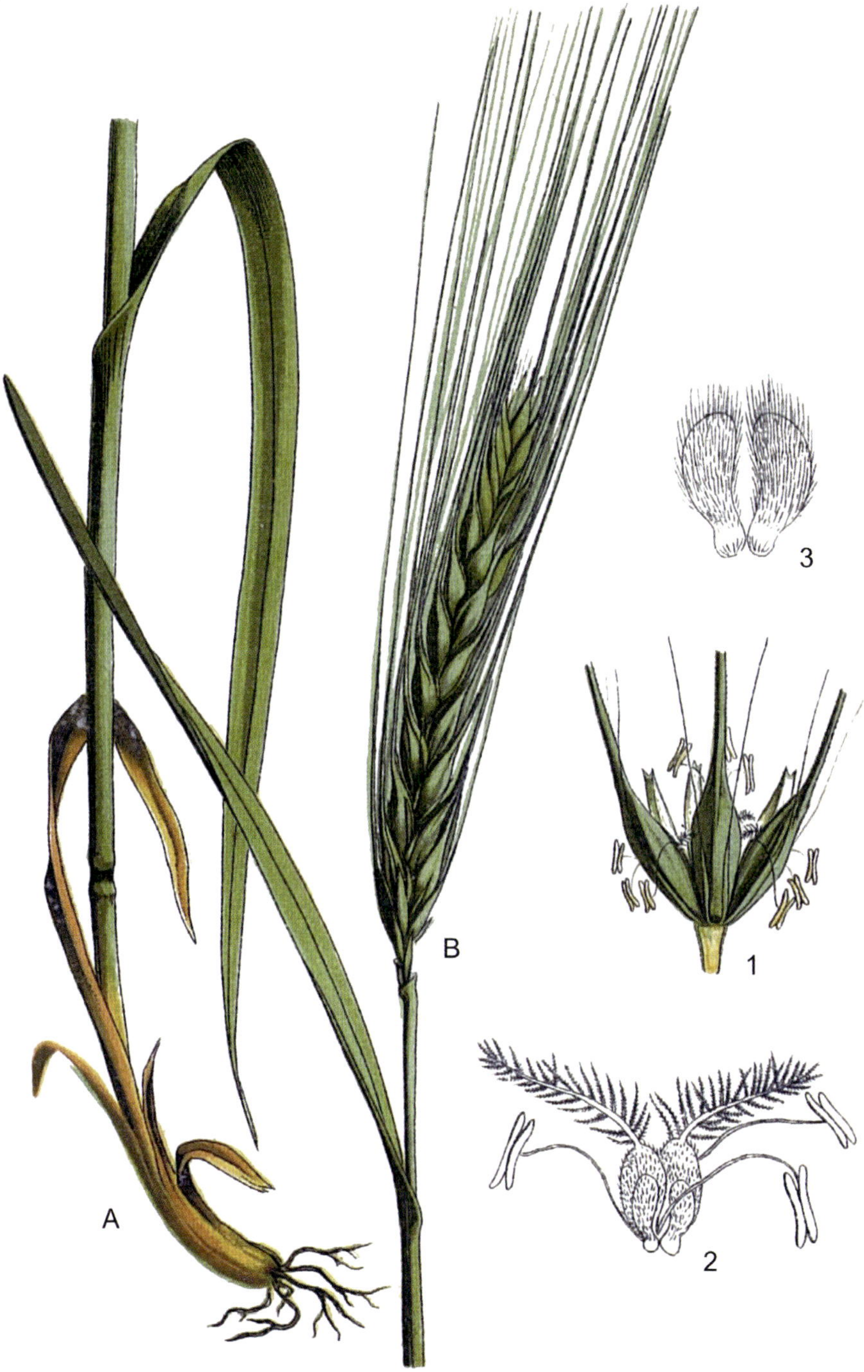

Gerste: A–B Habitus einer blühenden Pflanze **C** distaler Teil einer Pflanze mit Blütenstand (Ähre) **1** Teilblütenstand aus 3 Ährchen **2** Blütchen **3** Schwellkörper.

Quelle: von Schlechtendal (1840ff).

Bei der 6-ZEILIGEN GERSTE sind alle 3 Blütchen der beiden Ährchen fruchtbar. Sie liefert höhere Erträge und wird vorwiegend als Futtergerste genutzt und ist die am häufigsten angebaute Form.

4-ZEILIGE GERSTE ist eine Übergangsform zwischen 2- und 6-ZEILIGER GERSTE.

NACKTGERSTEN zeichnen sich dadurch aus, dass die Körner leicht aus den Spelzen fallen, während sie bei den ursprünglicheren SPELZGERSTEN fester mit diesen verbunden sind und vor dem Verzehr entfernt werden müssen.

1 4-zeilige Gerste **2** 2-zeilige Gerste **3** Türkische Pfauengerste **4** 6-zeilige Gerste.

Gerste wird in 2 Hauptformen kultiviert: Sommer- und Wintergerste. WINTERGERSTE wird im Herbst gesät, überwintert auf dem Feld und wird im Sommer des Folgejahres geerntet. SOMMERGERSTE wird hingegen im Frühjahr gesät und im Spätsommer des gleichen Jahres geerntet.

Gerstenkörner enthalten ± 65 % Kohlenhydrate, hauptsächlich in Form von Stärke. Sie haben einen für Getreide moderaten Proteingehalt von 10–12 %. Der Glutengehalt fällt mit 45–70 mg pro g deutlich niedriger aus als bei Weizen. Gerste liefert zudem 17–30 % Ballaststoffe, insbesondere β-Glucane, sowie B-Vitamine (besonders Niacin und Thiamin), Vitamin E und Mineralstoffe wie Magnesium, Phosphor, Kalium und Selen.

In der heutigen Ernährung findet Gerste vielfältige Verwendung. Am bekanntesten ist die Verarbeitung zu Malz (kurz gekeimtes und wieder getrocknetes Getreide) für die Bier- und Whiskyproduktion. Als Nahrungsmittel wird sie gerne in Form von Graupen, Grütze oder Flocken verwendet. Geröstete Gerste kann auch als Kaffeeersatz (»Muckefuck«) dienen. In Ländern wie Tibet, Nepal und Korea wird Gerstenmehl auch zu Fladenbroten oder Nudeln verarbeitet.

Die traditionelle Medizin setzt Gerste bei Verdauungsbeschwerden, zur Stärkung der Nieren und bei fieberhaften Erkrankungen ein.

Gerste wird jedoch hauptsächlich als Futtermittel verwendet: ± 70 % der weltweiten Ernte werden an Nutztiere verfüttert. In jüngerer Zeit wird Gerste auch industriell zur Herstellung von Bioethanol genutzt. Das robuste Stroh findet als Einstreu in der Tierhaltung Verwendung.

Extrakte aus Gerstenkeimen werden auch in Hautpflegeprodukten eingesetzt.

Graupen: geschälte und polierte Gerstenkörner

Roggen

Secale cereale *(Triticum cereale)*

Roggen ist ein robustes, 1-jähriges Getreide. Seine langen, dichten Ähren sind meist begrannt und während der Reife meist leicht geneigt. Sie können bis zu 20 cm lang werden und bestehen aus zahlreichen kleinen 2-blütigen Ährchen, die kurz-zylindrische Karyopsen enthalten.
Ein besonderes Phänomen im Zusammenhang mit Roggen ist das Mutterkorn (*Claviceps purpurea*), ein Pilz, der die Blüten befällt und giftige Alkaloide enthält. Im Mittelalter kam es durch kontaminiertes Roggenmehl immer wieder zu schweren Vergiftungen, die unter dem Namen »Antoniusfeuer« bekannt waren. Moderne Reinigungsverfahren stellen heute sicher, dass der Mutterkornpilz kaum noch in Lebensmitteln vorkommt.

Mutterkornpilz an einer spätsommerlichen Roggenähre mit bei feuchter Lagerung austreibenden Fruchtkörpern und QS durch den Fruchtkörper

Die Heimat des Roggens liegt wahrscheinlich in Westasien oder im östlichen Mittelmeergebiet. Heute wird er hauptsächlich in gemäßigten Klimazonen angebaut und ist v. a. in Europa, Russland, Nordamerika und in geringem Maße auch in Südamerika verbreitet.

Roggen gehört zu den später domestizierten Getreidearten. Archäologische Funde deuten darauf hin, dass er zunächst als »Unkraut« in Weizenfeldern wuchs und vermutlich in der Bronzezeit vor 5.000–3.000 Jahren erstmals gezielt angebaut wurde. In Mittel- und Nordeuropa gewann Roggen ab dem frühen Mittelalter zunehmend an Bedeutung und wurde zur wichtigsten Brotgetreideart. Im mittelalterlichen Deutschland bildete Roggen die Grundlage der Ernährung breiter Bevölkerungsschichten.

Moderne Züchtungen konzentrieren sich auf verbesserte Widerstandsfähigkeit gegenüber Pilzkrankheiten wie Mutterkorn und Braunrost, höhere Erträge sowie bessere Backeigenschaften. Zu den wichtigen modernen Sorten gehören einerseits Populations-Roggen, die durch ihre genetische Vielfalt eine hohe Anpassungsfähigkeit aufweisen. Andererseits gibt es Hybrid-Roggen, die durch Heterosis-Effekte höhere Erträge liefern.
Ein Beispiel für eine traditionelle Landsorte, die auch mehrjährig wachsen kann und im ökologischen Landbau geschätzt wird, ist der Waldstaudenroggen.

Beim Roggenanbau unterscheidet man grundsätzlich zwischen Winterroggen, der im Herbst ausgesät wird und eine Kältephase vor dem Ausbilden der Blüten

Roggen: A blühende Pflanze **B** fast reife Ähre **1** Stängel mit Blattscheide, Blatthäutchen (Ligula) und Basis der Spreite **2** Ährchen **3** 2-blütiges Blütchen ohne Spelzen **4** Fruchtknoten und Schwellkörper (Lodiculae) **5** Fruchtknoten **6** fedrige Narbe und 1 Narbenast (vergrößert) **7** reifes Ährchen **8–9** Samen **10** Stängel mit Blattscheide im QS.

Quelle: Thomé (1885ff).

benötigt. SOMMERROGGEN wird hingegen im Frühjahr gesät und noch im gleichen Jahr geerntet. WINTERROGGEN macht ± 80 % der weltweiten Roggenproduktion aus.

Roggenkörner enthalten meist 60–70 % Kohlenhydrate, vorwiegend komplexe Stärkeverbindungen und Ballaststoffe. Proteine machen 9–15 % aus. Der Glutengehalt der Roggenkaryopsen liegt mit 30–35 mg pro g deutlich unter dem von Weizen. Ballaststoffe, besonders Pentosane und Arabinoxylane, nehmen 15–22 % ein. Außerdem sind Mineralstoffe enthalten, v. a. Kalium, Magnesium, Phosphor und Eisen, sowie B-Vitamine.

Roggen ist v. a. in Nord- und Osteuropa ein wichtiges Brotgetreide. Im Gegensatz zum Weizenbrot, das seine luftige Struktur dem dehnbaren Kleber (Gluten) verdankt, baut Roggenbrot auf andere Helfer: die Pentosane. Diese speziellen Ballaststoffe quellen stark auf und binden ein Vielfaches ihres Gewichts an Wasser, was den Roggenteig klebrig macht. Beim Backen bilden diese gequollenen Pentosane ein Gel, das dem Brot Halt gibt und es zudem länger saftig hält als Weizenbrot.

Roggenbrot gibt es in zahllosen regionalen Varianten wie Pumpernickel, Schwarzbrot und Sauerteigbrot. Roggenbrote zeichnen sich durch ihre dunkle Farbe, feste Krume, ihr intensives Aroma und ihre lange Haltbarkeit aus.
Roggenmehl hat eine geringere Backfähigkeit als Weizenmehl und wird häufig mit diesem gemischt. Reines Roggenbrot wird fast ausschließlich mit Sauerteig hergestellt, da die mit der Säuerung verbundene Fermentation die Teigbildung wesentlich verbessert. *Knäckebrot* ist ein traditionelles skandinavisches Dauergebäck aus Roggenmehl.
Schließlich bildet Roggen die Grundlage für alkoholische Getränke wie Roggenwhisky, Roggenbier oder »Kvass«, ein aus Osteuropa stammendes fermentiertes Getränk aus Roggenbrot.

Roggen dient auch als Viehfutter, zur Gründüngung und als Zwischenfrucht zum Erosionsschutz. Das Stroh findet Verwendung als Einstreu in der Tierhaltung und als Dämmmaterial im ökologischen Bauwesen.

Saathafer, Echter Hafer

Avena sativa *(Avena georgica)*

Der Saathafer ist ein 1-jähriges Süßgras mit blaugrünen Blättern. Der Blütenstand bildet eine lockere, allseitswendige Rispe mit großen, bei der Reife überhängenden Ährchen, die jeweils 2–3 Blüten enthalten. Die Frucht ist eine länglich-eiförmige Karyopse.

Ursprünglich stammt Saathafer wahrscheinlich aus Südwestasien, insbesondere aus der Türkei, Armenien und Iran. Heute wird Hafer in den gemäßigten Klimazonen weltweit kultiviert. Die Hauptanbaugebiete liegen in Russland, Kanada, den USA und Nordeuropa.

Hafer zählt zu den später domestizierten Getreidearten. Der erste gezielte Anbau fand wahrscheinlich vor 4.000–3.000 Jahren in Europa und Westasien statt. Ursprünglich war Hafer ein ungewolltes »Unkraut«, das sich auf Feldern anderer Getreide ansiedelte. Auch die Römer:innen betrachteten ihn in der Antike lange als minderwertiges »Barbarengetreide« und nutzten ihn hauptsächlich als Tierfutter. Aufgrund seiner Robustheit und seiner guten Anpassungsfähigkeit an klimatische Extreme erkannte man jedoch seinen landwirtschaftlichen Wert und begann, ihn gezielt anzubauen. Im Mittelalter wurden Hafer und Gerste in Nordeuropa zu den wichtigsten Getreidearten.

Durch züchterische Bearbeitung wurden verschiedene Hafertypen entwickelt. Bei NACKTHAFER lassen sich die Körner leicht von der Spelze trennen, sodass er leichter zu ernten ist. WINTERHAFER ist ein robuster Typ, der sich besonders für kältere Anbauregionen eignet. WEISSHAFER zeichnet sich durch hellgelbe bis weißliche Spelzen aus und GELBHAFER durch goldgelbe. SCHWARZHAFER besitzt dunkle Spelzen und gilt als besonders robust und anspruchslos.
Neben den Speisehafersorten gibt es Hochertragssorten für die Tierfütterung und spezielle Sorten mit optimierten β-Glucan-Gehalten für die Verwendung in funktionalen Lebensmitteln.

Hafer wird überwiegend als Sommergetreide angebaut, mit Aussaat im zeitigen Frühjahr. Die Pflanze benötigt 120–150 Tage bis zur Reife und stellt dabei geringere Ansprüche an die Bodenqualität als andere Getreidearten.

Haferkaryopsen zeichnen sich durch einen hohen Gehalt an komplexen Kohlenhydraten und Ballaststoffen (insbesondere β-Glucanen) aus. Hafer ist glutenfrei, enthält aber das strukturell verwandte Klebereiweiß Avenin. Hafer enthält außerdem B-Vitamine (v. a. Thiamin und Folsäure),

Saathafer: A basaler Teil einer Pflanze **B** distaler Teil einer Pflanze mit Blütenstand (Rispe) **1–5** begrannte und unbegrannte Ährchen verschiedener Sorten.

Quelle: von Schlechtendal (1840ff).

Vitamin E sowie Mineralstoffe wie Eisen, Magnesium, Kalium, Calcium und Zink. Hafer hat einen höheren Fettgehalt als viele andere Getreide und enthält, v. a. in den äußeren Schichten des Korns, die stark antioxidativ wirkenden Avenanthramide.

Hafer wird in verschiedenen Formen konsumiert. Am bekanntesten sind Haferflocken, die durch Dämpfen, Walzen und Trocknen des entspelzten Korns hergestellt werden. Hafermehl findet Verwendung in Backwaren. Es wird meist mit Weizen- oder Roggenmehl gemischt, weil es wegen des geringen Klebergehalts und dem damit verbundenen, geringeren Gashaltevermögen schlechtere Backeigenschaften hat. Moderne Produkte umfassen Haferdrinks und fermentierte Haferprodukte.
Für die meisten Menschen mit Zöliakie ist Hafer verträglicher als andere glutenhaltige Getreide. Hafer enthält kein Gluten, sondern das Prolamin Avenin. Dieses ist in seiner Struktur dem Gluten zwar ähnlich, wird aber von den meisten Menschen mit Zöliakie vertragen. Nur ein kleiner Teil der Betroffenen reagiert auch auf Avenin mit Symptomen. Wegen der Gefahr von Verunreinigungen durch glutenhaltiges Getreide während des Ernte- und Verarbeitungsprozesses wird für Menschen mit Zöliakie speziell überwachter, glutenfreier Hafer empfohlen.
Darüber hinaus kann Hafer durch seinen hohen Gehalt an löslichen Ballaststoffen, insbesondere β-Glucan, helfen, den Blutzuckerspiegel zu stabilisieren, indem er die Aufnahme von Glucose verlangsamt. Dies macht ihn zu einer wertvollen Komponente in der Ernährung von Menschen mit Diabetes oder zur Prävention von Typ-2-Diabetes.

Traditionell wird Hafer bei Erschöpfungszuständen und zur Nervenstärkung eingesetzt. Die entzündungshemmenden Eigenschaften machen Hafer-Extrakte zu einem Bestandteil von Arzneimitteln zur Behandlung von Neurodermitis und Ekzemen.

Hafer dient in der Kosmetikindustrie als Hautpflegemittel. Der Hauptteil der Ernte wird als hochwertiges Futtermittel, besonders für Pferde, genutzt.

Haferflocken:
geschälte, gedämpfte, getrocknete und anschließend gewalzte Haferkaryopsen

Reis

Oryza sativa (*Oryza glutinosa*)

Reis ist eine 1-jährige, krautige Pflanze, die aufrechte, schlanke Halme mit einer Höhe von 80–150 cm ausbildet. Typisch sind die rispenförmigen Blütenstände, die aus kleinen 1-blütigen Ährchen bestehen. Reiskörner (Karyopsen) sind länglich-eiförmig und von einer harten Spelze umschlossen. Je nach Sorte können sie eine weißliche, braune, schwarze oder rötliche Farbe aufweisen.

Verschiedene Reissorten

Die Wildform von *O. sativa*, *O. rufipogon*, stammt aus den feucht-tropischen und subtropischen Regionen Südostasiens. Heute wird Reis in über 100 Ländern angebaut, wobei ± 90 % der weltweiten Produktion aus Asien stammt. China und Indien sind mit großem Abstand die bedeutendsten Anbauländer, gefolgt von Bangladesch, Indonesien, Vietnam und Thailand.

Die Domestikation von Reis begann vor 13.500–8.200 Jahren, möglicherweise unabhängig voneinander im Jangtse-Tal in China und am Ganges in Indien. Die ältesten archäologischen Funde von bereits domestiziertem Reis sind 9.000–8.200 Jahre alt. Vor ± 4.000 Jahren gelangte der Reisanbau nach Japan und Korea. Nach Ägypten und in das Mittelmeergebiet kam der Reis erst im 4.–3. Jh. v. Chr. – wahrscheinlich im Rahmen der Feldzüge Alexanders des Großen. Die Araber:innen brachten den Reis im 8. Jh. nach Spanien und Sizilien. Im 15. Jh. führten ihn portugiesische Seefahrende in Westafrika ein. Nach Amerika gelangte er im 17. Jh. und erlangte dort besonders in den Südstaaten der heutigen USA eine große wirtschaftliche Bedeutung.

Reis hat in vielen Regionen Asiens eine herausragende kulturelle Bedeutung. Er symbolisiert Fruchtbarkeit und Wohlstand und spielt eine zentrale Rolle bei religiösen Zeremonien und traditionellen Festen, insbesondere in Asien. In Japan existiert z. B. eine eigene Reiskultur (»kome bunka«).

Die Bedeutung von Reis für die menschliche Ernährung zeigt sich auch am Beispiel der Krankheit »Beriberi«: Ab den 1870er-Jahren machten mechanische Reismühlen den aus religiösen und kulturellen Gründen begehrten geschälten weißen Reis in großen Mengen verfügbar. In der Folge wurde Beriberi zu einer länderübergreifenden Massenerscheinung aufgrund einseitiger Ernährung mit Reis. Zu dieser durch Vitamin-B_1-Mangel verursachten Krankheit kam es, da beim

Transport von Reisbündeln in Ōno, Japan. Holzschnitt aus der Serie »36 Ansichten des Berges Fuji« von Katsushika Hokusai, 1831/1832.

Reis: A basaler Teil einer Pflanze **B** Blütenstand **C–D** Fruchtstände **1** von Hüllspelzen eingehülltes Ährchen **2, 4** aufpräpariertes 1-blütiges Ährchen mit 6 Staubblättern **3** Staubblätter **5** Endosperm mit Embryo **6** Ährchen mit Spelzen im LS **7** Frucht (Karyopse) **8** Frucht im QS.

Quelle: Köhler (1883-1898ff).

Polieren des Reises das in der Kleieschicht enthaltene Thiamin entfernt wurde.
Die Entdeckung dieses Zusammenhangs durch den niederländischen Arzt Christiaan Eijkman im Jahr 1897 führte zur ersten Identifizierung einer Krankheit, die durch völliges Fehlen eines Vitamins im menschlichen Körper verursacht wird, was Eijkman 1929 den Nobelpreis für Medizin einbrachte.

Im Verlauf seiner langen Kultivierungsgeschichte entwickelten sich Zehntausende von Reissorten. Grundsätzlich unterscheidet man Lang-, Rund- und Mittelkornreis, wobei Langkornreis eher locker kocht, Rundkornreis stärker klebt und Mittelkornreis eine intermediäre Stellung einnimmt.
Nach der Verarbeitung wird unterschieden zwischen: Braunreis (nur die äußere Spelze ist entfernt), Weissreis (vollständig geschält und poliert), Parboiled-Reis (vor dem Schälen dampfbehandelt), Duft- oder Jasminreis (aromatische Sorten) und Klebreis (mit besonders hohem Amylopektingehalt).

Eine bedeutende Unterteilung besteht zwischen Nass- und Trockenreisanbau. Der Nassreisanbau in überfluteten Feldern ermöglicht hohe Erträge und prägt in vielen asiatischen Ländern die Landschaft. Der traditionelle Nassreisanbau beginnt mit der Aussaat in Saatbeeten. Nach 3–4 Wochen werden die jungen Pflanzen in geflutete Felder umgepflanzt, wobei die Wasserhöhe bei 5–10 cm gehalten wird. Nach 3–4 Monaten reift der Reis und die Felder werden zur Ernte trockengelegt. In Großbetrieben erfolgt die Aussaat oft direkt im Feld mittels Drillmaschinen oder sogar von Flugzeugen oder Drohnen aus, während in kleinbäuerlichen Strukturen die Setzlinge noch überwiegend manuell eingepflanzt und mit Sicheln geerntet werden. Nach der Ernte folgen mehrere Verarbeitungsschritte: Trocknen, Dreschen, Reinigen, Schälen und gegebenenfalls Polieren.
Der traditionelle Nassreisanbau ist zwar sehr produktiv, aber auch mit erheblichen Umweltauswirkungen verbunden, insbesondere mit dem Ausstoß des potenten Treibhausgases Methan, das einen Anteil von 10–12 % an den klimaschädlichen Emissionen der Landwirtschaft hat. Zudem ist der Wasserverbrauch hoch und der Einsatz von Düngemitteln und Pestiziden kann Gewässer belasten. Moderne Anbaumethoden wie Direktsaat oder intermittierende Bewässerung zielen darauf ab, diese negativen Effekte zu reduzieren.

Geschälter Weißreis besteht zu 77–89 % aus Kohlenhydraten (hauptsächlich Stärke), zu 6–8 % aus Proteinen, zu 0,3–0,5 % aus Fett und zu 0,3–0,8 % Mineralstoffen. Vollkornreis enthält weitere Nährstoffe, da bei ihm die »Silberhaut«, welche die Aleuronschicht, die Samenschale und Fruchtwand umfasst, sowie der Keimling mit verarbeitet werden. Vollkornreis liefert zusätzlich B-Vitamine, Vitamin E, Folsäure, Mineralstoffe wie Magnesium, Eisen, Phosphor, Zink und Kalium, sowie Ballaststoffe. Reis ist glutenfrei.

Reis dient mehr als der Hälfte der Weltbevölkerung als Grundnahrungsmittel und deckt in einigen asiatischen Ländern bis zu 80 % des täglichen Kalorienbedarfs.

Die Zubereitungsmethoden variieren regional stark. In Ostasien wird Reis meist gedämpft oder gekocht und als Beilage serviert. In Südostasien und Indien wird er oft mit Gewürzen, Gemüse und Proteinen zu Eintopfgerichten wie Curry oder Biryani verarbeitet. In der mediterranen Küche ist Reis die Basis für Gerichte wie Paella oder Risotto.
Weitere bekannte Produkte aus Reis sind: »Reiswein« (»Sake« in Japan, »Huangjiu« in China), »Reisessig« (besonders in der ostasiatischen Küche), »Reismilch« (als pflanzliche Alternative zu Kuhmilch), »Reispapier« (für Frühlingsrollen) und »Reissirup« (als Süßungsmittel).

In der traditionellen asiatischen Medizin wird Reiswasser bei Verdauungsproblemen eingesetzt.

Reiskleie und Reisöl werden in Kosmetikprodukten verwendet.
Reisstroh und Reishülsen dienen als Viehfutter, Dämmmaterial, zur Papierherstellung und für Flechtarbeiten. In einigen Ländern wird es zur Energieerzeugung durch Verbrennung oder Vergärung zu Biogas genutzt.

Afrikanischer Reis
Oryza glaberrima

Die Rispen des nahe verwandten Afrikanischen Reises sind kompakter und tragen weniger Körner. Die Körner sind oft rötlich bis bräunlich gefärbt und besitzen ein oft als nussig beschriebenes Aroma. Bei der Reife werden sie oft ausgestreut, was zu Ernteverlusten führen kann.
O. glaberrima stammt aus Westafrika. Die Art wurde vor 3.000–2.000 Jahren im Binnendelta des Niger in Mali unabhängig vom Asiatischen Reis domestiziert.
Während der Zeit des transatlantischen Handels mit versklavten Menschen gelangte *O. glaberrima* nach Amerika, wo er besonders in den Maroon-Gemeinschaften entlaufener Sklav:innen angebaut wurde. Trotz der späteren Einführung des Asiatischen Reises wird der Afrikanische Reis in vielen westafrikanischen Gemeinschaften weiterhin geschätzt. Von *O. glaberrima* gibt es eine Vielfalt an lokalen Landsorten, die von Landwirt:innen über Generationen selektiert und an spezifische agro-ökologische Nischen und Nutzungsvorlieben angepasst wurden. In jüngerer Zeit wurden durch Kreuzungen mit dem Asiatischen Reis moderne NERICA-Sorten (»New Rice for Africa«) entwickelt, die die Trockenheitstoleranz und Widerstandsfähigkeit von *O. glaberrima* mit dem höheren Ertrag von *O. sativa* verbinden.
Allgemein gewinnt der Afrikanische Reis für die Reiszüchtung zunehmend an Bedeutung, da seine Widerstandsfähigkeit gegen verschiedene Umweltstressfaktoren neue Züchtungsperspektiven eröffnet – insbesondere im Kontext des Klimawandels.

Oryza glaberrima

Wasserreis, Wildreis

Zizania *(Hydropyrum)*

Die Gattung *Zizania* umfasst 4 Arten von großen Sumpf- bzw. Wasserpflanzen. Die Pflanzen bilden lockere Rispen aus, in denen die ♀-Blüten im oberen Teil und die ♂-Blüten im unteren Teil des Blütenstands angeordnet sind. Die Früchte sind länglich-zylindrische, dunkelbraune bis schwarze Körner (Karyopsen).

Achänen von *Ziziana palustris*

Z. latifolia stammt aus Ostasien, während *Z. palustris* und *Z. aquatica* in den USA und Kanada heimisch sind.

Wasserreis war für die indigenen Völker der Region der Großen Seen ein wichtiges Grundnahrungsmittel, das traditionell vom Kanu aus geerntet wurde.
Der Mandschurische Wasserreis (*Z. latifolia*) wird in China seit über 1.000 Jahren wegen seiner essbaren, verdickten Sprosse angebaut. Diese entstehen durch den Befall mit dem Brandpilz *Ustilago esculenta*, der in das Gewebe der Pflanze eindringt und zur Bildung von angeschwollenen Stängelbasen führt. Hier wird also eine Pflanzenkrankheit gezielt für die Nahrungsmittelproduktion genutzt.

Die Karyopsen enthalten mit 14–15 % mehr Proteine als herkömmlicher Reis. Das Aminosäureprofil umfasst auch die essenziellen Aminosäuren Lysin und Methionin. Darüber hinaus finden sich nennenswerte Mengen an B-Vitaminen und Mineralstoffen, v. a. Phosphor, Magnesium, Zink und Mangan.

Die Körner benötigen eine längere Kochzeit als herkömmlicher Reis und entwickeln ein nussiges Aroma. Wildreis wird oft als Mischung mit anderen Reissorten serviert.
Die durch Pilzbefall verdickten Sprosse des Mandschurischen Wasserreises sind in der chinesischen Küche als »Jiāobái« bekannt. Sie besitzen eine knackige Textur und einen milden, leicht süßlichen Geschmack. Nach dem Schälen werden sie in Streifen geschnitten und kurz gebraten, gedünstet oder in Suppen verwendet.

Ungeschälte und geschälte Sprosse von *Zizania latifolia*

In der traditionellen asiatischen Medizin werden Extrakte aus *Z. latifolia* zur unterstützenden Behandlung bei Diabetes und Magen-Darm-Erkrankungen verwendet.
Auch wissenschaftliche Studien zeigen, dass die Extrakte positive Effekte auf den Insulin- und Fettstoffwechsel haben, die Leberfunktion verbessern und Müdigkeit reduzieren können.

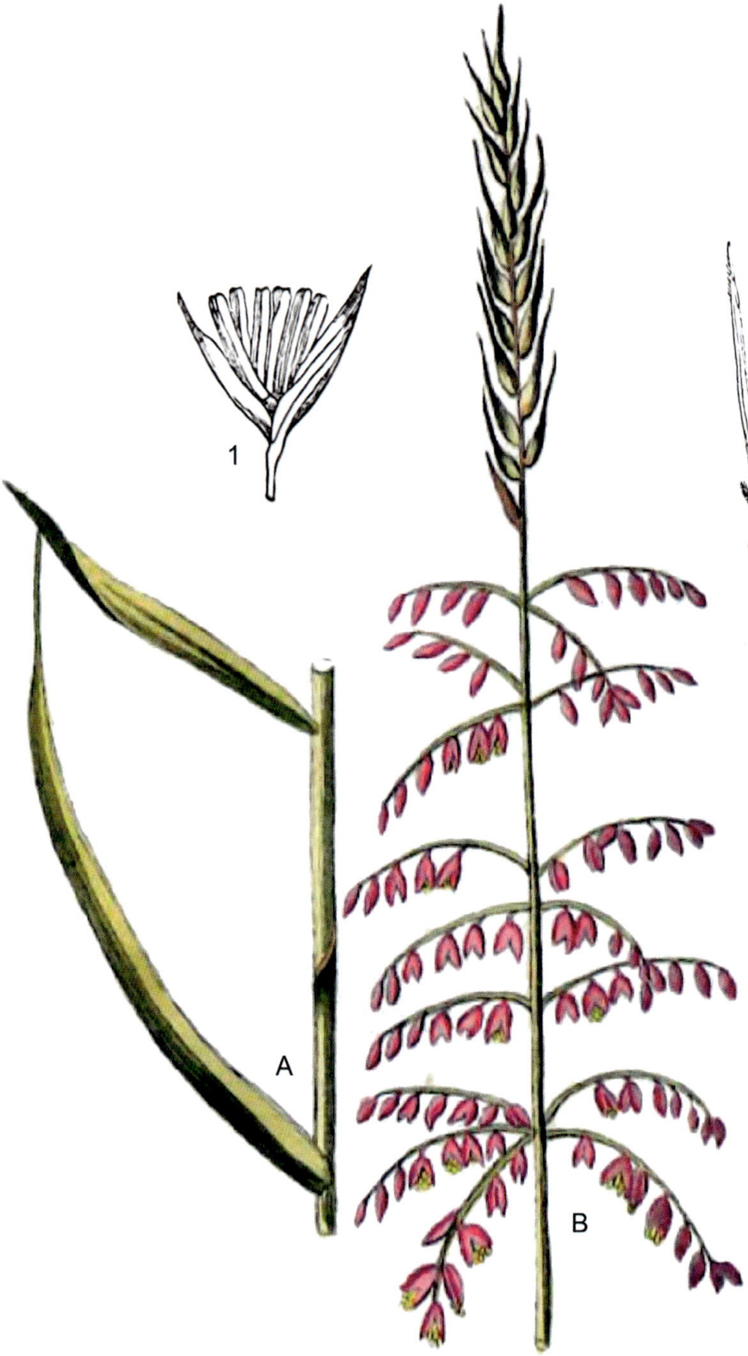

Wasserreis (*Zizania aquatica*): A Stängel mit Blättern **B** Blütenstand, unten mit ♂- und oben mit ♀-Blüten **1** 1-blütiges ♂-Ährchen mit 6 Staubblättern **2** 1-blütiges ♀-Ährchen.

Quellen: Gesellschaft Kräuterkenner (1778-1794); Gartenflora (1889).

Teff

Äthiopisches Liebesgras, Zwerghirse
Eragrostis tef *(Eragrostis abyssinica, Poa tef)*

Teff (seltener »Tef«) ist ein feingliedriges, 1-jähriges Gras. Es bildet locker verzweigte Rispen mit zahlreichen mehrblütigen Ährchen aus. Die winzigen Körner gehören mit 1–1,5 mm ⌀ zu den kleinsten Getreidekörnern überhaupt und erfordern deshalb besondere Verarbeitungstechniken.

E. tef ist in Ostafrika heimisch, v. a. im Hochland von Äthiopien. Heute wird die Art zunehmend auch in anderen Teilen Afrikas sowie in den USA, Australien und Europa kultiviert.

Teff wird in Äthiopien und Eritrea seit 6.000–3.000 Jahren angebaut. Wegen seiner geringen Standortansprüche ist das Getreide für Menschen mit traditioneller, halbnomadischer Lebensweise eine wichtige Kohlenhydratquelle, auch wenn die Erträge oft geringer als bei anderen Kulturpflanzen sind.

Es gibt zahlreiche alte Teff-Landsorten, die nach ihrer Körnerfarbe in weiße, rote und braune Typen unterteilt werden. Während helle Sorten wegen ihres milderen Geschmacks und höheren Aminosäure-Gehalts geschätzt werden, zeichnen sich dunklere Sorten durch einen höheren Gehalt an Mineralstoffen, insbesondere Eisen, und Anthocyanen aus. Die Sorte QUNCHO ist ein Beispiel für eine durch gezielte Hybridisierung entstandene, ertragreiche Neuzüchtung aus den 2.000er-Jahren.

Teff kann nach 60–90 Tagen geerntet werden und ermöglicht dadurch Doppelernten. Zudem lässt es sich als Teil von Fruchtfolgen oder als Nachfrucht anbauen.

Teffkörner sind reich an komplexen Kohlenhydraten, Ballaststoffen und Eisen. Der Proteingehalt liegt bei ± 11 %, mit einem hohen Anteil essenzieller Aminosäuren. Außerdem enthält Teff Calcium, Zink und verschiedene Vitamine. Das Getreide ist glutenfrei.

Teff wird traditionell zu fermentierten, luftigen, großen Fladenbroten (»Injera«) verarbeitet. Mittlerweile findet das überwiegend als Vollkornmehl angebotene Teffmehl mit seinem nussigen Aroma auch in der westlichen Küche Verwendung.

Teff wird auch als Futtermittel angebaut. Dabei werden sowohl die Körner als auch das Stroh verfüttert.

Seine Fähigkeit, unter extremen Bedingungen zu wachsen und die hohe genetische Diversität machen Teff zu einer vielversprechenden Kulturpflanze im Kontext des Klimawandels.

Die winzigen, nur 1–1,5 mm großen Körner von Teff liegen unter den 4–5 mm großen Körnern von Sorghumhirse.

Teff: A Habitus einer blühenden Pflanze mit mehreren durch Ausläufer verbundenen Halmen **1** mehrblütiges Ährchen **2** Blütchen mit Vor- und Deckspelze (Hüllspelze nicht sichtbar) **3** Frucht (Karyopse) mit Vor- und Deckspelze (Hüllspelze nicht sichtbar).

Quellen: von Jacquin (1781-1793); Bruce (1790-1792).

Rispenhirse

Echte Hirse, Prosohirse
Panicum miliaceum *(Milium panicum)*

Die Echte Hirse ist ein 1-jähriges Getreide. Charakteristisch ist die lockere, überhängende Rispe aus 1-samigen Ährchen mit zahlreichen kugeligen Karyopsen, deren Farbe je nach Sorte von weißlich über gelb, rot und braun bis hin zu schwarz variiert.

Die Heimat von *P. miliaceum* liegt in Nordchina. Heute wird die Art weltweit in gemäßigten und subtropischen Klimazonen angebaut, mit Schwerpunkten in Ostasien, Russland, Indien und Teilen Afrikas. In Nordamerika wird sie hauptsächlich als Futtermittel angebaut.

Die Rispenhirse gehört zu den ältesten Kulturpflanzen der Menschheit. Ihre Domestizierung erfolgte etwa zu der gleichen Zeit wie die von Weizen und Reis: In Nordchina ist der Anbau durch zahlreiche archäologische Funde bereits vor ± 10.000 Jahren gut belegt. *P. miliaceum* war dort für lange Zeit das wichtigste Grundnahrungsmittel, bevor sie durch Reis und Weizen abgelöst wurde.
Über Zentralasien – Nachweise aus Kasachstan und Pakistan sind ± 5.000 Jahre alt – gelangte die Art vor ± 3.500 Jahren ins Mittelmeergebiet. Im Mittelalter war die Rispenhirse in Europa ein weit verbreitetes Grundnahrungsmittel, insbesondere in ärmeren Regionen. Mit der Einführung der Kartoffel und dem verstärkten Anbau von Weizen und Roggen verlor sie dort jedoch zunehmend an Bedeutung. In vielen Regionen Asiens (z. B. China, Indien, Korea, Russland) spielt die Rispenhirse aber bis heute eine bedeutende Rolle.

Im Laufe der Jahrtausende entstand eine große Vielfalt an Rispenhirse-Sorten. Häufig wird eine Einteilung der Sorten nach der Rispenform vorgenommen, die jedoch nicht einheitlich gehandhabt wird. Häufig genannt werden MILIACEUM (offen, ähnlich Wildform), PATENTISSIMUM (locker, diffus), CONTRACTUM (kompakt, hängend), COMPACTUM (kompakt, zylindrisch, aufrecht) und OVATUM (kompakt, eiförmig, leicht gebogen).
In Ostasien sind »Glutinous Millet«-Sorten beliebt, die aufgrund eines erhöhten Amylopektin-Gehalts und geringer Amylose-Anteile beim Kochen besonders gut kleben.

Kohlenhydrate bilden mit meist 60–70 % den Hauptbestandteil des Korns. Der Proteingehalt liegt mit 10–14 % höher als bei vielen anderen Getreidearten, allerdings ist der Gehalt an der essenziellen Aminosäure Lysin vergleichsweise gering. Rispenhirse enthält 2–5 % fettes Öl und weist somit einen höheren Fettgehalt auf als die meisten anderen Getreidearten. Sie ist reich an Mineralstoffen wie Eisen, Magnesium, Zink und Phosphor. Unter den Vitaminen sind v. a. B-Vitamine wie Niacin, Folsäure, Thiamin und Riboflavin hervorzuheben. Rispenhirse ist glutenfrei – wie auch alle anderen Hirsen.

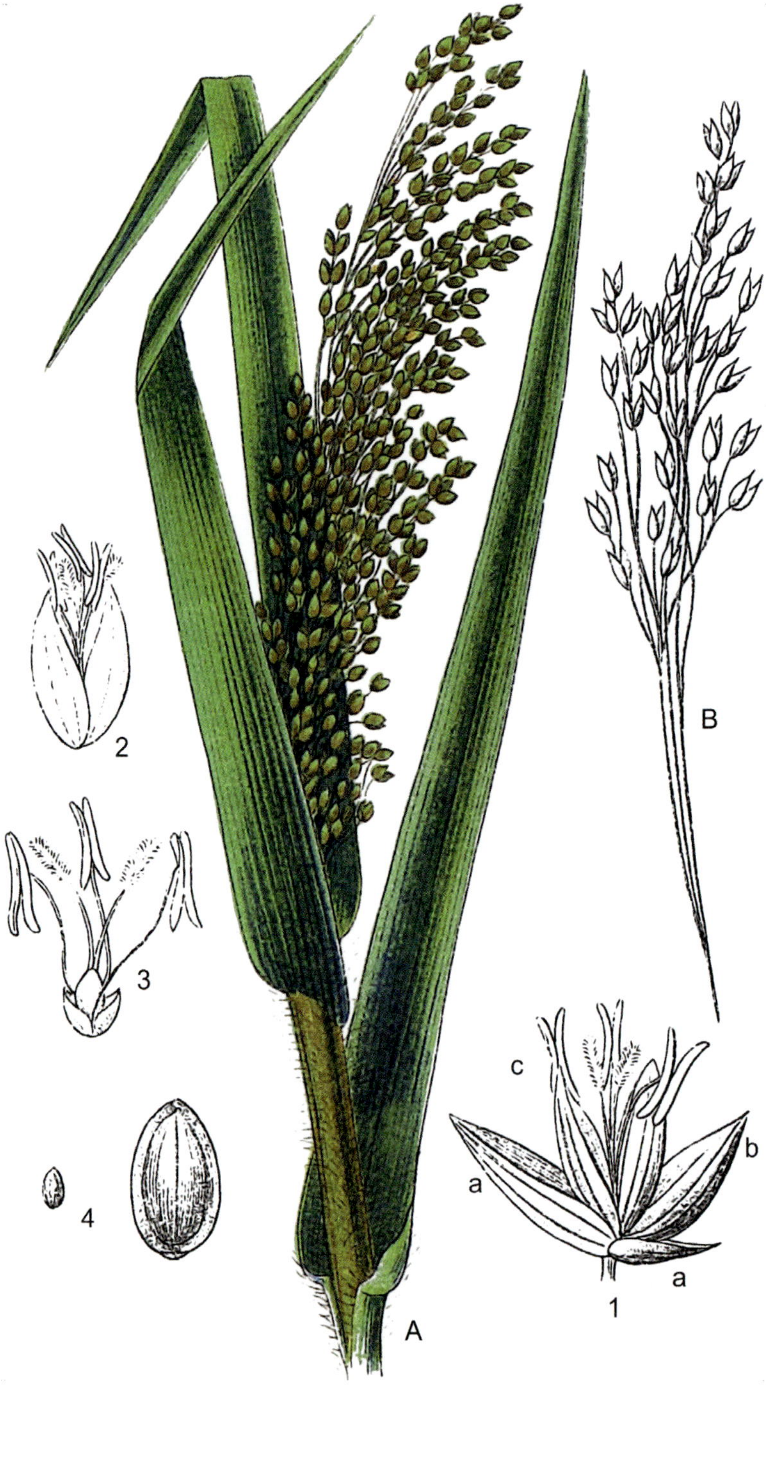

Rispenhirse: **A** distaler Teil einer Pflanze mit Laubblättern und Blütenstand (Rispe) **B** Teil einer Rispe **1** Ährchen mit 1 fertilen Blütchen: **a** Hüllspelzen, **b** Deckspelze, **c** steriles Blütchen **2** fertiles Blütchen mit Spelzen **3** fertiles Blütchen (Spelzen entfernt) **4** Frucht (Karyopse).

Quelle: von Schlechtendal (1840ff).

Die Rispenhirse wird weltweit auf vielfältige Weise als Nahrungsmittel genutzt. In Ostasien werden die Körner häufig gekocht und als Beilage ähnlich wie Reis verzehrt oder zu Brei (»Congee«, »Kasha«) verarbeitet.
In westlichen Ländern findet man Rispenhirse heute vorwiegend in Müslimischungen, als Vollkornreis-Alternative oder als Grundlage für glutenfreie Backwaren. Aufgrund ihrer Glutenfreiheit ist Rispenhirse auch für Menschen mit Zöliakie geeignet.
Wie viele Getreidearten enthält auch Rispenhirse v. a. in der Samenschale und den Spelzen antinutritive Substanzen wie Phytinsäure und Tannine, die die Aufnahme von Mineralstoffen wie Eisen und Zink beeinträchtigen können. Traditionelle Verarbeitungsmethoden wie Schälen, Einweichen, Keimen oder Fermentieren können den Gehalt dieser Stoffe jedoch deutlich reduzieren und somit die Bioverfügbarkeit der wertvollen Nährstoffe verbessern. Das Schälen entfernt dabei zwar auch Teile der ballaststoff- und mineralstoffreichen Kleie, ist aber für viele Zubereitungen üblich.

In der traditionellen Medizin werden Zubereitungen aus Rispenhirse bei Verdauungsbeschwerden und zur Stärkung eingesetzt.

Neuere Forschungen untersuchen potenzielle gesundheitsfördernde Effekte hinsichtlich der Prävention chronischer Krankheiten wie Diabetes Typ 2, Herz-Kreislauf-Erkrankungen und bestimmter Krebsarten.

Rispenhirse wird auch als Futterpflanze eingesetzt, besonders in der Geflügelhaltung. Die gesamte Pflanze kann als Grünfutter oder Silage für Wiederkäuer dienen.

Die hohe Trockenheitstoleranz und geringe Wasserbedürftigkeit machen Rispenhirse zu einer wichtigen Kulturpflanze für aride und semiaride Regionen im Kontext des Klimawandels. Als C_4-Pflanze nutzt sie zudem das verfügbare CO_2 effizienter als C_3-Pflanzen wie Weizen oder Reis. Rispenhirse kann aufgrund ihrer kurzen Vegetationsperiode gut in Fruchtfolgen integriert werden und trägt zur Diversifizierung des Anbaus bei.

Ähnliche Arten

Die nahe verwandte Kuthkihirse (*P. sumatrense*) stammt aus den Tropen und Subtropen Asiens und wächst auch auf nährstoffarmen und trockenen Böden. Sie war in Indien einst ein wichtiges Getreide, bevor sie von großkörnigeren Getreidearten abgelöst wurde. Regional hat sie aber immer noch eine gewisse Bedeutung.

Sorghumhirse

Futterhirse, Körnerhirse, Milo, Zuckerhirse
Sorghum bicolor
(Andropogon sorghum, Sorghum cernuum, Sorghum saccharatum, Sorghum technicum, Sorghum vulgare)

Sorghumhirse ist eine 1-jährige Getreideart mit einem kräftigen Halm, der 3–4 m hoch werden kann. Unter optimalen Bedingungen erreicht die Art sogar 5–6 m. Die Blütenstände bestehen aus dichten, verzweigten Rispen an deren Ästen jeweils 2 Ährchen beisammen stehen. Das obere Ährchen besteht aus 1 ⚥-Blüte. Die Färbung der eiförmigen bis kugeligen Karyopsen variiert – je nach Sorte – von weißlich-gelblich über rötlich bis hin zu bräunlich oder violett.
Sorghum gehört zu den C_4-Pflanzen, die einen besonders effizienten Photosyntheseweg nutzen, um Kohlendioxid zu binden. Diese Anpassung ermöglicht eine besonders hohe Produktivität unter warmen, trockenen Bedingungen und eine hervorragende Effizienz hinsichtlich der Wassernutzung.

Die Heimat von *S. bicolor* liegt im nordöstlichen Afrika, besonders in Äthiopien und im Sudan. Heute wird Sorghumhirse weltweit in trockenen tropischen und subtropischen Klimazonen angebaut.

Die Domestizierung reicht über 5.000 Jahre zurück und hat ihren Ursprung im nordöstlichen Afrika, insbesondere in der Sahelzone. Frühe archäologische Funde stammen aus Äthiopien und dem Sudan, von wo aus sich die Art über den afrikanischen Kontinent ausbreitete. Seit ± 3.000 Jahren ist die Kultivierung in Ägypten und Indien nachweisbar. Plinius der Ältere beschreibt im 1. Jh. ihren Anbau im Römischen Reich. Mitteleuropa erreichte sie erst im späten Mittelalter. Als Proviant auf Schiffen des transatlantischen Handels mit versklavten Menschen gelangte Sorghumhirse Anfang des 17. Jh. nach Amerika. Sie wurde dort von den versklavten Afrikaner:innen zur Selbstversorgung angebaut und wurde Bestandteil der Kulturgeschichte der afrikanischen Diaspora. Der kommerzielle Anbau begann in den USA erst in der 2. Hälfte des 19. Jh.

Durch die lange Domestikationsgeschichte und die Anpassung an unterschiedlichste Umweltbedingungen und Nutzungsanforderungen entstand eine enorme Vielfalt, die sich in Tausenden Landsorten und modernen Zuchtsorten manifestiert. Die Kulturformen werden in 5 Hauptgruppen unterteilt: Bicolor, Guinea, Caudatum, Kafir und Durra.
Nach der primären Nutzung lassen sich die folgenden Typen unterscheiden: Körnerhirse umfasst Sorten mit hohem Kornertrag für die menschliche Ernährung. Zuckerhirse hat süßes Stängelmark zur Sirupherstellung. Futterhirsen sind Sorten mit hoher Biomasse für die Tierfütterung. Besenhirse sind traditionelle Landsorten, die mit langen Rispenästen speziell für die Besenherstellung gezüchtet wurden. Hybrid-Sorghum repräsentiert moderne Züchtungen, die v. a. im Futter- und Körneranbau verbreitet sind.

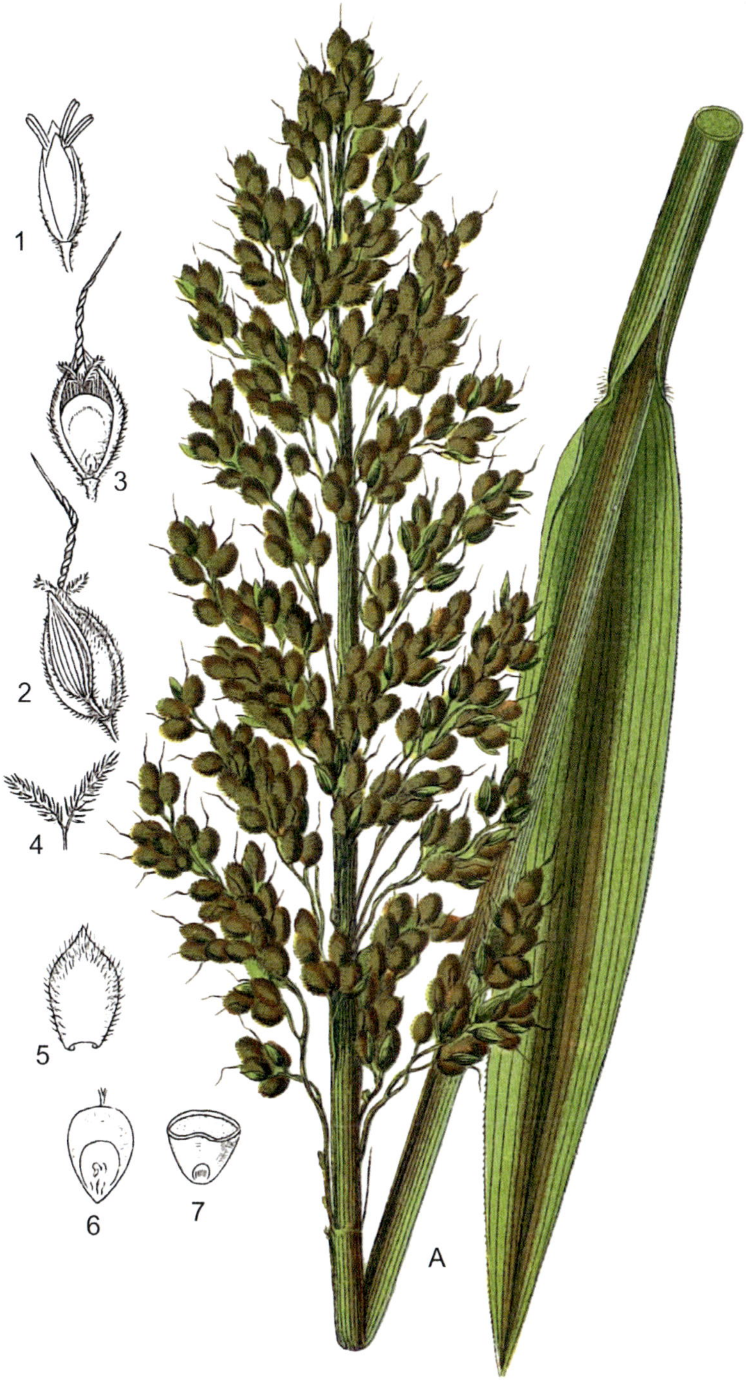

Sorghumhirse: A distaler Teil einer Pflanze mit Stängelblatt mit haarförmiger Ligula und Blütenstand (Rispe) **1** ♂-Ährchen **2–3** ♀-Ährchen **4** Narben **5** Vorspelze **6** Frucht (Karyopse) im LS **7** Frucht im QS.

Quelle: von Schlechtendal (1840ff).

Die Karyopsen von *S. bicolor* enthalten 70–75 % Kohlenhydrate, vorwiegend Stärke, 9–12 % Proteine sowie 3–4 % fette Öle. Darüber hinaus sind Mineralstoffe, v. a. Eisen, Zink, Phosphor und Magnesium, sowie nennenswerte Mengen an B-Vitaminen zu nennen. Sorghumhirse ist glutenfrei.
In rot- und schwarzschaligen Sorten sind außerdem reichlich phenolische Verbindungen enthalten, insbesondere Anthocyane.

In vielen Teilen Afrikas und Asiens hat *S. bicolor* eine herausragende Bedeutung als Grundnahrungsmittel, insbesondere in den semiariden Regionen. Sorghumhirse ist dort in vielen Regionen eine der Hauptkalorienquellen, insbesondere für die ärmeren Bevölkerungsgruppen. Ein fester Brei aus Sorghummehl ist dort ein täglich verzehrtes Grundnahrungsmittel.

Zubereitung von »Chapati« in der Thar-Wüste, Indien

Die Körner bzw. Sorghummehl werden auch zu Fladenbroten verarbeitet, wie dem fermentierten »Kisra« aus dem Sudan oder dem indischen ungesäuerten »Chapati«. Außerdem werden aus Sorghumhirse alkoholhaltige Getränke hergestellt, z. B. »Dolo«, ein traditionelles Hirsebier aus Westafrika.
Die süßen Stängel der Zuckerhirsen werden traditionell zur Sirupgewinnung genutzt, der v. a. in den USA als Süßungsmittel dient.

Die Sorten mit farbigen Karyopsen werden gegenwärtig hinsichtlich ihres Potenzials bei der Prävention von Diabetes und bestimmten Herzerkrankungen erforscht.

Traditionell werden die trockenen Stängel als Brenn- oder Baumaterial verwendet und die Rispenäste der Besenhirsen dienen zur Herstellung von Besen.
Sowohl die Körner als auch die gesamte Pflanze ergeben als Silage, Grünfutter oder bei Weidenutzung ein nährstoffreiches Tierfutter.
S. bicolor gewinnt zunehmend an Bedeutung als Rohstoff für die Herstellung von Bioethanol, Biokunststoffen und auch von Papier.

Die Pflanze ist gut an trockene Standorte angepasst und besitzt eine hohe Hitzeresistenz. Diese Eigenschaften und ihre enorme genetische Diversität machen Sorghumhirse zu einer wertvollen Ressource in Zeiten des Klimawandels.

Kolbenhirse

Borstenhirse, Vogelhirse
Setaria italica *(Panicum italicum)*

Die Kolbenhirse ist ein 1-jähriges Getreide, das bis zu 2 m hoch wird. Charakteristisch ist ihr Blütenstand in Form einer dichten Ährenrispe. Unter den Ährchen finden sich einige Borsten, die typischerweise 8–10 mm lang sind. Die eiförmigen bis kugeligen Körner sind 2–3 mm groß und je nach Sorte weißlich, gelblich, rötlich oder braun gefärbt.

S. italica stammt aus Ostasien, v. a. aus China. Heute wird sie weltweit in trockenen gemäßigten Regionen angebaut, insbesondere in China, Indien, Russland, Afrika und Südeuropa. In vielen Gebieten ist sie auch verwildert anzutreffen.

Kolbenhirse wurde bereits vor 10.000–8.000 Jahren in China angebaut und spielte in der traditionellen chinesischen Küche lange eine zentrale Rolle. Im Laufe der Jahrhunderte wurde sie jedoch durch andere Getreidearten ersetzt.

S. italica wird meist als regenabhängige Warmzeit- bzw. Sommerkultur angebaut. Sie ist sehr dürretolerant und kommt gut mit nährstoffarmen Böden zurecht. Bei der Ernte werden die Blütenstände meist als Ganzes eingesammelt.

Die Karyopsen sind reich an Kohlenhydraten, Proteinen und Mineralstoffen wie Magnesium, Eisen und Zink. Sie enthalten außerdem viele Vitamine der B-Gruppe, insbesondere Thiamin, Riboflavin und Niacin, sowie Vitamin E. Wie andere Hirsen ist auch *S. italica* glutenfrei.

Die Körner können gekocht oder zu Mehl gemahlen werden. In Asien wird Kolbenhirse auch fermentiert und zu alkoholischen Getränken verarbeitet.
Die Körner enthalten Phytinsäure, die die Aufnahme von Mineralstoffen wie Eisen und Zink leicht hemmen kann. Durch Verarbeitungsmethoden wie Einweichen, Fermentation oder Kochen wird die Hirse jedoch generell gut verdaulich.

Die Pflanze wird auch als Grünfutter, Heu oder Silage genutzt.

Ihre Genügsamkeit macht die Kolbenhirse zu einem wertvollen Getreide für eine nachhaltigere Landwirtschaft in trockenen Regionen, insbesondere in Zeiten des Klimawandels. Ihre hohe genetische Vielfalt ist dabei ein wichtiges Reservoir für die Züchtung neuer Sorten.

Kolbenhirse: **A** basaler Teil einer Pflanze **B** distaler Teil einer Pflanze mit Blütenstand (Ährenrispe) **1–2** Ährchen mit basalen Borsten **3** Blütchen **4** Fruchtknoten mit fedrigen Narben **5** Fruchtknoten.

Quellen: Host (1801-1809); Trinius (1828-1836).

Foniohirse

Acha, Hungerhirse, Hungerreis
Digitaria exilis *(Paspalum exile)*

Die Foniohirse ist ein 1-jähriges, büschelig verzweigtes Gras mit kurzen, schmalen Blättern und fingerförmig angeordneten Ähren aus 1-blütigen Ährchen, die bis 15 cm lang werden. Die kleinen, kugeligen Körner haben eine helle, cremefarbene bis bräunliche Färbung und sind deutlich kleiner als die Körner der meisten anderen Getreidearten.

D. exilis stammt aus Westafrika und wächst v. a. in trockenen Sahelgebieten.

Die Foniohirse zählt zu den ältesten kultivierten Getreidearten Afrikas und wird dort seit 7.000–5.000 Jahren angebaut. Sie ist seit Langem Teil von Zeremonien, Festen und gilt als Symbol traditioneller Gastfreundschaft.
Ihren Beinamen »Hungerhirse« erhielt sie, weil die Körner erstaunlich schnell reifen und so lebenswichtige Nahrung in der kargen Zeit vor der Haupternte anderer Getreidearten lieferten. Aufgrund der aufwendigen Verarbeitung der kleinen Körner wurde sie später in vielen Regionen von anderen Getreidearten verdrängt.
In den letzten Jahren erlebt Fonio aber in Europa und Nordamerika eine kleine Renaissance als glutenfreies Getreide.

Foniohirse wird in Afrika traditionell in kleinbäuerlichen Landwirtschaftssystemen kultiviert und ist dort bis heute eine der wichtigsten Getreidesorten. *D. exilis* ist besonders bemerkenswert wegen ihrer außergewöhnlichen Toleranz gegenüber trockenen, nährstoffarmen Böden und kann auch unter extremen klimatischen Bedingungen gedeihen.

Foniohirse ist besonders reich an komplexen Kohlenhydraten, Ballaststoffen, Eisen, Zink und Magnesium. Sie weist hohe Gehalte an Methionin und Cystein auf, die in den meisten anderen Getreidesorten nur in geringen Mengen vorkommen. Zudem hat sie einen vergleichsweise niedrigen glykämischen Index (meist 35–66) und ist glutenfrei.

Foniohirse ist in Teilen Westafrikas bis heute ein wichtiges Grundnahrungsmittel. Die winzigen Körner werden zunächst entspelzt und gewaschen. Die gereinigten Körner werden häufig als Brei zubereitet.

Ernterückstände der Foniohirse wie Stroh oder Kleie dienen als Futtermittel.

Dank ihrer ausgeprägten Trockentoleranz gilt *D. exilis* als vielversprechende Kulturpflanze für die Ernährungssicherheit in Regionen mit klimawandelbedingten Dürreperioden.

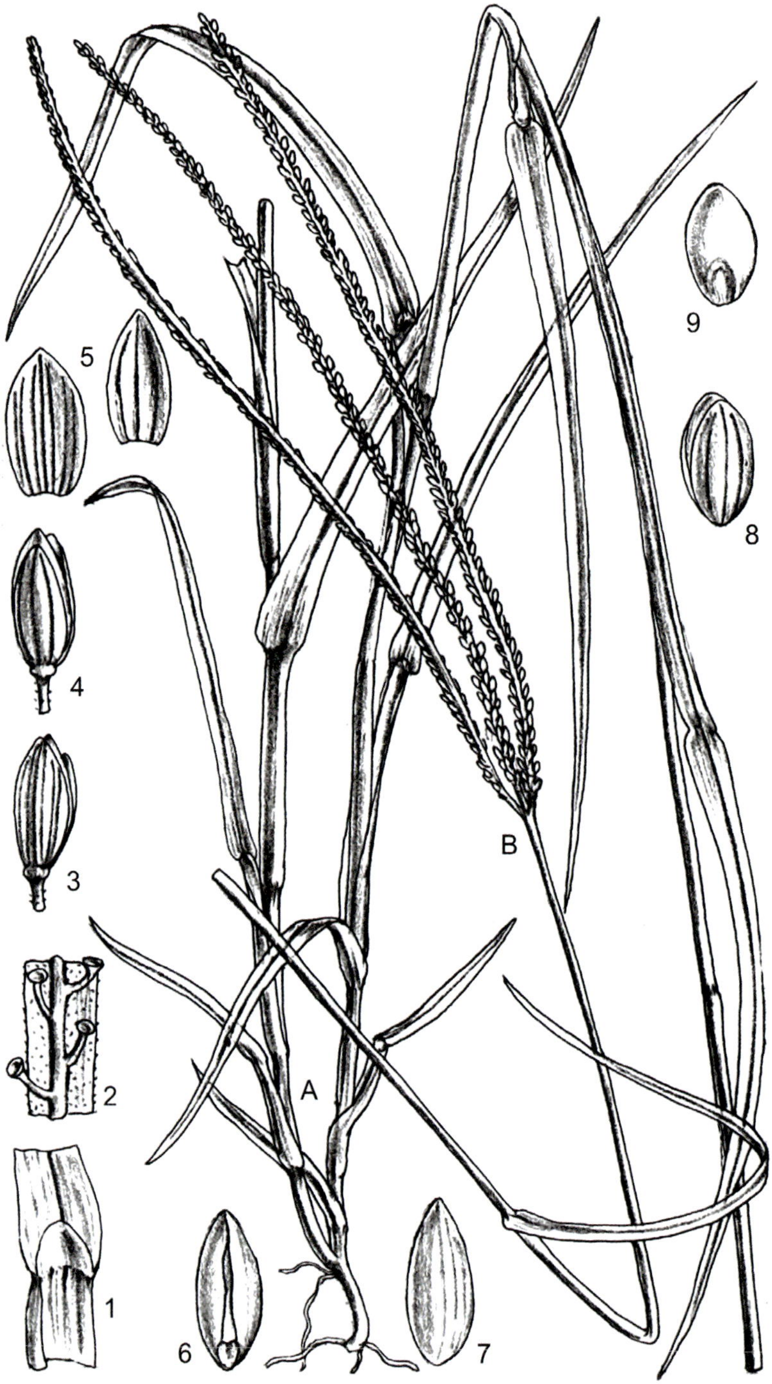

Foniohirse: **A** basaler Teil einer Pflanze mit Stängelblättern **B** Blütenstand aus mehreren ±wirtelig stehenden Ähren **1** Basis einer Blattspreite mit Blattscheide und häutiger Ligula **2** Teil der Hauptachse des Blütenstands **3–4** 1-blütiges Ährchen mit Hüll- und Deckspelzen **5** Hüllspelzen **6** von Vorspelze eingehüllte Karyopse **7** Vorspelze **8** von Deck- und Vorspelze eingehüllte Karyopse **9** Frucht (Karyopse).

Quelle: Icones Plantarum (1916).

Perlhirse

Pinselgras
Cenchrus americanus
(Cenchrus spicatus, Pennisetum glaucum, Setaria glauca)

Die Perlhirse ist ein 1-jähriges, bis zu 3 m hohes Getreide. Sie hat eine dichtblütige, zylindrische Ähre, die 10–40 cm lang wird und 1,5–4 cm ⌀ hat. Unter den 2-blütigen Ähren befinden sich mehrere auffallende Borsten. Die Karyopsen sind – je nach Sorte – gräulich, hellgelb, braun oder bläulich-violett gefärbt.

C. americanus stammt aus der Sahelzone Westafrikas. Heute wird die Art in vielen ariden und semiariden Regionen kultiviert, v. a. im Sahel und in Ostafrika, aber auch auf anderen Kontinenten. Im weltweiten Vergleich steht sie nach *Sorghum* auf Platz 2 der gehandelten Hirsenarten.

Perlhirse wird in Afrika seit mehr als 4.000 Jahren angebaut und spielt seit langer Zeit eine Schlüsselrolle in der Ernährung vieler afrikanischer Völker.
Über Handelsrouten gelangte sie um 2.000–1.700 v. Chr. nach Indien, wo sie schnell zu einem wichtigen Grundnahrungsmittel wurde. Während der Kolonialzeit wurde sie auch nach Amerika eingeführt, wo sie allerdings nur regional und als Futtermittel an Bedeutung gewann.

Es gibt zahlreiche lokal angepasste Sorten von *C. americanus*, die eine enorme genetische Vielfalt repräsentieren. Die Wuchshöhe der Sorten variiert von 0,5–4 m, die Ährenlänge von 6–135 cm, das Tausendkorngewicht von 2,5–14 g und die mittlere Reifezeit von 55–280 Tagen.
Durch gezielte Züchtung von Hybriden wurden seit Mitte des 20. Jh. auch neue Sorten entwickelt, die krankheitsresistenter sind und höhere Erträge liefern.

Die Körner der Perlhirse enthalten 60–78 % Kohlenhydrate mit einem niedrigen glykämischen Index, 11–14 % Proteine und 3–7 % fettes Öl. Darüber hinaus sind sie reich an B-Vitaminen und den Mineralstoffen Eisen, Magnesium und Zink. Perlhirse ist glutenfrei.

Perlhirse ist ein wichtiges Grundnahrungsmittel für Millionen Menschen, insbesondere in den ariden und semiariden Regionen Afrikas und Asiens.
Die Körner werden zu Mehl verarbeitet, aber auch als Brei oder in Suppen verwendet. Die jungen Blätter und Sprossen dienen traditionell als Gemüse. Außerdem wird Perlhirse zum Brauen von Bier verwendet.

Neben der Verwendung als Nahrungsmittel dient Perlhirse als *Futtermittel* und wird auch zur Produktion von Biokraftstoffen eingesetzt.

Als anpassungsfähige und genetisch hochdiverse Getreideart könnte *C. americanus* maßgeblich zur Nahrungsmittelsicherheit unter veränderten Klimabedingungen in trockenen Regionen beitragen.

Perlhirse: A Habitus einer fruchtenden Pflanze **B** Ähre **1–2** 2-blütige Ährchen **3–4** Blütchen mit Vor- und Deckspelzen **5** Fruchtknoten mit Griffel und fedrigen Narben **6–7** Frucht mit Vor- und Deckspelzen sowie Borsten **8** Hüllspelze **9** Deckspelze **10** Frucht (Karyopse).

Quellen: Kops (1800-1934); Zippel & Bollmann (1876-1880ff).

Fingerhirse

Eleusine coracana *(Cynosurus coracanus)*

Die Fingerhirse ist ein 1-jähriges Süßgras. Der Blütenstand besteht aus 4–8 fingerartig angeordneten Ähren mit zahlreichen kleinen 1-blütigen Ährchen. Ausnahmsweise verwachsen hier die Samen- und Fruchtschalen nicht miteinander und die Samen fallen bei der Verarbeitung leicht aus der Fruchtwand. Die kleinen, kugeligen Samen sind meist rötlich-braun, je nach Sorte, aber auch schwarz oder weiß.

E. coracana stammt aus Ostafrika, insbesondere aus Äthiopien und Uganda. Heute wird die Art in vielen trockenen tropischen und subtropischen Regionen angebaut – v. a. in Indien, Nepal, Westafrika und Teilen Südamerikas.

Fingerhirse wird in Ostafrika seit ± 5.000 Jahren angebaut und spielt seit Langem eine zentrale Rolle für die Ernährung der Menschen in der Region. Durch frühe Handelskontakte gelangte die Art bereits vor 3.000–2.800 Jahren nach Südasien, insbesondere nach Indien.

Die lange Kultivierungsgeschichte sowohl in Afrika als auch in Indien hat zu einer hohen genetischen Vielfalt mit zahlreichen lokalen Landsorten geführt. Diese stellen heute eine wertvolle Ressource für die Züchtung neuer widerstandsfähiger und ertragreicher Sorten dar.

E. coracana ist besonders widerstandsfähig gegenüber Trockenheit und ermöglicht auch auf nährstoffarmen Böden zuverlässige Ernten. Landwirt:innen bauen sie oft als Mischkultur mit Hülsenfrüchten an.

Die Samen der Fingerhirse sind reich an Kohlenhydraten, Proteinen, Ballaststoffen und Mineralstoffen wie Eisen, Zink und insbesondere Calcium und zeichnen sich durch hohe Gehalte der essenziellen Aminosäuren Lysin und Methionin aus. Sie sind glutenfrei.

Fingerhirse ist ein wichtiges Grundnahrungsmittel in vielen Regionen Afrikas und Südasiens. Die Körner werden gemahlen und zu Brei, Fladenbrot oder Couscous verarbeitet.

Die Samen der Fingerhirse haben eine außergewöhnlich gute Lagerfähigkeit und können mehrere Jahre lang aufbewahrt werden, ohne einen deutlichen Qualitätsverlust oder Schädlingsbefall zu erleiden. Dies hängt mit dem hohen Tanningehalt der Samenschale zusammen, der Insekten und Pilze abwehrt. Gerade in Regionen mit unsicheren Ernten und limitierten Lagermöglichkeiten ist dies von entscheidender Bedeutung für die Ernährungssicherheit.
Bereits heute trägt die Pflanze wesentlich zur Ernährungssicherheit in trockenen Regionen bei und ist dort ein wichtiger Bestandteil nachhaltiger Landwirtschaftsmodelle. Aufgrund ihrer Anpassungsfähigkeit an extreme Klimabedingungen gilt sie auch als vielversprechende Kulturpflanze im Kontext des Klimawandels.

Fingerhirse: A–C distaler Teil von Pflanzen mit Blättern und Gesamtblütenständen aus mehreren ährenartigen Blütenständen **1** Teil eines Blütenstands aus mehreren 1-blütigen Ährchen **2** Hüllspelzen **3** Frucht **4** Same **5** aufpräparierte Frucht mit teilweise entfernter Fruchtwand und der nicht damit verwachsenen Samenschale (Testa).

Quellen: Sō (1804ff); Kirtikar & Basu (1918); Iwasaki (1828-1921).

Zuckerrohr

Saccharum officinarum *(Saccharum violaceum)*

Zuckerrohr ist ein imposantes mehrjähriges Süßgras, das eine Höhe von 3–6 m erreichen kann. Der Wuchs ist aufrecht, robust und die dicken, verholzten Halme erreichen 2–5 cm ⌀. Die Pflanze bildet große, rispenförmige Blütenstände aus, die aus zahlreichen kleinen, lang behaarten, silbrig-violetten Ährchen mit 1 fertilen Blüte bestehen. Die Halme enthalten einen süßen, zuckerhaltigen Saft und sind außen mit einer wachsartigen Schicht überzogen, die sie vor Austrocknung schützt.
Als C_4-Pflanze besitzt Zuckerrohr eine besonders effiziente Photosynthese, wodurch sie zu den produktivsten Kulturpflanzen zählt.

Das Ursprungsgebiet von *S. officinarum* liegt auf Neuguinea und benachbarten Inseln des westlichen Pazifiks. Heute wird Zuckerrohr in allen tropischen und subtropischen Regionen angebaut, die Hauptanbaugebiete liegen in Brasilien, Indien und China. Die Pflanze liefert 70–80 % der globalen Zuckerproduktion und es werden jährlich mehr als 1,8 Mrd. t Zuckerrohr geerntet.

Die Domestikation des Zuckerrohrs begann vor ± 10.000 Jahren auf Neuguinea, wo es sowohl als Genussmittel gekaut wurde, aber auch der Grundversorgung mit Kohlenhydraten diente.
Die Ausbreitung nach Indien erfolgte vermutlich vor 8.000 Jahren – einige Forscher:innen sind allerdings der Ansicht, dass dieser Schritt erst vor ± 3.000 Jahren erfolgte. Jedenfalls ist der Anbau von Zuckerrohr und die Gewinnung von Sirup in Indien bereits seit Jahrtausenden bekannt. Die ersten Methoden zur Kristallisation von Zucker wurden jedoch erst um 350 n. Chr. entwickelt.
Über Handelswege gelangte Zuckerrohr mit arabischen Händler:innen im 7. und 8. Jh. nach Nordafrika und ins Mittelmeergebiet. Christoph Kolumbus brachte die Pflanze 1493 auf seiner 2. Reise in die Karibik, wo sie schnell zum wirtschaftlichen Rückgrat der europäischen Kolonien wurde. Der massive Arbeitskräftebedarf der Zuckerrohrplantagen führte zur Verschleppung und Versklavung von Millionen afrikanischer Menschen und prägte so die Geschichte Afrikas und Amerikas.

Das heutige Kulturzuckerrohr ist das Ergebnis intensiver Züchtungsarbeit. Die meisten kommerziellen Sorten sind komplexe Hybriden, die durch Kreuzung von *S. officinarum* mit anderen *Saccharum*-Arten wie *S. spontaneum*, *S. barberi* und *S. sinense* entstanden sind. Diese Hybriden vereinen den hohen Zuckergehalt von *S. officinarum* mit der Robustheit und Krankheitsresistenz der wilden Arten.
Wichtige Zuchtziele sind neben dem Zuckergehalt auch Ertragsstabilität, Standfestigkeit und Resistenz gegen Krankheiten. Moderne Züchtungsprogramme nutzen dabei zunehmend gentechnische Methoden.

Zuckerrohr wird vegetativ durch Stecklingspflanzung vermehrt, da die meisten modernen Sorten steril sind. Als Pflanzgut dienen Stängelabschnitte mit 2–3 Knoten. Nach dem Austreiben folgt ein Anbauzyklus von 9–24 Monaten bis zur Ernte. Nach dem

Zuckerrohr: **A** Habitus **B** Sprossachse mit Blatt **C** Blütenstand (Rispe) **1** Rispenast mit mehreren Ährchen, die jeweils aus 1 fertilen und 1 sterilen oder fehlenden Blüte bestehen **2** Blütchen mit langen Kallushaaren **2a** Blütchen ohne Spelzen **3** Deckspelze **4** untere Hüllspelze **5** obere Hüllspelze **6** Schwellkörper (Lodiculae) **7** abgeschnittene Halme.

Quellen: Köhler (1883-1898ff); Denisse (1843-1846).

Schnitt treibt das Zuckerrohr wieder aus. Die Ernte erfolgt während der Trockenzeit, wenn der Zuckergehalt am höchsten ist. Nach der Ernte müssen die Stängel innerhalb von 24–48 Stunden verarbeitet werden, da sonst der Zuckergehalt schnell abnimmt.

Das Mark der Zuckerrohrstängel enthält 12–20 % des Zweifachzuckers Saccharose. Daneben finden sich auch Einfachzucker, v. a. Glucose und Fructose (0,5–2 %), Faserstoffe (10–15 %), Mineralstoffe wie Kalium, Calcium und Magnesium sowie Polyphenole.

Zuckerrohr dient hauptsächlich der Gewinnung von Saccharose für Kristallzucker. Zuckerrohr wird außerdem zur Herstellung von Sirup, Melasse, Rum und anderen alkoholischen Getränken verwendet.

Frischer Zuckerrohrsaft (»Guarapo«) ist in vielen tropischen Ländern ein beliebtes Getränk, das frisch gepresst und teilweise mit Zitronensaft, Limetten oder Gewürzen verfeinert wird. In vielen tropischen Küchen werden auch ganze Zuckerrohrstücke als Süßungsmittel oder aromatisierende Zutat in Speisen eingesetzt.

Die bei der industriellen Saftgewinnung anfallenden Faserstoffe (»Bagasse«) dienen als Brennstoff in Zuckerfabriken und werden zunehmend für Papier und Biokunststoffe verwendet. Aus dem zuckerhaltigen Saft kann auch Bioethanol gewonnen werden. Der Filterkuchen ist ein wertvoller organischer Dünger und die Wachse des Stängels werden für Kosmetikprodukte genutzt.

Der großflächige Anbau bringt vielfältige ökologische und soziale Probleme mit sich: Die riesigen Monokulturen verdrängen natürliche Ökosysteme, besonders im Amazonasgebiet. Der intensive Anbau erfordert große Mengen an Wasser und den intensiven Einsatz von Agrochemikalien. Darüber hinaus sind problematische Arbeitsbedingungen – darunter niedrige Löhne, lange Arbeitszeiten, Gesundheitsrisiken (z. B. durch das Abbrennen der Felder vor der Ernte oder den Umgang mit Chemikalien) und Kinderarbeit – nicht nur historisch, sondern auch noch heute eng mit dem Zuckerrohranbau verbunden.

Großflächige Zuckerrohr-Monokulturen in Thailand

Mais

Kukuruz
Zea mays *(Mays zea)*

Mais ist eine kräftige, 1-jährige Grasart, die 2–3 m hoch werden kann und in tropischen Klimata sogar mehr als 4 m Höhe erreicht. Die ♂-Blütenstände bilden eine Rispe an der Spitze der Pflanze, während die ♀-Blütenstände kolbenartig ausgebildet sind und in den seitlichen Achseln sitzen. Diese Kolben tragen die Maiskörner, die in mehreren Reihen dicht an dicht angeordnet sind. Die Körner variieren je nach Sorte von weiß über gelb bis hin zu rot, violett oder sogar schwarz. Mais gehört zu den C_4-Pflanzen, die durch ihren speziellen Photosynthese-Mechanismus bei ausreichend Licht und Nährstoffen außergewöhnlich schnell wachsen und binnen weniger Monate beeindruckende Höhen erreichen können.

Die Heimat von Mais liegt in Mexiko und Zentralamerika. Er wird heute in tropischen, subtropischen sowie gemäßigten Klimazonen rund um den Globus angebaut und ist nach Weizen die zweithäufigste angebaute Kulturpflanze. Gegenwärtig wird auf 12–14 % der weltweiten Ackerfläche Mais angebaut.

Die Geschichte des Maises ist eng mit der Kulturgeschichte Amerikas verbunden. Archäologische Funde und genetische Studien belegen seine Entwicklung aus wilden *Teosinte*-Gräsern (*Z. mays* subsp. *parviglumis* und *Z. mays* subsp. *mexicana*) in Mexiko, die vor ± 9.000 Jahren begann. Diese ersten Maispflanzen haben dünne und kleine Kolben mit wenigen Körnern und unterscheiden sich morphologisch so stark von der heute bekannten Form des Maises, dass selbst Botaniker:innen den evolutionären Zusammenhang lange Zeit nicht erkannten.
Durch jahrtausendelange Selektion entwickelten die indigenen Völker Mais zu einer ertragreichen Kulturpflanze, die das wirtschaftliche Fundament der Hochkulturen der Maya, Azteken und Inka bildete. Mais hatte bei ihnen eine herausragende spirituelle und kulturelle Bedeutung. Im »Popol Vuh«, dem heiligen Buch der Maya, wurde der Mensch aus Mais erschaffen. Er symbolisierte Leben, Fruchtbarkeit und Wohlstand und spielte eine zentrale Rolle in vielen Mythen, Zeremonien und Festen. Noch heute prägt Mais die kulturelle Identität in Lateinamerika.
Bei der indigenen Bevölkerung Mittel- und Nordamerikas bildete Mais, zusammen mit Kürbis und Bohnen, das als »Milpa« bzw. »Drei Schwestern« bekannte Mischanbausystem.

Das traditionelle Anbausystem »Drei Schwestern« auf der Rückseite der Native-American-Edition einer US-Dollar-Münze von 2009

Mais: **A** basaler Teil einer Pflanze mit sprossbürtigen Wurzeln **B** distaler Teil einer Pflanze mit ♂-Blütenstand (Rispe) **C** Stängel mit ♀-Blütenständen (Kolben) **D** reifer Kolben (Fruchtverband) mit teilweise entfernter Hülle aus Hochblättern **E** ♂- Rispenast **1** 2 1-blütiges Ährchen **2** 1-blütige Ährchen **3** Pollen **4** ♀-Blütchen mit Deck- und Vorspelze **5** Fruchtknoten mit Griffel (ohne Spelzen) **6** Maiskorn (= Frucht, Karyopse) **7** Maiskorn im LS **8** Stärkekörner.

Quelle: Köhler (1883–1898ff).

Christoph Kolumbus brachte Mais mit seiner ersten Reise in die Neue Welt nach Europa und präsentierte Maiskörner – zusammen mit anderen exotischen Pflanzen – im März 1493 dem spanischen Königspaar. Von Spanien aus begann sich der Maisanbau zunächst im Mittelmeerraum und später in ganz Europa auszubreiten. Anfangs wurde er als Zierpflanze in Gärten kultiviert, etablierte sich dann aber auch in Europa als wichtiges Grundnahrungsmittel. Im 16. und 17. Jh. erreichte Mais Asien und Afrika und begann dort andere Getreidearten zu verdrängen.

Die seit Jahrtausenden andauernde züchterische Bearbeitung hat eine beeindruckende Vielfalt traditioneller Landsorten hervorgebracht, die an lokale Bedingungen angepasst sind. Schätzungen reichen von 5.000 bis zu mehreren 10.000 traditionellen und modernen Sorten. Allein in Deutschland sind weit mehr als 1.000 Sorten zugelassen. In der landwirtschaftlichen Praxis wird davon aber nur ein Bruchteil in relevantem Umfang angebaut. Schätzungen gehen davon aus, dass 10–30 Hauptsorten den Großteil der deutschen Maisanbaufläche abdecken.
Nach ihrem Verwendungszweck werden verschiedene Maistypen unterschieden: Zahnmais ist der weltweit am häufigsten angebaute Maistyp. Die Körner haben eine Delle an der Oberseite, die beim Trocknen entsteht. Er ist reich an Stärke und wird hauptsächlich als Futtermais und zur Herstellung von Bioethanol und Stärke verwendet. Hartmais hat sehr harte, runde Körner und ist widerstandsfähig gegen Kälte und Schädlinge. Er wird ebenfalls als Futtermais, aber auch zur Herstellung von Maismehl und Cornflakes genutzt. Zuckermais wird als Gemüse verzehrt und wird deshalb geerntet, bevor sich der Zucker im Korn in Stärke umwandelt. Puffmais hat eine sehr harte, dichte Schale und einen stärkehaltigen, weichen Kern. Beim Erhitzen dehnt sich das Wasser im Inneren aus und bringt das Korn zum Platzen – es entsteht Popcorn. Stärkemais zeichnet sich durch einen besonders hohen Stärkegehalt oder eine spezielle Stärkezusammensetzung (z. B. mit viel Amylopektin) aus und wird für die industrielle Verarbeitung angebaut.
Moderne Hochleistungssorten sind überwiegend Hybride aus gekreuzten Inzuchtlinien mit deutlich höherem Ertrag. Neben konventionellen Züchtungen existieren auch gentechnisch veränderte Maissorten mit Insekten- oder Herbizidresistenz.

Die Aussaat von Mais erfolgt erst nach dem letzten Frost, da die Pflanze empfindlich gegenüber Kälte ist. Während der Vegetationsperiode ist es notwendig, die Felder sorgfältig zu pflegen, da junge Maispflanzen sehr empfindlich auf Konkurrenz durch andere Pflanzen reagieren. Um diese Konkurrenten zu bekämpfen, werden beim Maisanbau häufig große Mengen an Herbiziden eingesetzt.

Reife Maiskörner enthalten durchschnittlich 70 % Kohlenhydrate (hauptsächlich Stärke, in Zuckermais überwiegend Glucose und Fructose), 10 % Proteine (spezielle Zeine mit wenig Lysin und Tryptophan) und 5 % fette Öle (v. a. die mehrfach ungesättigte Linolsäure, aber auch Ölsäure). Außerdem enthält Mais β-Carotin, verschiedene B-Vitamine (viel Folsäure) und Vitamin E. An Mineralstoffen sind besonders Kalium, Phosphor und Magnesium zu nennen. Farbige Maissorten enthalten zudem Anthocyane.

Mais ist eines der weltweit bedeutendsten Grundnahrungsmittel, besonders in Lateinamerika, Afrika und Teilen Asiens. Er wird vielseitig verarbeitet, etwa zu Maismehl, Polenta, Tortillas, Nachos und anderen traditionellen Gerichten.
Eine traditionelle Besonderheit ist das lange Kochen der Körner in Kalklösung, das die Bioverfügbarkeit von Nährstoffen verbessert.
Puffmais ist die Basis für Popcorn.
Maiskeimöl wird aus den nährstoffreichen Maiskeimlingen gewonnen, hat einen milden Geschmack und hohe Gehalte an Vitamin E. Es ist für die kalte Küche und zum schonenden Braten geeignet.

In der Lebensmittelindustrie findet Mais vielfältige Verwendung zur Gewinnung von Öl, Maissirup und Stärke.

Nur ± 15 % der Maisernte werden für Lebensmittel verwendet. Der Löwenanteil des weltweit geernteten Maises – derzeit 60–70 % – dient als Futtermittel in der Tierhaltung. Die verbleibenden 10–20 % werden industriell genutzt, v. a. zur Gewinnung von Bioethanol und Biogas. Maisstärke bildet auch die Grundlage für die Produktion von Biokunststoffen, Verpackungsmaterialien, Textilien und Klebstoffen. Aus dem Keimöl werden Kosmetika und technische Öle hergestellt.

Der intensive Maisanbau gerät zunehmend in die Kritik, da er durch Bodenerosion, hohe Pestizidbelastung und Treibhausgasemissionen aus Stickstoffdüngern erhebliche Umweltprobleme verursacht, während gleichzeitig die Konkurrenz zwischen Nahrungs-, Futter- und Energieproduktion ethische Fragen zur Landnutzung und Ernährungssicherheit aufwirft.

Johannisbrotbaum

Karobbaum, Karubenbaum
Ceratonia siliqua

Der Johannisbrotbaum ist ein meist 2-häusiger, mittelgroßer Baum mit immergrünen, gefiederten Blättern. Die kronblattlosen Blüten entwickeln sich zu 10–30 cm langen, flachen, dunkelbraunen Hülsen mit einem süßlich schmeckenden Mark.

C. siliqua stammt aus dem östlichen Mittelmeerraum. Heute wird die Art in vielen warmen Regionen wie dem Mittelmeergebiet, Kalifornien, Südamerika, Südafrika und Australien kultiviert.

Der Johannisbrotbaum wurde im antiken Ägypten und Griechenland schon vor über 4.000 Jahren als Nahrungs- und Futterpflanze genutzt.
Die Samen dienten früher als Maßeinheit »Karat« für das Wiegen von Gold und Edelsteinen. Das Gewicht der Samen – ± 200 mg – ist allerdings nicht, wie oft zu lesen ist, außergewöhnlich konstant, sondern variiert etwa so stark wie bei vergleichbaren Arten. Allerdings sind Menschen in der Lage, bei diesen sehr gleichmäßig geformten Samen auch sehr kleine Gewichtsunterschiede mit erstaunlicher Genauigkeit zu schätzen.

Das Fruchtfleisch enthält 40–50 % Zucker (v. a. Saccharose) und 3–8 % Proteine sowie Ballaststoffe, Mineralstoffe und Tannine.

Die getrockneten Samen enthalten 40–55 % Galactomannan, ein Polysaccharid, das als löslicher Ballaststoff wirkt, 30–35 % weitere Ballaststoffe, 12–18 % Proteine und außerdem Mineralstoffe, v. a. Calcium, Magnesium, Kalium und Eisen, sowie Tannine.

Das süße Fruchtfleisch der Hülsen kann frisch gegessen oder zu einem Sirup (»Carobsirup«) verarbeitet werden. »Carobpulver«, aus getrocknetem und oft geröstetem Fruchtfleisch hergestellt, wird als kakaoähnliches Aroma- und Färbemittel eingesetzt. Es eignet sich gut für vegane und histaminarme Schokoladen sowie Kekse.
Das aus den Samen gewonnene Johannisbrotkernmehl (»Carubin«) wirkt als Verdickungs- und Geliermittel und ist als Lebensmittelzusatzstoff E410 zugelassen.

Johannisbrot wird in der traditionellen Medizin gegen Durchfall eingesetzt.

Johannisbrotkernmehl, gewonnen aus dem Endosperm der Samen, findet als Verdickungsmittel auch in der Kosmetikindustrie Verwendung.
Darüber hinaus wird der Johannisbrotbaum häufig als Ziergehölz gepflanzt.

Johannisbrotbaum: A Zweig mit paarig gefiederten Blättern und Blütenstand **1** Blüte **2** Blüte im LS **3** unreife Frucht im LS **4** teilweise aufpräparierte Hülse mit Samen **5** Samen **6** Same im LS.

Quelle: Thomé (1885ff).

Gummiarabikum-Baum

Senegal-Akazie

Senegalia senegal *(Acacia senegal)*

Der Gummiarabikum-Baum ist ein kleiner, dorniger Baum oder Strauch mit paarigen, hakenförmig gebogenen Dornen und doppelt gefiederten Blättern. Die cremeweißen bis gelblichen, duftenden Schmetterlingsblüten bilden dichte kugelige Blütenstände. Die flachen, länglichen Hülsen sind 7–10 cm lang und enthalten 3–8 flache, olivgrüne Samen. Aus dem Holz tritt bei Verletzung das Harz »Gummiarabikum« aus.

S. senegal ist in den trockenen Savannen und semiariden Gebieten des Sahel-Gürtels heimisch. Heute kommt die Art außerdem in Teilen der Arabischen Halbinsel und in Pakistan sowie Indien vor. Kultiviert wird sie am häufigsten in der Sahel-Zone Westafrikas.

Gummiarabikum wurde bereits im antiken Ägypten als Bindemittel bei der Mumifizierung, für Kosmetika und als Klebstoff verwendet. Auch 4.500 Jahre alte Hieroglyphen dokumentieren den Handel mit dem wertvollen Harz.
Im Mittelalter gelangte es über arabische Händler:innen nach Europa, wo es in der Buchmalerei und Medizin Verwendung fand. Die europäischen Kolonialmächte, besonders Frankreich im Senegal, monopolisierten später den lukrativen Handel.

S. senegal wird sowohl in natürlich vorkommenden Beständen bewirtschaftet als auch gezielt angebaut. Durch kontrollierte Einschnitte in die Rinde während der Trockenzeit tritt das Gummiarabikum aus und härtet an der Luft zu bernsteinfarbenen Klumpen aus. Ein gesunder Baum kann über Jahrzehnte hinweg Gummi liefern.

Gummiarabikum besteht hauptsächlich aus komplexen Polysacchariden und Glycoproteinen. Es enthält verschiedene Arabinose- und Galaktose-Verbindungen sowie Calciumsalze, Magnesium und Kalium. Der hohe Ballaststoffanteil macht es zu einem wertvollen Präbiotikum. Die Samen enthalten 20–40 % Proteine und ± 6 % fettes Öl. In Blättern und Rinde finden sich Tannine, Saponine und Flavonoide mit antimikrobieller Wirkung.

Als Lebensmittelzusatzstoff E414 dient Gummiarabikum in der Lebensmittelindustrie als Emulgator in Süßwaren, Softdrinks und Likören, als Stabilisator in Schaumspeisen und als Überzugsmittel für Konfekt und Backwaren. In Westafrika wird es traditionell als Verdickungsmittel für Soßen und Suppen genutzt und mit Milch zu einem nahrhaften Getränk verarbeitet. Die Samen werden in Notzeiten geröstet und als Mehlzusatz verwendet.

Die traditionelle Medizin nutzt Gummiarabikum bei Verdauungsbeschwerden und als schleimhautschützendes Mittel. In der Pharmaindustrie dient es als Trägerstoff für Medikamente, ist Bestandteil von Haft- und Bindemitteln und ermöglicht Darreichungsformen mit verzögerter Wirkstofffreisetzung.

In der Kosmetikindustrie findet Gummiarabikum Verwendung in Masken, Lotionen und Shampoos. Technische Anwen-

Gummiarabikum

Gummiarabikum-Baum: A blühender Zweig mit Nebenblattdornen, gefiederten Laubblättern und Blütenständen **1** Blüte mit Kelch, kurzer, ± radiärsymmetrischer Krone, langen Staubblättern und Griffel **2** Blüte im LS **3** geöffnete Hülse **4** Hülse im QS **5–6** Samen.

Quellen: Köhler (1883-1898ff); Notizblatt des Königlichen Bot. Gartens und Museums zu Berlin (1913).

dungen umfassen die Textilindustrie (Druckfarben), Papierherstellung und Lithografie.

! Die Gewinnung von Gummiarabikum ist für Millionen von Menschen in der Sahelzone, insbesondere für Frauen, eine wichtige Einkommensquelle und trägt zur ländlichen Entwicklung bei. Das jährliche Handelsvolumen von Gummiarabikum, dessen wichtigste Quelle *S. senegal* ist, liegt in der Größenordnung von 1 Mrd. US-Dollar und der Handel generiert bedeutende Einnahmen für Länder wie Sudan, Tschad und Nigeria.

Seyal-Akazie
Vachellia seyal

Die Seyal-Akazie liefert ebenfalls ein Pflanzengummi (»Talha-Gummi«), das allerdings, weil es Tannine enthält, weniger hochwertig als das Gummi von *S. senegal* ist. Das Holz dieser Art ist als »Shittim« bekannt und wurde in der Antike für Pharaonensärge verwendet. In der Bibel wird es als eines der Hölzer erwähnt, welches für den Bau der Arche Noah verwendet worden sein soll.

Gummitragant
Astragalus gummifer

Der Gummitragant ist ein kleiner, dorniger Strauch mit gefiederten Blättern, der bei Verletzung »Tragantharz« absondert, das ebenfalls seit langer Zeit als Pflanzengummi genutzt wird. So wurde es bereits in altägyptischen Schriften erwähnt und bei der Mumifizierung von Leichen eingesetzt.
Im Mittelalter war Tragant ein wertvolles Handelsgut und wurde in Europa als Luxusprodukt in der Konditorei und Pharmazie geschätzt.

Das Tragantharz findet heute als Lebensmittelzusatzstoff E413 Verwendung als Emulgator, Stabilisator und Verdickungsmittel. Es wird z. B. in der Produktion von Eiscreme, Süßwaren, Backwaren und Soßen eingesetzt.

Getrocknetes Tragantharz

Guarbohne

Büschelbohne

Cyamopsis tetragonoloba *(Cyamopsis psoralioides)*

Die Guarbohne ist eine 1- bis mehrjährige Pflanze mit 3-zählig gefiederten Blättern und weißlichen bis blassrosa Schmetterlingsblüten. Die zylindrischen Hülsenfrüchte werden 3–12 cm lang und enthalten 5–12 Samen.

C. tetragonoloba stammt aus Indien und Pakistan, wo sie auch kultiviert wird. Weitere Anbaugebiete sind die USA, Australien, Afrika und Brasilien.

Die Guarbohne wird seit Jahrhunderten in Nordindien und Pakistan als Nahrungs- und Futtermittel angebaut.
Weltweite wirtschaftliche Bedeutung erlangte die Art erst im 20. Jh., nachdem das Potenzial von Guaran entdeckt wurde, einem komplexen Polysaccharid aus ihren Samen. Das jährliche Handelsvolumen liegt in der Größenordnung von 1,3 Mrd. US-Dollar. Etwa 80 % der Weltproduktion stammen aus Indien.

Heute sind ± 85 Guarbohnensorten offiziell registriert, daneben existieren aber auch viele alte Landsorten.

Die Samen enthalten 25–35 % Proteine, 30–45 % Ballaststoffe und 2–5 % fette Öle. Das v. a. im Endosperm enthaltene Galactomannan bildet den Hauptbestandteil des kommerziell genutzten Guaran.

Das aus den Samen gewonnene Guarkernmehl (»Guaran«) ist ein bedeutender Lebensmittelzusatzstoff E412. Es wird hauptsächlich als Verdickungs- und Stabilisierungsmittel verwendet, da es Wasser binden und hochviskose Lösungen bilden kann. Es findet sich z. B. in Speiseeis zur Verbesserung der Textur und Verhinderung von Eiskristallbildung.
Die jungen Hülsen und Blätter der Guarbohne können als Gemüse gegessen werden.

In der Pharmaindustrie dient Guaran als Bindemittel, Sprengmittel und Viskositätsregler.

Auch in Kosmetika wird Guaran als Verdickungsmittel eingesetzt. Die Papierindustrie nutzt den Stoff zur Verbesserung der Blattbildung und Faserbindung. Der nach der Extraktion des Guaran aus den Samen verbleibende Rest – bestehend aus Keimling und Teilen der Schale – ist proteinreich und wird als Futtermittel eingesetzt.
Eine der mengenmäßig bedeutendsten Anwendungen liegt allerdings in der Erdöl- und Erdgasindustrie, wo Guaran als Verdickungsmittel in Bohrspülungen und Fracking-Flüssigkeiten dient.

Guarbohne: A Spross mit lang gestielten, 3-teiligen Blättern und Früchten **1** aufpräparierte Krone aus Fahne, Flügeln u. Schiffchen **2** Kelch mit Staubblattröhre und Spitze des gekrümmten Griffels **3** Staubbeutel **4** Hülse **5** Hülse im LS **6** Teil einer Hülse im LS mit Samen **7** Hülse im QS **8** Samen.

Quellen: L'Héritier de Brutelle (1784); Kirtikar & Basu (1918).

Yambohne

Knollenbohne
***Pachyrhizus** (Dolichos)*

Die Gattung *Pachyrhizus* umfasst etwa 5 windende oder kriechende, mehrjährige Arten mit meist 3-teiligen Laubblättern. Die großen Hülsenfrüchte enthalten oft 5–12 Samen. Charakteristisch für diese Pflanzen sind ihre knollig verdickten, stärke- und inulinhaltigen Speicherwurzeln, die als Kohlenhydratquelle genutzt werden können.

Die Arten stammen aus den tropischen und subtropischen Regionen Mittel- und Südamerikas, sind aber mittlerweile auch in Asien und Afrika verbreitet. Die am häufigsten kultivierten Arten sind *P. erosus* (Yambohne), *P. tuberosus* (Knollenbohne) und *P. ahipa* (Andine Knollenbohne).

Pachyrhizus tuberosus

Schon die indigenen Völker Mittel- und Südamerikas kultivierten *Pachyrhizus*-Arten aufgrund ihrer nahrhaften Knollen. Im 16. Jh. brachten spanische Händler:innen die Pflanzen nach Asien, von dort verbreiteten sie sich weiter nach Afrika, wo sie bald als Nahrungsmittel dienten.

Die Pflanzen werden aus Samen gezogen oder über Wurzelknollen vermehrt, die zu Beginn der Regenzeit auf kleinen Dämmen gepflanzt werden. Häufig werden auch Stützen zum Hochwachsen angeboten. Die Ernte der zuweilen über 20 kg schweren Knollen erfolgt meist nach 4–9 Monaten.

Yambohnen-Knollen haben einen hohen Gehalt an Stärke und Ballaststoffen wie Inulin. Sie sind eine gute Quelle für Vitamin C, Magnesium und Kalium. In allen oberirdischen Pflanzenteilen und der Wurzelrinde findet sich Rotenon bzw. seine Glycoside.

Von den Yambohnen ist nur das Wurzelmark – nach Entfernen der Rinde – genießbar, da die Rinde und alle oberirdischen Pflanzenteile das giftige Rotenon enthalten. Das Mark wird roh gegessen, kann aber auch gekocht oder geröstet werden. Der Geschmack ist süßlich. Außerdem eignen sich die Knollen zur industriellen Stärkegewinnung.

Viele *Pachyrhizus*-Arten werden auch als Futtermittel verwendet. Die Rotenone aus den Samen werden traditionell als Fischgift und Insektizid genutzt.

Pachyrhizus erosus

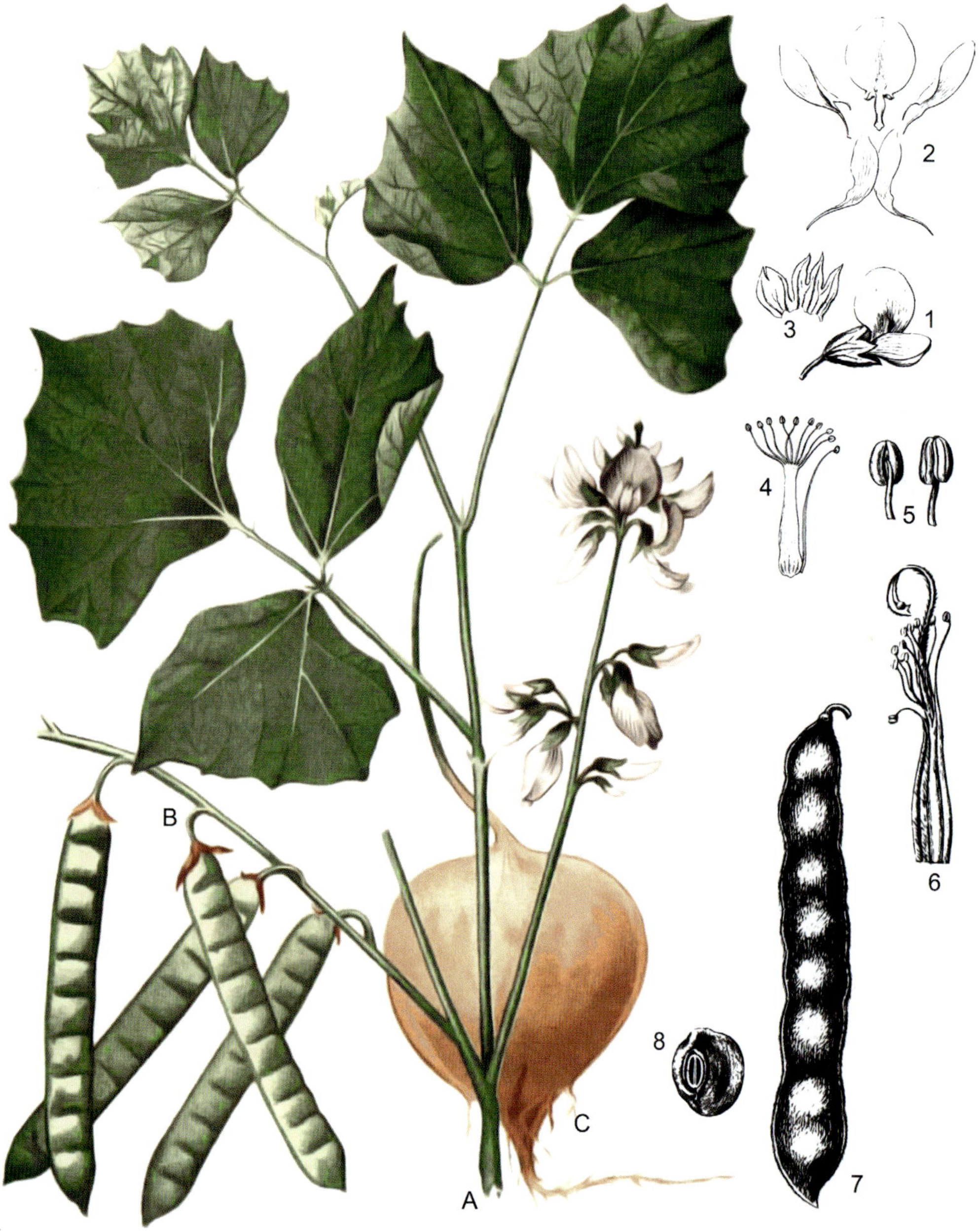

Yambohne (*Pachyrhizus erosus*): **A** Zweig mit 3-teiligen Blättern und Blütenstand (Traube) **B** Fruchtstand **C** verdickte Speicherwurzel **1** Schmetterlingsblüte **2** aufpräparierte Krone mit Fahne, Flügeln und Schiffchen **3** aufpräparierter Kelch **4** 1 freies und 9 verwachsene Staubblätter **5** Staubbeutel **6** aus der Staubblattröhre ragender gekrümmter Griffel **7** Frucht (Hülse) **8** Hülse im QS.

Quellen: Blanco (1875); von Martius et al. (1840–1904).

Knollen-Platterbse

Erdnuss-Platterbse
Lathyrus tuberosus

Die Knollen-Platterbse ist eine mehrjährige, krautige Pflanze mit kletternden, bis zu 1,2 m langen Stängeln. Die gefiederten Laubblätter bestehen aus einem Paar ovaler bis länglicher Fiederblättchen. Die Blütenstände werden von meist 3–10 Schmetterlingsblüten gebildet, die leuchtend karmin- bis purpurrot gefärbt sind. Unterirdisch entwickelt die Pflanze mehrere Zentimeter große Wurzelknollen.

Die Knollen-Platterbse ist in Mittel- und Südosteuropa sowie in Südwestasien beheimatet. Sie wird dort gelegentlich angebaut und ist auch verwildert zu finden.

Aufgrund der essbaren Knollen wird die Knollen-Platterbse schon seit der Jungsteinzeit, also seit mehr als 4.000 Jahren, gesammelt und später auch kultiviert.
Vom Mittelalter bis ins 18. Jh. wurde sie in Europa zuweilen angebaut und diente, insbesondere in Notzeiten, als Nahrungsmittel. Mit dem Aufkommen ertragreicherer Kulturpflanzen ging ihre Verbreitung und Nutzung jedoch stark zurück.

Die Pflanze kann sowohl aus Samen als auch über ihre Knollen vermehrt werden. Als Kletterpflanze benötigt sie eine Rankhilfe, um optimal zu gedeihen. Die Ernte der Knollen erfolgt im Herbst oder frühen Winter, wenn die oberirdischen Pflanzenteile abgestorben sind.

Die Knollen sind reich an Kohlenhydraten, insbesondere Stärke, sowie an Proteinen und Ballaststoffen. Darüber hinaus liefern sie Mineralstoffe wie Kalium, Eisen und Magnesium.

Geröstet oder gekocht schmecken die Knollen nussartig-süß und können als Beilage oder Snack verzehrt werden. Traditionell werden sie auch zu Mehl und Kaffeeersatz weiterverarbeitet.
Obwohl die Knollen essbar sind, enthalten die oberirdischen Teile der Pflanze, insbesondere die Samen, potenziell giftige Stoffe (z. B. ODAP), die bei übermäßigem Verzehr zu der schweren Krankheit Lathyrismus führen können.

In den letzten Jahren wird die Knollen-Platterbse in Mitteleuropa vielfach Ansaatmischungen für Erstbegrünungen beigemengt und ist deshalb regional auch häufiger zu finden.

Knollen-Platterbse: A Spross mit Laubblättern (aus ungezähnten Nebenblättern, 2 Fiederblättchen und geteilter Ranke) sowie lang gestielten Blütenständen (Trauben) **B** Ausläufer mit knollig verdickten Speicherwurzeln **1** Fahne **2** Flügel **3** Schiffchen **4** Kelch **5** 1 freies und 9 verwachsene Staubblätter **6** distaler Teil des Fruchtknotens mit gebogenem Griffel und Narbe.

Quelle: Sowerby (1790–1813ff).

Brotfruchtbaum

Artocarpus altilis
(Artocarpus communis, Artocarpus incisus)

Der Brotfruchtbaum ist ein 1-häusiger, mittelgroßer Laubbaum mit großen, gelappten, immergrünen Blättern. Aus den ♀-Blütenständen entwickeln sich kopfgroße Fruchtverbände, die je nach Sorte kugelig bis länglich geformt sind. Die oft höckrige Schale umschließt ein stärkehaltiges, gelblich-weißes Fruchtfleisch.

A. altilis stammt aus dem pazifischen Raum, insbesondere aus Neuguinea und den umliegenden Inseln. Durch melanesische Seefahrende wurde der Baum früh in benachbarte tropische Regionen des Pazifiks, Südostasiens und nach Afrika eingeführt, später auch in die Karibik. Auf vielen Inseln Polynesiens und Melanesiens wird der Brotfruchtbaum heute häufig kultiviert.

Die Brotfrucht hat eine lange Tradition in der pazifischen Kultur und wurde vor mehr als 3.000 Jahren wahrscheinlich auf Neuguinea – eventuell auch auf den Salomonen und Vanuatu – durch melanesische Völker domestiziert. Seefahrende dieser Inselvölker verbreiteten den Baum früh über weite Teile des Pazifiks.

Verpflanzung der Brotfruchtbäume von Tahiti in die Karibik; Gemälde von Thomas Gosse, 1796

Der britische Seefahrende James Cook berichtete Ende des 18. Jh. von Brotfruchtbäumen auf Tahiti. Um neue Nahrungsquellen für die von Hungersnöten betroffenen Kolonien in der Karibik zu erschließen, ließ König George III. von Großbritannien und Irland Schösslinge aus der Südsee nach Jamaika bringen – eine mehrjährige Expedition unter Leitung von Lieutenant William Bligh. Die letztendlich erfolglose Reise endete 1789 in einem Aufstand und ging als »Meuterei auf der Bounty« in die Geschichte ein. Nach seiner abenteuerlichen Rückkehr nach England erhielt Bligh erneut ein Kommando mit demselben Auftrag. Nach der wieder mehrere Jahre dauernden Expedition gelang es ihm 1793 ± 1.300 Schösslinge von Tahiti in die Karibik zu bringen. Im Botanischen Garten auf St. Vincent wächst noch heute ein Ableger eines der Original-Brotfruchtbäume.

Im Laufe der Jahrhunderte wurden mehr als 120 Sorten mit unterschiedlichen Fruchtmerkmalen gezüchtet. Grundsätzlich unterscheidet man zwischen kernhaltigen und kernlosen Typen. Kernlose Sorten werden häufig gekocht und als stärkehaltiges Grundnahrungsmittel bzw. Gemüse verwendet.

Reife Brotfrüchte bestehen überwiegend aus Kohlenhydraten, v. a. Stärke und Ballaststoffen. Sie enthalten zudem nennenswerte Mengen an Vitamin C und den Mineralstoffen Kalium und Kupfer. Der Proteingehalt ist mit 1–2,5 % für Obst relativ hoch.

Insbesondere auf vielen Inseln des Pazifiks ist die Brotfrucht bis heute ein

Brotfruchtbaum: A–B Zweige mit Blättern, ♂- und ♀-Blütenständen sowie Fruchtstand **C** Fruchtverband im QS mit 3 Nussfrüchten **1** ♂-Blüten mit Staubblättern **2** ♀-Blüten im LS mit Griffeln **3** Frucht (Nuss) mit verwachsenem Perigon **4–5** Frucht (Perigon zurückgeschlagen) **6** Same **7** Frucht mit Samen im QS.

Quellen: Denisse (1843-1846); Curtis Botanical Magazine (1828); Blanco (1875).

Brotfrucht

wichtiges Grundnahrungsmittel. Die Früchte werden vor dem Verzehr meist gekocht, aber auch gebacken oder frittiert. Sie dienen als stärkereiche Beilage und haben bei einer mehligen Konsistenz einen mild-süßlichen Geschmack. Aus dem Fruchtfleisch lässt sich ein Mehl herstellen. Sehr reife Früchte mit weichem, süßem Fruchtfleisch werden zuweilen auch roh als Snack oder Dessert gegessen. Vom Verzehr von rohem, unreifem oder sehr festem Fruchtfleisch wird aber abgeraten, da es Übelkeit verursachen kann.
Die gerösteten Samen der Brotfrucht gelten als traditionelle Delikatesse. Auch die Blätter können als Gemüse zubereitet werden.

Der Brotfruchtbaum wird traditionell vielseitig genutzt: Der Milchsaft dient als Klebstoff, zum Abdichten von Kanus oder zur Herstellung von Vogelleim. Die ♂-Blütenstände werden als Insektenrepellent genutzt. Die innere Rinde liefert Fasern, die zur Herstellung von Kleidung (»Tapa-Rindenbaststoff«), Seilen und Netzen verwendet werden.

Jackfruchtbaum

Artocarpus heterophyllus

Der nahe verwandte Jackfruchtbaum stammt aus den Regenwäldern Südwestindiens und Malaysias und wird in tropischen Regionen mittlerweile weltweit kultiviert, insbesondere in Süd- und Südostasien, aber auch in Afrika und Amerika.
Mit einem Gewicht von bis zu 30 kg – vereinzelt sogar über 50 kg – zählt die Jackfrucht zu den größten Baumfrüchten überhaupt. Ihr Geschmack kann je nach Reifegrad von mild-süßlich bis stark aromatisch reichen.
Auch die Früchte von *A. lakoocha*, *A. integer*, *A. rigidus* und *A. odoratissimus* und vielen weiteren wild wachsenden *Artocarpus*-Arten (insgesamt gibt es ± 60) können ähnlich genutzt werden.

Zubereitung einer frischen Jackfrucht

Jackfrucht am Baum

Eingelegte Jackfrüchte

Brotnussbaum

Brosimum alicastrum (*Alicastrum brownei*)

Der Brotnussbaum ist ein großer, immergrüner 1-häusiger Laubbaum. Er bildet kugelförmige Blütenstände mit 3–8 mm ⌀, deren Oberfläche von miteinander verwachsenen schildförmigen Hochblättern gebildet wird. Die Blütenstände zeigen eine bemerkenswerte Geschlechtsflexibilität – von getrenntgeschlechtlich bis zwittrig mit einem möglichen Geschlechtswechsel im Alter. Die ♂-Köpfchen enthalten zahlreiche extrem reduzierte Einzelblüten mit je 1 Staubblatt, während die ♀-Köpfchen meist nur 1 tief eingesenkte Blüte mit herausschauendem, 2-lappigem Griffel besitzen. Aus den Blütenständen entwickeln sich fleischige, kugelförmige Früchte mit 1,5–2 cm ⌀, welche 1 großen, nährstoffreichen Samen enthalten.

B. alicastrum ist von Mexiko über Zentralamerika bis ins nördliche Südamerika heimisch. In den letzten Jahrzehnten wird der Brotnussbaum zunehmend als nachhaltige Kulturpflanze in Wiederaufforstungsprojekten angepflanzt und für die Agroforstwirtschaft genutzt.
Botaniker:innen unterscheiden 2 Unterarten: *B. alicastrum* subsp. *alicastrum* und subsp. *bolivarense*. Die Kenntnis der Verbreitung und Merkmale der Unterarten sind für die Züchtung neuer Sorten und den Erhalt der genetischen Ressourcen von Bedeutung.

Bereits die Maya nutzten den Brotnussbaum, u. a. als Nahrungsquelle und Heilmittel.

Die Samen des Brotnussbaums bestehen bis zu 70 % aus komplexen Kohlenhydraten, v. a. Stärke. Zudem sind sie eine gute Quelle für Proteine, Ballaststoffe und Mineralstoffe wie Calcium, Eisen und Zink sowie B-Vitamine (v. a. Folsäure und Niacin). Bemerkenswert ist auch der hohe Gehalt an Tryptophan, einer essenziellen Aminosäure, die für die Bildung des Neurotransmitters Serotonin wichtig ist.
Der Milchsaft enthält neben Proteinen und fetten Ölen zahlreiche sekundäre Pflanzenstoffe, darunter stark wirksame Herzglycoside, Flavonoide und Tannine.

Die Samen des Brotnussbaums werden meist geröstet und zu Mehl verarbeitet. Das nussig schmeckende Mehl eignet sich zur Zubereitung von Brot, Tortillas, Pfannkuchen oder Gebäck.
Der Milchsaft wird traditionell zu einer kaugummiartigen Masse verarbeitet.

Der Milchsaft des Stamms wird in der traditionellen Medizin in Mittel- und Südamerika v. a. zur Behandlung von Atemwegserkrankungen eingesetzt.
In Labor- und Tierversuchen deuten sich bei Extrakten aus Samen und Blättern blutzuckersenkende, leberschützende und entzündungshemmende Wirkungen an.

Der gummiartige Milchsaft dient traditionell als Klebstoff und wird zur Abdichtung von Gefäßen verwendet. Junge Blätter werden als Viehfutter genutzt.

Brotnussbaum: A Zweig mit Blättern, Blüten- und Fruchtständen **1–3** Blütenstände aus 1 ♀-Blüte und zahlreichen ♂-Blüten **4** Blütenstand im LS **5** Staubblätter.

Quellen: Descourtilz (1821-1829); Fawcett & Rendle (1910-1936); von Humboldt et al. (1815-1825).

Afrikanischer Brotfruchtbaum

Okwabaum
Treculia africana

Der Afrikanische Brotfruchtbaum ist ein großwüchsiger, 2-häusiger, immergrüner Laubbaum. Die kugeligen Fruchtverbände entwickeln sich direkt am Stamm und an dickeren Ästen. Sie können bis zu 45 cm ⌀ erreichen und 14,5 kg schwer werden. Ihre verholzende Schale ist in 6-eckige Felder gegliedert. Das faserige bis schwammige Fruchtfleisch enthält zahlreiche kleine Samen.

T. africana ist im tropischen West- und Zentralafrika beheimatet. Dort wird die Art auch kultiviert und tritt in mehreren Varietäten auf, die sich v. a. in Fruchtgröße und Behaarung unterscheiden.

Der Afrikanische Brotnussbaum ist eine traditionell genutzte Nahrungspflanze in Westafrika, insbesondere in Nigeria und Ghana. Er ist dort tief in der Kultur verwurzelt, was sich in vielen lokalen Namen und traditionellen Erntepraktiken zeigt, bei denen herabgefallene Früchte gemeinschaftlich genutzt werden.

T. africana ist bis heute ein wichtiges Element westafrikanischer Agroforstsysteme. Die Bäume werden oft in Kombination mit anderen Nutzpflanzen wie Kakao, Kola oder Ölpalmen kultiviert. Geerntet wird, wenn die Fruchtverbände zu Boden fallen. Die Samen sind nach der Ernte nur begrenzt haltbar und müssen rasch verarbeitet oder getrocknet werden.

Die Samen des Afrikanischen Brotnussbaums sind reich an Kohlenhydraten, insbesondere Stärke, sowie an Ballaststoffen. Sie enthalten Proteine mit vielen essenziellen Aminosäuren und Mineralstoffe wie Kalium, Calcium, Magnesium und Eisen.

Die Samen werden meist geröstet, gemahlen und zu einem proteinreichen Mehl verarbeitet. Gekochte Samen werden auch als Brei oder als stärkehaltige Beilage verzehrt.

Blätter, Rinde, Wurzeln, Schoten und der Saft werden in der traditionellen Medizin vielfältig eingesetzt, u. a. bei Atemwegserkrankungen und Pilzinfektionen der Mundschleimhaut (Soor).
Bei der Anwendung ist allerdings Vorsicht geboten, da der Milchsaft von ♂-Bäumen als ätzend und giftig gilt und nur der Saft von ♀-Bäumen medizinisch genutzt werden sollte.

Das Fruchtfleisch sowie die Blätter dienen auch als Tierfutter.

Afrikanischer Brotfruchtbaum: **A** Zweig mit Blättern und Blütenständen **1** Blüte im Detail (vor LS des Blütenstands) **2** Staubblatt **3** unreifer Fruchtstand im LS **4** reifer Fruchtstand im LS **5** Same.

Quelle: Curtis Botanical Magazine (1872).

Buche

Rotbuche
Fagus sylvatica *(Fagus sylvestris)*

Die Buche ist ein großer Laubbaum mit glatter, silbergrauer Rinde. Die ovalen, am Rand leicht gewellten Blätter sind anfangs hellgrün und seidig behaart, später dunkelgrün und glänzend.
Die ♂-Blüten bilden sich in kugeligen Kätzchen. Die ♀-Blüten befinden sich meist zu zweit an den Ästen. Sie entwickeln sich zu 3-kantigen, braunen Nüssen, die jeweils einen Samen enthalten und als »Bucheckern« bekannt sind. Je 2 Bucheckern sind von einer gemeinsamen stacheligen Fruchthülle umgeben.

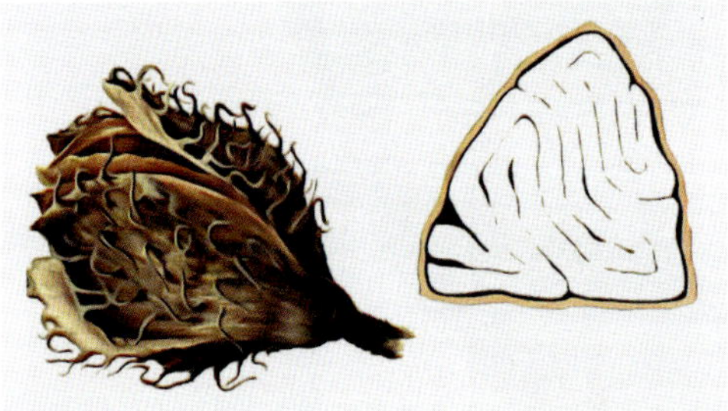

F. sylvatica ist in weiten Teilen Mittel-, Ost- und Südeuropas heimisch und hat ihren Verbreitungsschwerpunkt in der gemäßigten Klimazone Mitteleuropas.

Die Buche ist seit der Jungsteinzeit prägender Teil der mitteleuropäischen Landschaft und hat die hiesige Kulturgeschichte maßgeblich beeinflusst. Die germanischen Runen wurden ursprünglich in Buchenholz geritzt, worauf auch das Wort »Buchstabe« zurückgeht.
Im Mittelalter wurden Schweineherden zur Mast in Buchenwälder getrieben und in Notzeiten dienten die Bucheckern auch den Menschen als Nahrung.

Die Samen enthalten 10–20 % fette Öle, darunter besonders Ölsäure und die mehrfach ungesättigte Linolsäure. Der Proteingehalt liegt bei 10–20 %. Sie enthalten außerdem mehrere B-Vitamine, Vitamin E (v. a. γ-Tocopherol), Mineralstoffe wie Kalium und Eisen sowie eine Vielzahl sekundärer Pflanzenstoffe, z. B. Tannine.

Rohe oder unreife Bucheckern gelten in großen Mengen als giftig und können Magen-Darm-Beschwerden verursachen. Nach Schälen und Rösten, das die Giftigkeit reduziert, können sie als Snack verzehrt oder zu Mehl gemahlen werden. Traditionell werden sie auch als Kaffeeersatz verwendet oder zu einem Speiseöl verarbeitet, das einen milden, nussigen Geschmack besitzt.
Heute werden Bucheckern jedoch nur noch selten als Lebensmittel genutzt. Buchenholz eignet sich jedoch hervorragend zum Räuchern von Lebensmitteln.

Buchenspäne dienen als Einstreu für Kleintiere. Die Asche des Holzes wird traditionell zur Herstellung von Pottasche (Kaliumcarbonat) verwendet.

Die Buche trägt nicht jedes Jahr gleich viele Früchte. Sie ist bekannt für sogenannte »Mastjahre«, in denen sie besonders viele Bucheckern produziert, gefolgt von Jahren mit geringerem Ertrag.

Buche: **A** Zweig mit Laubblättern, ♂- und ♀-Blütenständen und herabhängenden rötlich-bräunlichen Knospenschuppen **B** Zweig mit reifen Früchten in stacheligen Fruchthüllen **1–2** ♂-Blüte **3** Staubblätter **4** Pollen **5** ♀-Blüte im LS **6** ♀-Blüte im QS **7** Fruchtknoten mit Narbe und Griffeln **8** Nuss (Buchecker) **9** Buchecker im QS **10** Same **11** Same ohne Testa.

Quelle: Köhler (1883–1898ff).

Oka, Knolliger Sauerklee

Oca, Peruanischer Sauerklee
Oxalis tuberosa

Oka ist eine mehrjährige krautige Pflanze mit langen, niederliegenden Trieben, 3-zähligen Blättern und kleinen, gelben bis orangen Blüten. An den Stängeln entwickeln sich essbare Knollen die je nach Sorte gelb, rot, rosa oder violett gefärbt sind und eine unregelmäßige, oft leicht gedrehte Form haben.

O. tuberosa stammt aus der Andenregion Südamerikas, insbesondere aus Peru, Bolivien, Kolumbien und Ecuador. Sie wächst bevorzugt in Höhenlagen von 2.500–4.000 m. In diesen Ländern, und in kleinem Umfang auch in Neuseeland und in Europa, wird Oka angebaut.

Oka zählte neben Kartoffeln und Mais zu den traditionellen Grundnahrungsmitteln der indigenen Andenvölker. Im 19. Jh. gelangte *O. tuberosa* nach Europa, konnte sich dort aber nicht durchsetzen.

Es existieren Hunderte lokaler Oka-Sorten. Davon weisen einige einen ausgeprägten säuerlichen Geschmack auf, während andere milder und süßer sind. Hinsichtlich der Knollenfarbe unterscheidet man gelb-, rot- und violettfleischige Sorten.

Die Pflanze wird meist durch Knollen vermehrt. Die Ernte erfolgt nach mehreren Monaten, wenn die oberirdischen Pflanzenteile absterben.
Nach der Ernte werden die frischen Knollen beim traditionellen »Soleado«-Verfahren für einige Tage dem Sonnenlicht ausgesetzt und getrocknet. Dieser Prozess reduziert den Gehalt an Oxalsäure, fördert die Umwandlung von Stärke in Zucker und verleiht den Knollen so eine angenehme Süße.

Die Knollen enthalten viel Stärke, Kalium, Calcium, Eisen und Zink und reichlich Oxalsäure.

In rohem Zustand sind die Knollen, aufgrund des Oxalsäuregehalts, nicht bekömmlich und müssen deshalb gekocht, gebacken oder frittiert werden. Sie können dann sowohl geschält als auch ungeschält gegessen werden. Ihr Geschmack wird als cremig und süßlich beschrieben, oft mit einer leicht zitronigen Note.
Traditionell werden getrocknete und lange haltbare Oka-Scheiben (»khaya«) bei Bedarf zu einem mineralstoffreichen Mehl verarbeitet.

Viele Oka-Sorten benötigen kurze Tage, um Knollen zu bilden – eine Eigenschaft, die in tropischen Hochgebirgen nützlich ist, den Anbau in gemäßigten Breiten mit ihren langen Sommertagen aber erschwert.

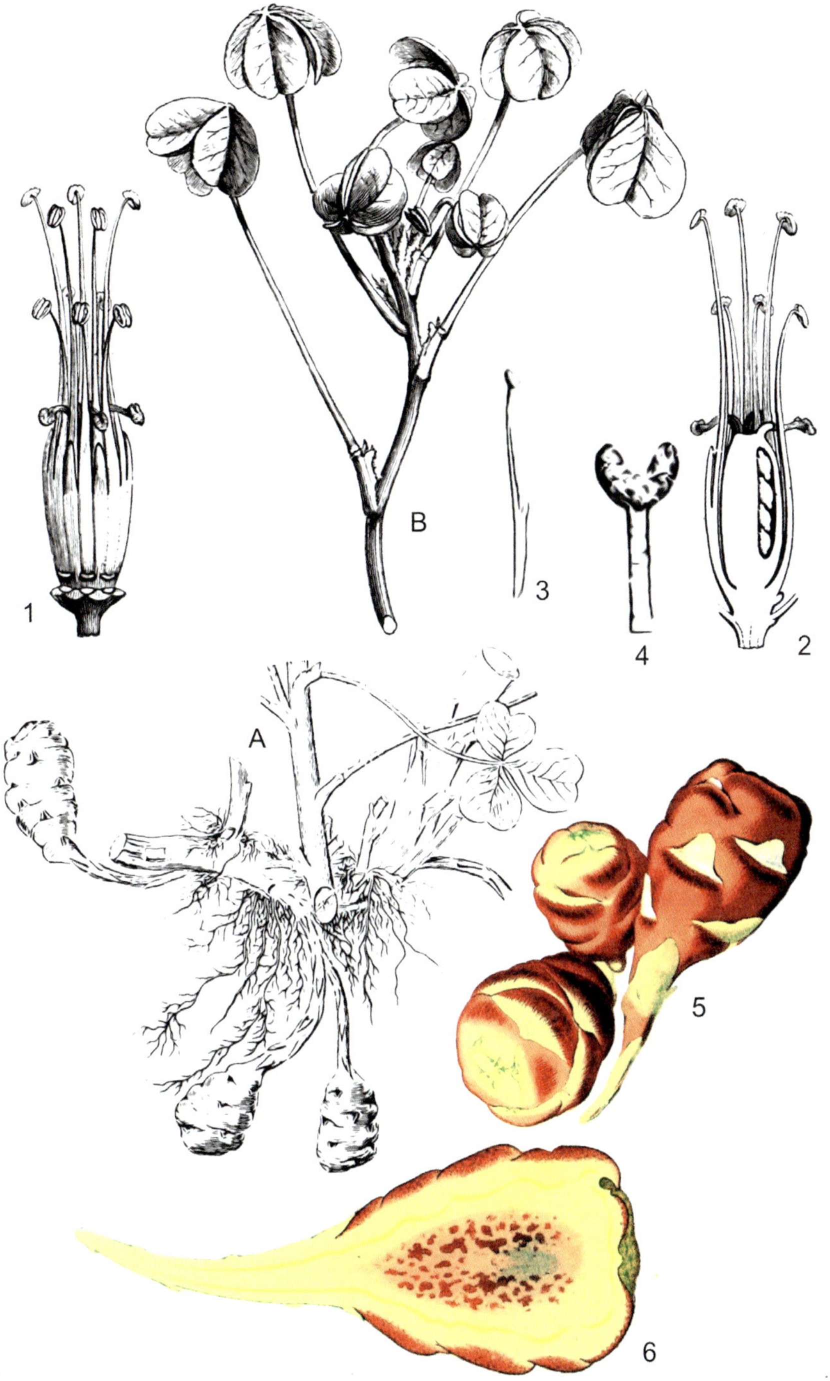

Oka: A basaler Teil einer Pflanze mit am Ende knollig verdickten Ausläufern (Rhizomen) **B** distaler Teil einer Pflanze mit Stängelblättern **1** aufpräparierte Blüte (ohne Kelch und Krone) **2** aufpräparierte Blüte im LS **3** Staubblatt **4** distaler Teil des Griffels mit Narbe **5** knollig verdicktes Ende der Ausläufer **6** knollig verdickte Ausläufer im LS.

Quellen: Abhandlungen der Mathematisch-Physikalischen Classe der Königlich Bayerischen Akademie der Wissenschaften (1832); Baillon (1866-1895).

Maniok

Cassava
Manihot esculenta *(Jatropha manihot, Manihot utilissima)*

Maniok ist ein 2-häusiger, bis 5 m hoher Strauch mit großen, lang gestielten, handförmig gelappten Blättern und länglichen Wurzelknollen. Die stärkehaltigen Knollen sind je nach Sorte außen bräunlich bis rötlich und im Inneren weißlich bis gelblich gefärbt.

M. esculenta stammt aus dem tropischen Südamerika. Heute wird die Art in vielen Ländern der Tropen und Subtropen angebaut. Die Hauptanbaugebiete liegen in West- und Zentralafrika, Südostasien und Brasilien.

Die Nutzung von Maniok reicht mindestens 6.500 Jahre, wahrscheinlich aber sogar 10.000 Jahre, zurück. Angehörige der indigenen Völker Südamerikas entwickelten schon damals Methoden, um die giftigen Inhaltsstoffe aus den Knollen zu neutralisieren.

Es gibt zahlreiche alte Landsorten von Maniok und in vielen Ländern laufen moderne Züchtungsprogramme, z. B., um die Nährstoffzusammensetzung zu verbessern. Allgemein unterscheidet man zwischen »süßem« und »bitterem« Maniok.

Maniokwurzeln enthalten meist 25–30 % Stärke und sind eine gute Quelle für Vitamin C. Vor allem die bitteren Sorten enthalten zudem Blausäureglycoside (z. B. Linamarin), die bei Verzehr zu giftiger Blausäure umgewandelt werden.
Die Blätter sind reich an Proteinen, Vitaminen und Mineralstoffen.

Süße Sorten enthalten weniger Blausäureglycoside und können mit minimaler Verarbeitung verzehrt werden, während bittere Sorten eine aufwendigere Verarbeitung erfordern. Traditionelle Methoden wie Reiben, Einweichen, Pressen, Fermentieren und Kochen sind entscheidend, um diese Stoffe zu reduzieren und die Wurzeln genießbar zu machen. Eine unzureichende Verarbeitung kann zu akuten Vergiftungen führen.
Die Wurzelknollen werden dann gekocht, gebraten oder geröstet gegessen und vielseitig eingesetzt. Maniokmehl ist Grundlage für Brot wie »Fufu« und Fladen (»Casabe«). Maniokstärke (»Tapioka«) ist eine nahezu geschmacksneutrale Stärke. In Form eingefärbter Kügelchen, sogenannter »Perltapioka«, verleiht sie »Bubble Tea« seine charakteristische Textur.
Die nahrhaften jungen Blätter werden als Gemüse zubereitet.

Maniokstärke wird als Trägerstoff bei der Herstellung von Medikamenten verwendet.

Industriell dient Maniok zur Herstellung von Bioethanol und Papierklebstoffen.

Aufgrund seiner Vielseitigkeit spielt Maniok in vielen tropischen Ländern eine bedeutende Rolle für die regionale Wirtschaft und Ernährungssicherung. In vielen Regionen gilt er als vielversprechende Pflanze, um die Herausforderungen des Klimawandels zu meistern.

Maniok: **A** Zweig mit Blättern und Blütenständen **B–C** basaler Teil von Pflanzen mit Speicherwurzeln **1** ♂-Blüte im LS **2** ♀-Blüte im LS **3** Frucht (Kapsel) **4–5** Samen **6** Stärkekörner aus den Wurzeln.

Quellen: Köhler (1883-1898ff); Denisse (1843-1846); Fawcett & Rendle (1910-1936).

Zuckerahorn

Acer saccharum (Saccharodendron saccharum)

Der Zuckerahorn ist ein mittelgroßer bis großer sommergrüner Baum mit gegenständig angeordneten, meist 5-lappigen Laubblättern. Im Herbst färbt sich das Laub intensiv goldgelb bis scharlachrot und bietet dabei ein spektakuläres Naturschauspiel. Die gelblich-grünlichen Blüten erscheinen in hängenden Blütenständen. Als Früchte werden die charakteristischen geflügelten Spaltfrüchte der Ahornbäume gebildet.

A. saccharum ist im östlichen Nordamerika beheimatet und wächst dort von den Neuenglandstaaten bis in den Süden Kanadas.

Die indigenen Völker Nordamerikas haben den süßen Saft des Zuckerahorns seit Langem zu Sirup eingekocht. Der Baum hat in vielen indigenen Kulturen eine tiefe symbolische Bedeutung und gilt als Geschenk der Natur.
Die kommerzielle Nutzung etablierte sich im 17. Jh. und entwickelte sich zu einer bedeutenden Industrie in den nördlichen Regionen der USA und dem Süden Kanadas.

Der Ahornsaft wird vom späten Winter bis zum Vorfrühling aus den Bäumen gezapft. Dabei werden die Bäume angebohrt und der austretende Saft in speziellen Behältern gesammelt. Anschließend wird er zu Ahornsirup eingekocht. Für 1 l Sirup werden ± 40 l Baumsaft benötigt.

Gefäße zum Sammeln des Pflanzensafts

Der Pflanzensaft enthält hohe Anteile an Saccharose, aber auch Glucose und Fructose sowie Mineralstoffe.
Für die intensive Herbstfärbung der Blätter sind Carotinoide, Chlorophyll und Anthocyane verantwortlich.

Der dunkelbraune, süß-würzige Ahornsirup ist ein beliebtes Süßungsmittel und wird gerne zu Pfannkuchen oder Waffeln gereicht.
Ahornsirup wird in verschiedene Güteklassen eingeteilt, die sich je nach Erntezeitpunkt unterscheiden. Heller Sirup (oft als »Grade A Golden, Delicate Taste« bezeichnet) wird früh in der Saison gewonnen und hat einen milden Geschmack, während dunkler Sirup (z. B. »Grade A Dark, Robust Taste« oder »Very Dark, Strong Taste«) später geerntet wird und ein kräftigeres, karamellartiges Aroma aufweist.
Durch weiteres Eindicken entsteht Ahornzucker, der ebenfalls zum Süßen und Backen verwendet wird.

In der traditionellen Medizin werden Extrakte aus Blättern und Rinde als entzündungshemmende und beruhigende Mittel eingesetzt.

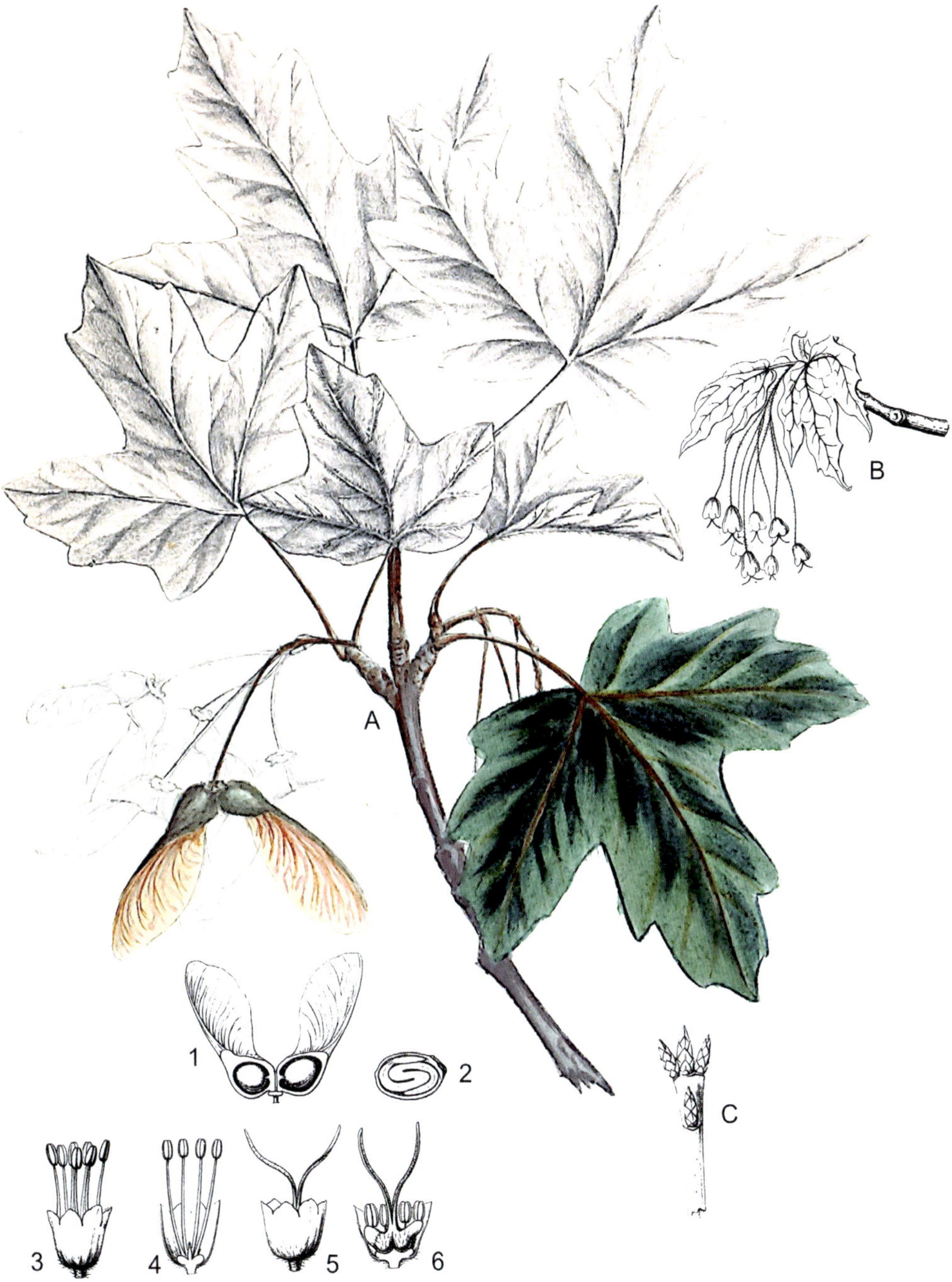

Zuckerahorn: **A** Zweig mit Blättern und Früchten **B** Blütenstand **C** Zweig mit Winterknospen **1** Spaltfrucht aus 2 geflügelten Teilfrüchten mit Samen im LS **2** QS durch basalen Teil einer Teilfrucht **3** ♂-Blüte **4** ♂-Blüte im LS **5** funktional ♀-Blüte **6** funktional ♀-Blüte im LS.

Quellen: Nuttal (1836–1841); Sargent (1891–1902ff).

Karaya-Gummibaum

Indischer Tragant, Stinkbaum
Sterculia urens (*Kavalama urens*)

Der Karaya-Gummibaum ist ein kleiner bis mittelgroßer sommergrüner Laubbaum mit handförmig gelappten Blättern und kleinen, gelblich-grünlichen Blüten. Die holzige Fruchtkapsel enthält mehrere dunkelbraune bis schwarze, bohnenförmige Samen.

S. urens ist in Indien und benachbarten Ländern sowie in Myanmar heimisch.

In Indien wird die Art seit Langem wegen ihres wertvollen Gummis und als Heilpflanze genutzt. Die kommerzielle Gewinnung des Karaya-Gummis für die internationale Lebensmittel- und Pharmaindustrie begann im frühen 20. Jh., als günstigere Alternativen zum Gummiarabikum (aus *Senegalia*) gesucht wurden.

S. urens wird meist in natürlichen Beständen bewirtschaftet, wobei das Gummi durch Anritzen der Rinde gewonnen wird. Die übermäßige Nutzung hat in einigen Regionen zu einem Rückgang der Populationen geführt und es gibt mittlerweile auch Initiativen für eine nachhaltigere Bewirtschaftung.

Der wichtigste Inhaltsstoff ist das Karaya-Gummi, ein komplexes Polysaccharid mit hohem Gehalt an Galacturonsäure. Es gehört zu den Quellstoffen und kann das 60–100-fache seines Eigengewichts an Wasser binden.
Die Rinde des Baumes ist reich an Tanninen und Flavonoiden. Die Samen enthalten ± 30 % fettes Öl sowie Sterculiasäure, die im Verdacht steht, krebserregend zu sein.

In der Lebensmittelindustrie wird Karaya-Gummi (E416) als Emulgator, Verdickungsmittel und Stabilisator eingesetzt, besonders bei Milchprodukten, Backwaren und Süßigkeiten. Darüber hinaus dient es als kalorienarmer Ballaststoff in Diätprodukten. Die Samen werden in einigen Regionen Indiens geröstet verzehrt oder zu Mehl verarbeitet, das traditionellen Gerichten beigemischt wird. Allerdings sollten die rohen Samen wegen ihres Gehalts an Sterculiasäure nur vorsichtig verwendet werden.

Karaya-Gummi

In der ayurvedischen Medizin werden Rinden-Extrakte gegen Durchfallerkrankungen eingesetzt.
Karaya-Gummi wird in der Pharma- und Kosmetikindustrie als Bindemittel für Tabletten, in Zahnpasten und als Haftmittel für Zahnprothesen eingesetzt. Gegenwärtig laufen auch Studien, welche potenzielle cholesterinsenkende Wirkungen genauer untersuchen.

Ähnliche Arten

Neben *S. urens* werden auch *S. villosa*, *S. foetida* und *S. setigera* zur Gewinnung von Karaya-Gummi genutzt. Aus *Cochlospermum religiosum* (*Bixaceae*) wird Kutira-Gummi gewonnen, welches ähnliche Eigenschaften hat.

Karaya-Gummibaum: A Zweig mit Blatt und Blütenstand **1** verwachsene Perigonblätter **2–3** aufpräparierte ♀-Blüte **4** aufpräparierte, miteinander verwachsene Staubblätter einer ♂-Blüte **5** Fruchtknoten mit abgelösten, ihn umgebenden Staminodien **6** Fruchtknoten mit ihn umgebenden Staminodien **7** Griffel mit Narben **8–9** Staubbeutel **10** Pollen **11** unreife Kapsel (teilweise geöffnet) mit Samen.

Quellen: Roxburgh (1795-1819); Pierre (1880-1907).

Knollige Kapuzinerkresse

Mashua

Tropaeolum tuberosum

Die Knollige Kapuzinerkresse ist eine mehrjährige Kletterpflanze. Ihre auffälligen Blüten haben orange-rötliche Kronblätter mit gelben Zipfeln und einen langen kegelförmigen Sporn. Die unterirdischen, kurz-zylindrischen bis knollig verdickten Rhizome enthalten viel Stärke und sind oft auffällig gefärbt.

T. tuberosum stammt aus den Hochlagen der Anden, wo sie in Höhen von 2.500–4.000 m gedeiht. Außerhalb ihres natürlichen Verbreitungsgebietes wird sie bisher nur vereinzelt kultiviert.

Die Knollen-Kapuzinerkresse wurde bereits von den Inka nicht nur als nahrhaftes Grundnahrungsmittel, sondern auch zur Schädlingsabwehr in ihren Gärten genutzt.

Durch die Zuchtarbeit vieler Generationen von andinen Landwirt:innen existiert heute eine beeindruckende Vielfalt, die Hunderte von Sorten umfassen dürfte: Diese können rot, gelb, weiß, grau, violett oder sogar schwarz gefärbt sein und weisen oft kontrastreiche Muster auf. Diese sichtbare genetische Vielfalt spiegelt sich auch in unterschiedlichen Geschmäckern, Inhaltsstoffen und Anbaueigenschaften wider.

Die Knollen enthalten ± 15 % Stärke, Proteine und Mineralstoffe wie Calcium und Phosphor. Die ebenfalls enthaltenen Senfölglycoside werden enzymatisch zu Senfölen abgebaut, die den Knollen ihre typische Würze verleihen. Für die intensive Färbung der Schale sind Anthocyane verantwortlich.

In der andinen Küche werden die Knollen gekocht, geröstet oder frittiert verzehrt, was die Schärfe mildert und die Stärke aufschließt. Manche Sorten sind auch von Natur aus milder und süßer im Geschmack. Eine besondere Zubereitungsart ist die traditionelle Konservierung: Die Knollen werden dabei Frost ausgesetzt, getrocknet und zu einer haltbaren Paste verarbeitet, die als Vorrat für das ganze Jahr dient.

In der traditionellen Medizin werden Extrakte der Knollen gegen Entzündungen eingesetzt.
Besondere Bedeutung hat *T. tuberosum* auch als libidohemmendes Mittel: Der spanische Chronist Bernabé Cobo berichtete 1653, dass die Inka Extrakte der Knolle den Kriegern vor Feldzügen verabreichten, um deren sexuelle Impulse zu unterdrücken, und dass Frauen sie ihren Männern gaben, um Untreue zu verhindern.
Wissenschaftliche Studien bestätigen sowohl antioxidative als auch entzündungshemmende Wirkungen. Einige Studien deuten tatsächlich auf eine hormonähnliche Wirkung auf die männliche Reproduktion hin – die Versuche dazu wurden allerdings an Ratten durchgeführt.

Knollige Kapuzinerkresse: A kriechender Spross mit lang gestielten, schildförmigen Blättern (mit zentral inseriertem Blattstiel) und lang gestielten, gespornten Blüten **1** Blütenknospe **2** Blüte im LS mit langem Sporn **3** Fruchtknoten mit Griffel **4** Knollen **5** Stärkekörner in Speicherzellen der Knollen **6** Stärkekorn.

Quellen: Curtis Botanical Magazine (1840); Flore des Serres et des Jardins de l'Europe (1849); La Belgique Horticole (1852).

Echter Buchweizen

Fagopyrum esculentum *(Polygonum fagopyrum)*

Der Echte Buchweizen ist eine 1-jährige, krautige Pflanze mit 3-eckigen Blättern und einem meist rötlichen Stängel. Die Blüten sind weißlich oder rosa bis rötlich gefärbt. Charakteristisch sind die 3-kantigen, nussartigen Früchte.

F. esculentum stammt aus Zentral- und Ostasien, insbesondere aus Südwestchina. Heute erfolgt der Anbau in vielen Teilen der gemäßigten Klimazonen der Nordhalbkugel, v. a. in Osteuropa, Russland und China.

Die Kultivierung begann vor ± 6.000 Jahren in China.
Im 14. oder 15. Jh. gelangte Buchweizen nach Europa, wo er insbesondere in ärmeren Regionen zu einem Grundnahrungsmittel wurde. Mit der Einführung ertragreicherer Getreidearten im 19. und 20. Jh. geriet Buchweizen allmählich in Vergessenheit, erlebt aber seit einigen Jahren eine kleine Renaissance als Getreidealternative.

Buchweizen-Körner enthalten ± 70 % Kohlenhydrate, ± 13 % Proteine mit allen 9 essenziellen Aminosäuren in einem sehr guten Aminosäureprofil (Lysin ist allerdings limitierend) sowie reichlich Mineralstoffe, v. a. Kupfer und Magnesium. Besonders die Schalen der Körner enthalten das Flavonoid Rutin sowie das blutzuckersenkende D-Chiro-Inositol in hohen Mengen.

Die geschälten und geschroteten Buchweizenkörner eignen sich als Beilage oder Einlage von Suppen und lassen sich auch zu Mehl verarbeiten. In Japan werden »Soba-Nudeln« aus Buchweizen hergestellt. »Kasha«, ein gerösteter Buchweizenbrei, ist besonders in Osteuropa verbreitet. Die jungen Blätter werden traditionell als vitamin- und mineralstoffreiches Gemüse zubereitet.

Wissenschaftliche Studien deuten darauf hin, dass das Flavonol-Glycosid Rutin zur Verbesserung der Blutzirkulation beitragen und das Risiko für Herz-Kreislauf-Erkrankungen senken kann. Weiterhin wurden in Laborstudien entzündungshemmende, anti-diabetische und nervenschützende Wirkungen beobachtet. Allerdings ist die Bioverfügbarkeit von Rutin gering, da es im Darm abgebaut wird.

Tataren-Buchweizen

Tataren-Buchweizen

Fagopyrum tataricum

Tataren-Buchweizen ist in seiner Heimat, den Vorbergen des Himalayas und Gebirgen Südchinas, eine bedeutende Kulturpflanze. In Mitteleuropa ist er, wohl aufgrund seines bitteren Geschmacks, weniger verbreitet.

Echter Buchweizen: A basaler Teil einer Pflanze mit herzförmigen Blättern **B** distaler Teil einer Pflanze mit Blüten und Früchten **1** Blüte **2** aufpräparierte Blüte (ohne Perigonblätter) **2a** Fruchtknoten mit 3-teiligem Griffel und kopfigen Narben **3** Frucht mit Perigonblättern **4–5** Frucht **6** Frucht im QS.

Quelle: von Schlechtendal (1840ff).

Amarant

Fuchsschwanz
Amaranthus

Nahezu alle *Amarant*-Arten (auch »Amaranth«) sind 1-jährige, krautige Pflanzen. Ihre kleinen Blüten sind in dichten, oft rötlichen oder violetten Blütenständen angeordnet. Die winzigen Samen sind essbar.

Die Gattung *Amaranthus* umfasst ± 100 Arten, die überwiegend aus den tropischen und subtropischen Regionen Mittel- und Südamerikas stammen. Heute ist die Gattung weltweit verbreitet und wird v. a. in Südamerika, Asien, Afrika und zunehmend in Europa kultiviert.
Bei den ± 6 kultivierten Arten unterscheidet man zwischen Körner-Amarant – *A. caudatus, A. cruentus* und *A. hypochondriacus* – sowie Gemüse-Amarant – v. a. *A. tricolor, A. blitum* und *A. dubius*.

Amarant zählte bereits vor 8.000–6.000 Jahren zu den Grundnahrungsmitteln der Hochkulturen in Mittelamerika wie den Azteken und Inka und wurde auch in ihren religiösen Zeremonien genutzt.
Nach der spanischen Eroberung wurde der Anbau in Amerika vom Kolonialregime zeitweise verboten, da die Pflanze mit heidnischen Ritualen in Verbindung gebracht wurde. Dadurch geriet Amarant in vielen Regionen in Vergessenheit.

Amaranthus tricolor

Die Samen zeichnen sich durch einen hohen Proteingehalt (13–18 %) aus und enthalten alle essenziellen Aminosäuren (mit viel Lysin, während Leucin limitierend sein kann). Das Aminosäureprofil gilt als sehr gut. Zudem sind sie reich an Ballaststoffen, Calcium, Eisen, Magnesium und Zink und enthalten reichlich Squalen (eine Vorstufe von Steroiden). Die Blätter bieten beachtliche Mengen an β-Carotin, Vitamin C und Vitamin K sowie Folsäure und Mineralstoffen.

Die Nutzung umfasst sowohl Samen als auch Blätter. Die Samen werden gekocht, zu Mehl verarbeitet oder gepufft. In Mexiko stellt man aus gepufftem Amarant und Honig oder Sirup Süßigkeiten her. Amarantöl gewinnt als Speiseöl zunehmend an Bedeutung.
Die jungen Blätter können roh in Salaten verwendet oder gedünstet werden. Besonders in Afrika und Asien sind Amarantblätter ein geschätztes Blattgemüse.

Farbige Blütenstände und Blätter machen mehrere Arten zu attraktiven Zierpflanzen.

Amarant (*Amaranthus caudatus*): A distaler Teil einer Pflanze mit Blättern und überhängenden Blütenständen **B** Keimling **1–2** Teilblütenstände mit lang begrannten Vorblättern, distal mit 1 ♂-Blüte und basal mit 2 ♀-Blüten **3** ♂-Blüte im LS **4** ♀-Blüte im LS **6** Deckelkapsel mit Perigonblättern **7** Same.

Quellen: Step et al. (1896-1897); Baillon (1866-1895).

Quinoa

Reismelde
Chenopodium quinoa

Quinoa ist eine 1-jährige, krautige Pflanze, die bis 2 m hoch wird. Die kugelförmigen Samen sind 1,5–2,5 mm groß.

C. quinoa stammt aus den Hochanden Südamerikas, insbesondere aus Bolivien, Peru und Ecuador. Inzwischen wird die Art weltweit kultiviert, u. a. in den USA, Kanada, Indien und Europa.

Quinoa wurde bereits vor 7.000–5.000 Jahren von den indigenen Völkern der Anden kultiviert und gilt als eines der Grundnahrungsmittel der Inka. Diese bezeichneten sie als »chisaya mama« (»Mutter aller Körner«) und verwendeten sie auch für rituelle Zwecke. Mit der spanischen Eroberung wurde der Anbau der »heidnischen Pflanze« verboten. Erst in der 2. Hälfte des 20. Jh. wurde Quinoa in der westlichen Welt als Alternative zu Getreide wiederentdeckt.
Aufgrund ihrer hohen Nährstoffdichte und ihres sehr guten Aminosäureprofils wählte die NASA Quinoa sogar als potenzielle Nahrungsquelle für die Versorgung von Raumfahrer:innen aus.

Es existieren zahlreiche Quinoa-Sorten, die oft nach der Farbe der Körner in 3 Gruppen eingeteilt werden: Weisse Quinoa ist mild im Geschmack und am weitesten verbreitet. Rote Quinoa besitzt ein intensiveres Aroma, ist in der Konsistenz fester und wird oft für Salate verwendet. Schwarze Quinoa zeichnet sich durch ihren besonders kräftigen Geschmack aus.

Samen verschiedener Quinoa-Sorten

Die kohlenhydratreichen Samen sind glutenfrei und enthalten 10–20 % Proteine mit allen essenziellen Aminosäuren mit einem sehr guten Aminosäureprofil. Sie sind reich an Ballaststoffen, Fettsäuren, B-Vitaminen und Mineralstoffen wie Magnesium und Eisen. Ungeschälte Samen weisen einen hohen Gehalt an Saponinen auf.

Die Samen müssen gründlich gewaschen werden, um die Saponine zu entfernen. Quinoa kann dann ähnlich wie Reis zubereitet und als Beilage serviert oder für Salat verwendet werden. Außerdem werden aus den Samen auch pflanzliche Milchalternativen hergestellt. Die Blätter lassen sich als Gemüse zubereiten.

Proteinkonzentrate, Stärke und Öle aus Quinoa finden sich in Hautpflegeprodukten und Haarpflegemitteln.

Cañihua

Chenopodium pallidicaule

Ch. pallidicaule – Cañihua wurde von den Inka ähnlich wie Quinoa verwendet, wird heute aber nur selten genutzt und zählt damit zur Gruppe der sogenannten »Lost crops of the Incas« (Vergessene Nahrungspflanzen der Inka).

Quinoa: **A** distaler Teil einer Pflanze mit Stängelblättern und Blütenstand **B** Grundblatt **1–2** Blüten **3** Blütenknospe **4** vom Perigon eingehüllte Frucht **5** Frucht (Nuss) **6** Fruchtknoten mit Griffeln und Samenanlage im LS **7** Nuss mit Same im LS.

Quellen: Curtis Botanical Magazine (1839); Engler (1887ff).

Rübe

Futterrübe, Gelbe Beete, Gelbe Rübe, Mangold, Rote Beete, Rote Rübe, Runkelrübe, Wilde Rübe, Zuckerrübe
Beta vulgaris *(Beta cicla, Beta maritima)*

Die Rübe ist eine 2-jährige krautige Pflanze, die im 1. Jahr eine Rosette aus großen, dunkelgrünen Blättern und eine fleischige, verdickte Pfahlwurzel ausbildet. Die Wurzel kann – je nach Sorte – unterschiedlich geformt sein (von kugelrund bis länglich) und auch unterschiedlich gefärbt sein (von tiefrot über gelblich bis weißlich).
Im 2. Jahr treibt die Pflanze einen verzweigten, bis zu 1,5 m hohen Blütenspross aus. Die unscheinbaren grünlichen Blüten entwickeln sich zu 1-samigen Nüssen, die zu mehreren in kleinen Knäueln zusammenstehen.

Die Wildform der Rübe, die Meer-Rübe – *B. vulgaris* subsp. *maritima*, ist an den Küsten Europas, Nordafrikas und Südwestasiens heimisch und bevorzugt salzhaltige Böden.
Die heutigen Kulturformen werden weltweit in gemäßigten Klimazonen angebaut, besonders in Europa, Nordamerika, Russland und China. In Deutschland zählt die ZUCKERRÜBE zu den wirtschaftlich bedeutenden Kulturpflanzen, während andere Formen wie ROTE BEETE oder MANGOLD nur in geringerem Umfang kultiviert werden.

Die Domestikation von *B. vulgaris* begann vermutlich im östlichen Mittelmeergebiet vor 4.000–3.500 Jahren. Bereits in antiken ägyptischen, griechischen und römischen Schriften werden verschiedene Rübenformen beschrieben. Der römische Schriftsteller Plinius der Ältere erwähnt in seiner »Naturalis Historia« im 1. Jh. weiße und rote Rüben als Nahrungspflanzen.
Die eigentliche Erfolgsgeschichte der Rübe als Zuckerlieferant begann jedoch erst im 18. Jh., als der preußische Chemiker Andreas Sigismund Marggraf 1747 entdeckte, dass der Zucker in der Runkelrübe chemisch identisch mit dem im Zuckerrohr ist. Sein Schüler Franz Carl Achard entwickelte daraufhin ein Verfahren zur industriellen Zuckergewinnung und gründete 1801 die erste Rübenzuckerfabrik der Welt in Kunern in Preußen. Die Zuckerproduktion aus Rüben entwickelte sich bald zu einem strategisch wichtigen Wirtschaftszweig, besonders während des 1806 verhängten Importverbots britischer Waren durch Napoleon, wodurch auch Zuckerrohr-Importe aus den britischen Überseegebieten unterbunden waren.

Zuckerrüben

Aus der Wildform wurden im Laufe der Jahrhunderte verschiedene Kulturformen gezüchtet, die sich in Aussehen, Inhaltsstoffen und Verwendungszweck unterscheiden.
Die wichtigsten Formen sind die ZUCKERRÜBE, eine weißliche, kegelförmige Rübe mit hohem Zuckergehalt, die primär zur industriellen Zuckergewinnung angebaut wird. Die FUTTERRÜBE bzw. RUNKELRÜBE ist eine große, gelbe bis rotfleischige Rübe mit niedrigerem Zuckergehalt, die hauptsächlich als Viehfutter

dient. Die Rote Beete bzw. Rote Rübe ist eine kugelförmige Rübe mit intensiv dunkelrotem Fleisch, die als Gemüse verwendet wird. Als besondere Form gilt der Mangold, ein Blattgemüse ohne verdickte Wurzel, bei dem die Blätter und teilweise auch die breiten, fleischigen Blattstiele verzehrt werden.

Die verschiedenen Kulturformen von *B. vulgaris* unterscheiden sich in den Gehalten wichtiger Inhaltsstoffe. Zuckerrüben zeichnen sich durch ihren hohen Gehalt an Saccharose (16–20 %) aus. Rote Beete enthält dagegen nur 7–10 % Zucker, dafür aber die Farbstoffe Betanin (rötlich) und Vulgaxanthin (gelblich) in großen Mengen. Bemerkenswert ist auch der hohe Gehalt an Folsäure, Eisen und Nitrat. Die Blätter von Mangold sind reich an Vitaminen (v. a. A, K, C), Mineralstoffen und sekundären Pflanzenstoffen wie Flavonoiden.

Zuckerrüben dienen primär als Rohstoff für die industrielle Zuckergewinnung und decken 20–30 % des weltweiten Zuckerbedarfs.

Die anderen Kulturformen von *B. vulgaris* werden überwiegend als Gemüse genutzt. Mangold kann ähnlich wie Spinat zubereitet werden. Rote Beete wird sowohl roh als auch gekocht verzehrt. Klassische Zubereitungen umfassen Salate, Suppen und Eintöpfe (»Borschtsch«) sowie eingelegte und fermentierte Rote Beete, die insbesondere in Osteuropa verbreitet ist. In jüngerer Zeit erfreut sich Rote-Beete-Saft wachsender Beliebtheit, besonders bei Sportler:innen, da ihm leistungssteigernde Wirkungen zugeschrieben werden. Die roten Betaine werden als Lebensmittelzusatzstoff (E162) zum Färben genutzt.

In der traditionellen Medizin wird Rote Beete bei Blutarmut eingesetzt. Neuere Forschungen untersuchen ihre blutdrucksenkende Wirkung und positive Effekte auf die Ausdauerleistung von Sportler:innen, v. a. durch das enthaltene Nitrat.

Aus Rübenmelasse, einem Nebenerzeugnis der Zuckerproduktion, wird Bioethanol gewonnen. Die Pressrückstände werden als Viehfutter genutzt.

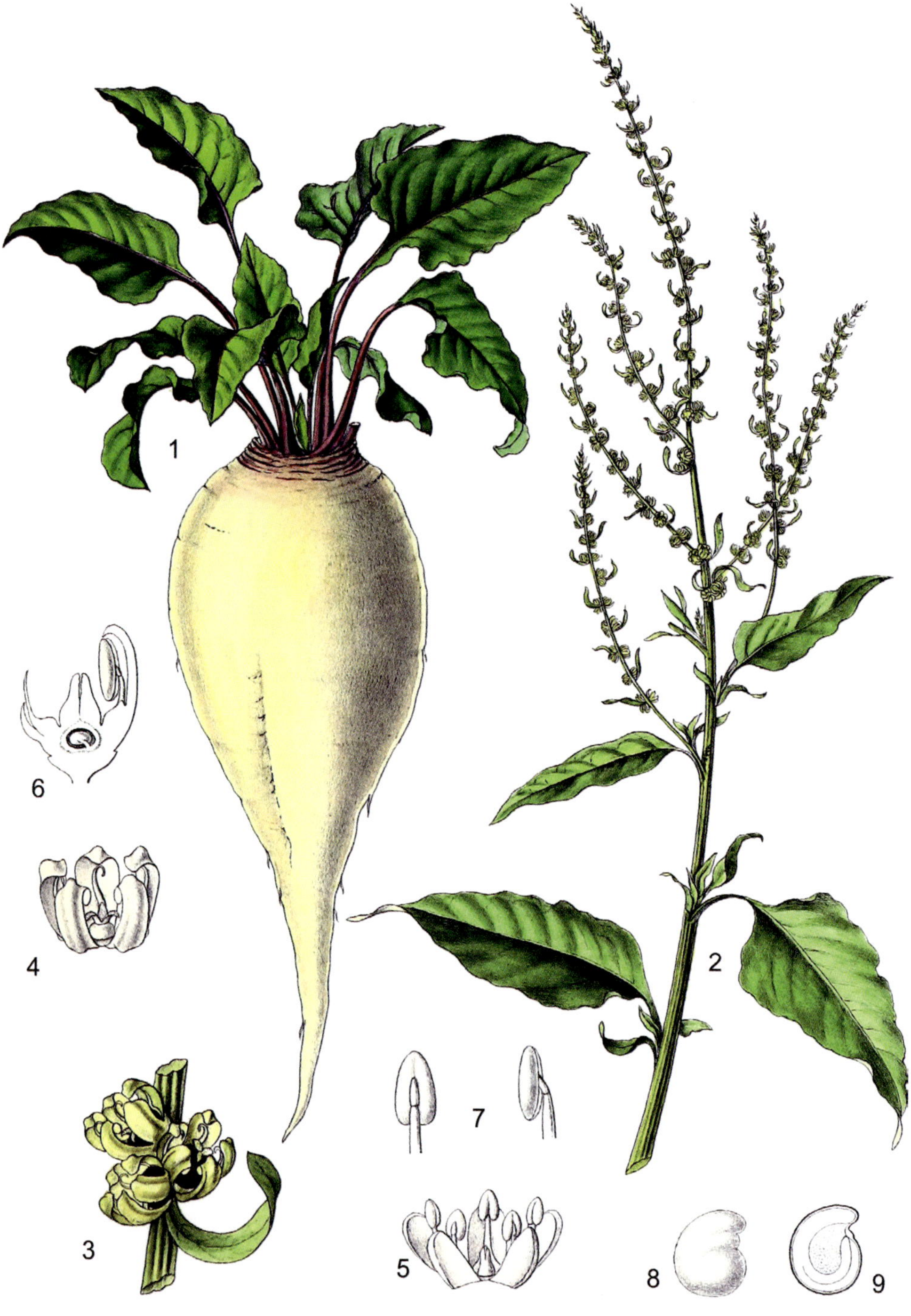

Zuckerrübe: 1 basaler Teil einer Pflanze mit Grundblättern und verdickter Speicherwurzel (Rübe) **2** distaler Teil einer Pflanze mit Stängelblättern und Blütenstand **3** Teilblütenstand mit Tragblatt und 3 Blüten **4–5** Blüten **6** Blüte im LS **7** Staubblätter **8** Same **9** Same im LS.

Quelle: Berg & Schmidt (1891–1902).

Olluco

Melloco, Papa Lisa, Ulluco
Ullucus tuberosus *(Melloca tuberosa)*

Olluco ist eine mehrjährige krautige Pflanze mit langen, niederliegenden Stängeln, herzförmigen Blättern und kleinen grünlich-gelblichen Blüten. Sie bildet knollenartige Speicherorgane aus, die in ihrer Form stark variieren. Die Ausläuferknollen haben eine glänzende, oft wachsartige Schale, die je nach Sorte gelb, rot, violett oder grün gefärbt sein kann. Das Innere ist fest und knackig und typischerweise gelblich gefärbt.

U. tuberosus ist in den Anden, insbesondere in Peru, Bolivien, Ecuador und Kolumbien, heimisch und wird dort in Höhenlagen von 2.500–4.200 m kultiviert. Die Art wird oft in Mischkulturen mit Kartoffel, Oka oder Knollen-Kapuzinerkresse angebaut. Im Gegensatz zur Kartoffel ist Olluco jedoch kaum außerhalb der Anden verbreitet: Als typische Pflanze tropischer Hochgebirge benötigt sie, ähnlich wie Oka, eine lange Vegetationsperiode zum Wachsen. Zudem wird die Knollenbildung durch kurze Tageslängen – also spät im Jahr – ausgelöst, was beim Anbau in gemäßigten Breiten das Risiko von Frühfrösten im Herbst mit sich bringt.

Olluco wurde bereits vor mehr als 5.500 Jahren von indigenen Völkern in den Zentralanden angebaut. Auch nach der spanischen Kolonialisierung blieb Olluco in den Anden eine häufig angebaute Knollenpflanze.

Die Knollen sind reich an Kohlenhydraten, Vitamin C und Mineralstoffen wie Kalium, Eisen und Calcium. Sie enthalten Proteine mit vielen essenziellen Aminosäuren sowie Antioxidantien, v. a. Betalaine. Außerdem enthalten sie Schleimstoffe, deren Gehalt zwischen den Sorten variiert. Der Schleimstoffgehalt ist ein prägendes Merkmal, das Textur und kulinarische Verwendung maßgeblich beeinflusst, kann aber durch Kochen oder Einweichen und Blanchieren reduziert werden.

Die feste, knackige Textur, die auch beim Kochen erhalten bleibt, ist ein Markenzeichen von Olluco. Der Geschmack ist je nach Sorte unterschiedlich und wird oft als nussig-süßlich, aber auch als erdig beschrieben. Traditionell wird Olluco in Suppen und Eintöpfen verwendet, wo Sorten mit höherem Schleimgehalt zur Bindung beitragen. Die jungen Blätter werden traditionell als Gemüse zubereitet.

Olluco wird in der traditionellen Medizin bei Verbrennungen und zur Behandlung von Wunden genutzt.

Olluco: **A** Niederliegender Spross mit Blättern und Blütenständen **B** basaler Teil einer Pflanze mit gelblichen Sprossknollen an den Enden von Ausläufern **C** austreibende Sprossknolle **1** Sprossachse mit 2 Blüten **2** Fruchtknoten mit Griffel **3** Staubblatt **4** Stärkekörner in Speicherzellen der Knollen.

Quellen: Curtis Botanical Magazine (1851); La Belgique Horticole (1852).

Süßkartoffel

Batate
Ipomoea batatas *(Convolvulus batatas)*

Die Süßkartoffel ist eine mehrjährige krautige Pflanze mit herzförmigen bis 5-lappigen Blättern und kriechenden Stängeln, die sich an den Knoten bewurzeln. Aus den großen, trichterförmigen, weißlichen bis violetten Blüten entwickeln sich Kapseln.
Die Pflanze bildet stärkehaltige Speicherwurzeln aus, die je nach Sorte außen rötlichbräunlich bis purpurfarben sind, während das Innere weißlich, gelblich, orange oder violett gefärbt sein kann.

I. batatas stammt aus den tropischen Regionen Mittel- und Südamerikas. Heute wird die Art in tropischen bis warmen gemäßigten Klimazonen weltweit kultiviert. Die Hauptanbaugebiete liegen in China, Indonesien, Nigeria, Tansania und in Süd- und Mittelamerika.

Die Süßkartoffel wurde bereits vor 8.000–5.000 Jahren in Peru kultiviert. Christoph Kolumbus brachte sie auf der Rückkehr von seiner ersten Reise nach Europa. Sie war damit eine der ersten Kulturpflanzen, die im Zuge des sogenannten »Kolumbianischen Austauschs« nach Europa gelangte, noch vor der Kartoffel. In Europa blieb sie zunächst eine exotische Rarität. Im 16. Jh. brachten aus der Sklaverei entkommene Afrikaner:innen die Süßkartoffel nach Afrika und portugiesische Seefahrende verbreiteten sie nach China, Japan und Südostasien. In vielen tropischen und subtropischen Regionen wurde sie bald zum bedeutenden Grundnahrungsmittel.

Die Süßkartoffel zeigt mit ± 5.000 Sorten eine große genetische Vielfalt. Zu den wichtigen Gruppen gehören ORANGEFLEISCHIGE SORTEN, die besonders reich an β-Carotin sind, WEISS- BZW. CREMEFLEISCHIGE SORTEN mit oft milderem und weniger süßem Geschmack sowie purpur- bzw. violettfleischige Sorten, die viele Anthocyane enthalten.
Aktuelle Züchtungsprogramme fokussieren

verstärkt auf die Verbesserung des Nährwertprofils, wie etwa höhere Konzentrationen von bestimmten Vitaminen oder Anthocyanen. Ein weiteres Zuchtziel ist die Erhöhung der Resistenz gegenüber Krankheiten und Schädlingen, um einen nachhaltigeren Anbau mit weniger Pestiziden zu ermöglichen.

Süßkartoffeln werden meist durch Stecklinge vermehrt, da viele Sorten keine keimfähigen Samen bilden.

Süßkartoffel-Feld in Katori, Japan

Ein für die Qualität und Haltbarkeit der Knollen entscheidender Schritt ist das Nachreifen direkt nach der Ernte. Hierbei werden die Speicherwurzeln für einige Tage unter warmen und feuchten Bedingungen gelagert, was zur Heilung von Erntewunden führt und ihre Lagerfähigkeit verbessert. Noch wichtiger ist jedoch, dass bei diesem Prozess Stärke in Zucker umgewandelt wird, wodurch sich die Süße und das charakteristische Aroma der Knollen intensivieren.

Neben Kohlenhydraten sind Süßkartoffeln auch reich an β-Carotin und enthalten Vitamin C, Vitamin B_6, Mineralstoffe (v. a. Kalium), Ballaststoffe sowie Phenolsäuren. Die violetten Sorten zeichnen sich zudem durch einen hohen Anthocyangehalt aus.

Süßkartoffeln sind in vielen asiatischen und afrikanischen Ländern ein wichtiges Grundnahrungsmittel. Viele der gesundheitsfördernden Inhaltsstoffe sind in oder direkt unter der Schale konzentriert und deshalb wird der Mitverzehr der Schale oft empfohlen – sofern die Knollen zuvor gründlich gereinigt wurden.
Süßkartoffeln werden vielseitig zubereitet: gekocht, gebacken, gebraten, frittiert oder püriert. In den USA wird Süßkartoffelauflauf (»Sweet Potato Pie«) traditionell zu Thanksgiving serviert. In Japan sind geröstete Süßkartoffeln als »Yaki Imo« ein beliebter Snack. In Teilen Ostasiens und Afrikas werden Süßkartoffeln zu alkoholhaltigen Getränken wie dem japanischen »Imo-Jōchū« vergoren. Aus getrockneten Süßkartoffeln wird auch Mehl hergestellt.
Darüber hinaus werden die Blätter und Triebe in Afrika und Asien traditionell als Blattgemüse zubereitet.

In der traditionellen Medizin werden Süßkartoffel-Extrakte von bestimmten Sorten zur Behandlung von Diabetes eingesetzt. Wissenschaftliche Studien untersuchen antibakterielle und entzündungshemmende Eigenschaften.

In der Kosmetikindustrie finden Süßkartoffel-Extrakte Verwendung in Hautpflegeprodukten. Industriell wird die Stärke für die Produktion biologisch abbaubarer Kunststoffe verwendet und dient als Rohstoff für die Herstellung von Spiritus und Bioethanol.
Die oberirdischen Teile der Pflanze dienen als Tierfutter oder Dünger.

Süßkartoffeln auf einem Markt in Padang Panjang, Indonesien

Süßkartoffel: A rankende Sprosse mit Laubblättern und Blüten **B** Sprossachse mit Laubblättern, basal mit großer Speicherwurzel **1** Basis der Kronblätter mit Staubblättern **2** Fruchtknoten mit Griffel und kopfiger Narbe **3–4** Speicherwurzeln **5** Speicherzellen mit Stärkekörnern.

Quellen: Denisse (1843-1846); Kerner (1795); Mémoires du Muséum d'histoire naturelle (1830).

Kartoffel

Erdapfel
Solanum tuberosum *(Solanum andigenum)*

Kartoffeln sind mehrjährige, krautige Pflanzen. Im Winter sterben die oberirdischen Pflanzenteile ab, wobei die Nährstoffe, v. a. Stärke, in unterirdischen Ausläuferknollen eingelagert werden. Im nächsten Frühjahr können aus den Knospen der Knollen (»Augen«) neue Triebe austreiben und dabei die gespeicherten Nährstoffe nutzen.

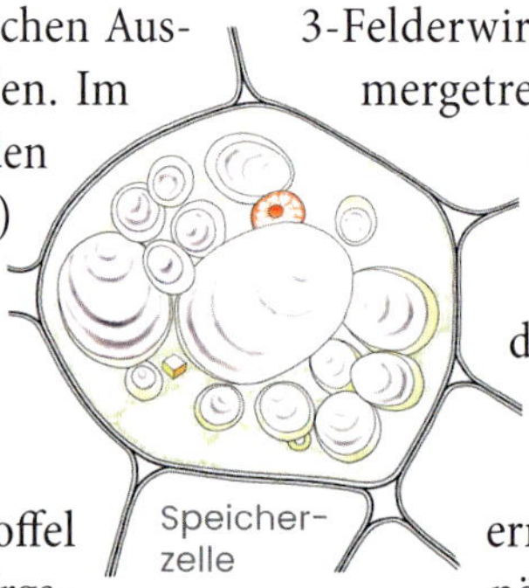

Die Vorläufer der Kartoffel sind in den mittleren Gebirgslagen der Anden von Venezuela bis ins nördliche Patagonien heimisch. Dort gedeihen sie bis heute wild, meist in Höhenlagen von 2.000–4.500 m.
Die Kartoffel wird heute weltweit (außer in den Tieflagen der Tropen) angebaut und zählt zu den wichtigsten Nahrungspflanzen der Menschheit. Die Hauptanbaugebiete liegen auf der Nordhalbkugel: In China und Indien werden etwa ein Drittel der Weltproduktion geerntet, gefolgt von der Ukraine, Russland, den USA und Deutschland.

In den Anden, insbesondere in Peru und Bolivien, wird die heutige Form der Kartoffel (*S. tuberosum* subsp. *tuberosum*) seit mindestens 8.000 Jahren kultiviert. Der Anbau von Kartoffeln (und anderen stärkereichen Knollen) gilt als eine der wichtigsten Voraussetzungen für die menschliche Besiedlung der Anden und die Entstehung andiner Hochkulturen. Die Knollen konnten durch abwechselnde Trocknung in der Sonne und Frosteinwirkung zu jahrelang haltbaren Lebensmitteln, dem »Chuño«, verarbeitet werden.
1570 gelangten die ersten Kartoffeln nach Europa, genauer nach Spanien. In Europa wurde die Kartoffel zunächst als Zierpflanze kultiviert, da sie nicht ohne Weiteres in die Fruchtfolge der damals vorherrschenden 3-Felderwirtschaft (Wintergetreide, Sommergetreide, Brache) integriert werden konnte.

In Preußen setzte sich Mitte des 18. Jh. Friedrich der Große für den großflächigen Kartoffelanbau ein, um die durch Bevölkerungsanstieg, Krieg und Missernten hervorgerufenen Hungersnöte zu bekämpfen. Anfangs ließ er dazu Kartoffeln samt dazugehörigen Pflanzanweisungen an die Bevölkerung verschenken. Als diese Maßnahme nicht zu dem erwünschten Anstieg der Kartoffelproduktion führte, erließ er 1756 den sogenannten Kartoffelbefehl, in dem er die preußischen Beamten anwies, »sämtlichen Untertanen den Kartoffelanbau begreiflich zu machen«.
1845–1852 erlebte Irland eine verheerende Hungerkatastrophe, die durch die einseitige Ausrichtung der Ernährung auf die Kartoffel verursacht wurde. Damals vernichtete die Kraut- und Knollenfäule durch den Pilz *Phytophthora infestans* ganze Ernten und etwa 1 Mio. Menschen starben. Diese Hungersnot führte zur Massenauswanderung weiterer 1,5 Mio. Ir:innen nach Nordamerika.
Die Kraut- und Knollenfäule stellt auch heute noch die größte Bedrohung für den Kartoffelanbau weltweit dar.

Von der Kraut- und Knollenfäule befallene Kartoffel

Allein in den peruanischen Anden gibt es ± 3.000 endemische Kartoffel-Sorten. Weltweit wird die Vielfalt auf 5.000–7.000 Sorten geschätzt. Diese unterscheiden sich hinsichtlich Größe, Form, Geschmack, Kochtyp, Farbe der Knollen sowie Resistenz gegen Krankheiten und Schädlinge. Im europäischen Handel machen allerdings nur wenige Dutzend moderne Hochleistungssorten den Großteil der Verkäufe aus.
In den 2010er-Jahren wurde das Genom der Kartoffel komplett sequenziert. Bei der Analyse der Daten konnten u. a. mehr als 800 Krankheitsresistenzgene lokalisiert werden. Die detaillierte Kenntnis solcher Gene soll es – in Verbindung mit neuen gentechnischen Methoden (z. B. CRISPR/Cas) – ermöglichen, die Züchtung deutlich zu beschleunigen. Mittlerweile sind auch mehrere Dutzend gentechnisch veränderter Kartoffelsorten zugelassen, z. B. Sorten mit veränderter Stärkezusammensetzung, reduzierter Neigung zu Druckstellen oder geringerer Acrylamidbildung beim Braten oder Frittieren. Sie machen bisher aber nur einen kleinen Teil der weltweiten Anbaufläche aus.

Die Kartoffel wird durch das Auslegen von Knollenteilen mit mindestens einem Auge vermehrt. In der gemäßigten Zone und in Gebirgslagen beginnt die Aussaat im Frühjahr nach den letzten Frösten. Während des Wachstums werden die Pflanzen mehrmals angehäufelt, um die Knollenbildung zu fördern. Bis zur Ernte, die nach dem Absterben des Krautes erfolgt, benötigt die Kartoffel meist 90–150 Tage. Anschließend können die Knollen bei 4–8 °C und hoher Luftfeuchtigkeit mehrere Monate gelagert werden.

Kartoffeln bestehen zu 15–20 % aus Kohlenhydraten, insbesondere Stärke. Die Stärke wird in den Knollen in abgerundeten Stärkekörnern gespeichert.

Alle grünen Pflanzenteile enthalten die giftigen Glycoalkaloide Solanin und α-Chaconin und sollten deshalb nicht verzehrt werden. In den Knollen ist ihr Gehalt in der Regel deutlich geringer, kann aber in Frühkartoffeln, den Schalen sowie in Dunkelkeimen und austreibenden Augen erhöht sein. Die Giftstoffe sind bei hohen Temperaturen wasserlöslich und gehen in das Kochwasser über, welches deshalb nicht weiterverwendet werden sollte. Bis Mitte des 20. Jh. kam es noch relativ häufig zu Vergiftungen nach dem Verzehr von Kartoffeln. Bei modernen Sorten ist der Gehalt an Glycoalkaloiden durch Züchtung stark reduziert worden.

Kartoffeln zählen weltweit zu den wichtigsten Grundnahrungsmitteln und bieten unzählige Zubereitungsmöglichkeiten. Sie werden gekocht, gebraten, gebacken oder frittiert und dienen als Beilage oder Hauptgericht. Dabei wird zwischen festkochenden, vorwiegend festkochenden und mehlig kochenden Sorten unterschieden.

Kartoffeln werden auch zur Herstellung von Stärke und Ethanol verwendet. Kartoffelstärke wird z. B. als Verdickungsmittel in der Lebensmittelindustrie eingesetzt und dient als Rohstoff für biologisch abbaubare Kunststoffe.
Zudem werden Kartoffeln als Futtermittel verwendet, insbesondere die bei der Verarbeitung anfallenden Reste.

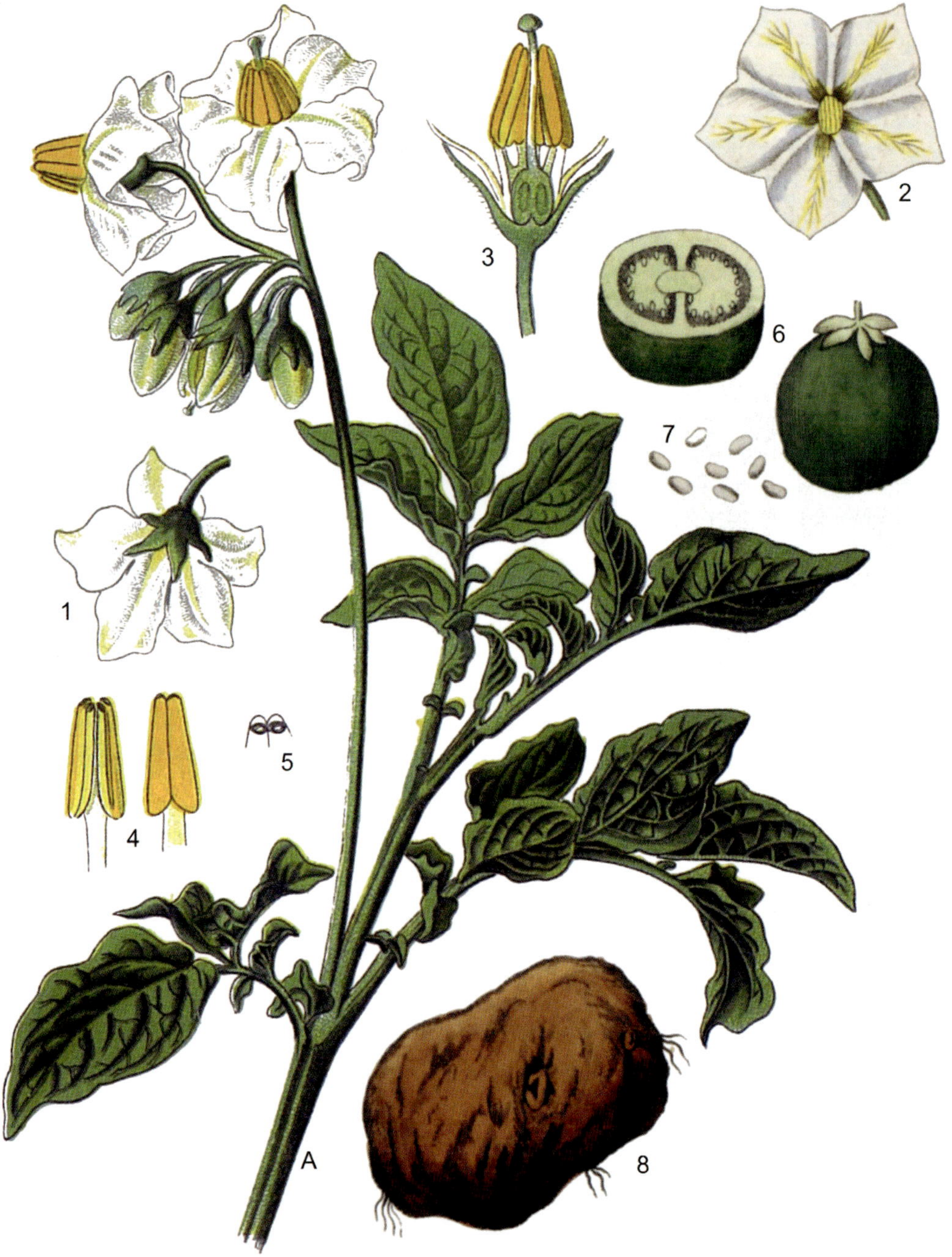

Kartoffel: A Stängel mit gefiederten Blättern und doldenartigem Blütenstand **1–2** Blüten **3** aufpräparierte Blüte im LS **4** Staubbeutel **5** Staubbeutelspitze mit runden Öffnungen **6** Beere (auch im QS) **7** Samen **8** Ausläuferknolle.

Quellen: von Schlechtendal (1840ff); Oskamp et al. (1796-1800).

Mexikanische Chia

Chia
Salvia hispanica

Mexikanische Chia ist eine 1-jährige krautige Pflanze mit kleinen weißen oder bläulichen Lippenblüten. Die Früchte zerfallen in 4 winzige, eiförmige bis längliche Teilfrüchte (Klausen).

Diese Klausen (meist als »Chia-Samen« bezeichnet) variieren farblich zwischen schwarz, grau, braun und weiß. Eine bemerkenswerte Eigenschaft ist ihre Fähigkeit, große Mengen Wasser absorbieren zu können und dabei eine gelartige Konsistenz zu entwickeln.

S. hispanica stammt aus Mittelamerika, insbesondere der Region von Mexiko bis Guatemala. Heute wird *S. hispanica* weltweit in tropischen und subtropischen Regionen kultiviert. Die wichtigsten Anbauländer umfassen Mexiko, Bolivien, Argentinien, Ecuador und Australien.

Mexikanische Chia war eine wichtige Kulturpflanze vieler indigener Völker Mittelamerikas, die sie als Nahrungsmittel, zu medizinischen Zwecken und zur Ölgewinnung nutzten. Bei den Azteken stellte die Art sogar eines der wichtigsten Grundnahrungsmittel dar.
Unter spanischer Herrschaft ging der Anbau stark zurück. Erst in den letzten Jahrzehnten wurde das Potenzial der Art als Getreidealternative wiederentdeckt.

Mexikanische Chia benötigt wenig Wasser und kann bereits 3–4 Monate nach der Aussaat geerntet werden.
Da die Blätter Insektizide enthalten, ist sie wenig anfällig gegenüber Schädlingen und eignet sich gut für den biologischen Anbau. Diese Eigenschaften verdeutlichen ihr Potenzial als nachhaltige Nahrungsquelle in ariden und semiariden Regionen, was besonders in Zeiten des Klimawandels von Bedeutung ist.

Die Klausen (»Chia-Samen«) enthalten 15–25 % Proteine mit allen essenziellen Aminosäuren, 30–40 % Ballaststoffe und

Trockene Chia-Samen

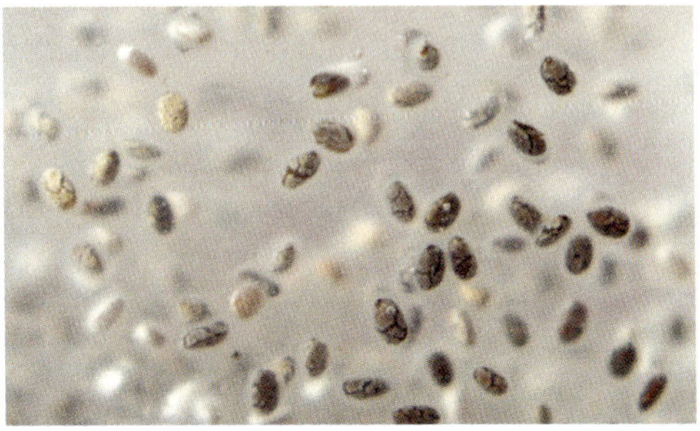

Im Wasser aufgequollene Chia-Samen

Mexikanische Chia: A distaler Teil einer Pflanze mit gegenständigen Blättern und Blütenstand **B** Blütenstand **1** Kelch **2** basal verwachsene Staubblätter **3** Staubblätter von oben mit Konnektiv.

Quellen: Botanical Register (1819); Reichenbach (1837ff).

30–40 % fette Öle mit einem hohen Anteil der Omega-3-Fettsäure α-Linolensäure. Darüber hinaus sind reichlich Schleimstoffe und Mineralstoffe wie Calcium, Magnesium und Eisen sowie Antioxidantien wie Kaffeesäure, Chlorogensäure und Quercetin vorhanden.

Chia-Samen werden in Müslis, Smoothies, Joghurts und Backwaren verwendet. Beim Einweichen oder spätestens im Magen bilden sie einen gelartigen Schleim, der ein länger anhaltendes Sättigungsgefühl bewirkt. Aus Chia-Samen kann auch ein nussig schmeckendes Speiseöl gewonnen werden.

Extrakte aus Chia-Samen werden auch in der Kosmetikindustrie genutzt, insbesondere in Hautpflegeprodukten.

Topinambur

Erdbirne, Jerusalem-Artischocke, Knollige Sonnenblume
Helianthus tuberosus *(Helianthus tomentosus)*

Topinambur ist eine mehrjährige Pflanze mit kräftigen, bis zu 3 m hohen Stängeln und großen, ovalen Blättern. Die Blütenstände erinnern an kleine Sonnenblumen: Sie bestehen am Rand aus leuchtend gelben Zungenblüten, während sich in der Mitte (»Scheibe«) dunklere Röhrenblüten befinden. Unterirdisch bildet die Pflanze knollige Rhizome aus, die farblich von weißlich über hellbraun bis rötlich oder violett variieren können.

H. tuberosus stammt aus Nordamerika. Heute wird die Art weltweit in gemäßigten und subtropischen Klimazonen kultiviert und ist häufig auch verwildert zu finden.

Topinambur wurde bereits von indigenen Völkern in Nordamerika als Nahrungsmittel kultiviert.
Französische Seefahrende brachten die Knollen im 17. Jh. nach Europa, wo sie zunächst als exotische Rarität geschätzt wurden. Im 19. Jh. gewann Topinambur auch in Europa als Nahrungsmittel und Futterpflanze an Bedeutung. Insbesondere während der beiden Weltkriege wurde ihr Anbau forciert.

Es existieren zahlreiche Topinambur-Sorten. Oft handelt es sich um Ziersorten. Einige Sorten wurden gezielt als Nahrungs- und Futterpflanzen für den landwirtschaftlichen Anbau optimiert und unterscheiden sich in Knollengröße und -farbe sowie Geschmack und Textur.

Die Knollen enthalten reichlich Kohlenhydrate, v. a. den Ballaststoff Inulin, sowie B-Vitamine (Thiamin, Riboflavin, B_6, Niacin, Biotin), Vitamin C und Mineralstoffe wie Kalium, Magnesium und Eisen.

Die Knollen schmecken leicht nussig. Sie können roh als Salat oder gegart als Gemüse zubereitet werden.

Das Inulin der Knollen gelangt unverdaut in den Dickdarm und fördert dort das Wachstum erwünschter Mikroorganismen (präbiotischer Effekt).

Topinambur wird auch als Futterpflanze genutzt und zur Gewinnung von Bioethanol verwendet.

Topinambur-Knollen

Yacón-Knollen

Yacón

Smallanthus sonchifolius

Yacón ist ein nahe verwandter Korbblütler aus den Anden. Auch diese Art wird wegen ihrer süßlich schmeckenden und inulinhaltigen Wurzelknollen geschätzt und seit einigen Jahrzehnten zunehmend auch in anderen Regionen kultiviert. Extrakte der Knolle werden außerdem zur Herstellung von kalorienarmen Süßungsmitteln verwendet. Darüber hinaus wirken aus den Blättern gewonnene Extrakte antimikrobiell und entzündungshemmend.

Topinambur: A distaler Teil einer Pflanze mit Laubblättern und Blütenständen (Körbchen) **B** Stängel mit gegenständigen Stängelblättern **C** knollig verdicktes Speicherrhizom **1** Blütenstand (Körbchen) im LS **2** Röhrenblüte **3** Tragblatt einer Blüte (Spreublatt) **4** Staubblätter **5** Blatt des Hüllkelchs **6** Frucht (Achäne) mit Basis einer Zungenblüte **7** reife Frucht **8** Griffel mit 2-teiliger Narbe **9** Rhizomzellen mit Stärkekörnern.

Quellen: Curtis Botanical Magazine (1897); Mémoires du Muséum d'histoire naturelle (1830); Baillon (1866–1895).

Dahlie

Dahlia

Dahlien sind mehrjährige, krautige Pflanzen mit unpaarig gefiederten Laubblättern. Im Spätsommer erscheinen die auffälligen kopfigen Blütenstände in vielfältigen Farben. Unterirdisch bildet die Pflanze inulinhaltige Speicherorgane aus – dabei handelt es sich überwiegend um Wurzeln, seltener um Rhizome.

Die Gattung *Dahlia* umfasst ± 35 Arten, die aus den Gebirgsregionen Mexikos und Mittelamerikas stammen. Als beliebte Zierpflanzen sind Dahlien heute weltweit in Gärten, Parks und öffentlichen Grünanlagen zu finden.

Die indigenen Völker Mexikos, v. a. die Azteken, nutzten Dahlien als Nahrungs- und Heilpflanzen. Im 16. Jh. gelangten die ersten Dahlien nach Europa. Zunächst wurden sie dort als botanische Raritäten in den Gärten des Hochadels kultiviert, bevor sie sich im 19. Jh. als beliebte Zierpflanzen verbreiteten.

Seit dem 19. Jh. werden Dahlien intensiv züchterisch bearbeitet. Diese Züchtungsarbeit führte zur Entstehung von Tausenden Zierpflanzen-Sorten, die überwiegend auf Kreuzungen von *D. coccinea* und *D. pinnata* zurückgehen.
Es gibt Sorten mit einfachen und gefüllten Blütenständen sowie mit 2-farbigen, gestreiften, gefleckten und gefüllten Blüten – und das in fast allen Farben außer Blau. Die Sorten werden oft in 10–15 Gruppen eingeteilt, die sich in Größe und Typ der Blütenstände unterscheiden.

Dahlienknollen enthalten Kohlenhydrate, v. a. in Form von Inulin.
Die Blüten sind reich an Anthocyanen, die für die Rottöne verantwortlich sind, Chalconen und Auronen, welche die Gelb- und Orangetöne erzeugen, und weiteren phenolischen Verbindungen, z. B. Flavonen.

Die inulinhaltigen Knollen, insbesondere die der Stammarten *D. coccinea* und *D. pinnata*, lassen sich roh, gegart oder getrocknet verzehren oder zu Mehl verarbeiten. Die attraktiven Blüten können Salate, Süßspeisen und Getränke verfeinern.

Die Azteken nutzten Dahlien-Extrakte zur Behandlung von Epilepsie und Syphilis. Das Inulin gelangt unverdaut in den Dickdarm und fördert dort das Wachstum erwünschter Mikroorganismen (präbiotischer Effekt).

Heute werden Dahlien v. a. als Zierpflanzen geschätzt. Aus den Blüten können auch Farbstoffe gewonnen werden.

Dahlie (*Dahlia coccinea*): A distaler Teil einer Pflanze mit gegenständigen, gefiederten Laubblättern und Blütenstand (Körbchen) **B** basaler Teil einer Pflanze mit knollig verdickten Wurzeln **1** Zungenblüte **2–3** verschiedenfarbige Zungen **4** Röhrenblüte mit aus der Kronröhre herausschauender Staubblattröhre, Griffel und 2 Narben.

Quellen: Willdenow (1806-1816); Kerner (1795); Baillon (1866-1895).

Arakacha

Arracacia xanthorrhiza *(Arracacia esculenta)*

Arakacha ist eine mehrjährige Pflanze mit großen gefiederten Blättern. Sie bildet bis zu 25 cm lange Wurzelknollen aus, die je nach Sorte gelblich, weißlich oder violett gefärbt sind.

A. xanthorrhiza stammt aus der Andenregion Südamerikas, insbesondere aus Peru, Kolumbien, Venezuela und Brasilien. Heute wird die Art auch in einigen anderen tropischen und subtropischen Regionen angebaut, z. B. in Südostasien. Die wichtigste Anbauregion ist aber weiterhin – mit großem Abstand – Lateinamerika.

Die Pflanze wurde bereits von den indigenen Völkern Südamerikas kultiviert und war ein wichtiges Nahrungsmittel. In den Anden hat die nahrhafte Knolle bis heute eine große Bedeutung, ist außerhalb Südamerikas aber relativ unbekannt. Dies liegt u. a. an ihren speziellen Anforderungen an die Tageslänge (vgl. Olluco) und der kurzen Haltbarkeit der Knollen. Die Arakacha zählt damit zur Gruppe der sogenannten »Lost crops of the Incas« (Vergessene Nahrungspflanzen der Inka), das sind Nutzpflanzen aus Lateinamerika, die schon vor langer Zeit von den indigenen Völkern genutzt wurden, außerhalb ihrer Heimatregion aber (bisher) nur wenig Beachtung fanden.

Es gibt mehrere Sorten, die sich hauptsächlich in Wurzelfarbe, Größe und Stärkegehalt unterscheiden. Die wichtigsten Gruppen sind Weisse Arakacha mit mildem Geschmack, Gelbe Arakacha, die besonders reich an Nährstoffen und Carotinoiden sind, sowie Violette Arakacha, die Anthocyane mit antioxidativen Eigenschaften enthalten.

In Brasilien wurden Sorten mit deutlich kürzerer Vegetationsperiode entwickelt, die oft schon nach 7 Monaten geerntet werden können. Traditionelle Sorten benötigen hingegen 10–12 Monate.

Die Knolle ist sehr stärkereich und enthält besonders kleine und leicht verdauliche Stärkekörner. Darüber hinaus enthält sie reichlich Mineralstoffe, v. a. Calcium und Eisen, sowie Carotinoide.

Arakacha-Knollen werden wie Kartoffeln zubereitet. Der Geschmack erinnert an Kastanien oder Pastinaken. Zusätzlich werden sie auch zu Mehl verarbeitet.

Arakacha-Knollen werden in der traditionellen Medizin zur Förderung der Verdauung und zur Stärkung des Immunsystems eingesetzt.

Die Blätter dienen als Viehfutter.

Arakascha: A distaler Teil einer Pflanze mit gefiederten Stängelblättern und Blütenständen (Doppeldolden) **B** gefiedertes Grundblatt **1** Döldchen **2** Blüte mit Stiel (Döldchenstrahl) **3** Staubblatt **4** Blüte mit Döldchenstrahl und Hüllchenblatt **5** Kronblatt mit zurückgebogener Spitze **6** Fruchtknoten mit 2 Griffeln **7** Fruchtknoten im QS **8** Blüte mit Staubblättern.

Quelle: Curtis Botanical Magazine (1831).

Öl-Pflanzen

Auf den folgenden Seiten werden Nutzpflanzen vorgestellt, die einen überdurchschnittlich hohen Anteil an Fetten oder Ölen speichern und hauptsächlich deshalb angebaut werden. Das Öl wird meist in nährstoffreichen Samen (wie bei Raps, Sonnenblume oder Sesam) oder fleischigen Früchten (wie bei der Ölpalme oder dem Olivenbaum) eingelagert. Seltener reichern die Pflanzen ihre Fette in unterirdischen Speicherorganen an, wie bei der Erdmandel. Die beeindruckenden Fettanteile in den Speicherorganen können bei 20–70 % des Trockengewichts liegen. Neben diesen »fetten Ölen«, die der Pflanze vor allem der Speicherung von Reservestoffen dienen, enthalten viele Pflanzen auch »aromatische Öle«, die oft der Abwehr von Pflanzenfressern und Krankheitserregern dienen.

Öl-Pflanzen als Grundnahrungsmittel

Pflanzliche Öle spielen als Grundnahrungsmittel eine unterschiedlich wichtige Rolle in verschiedenen Regionen der Welt. Insbesondere in Regionen mit eingeschränktem Zugang zu tierischen Produkten leisten Pflanzenöle – neben Kohlenhydraten – oft einen wesentlichen Beitrag zur Deckung des täglichen Kalorienbedarfs. Besonders in Entwicklungsländern, wo Unterernährung ein Problem darstellt, können ölreiche Nahrungsmittel wie Erdnüsse, Sesam oder Avocados eine gesunde und erschwingliche Energiequelle bieten.

In vielen mediterranen Ländern wie Griechenland, Italien und Spanien bildet Olivenöl die Basis der täglichen Ernährung und wird großzügig für die Zubereitung fast aller Speisen verwendet. Der Pro-Kopf-Verbrauch kann in Regionen wie Kreta jährlich 25 l oder mehr betragen.

In Süd- und Südostasien sind pflanzliche Öle ein unverzichtbarer Bestandteil der traditionellen Küche. In Indien variiert die Verwendung regional stark – von würzigem Senföl im Norden über das milde Erdnussöl im Westen bis hin zu dem cremigen Kokosfett im Süden. In China und den Nachbarländern werden Rapsöl, Erdnussöl und zunehmend Sojaöl für traditionelle Kochtechniken wie das schnelle Anbraten im Wok eingesetzt. Die indonesische und malaysische Küche basiert traditionell auf Palmöl.

In Afrika südlich der Sahara stellt unraffiniertes Palmöl ein zentrales Nahrungsmittel dar, besonders in den Regenwaldgebieten Westafrikas. Die charakteristische rote Farbe vieler Gerichte aus dieser Region stammt vom hohen Carotinoidgehalt des unraffinierten Palmöls. In trockeneren Regionen werden Erdnussöl und cremige Sheabutter (aus den Samen des Karitébaums) genutzt.

In Mittel- und Nordeuropa sowie Nordamerika waren pflanzliche Öle historisch weniger verbreitet, da die Ernährung stärker auf tierischen Fetten wie Butter und Schmalz basierte. Seit dem 20. Jh. haben jedoch pflanzliche Öle – zunächst hauptsächlich Maiskeimöl und Sonnenblumenöl, später zunehmend Rapsöl und Olivenöl – stark an Bedeutung gewonnen und sind heute wichtige Bestandteile der westlichen Küche.

Anbau und Handel

Der wirtschaftliche Wert der weltweit jährlich produzierten Pflanzenöle wächst schnell und beträgt aktuell 280–320 Mrd. US-Dollar. Sojabohnen dominieren mit einem Marktwert von 100 Mrd. US-Dollar – dabei ist allerdings zu bedenken, dass sie auch als Proteinquelle und Tierfutter angebaut werden. Die Ölpalme gilt mit einem jährlichen Marktwert

Ölpalmenplantage   Orang-Utan in einem Regenwald im Tanjung Puting National Park in Indonesien

von 40–60 Mrd. US-Dollar als wichtigste reine Öl-Pflanze. Ihr Öl ist mittlerweile in unzähligen Lebensmitteln, Kosmetika und Industrieprodukten zu finden. Raps und Sonnenblumen tragen mit jeweils 20–25 Mrd. US-Dollar zum globalen Markt bei.

Die größten Exporteure von pflanzlichen Ölen sind Indonesien und Malaysia (Palmöl), Argentinien und Brasilien (Sojaöl), Kanada (Rapsöl) sowie Russland und die Ukraine (Sonnenblumenöl). Die wichtigsten Importeure sind China, Indien, die EU und die USA.

Neben der Verwendung als Nahrungsmittel dienen pflanzliche Öle heute auch als wichtiger Rohstoff für die chemische Industrie. Sie finden Anwendung in der Herstellung von Seifen, Waschmitteln, Kosmetika, Farben, Lacken, Schmierstoffen und vielen anderen Produkten. Mit der steigenden Nachfrage nach erneuerbaren Energien hat auch die Produktion von Biokraftstoffen aus pflanzlichen Ölen stark zugenommen. In der EU, den USA, Brasilien und anderen Ländern werden signifikante Mengen an Rapsöl, Sojaöl und Palmöl zu Biodiesel verarbeitet.

Diese Entwicklung hat einerseits zur Diversifizierung der Absatzmärkte für die Landwirt:innen beigetragen, andererseits aber auch zu Debatten über die Konkurrenz zwischen Nahrungsmittel- und Energieproduktion sowie über die tatsächliche Umweltbilanz von Biokraftstoffen geführt. Die stark ansteigende Produktion von Pflanzenölen in den letzten Jahrzehnten bringt auch zahlreiche ökologische Probleme mit sich. Besonders der Palmölanbau ist mit massiver Regenwaldzerstörung in Indonesien und Malaysia verbunden und bedroht die Artenvielfalt dieser einzigartigen Ökosysteme.

Babassupalme

Cusi-Palme

Attalea speciosa *(Orbignya martiana, Orbignya phalerata)*

Die Babassupalme ist eine stattliche Palmenart, die über 20 m hoch werden kann. Ihre Steinfrüchte sind kugelig bis eiförmig-zugespitzt und werden 10–15 cm lang. Sie besitzen eine harte, faserige Schale. Jede Frucht enthält mehrere Kerne mit je einem ölhaltigen Samen, aus denen Babassuöl gewonnen wird.

A. speciosa ist im Amazonasbecken und benachbarten Regionen beheimatet. Sie ist die dominierende Baumart in den Babassu-Palmenwäldern, die im Osten und Nordosten Brasiliens riesige Flächen einnehmen.

Die Babassupalme wurde bereits von indigenen Völkern Brasiliens als Nahrungs- und vielseitige Rohstoffquelle genutzt. In Brasilien gibt es bis heute die Gemeinschaften der »Quebradeiras de Coco Babaçu« (»Sammlerinnen der Babassu-Frucht«), deren gesellschaftliche Grundlage explizit auf der Sammeltätigkeit der Frauen basiert. Die Babassupalme trägt dabei wesentlich zur Ernährung, medizinischen Versorgung und Ausstattung mit Handwerksprodukten der traditionellen Gemeinschaften bei.
Die intensive kommerzielle Nutzung von *A. speciosa* begann ab den 1950er-Jahren, als die Seifen- und Kosmetikindustrie das Öl für sich entdeckte.

Bis heute werden überwiegend Wildbestände genutzt und ein gezielter Anbau erfolgt nur selten.

Das weiße Nährgewebe (Endosperm) der Samen enthält bis zu 65 % Fett, insbesondere Laurin- und Myristinsäure. Im faserigen Fruchtfleisch kommen auch Stärke, Proteine und Ballaststoffe in nennenswerten Mengen vor.

Aus den Samen wird ein festes, weißes Speisefett gewonnen. Außerdem wird das Fruchtfleisch zu Mehl verarbeitet, der Stamm liefert einen zuckerhaltigen Saft und aus den Vegetationskegeln werden Palmherzen gestochen.

Das Babassu-Öl wird industriell in der Kosmetikindustrie und für die Herstellung von Seife verwendet. Aus den Blättern werden traditionell Fasern gewonnen, die für Seile, Körbe und Flechtwaren genutzt werden.

Die zunehmende kommerzielle Nutzung der Babassupalme bedroht sowohl die ökologischen Funktionen der Wälder als auch die Existenzgrundlage der traditionellen Gemeinschaften. Eine nachhaltige Lösung erfordert deshalb ein ausgewogenes Management, das sowohl den Schutz der Palmenwälder als auch die Landnutzungsrechte der »Quebradeiras de Coco Babaçu« berücksichtigt.

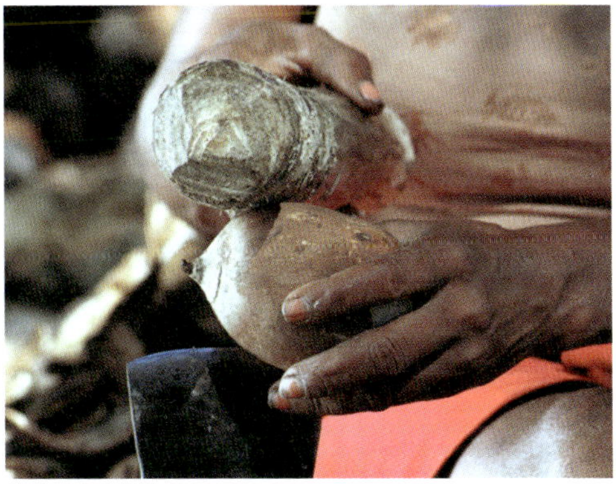

Eine Frau der »Quebradeiras de Coco Babaçu« beim Öffnen der Frucht

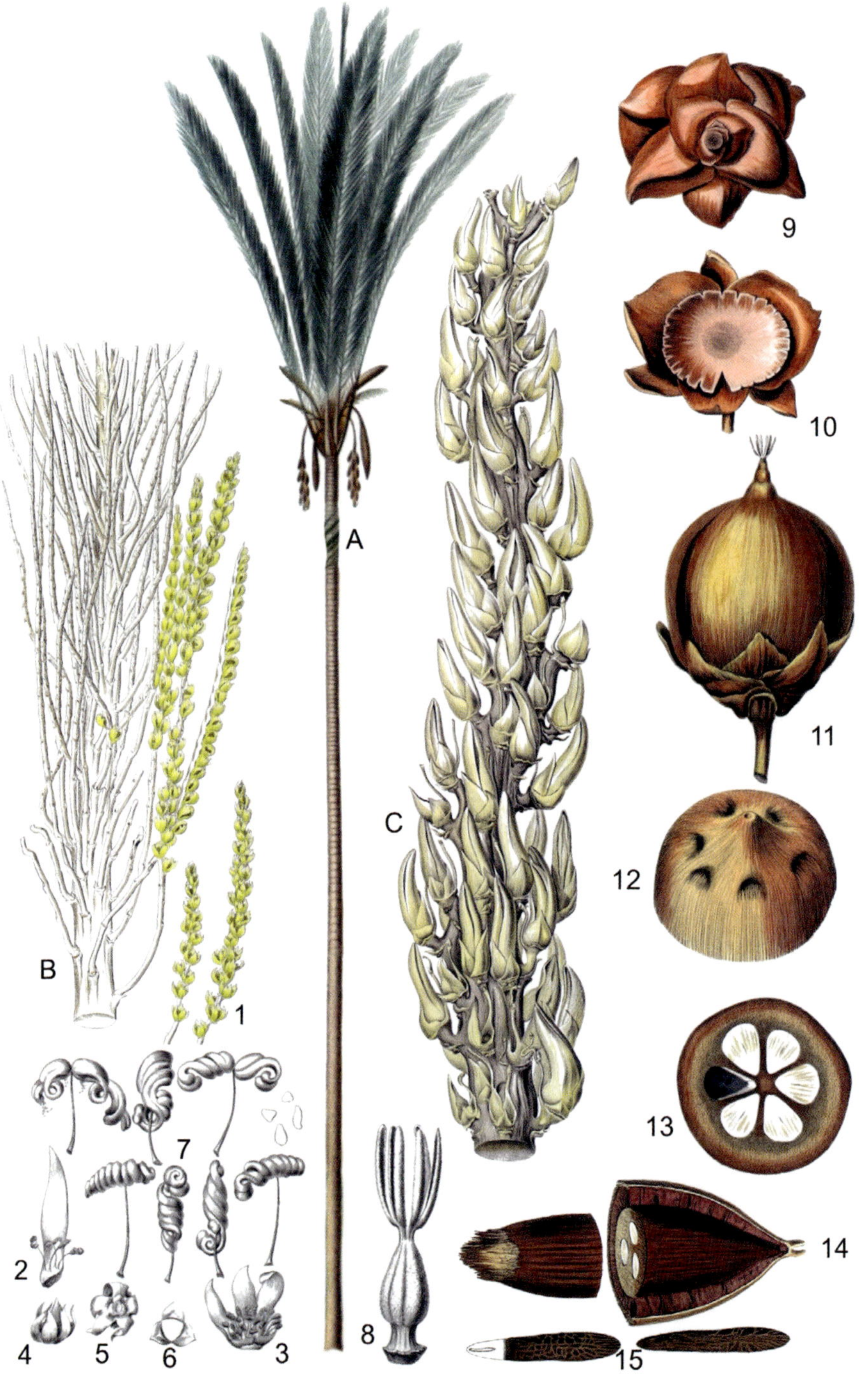

Babassupalme: **A** Habitus **B** ♂-Blütenstand **C** Teil eines ♂-Blütenstands **1** Seitenast eines ♂-Blütenstands **2** inneres Perigonblatt mit Staubblättern **3** 3 Perigonblätter mit Staubblättern **4–5** innere Perigonblätter **6** äußere Perigonblätter **7** Staubblätter (mit Pollen) **8** Fruchtknoten mit 6-lappiger Narbe **9** Frucht von unten mit Perigonblättern **10** ♀-Blüte von oben nach Ausstreu der Frucht **11** Steinfrucht mit Perigon **12** Steinfrucht von oben **13** Steinfrucht im QS mit Samen **14** aufpräparierter Steinfrucht mit Steinkern und Samen im QS **15** Samen.

Quellen: d'Orbigny (1841-1849); von Martius (1823-1850).

Ölpalme

Afrikanische Ölpalme
Elaeis guineensis *(Elaeis melanococca)*

Die Ölpalme ist eine 1-häusige Palme mit gefiederten Blättern, die bis zu 8 m lang werden. An den ♀-Blütenständen entwickeln sich nach 5–6 Monaten 200–1.500 je 3–5 cm lange Steinfrüchte. Bei der Reife färben sich die Früchte orange bis dunkelrot. Sie bestehen aus der Schale (Exokarp), einem öligen Mesokarp und dem harten Endokarp, das einen ölhaltigen Samen umgibt.

Die Ölpalme stammt aus tropischen Regenwaldzonen Zentral- und Westafrikas und wird heute in den Tropen weltweit angebaut. Die größten Anbauflächen befinden sich in Asien: In Indonesien liegen ± 60 % der Anbaufläche und in Malaysia ± 20 %. Mit Abstand folgen Thailand, Nigeria und Kolumbien.

Die Ölpalme wird in Westafrika seit mindestens 5.000 Jahren genutzt. Dabei dienen traditionell sowohl das rote Fruchtfleischöl als auch das weiße Kernöl als Nahrungsmittel, Medizin und Lampenöl. In ägyptischen Gräbern gefundene Palmölreste sind ebenfalls ± 5.000 Jahre alt und dokumentieren den frühen Handel mit dem Öl.
Die Ölpalme fand bereits früh ihren Weg nach Amerika und wurde im 19. Jh. sowohl nach Asien als auch nach Südamerika gebracht. Obwohl sie damit schon frühzeitig in verschiedenen Weltregionen eingeführt worden war, begann ihr großflächiger kommerzieller Anbau außerhalb Westafrikas erst im 20. Jh. – insbesondere nach dem Zweiten Weltkrieg.

Die 3 wichtigsten Typen der kultivierten Sorten unterscheiden sich in der Morphologie der inneren Fruchtwand (Endokarp) und im Ölgehalt des Mesokarps.
- Bei Dura ist das Endokarp 2–8 mm dick und das Mesokarp enthält 35–50 % Öle.
- Tenera ist der häufigste Typ in kommerziellen Plantagen und hat ein 0,5–3 mm dickes Endokarp; das Mesokarp enthält 55–65 % fette Öle.
- Pisifera hat ein häutiges Endokarp und das Mesokarp enthält 55–65 % fette Öle.

Außerdem werden die Ölpalmen nach der Farbe der äußeren Fruchtwand eingeteilt.
- Bei nigrescens sind die Früchte an der Spitze violett bis schwarz.
- Die Früchte von virescens sind grünlich bis rötlich.
- Der Typ albescens hat elfenbeinfarbene bis hellgelbe Früchte.

In der Züchtung wird die Afrikanische Ölpalme auch mit der nahe verwandten Amerikanischen Ölpalme (E. oleifera) gekreuzt, um neue Sorten zu züchten, die resistenter gegenüber Krankheiten und Schädlingen sind.

Ölpalmen werden in Plantagen angebaut, meist in industriellem Maßstab. Die Hektarerträge moderner Sorten belaufen sich auf 5–10 t Palmöl pro ha und Jahr, verglichen mit 0,8 t bei Raps und 0,4 t bei Soja. Dieser hohe Ertrag ist der Hauptgrund für die rasant zunehmende wirtschaftliche Bedeutung der Ölpalme in den letzten Jahrzehnten.

Ölpalme: **A** Habitus **B** ♂-Blütenstand **C** Seitenast eines ♂-Blütenstands **D** Teil eines ♀-Blütenstands **E** ♀-Blütenstand **1** Knospe einer ♂-Blüte **2** ♂-Blüte **3** ♂-Blüte im LS **4** basal verwachsene Staubblätter **5** ♀-Blüte mit Tragblatt **6** ♀-Blüte im LS **7** Fruchtknoten im QS **8** Steinfrucht **9** aufpräparierte Frucht (obere Hälfte ohne Exo- und Mesokarp) **10** 1-samige Steinfrucht im QS **11** 2-samige Steinfrucht im LS **12** 2-samige Steinfrucht im QS **13** Same **14** Same im QS **15** Same im LS.

Quelle: Köhler (1883–1898ff).

Die Ölpalme liefert 2 Arten von Ölen, die sich in ihrer Zusammensetzung deutlich unterscheiden: »Palmöl« aus dem Fruchtfleisch und »Palmkernöl« aus den Samen. Beide Öle sind bei Raumtemperatur halbfest und hitzebeständig.
Palmöl enthält sowohl gesättigte Fettsäuren (± 50 %, hauptsächlich Palmitinsäure) als auch einfach ungesättigte Fettsäuren (± 40 %, überwiegend Ölsäure). Carotinoide verleihen ihm seine rote Farbe. Auch Vitamin E kommt in nennenswerten Mengen vor.
Palmkernöl enthält überwiegend gesättigte Fettsäuren, besonders Laurinsäure.

In Westafrika dient unraffiniertes (rotes) Palmöl als Speiseöl, das Gerichten wie Suppen und Soßen eine charakteristische Farbe verleiht. Raffiniertes Palmöl ist das weltweit am häufigsten verwendete Pflanzenöl. Es ist neutral im Geschmack und findet sich in Margarine, Backwaren, Eiscreme, Schokolade, Kakaoglasuren und vielen weiteren verarbeiteten Lebensmitteln.
Palmkernöl wird wegen seines hohen Schmelzpunktes geschätzt, insbesondere in der Süßwarenindustrie.
Aus dem Stammsaft und den Blütenständen wird Palmsaft gewonnen, der auch zu Palmwein vergoren werden kann. Palmherzen gelten in den Anbauländern als Delikatesse.

Die Ölpalme spielt eine wichtige Rolle in traditionellen Medizinsystemen Afrikas. Wurzeln, Rinde, Kernöl und Palmöl werden zur Behandlung einer Vielzahl von Beschwerden eingesetzt, z. B. bei Hautinfektionen, Malaria, Magen-Darm-Problemen, Asthma und neurologischen Störungen.

Rund ein Viertel der Ernte wird für industrielle Zwecke wie Reinigungsmittel, Kosmetik, Kerzen und auch für Biokraftstoffe verwendet. Palmitinsäure, Ölsäure und insbesondere die im Palmkernfett in hohen Konzentrationen enthaltene Laurinsäure zählen zu den wichtigsten in der chemischen Industrie verwendeten pflanzlichen Ölen und werden bei der Produktion von Shampoo, Rasierseife, Seife und Reinigungsmitteln verwendet.
Traditionell werden in Westafrika fast alle Teile der Palme genutzt: z. B. die Blätter als Dachbedeckung, die Blattrippen für Besen, die Stammfasern für Seile und das Holz als Baumaterial.

Die rasche Expansion des Ölpalmenanbaus hat zu großen ökologischen und sozialen Kontroversen geführt. Für das Anlegen von Plantagen wurden in Indonesien und Malaysia mehrere Millionen Hektar ursprünglicher Regenwald gerodet und dabei riesige Mengen CO_2 freigesetzt. Die direkte Zerstörung des Lebensraums von Arten wie dem Orang-Utan ist dabei genauso problematisch wie der Einsatz von Pestiziden und der enorme Wasserverbrauch. Auch in Südamerika wurden bei der Anlage von Plantagen oftmals die Landrechte von Kleinbauern und -bäuerinnen und indigenen Gemeinschaften verletzt. Daher bemühen sich zahlreiche Organisationen und Initiativen um nachhaltigere Anbaumethoden und strengere Produktionsstandards, die ökologische, ökonomische und soziale Aspekte besser berücksichtigen.

Die Fruchtstände können bis zu 50 kg wiegen.

Talerkürbis

Telfairia pedata

Der Talerkürbis ist eine 2-häusige Liane mit großen, fingerförmig gefiederten Blättern. Die weißlichen bis rötlich-violetten Blüten entwickeln sich zu eiförmigen bis kurz zylindrischen 30–90 cm langen und bis zu 15 kg schweren Früchten. Diese haben eine harte Schale und fleischiges bis faseriges Fruchtfleisch. Darin befinden sich zahlreiche abgeflachte, rötlich-braune bis schwarze Samen, die von einer dünnen weißen Hülle umgeben sind. Diese Hülle wird vom Endokarp gebildet.

T. pedata ist im tropischen Ostafrika und auf Madagaskar heimisch und wird dort auch angebaut.

Die Samen des Talerkürbis wurden bereits vor Jahrhunderten von indigenen Völkern genutzt, insbesondere in Tansania und Kenia.

Die Samen von *T. pedata* enthalten 60–68 % fettes Öl, das reich an der mehrfach ungesättigten Linolsäure ist. Darüber hinaus sind sie eine gute Proteinquelle (23–37 %) und enthalten Mineralstoffe wie Eisen und Calcium.

Die Samen, regional auch als »Oysternut« bekannt, zeichnen sich durch eine weiche, aber feste Textur und einen leicht süßlichen Geschmack aus. Sie werden geröstet oder roh verzehrt und zu Speiseöl gepresst. Das Öl ist mild im Geschmack und besitzt eine hohe ernährungsphysiologische Qualität. Zerkleinerte oder gemahlene Samen werden auch in Breien oder als Verdickungsmittel für Suppen genutzt.
Zudem können die jungen Blätter der Pflanze gegart und als Blattgemüse verzehrt werden.

In der traditionellen Medizin werden Blätter und Samen bei Infektionen, Entzündungen (z. B. bei Rheuma) und zur Stärkung der Muttermilch verwendet.

Das aus den Samen gewonnene Öl findet auch in der Kosmetikindustrie Anwendung, insbesondere für Hautpflegeprodukte.

Obwohl der Talerkürbis regional eine wichtige Rolle als Öl- und Proteinquelle spielt, gilt er als vernachlässigte und untergenutzte Kulturpflanze, deren Potenzial derzeit nicht voll ausgeschöpft wird.

Talerkürbis: **A** Blütenstand mit ♂-Blüten **B** Kronröhre einer ♀-Blüte mit langem Griffel **1** Basis einer ♂-Blüte mit Kelch und Staubblättern **2** Staubblätter **3** Frucht im QS **4** Frucht im LS **5** Samen mit Testa **6** Embryo.

Quelle: Curtis Botanical Magazine (1827).

Lein

Flachs, Saatlein
Linum usitatissimum

Lein ist eine 1-jährige Pflanze mit schmalen Blättern. Die meist blauen, seltener weißen oder rosa Blüten entwickeln sich zu kugeligen Kapseln mit zahlreichen kleinen Samen.

L. usitatissimum ist im östlichen Mittelmeergebiet und in Zentralasien beheimatet. Er wird heute in gemäßigten Klimazonen weltweit kultiviert.

Lein wurde bereits vor mehr als 6.000 Jahren in Mesopotamien und Ägypten kultiviert. Dort nutzte man ihn als Nahrungsmittel und Heilpflanze gegen Verstopfung. Hauptsächlich wurde Lein aber für die Gewinnung von Fasern für Leinen angebaut. Im Mittelalter war Lein in Europa neben Hanf die wichtigste Faserpflanze für die Herstellung von Textilien.
Ab dem 17. Jh. befand sich eines der großen Anbaugebiete für Lein im Allgäu. Die blaublühende Pflanze und die lukrative Leinenproduktion prägten bäuerliches Leben und Landschaftsbild so stark, dass die Region als »Blauer Allgäu« bekannt war. Mit dem Aufkommen der importierten Baumwolle wurde der Anbau im 19. Jh. jedoch unrentabel, was zu Verarmung, bitterer Not und Auswanderung führte. Erst mit der Umstellung auf die zuvor unübliche Milch- und Grünlandwirtschaft erholte sich die Region wirtschaftlich und die Landschaft wandelte sich zum heute bekannten »Grünen Allgäu«.

»Faserlein« wird zur Gewinnung der Langfasern aus den Stängeln angebaut und hat nur kleine Samen. Bei »Öllein« handelt es sich hingegen um Sorten mit hohem Ölgehalt und großen Samen.

Leinsamen enthalten 35–45 % hochwertiges Öl, das außerordentlich reich an der Omega-3-Fettsäure α-Linolensäure ist. Mit einem Gehalt von 20–25 % sind sie auch eine gute Proteinquelle, enthalten reichlich Ballaststoffe (25–30 %) sowie aufquellende Schleimstoffe. Leinsamen sind außerdem die mit Abstand reichste bekannte natürliche Quelle für Lignane.

Das hitzeempfindliche Öl verfeinert mit seinem milden, nussigen Geschmack Gerichte wie Quark mit Pellkartoffeln, Salate und Smoothies. Geschrotete Samen werden gern Müsli, Brot und Gebäck zugesetzt.

Die Lignane der Samen werden aktuell intensiv hinsichtlich ihrer Wirkung bei hormonabhängigen Erkrankungen und ihrer antioxidativen Eigenschaften untersucht.

Die Gewinnung von Langfasern aus dem Stängel ist auch heute noch relevant für die Leinenproduktion. Leinöl dient auch als Bindemittel für Ölfarben und wird in der Holzbehandlung hoch geschätzt.
Nebenprodukte der Faserproduktion werden zu Dämmmaterial und Tiereinstreu verarbeitet. Die Samenschalen können als nährstoffreiches Futtermittel genutzt werden.

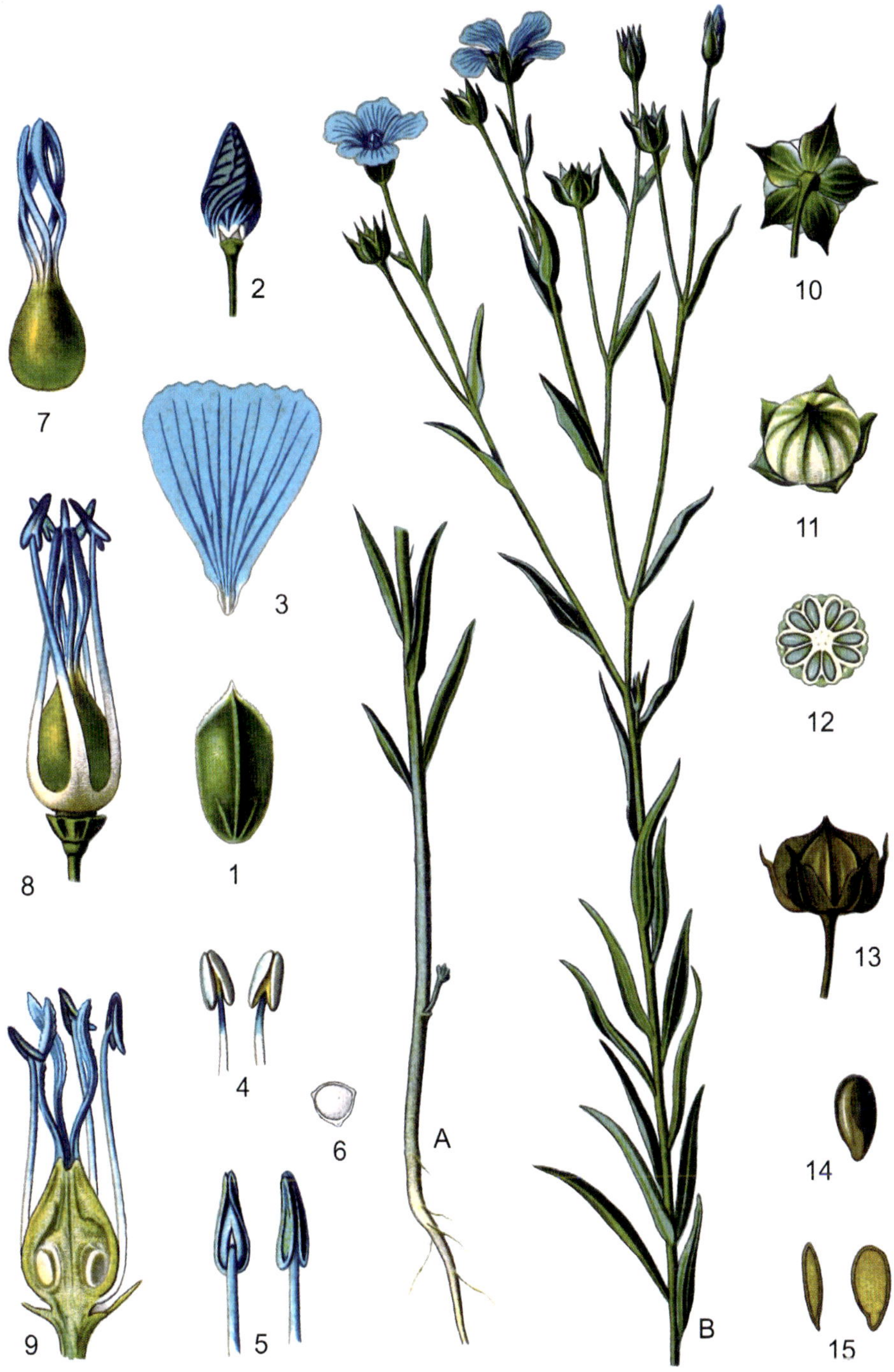

Lein: A–B Habitus einer blühenden Pflanze **1** basal 3-nerviges, spitzes Kelchblatt **2** Blütenknospe mit verdrehten Kronblättern (ohne Kelch) **3** Kronblatt **4–5** Staubbeutel **6** Pollen **7** Fruchtknoten mit verdrehten Griffeln **8** aufpräparierte Blüte (ohne Kelch und Krone) **9** aufpräparierte Blüte im LS (ohne Krone) **10–11** unreife Frucht mit Fruchtkelch **12** unreife Frucht im QS **13** reife Frucht mit Fruchtkelch **14** Same **15** Same im LS.

Quelle: Köhler (1883-1898ff).

Baumwolle

Gossypium

Die Gattung *Gossypium* – Baumwolle umfasst 50–60 Arten von kleinen Sträuchern mit handförmig gelappten Blättern. Die großen Blüten können weißlich, gelblich oder rosa sein. Daraus entwickeln sich Kapseln, die beim Aufplatzen die weißen Baumwollfasern freigeben, welche die Samen umhüllen.
Die wirtschaftlich bedeutendste Art ist *G. hirsutum*. In geringerem Umfang werden auch *G. barbadense*, *G. arboreum* und *G. herbaceum* angebaut. Da Baumwolle hauptsächlich als Faserpflanze bekannt ist, wird oft übersehen, dass aus ihren Samen auch Speiseöl sowie Mehl gewonnen werden kann.

Gossypium-Arten kommen weltweit in tropischen und subtropischen Regionen vor. *G. hirsutum* stammt aus Mittelamerika und dem nördlichen Südamerika.
Heute wird Baumwolle in mehr als 80 Ländern angebaut, hauptsächlich in warmen Klimazonen von 37° nördlicher bis 32° südlicher Breite.

Die Domestizierung von Baumwolle hat unabhängig voneinander in verschiedenen Regionen der Welt stattgefunden, wie ± 8.000 Jahre alte archäologische Funde von *G. arboreum* aus Indien und 7.000–5.000 Jahre alte Funde von *G. barbadense* aus Peru zeigen. Die industrielle Revolution revolutionierte die Baumwollverarbeitung und machte sie zum weltweit wichtigsten natürlichen Faserstoff. Die Baumwollindustrie spielte – ähnlich wie der Anbau und Handel von Zuckerrohr – eine bedeutende, aber auch tragische Rolle in der Kolonialgeschichte und der damit verbundenen Versklavung von Menschen.

Die Samen enthalten 15–25 % fette Öle. Das aus den Samen gewonnene Mehl weist einen Proteingehalt von ± 40 % auf. Allerdings enthalten die Samen auch giftiges Gossypol, welches vor dem Verzehr entfernt bzw. neutralisiert werden muss. Vor wenigen Jahren wurden auch Gossypol-freie Baumwollsorten entwickelt.

Das Öl wird zum Braten, Backen und für Salatdressings sowie in der Margarine- und Mayonnaise-Herstellung verwendet. Das Mehl wird zuweilen in Backwaren und für proteinreiche Produkte verwendet.
Junge Baumwollblätter werden traditionell als Gemüse zubereitet.

Das Samenöl wird in der Kosmetikindustrie und für technische Zwecke genutzt. Die Samen dienen oft als Tierfutter. Die Hauptnutzung von Baumwolle liegt jedoch in der Fasergewinnung für die Textilindustrie. Außerdem werden die Fasern auch für die Herstellung von Papier und Celluloseprodukten verwendet.

Der konventionelle Baumwollanbau steht wegen seines hohen Wasserbedarfs und Pestizideinsatzes in der Kritik, was zahlreiche ökologische und soziale Herausforderungen mit sich bringt.

Baumwolle (*Gossypium herbaceum*): A Zweig mit Blättern, Blüten und geöffneten Früchten mit weißlich behaarten Samen **1** Blüte **2** 2 basal verwachsene Staubblätter **3** Fruchtknoten mit Griffel **4** Fruchtknoten im LS **5–6** geöffnete Kapseln mit behaarten Samen **7** Samen mit langen Haaren **8** Samen **9** Samen im LS und QS **10** Kelch mit unreifer Kapsel.

Quelle: Blackwell (1750-1773).

Raps, Steckrübe

Kohlrübe, Lewat, Wruke
Brassica napus

Raps ist eine 1–2-jährige krautige Pflanze mit einer Pfahlwurzel und blaugrünen, leicht bereiften Blättern und Stängeln. Die leuchtend gelben Blüten sind in traubigen Blütenständen angeordnet und entwickeln sich zu länglichen Schoten. Diese enthalten zahlreiche kleine, kugelige, schwarzbraune ölreiche Samen.

Bei der Steckrübe (*B. napus* subsp. *rapifera*) ist die Pfahlwurzel als große, fleischige und zuckerreiche Rübe ausgebildet.

B. napus ist eine natürlich entstandene und fertile Hybride zwischen Kohl (*B. oleracea*) und Rübsen (*B. rapa*). Raps wird weltweit in gemäßigten Klimazonen angebaut. Die Hauptanbaugebiete befinden sich in Europa, Kanada, China, Indien und Australien.

Die Kultivierung von Raps begann vermutlich im 13. Jh. in Europa. Traditionell wurde das Öl hauptsächlich als Lampenöl und zur Seifenherstellung genutzt. Rapsöl war bis ins späte 20. Jh. für den menschlichen Verzehr kaum geeignet, weil es bis zu 45 % an Erucasäure und Glucosinolaten enthielt und dadurch extrem bitter und scharf schmeckte.

In den 1970er-Jahren gelang kanadischen Wissenschaftler:innen ein entscheidender Durchbruch: die Züchtung erucasäurearmer Sorten, die als Canola (»Canadian oil, low acid«) bekannt wurden. Seit den 1980er-Jahren werden ähnliche Sorten in Deutschland als Null-Raps bzw. Doppelnull-Raps (»Null« steht dabei für die fehlenden schädlichen Inhaltsstoffe) angebaut – und Raps entwickelte sich zu einem beliebten Speiseöl.

Winterraps wird im Herbst ausgesät, überwintert als Rosette und bildet im folgenden Frühjahr Blüten und Samen. Er liefert höhere Erträge, benötigt aber eine Vegetationsruhe mit Kälteperiode. Sommerraps wird dagegen im Frühjahr ausgesät und noch im selben Jahr geerntet.

Ölraps ist für die Ölproduktion – für die Lebensmittelindustrie oder die Biodieselproduktion – optimiert, während Futtermittelraps in der Tierernährung eingesetzt wird. Außerdem existieren Hochölsäureraps-Sorten für die Herstellung von Schmierölen und anderen technischen Produkten.

Durch gentechnische Verfahren wurden Rapskultivare entwickelt, die eine Resistenz gegen

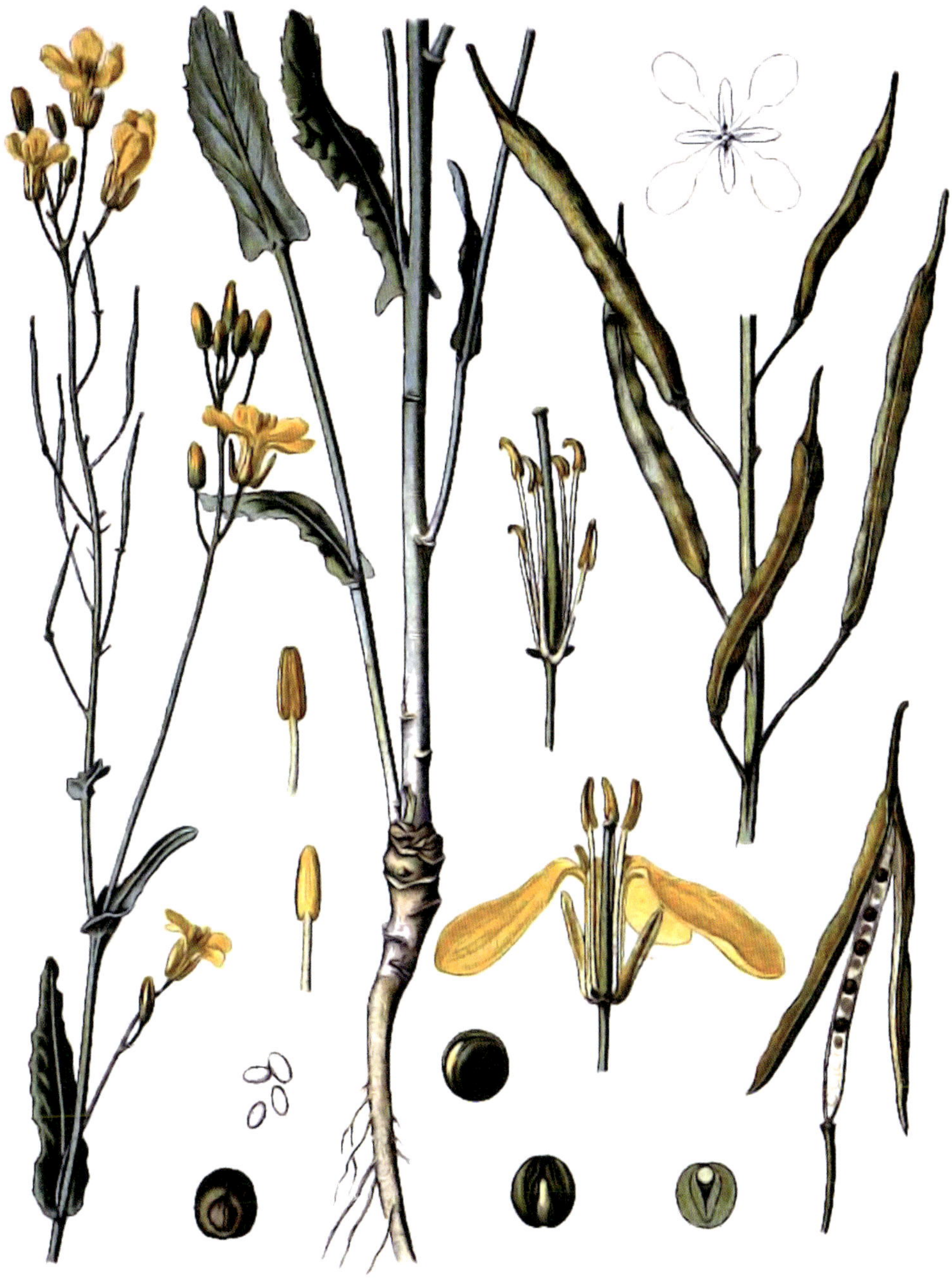

Raps: A Stängelbasis mit Pfahlwurzel und geöhrten Stängelblättern **B** distaler Teil einer Pflanze mit Stängelblättern, Blüten und Früchten **C** Fruchtstand (Traube) **1** Blüte von oben **2** Blüte im LS **3** aufpräparierte Blüte (ohne Kelch und Krone) **4** Staubbeutel **5** Pollen **6** geöffnete Schote mit Samen an Rahmen und Scheidewand **7** Same **8** Same im LS **9–10** Samen ohne Testa.

Quelle: Köhler (1883-1898ff).

Breitbandherbizide wie Glyphosat aufweisen. Der Einsatz von solchen resistenten Sorten und der damit verbundene starke Einsatz von Herbiziden wird kontrovers diskutiert.

Die Samen moderner Rapssorten enthalten 40–45 % fette Öle mit einer ausgewogenen Fettsäurezusammensetzung: 60 % Ölsäure, 20 % Linolsäure und 10 % der Omega-3-Fettsäure α-Linolensäure. Erucasäure ist hingegen nur noch mit 2 % vertreten. Rapsöl enthält zudem bedeutende Mengen an Vitamin E und Phytosterolen. Die Samen weisen einen Proteingehalt von 20–25 % auf.
Die in der gesamten Pflanze vorkommenden Glucosinolate werden bei Verletzung der Zellen zu Isothiocyanaten umgewandelt, die für den typisch kohlartigen Geschmack verantwortlich sind.

Rapsöl zählt heute weltweit zu den wichtigsten Speiseölen. Kaltgepresstes Rapsöl verfügt über ein feines, nussiges Aroma und wird für Salate und Dressings geschätzt. Raffiniertes Rapsöl wird durch Heißpressung und anschließende Reinigungsprozesse gewonnen und ist hitzebeständiger als das kaltgepresste Öl. Es findet in der Lebensmittelindustrie breite Verwendung, z. B. als Grundlage für Margarine, Mayonnaise und viele weitere Produkte.
Die jungen Blätter werden traditionell als Gemüse verzehrt.

Neben der Nahrungsmittelverwendung spielt Rapsöl eine wichtige Rolle als Rohstoff für die Produktion von Biodiesel, Schmierstoffen, Hydraulikölen und weiteren Produkten der chemischen Industrie.
Der proteinreiche Rapsschrot, der nach der Ölpressung zurückbleibt, ist ein wertvolles Tierfutter, insbesondere für Rinder und Schweine. Raps gilt zudem als wertvolle Bienenweide, die im Frühjahr große Mengen Nektar und Pollen liefert.

Steckrübe

Steckrübe

Brassica napus subsp. rapifera

Die Steckrübe (*B. napus* subsp. *rapifera*) bildet eine große, fleischige und zuckerreiche Rübe aus. Diese wächst teilweise über und teilweise im Boden und ist außen rötlich und innen gelblich bis gelblich-grünlich gefärbt.
Die Steckrübe wird seit dem Mittelalter in Europa kultiviert und diente v. a. als Grundnahrungsmittel in kargen Zeiten. Besondere Bedeutung erlangte sie während des Ersten Weltkriegs in Deutschland. Der sogenannte »Steckrübenwinter« 1916/17 wurde zu einem Symbol für Hunger und Entbehrung, da die Bevölkerung weitgehend von Steckrüben leben musste. Diese kollektive Erfahrung trug zu einem anhaltenden Imageproblem der Steckrübe in Deutschland bei.
Steckrüben enthalten bedeutende Mengen an Vitamin C, Kalium, Calcium sowie Ballaststoffen und auch Senfölglycoside.
Sie können gekocht, gedünstet, gebraten oder roh verzehrt werden. In Norddeutschland ist der deftige »Steckrübeneintopf« trotz allem ein beliebtes Gericht.

Leindotter

Saatleindotter

Camelina sativa *(Camelina pilosa, Myagrum sativum)*

Leindotter ist eine 1-jährige Pflanze mit pfeilförmigen, graugrünen Blättern. Die kleinen, blass- oder kräftiggelben Blüten entwickeln sich zu birnförmigen Schötchen, die mehrere kleine, kurz-zylindrische Samen von hellgelber bis rötlich-brauner Färbung enthalten.

Geöffnetes Schötchen mit Scheidewand, Rahmen und Samen

Ursprünglich stammt *C. sativa* aus Osteuropa und Zentralasien. Heute ist die Pflanze in gemäßigten Klimazonen weltweit zu finden.

Leindotter wurde bereits in der Bronzezeit in Europa kultiviert. Als anspruchslose Pflanze war die Art besonders in Osteuropa verbreitet und wurde oft als Mischkultur mit Lein angebaut. Im Mittelalter wurde Leindotteröl als Lampenöl genutzt und auch zum Kochen verwendet. Mit der Einführung ertragreicherer Öl-Pflanzen geriet Leindotter weitgehend in Vergessenheit. Seit den 1990er-Jahren erlebt die Pflanze jedoch eine Renaissance als Öl-Pflanze mit günstigem Fettsäureprofil.

Leindotterfeld im Saarland

Die Leindottersamen enthalten 30–45 % fette Öle, die zu 33–40 % aus der Omega-3-Fettsäure α-Linolensäure bestehen. Zusätzlich sind die Samen reich an Proteinen (25–30 %) und enthalten Vitamin E, Phytosterole sowie Antioxidantien.

Leindotteröl besitzt einen milden, leicht nussigen Geschmack. Aufgrund seines hohen Gehalts an mehrfach ungesättigten Fettsäuren eignet sich das Öl besonders gut für kalte Speisen.
Die Samen können gemahlen als Mehlzusatz in Backwaren verwendet werden oder als knusprige Zutat in Müslis und auf Brot.

Leindotteröl findet auch in der Kosmetikindustrie Verwendung, wo es aufgrund seiner hautpflegenden Eigenschaften geschätzt wird.
Der Presskuchen, der nach der Ölgewinnung zurückbleibt, ergibt ein proteinreiches Futtermittel. Darüber hinaus gewinnt Leindotter als nachhaltige Energiepflanze zur Biodieselproduktion zunehmend an Bedeutung.

Leindotter: **A** basaler Teil einer Pflanze **B** distaler Teil einer Pflanze mit pfeilförmig geöhrten Stängelblättern, Blüten und Früchten **C** Fruchtstand **1** Blüte **2** aufpräparierte Blüte **3** Schötchen **4** Samen am Rahmen mit Scheidewand **5** Same.

Quelle: Kops (1800-1934).

Arganbaum

Arganie
Argania spinosa

Der Arganbaum ist ein kleiner bis mittelgroßer immergrüner Baum mit rötlich-bräunlicher Borke und derben Blättern. Die gelblich-grünlichen Blüten entwickeln sich zu olivengroßen, gelblichen Steinfrüchten mit einem harten Kern, in dem sich 1–3 ölhaltige Samen befinden.

A. spinosa ist in den Halbwüstenregionen von Marokko heimisch.

Das Öl der Samen wird wegen seiner nahrhaften und medizinischen Eigenschaften seit Jahrhunderten geschätzt. Die Nutzung des Baumes ist dabei eng mit der Kultur der Berbervölker verbunden. Traditionell sammelten die Frauen die heruntergefallenen Früchte, entfernten die harte Schale und pressten das wertvolle Öl in aufwendigen Verfahren. Die Produktion von Arganöl spielt in ländlichen Regionen bis heute eine wichtige sozioökonomische Rolle.
In den letzten Jahrzehnten hat Arganöl an Popularität gewonnen, was zu einem Aufschwung in den Anbaugebieten führte.

Die Früchte werden meist von wild wachsenden Bäumen geerntet. Um die Bestände zu schützen, wurde 1998 ein großes Biosphärenreservat eingerichtet und dabei nachhaltige Bewirtschaftungsansätze gefördert.
Als besonders wirkungsvoll hat sich die Förderung der Frauenkooperativen erwiesen. Durch die Unterstützung ihrer Produktionsmethoden wird sowohl der Erhalt der Arganbestände gesichert als auch die wirtschaftliche Selbstständigkeit und der soziale Status der Berberfrauen nachhaltig gestärkt.

In den letzten Jahren wurden außerdem experimentelle Anpflanzungen des Baumes in anderen Regionen durchgeführt, u. a. in Israel.

Die Samen enthalten 40–60 % Pflanzenöl. Dieses besteht zu ± 80 % aus Ölsäure und der mehrfach ungesättigten Linolsäure. Darüber hinaus sind Vitamin E, Sterole und Polyphenole reichlich vorhanden.

Arganöl aus gerösteten Samen gilt als kulinarische Spezialität und wird gerne zum Verfeinern von Salaten, Couscous und Tajines verwendet. Es hat eine goldbraune Farbe und schmeckt nussig mit einer leichten Bittermandelnote. Beim Erhitzen entwickelt es ein intensives Röstaroma.

In der traditionellen Medizin wird Arganöl aus ungerösteten Kernen bei Hautproblemen eingesetzt und Blattextrakte werden gegen Diabetes eingesetzt.
Wissenschaftliche Untersuchungen bestätigen, dass Blattextrakte den Blutzuckerspiegel senken und die Insulinwirkung verbessern können. Darüber hinaus wirkt Arganöl als Entzündungshemmer und Zellschutz, wodurch es bei Hautproblemen, Herz-Kreislauf-Beschwerden und Verdauungsproblemen helfen kann.

Arganöl wird in Kosmetikprodukten verwendet. Die Pressrückstände der Ölherstellung dienen als nahrhaftes Viehfutter.

Arganbaum: A Zweig mit Kurztriebdornen, spatelförmigen Blättern und Blüten **B** älterer Baum mit charakteristischer Borke **1** Blüte **2** Blüte ohne Kelch **3** aufpräparierte Krone mit Staubblättern und kleinen spitzen Staminodien **4** Fruchtknoten mit Griffel **5** Fruchtknoten im LS **6** Fruchtknoten im QS **7–8** Steinfrüchte **9** 3-kernige Frucht im QS **10** aufpräparierte Frucht mit Steinkernen **11** aufpräparierter Steinkern mit Samen im LS **12** Same **13** Samen im QS mit dicker Samenschale und Embryo.

Quellen: Hooker's journal of botany and Kew Garden miscellany (1854); Alozade (Foto).

Karitébaum, Sheanussbaum

Schibaum

Vitellaria paradoxa *(Butyrospermum paradoxum)*

Der Karitébaum, oft auch Sheanussbaum genannt, ist ein mittelgroßer Laubbaum mit cremeweißen bis grünlichen Blüten. Die kugeligen bis eiförmigen Beeren mit 4–8 cm ⌀ enthalten unter dem süßlichen Fruchtfleisch meist 1–2 große ölreiche Samen, aus denen die wertvolle Sheabutter gewonnen wird.

V. paradoxa ist in dem nach der Art benannten sogenannten »Shea-Gürtel« heimisch, einem 5.000 km langen Bereich der afrikanischen Savanne, der sich südlich der Sahara vom Senegal bis zum Sudan erstreckt.

Archäologische Funde aus Mali und Burkina Faso deuten auf eine Verwendung der Sheabutter bereits vor 1.900–1.700 Jahren hin. Andere Teile des Karitébaums wurden bereits vor ± 3.000 Jahren genutzt.
Die traditionelle Gewinnung von Sheabutter ist ein aufwendiger und oft gemeinschaftlich von Frauen durchgeführter Prozess. Dieser reicht vom Sammeln der Früchte über das Trocknen, das Knacken der Nüsse bis zum Mahlen der Kerne und dem Auskochen des Fettes – eine kulturelle Praxis, die bis heute in vielen ländlichen Gemeinden Westafrikas fortbesteht.

Von der Art werden 2 Unterarten unterschieden: *V. paradoxa* subsp. *paradoxa* kommt im westlichen Teil des Verbreitungsgebiets vor, *V. paradoxa* subsp. *nilotica* hingegen im östlichen Teil. Die östliche Unterart zeichnet sich durch einen höheren Gehalt an ungesättigten Fettsäuren aus, was die Sheabutter weicher macht.

Der Sheanussbaum wird meist in traditionellen Agroforstsystemen genutzt: Dabei werden einzelne Bäume beim Roden von Flächen für den Ackerbau gezielt stehen gelassen, was zur Entstehung sogenannter »Parklandschaften« führt.
Die Nutzung bereits etablierter Bäume ermöglicht eine unmittelbare Ernte. Im Gegensatz dazu müssen bei Neuanpflanzungen aus Samen oder Stecklingen erheblich längere Wartezeiten einkalkuliert werden: Ein Baum trägt erst nach 10–15 Jahren die ersten Früchte und erreicht seine volle Produktivität sogar erst nach 20–30 Jahren.

Die Samen enthalten 30–60 % eines festen Pflanzenfetts, das als »Sheabutter« bekannt ist. Dieses besteht überwiegend aus Ölsäure (40–55 %) und Stearinsäure (35–45 %). Diese Mischung verleiht der Sheabutter ihren Schmelzpunkt nahe der Körpertemperatur. Die unverseifbaren Bestandteile liegen mit 3–17 % für ein Pflanzenfett ungewöhnlich hoch. Sie umfassen Triterpene, Tocopherole und Sterole.
Das Fruchtfleisch ist reich an Kohlenhydraten, Vitamin C sowie verschiedenen Mineralstoffen, besonders Kalium, Calcium und Magnesium.

Der Sheanussbaum liefert 2 wichtige Nahrungsmittel: das süßliche Fruchtfleisch und die aus den Samen gewonnene Sheabutter. Beide stellen in vielen Regionen Westafrikas eine wichtige saisonale Nahrungsquelle dar. Die Früchte reifen typischerweise während der Landvorbereitungs- und Pflanzsaison, bevor andere Grundnahrungsmittel geerntet werden können, und überbrücken so Versorgungsengpässe.

Karitébaum: **A** Kurztriebe mit gestielten Laubblättern **B** Kurztrieb mit Blütenständen **1** Blüte **2** aufpräparierte Krone mit Staubblättern und kronblattartigen Staminodien **3** Kronblatt mit Staubblatt und kronblattartigem gezähntem Staminodium **4** Fruchtknoten mit Griffel im LS **5** Fruchtknoten im QS **6** Samenanlage **7** unreife Beere im QS mit 4 Samen **8** reife Beere im LS mit 1 Same **9** Same mit großem Nabel **10** reife Beere im LS.

Quellen: Zippel & Bollmann (1876-1880ff); Engler & Drude (1896-1928); von Gaertner (1805-1807).

Die Sheabutter wird traditionell als Kochfett verwendet. Sie dient zum Braten, Frittieren und zur Zubereitung von Soßen und Eintöpfen. In ländlichen Gebieten Westafrikas ist sie oft das wichtigste Speisefett.
In der modernen Lebensmittelindustrie findet Sheabutter Verwendung als Kakaobutter-Äquivalent in der Schokoladenherstellung, wobei sie bis zu 5 % der Kakaobutter ersetzen darf. Das Fruchtfleisch wird meist frisch verzehrt.

In der traditionellen Medizin wird Sheabutter äußerlich bei Rheuma, Wunden und Hautproblemen angewendet.

Sheabutter hat sich in den letzten Jahrzehnten auch zu einem begehrten Rohstoff für die Kosmetikindustrie entwickelt.

Der Sheanussbaum besitzt einen hohen kulturellen und spirituellen Wert in vielen westafrikanischen Gesellschaften. In manchen Regionen gilt er als heilig und darf nicht gefällt werden.
Sheabutter wird oft als »Gold der Frauen« bezeichnet, da sie eine der wenigen Ressourcen ist, über die Frauen in der Region die Kontrolle von der Ernte bis zur Vermarktung haben und die ihnen ein eigenes Einkommen sichert. Schätzungen zufolge sind mehr als 18 Mio. Frauen im Shea-Gürtel an der Sammlung der Nüsse beteiligt. Diese »Shea-Ökonomie« wird zunehmend durch Fair-Trade-Initiativen und Frauenkooperativen gestärkt.
Als Schlüsselart der Agroforst-Parklandschaften Westafrikas spielt der Baum auch eine wichtige Rolle für die Stabilität des Ökosystems und die Erhaltung der Biodiversität.

Eine Frau in Burkina Faso stellt Sheabutter her

Parklandschaft mit dem Karitébaum im östlichen Burkina Faso

Ihre hautpflegenden und entzündungshemmenden Eigenschaften finden in Hautcremes, Lippenpflegeprodukten und Haarpflegemitteln Anwendung.
Die Pressrückstände der Samenverarbeitung dienen als Viehfutter oder Dünger. Das harte, termitenfeste Holz des Sheabaums wird traditionell für Werkzeuggriffe und Möbel genutzt.

Aktuell sind viele Bestände von *V. paradoxa* akut bedroht, v. a. durch die Umwandlung von Savannengebieten in intensiv genutzte landwirtschaftliche Flächen. Zudem gefährden von Menschen verursachte Brände sowie eine zu intensive Bewirtschaftung der traditionellen Parklandsysteme die natürliche Regeneration. Durch den Klimawandel könnte sich das Verbreitungsgebiet des Baumes erheblich verkleinern, v. a. aufgrund veränderter Niederschlagsmuster.

Olivenbaum

Ölbaum
Olea europaea *(Olea sativa)*

Der Olivenbaum ist ein mittelgroßer, immergrüner Baum. Charakteristisch sind sein knorriger Stamm, die länglich-lanzettlichen Blätter mit dunkelgrüner Oberseite und silbrig-grauer Unterseite sowie die kleinen, cremeweißen Blüten. Die eiförmigen Steinfrüchte reifen je nach Sorte von grün über violett bis zu schwarz. Bemerkenswert ist die außerordentliche Langlebigkeit des Baumes – die ältesten Exemplare sind mindestens 2.500 Jahre alt, eventuell sogar 3.200 Jahre.

Ursprünglich stammt der Olivenbaum aus dem östlichen Mittelmeergebiet, insbesondere aus der Levante. Dank seiner tiefreichenden Wurzeln verträgt der Baum sommerliche Trockenheit gut. Zudem kann er auch leichte Winterfröste überleben.
Der Olivenbaum prägt seit vielen Jahrhunderten das Landschaftsbild im gesamten Mittelmeergebiet. Er wird auch in anderen Regionen mit mediterranem Klima angebaut, etwa in Kalifornien, Australien, Südafrika oder Chile.

Archäologische Funde belegen, dass bereits vor 7.000–6.000 Jahren im Mittelmeergebiet Olivenbäume kultiviert wurden. Die Oliven und das daraus gewonnene Öl galten in der Antike als wertvolle Handelswaren, Nahrungsmittel und Kulturgüter. Nach der griechischen Mythologie schenkte die Göttin Athene selbst den Olivenbaum den Menschen. Das unerlaubte Fällen eines Olivenbaums galt im antiken Athen als Kapitalverbrechen, das mit der Todesstrafe bestraft werden konnte. Auch in religiösen Texten wie Bibel und Koran spielt der Olivenbaum eine prominente Rolle und symbolisiert Langlebigkeit und Lebenskraft. Ein Olivenzweig gilt auch heute noch als Symbol des Friedens und der Weisheit und ziert die Flagge der Vereinten Nationen.

Weltweit existieren Hunderte bis Tausende Olivensorten, die eine hohe genetische Diversität repräsentieren – den Großteil des Handels machen aber nur wenige Dutzend Sorten aus.
Nach dem Verwendungszweck unterscheidet man zwischen Tafeloliven und Öloliven. Zu den Tafeloliven zählen die großen, grünen Gordal aus Spanien, die Kalamata mit einer länglichen Form und violett-schwarzer Färbung aus Griechenland sowie die Nocellara del Belice aus Sizilien. Bei den Öl-Oliven dominieren Sorten wie Picual und Arbequina (Spanien), Frantoio und Leccino (Italien) oder Koroneiki (Griechenland).

Olivenbäume liefern bereits nach 4–7 Jahren erste Erträge und erreichen ihre volle Produktivität nach 15–20 Jahren.

Olivenernte. Abbildung aus dem Wiener »Tacuinum sanitatis«, um 1380

Olivenbaum: A Zweig mit Blättern und Blüten **1** ungeöffnete Blüte **2** geöffnete Blüte **3** aufpräparierte Krone mit Staubblättern **4** Staubbeutel **5** Pollen **6** Fruchtknoten im Kelch **7** Fruchtknoten im Kelch im LS **8** Fruchtknoten im QS **9** Steinfrucht (Olive) **10** Steinfrucht mit Steinkern und Same im LS **11** Steinkern **12** Steinkern im LS mit Same **13** Same im LS **14** Same im QS **15** Schuppenhaar der Blatt-US.

Quelle: Köhler (1883–1898ff).

Mindestens 2.500 Jahre alter Olivenbaum in Kavousi auf Kreta

Anschließend können sie bis ins hohe Alter – häufig mehrere Hundert Jahre – Früchte tragen. Die Bäume werden regelmäßig beschnitten, um die Luftzirkulation zu fördern und die Ernte zu erleichtern. Die Ernte erfolgt entweder durch Handpflücken, Abklopfen oder in modernen Plantagen durch mechanische Schüttler.
Das Öl wird durch mechanisches Pressen gewonnen. »Natives Olivenöl« wird ausschließlich durch Kaltpressung bei Temperaturen unter 27 °C ohne den Einsatz von Chemikalien hergestellt. »Extra« bezeichnet die höchste Qualitätsstufe nativer Olivenöle, die sich durch einen sehr niedrigen Säuregehalt von ± 0,8 % sowie einen fehlerfreien Geschmack und Geruch auszeichnen muss. Raffinierte Öle werden hingegen chemisch behandelt und können dabei gesundheitsfördernde Inhaltsstoffe verlieren.

Oliven und Olivenöl enthalten hauptsächlich die einfach ungesättigte Ölsäure (55–83 %), Vitamin E, Polyphenole (v. a. Oleuropein, Tyrosol und Hydroxytyrosol) sowie Phytosterole. Der bittere Geschmack roher Oliven stammt hauptsächlich vom Oleuropein, das durch Verarbeitung (z. B. Behandlung mit Lauge, Fermentation) reduziert wird.

Oliven und Olivenöl zählen zu den wichtigsten Bestandteilen der mediterranen Ernährung und sind weltweit beliebt. Olivenöl wird sowohl zum Kochen und Braten als auch zum Verfeinern von Salaten und kalten Gerichten verwendet.
Die Früchte selbst werden meist in Salzlake oder Lauge eingelegt oder fermentiert konsumiert. Ihre Verwendung ist außerordentlich vielseitig: Als Antipasti, Bestandteil von Pizza und Pastasaucen oder in herzhaften Fleisch- und Fischgerichten sind sie ein essenzieller Bestandteil vieler traditioneller Rezepte.

Olivenöl findet auch umfangreiche Verwendung in der Kosmetik- und Pharmaindustrie. Seine pflegenden, feuchtigkeitsspendenden und entzündungshemmenden Eigenschaften machen es zu einem beliebten Bestandteil von Cremes, Lotionen, Seifen und Haarpflegeprodukten.

Eine aktuelle Bedrohung des Olivenbaums stellt das Bakterium *Xylella fastidiosa* dar, das in Süditalien und anderen Regionen zum großflächigen Absterben Tausender Bäume geführt hat. Bisher gibt es keine Gegenmittel und die Bekämpfungsstrategien konzentrieren sich daher auf die Eindämmung der Ausbreitung.

Sesam

Sesamum indicum *(Sesamum orientale)*

Sesam ist eine 1-jährige, krautige Pflanze mit auffälligen, glockenförmigen Blüten, die weißlich, rosa oder violett gefärbt sein können. Sie entwickeln sich zu länglichen Kapseln, die zahlreiche kleine, ölreiche Samen enthalten. Je nach Sorte sind die Samen weißlich, gelblich, braun oder schwarz.

S. indicum stammt aus Afrika oder Indien, wobei die genaue Herkunft nicht vollständig geklärt ist. Heute wird Sesam in vielen tropischen und subtropischen Regionen angebaut, darunter Indien, China, Myanmar, Sudan und Nigeria.

Sesam wurde bereits vor mehr als 4.000 Jahren in Mesopotamien und im antiken Ägypten angebaut. Auch in Indien und China wird Sesam seit Langem sowohl als Nahrungsmittel als auch in der traditionellen Medizin verwendet.

Es existieren zahlreiche Sorten von Sesam, die sich v. a. in Samenfarbe und Ölgehalt unterscheiden. Wichtige Typen sind: Weißer Sesam, der mild im Geschmack ist und häufig in Backwaren und Süßspeisen verwendet wird. Schwarzer Sesam zeichnet sich durch ein intensives Aroma und einen hohen Gehalt an Antioxidantien aus. Er wird besonders in der asiatischen Küche geschätzt. Ölsesam wurde speziell für die Ölgewinnung gezüchtet.

Sesamsamen enthalten 40–60 % fette Öle, die v. a. aus der mehrfach ungesättigten Linolsäure sowie Ölsäure bestehen. Der Proteingehalt beträgt bis zu 25 %. Außerdem finden sich in den Samen Vitamin E und B-Vitamine sowie Mineralstoffe (v. a. Calcium und Eisen) sowie Lignane (v. a. Sesamin).

Sesamsamen werden roh, geröstet oder gemahlen gegessen und zum Würzen und Dekorieren verwendet. Geröstet entfalten sie ein nussig-aromatisches Aroma. Sesam ist auch Bestandteil vieler Gewürzmischungen, z. B. der traditionellen japanischen Mischung »Shichimi tōgarashi«. In der arabischen und asiatischen Küche dient Sesammus (»Tahina«) als Grundzutat von Hummus. Das aus den Samen gepresste Öl kann als Speiseöl verwendet werden.

Sesamöl wird traditionell auch als Lampenöl und für Kosmetika verwendet und dient als Massageöl. Die bei der Ölpressung anfallenden proteinreichen Presskuchen ergeben ein hochwertiges Viehfutter.

Sesam: A basaler Teil einer Pflanze mit Stängelbasis und Wurzeln **B** distaler Teil einer Pflanze mit Blättern, Blüten und Früchten **1** Blüte **2** Blüte im LS **3** Fruchtknoten mit Griffel und 2-lappiger Narbe sowie mit basaler ringförmiger Nektardrüse **3a** Fruchtknoten im QS **4** reife geöffnete Kapsel **5** Kapselhälften **6** aufpräparierte Kapselhälfte **7** Same einer schwarz-samigen Varietät **8** Same einer weiß-samigen Varietät **9** Same im LS **10** Same im QS **11** Blütendiagramm.

Quelle: Köhler (1883–1898ff).

Sonnenblume

Helianthus annuus *(Helianthus indicus)*

Die Sonnenblume erreicht meist eine Höhe von 1–3 m. Rekordexemplare können aber sogar über 9 m hoch werden. Sie bildet sehr große, körbchenförmige Blütenstände mit 7–50 cm ⌀ aus. Deren Rand wird von einem Kranz gelblicher Zungenblüten gebildet, die bei Zierformen auch bräunlich bis rötlich gefärbt sein können. In der Mitte des Blütenstands, der Scheibe, befinden sich zahlreiche dunklere Röhrenblüten. Die ölreichen und essbaren Früchte – aus botanischer Sicht Achänen – haben eine dicke Schale, bei der es sich um die mit der Samenschale verwachsene Fruchtwand handelt. Darin befindet sich der essbare Embryo mit großen, nährstoffreichen Keimblättern, der den »Sonnenblumenkern« bildet.

H. annuus stammt aus dem südlichen Nordamerika, insbesondere aus den westlichen und zentralen Regionen der USA und aus Mexiko. Heute wird sie weltweit, v. a. in gemäßigten Klimazonen, angebaut und zählt zu den wichtigsten Öl-Pflanzen. Die größten Anbauflächen finden sich mit weitem Abstand in Russland und der Ukraine, gefolgt von der EU, Argentinien, China und der Türkei.

Die Sonnenblume wurde von indigenen Völkern Nordamerikas bereits vor mehr als 5.000–3.000 Jahren als Nahrungsmittel kultiviert und war tief in das kulturelle und spirituelle Leben integriert.
Im 16. Jh. brachten spanische Seefahrende sie als Zierpflanze nach Europa. Seit der ersten Hälfte des 19. Jh. wird die Pflanze insbesondere in Russland und der Ukraine im großen Stil zur Speiseölgewinnung angebaut.

Sonnenblumenkerne enthalten einen hohen Anteil der mehrfach ungesättigten Linolsäure, B-Vitamine, Vitamin E sowie Mineralstoffe wie Magnesium, Selen, Kupfer und Mangan.

Das kaltgepresste Öl hat einen milden Geschmack und wird für Salatdressings und zur Margarineherstellung verwendet. Raffiniertes Öl sowie Öl spezieller Sorten haben einen höheren Rauchpunkt und können auch zum Braten und Frittieren verwendet werden. Sonnenblumenkerne werden als Snack gerne roh verzehrt. Geröstet können sie als Kaffeeersatz dienen. Die geschälte Samenmasse lässt sich zu Mehl verarbeiten.
Die Knospen werden traditionell ähnlich wie Artischocken zubereitet.

Sonnenblumenöl wird für die Produktion von Biodiesel, Schmier- und Kunststoffen sowie Ölfarben eingesetzt.
Geschälte Kerne und der Presskuchen dienen als nährstoffreiches Viehfutter.

Sonnenblume: **A** distaler Teil einer Pflanze mit Blättern und Blütenstand (Körbchen) aus dunklen Röhren- und gelben Zungenblüten **1** Röhrenblüte **2** Tragblatt einer Blüte (Spreublatt) **3** Frucht (Achäne) mit und ohne Tragblatt (= Spreublatt) **4** Frucht **5** Frucht im LS mit verwachsener Fruchtwand und Samenschale.

Quellen: von Schlechtendal (1840ff); Baillon (1866-1895).

Ramtillkraut

Gingellikraut, Nigersaat
Guizotia abyssinica *(Polymnia abyssinica)*

Das Ramtillkraut ist eine 1-jährige Pflanze mit großen, leuchtenden Blütenständen aus gelben Röhren- und Zungenblüten. Die ölreichen und essbaren Früchte – aus botanischer Sicht Achänen – haben eine dunkle Schale, bei der es sich um die mit der Samenschale verwachsene Fruchtwand handelt.

G. abyssinica stammt aus dem ostafrikanischen Hochland, insbesondere aus Äthiopien und Eritrea. Heute wird die Art in vielen tropischen und subtropischen Regionen Afrikas, aber auch in Indien und Südamerika, kultiviert.

In Äthiopien wird das Ramtillkraut seit Langem als Öl-Pflanze kultiviert. Die Domestikation begann dort vermutlich vor 3.000–2.000 Jahren. Im 19. Jh. verbreitete sich der Anbau in weitere Teile Afrikas und nach Indien.

Der Anbau erfolgt überwiegend in Direktaussaat im Regenfeldbau, also ohne künstliche Bewässerung. Ramtillkraut wird häufig im Mischanbau mit Mais oder Sorghumhirse kultiviert. Die Pflanze produziert bereits nach 3–4 Monaten reife Samen. Der Anbau des Ramtillkrauts bietet Kleinbauern und -bäuerinnen in vielen Regionen Afrikas eine zuverlässige Einkommensquelle. Die Art gilt als anspruchslose Kulturpflanze, die mit vergleichsweise wenig Aufwand akzeptable Erträge liefert.

Die Samen enthalten 30–50 % fette Öle. Davon entfallen 55–75 % auf die mehrfach ungesättigte Linolsäure. Des Weiteren kommen Ölsäure und Palmitinsäure in nennenswerten Mengen vor. Auch Vitamin E, Mineralstoffe wie Calcium, Magnesium und Eisen sowie Ballaststoffe und Polyphenole sind vorhanden.

Das aus den Samen gewonnene Speiseöl schmeckt neutral bis leicht nussig und wird zum Kochen und Braten, aber auch als Salatöl verwendet.
Die Samen werden auch als Ganzes in traditionellen Gerichten der äthiopischen und indischen Küche verwendet, z. B. dem »Ramtil Chutney« oder der Süßspeise »Ramtil Ladoo«. Außerdem werden sie traditionell zu Mehl gemahlen.

Vorläufige Studien deuten darauf hin, dass die enthaltenen sekundären Pflanzenstoffe entzündungshemmende Eigenschaften haben. Diese Erkenntnisse müssen jedoch noch durch weitere Forschung bestätigt werden.

Das aus den Samen gewonnene Öl wird auch in der Kosmetikbranche für Hautpflegeprodukte, Seifen und Lotionen eingesetzt.
In Europa und Nordamerika werden die Samen überwiegend als Vogelfutter genutzt. Blätter und Presskuchen ergeben ein proteinreiches Viehfutter.

Ramtillkraut: 1 distaler Teil einer Pflanze mit gegenständigen Stängelblättern und vielen Blütenständen (Körbchen) **2** Zungenblüte mit abgeflachter Achäne **3** Röhrenblüte **4** aufpräparierte Röhrenblüte mit rundlicher bis kantiger Achäne **5** Fruchtknoten mit langem Griffel und 2-lappiger Narbe **6** Achäne **7** rundliche bis kantige Achäne einer Röhrenblüte im QS **8** Achäne im LS **9** aufpräparierter Blütenstand mit Hüllkelch.

Quelle: Wight (1840-1850).

Färberdistel

Färbersaflor, Saflor
Carthamus tinctorius *(Carduus tinctorius)*

Die Färberdistel ist eine 1-jährige Pflanze mit leuchtend gelben, orangen oder roten Köpfchen, die nur aus Röhrenblüten bestehen. Die kleinen, weißlichen bis hellbraunen Früchte (Achänen) sind reich an fetten Ölen.

C. tinctorius stammt aus dem Nahen Osten und wird in warmtemperierten Regionen weltweit angebaut. Die größten Anbaugebiete liegen in Kasachstan und Russland.

Die Färberdistel wird in Ägypten seit mindestens 5.500 Jahren als Färberpflanze genutzt. Funde aus ägyptischen Grabstätten, beispielsweise der des Pharaos Tutanchamun, belegen ihre hohe kulturelle Bedeutung. Auch im mittelalterlichen Europa wurde die Pflanze v. a. zum Färben von Textilien verwendet. Mit der Entdeckung synthetischer Farbstoffe im 19. Jh. verlor die Färberdistel an Bedeutung, doch erlebt sie derzeit eine Renaissance als Speiseöl.

Das aus den Samen gewonnene Safloröl besteht vor allem aus der mehrfach ungesättigten Linolsäure (70–80 %) sowie aus Ölsäure (15–20 %). Es gibt auch spezielle Sorten, bei denen Ölsäure mit ± 80 % dominiert. Safloröl ist außerdem reich an Vitamin E und enthält mehrere Phytosterole, hauptsächlich β-Sitosterol.
Die Blütenblätter enthalten Flavonoide und die Farbstoffe Carthamin (rot) und Saflorgelb.

Das aus den Samen gepresste Öl wird als Speiseöl geschätzt. Es besitzt einen milden, leicht nussigen Geschmack und eignet sich besonders gut für kalte Speisen wie Salate.
Die getrockneten Blüten verleihen Speisen eine ähnliche Farbe wie echter Safran (*Crocus sativus*) – zu einem Bruchteil des Preises. Ihr Aroma erreicht allerdings bei Weitem nicht die Komplexität und Intensität des Originals.

In der traditionellen Medizin werden die Blüten bei Fieber, Hauterkrankungen und Menstruationsbeschwerden eingesetzt. Schwangere sollten Saflorblüten meiden, weil diese Wehen auslösen können. Das im Handel erhältliche Speiseöl gilt hingegen als unbedenklich.
Safloröl kann außerdem nachgewiesenermaßen den Cholesterinspiegel senken und Blutzucker- sowie Entzündungswerte verbessern.

Das Öl wird wegen seiner feuchtigkeitsspendenden Eigenschaften auch in Hautpflegeprodukten verwendet.
Die Blüten dienen in der traditionellen Textilfärberei zur Herstellung von gelben bis roten Farbtönen, wobei die erzielte Farbe von den Extraktionsmethoden und dem pH-Wert des Färbebades abhängt.

Getrocknete Blüten

Färberdistel: A distaler Teil einer Pflanze mit stacheligen bis borstig-begrannten Stängelblättern und Blütenständen (Körbchen) **B** Stängel mit Stängelblättern und Seitenast **1** Blütenstand (Körbchen) im LS **2** inneres, mittleres und äußeres Blatt des Hüllkelchs **3** Röhrenblüte **4** distaler Teil des Griffels mit 2-lappiger Narbe **5** Pollen **6** Frucht (Achäne).

Quellen: von Schlechtendal (1840ff); Sturm (1796ff).Die Fruchtstände können bis zu 50 kg wiegen

---

! Personen mit Allergien gegen Korbblütler wie Beifuß oder Kamille sollten beim Verzehr von Saflorprodukten Vorsicht walten lassen, da Kreuzreaktionen möglich sind. Auch bei der Einnahme von Blutverdünnern oder Diabetesmitteln ist aufgrund möglicher Wechselwirkungen eine ärztliche Rücksprache ratsam.

Protein-Pflanzen

Schmetterlingsblütler – *Fabaceae*: Ein Fundament der menschlichen Proteinversorgung

Die Familie der Schmetterlingsblütler oder Hülsenfrüchtler (*Fabaceae*, früher auch *Leguminosae* genannt) bildet mit über 22.000 Arten und fast 800 Gattungen eine der artenreichsten Pflanzenfamilien. Die Arten besiedeln alle Kontinente außer der Antarktis und haben sich an die unterschiedlichsten Lebensräume angepasst. Ihren volkstümlichen Namen verdanken die Schmetterlingsblütler ihrer charakteristischen Blütenform. Diese unverwechselbaren Blüten bestehen meist aus 5 Kronblättern: der auffälligen oberen »Fahne«, 2 seitlichen »Flügeln« und 2 unteren, meist miteinander verwachsenen Kronblättern, die das sogenannte »Schiffchen« bilden. Ein weiteres charakteristisches Merkmal sind die Früchte – die »Hülsen«. Die oft länglichen Hülsen bestehen aus 1 Fruchtblatt und öffnen sich bei der Reife entlang von Bauch- und Rückennaht und geben dabei die eiweißreichen Samen frei.

Was die Schmetterlingsblütler vor allem auszeichnet, ist ihre nahezu einzigartige Fähigkeit zur Symbiose mit stickstofffixierenden Bakterien der Gattung *Rhizobium*. Diese Partnerschaft ist eines der faszinierendsten Beispiele für Symbiosen im Pflanzenreich und hat weitreichende ökologische und ernährungsphysiologische Auswirkungen.

An den Wurzeln der meisten Schmetterlingsblütler finden sich kleine, oft rötlich gefärbte Knöllchen – die sichtbaren Zeichen dieser symbiotischen Beziehung. In diesen Wurzelknöllchen leben spezialisierte Bodenbakterien der Gattungen *Rhizobium*, *Bradyrhizobium* oder verwandte Mikroorganismen. Diese mikroskopisch kleinen Bakterien wandeln den elementaren Luftstickstoff (N_2), der für die meisten Organismen nicht direkt verwertbar ist, in Ammonium (NH_4^+) um. Dieses stickstoffhaltige Ion kann die Pflanze direkt für ihren Stoffwechsel nutzen. Im Gegenzug versorgt die Pflanze ihre mikrobiellen Partner mit energiereichem Zucker und schafft optimale Bedingungen für die Stickstofffixierung – insbesondere das für diesen Prozess notwendige sauerstoffarme Milieu.

Früchte, Same und Blüten von Platterbsen – *Lathyrus*.
Wurzelknöllchen an einer Lupine stark vergrößert, mit Querschnitt.

Ihre Fähigkeit zur Stickstoffbindung macht die Schmetterlingsblütler zu wertvollen Pflanzen in der Landwirtschaft. Als Gründüngungspflanzen und in der Fruchtfolge verbessern sie die Bodenfruchtbarkeit nachhaltig. Ein Hektar mit Klee kann – dank der hilfreichen Rhizobien-Symbiose – jährlich 50–250 kg Stickstoff fixieren. Diese Stickstoffmenge müsste sonst durch energieintensive und teure Kunstdünger zugeführt werden. Aufgrund ihrer bodenverbessernden Eigenschaften sind praktisch alle Schmetterlingsblütler geschätzte Zwischenfrüchte und Gründüngungspflanzen.

Außerdem können die Schmetterlingsblütler den Stickstoff nutzen, um Aminosäuren und schließlich Proteine herzustellen und in ihren Samen zu speichern. Das Ergebnis dieser faszinierenden Kooperation zeigt sich in dem außergewöhnlich hohen Proteingehalt der Samen: Während die meisten Getreidesorten und Pseudogetreide wie Quinoa und Amaranth – die bereits als besonders proteinreich gelten – 8–16 % Protein enthalten, erreichen Hülsenfrüchte deutlich höhere Werte: Sojabohnen schaffen bis zu 40 %, Linsen ± 25 % und Kichererbsen ± 20 %.

Diese beeindruckenden Proteinwerte machen deutlich, warum Schmetterlingsblütler weltweit 30–35 % des Proteinbedarfs der menschlichen Bevölkerung decken. Berücksichtigt man zusätzlich die enormen Mengen an Hülsenfrüchten, die als Tierfutter verwendet werden, wird ihre Bedeutung für die globale Proteinversorgung noch deutlicher.

Allerdings bringt dieser hohe Nährwert auch Herausforderungen für die Pflanzen mit sich: Da proteinreiche Samen ein attraktives Ziel für Pflanzenfresser darstellen, mussten die Pflanzen wirksame Verteidigungsstrategien entwickeln. Ihre Samen enthalten deshalb neben den nahrhaften Proteinen auch zahlreiche Substanzen, die als wirkungsvolle Abwehrmechanismen gegen Fraßfeinde und Krankheitserreger fungieren. Zu diesen Abwehrstoffen zählen insbesondere Lektine, Saponine, Tannine, Proteaseinhibitoren, Trypsininhibitoren und Phytinsäure. Diese Substanzen können die Verdaulichkeit der Samen erheblich beeinträchtigen. Sie werden deshalb auch als »Antinährstoffe« oder »antinutritive Faktoren« bezeichnet.

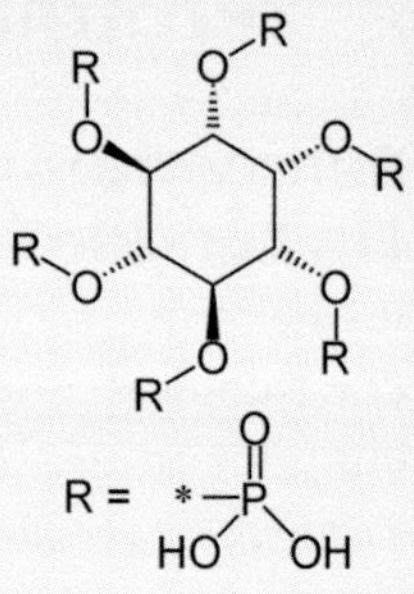

Phytinsäure

Viele »Antinährstoffe« sind in rohen oder unzureichend verarbeiteten Pflanzen sogar toxisch. Insbesondere Lektine wie das Phasin in rohen Bohnen können schwere Vergiftungserscheinungen mit Übelkeit, Erbrechen und Durchfall hervorrufen, während blausäurebildende Verbindungen in rohen Lima-Bohnen zu Blausäurevergiftungen führen können. Die meisten Antinährstoffe lassen sich aber durch geeignete Zubereitungsmethoden wie Einweichen, Kochen, Keimen oder Fermentieren neutralisieren oder deutlich reduzieren.

Protein-Pflanzen als Grundnahrungsmittel

Die Linse – archäologische Funde belegen ihren Anbau bereits vor 10.000 Jahren – ist bis heute ein wichtiges Grundnahrungsmittel im Nahen Osten und auf dem indischen Subkontinent. In West- und Zentralafrika hat die Augenbohne eine herausragende Bedeutung und stellt für Millionen von Menschen eine der wichtigsten Quellen für pflanzliches Protein dar. In Ostasien prägen Sojabohne und Mungbohne die Ernährungsgewohnheiten seit Jahrtausenden und in Südamerika bilden *Phaseolus*-Bohnen eine proteinreiche Ergänzung zu Mais. Diese Beispiele verdeutlichen, dass in vielen Regionen Protein-Pflanzen ein wichtiges Rückgrat der täglichen Ernährung bilden, insbesondere für Bevölkerungsschichten, die sich Fleisch nicht regelmäßig leisten können.

Angesichts wachsender Umweltprobleme rücken Protein-Pflanzen zunehmend als nachhaltige Alternative zu tierischem Protein in den Fokus. Im direkten Vergleich zu tierischem Protein weisen pflanzliche Proteinquellen eine deutlich günstigere Ökobilanz auf. Die Produktion von 1 kg Rindfleischprotein erfordert 4–10-mal mehr Wasser, 20–60-mal mehr Fläche und verursacht 14–60-mal höhere Treibhausgasemissionen als die Erzeugung der gleichen Menge Protein aus Hülsenfrüchten. Die bereits erwähnte Symbiose mit stickstofffixierenden Bakterien reduziert den Bedarf an synthetischen Stickstoffdüngern, deren Herstellung sehr energieintensiv ist und deren unsachgemäße Anwendung zu einer Überdüngung von Oberflächengewässern und zur Verunreinigung des Grundwassers führen kann. Die Einbindung von Hülsenfrüchten in Fruchtfolgen verbessert nachweislich die Bodengesundheit, erhöht die Biodiversität und kann auch den Einsatz von Pestiziden reduzieren.

All diese ernährungsphysiologischen, wirtschaftlichen und ökologischen Aspekte zeigen deutlich: Protein-Pflanzen sind ein zentraler Schlüssel für eine zukunftsfähige globale Ernährung. Mit wachsendem Bewusstsein für Gesundheits- und Umweltaspekte der Ernährung müssen sie auch in traditionell fleischorientierten Gesellschaften an Bedeutung gewinnen. Hinzu kommt, dass innovative Verarbeitungstechnologien und die Entwicklung neuer Produkte wie Fleischersatz auf Hülsenfruchtbasis mehr und mehr dazu beitragen, die Akzeptanz pflanzlicher Proteine weiter zu erhöhen.

Anbau und Handel

Der internationale Handel mit Hülsenfrüchten hat mittlerweile ein jährliches Volumen von mehr als 80 Mrd. US-Dollar erreicht. Kanada hat sich dabei als größter Exporteur von Linsen und Erbsen etabliert, während das bevölkerungsreiche Indien gleichzeitig weltweit größter Produzent, Konsument und Importeur von Hülsenfrüchten ist.

Die globale Sojaproduktion liegt derzeit bei knapp unter 400 Mio. t, wobei die Hauptproduzenten USA, Brasilien und Argentinien sind. Allerdings fließen ± 75 % der Weltsojaernte in die Tierfütterung, wodurch ein Großteil des Proteins über tierische Produkte konsumiert wird – ein in jeder Hinsicht ineffizienter Umweg. Die Kichererbse mit einer Weltproduktion von ± 14 Mio. t jährlich wird primär in Indien angebaut, gefolgt von Australien, der Türkei und Russland. Weitere wirtschaftlich bedeutsame Protein-Pflanzen umfassen Erbsen (14–15 Mio. t), Linsen (6–7 Mio. t) und Ackerbohnen (5,5–6,8 Mio. t).

Néré

Parkia biglobosa (*Mimosa biglobosa*)

Der Néré ist ein mittelgroßer laubabwerfender Baum mit großen, doppelt gefiederten Blättern, die bis zu 30 cm lang werden können. Die kugelförmigen Blütenstände hängen an langen Stielen herab. Sie bestehen aus Hunderten winzigen, roten und gelben Blüten, die in der Dämmerung einen süßlichen Duft verströmen.
An den kugeligen Blütenständen entstehen große, dicht beieinanderstehende, bräunliche, ledrige Hülsen, die 30–40 cm lang werden. Sie enthalten bis zu 30 schwarzbraune Samen, die in ein gelbliches, mehliges Fruchtfleisch eingebettet sind.

Herabhängende Blütenstände und Früchte

P. biglobosa ist in Savannen und lichten Trockenwäldern Westafrikas beheimatet. Die Art wird traditionell in natürlichen Beständen genutzt, mittlerweile aber auch zunehmend in Agroforstsystemen kultiviert. Außerhalb seines natürlichen Verbreitungsgebietes wird Néré auch in der Karibik kultiviert, wohin er im späten 18. oder frühen 19. Jh. durch den transatlantischen Handel mit versklavten Menschen gelangte.

Néré wird traditionell nicht nur als Nahrungsquelle und Heilpflanze genutzt, sondern besitzt auch eine herausragende Bedeutung in vielen westafrikanischen Gesellschaften und ist tief in den Kulturen Westafrikas verwurzelt. Historische Handelswege in Westafrika wurden teilweise durch das Vorkommen des Néré bestimmt, da seine Früchte eine wertvolle Handelsware darstellten. Er dient traditionell als Versammlungsort für Dorfgemeinschaften und wird in Zeremonien und Ritualen einbezogen. In einigen Regionen werden die Bäume als »lebende Ahnen« verehrt.

Die Samen enthalten 30–40 % Proteine und 20–30 % fette Öle (v. a. Linolsäure, Ölsäure und Octadecansäure) und sind reich an B-Vitaminen, insbesondere Riboflavin. An antinutritiven Substanzen enthalten sie Phytinsäure, Trypsininhibitoren und reichlich Saponine. In der als Gewürz genutzten, fermentierten Samenmasse finden sich zudem Umami-Geschmacksstoffe und Peptide, während die antinutritiven Substanzen reduziert sind.
Das gelbe Fruchtfleisch enthält bis zu 60 % Kohlenhydrate, vorwiegend Saccharose, sowie erhebliche Mengen an Vitamin C. Darüber hinaus liefert es reichlich Calcium sowie Kalium und Phosphor.
Die Rinde des Baumes enthält Tannine und verschiedene Alkaloide mit antimikrobieller Wirkung.

Néré in der Savannenlandschaft von Burkina Faso

Néré: A Zweig mit kleinen Nebenblattdornen, 2-fach gefiederten Blättern und Blütenständen **1** Blütenstand mit basal sterilen, mittig ♂- und distal ⚥-Blüten **2** Achse des Blütenstands **3** kleiner Blütenstand im LS **4** Perigonblätter **5** ⚥-Blüte im LS **6** Frucht (Hülse) **7** Same **8** Same im LS.

Quellen: Wallich (1830-1832); von Jacquin (1780-1781); Baillon (1876-1892); Ralph (1849).

Das süße, mehlige Fruchtfleisch wird frisch gegessen, zu Getränken verarbeitet oder zu einem nahrhaften Mehl verarbeitet.

Die Samen werden einem komplexen Fermentationsprozess unterzogen, um »Soumbala« herzustellen – eine schwarze, aromatische Gewürzpaste mit intensivem Geschmack. »Soumbala« dient als wichtige Proteinquelle und Geschmacksverstärker in zahlreichen westafrikanischen Gerichten. Der traditionelle Herstellungsprozess verbessert nicht nur den Geschmack, sondern erhöht auch die Bioverfügbarkeit von Nährstoffen, da die antinutritiven Substanzen reduziert werden. Die Gewürzpaste, die oft als ± feste Kugel angeboten wird, kann zudem über lange Zeiträume gelagert werden.

Auch die jungen Blätter und Blüten werden traditionell als Gemüse verwendet.

Parkia-Samen und fermentierte Soumbala-Gewürzpaste

Die Rinde wird in der traditionellen Medizin zur Behandlung von Malaria, Fieber und Wunden eingesetzt.

Aktuelle Studien bestätigen, dass Samen-Extrakte eine starke antimikrobielle Wirkung gegen pathogene Bakterien und Pilze haben und eine hohe antioxidative Aktivität aufweisen. Phytochemische Analysen unterstützen zunehmend auch die traditionellen Anwendungen von Rinden- und Blattextrakten gegen Malaria und andere parasitäre Erkrankungen.

Die Blätter werden als Viehfutter und Dünger genutzt. Das Holz dient traditionell als Bau- und Brennmaterial sowie zur Herstellung von Werkzeugen und Musikinstrumenten.

Der Néré spielt außerdem eine wichtige Rolle bei der Bodenverbesserung durch Stickstoffbindung und kann durch sein ausgedehntes Wurzelwerk Bodenerosion verhindern.

Herausforderungen wie Übernutzung, Entwaldung und Klimawandel bedrohen derzeit in manchen Gebieten Westafrikas die Bestände von *P. biglobosa*. Der Néré trägt erheblich zur Einkommensgenerierung und Ernährung der ländlichen Bevölkerung bei. Sein Anbau und nachhaltige Nutzungsformen werden deshalb zunehmend in Aufforstungs- und Ernährungssicherungsprojekten gefördert. Seine Fähigkeit, auch unter ungünstigen Boden- und Klimaverhältnissen zu wachsen und proteinreiche Nahrung zu liefern, macht ihn zu einer Schlüsselart für nachhaltige Landnutzungskonzepte in Westafrika.

Lupine

Lupinus

Die Gattung *Lupinus*, bekannt als Lupinen, umfasst 270–600 Pflanzenarten, je nach taxonomischer Auffassung. Charakteristisch sind die gefingerten Blätter und die großen Schmetterlingsblüten in oft dichten, traubigen Blütenständen.
Die Samen der meisten Arten sind aufgrund ihres hohen Alkaloidgehalts in rohem Zustand giftig.

Lupinen sind weltweit verbreitet, mit natürlichen Vorkommen in Nord- und Südamerika, dem Mittelmeergebiet sowie in Teilen Afrikas.

Bereits in der Antike wurden Lupinen als Viehfutter genutzt. Funde aus Ägypten und der römischen Antike belegen ihre Bedeutung in der Landwirtschaft. In Südamerika kultivierten indigene Völker *L. mutabilis*, während in Europa die Weiße Lupine (*L. albus*) eine lange Geschichte als Nahrungsmittel hat.

Die Züchtung alkaloidarmer »Süßlupinen« im 20. Jh. erleichterte ihre Nutzung als Proteinquelle. Dabei spielen v. a. die altweltlichen Arten *L. angustifolius*, *L. albus* und *L. luteus* sowie die südamerikanische *L. mutabilis* eine wichtige Rolle.

Lupinensamen sind sehr proteinreich und enthalten oft 30–40 % Rohprotein, welches alle essenziellen Aminosäuren in einem sehr guten Aminosäureprofil enthält. Der Methionin-Gehalt ist allerdings recht gering – in abgeschwächtem Maß gilt das auch für Tryptophan und Valin. Zudem sind die Samen reich an Ballaststoffen, B-Vitaminen sowie Mineralstoffen wie Calcium, Magnesium und Eisen. Einige Arten enthalten giftige Chinolizidin-Alkaloide, die bei unsachgemäßer Verarbeitung eine schwere Vergiftung hervorrufen können.

Lupinenprotein gilt als gute Alternative zu tierischem Protein. Süsslupinen können zu Mehl, Flakes, Drinks, Tofu und anderen Produkten weiterverarbeitet werden. Sie eignen sich als Beilage, Fleischersatz oder Zutat in Suppen und Aufläufen.
Handelsübliche Süßlupinen-Produkte sind alkaloidarm und können ohne besondere Vorsichtsmaßnahmen verwendet werden. Wilde Lupinensamen und Bitterlupinen sollten hingegen nicht roh verzehrt werden und das Kochwasser wegen der Alkaloide verworfen werden.

Die Samen alkaloidreicher Sorten werden zur Gewinnung von Chinolizidin-Alkaloiden für die Pharma- und Kosmetikindustrie verwendet.

Lupinen werden auch häufig zur Bodenverbesserung eingesetzt und sind beliebte Zierpflanzen.

Bei Personen mit Erdnussallergien können Kreuzreaktionen auftreten und Allergien auslösen.

Lupine: A distaler Teil von Pflanzen mit lang gestielten, fingerförmig geteilten Blättern und Blütenständen (Trauben) **1** Kelch **2** Fahne **3** Flügel **4** Schiffchen **5** Staubblattröhre **6** aufpräparierte Staubblattröhre **7** Fruchtknoten mit Griffel **8** Frucht (Hülse) **9** unreifer Same **10** Same. **A, 1–7: *L. mutabilis*; 8–10: *L. albus*.**

Quellen: Witte (1868); Sweet (1827-1828); Oskamp et al. (1796-1800).

Kichererbse

Echte Kicher, Römische Kicher
Cicer arietinum *(Cicer edessanum)*

Die Kichererbse ist eine 1-jährige Pflanze, die mit drüsigen Haaren bedeckt ist. Sie bildet kleine, weißliche bis violette Schmetterlingsblüten. Die schief-eiförmigen Hülsenfrüchte enthalten 1–2 kugelige, leicht höckerige Samen mit einer deutlichen Ausbuchtung am Nabel.

Samen vom Desi-Typ

C. arietinum stammt aus dem Nahen Osten und Südwestasien. Heute wird sie in warmen und trockenen Regionen weltweit angebaut und zählt zu den 3 wichtigsten Hülsenfrüchten.

Die Kichererbse gehört zu den ältesten kultivierten Hülsenfrüchten und wurde bereits vor ± 10.000 Jahren im »Fruchtbaren Halbmond« domestiziert. Zahlreiche archäologische Funde belegen ihren Anbau im antiken Ägypten, Griechenland und Rom.
In vielen Regionen ist sie seit Langem ein wichtiges Grundnahrungsmittel, insbesondere für ärmere Bevölkerungsschichten.

Es existieren 2 Haupttypen der Kichererbse: Die Desi-Typen besitzen kleine, dunkle Samen mit einer dicken Schale. Sie werden hauptsächlich in Indien und dem Nahen Osten angebaut. Im Gegensatz dazu zeichnen sich die Kabuli-Typen durch größere, hellere Samen und eine dünnere Schale aus. Sie werden v. a. im Mittelmeergebiet und Amerika kultiviert.

Kichererbsen zeichnen sich durch einen hohen Proteingehalt (20–25 %) aus und enthalten viele essenzielle Aminosäuren in einem sehr guten Aminosäureprofil. Darüber hinaus sind sie reich an komplexen Kohlenhydraten, Ballaststoffen, Folsäure, Mangan, Kupfer und Eisen. Der Ölgehalt liegt bei ± 5 %. Zudem enthalten sie sekundäre Pflanzenstoffe wie Saponine und Isoflavone.
Die sauren Sekrete der Drüsenhaare sind reich an Äpfel- und Oxalsäure.

In der mediterranen und orientalischen Küche bildet die Kichererbse die Grundlage für Gerichte wie »Hummus«, »Falafel« und Eintöpfe. In Indien ist sie Grundlage für viele »Dal«-Gerichte. In gerösteter Form werden Kichererbsen gerne als Snack verzehrt.
Kichererbsenmehl ist auch häufig in veganen Produkten wie Kichererbsenpasta zu finden.
Die säurehaltigen Sekrete der Drüsenhaare dienen in Indien traditionell als Basis für ein essigähnliches Würzmittel.

In der traditionellen Medizin werden Kichererbsen zur Blutzuckerkontrolle und zur Stärkung des Immunsystems verwendet. Die sauren Sekrete der Drüsenhaare finden auch bei Verdauungsproblemen und gegen Hautleiden Anwendung.

Hülsen und Samen vom Kabuli-Typ

Kichererbse: **A** Stängel einer blühenden und fruchtenden Pflanze mit unpaarig gefiederten Blättern und gezähnten Nebenblättern **1** Schmetterlingsblüte **2** aufpräparierte Schmetterlingsblüte **3** Hülse **4** 1-samige Hülse im LS **5** 2-samige Hülse im LS **6** Same.

Quellen: Sibthorp & Smith (1806–1840); Wight (1840–1846); Bonelli (1771–1793).

Straucherbse

Cajanus cajan

Die Straucherbse ist eine mehrjährige, verholzende Pflanze, die meist 1-jährig kultiviert wird. Charakteristisch sind ihre 3-zähligen Blätter, die mit feinen silbrigen Haaren bedeckt sind. Die gelblichen bis orangen Schmetterlingsblüten entwickeln sich zu 5–9 cm langen Hülsenfrüchten. Diese enthalten 3–6 kugelige bis leicht abgeflachte Samen, die je nach Sorte von cremeweiß über rötlich bis dunkelbraun gefärbt sind.

C. cajan stammt aus Südasien, insbesondere aus Indien, und wird heute in vielen tropischen und subtropischen Regionen angebaut.

Die Domestikation der Straucherbse erfolgte vor ± 3.500 Jahren in Indien. Von dort verbreitete sie sich früh nach Ostafrika.
Im 16.–17. Jh. gelangte sie durch den transatlantischen Handel mit versklavten Menschen in die Karibik und nach Mittelamerika, wo sie sich schnell als Grundnahrungsmittel etablierte.

Basierend auf der Reifezeit unterscheidet man früh reifende (90–120 Tage), mittelspät reifende (150–180 Tage) und spät reifende (über 200 Tage) Sorten. Einige neue Sorten wurden speziell für Anbausysteme wie Mischkultur oder Agroforstwirtschaft optimiert.

Die Samen der Straucherbse enthalten meist 20–25 % Proteine mit einem hohen Anteil an Lysin und begrenzten Mengen an Methionin. Sie sind reich an Kohlenhydraten (60–65 %), Ballaststoffen sowie Mineralstoffen wie Kalium, Phosphor und Magnesium. Der Fettgehalt liegt bei 1–2 %. Zusätzlich enthalten die Samen B-Vitamine, insbesondere Folsäure, sowie sekundäre Pflanzenstoffe wie Flavonoide und Tannine.
In den Samen finden sich auch geringe Mengen an Trypsininhibitoren, die durch Kochen inaktiviert werden sollten.

In der indischen Küche werden getrocknete Straucherbsen zu »Dals« verarbeitet oder zu Mehl gemahlen. In Afrika und der Karibik werden sowohl die unreifen grünen Samen, die reifen getrockneten Samen, aber auch die jungen Hülsen gerne in Eintöpfen verwendet. Auch die jungen Blätter werden traditionell als Gemüse verzehrt.

In der traditionellen Medizin werden verschiedene Pflanzenteile zur Behandlung von Hauterkrankungen, Fieber und Atemwegserkrankungen genutzt.

Das Laub und Ernterückstände dienen als proteinreiches Viehfutter, besonders in der Trockenzeit. Die verholzten Stängel finden Verwendung als Brennholz und zum Flechten von Körben.

C. cajan zeigt eine außergewöhnliche Trockenheitstoleranz und liefert selbst bei Niederschlagsmengen von nur 250–375 mm pro Jahr zuverlässige Erträge. Diese Eigenschaft macht sie zu einer wertvollen Nahrungsquelle in semiariden Regionen, wo viele andere Protein-Pflanzen schwieriger zu kultivieren sind.

Straucherbse: **A** distaler Teil einer Pflanze mit unpaarig gefiederten Blättern, Blüten und Früchten **1** Flügel **2** Fahne **3** Schiffchen **4** 1 freies und 9 verwachsene Staubblätter **5** Hülse **6** Samen.

Quelle: Curtis Botanical Magazine (1879).

Jackbohne

Madagaskar-Bohne
Canavalia ensiformis *(Dolichos ensiformis)*

Die Jackbohne ist eine kräftige, mehrjährige Kletterpflanze. Ihre großen, violetten bis rosafarbenen Schmetterlingsblüten entwickeln sich zu bis zu 30 cm langen Hülsenfrüchten. Jede Hülse enthält mehrere große, weißliche bis bräunliche Samen.

C. ensiformis stammt aus Mittel- und Südamerika und wird heute weltweit in tropischen und subtropischen Regionen angebaut, besonders in Afrika, Südostasien und der Karibik.

Die Jackbohne wird seit Jahrhunderten von indigenen Völkern Mittel- und Südamerikas kultiviert. Ihre Samen wurden traditionell als Viehfutter genutzt, aber auch für die menschliche Ernährung verwendet.
Im Zuge des transatlantischen Handels mit versklavten Menschen gelangte die Pflanze nach Afrika und Asien, wo sie sich schnell als proteinreiches Nahrungsmittel etablierte.

Jackbohnen werden oft gemeinsam mit Mais, Zuckerrohr oder in Kaffee-Plantagen kultiviert. Die Ernte der Hülsen erfolgt meist 4–6 Monate nach der Aussaat.

Die Samen enthalten 24–30 % Proteine mit einem hohen Anteil an Arginin und Lysin. Außerdem finden sich Kohlenhydrate, Vitamine und Mineralstoffe wie Magnesium, Phosphor und Eisen in nennenswerten Mengen. Bemerkenswert ist das Vorkommen von Kaempferol-Glycosiden.
Jackbohnen können außerdem giftige Verbindungen wie Canavanin, Phytohämagglutinin und Ureasen enthalten, die durch Erhitzen meist neutralisiert werden können.

Nach gründlichem Erhitzen können die Samen als proteinreiche Einlage in Suppen und Eintöpfen oder zu Mus verarbeitet werden. Geröstete Samen werden als Kaffeeersatz verwendet oder als gewürzter Snack verzehrt.
In Afrika werden Jackbohnen auch fermentiert. Dabei entstehen feste, schnittfähige Blöcke mit fleischähnlicher Textur.

In der traditionellen Medizin Nigerias werden die Samen als Antibiotikum und Antiseptikum eingesetzt.
Aktuell steht die Jackbohne im Fokus der Diabetes-Forschung, da die enthaltenen Kaempferolglycoside die Blutzuckerregulierung unterstützen könnten.

Riesenschwertbohne

Canavalia gladiata

Die nahe verwandte Riesenschwertbohne stammt aus dem tropischen Asien. Sie wird heute in vielen Regionen der Tropen kultiviert und ähnlich genutzt wie die Jackbohne. Ihre robusten, windenden Stängel können eine

Jackbohne: **A** Blatt mit 3 großen Fiederblättchen **B** lang gestielter Blütenstand (Traube) **C** Teil eines Blütenstands **1** Schote **2** Teil einer aufpräparierten Schote mit Samen **3** Oberfläche der Schote mit Bauch- und Rückennaht **4** Same **5** aufpräparierte Blüte mit Kelch und Staubblattröhre **6** Fruchtknoten und Griffel **7** Flügel und Schiffchen **8** Fahne.

Quellen: Curtis Botanical Magazine (1843); von Jacquin (1781–1793).

Länge von bis zu 10 m erreichen. Die Blätter der Riesenschwertbohne bestehen aus 3 bis zu 20 cm langen und 14 cm breiten Fiederblättchen. Ihre derben Hülsen werden bis zu 90 cm lang und enthalten 8–16 ovale Samen. Diese sind 2–3,5 cm lang und meist dunkelbraun oder rötlich-braun gefärbt. Es gibt aber auch Zuchtformen mit weißlichen Samen.

Sojabohne

Glycine max (*Phaseolus max, Soja max*)

Die Sojabohne ist eine 1-jährige, krautige Pflanze mit 3-zählig gefiederten Laubblättern. Die kleinen, weißlichen bis violetten Schmetterlingsblüten entwickeln sich zu kurzen, behaarten Hülsen mit 2–5 kugeligen Samen, deren Farbe je nach Sorte gelblich bis grünlich, aber auch bräunlich oder schwarz sein kann.

Die Wildform der Sojabohne, *G. max* subsp. *soja*, stammt aus Ostasien, vermutlich aus dem nördlichen China und Korea. Heute ist die Sojabohne weltweit verbreitet und wird v. a. in warm-gemäßigten, subtropischen und tropischen Regionen angebaut. Bedeutende Anbaugebiete liegen in Brasilien, den USA, Argentinien, China, Indien und Paraguay. Die Sojabohne stellt weltweit die am häufigsten angebaute Hülsenfrucht dar.

In China begann die Domestizierung vor 9.000–8.600 Jahren. Vor 3.500–3.000 Jahren erreichte der Sojaanbau Korea und vor ± 2.300 Jahren Japan. Nach Europa gelangte die Sojabohne erst im 17. Jh., zunächst als botanische Rarität. In die USA wurde Soja 1765 eingeführt, jedoch erst ab dem späten 19. Jh. in größerem Umfang kommerziell angebaut.
Der eigentliche Siegeszug der Sojabohne setzte nach dem 2. Weltkrieg ein. Die globale Anbaufläche stieg allein von 1971–2020 von 28 auf 128 Mio. ha. Heute ist sie eine der wichtigsten Protein- und Öllieferant:innen – für die menschliche Ernährung und in noch stärkerem Ausmaß in der Nutztierhaltung.

Durch jahrtausendelange Züchtung sind Hunderte bis Tausende lokale Sojabohnensorten entstanden. In Deutschland sind derzeit allerdings nur ± 30 Sorten für den Anbau zugelassen. Mit modernen Züchtungsmethoden wurden Sorten mit erhöhtem Ölgehalt (bis 25 %), erhöhtem Proteingehalt (bis 50 %), reduzierten antinutritiven Substanzen oder speziellen Fettsäureprofilen für unterschiedlichste Verwendungszwecke entwickelt.

Sojabohnen zeichnen sich durch ihren außergewöhnlich hohen Proteingehalt aus, der 35–45 % der Trockenmasse beträgt. Das hochwertige Sojaprotein enthält alle essenziellen Aminosäuren mit einem nahezu optimalen Aminosäureprofil – allein Methionin ist leicht limitierend.
Zu den weiteren wichtigen Inhaltsstoffen gehören fette Öle (18–24 % der Trockenmasse), die vorwiegend aus den mehrfach ungesättigten Fettsäuren Linolsäure und α-Linolensäure bestehen. Kohlenhydrate machen ± 30 % der Trockenmasse aus, davon entfallen ± 17 % auf Ballaststoffe. An Mineralstoffen sind besonders Kalium, Phosphor,

Sojabohne: A distaler Teil einer fruchtenden und blühenden Pflanze mit lang gestielten 3-teiligen Blättern **1–3** Schmetterlingsblüten **4** Samen verschiedener Sorten.

Quellen: Sō (1804ff); Anonymus (o. J.); Kirtikar & Basu (1918).

Edamame

Natto

Tempeh

Magnesium und Eisen hervorzuheben. Bei den Vitaminen dominieren B-Vitamine (v. a. Folsäure) und Vitamin E. Besonders erwähnenswert sind auch Isoflavone wie Genistein und Daidzein, die eine östrogenähnliche Wirkung haben und vor allem in fermentierten Soja-Produkten zu finden sind.
Schließlich enthalten Sojabohnen auch antinutritive Substanzen wie Proteaseinhibitoren und Lektine, die durch Hitzebehandlung oder Fermentation reduziert werden können.

Die Sojabohne ist eine der vielseitigsten Nahrungspflanzen überhaupt. Zu den traditionellen asiatischen Sojaprodukten zählen Sojasauce, »Tofu«, »Tempeh« (fermentierter Sojabohnenkuchen), »Miso« (fermentierte Sojabohnenpaste), »Natto« (fermentierte ganze Sojabohnen) und Sojadrinks. Unreife grüne Sojabohnen sind als Gemüse unter dem Namen »Edamame« beliebt.
In der westlichen Welt hat sich Soja seit den 1970er-Jahren zunehmend als Grundlage für viele Fleischersatzprodukte etabliert.
Sojamehl findet in der Backwarenindustrie Verwendung, während Sojalecithin als Emulgator in zahlreichen Lebensmitteln eingesetzt wird. Sojaöl ist auch ein wichtiges Speiseöl und wird zur Herstellung von Margarine verwendet.

Die gesundheitlichen Wirkungen von Sojaprodukten, insbesondere die der Isoflavone, sind Gegenstand intensiver Forschung, mit Hinweisen auf positive Effekte bezüglich Herz-Kreislauf-Erkrankungen und Wechseljahresbeschwerden.

Der größte Teil der weltweiten Sojaernte wird zu Sojaschrot verarbeitet, der fast ausschließlich als proteinreiches Futtermittel in der Tierhaltung dient. Sojaöl wird in großem Umfang zur Herstellung von Biodiesel genutzt – 90 % des US-Biodiesels stammen aus Sojaöl. Sojaprotein ermöglicht die Herstellung von biologisch abbaubaren Kunststoffen und Klebstoffen. Darüber hinaus werden auch Farben und Kosmetika aus Soja hergestellt.

Mittlerweile werden auf fast 10 % der weltweiten Ackerfläche Sojabohnen angebaut. Diese Ausweitung führt zu ökologischen Problemen wie Regenwaldrodung, aktuell besonders in Südamerika. Die intensive Monokultur führt zur Bodendegradation und erhöhtem Einsatz von Pestiziden und Herbiziden, was sowohl die Bodenqualität als auch die Wasserressourcen belastet.
Kontrovers diskutiert wird auch der hohe Anteil gentechnisch veränderter Sorten, die in den USA, Brasilien und Argentinien mehr als 90 % der Sojaernte ausmachen.

Helmbohne

Ägyptische Bohne, Faselbohne
Lablab purpureus

Die Helmbohne ist eine mehrjährige, krautige Kletterpflanze mit 3-zähligen Blättern, die aus 3 großen, ovalen bis herzförmigen Fiederblättchen bestehen. Sie erreicht Wuchshöhen von bis zu 6 m und bildet lange, verzweigte Ranken aus. Die weißlich-violetten Schmetterlingsblüten entwickeln sich zu kurzen, flachen Hülsen. Diese enthalten mehrere eiförmige Samen, die je nach Sorte weißlich, braun, schwarz oder auch gesprenkelt sein können.

L. purpureus stammt aus Ost- und Südafrika. Heute wird sie weltweit in tropischen und subtropischen Klimazonen angebaut.

Genetische Studien zeigen, dass die Helmbohne bereits früh in Ost- und Südafrika domestiziert wurde. Von dort breitete sie sich bereits vor mehr als 4.000 Jahren über Nordafrika nach Asien aus. In Indien wird sie seit ± 3.500 Jahren angebaut.

Es existieren zahlreiche Kulturformen der Helmbohne: GEMÜSESORTEN haben zarte, essbare Hülsen, während TROCKENBOHNENSORTEN für den Verzehr der reifen Samen optimiert wurden. FUTTERSORTEN haben einen hohen Blattanteil, der als Tierfutter dient.

Helmbohnen sind reich an Proteinen (20–28 %), Kohlenhydraten und Mineralstoffen wie Eisen, Zink und Calcium sowie Phenolen.
Die in den Samen reichlich enthaltenen antinutritiven Substanzen (u. a. Tannine, Phytinsäure, Hämagglutinin, Trypsininhibitoren und Saponine), müssen vor dem Verzehr durch Kochen oder Fermentation reduziert werden.

Fermentierte Helmbohnen werden, insbesondere in Südostasien, zu einer Vielzahl traditioneller Gerichte verarbeitet. Die reifen Samen dienen getrocknet als proteinreiches Grundnahrungsmittel. Die unreifen Hülsen und jungen Blätter der Helmbohne werden als Gemüse gegart.

Wissenschaftliche Studien deuten auf antioxidative, lipidsenkende, blutzuckersenkende und antivirale Eigenschaften der Helmbohne hin.

Die Helmbohne ist eine proteinreiche Futterpflanze, die sowohl als Grünfutter als auch als Heu verfüttert wird. Darüber hinaus werden einige Sorten aufgrund ihrer dekorativen Blüten als Zierpflanzen kultiviert.

Trotz ihrer Vielseitigkeit und ihres hohen Nährwerts gilt die Helmbohne in vielen Regionen als »untergenutzte« bzw. »vernachlässigte« Kulturpflanze. Züchtungsprogramme arbeiten daran, den Ertrag weiter zu steigern, die Reifezeit zu verkürzen und die Resistenz gegen Schädlinge zu verbessern.

Helmbohne: **A** distaler Teil eines Sprosses mit lang gestielten 3-teiligen Blättern (mit Nebenblättern auch an den Fiederblättchen) und Schmetterlingsblüten **1** Kelch **2–3** Fahne **4** Flügel **5** Schiffchen **6** Staubblattröhre **7** Fruchtknoten mit gebogenem Griffel **8** Hülse **9** aufpräparierte Hülse mit Samen **10** Samen **11** Keimlinge.

Quellen: Allgemeines teutsches Garten-Magazin (1810); Gaertner (1788-1791).

Juckbohne

Brennhülse

Mucuna *(Dolichos, Stizolobium)*

Die Gattung *Mucuna* umfasst ± 100 Arten mit rankenden Trieben und großen, 3-zähligen Blättern. Die Schmetterlingsblüten sind purpurfarben, weißlich oder gelblich gefärbt.
Charakteristisch sind die Hülsen, die bei vielen Arten mit feinen, juckenden Härchen bedeckt sind – was den Arten Namen wie »Juckbohne« oder »Brennhülse« eingebracht hat.
Der Auslöser des sehr starken Juckreizes der Haare ist das Enzym Mucunain, das Eiweiße spaltet.

Mucuna pruriens

Mucuna-Arten kommen in tropischen und subtropischen Regionen vor, v. a. in Südostasien, Afrika und Teilen Mittelamerikas. *M. pruriens*, die Juckbohne, stammt aus Süd- und Südostasien und wird heute in den Tropen vielerorts kultiviert.

In der ayurvedischen Medizin wird *M. pruriens* seit mehr als 3.000 Jahren als Nervenstärkungsmittel und Aphrodisiakum eingesetzt.

Die Samen vieler *Mucuna*-Arten enthalten hohe Mengen an L-DOPA, einer Vorstufe des Neurotransmitters Dopamin. Außerdem sind sie reich an Proteinen (20–35 % Rohprotein), Mineralstoffen, essenziellen Aminosäuren sowie Ölen (v. a. Ölsäure, aber auch die mehrfach ungesättigte Linolsäure sowie Palmitinsäure) und Phenolsäuren (Gallussäure). Die Samen enthalten auch antinutritive Substanzen wie Alkaloide (u. a. Nicotin), Tannine, Trypsinhemmer und Phytinsäure.

Die Verwendung von *Mucuna*-Samen erfordert eine sorgfältige Vorbehandlung, um die giftigen Inhaltsstoffe zu reduzieren: Die Samen müssen zunächst in Wasser eingeweicht und anschließend lange gekocht werden. Die genaue Verarbeitungszeit variiert je nach Sorte und L-DOPA-Gehalt. Nach dieser Aufbereitung können die *Mucuna*-Samen z. B. als Einlage in Suppen und herzhaften Eintöpfen gegessen werden. Sie werden auch zu Mehl verarbeitet und dienen geröstet als etwas bitterer und nussig schmeckender Kaffeeersatz.
Die jungen Blätter und Schoten werden traditionell auch als Gemüse zubereitet.

Die hohe Konzentration an L-DOPA eröffnet Möglichkeiten bei der Behandlung der Parkinson-Krankheit. Entsprechende Extrakte werden als Nahrungsergänzungsmittel angeboten. *Mucuna* wird darüber hinaus auch auf antioxidative, entzündungshemmende, blutzuckersenkende und beruhigende Wirkungen untersucht.

Die reizenden Haare werden gelegentlich für kommerzielle Juckpulver verwendet.

In der EU gelten *Mucuna*-Samen als »Novel Food« (Neuartige Lebensmittel) und unterliegen besonderen Zulassungskriterien.

Samen von *Mucuna pruriens*

Juckbohne (*Mucuna diplax*): **A** Zweig mit 3-teiligen Blättern, Blüten und Früchten **1** an langem Stiel herabhängender Blütenstand mit Schmetterlingsblüten **2** geöffnete Hülsen mit Samen.

Quelle: Denisse (1843–1846).

Flügelbohne

Goabohne

Psophocarpus tetragonolobus *(Dolichos tetragonolobus)*

Die Flügelbohne ist eine mehrjährige Kletterpflanze mit bläulichen bis violetten Schmetterlingsblüten. Ihre Hülsenfrüchte sind im QS 4-kantig und haben breite wellige Flügel. Die Samen sind kugelig bis eiförmig und variieren in der Farbe von Cremeweiß über Braun bis Schwarz.

Ursprünglich stammt *P. tetragonolobus* aus Südostasien, v. a. aus Neuguinea – möglicherweise aber auch aus Afrika – und wird heute in vielen tropischen Regionen Asiens, Afrikas und Ozeaniens angebaut.

Die Flügelbohne wird auf Neuguinea seit Langem angebaut. Sie wurde erst in den 1970er-Jahren auch in anderen Regionen bekannter, v. a. aufgrund ihres hohen Proteingehalts und des günstigen Aminosäureprofils.

Die reifen Samen enthalten 30–40 % Proteine mit einem vollständigen Aminosäureprofil. Die schwefelhaltigen Aminosäuren Methionin und Cystein kommen aber in vergleichsweise geringen Mengen vor. Außerdem enthalten die Samen 16–19 % fette Öle (mit 35–40 % Ölsäure und 25–40 % Linolsäure) sowie Kohlenhydrate, Ballaststoffe, β-Carotin und Mineralstoffen wie Kalium, Magnesium, Phosphor und Eisen. Wie bei den meisten Hülsenfrüchtlern enthalten die Samen antinutritive Substanzen (v. a. Trypsininhibitoren und Lektine).
Die jungen Hülsen enthalten viel Vitamin C und β-Carotin. In den Knollen findet sich bis zu 20 % Stärke.

Traditionelle Zubereitungsmethoden wie Einweichen, Kochen, Rösten oder Fermentieren reduzieren die antinutritiven Substanzen und machen die Flügelbohne bekömmlich.
Die Flügelbohne ist fester Bestandteil in den Küchen Südostasiens und Papua-Neuguineas. Junge Hülsen sind eine wichtige Zutat in Salaten. Oft werden die jungen Bohnen aber auch gedünstet, gekocht oder angebraten. Die reifen Samen werden zu Mehl verarbeitet oder als proteinreiche Snacks verzehrt. Auch Wurzeln und Blüten werden traditionell als Gemüse zubereitet.

In der traditionellen Medizin wird die Flügelbohne zur Stärkung des Körpers, zur Behandlung von Geschwüren, bei Hautkrankheiten und zur Linderung von Schwindel angewendet.

Außerdem dient die ganze Pflanze als Viehfutter und Gründüngung für die Felder.

Flügelbohne: A Zweig mit 3-teiligen Blättern, Blüte und Frucht **1** Kelch mit Staubblättern **2** Hülse **3** Hülse im QS **4** Teil einer geöffneten Hülse mit Samen.

Quellen: Blanco (1875); Ralph (1849).

Neuweltliche Bohnen

Phaseolus

Die Gattung *Phaseolus* umfasst ± 90 Arten. Die meisten Arten wachsen als Kletterpflanzen und haben 3-zählige Blätter. Etwa 5 Arten werden in größerem Umfang angebaut.

Die Gartenbohne (*P. vulgaris*) hat weißliche bis violette Schmetterlingsblüten und lange, dünne Hülsen. Sie ist nach der Sojabohne weltweit die zweitwichtigste Hülsenfrucht und hat die größte Sortenvielfalt aller *Phaseolus*-Arten.

Die Feuerbohne (*P. coccineus*) hat leuchtend rote, seltener auch weiße Schmetterlingsblüten in lockeren, gestielten Trauben. Aus den Blüten entwickeln sich lange, etwas gebogene Hülsen mit je 3–6 Samen. Die Samen sind groß, abgeflacht elliptisch und meist violett-schwarz marmoriert. Als Nutz- und Zierpflanze ist sie heute weltweit in gemäßigten bis subtropischen Gebieten zu finden, oft in kühleren Höhenlagen. In Mitteleuropa ist sie v. a. als Gartenpflanze beliebt.

Die Lima-Bohne (*P. lunatus*) stammt aus tropischen und subtropischen Regionen Amerikas. Die Art hat weiße oder violette Schmetterlingsblüten. Die sichelförmigen Hülsen enthalten 2–4 große, flache Samen. Je nach Sorte variiert die Samenfarbe von Weiß über Cremefarben bis Violett oder Schwarz und kann auch gesprenkelt sein. In Europa ist der kommerzielle Anbau aufgrund der höheren Wärmeansprüche eher selten. Sie wird dort v. a. in Hausgärten kultiviert.

Die Teparybohne (*P. acutifolius*) hat weißliche bis cremefarbene Schmetterlingsblüten. Die bis 11 cm langen, schmalen Hülsen enthalten 4–10 Samen. Teparybohnen werden von Mittelamerika bis in den Südwesten der USA vorwiegend im Mischanbau mit Mais und Kürbis kultiviert, häufig ohne Bewässerung. Die anspruchslosen Pflanzen tolerieren Trockenheit und Hitzestress besser als die meisten anderen Bohnensorten.

Die Jahresbohne (*P. × dumosus*) stammt aus einer eng begrenzten Region im Hochland von Guatemala und gilt dort als gefährdet. Angebaut wird sie in den Hochlagen Mittel- und Südamerikas. Bei ihr handelt es sich um eine natürlich entstandene Hybride zwischen der Feuerbohne und der Gartenbohne, die in ihren Merkmalen zwischen den beiden Elternarten steht. Wie viele Hybride ist sie größer als ihre Elternarten und zeigt zudem eine hohe Resistenz gegenüber Krankheiten.

Teparybohnen

Pintobohnen

Lima-Bohnen

Kidneybohne

Feuerbohne: **A** Spross mit lang gestielten 3-teiligen Blättern (mit Nebenblättern auch an den Fiederblättchen) und Blütenstand (Traube) **1** Kelch **2** Fahne **3** Schiffchen **5–7** Staubblattröhre, die den Griffel umschließt, teilweise aufpräpariert **8** geöffnete Hülse mit Samen **9** Same im QS **10** Same im LS **11** Keimling.

Quelle: Hayne (1805-1856).

Phaseolus-Arten stammen aus Amerika, mit einem Diversitätszentrum in Mexiko und einem weiteren in den Anden.

Phaseolus-Arten wurden bereits vor 10.000–7.000 Jahren in Mittel- und Südamerika domestiziert und gehörten zu den Grundnahrungsmitteln der Maya und Azteken. Zusammen mit Mais und Kürbis bildeten die Bohnen seit ± 3.000 Jahren das traditionelle Mischkulturanbausystem der indigenen Hochkulturen Mittel- und Nordamerikas, das als »Milpa« bzw. »Drei Schwestern« bekannt ist. Spanische und portugiesische Seefahrende brachten *Phaseolus*-Bohnen im 16. Jh. nach Europa, von wo aus sie sich schnell weltweit verbreiteten und in vielen Regionen Teil der lokalen Küchen wurden.

Getrocknete Samen enthalten typischerweise 20–30 % Proteine, aber auch reichlich Kohlenhydrate, v. a. Stärke und lösliche Ballaststoffe. Sie enthalten zudem nennenswerte Mengen an Folsäure, Mineralstoffen, v. a. Eisen, Magnesium, Phosphor und Zink, sowie Saponine und Flavonoide (v. a. Anthocyane).
Rohe Bohnen enthalten giftige Lektine (v. a. Phasine), die vor dem Verzehr reduziert werden müssen.
Die unreifen Hülsen enthalten reichlich Ballaststoffe, Vitamine (besonders A, B, C und K) sowie Mineralstoffe wie Kalium, Eisen, Magnesium und Calcium.

Rohe Bohnen müssen vor der Zubereitung eingeweicht und gründlich gekocht werden, um die Giftstoffe zu neutralisieren.
Die verschiedenen *Phaseolus*-Arten werden auf vielfältige Weise zubereitet und haben sich zu charakteristischen Bestandteilen regionaler Küchen entwickelt: Mexikanische »Frijoles«, brasilianische »Feijoada«, griechische »Gigantes Plaki«, französisches »Cassoulet« oder der deutsche »Bohneneintopf« sind nur einige Beispiele für traditionelle Bohnen-Gerichte, die heute als fester Bestandteil ihrer jeweiligen Landesküchen gelten – obwohl die Bohnen ursprünglich aus Amerika stammen. Nur in Asien haben sich die *Phaseolus*-Bohnen nicht gegen Sojabohnen und die altweltlichen *Vigna*-Bohnen durchsetzen können.

In der traditionellen Medizin werden die Hülsen, insbesondere die von *P. vulgaris*, bei Nierenleiden, Diabetes, Hitzezuständen und gegen Vergiftungen eingesetzt.
Klinische Studien deuten auf eine mögliche (aber nur geringe) Gewichtsreduktion durch *P. vulgaris*-Extrakte hin und in Tierversuchen zeigen sich blutzuckersenkende Wirkungen.

Viele *Phaseolus*-Arten dienen als Gründünger, Zwischenfrucht sowie als nährstoffreiches Tierfutter. Einige Arten wie die Feuerbohne werden wegen ihrer attraktiven Blüten auch als Zierpflanzen geschätzt.

Altweltliche Bohnen

Vigna (*Dolichos, Phaseolus, Rudua, Voandzeia*)

Die Gattung *Vigna* umfasst 100–200 Arten überwiegend krautiger Pflanzen. Die meisten Arten zeigen einen windenden oder niederliegenden Wuchs und haben 3-zählige Blätter. Etwa 10 *Vigna*-Arten wurden domestiziert und davon werden heute ± 6 in größerem Umfang als Nahrungspflanzen kultiviert.

Die Augenbohne (*V. unguiculata*) ist besonders in Afrika und Teilen Asiens und Amerikas verbreitet. Ihre Blüten sind meist weißlich bis violett gefärbt. Die Hülsen enthalten 8–20 Samen. Diese sind je nach Sorte weißlich bis cremefarben – können aber auch rötlich bis bräunlich oder schwarz sein – und weisen oft ein farblich abgesetztes, meist schwarzes oder farbiges AUGE am Nabel auf.

Die Mungbohne (*V. radiata*) wird hauptsächlich in Indien und Südostasien angebaut. Sie hat gelbe Blüten. Die dünnen, zylindrischen Hülsen enthalten 10–15 kugelige Samen. Diese sind typischerweise grün gefärbt, können aber auch gelblich, braun oder schwarz sein. Von der Mungbohne werden sowohl die Samen als auch die auskeimenden Sprosse gegessen.

Die Urdbohne (*V. mungo*) ist in Indien und angrenzenden Ländern eine wichtige Nahrungspflanze. Sie hat weißliche bis gelbliche Blüten. Die Hülsen enthalten 4–10 eiförmige bis gekrümmte Samen, die meist schwarz, bei manchen Sorten aber auch grünlich oder bräunlich sind.

Die Adzukibohne (*V. angularis*) wird v. a. in China, Japan und Korea kultiviert. Ihre Blüten sind gelblich bis hellviolett. Die bohnenförmigen Samen sind rot und haben einen weißen Nabel.

Die Reisbohne (*V. umbellata*) ist in Südostasien verbreitet. Ihre gelblichen bis rötlichen Blüten entwickeln sich zu dünnen, zylindri-

Augenbohnen

Adzukibohnen

Frisch geerntete 1-samige Hülsen der Erderbse

Samen der Erderbse

Mungbohne: **A** Spross mit 3-teiligen Blättern und lang gestieltem Blütenstand **B** Blüten und Hülse **C** Spross mit 3-teiligen Blättern und Früchten **D** Fruchtstand.

Quellen: Sō (1804ff); Banks et al. (1900–1905); Kirtikar & Basu (1918).

schen Hülsenfrüchten. Die Früchte enthalten 8–10 kleine, zylindrische Samen. Diese sind – je nach Sorte – rot, braun, schwarz gefärbt oder gesprenkelt.

Die Erderbse oder Bambara-Erdnuss (*V. subterranea*) ist eine traditionelle Nahrungspflanze aus Afrika. Es handelt sich um eine 1-jährige, krautige Pflanze mit gelben Schmetterlingsblüten an kurzen Stielen. Nach der Befruchtung biegt sich der Fruchtstiel zum Boden hin und die sich entwickelnde Hülse reift unterirdisch heran, ähnlich wie bei der Erdnuss. In jeder kugeligen Hülse befindet sich meist nur 1 Same, der je nach Sorte weißlich, beige, rot, schwarz oder gefleckt sein kann.

Die Gattung ist hauptsächlich in den tropischen und subtropischen Regionen Afrikas und Asiens beheimatet. Die domestizierten Arten werden heute in warmen Klimazonen weltweit angebaut.

Die Domestikation der wirtschaftlich bedeutendsten Art, der Augenbohne, begann vor 6.000–4.000 Jahren in Westafrika. Mungbohne und Adzukibohne wurden vor 5.000–4.000 Jahren in Indien bzw. Ostasien kultiviert. Diese *Vigna*-Arten spielen eine bedeutende Rolle in traditionellen afrikanischen und südasiatischen Kulturen. Seitdem haben sie sich auch in anderen Regionen als wichtige Proteinlieferanten etabliert.
Die Augenbohne gelangte beispielsweise über den antiken Gewürzhandel früh nach Indien und China. Im 17. Jh. wurde sie durch den transatlantischen Handel mit versklavten Menschen aus Afrika in die Karibik und die südlichen USA gebracht, wo sie als »Southern pea« oder »Black-eyed pea« fester Bestandteil der regionalen Küche wurde.

Vigna-Arten stammen überwiegend aus den Tropen und blühen nur, wenn die Tage nicht zu lang sind. Sie können deshalb in höheren Breiten normalerweise nicht angebaut werden – die Tage sind dort im Sommer zu lang und die Arten blühen und fruchten nicht. Mithilfe eines breiten Spektrums an Züchtungsmethoden – darunter konventionelle Kreuzungen, Mutationszüchtungen und gentechnische Methoden – wurden bei der Augenbohne Sorten entwickelt, die auch bei langen Tagen blühen und so z. B. auch im Mittelmeergebiet angebaut werden können.

Die *Vigna*-Bohnen enthalten typischerweise 20–25 % Proteine mit einer günstigen Aminosäurezusammensetzung sowie Kohlenhydrate und Ballaststoffe. Außerdem sind sie reich an B-Vitaminen (insbesondere Folsäure, Thiamin und Riboflavin), Mineralstoffen, z. B. Eisen, Zink, Kalium und Phosphor, sowie Flavonoiden. Der Fettgehalt ist mit 1–2 % meist vergleichsweise gering.

Reisbohnen

Spargelbohnen

Sprossende Mungbohnen

Urdbohnen

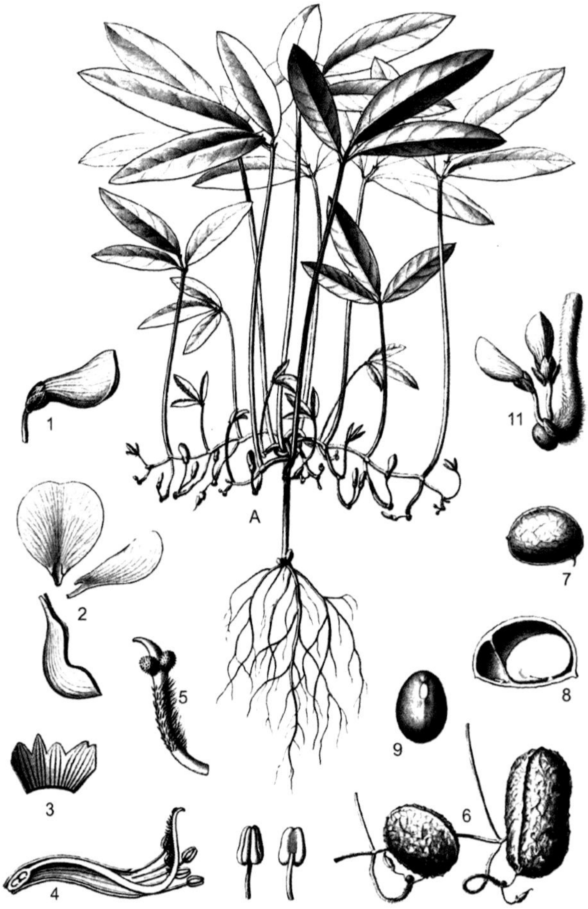

Erderbse: **A** Pflanze mit 3-teiligen Blättern, Ausläufern und unterirdisch reifenden Früchten **1** Blüte **2** aufpräparierte Kronblätter (1 Flügel fehlt) **3** Kelch **4** LS durch Staubblattröhre mit Griffel **5** Spitze des behaarten Griffels mit Narbe **6** unterirdisch reifende Früchte mit Fruchtstielen und waagerecht wachsender Sprossachse **7** Hülse **8** Hülse im LS mit 1 Samen **9** Same.

Wie auch andere Hülsenfrüchte enthalten die Samen antinutritive Substanzen (z. B. Saponine), die vor dem Verzehr durch Einweichen und Kochen reduziert werden müssen.
Die Blätter vieler *Vigna*-Arten enthalten reichlich β-Carotin und Vitamin C.

Die Samen werden gekocht und vielseitig verwendet: In der traditionellen afrikanischen Küche sind z. B. Gerichte wie »Akara« (frittierte Bohnenbällchen) oder »Waakye« (Reis mit Augenbohnen) verbreitet. In China und Japan ist süße Adzukibohnenpaste ein traditionelles Dessert. Aus den Samen wird traditionell auch ein proteinreiches Mehl hergestellt.
Gekeimte Mungbohnensprossen sind ein wichtiger Bestandteil der asiatischen Küche.

Von der Spargelbohne (*V. unguiculata* subsp. *sesquipedalis*) und einigen weiteren *Vigna*-Arten werden auch die unreifen Hülsen und Blätter als Gemüse zubereitet.

Unterschiedliche Teile der *Vigna*-Arten werden in der traditionellen Medizin verwendet, etwa bei Verdauungsbeschwerden, Diabetes oder zur Stärkung des Immunsystems.

Vigna-Arten werden häufig als Bodendecker, Gründünger und Futterpflanzen eingesetzt. Sie liefern ein proteinreiches Viehfutter. Manche Arten, z. B. *V. caracalla*, werden wegen ihrer dekorativen Blüten auch als Zierpflanzen kultiviert.

Erbse

Kaiserschote, Zuckererbse
Lathyrus oleraceus *(Pisum sativum)*

Die Erbse ist eine 1-jährige, kletternde Pflanze mit großen Nebenblättern, gefiederten Blättern und geteilten Ranken. Ihre hohlen Stängel sind leicht kantig. Die weißen oder violetten Blüten entwickeln sich zu länglichen Hülsen mit kugeligen Samen.
Manchen wird die Erbse noch unter dem wissenschaftlichen Namen *Pisum sativum* bekannt sein. Genetische Studien zeigen aber eine enge Verwandtschaft der Erbse mit den Platterbsen der Gattung *Lathyrus* und haben zu der Umbenennung geführt.

L. oleraceus stammt vermutlich aus dem östlichen Mittelmeerraum und Vorderasien. Heute wird sie weltweit in gemäßigten Klimazonen angebaut.

Die Erbse gehört zu den ältesten Kulturpflanzen und wird zuweilen als eine der »Gründerpflanzen« der Landwirtschaft bezeichnet. Archäologische Funde belegen ihren Anbau bereits vor 11.300–10.000 Jahren in Jerf el Ahmar in Syrien.

Bei Erbsen unterscheidet man hauptsächlich zwischen Markerbsen mit runzeligen Samen und hohem Zuckergehalt sowie Palerbsen mit glatten Samen und mehr Stärke. Weitere Zuchtformen sind Zuckererbsen, bei denen die gesamte unreife Hülse verzehrt wird, und Ackererbsen, die als Tierfutter verwendet werden.

Frische Erbsen enthalten 5–8 % Proteine und getrocknete Erbsen 20–25 %. Sie enthalten alle essenziellen Aminosäuren in einem sehr guten Aminosäureprofil, nur Methionin kommt in geringeren Mengen vor. Außerdem sind sie reich an Ballaststoffen, β-Carotin, B-Vitaminen (besonders Folsäure), Vitamin C sowie den Mineralstoffen Kalium, Magnesium und Eisen. An antinutritiven Substanzen sind v. a. Lektine zu nennen.

Erbsen werden in vielen Küchen der Welt sowohl frisch als auch getrocknet verwendet und sind vielseitig einsetzbar.
Dank ihres hohen Ballaststoff- und Proteingehalts weisen Erbsen einen relativ niedrigen glykämischen Index auf. Er liegt bei frischen Erbsen meist bei 35–40 und bleibt auch bei gekochten Erbsen meist unter 50. Durch ihren hohen Proteingehalt sind Erbsen zudem eine wichtige Basis für vegetarische und vegane Fleischalternativen. Von den Zuckerschoten wird die ganze Hülse gegessen.
Beim Verzehr roher Erbsen kann es aufgrund ihres Lektingehalts zu Verdauungsbeschwerden kommen.

Erbsenstärke findet in industriellen Anwendungen wie biologisch abbaubaren Kunststoffen Verwendung.

Vor etwa 170 Jahren leistete die Erbse einen wichtigen Beitrag bei der Entstehung der Wissenschaft der Genetik: Die Entdeckung der »Mendel'schen Vererbungsregeln« durch den Augustinerpriester Gregor Mendel basierte auf seinen berühmten Kreuzungsexperimenten, die er 1856–1863 mit Erbsen durchführte.

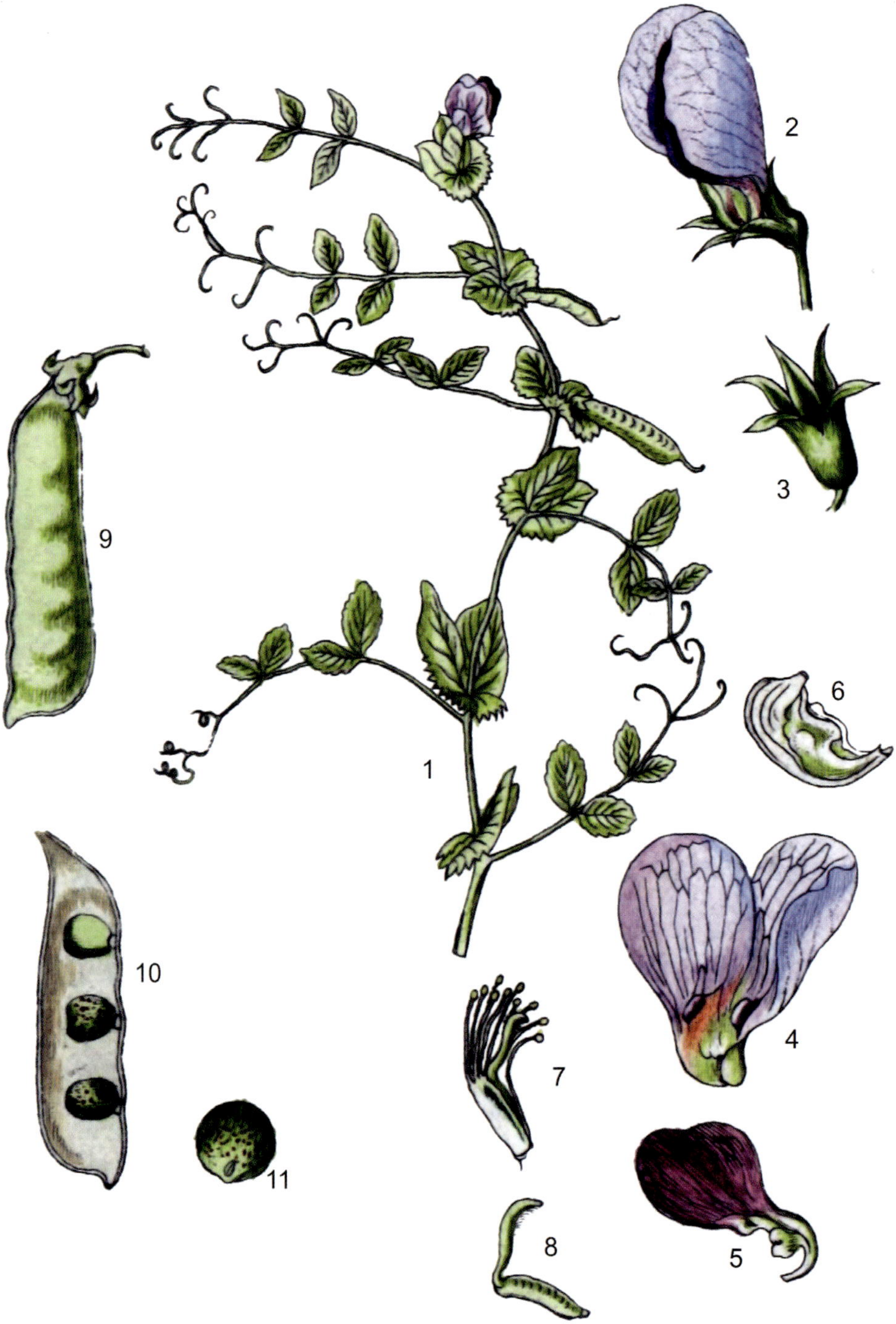

Erbse: 1 distaler Teil einer Pflanze mit gefiederten Blättern (mit großen, gezähnten Nebenblättern und geteilter Ranke), Blüten und Früchten **2** Schmetterlingsblüte **3** Kelch **4** 2-lappige Fahne **5** Flügel **6** Schiffchen **7** 1 freies und 9 verwachsene Staubblätter **8** Fruchtknoten mit gekrümmtem Griffel **9** Hülse **10** aufpräparierte Hülse mit Samen **11** Same.

Quelle: Sturm (1796ff).

Saatplatterbse

Lathyrus sativus
(Lathyrus asiaticus, Lathyrus stenophyllus)

Die Saatplatterbse ist eine 1-jährige krautige Pflanze mit gefiederten Blättern, die in Ranken enden. Die Schmetterlingsblüten sind weiß oder rosa bis hellblau und entwickeln sich zu einer flachen, länglichen Hülse mit mehreren Samen.

L. sativus stammt wahrscheinlich aus dem östlichen Mittelmeergebiet oder Südwestasien. Als anspruchslose, trockenheitstolerante Art wurde sie früher in weiten Teilen Europas, Nordafrikas und Asiens angebaut.

Die Nutzung der Saatplatterbse als Nahrungs- und Futtermittel reicht bis in die Antike zurück. Besonders in Krisenzeiten – wie bei Hungersnöten, Kriegen oder Dürreperioden – diente sie als Ersatz für hochwertigere Hülsenfrüchte, da sie anspruchslos ist und sich leicht anbauen lässt.
Allerdings enthält *L. sativus* das giftige ODAP (siehe Inhaltsstoffe) und der übermäßige Verzehr der Platterbse hat in der Vergangenheit mehrfach zu Ausbrüchen schwerer neurologischer Erkrankungen geführt, z. B. nach dem Bürgerkrieg in Spanien und in Teilen Indiens. Deshalb wird die Saatplatterbse in vielen Regionen heute nur noch selten kultiviert. Ihr Verkauf ist in Ländern wie Indien oder Nepal sogar gesetzlich verboten. Trotz dieser Beschränkungen stellt *L. sativus* in Indien und Nepal immer noch eine wichtige Nahrungsquelle dar, besonders für ärmere Bevölkerungsschichten.

Ein wichtiges Züchtungsziel für die Saatplatterbse ist die Reduktion des giftigen Inhaltsstoffs ODAP.

Die Samen enthalten 20–30 % Proteine, überwiegend in Form von Albuminen und Globulinen. Der Gehalt an Kohlenhydraten beträgt ± 50 %. *L. sativus* ist außerdem eine gute Quelle für Eisen und Selen.
Allerdings enthalten die Samen auch die neurotoxische Aminosäure ODAP. Diese kann in hohen Mengen den sogenannten »Lathyrismus« hervorrufen – eine neurologische Erkrankung, die zu irreversiblen Lähmungen führen kann.

Da die Samen ODAP enthalten, sollte der Verzehr nur in Maßen erfolgen und die Zubereitung sehr sorgfältig mit Einweichen, Kochen in reichlich Wasser und anschließendem Abgießen des Kochwassers erfolgen.

Saatplatterbse: A–B blühende Pflanze mit Laubblättern aus großen Nebenblättern, verbreiteter Rachis, 2 Fiederblättchen und geteilter Ranke **1** Blütenknospen **2** Fahne **3** aufpräparierte Blüte (ohne Krone) **4** Hülse **5** aufpräparierte Hülse mit Samen **6** Samen.

Quellen: Sibthorp & Smith (1806-1840); Curtis Botanical Magazine (1791).

Ackerbohne

Dicke Bohne, Favabohne, Pferdebohne, Puffbohne, Saubohne

Vicia faba *(Faba vulgaris)*

Die Ackerbohne ist eine aufrecht wachsende 1-jährige Pflanze mit gefiederten Blättern, die aus 1–3 Paaren elliptischer Fiederblättchen und einer kurzen Granne bestehen. Die weißlichen Schmetterlingsblüten mit schwarzer Musterung entstehen in kurzen, achselständigen Trauben.
Kulturformen bilden 15–30 cm lange, behaarte Hülsen aus, die 3–8 große, abgeflachte Samen enthalten. Die Samenfärbung kann von grünlich über gelblich bis rötlichbraun variieren.

Das Ursprungsgebiet von *V. faba* liegt vermutlich im Nahen Osten oder Nordafrika. Heute wird die Art in gemäßigten Klimazonen weltweit als Futter- und Nahrungspflanze kultiviert.

Archäologische Funde belegen den Anbau im Mittelmeergebiet seit 10.000–8.000 Jahren. Im antiken Ägypten dienten Ackerbohnen auch als Grabbeigaben. Die Griech:innen und Römer:innen schätzten sie in der Antike als proteinreiches Grundnahrungsmittel. Im Mittelalter verbreitete sich ihr Anbau in ganz Europa.
Bis ins 20. Jh. gehörten Ackerbohnen dort zu den wichtigsten Hülsenfrüchten. Mit der Einführung der *Phaseolus*-Bohnen aus Amerika verloren sie aber an Bedeutung. Die Hülsen der *Phaseolus*-Bohnen können – im Gegensatz zu denen der Ackerbohne – auch im unreifen Zustand (als grüne Bohnen) gegessen werden. Das ermöglichte eine neue Art der Zubereitung als Gemüse, die es vorher nicht gab. *Phaseolus*-Bohnen gelten im Allgemeinen auch als leichter verdaulich und enthalten weniger problematische antinutritive Substanzen.

Bei Ackerbohnen unterscheidet man zwischen großsamigen Formen, die v. a. als menschliche Nahrung genutzt werden, und kleinsamigen Formen für die Nutzung als Tierfutter.
Seit den 1980er-Jahren wurde intensiv daran gearbeitet, Sorten mit niedrigerem Gehalt der giftigen Inhaltsstoffe (Vicin und Convicin) zu züchten, was Ende der 1990er-Jahre schließlich auch gelang.

Ackerbohnen enthalten bis zu 30 % Proteine, die reich an essenziellen Aminosäuren sind. Sie sind außerdem eine gute Quelle für Ballaststoffe, Mineralstoffe wie Kalium, Magnesium und Eisen sowie B-Vitamine.
Allerdings enthalten sie auch antinutritive Substanzen wie Vicin und Convicin, die bei Menschen mit angeborenem Mangel eines bestimmten Enzyms (»G6PD-Mangel«) die schwere Krankheit »Favismus« auslösen können.

Die jungen Hülsen und Samen können gekocht, gedünstet, püriert oder als Gemüse zubereitet werden.

In Fruchtfolgen werden Ackerbohnen gerne eingesetzt, um den Getreidezystennematoden (*Heterodera avenae*) zu bekämpfen. Sie ergeben ein proteinreiches Viehfutter.

Ackerbohne: A blühende Pflanze mit großen Nebenblättern und unpaarig gefiederten Blättern mit kurzer Granne **1** Blüte im LS **2** Narbe **3** unreife Frucht (Hülse) **4** Same **5** Same im QS **6** Same im LS **7** Keimling.

Quelle: von Schlechtendal (1840ff).

Linse

Vicia lens *(Lens culinaris, Lens esculenta)*

Die Linse ist eine 1-jährige, krautige Pflanze mit paarig gefiederten Blättern, die in einer Ranke enden. Aus den weißen oder blassblauen Schmetterlingsblüten entwickeln sich kurze, flache Hülsenfrüchte mit 1–3 Samen.
Botaniker:innen führten die Linse lange Zeit unter dem Namen *Lens culinaris*, ordnen sie mittlerweile aber der Gattung *Vicia* zu.

Die Wildform der Linse stammt vermutlich aus dem Nahen Osten. Heute werden Linsen weltweit in gemäßigten und subtropischen Regionen angebaut.

Archäologische Funde belegen den Anbau von Linsen seit dem Proto-Neolithikum (vor 11.200–10.000 Jahren) im Gebiet des »Fruchtbaren Halbmonds«. In der Antike spielte die Linse eine bedeutende Rolle in der Ernährung und Kultur der Ägypter:innen, Griech:innen und Römer:innen. Auch die Bibel erwähnt das Linsengericht, für das Esau sein Erstgeburtsrecht an Jakob verkaufte.

Es gibt zahlreiche Linsensorten. Besonders bekannt sind die kleinen, aromatischen Beluga-Linsen, die nussigen Du Puy-Linsen aus Frankreich und die in Indien beliebten milden Roten Linsen. Darüber hinaus gibt es viele traditionelle regionale Sorten.
Aktuell ist *L. culinaris* Gegenstand intensiver Züchtungsforschung – inklusive der Anwendung moderner genomischer Werkzeuge. Der Fokus liegt dabei auf der Verbesserung von Ertrag, Nährstoffgehalt und Dürretoleranz als Anpassung an den Klimawandel.

Rohe Linsen enthalten meist 23–25 % Proteine und sind reich an Ballaststoffen, B-Vitaminen und Mineralstoffen wie Eisen, Magnesium und Zink. Zusätzlich kommen Saponine, Phenolsäuren, Flavonoide und Tannine vor.

Linsen benötigen keine Einweichzeit und sind deshalb leicht zuzubereiten und vielseitig einsetzbar. Insbesondere Linseneintöpfe und -suppen sind in vielen Ländern verbreitet. Rote Linsen (»Masoor Dal«) sind ein integraler Bestandteil der indischen Küche. Linsen können auch fermentiert werden und ergeben »Tempeh« oder »Miso« ähnelnde Produkte. Schließlich kann aus Linsen auch Mehl gewonnen werden.

Rote Linsen

Du Puy-Linsen

Weiße Linsen

Linse: A basaler Teil einer Pflanze mit unreifen Früchten, kleinen Nebenblättern und unpaarig gefiederten Blättern mit ungeteilter Granne **B** distaler Teil einer Pflanze mit Blüten und Früchten **1** 1 freies und 9 verwachsene Staubblätter und gekrümmter Griffel mit kopfiger Narbe **2** Frucht (Hülse) **3** Same.

Quelle: von Schlechtendal (1840ff).

Saatwicke

Futterwicke
Vicia sativa

Die Saatwicke ist eine 1-jährige Pflanze mit kletterndem Wuchs, gefiederten Blättern und violetten, selten weißen Schmetterlingsblüten. Die zylindrischen Hülsenfrüchte enthalten mehrere kugelige Samen.

V. sativa ist im Mittelmeergebiet und Südwestasien heimisch, hat sich jedoch mittlerweile fast weltweit verbreitet.

Historische Funde belegen den Anbau als Nahrungs- und Futterpflanze im antiken Ägypten, Griechenland und Rom. Während die Saatwicke bis ins Mittelalter regelmäßig angebaut wurde, wurde sie später meist durch andere Hülsenfrüchte ersetzt.

Die Samen enthalten typischerweise 20–30 % Proteine und 40–50 % Kohlenhydrate. Darüber hinaus sind sie reich an Ballaststoffen und Mineralstoffen wie Calcium, Eisen und Magnesium.
V. a. Wildformen enthalten höhere Mengen an giftigen Pyrimidinglycosiden wie Vicin und Convicin, die in modernen Sorten meist reduziert sind.

Durch gründliches Wässern und Schälen – am besten in Kombination mit langem Erhitzen – lassen sich die stabilen Pyrimidinglycoside reduzieren.
Die so vorbehandelten Samen werden in Nordafrika und Asien traditionell gekocht oder gemahlen verzehrt.

In den meisten Regionen dient die Saatwicke heute v. a. als Futtermittel.

Linsenwicke

Vicia ervilia

Die Linsenwicke ist eine 1-jährige Pflanze mit bläulich-weißen Blüten. Die Hülsen enthalten 2–4 dunkelbraune Samen. Archäologische Funde belegen den Anbau von *V. ervilia* im »Fruchtbaren Halbmond« bereits vor 9.500–8.000 Jahren. Im Mittelalter war sie in Mitteleuropa eine wichtige Futterpflanze und diente in Notzeiten auch als Nahrungsmittel für die Menschen.
Die Samen enthalten die neurotoxische Aminosäure Canavanin sowie Blausäureglycoside, die zu Vergiftungserscheinungen führen können – bekannt als »Ervilismus«. Vor dem Verzehr ist eine sorgfältige Verarbeitung der Samen, wie langes Wässern und Kochen mit mehrfachem Wasserwechsel, unerlässlich.

Saatwicke: **A** distaler Teil einer blühenden Pflanze mit kleinen Nebenblättern und unpaarig gefiederten Blättern mit verzweigten Ranken **1** Kelch **2** aufpräparierte Krone (Fahne, Flügel, Schiffchen) **3** 1 freies und 9 verwachsene Staubblätter und keulenförmiger Griffel **4** Samen **5** Frucht (Hülse).

Quelle: von Schlechtendal (1840ff).

Gemüse

Im Gegensatz zu Obst dominieren bei Gemüse nicht süße, sondern herzhafte, bittere, würzige, aber auch milde Geschmacksnoten. Gemüse wird sowohl roh als auch gegart gegessen und lässt sich aus den verschiedensten Pflanzenteilen gewinnen. Eine bewährte Einteilung erfolgt deshalb auch nach den verwendeten Pflanzenteilen:

Bei **Blattgemüse** werden die Blätter der Pflanzen verzehrt. Hierzu gehören verschiedene Kohlsorten wie Weißkohl oder Grünkohl, Salate wie Kopfsalat oder Feldsalat sowie auch Spinat, Mangold und zahlreiche weitere Kräuter.

Bei **Wurzel-, Knollen- und Zwiebelgemüse** werden die meist unterirdischen und nährstoff- und ballaststoffreichen Speicherorgane der Pflanzen genutzt. Hierzu zählen z. B. Möhren, Radieschen, Pastinaken oder Zwiebeln. Pflanzen mit besonders kohlenhydratreichen Speicherorganen wie Kartoffeln, Süßkartoffeln, Yams und verschiedene Rübenarten wurden aufgrund ihrer herausragenden Bedeutung als Grundnahrungsmittel bereits im Kapitel »Kohlenhydrat-Pflanzen« vorgestellt.

Stängelgemüse zeichnet sich dadurch aus, dass die Pflanzen primär wegen ihrer fleischigen Stängel oder jungen und zarten Sprosse verzehrt werden. Zu dieser Kategorie zählen unter anderem Spargel, Bambussprossen oder Palmherzen.

Blütengemüse wird wegen der noch nicht vollständig entwickelten Blütenstände gegessen. Die bekanntesten Vertreter sind Blumenkohl, Brokkoli und Artischocken.

Fruchtgemüse umfasst Früchte (oder Teile davon), die aufgrund ihres meist herzhaften Geschmacks und ihrer kulinarischen Verwendung als Gemüse und nicht als Obst klassifiziert werden. Prominente Beispiele sind Tomaten, Gurken, Paprika, Chili sowie verschiedene Kürbisgewächse.

Auch Hülsenfrüchte wie Erbsen und Bohnen sowie die darin enthaltenen Samen können aus kulinarischer Sicht als Gemüse zubereitet werden. Aufgrund ihrer einzigartigen Bedeutung für die Versorgung der Menschheit mit pflanzlichen Proteinen wurden sie jedoch bereits im Kapitel »Protein-Pflanzen« gesondert vorgestellt.

Anbau und Handel

Nach Daten der Welternährungsorganisation FAO werden weltweit über 1,1 Mrd. t Gemüse pro Jahr erzeugt. China ist mit Abstand das größte Erzeugerland und für mehr als 50 % der weltweiten Produktion verantwortlich. Weitere bedeutende Anbauregionen sind Indien, die EU, die USA sowie die Türkei.

Unter den einzelnen Gemüsearten führen Tomaten die weltweite Produktion mit 180 Mio. t pro Jahr an. Es folgen Zwiebeln mit 100 Mio. t, Gurken mit 80 Mio. t und verschiedene Kohlarten mit 70 Mio. t.

Der internationale Handel mit frischem Gemüse wächst stetig. Diese Entwicklung ist sowohl auf verbesserte Logistik und Kühltechnik als auch auf die zunehmende Nachfrage nach ganzjährig verfügbaren Produkten zurückzuführen.

Inhaltsstoffe und gesundheitliche Aspekte

Aus ernährungsphysiologischer Sicht bietet Gemüse eine beeindruckende Palette an gesundheitsfördernden Inhaltsstoffen. Diese Vielfalt macht Gemüse zu einem unverzichtbaren Bestandteil einer ausgewogenen Ernährung. Zu den wichtigsten Nährstoffgruppen gehören:

Vitamine: Gemüse ist – neben Obst – eine Hauptquelle für lebenswichtige Vitamine. Be-

sonders hervorzuheben ist Vitamin C, welches die Immunabwehr stärkt und sich besonders reich in Paprika und Brokkoli findet. Ebenfalls wichtig ist die für den Energiestoffwechsel essenzielle Vitamin-B-Gruppe. Das für die Blutgerinnung relevante Vitamin K_1 findet sich in dunkelgrünen Blattgemüsen. Nicht zu vergessen ist Provitamin A, das für zahlreiche positive Gesundheitswirkungen bekannt ist. Es liegt oft in Form von β-Carotin vor und ist in orangefarbenen und dunkelgrünen Gemüsesorten enthalten.

Mineralstoffe: Viele Gemüsearten liefern essenzielle Mineralstoffe wie Kalium, Magnesium, Eisen und Calcium. Besonders dunkelgrünes Blattgemüse wie Grünkohl und Spinat sind hervorragende Quellen für diese wichtigen Nährstoffe.

Ballaststoffe: Ballaststoffe können vom menschlichen Körper zwar nicht direkt verdaut werden, haben aber dennoch viele positive Auswirkungen auf die Gesundheit: Sie dienen als wichtige Präbiotika für die nützlichen Mikroorganismen im Darm, fördern ein längeres Sättigungsgefühl und können zur Regulation des Blutzuckerspiegels beitragen. Besonders ballaststoffreiche Gemüse sind Wurzel- und Knollengemüse, aber auch Artischocken und die verschiedenen Kohlsorten.

Sekundäre Pflanzenstoffe: Diese bioaktiven Verbindungen umfassen Tausende verschiedene Substanzen, darunter Anthocyane und andere Flavonoide, Carotinoide und Glucosinolate. Viele dieser Stoffe verleihen dem Gemüse nicht nur seine charakteristischen Farben und Aromen, sondern besitzen auch antioxidative, entzündungshemmende und teilweise krebsschützende Eigenschaften.

Wasser: Mit einem Wassergehalt von oft 80–95 % kann Gemüse wesentlich zur täglichen Flüssigkeitsaufnahme beitragen. Dies bedeutet auch, dass die meisten Gemüsearten vergleichsweise kalorienarm sind.

Die gesundheitlichen Vorteile eines regelmäßigen Gemüsekonsums sind durch zahlreiche wissenschaftliche Studien belegt. Eine gemüsereiche Ernährung wird mit einem deutlich verringerten Risiko für Herz-Kreislauf-Erkrankungen, bestimmte Krebsarten, Typ-2-Diabetes und Übergewicht in Verbindung gebracht.

Aus diesem Grund empfiehlt die Weltgesundheitsorganisation (WHO) einen täglichen Verzehr von mindestens 400 g Gemüse und Obst.

Die Zubereitung von Gemüse kann dessen Nährwertprofil erheblich beeinflussen. Während schonende Garmethoden wie Dünsten oder Dampfgaren die meisten Nährstoffe optimal erhalten, können längeres Kochen in Wasser oder starkes Erhitzen zum Verlust wasserlöslicher Vitamine führen. Bemerkenswert ist, dass bei einigen Gemüsesorten wie Tomaten und Möhren bestimmte Nährstoffe durch das Erhitzen sogar besser verfügbar werden. Zusätzlich können Fermentationsprozesse, wie sie bei Sauerkraut angewendet werden, den Gehalt an probiotisch wirksamen Bakterienkulturen erhöhen und dabei völlig neue Geschmacksdimensionen erschließen.

Melinjo

Gnetum gnemon

Der Melinjo ist ein 2-häusiger, immergrüner Strauch oder kleiner Baum, der zu den Nacktsamern (Koniferen i. w. S.) gehört. Ungewöhnlich für einen Nacktsamer besitzt er breite laubblattartige und gegenständig angeordnete Blätter.
Die eiförmigen Samen sind ± 2 cm lang und von einer fleischigen, orangen bis violetten Hülle umgeben. Die Samen haben eine harte, zähe bräunliche Schale. Das essbare Innere ist weißlich bis cremefarben und von nussartiger Konsistenz.

G. gnemon ist in den tropischen Regenwäldern Südostasiens und auf den westpazifischen Inseln heimisch. Die Art wird in Indonesien, Malaysia und auf den Philippinen häufig kultiviert.

In Indonesien ist Melinjo seit Jahrhunderten eine vielseitig verwendete Nutzpflanze. Der Baum spielt eine wichtige Rolle in den traditionellen Agroforstsystemen (»Pekarangan«), die charakteristisch für die kleinbäuerliche Landwirtschaft der Region sind.

Die Samen enthalten ± 65 % Kohlenhydrate, ± 15 % Ballaststoffe sowie fette Öle mit einem hohen Gehalt an Ölsäure. Sie sind auch reich an Mineralstoffen, v. a. Calcium und Eisen sowie Flavonoiden, Tanninen und Saponinen. Bemerkenswert ist zudem das Vorkommen von Stilbenoiden: v. a. Resveratrol-Dimere (und geringe Mengen an trans-Resveratrol) sowie Gnetine und deren Glucoside.
Die jungen Blätter sind reich an Carotinoiden, Vitamin C und verschiedenen Flavonoiden.

»Emping«

Die Samen können roh verzehrt werden oder sie werden zu »Emping« verarbeitet – geröstete, dünne, knusprige Cracker, die als Snack oder Beilage dienen und besonders in Indonesien beliebt sind. Die äußere, fleischige Hülle der Samen ist ebenfalls essbar und schmeckt süßlich.
Die Blätter werden traditionell als Gemüse in Suppen und Eintöpfen verwendet.

In der traditionellen Medizin werden die Blätter, Samen und Wurzeln vielfältig eingesetzt, z. B. bei Verdauungsstörungen, Hauterkrankungen, gegen Bluthochdruck und als Malariamittel.
Wissenschaftliche Untersuchungen erforschen das vielseitige Potenzial der Stilbenoide in Hinblick auf antioxidative, antimikrobielle, antikanzerogene, entzündungshemmende, den Blutzucker regulierende, lipidsenkende, harnsäuresenkende, immunmodulatorische und tyrosinasehemmende Wirkungen. Laborstudien zeigen dabei teilweise vielversprechende Ergebnisse.

Die Rinde liefert derbe Fasern, die traditionell zu Seilen und Fischernetzen verarbeitet werden.

Melinjo: **A** Zweig mit gegenständigen Blättern und traubenartigen Blütenständen **B** ♀-Blütenstand mit reifen Samen in 3-schichtiger Hülle **1** ♀-Blüte mit Samenanlage und 3-schichtigen Hülle im LS **2** ♂-Blüte **3** Samen in 3-schichtiger Hülle **4** Samen, die von einer 3-schichtigen Hülle umgeben sind im LS.

Quellen: Anonymus (1816); Transactions of the Linnean Society of London (1859); Spach (1834-1847).

Stachelseerose

Euryale ferox (*Anneslea spinosa*)

Die Stachelseerose ist eine Wasserpflanze mit kreisrunden, schwimmenden Blättern, die bis zu 1,5 m ⌀ erreichen können. Die Blätter haben ein auffälliges Netzwerk aus erhabenen Adern. Ihre Unterseite ist meist bräunlich bis rötlich gefärbt. *E. ferox* entwickelt weißliche bis bläulich-violette Blüten, die sich an langen Stielen knapp über die Wasseroberfläche erheben. Die stacheligen, kugelförmigen Früchte enthalten zahlreiche hartschalige und stärkereiche Samen. Bei der Reife sinken die Früchte auf den Gewässergrund ab.

E. ferox ist in warmen, stehenden bis langsam fließenden Gewässern des tropischen und subtropischen Südostasiens heimisch. In Indien, v. a. in Bihar, aber auch in China und Japan, wird die Stachelseerose kommerziell angebaut.

Die Samen wurden bereits in der Jungsteinzeit vor über 3.000 Jahren als Nahrungsmittel genutzt. In China ist der Anbau mindestens seit der Han-Dynastie (206 v. Chr. bis 220 n. Chr.) auch in schriftlichen Quellen gut dokumentiert.

Der Anbau von *E. ferox* erfolgt in flachen Gewässern. Die Ernte wird traditionell von Taucher:innen durchgeführt, die von Booten aus arbeiten und die auf dem Gewässergrund liegenden Früchte und Samen einsammeln.

Die Samen sind reich an Kohlenhydraten (hauptsächlich Stärke) und Proteinen. Außerdem enthalten sie Mineralstoffe wie Eisen, Kalium, Calcium, Magnesium und Phosphor sowie Antioxidantien, v. a. Flavonoide.
Auch die Rhizome der Stachelseerose enthalten reichlich Stärke.

Die Samen werden in heißen Pfannen geröstet und von ihrer harten Schale befreit. Dabei entwickeln sie eine popcornähnliche knusprige Textur. Die gepufften Samen werden als »Makhana« oder »Foxnut« in vielen asiatischen Ländern als nahrhafte Delikatesse geschätzt. Sie haben einen neutralen bis leicht nussigen Geschmack.
Traditionell werden sie auch zu Mehl verarbeitet.

Getrocknete Samen

Gepuffte »Foxnuts«

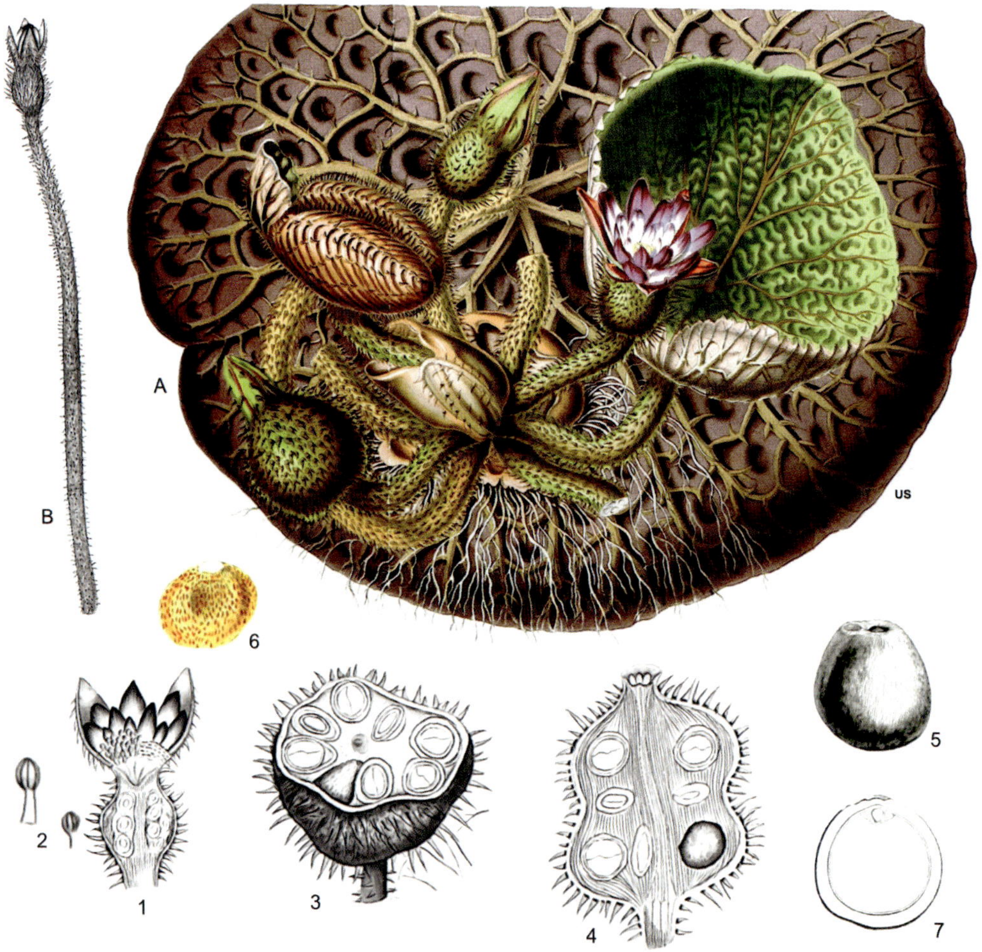

Stachelseerose: A Pflanze mit lang gestielten sich entfaltenden Schwimmblättern, Wurzeln und Blüten vor der bräunlichen US eines großen Schwimmblatts **B** lang gestielte Blüte **1** Blüte mit unterständigem Fruchtknoten im LS **2** Staubblätter **3** Fruchtknoten im QS **4** Fruchtknoten im LS **5–6** Samen **7** Same im LS.

Quellen: Flore des Serres et des Jardins de l'Europe (1852); Roxburgh (1795–1819); Baillon (1866–1895).

In der traditionellen Medizin werden die Samen zur Stärkung von Milz und Nieren, bei Schlaflosigkeit und allgemein als stärkendes Tonikum eingesetzt.

Das aus den Samen gewonnene Öl wird zuweilen für Hautpflegeprodukte verwendet. Wegen ihrer eindrucksvollen Blätter und den violetten Blüten wird die Stachelseerose in größeren Wassergärten auch als Zierpflanze geschätzt.

Rotgelbe Taglilie

Braunrote Taglilie, Gelbrote Taglilie
Hemerocallis fulva

Die Rotgelbe Taglilie ist eine mehrjährige krautige Pflanze, die dichte Horste mit langen, schmalen, grasartigen Blättern bildet. Die großen, trichterförmigen Blüten mit 8–12 cm ⌀ sind leuchtend orange-rot gefärbt und blühen jeweils nur für einen Tag.

H. fulva stammt aus Ostasien, genauer aus China, Korea und Japan. Heute ist die Art in vielen Teilen der Welt eingebürgert und gilt teilweise als invasive Art – insbesondere in Teilen von Nordamerika und Südeuropa.

Die Taglilie wird in China seit mindestens 1.500 Jahren als Nahrungs- und Heilpflanze kultiviert. Sie hat als »jin zhen cai« (Goldnadeln) einen festen Platz in der traditionellen chinesischen Küche und Medizin.
Nach Europa gelangte die Rotgelbe Taglilie erst im späten 16. Jh.

Die Gattung *Hemerocallis* umfasst Zehntausende von Hybriden und Sorten in einer beeindruckenden Farbpalette – diese reicht von Cremeweiß über Gelb, Orange und Rot bis hin zu Purpur. Bei der Entwicklung vieler dieser Zuchtformen spielte *H. fulva* eine wesentliche Rolle.

Die Blüten und Knospen der Rotgelben Taglilie enthalten Carotinoide und Flavonoide (v. a. Anthocyane), die für ihre Färbung verantwortlich sind, sowie reichlich Ballaststoffe und Phosphor.
Die jungen Sprosse und Wurzelknollen sind reich an Stärke, Ballaststoffen, Vitaminen (besonders A und C) sowie Mineralstoffen wie Eisen und Kalium.

Die in der chinesischen Küche beliebten getrockneten Taglilienknospen (»jin zhen cai«) müssen vor der Verwendung ± 30 Minuten in warmem Wasser eingeweicht werden. Sie entwickeln beim Kochen eine angenehm zähe Textur und ein leicht moschusartiges Aroma, das Suppen und Wok-Gerichte bereichert. Sie können auch knusprig frittiert werden.
Junge Sprossen können wie Spargel zubereitet werden.

Extrakte aus Blüten oder Wurzeln von *Hemerocallis* werden in der traditionellen Medizin Chinas und Ostasiens vielfältig verwendet. Sie werden z. B. gegen Hitze-Syndrome und Schlaflosigkeit eingesetzt und gelten als entzündungshemmend und stimmungsaufhellend.

Vom rohen Verzehr der Blüte der europäischen Varietät wird abgeraten.

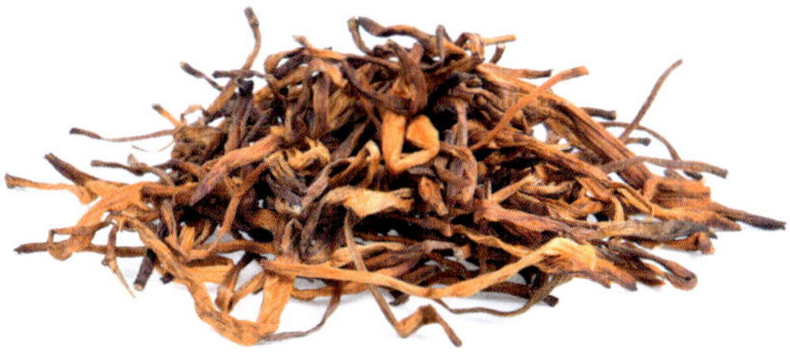

Getrocknete Taglilienknospen

Rotgelbe Taglilie: A distaler Teil einer Pflanze mit Blütenknospen, Blüten und unreifen Kapseln **B** Grundblatt **1** Blüte im LS **2** Staubblätter **3** Fruchtknoten im LS **3a** Narbe im QS **4** Fruchtknoten im QS.

Quelle: von Schlechtendal (1840ff).

Spargel

Asparagus officinalis
(Asparagus altilis, Asparagus tenuifolius)

Spargel ist eine 2-häusige, mehrjährige Pflanze. Aus dem unterirdischen Rhizom wachsen im Frühjahr fleischige Sprosse empor, die, wenn sie nicht geerntet werden, ergrünen und bis zu 2 m hoch werden. ♀-Pflanzen bilden im Herbst leuchtend rote Beeren mit 2–3 schwarzen Samen.
Die Blätter sind zu Schuppen reduziert, während nadelartige Sprosse zusammen mit dem Hauptspross die Photosynthese übernehmen.

A. officinalis ist in Süd- und Mitteleuropa, Nordafrika und Südwestasien heimisch. Heute wird die Art weltweit kultiviert, wobei die größten Anbauländer China, Peru, Mexiko, Deutschland und Italien sind.

Spargel wird seit mehr als 4.000 Jahren genutzt, wie altägyptische Wandmalereien zeigen. Auch in Griechenland wurde er als Delikatesse und Heilmittel geschätzt und im Römischen Reich großflächig angebaut.
Im Mittelalter geriet die Pflanze in Vergessenheit, bevor sie im 17. Jh. in Adelshäusern als Delikatesse wiederentdeckt wurde. In Deutschland begann der kommerzielle Anbau im 18. Jh., zunächst in Brandenburg.

Im Laufe der Jahrhunderte wurden 80–150 Spargelsorten entwickelt, wobei viele historische Regionalsorten heute nicht mehr angebaut werden. In Deutschland dominieren 3–5 moderne Hybridsorten (hauptsächlich Gijnlim, Ramires und Cumulus) 80–90 % des kommerziellen Anbaus.
Grundsätzlich unterscheidet man zwischen 3 Haupttypen: Weisser Spargel wächst unter der Erde und wird vor dem Durchbrechen der Oberfläche geerntet, wodurch er mild und zart bleibt und normalerweise keine Färbung aufweist. Allenfalls die Spitzen verfärben sich bei diesen Sorten zuweilen violett. Grüner Spargel wächst über der Erde und entwickelt Chlorophyll, was ihm die grüne Färbung und einen intensiveren Geschmack verleiht. Violetter Spargel ist durch Anthocyane durchgehend violett gefärbt und schmeckt oft süßlich.
Während in Deutschland Weisser Spargel bevorzugt wird, ist global betrachtet Grüner Spargel die häufigste Sorte.

Violetter, Weißer und Grüner Spargel

Zur Anlage eines Spargelfeldes werden 1-jährige Pflanzen in tiefe Furchen gesetzt. In den ersten 2 Jahren erfolgt keine Ernte, damit sich ein kräftiges Rhizom- und Wurzelsystem entwickeln kann. Ab dem 3. Jahr können die Stangen geerntet werden. Eine Spargelfläche kann bis zu 12 Jahre produktiv bleiben.
Bei Weissem Spargel und Violettem Spargel wird jede Stange einzeln mit speziellen Messern gestochen, bei Grünem Spargel werden sie über dem Boden abgeschnitten.

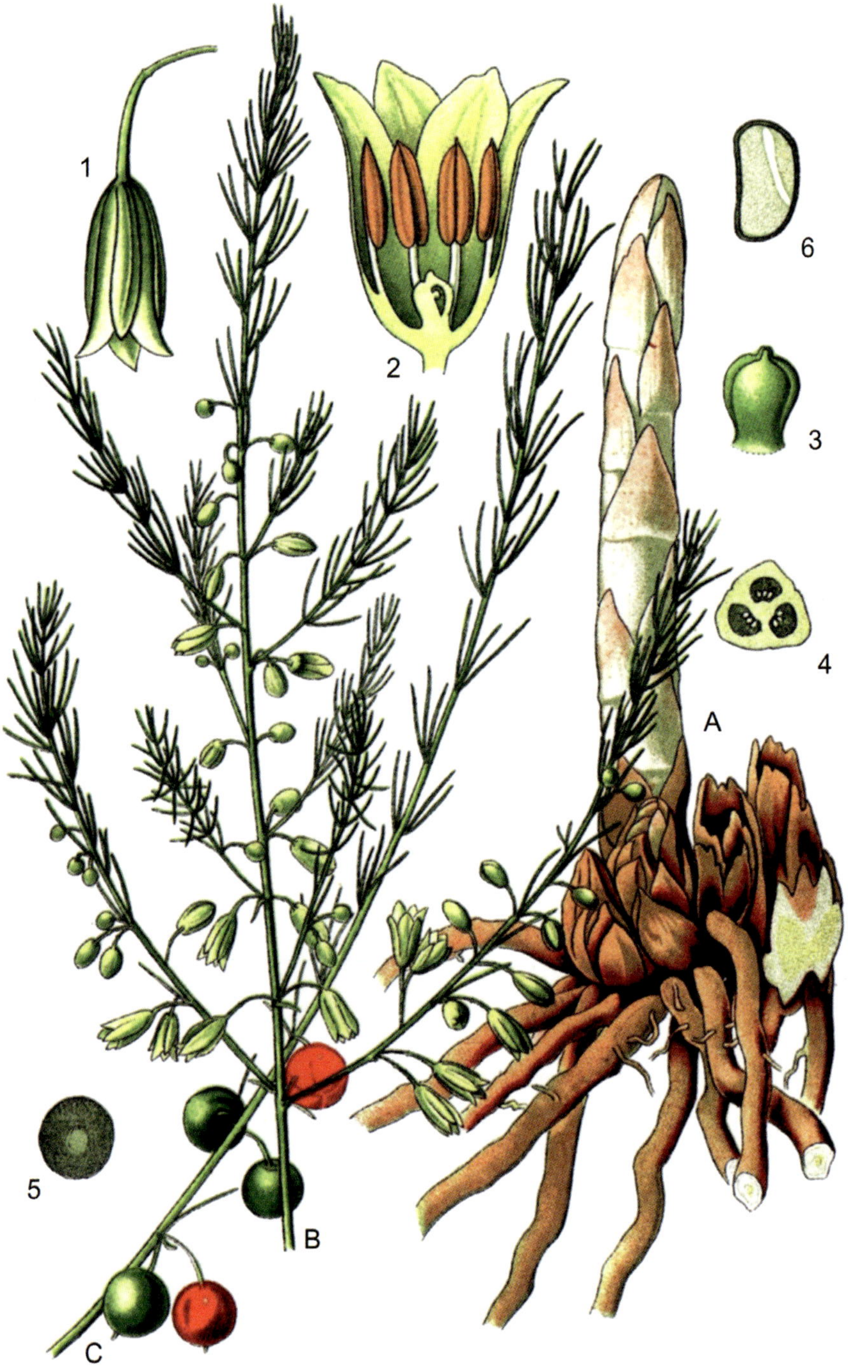

Spargel: A basaler Teil einer Pflanze mit verdickten Rhizomen, dünnen Wurzeln und austreibendem Spross **B** distaler Teil einer Pflanze mit Blüten **C** Zweig einer ♀-Pflanze mit reifen und unreifen Beeren **1** Blüte **2** ♂-Blüte im LS **3** Fruchtknoten **4** Fruchtknoten im QS **5** Beere mit 1 Samen im QS **6** Same im LS.

Quelle: Thomé (1885ff).

Spargelernte Anfang Mai bei Hockenheim

Nach der Erntesaison dürfen die Pflanzen austreiben, um erneut Nährstoffe zu produzieren und speichern zu können. Im kommerziellen Spargelanbau werden fast ausschließlich rein ♂-Hybrid-Sorten bevorzugt. Diese investieren keine Energie in die Frucht- und Samenbildung und liefern daher über die Jahre einen höheren Ertrag als ♀-Pflanzen.
Die traditionelle Spargelsaison in Deutschland läuft von Mitte / Ende April bis zum 24. Juni, dem Johannistag. Durch den Klimawandel – und den Anbau unter schwarzen Folien oder in Minitunneln – hat sich der Saisonbeginn bereits um mehrere Wochen nach vorne verschoben, sodass die Ernte nun oft bereits Anfang April beginnt – in Jahren mit einem besonders warmen Frühjahr auch schon im März.

Spargel ist kalorienarm und enthält viele Ballaststoffe, insbesondere Inulin, sowie Flavonoide und Saponine. Besonders hervorzuheben ist sein hoher Gehalt an B-Vitaminen (v. a. Folsäure, aber auch Thiamin und Riboflavin), Vitamin C und Kalium. Der typische Spargelgeschmack wird durch ein komplexes Zusammenspiel verschiedener Substanzen verursacht, insbesondere schwefelhaltige Verbindungen wie Dimethylsulfid und S-Methylmethionin, und Säuren, insbesondere Asparagusinsäure, aber auch Asparaginsäure und Glutaminsäure sowie Äpfel- und Zitronensäure.

Spargel wird in vielen Ländern als Delikatesse geschätzt. Weißer Spargel wird in Deutschland oft mit zerlassener Butter oder »Sauce Hollandaise« serviert, während grüner Spargel in Salaten, Pasta- und Wok-Gerichten Verwendung findet. Die Sprosse können gekocht, gebraten oder gegrillt werden.

In der Antike empfahlen Ärzt:innen Spargel bei Nierenerkrankungen und zur Entwässerung – so der Grieche Hippokrates (um 460 v. Chr.) und der Römer Dioskurides (im 1. Jh.). In der traditionellen Medizin wird Spargel auch gegen Rheuma eingesetzt.
Auch pharmakologische Studien deuten auf entwässernde und entzündungshemmende Wirkungen von Spargel-Extrakten hin, die hauptsächlich auf Saponine und Flavonoide zurückgeführt werden. Das Inulin gelangt unverdaut in den Dickdarm und fördert dort das Wachstum erwünschter Mikroorganismen (präbiotischer Effekt).

Nach dem Verzehr von Spargel entsteht bei vielen Menschen ein charakteristischer Geruch des Urins. Dieser entsteht dadurch, dass die Asparagusinsäure im Körper enzymatisch abgebaut wird. Dabei entstehen riechende schwefelhaltige Verbindungen wie Methanthiol, Dimethylsulfid und Dimethyldisulfid, die mit dem Urin ausgeschieden werden.
40–60 % der Menschen können den Geruch allerdings überhaupt nicht wahrnehmen. Aufgrund einer Mutation im Gen eines Geruchrezeptors sind sie »Nicht-Riecher«.
Andere Personen können die riechenden Verbindungen hingegen gar nicht produzieren, vermutlich weil die Enzyme für den Abbau der Asparagusinsäure fehlen oder nicht richtig funktionieren. Die Frage, wie viele Personen »Nicht-Produzent:innen« sind, ist umstritten. In einer kleinen – aber sorgfältig durchgeführten – Studie betraf dies ± 8 % der Probanden.

Küchenzwiebel

Allium cepa (*Allium esculentum*)

Die Küchenzwiebel ist eine mehrjährige, krautige Pflanze mit röhrenförmigen Blättern und lang gestielten Dolden aus kleinen, weißlichen bis grünlichen Blüten. Sie bildet kugelige bis leicht abgeflachte unterirdische Zwiebeln aus.

Die Wildform von *A. cepa* ist vermutlich in Zentralasien beheimatet. Heute wird die Küchenzwiebel weltweit angebaut, hauptsächlich in gemäßigten und warmgemäßigten Klimazonen. Die wichtigsten Anbauregionen sind China und Indien, gefolgt von den USA und Europa.

Die Küchenzwiebel wurde in Ägypten bereits vor über 5.000 Jahren als Nahrungsmittel, Opfergabe und Medizin verwendet.

Es gibt unzählige Zwiebelsorten. Nach ihrer Farbe unterscheidet man weiße, gelbe, rote und violette Zwiebeln. Nach der Form werden abgeflachte, kugelige und längliche Typen differenziert. Nach ihrem Verwendungszweck ergeben sich die folgenden Typen: Speisezwiebeln (lagerfähige Trockenzwiebeln), Bundzwiebeln (mit Blättern und meist früh geerntet, auch Frühlingszwiebeln oder Lauchzwiebeln genannt) und Silberzwiebeln (kleine, weißliche bis gräuliche Zwiebeln, meist zum Einlegen).

Zwiebeln enthalten reichlich Kohlenhydrate, v. a. Fructane, und Ballaststoffe. Außerdem enthalten sie Mineralstoffe, v. a. Kalium, Vitamin C und B-Vitamine und das Flavonoid Quercetin. Rote Zwiebeln enthalten zusätzlich Anthocyane.
Beim Anschneiden von Zwiebeln spaltet das Enzym Alliinase schwefelhaltige Aminosäurederivate (v. a. Isoalliin) in das flüchtige Propanthial-S-oxid, welches in der Augenflüssigkeit zu Schwefelsäure umgewandelt wird und die Tränendrüsen reizt. Thiosulfinate sorgen für den typischen Geruch.

Die Zwiebel ist eines der am häufigsten verwendeten Gemüse und weltweit unverzichtbarer Bestandteil der meisten Küchen.

In der traditionellen Medizin verwendet man sie bei Erkältungen, zur Wundheilung und zur Vorbeugung von Herz-Kreislauf-Erkrankungen.
Wissenschaftliche Studien bestätigen antimikrobielle, entzündungshemmende und durchblutungsfördernde Wirkungen, die v. a. auf die Schwefelverbindungen und Flavonoide zurückgeführt werden.

In der Naturkosmetik werden Zwiebelauszüge z. B. in Haarpflegemitteln eingesetzt. Zwiebelschalen werden traditionell zum Färben von Textilien und Ostereiern genutzt.

Rote Zwiebeln

Silberzwiebeln

Frühlingszwiebel

Küchenzwiebel: **A** Habitus **B** hohler Stängel mit Blütenstand (Dolde) **C** austreibende Zwiebel **1** Blüte **2** teilweise aufpräparierter Fruchtknoten mit Griffel **3** geöffnete Kapsel **4–5** Samen.

Quelle: von Schlechtendal (1840ff).

Schalotten

Schalotte

Allium ascalonicum

Die Schalotte hat schmale, röhrenförmige Blätter und vermehrt sich vorwiegend über Tochterzwiebeln. Die Zwiebeln der Schalotte sind oft länglich-eiförmig bis gekrümmt-zylindrisch und erreichen meist nur 2–5 cm ⌀. Sie sind von feinen, gelblichen, rötlichen oder braunen Häuten eingehüllt.
Ihr Name leitet sich von der Stadt Askalon (heute Ashkelon) in Israel ab, von wo sie im Mittelalter nach Europa eingeführt wurde.

Schalotten zeichnen sich durch ihr feineres und komplexeres Aroma im Vergleich zur Speisezwiebel aus. In der französischen Küche sind sie unverzichtbar für klassische Zubereitungen wie »Beurre blanc« und »Sauce béarnaise«. In der südostasiatischen Küche werden sie häufig frittiert und als aromatische Garnitur über Reisgerichte gestreut.

Winterzwiebel

Allium fistulosum

Die Winterzwiebel wächst als mehrjährige Pflanze mit hohlen, röhrenförmigen Blättern. Sie bildet dichte Horste aus langen Schäften aus Blattscheiden, die an der Basis weiß sind und nach oben hin grün werden.
Ihr Ursprung wird in Zentral- und Ostasien vermutet. Heute wird sie weltweit angebaut und ist v. a. in China, Japan und Korea weit verbreitet.

In der ostasiatischen Küche spielt die Winterzwiebel eine zentrale Rolle. Der weiße Teil des Schaftes wird oft für gebratene Gerichte und das Grün als frische Würzgarnitur verwendet.

Winterzwiebel

Allium ampeloprasum
Größenvergleich von Elefanten-Knoblauch und echtem Knoblauch (*A. sativum*)

Lauch, Porree, Elefanten-Knoblauch, Kurrat

Ackerknoblauch, Ackerlauch, Ägyptischer Lauch, Perlzwiebel, Sommerknoblauch

Allium ampeloprasum

(Allium leucanthum, Allium lineare, Allium multiflorum, Allium polyanthum, Allium porrum, Porrum sativum)

Lauch ist eine mehrjährige, krautige Pflanze mit flachen Blättern. Der Blütenstand, eine Dolde, ist lang gestielt und besteht aus zahlreichen kleinen, weißlichen bis rosa Blüten.

A. ampeloprasum kreuzt sich leicht mit anderen *Allium*-Arten. Deshalb bereitet auch die systematische Gliederung Schwierigkeiten und wurde in den letzten Jahrzehnten mehrfach geändert – wie die zahlreichen wissenschaftlichen Synonyme zeigen.

Die Wildform, bekannt als Ackerlauch, ist im Mittelmeergebiet, Südwestasien und Teilen Nordafrikas heimisch. Die daraus entstandenen Kulturformen, insbesondere Porree, werden heute weltweit in gemäßigtem bis subtropischem Klima angebaut.

Bereits in der Antike war *A. ampeloprasum* bekannt und wurde in Ägypten, Griechenland und dem Römischen Reich angebaut. Auch Karl der Große schätzte die Art als Heilpflanze und ordnete ihren Anbau in seinen Gärten an.

Die Kulturformen unterscheiden sich in der Ausbildung von Zwiebel, Schaft und Blättern.

PORREE bzw. LAUCH hat einen langen, verdickten Schaft, der überwiegend aus Blattscheiden besteht, während die Zwiebel (fast) fehlt. Gärtner:innen unterscheiden zwischen Sommer-, Herbst- und Winterporree.

Die PERLZWIEBEL – die der Silberzwiebel (*A. cepa*) zum Verwechseln ähnlich sieht – bildet kleine kugelige bis schief-eiförmige Zwiebeln aus.

ELEFANTEN-KNOBLAUCH entwickelt sehr große Zwiebeln, die mild nach Knoblauch schmecken.

KURRAT (ÄGYPTISCHER LAUCH) hat weiche Blätter.

A. ampeloprasum enthält als Kohlenhydrat hauptsächlich Inulin und ist reich an Vitamin C, Folsäure, Eisen und Flavonoiden (v. a. Kaempferol).

Die für Lauchgewächse typischen schwefelhaltigen Verbindungen wie Alliin und Isoalliin bzw. deren Abbauprodukte Allicin und Thiosulfinate verleihen der Pflanze ihr charakteristisches Aroma.

PORREE wird in Suppen, Eintöpfen und Gemüsegerichten verwendet, während ELEFANTEN-KNOBLAUCH als milder Knoblauchersatz dient. Die weichen Blätter von KURRAT werden als Salat und Gemüse verwendet. Hingegen spielt die Perlzwiebel nur noch eine untergeordnete Rolle.

Traditionell wird die Pflanze als Heilmittel zur Stärkung des Immunsystems und zur Förderung der Verdauung genutzt.

Perlzwiebeln

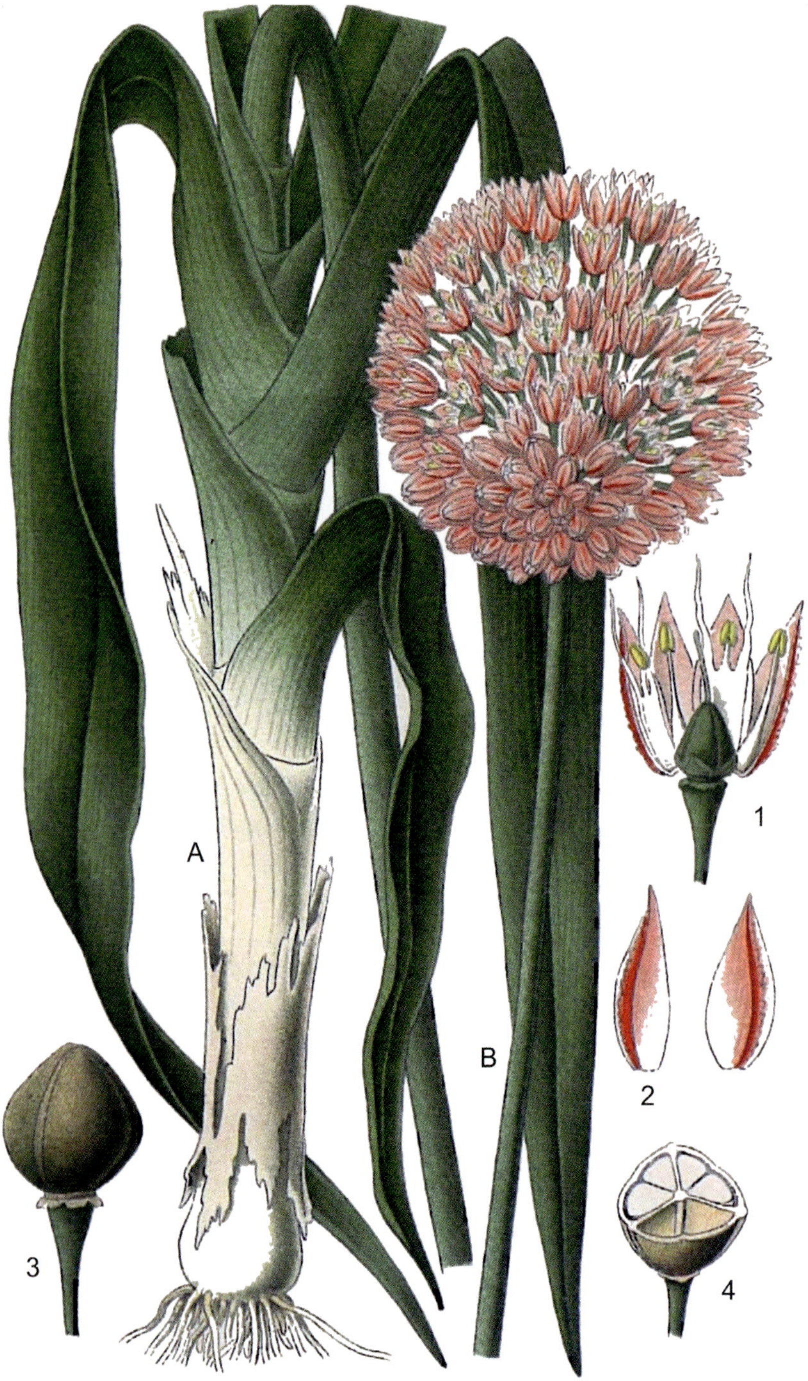

Lauch: A basaler Teil einer Pflanze mit den Stängel umgebenden Blattscheiden und kaum verdickter Zwiebel **B** distaler Teil einer Pflanze mit Blütenstand (Dolde) **1** aufpräparierte Blüte mit Perigonblättern und gezähnten Staubblättern **2** Perigonblätter **3** Kapsel **4** Kapsel im QS. Die Abbildung zeigt die Zuchtform Porree.

Quelle: von Schlechtendal (1840ff).

Knoblauch

Allium sativum

Knoblauch ist eine mehrjährige, krautige Pflanze mit schmalen, länglichen bläulich-grünlichen Blättern. Die lang gestielten Dolden bestehen aus weißlichen bis violetten Blüten. Zwischen den Blüten werden oft kleine Brutzwiebeln gebildet und die Blüten können dann sogar komplett fehlen.
Am Grunde des Stängels befindet sich eine große, kugelige bis leicht abgeflachte Zwiebel, die als »Knoblauchknolle« bezeichnet wird. Diese Knolle ist von einer trockenhäutigen Hülle umgeben und besteht aus mehreren Segmenten, den »Knoblauchzehen«, die von Niederblättern gebildet werden. Jede einzelne Zehe ist von einer dünnen, papierartigen Haut umschlossen und 3–5 Zehen sind wieder von einer gemeinsamen Hülle umschlossen. Den Abschluss bildet die Hülle um die gesamte Knoblauchknolle.
Der intensive, charakteristische Geruch des Knoblauchs, der sich beim Zerkleinern der Zehen verstärkt, macht ihn unverwechselbar.

A. sativum stammt vermutlich aus Zentralasien. Knoblauch wird heute weltweit in gemäßigten bis subtropischen Klimazonen angebaut. Hauptanbaugebiet ist China, gefolgt mit weitem Abstand von Indien, weiteren asiatischen Staaten, dem Mittelmeergebiet sowie den USA.

Knoblauch wurde bereits vor über 5.000 Jahren in Ägypten und Mesopotamien kultiviert. Er diente dort nicht nur als Nahrungsmittel, sondern galt auch als bedeutsames Heilmittel. Die Arbeiter:innen bei den Pyramidenbauten erhielten Knoblauch zur Stärkung. Auch die Griech:innen und Römer:innen schätzten die Pflanze in der Antike als Heilpflanze und Gewürz. In seinem Werk »De materia medica« beschrieb Dioskurides im 1. Jh. n. Chr. die vielfältigen medizinischen Anwendungen von Knoblauch. Er empfahl die Pflanze als Heilmittel für Hautkrankheiten, Atemwegs- und Verdauungsprobleme sowie zur Bekämpfung von Parasiten und zur Förderung der Harnausscheidung.

Arabische Übersetzung von Dioskurides' »De materia medica« mit Angaben zum Knoblauch und zur Zwiebel. Diese illustrierte Ausgabe wurde an einem Montag in der Mitte des Ramadan 475 (Februar 1083) fertiggestellt und ist eine der ältesten noch erhaltenen, illustrierten arabischen Handschriften.

Im Mittelalter wurde *A. sativum* gemäß dem im späten 8. Jh. erschienenen »Capitulare de villis« von Karl dem Großen in den kaiserlichen Gütern kultiviert und war eine hochgeschätzte Heilpflanze.

Weltweit existieren mehr als 600 (einige Quellen schätzen über 1.000) Knoblauchsorten, die sich in Größe, Farbe, Geschmack und Lagerfähigkeit unterscheiden. In vielen Regionen wurden lokale Landsorten gezüchtet, die an die jeweiligen Bedingungen angepasst waren. Den weltweiten Handel domi-

Knoblauch: **A** Zwiebel (»Knoblauchsknolle«) **B** basaler Teil einer Pflanze mit den Stängel umgebenden Blattscheiden und Laubblättern **C** distaler Teil einer Pflanze mit gestielten Blüten und sitzenden Brutzwiebeln **1** Blüte **2** aufpräparierte Blüte **3** gezähntes Staubblatt **4** Kapsel **5** Brutzwiebel aus dem Blütenstand **6–7** Zwiebeln (»Knoblauchsknollen«), die aus zahlreichen Niederblättern (»Knoblauchzehen«) bestehen, äußere Hüllen teilweise entfernt.

Quellen: von Schlechtendal (1840ff); Nees von Esenbeck & Wijhe (1828-1833).

nieren heute vermutlich nur 10–12 Sorten – in Deutschland dürfte die Anzahl noch geringer sein. Die genaue Zahl ist allerdings nur schwer zu ermitteln, weil im Handel die Sorte meist nicht erfasst wird.
Grundsätzlich werden beim Knoblauch 2 Haupttypen unterschieden:
Harthalsknoblauch bildet wenige, große Zehen aus. Auch der harte Blütenstängel kann oft gegessen werden. Harthalsknoblauch-Sorten benötigen häufig eine Kälteperiode zum Wachsen und haben oft ein komplexes Aroma.
Weichhalsknoblauch hat weiche Stängel und bildet meist zahlreiche, kleine Zehen aus. Die Sorten sind oft an wärmere Klimazonen angepasst und ihre Knollen bleiben länger lagerfähig. Weichhalsknoblauch-Sorten dominieren den kommerziellen Anbau.

Knoblauch ist reich an Schwefelverbindungen, insbesondere Alliin, das durch das Enzym Alliinase bei Beschädigung der Zellen zu Allicin umgewandelt wird. Allicin ist hauptverantwortlich für den charakteristischen Geruch. Insgesamt enthält Knoblauch aber mehr als 100 schwefelhaltige Verbindungen, die zum komplexen Aroma beitragen und auch gesundheitsfördernde Wirkungen haben.
Knoblauch enthält außerdem Vitamine (besonders B-Vitamine und Vitamin C), Mineralstoffe, wie Kalium, Phosphor, Eisen und Selen, sowie verschiedene Antioxidantien.

In vielen Küchen ist Knoblauch ein unverzichtbares Gewürz mit intensivem Geschmack. Er kann roh, gebraten, gedünstet oder geröstet verwendet werden.
Dic Zubereitungsart beeinflusst dabei die Intensität des Geschmacks: Durch Erhitzen wird das Aroma milder, während das Zerkleinern der rohen Zehen das stärkste Aroma freisetzt.

Trotz der lange etablierten Verwendung als Heilpflanze und der Anerkennung durch die Europäische Arzneimittel-Agentur als traditionelles Heilmittel ist die Evidenz für die Wirkungen von Knoblauch unterschiedlich stark: Am besten belegt sind moderate Effekte auf Blutfettwerte und Blutdruck in klinischen Studien. Für viele andere traditionelle Anwendungen, wie die Stärkung des Immunsystems gegen Erkältungen, sind die Belege weniger eindeutig oder die Ergebnisse widersprüchlich. *A. sativum* besitzt zudem nachgewiesene antimikrobielle Eigenschaften gegen Bakterien, Pilze und Viren.

Hochdosierter Knoblauch kann, v. a. aufgrund des Allicin-Gehalts, die Blutgerinnung beeinflussen und auch die Wirkung anderer Medikamente (z. B. bestimmte HIV-Medikamente) beeinflussen. Im Zweifelsfall sollte deshalb ärztlicher Rat eingeholt werden.

Wasserkastanie

Chinesische Wasserkastanie
Eleocharis dulcis *(Eleocharis tuberosa)*

Die Wasserkastanie ist eine mehrjährige Sumpfpflanze mit 1–1,5 m hohen Halmen und langen, unterirdischen Ausläufern. An deren Enden werden kugelige bis leicht abgeflachte Knollen mit 2–4 cm ⌀ gebildet. Die harte Außenschale der Knollen ist dunkelbraun bis schwarz, während das Innere weißlich gefärbt ist.

E. dulcis ist in den tropischen und subtropischen Regionen Asiens, Afrikas und Australiens heimisch. Besonders in China wird sie großflächig angebaut. Darüber hinaus wird sie auch in Thailand, Taiwan, auf den Philippinen und in den USA kultiviert.

Bereits vor über 2.000 Jahren wurde die Wasserkastanie in China wegen ihrer nährstoffreichen Knollen und als Heilpflanze angebaut.

E. dulcis wird hauptsächlich in speziellen Wassergärten oder auf überfluteten Feldern angebaut. In traditionellen Anbausystemen werden Wasserkastanienfelder oft in Rotation mit Reisfeldern bewirtschaftet.

Die Knollen sind reich an Kohlenhydraten, insbesondere Stärke, sowie an Ballaststoffen, Vitamin B_6, Kalium und Mangan. Sie enthalten zudem Ferulasäure, Catechine wie Gallocatechin-Gallat, Epicatechin-Gallat und Catechin-Gallat, sowie verschiedene Chinone und Saponine.

Die Wasserkastanie wird v. a. wegen ihrer knackigen Textur und ihres milden, leicht süßlichen Geschmacks geschätzt. Die Eigenschaft, auch nach dem Kochen ihre Knackigkeit zu behalten, verdankt sie den durch phenolische Verbindungen wie Ferulasäure vernetzten Zellwänden, die dadurch hitzestabil sind.
Die Knollen werden vor dem Verzehr geschält, wobei nur die dünne, braune Außenhaut entfernt wird. Die Knollen werden roh in Salaten oder als Snack verwendet. Sie können auch zu Mehl verarbeitet werden, das oft in Süßspeisen Verwendung findet. Ein bekanntes thailändisches Dessert ist »Thapthim krop«, das aus rot eingefärbten und in Maniokmehl gekochten Wasserkastanien-Würfeln besteht.

Traditionell werden die Knollen zur Behandlung von Verstopfung, Rachenentzündung und Bluthochdruck verwendet. Diese Anwendungen sind bisher nicht durch belastbare Studien am Menschen bestätigt. Es gibt dafür aber deutliche Hinweise auf leberschützende, blutzuckersenkende und krebshemmende Eigenschaften der Flavonoide und Saponine.

Die getrockneten Stängel dienen traditionell als Material für Flechtarbeiten oder zur Herstellung von Matten.

Roh verzehrte Wasserkastanien können Überträger des Darmparasiten *Fasciolopsis buski* sein, der durch Abkochen für mindestens 5 Minuten sicher abgetötet wird.

Wasserkastanie: **A** basaler Teil einer Pflanze mit an der Spitze knollig verdickten Ausläufern und zu Blattscheiden reduzierten Blättern **B** distaler Teil eines Stängels mit kleinem Blütenstand (Ähre) **1** Blütenstände (Ähren) **2** gerolltes Tragblatt einer Blüte **3** Blüte mit kleinen Perigonborsten, 3 Staubblättern und Fruchtknoten mit Griffel und 3-teiliger Narbe.

Quelle: Roxburgh (1795–1819).

Bambusartige, Bambus

Bambusoideae

Die Unterfamilie *Bambusoideae* innerhalb der Familie der Süßgräser (*Poaceae*) umfasst 1.400–1.500 Arten, die meist als »Bambus« bezeichnet werden. Bambusse zeichnen sich durch ihre schnell wachsenden, hohlen – und deshalb leichten – sowie verholzenden – und deshalb stabilen – Stängel aus. Die Arten können Wuchshöhen von wenigen Zentimetern bis über 30 m erreichen. Die jungen Schösslinge einiger Arten werden als »Bambussprossen« verzehrt.

Bambusse sind überwiegend in tropischen und subtropischen Regionen heimisch. Der Verbreitungsschwerpunkt liegt in Ost- und Südostasien sowie in Teilen Amerikas und Afrikas.

In China wird Bambus seit mehr als 7.000 Jahren vielfältig genutzt. Die Pflanze gilt in der chinesischen Kultur als Symbol für Stärke und Flexibilität und in Japan entwickelte sich eine eigene Bambuskunst.

In China und Japan wurden von Arten wie *Phyllostachys edulis* (Moso-Bambus) und *Phyllostachys bambusoides* (Madake-Bambus) Kultivare gezüchtet, die sich durch besonders schmackhafte Sprossen auszeichnen.

Bambussprossen enthalten reichlich Ballaststoffe, aber auch Proteine und B-Vitamine, wie Thiamin, Riboflavin und Pyridoxin, sowie Vitamin E. Zudem sind sie reich an Mineralstoffen, insbesondere Kalium, aber auch Phosphor, Calcium und Mangan. Die Blätter sind oft reich an Flavonoiden und Polyphenolen.
Unbehandelte Sprossen enthalten oft giftige Blausäureglycoside, die durch Kochen oder Fermentieren abgebaut werden müssen.

Die jungen Bambussprossen sind eine wichtige Gemüsekomponente in der ostasiatischen Küche und zeichnen sich durch einen milden Geschmack sowie eine knackige Textur aus. Bambussprossen werden auch gerne fermentiert und dann verzehrt.

In der traditionellen Medizin Asiens finden Bambusblätter und -sprossen Anwendung bei Fieber, Entzündungen und zur Förderung der Verdauung.

Die Fasern werden zur Herstellung von Textilien, Papier und modernen Verbundwerkstoffen verwendet. Die robusten, leichten Halme dienen als vielseitiges Baumaterial für Häuser, Möbel, Musikinstrumente und Werkzeuge.

Bambusartige: A Rispenast mit mehreren Ährchen **B** Zweig mit Blättern **C** Stängel mit Nodien (Knoten), hohlen Internodien und Seitensprossen **D** verholzter Stängel mit Nodien und Internodien, Seitenzweigen, teilweise angeschnitten **1** Ährchen mit herausschauenden Staubblättern **2** Blütchen mit 6 Staubblättern und Griffel mit 2-lappiger Narbe **3** 4-blütiges Ährchen mit herausschauenden Narben mehrerer Blüten.

Quellen: Descourtilz (1821-1829); Roxburgh (1795-1819); Flore des Serres et des Jardins de l'Europe (1875).

Große Brennnessel

Urtica dioica

Die Große Brennnessel ist eine 2-häusige, mehrjährige, krautige Pflanze. Charakteristisches Merkmal sind ihre Brennhaare. Sie finden sich sowohl am Stängel als auch an den grob gesägten Blättern.

U. dioica ist auf der gesamten Nordhalbkugel außerhalb der Tropen heimisch. Sie ist heute weltweit verbreitet und wird in Europa zuweilen kommerziell angebaut.

Die Brennnessel wurde schon von Hippokrates als Heilpflanze erwähnt. Während der beiden Weltkriege wurden aus Brennnesselfasern u. a. Uniformen hergestellt, weil importierte Baumwolle knapp war.

Einige Kulturformen von *U. dioica* sind auf die Produktion von hochwertigen Blattextrakten ausgerichtet. Andere Sorten wurden hingegen für die Faserproduktion oder als Futterpflanzen optimiert.

Obwohl die Brennnessel traditionell als Wildpflanze gesammelt wird, wird sie heute auch kommerziell angebaut. Für die Ernte als Nahrungsmittel werden junge Triebe und Blätter vor der Blüte geschnitten, um den besten Geschmack zu gewährleisten. Beim Anbau für die Fasergewinnung wird hingegen bis nach der Blüte gewartet.

Brennnesselblätter haben einen außerordentlich hohen Gehalt an Vitamin C, der den von Zitrusfrüchten um ein Vielfaches übertrifft. Zusätzlich kommen β-Carotin, Vitamin K sowie B-Vitamine vor. Die Blätter sind auch reich an Proteinen, Mineralstoffen, wie Eisen, Calcium, Magnesium und Kalium, und auch Flavonoiden. Die Wurzel enthält Lektine, Polysaccharide und Phytosterole.

Der intensive Juckreiz der Brennhaare wird durch ein komplexes Zusammenspiel von Ameisensäure, dem Gewebehormon Histamin und den Neurotransmittern Acetylcholin und Serotonin verursacht. Die Brennhaare werden durch Kochen, Dampfgaren oder Trocknen unschädlich gemacht.

Die jungen Blätter können als Gemüse ähnlich wie Spinat zubereitet werden. Aus den Blättern wird auch Tee zubereitet. Brennnesselsamen lassen sich als nussiger Snack rösten oder auch zu Müsli und Brot hinzufügen.

In der traditionellen Medizin werden Brennnesselpräparate z. B. bei Rheuma, Arthritis und Blasenentzündungen eingesetzt. *U. dioica* wird auch von der Europäischen Arzneimittel-Agentur als Pflanze mit den genannten traditionellen Heilwirkungen anerkannt. Aktuelle Untersuchungen beschäftigen sich intensiv mit den entzündungshemmenden, antioxidativen und antidiabetischen Eigenschaften von Brennnessel-Extrakten. Wurzel-Extrakte werden auf eine mögliche Anwendung bei gutartiger Prostatavergrößerung untersucht.

Brennnessel-Extrakte finden Verwendung in Haarpflegeprodukten. Brennnesseljauche wird als Pflanzenschutzmittel eingesetzt. Blätter und Stängel dienen traditionell als Tierfutter.
Darüber hinaus eignen sich die Fasern zur Herstellung von leinenähnlichen Textilien.

Große Brennessel: **A** distaler Teil einer Pflanze mit herabhängenden Blütenständen **1** Teilblütenstände mit ♀-Blüten **2** Teilblütenstände mit ♂-Blüten **3** Stängel mit Brennhaaren **4** ♂-Blüte **5** ♀-Blüte **6** Fruchtknoten mit Perigonblättern **7** Nussfrucht.

Quelle: von Schlechtendal (1840ff).

Gurke

Cucumis sativus *(Cucumis esculentus)*

Die Gurke ist eine 1-häusige, 1-jährige Pflanze mit langen Ranken und gelben Blüten. Die Frucht – aus botanischer Sicht eine Beere – ist meist länglich-zylindrisch geformt und enthält im saftigen Inneren viele flache Samen.

C. sativus stammt aus der Himalaya-Region und dem benachbarten Südostasien. Heute werden Gurken weltweit kultiviert und zählen zu den wirtschaftlich wichtigsten Gemüsen.

In Indien wurde die Gurke bereits vor über 3.000 Jahren angebaut. Entlang der Seidenstraße breitete sie sich nach China im Nordosten und nach Westen ins Mittelmeergebiet aus.

Es gibt eine enorme Vielfalt bei Gurkensorten hinsichtlich Fruchtgröße (von wenigen Zentimetern bis zu 1 m), Form (zylindrisch, keulenförmig, kugelig), Farbe (grün, gelb, weiß, braun) und Oberflächentextur (glatt, gerippt, behaart, stachelig, warzig).
EINLEGEGURKEN sind eher klein und warzig und SALATGURKEN lang und glatt. SCHLANGENGURKEN können eine beeindruckende Länge von bis zu 1 m erreichen.
Ältere Kultursorten schmecken oft bitter. Moderne Züchtung hat diesen Bittergeschmack weitgehend eliminiert. Zusätzlich sind viele moderne Sorten kernlos, insbesondere Salatgurken.

Gurken bestehen zu ± 95 % aus Wasser und haben damit nur wenige Kalorien. Sie sind – insbesondere in der Schale – reich an Vitamin C, den Mineralstoffen Kalium, Magnesium und Silicium sowie Ballaststoffen. Darüber hinaus enthalten Gurken Bitterstoffe (Cucurbitacine), Flavonoide, Lignane sowie Phytosterine (z. B. β-Sitosterin, Campesterol und Stigmasterol).

Gurken werden häufig roh als erfrischendes Gemüse oder Salat verzehrt. Kleinere Sorten werden oft als Essiggurken oder salzige Gewürzgurken eingelegt.

Gurken werden in der traditionellen Medizin bei der Behandlung von Hautirritationen, Augenringen und entzündlichen Hauterkrankungen eingesetzt.
Die aktuelle Forschung untersucht die Potenziale von Gurken-Extrakten bei der Behandlung von Arthrose, Störungen des Fettstoffwechsels oder zur Verbesserung der Schlafqualität.

Aus Gurken gewonnene Extrakte werden häufig in Feuchtigkeitscremes, Masken und anderen Hautpflegeprodukten verwendet.

Gurke: A Spross mit Blättern, Sprossranken und Blüten **B** fruchtende Pflanzen (Salatgurke) **1** Blüte im LS mit unterständigem Fruchtknoten **2** Frucht (Gewürzgurke) **3** Frucht (Gewürzgurke) im QS.

Quellen: Blackwell (1750–1773); Masclef (1890–1893); Gilg & Schumann (1900).

Horngurke, Hornmelone

Kiwano
Cucumis metuliferus *(Cucumis metuliferus)*

Die Horngurke ist eine 1-häusige, 1-jährige Kletterpflanze mit langen Trieben und gelben Blüten. Die eiförmigen, leuchtend orangen Früchte besitzen zahlreiche Stacheln. Im Inneren befindet sich das wässrige bis geleeartige, grünliche Fruchtfleisch. Dieses enthält zahlreiche weiche Samen.

C. metuliferus stammt aus dem südlichen Afrika, insbesondere aus den Savannen und Halbwüsten südlich der Sahara. Aufgrund ihrer steigenden Beliebtheit als dekorative und exotische Frucht wird die Art seit einigen Jahren auch in Neuseeland, Australien und Israel angebaut.

In ariden Regionen Afrikas wird die Frucht seit Jahrhunderten von indigenen Völkern als Nahrungsmittel und als überlebenswichtige Wasserquelle genutzt.

Die Früchte bestehen zu ± 90 % aus Wasser und sind deshalb kalorienarm. Sie enthalten nennenswerte Mengen an Vitamin C und Vitamin E sowie Mineralstoffen wie Magnesium, Eisen und Zink. Carotinoide, v. a. β-Carotin und Lutein, tragen maßgeblich zur orange-gelben Farbe der reifen Schale und des Fruchtfleisches bei.

Das leicht säuerliche Fruchtfleisch wird mitsamt den weichen Samen ausgelöffelt und roh verzehrt. Die Frucht eignet sich auch für Obstsalate und exotische Drinks. Wegen ihrer ausgefallenen Erscheinung wird die Horngurke auch gerne als Deko- und Garnierfrucht verwendet.

Horngurke

Antillengurke

Antillengurke

Cucumis anguria

Die Antillengurke hat eine eiförmige bis zylindrische Form und wird 5–10 cm lang. Im saftigen Fruchtfleisch befinden sich zahlreiche flache Samen. Die Außenseite der Frucht ist mit weichen Stacheln besetzt und nimmt im Reifezustand eine hellgrüne bis gelbliche Färbung an.

C. anguria stammt vermutlich aus Afrika. Heute wird sie in tropischen und subtropischen Regionen weltweit kultiviert, besonders in Mittel- und Südamerika, der Karibik und Teilen Afrikas.

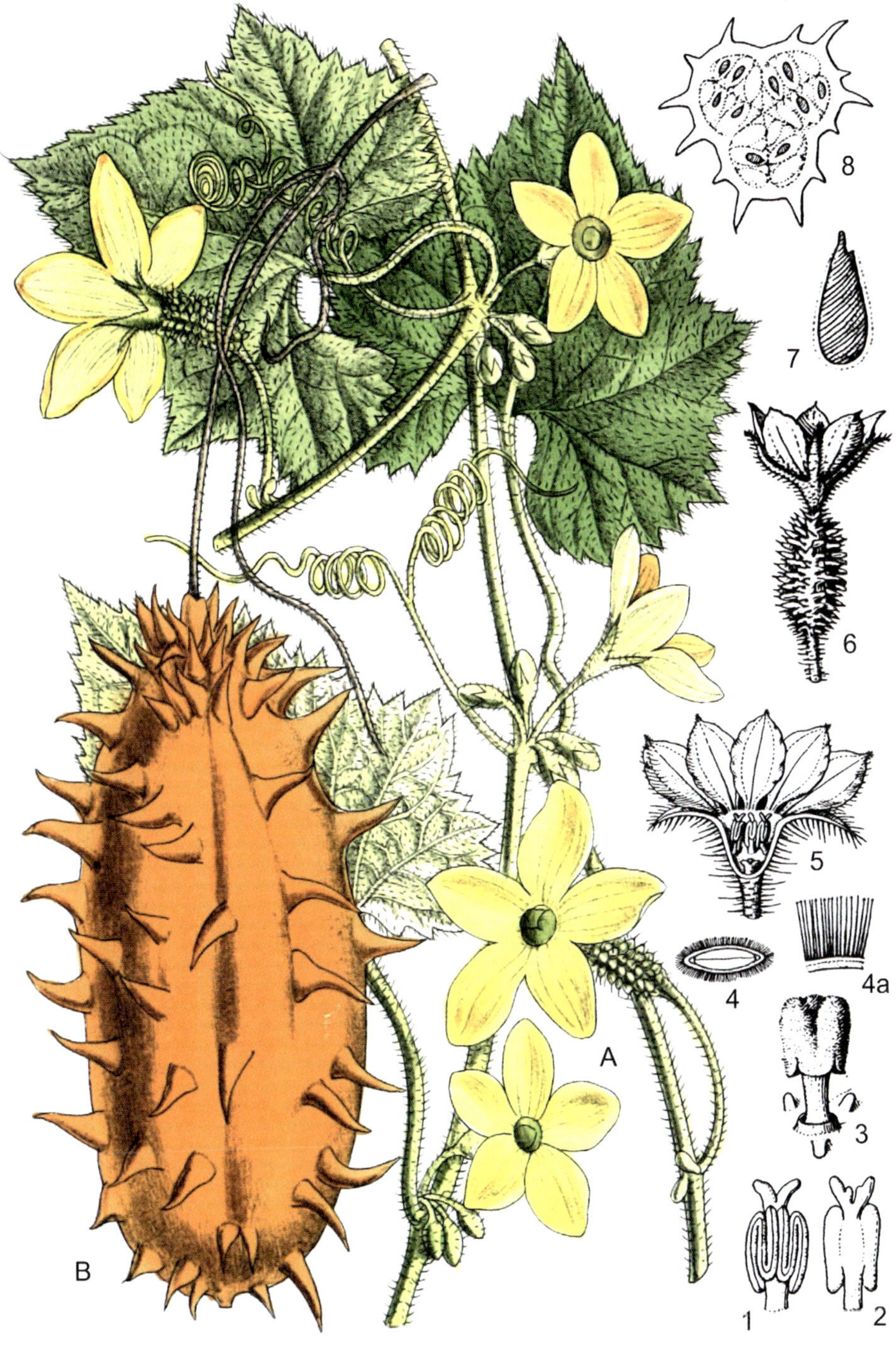

Horngurke (*Cucurbita pepo*): **A** Spross mit Blättern, Sprossranken und Blüten **B** reife Frucht (Beere) **1** Staubblatt im LS **2** Staubblatt **3** Griffel, basal mit Staminodien **4** Same im QS **4a** Samenschale (Testa) im QS **5** ♂-Blüte im LS **6** ♀-Blüte mit unterständigem Fruchtknoten **7** Same im LS **8** Frucht im QS.

Quellen: Curtis Botanical Magazine (1911); Engler (1887ff).

Kürbis

Cucurbita *(Pepo)*

Die Gattung *Cucurbita* umfasst knapp 20 1-jährige, kriechende oder kletternde Pflanzenarten mit großen, handförmigen Blättern. Die gelben bis orangen Blüten sind trichterförmig und können bis zu 15 cm ⌀ erreichen.

Charakteristisch sind die großen, fleischigen Beeren mit derber bis harter Schale, deren Form je nach Art kugelig, eiförmig, länglich oder abgeflacht sein kann. Im Inneren befindet sich meist ein Hohlraum mit zahlreichen flachen ovalen Samen, die von einem ± faserigen Fruchtfleisch umgeben sind.

Zu den wichtigsten als Nahrungsmittel genutzten Arten zählen:

C. pepo: Diese Art umfasst Sorten wie GARTENKÜRBIS, ZUCCHINI, PATISSON, SPAGHETTIKÜRBIS und viele Zierkürbisse.

C. maxima: Hierzu gehören Sorten wie RIESENKÜRBIS, HOKKAIDO, HUBBARD und TURBANKÜRBIS.

C. moschata: Diese Gruppe umfasst Sorten wie BUTTERNUT, MUSKATKÜRBIS und viele tropische Sorten.

C. argyrosperma (= *C. mixta*): Diese Art wird zuweilen CUSHAW-KÜRBIS genannt.

C. ficifolia: Diese Art ist als FEIGENBLATT-KÜRBIS bekannt.

Durch jahrhundertelange Züchtung entstanden aus diesen Arten unzählige Kürbissorten. Expert:innen schätzen die Anzahl weltweit auf 800 bis weit über 1.000.

Bei Speisekürbissen gibt es Sorten mit besonders süßem, aromatischem Fruchtfleisch wie den HOKKAIDO oder BUTTERNUT. Zierkürbisse bestechen durch bizarre Formen und Färbungen. SPAGHETTIKÜRBISSE bilden nach dem Garen fadenartige Strukturen aus, während der PATISSON durch seine flache, gezackte Form auffällt. Ölkürbisse wie der STEIRISCHE ÖLKÜRBIS besitzen schalenlose Samen. Die Zuchtformen unterscheiden sich zudem in ihrer Reifezeit, Lagerfähigkeit und Größe – von wenigen 100 g bis zu Rekordexemplaren von mehr als 1.200 kg.

Die Gattung *Cucurbita* ist in Mittel- und Südamerika beheimatet. Viele Arten werden heute weltweit in gemäßigten bis tropischen Klimazonen angebaut.

Kürbisse gehören zu den ältesten Kulturpflanzen der Menschheit. Archäologische Funde aus Mexiko belegen ihre Nutzung bereits vor ± 10.000 Jahren. In den indigenen Hochkulturen Mittel- und Südamerikas waren sie zusammen mit Mais und Bohnen Teil des traditionellen Anbausystems »Milpa«.

Nach der Kolonisierung Amerikas gelangten viele Kürbis-Arten nach Europa und verbreiteten sich von dort aus weiter. Bereits im 16. Jh. etablierten sich Kürbisse in europäischen Gärten.

Kürbisse benötigen warme, nährstoffreiche Standorte und ausreichend Wasser. Die Aussaat erfolgt nach den letzten Frösten, entweder direkt ins Freiland oder nach Vorkultur. Die schnell wachsenden Pflanzen bilden lange Ranken, die bis zu 15 m Länge erreichen können. Entsprechend viel Platz benötigen sie im Garten. Manche Sorten können auch an Spalieren gezogen werden. Reife Kürbisse können bei kühler, trockener Lagerung mehrere Monate haltbar sein.

Das Fruchtfleisch ist reich an Ballaststoffen, Kalium, Calcium und den Vitaminen A, C und E. Der hohe β-Carotin-Gehalt verleiht vielen Sorten die charakteristische orange Färbung. In den Wildformen

Kürbis (*Cucurbita pepo*): A niederliegender Spross mit Blättern, Sprossranken und Blüten **1** ♂-Blüte im LS **2** ♀-Blüte im LS **3** Frucht (Kürbis) **4** Frucht (Beere mit fester Schale) im QS **5** Samen **6** Früchte verschiedener Sorten.

Quellen: Vietz (1800–1822ff); Flore des Serres et des Jardins de l'Europe (1857).

Hokkaido

Turbankürbis

Spaghettikürbis

Butternut

Zucchini

sind Cucurbitacine als charakteristische Bitterstoffe enthalten, die jedoch in den meisten kultivierten Speisekürbissen züchterisch reduziert wurden. Darüber hinaus weisen die Früchte eine bemerkenswerte Vielfalt an Polyphenolen wie Flavonoiden und Phenolsäuren sowie an Phytosterolen auf.
Die Samen enthalten reichlich Öle, Proteine, Vitamin E und Mineralstoffe wie Zink und Magnesium. Zusätzlich enthalten die Kürbiskerne eine große Vielzahl von sekundären Pflanzenstoffen aus den Gruppen der Phenolsäuren, Lignane (Phytoöstrogene), Phytosterole und Carotinoide.

Kürbisse bieten vielfältige kulinarische Möglichkeiten. Das Fruchtfleisch kann gebacken, gekocht, gedünstet, gegrillt oder frittiert werden.
Die Samen werden geröstet als Snack verzehrt oder zu Öl gepresst. Auch die Blüten sind essbar und werden in manchen Regionen gefüllt und frittiert.
Zierkürbisse und Wildformen sollten nicht gegessen werden, da sie hohe Konzentrationen an giftigen Bitterstoffen (Cucurbitacinen) enthalten können.

In der traditionellen Medizin werden Kürbisse seit Jahrtausenden vor allem gegen Darmparasiten, bei Entzündungen und Rheumatismus sowie gegen Verbrennungen und Hautkrankheiten eingesetzt.
Wissenschaftliche Studien zeigen, dass Kürbis-Extrakte vor Entzündungen schützen können. Auch die verbreitete Anwendung bei Blasen- und Prostatabeschwerden wird durch wissenschaftliche Studien gestützt. Die enthaltenen Phytosterole können sich günstig auf den Cholesterinspiegel auswirken. In Laborstudien deutet sich zudem an, dass Extrakte aus Kürbiskernen das Wachstum von bestimmten Krebszellen hemmen können.

Das aus den Samen gewonnene Öl wird auch in der Kosmetikindustrie in Hautpflegeprodukten verwendet. Die Früchte dienen zuweilen als Viehfutter.
Getrocknete Kürbisschalen dienen traditionell als Behälter, Schöpfkellen, Musikinstrumente und Zierelemente. Die farbenfrohen Zierkürbisse sind beliebte Herbstdekorationen, z. B. beim Halloween-Fest.

Gartenkürbis, Zucchini
Cucurbita pepo

Der Gartenkürbis zeigt eine beeindruckende Vielfalt in Form, Größe und Gewicht (von 20 g bis 30 kg), Farbe und Oberflächenstruktur der Früchte. Zu der Vielzahl an Kulturformen gehört auch die ZUCCHINI.
Die Wildformen sind in Nordamerika zu finden, insbesondere im Nordosten Mexikos und im Süden und Südosten der USA.
C. pepo wird heute weltweit in gemäßigten bis warmen Klimazonen angebaut.*C. pepo* umfasst eine große Vielfalt an Kulturformen. Zu den wichtigsten gehören: ZUCCHINI mit zylindrischen Früchten, die unreif geerntet und verspeist werden, PATISSON mit flachen, scheibenförmigen Früchten, SPAGHETTIKÜRBISSE mit nach dem Kochen fadenartigem Fruchtfleisch, GEMÜSEKÜRBISSE mit meist größeren, orangen, essbaren Früchten, ÖLKÜRBISSE mit schalenlosen Samen, die zur Ölgewinnung genutzt werden, sowie unzählige ZIERKÜRBISSE, die eher klein und bunt sind und zur Dekoration verwendet werden.

Riesenkürbis
Cucurbita maxima

C. maxima stammt aus Südamerika, wird heute jedoch weltweit von den Tropen bis in die gemäßigten Klimazonen kultiviert.
In der jahrtausendealten Züchtungsgeschichte entstanden unzählige *C. maxima*-Sorten, die sich in Fruchtform, -farbe und -größe unterscheiden. Bekannte Vertreter sind HOKKAIDO (rötlich, zwiebelförmig), BUTTERCUP (turbanförmig, dunkelgrün) und HUBBARD (groß, oft tropfenförmig). Für Wettbewerbe gezüchtete Riesenkürbisse können weit über 500 kg schwer werden, Rekordexemplare wiegen mehr als 1.200 kg.

Moschuskürbis
Cucurbita moschata

Die Früchte dieser Art haben eine sehr variable Form. Die Schale ist hart und meist bräunlich bis orange und zuweilen gemustert. Das orange Fruchtfleisch schmeckt süßlich-nussig und gilt aufgrund seines Aromas und der feinen Konsistenz als besonders hochwertig. *C. moschata* ist in Mittel- und Südamerika beheimatet. Heute ist die Pflanze weltweit verbreitet und wird sowohl in tropischen als auch in gemäßigten Klimazonen kultiviert. Wichtige Handelssorten sind der birnenförmige BUTTERNUT, der nackenförmig gebogene CROOKNECK und der flachrunde CHEESE-Typ.

CROOKNECK

Ayote
Cucurbita argyrosperma

Die meist 3–5-teiligen, gelappten Blätter von *C. argyrosperma* weisen oft charakteristische weiße Flecken auf. Die Wildform von *C. argyrosperma* ist in Mexiko und Zentralamerika heimisch. *C. argyrosperma* wird heute hauptsächlich in Mexiko, Lateinamerika, der Karibik, im Südwesten der USA und in geringerem Umfang auch in Südostasien angebaut.

Feigenblatt-Kürbis
Cucurbita ficifolia

Der Feigenblatt-Kürbis hat ± rundliche bis tief gelappte, 3–5-teilige Laubblätter, die an Feigenblätter erinnern, sowie große, cremefarbene bis weißliche Blüten. *C. ficifolia* stammt aus den Hochanden, insbesondere aus Peru und Bolivien. Die Art wird heute weltweit in tropischen und subtropischen Regionen angebaut, v. a. in Mittel- und Südamerika sowie in Südostasien. Sie kann auch in gemäßigten Klimazonen angebaut werden, da sie – als Gebirgspflanze – Temperaturen unter 10 °C besser toleriert als andere Kürbisarten. Eine besondere kulinarische Spezialität aus dem reifen Fruchtfleisch ist das »Cabello de ángel« (Engelshaar), das in Spanien und Lateinamerika beliebt ist. Beim Kochen in Zuckerlösung zerfällt das Fruchtfleisch in feine, goldgelbe Fäden, die als Füllung für Gebäck oder als eigenständiges Dessert dienen.

Flaschenkürbis

Lagenaria siceraria
(Cucurbita lagenaria, Lagenaria vulgaris)

Der Flaschenkürbis ist eine 1-häusige, 1-jährige, rankende Pflanze mit großen weißen Blüten, die sich nachts öffnen. Die Früchte – aus botanischer Sicht handelt es sich um Beeren mit einer harten Schale – zeigen eine bemerkenswerte Formenvielfalt und reichen von kugelig bis zylindrisch und von schlank flaschenförmig bis hin zu stark gebogenen Formen. Bei reifen Früchten umgibt das weißliche, schwammige Fruchtfleisch einen hohlen Innenraum.

Die Ursprungsregion von *L. siceraria* liegt wahrscheinlich in Afrika, in der Region um Simbabwe. Heute wird der Flaschenkürbis weltweit in warmen Klimazonen angebaut.

L. siceraria wurde bereits vor 10.000–8.000 Jahren sowohl in Afrika, Asien als auch in Mittelamerika angebaut. Es wird vermutet, dass die Art von Afrika aus durch natürliche Verdriftung über die Ozeane Amerika erreichte. Die Ausbreitung nach Asien erfolgte möglicherweise durch den Menschen. In Ägypten wird sie seit mindestens 4.000 Jahren genutzt.

Junge Früchte enthalten viel Wasser und sind kalorienarm. Sie liefern geringe Mengen Vitamin C und B-Vitaminen sowie Mineralstoffe wie Calcium und Kalium. Wildformen enthalten oft Bitterstoffe (Cucurbitacine), die in hohen Konzentrationen giftig wirken können.
Die Samen sind reich an fetten Ölen und Proteinen.

Junge Früchte können mit ihrem weichen Fruchtfleisch als Gemüse zubereitet werden. Geröstete Samen dienen als proteinreicher Snack.

In vielen traditionellen Kulturen dienen reife, getrocknete und ausgehöhlte Flaschenkürbisse als Vorratsgefäße für Wasser und Lebensmittel, Musikinstrumente oder rituellen Schmuck.

Flaschenkürbis: A Spross mit herzförmigen Blättern, Sprossranken und Blüten **1** ♂-Blüte **2** Staubblätter **3** aufpräparierte ♀-Blüte mit unterständigem Fruchtknoten und Narbe (ohne Kelch und Krone) **4** ♀-Blütenknospe mit Kelch und Krone **5** unterständiger Fruchtknoten im QS **6** ♀-Blüte mit Narben und unterständigem Fruchtknoten (ohne Krone) **7** ♂-Blüte ohne Krone **8** Frucht **9** Frucht im QS **10** Same.

Quellen: Descourtilz (1821-1829); Oskamp et al. (1796-1800); Memoires de la Société de physique et d'histoire naturelle de Genève (1825).

Bittermelone, Bittergurke

Goya-Gurke
Momordica charantia *(Momordica muricata)*

Die Bittermelone ist eine 1-häusige tropische Kletterpflanze mit dünnen Stängeln und leuchtend gelben Blüten. Ihre Früchte sind eiförmig bis länglich-zylindrisch und haben eine runzelige bis warzige Oberfläche. Bei der Fruchtreife öffnen sie sich und nehmen eine leuchtend orange Farbe an, während die Samen von einem klebrigen rötlichen Fruchtfleisch eingehüllt sind.

M. charantia stammt aus den tropischen und subtropischen Regionen Asiens oder Afrikas. Heute wird sie in vielen Regionen der Tropen und Subtropen kultiviert und kommt auch verwildert vor.

Die Bittermelone wird aus Samen gezogen und rankt an Zäunen oder Spalieren empor. Bereits 2–3 Monate nach der Aussaat bilden sich die ersten Früchte. Die Ernte erfolgt meist im unreifen Zustand, wenn die Früchte grün und noch geschlossen sind.

Die Früchte sind reich an Vitamin C, Folsäure, den Mineralstoffen Eisen und Kalium sowie Ballaststoffen. Die Samen enthalten viel fettes Öl, das v. a. aus der mehrfach ungesättigten Linolsäure und Ölsäure besteht, sowie Proteine. In allen Pflanzenteilen finden sich Bitterstoffe wie Momordicin und Charantin sowie Saponine.

Die unreifen, noch grünen Früchte werden als Gemüse zubereitet und oft mit Gewürzen gefüllt, um die Bitterkeit zu mildern. In den reifen Früchten sind die Samen von leuchtend rotem Fruchtfleisch umgeben. Dieses kann gegessen werden und ist eine beliebte Zutat in traditionellen südostasiatischen Salaten.
Darüber hinaus dienen junge Blätter und Triebe als bitteres, aber nährstoffreiches Blattgemüse.

In der traditionellen Medizin wird die Bittermelone vor allem zur Behandlung von Diabetes, Fieber und Verdauungsbeschwerden eingesetzt.
Die Früchte werden auch getrocknet und pulverisiert und in Nahrungsergänzungsmitteln angeboten. In klinischen Studien werden die Bitterstoffe (v. a. Momordicin und Charantin) hinsichtlich ihres Potenzials in der Diabetes-Behandlung untersucht, zeigen aber bisher keine eindeutigen Ergebnisse.

Unreife Früchte

Reife Früchte

Bittermelone: A Spross mit Sprossranken und Blättern **B** geöffnete Kapsel mit rötlichen Samen **1** Kelch **2** ♀-Blüte von oben **3** ♀-Blüte im LS **4** Griffel mit Narbe **5** aufpräparierte ♂-Blüte (ohne Krone) **6** unreife Frucht im QS.

Quellen: Flore des Serres et des Jardins de l'Europe (1855); Zorn & von Jacquin (1785–1788); Wight (1840–1846).

Chayote

Sicyos edulis *(Sechium edule)*

Die Chayote ist eine mehrjährige Kletterpflanze mit gelblich-grünlichen oder weißlichen, 1-geschlechtigen Blüten und einer großen, stärkehaltigen knolligen Wurzel.
Ihre Früchte sind kugelig bis birnenförmig und bleiben lange Zeit weißlich-grünlich. Erst bei der Reife verfärben sich die Beeren gelblich bis orange. Das Fruchtfleisch ist saftig, leicht süßlich und enthält einen großen, weichen Samen. Dieser beginnt oft bereits in der Frucht zu keimen.

S. edulis ist in Mittelamerika beheimatet. Mittlerweile wird sie auch als Nutzpflanze kultiviert, erreicht jedoch nicht die weite Verbreitung anderer Kürbisgewächse.

Bereits indigene Völker in Mittel- und Südamerika, wie die Azteken und Maya, nutzten die Pflanze als Nahrungsmittel und kultivierten sie in ihren Agrarsystemen.

Die Früchte enthalten reichlich Folsäure (Vitamin B_9) sowie Vitamin C , Ballaststoffe sowie Mineralstoffe, v. a. Kalium, Magnesium und Eisen aber auch Calcium, Zink, Mangan und Phosphor.
In den Früchten und Blättern finden sich zudem Triterpene und Saponine, die für einen leicht bitteren Geschmack sorgen, sowie Flavonoide und Phenolsäuren.

Die Art ist in vielen Regionen Mittelamerikas ein geschätztes Gemüse, international aber noch wenig bekannt. Die Früchte können roh oder gekocht verzehrt werden. Unreife Früchte haben eine zarte Konsistenz und einen milden Geschmack. Ihre dünne Schale kann mitgegessen werden.
Die Samen sind ebenfalls essbar und können z. B. geröstet und als Snack genutzt werden. Die stärkereichen Wurzeln sind in Mexiko als »Ichintal« bekannt und werden als Beilage oder Suppeneinlage verwendet.

In der traditionellen Medizin werden insbesondere Blätter und Früchte eingesetzt, z. B. zur Unterstützung der Nierenfunktion oder bei Bluthochdruck.
Wissenschaftliche Studien untersuchen bioaktive Inhaltsstoffe wie Flavonoide, Phenolsäuren und Cucurbitacine auf ihre antioxidativen, entzündungshemmenden und blutdrucksenkenden Eigenschaften.

Die Chayote gilt als sogenannte »untergenutzte« Kulturpflanze, deren ernährungsphysiologisches und landwirtschaftliches Potenzial außerhalb ihrer traditionellen Anbauregionen bisher kaum beachtet wird.

Unreife Früchte

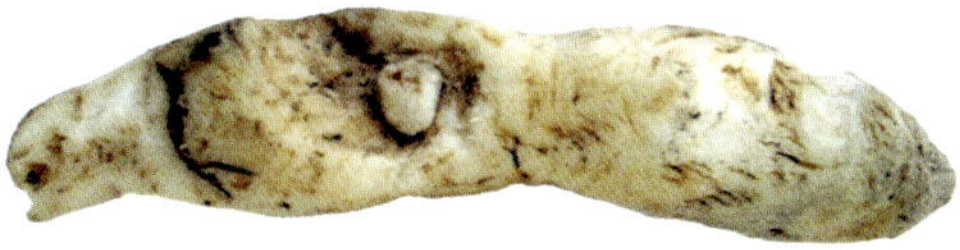

Stärkereiche Wurzeln (»Ichintal«)

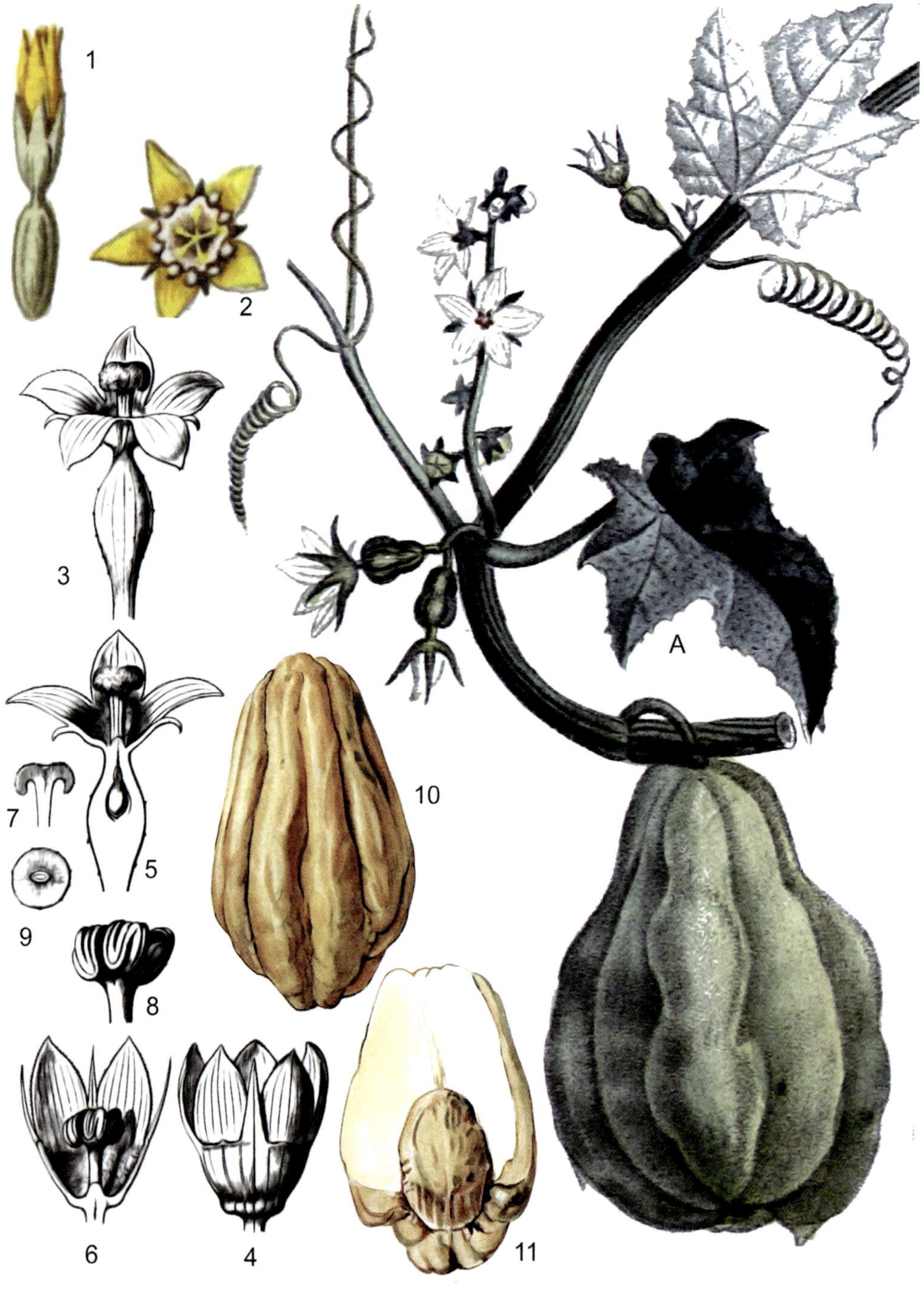

Chayote: **A** Spross mit Blättern, Sprossranken, Blüten und Frucht **2, 4** ♂-Blüten **1, 3** ♀-Blüte **5** ♀-Blüte im LS **6** ♂-Blüte im LS **7** Griffel mit Narbe im LS **8** Staubbeutel **9** Fruchtknoten im QS **10** reife Beere **11** Beere im LS mit Same.

Quellen: Descourtilz (1821-1829); USDA (1872-1948); von Martius et al. (1840-1904).

Wassernuss

Trapa natans

Die Wassernuss ist eine 1-jährige Wasserpflanze, die an der Wasseroberfläche schwimmt – dank der luftgefüllten Blattstiele ihrer rosettenartig angeordneten, rautenförmigen Blätter. Über einen 1–3 m langen Stängel ist sie am Gewässerboden verankert.
Die verholzenden Früchte (Nüsse) erreichen 2–5 cm ⌀. Die in Europa vorkommende Varietät hat 4 kräftige, spitze Hörner, die sich aus den Kelchblättern bilden, während die in Asien kultivierte Varietät 2 Hörner hat. Im Inneren der Nuss befindet sich ein weißlicher, stärkereicher Kern mit dem Samen.

T. natans ist in den gemäßigten bis tropischen Gebieten Eurasiens und Afrikas beheimatet. Die in Europa heimische *T. natans* var. *natans* ist in Deutschland vom Aussterben bedroht und steht unter besonderem Naturschutz. *T. natans* var. *bispinosa*, die »Chinesische Zweidornige Wassernuss«, stammt aus Asien und wird dort auch kommerziell angebaut.

In Europa wurden in Ausgrabungen mehrfach große Mengen von Wassernüssen gefunden, welche ihre Rolle als Nahrungsmittel seit der Mittleren Steinzeit belegen.

Die Samen der in Asien kultivierten Wassernüsse weisen oft einen Stärkegehalt von mehr als 50 % auf (bezogen auf das Trockengewicht). Sie enthalten außerdem Proteine (10–15 %) und fette Öle (oft 1–5 %) sowie Saponine, Tannine und Alkaloide.

Vom rohen Verzehr der Früchte wird abgeraten, da sich auf ihrer Oberfläche schädliche Parasiten ansiedeln können und die Früchte Giftstoffe enthalten können. Durch Erhitzen werden diese Giftstoffe abgebaut und die Parasiten abgetötet.
Die gegarten oder gerösteten Samen schmecken ähnlich wie Esskastanien. In Asien wird aus ihnen auch Mehl hergestellt.

In Asien wird die Wassernuss in der traditionellen Medizin v. a. gegen Durchfall, Gallenbeschwerden und Bluterkrankungen verwendet. Mit Milch gemischt soll sie bei Nervenschwäche und allgemeinen Schwächezuständen helfen.
Extrakte aus der Nuss haben laut wissenschaftlichen Studien eine antibakterielle Wirkung.

Traditionell wird die ganze Pflanze von der Wasseroberfläche abgesammelt und als Tierfutter genutzt.

In einigen Regionen, z. B. in Teilen Nordamerikas, breitet sich die Wassernuss invasiv aus. Sie bildet dichte Matten, die den Lichteinfall in das Gewässer reduzieren, den Sauerstoffgehalt im Wasser senken und die einheimische Flora und Fauna verdrängen.

Chinesische Zweidornige Wassernuss

Wassernuss: A Schwimmende Pflanze mit fein gefiederten (sowie ungeteilten) Unterwasserblättern, trapezförmigen Schwimmblättern mit aufgeblasenem Blattstiel und Blüten **1** Blüte im LS (ohne Krone) **2** Staubbeutel **3** Griffel mit Narbe **4** mit den Kelchblättern verwachsene 4-spitzige Frucht (Nuss) **5** Nuss im LS. Die Abbildung zeigt die europäische Varietät *natans*.

Quelle: Thomé (1885ff).

Langkapselige Jute

Ägyptischer Spinat, Muskraut

Corchorus olitorius *(Corchorus quinquelocularis)*

Die Langkapselige Jute ist eine 1-jährige, krautige Pflanze, die 1–2 m, zuweilen bis 4 m, hoch werden kann und gelbe Blüten hat. Die wechselständigen, oval bis lanzettlichen Blätter sind spitz und am Rand gezähnt.

C. olitorius stammt wahrscheinlich aus Südasien, eventuell aber auch aus Afrika. Zusammen mit *C. capsularis* wird sie heute in den wärmeren Regionen hauptsächlich als Lieferant der Jutefaser kultiviert – aber auch als Gemüse genutzt. Hauptanbauländer sind Indien und Bangladesch.

Die Nutzung der Langkapseligen Jute reicht 5.000–4.000 Jahre zurück. Schon im antiken Ägypten wurde Jute als Faserpflanze, aber auch Nahrungsmittel geschätzt.

Gewinnung der Jutefasern

Spezielle Gemüse-Sorten von *C. olitorius* zeichnen sich durch große, zarte Blätter und einen kompakten Wuchs aus, während Fasersorten hochwüchsig sind.

Die Blätter von *C. olitorius* sind reich an β-Carotin, Vitamin C, Mineralstoffen (z. B. Eisen) und Antioxidantien. In den Blättern finden sich außerdem Schleimstoffe. Die als giftig geltenden Samen enthalten herzwirksame Glycoside, v. a. Cardenolide wie Strophanthidin und Olitorisid.

Die jungen Blätter und Triebspitzen von *C. olitorius* werden meist gedünstet oder gekocht als Gemüse gegessen. In Westafrika ist Jute-Blattgemüse als »Ayoyo« sehr beliebt. Im Nahen Osten bereitet man aus Juteblättern die schleimige Suppe »Mulukhiyah«. Die Blätter lassen sich auch trocknen und zu Pulver vermahlen, z. B. für Tee oder als Verdickungsmittel.

»Ayoyo«

In der traditionellen Medizin finden die Blätter Anwendung als reizlinderndes Mittel und bei Verdauungsbeschwerden.

Jute ist nach Baumwolle die zweitwichtigste Naturfaser weltweit und wird von Millionen von Kleinbauern und -bäuerinnen in Indien und Bangladesch angebaut. Trotz dieser Bedeutung leben viele der Familien in Armut. Sie werden schlecht bezahlt und arbeiten oft unter prekären Bedingungen. Die meisten sind von Zwischenhändler:innen abhängig und es fehlt an alternativen Einkommensquellen. Der Anteil fair gehandelter Jute ist leider noch vergleichsweise gering.

Langkapselige Jute: **A** Spross mit Blättern und Blüte **1** Blüte **2** aufpräparierte Blüte (ohne Kelch und Krone) **3** Staubblatt **4** Fruchtknoten mit kurzem Griffel und kopfiger Narbe **5** geöffnete Kapsel **6** geschlossene Kapsel **7** Same.

Quelle: Curtis Botanical Magazine (1828).

Echter Eibisch

Arzneieibisch

Althaea officinalis *(Althaea kragujevacensis)*

Der Echte Eibisch ist eine mehrjährige, krautige Pflanze mit dicken, graugrünen Stängeln und großen, herzförmigen bis rundlichen Blättern. Seine großen Blüten zeigen sich in weißlichen, rosa oder rötlichen Farbtönen.

A. officinalis ist in Europa, Asien und Nordafrika heimisch und wird in vielen weiteren Regionen als Zier- und Heilpflanze kultiviert.

Bereits die Ägypter:innen setzten Extrakte des Echten Eibisch vor über 3.000 Jahren als Heilpflanze ein. Viele griechische und römische Heiler:innen wie Dioskorides, Theophrast, Hippokrates und Plinius schätzten die Art wegen ihrer Schleimstoffe. Diese waren bei der Behandlung von Husten und Atemwegserkrankungen von großer Bedeutung. Auch im Mittelalter fand die Pflanze entsprechende Verwendung.

A. officinalis wird häufig in Gärten als Heilpflanze und Zierpflanze kultiviert. Die Gewinnung von Wurzeln und Blättern für therapeutische Zwecke erfolgt meist in kommerziellem Anbau.

Eibischwurzel, -blätter und -blüten enthalten viele Schleimstoffe. Den Hauptbestandteil bilden komplexe Polysaccharide wie Galacturonorhamnane und andere Pektine. Außerdem kommen Flavonoide und Phenolcarbonsäuren vor.

Obwohl der Echte Eibisch in der modernen Küche nur noch selten verwendet wird, hat er eine lange Geschichte als Nahrungspflanze. Wurzel-Extrakte werden traditionell als Zutat für »Marshmallows« genutzt. Die jungen Eibischblätter können als Gemüse zubereitet werden. Die Blätter werden traditionell getrocknet und zum Andicken von Suppen oder Eintöpfen verwendet. Die Blüten können als Tee zubereitet werden.

A. officinalis ist eine vielseitig genutzte traditionelle Heilpflanze. Eibischwurzel, -blätter und -blüten werden bei Husten, Heiserkeit und Magen-Darm-Entzündungen verwendet. Die Pflanze soll auch äußerlich bei Entzündungen wirken. Die Eibischwurzel ist auch von der Europäischen Arzneimittel-Agentur als traditionelles pflanzliches Arzneimittel zur Linderung leichter Magen-Darm-Beschwerden anerkannt.

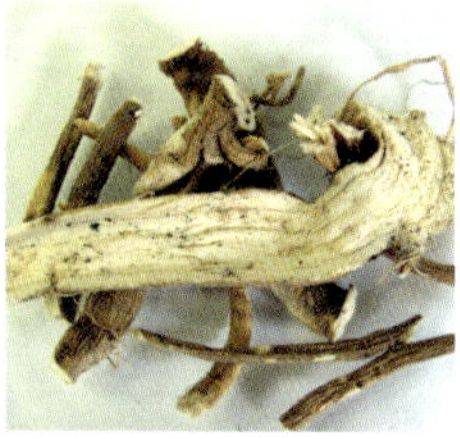

Eibischwurzel

Marshmallows

Echter Eibisch: **A** distaler Teil einer Pflanze mit Blättern und Blüten **1** Kronblatt **2** Staubblätter mit einer den Griffel umgebenen Staubfadenröhre, basal mit Nektarien **3** Blüte im LS **4–5** Staubbeutel **6** Pollen **7** vielkammeriger Fruchtknoten mit Griffel **8** Fruchtknoten im QS **9** Frucht **10** Teilfrucht **11–12** Teilfrüchte in LS und QS **13** Same.

Quelle: Köhler (1883-1898ff).

Okra, Gemüse-Eibisch

Abelmoschus esculentus *(Hibiscus esculentus)*

Okra ist eine mehrjährige Pflanze mit cremefarbenen bis gelblichen Blüten, die oft ein dunkles Zentrum haben. Die spitz zulaufenden Spaltkapseln sind essbar und können 5–25 cm lang werden.

A. esculentus stammt vermutlich aus Ostafrika oder Südasien. Heute wird die Art weltweit in warmen Klimazonen kultiviert, besonders in Indien, Westafrika, dem Nahen Osten, Südeuropa und den südlichen USA. In den letzten Jahren wird Okra vereinzelt auch in den wärmeren Regionen Mitteleuropas angebaut.

Die Kultivierung von Okra reicht in Ägypten mehr als 4.000 Jahre zurück. In Indien ist die Art mindestens seit dem 12. Jh. bekannt und entwickelte sich zu einem wichtigen Nahrungsmittel. Mit dem transatlantischen Handel mit versklavten Menschen gelangte Okra von Afrika nach Amerika, wo sie zu einem wichtigen Bestandteil der kreolischen und Cajun-Küche wurde.

Die Kapseln enthalten reichlich Ballaststoffe, insbesondere Schleimstoffe. Diese bestehen aus langkettigen Polysacchariden und Glycoproteinen. Der Proteingehalt liegt bei ± 2 %. Die Früchte sind auch eine gute Quelle für Vitamin C, Vitamin B_9 (Folsäure), Vitamin K und Mineralstoffe wie Kalium, Magnesium und Calcium. Zudem enthalten sie Flavonoide (z. B. Catechine und Quercetin) sowie weitere Polyphenole.

Die jungen Früchte werden meist als Gemüse verwendet und zeichnen sich durch ihren leicht schleimigen Saft aus, der als Bindemittel für Suppen und Eintöpfe dient. Traditionell werden die proteinreichen Blätter als Gemüse zubereitet und die gerösteten Samen dienen als Kaffeeersatz – eine Praxis, die bis ins alte Ägypten zurückreicht.

In der traditionellen Medizin wird Okra bei Magen-Darm-Beschwerden und zur Linderung von Entzündungen genutzt. Auch wissenschaftliche Studien deuten auf eine entzündungshemmende Wirkung hin.

Die Schleimstoffe und das aus den Samen gewonnene Öl werden auch in der Kosmetikindustrie eingesetzt. Die Fasern der Stängel werden traditionell zur Herstellung von Seilen und groben Textilien verwendet.

Okra: A distaler Teil einer Pflanze mit Blättern, Blüten und unreifen Früchten (Kapseln) **1** aufpräparierte Blüte (ohne Krone) **2** Same **3** sich öffnende Kapsel **4** geschlossene Kapsel im QS **5** Fruchtknoten mit Griffel und Staubblättern, die den Griffel als Röhre umgeben.

Quellen: Denisse (1843–1846); Descourtilz (1821–1829); Cavanilles (1785–1790).

Glückskastanie

Pachira aquatica *(Carolinea macrocarpa)*

Die Glückskastanie ist ein mittelgroßer Laubbaum mit großen fingerförmig geteilten Blättern. Die großen Blüten ähneln durch die langen, an der Spitze rötlich bis violett gefärbten Staubblätter einem Rasierpinsel. Als Früchte werden große holzige Kapseln gebildet, die meist 10–25 Samen enthalten. Diese sind 1–3 cm groß, von rundlicher bis unregelmäßiger kantiger Form und besitzen eine braune, mitunter gefleckte oder marmorierte Schale.

P. aquatica ist in den tropischen Regenwäldern Mittel- und Südamerikas heimisch.

Indigene Völker Südamerikas nutzen die Samen als Nahrungsmittel.
Die heute als »Glückskastanie« bekannte Zierpflanzenform mit ihren charakteristisch geflochtenen Stämmen wurde erst in den 1980er-Jahren in Taiwan entwickelt und erlangte von dort – eng verbunden mit Feng-Shui-Praktiken – weltweite Popularität.

In tropischen Regionen wird *P. aquatica* gelegentlich als Nutzpflanze in Hausgärten oder kleinen Plantagen angebaut, wo sie nach 5–7 Jahren die ersten Früchte trägt.

Die Samen der Glückskastanie enthalten 10–20 % Proteine und sind reich an fetten Ölen, insbesondere an Ölsäure und der mehrfach ungesättigten Linolsäure. Kohlenhydrate (Stärke und Ballaststoffe) machen 20–45 % aus. Die Samen liefern außerdem Vitamin E, B-Vitamine und Mineralstoffe wie Magnesium und Kalium. Schließlich können sie Cyclopropenfettsäuren enthalten, die potenziell toxisch sind.

Die Samen von *P. aquatica* sollten nicht roh verzehrt werden, da sie Unverträglichkeiten auslösen und toxisch wirken können. Daher werden sie traditionell meist erhitzt oder speziell vorbereitet.
Die Samen der Glückskastanie erinnern geschmacklich an eine Mischung aus Erdnuss und Kastanie. Sie werden oft geröstet als Snack gegessen oder dienen als Einlage in Eintöpfen. Außerdem können sie gemahlen und ein Speiseöl aus ihnen gewonnen werden.
Traditionell werden auch die jungen Blätter als Gemüse gekocht oder gedünstet.

In der traditionellen Medizin finden Blätter und Rinde als Heilmittel bei Kopfschmerzen und Hauterkrankungen Anwendung.

Die Fasern der Rinde dienen traditionell zur Herstellung von Flechtwerk wie z. B. Seilen.

Glückskastanie: A Zweig mit lang gestieltem fingerförmig geteiltem Blatt und Blüten mit zahlreichen langen Staubblättern **B** Blatt mit Fiederblättchen **1–2** basal verwachsene und distal freie Staubblätter **3** Staubbeutel **4** Fruchtknoten mit langem Griffel und distal kurz gelappter Narbe **5** Kelch **6** Geschlossene Kapsel im LS mit Samen **7** Same.

Quellen: Miller & von Linné (1776-1785); Revue horticole (1887).

Große Kapuzinerkresse

Kapuzinerkresse
Tropaeolum majus *(Tropaeolum hybridum)*

Die Große Kapuzinerkresse ist eine 1- bis mehrjährige, schnell wachsende krautige Pflanze, die bis zu 3 m lange Triebe ausbilden kann. Charakteristisch sind ihre kreisrunden Blätter, deren Stiel mittig aus der Blattfläche entspringt. Die leuchtenden, meist orangen, gelben oder roten Blüten haben einen langen, gekrümmten Sporn und verströmen einen leicht würzigen Duft.

T. majus stammt aus den Anden Perus, Boliviens und Kolumbiens. Als beliebte Zier- und Nutzpflanze ist sie mittlerweile in gemäßigten Klimazonen weltweit verbreitet.

Bereits die Inka nutzten die Große Kapuzinerkresse sowohl als Heilpflanze als auch als Nahrungsmittel.
Im 16. Jh. wurde sie nach Europa gebracht und zunächst als Zierpflanze geschätzt. Aufgrund ihrer scharf-würzigen Blätter und Blüten fand sie bald auch dort Verwendung in der Küche und als Heilpflanze.

Alle Pflanzenteile enthalten Senfölglycoside, insbesondere Glucotropaeolin. Bei Verletzung der Zellen wird diese Verbindung durch das Enzym Myrosinase zu Benzylisothiocyanat umgewandelt, was der Pflanze ihren scharfen, kresseartigen Geschmack verleiht.
Die oberirdischen Pflanzenteile sind reich an Vitamin C. Die Blüten enthalten die Farbstoffe Lutein, weitere Carotinoide sowie Anthocyane und Mineralstoffe wie Zink, Eisen und Mangan.

Alle Teile der Kapuzinerkresse sind essbar und bieten vielfältige kulinarische Möglichkeiten. Die würzig-scharfen Blätter bereichern Salate und die farbenfrohen Blüten werden als essbare Dekoration genutzt. Unreife Samenkapseln können wie Kapern eingelegt und als würzige Beigabe zu Soßen und Salaten verwendet werden.

In der traditionellen Medizin wird Kapuzinerkresse gegen Harnwegs- und Atemwegsinfektionen eingesetzt.
Pharmazeutisch nachgewiesen sind antibiotische, antimykotische und antivirale Wirkungen der Inhaltsstoffe, insbesondere des Benzylisothiocyanat.

In der Kosmetikindustrie werden Extrakte in Produkten gegen unreine Haut und bei der Haarfestigung eingesetzt.
Im biologischen Gartenbau schützt sie Nachbarpflanzen, indem sie Schädlinge wie Kohlmotten, Mottenschildläuse oder Wildkaninchen durch ihre Inhaltsstoffe abschreckt. Hingegen zieht sie Blattläuse so stark an, dass benachbarte Kulturpflanzen weniger stark befallen werden.

Große Kapuzinerkresse: A kriechender Spross mit lang gestielten, schildförmigen Blättern (mit zentral inseriertem Blattstiel) und lang gestielten, gespornten Blüten **1** Blütendiagramm **2** Blüte **3** Blüte im LS mit langem Sporn **4** Fruchtknoten mit Griffel und 3-lappiger Narbe **5** unreife Frucht (noch nicht in 3 Teilfrüchte zerfallend) **6** Teilfrucht mit Same im LS.

Quellen: de Saint-Hilaire (1825-1832); Baillon (1866-1895).

Kapernstrauch

Echter Kapernstrauch
Capparis spinosa

Der Kapernstrauch ist ein dorniger kleiner Strauch. Bei Kulturformen können die Dornen auch fehlen. Die großen Blüten werden von zahlreichen langen, meist violetten Staubblättern und einer weißen bis rosafarbenen Blütenhülle gebildet. Die unreifen, noch geschlossenen Blütenknospen werden als »Kapern« gegessen. Die Pflanze bildet kleine, eiförmige, fleischige Kapselfrüchte, die viele Samen enthalten und als »Kapernäpfel« bekannt sind.

C. spinosa stammt vermutlich aus dem Mittelmeergebiet, Nordafrika und Südwestasien. Sie wird heute hauptsächlich im Mittelmeerraum angebaut.

Archäologische Funde belegen die Nutzung von Kapern in Mesopotamien und der Levante seit mehr als 11.000 Jahren. Im antiken Ägypten, Griechenland und dem Römischen Reich wurden Kapern als wertvolles Gewürz und Heilmittel geschätzt.

Für eine gleichmäßige Qualität der Kapern ist eine tägliche Ernte erforderlich, weil die Blütenknospen in einem bestimmten Entwicklungsstadium (fest geschlossen, dunkelolivgrün, definierte Größe) gepflückt werden müssen. Nach der Ernte werden die Knospen traditionell in Salz oder Essig eingelegt, um ihr charakteristisches Aroma zu entwickeln.

Kapern enthalten zahlreiche sekundäre Pflanzenstoffe, darunter Flavonoide wie Rutin, Quercetin, Kaempferol und deren Glycoside. Zudem sind sie reich an Vitamin K, Eisen und Calcium. Ihr charakteristischer Geschmack entsteht durch Senfölglycoside, hauptsächlich Glucocapparin, die während des Einlegens enzymatisch in Methylisothiocyanat umgewandelt werden.

Die eingelegten Blütenknospen sind als Kapern eine geschätzte Zutat in der mediterranen Küche und verleihen Gerichten eine würzige Note. Zuweilen werden auch die unreifen Früchte, sogenannte »Kapernäpfel«, eingelegt und ähnlich wie Oliven als Beilage verzehrt.

In der traditionellen Medizin werden Kapern-Extrakte bei Magen-Darm-Beschwerden und Entzündungen eingesetzt.

Kapern-Extrakte finden auch in der Kosmetikindustrie Verwendung, insbesondere in Hautpflegeprodukten.

Kapern
(Blütenknospen)

Kapernäpfel
(Früchte)

Kapernstrauch: **A** Zweig mit Blättern, Blütenknospen (Kapern) und weißlicher Blüte **1** Fruchtknoten auf langem Stiel (Gynophor) **2** rosafarbene Blüte **3** Blütendiagramm **4** geschlossene Kapsel **5** Kapsel im QS **6** Same.

Quellen: von Schlechtendal (1840ff); Zorn (1781ff); Thomé (1885ff).

Kreuzblütler – *Brassicaceae*: Die Scharfmacher unter den Gemüsen

Ob der würzige Biss in ein frisches Radieschen, die angenehme Schärfe von Rucola oder der intensive Geschmack von Senf oder Wasabi – die Kreuzblütler beherrschen das gesamte Spektrum pikanter Geschmackserlebnisse. Sie werden sowohl als Gemüse als auch als Gewürze genutzt.

Mit etwa 350 Gattungen und mehr als 4.000 Arten kommt die Familie der Kreuzblütler weltweit vor und hat ihren Verbreitungsschwerpunkt in den gemäßigten und mediterranen Zonen der Nordhalbkugel. Diese meist krautigen Pflanzen zeichnen sich durch ihre charakteristischen 4-zähligen Blüten aus, deren Kronblätter kreuzförmig angeordnet sind – das namensgebendes Merkmal. Ein weiteres unverkennbares Merkmal dieser Pflanzenfamilie ist die Frucht: Die zylindrischen Schoten oder kugeligen bis herzförmigen Schötchen öffnen sich bei Reife von unten nach oben und setzen dabei meist zahlreiche Samen frei.

Doch was macht diese Pflanzenfamilie so besonders für unsere Ernährung? Die biochemische Einzigartigkeit der Kreuzblütler liegt in ihren schwefelhaltigen Verbindungen, den Glucosinolaten, die auch als Senfölglycoside bekannt sind. Diese fungieren als natürliches Abwehrsystem gegen Fraßfeinde und verleihen den Pflanzen ihren charakteristischen scharfen oder bitteren Geschmack. Der Mechanismus dahinter ist raffiniert: Bei Verletzung des Pflanzengewebes setzt das Enzym Myrosinase aus den Glucosinolaten Senföle frei, die für das typische scharfe Aroma verantwortlich sind. Die Schärfe wird dabei nicht auf der Zunge, sondern in der Nase wahrgenommen.

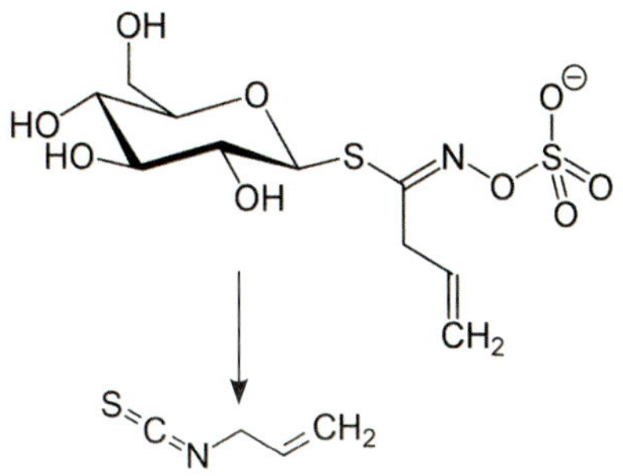

Sinigrin (oben) ist ein Senfölglycosid, das in Schwarzem Senf vorkommt. Bei Gewebeverletzung wird es durch das Enzym Myrosinase in das sehr scharfe und beißende Allylisothiocyanat (unten) umgewandelt.

Neben ihren geschmacklichen Qualitäten überzeugen Kreuzblütler durch ihre gesunden Inhaltsstoffe: Die meisten Gemüse dieser Familie sind außerordentlich reich an Vitamin C. Auch B-Vitamine wie Folsäure, Vitamin K sowie Mineralstoffe wie Kalium, Calcium und Magnesium sind in vielen Kreuzblütlern in bedeutenden Mengen zu finden. Der hohe Gehalt an Antioxidantien trägt zur gesundheitsfördernden Wirkung bei. Besonders bemerkenswert ist auch, dass die Samen von Arten wie Raps oder Leindotter wertvolle Öle mit einem günstigen Fettsäureprofil enthalten und deshalb auch als Öl-Pflanzen genutzt werden.

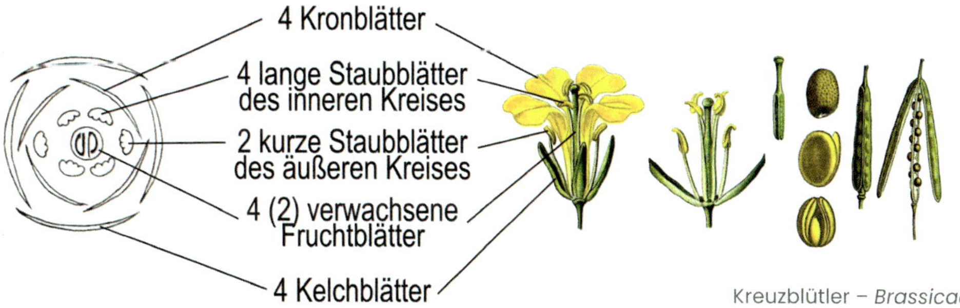

Kreuzblütler – *Brassicaceae*

Knoblauchsrauke

Knoblauchhederich, Lauchhederich
Alliaria petiolata *(Alliaria officinalis, Erysimum alliaria)*

Die Knoblauchsrauke ist eine 2-jährige Pflanze, die im 1. Jahr eine Blattrosette aus herzförmigen, dunkelgrünen Blättern ausbildet. Beim Zerreiben verströmen die Blätter einen markanten, knoblauchartigen Duft. Im 2. Jahr entwickelt sich ein aufrechter Stängel mit einem traubenartigen Blütenstand aus kleinen weißen Blüten. Die länglichen Schoten enthalten zahlreiche kleine, schwarze Samen.

A. petiolata ist in Europa, West- und Zentralasien sowie Teilen Nordafrikas heimisch und in Nordamerika stellenweise verwildert.

Die Knoblauchsrauke wurde schon im Mittelalter als Heilpflanze geschätzt und auch in vielen Kräuterbüchern der Frühen Neuzeit erwähnt: Sie wird traditionell v. a. wegen ihrer entzündungshemmenden und verdauungsfördernden Eigenschaften und gegen Erkältungen verwendet. Diese moderne, allgemeine Zusammenfassung der Heilwirkungen steht jedoch in deutlichem Kontrast zu den oft sehr spezifischen und aus heutiger Sicht oft skurril wirkenden Empfehlungen in den einzelnen Kräuterbüchern. Hieronymus Bock schreibt beispielsweise in seinem »New Kreutterbuch« von 1539: »*Knoblauchsrauke ist dienstlich zu den Clystierungen, zum hüfftschmerzen, Ischias. Aus dem gestossenen Samen ein Pflaster gemacht, mit Essig temperiert und den erstockten Weibern auff die Scham gelegt, zeucht die auffgestigene Mutter undersich und erwecket sie, daß sie wider zu ihn selber kommen. Der safft von der Knoblauchsrauke oder das pulver der Samen in die Nasen geblasen, macht niesen, erwecket diejenigen so in die groß krankheit seind gefallen.*« Des Weiteren erwähnt Bock die Verwendung »*sonderlich zu verhütung der fäule, in dem kalten brandt, Gangraena genant, so wol in faulen, bösen und unreinen schäden, dann sie trücknet und reiniget trefflich*«.

Die Knoblauchsrauke wird meist wild gesammelt.

Sämtliche Pflanzenteile enthalten Senfölglycoside, v. a. Sinigrin, welches bei Zellverletzungen enzymatisch zu Allylisothiocyanat abgebaut wird. Diese Verbindung ist für den charakteristischen knoblauchartigen Geruch und scharfen Geschmack verantwortlich. Zusätzlich sind Flavonoide, Phenolverbindungen und Saponine zu finden.

Die jungen Blätter können roh in Salaten oder als Würze verwendet werden. Sie haben einen scharfen, knoblauch- bis senfartigen Geschmack. In größeren Mengen kann die Knoblauchsrauke Magen-Darm-Beschwerden verursachen.

Knoblauchsrauke: **A** basaler Teil einer Pflanze mit lang gestielten, herz- bis nierenförmigen und grob gezähnten Grundblättern **B** distaler Teil einer Pflanze mit sitzenden bis kurz gestielten Stängelblättern, Blüten und Früchten **C** Fruchtstand mit geschlossenen und offenen Schoten **1** Blüte **2** Staubblatt **3** Fruchtknoten **4** Same **5** Same im QS.

Quellen: von Schlechtendal (1840ff); Lindman (1901-1905ff); Curtis (1777-1798); Fitch et al. (1880ff).

Auch die Blüten und Samen eignen sich als pfeffrige Würze. Die Wurzeln haben ebenfalls einen scharfen Geschmack.

In der traditionellen Medizin wird die Knoblauchsrauke v. a. äußerlich zur Behandlung von Hautkrankheiten eingesetzt.

Wissenschaftliche Studien deuten auf antibakterielle und antioxidative Wirkungen der Inhaltsstoffe hin.

Gemüsekohl, Blumenkohl, Brokkoli, Grünkohl, Kohlrabi, Rosenkohl, Wirsing

Krauskohl, Markstammkohl, Rotkohl, Spitzkohl, Weißkohl, Wildkohl
Brassica oleracea (*Brassica sylvestris*)

Die Wildform des Kohls ist eine 2-jährige Pflanze, die im 1. Jahr eine Blattrosette bildet. Im 2. Jahr entwickelt sich ein traubenartiger Blütenstand mit gelben Blüten. Die Früchte sind zylindrische Schoten mit kleinen, kugeligen, meist dunkelbraunen Samen.
Kaum eine andere Pflanzenart weist eine solche morphologische Vielfalt auf wie die Kulturformen des Gemüsekohls, die durch gezielte Förderung und Veränderung der Sprossachse, Blätter und Blütenstände gezüchtet wurden.

Die genaue geographische Herkunft von *B. oleracea* ist umstritten: Lange Zeit nahm man an, dass die Wildform eine an den Küsten Westeuropas heimische Sippe (*B. oleracea* var. *oleracea*) ist. Neuere Studien deuten jedoch darauf hin, dass es sich dabei um früh verwilderte Kulturformen handelt und dass die Wildform eher eine mit *B. cretica* oder *B. incana* verwandte Sippe aus dem Mittelmeerraum ist.
Durch jahrhundertelange Kultivierung hat sich der Gemüsekohl weltweit verbreitet und wird v. a. in gemäßigten Klimazonen angebaut. In Deutschland gehört er zu den wichtigsten Gemüsearten.

Die Kulturgeschichte des Kohls reicht mindestens 3.000 Jahre zurück. Im antiken Griechenland und Rom wurde Kohl sowohl als Nahrungsmittel als auch für medizinische Zwecke verwendet. Der römische Staatsmann Cato der Ältere (234–149 v. Chr.) beschrieb in seinem Werk »De agri cultura« verschiedene Kohlsorten und pries deren gesundheitsfördernde Wirkung. Auch Karl der Große erwähnte im späten 8. Jh. verschiedene Kohlformen in seiner Landgüterverordnung »Capitulare de villis« und förderte deren Anbau. Im Mittelalter gehörte Kohl zu den wichtigsten Gemüsepflanzen in europäischen Kloster- und bäuerlichen Gärten. Im 16. und 17. Jh. wurden viele der heute bekannten Kulturformen in verschiedenen Regionen Europas herausgezüchtet und verfeinert. Die meisten Kohlsorten sind für ihre gute Lagerfähigkeit bekannt, die in den kühleren Klimazonen seit Jahrhunderten dazu beiträgt, die Versorgung mit Vitaminen und Ballaststoffen in den Wintermonaten sicherzustellen.
Kohl ist darüber hinaus fester Bestandteil vielfältiger kultureller Traditionen und Volksfeste, besonders in Deutschland, wo vier der letzten sechs Bundeskanzler:innen beim »Defftig Ollnborger Gröönkohl-Äten« auch zu Grünkohlkönig:innen gekürt wurden – darunter passenderweise Kanzler Kohl. So verwundert es kaum, dass die Deutschen im Ausland oft augenzwinkernd als »Krauts« bezeichnet werden – auch wenn dieser Spitzname wohl nicht immer als Kompliment gemeint ist.

B. oleracea zeigt durch gezielte Selektion eine beeindruckende evolutionäre Anpassungsfähigkeit, die zu einer Vielzahl unterschiedlicher Kulturformen geführt hat: Kopfkohl (var. *capitata*) entwickelt große, dicht geschlossene Köpfe aus sich überlappenden Blättern in verschiedenen Farben und Formen (Weisskohl, Rotkohl, Spitz-

Gemüsekohl: 1 distaler Teil einer Pflanze mit Stängelblättern, Blüten und Früchten **2** Stängelbasis einer Pflanze mit Pfahlwurzel **3** Grundblatt **4** Kronblatt **5** aufpräparierte Blüte mit Staubblättern und Fruchtknoten **6** Kelch **A** Blattkohl (var. *acephala*) **B** Kohlrabi (var. *gongylodes*) **C** Rosenkohl (var. *gemmifera*) **D** Wirsing (var. *sabauda*) **E** Kopfkohl (var. *capitata*). **1–6:** früh verwilderte Sippe von westeuropäischen Küstenstandorten (var. *oleracea*), **A–E:** Kulturformen.

Quellen: Oeder (1766-1883); Engler (1900-1937).

kohl). Palmkohl (var. *palmifolia*) und Grünkohl (var. *sabellica*) zeichnen sich durch krause Blätter aus, die keine Köpfe bilden. Wirsing (var. *sabauda*) formt lockere Köpfchen aus blasig-welligen Blättern. Kohlrabi (var. *gongylodes*) besitzt einen verdickten, knollenartigen Sprossabschnitt. Rosenkohl (var. *gemmifera*) bildet kurze kugelige Seitensprosse mit dicht gepackten Blättern. Blumenkohl (var. *botrytis*) produziert fleischige, weißliche Blütenstände, die geerntet werden, bevor sie das Knospenstadium erreichen, und Brokkoli (var. *italica*) entwickelt grünliche, kurz verzweigte Blütenstände, die im Knospenstadium geerntet werden.

Die meisten Kulturformen von *B. oleracea* sind reich an Vitaminen, insbesondere Vitamin C, Vitamin K, verschiedenen B-Vitaminen, β-Carotin und Mineralstoffen wie Calcium, Kalium, Magnesium und Eisen. Besonders hervorzuheben ist auch eine Vielzahl an sekundären Pflanzenstoffen, darunter v. a. Senfölglycoside (z. B. Sulforaphan und Indol-3-Carbinol), Flavonoide (z. B. Quercetin und Kaempferol), Carotinoide (v. a. in grünen Kohlarten) und Phenolsäuren sowie in Rotkohl auch Anthocyane.

Die Kulturformen des Kohls gehören weltweit zu den wichtigsten Gemüsepflanzen und sind in der Küche vielseitig nutzbar.
Weisskohl, Rotkohl oder Wirsing werden fermentiert (Sauerkraut) oder als Kohlrouladen, Salate oder Gemüsebeilage zubereitet. Brokkoli und Blumenkohl werden gedünstet, gekocht oder gratiniert verzehrt. Kohlrabi findet sowohl roh in Salaten als auch gedünstet als Gemüsebeilage Verwendung. Rosenkohl wird traditionell v. a. im Winter genossen. Auch Palmkohl

Palmkohl

Spitzkohl

Rosenkohl

Kohlrabi

Rosenkohl

ist ein typisches Wintergemüse. In Deutschland erlebt der robuste GRÜNKOHL, der nach den ersten Frösten geerntet wird – bei Kälte wird die Stärke in den Blättern in Zucker umgewandelt – ebenfalls im Winter Hochsaison. Er wird traditionell mit Pinkel, einer geräucherten Grützwurst, oder anderen deftigen Zutaten zu einem Eintopf verarbeitet.

In der traditionellen Medizin werden Kohlblätter äußerlich bei Entzündungen und zur Wundheilung aufgelegt. Sauerkrautsaft gilt als Mittel gegen Verdauungsbeschwerden.
In wissenschaftlichen Untersuchungen stehen die Senfölglycosidc und deren Abbauprodukte, insbesondere Sulforaphan aus Brokkoli, aufgrund ihrer krebshemmenden und entzündungshemmenden Eigenschaften im Fokus. Statistische Analysen zeigen, dass Menschen mit geringem Kohlverzehr häufiger an Krebs erkranken, während klinische Studien positive Effekte bei Diabetes (Blutzuckersenkung), Helicobacter-Infektionen und Entzündungsreduktion belegen.

FUTTERKOHL wird gezielt für die Viehfütterung angebaut.

Romanesco-Blumenkohl

Rübsen, Chinakohl, Pak Choi, Speiserübe

China-Kohl, China-Salat, Feldrübe, Herbstrübe, Mairübe, Mizuna, Peking-Kohl, Pe-Tsai, Rübsaat, Rübsamen, Senfspinat, Stängelkohl, Stoppelrübe, Tatsoi, Wasserrübe, Weiße Rübe
Brassica rapa *(Brassica campestris)*

B. rapa ist eine 1–2-jährige, krautige Pflanze mit einer Pfahlwurzel, die je nach Sorte zylindrisch, kegelförmig oder kugelig ausfällt. Die grundständigen Blätter bilden eine Rosette und können je nach Sorte oval, lanzettlich oder gelappt sein. Im 2. Jahr entwickelt die Pflanze gelbe Blüten, aus denen sich schmale Schoten mit kleinen, dunklen Samen bilden.

Die Stammform von *B. rapa* stammt aus dem eurasischen Raum, vermutlich aus der Region zwischen dem Mittelmeergebiet und den gemäßigten Regionen Zentralasiens. Heute wird die Art weltweit kultiviert, v. a. in kühlen und gemäßigten Klimazonen.

B. rapa wird seit 6.000–4.000 Jahren kultiviert. Bereits in der Antike war die Pflanze in Griechenland und Rom ein wichtiges Grundnahrungsmittel, wie z. B. aus der »Naturalis historia« von Plinius dem Älteren aus dem 1. Jh. hervorgeht. Im Mittelalter stellte die Speiserübe ein wichtiges Grundnahrungsmittel für die breite Bevölkerung in Europa dar, bevor sie ab dem 18. Jh. zunehmend von der Kartoffel verdrängt wurde.
Als ehemals wichtige Öl-Pflanze wurden die Rübsen im 20. Jh. weitgehend von Raps (*B. napus*) abgelöst.

Die beeindruckende Vielfalt der Kulturformen von *B. rapa* spiegelt die jahrhundertelange Züchtungsgeschichte wider. Zu den wichtigsten in Europa und Westasien entstandenen Kulturformen gehören die RÜBSEN (var. *oleifera*), die als Öl-Pflanze und Gründüngungspflanze genutzt werden. Daneben gibt es die SPEISERÜBEN (var. *rapa*) mit verdickter, fleischiger Wurzel, die in zahlreichen Sorten mit unterschiedlichen Formen (flachrund, kugelförmig, länglich) sowie Farben (weiß, gelb, rot) gezüchtet wurden.
Während in Europa und Zentralasien bereits früh Rübensorten bevorzugt wurden, ent-

Chinakohl

Tatsoi

Teltower Rübchen, eine alte Sorte der Speiserübe aus Brandenburg

Rübsen: **A** Rübe (verdickte Wurzel und Hypokotyl) mit Grundblättern der Herbstrübe bzw. Weißen Rübe (subsp. *rapa*) **B** basaler Teil einer Pflanze mit Grundblättern und Pfahlwurzel **C** distaler Teil einer Pflanze mit Stängelblättern, Blüten und Früchten **D** Fruchtstand mit Schoten **1** Blüte mit Kelch- und Kronblättern **2** Kronblatt **3** aufpräparierte Blüte (ohne Krone) **4** aufpräparierte Blüte mit Staubblättern und Fruchtknoten **5** geöffnete Schote mit 2 Klappen und Samen am Rahmen mit Scheidewand **6** Same **7** Same im LS.

Quellen: Oeder (1766-1883); Weinmann (1737-1745).

wickelte sich in China und Japan eine Vielzahl von Blattgemüse-Sorten: Dazu zählen der Chinakohl (var. *pekinensis*) mit großen, länglichen Köpfen aus hellgrünen bis weißlichen Blättern, Pak Choi (var. *chinensis*) mit löffelförmigen, dunkelgrünen Blättern und dicken, weißen Blattstielen sowie Mizuna (var. *nipposinica*) mit fein gefiederten, zarten Blättern und Tatsoi (var. *narinosa*) mit dunkelgrünen, löffelförmigen Blättern in dichter Rosette.

Die Blätter enthalten hohe Mengen an Vitamin C, β-Carotin und Mineralstoffen wie Calcium und Eisen. Die Rüben stellen eine gute Quelle für Ballaststoffe und Kohlenhydrate, v. a. Stärke, dar. Zudem enthalten die Pflanzen zahlreiche für die Kreuzblütler typische sekundäre Pflanzenstoffe wie Senfölglycoside.

Die Nutzung von *B. rapa* als Nahrungspflanze variiert je nach Region und Sorte: Speiserüben können roh (fein geraspelt in Salaten), gekocht, gedünstet, gebraten oder eingelegt verzehrt werden. Die jungen Blätter (»Rübstiel«) sind ebenfalls essbar und werden ähnlich wie Spinat zubereitet. Pak Choi und Chinakohl werden typischerweise kurz gegart oder gedünstet und z. B. in Wok-Gerichten verarbeitet. Sie eignen sich auch hervorragend zum Fermentieren, wobei »Kimchi« aus Chinakohl ein bekanntes Beispiel darstellt. Darüber hinaus werden die Samen der Rübsen zur Gewinnung von Rübenöl gepresst und in Indien auch zur Herstellung von Senf verwendet.

Kimchi – fermentierte Chinakohl-Blätter

In der traditionellen Medizin, besonders in Ostasien, werden verschiedenen Pflanzenteilen entzündungshemmende, verdauungsfördernde und schleimlösende Eigenschaften zugeschrieben.

Das Rübenöl findet gelegentlich auch in der Kosmetikindustrie Verwendung.

B. rapa ist eine der Elternarten des Rapses (*B. napus*), der durch natürliche Kreuzung von *B. rapa* mit dem Kohl (*B. oleracea*) entstanden ist.

Rübstiel

Pak Choi

Viele kleine und eine große Speiserübe

Schmalblättriger Doppelsame, Wilde Rauke, Rucola

Schmalblättrige Doppelrauke, Stinkrauke
Diplotaxis tenuifolia *(Sisymbrium tenuifolium)*

Der Schmalblättrige Doppelsame ist eine mehrjährige krautige Pflanze mit einer kräftigen Pfahlwurzel. Sie besitzt tief fiederspaltige Blätter mit schmalen Blattzipfeln. Die leuchtend gelben Blüten verströmen einen süßlichen Duft und entwickeln sich zu Schoten mit zahlreichen kleinen, rötlich-braunen Samen.
D. tenuifolia ist neben *Eruca vesicaria* subsp. *sativa* und – seltener – *Diplotaxis muralis* eine der 3 Pflanzenarten, die bei uns als »Rucola« vermarktet werden.

Ursprünglich im Mittelmeergebiet, Südeuropa und Westasien beheimatet, wird *D. tenuifolia* heute in vielen gemäßigten Regionen weltweit kultiviert. Sie ist oft auch verwildert anzutreffen.

Der Schmalblättrige Doppelsame hat besonders in der italienischen Küche eine lange Tradition. Während die Art in Mitteleuropa lange Zeit in Vergessenheit geriet, erlebte sie auch hier in den letzten Jahrzehnten als »Wilder Rucola« eine Renaissance.

D. tenuifolia kann durch Direktsaat oder aus Jungpflanzen angezogen werden. Als mehrjährige Kultur lässt sie sich bei milder Witterung über mehrere Jahre ernten. Im kommerziellen Anbau werden die Blätter meist jung gepflückt, da sie dann weniger bitter schmecken. Bei hoher Stickstoffdüngung neigt *D. tenuifolia* dazu, Nitrat in den Blättern anzureichern.

Die Blätter sind reich an Vitamin C, Mineralstoffen, wie Calcium und Eisen, sowie den für die Familie typischen sekundären Pflanzenstoffen, insbesondere Senfölglycosiden.

Die Blätter werden vorwiegend roh in Salaten verwendet, wo sie mit ihrem intensiven, pfeffrig-scharfen Aroma überzeugen. Sie können auch kurz gedünstet oder als Beigabe zu Suppen und Soßen genutzt werden. Auch die gelben Blüten sind essbar und stellen eine dekorative und geschmacksintensive Garnierung dar.

Studien deuten darauf hin, dass die Abbauprodukte der Senfölglycoside und Flavonoide antioxidative, entzündungshemmende und potenziell krebsvorbeugende Wirkungen entfalten können.

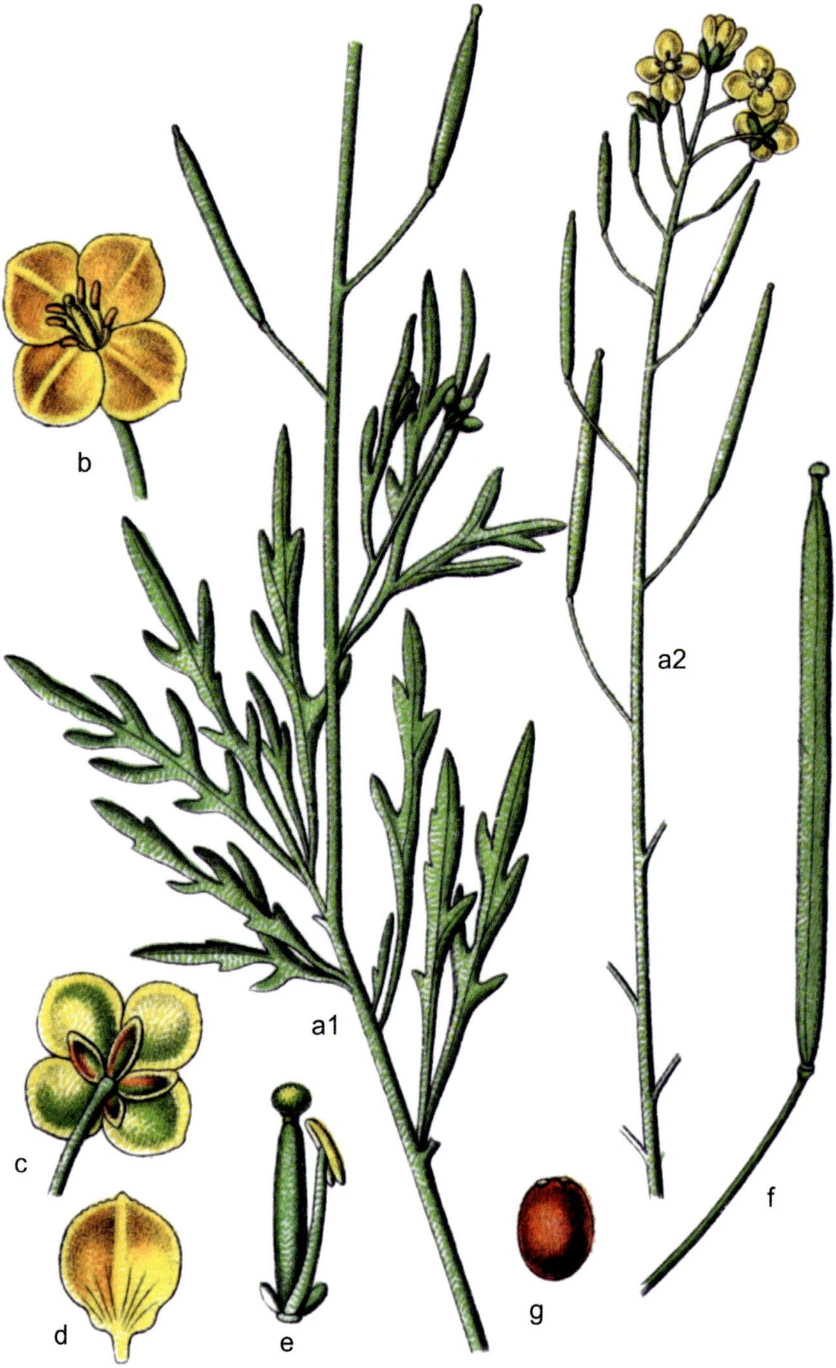

Schmalblättriger Doppelsame: a1 Stängel mit fiederteiligen Stängelblättern und Früchten **a2** distaler Teil einer Pflanze mit Blüten und Früchten **b–c** Blüten **d** Kronblatt mit kurzem Nagel **e** Fruchtknoten mit kopfiger Narbe, 2 basalen Nektardrüsen und 1 Staubblatt **f** lang gestielte Schote **g** Same.

Quelle: Sturm (1796ff).

Senfrauke, Ölrauke, Rucola

Eruca vesicaria *(Eruca sativa)*

Die Senfrauke ist eine 1-jährige Pflanze. Ihre grundständigen Blätter sind leierförmig-fiederteilig mit gezähnten Rändern und wachsen in einer Rosette. Die Blüten sind cremefarben bis hellgelb mit charakteristischen violetten Adern. Nach der Blüte bilden sich längliche Schoten mit einem großen, aber nur undeutlich abgesetzten Schnabel und zahlreichen kugeligen Samen.
E. vesicaria subsp. *sativa* ist neben *Diplotaxis tenuifolia* und – seltener – *Diplotaxis muralis* eine der 3 Pflanzenarten, die bei uns als »Rucola« vermarktet werden.

Die Heimat von *E. vesicaria* liegt im westlichen und zentralen Mittelmeergebiet und eventuell auch in Südwestasien. Heute wird sie in gemäßigten Zonen weltweit angebaut und ist auch verwildert zu finden.

Die Pflanze wurde bereits in der Antike als Nahrungsmittel und Heilpflanze genutzt. Besonders die Römer:innen schätzten sie als Gewürzpflanze und verwendeten sie auch als Aphrodisiakum. Der Legende nach war im Mittelalter ihr Anbau deshalb in manchen mitteleuropäischen Klöstern verboten – während Kaiser Karl der Große sie im späten 8. Jh. in seiner Landgüterverordnung »Capitulare de villis« explizit erwähnt und den Anbau auf seinen Gütern förderte.

Die Aussaat erfolgt direkt ins Freiland. Die Ernte junger Blätter kann bereits 3–4 Wochen nach der Aussaat beginnen.

Die Blätter der Senfrauke enthalten hohe Mengen an Vitamin C, Vitamin K, Mineralstoffen wie Calcium und Eisen, sowie Ballaststoffen. Darüber hinaus finden sich Carotinoide, Flavonoide und Senfölglycoside.

Die jungen Blätter werden roh in Salaten verwendet, während ältere Blätter intensiver schmecken. Auch die Samen sind essbar und können als pikantes Gewürz verwendet werden.

Das aus den Samen gewonnene Öl wird in Asien traditionell auch als Lampenöl und Massageöl verwendet. Als »Tamira-Öl« findet es sich in modernen Haut- und Haarpflegeprodukten. Außerdem wird es gegenwärtig hinsichtlich seines industriellen Potenzials für die Herstellung von Schmierstoffen und Biodiesel erforscht.

Senfrauke: A Habitus einer blühenden Pflanze **B** distaler Teil einer Pflanze mit Stängelblättern, Blüten und Früchten **1** Blüte **2** aufpräparierte Blüte ohne Kelch und Krone **3** Kronblatt **4–5** Schote mit großem Schnabel **6** Schote im LS **7** Same **8** Same im QS.

Quellen: Sturm (1796ff); Willkomm (1881-1885).

Rettich, Radieschen

Raphanus sativus

R. sativus ist eine 1–2-jährige Pflanze, die für ihre essbare, fleischige Wurzel bekannt ist. Im 1. Jahr wird eine Grundblattrosette gebildet. Im 2. Jahr entwickelt sich der Blütenstand mit weißlichen bis blassvioletten und meist dunkel geaderten Blüten.

R. sativus wird weltweit in gemäßigten und subtropischen Klimazonen angebaut. Die Art ist nur in kultivierter Form bekannt, ihre wilde Stammform konnte bisher nicht identifiziert werden.

Der Anbau in China erfolgt seit ± 5.000 Jahren und in Ägypten seit 5.000–4.500 Jahren. In der Antike schätzten Griech:innen und Römer:innen Rettich als Nahrungsmittel und Heilpflanze. Im mittelalterlichen Europa war er ein wichtiges Nahrungsmittel und wird in zahlreichen Kräuterbüchern auch als Heilpflanze erwähnt.

Die Wurzelform der zahlreichen Sorten variiert von kugelig über zylindrisch bis spindelförmig und ihre Färbung reicht von weiß über violett und rot bis schwarz. Zu den wichtigsten Typen zählen die kleineren, meist kugeligen und rötlichen Radieschen, Schwarzer Rettich und Weisser Rettich wie der milde Münchner Bierrettich und der japanische Daikon, der bis zu 50 cm lang werden kann.

Rettiche werden direkt an Ort und Stelle ausgesät. Sommerrettiche werden im Frühjahr bis Frühsommer ausgesät und nach 6–8 Wochen geerntet, während Winterrettiche im Sommer gesät und im Herbst geerntet werden.

Rettich enthält viel Vitamin C sowie verschiedene B-Vitamine und die Mineralstoffe Kalium, Eisen und Kupfer. Auch die typischen Senfölglycoside kommen vor.

In der europäischen Küche wird Rettich oft roh gereicht. Typisch ist das Servieren von dünn aufgeschnittenem Rettich mit Salz, das die Schärfe mildert und Flüssigkeit entzieht.
In der asiatischen Küche wird Rettich meist gedünstet, gebraten oder eingelegt serviert. Daikon, eine japanische Rettichsorte, ist Bestandteil vieler traditioneller Gerichte und wird oft als Beilage zu fettigem Fisch serviert. In Korea ist fermentierter Rettich (»Kkakdugi«) beliebt.

In der traditionellen Medizin wird Rettich bei Atemwegserkrankungen und Verdauungsbeschwerden eingesetzt. Extrakte des Schwarzen Rettichs gelten als bewährtes Hausmittel bei Husten und Bronchitis.
Die enthaltenen Senfölglycoside wirken schleimlösend und antibakteriell.

Rettich: A Grundblatt **B** distaler Teil einer Pflanze mit Blütenstand **1** Blüte **2** Staubblätter **3** Frucht (Schote) **4–5** Samen **6** Same ohne Testa **7, 9** Radieschen (Speicherwurzel) **8** Rettich (Speicherwurzel).

Quellen: von Schlechtendal (1840ff); La Belgique horticole (1869).

Echtes Löffelkraut

Löffelkresse, Scharbockskraut, Skorbutkraut

Cochlearia officinalis

Das Echte Löffelkraut ist eine 2-jährige bis mehrjährige Pflanze, die im 1. Jahr eine Blattrosette mit spatel- bis löffelförmigen, glänzenden und leicht fleischigen Blättern ausbildet. Im folgenden Jahr entwickeln sich verzweigte, aufrechte Stängel mit kleinen, weißen Blüten. Diese reifen zu kugeligen bis eiförmigen Schötchen mit wenigen Samen heran.

Als salztolerante Pflanze ist *C. officinalis* v. a. an den Küsten Nord- und Westeuropas heimisch.

Im Mittelalter war das Echte Löffelkraut ein wichtiges Heilmittel gegen Skorbut und wurde in Klostergärten kultiviert.
Im 17. und 18. Jh. ließen Seefahrende wie Kapitän James Cook das Echte Löffelkraut auf ihren Schiffen anbauen und unter der Besatzung verteilen. Während der Nordlandfahrten wurde es als »Scharbockskraut« (»Scharbock« ist ein alter Name für Skorbut) von den Seefahrenden gezielt gesammelt. Bis ins 19. Jh. blieb das Echte Löffelkraut ein wichtiges Heilkraut, bevor es allmählich durch andere Vitamin-C-reiche Nahrungsmittel ersetzt wurde.

Das Echte Löffelkraut enthält hohe Mengen an Vitamin C. Charakteristisch sind auch die enthaltenen Senfölglycoside, insbesondere Glucocochlearin, die beim Zerkleinern der Pflanze ein scharfes, kresseartiges Aroma freisetzen. Zudem enthält die Pflanze Bitterstoffe und Tannine.

Die jungen Blätter können frisch in Salaten verwendet werden, wo sie mit ihrem scharf-würzigen, leicht bitteren Ge-

schmack einen interessanten Kontrast zu milderen Blattsalaten bilden. Darüber hinaus eignen sie sich auch als Zutat für Kräuterbutter, Quark und Dips oder als aromatische Beigabe zu Suppen und Soßen. In der nordischen Küche werden Blätter traditionell zu Fischgerichten gereicht, wo sie mit ihrem frischen Aroma die Speisen bereichern.
Durch Erhitzen verlieren die Blätter erheblich an Schärfe und entwickeln ein milderes, kresseartig-kohliges Aroma.

In der traditionellen Medizin wird *C. officinalis* v. a. gegen Skorbut, aber auch bei Verdauungsbeschwerden und als harntreibendes Mittel eingesetzt.
Die enthaltenen Senfölglycoside regen den Stoffwechsel an und haben eine antibakterielle Wirkung.

Echtes Löffelkraut: A basaler Teil einer Pflanze mit lang gestielten, herz- bis nierenförmigen Grundblättern **B** distaler Teil einer Pflanze mit pfeilförmig geöhrten Stängelblättern, Blüten und Früchten **1** aufpräparierte Blüte (ohne Kelch und Krone) **2** Frucht (Schötchen) mit Samen im QS **3** Blüte **4** geschlossene, offene und ausgestreute Früchte **5** Same **6** Same im QS **7** Embryo.

Quellen: von Schlechtendal (1840ff); Delessert & de Candolle (1820–1846).

Brunnenkresse

Wasserkresse

Nasturtium officinale *(Rorippa nasturtium-aquaticum, Sisymbrium nasturtium-aquaticum)*

Brunnenkresse ist eine mehrjährige, krautige Wasserpflanze mit hohlen, schwimmenden oder kriechenden Stängeln, die an den Knoten Wurzeln bilden. Die Blätter sind gefiedert. Aus den kleinen, weißen Blüten entwickeln sich schmale Schoten mit zahlreichen etwas abgeflachten Samen. Die gesamte Pflanze verströmt beim Zerreiben einen scharf-würzigen Geruch.

N. officinale stammt aus Europa, Nordafrika und Südwestasien. Sie wird heute weltweit kultiviert und ist in vielen Regionen auch verwildert zu finden.

Bereits im antiken Griechenland und Rom wurde wild wachsende Brunnenkresse gegessen. Seit dem 18. Jh. wird sie gezielt angebaut, z. B. in Frankreich, Deutschland und Großbritannien. In England entstanden große Brunnenkresse-Kulturen entlang der Flüsse, wo die Tradition teilweise bis heute fortbesteht.

Die kommerzielle Kultivierung erfolgt in speziellen Wassergärten mit fließendem, kalkhaltigem Wasser oder zunehmend in Hydrokultur.

Brunnenkresse ist reich an Vitamin C, β-Carotin, Vitamin K und Folsäure und enthält Mineralstoffe wie Eisen, Calcium und Mangan. Für den scharfen Geschmack ist das Senfölglycosid Gluconasturtiin hauptverantwortlich, das beim Verletzen der Zellen zu Phenylethylisothiocyanat umgewandelt wird.

Die jungen Triebe und Blätter können als Salat oder Gemüse zubereitet werden. In der englischen Küche ist Brunnenkressesuppe eine Delikatesse. Brunnenkresse wird außerdem als grüne Zutat in Smoothies verwendet.

In der traditionellen Medizin wird Brunnenkresse bei Erkältungskrankheiten, zur Blutreinigung und als harntreibendes Mittel eingesetzt. Außerdem soll sie das Haarwachstum stärken.
Wissenschaftliche Untersuchungen bestätigen ihre antioxidativen und entzündungshemmenden Eigenschaften. Die enthaltenen Isothiocyanate (z. B. Sulforaphan) zeigen in Laborstudien potenziell krebsschützende Wirkungen.

In der Kosmetikindustrie finden Extrakte der Echten Brunnenkresse Verwendung in Produkten gegen Hautunreinheiten und zur Stärkung der Haarwurzeln.

Brunnenkresse enthält Substanzen (v. a. Vitamin K), welche die Blutgerinnung beeinflussen oder mit entsprechenden Medikamenten interagieren könnten.
Außerdem sollte sie – wie alle Wasserpflanzen – nur aus sauberem Wasser geerntet werden, da die Pflanzen Schadstoffe anreichern oder Parasiten wie den Leberegel übertragen können.

Brunnenkresse: **A** basaler Teil einer Pflanze mit niederliegendem, einwurzelndem Stängel und gefiederten Blättern **B** distaler Teil einer Pflanze mit Blüten und Früchten **1** Blüte **2** aufpräparierte Blüte **3** Staubbeutel **4** Samen **5** Same im QS **6** Same (stark vergrößert) **7** geöffnete Schote **8** Samen in Schote mit Rahmen und Scheidewand.

Quellen: von Schlechtendal (1840ff); Fitch et al. (1880ff).

Gartenkresse

Lepidium sativum *(Nasturtium sativum)*

Die Gartenkresse ist eine 1-jährige Pflanze, die tief gelappte bis 3-teilige Keimblätter ausbildet, auf die gefiederte Blätter folgen. Aus den weißlichen bis rosafarbenen Blüten entwickeln sich kleine, kugelige bis eiförmige Schötchen, die jeweils 2 rötlichbraune Samen enthalten. Alle Pflanzenteile haben einen charakteristischen, scharf-würzigen Geschmack.

L. sativum stammt vermutlich aus Südwestasien und Nordafrika. Heute wird die Art weltweit kultiviert.

Bereits in der Antike war die Art als Heil- und Gewürzpflanze bekannt und wurde in Ägypten, Persien und Indien angebaut.

Gartenkresse ist einfach zu kultivieren. Bei der Aussaat werden die Samen meist nur leicht angedrückt. Verbreitet ist der Anbau in Hydrokulturen oder auf feuchten Papier bzw. in speziellen Keimschalen. Die Ernte erfolgt bereits nach 7–14 Tagen, wenn die Keimblätter voll entwickelt sind und die ersten Folgeblätter erscheinen.

Die Pflanze ist reich an Vitamin C, Vitamin K, Vitamin E und B-Vitaminen. Sie enthält zudem Mineralstoffe, v. a. Eisen, Calcium und Kalium, sowie Senfölglycoside (hauptsächlich Glucotropaeolin), die für den scharfen Geschmack verantwortlich sind.

Die jungen Keimblätter und Sprossen werden roh als Würzkraut genutzt. Sie verfeinern Salate, Suppen oder Quarkspeisen. Die Gartenkresse ist eines der 7 traditionellen Kräuter der »Frankfurter Grünen Soße«. Darüber hinaus können die Samen gemahlen und als Gewürz verwendet werden.

In der traditionellen Medizin wird die Gartenkresse vielseitig eingesetzt – von Husten bis zu Knochenbrüchen. Wissenschaftliche Studien geben Hinweise auf antioxidative, entzündungshemmende und blutzuckerregulierende Wirkungen der Inhaltsstoffe.

Das aus den Samen gewonnene Kresseöl findet Verwendung in Haarpflegeprodukten und Massageölen.

Der Verzehr großer Mengen kann Magenbeschwerden verursachen. Gartenkresse enthält Verbindungen (v. a. Vitamin K), welche die Blutgerinnung beeinflussen und mit entsprechenden Medikamenten interagieren könnten.

Maca

Lepidium meyenii

Die aus den Anden stammende *L. meyenii* wurde bereits von den Inka als Nahrungs- und Heilpflanze genutzt, geriet dann aber weitgehend in Vergessenheit.

Gartenkresse-Keimlinge

Gartenkresse: **A** Habitus einer fruchtenden Pflanze **B** distaler Teil einer Pflanze mit Blüten und Früchten (Schötchen) **1** Blüte mit gelben Staubblättern **2** aufpräparierte Blüte mit violetten Staubblättern (ohne Kelch und Krone) **3** Kelchblätter **4** geöffnetes Schötchen mit 2 Samen **5** Same.

Quelle: Sturm (1796ff).

Rhabarber

Rheum × hybridum

Rhabarber ist eine mehrjährige Pflanze mit großen, am Grund herz- bis nierenförmigen Blättern, die an langen, dicken, oft rötlich gefärbten Blattstielen sitzen. Er bildet aufrechte, bis zu 1,5 m hohe Blütenstände mit zahlreichen kleinen Blüten.

Der wegen seiner Blattstiele kultivierte Rhabarber ist eine erst im 18. Jh. gezüchtete Hybride. An deren Entstehung waren hauptsächlich *R. rhabarbarum* aus Zentral- und Südwestasien und die europäische Art *R. rhaponticum* beteiligt. Heute wird Rhabarber weltweit kultiviert, v. a. in den gemäßigten Breiten.

Die Verwendung von Rhabarberwurzeln nahe verwandter *Rheum*-Arten als Heilmittel ist in China seit mehr als 2.000 Jahren belegt. Die Verwendung von Rhabarber als Lebensmittel setzte sich erst gegen Ende des 18. Jh. durch. Dies fiel zusammen mit der besseren Verfügbarkeit von Zucker, der den säuerlichen Geschmack des Rhabarbers ausglich.

Insbesondere in England wird Rhabarber auch unter dunklen Bedingungen angezogen. Ohne Licht kann die Pflanze keine Photosynthese betreiben und bildet lange, blasse Stiele. Diese sind besonders zart und weniger sauer als bei im Licht gewachsenem Rhabarber.

Rhabarberstiele enthalten viel Kalium, Calcium, Vitamin C und B-Vitamine. Charakteristisch ist auch der hohe Gehalt an Oxalsäure, v. a. bei spät geernteten Stielen. Die Blattspreite ist aufgrund ihres sehr hohen Oxalsäuregehalts ungenießbar. Blätter und Wurzeln enthalten zudem giftige Anthrachinone wie Emodin und Physcion.

Die säuerlichen Stiele werden meist gekocht und stark gesüßt für Kompott, Marmelade, Kuchen und Desserts verwendet. Eine Verarbeitung zu Saft, Sirup, Likör oder Wein ist ebenfalls möglich.
Wegen des Oxalsäuregehalts ist allerdings eine gewisse Vorsicht geboten. Besonders nach Frost können die giftigen Anthrachinone aus den Blättern in die Stiele übergehen. Das Kochen, verbunden mit dem Verwerfen des Kochwassers, reduziert den Gehalt an löslichen Oxalaten.

In einem als »The Great Rhubarb Controversy« bekannt gewordenen Urteil entschied 1947 ein US-Zollgericht, dass Rhabarber in den USA gesetzlich als Obst zu betrachten sei – schon damals ging es um Zölle. Im Rest der Welt gilt Rhabarber hingegen weiterhin als Gemüse.

Rhabarber: A Stängel mit länglich-lanzettlichem Stängelblatt, Blüten und Früchten **B** herz- bis nierenförmiges Grundblatt **C** Stängel der Grundblätter **1** Teil eines Blütenstands **2** Blüte **3** Fruchtknoten im 3 Griffeln und kopfigen Narben **4** unreife Frucht **5** reife Frucht **6** länglich-lanzettliches Stängelblatt.

Quellen: Woodville (1790–1794ff); Hérincq & Gérard (1870); Revue horticole (1887); Chaumeton (1814ff); de Monet de Lamarck & Poiret (1791).

Gartenampfer

Englischer Spinat, Gemüseampfer
Rumex patientia

Der Gartenampfer kann mehr als 2 m hoch werden. Seine lang gestielten, großen Blätter sind oval bis länglich und am Rand oft leicht gewellt. Ihre Oberfläche ist ± glatt und weist eine leuchtend grüne Farbe auf. An den länglichen, stark verzweigten Blütenständen entstehen kleine, grünliche bis rötliche Blüten, die sich zu 3-kantigen, dunklen Samen entwickeln.

Ursprünglich stammt der Gartenampfer aus Südosteuropa und Südwestasien. Heute wird er vor allem in Osteuropa und Teilen Asiens angebaut, ist aber in weiten Teilen Europas als verwilderte ehemalige Kulturpflanze zu finden.

Im 16. Jh. wurde *R. patientia* in mitteleuropäischen Klöstern kultiviert. Während seine Popularität in West- und Mitteleuropa im Laufe der Zeit nachließ, blieb er in Südosteuropa und der Türkei ein wichtiges Gemüse.

Die Blätter sind reich an Vitamin C, den Mineralstoffen Eisen und Calcium sowie Ballaststoffen. Sie enthalten zahlreiche Antioxidantien wie Anthrachinone (z. B. Emodin und Chrysophanol), Flavonoide (z. B. Catechin und Rutin), Tannine und Phenolsäuren. Im Vergleich zu anderen *Rumex*-Arten enthält *R. patientia* weniger Oxalsäure.

Die jungen Blätter haben einen leicht säuerlichen Geschmack. Sie werden roh in Salaten oder als Gemüse gekocht. In der traditionellen türkischen und osteuropäischen Küche wird die Pflanze häufig in Eintöpfen, Suppen und Teiggerichten verarbeitet.
Obwohl der Oxalsäuregehalt im Gartenampfer geringer ist als bei vielen anderen *Rumex*-Arten, sollte man ihn – besonders roh – nur in Maßen genießen. Durch Kochen der Blätter und Verwerfen des Kochwassers lässt sich der Oxalsäuregehalt reduzieren.

In der traditionellen Medizin wird die Pflanze zur Unterstützung der Verdauung herangezogen. Ihre harntreibende Wirkung macht sie zu einem beliebten Bestandteil von Frühjahrskuren. Sie wird gelegentlich auch zur Förderung der Leberfunktion verwendet, eine klinisch nachgewiesene Wirksamkeit ist jedoch nicht belegt.

Ähnliche Arten

Der Wiesen-Sauerampfer (*R. acetosa*) ist in Europa und weiten Teilen Asiens verbreitet und kann, wie auch weitere *Rumex*-Arten, als Wildgemüse in ähnlicher Weise genutzt werden.

Gartenampfer: **A** Habitus **B** distaler Teil einer Pflanze mit Stängelblättern und Blütenständen **C** Fruchtstand **D** lang gestieltes Grundblatt **1–2** Früchte mit vergrößerten inneren Perigonblättern **3** Frucht (Nuss).

Quellen: Kops (1800-1934); Munting (1696).

Spinat

Spinacia oleracea *(Spinacia glabra)*

Spinat ist eine 1–2-jährige, krautige Pflanze. Seine ovalen bis lanzettlichen Blätter bilden eine grundständige Rosette, wachsen aber auch am Stängel. Sie sind weich und kräftig grün gefärbt. Die unscheinbaren, grünlichen Blüten entwickeln sich zu kleinen Nussfrüchten, die mit 2 Vorblättern verwachsen.

Ursprünglich stammt *S. oleracea* aus Südwestasien. Heute wird er weltweit in gemäßigten bis warmen Klimazonen angebaut und gehört zu den wichtigsten Blattgemüsen.

Spinat wurde vermutlich in Persien domestiziert. Im 9.–11. Jh. brachten ihn Araber:innen nach Spanien und im Mittelalter war er in europäischen Klostergärten weit verbreitet. Im 19.–20. Jh. wurde Spinat durch moderne Sorten und Anbaumethoden zu einer der am häufigsten konsumierten Gemüsesorten weltweit.

Es gibt verschiedene Spinatsorten, die sich in Blattform, Wuchsgeschwindigkeit und Winterhärte unterscheiden: GLATTER SPINAT hat weiche, glatte Blätter und eignet sich besonders für den Frischverzehr. WINTERSPINAT bildet dickere, kräftige Blätter und zeigt eine höhere Frostresistenz. SAVOY-SPINAT besitzt stark gekräuselte Blätter und wird meist als Tiefkühlspinat verarbeitet. BABYSPINAT besteht aus jungen, zarten Blättern und ist im Geschmack besonders mild.

Spinat wird meist direkt gesät und zählt zu den schnellsten Gemüsekulturen: Erste Ernten sind schon nach 4–6 Wochen möglich.

Spinat ist reich an β-Carotin, Folsäure (Vitamin B_9), Vitamin C und Mineralstoffen wie Eisen und Magnesium. Zudem enthält er Antioxidantien wie das Carotinoid Lutein. Allerdings enthält er auch Oxalsäure und kann erhebliche Mengen an Nitrat in seinen Blättern anreichern.

Die jungen Blätter können roh als Salat gegessen werden. Meist wird Spinat jedoch blanchiert oder gedünstet und als Gemüse zubereitet.

In der traditionellen Medizin wird Spinat als stärkendes Lebensmittel empfohlen.

Der Mythos, dass Spinat extrem eisenhaltig ist, beruht auf einem historischen Berechnungsfehler. Obwohl Spinat durchaus Eisen enthält, ist dessen Bioverfügbarkeit durch Oxalsäure eingeschränkt. Trotzdem bleibt Spinat ein gesundes, nährstoffreiches Blattgemüse.

Spinat: A, C Zweige mit Stängelblättern und ♂-Blüten **B** Zweig mit Stängelblättern und ♀-Blüten **1** ♂-Blüte mit 4 Staubblättern **2** ♀-Blüte mit 4 Griffeln **3** Frucht mit Hülle aus verwachsenen Vorblättern im LS **4** Samen.

Quelle: von Schlechtendal (1840ff).

Gartenmelde

Spanischer Spinat

Atriplex hortensis *(Atriplex acuminata)*

Die Gartenmelde ist eine 1-jährige, krautige Pflanze mit herz- bis spießförmigen Blättern. Sie entwickelt unscheinbare, grünliche bis rötliche Blüten, die in verzweigten Blütenständen angeordnet sind und zu kleinen Nüssen heranreifen, die von vergrößerten Vorblättern eingehüllt werden.

A. hortensis stammt vermutlich aus Zentralasien und dem östlichen Mittelmeergebiet. Als alte Kulturpflanze ist sie heute weltweit in gemäßigten Zonen zu finden – oft auch verwildert.

Die Gartenmelde wurde bereits in der Bronzezeit vor ± 4.000 Jahren genutzt. Im Mittelalter war sie in Europa ein weit verbreitetes Blattgemüse und wurde in vielen bäuerlichen Gärten angebaut. Mit der Einführung des Spinats im 16. Jh. verlor sie allmählich an Bedeutung. Die zunehmende Wiederentdeckung alter Kulturpflanzen hat dazu geführt, dass auch *A. hortensis* seit einigen Jahren eine kleine Renaissance erlebt.

Neben der klassischen grünen Gartenmelde gibt es auch Sorten mit leuchtend roten oder gelbgrün gefärbten Blättern.

Die Blätter sind reich an β-Carotin, B-Vitaminen, Vitamin C, und Vitamin K. Außerdem enthalten sie Ballaststoffe und Mineralstoffe wie Magnesium, Calcium und Eisen. Auch Flavonoide (v. a. Kaempferol- und Quercetinsulfate), Betalaine und Oxalsäure sind in nennenswerten Mengen zu finden. Die Samen enthalten Saponine.

Um den Oxalsäuregehalt zu minimieren, sollten die Blätter vor dem Verzehr gekocht werden. In der traditionellen Küche wird die Gartenmelde oft als Suppenzutat oder in Salaten genutzt. Die rotblättrigen Sorten werden zudem als dekoratives Element geschätzt.
Auch die Samen sind essbar, allerdings sollten die Saponine vor dem Verzehr durch Wässern oder Kochen reduziert werden.

In der traditionellen Medizin wird die Gartenmelde vielseitig verwendet, z. B. als harntreibendes Mittel, als Brech- und Abführmittel, bei Gicht, Gelbsucht, Lungenleiden, Verdauungsbeschwerden und zur Anregung des Stoffwechsels.

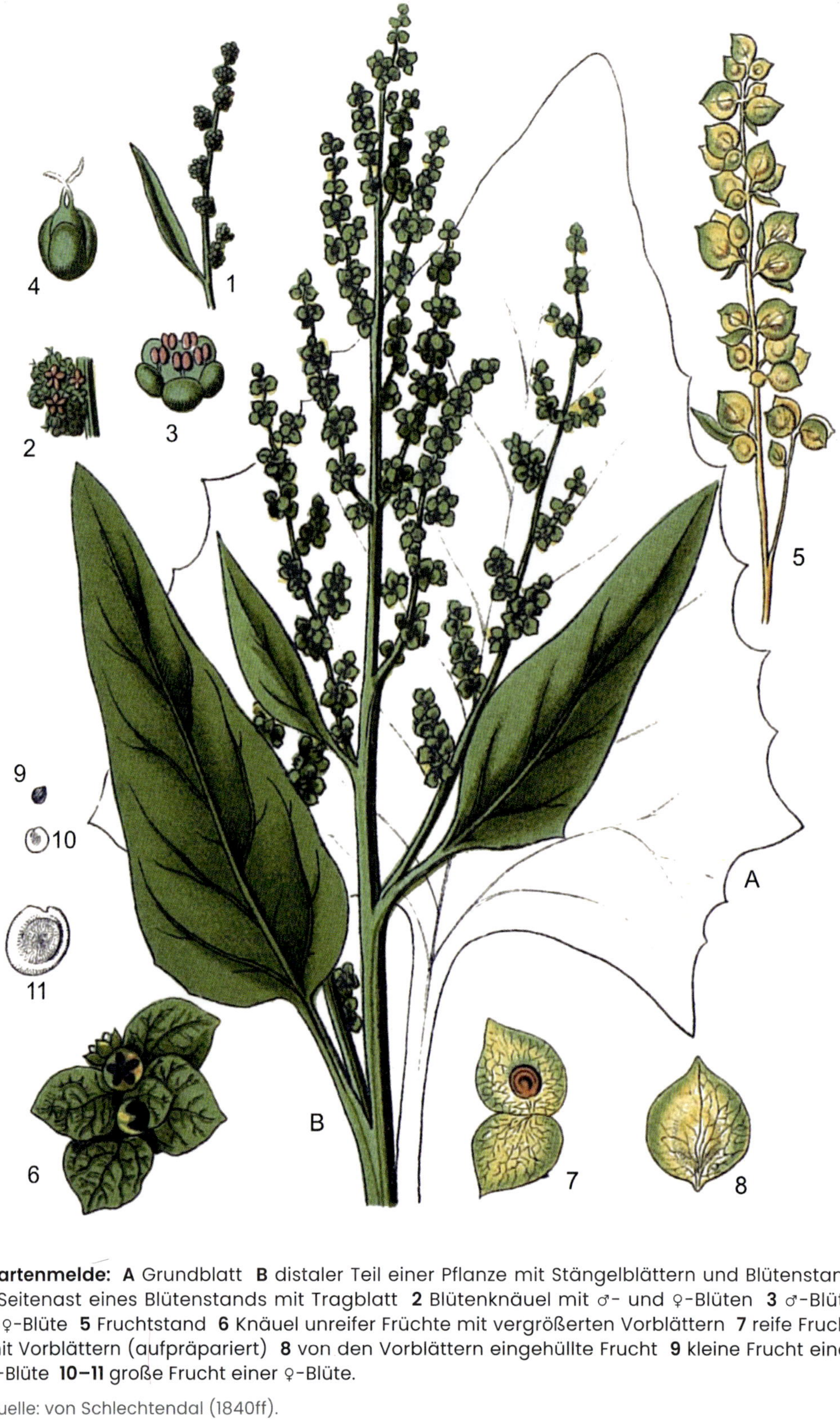

Gartenmelde: **A** Grundblatt **B** distaler Teil einer Pflanze mit Stängelblättern und Blütenstand **1** Seitenast eines Blütenstands mit Tragblatt **2** Blütenknäuel mit ♂- und ♀-Blüten **3** ♂-Blüte **4** ♀-Blüte **5** Fruchtstand **6** Knäuel unreifer Früchte mit vergrößerten Vorblättern **7** reife Frucht mit Vorblättern (aufpräpariert) **8** von den Vorblättern eingehüllte Frucht **9** kleine Frucht einer ⚥-Blüte **10–11** große Frucht einer ♀-Blüte.

Quelle: von Schlechtendal (1840ff).

Guter Heinrich

Wilder Spinat

Chenopodium bonus-henricus *(Blitum bonus-henricus)*

Der Gute Heinrich ist eine mehrjährige, krautige Pflanze mit 3-eckigen, spießförmigen Blättern, die leicht mehlig bestäubt sind. Die grünlichen, unscheinbaren Blüten entwickeln sich zu kleinen, schwarzen Samen.

Ch. bonus-henricus ist in Mitteleuropa und einigen Gebirgsregionen Südeuropas heimisch und wird dort gelegentlich auch kultiviert. Außerdem ist die Art in Nordamerika und Neuseeland zu finden.

Schon in der Antike war die Pflanze als Wildgemüse und Heilpflanze bekannt. In Mitteleuropa wurde sie bis ins 19. Jh. häufig kultiviert. Über Jahrhunderte galt sie als wichtiger Bestandteil der bäuerlichen Ernährung, geriet jedoch mit dem Aufkommen von Spinat und anderen Kulturpflanzen allmählich in Vergessenheit.

Die Blätter sind reich an Vitamin C, Mineralstoffen, v. a. Eisen und Calcium, sowie Flavonoiden und Oxalsäure. Sowohl die Blätter als auch die proteinreichen Samen enthalten Saponine.

Die Blätter und Samen sollten vor dem Verzehr unbedingt eingeweicht und gekocht werden, um Oxalsäure und Saponine abzubauen. Die jungen Blätter können dann ähnlich wie Spinat zubereitet werden. Die Samen lassen sich zu Mehl verarbeiten.

Kopfiger Erdbeerspinat

Chenopodium capitatum

Der nahe verwandte Kopfige Erdbeerspinat fällt durch seine kugeligen, leuchtend roten Blüten- und Fruchtstände auf. Sie enthalten die festen Früchte, die von den fleischig werdenden Perigonblättern umgeben sind.

C. capitatum stammt aus Nordamerika und findet sich zuweilen verwildert in Europa. Die Art wurde bereits von indigenen Völkern Nordamerikas als Nahrungsquelle und Färbemittel genutzt.

Blätter, Samen und die roten Fruchtstände können gegessen werden, allerdings müssen auch hier Saponine und Oxalsäure vor dem Verzehr neutralisiert werden.

Guter Heinrich: A Habitus einer Pflanze mit lang gestielten, pfeilförmigen Grundblättern **B** Stängel mit Teilblütenstand und dessen Tragblatt **1–3** Blüten mit 2–4 Staubblättern **4** Samen.

Quelle: Sturm (1796ff).

Queller

Europäischer Queller, Gewöhnlicher Queller, Meeresspargel
Salicornia europaea
(Salicornia herbacea, Salicornia stricta)

Der 1-jährige Queller besiedelt Wattböden an der Meeresküste. Es handelt sich um eine sukkulente Pflanze, die aus zylindrischen, saftigen Stängelsegmenten besteht. Diese färben sich während der Vegetationsperiode grün, gelb oder leuchtend rot. Scheinbar besitzt die Pflanze keine Blätter – tatsächlich sind diese jedoch klein und schuppenartig und liegen den Sprossachsen eng an. Die winzigen Blüten haben keine Blütenhüllblätter und sind in die oberen Stängelglieder eingesenkt.

Der Queller umfasst eine Gruppe aus 5–10 sehr ähnlichen und schwer unterscheidbaren Arten bzw. Unterarten, die in den Küstengebieten der Nordhalbkugel heimisch sind.
Die Pflanzen wachsen nur auf offenen Böden, die regelmäßig von Meerwasser überflutet werden. Im Binnenland sind sie selten und nur an gestörten Salzstellen zu finden.

Queller wird an der Küste traditionell zur Gewinnung von Soda genutzt. Im Mittelalter wurde die Asche der verbrannten Pflanze zur Glasherstellung und Seifenproduktion verwendet und sicherte so manchen Küstenbewohner:innen ein Einkommen. Mit dem Aufkommen von industriell hergestelltem Soda im 19. Jh. verlor der Queller schlagartig seine Bedeutung.

Die kommerzielle Kultivierung des Quellers als Nahrungspflanze ist relativ neu. In Großbritannien und den Niederlanden wird er in speziellen Salzwasserfarmen angebaut. Die Aussaat erfolgt im Frühjahr, wobei die Samen eine leichte Salzwasserbedeckung benötigen, um zu keimen. Die Ernte findet typischerweise im Spätsommer statt, wenn die Pflanzen saftig und knackig sind.

Queller enthält hohe Mengen an Mineralstoffen, insbesondere Natrium, Kalium, Magnesium und Jod. Die Pflanze ist reich an Ballaststoffen und enthält außerdem Alkaloide und Polyphenole. Zudem finden sich Proteine, Vitamin C und β-Carotin.

Die knackigen, saftigen Triebe haben einen angenehm salzigen Geschmack und können in Salaten verwendet oder kurz blanchiert als Gemüsebeilage serviert werden. Getrocknet und gemahlen dient Queller auch als Salzersatz.

In der Kosmetikindustrie wird Queller für Hautpflegeprodukte genutzt, da der Pflanze feuchtigkeitsspendende und antioxidative Eigenschaften zugeschrieben werden. Außerdem wird derzeit sein Potenzial als Biomasse-Ressource untersucht.

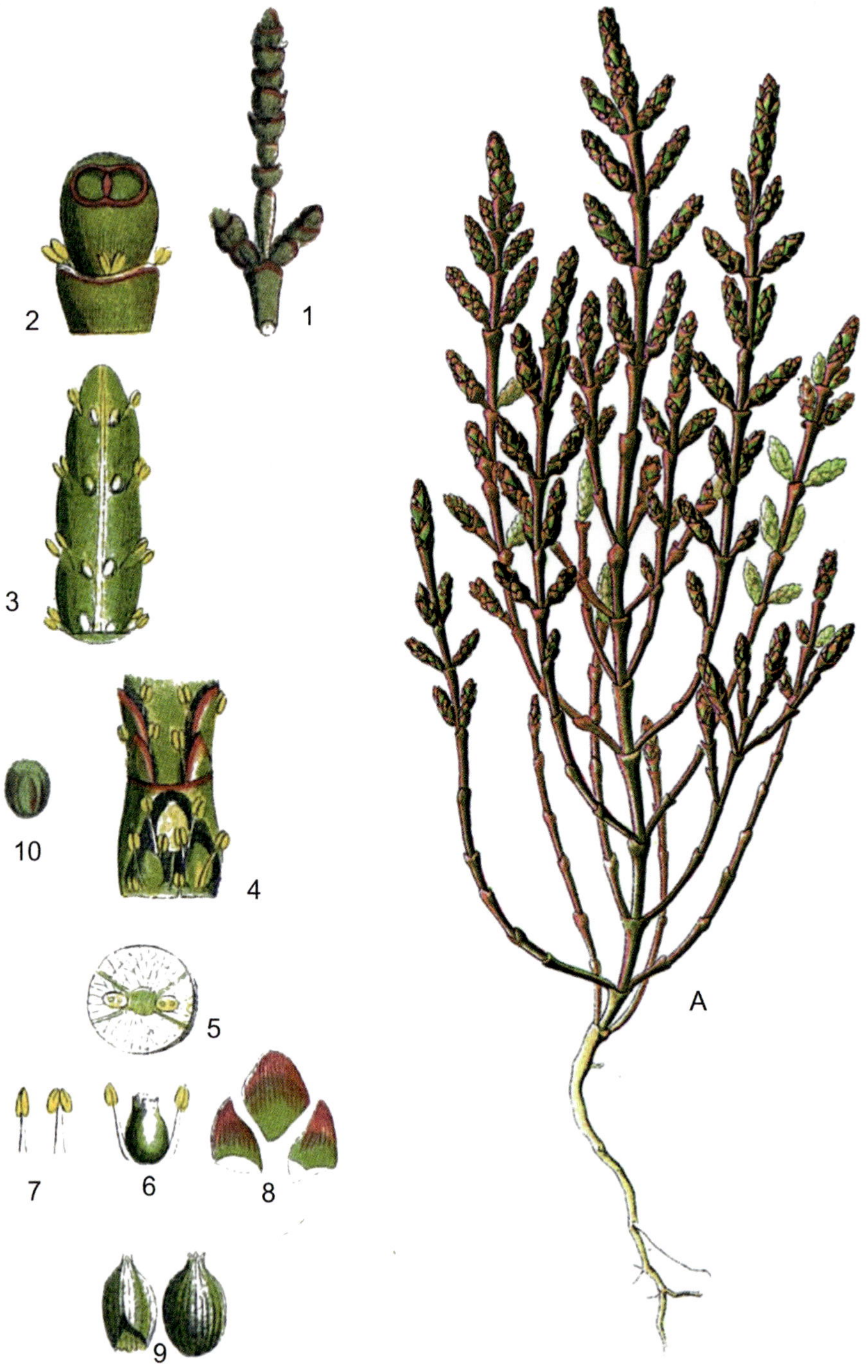

Queller: **A** Habitus **1** Sprossspitze mit Blütenständen **2–4** Teilblütenstände **5** Stängel mit Blüte **6** Blüte aus 2 Staubblätter und Fruchtknoten **7** Staubblätter **8** Tragblatt der Blüten **9** Fruchtknoten **10** Frucht.

Quellen: von Schlechtendal (1840ff); Thomé (1885ff).

Neuseeländer Spinat

Tetragonia tetragonoides (Tetragonia expansa)

Der mehrjährige, aber meist 1-jährig kultivierte Neuseeländer Spinat bildet lange, niederliegende oder kletternde Triebe. Die fleischigen, 3-eckigen bis rautenförmigen Blätter glänzen grün. Sie sind, wie auch der Stängel, mit kleinen, flüssigkeitsgefüllten Bläschen bedeckt, die zuweilen aber nur spärlich vorhanden sind. Die gelblich-grünlichen und unscheinbaren Blüten entwickeln sich zu harten, 4-kantigen bis stacheligen Nussfrüchten.

T. tetragonoides stammt aus den Küstenregionen Neuseelands, Australiens und Ostasiens. Heute wird die Art weltweit angebaut. Sie gilt in Teilen Europas und Amerikas als invasive Art.

Die Māori aßen die von ihnen »kōkihi« genannte Art lange vor der Ankunft der europäischen Siedler:innen.
Im 18. Jh. nahmen Seefahrende den in Essig oder Salzlake eingelegten Neuseeländer Spinat als Mittel gegen Skorbut auf ihren Reisen mit. 1772 brachten James Cook und der britische Naturforscher Joseph Banks die Art nach Europa, wo sie sich langsam als Alternative zu Spinat etablierte, insbesondere in Regionen mit heißen Sommern, in denen Spinat (*Spinacia oleracea*) nicht gedeiht.

Um die Keimung zu beschleunigen, können die harten Früchte vor der Aussaat einige Stunden in warmem Wasser eingeweicht werden. Ist die Pflanze einmal gekeimt, wächst sie schnell und kann über viele Monate hinweg geerntet werden, da sie kontinuierlich neue Blätter bildet.

Die Blätter enthalten nennenswerte Mengen an Vitamin C, β-Carotin, Eisen, Flavonoiden sowie reichlich Oxalsäure und auch Saponine.

Die jungen Blätter und Triebe schmecken mild salzig und werden meist als Gemüse zubereitet. Kurzes Blanchieren oder Kochen reduziert dabei den Gehalt an Oxalsäure.

Wissenschaftliche Studien untersuchen derzeit das Potenzial der antioxidativen und entzündungshemmenden Inhaltsstoffe.

Neuseeländer Salat: A distaler Teil einer Pflanze mit Blättern und Blüten **1–2** Blüte mit 4-blättrigem Perigon **3** Perigonblatt mit schmal-linealen Staminodien **4** Staubblatt **5–6** 4-spitzige Nuss **7** Nuss mit mehreren Samen im QS **8** Nuss mit mehreren Samen im LS **9–10** Früchte im LS **11** Same **12** Same mit gekrümmtem Embryo im LS.

Quellen: de Candolle et al. (1799-1837); von Martius et al. (1840-1904).

Eiskraut

Eisblume, Kristall-Mittagsblume
Mesembryanthemum crystallinum
(Cryophytum crystallinum)

Das Eiskraut ist eine 1–2-jährige, sukkulente Art mit niederliegendem Wuchs. Die fleischigen Blätter sind dicht mit großen, wassergefüllten Papillen bedeckt, die im Sonnenlicht wie Eiskristalle glitzern – und der Pflanze ihren Namen verleihen. Die weißen bis zartrosa Blüten öffnen sich nur bei Sonnenschein und bestehen aus zahlreichen schmalen Blütenblättern.

M. crystallinum stammt ursprünglich aus den Küstenregionen Südafrikas und Namibias. Heute ist die Art auch im Mittelmeerraum und Makaronesien sowie an den Küsten Kaliforniens und Australiens verbreitet.

Das Eiskraut wurde um 1727 nach England eingeführt und dort zunächst als Zierpflanze kultiviert. Im späten 18. und 19. Jh. gewann die Pflanze an Bedeutung für die Gewinnung von Soda, das für die Glas- und Seifenherstellung benötigt wurde. Zu diesem Zweck wurde sie in den Küstenregionen Spaniens und Frankreichs kommerziell angebaut. Ihre Bedeutung ließ rasch nach, als günstigere chemische Verfahren zur industriellen Herstellung von Soda zur Verfügung standen.

Eiskraut enthält beachtliche Mengen an Mineralstoffen, insbesondere Calcium, Magnesium und Eisen. Die Blätter sind außerdem reich an Vitamin C, Flavonoiden und Omega-3-Fettsäuren. Darüber hinaus können sie große Mengen des cyclischen Zuckeralkohols D-Pinitol enthalten. Die wassergefüllten Papillen enthalten außerdem Oxalsäure.

In der Küche werden v. a. die frischen Blätter verwendet. Sie haben einen erfrischend säuerlichen, leicht salzigen Geschmack und eine angenehm knackige Textur. In der mediterranen Küche werden sie gelegentlich kurz gedünstet.
Sie können auch als Alternative zu Salz eingesetzt werden.

In der traditionellen Medizin wird Eiskraut bei Hauterkrankungen und als entzündungshemmendes Mittel eingesetzt.
D-Pinitol ist Gegenstand der aktuellen Forschung, v. a. wegen seiner insulinähnlichen Wirkung und der damit verbundenen Effekte auf den Blutzuckerspiegel.

In der Kosmetikindustrie werden Eiskraut-Extrakte gelegentlich für feuchtigkeitsspendende Produkte genutzt.

Eiskraut: A Habitus **1** Kelch **2** Kapsel im Kelch **3** von 1 Fruchtblatt gebildete Klappe einer Kapsel **4** Blatt im QS, außen mit großen wassergefüllten Papillen und Haaren **5** Stängel im QS, außen mit großen wassergefüllten Papillen.

Quellen: Sibthorp & Smith (1806-1840); Kny (1874-1912).

Die Asche wird traditionell zur Herstellung von Glas und Seife verwendet, da sie reich an Natriumcarbonat ist.

! Eiskraut gehört zu den wenigen Pflanzenarten, die unter Stressbedingungen von C_3- zu CAM-Photosynthese wechseln können.

Tellerkraut

Kuba-Spinat, Postelein, Winterportulak
Claytonia perfoliata *(Montia perfoliata)*

Das Tellerkraut ist eine 1-jährige Pflanze, die eine Rosette aus langstieligen, leicht sukkulenten Blättern mit einer rauten- bis spatelförmigen Spreite ausbildet. Besonders charakteristisch ist das oberste Blattpaar, das den Stängel kreisförmig umschließt und wie ein durchwachsenes Blatt wirkt. Die zarten, weißlichen bis rosafarbenen Blüten erscheinen in kleinen Gruppen oberhalb dieser schüsselförmigen Hochblätter.

Die Samen keimen rasch und die Jungpflanzen wachsen schnell. Die Blattrosetten können bereits 5–10 Wochen nach der Aussaat geerntet werden.

C. perfoliata ist reich an Vitamin C, Eisen und Omega-3-Fettsäuren. In allen Pflanzenteilen, besonders aber in den sukkulenten Blättern, ist viel Oxalsäure gespeichert.

C. perfoliata stammt aus dem westlichen Nord- und Mittelamerika. Im 18. und 19. Jh. wurde die Art in Teilen Europas als Gemüse kultiviert. Heute findet man weltweit verwilderte Bestände.

Indigene Völker Nordamerikas wie die Ohlone, Cahuilla und Shoshoni nutzten das Tellerkraut als traditionelles Wildgemüse und Heilmittel.
Aufgrund des hohen Vitamin-C-Gehalts wurde es später auch von europäischen Siedler:innen angebaut. Der im englischen Sprachraum gebräuchliche Name »Miner's Lettuce« geht auf die Goldgräber (»miners«) in Kalifornien zurück, die die Pflanze als Schutz gegen Skorbut nutzten. Im 18. Jh. wurde *C. perfoliata* nach Europa eingeführt und auch dort bald als Salatpflanze kultiviert.

Die saftigen Blätter und Stängel werden oft roh verzehrt. Aufgrund des hohen Oxalatgehalts wird vom Verzehr größerer Mengen roher Pflanzenteile jedoch abgeraten und Tellerkraut sollte besser gedünstet oder kurz blanchiert als Gemüse zubereitet werden.

In der traditionellen Medizin wird das Tellerkraut u. a. gegen rheumatische Schmerzen, als Augenmittel und als Stärkungsmittel verwendet.

Tellerkraut: A Habitus einer Pflanze mit rauten- bis spatelförmigen Grundblättern, paarig verwachsenen Stängelblättern und kleinen Blüten **1** Blüte mit 5 Perigonblättern und 2 kleinen kelchblattartigen Hochblättern **2** Blüte mit 2 Hochblättern im LS **3** Perigonblatt **4** Staubblatt **5–6** 2 kelchblattartige Hochblätter mit Fruchtknoten und Griffel mit 3 Narben **7** Blütenknospe mit 2 kelchblattartigen Hochblättern **8** Same.

Quellen: Sowerby (1790-1813ff); Kops (1800-1934).

Indischer Spinat

Ceylon-Spinat, Malabar-Spinat
Basella alba *(Basella rubra)*

Der Indische Spinat ist eine mehrjährige Kletterpflanze, die fleischige, grünliche bis rötlich-violette Stängel ausbildet. Diese winden sich rankenartig an anderen Pflanzen oder Stützen empor. Die Blätter sind oval bis herzförmig, glänzend und dickfleischig. Die kleinen, weißlichen bis rosafarbenen Blüten wachsen in dichten, ährenförmigen Blütenständen und entwickeln sich zu kugeligen, violett-schwarzen Steinfrüchten.

Ursprünglich stammt *B. alba* aus den tropischen Regionen Südostasiens und eventuell auch Afrikas. Heute wird die Art in vielen tropischen und subtropischen Gebieten angebaut, darunter Indien, China, Afrika und Südamerika.

Der Indische Spinat wird in Asien seit Jahrhunderten als Blattgemüse kultiviert. In afrikanischen und südostasiatischen Ländern spielt er eine bedeutende Rolle in der traditionellen Ernährung der Bevölkerung und wird auch als Heilpflanze genutzt.

Die Blätter enthalten hohe Mengen an β-Carotin, Vitamin C und Mineralstoffen wie Eisen und Calcium. Sie sind außerdem reich an Schleimstoffen. An Antioxidantien kommen Carotinoide, Flavonoide und weitere Phenolverbindungen vor. Insbesondere in rotgefärbten Sorten finden sich auch Betalaine und Betacyanine.

Die jungen Blätter und Triebe können roh als Salat verzehrt werden. Meist werden sie jedoch als Gemüse zubereitet. Ihre schleimige Konsistenz kann zum Andicken von Suppen und Eintöpfen genutzt werden. Die roten Früchte werden zuweilen zum Färben von Lebensmitteln genutzt.

B. alba wird in der traditionellen Medizin bei Hautleiden, Fieber und vor allem zur Unterstützung der Verdauung eingesetzt.
In aktuellen wissenschaftlichen Studien wird die Pflanze auf entzündungshemmende, antioxidative und weitere pharmakologische Wirkungen untersucht.

Indischer Spinat: A distaler Teil einer Pflanze mit Stängelblättern und Blüten **B** Fruchtstand **1** krugförmiger Blütenbecher mit Kronblatt und Staubblatt **2** Staubblatt **3** Fruchtknoten mit 2 Griffeln und Narben **4** Fruchtknoten mit Samenanlage im LS **5** Fruchtknoten mit Samenanlage im QS **6** Samenanlage **7** Frucht von oben mit Resten der 4 Perigonblätter **8** Fruchtknoten mit Steinfrucht im QS **9–10** spiralförmiger Embryo im LS.

Quelle: d'Orbigny (1841-1849).

Portulak

Sommerportulak

Portulaca oleracea *(Portulaca sativa)*

Portulak ist eine niederliegende, sukkulente Pflanze, die dichte Teppiche bildet. An den im Sommer meist rötlich überlaufenen Stängeln befinden sich gegenständige, glänzend grüne und deutlich sukkulente Blätter. Aus den kleinen, gelben Blüten entwickeln sich kleine Deckelkapseln, die zahlreiche, winzige schwarze Samen freisetzen.

P. oleracea stammt vermutlich aus dem Mittelmeergebiet und angrenzenden Regionen. Heute ist die Art weltweit verbreitet, von den Tropen bis in die gemäßigten Zonen.

Bereits in der Antike schätzten die Griech:innen und Römer:innen Portulak als erfrischendes Blattgemüse. Im Mittelalter wurde er in Klostergärten kultiviert und Hildegard von Bingen empfahl ihn bei Husten und Heiserkeit. Mit dem transatlantischen Handel mit versklavten Menschen gelangte die Pflanze nach Amerika, wo sie sich schnell als Gemüse etablierte und heute auch verwildert zu finden ist.

Die Pflanze ist besonders reich an der Omega-3-Fettsäure α-Linolensäure sowie Vitamin C, Magnesium und Eisen. Zudem enthält sie Betalaine und Polyphenole sowie Oxalsäure. Durch den hohen Wassergehalt ist Portulak kalorienarm.

Die jungen Blätter und Stängel werden roh als Salat oder gegart als Gemüse gegessen. Sie haben einen leicht säuerlichen, erfrischenden Geschmack.
Der Verzehr der rohen Blätter in moderaten Mengen ist für die meisten Menschen unbedenklich. Durch kurzes Blanchieren oder Kochen der Blätter und Stängel kann der Oxalsäure-Gehalt jedoch deutlich reduziert werden.

In der traditionellen arabischen und persischen Medizin wird Portulak zur Kühlung des Körpers und zur Linderung von Entzündungen eingesetzt.

Portulak-Arten sind die einzigen Pflanzen, die zwischen der C_4-Photosynthese und dem Crassulaceen-Säurestoffwechsel (CAM) umschalten können. Dies erklärt auch den teilweise leicht säuerlichen Geschmack der Blätter, besonders am Morgen, wenn die nachts fixierten Säuren noch nicht durch die Photosynthese in Zucker umgewandelt worden sind.

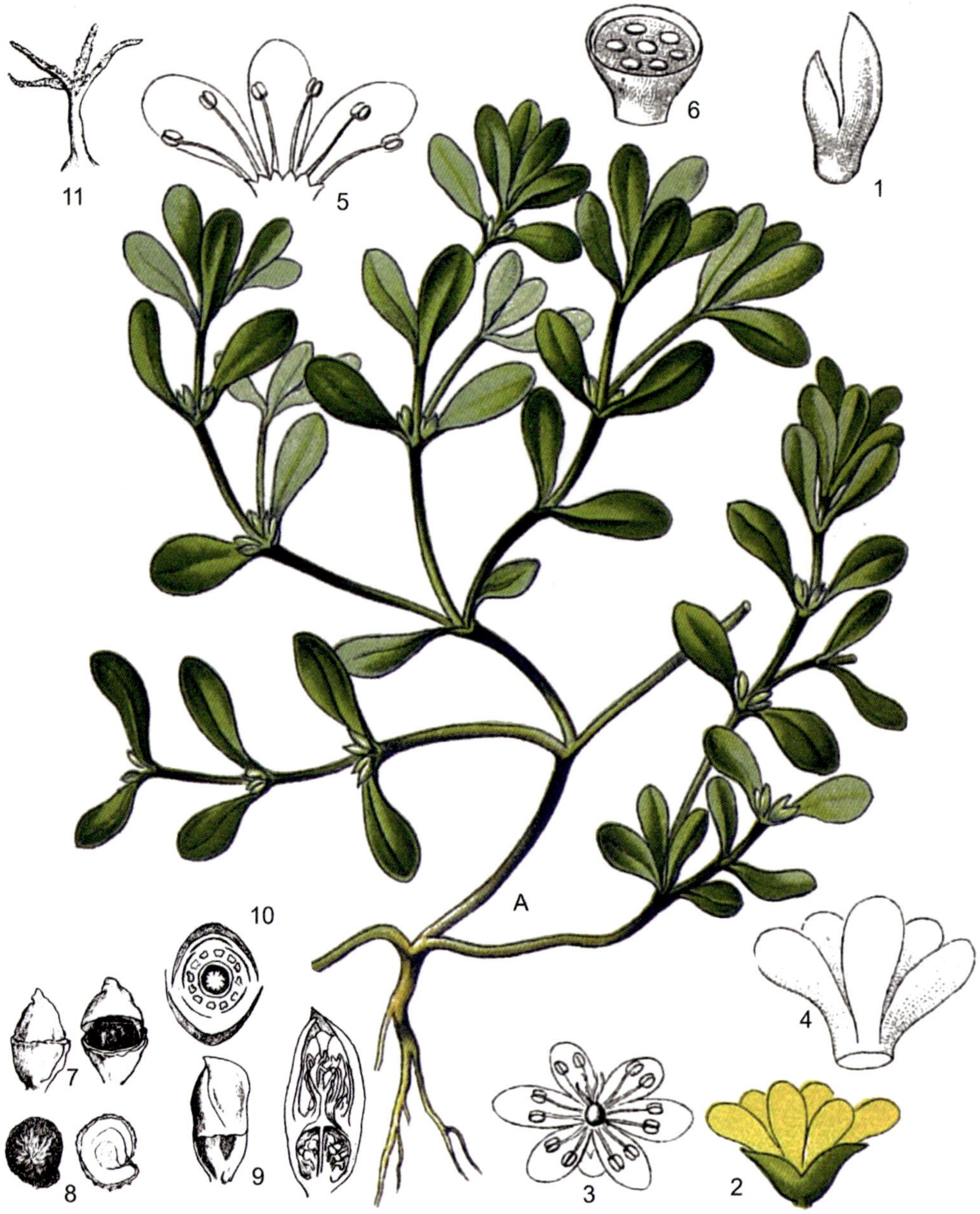

Portulak: A Habitus einer niederliegenden Pflanze mit gegenständigen Laubblättern **1** 2 kelchblattartige Hochblätter **2** Krone mit 2 kelchblattartigen Hochblättern (auch als echter Kelch gedeutet) **3** Blüte **4** Krone **5** Kronblätter mit Staubblättern **6** Kapsel im QS **7** Deckelkapsel **8** Samen (auch im LS) **9** Blütenknospe (auch im LS) mit 2 sich ablösenden kelchblattartigen Hochblättern **10** Blütendiagramm **11** Griffel mit 4 Narben.

Quellen: von Schlechtendal (1840ff); Kirtikar & Basu (1918).

Borretsch

Gurkenkraut

Borago officinalis *(Borago advena)*

Borretsch (auch »Boretsch«) ist eine 1-jährige Pflanze mit dicken, hohlen und borstig behaarten Stängeln. Die großen länglich-ovalen Blätter sind ebenfalls rau behaart und meist leicht gewellt. Die Pflanze entwickelt zahlreiche überhängende Blüten mit leuchtend blauen, radförmig ausgebreiteten Kronblättern. Zuchtformen können auch weißliche oder rosa Blüten haben.

B. officinalis stammt aus dem östlichen Mittelmeergebiet und wird in gemäßigten Klimazonen gelegentlich als Zier- und Nutzpflanze kultiviert, insbesondere in Europa, Asien und Nordamerika.

Borretsch enthält Schleimstoffe, Tannine, Allantoin, Kalium und Vitamin C sowie stark schwankende Mengen an giftigen Pyrrolizidinalkaloiden.
Die ölreichen Samen sind außerordentlich reich an γ-Linolensäure, einer seltenen mehrfach ungesättigten Omega-6-Fettsäure.

Die jungen Blätter schmecken erfrischend und leicht nach Gurke. Sie werden traditionell für Salate, Suppen oder Kräuterbutter verwendet. Die Blüten eignen sich zum Dekorieren. Borretsch ist eines der 7 traditionellen Kräuter der »Frankfurter Grünen Soße«.
Expert:innen des Bundesinstituts für Risikobewertung raten aber dazu, den Verzehr von Blättern und Blüten zu minimieren, da diese giftige und potenziell krebserregende Pyrrolizidinalkaloide enthalten. Das gereinigte Öl der Samen gilt hingegen als sicher.

Im Mittelalter galt Borretsch als Mittel gegen Husten, Fieber und wurde auch zur Beruhigung des Gemüts angewendet. Extrakte werden traditionell auch als schweißtreibendes und harntreibendes Mittel eingesetzt.
Das gereinigte Borretschsamenöl wird aufgrund seines hohen Gehalts an γ-Linolensäure als Nahrungsergänzungsmittel gegen Neurodermitis verwendet. Die Studienlage dazu ist aber nicht eindeutig. Dasselbe gilt für die Anwendung zur Linderung von Schmerzen bei Arthritis. Entzündungshemmende und antioxidative Eigenschaften von Borretsch sind in Laborversuchen hingegen gut belegt, ihre klinische Wirksamkeit aber nicht sicher nachgewiesen.

Borretschöl wird aufgrund seines hohen Gehalts an γ-Linolensäure in vielen Hautpflegeprodukten eingesetzt.

Borretsch: A Grundblatt **B** distaler Teil einer Pflanze mit Blütenknospen, Blüten und unreifen Früchten (in 4 Klausen zerfallende Spaltfrüchte) **1** aufpräparierte Blüte im LS (ohne Kelch und Krone) **2–4** Staubblätter mit nebenkronenartigen Anhängseln **5** Fruchtknoten mit Griffel im LS **6** Teilfrüchte (Klausen) mit weißlichem Elaiosom.

Quelle: von Schlechtendal (1840ff).

Wasserspinat

Ipomoea aquatica

Wasserspinat ist eine schnell wachsende, krautige Pflanze mit langen, hohlen Stängeln. Die großen, trichterförmigen Blüten sind violett bis rosa gefärbt. Sie entwickeln sich zu verholzenden kapselartigen Früchten, die sich aber oft nicht vollständig öffnen.

I. aquatica ist in den Tropen und Subtropen Südostasiens beheimatet und wächst dort meist in flachem Wasser oder auf nassen Böden. Die Art wird heute in vielen Ländern kultiviert und ist in weiten Teilen Asiens, Afrikas, Australiens verwildert. In manchen Regionen gilt sie als invasive Art und in den USA ist ihr Anbau gesetzlich reguliert, damit sie sich nicht unkontrolliert ausbreiten kann.

Kultivierung von Wasserspinat als Grundnahrungsmittel in einem Dorf in Kambodscha

Wasserspinat wird traditionell in Reisfeldern kultiviert. In kommerziellen Kulturen wird er meist in wassergefüllten Gräben oder Beeten angebaut. Die Art wird aus Stecklingen bzw. Rhizomstücken gezogen, die sehr schnell wachsen. Eine erste Ernte kann bereits nach 3–6 Wochen erfolgen und dann mehrfach im Jahr wiederholt werden, weil die Pflanzen stetig neue Triebe bilden.

Die Blätter und Stängel sind reich an β-Carotin, Vitamin C und den Mineralstoffen Eisen und Calcium. Außerdem enthalten sie Proteine, Ballaststoffe sowie sekundäre Pflanzenstoffe wie Phenolsäuren, Flavonoide und Polyphenol-Glycoside in nennenswerten Mengen.

Die jungen Triebe und Blätter werden meist gekocht und als Gemüse verwendet. Sie haben einen milden Geschmack und eine schleimige Konsistenz.
Die Stängel werden zuweilen auch roh als Salat gegessen. Dies ist jedoch mit Risiken verbunden, weil die Pflanzen mit Parasiten wie dem Riesendarmegel (*Fasciolopsis buski*) kontaminiert sein können.

In der traditionellen asiatischen Medizin wird die *I. aquatica* als Mittel zur Förderung der Verdauung und zur Senkung des Blutzuckerspiegels genutzt.
Auch pharmakologische Studien deuten auf eine blutzuckersenkende Wirkung und eine antioxidative Wirkung der Inhaltsstoffe hin.

Zuweilen dient Wasserspinat auch als Viehfutter.

Wasserspinat: A Habitus einer Pflanze mit niederliegenden Sprossen, pfeilförmigen Blättern und großen Blüten **B** Flutende Sprosse mit sprossbürtigen Wurzeln **1** aufpräparierte Blüte mit unterem Teil der Kronblattröhre, Griffel mit kopfiger Narbe und 5 am Staubfaden verbreiterten Staubblättern.

Quellen: Botanical Register (1820); Kirtikar & Basu (1918).

Tomate

Liebesapfel
Solanum lycopersicum *(Lycopersicon esculentum)*

Die Tomate ist eine krautige, meist 1-jährige Pflanze. Aus den gelben, sternförmigen Blüten entwickeln sich die Früchte – botanisch betrachtet Beeren – die je nach Sorte kirschgroß bis faustgroß und von gelb über orange bis tiefrot gefärbt sein können. Das saftige Fruchtfleisch enthält viele Samen, die in einer gallertartigen Substanz eingebettet sind.

Die Vorfahren der Tomate wie die Johannisbeer-Tomate – *S. pimpinellifolium* stammen aus Südamerika, insbesondere aus dem Küstengebiet von Peru, Ecuador und Chile. Von dort aus verbreitete sich die Tomate durch frühe Handelswege nach Mittelamerika und Mexiko, wo sie von den dortigen Bewohner:innen weitergezüchtet wurde.
Die Tomate gehört heute zu den meistangebauten Gemüsearten und wird weltweit kultiviert, im Freiland von der gemäßigten bis in die tropische Zone – und in Gewächshäusern sogar in den Forschungsstationen in der Antarktis. Die größten Anbaugebiete befinden sich in China, Indien, den USA, der Türkei und Ägypten. In Europa sind Italien und Spanien führend in der Tomatenproduktion.

Die Tomate wurde von den Azteken unter dem Namen »Tomatl« und »Xitomatl« kultiviert.

Nach Europa gelangte die Frucht im 16. Jh. Anfangs wurde sie dort mit großer Skepsis betrachtet und galt aufgrund ihrer Zugehörigkeit zu den Nachtschattengewächsen als giftig. Erst im 18. Jh. begann man in Südeuropa, besonders in Italien, die Tomate als Nahrungsmittel zu schätzen. In Mittel- und Nordeuropa setzte sich die Tomate als Speisepflanze sogar erst im 19. Jh. durch. Eine bedeutende Rolle spielte dabei anfangs die Entwicklung der Konservenindustrie, die es ermöglichte, Tomaten ganzjährig verfügbar zu machen.

Weltweit existieren unzählige Tomatensorten – Schätzungen gehen von 7.500–10.000 aus. Zu den Hauptgruppen zählen: Fleischtomaten mit großen, fleischigen Früchten und wenigen Kernen, Cocktailtomaten mit mittelgroßen, aromatischen Früchten, Kirschtomaten mit kleinen, süßen Früchten, die oft einen hohen Zuckergehalt haben, Roma-, Flaschen- oder Pflaumentomaten mit festen Früchten und wenigen Samen sowie Ochsenherztomaten mit sehr großen, herzförmigen Früchten. Neben den klassischen roten Sorten gibt es auch gelbe, orange, grüne, violette und sogar schwarz-braune Sorten.
Die frühe Ausbreitung der Tomate von den Wildformen in Südamerika zur Kulturpflanze in Mittelamerika hat zu einem Verlust vieler Gene geführt. Dieses als »genetischer

Tomate: **A** Spross mit (unterbrochen) gefiederten Blättern und Blüten **B–D** Früchte (Beeren) verschiedener Sorten **1–4** Blüten **5** Frucht im QS.

Quellen: Weinmann (1737-1745); de Tournefort (1700-1703).

Flaschenhals« bekannte Phänomen macht moderne Sorten anfälliger für Krankheiten und umweltbedingten Stress. Zusätzlich sind durch die Züchtung auf bessere Haltbarkeit und Transportfähigkeit einige der wichtigen Aromastoffe verloren gegangen – die modernen Supermarkttomaten schmecken weniger aromatisch als alte Sorten. Forscher:innen suchen deshalb in den wilden Vorfahren der Tomate, wie *S. pimpinellifolium*, gezielt nach den verlorenen Genen, um sowohl Geschmack als auch Widerstandsfähigkeit der Tomaten zu verbessern.

Tomaten bestehen zu über 90 % aus Wasser und sind deshalb kalorienarm. Sie enthalten viel Vitamin C, β-Carotin, Kalium und Folsäure sowie sekundäre Pflanzenstoffe. Besonders bemerkenswert ist dabei der hohe Gehalt des roten Carotinoids Lycopin. Grüne Pflanzenteile enthalten das giftige Alkaloid α-Tomatin. Reife Früchte können jedoch völlig unbedenklich gegessen werden, weil α-Tomatin während des Reifeprozesses enzymatisch abgebaut wird.

Tomaten werden roh in Salaten, gekocht in Soßen oder Suppen und als Basis für zahlreiche Gerichte wie Pizza und Pasta verwendet. Getrocknete Tomaten, in Öl eingelegt, sind eine mediterrane Spezialität. Unreife grüne Tomaten sind in der Küche der Südstaaten der USA als frittierte Spezialität »Fried Green Tomatoes« bekannt. Die Konservenindustrie verarbeitet Tomaten zu Dosentomaten, Tomatenmark, Ketchup und zahlreichen anderen Produkten.

Wissenschaftliche Studien deuten darauf hin, dass der regelmäßige Verzehr von Tomaten das Risiko für bestimmte Krebsarten, insbesondere Prostatakrebs, verringern kann.

Tomaten-Extrakte finden sich in Kosmetikprodukten wie Gesichtsmasken und Cremes, wo sie zur Hautregeneration beitragen sollen.

Die Tomate dürfte weltweit die einzige Pflanzenart sein, für die höchstrichterlich festgestellt wurde, ob es sich um Obst oder Gemüse handelt: Der Oberste Gerichtshof der USA entschied 1893, dass die Tomate als Gemüse zu betrachten sei, was dazu führte, dass Zölle auf die Einfuhr erhoben wurden – als Obst wären damals keine Zölle angefallen.

Johannisbeer-Tomate
Solanum pimpinellifolium

Die Früchte der Johannisbeer-Tomate sind mit nur 10–20 mm ⌀ außergewöhnlich klein und gleichen eher roten Johannisbeeren als Tomaten – haben dafür aber ein besonders intensives Aroma. Sie entwickeln sich in dich-

Johannisbeer-Tomate

ten Trauben von bis zu 20 Früchten. *S. pimpinellifolium* stammt aus den Küstengebieten von Nord-Peru und Ecuador. Heute wird sie weltweit zur Züchtungsforschung kultiviert.
Die Johannisbeer-Tomate gilt als einer der Vorfahren der modernen Tomate. Sie wird seit dem 20. Jh. intensiv in Züchtungsprogrammen eingesetzt, um das Aroma der Kulturtomate zu verbessern. Außerdem wird daran gearbeitet, ihre Resistenzen gegen Pilzkrankheiten, Bakterien sowie ihre Salztoleranz in Kulturtomaten einzukreuzen.
Die kleinen Früchte übertreffen Kulturtomaten deutlich in ihrem Gehalt an Nährstoffen, Farbstoffen und Aromen.

Pepino
Solanum muricatum

Pepino ist eine mehrjährige, krautige Pflanze mit ovalen, leicht behaarten Blättern und hellvioletten Blüten. Die eiförmigen Früchte sind 10–15 cm lang und haben eine glatte, goldgelbe Schale mit purpurfarbenen Streifen bei Reife. Das saftige Fruchtfleisch ist gelblich bis grünlich mit einem Hohlraum mit den Samen im Zentrum.
Die Pepino wurde bereits von den indigenen Kulturen der Anden domestiziert und kultiviert.
Nach Europa kam die Art Ende des 19. Jh. und erlangte erst in den 1980er-Jahren durch Importe aus Neuseeland größere Bekanntheit.
Die Pepino wird hauptsächlich als Frischobst verzehrt. Ihr Geschmack vereint Noten von Birne, Melone und Gurke mit einer leichten Säure. Die reifen Früchte können halbiert und mit dem Löffel ausgelöffelt oder in Scheiben geschnitten in Obstsalaten verwendet werden. In Südamerika werden sie auch für Smoothies, Fruchtsorbets oder als Beigabe zu pikanten Salaten genutzt.
Unreife Früchte finden in der andinen Küche als gekochtes Gemüse Verwendung.

Tamarillo, Baumtomate

Solanum betaceum *(Cyphomandra betacea)*

Die Tamarillo ist ein schnell wachsender, immergrüner Strauch oder kleiner Baum mit großen, herzförmigen Blättern. Die Früchte sind eiförmig, 5–10 cm lang und je nach Sorte von purpurrot über orange bis gelblich gefärbt. Das Fruchtfleisch ist saftig und umschließt zahlreiche kleine, flache Samen, die von einer gallertartigen Masse umgeben sind.

S. betaceum stammt aus den Anden Südamerikas, insbesondere aus den Hochlandregionen von Peru, Chile, Ecuador und Bolivien. Heute wird die Art in vielen subtropischen Regionen kultiviert. Bedeutende Anbaugebiete finden sich in Neuseeland, Kolumbien, Ecuador, Australien und Teilen Afrikas.

Baumtomaten sind reich an Vitaminen, besonders an β-Carotin, Vitamin C und Vitamin E sowie verschiedenen B-Vitaminen. Darüber hinaus enthalten sie Mineralstoffe, wie Kalium, Phosphor und Eisen, sowie Ballaststoffe. Die roten Sorten weisen einen hohen Gehalt an Lycopin und Anthocyanen auf. Der Zuckergehalt ist moderat und sorgt zusammen mit organischen Säuren für den charakteristischen süß-sauren Geschmack.

Die dünne Schale der Baumtomate ist bitter und wird vor dem Verzehr üblicherweise entfernt. Das Schälen lässt sich durch kurzes Eintauchen in heißes Wasser erleichtern.
Das Fruchtfleisch kann roh gegessen und in Salaten verwendet werden. Es wird aber häufiger als Gemüse gekocht, da es erst dann sein volles Aroma entfaltet. In ihrer südamerikanischen Heimat dient die Frucht als Grundlage für Soßen, Chutneys und Desserts. In Neuseeland und Australien ist Baumtomaten-Marmelade beliebt.

In der traditionellen Medizin der Andenregion wird die Baumtomate bei Erkältungen und zur Stärkung des Immunsystems eingesetzt.

In der Kosmetikindustrie werden Extrakte der Frucht in Anti-Aging-Produkten eingesetzt.
Als dekorative Pflanze mit auffälligen Blättern und farbintensiven Früchten wird *S. betaceum* oft als Kübelpflanze und in Wintergärten gehalten.

Tamarillo: A Zweig mit Blättern und Früchten (Beeren) **B** Beeren, teilweise im LS **1** aufpräparierte Krone mit Staubblättern **2** Staubblatt **3** Beere im QS **4** Same.

Quellen: Revue horticole (1881); Cavanilles (1791–1801).

Aubergine

Eierfrucht
Solanum melongena (*Solanum esculentum*)

Die Aubergine ist eine krautige, mehrjährige Pflanze mit hellvioletten bis tiefpurpuren Kronblättern, die stark mit den gelb gefärbten Staubbeuteln kontrastieren.
Die Frucht ist eine große Beere mit schwammigem Fruchtfleisch und zahlreichen kleinen, hellbraunen bis orange-braunen Samen.

Die Heimat von *S. melongena* liegt im tropischen und subtropischen Süd- und Südostasien. Heute wird die Aubergine weltweit in gemäßigten bis tropischen Klimazonen angebaut. Die wichtigsten Anbaugebiete befinden sich in China und Indien, gefolgt von Ägypten, der Türkei, Japan und dem Mittelmeergebiet.

Die Aubergine wurde in Asien domestiziert. Die früheste schriftliche Erwähnung stammt aus dem chinesischen landwirtschaftlichen Handbuch »Qimin yaoshu«, das im 6. Jh. die »wichtigsten Techniken für die allgemeine Wohlfahrt des Volkes« zusammenfasste. In den arabischen Raum gelangte die Art vermutlich bereits im 5. Jh.
Über die maurische Kultur kam die Aubergine – wahrscheinlich im 8. Jh. – nach Spanien. In Europa wurde sie zunächst nur als Zierpflanze kultiviert, weil sie, wie alle Nachtschattengewächse, als giftig galt. Erst im 18. Jh. setzte sie sich auch in Europa als Nahrungspflanze durch.

Durch jahrhundertlange Züchtung ist eine große Vielfalt an Auberginen-Sorten entstanden. Die Haupttypen sind: VIOLETTE AUBERGINEN mit eiförmigen bis länglichen Früchten, WEISSE AUBERGINEN mit milderem Geschmack, GESTREIFTE SORTEN sowie ZWERGAUBERGINEN.

Die Pflanze wird meist aus Samen vorgezogen und nach 4–10 Wochen ins Freiland oder Gewächshaus gesetzt. Dort wird sie oft an Stützen oder Spalieren gezogen, um die Triebe zu entlasten und den Fruchtansatz zu fördern.

Auberginen sind reich an Kalium und Ballaststoffen und Vitamin C und B-Vitaminen (z. B. Niacin). Insbesondere die Schalen dunkler Sorten enthalten reichlich Anthocyane (z. B. Nasunin). Grüne Pflanzenteile, die Schalen – und auch unreife Früchte – enthalten zudem Solanin, das in hohen Konzentrationen giftig ist.

Die Aubergine ist in vielen Küchen weltweit ein geschätztes Gemüse. Aufgrund ihres bitteren Geschmacks wird sie kaum roh verzehrt. Der Gehalt an Solanin in der Schale kann durch Frittieren bei hohen Temperaturen (mehr als 200 °C) gesenkt werden.
Durch ihre schwammige Textur nimmt die Aubergine Aromen beim Garen gut auf und wird deshalb in der mediterranen Küche häufig mit Olivenöl, Kräutern und Gewürzen kombiniert.

Aubergine: A Spross mit Stacheln, Blättern und Blüten **1–2** Blüte **3** aufpräparierte Krone mit Staubblättern **4** aufpräparierte Blüte mit Fruchtknoten (mit Griffel und kopfiger Narbe) im borstig behaarten Kelch **5** Staubblatt **6** Staubbeutel im QS **7** Fruchtknoten mit Sternhaaren, langem Griffel und kopfiger Narbe **8** Fruchtknoten im LS mit zahlreichen Samenanlagen **9** unreife Frucht im Kelch **10–11** unreife Frucht im QS **12** Frucht **13** Frucht im LS **14** Same **15** Same im LS **16** Same im QS **17** gekrümmter Embryo **18** Teile von Blättern mit Sternhaaren.

Quellen: Wight (1840-1850); USDA (1872-1948).

In der traditionellen Medizin wird die Aubergine z. B. bei Diabetes, Asthma oder Hautinfektionen eingesetzt. Wissenschaftliche Studien deuten ebenfalls auf gesundheitsfördernde Eigenschaften hin: Die enthaltenen Antioxidantien könnten zum Schutz vor Herzerkrankungen beitragen, während der hohe Ballaststoffgehalt die Darmgesundheit fördern kann.

In Japan gilt die Aubergine als Glückssymbol. Nach dem japanischen Aberglauben »Hatsuyume« soll es Glück bringen, beim ersten Traum im neuen Jahr vom Berg Fuji, einem Falken und von einer Aubergine zu träumen.
Seit einigen Jahren hat die Aubergine auch in der Welt der sozialen Medien Beachtung gefunden – durch ihre Verwendung als 🍆 -Emoji.

Perilla

Shiso
Perilla frutescens *(Perilla ocymoides)*

Perilla ist eine 1-jährige, krautige Pflanze mit ovalen bis 3-eckig-lanzettlichen, am Rand gezähnten Blättern, die beim Zerreiben einen intensiven Duft verströmen. Die Pflanze hat kleine, weißliche bis violette Lippenblüten. Die Spaltfrüchte zerfallen in 4 kleine, nussartige Teilfrüchte (Klausen), die meist als »Samen« bezeichnet werden.

Die Heimat von *P. frutescens* liegt in den gemäßigten bis subtropischen Klimazonen Ostasiens, insbesondere in China, Japan und Korea. Heute ist die Art auch in Europa und Nordamerika verbreitet, wo sie als Zierpflanze und Gewürz kultiviert wird und gelegentlich verwildert.

P. frutescens wird seit Jahrhunderten in der asiatischen Küche und Medizin verwendet. Sie hat besonders in Japan (»Shiso«), Korea (»Deulkkae« oder »Kkaennip«) und China (»Zĭsū«) eine lange Tradition als bedeutende Kulturpflanze.

Grüne Perilla wird v. a. als Blattgemüse verwendet und hat ein frisches, leicht minziges Aroma. Rote Sorten enthalten reichlich Anthocyane. Daneben existieren ölhaltige Sorten, die speziell für die Gewinnung von Perillaöl angebaut werden.

Perillablätter sind reich an Vitamin C, Calcium, Eisen und sekundären Pflanzenstoffen wie Flavonoiden (z. B. Luteolin, Apigenin) und Phenolsäuren wie Rosmarinsäure. Das ätherische Öl der Blätter enthält Perillaldehyd und Perillaketon als wichtige Aromastoffe.
Die Samen enthalten 35–45 % fettes Öl, das einen hohen Gehalt der Omega-3-Fettsäure α-Linolensäure aufweist.

Die würzig-pfeffrigen Blätter werden in Asien frisch in Salaten, Sushi, Suppen oder als Beilage zu Fischgerichten genutzt. In Korea dienen geröstete Samen als Gewürz (»Deulkkae-garu«) oder werden zu Öl verarbeitet, das zum Würzen eingesetzt wird. Rote Sorten werden oft für das Einfärben von Japanischen Pflaumen (*Prunus mume*), Ingwer und Tee verwendet.

In der traditionellen Medizin wird das ätherische Öl aus den Blättern gegen Allergien, Entzündungen und Verdauungsprobleme eingesetzt.

Das Öl aus den Samen findet auch Anwendung in der Kosmetik, wo es zur Hautpflege verwendet wird. Darüber hinaus wird die Pflanze aufgrund ihres intensiven Aromas gelegentlich als Insektenabwehrmittel genutzt. Ziersorten mit panaschierten Blättern sind attraktive Zierpflanzen.

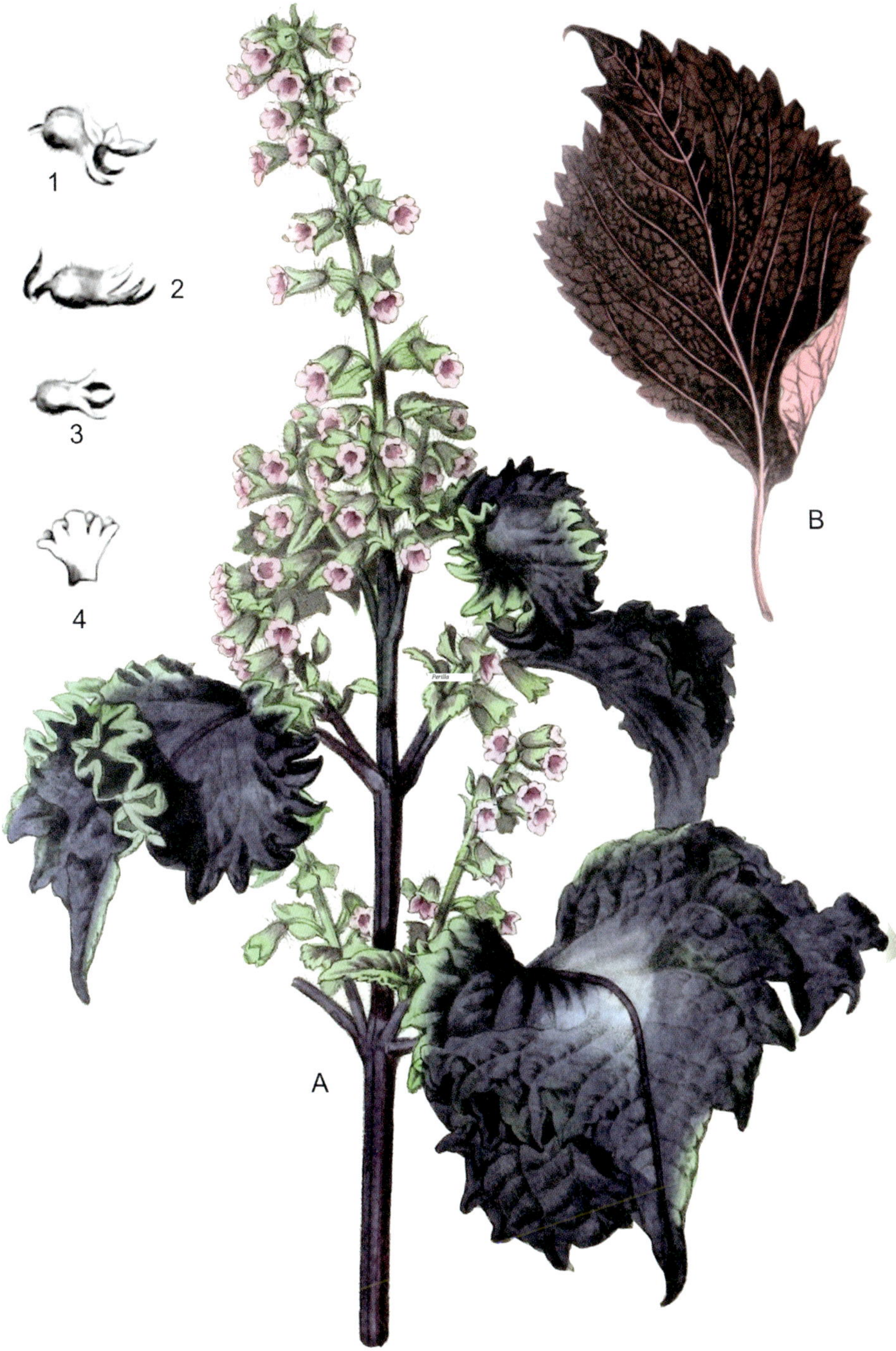

Perilla: A distaler Teil einer Pflanze mit Blättern und Blüten **B** rötlich gefärbtes Blatt der var. *crispa* **1–3** Kelch **4** aufpräparierte Kronblätter.

Quellen: Revue horticole (1852); de Monet de Lamarck & Poiret (1791); Rothschild (1867-1870).

Artischocke

Cynara scolymus

Die Artischocke ist eine mehrjährige krautige Pflanze, die bis zu 2 m hoch werden kann. Die großen, kugeligen bis krugförmigen Blütenstände (Körbchen) bestehen aus vielen violett-blauen Röhrenblüten, die von fleischigen Hüllblättern umgeben sind. Die unreifen, noch geschlossenen Körbchen sind essbar, ebenso wie die Blattstiele.

C. scolymus stammt aus dem Mittelmeergebiet. Als Kulturpflanze wird sie heute weltweit in warmen Regionen angebaut, v. a. in Südeuropa, Nordafrika, Kalifornien und Südamerika.

Bereits in der Antike nutzten Griech:innen und Römer:innen die Pflanze sowohl als Gemüse als auch als Heilpflanze.

Artischocken sind reich an Ballaststoffen, Vitamin C, Magnesium und Kalium. Sie enthalten Bitterstoffe wie Polyphenole, insbesondere Cynarin, sowie Sesquiterpenlactone wie Cynaropicrin.

Artischocken werden meist gedämpft oder gebraten und mit einer Soße (z. B. Vinaigrette) gegessen. In Öl eingelegt werden sie gerne für Antipasti verwendet.

Die traditionelle Nutzung der Artischocke bei Verdauungsbeschwerden und Leberleiden wird auch durch wissenschaftliche Studien untermauert. Diese führen die Wirkung v. a. auf die antioxidativen und leberschützenden Eigenschaften des Cynarins zurück. Auch die Europäische Arzneimittel-Agentur erkennt *C. scolymus* als Pflanze mit traditionellen Heilwirkungen an.

Die ölhaltigen Samen können für die Herstellung von Biodiesel genutzt werden, während die Fasern der Stängel als Rohstoff für Papier oder Dämmstoffe dienen. Schließlich wird die Artischocke aufgrund ihres stattlichen Wuchses, der großen, silbrig-grünen, tief eingeschnittenen Blätter und der attraktiven, großen, violett-blauen Blütenköpfe auch als Zierpflanze geschätzt.

Ähnliche Arten

Die nahe verwandte *Cynara cardunculus* (Cardy, Kardone) wird auch als Unterart der Artischocke geführt. Von ihr wurden Sorten mit fleischigen, essbaren Blattstielen gezüchtet. Diese werden gekocht oder in Eintöpfen verarbeitet, wobei sie zuvor meist blanchiert werden, um Bitterstoffe zu reduzieren.

Getrockneter Cardy auf einem Markt in Italien

Artischocke: A distaler Teil einer Pflanze mit Blütenstand (Körbchen) **B** Stängel mit Blättern **1** geschlossenes (unreifes) Körbchen **2** geschlossenes (unreifes) Körbchen im LS **3, 6** Blütenstände **4** aufpräparierte Krone **5** Röhrenblüte mit Achäne mit Pappus.

Quellen: Curtis Botanical Magazine (1828); Curtis Botanical Magazine (1833); Baillon (1866-1895).

Endivie

Escariol, Eskariol, Glatte Endivie
Cichorium endivia

Die Endivie ist eine 1–2-jährige krautige Pflanze, deren Pflanzenteile Milchsaft führen. Sie bildet im 1. Jahr eine Rosette aus gezähnten Blättern aus, die je nach Sorte glatt, gewellt oder stark geschlitzt sein können. Erst im 2. Jahr bildet *C. endivia* einen Blütenstand mit hellblauen Zungenblüten.

C. endivia stammt aus dem östlichen Mittelmeergebiet und ist heute weltweit verbreitet. Besonders in Europa, Nordafrika und Nordamerika wird die Art häufig kultiviert.

In der Antike schätzten die Ägypter:innen, Griech:innen und Römer:innen die Endivie als Heilpflanze und Gemüse. Im Mittelalter war sie in Klostergärten verbreitet und wurde sowohl als Nahrungsmittel als auch medizinisch verwendet. Ab dem 16. Jh. gewann die Endivie zunehmend an Bedeutung als Wintergemüse, da sie auch bei kühlen Temperaturen angebaut werden kann.

Bei den Endivien werden 2 Hauptgruppen unterschieden: Die Escariol-Typen (auch Glatte Endivie, Winterendivie genannt) mit breiten und wenig geschlitzten Blättern. Die Frisée-Typen haben hingegen fein geschlitzte und krause Blätter.

Endivien werden meist im Frühsommer für eine Ernte im Herbst ausgesät. Um die inneren Blätter zu bleichen und ihnen die typische Milde zu verleihen, werden die Köpfe ± 2 Wochen vor der Ernte zusammengebunden oder mit lichtundurchlässigen Hauben abgedeckt.

An Vitaminen enthalten Endivien insbesondere β-Carotin, Vitamin K und Folsäure, an Mineralstoffen ist v. a. Mangan zu nennen. Sie sind außerdem reich an Ballaststoffen und der Milchsaft enthält Bitterstoffe wie Lactucopikrin.

Endivien werden meist roh als Salat gegessen. Die äußeren, bitteren Blätter schmecken dabei kräftiger als die helleren inneren.

Escariol

Frisée

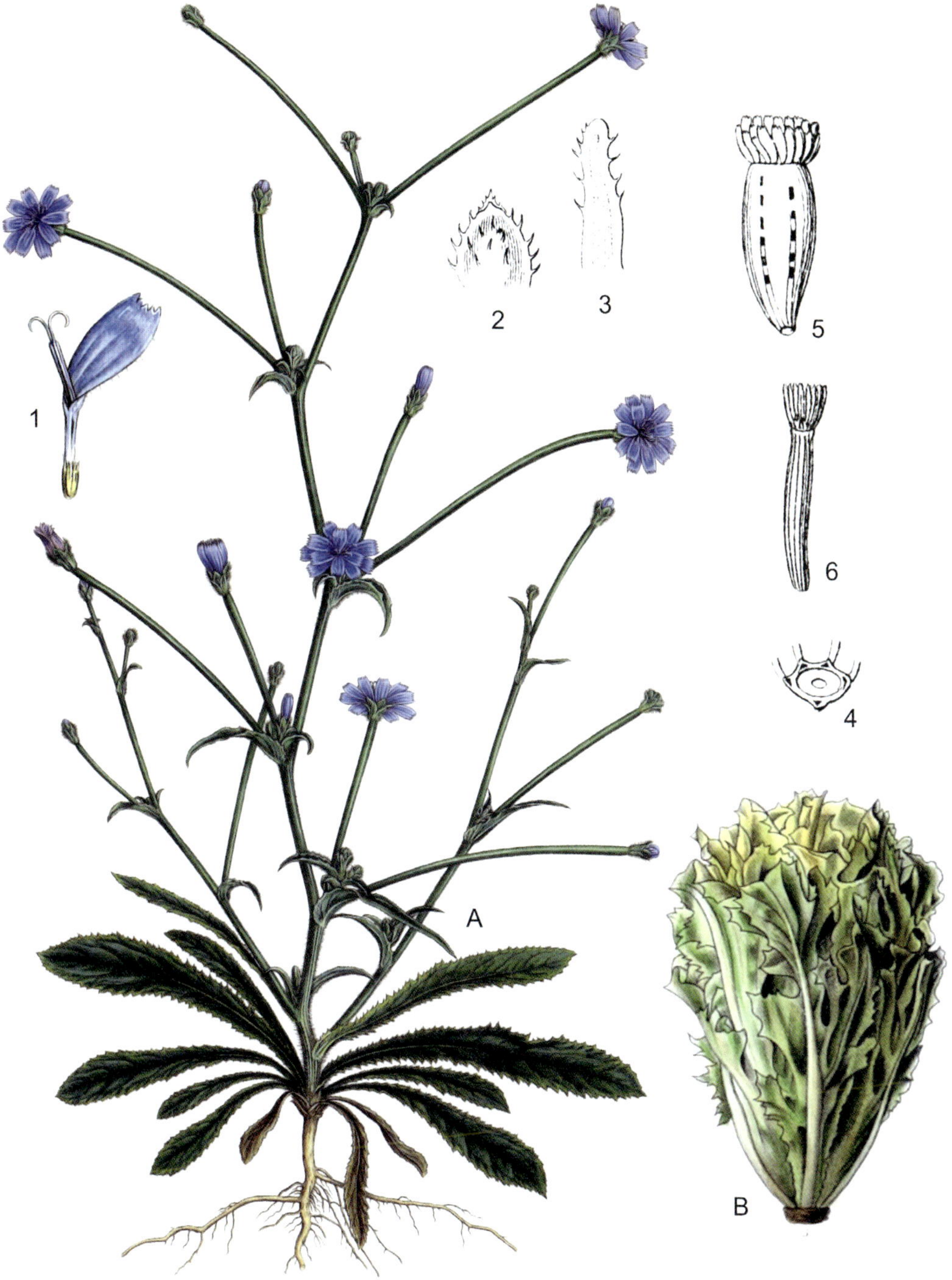

Endivie: A Habitus der Wildform (subsp. *intybus*) **B** Grundblattrosette der Krausblättrigen Endivie (*Cichorium endivia* var. *latifolium*) **1** Zungenblüte **2** Spitze eines inneren Blatts des Hüllkelchs **3** Spitze eines äußeren Blatts des Hüllkelchs **4** Basis einer Frucht (von unten gesehen) **5–6** Früchte (Achänen) mit distalen Schuppen.

Quellen: Sibthorp & Smith (1806-1840); Sturm (1796ff); Hérincq & Gérard (1870).

Chicorée, Wegwarte

Radicchio, Zichorie, Zuckerhut
Cichorium intybus *(Cichorium sylvestre)*

Die Wegwarte ist eine mehrjährige krautige Pflanze, deren Pflanzenteile Milchsaft führen. Sie besitzt eine kräftige Pfahlwurzel, aus der eine dichte Blattrosette wächst. Die bis zu 1,5 m hohen Stängel sind sparrig verzweigt. Die Blütenstände sitzen in den Verzweigungen des Stängels und bestehen aus meist blauen Zungenblüten.

Chicorée mit dicker Pfahlwurzel

Ursprünglich stammt *C. intybus* aus Europa, Nordafrika und West- und Zentralasien. Durch Kultivierung und Verwilderung ist die Art heute weltweit verbreitet.

Die Wegwarte wird seit der Antike als Salat- und Gemüsepflanze kultiviert und auch als Arzneipflanze geschätzt.

Es gibt verschiedene Zuchtformen der Wegwarte: Die Varietät *intybus* ist die Wildform. Die Varietät *foliosum* umfasst Blattzichorien wie Chicorée, Radicchio und Zuckerhut mit roten oder grünen Blättern. Wurzelzichorien zur Gewinnung von Kaffeesurrogat und Inulin gehören meist zur Varietät *sativum*.

Blattzichorien werden meist im Frühjahr ins Freiland ausgesät und können nach wenigen Wochen geerntet werden. Um die bleichen Chicorée-Köpfe zu erhalten, werden die im Herbst geernteten Wurzeln im Dunkeln zum Austreiben gebracht. Wurzelzichorien bleiben bis in den Spätherbst stehen.

Wurzelzichorien

Der Milchsaft ist reich an Bitterstoffen wie Sesquiterpenlactonen (z. B. Lactucin). Zudem enthält die Pflanze Vitamin C, Flavonoide, Kaffeesäure-Derivate und Mineralstoffe wie Kalium und Eisen. Die Wurzeln enthalten bis zu 20 % Inulin.

Die Blätter werden in Salaten, zuweilen auch als Gemüse verwendet.
Die Wurzeln dienen als Basis für Zichorienkaffee, eine coffeinfreie Alternative zum Bohnenkaffee. Sie werden zudem genutzt, um Fructose-Sirup zu gewinnen.

In der traditionellen Medizin wird die Art gegen Gelbsucht oder Rheuma, aber auch zur Appetitanregung eingesetzt.

Roter Radicchio

Zuckerhut

Wegwarte: A basaler Teil einer Pflanze der Wildform **B** distaler Teil einer Pflanze mit Blütenständen (Körbchen) **1** Zungenblüte **2** Frucht (Achäne).

Quelle: von Schlechtendal (1840ff).

Löwenzahn

Kuhblume
Taraxacum officinale

Löwenzahn ist eine mehrjährige Rosettenpflanze mit einer Pfahlwurzel und einem hohlen, blattlosen Blütenstandsstängel. Die grundständigen Laubblätter sind schrotsäge- bis fiederspaltig gezähnt. Die goldgelben Köpfchen bestehen nur aus Zungenblüten. Alle Pflanzenteile enthalten einen weißlichen Milchsaft.
Botanisch umfasst der Gewöhnliche Löwenzahn eigentlich viele Hundert Arten (*Taraxacum* sect. *Taraxacum*), die – wenn überhaupt – nur von Expert:innen unterschieden werden können. Diese enorme Artenvielfalt konnte entstehen, weil sich Löwenzähne, obwohl sie Früchte ausbilden, meist asexuell vermehren. Dadurch vermischt sich das Erbgut nicht und Mutationen in den Samen werden direkt an alle Nachkommen weitergegeben.

Löwenzahn ist in Europa und Asien heimisch und hat sich mittlerweile weltweit verbreitet. In Nordamerika finden sich nahe verwandte Arten.

Löwenzahn wurde bereits im Altertum als Heilpflanze genutzt und fand auch als Wildgemüse und Viehfutter Verwendung. Seit der Frühen Neuzeit wurde die Pflanze in Mitteleuropa in Klostergärten und bäuerlichen Gärten angepflanzt.

Löwenzahn wächst meist wild und ist in Saatgutmischungen für Grünland enthalten. Gezielt kultiviert wird er nur selten.

Löwenzahnblätter sind reich an β-Carotin, Vitamin C, Kalium und Eisen. Die Wurzeln enthalten Inulin, Triterpene, Sterole und Phenolcarbonsäuren wie Chicoriensäure. Der Milchsaft enthält Sesquiterpenlactone und Taraxasterol.

Junge Löwenzahnblätter können roh als Salat oder gegart als Gemüse gegessen werden. Sie haben einen leicht bitteren Geschmack, der durch Blanchieren milder wird. Die Wurzeln eignen sich für die Zubereitung von Tees, lassen sich zu Pulver verarbeiten oder dienen geröstet auch als Kaffeeersatz. Die Blütenknospen können wie Kapern eingelegt werden.

Löwenzahn wird traditionell zur Behandlung von Lebererkrankungen, Verdauungsstörungen und Harnwegserkrankungen verwendet. Aufgrund seiner harntreibenden Wirkung wird er in Tees verwendet.
Auch wenn robuste klinische Studien am Menschen für viele dieser Anwendungen fehlen, wird *T. officinale* von der Europäischen Arzneimittel-Agentur als Pflanze mit traditionellen Heilwirkungen anerkannt.

Löwenzahn: **A** Stängelbasis mit Pfahlwurzel **A1** Wurzelquerschnitt **B** Habitus mit Grundblattrosette und Blütenständen (Körbchen) auf unbeblätterten, hohlen Stielen **C** Blütenstand (Körbchen) im LS **2** Zungenblüte **3** aufpräparierte Staubbeutelröhre **4** Pollen **5** Nussfrucht (Achäne) mit lang gestieltem Pappus **6** unterer Teil einer Achäne.

Quelle: Köhler (1883-1898ff).

Gartensalat

Batavia-Salat, Bindesalat, Blattsalat, Eichblattsalat, Eisbergsalat, Gartenlattich, Grüner Salat, Kopfsalat, Pflücksalat, Romanasalat, Römersalat, Römischer Salat, Schnittsalat, Spargelsalat, Stängelsalat

Lactuca sativa

Gartensalat ist eine 1-jährige krautige Pflanze, die Rosetten aus weichen Blättern ausbildet, deren Form je nach Sorte von länglich bis rundlich und von glattrandig bis stark gekraust variiert. Die Blattfärbung reicht von hellgrün über dunkelgrün bis rotbraun. Alle Pflanzenteile enthalten Milchsaft.
Lässt man die Pflanze weiterwachsen, entwickelt sich ein aufrechter Stängel mit gelben Blütenkörbchen – ein Prozess, den man »Schossen« nennt.

Der Ursprung von *L. sativa* liegt vermutlich im Mittelmeergebiet und Südwestasien, wo der Gartensalat aus *Lactuca serriola* domestiziert wurde. Heute wird der Gartensalat weltweit in gemäßigten bis tropischen Klimazonen angebaut.

Die Domestikation des Gartensalats begann vor mehr als 4.500 Jahren im östlichen Mittelmeergebiet. Reliefs – oft in Verbindung mit dem Fruchtbarkeitsgott Min – zeigen, dass in Ägypten bereits vor 4.500 Jahren Salat angebaut wurde. Ausgehend von dort breitete sich der Gartensalat im gesamten Mittelmeergebiet aus und wurde in der Antike von Griech:innen und Römer:innen geschätzt. So beschrieb der römische Autor Columella im 1. Jh. in seinem Buch über die Landwirtschaft »De re rustica« bereits mehrere Salatsorten.
Nach Amerika gelangte der Gartensalat mit Kolumbus, vermutlich auf seiner 2. Reise.

Die Entwicklung der heutigen Sortenvielfalt begann im 16. und 17. Jh. in Europa, besonders in Frankreich und den Niederlanden. Sie führte zu den Vorläufern vieler moderner Sortengruppen.
Kopfsalat (var. *capitata*) bildet feste, runde Köpfe aus überlappenden Blättern und ist ein klassischer Salat für den Freilandanbau. Eisbergsalat (var. *capitata*) hat sehr feste, knackige Köpfe und zeichnet sich durch eine längere Haltbarkeit aus. Er wurde in den USA gezüchtet. Batavia-Salat ist eine Übergangsform zwischen Kopf- und Pflücksalat mit lockeren Köpfen und gewellten Blättern. Römischer Salat / Romanasalat (var. *longifolia*) hat längliche, aufrecht wachsende Blätter, die einen lockeren, länglichen Kopf bilden. Pflücksalat (var. *crispa*) bildet keine Köpfe, sondern offene Rosetten, sodass die Blätter einzeln gepflückt werden können. Eichblattsalat ist eine Form des Pflücksalats mit charakteristisch gelappten Blättern. Lollo Rosso und Lollo Bionda haben stark gekrauste Blätter und bilden meist keine dichten Köpfe aus. Schließlich wird Spargelsalat/Stängelsalat (var. *angustana*) nicht wegen seiner Blätter, sondern wegen der verdickten, fleischigen Stängel kultiviert.

Romanasalat

Gartensalat: A Stängel mit sitzenden, geöhrten Stängelblättern **B** distaler Teil einer Pflanze mit zahlreichen Blütenständen (Körbchen) **C** Salatkopf (Grundblattrosette) **1** Blütenboden **2** Spitze des Griffels mit Narbe **3** 2-lappige Narbe **4** Staubblatt **5** Spitze von 2 verwachsenen Kronblättern **6** Blüte mit unterständigem Fruchtknoten und Pappus **7** Frucht (Achäne) mit lang gestieltem Pappus **8** Spitze der Frucht am Übergang zum Stiel des Pappus.

Quellen: von Schlechtendal (1840ff); Chaumeton (1814ff); Reichenbach (1837ff).

Lollo-Rosso-Salat

Eisbergsalat

Eichblattsalat

Kopfsalat

Stängelsalat

Der Gartensalat kann fast das ganze Jahr über angebaut werden. Die Aussaat erfolgt direkt ins Freiland oder in Anzuchtschalen. Die Ernte kann bereits nach 6–12 Wochen erfolgen. Mittlerweile wird Gartensalat auch in Hydrokulturen angebaut.

Die Salatblätter enthalten β-Carotin, Vitamin C, Folsäure, Kalium und Flavonoide (z. B. Quercetin). Die dunkelgrünen Sorten haben meist einen höheren Gehalt an Nährstoffen. Der Milchsaft enthält, besonders bei blühenden Pflanzen, bitter schmeckende Sesquiterpenlactone wie Lactucin oder Lactucopikrin.

Salat wird überwiegend roh als frische Beilage oder Hauptzutat in Salaten verzehrt. Je nach Sorte unterscheidet sich die Verwendung: »Kopfsalat«, »Eisbergsalat« und »Romanasalat« eignen sich besonders für gemischte Salate. »Batavia-Salat« und »Eichblattsalat« werden wegen ihrer dekorativen Blätter oft als Beilage serviert. Einige Sorten, insbesondere »Romanasalat«, werden auch gedünstet oder gegrillt.
In China ist »Stängelsalat« verbreitet, dessen fleischige Stängel gekocht werden.

In der traditionellen Medizin wird der Gartensalat zur Beruhigung und Schlafförderung eingesetzt.
Die wissenschaftliche Evidenz dafür ist jedoch begrenzt, besonders für den Verzehr von Gartensalat in üblichen Mengen.

Ein Romanasalat der Sorte Outredgeous war eine der ersten Gemüsearten, die 2014 im Rahmen des NASA-Experiments »Veggie« auf der Internationalen Raumstation – also unter Schwerelosigkeit – angebaut wurden.

Schwarzwurzel

Garten-Schwarzwurzel, Spanische Schwarzwurzel
Pseudopodospermum hispanicum *(Scorzonera hispanica)*

Die Schwarzwurzel ist eine mehrjährige, krautige Pflanze, die eine zylindrische Pfahlwurzel ausbildet. Diese ist außen bräunlich bis schwarz gefärbt, während das Mark weißlich bis beigefarben ist. Die Blätter sind länglich-lanzettlich und ganzrandig. Die frischen Pflanzenteile enthalten einen weißlichen Milchsaft. Die gelben Blütenköpfe haben breite, ovale bis 3-eckige Hüllblätter und bestehen aus zahlreichen Zungenblüten.

P. hispanicum stammt aus Südeuropa und Nordafrika. Die Art wird heute insbesondere in Spanien und Südfrankreich, aber auch in Mitteleuropa kultiviert.

Die Pflanze wird meist durch Direktsaat im Frühjahr vermehrt. Nach 5–7 Monaten können die Wurzeln geerntet werden. Schwarzwurzeln sind kälteresistent und können den ganzen Winter über im Boden bleiben, was eine frische Ernte auch in den kältesten Monaten ermöglicht.

Die frische Wurzel enthält 5–16 % Inulin. Zudem enthält sie B-Vitamine (v. a. Thiamin), Vitamin C und Mineralstoffe wie Kalium, Eisen, Phosphor, Calcium und Magnesium.
Der Milchsaft der Schwarzwurzel ist eine komplexe Emulsion, die hauptsächlich aus dem Polysaccharid Inulin sowie Sesquiterpenlactonen, kautschukartigen Polyisoprenen und anderen Polysacchariden als Schleimstoffen besteht.

Beim Schälen gibt die Schwarzwurzel einen klebrigen, weißlichen Milchsaft ab, der Hände und Kleidung verfärben kann. Um dies zu vermeiden, können die Wurzeln kurz vorgekocht und danach geschält werden. Die Wurzeln können dann normal gekocht, gedünstet, gebraten oder frittiert werden und haben einen mild-nussigen Geschmack mit einer leicht süßlichen Note. Gemahlen und geröstet dienen sie traditionell als Kaffeeersatz. Die jungen Blätter werden traditionell auch als Salat gegessen.

Das Inulin gelangt unverdaut in den Dickdarm und fördert dort das Wachstum erwünschter Mikroorganismen (präbiotischer Effekt).

Die Art erhielt erst kürzlich ihren gegenwärtigen wissenschaftlichen Namen. Während sie lange als *Scorzonera hispanica* bekannt war, haben Botaniker:innen sie nun in die Gattung *Pseudopodospermum* gestellt, basierend auf neuen genetischen Studien zu den Verwandtschaftsverhältnissen innerhalb der Korbblütler.

Ungeschälte und geschälte Schwarzwurzel

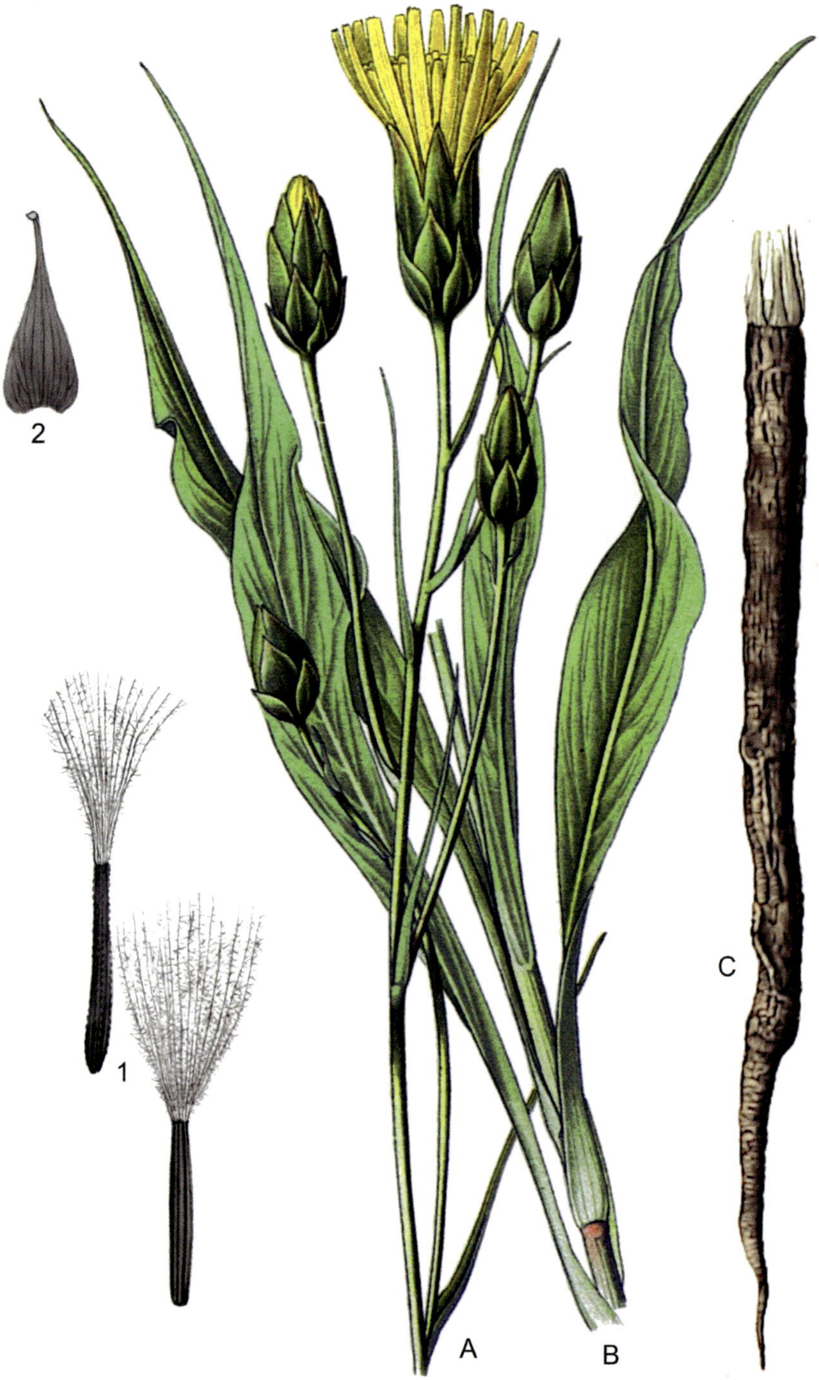

Schwarzwurzel: A distaler Teil einer Pflanze mit mehreren Blütenständen (Körbchen) **B** Stängel mit länglich-lanzettlichen Blättern **C** Pfahlwurzel **1** Früchte (Achänen) mit Pappus **2** Blatt des Hüllkelchs.

Quellen: von Schlechtendal (1840ff); Kops (1800-1934); Hérincq & Gérard (1870).

Haferwurzel

Purpur-Bocksbart
Tragopogon porrifolius *(Tragopogon sativus)*

Die Haferwurzel ist eine 2-jährige krautige Pflanze, die im 1. Jahr eine Rosette aus langen, schmalen, grasartigen Blättern bildet. Im 2. Jahr erscheint ein bis zu 1,5 m hoher Stängel mit wenigen großen Blütenständen (Körbchen). Diese sind von langen, schmalen 3-eckigen Hüllblättern umgeben und bestehen aus rötlichen bis violetten Zungenblüten. Die Früchte sind lang geschnäbelte Achänen mit einem Pappus aus gefiederten (geteilten) Haaren. Die Haferwurzel hat eine lange fleischige, weiße bis cremefarbene Wurzel. Alle Pflanzenteile enthalten einen weißlichen Milchsaft.

T. porrifolius stammt aus dem Mittelmeergebiet und Südwestasien. Besonders in Südeuropa wird sie traditionell als Gemüsepflanze kultiviert. Sie ist in vielen Teilen Europas sowie in Nordamerika auch verwildert zu finden.

T. porrifolius wurde bereits in der Antike als Gemüse und Heilpflanze geschätzt. Im 16. Jh. wurde sie aus Italien nach Mitteleuropa eingeführt und in Kloster- und bäuerlichen Gärten angebaut. Bis ins 19. Jh. war die Haferwurzel ein beliebtes Wintergemüse in Mitteleuropa, geriet dann aber weitgehend in Vergessenheit.

Die Pflanze wird durch Direktsaat vermehrt und bevorzugt tiefgründige, gut durchlässige Böden, um lange, gerade Wurzeln zu entwickeln. Sie benötigt 4–6 Monate bis zur Ernte. Die Wurzeln sollten erst nach dem ersten Frost geerntet werden, da sich ihr Geschmack dann intensiviert. Haferwurzeln sind winterhart und können den ganzen Winter über im Boden bleiben.

Die frischen Wurzeln bestehen zu 77 % aus Wasser, zu 19 % aus Kohlenhydraten (hauptsächlich Inulin) und zu 3 % aus Proteinen. Wichtige Mineralstoffe sind Kalium, Phosphor, Magnesium, Eisen und Kupfer. Darüber hinaus finden sich Vitamin C, Vitamin B_6 und Riboflavin sowie Polyphenole wie Gallussäure, Chlorogensäure, Quercetin und Luteolin.

Beim Schälen der Wurzeln tritt weißer Milchsaft aus, der an der Luft schnell oxidiert und sowohl die Wurzel als auch die Hände bräunlich verfärben kann. Um dies zu verhindern, können die geschälten Wurzeln sofort in Wasser mit etwas Zitronensaft oder Essig gelegt werden.
Die zarten Wurzeln können roh als Salat gegessen oder gekocht werden und haben ein leicht süßliches, nussiges Aroma. Auch die jungen Blätter und Blütenknospen sind essbar.

In der traditionellen Medizin wird die Haferwurzel zur Förderung der Verdauung und als harntreibendes Mittel verwendet.

Das Inulin gelangt unverdaut in den Dickdarm und fördert dort das Wachstum erwünschter Mikroorganismen (präbiotischer Effekt).

Haferwurzel: A Pfahlwurzel **B–C** distaler Teil einer Pflanze mit lang zugespitzten Stängelblättern und Blütenstand (Körbchen) **1** Zungenblüte mit unterständigem Fruchtknoten **2** unterer Teil der Frucht (Achäne) **3** Frucht mit lang gestieltem Pappus.

Quellen: Lindman (1901-1905ff); Reichenbach (1837ff).

Gewöhnlicher Feldsalat

Ackersalat, Nüsslisalat, Rapunzel, Vogerlsalat
Valeriana locusta
(Valerianella locusta, Valerianella olitoria)

Der Gewöhnliche Feldsalat ist eine 1-jährige, krautige Pflanze, die eine grundständige Rosette ausbildet. Diese besteht aus spatelförmigen bis länglichen, hellgrünen Blättern, die 5–12 cm lang und 2–4 cm breit sind. Aus der Blattrosette entwickelt sich ein verzweigter Stängel, an dem kleine, blassblaue bis rosafarbene oder weißliche Blüten erscheinen.

V. locusta ist in Europa, Südwestasien und Nordwestafrika beheimatet und wächst dort auf Äckern, Wiesen und an Wegrändern. Heute wird die Art vor allem in West- und Mitteleuropa angebaut und ist in vielen weiteren Regionen anzutreffen.

Obwohl der Gewöhnliche Feldsalat als Wildgemüse vermutlich seit Langem bekannt ist und Wildvorkommen genutzt wurden, begann der gezielte Anbau als Salatpflanze erst im 17. oder 18. Jh. Zu dieser Zeit etablierte er sich v. a. in Frankreich und England als beliebter Wintersalat, während er in Deutschland zu dieser Zeit weiterhin vorwiegend als Wildpflanze genutzt wurde.

Feldsalat ist ein typisches Herbst- und Wintergemüse. Die Aussaat erfolgt von Juli bis September direkt ins Freiland. Die Pflanze ist winterhart und kann zusätzlich unter schützenden Folientunneln oder Vlies angebaut werden, um die Ernte zu verlängern.

Feldsalat ist besonders reich an β-Carotin und Eisen und enthält auch viel Vitamin C und Folsäure.

Die kleinen Blätter werden traditionell roh als Salat gegessen. Alternativ lassen sie sich auch kurz gedünstet als Gemüse zubereiten.
Um die Inhaltsstoffe bestmöglich zu nutzen, sollte Feldsalat möglichst frisch verzehrt werden, da bei längerer Lagerung vor allem der Vitamin-C-Gehalt abnehmen kann.

Ähnliche Arten

Der Gewöhnliche Feldsalat wird oft zur Gattung *Valerianella* gestellt, die mit ± 80 Arten von den größeren Baldrianarten (*Valeriana* s. str.) abgetrennt wurde. Viele der nahe verwandten Arten aus der *Valerianella*-Gruppe haben ebenfalls essbare Blätter, darunter der Gekielte Feldsalat (*V. carinata*) und der Wollfrüchtige Feldsalat (*V. eriocarpa*).

Gewöhnlicher Feldsalat: **A** junge Pflanze mit Grundblattrosette und Wurzel **B** Habitus einer blühenden Pflanze **1** Blüte mit Hochblättern **2** Frucht im QS **3–4** Samen.

Quelle: von Schlechtendal (1840ff).

Doldenblütler – *Apiaceae*: Suppenkräuter und mehr

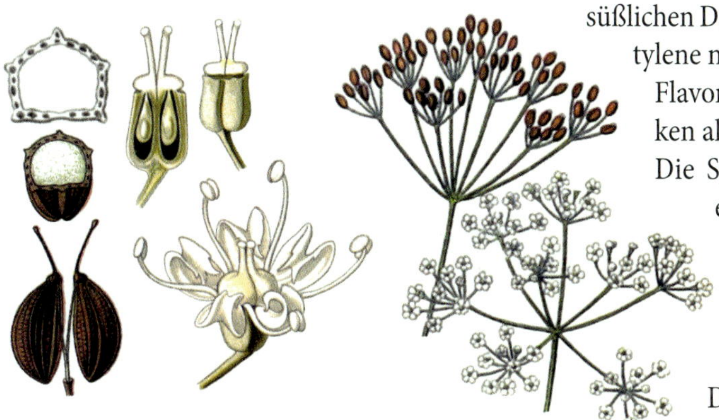

Doldenblütler – *Apiaceae*

Von der würzigen Petersilie und Liebstöckel im Kräutergarten bis zum süßen Fenchel auf dem Teller oder im Tee – die Doldenblütler bereichern unsere Küche mit einer erstaunlichen Vielfalt an Aromen und werden in aller Welt als Gemüse und Gewürze genutzt.
Die Familie der Doldenblütler umfasst knapp 450 Gattungen und 4.000 Arten und ist nahezu weltweit verbreitet. Der Name leitet sich von ihrem markantesten Merkmal ab – dem charakteristischen doppeldoldigen Blütenstand, bei dem sich zahlreiche kleine, meist weiße oder gelbliche Blüten auf strahlenförmig angeordneten Stielen präsentieren. Die Pflanzen entwickeln häufig hohle, gerillte Stängel und tief zerteilte, gefiederte Blätter mit charakteristischen Blattscheiden.
Typisch für viele Doldenblütler sind ihre stark duftenden ätherischen Öle (z. B. 3-Caren oder trans-Anethol), die in speziellen Ölgängen im gesamten Pflanzengewebe gespeichert werden und der Grund dafür sind, dass viele Doldenblütler als Gemüse (z. B. Möhren, Sellerie) oder Gewürz (z. B. Anis, Kümmel) genutzt werden. Diese ätherischen Öle bestehen aus komplexen Gemischen aus Terpenen und anderen flüchtigen Verbindungen. Sie verleihen den Pflanzen ihre charakteristischen Aromen. Außerdem enthalten viele Arten Cumarine, die einen süßlichen Duft entwickeln, sowie Polyacetylene mit antimikrobieller Wirkung. Flavonoide und Phenolsäuren wirken als starke Antioxidantien.
Die Speicherorgane enthalten oft erhebliche Mengen an Ballaststoffen und Kohlenhydraten, v. a. Stärke, bei einigen Arten (z. B. bei der Pastinake) zudem Inulin.
Die meisten Doldenblütler enthalten aber auch hautreizende Furocumarine und deshalb ist beim Umgang eine gewisse Vorsicht angeraten. Diese Inhaltsstoffe können nach Kontakt mit der Haut und anschließender Sonneneinstrahlung phototoxische Reaktionen auslösen, die bei normalem Kontakt bei den meisten Personen aber nur leichte Hautreizungen hervorrufen. Bei intensivem Kontakt mit dem Riesenbärenklau kann es jedoch zu Verbrennungen 2. oder sogar 3. Grades kommen.
Die meisten als Gemüse genutzten Arten enthalten aber zum Glück geringere Furocumarin-Konzentrationen und können von den meisten Personen in normalen Mengen unbedenklich berührt und verzehrt werden.

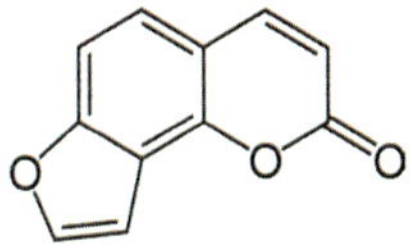

Angelicin, ein Furocumarin aus der Engelwurz

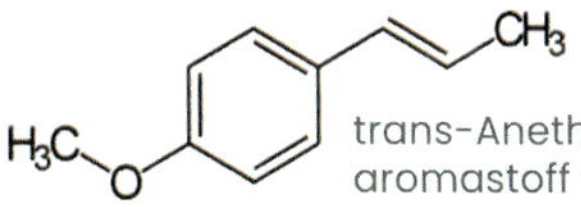

trans-Anethol, der Hauptaromastoff von Anis

Fenchel

Foeniculum vulgare
(Anethum foeniculum, Foeniculum officinale)

Fenchel ist eine 2-jährige bis mehrjährige Pflanze, die Höhen von 1,5–2,5 m erreichen kann. Die Blätter sind mehrfach gefiedert und bestehen aus filigranen, fadenförmigen Abschnitten. Die gelben Blüten stehen in vielstrahligen Dolden und bilden länglich-eiförmige, gerippte Teilfrüchte von graubrauner bis grünlicher Färbung, die als »Fenchelsamen« bekannt sind. Die gesamte Pflanze verströmt einen charakteristischen süßlich-anisartigen Duft.

F. vulgare stammt aus dem Mittelmeergebiet und ist heute weltweit in gemäßigten und subtropischen Regionen verbreitet.

Fenchel wurde mit hoher Wahrscheinlichkeit bereits im antiken Ägypten als Heilpflanze und Gewürz genutzt. Auch die Römer:innen verwendeten ihn in der Antike vielseitig und trugen zu seiner Verbreitung in ihrem gesamten Imperium bei. Karl der Große förderte durch das im späten 8. Jh. erschienene »Capitulare de villis« den Anbau von Fenchel in seinen kaiserlichen Gütern. Die Entwicklung des Gemüsefenchels mit verdickten Blattscheiden erfolgte erst im 17. oder 18. Jh. vermutlich in Italien.

Bei *F. vulgare* werden 2 große Sortengruppen unterschieden: GEWÜRZFENCHEL wird wegen seiner aromatischen Früchte kultiviert. GEMÜSEFENCHEL (KNOLLENFENCHEL) zeichnet sich hingegen durch eine verdickte Knolle aus, die von den Blattscheiden gebildet wird. Außerdem unterscheidet man zwischen süßen und bitteren Sorten.

GEWÜRZFENCHEL wird oft mehrjährig kultiviert und die Fenchelsamen werden im Spätsommer geerntet. Die Ernte der Knollen des GEMÜSEFENCHELS erfolgt typischerweise 12–14 Wochen nach der Aussaat, bevor die Pflanze »schosst«, also den Blütenstand ausbildet.

Fenchelfrüchte zeichnen sich durch einen hohen Gehalt an ätherischen Ölen aus, wobei trans-Anethol mit 50–70 % den Hauptbestandteil der Öle bildet und für das charakteristische Aroma verantwortlich ist. Daneben enthält Fenchel Fenchon, welches für den bitteren Geschmack hauptverantwortlich ist, sowie Estragol und Terpene wie Limonen und Pinen. Die Früchte enthalten zudem Öl mit einem hohen Anteil an ungesättigten Fettsäuren, insbesondere Petroselinsäure und Ölsäure.
SÜSSFENCHEL und BITTERFENCHEL unterscheiden sich im Verhältnis von trans-Anethol und Fenchon – wobei BITTERFENCHEL den höheren Fenchon-Gehalt aufweist.
Die Knollen des GEMÜSEFENCHELS liefern beachtliche Mengen an Vitamin C, Folsäure, Kalium sowie Ballaststoffen. An sekundären Pflanzenstoffen sind Flavonoide (z. B. Quercetin, Kaempferol, Rutin) und phototoxisch wirkende Furocumarine zu nennen.

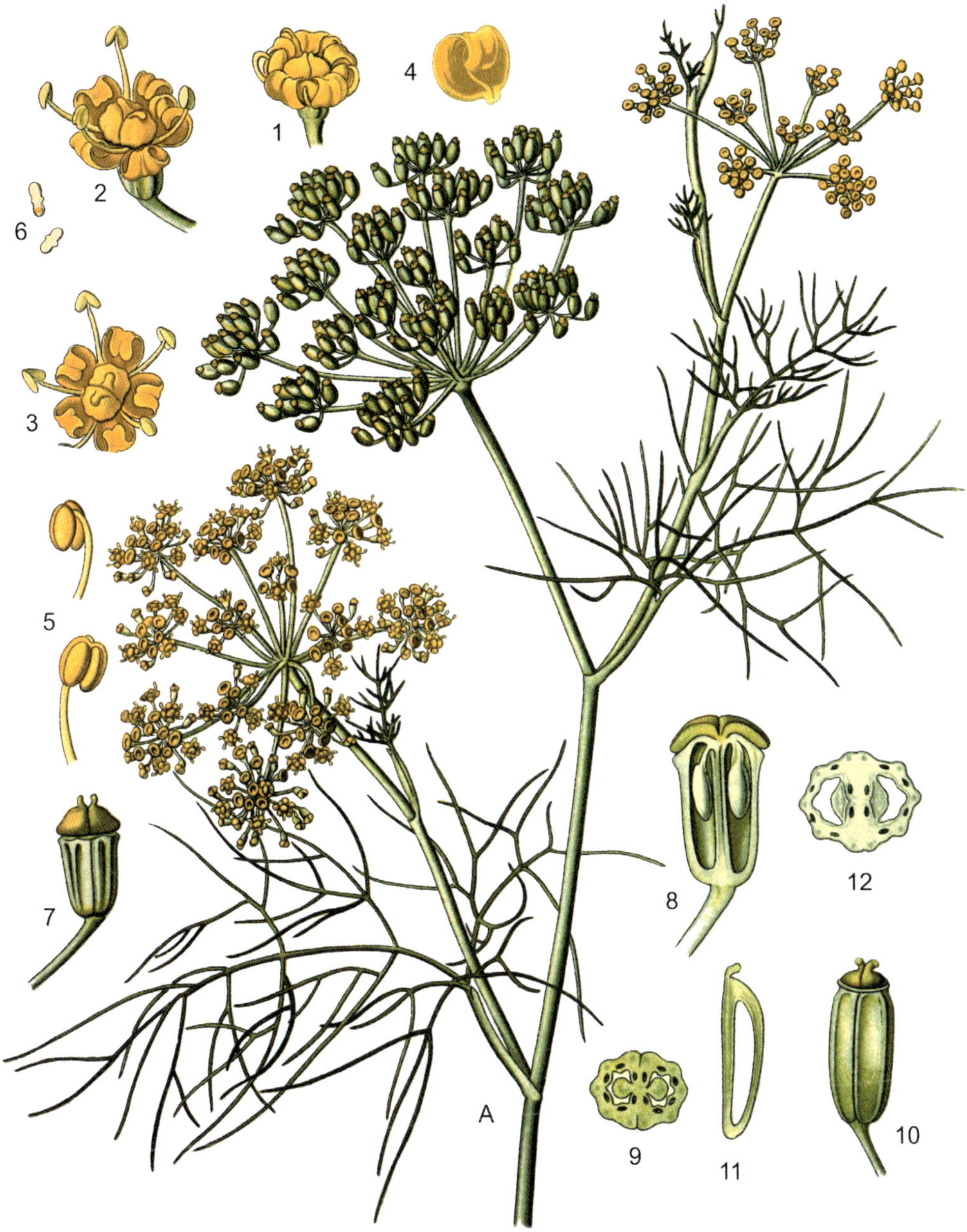

Fenchel: **A** distaler Teil einer Pflanze mit Stängelblättern mit linealen Blattzipfeln und gelblichen Blüten und unreifen Früchten in Doppeldolden **1** Blütenknospe **2–3** Blüte **4** Kronblatt mit zurückgebogener Spitze **5** Staubbeutel **6** Pollen **7** Fruchtknoten mit Griffelpolster und Griffeln **8** Fruchtknoten im LS **9** Fruchtknoten im QS **10** unreife Spaltfrucht aus 2 Teilfrüchten **11** Teilfrucht im LS **12** Frucht im QS.

Quelle: Köhler (1883–1898ff).

Fenchelsamen sind ein wichtiges Gewürz in vielen Küchen der Welt. Sie verfeinern Brot, Fischgerichte, Suppen und Eintöpfe und werden gerne zur Zubereitung von Tee verwendet.
Sie sind Bestandteil des klassischen chinesischen »Fünf-Gewürze-Pulvers«. Auch in der indischen Küche gehören sie zu den grundlegenden Gewürzen und sind Bestandteil vieler Curry-Mischungen. In den in Indien und Pakistan beliebten »Mukhwas«-Mischungen werden sie nach dem Essen als Munderfrischer und Verdauungshilfe gekaut.
Das aus den Samen gewonnene aromatische Fenchelöl dient als Aroma in Süßwaren, Likören und anderen Lebensmitteln.
Gemüsefenchel wird überwiegend roh in Salaten oder gegart als Gemüsebeilage verwendet. Seine knackige Textur und das süßlich-anisartige Aroma machen ihn zu einer vielseitigen Zutat. Auch Fenchelblätter werden in der Küche als aromatisches Kraut mit süßlich-anisartigem Geschmack verwendet.

In der traditionellen Medizin wird Fenchel seit Jahrhunderten bei Verdauungsbeschwerden, Blähungen und Husten eingesetzt. Fencheltee gilt als bewährtes Hausmittel bei Säuglings- und Kinderkoliken.
F. vulgare wird auch von der Europäischen Arzneimittel-Agentur als Pflanze mit traditionellen Heilwirkungen bei leicht krampfartigen Magen-Darm-Beschwerden, Menstruationskrämpfen und als schleimlösendes Mittel bei erkältungsbedingtem Husten anerkannt. Diese Wirkungen werden auch in pharmakologischen Studien von Fenchelöl bzw. Fenchel-Extrakten bestätigt.

Das aromatische Öl von SÜSSFENCHEL wird wegen seines süßen, anisartigen Duftes gerne in Parfüms und Kosmetika eingesetzt.

Aufgrund seines hohen Gehalts an ätherischen Ölen wie Anethol und Estragol raten Expert:innen der Europäischen Arzneimittel-Agentur vom übermäßigen Verzehr während der Schwangerschaft und Stillzeit bzw. für Kleinkinder ab. Der gelegentliche Verzehr als Gewürz oder Gemüse gilt jedoch allgemein als unbedenklich.

Sellerie

Zeller
Apium graveolens *(Sium graveolens)*

Sellerie ist eine 2-jährige krautige Pflanze, die im 1. Jahr eine Rosette aus gefiederten Blättern ausbildet. Im 2. Jahr entwickeln sich die Dolden aus zahlreichen kleinen weißen Blüten. Die Samen sind klein, braun und riechen aromatisch.

A. graveolens stammt aus dem Mittelmeergebiet. Heute wird er weltweit in gemäßigten bis subtropischen Klimazonen kultiviert.

Im antiken Ägypten, Griechenland und Rom wurde Sellerie v. a. für medizinische Zwecke und in Ritualen verwendet – z. B. für Grabkränze.

Die heute bekannten Kulturformen wurden ab dem 16.–17. Jh. gezüchtet, vor allem in Italien. Die Zuchtformen werden in 3 Hauptgruppen eingeteilt: Staudensellerie bildet lange, saftige Blattstiele, die roh oder gekocht verzehrt werden. Knollensellerie entwickelt eine kugelige Knolle, die z. B. als Suppengemüse genutzt wird. Schnitt- oder Blattsellerie wird v. a. als Küchenkraut verwendet und zeichnet sich durch besonders aromatische Blätter aus.

Die Sellerieknolle enthält Ballaststoffe, Zucker und geringe Mengen an Stärke. Sie ist auch reich an Vitamin K, Vitamin C, Folsäure (Vitamin B_9) und Kalium.
Die ätherischen Öle bestehen hauptsächlich aus D-Limonen (60–70 %), β-Selinen (10–30 %), Terpenen (wie Limonen) und Phthaliden (5–15 %, v. a. Sedanolid), die für das typische Sellerie-Aroma verantwortlich sind. Auch das Flavon-Glycosid Apiin trägt maßgeblich zum Geschmack bei.

Staudensellerie eignet sich roh als Snack, in Salaten oder gegart in Suppen und Eintöpfen. Knollensellerie wird püriert, gebraten oder roh als Salat zubereitet. Blattsellerie dient als Würzkraut in Soßen, Eintöpfen und Dressings.
Darüber hinaus werden Selleriesamen traditionell als Gewürz verwendet oder als Tee zubereitet.
Auch in der Lebensmittelindustrie wird Sellerie als Gewürzextrakt oder Suppengrundlage genutzt.

Sellerie wird seit der Antike wegen seiner verdauungsfördernden, stimulierenden, stärkenden und antirheumatischen Eigenschaften verwendet. Laborstudien bestätigen entzündungshemmende, magenschützende und antioxidative Eigenschaften von Sellerie-Extrakten, insbesondere von Apigenin, Luteolin und den Phthaliden.

Sellerie kann bei empfindlichen Personen Allergien auslösen. Diese Reaktionen können sowohl beim Kontakt mit der Pflanze als auch beim Verzehr auftreten.

Knollensellerie

Staudensellerie

Sellerie: **A** basaler Teil einer Pflanze der Wildform mit kleiner Knolle (gebildet aus Wurzel, Hypokotyl und gestauchter Sprossachse) und gefiederten Grund- und Stängelblättern **B** distaler Teil einer Pflanze mit Blütenständen (Doppeldolden) **1** Blütenknospe **2** Blüte **3** Staubblatt **4** Fruchtknoten im LS **5** Teilfrüchte **6** Teilfrucht im QS.

Quelle: von Schlechtendal (1840ff).

Zuckerwurzel

Zuckerwurz
Sium sisarum

Die Zuckerwurzel ist eine mehrjährige, krautige Pflanze mit gefiederten Blättern. Charakteristisch sind ihre kleinen, weißlichen Blüten, die in endständigen Doppeldolden stehen.
Die fleischigen, süß schmeckenden Wurzeln sind zylindrisch bis spindelförmig und innen weißlich gefärbt.

Die genaue Herkunft von *S. sisarum* ist unklar: Während historische Quellen oft auf Ostasien hindeuten, legen neuere genetische Analysen eine enge Verwandtschaft mit Wildformen aus Westasien nahe. Heute ist die Art in Asien und Europa verbreitet und wird v. a. in Asien kultiviert.

Die Zuckerwurzel war bereits vor langer Zeit in China und Asien als Nahrungspflanze bekannt. Auch die Römer:innen kannten sie bereits in der Antike. Im 16. Jh. gelangte die Art nach Mitteleuropa, wo sie als Gemüse, Heilpflanze und Süßmittel geschätzt wurde. Mit der Verbreitung von Kartoffel und Zuckerrübe verlor sie rasch an Bedeutung, auch aufgrund der teils mühsamen Vorbereitung, der uneinheitlichen Wurzelform und ihrer geringeren Lagerfähigkeit.
In den letzten Jahren erlebt die Zuckerwurzel eine kleine Renaissance als »vergessenes Gemüse« in europäischen Küchen.

Die Aussaat erfolgt nach Vorkultur oder direkt ins Beet. Die verzweigten, 15–30 cm langen Wurzeln können ab Herbst geerntet werden. Viele Gärtner:innen lassen sie jedoch bis zum Frost im Boden, da dies den Geschmack verbessert.

Die Wurzeln enthalten 10–11 % Kohlenhydrate, v. a. Saccharose sowie als Ballaststoffe wirkende Pektine. Außerdem finden sich die Phenole Chlorogensäure und Isoquercetin in vergleichsweise hohen Konzentrationen.

Die frischen Wurzeln werden als Salat oder Gemüse zubereitet. Sie lassen sich auch dünsten, kochen oder braten. Ihr süßer, leicht nussiger Geschmack erinnert an Pastinaken.
Insbesondere ältere oder dickere Zuckerwurzeln haben oft einen leicht holzigen Strang in ihrer Mitte, der beim Essen der ansonsten weichen Wurzel als zäh empfunden wird. Dieser lässt sich nach dem Kochen oder Dünsten einfach herausziehen.

In der traditionellen Medizin gilt die Zuckerwurzel als harntreibendes Heilmittel, jedoch ist diese Wirkung bisher nicht durch belastbare Studien bestätigt worden.

Zuckerwurzel: A basaler Teil einer Pflanze mit Stängelbasis und verdickter, verzweigter Wurzel **B** distaler Teil einer Pflanze mit Stängelblättern und Blütenständen (Doppeldolden) **1** 1-fach gefiedertes Blatt **2** Blüte **3** Döldchen mit Hüllchen und unreifen Früchten **4** Spaltfrucht aus 2 Teilfrüchten mit Fruchthalter.

Quelle: von Schlechtendal (1840ff).

Möhre

Karotte

Daucus carota *(Daucus glaber)*

Die Möhre ist eine 2-jährige, krautige Pflanze mit gefiederten Blättern und einer essbaren, verdickten Pfahlwurzel. Die zahlreichen weißen Blüten erscheinen in den charakteristischen Dolden, die oft eine dunklere Blüte in der Mitte haben.

Die Wildform – *D. carota* f. *carota* – ist in Europa, Nordafrika und Südwestasien heimisch. Die Zuchtformen werden heute weltweit angebaut, v. a. in den gemäßigten Zonen.

In der Antike wurden Möhren überwiegend als Wildpflanzen genutzt. Die Domestikation begann erst um das 10. Jh. in Zentralasien, wo zunächst Sorten mit violetten und gelben Wurzeln gezüchtet wurden. Im 17. Jh. begann in den Niederlanden die Züchtung der heute bekannten orangen Möhren.

Heute gibt es viele Kulturformen der Möhre, allein im EU-Sortenregister sind knapp 500 Sorten eingetragen. FRÜHE MÖHREN wachsen schnell und haben eine zarte Wurzel. Hingegen sind die Wurzeln von SPÄTEN MÖHREN und LAGERMÖHREN fester. BUNDMÖHREN sind kleine, süße Sorten für den Frischverzehr. Neben den klassischen orangen Möhren gibt es auch weißlich, gelblich, violett und rötlich gefärbte Sorten.

Möhren enthalten viele Carotinoide (v. a. β-Carotin, aber auch Lutein) sowie die Vitamine B, C, E und K. Zusätzlich liefern sie Mineralstoffe wie Kalium, Phosphor, Calcium, Magnesium, Eisen und Zink sowie Ballaststoffe wie Pektine. Weitere Inhaltsstoffe sind Flavonoide, ätherisches Öl und das bitter schmeckende Falcarinol.
Die Blätter enthalten Vitamin C und Mineralstoffe wie Magnesium und Kalium.

Möhren werden weltweit als vielseitiges Nahrungsmittel geschätzt: roh als Snack oder Salat, gekocht als Gemüsebeilage in Suppen und Eintöpfen sowie verarbeitet zu Säften und Smoothies. Das Grün kann ebenfalls gegessen werden.

In der traditionellen Medizin werden Möhren vielseitig eingesetzt, u. a. bei Verdauungsbeschwerden und zur Verbesserung der Sehkraft.
Neben der bekannten traditionellen Wirkung auf die Sehkraft können die in den Möhren enthaltenen Carotinoide krebshemmend und antioxidativ wirken und das Immunsystem stärken. Regelmäßiger Karottenkonsum wird mit einem potenziell geringeren Risiko für chronische Erkrankungen wie Herz-Kreislauf-Leiden und einige Krebsarten in Verbindung gebracht.

Karotten-Extrakte finden auch Anwendung in Kosmetikprodukten.

Möhre: **a** basaler Teil einer Pflanze der Wildform mit leicht verdickter, verzweigter Wurzel und 2-fach gefiederten Grundblättern **b** distaler Teil einer blühenden Pflanze mit lang gestielter, offener Doppeldolde **c** distaler Teil einer fruchtenden Pflanze mit sich schließender Doppeldolde **d** verdickte Wurzel der Kulturform **e–f** Döldchen mit vergrößerten Randblüten **g** Randblüte mit vergrößertem Kronblatt **h** vergrößerte und auffällig gefärbte Mittelblüte **i** »normale« Blüte **k–l** Teilfrucht **m** Teilfrucht im QS.

Quelle: Sturm (1796ff).

Pastinak

Pastinake
Pastinaca sativa *(Pastinaca sylvestris)*

Pastinak ist eine 2-jährige Pflanze, die im 1. Jahr eine grundständige Rosette aus gefiederten Blättern ausbildet. Im 2. Jahr bilden sich die Blütenstände (Doppeldolden) mit gelblichen Blüten. Diese entwickeln sich zu eiförmigen Spaltfrüchten, die in 2 abgeflachte, gerippte und am Rand geflügelte Teilfrüchte zerfallen. Die weißliche bis cremefarbene, fleischige kohlenhydratreiche Wurzel ist essbar.

P. sativa stammt aus Europa sowie West- und Zentralasien. Heute wird die Art in den gemäßigten Klimazonen weltweit kultiviert.

Im Mittelalter war Pastinak ein wichtiges Grundnahrungsmittel und Wurzelgemüse, bevor er ab dem 18. Jh. von der Kartoffel verdrängt wurde. Bis zur breiten Verfügbarkeit von Rohrzucker dienten Pastinaken auch als Süßungsmittel.

Pastinak wird im zeitigen Frühjahr direkt ins Freiland gesät. Die Ernte erfolgt typischerweise nach dem ersten Frost im Spätherbst oder während milder Phasen bis ins zeitige Frühjahr.

Pastinakwurzeln zeichnen sich durch ihren hohen Gehalt an Kohlenhydraten aus, die hauptsächlich in Form von Stärke und Zuckern vorliegen. Sie enthalten außerdem reichlich Ballaststoffe, Vitamin C, Vitamin E und Vitamin K sowie B-Vitamine (insbesondere Folsäure) und Mineralstoffe wie Kalium, Magnesium und Phosphor. Ätherische Öle, insbesondere aliphatische Ester (wie Octylacetat, Octylbutyrat, Hexylbutyrat) und andere Terpene, verleihen der Pflanze ihr unverwechselbares Aroma. Alle Pflanzenteile enthalten phototoxisch wirkende Furocumarine wie Methoxsalen oder Bergapten.

Beim Garen entwickelt Pastinak ein süßliches, nussiges Aroma. Er wird besonders in Suppen und Eintöpfen geschätzt. Außerdem lässt sich die Wurzel zu einem samtigen Püree verarbeiten.
Zudem kann Pastinak in Scheiben geschnitten zu knusprigen Chips frittiert werden, die in der britischen Küche als »roast parsnip« eine Beilage zum traditionellen Sonntagsbraten bilden.

In der traditionellen Medizin findet Pastinak Anwendung bei Verdauungsbeschwerden und als harntreibendes Mittel.

Die in der Pflanze enthaltenen Furocumarine können bei Hautkontakt in Verbindung mit Sonneneinstrahlung zu einer Photosensibilisierung führen.

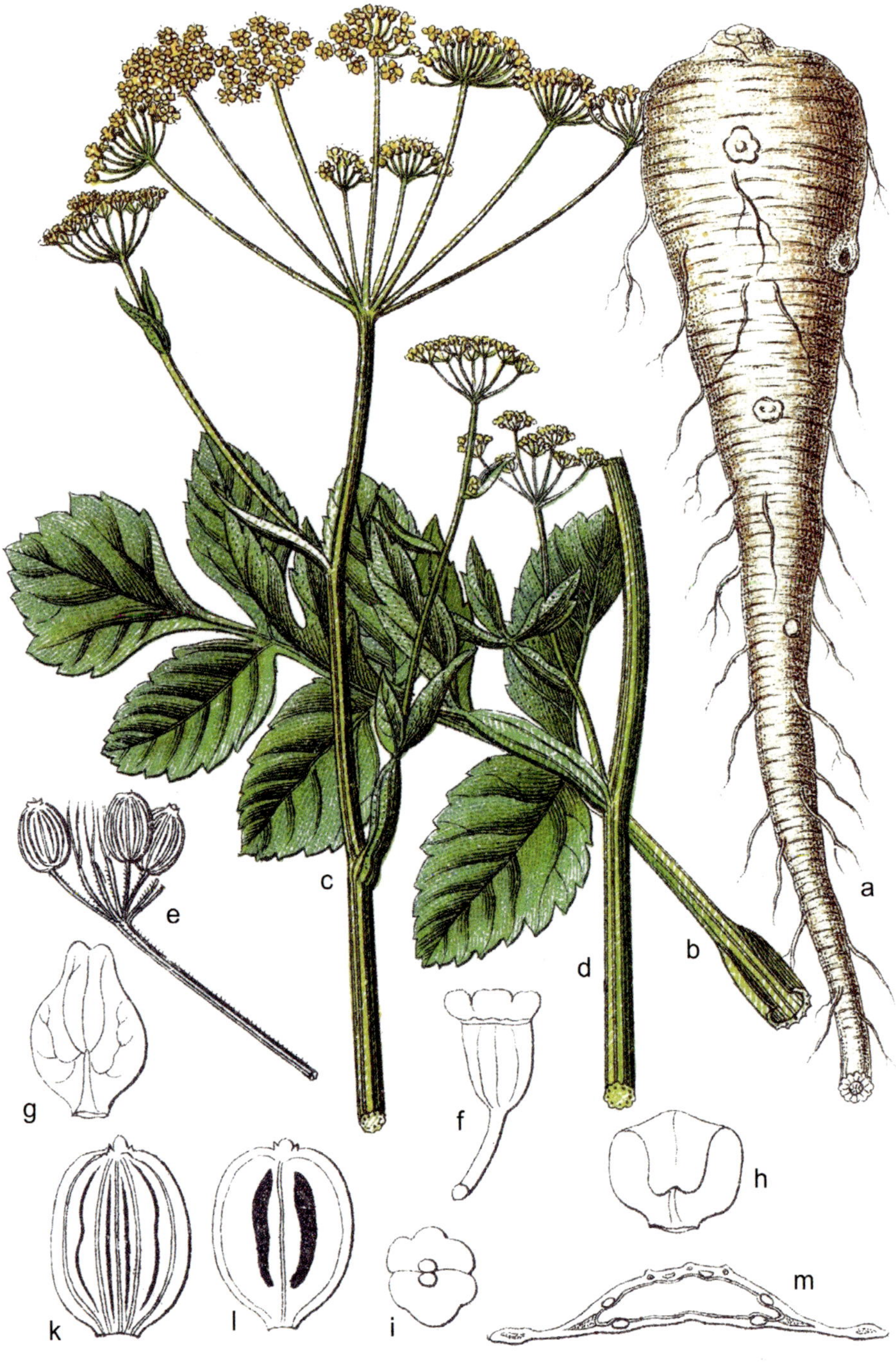

Pastinak: **a** verdickte Speicherwurzel einer Kulturform **b** Grundblatt **c–d** distaler Teil einer Pflanze mit Blütenständen (Doppeldolden) **e** Doldenstrahl mit Döldchen und Früchten **f** Blüte von der Seite **g–h** Kronblätter **i** Griffel mit Griffelpolster von oben **k–l** Teilfrüchte von Rücken- und Bauchseite **m** Teilfrucht im QS.

Quelle: Sturm (1796ff).

Süßdolde

Myrrhenkerbel, Spanischer Kerbel
Myrrhis odorata *(Scandix odorata)*

Die Süßdolde ist eine mehrjährige, krautige Pflanze mit gefiederten, weich behaarten Blättern, die einen intensiven Anisduft verströmen. Die kleinen, weißlichen Blüten entwickeln sich zu glänzenden, dunkelbraunen bis schwarzen, länglichen Teilfrüchten. Charakteristisch ist außerdem die kräftige, aromatische Pfahlwurzel.

Ursprünglich stammt *M. odorata* aus den Bergregionen Süd- und Mitteleuropas, besonders aus den Pyrenäen, den Alpen und dem Kaukasus. Heute wird die Pflanze in vielen gemäßigten Regionen Europas und Nordamerikas angebaut und ist gelegentlich auch verwildert zu finden.

Die Süßdolde wurde bereits in der Antike von den Römer:innen als Heil- und Würzpflanze geschätzt und auch im Mittelalter als Heilmittel und Nahrungsmittel verwendet.

Alle Pflanzenteile, insbesondere aber die Früchte, enthalten ätherische Öle mit Anethol, Myristicin und Limonen als Hauptbestandteilen, die den süßlichen anisartigen Geschmack ausmachen. Außerdem enthält die Pflanze Furocumarine, Flavonoide, die Vitamine A und C sowie Mineralstoffe wie Kalium und Calcium. Interessanterweise ist der Anteil des ätherischen Öls in den unreifen Früchten mit ± 4 % deutlich höher als in den reifen Früchten mit ± 0,8 %.

Alle Pflanzenteile der Süßdolde sind essbar und werden traditionell verwendet: Die jungen Blätter dienen in Salaten, Suppen und Soßen als Würzkraut mit Anisaroma. Die geschälten Wurzeln lassen sich kochen oder rösten und schmecken wie Pastinaken mit einer Anisnote. Die unreifen grünen Früchte können roh gegessen werden und haben einen angenehm süßlichen Geschmack.

In der traditionellen Medizin wird Süßdolde v. a. bei Verdauungsbeschwerden und Atemwegserkrankungen eingesetzt.

Das ätherische Öl wird in der Parfüm- und Kosmetikbranche genutzt, um einen zarten, anisähnlichen Duft zu erzeugen.

Süßdolde: **A** distaler Teil einer Pflanze mit 2–3-fach gefiederten Blättern und Blütenständen (Doppeldolden) **B** Stängel mit unterster Fieder eines 2–3-gefiederten Blatts **C** Döldchen mit Spaltfrüchten aus je 2 Teilfrüchten und Fruchthalter **D** basaler Teil einer Pflanze mit Pfahlwurzel **1** Randblüte mit vergrößertem Kronblatt, Döldchenstiel und Hüllchenblatt **2** Teilfrucht **3** Teilfrucht im QS **4** Frucht im QS.

Quellen: Lindman (1901-1905ff); Oeder (1766-1883); Sowerby (1790-1813ff).

Petersilie

Petroselinum crispum *(Apium petroselinum, Petroselinum crispum, Petroselinum sativum)*

Die Petersilie ist eine 2-jährige, krautige Pflanze mit einer Pfahlwurzel, die im 1. Jahr eine Rosette aus dunkelgrünen, 2–3-fach gefiederten Blättern bildet. Beim Zerreiben verströmen die Blätter ein frisches, würziges Aroma. Im 2. Jahr bilden sich Doppeldolden mit gelblich-grünlichen Blüten, aus denen sich Spaltfrüchte entwickeln.

Die Petersilie stammt aus dem Mittelmeergebiet. Heute wird sie in gemäßigten Klimazonen weltweit angebaut.

Bereits im antiken Griechenland und Rom wurde Petersilie als Heil- und Würzpflanze genutzt. Die Griech:innen schätzten sie nicht nur als Nutzpflanze, sondern kannten auch ihre toxischen Eigenschaften und widmeten sie der Göttin der Unterwelt, Persephone. Karl der Große ordnete im späten 8. Jh. den Anbau von Petersilie in seinen kaiserlichen Gütern an.

Es gibt 3 Hauptgruppen: Glattblättrige Petersilie hat ein intensives Aroma. Krause Petersilie besitzt dekorative krause Blätter und wird häufig als Garnierung eingesetzt. Schließlich bildet Wurzelpetersilie eine essbare, rübenförmige Wurzel aus.

Bei blühenden Pflanzen steigt der Gehalt an ätherischen Ölen, insbesondere des toxischen Apiols, stark an. Daher sollten ausschließlich Blätter von noch nicht blühenden Pflanzen geerntet werden.

Petersilie ist reich an Vitamin C, Vitamin K, Folsäure, Eisen und Antioxidantien. Die Blätter enthalten ätherische Öle mit Myristicin und Apiol, die für das Aroma verantwortlich sind – in hohen Konzentrationen aber auch giftig sind.

Petersilienblätter werden frisch oder getrocknet zum Würzen von Speisen verwendet und sind Bestandteil von Gewürzmischungen wie den französischen »Fines herbes«. Wurzelpetersilie wird als Gemüse zubereitet und z. B. in Eintöpfen verwendet.

In der traditionellen Medizin wird Petersilie als harntreibendes Mittel und zur Unterstützung der Verdauung verwendet.

Schwangere Frauen sollten beim Verzehr von Petersilie Vorsicht walten lassen, da die ätherischen Öle die Gebärmutter stimulieren und menstruationsfördernde Wirkungen haben.

Wurzelpetersilie mit glatten Blättern

Krause Petersilie

Petersilie: **A** basaler Teil einer Pflanze mit Pfahlwurzel und 2–3-fach gefiederten Grundblättern **B** distaler Teil einer Pflanze mit Stängelblättern und Blütenständen (Doppeldolden) **1** unreife Spaltfrucht mit Griffelpolster und 2 Griffeln **2** Spaltfrucht aus 2 Teilfrüchten und Fruchthalter im LS **3** Frucht im QS **4** Blüte.

Quellen: von Schlechtendal (1840ff); Sowerby (1790-1813ff).

Obst

Obst zählt unzweifelhaft zu den beliebtesten und vielseitigsten pflanzlichen Nahrungsmitteln. Seine saftige Süße, die Fülle an Aromen und die ernährungsphysiologischen Vorzüge machen es zu einem unverzichtbaren Bestandteil unserer Ernährung. Doch die Frage, was genau »Obst« ist, lässt sich überraschend schwer beantworten.

Der Begriff »Obst« stammt nicht aus der Botanik, sondern wird kulinarisch definiert. Er bezeichnet essbare Früchte – oder Teile davon (also auch Samen) – die roh verzehrt werden können. Typischerweise dienen sie als süße Zwischenmahlzeit, Dessert oder Frühstückskomponente. Dabei kann es sich um saftiges und meist süß schmeckendes Obst handeln wie Beeren, Steinfrüchte oder Apfelfrüchte, aber auch um Obst mit einer harten, holzigen Schale, die einen essbaren, meist öl- oder fettreichen Kern umgibt, z. B. Schalenobst (bzw. Nüsse). Wichtig zu verstehen ist, dass es sich bei Obst immer um Früchte (oder Teile davon) handelt, aber nicht alle Früchte Obst sind: Tomaten oder Auberginen beispielsweise sind botanisch gesehen Beeren – also Früchte – werden jedoch als Gemüse zubereitet.

Besonders **ölreiche Früchte** wie Oliven und die Früchte von Sonnenblumen und Ölpalmen werden in diesem Buch im Kapitel »Öl-Pflanzen« vorgestellt, obwohl sie auch als Obst genutzt werden können.

Die große Vielfalt der Obstarten lässt sich botanisch durch den Aufbau der Fruchtwand kategorisieren: Diese sogenannte Fruchtwand (auch als Perikarp bezeichnet) besteht typischerweise aus drei Schichten: der äußeren Fruchtwand (Exokarp), der mittleren (Mesokarp) und der inneren (Endokarp). Abhängig von der jeweiligen Ausbildung dieser Schichten entstehen unterschiedliche Fruchttypen:

Steinobst zeichnet sich durch einen harten Kern, den Steinkern, aus. Dieser wird vom Endokarp gebildet und umschließt den Samen. Meist ist nur ein Steinkern vorhanden, bei manchen Arten wie Holunder können es jedoch auch mehrere sein. Der harte Steinkern ist von einem meist saftigen Fruchtfleisch umgeben, das vom Mesokarp gebildet wird. Die äußere Schale bildet das Exokarp. Zum Steinobst gehören die meisten Arten der Gattung *Prunus* – u. a. Kirschen und Pflaumen –, aber auch exotische Früchte wie Mango oder Rosenapfel.

Beim **Schalenobst** sind die essbaren Kerne – bestehend aus Endokarp und Samen – meist nussartig fest und nicht saftig oder fleischig. Sie sind von einer harten, trockenen und oft verholzten Schale umgeben, die vom Exokarp gebildet wird. Diese Schale ist in der Regel nicht essbar und wird vor dem Verzehr entfernt. Hierzu zählen die meisten »Nüsse« wie Walnüsse, Haselnüsse sowie Kastanien und Pistazien, aber auch Erdnüsse.

Beeren sind – aus botanischer Sicht – Früchte, bei denen Endo- und Mesokarp fleischig ausgebildet sind. Das Fruchtfleisch umschließt meist viele – seltener nur einen – Samen. Das Exokarp bildet die meist dünne äußere Schale, die aber auch dicker sein kann, wie z. B. bei Zitrusfrüchten, Kürbissen und Bananen. Zu den Beeren gehören Heidelbeeren, Stachelbeeren und auch Avocados sowie Papayas.

Ebenso interessanterweise – wie leider auch verwirrenderweise – sind nicht alle umgangssprachlich als »Beeren« bezeichnete Früchte auch Beeren im botanischen Sinn: Z. B. sind Holunderbeeren eigentlich Steinfrüchte, weil die harten Kerne vom Endokarp gebildet werden. Erdbeeren sind Sammelnussfrüchte, weil mehrere Fruchtknoten einer Blüte miteinander verwachsen sind. Die Ananas schließlich kann botanisch korrekt als »Beerenfruchtverband« bezeichnet werden, weil sie aus mehreren miteinander verwachsenen Beeren zahlreicher Blüten besteht.

Walnuss: Die grüne Hülle wird von der Blütenhülle gebildet und gehört nicht zur Nuss

Holunder: Steinfrucht.
Erdbeere: Sammelnussfrucht.
Ananas: Beerenfruchtverband.

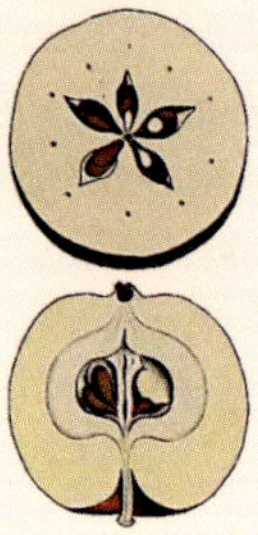

Apfel im QS und LS.

Steinfrucht: Pfirsich und Steinkern der Mandel im LS.

Papaya mit LS, QS durch den Fruchtknoten, Same, und Same im LS.

Kernobst umfasst Früchte von nahe miteinander verwandten Rosengewächsen. Diese Fruchtform wird auch als »Apfelfrucht« bezeichnet. Die bekanntesten Vertreter sind Apfel, Birne, Quitte und Mispel. Bei diesen Arten wird die Frucht aus mehreren ursprünglich voneinander getrennten Fruchtblättern gebildet, die in ihrem Inneren jeweils einen oder wenige Samen enthalten. Diese Fruchtblätter bilden den charakteristischen Apfelkern. Das Besondere: Der Kern wird vom »Fruchtfleisch« umgeben, das allerdings nicht von der Frucht im engeren Sinn gebildet wird, sondern aus dem bei der Reife fleischig anschwellenden, krugförmigen Blütenboden besteht. Der Apfel wird von manchen Botaniker:innen deshalb auch als Scheinfrucht bezeichnet.

Anbau und Handel

Der weltweite Obstanbau trägt mit einer jährlichen Produktion von über 800 Mio. t und einem Marktwert von 600–700 Mrd. US-Dollar wesentlich zur Ernährungssicherheit und zu den landwirtschaftlichen Einkommen bei. Dabei führen Bananen mit einer jährlichen Weltproduktion von 130–140 Mio. t die Liste der Obstarten an. Hauptanbauländer sind Indien, China, Indonesien, Brasilien und Ecuador. Für viele Länder, insbesondere in Mittelamerika und Westafrika, zählen Bananen zu den wichtigen Exportgütern und sind ein bedeutender Wirtschaftsfaktor.

Äpfel folgen mit einer Produktion von 80–90 Mio. t. China dominiert hier mit ± 45 % der Produktion, gefolgt von den USA, der Türkei, Polen und Indien.

Weintrauben erreichen 70–80 Mio. t und werden sowohl für den direkten Verzehr als

auch für die Weinherstellung angebaut. China, Italien, die USA, Spanien und Frankreich sind die führenden Erzeugerländer.
Zitrusfrüchte erreichen zusammen eine Produktion von ± 140 Mio. t. Brasilien und die USA sind die größten Orangenproduzenten, wobei ein Großteil zu Saft verarbeitet wird.
Verschiedene Melonenarten werden weltweit mit einer Jahresproduktion von ± 100 Mio. t angebaut, wobei China der mit Abstand größte Produzent ist.

Inhaltsstoffe und gesundheitliche Aspekte

Obst zeichnet sich durch seine reichhaltige Nährstoffzusammensetzung aus, die je nach Art erheblich variieren kann. Zu den charakteristischen Inhaltsstoffen zählen:
Wasser: Mit einem Wassergehalt von typischerweise 75–95 % trägt Obst wesentlich zur täglichen Flüssigkeitszufuhr bei. Dies bedeutet auch, dass viele Obstarten vergleichsweise kalorienarm sind. Ausgenommen ist hier das meist wasserarme, aber öl- und kalorienreiche Schalenobst.
Kohlenhydrate: Diese sind meist in Form von Fruchtzucker (Fructose) und Traubenzucker (Glucose) sowie in geringerem Maße als Haushaltszucker (Saccharose) vorhanden. Der Kohlenhydratgehalt variiert stark und liegt bei vielen Obstarten bei 5–20 g pro 100 g.
Ballaststoffe: Verschiedene Ballaststoffe wie Pektine, Hemicellulosen und Cellulose fördern die Darmgesundheit und tragen zur Sättigung bei. Der Ballaststoffgehalt von Obst liegt oft bei 1,5–3 g pro 100 g.
Sekundäre Pflanzenstoffe: Sekundäre Pflanzenstoffe sind Verbindungen, die Früchten ihre charakteristischen Farben, Aromen und Geschmacksnoten verleihen und gleichzeitig als natürlicher Schutz vor UV-Strahlung und Schädlingen dienen. Zu den wichtigsten Gruppen gehören Anthocyane für rote und blaue Farbtöne, Carotinoide für gelb-orange Färbungen sowie Polyphenole. Viele dieser Substanzen besitzen antioxidative Eigenschaften und können positive gesundheitliche Effekte entfalten.
Aus gesundheitlicher Sicht bietet der regelmäßige Verzehr von Obst zahlreiche Vorteile. Epidemiologische Studien zeigen, dass eine obstreiche Ernährung mit einem reduzierten Risiko für Herz-Kreislauf-Erkrankungen, bestimmte Krebsarten, Diabetes Typ 2 und neurodegenerative Erkrankungen assoziiert ist. Die Weltgesundheitsorganisation (WHO) empfiehlt deshalb einen täglichen Verzehr von mindestens 400 g Obst und Gemüse.
Trotz der unbestrittenen gesundheitlichen Vorteile von Obst sollten individuelle Unverträglichkeiten beachtet werden: Bestimmte Obstsorten können bei empfindlichen Personen allergische Reaktionen auslösen. Besonders häufig tritt das sogenannte orale Allergiesyndrom auf, bei dem Proteine aus Früchten wie Äpfeln, Kirschen oder Pfirsichen mit Pollenallergenen kreuzreagieren. Die Beschwerden reichen von leichtem Kribbeln und Schwellungen im Mundbereich bis zu ernsteren Reaktionen. Häufig werden geschälte oder erhitzte Früchte besser vertragen.
Durch schnelle globale Lieferketten mit kontrollierten Atmosphären, optimierten Verarbeitungs- und Kühlmöglichkeiten sowie durch länger lagerbare Neuzüchtungen werden in den Industrieländern zunehmend mehr exotische Obstarten verfügbar. In Deutschland hat sich das Angebot an Tropenfrüchten wie Mangos, Papayas und Drachenfrüchten in den letzten Jahrzehnten deutlich erweitert, was den Speiseplan mit neuen Geschmackserlebnissen und Nährstoffprofilen bereichert.
Gleichzeitig überzeugt saisonales und regional angebautes Obst nicht nur durch intensiven Geschmack und hohen Nährwert, sondern trägt auch zur Reduzierung des ökologischen Fußabdrucks bei.

Chilenische Araukarie

Affenbaum, Affenschwanzbaum, Anden-Tanne, Chilenische Schmucktanne, Chile-Tanne
Araucaria araucana *(Araucaria imbricata)*

Die Chilenische Araukarie ist ein großer, immergrüner, 2-häusiger Nadelbaum. Ihre Wuchsform ist in der Jugend pyramidenförmig bis konisch mit starr abstehenden Seitenästen. Mit zunehmendem Alter fallen die unteren Äste ab und der Baum entwickelt eine schirmartige Krone.
Die starren, 3-eckigen, dunkelgrünen Nadeln sind stechend spitz, überlappen sich schuppenartig und können 10–15 Jahre am Baum verbleiben. *A. araucana* entwickelt große, kugelförmige Zapfen mit einem ⌀ von 12–20 cm. Diese reifen 2 Jahre lang und geben dann 120–200 essbare Samen frei.
Die Bäume können mehr als 1.000 Jahre alt werden – in Einzelfällen sogar 2.000 Jahre. Ihr Wachstum ist jedoch langsam – es dauert 30–40 Jahre, bis ein Baum die ersten Zapfen produziert.

A. araucana ist in den Anden Chiles und Argentiniens heimisch, wo sie in Höhenlagen von 600–1.800 m wächst.

Für die indigene Bevölkerung Chiles, insbesondere die Mapuche, sind die Samen der Araukarie seit Jahrtausenden ein wichtiges Grundnahrungsmittel und die Bäume waren ihnen heilig.
Nach Europa kam die Araukarie erst 1795 durch den britischen Botaniker Archibald Menzies, der sie in England zum Keimen brachte. Er hatte die Samen zuvor in Chile von einem Bankett entwendet, wo sie ihm als Dessert serviert wurden.

Die trockenen Samen enthalten 40–65 % Stärke und 25 % Ballaststoffe sowie Mineralstoffe wie Kalium und Magnesium.

Die mandelförmigen Samen, in ihrer Heimat als »Piñones« bzw. »Nguilliu« bekannt, werden traditionell geröstet, gekocht oder zu Mehl verarbeitet. Sie schmecken leicht nussig und werden oft als Gemüse oder Einlage in Suppen verwendet. In Chile und Argentinien gelten sie als Delikatesse.

Araukarien gelten als »lebende Fossilien«, da sie sich seit mehr als 200 Mio. Jahren kaum verändert haben und zu den ältesten Nadelbaum-Arten der Erde zählen.
Die Chilenische Araukarie ist durch internationale Abkommen geschützt, wodurch ihre Nutzung heute streng reglementiert ist.

Ähnliche Arten

Andere *Araukarien*-Arten werden ähnlich genutzt, v. a. die Brasilianische Araukarie (*A. angustifolia*) aus Südbrasilien und die Queensland-Araukarie (*A. bidwillii*) aus Australien.

Ungeschälter und geschälter Same

Chilenische Araukarie: A Habitus eines jungen Baums mit abstehenden, von Blättern bedeckten Zweigen **B** von Blättern bedeckte Zweige **C** Zweig mit ♂-Blüte aus vielen Staubblättern **1, 3** Staubblätter **2** ♂-Blüte aus vielen Staubblättern im LS **4** ♀-Zapfen aus zahlreichen verholzten und miteinander verwachsenen Deck- und Samenschuppen **5–6** reife, miteinander verwachsene Deck- und Samenschuppen **7–8** miteinander verwachsene Deck- und Samenschuppen **9** unreifer ♀-Zapfen **10** Blattspitze **11** von Blattbasen bedeckter 1-jähriger Zweig mit kleinen Blattspreiten **12** (unreife) Deckschuppen.

Quellen: Lambert (1803-1824ff); Antoine (1840); Flore des Serres et des Jardins de l'Europe (1862).

Pinie

Mittelmeer-Kiefer, Schirmkiefer

Pinus pinea *(Pinus sativa)*

Die Pinie ist ein immergrüner Nadelbaum, der sich durch seine charakteristische, schirmförmige Krone auszeichnet. Ihre eiförmigen Zapfen werden 8–15 cm lang und benötigen 3 Jahre zum Reifen. Auf den verholzten Schuppen der Zapfen befinden sich die Pinienkerne (Samen), die von einer dunkelbraunen Samenschale umgeben sind.

P. pinea stammt aus dem nördlichen Mittelmeergebiet und wächst dort oft in Küstennähe. Der kommerzielle Anbau erfolgt hauptsächlich in Spanien, Italien und Portugal. Inzwischen gibt es aber auch außerhalb Europas Plantagen, z. B. in Chile.

Die Pinie wurde bereits in der Antike von den Griech:innen und Römer:innen kultiviert und geschätzt. In der griechischen Mythologie war sie Dionysos, dem Gott der Fruchtbarkeit und Lebenskraft, geweiht.

Die Produktion von Pinienkernen ist extrem langwierig und aufwendig: Die Bäume müssen in lockeren Beständen gepflanzt werden und beginnen erst nach 15–20 Jahren Zapfen zu produzieren. Ihre volle Ertragskraft erreichen sie sogar erst nach 40 Jahren. Diese jahrzehntelangen Wartezeiten bei gleichzeitig geringen Flächenerträgen führen dazu, dass Pinienkerne zu den teuersten Schalenobstarten (»Nüssen«) der Welt zählen.

Pinienkerne sind reich an fetten Ölen, insbesondere der mehrfach ungesättigten Linolsäure, sowie Proteinen und Mineralstoffen wie Magnesium und Zink. Sie enthalten außerdem Vitamin E und Antioxidantien. Sie sind leicht verderblich und sollten deshalb kühl und trocken gelagert werden.

Geröstete Pinienkerne entfalten ein intensives und leicht harziges Aroma. In der mediterranen Küche werden sie vielfältig genutzt und sind z. B. unverzichtbarer Bestandteil von Pesto.

Das aus dem Harz der Stämme destillierte Öl wird traditionell äußerlich angewendet, z. B. zur Wundbehandlung oder bei rheumatischen Beschwerden und Muskelschmerzen, aber auch bei Atemwegserkrankungen.

Aus der Rinde werden traditionell Tannine zum Gerben von Leder, aber auch ätherische Öle für die Parfümindustrie gewonnen.
Aufgrund ihres charakteristischen Wuchses ist die Pinie im Mittelmeergebiet ein äußerst beliebter Zierbaum und wird auch zum Schutz vor Bodenerosion angepflanzt.

Ähnliche Arten

Auch andere *Pinus*-Arten mit großen Samen werden ähnlich genutzt. Dies gilt v. a. für *P. cembra*, *P. cembroides*, *P. edulis*, *P. gerardiana* und *P. sibirica*.

Pinie: **A** Habitus mit typischer Kronenform **B** Zweig mit letztjährigem, noch grünlichem, unreifem Zapfen und diesjährigen ♂-Blütenständen **C** Zweig mit diesjährigen ♀-Blüten (Zapfen) **1** 2 Nadeln in gemeinsamer Scheide **2** Spitze eines Nadelblatts **3** ♂-Blüte **4** Zapfen **5** verwachsene Deck- und Tragschuppe mit 2 Samen **6** Same mit rudimentärem Flügel **7** Same im LS **8** Embryo.

Quellen: Lambert (1803-1824ff); Antoine (1840); Nees von Esenbeck & Wijhe (1828-1833).

Annone, Cherimoya

Rahmapfel, Süßsack

Annona

Die Gattung *Annona* umfasst ± 170 Arten von Sträuchern oder kleinen bis mittelgroßen Bäumen. Diese bilden herzförmige, eiförmige oder kugelige Sammelbeerenfrüchte mit einer schuppigen, höckerigen oder netzartigen Oberfläche aus. Das cremig-weiße bis gelbliche Fruchtfleisch umschließt zahlreiche dunkelbraune bis schwarze, bohnenförmige Samen. Es besitzt einen süßen, aromatischen Geschmack, der je nach Art von fruchtig-säuerlich bis cremig-süß variieren kann.

Einige Arten haben größere wirtschaftliche Bedeutung, hauptsächlich wegen ihrer essbaren Früchte, aber auch wegen ihrer Heilwirkungen.

Die CHERIMOYA (*A. cherimola*) gilt darunter als die wohlschmeckendste Frucht. Dem amerikanischen Schriftsteller Mark Twain wird oft die Aussage zugeschrieben, »Cherimoya sei die Köstlichkeit selbst«.

Der ZIMTAPFEL (*A. squamosa*) ist eine der am weitesten verbreiteten Arten und wird besonders in Indien und Thailand intensiv kultiviert.

Die STACHELANNONE (*A. muricata*) hat die größten Früchte der Gattung und wird aufgrund ihres erfrischend säuerlichen Geschmacks besonders für Getränke geschätzt.

Die NETZANNONE (*A. reticulata*) ist trotz ihres weniger intensiven Aromas kommerziell wichtig, da sie robuster und ertragssicher ist.

Interessant sind auch Hybride zwischen verschiedenen *Annona*-Arten wie die ATEMOYA. Diese Kreuzung aus *A. cherimola* und *A. squamosa* vereint die vorteilhaften Eigenschaften beider Elternarten: das feine Aroma der CHERIMOYA mit der besseren Klimaanpassung und höheren Produktivität des ZIMTAPFELS.

Annona ist in den tropischen und subtropischen Regionen Mittel- und Südamerikas sowie in der Karibik beheimatet. Die beiden kommerziell wichtigsten Arten, Cherimoya (*A. cherimola*) und Zimtapfel (*A. squamosa*), werden in tropischen Regionen weltweit kultiviert. Außer in ihrer Heimat finden sich größere Anbaugebiete in Südostasien, auf den Philippinen, in Teilen Afrikas und in Nordaustralien.

Archäologische Funde belegen, dass indigene Völker in Peru und Mexiko bereits vor über 3.000 Jahren *Annona*-Früchte verzehrten und die Gehölze kultivierten. Im 16. Jh. wurden mehrere *Annona*-Arten nach Europa gebracht und von dort aus weltweit in die Kolonien verbreitet.

Annona macroprophyllata

Atemoya

Annona glabra

Annone: A Zweig mit Blättern und Blüten **B–C** Zweige mit Sammelbeerenfrüchten **1** aufpräparierte Sammelfrucht **2** Samen im LS **3** Same **4** Blütendiagramm mit zahlreichen freien Fruchtblättern, die später miteinander verwachsen und die Sammelfrucht bilden **5** Sammelfrucht im LS. **A–B, 1–3:** ***A. squamosa*; C, 4–5: *A. muricata***.

Quellen: Curtis Botanical Magazine (1846); Baillon (1866-1895); Denisse (1843-1846).

Annona cherimola

Annona muricata

Die Früchte vieler *Annona*-Arten zeichnen sich im Allgemeinen durch einen hohen Gehalt an Kohlenhydraten (hauptsächlich Fructose und Glucose) und Ballaststoffen aus. Sie liefern oft auch nennenswerte Mengen an Vitamin C, B-Vitaminen (insbesondere B_6) sowie Mineralstoffen wie Kalium, Magnesium und Eisen. Zusätzlich enthalten sie Flavonoide und weitere Polyphenole.
In den Samen und Blättern vieler Arten finden sich Acetogenine, z. B. das giftige Annonacin.

Die Früchte werden meist frisch verzehrt, indem sie halbiert werden und das cremige Fruchtfleisch mit einem Löffel herausgelöst wird.
Aufgrund ihres feinen Aromas sind in Lateinamerika auch Desserts mit *Annona*-Fruchtfleisch sehr beliebt, z. B. das aus Chile stammende erfrischende »Chirimoya Alegre« in Kombination mit Orangensaft. Das Fruchtfleisch wird auch in Joghurts, Konfitüren und als Aromastoff in Getränken verwendet.

Annona-Tee wird in der traditionellen Medizin gegen Verdauungsbeschwerden und als Beruhigungsmittel eingesetzt. Die Rinde findet Anwendung bei Durchfallerkrankungen und Blattextrakte werden äußerlich bei Hauterkrankungen verwendet.
In der pharmazeutischen Forschung stehen aktuell die Acetogenine im Fokus, die potenziell krebshemmende und insektizide Eigenschaften aufweisen.

Die Samen einiger Arten werden traditionell gemahlen und als Fischgift oder Insektizid verwendet, z. B. zur Bekämpfung von Kopfläusen.

Avocado

Persea americana *(Persea gratissima)*

Die Avocado ist ein mittelgroßer, immergrüner Baum mit dichter, rundlicher Krone und ledrigen, dunkelgrün glänzenden Blättern. *P. americana* bildet kleine, grünlich-gelbe Blüten, die in dichten, stark verzweigten Blütenständen angeordnet sind.

Die Früchte sind birnen- bis eiförmig. Ihre ledrige Schale ist je nach Sorte grünlich bis schwarzviolett und glatt bis warzig. Das reife Fruchtfleisch ist butterweich und von gelblich-grünlicher Farbe. Im Zentrum befindet sich ein großer, ± kugelförmiger Same.

P. americana stammt aus den tropischen und subtropischen Regionen Mexikos, Guatemalas und Zentralamerikas. Heute wird die Art weltweit in tropischen und mediterranen Klimazonen angebaut.

Die Kultivierung der Avocado begann vor mindestens 7.000–5.000 Jahren (manche Quellen sprechen sogar von 10.000 Jahren) in Zentralamerika. Für die Maya, Azteken und andere indigene Völker war sie eine wichtige Nahrungsquelle und galt als Symbol der Fruchtbarkeit.
Im 16. Jh. gelangte sie nach Europa, fand dort jedoch zunächst wenig Anklang. Erst seit den 1960er-Jahren steigt die weltweite Popularität der Avocado stetig an, insbesondere in Europa und Nordamerika.

Es gibt weltweit über 400 Avocado-Sorten, die 3 Grundtypen zugeordnet werden können: mexikanische (kleinfrüchtig, frostresistent), guatemaltekische (dickschalig, kälteempfindlich) und westindische (großfrüchtig, sehr wärmeliebend) Formen. Die weltweit dominierende Sorte HASS hat eine noppige, dunkelviolette bis schwarze Schale und stammt aus einer Kreuzung mexikanischer und guatemaltekischer Sorten.

Im kommerziellen Anbau werden Avocados durch Veredelung vermehrt, um die Sortenmerkmale zu erhalten. Die Früchte entwickeln sich je nach Sorte und klimatischen Bedingungen in einem Zeitraum von 6–18 Monaten nach der Blüte und werden im unreifen Zustand geerntet. Ihre vollständige Reife erreichen sie erst nach der Ernte durch natürliche Nachreifung. Die schonende Handlese erfolgt mit speziellen Erntehilfen und Auf-

Avocado: **A** Zweig mit Blättern, Blütenständen und Früchten **B** Blütenstand **1** Blüte **2** Staubblatt mit langem Staubfaden und 4-fächrigem Staubbeutel, basal mit kurzen Staminodien **3** Fruchtknoten mit Griffel **4** aufpräparierte Frucht (1-samige Beere).

Quellen: Denisse (1843–1846); Curtis Botanical Magazine (1851).

fangkörben, um die empfindlichen Früchte vor Beschädigungen zu schützen.
Der weltweite Handel mit Avocados hat sich in den letzten Jahrzehnten zu einem bedeutenden Wirtschaftsfaktor entwickelt, der allerdings wegen des hohen Wasserverbrauchs der Plantagen auch kritisch betrachtet wird.

Das Fruchtfleisch von Avocados zeichnet sich durch einen hohen Gehalt von 15–25 % an fetten Ölen aus, die v. a. aus Ölsäure bestehen. Es enthält reichlich Mineralstoffe, v. a. Kalium, Magnesium und Phosphor, sowie die Vitamine E, K, B_5, B_6 und Folsäure. Außerdem sind Carotinoide (z. B. Lutein), Phytosterole und phenolische Verbindungen zu finden. Proteine kommen mit einem Anteil von 1–2 % in vergleichsweise geringer Menge vor.

Das cremige, milde Fruchtfleisch der Avocado wird vorwiegend roh verzehrt. Eine klassische Zubereitung ist die »Guacamole«, ein mexikanischer Dip aus zerdrückter Avocado, Limettensaft, Zwiebeln, Tomaten, Chili und Koriander. Avocados eignen sich hervorragend für Salate, Sandwiches, Sushi und als Brotaufstrich. In der vegetarischen und veganen Küche werden sie aufgrund ihres hohen Fettgehalts als Ersatz für tierische Produkte geschätzt.

In der traditionellen Medizin werden verschiedene Teile des Baumes zur Behandlung von Magen-Darm-Beschwerden, Haut- und Leberproblemen verwendet. Wissenschaftliche Studien deuten darauf hin, dass der regelmäßige Verzehr von Avocados zur Verbesserung der Blutfettwerte und zur Unterstützung der Augengesundheit beitragen kann.

Avocado-Öl findet in der Kosmetikindustrie vielfältige Anwendung in Haut- und Haarpflegeprodukten.

Verschiedene Teile des Baumes, insbesondere Blätter, Rinde und Samen, enthalten Persin, ein Fungizid, das auch für einige Tierarten giftig ist. Deshalb sollten Haustiere wie Vögel, Kaninchen, Pferde und einige Hunde- und Katzenrassen keinen Zugang zu anderen Pflanzenteilen oder großen Mengen der Schale und des Kerns haben. Der Verzehr des Fruchtfleisches für Menschen ist hingegen unbedenklich.

Kokospalme

Cocos nucifera *(Palma cocos)*

Die Kokospalme ist eine imposante, 1-häusige Palme mit schlankem Stamm. An den großen, hängenden Fruchtständen reifen meist mehrere Dutzend Kokosnüsse gleichzeitig heran und benötigen nach der Blüte 11–14 Monate bis zur Reife.
Die Kokosnüsse – aus botanischer Sicht Steinfrüchte – werden von 3 Fruchtblättern gebildet. Sie bestehen aus einer glatten, ledrigen äußeren Schicht (dem Exokarp), einer faserigen mittleren Schicht (dem Mesokarp) und einer holzigen inneren Schicht (dem Endokarp), die den Samen umschließt. Dieser enthält ein weißes und fleischiges Endosperm (Kopra) sowie das klare, erfrischende Kokoswasser.

C. nucifera stammt aus dem indo-pazifischen Raum, wahrscheinlich aus Malaysia, Indonesien, den Philippinen und Melanesien.
Die Ausbreitung an praktisch alle tropischen Küsten der Welt erfolgte teilweise durch die 3–4 Monate lang schwimmfähigen Früchte, die mit den Meeresströmungen verdriftet wurden. Sie wurde aber auch durch frühe melanesische und polynesische Seefahrende vorangetrieben. Dadurch kann ihr natürliches Areal nicht mehr sicher ermittelt werden.

Archäologische Funde belegen, dass Kokospalmen bereits vor 4.000 Jahren auf Pazifikinseln kultiviert wurden.
In zahlreichen tropischen Kulturen wird die Kokospalme als »Baum des Lebens« bezeichnet. Sie spielt oft eine wichtige Rolle in religiösen Zeremonien und Ritualen und prägt die kulturelle Identität. In hinduistischen Zeremonien gelten Kokosnüsse als Symbol der Reinheit, Fruchtbarkeit und des göttlichen Segens und werden als Opfergabe dargebracht.
Während des 15. und 16. Jh. trugen Händler:innen zu ihrer Ver-

A ♂-Blütenstand mit großem Tragblatt **1** ♂-Blütenknospe **2** ♂-Blüte **3** aufpräparierte ♂-Blüte **4–5** Staubblätter **6, 9** ♀-Blüten **7** Fruchtknoten **8** Fruchtknoten im LS **10** unreife Frucht nach Entfernung der Blütenblätter **11** junge Kokosnuss.

Kokospalme: **A** Habitus einer fruchtenden Palme **1** Frucht im LS: außen mit dünner, derber grünlich-gelblicher Schale (Exokarp), darunter die dicke, zunächst fleischige, später faserige, bräunliche Mittelschicht (Mesokarp) und die stark verholzte dunkelbraune Innenschicht (Endokarp), die den Steinkern bildet. Darin befindet sich der Same mit einem kleinen Embryo, dem großen weißen Endosperm (»Kopra«) und einem großen zentralen Hohlraum, der teilweise mit »Kokoswasser« gefüllt ist. **2** Steinkern nach Entfernung der mittleren und äußeren Fruchtschale. Die 3 rundlichen Flecken an der abgerundeten Seite sind die Keimporen, unter denen die Embryonen sitzen, wobei nur 1 Embryo auskeimt. **3** Steinkern im QS **4** Same nach Entfernung des Endokarps **5** Teil eines Samens mit bräunlicher Samenschale, großem Endosperm und kleinem Embryo unter der Keimpore.

Quelle: Köhler (1883-1898ff).

breitung bei. Im 19. und frühen 20. Jh. entstanden ausgedehnte Kokosplantagen, insbesondere für die Kokosölgewinnung, die den Grundstein für die heutige kommerzielle Bedeutung der Art legten.

Weltweit existieren mehr als 100 Sorten von *C. nucifera*, die in hochwüchsige Typen (TALL) und Zwergformen (DWARF) unterteilt werden. Die hochwüchsigen Sorten liefern meist größere Mengen an Kopra und sind robuster gegen den salzhaltigen Wind in Küstennähe. Die kleineren, schneller fruchtenden Zwergsorten werden v. a. für die Produktion von Kokoswasser verwendet.

Zur Keimung werden reife Kokosnüsse horizontal in flache Gruben gelegt. Bei optimalen Bedingungen beginnt die Keimung nach 2–6 Monaten. Die jungen Palmen werden nach ± 1 Jahr an ihren endgültigen Standort verpflanzt. Eine gesunde Kokospalme trägt jährlich 50–150 Früchte und kann mehrere Jahrzehnte produktiv bleiben.

Kokoswasser ist reich an Kalium, Calcium, Magnesium und Vitamin C.
Das Endosperm, als »Kopra« bekannt, enthält ± 35 % Fett, 3–4 % Proteine und 10–15 % Kohlenhydrate sowie Ballaststoffe. An Mineralstoffen kommen Mangan und Kupfer in großen Mengen vor, es finden sich aber auch Selen, Eisen, Phosphor und Magnesium.
Kokosöl besteht zu 80–92 % aus gesättigten Fettsäuren, v. a. Laurinsäure, und enthält zudem mittelkettige Triglyceride wie Capryl- und Caprinsäure.
Kokosmilch entsteht, indem fein pürierte Kopra mit Wasser vermischt und anschließend gefiltert wird.

Die Kokospalme bietet eine erstaunliche Vielfalt an essbaren Produkten.
Das Kokoswasser junger, unreifer Früchte wird als erfrischendes, isotonisches Getränk geschätzt. Das weiße Endosperm wird frisch verzehrt, getrocknet (als Kopra) oder zu Kokosmilch und Kokoscreme verarbeitet. Es wird zu Kokosraspeln verarbeitet, die als Zutat in Backwaren, Süßigkeiten und anderen Lebensmitteln dienen.
Kokosöl, gewonnen aus getrockneter Kopra, dient zum Kochen, Braten und Backen.
Darüber hinaus wird der Blütenstand angezapft, um süßen Palmsaft zu gewinnen. Aus ihm wird auch Palmzucker und Palmwein hergestellt. Auch die Palmherzen gelten als Delikatesse. Allerdings sterben die Stämme nach der Entnahme der Palmherzen ab.

Kokosöl ist in Kosmetikprodukten wie Seifen und Lotionen beliebt. In jüngerer Zeit gewinnt es auch an Bedeutung für die Herstellung von Biodiesel.
Die robusten Fasern der Kokosnuss-Schale (»Coir«) werden für Seile, Matten und weiteres Flechtwerk verwendet.
Die harten Schalen dienen als Brennmaterial oder zur Herstellung von Gefäßen und Kunsthandwerk.
Die Blätter werden traditionell zum Dachdecken genutzt und der Stamm liefert widerstandsfähiges Holz für den Hausbau.

Aufgrund ihrer außergewöhnlichen Vielseitigkeit und ihrer enormen Bedeutung für die Lebensgrundlage vieler Menschen in mehr als 90 tropischen Ländern gilt die Kokospalme als eine der wirtschaftlich bedeutendsten Nutzpflanzen der Tropen.

Kohlpalme

Açaí-Palme
Euterpe oleracea *(Euterpe badiocarpa)*

Die Kohlpalme ist eine schlanke, meist mehrstämmig wachsende Palme, die bis 25 m hoch wird. Die kugeligen, dunkelvioletten Steinfrüchte haben ein fleischiges Fruchtfleisch. Sie werden als »Açaí-Beeren« vermarktet.

E. oleracea ist im östlichen Amazonasbecken beheimatet. Die kommerzielle Kultivierung erfolgt v. a. in Brasilien, insbesondere im Bundesstaat Pará, wo große Plantagen angelegt wurden.

Die Nutzung von Früchten und Palmherzen hat eine lange Tradition bei der indigenen Bevölkerung des Amazonasgebietes. Auch die frühen europäischen Siedler:innen schätzten die Palme.

Um die Ernte zu erleichtern, wurden Zwergformen gezüchtet, die weniger als 6 m hoch werden. Deren Früchte können bequem in 1 m Höhe geerntet werden. Es existieren auch Sorten mit weißlichen bis grünlichen Beeren (»Açaí Branco«).

Das Fruchtfleisch enthält ± 50 % fette Öle, die sich v. a. aus Ölsäure, Palmitinsäure und der mehrfach ungesättigten Linolsäure zusammensetzen. Außerdem ist es außerordentlich reich an sekundären Pflanzenstoffen wie Anthocyanen (insbesondere Cyanidin-3-Glucosid und Cyanidin-3-Rutinosid), Flavonoiden (z. B. Quercetin, Rutin), Tanninen und Carotinoiden. Darüber hinaus enthält die Frucht Ballaststoffe, Vitamin E und Mineralstoffe wie Calcium, Eisen und Kalium.

Die Frucht ist in der Region um den Bundesstaat Pará ein zentraler Bestandteil der lokalen Küche.
Für die traditionelle Zubereitung werden die Früchte in Wasser eingeweicht, um das Fruchtfleisch vom harten Samen zu lösen. Anschließend wird die Masse geknetet oder gerieben, wodurch ein dickflüssiger Saft entsteht. Dieser wird pur oder auf Eis als erfrischendes, energiereiches Getränk getrunken.
Auch die Palmherzen, in Brasilien »Palmito« genannt, werden als delikates Gemüse in Salaten oder als Beilage genutzt.

In der traditionellen Medizin des Amazonasgebietes findet die Açaí-Beere Anwendung bei der Behandlung von Fieber, Magen-Darm-Beschwerden, Hauterkrankungen und verschiedenen Infektionen.
Wissenschaftlich betrachtet mangelt es jedoch an aussagekräftigen Belegen für diese oft beworbenen Heilwirkungen.

Extrakte der Frucht werden aufgrund ihres hohen Gehalts an Antioxidantien auch für Hautpflegeprodukte verwendet.

E. oleracea ist eine der bedeutendsten Arten für die Gewinnung von Palmherzen. Bei der Ernte stirbt diese Art aber meist nicht vollständig ab, da aus der Basis ihrer Stämme neue Triebe entstehen können.

Kohlpalme: A Habitus **B** Keimling **1** ♂-Blütenstand mit großem Tragblatt **2** Staubblatt **3** Teil eines ♀-Blütenstands **4** Fruchtknoten mit Perigonblatt **5** Frucht, basal mit Perigonblättern **6** Früchte **7** Frucht im QS **8** Teil eines Blatts mit Rhachis und Fiederblättchen **9** LS durch den Vegetationskegel (Sprossspitze mit Blattscheiden) und seitlicher Anlage eines Blütenstands **10** QS durch Vegetationskegel.

Quellen: von Martius (1823-1850); von Martius et al. (1840-1904).

Dattelpalme

Phoenix dactylifera *(Phoenix excelsior)*

Die Dattelpalme ist ein 2-häusiger Baum, der 15–30 m Höhe erreicht. Der gerade Stamm trägt eine Krone aus 20–30 gefiederten Blättern, die 3–6 m lang werden. Die unteren Fiederblättchen sind zu Dornen umgewandelt. Die Steinfrüchte sind eiförmig bis kurz-zylindrisch und variieren je nach Sorte stark in Farbe und Größe. Das süße, fleischige Fruchtfleisch umschließt den länglichen, harten Dattelkern.

Die Heimat der Dattelpalme liegt vermutlich in den trocken-heißen Regionen Nordafrikas und Südwestasiens. Heute wird sie in einem breiten Gürtel von Marokko bis Indien angebaut, besonders in Ägypten, Iran und Saudi-Arabien. Zudem wurde sie weltweit in subtropische und tropische Klimazonen eingeführt, z. B. in Kalifornien, Mexiko, Australien und Indien.

Die Dattelpalme wurde bereits vor 6.000 Jahren in Mesopotamien kultiviert. Bilder von ihr schmücken ägyptische Grabkammern und Tempelwände, so z. B. im Grab von Tutanchamun (um 1325 v. Chr.). In der Antike schätzten auch Babylonier:innen und die Römer:innen Datteln als nahrhafte Süßigkeit und wichtiges Handelsgut. In vielen Kulturen des Nahen Ostens galt sie als heiliger Baum und Symbol für Fruchtbarkeit.
Arabische Händler:innen und später die Maur:innen etablierten die Dattelkultur auf Sizilien und in Spanien, von wo aus sie nach Amerika gelangte.

Weltweit existieren vermutlich mehr als 3.000 Dattelpalmen-Sorten. Zu den bekanntesten gehören: Medjool mit großen, weichen und sehr süßen Datteln mit karamellartigem Geschmack. Deglet Noor sind halbtrockene, honigfarbene Datteln mit nussigem Aroma. Barhi ist eine bernsteinfarbene und sehr süße Sorte. Halawy bildet kleine, sehr süße und weiche Früchte, während Zahidi mittelgroße, goldgelbe bis bernsteinfarbene Datteln mit festem Fruchtfleisch sind.
Die Züchtung und Vermehrung erfolgen traditionell durch die Auswahl besonders ertragreicher ♀-Bäume, deren Ableger vegetativ vermehrt werden.

Die Palmen tragen erstmals nach 5–8 Jahren Früchte, erreichen ihre maximale Produktivität nach 10–15 Jahren und bleiben viele Jahrzehnte ertragreich. Obwohl die Dattelpalme sehr hitzetolerant ist, ist für die Fruchtbildung und Qualität der

Abbildung von Dattelpalmen aus der Palmenmonografie von von Martius (1863)

Dattelpalme mit unreifen Früchten in Netzen als Schutz vor Vögeln

Dattelpalme: A Habitus einer fruchtenden Palme **B** Fruchtstand mit großem Tragblatt **C** Blatt mit Rachis und Fiederblättchen **1, 3** ♂-Blüte **2** ♂-Blütenstand **4** Blütenknospe einer ♀-Blüte **5** ♀-Blüte **6** 3-blättriger Fruchtknoten **7–8** Steinfrüchte, basal mit Perigonblättern **9** Steinfrucht im LS.

Quellen: Nees von Esenbeck & Wijhe (1828-1833); Chaumeton (1814ff); Blackwell (1750-1773).

Datteln regelmäßige Bewässerung entscheidend. Die Bestäubung erfolgt meist künstlich: ♂-Blütenstände werden zwischen die ♀-Blütenstände gebunden oder der Pollen wird maschinell aufgesprüht. Nach der Bestäubung dauert es ± 200 Tage bis zur Fruchtreife.

Frische Datteln enthalten 25–30 % Kohlenhydrate, überwiegend Fructose und Glucose. In getrockneten Datteln kann dieser Anteil bis auf 70 % ansteigen. Datteln sind auch reich an Ballaststoffen, Mineralstoffen, Vitamin B_6, Niacin und Folsäure. Darüber hinaus enthalten sie Flavonoide und Phenolsäuren.

In den traditionellen Anbaugebieten sind Datteln seit Jahrtausenden ein Grundnahrungsmittel und werden als »Brot der Wüste« oder »Baum des Lebens« bezeichnet. Aufgrund ihres hohen Zuckeranteils liefern sie rasch verfügbare Energie. Im Nahen Osten werden sie deshalb gerne zum Fastenbrechen während des Ramadans gegessen. Sie können frisch, halbgetrocknet oder getrocknet verzehrt werden. Auch Dattelsirup (»Dibs«) ist ein beliebtes Süßungsmittel.

Aus den Kernen der Dattelpalme wird ein Öl gewonnen, das v. a. kosmetischen Zwecken dient. Die Kerne finden auch als Viehfutter Verwendung.
Die faserigen Blätter werden seit jeher zu Körben, Matten und Seilen verarbeitet, während der Stamm als Bauholz oder Brennstoff genutzt wird. Auch in der Landschaftsgestaltung erfreuen sich Dattelpalmen aufgrund ihres imposanten Erscheinungsbildes großer Beliebtheit.

Ein bemerkenswerter Aspekt ist auch die extreme Langlebigkeit der Samen von Dattelpalmen: 2005 gelang es Forscher:innen, 2.000 Jahre alte Samen aus Ausgrabungen von Masada am Toten Meer zum Keimen zu bringen. Die daraus entstandene Palme erhielt den Namen »Methuselah« und wächst bis heute im Kibbuz Ketura in Israel.

Banane

Kulturbanane

Musa × paradisiaca

Die Banane ist eine krautige, mehrjährige Pflanze, die trotz ihrer Größe von bis zu 9 m nicht als Baum gilt, weil ihr »Stamm« nicht aus Holz, sondern aus überlappenden Blattscheiden besteht. Die gefiederten Blätter können bis zu 3 m lang werden, sind saftig grün und besitzen eine ausgeprägte Mittelrippe.

Der herabhängende Fruchtstand besteht aus zahlreichen Früchten – botanisch Beeren – die in nach oben gekrümmten »Händen« mit jeweils 10–20 »Fingern« wachsen. Der Name »Banane« leitet sich vermutlich vom arabischen Wort »banan« (»Finger«) ab. Die Kulturbanane bildet keine Samen, weil sie eine weitgehend sterile Hybride aus *M. acuminata* und *M. balbisiana* ist.

Die charakteristische gekrümmte Form der Banane entsteht durch einen interessanten biologischen Prozess: Zunächst wachsen die Fruchtknoten relativ gerade aus der nach unten gerichteten Bananenblüte heraus. Während ihrer Entwicklung beginnen sie jedoch, sich aktiv gegen die Schwerkraft dem Licht entgegen-zu-krümmen. Erst dieses Streben nach oben verleiht der Banane ihre typische gebogene Form.

Fruchtstand mit Kochbananen

M. × paradisiaca ist im tropischen Südostasien entstanden. Heute werden Bananen weltweit in tropischen und subtropischen Gebieten kultiviert, mit Hauptanbaugebieten in Lateinamerika, Asien und Afrika.

Die ersten gesicherten Nachweise der Kultivierung von Bananen stammen aus Neuguinea aus der Zeit vor 7.000–6.400 Jahren, obwohl der exakte Beginn und Ort ihrer Domestikation noch immer Gegenstand intensiver Forschung sind. Von Neuguinea verbreitete sich ihr Anbau über Südostasien bis nach Indien und arabische Händler:innen brachten sie früh nach Afrika.

Nach Amerika gelangten Bananen bereits im 16. Jh. durch portugiesische Seefahrende. Die kommerzielle Nutzung begann dort in großem Stil aber erst im späten 19. Jh., als amerikanische Unternehmen große Plantagen in Mittelamerika anlegten, eine Entwicklung, die den Begriff der »Bananenrepublik« prägte.

Es existieren weltweit über 1.000 Sorten. Kulturbananen bilden keine Samen aus, weil sie i. d. R. 3 Chromosomensätze enthalten, die von den Wildarten *M. acuminata* (»A-Genom«) und *M. balbisiana* (»B-Genom«) stammen. Die Wildarten haben jeweils 2 Chromosomensätze und bilden normale Samen aus – sie sind deshalb kaum genießbar. Die Kulturbananen lassen sich in 2 große Gruppen einteilen: Kochbananen und Dessertbananen.

Kochbananen (AAB-Genom oder ABB-Genom) sind stärkehaltige Sorten, die vorwiegend unreif geerntet und überwiegend direkt in den Anbauländern zum Kochen verwendet werden. Die in Europa verbreiteten Bana-

Banane: A Habitus einer Bananen-Staude mit herabhängendem Fruchtstand **1** Blütendiagramm **2** 1 Blüte im Blütenstand (die restlichen Blüten wurden entfernt) **3** aufpräparierte Blüte (ohne Perigonblätter) mit unterständigem Fruchtknoten mit Griffel und 1 Staubblatt **4** Blüte mit auswachsendem Fruchtknoten **5** Frucht (Beere) **7** Banane im QS.

Quellen: Meijer (1880-1905); Chaumeton (1814ff).

nen sind meist die zuckerhaltigen DESSERTBANANEN (AAA-Genom), insbesondere von der Sorte CAVENDISH, die heute 95–99 % des internationalen Bananenhandels ausmacht. Diese Sorte setzte sich nach den 1950er-Jahren durch, als die zuvor dominierende Sorte GROS MICHEL durch die »Panama-Krankheit« fast komplett ausgerottet wurde. Die Krankheit wurde damals durch die RACE 1 des Pilzes *Fusarium oxysporum* f. sp. *cubense* verursacht. Mitte des 20. Jh. entdeckten Forscher:innen zudem das Potenzial der frost- und trockenheitstoleranten Samtbanane (*M. velutina*), die seitdem auch zur Züchtung robusterer Bananensorten eingesetzt wird.

Bananenstauden werden vegetativ durch Ableger vermehrt. In den Plantagen werden meist 3 Generationen gleichzeitig kultiviert: die fruchttragende Hauptpflanze, eine halbwüchsige Nachfolgerin und ein junger Schössling. Von der Pflanzung bis zur ersten Ernte vergehen 9–18 Monate. Für den Export werden die noch grünen Früchte geerntet und am Zielort durch Begasung mit Ethylen nachgereift.

Bananen sind reich an Kohlenhydraten, v. a. Stärke (in unreifen Früchten) und Zucker (in reifen Früchten). Sie enthalten viel Kalium sowie Vitamin B_6, Vitamin C und Folsäure. Während des Reifeprozesses wird Stärke in Zucker umgewandelt, wodurch der Anteil an Saccharose, Glucose und Fructose ansteigt.

Die KOCHBANANEN sind ein zentrales Nahrungsmittel in vielen tropischen Ländern. Im Gegensatz zu DESSERTBANANEN werden sie selten roh gegessen, sondern gekocht, gebraten, frittiert oder gebacken. Die Verwendungsmöglichkeiten sind äußerst vielfältig: von herzhaften Eintöpfen und Suppen bis hin zu Beilagen, Snacks wie Chips oder süßen Desserts.

Die DESSERTBANANEN werden hauptsächlich roh als Frischobst verzehrt, aber auch in Obstsalaten, Smoothies, Backwaren, Desserts und Frühstückszubereitungen verwendet.

Neben der kulinarischen Nutzung findet die Banane auch in der traditionellen Medizin Anwendung. Blätter und Schalen werden z. B. als Umschläge bei kleineren Verletzungen oder zur Linderung von Hautreizungen verwendet.

Bananen-Extrakte finden auch in der Kosmetikindustrie in Haut- und Haarpflegprodukten vielfältige Anwendung.
Die robusten Blätter dienen traditionell zum Verpacken und Kochen von Lebensmitteln sowie zur Herstellung von Dekorationsmaterialien.

Die kommerzielle Bananenproduktion steht aktuell vor erheblichen Herausforderungen. Die genetisch einheitliche CAVENDISH-Banane ist besonders anfällig für Krankheiten, insbesondere Pilzkrankheiten. Und wieder ist es die Panama-Krankheit, die derzeit die globale Bananenproduktion bedroht. Der aktuelle Erreger ist »Fusarium Tropical Race 4«, eine neue Variante des Pilzes, der schon in den 1950er-Jahren die Bananenproduktion gefährdete. Vielversprechende Ansätze bieten alte Bananensorten bzw. Arten, die eine natürliche Resistenz gegen den Erreger aufweisen. Erst in den 2020er-Jahren konnten Wissenschaftler:innen mithilfe gentechnischer Methoden eine resistente Bananensorte entwickeln, die sich in ersten Feldversuchen als vielversprechend erwiesen hat. Ob diese wissenschaftlichen Fortschritte langfristig ausreichen werden, um die Bedrohung erfolgreich abzuwenden, bleibt eine offene Frage für die kommenden Jahre.

Ananas

Ananas comosus *(Ananassa sativa, Bromelia comosa)*

Die Ananas ist eine mehrjährige, krautige Pflanze, die eine große bodenständige Rosette bildet – die bis zu 1,5 m ⌀ erreichen kann. Die derben, im Querschnitt schwertförmigen Blätter sind steif und am Rand stachelig gezähnt. Aus der Mitte der Rosette entwickelt sich ein kurzer Blütenstandsschaft mit einem kegelförmigen Blütenstand.
Bei der Fruchtreife verschmelzen die Früchte der Blüten miteinander und mit der Blütenstandsachse. Dabei entsteht die feste, eiförmige bis kurz-zylindrische Ananas. Aus botanischer Sicht handelt es sich dabei also nicht um eine Einzelfrucht, sondern um einen Beerenfruchtverband aus vielen miteinander verwachsenen Früchten eines Blütenstandes. Die Schale der Ananas ist fest und schuppig und ihr Fruchtfleisch saftig und gelblich. Es hat einen süßlich-säuerlichen, aromatischen Geschmack.

A. comosus stammt aus Südamerika, genauer aus Brasilien und Paraguay. Heute wird sie in nahezu allen tropischen und subtropischen Regionen kultiviert. Wichtige Anbauländer sind Costa Rica, die Philippinen, Brasilien, Thailand und Indonesien.

Die Ananas wurde von den indigenen Völkern Südamerikas bereits vor mehr als 2.000 Jahren kultiviert. Christoph Kolumbus stieß während seiner 2. Amerikareise im November 1493 auf Guadeloupe auf die Ananas und brachte eine Frucht nach Europa, wo er sie dem spanischen Königshof präsentierte. Im 16. Jh. verbreiteten portugiesische und spanische Seefahrende die Pflanze auch nach Asien und Afrika.
Die Ananas wurde im aristokratischen Europa des 17.–18. Jh. schnell zum Statussymbol und es wurden eigens Ananasgewächshäuser gebaut, um die Frucht auch in Europa kultivieren zu können. Als erstes gelang dies den Gärtner:innen der Niederländerin Agnes Block im Jahr 1685. Eine einzelne Frucht konnte damals den Wert eines kleinen Hauses erreichen. Erst im 19. Jh. wurde die Ananas dank schnellerer Schiffe und besserer Konservierungstechnik auch in Europa für breitere Bevölkerungsschichten verfügbar.

Weltweit existieren mehr als 100 Ananas-Sorten, den Welthandel dominieren aber nur wenige Sorten, die traditionell in 5 Gruppen zusammengefasst werden.
Die Cayenne-Gruppe war lange Zeit die wichtigste kommerziell angebaute Gruppe und zeichnet sich durch zylindrische Früchte mit gelblich-orangem Fruchtfleisch und mittlerem Säuregehalt aus. Die Queen-Gruppe hat kleinere Früchte, die meist frisch verzehrt werden, und weist ein sehr süßes, aromatisches Fruchtfleisch und eine goldgelbe Farbe auf. Die Spanish-Gruppe war eine der ersten

Ananas: **A** Pflanze mit gezähnten Grundblättern und Beerenfruchtverband mit distalem Schopf aus Blättern **B** Blütenstand **1** Blüte mit kurzen Kelch- und langen bläulich-violetten Kronblättern **2** Blüte im LS **3** aufpräparierte Blüte mit Griffel und 3 Narben **4** Ananas im QS mit wenigen Samen.

Quelle: Denisse (1843–1846).

überhaupt kultivierten Gruppen. Ihre Früchte haben eine rundliche Form, dunkle Schale und ein faserreiches, helles Fruchtfleisch. Die ABACAXI- bzw. PERNAMBUCO-Gruppe ist für ihren hohen Zuckergehalt, intensive Süße und weiches Fruchtfleisch bekannt. Schließlich gibt es die SINGAPORE- bzw. SMOOTH CAYENNE-Gruppe mit großen Früchten mit geringem Fasergehalt, saftigem Fleisch und ausgewogener Süße-Säure-Balance.
In den letzten Jahrzehnten wurden außerdem Hybridsorten entwickelt, die Eigenschaften verschiedener Gruppen kombinieren: MD-2 (auch als GOLD oder SUPER SWEET bekannt) ist aus Kreuzungen verschiedener Cayenne-Typen entstanden und zeichnet sich durch besonders süßes, goldgelbes Fruchtfleisch mit geringem Säuregehalt, guter Haltbarkeit und Früchten mit zylindrischen Formen aus. Sie beherrscht heute große Teile des internationalen Marktes.

Ananas wird hauptsächlich aus Ausläufern oder dem Blattschopf der Früchte vermehrt, da nur selten Samen gebildet werden. Nach der Pflanzung dauert es 16–30 Monate bis zur ersten Ernte. Die Früchte werden händisch geerntet, wobei der optimale Exportreifegrad leicht unreif ist, da Ananas nach der Ernte kaum nachreift.

Die Früchte bestehen überwiegend aus Wasser (85–87 %) und Zucker (9–13 %), v. a. Saccharose, Fructose und Glucose. Sie sind außerdem reich an Vitamin C, Mangan, phenolischen Verbindungen (wie Gallussäure und Myricetin) sowie Carotinoiden (v. a. β-Carotin).
Außerdem enthalten Frucht und Stamm das Enzym Bromelain, das Proteine spaltet, und durch seine proteolytische Wirkung ein Kribbeln auf der Zunge verursachen kann.

Die Ananas zählt zu den wirtschaftlich bedeutendsten tropischen Früchten. Sie wird frisch verzehrt sowie zu Konserven, Saft, Nektar, Fruchtkonzentraten, getrockneten Früchten, Marmelade und Fruchtwein verarbeitet. In der internationalen Küche findet sie Verwendung in süßen wie herzhaften Gerichten, von Obstsalaten über karibische Gerichte wie »Chicken with Pineapple« bis zur »Pizza Hawaii«.
In der Süßwarenindustrie ist Ananas ein beliebtes Aroma, bekannt etwa durch den Cocktail »Piña Colada«.

Das eiweißspaltende Enzym Bromelain wird aufgrund seiner proteinspaltenden Wirkung traditionell bei Verdauungsbeschwerden verwendet und kommt heute auch als Nahrungsergänzungsmittel zum Einsatz. Darüber hinaus wird Bromelain medizinisch zur Behandlung von Schwellungen, Sportverletzungen und bei Verdauungsproblemen genutzt.

In der Kosmetikindustrie sind Ananas-Extrakte Bestandteil von Peelings und Hautpflegeprodukten.
Die Reste der industriellen Verarbeitung dienen als Tierfutter, Dünger oder zur Biogasproduktion. Aktuelle Studien untersuchen die Nutzung der cellulosereichen Abfälle für biologisch abbaubare Verpackungsmaterialien.
Die Blätter enthalten robuste Fasern, die traditionell zur Herstellung von Textilien (z. B. »Piña-Stoff«), Seilen und Papier genutzt werden.

Als CAM-Pflanze öffnet die Ananas ihre Spaltöffnungen nachts zur CO_2-Aufnahme und speichert dieses in organischen Säuren in den Blättern und auch in der Frucht. Tagsüber werden die Spaltöffnungen geschlossen, während das gespeicherte CO_2 durch Photosynthese in Zucker umgewandelt wird. Dieser spezielle Stoffwechselweg ermöglicht es den Pflanzen Trockenperioden ohne Schaden zu überstehen.

Berberitze

Sauerdorn
Berberis vulgaris

Die Berberitze ist ein sommergrüner Strauch mit 3-teiligen Dornen und bogenförmig überhängenden Zweigen. Die Rinde junger Triebe ist meist gelblich bis rötlich gefärbt und das Holz zeigt ebenfalls eine gelbliche Färbung. Die kleinen, gelben, duftenden Blüten hängen in Trauben herab. Die leuchtend roten, länglich-eiförmigen bis kurzzylindrischen Beeren haben einen säuerlichen Geschmack.

B. vulgaris ist in Europa, Nordafrika und Südwestasien heimisch. Sie wird häufig als Garten- und Heckenpflanze kultiviert.

Schon im antiken Griechenland wurde die Berberitze als Heilpflanze verwendet. Im Mittelalter wurde sie häufig in Kloster- und bäuerlichen Gärten kultiviert und war in der Heilkunde geschätzt.

Die Beeren enthalten reichlich Vitamin C, organische Säuren, Fructose sowie die farbgebenden Anthocyane. In der Rinde und im Holz finden sich größere Mengen des gelben, bitter schmeckenden Alkaloids Berberin.

Die roten Beeren haben einen säuerlichen Geschmack und werden traditionell zur Herstellung von Marmeladen, Gelees und Sirupen verwendet. In getrockneter Form lassen sie sich auch als Gewürz oder Topping für Salate nutzen. In Persien und im Kaukasus werden erfrischende Getränke aus ihnen zubereitet. Auch die jungen Blätter können roh als würzige Zutat in Salaten, Suppen und Kräutersoßen verwendet werden.
Insbesondere die Rinde, Wurzeln und unreifen Früchte enthalten das Alkaloid Berberin, das in größeren Mengen giftig wirken kann. Daher sollten nur vollreife Beeren und junge Blätter (in Maßen) konsumiert werden.

In der traditionellen Medizin werden besonders die Wurzelrinde, aber auch die Beeren und Blätter wegen ihrer heilenden Eigenschaften geschätzt.
Aktuelle wissenschaftliche Studien untersuchen die pharmakologischen Wirkungen von Berberin, z. B. dessen antidiabetische, cholesterinsenkende und antimikrobielle Eigenschaften.

Das gelbe Pigment aus dem Holz wird traditionell als Farbstoff für Textilien verwendet.

Die Berberitze ist der Zwischenwirt des Getreiderostpilzes (*Puccinia graminis*), der bei Getreide zu großen Ernteausfällen führen kann. Bei Landwirt:innen war die Berberitze deshalb lange wenig beliebt. In Deutschland gab es im 17. Jh. sogar Verordnungen zur Berberitzenbekämpfung. Dank moderner Getreidesorten und Fungizideinsatz ist Getreide heute weniger anfällig gegen den Pilz, sodass die Berberitze mittlerweile als pflegeleichter Zierstrauch geschätzt wird.

Berberitze: **A** Zweig mit herabhängendem Blütenstand **B** Zweig mit Früchten **C** Stängel mit Blättern und 3-teiligen Blattdornen **1–3** Blüten **4** Fruchtknoten mit Staubblatt **5** Staubbeutel **6** Beere im LS **7** Beere im QS **8** Samen im LS.

Quelle: von Schlechtendal (1840ff).

Macadamia

Macadamia

Macadamia-Arten sind mittelgroße, immergrüne Laubbäume mit herabhängenden Blütenständen, die aus zahlreichen kleinen, cremeweißen bis rosafarbenen Blüten bestehen. Die kugeligen Früchte sind 2–3 cm groß. Ihre bräunliche, ledrige Hülle reißt bei der Reife häufig – aber nicht immer – auf. Sie können deshalb sowohl als Balgfrüchte als auch als Steinfrüchte klassifiziert werden. Die oft nahezu perfekt kugelförmigen Samen sind als »Macadamianüsse« bekannt. Die harte, holzige Samenschale umgibt einen großen, kugeligen, weißlichen bis cremefarbenen, essbaren Embryo.

Alle 4 Arten der Gattung *Macadamia* stammen aus den Regenwäldern Australiens. Die beiden kommerziell relevanten Arten, *M. integrifolia* und *M. tetraphylla*, sowie deren Hybrid *M. x ternifolia* werden heute weltweit in tropischen und subtropischen Gebieten kultiviert.

Für die indigenen Völker Australiens waren die Nüsse ein wichtiger Bestandteil ihrer Ernährung.
Der kommerzielle Anbau in Plantagen begann erst in den frühen 1920er-Jahren auf Hawaii, das lange Zeit der Hauptproduzent war. Heute zählen Südafrika, Australien, China, Kenia und die USA zu den größten Anbauländern.

Macadamia-Bäume benötigen mehrere Jahre, um erste Früchte zu tragen, und erreichen ihre volle Produktionskapazität erst nach 8–12 Jahren. Die Ernte erfolgt, wenn die reifen Samen von selbst zu Boden fallen. Die Schale der Samen ist sehr hart und wird meist maschinell geknackt. Anschließend werden die Kerne getrocknet und sorgfältig gelagert, um zu verhindern, dass sie ranzig werden.
Der zeitaufwendige Anbau, die arbeitsintensive Ernte und die komplexe Verarbeitung machen Macadamianüsse zu den kostspieligsten Nüssen, mit einem Weltmarktpreis von mehreren 100 € pro kg.

Macadamia-Plantage in Windermere, Queensland, Australien

Die geschälten Samen sind reich an ungesättigten Fettsäuren, insbesondere Palmitoleinsäure. Weitere wichtige Bestandteile sind Vitamin B_1, die Mineralstoffe Magnesium und Eisen sowie Antioxidantien.

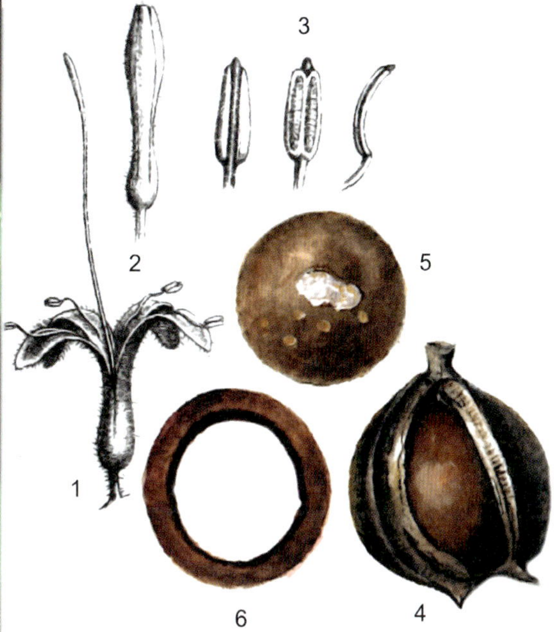

Macadamia: A herabhängende Blütenstände **B** dornig gezähnte Blätter **1** Blüte **2** Blütenknospe **3** Staubbeutel **4** sich öffnende Frucht (Balg) **5** Same (»Macadamianuss«) **6** Same im QS.

Quellen: USDA (1872–1948); Forest & Kim Starr (Foto); Gerus (Foto); Maiden (1902–1925).

Macadamianüsse werden meist geröstet und gesalzen als Snack verzehrt. Sie werden aber auch in Backwaren, Pralinen und Eiscreme verwendet.

Macadamiaöl wird in der Küche als hochwertiges Speiseöl geschätzt und eignet sich besonders zum Braten und für Salatdressings.

Das Öl wird auch in der Kosmetikindustrie für Hautpflegeprodukte und Haaröle verwendet. Die harte Schale der Samen wird als Brennstoff oder Mulchmaterial genutzt.

Macadamianüsse sind für Hunde giftig.

Schwarze Johannisbeere

Ribes nigrum

Die Schwarze Johannisbeere ist ein kleiner bis mittelgroßer, laubabwerfender Strauch. Die Blätter sind 3–5-lappig, weich behaart, unterseits drüsig gepunktet und verströmen beim Zerreiben einen aromatischen Duft. Die kleinen, glockenförmigen Blüten erscheinen in hängenden Trauben und haben eine grünlich-rötliche bis gelblich-bräunliche Färbung. Die kugeligen, glänzend schwarzen Beeren besitzen ein intensives, süßlich-säuerliches Aroma.

Die Art ist in weiten Teilen Europas und Asiens heimisch. Sie wächst an feuchten, nährstoffreichen Standorten wie Auenwäldern, Erlenbrüchen und an Bachufern.

Bereits im Mittelalter war die Schwarze Johannisbeere als Heil- und Nahrungspflanze bekannt. So empfahl die Benediktiner-Äbtissin Hildegard von Bingen sie im 12. Jh. als Heilpflanze gegen Rheuma und Gicht. Ab dem 17. Jh. wurde die Art, insbesondere in Frankreich, auch verstärkt zur Obst- und Saftgewinnung kultiviert.

Die Früchte von *R. nigrum* enthalten deutlich mehr Vitamin C als Zitrusfrüchte. Außerdem sind sie reich an β-Carotin, verschiedenen B-Vitaminen sowie Mineralstoffen wie Kalium, Calcium und Eisen. An Ballaststoffen ist v. a. Pektin zu nennen. Der Gehalt an Anthocyanen (v. a. Delphinidin- und Cyanidin-3 Rutinoside und Glucoside) ist außerordentlich hoch und auch andere Polyphenole (z. B. Phenolsäuren) kommen in nennenswerten Mengen vor.

Die Beeren werden frisch verzehrt oder zu Säften, Gelees, Desserts oder Likören verarbeitet. Aufgrund ihres hohen Pektingehalts eignen sie sich auch für die Herstellung von Marmeladen. Ein Aufguss aus getrockneten Blättern ergibt einen aromatischen Tee.

In der traditionellen Medizin werden Blattextrakte wegen ihrer entzündungshemmenden und entwässernden Eigenschaften geschätzt.
Auch die aktuelle Forschung untersucht ihr Potenzial, z. B. hinsichtlich ihrer antiviralen Wirkung. Zudem zeigen klinische Studien, dass Anthocyane aus den Beeren positive Effekte auf die Augengesundheit haben können.

Das Öl aus den Samen und Extrakte der Beeren werden auch für Hautpflegeprodukte genutzt.

Anfang des 20. Jh. wurde der Anbau der Schwarzen Johannisbeere in Teilen der USA verboten, da sie als Zwischenwirt für den Pilz Weißkiefernblasenrost (*Cronartium ribicola*) diente, der die Holzindustrie bedrohte. Dieses jahrzehntelange Verbot war – obwohl inzwischen weitgehend aufgehoben – ein Grund dafür, dass die Schwarze Johannisbeere in Nordamerika bis heute weniger geschätzt wird als in Europa.

Schwarze Johannisbeere: **A** Zweig mit Blättern und Blüten **B** Fruchtstand (Traube) **1** Teil eines Blatts mit punktförmigen Drüsen **2** aufpräparierte Krone mit Staubblättern **3** Fruchtknoten mit Griffel und 2-lappiger Narbe **4** aus dem Achsenbecher herausschauender Griffel **5–6** Blüte **7** Beere mit Resten der Perigonblätter.

Quellen: von Schlechtendal (1840ff); Dietrich (1833-1844); Kops (1800-1934).

Rote Johannisbeere

Ribisel, Weiße Johannisbeere
Ribes rubrum *(Ribes vulgare)*

Die Rote Johannisbeere ist ein kleiner, laubabwerfender Strauch. Die kleinen grünlich-gelblichen Blüten erscheinen in kurzen Trauben. Daraus entwickeln sich die roten, durchscheinenden, leicht glänzenden, kugeligen Beeren, die einen säuerlich-erfrischenden Geschmack haben.

Die Pflanze ist in Europa und Südwestasien heimisch und wächst bevorzugt an Waldrändern, in feuchten Gebieten und auf nährstoffreichen Böden.

Rote Johannisbeeren wurden bereits im Mittelalter in Klostergärten kultiviert. Im 16.–17. Jh. gewannen sie als Heil- und Nutzpflanze weiter an Bedeutung und europäische Siedler:innen brachten die Pflanzen im frühen 17. Jh. nach Nordamerika. Größere Bedeutung erlangte der Anbau aber erst im 18. Jh., besonders in den Niederlanden und Dänemark.

Es gibt zahlreiche Sorten, die sich in Fruchtgröße, -färbung (rot, rosa, weißlich-gelblich) und -geschmack (süß-säuerlich bis säuerlich) unterscheiden. Die modernen Sorten gehen oft auf Kreuzungen mit der Felsen-Johannisbeere (*R. petraeum*) und der Ährigen Johannisbeere (*R. spicatum*) zurück.

Rote Johannisbeeren sind winterhart, aber empfindlich gegen Spätfröste. Regelmäßiger Rückschnitt und gelegentliche Auslichtung fördern den Fruchtertrag.

Die Beeren sind reich an Vitamin C und Vitamin K und enthalten verschiedene B-Vitamine sowie Mineralstoffe wie Kalium, Calcium und Eisen. Zusätzlich finden sich in den Früchten Phenole und 10–15 % Pektin. Ihr hoher Säuregehalt verleiht ihnen den typischen erfrischenden Geschmack.

Rote Johannisbeeren können roh verzehrt werden, werden aber meist zu Saft, Gelee oder Sirup verarbeitet. Außerdem sind sie eine beliebte Zutat in Backwaren und Desserts. Aufgrund ihres hohen Pektingehalts eignen sie sich auch gut für die Herstellung von Marmeladen.

Rote Johannisbeere: **A** Zweig mit Blüten und sich entfaltenden Blättern **B** Zweig mit Blättern und herabhängenden Fruchtständen (Trauben) **1** kurz gestielte Blütenknospe mit Tragblatt **2** Blüte **3** Blüte von unten **4** Blüte im LS **5** Staubblätter **6** Griffel mit 2-lappiger Narbe **7** Beere im QS **8** Same.

Quelle: von Schlechtendal (1840ff).

Stachelbeere

Ribes uva-crispa

Die Stachelbeere ist ein kleiner sommergrüner, dorniger Strauch. Die grünlichgelblichen und oft rötlich überlaufenen Blüten entwickeln sich zu kugeligen Beeren. Diese sind meist grünlich, können aber auch gelblich bis rötlich gefärbt sein. Die Schale ist, je nach Sorte, kahl oder behaart. Sie schmecken erfrischend süßlich-säuerlich.

R. uva-crispa ist in weiten Teilen Europas und Südwestasiens heimisch. Als winterharte Pflanze erreicht sie 63° nördlicher Breite und steigt in den Alpen bis auf ± 1.700 m Meereshöhe. Als Beerenobst wird sie weltweit in Gärten kultiviert, der kommerzielle Anbau ist aber auf Europa konzentriert. Größtes Anbauland ist, mit deutlichem Abstand, Russland.

Die Stachelbeere wurde vermutlich schon in der Steinzeit wild gesammelt, auch wenn konkrete Belege dafür fehlen. Die frühesten Belege ihres gezielten Anbaus stammen aus Russland, wo sie im 11. Jh. in Klostergärten kultiviert wurde. Nach England gelangte sie im späten 13. Jh., wo sie in den königlichen Gärten angebaut wurde. In Deutschland oder Frankreich, wo die Art heute weit verbreitet ist, scheint sie im Mittelalter nicht in größerem Umfang angebaut worden zu sein.

Ab dem 16. Jh. begann in England die gezielte Züchtung großfruchtiger Stachelbeersorten. Später wurden auch andere *Ribes*-Arten eingekreuzt, hauptsächlich zur Erhöhung der Krankheitsresistenz. Heute gibt es mehr als 2.000 benannte Sorten – 1.500 allein aus Russland – die sich in Fruchtfarbe, -größe, -geschmack, Reifezeit und Verwendungszweck (als Tafel- oder Dessertbeeren oder für die industrielle Verarbeitung) unterscheiden.

Die Beeren enthalten viel Vitamin C, Pektine, Fruchtsäuren (v. a. Äpfel- und Zitronensäure), Zucker (v. a. Fructose und Glucose) sowie Phenolsäuren, Flavonoide (v. a. Anthocyane) und Tannine.

Vollreife Stachelbeeren werden roh als erfrischendes Obst genossen. Aus ihnen lassen sich auch Marmelade, Saft, Kompott und Fruchtgelees bereiten. In der englischen Küche sind Stachelbeeren Hauptzutat des traditionellen Desserts »Gooseberry Fool« aus pürierten Beeren mit Schlagsahne.

In der traditionellen Medizin werden die Blätter als zusammenziehendes Mittel (Adstringens) verwendet und die unreifen Früchte als Frühjahrskur. Die Früchte gelten aufgrund ihres Vitamin-C-Gehalts als stärkend und immunsystemfördernd.

Stachelbeere: **A** Zweig mit Blättern, Blattdornen und Blüten **1–2** Blüten **3** Blüte im LS mit becherförmiger Blütenachse und unterständigem Fruchtknoten **4** Staubbeutel (inkl. QS) **5** Griffel **6** Beere **7** Beere im QS **8** Samen.

Quelle: von Schlechtendal (1840ff).

Weinrebe

Vitis vinifera (Vitis sylvestris)

Die Weinrebe entwickelt holzige, rankende Triebe, die mehrere Meter lang werden können. Die handförmigen, meist 3–5-lappigen Blätter färben sich im Herbst leuchtend gelb, rot oder orange. Die kleinen Blüten erscheinen in stark verzweigten Blütenständen und sind grünlich bis gelblich gefärbt. Die Früchte – die bekannten Weintrauben – sind kugelig bis eiförmig und je nach Sorte unterschiedlich gefärbt: von hellgrün über gelblich bis hin zu dunkelrot, bläulich oder fast schwarz. Ihr Fruchtfleisch ist saftig, schmeckt süßlich-säuerlich und enthält meist 2–5 kleine, birnenförmige Samen.

Die Wildform, oft als *V. vinifera* subsp. *sylvestris* klassifiziert, ist im Mittelmeerraum, Mitteleuropa und Südwestasien beheimatet und wächst als Liane in Auwäldern. Heute wird die Weinrebe in den gemäßigten bis warmen Klimazonen beider Hemisphären vom 30.–50. Breitengrad angebaut.

Die Domestikation der Weinrebe begann vor 8.000–6.000 Jahren im Südkaukasus – aber auch aus dem Iran gibt es sehr frühe archäologische Funde. Von dort breitete sich der Weinanbau schnell in den Nahen Osten, nach Ägypten, Griechenland und später ins Römische Reich aus. Weintrauben wurden z. B. im Grab von Tutanchamun (± 1325 v. Chr.) gefunden. In der griechischen Mythologie war die Rebe dem Gott der Ekstase, Dionysos, gewidmet und im Christentum spielt Wein als Blut Christi eine zentrale Rolle. Besonders die Römer:innen trugen in der Antike wesentlich zur Verbreitung und Kultivierung der Weinrebe bei.
Durch europäische Siedler:innen gelangte die Weinrebe nach Amerika, Australien und Südafrika. Eine große Krise erlebte der europäische Weinbau im 19. Jh. durch die eingeschleppte Reblaus (*Phylloxera vastatrix*) aus Nordamerika, was zur Entwicklung veredelter Reben auf resistenten Unterlagen führte.
Der Weinbau prägt bis heute ganze Landschaften und die Kultur maßgeblich. Die mit dem Weinbau und der Weinkultur in Deutschland verbundenen Traditionen wurden 2021 von der UNESCO als immaterielles Kulturerbe anerkannt.

Weltweit existieren vermutlich 5.000–10.000 Rebsorten. Zu den wichtigsten Weißweinsorten zählen CHARDONNAY, RIESLING und SAUVIGNON BLANC, bei den Rotweinsorten dominieren CABERNET SAUVIGNON, MERLOT und PINOT NOIR. Als zum direkten Verzehr geeignete Tafeltrauben wurden Sorten mit großen, saftigen und oft kernlosen Beeren gezüchtet. Eine neuere Entwicklung sind **pil**z**wi**derstandsfähige »PIWI-Sorten«, die weniger Pestizideinsatz benötigen und damit nachhaltigere Anbaumethoden ermöglichen.

Weinrebe: A Zweig mit Blättern, Sprossranken und Blütenstand (Rispe) **B** Fruchtstand mit Beeren **1** Blütenknospe **2** Blüte mit Haube aus abgelöster Krone **3** Blüte nach Abfallen der Krone **4** Staubbeutel **5** Same **6** Same im LS.

Quelle: von Schlechtendal (1840ff).

Die Reben werden meist an Spalieren oder Drahtrahmen gezogen. Eine erste Ernte ist bereits nach 2–5 Jahren möglich. Der jährliche Rebschnitt im Winter reduziert die Anzahl der Knospen und ist entscheidend für optimale Fruchtqualität und Reife der Trauben. Die Lese erfolgt im Spätsommer oder Herbst, wenn die Trauben den optimalen Reifegrad erreicht haben. Der besonders süße »Eiswein« wird nach dem ersten starken Frost geerntet.
Für die Umwandlung von Traubensaft in Wein sind Hefen unerlässlich, mikroskopisch kleine Pilze, die den Zucker in Alkohol und Kohlendioxid umwandeln. Neben der bekannten Backhefe (*Saccharomyces cerevisiae*), die bei der Weingärung dominiert, spielen oft auch wilde Hefen von den Traubenschalen oder aus dem Weinkeller eine Rolle und können zur Komplexität des Weinaromas beitragen.

Weintrauben sind reich an Zucker (v. a. Fructose und Glucose), Vitamin C und K, sowie Mineralstoffen wie Kalium. Besonders hervorzuheben ist ihr hoher Gehalt an Polyphenolen. Die meisten dieser Antioxidantien befinden sich in der Schale und den Samen. Deshalb gilt roter Wein, bei dem die Trauben im Gegensatz zu Weißwein komplett vergoren werden, als besonders gesundheitsfördernd. Das aus den Samen gewonnene Traubenkernöl enthält mehrfach ungesättigte Fettsäuren, insbesondere Linolsäure. Es ist auch reich an Vitamin E und Proanthocyanidinen sowie weiteren Polyphenolen.

Die Hauptverwendung der Weintraube liegt in der Weinherstellung. Durch Destillation werden aus Wein auch Spirituosen wie »Weinbrand« und aus Traubentrester (Pressrückständen) »Grappa« gewonnen.
Ein erheblicher Teil der Ernte wird als Tafeltrauben frisch verzehrt. Getrocknete Weintrauben (Rosinen, Sultaninen, Korinthen) sind eine beliebte Zutat in Backwaren. Aus den Samen wird Traubenkernöl gewonnen.

Traubenkernöl wird auch gerne in Hautpflegeprodukten verwendet. Trester dient als Quelle für die industrielle Gewinnung von Polyphenolen, Ballaststoffen und als Tierfutter.

Das Genom der Weinrebe wurde 2007 als 3. Genom einer Pflanzenart vollständig sequenziert.

Weinberge im Nahetal bei Bad Münster am Stein-Ebernburg

Tamarinde

Indische Dattel
Tamarindus indica *(Tamarindus occidentalis)*

Die Tamarinde gehört zur Unterfamilie der Johannisbrotgewächse (*Caesalpinioideae*) innerhalb der Schmetterlingsblütler. Sie ist ein mittelgroßer Baum mit paarig gefiederten Blättern und Blüten mit 4 weißlichen Kelchblättern und 3 weißlichen oder gelblich-orangen Kronblättern mit rötlichen Adern. Die Früchte sind längliche, braune Schoten mit einer harten, spröden Schale, die ein rötlich-bräunliches, klebriges und süßlich-säuerlich schmeckendes Fruchtfleisch umschließt. Die harten Samen sind glänzend braun.

T. indica stammt aus dem tropischen Afrika und wird heute in den tropischen Regionen weltweit angebaut. Die Hauptanbaugebiete liegen in Indien, Thailand, der Karibik und Mittelamerika.

In Afrika wird die Tamarinde seit Langem als Nahrungsmittel und Heilpflanze verwendet. Über Handelsrouten gelangte die Art früh nach Indien und Persien, wo sie seitdem tief in der regionalen Küche und traditionellen Medizin verwurzelt ist. Sie wird z. B. im hinduistischen »Brahma Samhita« erwähnt.
Arabische Händler:innen brachten die Art in den östlichen Mittelmeerraum, wo sie seit dem 4. Jh. v. Chr. kultiviert wird. Der Name »Tamarinde« leitet sich vom persischen »tamar-i-hind« (»Dattel Indiens«) ab, was die Route über Indien und Persien unterstreicht. Im 16. Jh. brachten Europäer:innen sie schließlich nach Südamerika und in die Karibik, wo sie sich ebenfalls rasch als Nutzpflanze etablierte.

Es gibt 2 Haupttypen: SAURE SORTEN, die weit verbreitet sind, und SÜSSE SORTEN, die v. a. in Thailand angebaut werden.

Das getrocknete Fruchtfleisch enthält 30–40 % Zucker (v. a. Glucose und Fructose) sowie 8–18 % organische Säuren (v. a. Weinsäure) und Pektine. Das Fruchtfleisch ist auch reich an B-Vitaminen (insbesondere Thiamin, sowie Niacin und Riboflavin) und enthält Mineralstoffe, v. a. Kalium, aber auch Calcium, Phosphor und Eisen.

Das erfrischend säuerliche Tamarindenmus wird weltweit zum Würzen und Verfeinern von Chutneys, Soßen, Suppen und Getränken verwendet. Es gibt Gerichten eine exotisch-fruchtige Note und mildert die Schärfe von Chili. Darüber hinaus dienen unreife Früchte eingelegt als Gemüse.

In der traditionellen Medizin ist Tamarindenmus als mildes Abführmittel bekannt. Aus der Rinde und den Blättern werden fiebersenkende und entzündungshemmende Heilmittel hergestellt.

In Afrika dient die Tamarinde als Schattenspender in Agroforstsystemen und trägt zur Bodenverbesserung bei.

Tamarinde: A Zweig mit paarig gefiederten Blättern und Blüten **1** aufpräparierte Blüte (ohne Kelch und Krone) mit Staubblättern und Griffel **2** basal verwachsene Staubblätter und Staminodien **3** Staubblätter **4** Pollen **5** Fruchtknoten im LS mit gekrümmtem Griffel **6** Frucht (Hülse) **7** geöffnete Hülse mit sichtbarem Fruchtfleisch **8** geöffnete Hülse mit Samen (Fruchtfleisch entfernt) **9** Same **10** Same im QS **11** Same im LS.

Quelle: Köhler (1883–1898ff).

Erdnuss

Arachis hypogaea (*Arachis nambyquarae*)

Die Erdnuss ist eine 1-jährige Pflanze, die leuchtend gelbe Schmetterlingsblüten ausbildet, die sich meist selbst befruchten.
Eine Besonderheit ist ihre unterirdische Fruchtbildung: Nach der Befruchtung wächst der Fruchtknoten an einem Stiel in den Boden, wo sich die Hülsenfrucht entwickelt. Die reifen, bräunlichen Hülsen enthalten meist 2–4 Samen, die als Erdnüsse bekannt sind. Die Samen haben eine dünne, rötlich-bräunliche Samenschale.

Die Erdnuss stammt aus Südamerika, vermutlich aus dem Gebiet des heutigen Bolivien und Nordargentinien.
Heute wird *A. hypogaea* weltweit in tropischen und subtropischen Regionen kultiviert, wobei die wichtigsten Anbaugebiete in China, Indien, den USA, Nigeria und dem Sudan liegen.

Archäologische Funde aus Peru belegen, dass die Erdnuss dort bereits vor 7.800–7.600 Jahren kultiviert wurde.
Im 16. Jh. gelangte die Art nach Europa und im späten 17. oder frühen 18. Jh. durch den transatlantischen Handel mit versklavten Menschen nach Afrika, wo sie sich schnell als ölreiche Nutzpflanze etablierte.
Der Chemiker und Botaniker George Washington Carver spielte eine zentrale Rolle für die heutige große wirtschaftliche Bedeutung der Erdnuss in den USA. In den frühen 1900er-Jahren entwickelte er mehr als 300 Verwendungsmöglichkeiten für Erdnüsse. Carver erfand sowohl praktische, bis heute gebräuchliche Anwendungen, aber auch ungewöhnliche Verwendungen für Erdnüsse – von Farben, Tinten und Polituren bis hin zu medizinischen Behandlungen gegen Kropf oder Rheuma. Nur die populäre Erdnussbutter hat er nicht erfunden – eine erdnussbasierte Paste kannten bereits die Inka um 950 v. Chr.

Im Allgemeinen werden 4 wichtige Varietäten unterschieden: Der Virginia-Typ hat großfruchtige Hülsen mit meist 2 Samen und wird als Snack vermarktet. Der Runner-Typ ist eine Unterform des Virginia-Typs und hat eine mittlere Samengröße. Er macht heute den Großteil der US-amerikanischen Erdnussproduktion aus und wird hauptsächlich zu Erdnussbutter verarbeitet. Der Spanish-Typ besitzt kleine, kugelige Samen mit roter Samenschale und einem hohen Ölgehalt. Diese Sorte wird häufig für die Ölgewinnung und auch für Süßwaren verwendet. Der Valencia-Typ hat etwas süßlicher schmeckende Erdnüsse mit 3–4 Samen pro Hülse. Er wird häufig für die Herstellung gerösteter Erdnüsse verwendet.
Die moderne Erdnusszüchtung nutzt zunehmend genomische Werkzeuge und konzentriert sich auf verbesserte Qualitätseigenschaften und Resistenzen. Wichtige Ziele sind beispielsweise ein hoher Ölsäuregehalt für längere Haltbarkeit und gesundheitliche Vorteile, Toleranz gegenüber Trockenstress, auch um der Aflatoxinbildung vorzubeugen, sowie Resistenz gegen Blattfleckenkrankheiten oder Rostpilze.

Erdnuss: A Habitus einer Pflanze mit unterirdischen Früchten **1** Blüte im LS **2** Frucht **3** Frucht im LS mit 2 Samen **4** Same **5** Embryo mit großen Keimblättern und Keimwurzel **6** Embryo nach Entfernung eines Keimblatts.

Quelle: Köhler (1883-1898ff).

Die Erdnuss wird meist durch Direktsaat in Reihen auf Feldern angebaut. Die Ernte erfolgt, wenn das Laub vergilbt, indem die Pflanzen aus dem Boden gezogen und getrocknet werden. Mechanische Erntemaschinen können den Prozess erleichtern. Nach der Ernte müssen die Hülsen getrocknet und geöffnet werden, um die Samen zu gewinnen.
Ein besonderes Problem beim Anbau und der Lagerung von Erdnüssen ist die potenzielle Kontamination mit Aflatoxinen, Giftstoffen von Schimmelpilzen (v. a. *Aspergillus flavus* und *Aspergillus parasiticus*). Aflatoxine zählen zu den stärksten natürlich vorkommenden krebserregenden Stoffen und können schwere Leberschäden verursachen. In modernen Produktionsketten werden deshalb umfangreiche Maßnahmen ergriffen, um Aflatoxin-Belastungen zu minimieren. Dazu gehören gute landwirtschaftliche Praktiken, resistente Sorten, biologische Kontrolle und Nachernte-Management. In Entwicklungsländern stellt die Aflatoxin-Belastung von Erdnüssen jedoch nach wie vor ein erhebliches Gesundheitsrisiko dar.

Die Samen enthalten ± 50 % fette Öle, die reich an ungesättigten Fettsäuren sind (v. a. Ölsäure sowie die mehrfach ungesättigte Linolsäure und die Omega-3-Fettsäure α-Linolensäure). Außerdem enthalten die Samen 24–30 % Proteine, die alle essenziellen Aminosäuren enthalten (allerdings nur wenig Lysin). Schließlich sind auch Ballaststoffe, Vitamine (insbesondere Vitamin E und B-Vitamine), Magnesium sowie Polyphenole wie Resveratrol in nennenswerten Mengen zu finden.

Erdnüsse werden roh, geröstet oder gesalzen als Snack verzehrt. In der afrikanischen und asiatischen Küche werden Erdnüsse oft für herzhafte Gerichte, Soßen, Currys und Suppen verwendet. Erdnussbutter ist besonders in den USA populär.
Aus Erdnüssen wird auch Öl gepresst, das für die Zubereitung von Speisen und in der Lebensmittelindustrie genutzt wird. Zudem finden Erdnussmehl und Erdnussprotein als Zutat in Backwaren und Süßigkeiten Anwendung.

Das aus den Samen gewonnene Erdnussöl wird in der Kosmetikindustrie für Hautpflegeprodukte und Seifen verwendet. Darüber hinaus dient es in der Industrie als Grundstoff für Schmiermittel, Farben und Biodiesel.
Die bei der Ölgewinnung anfallenden Presskuchen sind ein wertvolles proteinreiches Futtermittel für Nutztiere, während die Schalen als Einstreu, Brennstoff oder zur Herstellung von Füllmaterial genutzt werden.

! Erdnüsse gehören zu den häufigsten Auslösern von Lebensmittelallergien und können bei empfindlichen Personen schwere allergische Reaktionen hervorrufen.

Hülse, Samen mit und ohne rötliche Samenschale sowie aufpräparierter Same mit kleinem Embryo und großen Keimblättern

Erdbeere

***Fragaria** (Potentilla)*

Die Erdbeere ist eine mehrjährige, krautige Pflanze, die zur vegetativen Vermehrung lange oberirdische Ausläufer bildet. Die weißen Blüten erscheinen im Frühjahr.

Was wir als »Erdbeere« verzehren, ist botanisch gesehen keine Beere, sondern eine Sammelnussfrucht. Diese entsteht aus der fleischig verdickten Blütenachse, auf deren Oberfläche sich die Fruchtknoten zu kleinen gelblichen bis bräunlichen Nüssen entwickeln.

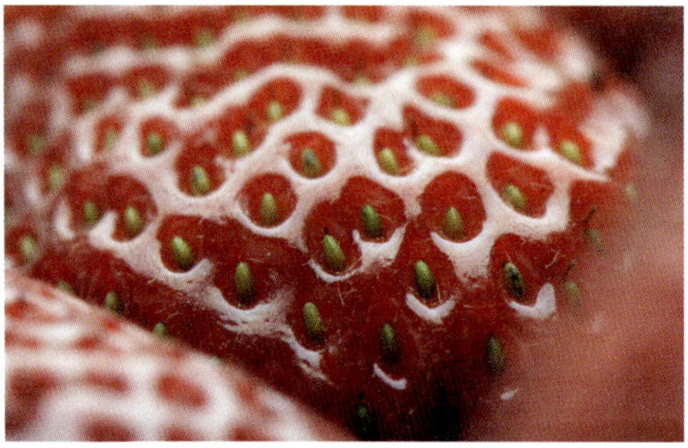

Die ± 20 Arten der Gattung *Fragaria* sind in gemäßigten und subtropischen Regionen der Nordhalbkugel verbreitet.
Die heute weltweit kultivierte Gartenerdbeere (*F.* × *ananassa*) wird in fast allen gemäßigten und subtropischen Klimazonen angebaut. China, die USA, die Türkei und Mexiko sind die größten Anbauländer. In Europa finden sich die größten Anbauflächen in Spanien, Polen und Deutschland.

Neben der Gartenerdbeere werden zuweilen auch wilde Erdbeerarten kultiviert, darunter Zimterdbeere (*F. moschata*), Walderdbeere (*F. vesca*), Chile-Erdbeere (*F. chiloensis*) und Scharlacherdbeere (*F. virginiana*).

Die Nutzung von Wilderdbeeren reicht bis in die Steinzeit zurück. Auch in der Antike schätzten die Römer:innen die süßen Früchte. Im Mittelalter wurden Erdbeeren in Klostergärten angebaut und fanden zunehmend Verbreitung in europäischen Gärten.

Die heute zumeist angebaute großfrüchtige Gartenerdbeere (*F.* × *ananassa*) entstand erst im 18. Jh. in Frankreich durch die zufällige Kreuzung der Chile-Erdbeere (*F. chiloensis*) mit der aus Nordamerika stammenden Scharlacherdbeere (*F. virginiana*). Die Hybride überzeugte durch größere Früchte

und besseren Geschmack und verdrängte schnell die bis dahin kultivierten europäischen Wildformen. Sie wurde zur Stammform aller modernen Erdbeersorten.
Die heutigen Kulturerdbeeren zeigen eine beeindruckende Sortenvielfalt mit mehr als 1.000 registrierten Sorten weltweit. In Deutschland werden davon ± 100 Sorten angebaut, aber nur 10–20 Sorten machen den Großteil des Angebots aus.

Erdbeere: A Spross mit Früchten **B** 3-teiliges Blatt **1** Blütenknospe **2** Blüte **3** Staubblatt **4** Fruchtblatt mit Griffel **5** reife Nüsschen mit fadenförmigem Griffel **6** Erdbeere mit fleischiger Blütenachse und außen sitzenden Nüsschen im LS.

Quellen: Revue horticole (1861); von Schlechtendal (1840ff).

Der Anbau erfolgt je nach Klima im Freiland, im Folientunnel oder im Gewächshaus. Die Pflanzung erfolgt meist im Spätsommer für eine Ernte im Folgejahr. Die Pflanzen werden i. d. R. auf erhöhten Dämmen in Reihen gepflanzt und im Freiland oft mit schwarzer oder weißer Folie abgedeckt, um den Erntezeitpunkt zu steuern. Die Pflanzen tragen normalerweise 2–3 Jahre lang Früchte. Da Erdbeeren nicht nachreifen, sollten sie erst geerntet werden, wenn sie vollständig rot gefärbt sind.

Erdbeeren bestehen zu ± 90 % aus Wasser und enthalten 5–6 % Zucker, v. a. Glucose und Fructose. Sie sind auch reich an Vitamin C, Folsäure und sekundären Pflanzenstoffen. Ihr hoher Gehalt an Anthocyanen trägt zur roten Farbe der Früchte bei.

Erdbeeren gehören zu den beliebtesten Früchten weltweit. Aufgrund ihres hohen Wassergehalts können sie nicht lange gelagert werden, weshalb sie meist direkt nach der Ernte konsumiert oder verarbeitet werden. In der Lebensmittelindustrie finden sie auch Verwendung in Tiefkühlprodukten oder werden getrocknet.
Traditionell wurden auch die Blätter der Erdbeerpflanze genutzt, beispielsweise für Tee.
Der charakteristische Erdbeerduft wird in vielen Produkten der Lebensmittelindustrie als natürliches oder synthetisches Aroma zugesetzt.

In der Kosmetikindustrie werden Erdbeer-Extrakte für Gesichtsmasken, Peelings und Cremes eingesetzt.

Etwa 2–5 % der Bevölkerung reagieren allergisch auf Erdbeeren.

Rose

Rosa

Die Gattung *Rosa* umfasst 300–400 Arten stacheliger Sträucher mit gefiederten, am Rand gezähnten Blättern. Die Blüten variieren stark in Farbe, Form und Größe, von einfachen, 5-zähligen Kronen bis zu Zuchtformen mit dicht gefüllten Blütenköpfen.
Nach der Blüte entwickeln sich die Hagebutten, die aus botanischer Sicht Sammelnussfrüchte darstellen. Bei der Fruchtreife wird die Blütenachse fleischig und nimmt eine krugartige Hohlform ein, in deren Inneren zahlreiche Nüsschen heranreifen.

Rosa-Arten sind weltweit verbreitet und kommen von der borealen bis zur subtropischen Klimazone vor – sowohl wild wachsend als auch als Zierpflanzen.

Rosen wurden bereits im antiken Ägypten, Mesopotamien und Griechenland als Zierpflanzen kultiviert und galten als Symbol für Schönheit, Liebe und Vergänglichkeit. Im Mittelalter wurden Rosen auch in der Medizin und bei der Parfümherstellung verwendet. In der Renaissance begann die intensive Züchtung von Ziersorten und bis heute zählen Rosen zu den bekanntesten und beliebtesten Zierpflanzen weltweit.

Durch Kreuzung und Selektion entstanden vermutlich mehr als 30.000 Rosensorten mit unterschiedlichsten Wuchsformen, Blütenfarben und -füllungsgraden.

Hagebutten gelten als eine der reichsten natürlichen Quellen für Vitamin C: Die meisten Sorten enthalten in frischem Zustand 200–800 mg pro 100 g. Zusätzlich enthalten sie Flavonoide, Pektine sowie Fruchtsäuren und Tannine.
Rosenblüten enthalten ätherische Öle, Tannine und Polyphenole.

Hagebutten können roh oder getrocknet zu vitaminreichem Tee, Konfitüre, Mus, Suppe (z. B. die schwedische »Nyponsoppa«) und Likör verarbeitet werden. Wichtig ist, die Nüsschen im Inneren vor dem Verzehr zu entfernen, da sie feine Härchen tragen, die Juckreiz verursachen können.
Von manchen Arten, z. B. von *R. gallica*, werden auch die Blütenblätter zum Aromatisieren von Speisen verwendet und gelten kandiert als Delikatesse.

In der traditionellen Medizin werden Hagebutten zur Stärkung der Abwehrkräfte eingesetzt. Rosenblütentees werden wegen ihrer milden beruhigenden und adstringierenden Wirkung sowie ihres Gehalts an antioxidativen Polyphenolen geschätzt.

Das Rosenöl aus den Blütenblättern (v. a. von *R. damascena* und *R. centifolia*) dient als hochwertiger Duftstoff in Parfüms und Kosmetikprodukten und kommt in der Aromatherapie aufgrund seiner entspannenden Wirkung zum Einsatz.

Rose: A Zweig mit Stacheln, gefiederten Blättern (Nebenblätter mit dem Blattstiel verwachsen) und Blüten **1** Blüte mit abgefallenen Kronblättern **2** Frucht (Hagebutte) mit aufsitzenden Kelchblättern **3** Gezähnter Blattrand mit Drüsen **4** Fruchtknoten im LS **5** Sammelnussfrucht (Hagebutte) im LS **6–7** behaarte Nüsschen **8** Fruchtknoten mit langem Griffel **9** Staubblatt. **A, 1–3: *R. gallica*, 4–9: *R. corymbifera*.**

Quellen: von Schlechtendal (1840ff); Sturm (1796ff); Kops (1800-1934).

Himbeere

Rubus idaeus

Die Himbeere ist ein bestachelter, 2- bis mehrjähriger Strauch bzw. Halbstrauch. Aus den meist weißlichen, duftenden Blüten entwickeln sich samtig behaarte Früchte, die süßlich-säuerlich schmecken und meist rötlich gefärbt sind, seltener auch schwarz oder gelblich-orange. Aus botanischer Sicht handelt es sich dabei um Sammelsteinfrüchte. Bei Himbeeren löst sich das Fruchtfleisch bei der Reife vom kegelförmigen Blütenboden ab und die innen hohle Himbeere entsteht – ein Merkmal, das sie von der nahe verwandten Brombeere unterscheidet.

R. idaeus ist in den gemäßigten und borealen Klimazonen Europas und Asiens heimisch. Nahe verwandte Taxa (*R. strigosus*) kommen auch in Nordamerika vor. Die wichtigsten Anbaugebiete liegen in Russland und Europa.

Die systematische Kultivierung der Himbeere begann ab dem 16. Jh. und im 18. und 19. Jh. wurden viele Sorten gezüchtet.

Himbeeren sind reich an Vitamin C, Folsäure und Anthocyanen. Sie enthalten Mineralstoffe wie Kalium, Calcium und Eisen sowie Ballaststoffe, Fruchtsäuren und Tannine wie Ellagsäure und Flavonoide, z. B. Quercetin-Glycoside. Der charakteristische Duft stammt von Estern, Terpenen und Ketonen wie dem Himbeerketon.

Himbeeren werden als frisches Obst, in Marmeladen, Desserts, Säften oder Likören verwendet. Getrocknete Blätter ergeben einen aromatischen Tee.
Himbeerketone werden gerne zur Aromatisierung von Speisen eingesetzt. Heute werden dafür allerdings häufig synthetisch hergestellte Aromen verwendet.

In der traditionellen Medizin werden Himbeerblätter bei leichten Durchfällen, Entzündungen im Mund- und Rachenraum sowie zur Stärkung der Gebärmutter in den letzten Schwangerschaftswochen verwendet.
Auch wissenschaftliche Studien deuten auf gesundheitliche Vorteile von Himbeeren hin, v. a. bei der Regulierung des Blutzuckerspiegels, für das Herz- und Kreislaufsystem und die Darmflora. Schwarze Himbeeren (*R. occidentalis*) zeigten in Laborversuchen Wirkungen gegen bestimmte Krebszellen, allerdings fehlen dazu noch belastbare Studien am Menschen.

Die tanninreichen Blätter können zum Färben von Stoffen genutzt werden und ergeben ein zartes Beige bis Hellbraun. Die Früchte dienen als Farbstoff für Kosmetika.

Himbeere: **A** Zweig mit 3-teiligen Blättern mit gräulicher US, Blüten und Früchten **1** Blüte im LS **2** Kronblatt **3** Staubblätter **4** Staubbeutel **5** Pollen **6** Gynoeceum aus zahlreichen freien Fruchtblättern **7** Fruchtblatt mit langem Griffel **8** Fruchtblatt mit Samenanlage im LS **9** Frucht im LS mit kegelförmigem weißlichem Blütenboden und zahlreichen Steinfrüchtchen **10** Steinfrüchtchen mit Griffel **11** Steinfrüchtchen im LS **12** Steinkern **13–14** Steinkern im LS und QS.

Quelle: Köhler (1883-1898ff).

Brombeere

Rubus fruticosus

Brombeeren sind meist sommergrüne, stachelige Sträucher bzw. Halbsträucher mit langen bogig überhängenden Ästen, die am Ende einwurzeln können. Die Blätter sind meist 3–5-zählig fingerförmig geteilt und haben scharf gesägte Teilblättchen.
Im 1. Jahr wachsen die Brombeertriebe rein vegetativ und bilden nur Blätter. Blüten und Früchte bilden sich erst an 2-jährigen Trieben, die nach der Fruchtreife allmählich absterben. Die meist weißen oder hellrosa Blüten entwickeln sich zu typischerweise roten oder schwarzen Früchten, die einen süßen, leicht säuerlichen Geschmack haben. Die Frucht ist aus botanischer Sicht als Sammelsteinfrucht anzusprechen.
Die Brombeere besteht eigentlich aus vielen Hundert sehr ähnlichen Arten, die – wenn überhaupt – nur von Expert:innen auseinandergehalten werden können. Die Artenvielfalt konnte entstehen, weil die Früchte der Brombeeren oft asexuell entstehen: Bei der Fruchtbildung kommt es nicht zu einer Vermischung des Erbgutes der Eltern und Mutationen werden direkt an die Nachkommen weitergegeben – die von fleißigen Taxonom:innen dann als neue Art beschrieben werden können.

Brombeeren sind in den gemäßigten (und borealen) Zonen der Nordhalbkugel heimisch, insbesondere in Europa und Nordamerika.

Während wilde Brombeeren für ihre Stacheln bekannt sind, wurden durch gezielte Züchtung eine Vielzahl an Kultursorten entwickelt, darunter auch dornenlose Varianten.

Brombeeren enthalten reichlich Vitamin C sowie hohe Konzentrationen an Anthocyanen. Sie liefern reichlich Ballaststoffe, Vitamin K und nennenswerte Mengen des Mineralstoffs Mangan. Der säuerlich-süße Geschmack entsteht durch 4–6 % Zucker, hauptsächlich Fructose und Glucose, sowie Citronen- und Äpfelsäure.

Die süß-säuerlich aromatischen Früchte werden roh als Obst verzehrt oder zu Kompott, Gelee, Saft und Likör verarbeitet. Getrocknete Blätter werden auch für Tees verwendet.

Die Blätter und Früchte werden in der traditionellen Medizin bei der Behandlung von Magen-Darm-Beschwerden, Durchfall und Entzündungen verwendet. Brombeerblätter werden auch in Teemischungen eingesetzt, um die Verdauung zu fördern.

Brombeere: A Zweig mit Stacheln, 3-teiligen Blättern und Blüten **1** Blüte im LS **2** Staubblätter **3** Gynoeceum aus zahlreichen freien Fruchtblättern **4** 1 Fruchtknoten mit Griffel **5** leicht gekrümmter Stachel mit verbreiteter Basis **6–9** Früchte unterschiedlicher *Rubus*-Arten.

Quellen: von Schlechtendal (1840ff); Curtis Botanical Magazine (1873, 1909).

Loganbeere

Rubus loganobaccus

Die Loganbeere ist eine Kreuzung zwischen Brombeere und Himbeere dunkelroten bis purpurfarbenen Früchten. Im Vergleich zur Himbeere sind die Früchte deutlich größer, besitzen eine festere Konsistenz und einen intensiveren, säuerlich-aromatischen Geschmack.

R. loganobaccus wird heute vorwiegend in gemäßigten Klimazonen angebaut, mit Schwerpunkten an der amerikanischen West-

küste. Auch in Neuseeland und Großbritannien sind kleinere Anbaugebiete zu finden.
Die Entstehung der Loganbeere beruht auf einem Zufall: Um 1881 versuchte der Richter und Hobbybotaniker James Harvey Logan in Kalifornien eigentlich, neue Brombeersorten zu züchten. Durch eine zufällige Kreuzbestäubung mit einer benachbarten Himbeerpflanze entstand jedoch eine völlig neue Frucht, deren Potenzial Logan sofort erkannte und weiterverfolgte. Als typische Hybridpflanze vereint die Loganbeere viele Eigenschaften ihrer beiden Eltern: Die Wuchskraft der Sprosse erinnert an die Brombeere, die Farbe an die Himbeere und ihr komplexes Aroma wird oft als Mischung beider Elternarten beschrieben.

Die Bedeutung der Loganbeere geht über ihre kulinarische Verwendung hinaus und ist auch in ihrer Rolle als Elternteil für viele andere erfolgreiche *Rubus*-Hybriden begründet. So gehen Boysenbeere oder Taybeere auf Kreuzungen zurück, an denen die Loganbeere beteiligt war.

Moltebeere

Rubus chamaemorus

Die Moltebeere ist eine 2-häusige, mehrjährige Pflanze, die nur 10–25 cm hoch wird und keine Stacheln hat. Die Sammelsteinfrucht besteht aus weniger Einzelfrüchtchen (meist 5–25) als Him- oder Brombeeren (oft 50–100) und ist zunächst rot, wird bei der Reife aber bernsteinfarben bis goldgelb.
R. chamaemorus ist in der arktischen und borealen Zone der nördlichen Hemisphäre verbreitet.
Ihre Nutzung hat in den nordischen Ländern eine lange Tradition, insbesondere beim Anlegen von Wintervorräten. In Norwegen, Schweden und Finnland genießt sie hohes Ansehen und wird als »Gold des Nordens« bezeichnet. In Norwegen gibt es immer noch Gesetze, die das Sammeln in der Natur regeln.
Die Moltebeere zeichnet sich durch einen hohen Gehalt an Vitamin C und Ballaststoffen aus. Sie enthält zudem Benzoesäure, Ellagsäurederivate und Flavonoide und Carotinoide. Die Samen sind reich an ungesättigten Fettsäuren.
Sie hat ein leicht säuerlich-herbes Aroma und kann frisch verzehrt werden. Häufiger wird sie jedoch zu Konfitüren (z. B. »Lakkahillo« in Finnland) und zum Aromatisieren von Getränken benutzt. »Multekrem« ist ein in Skandinavien beliebtes Dessert aus Moltebeeren und Schlagsahne.
In der traditionellen nordischen Medizin werden Moltebeeren bei Erkältungen und zur Stärkung des Immunsystems eingesetzt. Wissenschaftliche Studien deuten auf entzündungshemmende und antimikrobielle Wirkungen ihrer Inhaltsstoffe, insbesondere der Ellagitannine, hin. Extrakte finden auch in der Kosmetikindustrie Verwendung.

Mandelbaum

Prunus amygdalus
(Amygdalus communis, Amygdalus dulcis, Prunus dulcis)

Der Mandelbaum ist ein kleiner sommergrüner Laubbaum. Seine zartrosa bis weißen Blüten erscheinen im zeitigen Frühjahr vor dem Austrieb der Blätter. Die Frucht hat eine grünlich-gräuliche, filzige Außenhülle, die bei der Reife aufplatzt und den harten, gefurchten Steinkern freigibt. Dieser enthält in seinem Inneren den essbaren Samen – die Mandel. Die Samen besitzen eine dünne, orange-bräunliche Samenschale und einen cremefarbenen Kern, der überwiegend von den großen Keimblättern gebildet wird.

P. amygdalus stammt aus Zentralasien und dem Nahen Osten, insbesondere dem Iran und angrenzenden Regionen. Heute wird *P. amygdalus* weltweit in Gebieten mit mediterranem Klima kultiviert. Kalifornien ist mit großem Abstand die wichtigste Anbauregion, gefolgt von Australien, Spanien, der Türkei und Marokko.

Bereits vor über 4.000 Jahren wurden Mandeln in Mesopotamien und der Levante gezielt angebaut. In der Antike schätzten die Ägypter:innen Mandeln als Grabbeigabe für die Verstorbenen. So wurden sie z. B. im Grab von Tutanchamun (± 1325 v. Chr.) gefunden. Auch in der Bibel werden Mandeln mehrfach erwähnt, u. a. als Symbol für Wachsamkeit und göttliche Auserwählung. Die Römer:innen verbreiteten den Mandelbaum schließlich in ihrem gesamten Imperium.

Eine wichtige Unterscheidung der Mandelsorten betrifft die Einteilung in Süß- und Bittermandeln: Die Süssmandeln (*P. amygdalus* var. *dulcis*) enthalten nur geringe Mengen an Blausäureglycosiden (Amygdalin) und können roh gegessen werden. Bittermandeln (*P. amygdalus* var. *amara*) enthalten

hingegen erhebliche Mengen an Amygdalin, das bei enzymatischer Spaltung die giftige Blausäure freisetzt. Bittermandeln sind daher giftig und sollten nur in verarbeiteter Form verzehrt werden.
Durch Züchtung entstanden zudem Sorten mit dünneren Schalen oder besonders hohem Ölgehalt.

Mandeln werden meist durch Veredelung vermehrt. Die Pflanzen beginnen bereits 3–4 Jahre nach der Pflanzung zu tragen. In der modernen Landwirtschaft erfolgt die Ernte durch mechanisches Schütteln der Bäume. Die Mandeln werden anschließend getrocknet, um ihre Haltbarkeit zu verbessern.

Mandelbaum: **A** Zweig mit Blüten und austreibenden Blättern **B** Zweig mit Laubblättern und sich öffnenden und noch geschlossenen Früchten **1** Blüte mit becherförmiger Blütenachse im LS (ohne Krone) **2** Kronblätter **3** Staubblätter **4** Pollen **5** behaarter Fruchtknoten mit langem Griffel und kopfiger, gefurchter Narbe **6** behaarter Fruchtknoten im LS **7** Fruchtknoten im QS **8** Steinkern **9** Steinkern im LS mit Same **10** Same (Mandel) **11** Same im LS **12** Same im QS.

Quelle: Köhler (1883-1898ff).

Mandelbäume entwickeln Früchte nur, wenn die Blüten zuvor bestäubt wurden. Allein in Kalifornien werden deshalb jährlich ± 2 Mio. Bienenvölker zur Bestäubung der Mandelplantagen benötigt.
Die Mandelproduktion ist auch sehr wasserintensiv, um zufriedenstellende Ernten zu erreichen. In vielen trockenen Anbauregionen wird der Mandelanbau deshalb zunehmend kritisch betrachtet.

Mandelbaumplantage bei Beausemblant, Département Drôme, Frankreich

Mandeln sind eine gute Quelle für ungesättigte Fettsäuren, Proteine, Vitamin E, Magnesium und Ballaststoffe. Sie sind auch reich an Antioxidantien, z. B. Flavonoiden. Bittermandeln enthalten viel Amygdalin, das in höheren Konzentrationen giftig ist.

Süßmandeln werden sowohl roh als auch geröstet verzehrt und auch zu Mehl verarbeitet. Sie kommen in zahlreichen Lebensmitteln und Gebäck zum Einsatz und sind Hauptbestandteil von Marzipan. Auch Süßmandelöl findet zuweilen in der Küche Verwendung.
Mandeldrinks stellen eine zunehmend beliebte Alternative zu Kuhmilch dar, besonders für Menschen mit Laktoseintoleranz oder einer veganen Lebensweise. Zur Herstellung werden Mandeln eingeweicht, gemahlen und mit Wasser vermischt und anschließend gefiltert.
Bittermandeln werden in Lebensmitteln nur in geringen Mengen und nach spezieller Verarbeitung eingesetzt, z. B. als Bittermandelöl in Backwaren, als Zusatz in Marzipan oder zur Aromatisierung von Getränken wie Amaretto.

In der Kosmetikindustrie wird Mandelöl für Hautcremes, Massageöle und Haarpflegeprodukte verwendet. Aus Bittermandeln gewonnenes ätherisches Öl wird auch in der Parfümherstellung eingesetzt.

Mandelallergien zählen zu den häufigeren Nussallergien und können schwere allergische Reaktionen auslösen.

Pfirsich, Nektarine

Prunus persica *(Amygdalus persica, Persica vulgaris)*

Der Pfirsich ist ein kleiner, laubabwerfender Baum mit rosa bis purpurroten Blüten, die vor den Blättern erscheinen. Sie entwickeln sich zu der bekannten Steinfrucht und haben bei vielen Sorten eine samtig behaarte Schale.

P. persica stammt aus dem südlichen China und wird heute in den gemäßigten Regionen der Nordhalbkugel sowie in tropischen Gebirgen angebaut. China dominiert mit großem Abstand den Anbau, gefolgt vom Mittelmeergebiet und den USA.

In China begann die Domestikation bereits vor 8.000–7.000 Jahren. Der Pfirsich spielt seit Jahrtausenden eine wichtige Rolle in der chinesischen Mythologie, Kunst und Literatur. Er symbolisiert Langlebigkeit, Glück und Schutz. Über die Seidenstraße gelangte er in der Antike über Persien ins Mittelmeergebiet, wo die Römer:innen ihn »malum persicum« (Persischer Apfel) nannten, woraus sich der Name »Pfirsich« entwickelte.

Im Laufe der Jahrtausende entstanden durch intensive Züchtungsarbeit mehr als 2.000 verschiedene Pfirsichsorten, die sich z. B. in der Hauteigenschaft (samtig oder glatt), der Beschaffenheit des Fruchtfleisches und der Löslichkeit des Steins vom Fruchtfleisch unterscheiden.
Die bekannteste Kulturform ist die Nektarine mit glatter, unbehaarter Schale. Interessanterweise wird die Ausbildung der glatten Oberfläche durch ein einziges rezessives Gen gesteuert. Als Blutpfirsiche werden Sorten mit intensiv rot gefärbtem Fruchtfleisch bezeichnet, während für Plattpfirsiche eine abgeflachte Form kennzeichnend ist.

Pfirsiche sind reich an Vitamin C, Vitamin A und B-Vitaminen sowie Kalium und Flavonoiden. Die Samen enthalten das giftige Blausäureglycosid Amygdalin.

Pfirsiche werden überwiegend frisch verzehrt. Sie können aber auch zu Saft, Konserven, Kompott oder Konfitüre verarbeitet werden. Getrocknete Pfirsiche bilden eine kalorienreiche Trockenobstvariante, die besonders in der kalten Jahreszeit beliebt ist. Aus den Samen wird traditionell der Marzipanersatz »Persipan« gewonnen, dessen Name sich von »Persicus« (für den Pfirsich) und »Marzipan« ableitet. Heutzutage werden dafür jedoch überwiegend Aprikosen-Kerne genutzt.

In der Kosmetikindustrie schätzt man das Pfirsichkernöl für seine hautpflegenden Eigenschaften.

1 Nektarine
2 Blutpfirsich
3 Plattpfirsich

Pfirsich: **A** Zweig mit Blüten und austreibenden Blättern **B** Zweig mit Blättern und Frucht **1** Blüte mit becherförmiger Blütenachse im LS **2** aufpräparierte Blüte mit Staubblättern und Teil des Achsenbechers **3** Kronblatt **4** Staubblätter **5** Fruchtknoten mit langem Griffel und kopfiger Narbe **6** Spitze des Griffels mit gefurchter Narbe **7** Fruchtknoten im QS **8** Steinkern **9** Steinkern im LS mit Same.

Quelle: Thomé (1885ff).

Aprikose

Marille

Prunus armeniaca *(Armeniaca vulgaris)*

Die Aprikose ist ein sommergrüner, kleiner bis mittelgroßer Baum mit ausladender Krone und kurzem Stamm. Charakteristisch ist die frühe Blütezeit vor dem Blattaustrieb, wenn die Zweige von zahlreichen weißen bis hellrosa Blüten übersät sind. Die Steinfrüchte, die Aprikosen, sind kugelig bis eiförmig, besitzen eine meist samtig behaarte, orange-gelbe bis rotwangige Schale. Das aromatische, süßlich-säuerliche, orange Fruchtfleisch umschließt den ± glatten, abgeflachten Kern, der einen Samen enthält.

P. armeniaca stammt vermutlich aus Zentralasien. Heute wird die Art weltweit in wärmeren Regionen angebaut, die Hauptanbaugebiete sind die Türkei, der Iran, Usbekistan und Italien. In Deutschland finden sich größere Kulturen in den wärmeren Landesteilen, z. B. am Oberrhein.

In Ostchina wurden wilde Aprikosen bereits vor 8.000–7.400 Jahren gesammelt. Basierend auf genetischen Studien, gehen Expert:innen aber davon aus, dass die gezielte Domestizierung erst vor 3.000–2.000 Jahren in Zentralasien begann.
Über Armenien (daher der Artname *P. armeniaca*) wurde die Aprikose von Alexander dem Großen nach Griechenland gebracht, von wo aus sie sich in den wärmeren Regionen Europas verbreitete.

Weltweit gibt es mehrere Hundert Aprikosensorten. In Deutschland sind nur wenige für das Freiland geeignet, z. B. die großfruchtige und wenig frostempfindliche UNGARISCHE BESTE.

Aprikosen blühen sehr früh und sind daher spätfrostgefährdet. In Mitteleuropa werden sie deshalb oft an geschützten Standorten wie Spalieren an Hauswänden gepflanzt und auf frostresistente Unterlagen veredelt.

Aprikosen sind reich an β-Carotin und Kalium. Sie enthalten außerdem Pektine, Fruchtsäuren und viele Flavonoide (z. B. Catechin, Quercetin, Chlorogensäuren). Die Kerne sind aufgrund des Blausäureglycosids Amygdalin giftig.

Aprikosen werden oft frisch verzehrt. Sie eignen sich aber auch gut zum Einkochen von Konfitüre und Kompott sowie zum Backen, Dörren und Kandieren. Bekannte Gerichte sind »Marillenklöße« und der Kuchen »Tarte aux abricots«. Im Nahen Osten sind salzige Aprikosen eine beliebte Zutat für Eintöpfe. Aus dem Fruchtfleisch wird Nektar, Saft und Likör hergestellt, z. B. der österreichische »Marillenschnaps«.
Die Kerne dienen zur Herstellung des Marzipan-Ersatzes »Persipan«.

Aprikose: A Zweig mit Blättern und Blüten **B** Zweig mit Frucht (Steinfrucht) **1** Steinfrucht im LS mit Steinkern **2** Steinkerne **3–4** Blüten **5** Kronblatt **6** Kelch **7** Blüte im LS mit Fruchtknoten mit langem Griffel und kopfiger Narbe in becherförmiger Blütenachse (ohne Krone).

Quellen: von Schlechtendal (1840ff); Sturm (1796ff); de Tournefort (1700-1703).

Japanische Aprikose

Japanische Pflaume, Ume
Prunus mume *(Armeniaca mume)*

Die Japanische Aprikose ist ein kleiner Baum mit weißlichen bis rosa Blüten, die in großer Zahl vor dem Laubaustrieb erscheinen. Die kugeligen, eiförmigen Steinfrüchte ähneln kleinen Aprikosen. Bei der Reife sind sie gelblich bis orange gefärbt und besitzen ein festes Fruchtfleisch.

Ursprünglich stammt *P. mume* aus China. Die Art wurde bereits vor Jahrhunderten nach Japan, Korea und Taiwan eingeführt und ist dort heute weit verbreitet.

P. mume wird seit über 2.500 Jahren in China kultiviert und sowohl für ihre frühe Blüte als auch für ihre Früchte und Heilkräfte geschätzt.
Sowohl in der chinesischen als auch in der japanischen Kultur besitzt die Art eine vielschichtige symbolische Bedeutung. Ihre Blüte im Spätwinter oder sehr frühen Frühling, oft unter widrigen Bedingungen, macht sie zu einem Symbol für Ausdauer, Widerstandsfähigkeit und Hoffnung auf den nahenden Frühling. Zusammen mit Kiefer und Bambus bildet sie die »Drei Freunde des Winters«.

Die Früchte enthalten hohe Mengen an organischen Säuren (hauptsächlich Zitronensäure und Äpfelsäure) und Kohlenhydraten. Auch Vitamin C, Mineralstoffe, v. a. Kalium, Calcium, Magnesium, Phosphor und Eisen, sowie Flavonoide kommen in nennenswerten Mengen vor. Kerne und Blätter enthalten das Blausäureglycosid Amygdalin. Deshalb sollte der Verzehr von rohen Kernen vermieden werden.

Da die Früchte sehr sauer sind, werden sie selten roh gegessen und meist zu Marmeladen oder Sirup verarbeitet. Sie eignen sich auch zur Herstellung von Säften und dienen als Basis für Liköre wie dem japanischen »Umeshu«.
»Umeboshi« ist eine in Japan weit verbreitete Spezialität. Dazu werden unreife, grüne Früchte mit Salz bedeckt und mehrere Wochen lang gelagert. Dabei tritt Flüssigkeit aus und eine Milchsäurefermentation setzt ein. Anschließend färbt man die Früchte oft mit Shiso-Blättern (*Perilla frutescens*) rot und trocknet sie in der Sonne. Dieses traditionelle Handwerk hat in Japan einen hohen Stellenwert und wird oft von Generation zu Generation weitergegeben.

»Umeboshi«

P. mume kommt in der traditionellen chinesischen Medizin seit Jahrhunderten v. a. bei Verdauungsbeschwerden und Husten zum Einsatz.
Pharmakologische Studien erforschen die Wirkung ihrer Inhaltsstoffe. Besonders organische Säuren und Phenole zeigen antioxidative, antidiabetische und leberschützende Eigenschaften.

Eingelegte Früchte

Japanische Aprikose: **A** Zweig mit Blüten **1** Steinfrucht **2** Frucht im LS mit Steinkern **3** Steinkern **4** aufpräparierter Steinkern mit Same.

Quellen: Revue horticole (1885); USDA (1872–1948).

Süßkirsche

Vogelkirsche

Prunus avium *(Cerasus avium, Prunus dulcis)*

Die Süßkirsche ist ein mittelgroßer bis großer sommergrüner Baum. Die weißen, 5-blättrigen Blüten erscheinen im Frühjahr in wenigblütigen und kaum beblätterten Kurztrieben. Die kugeligen bis eiförmigen Steinfrüchte sind glänzend rot bis schwarz gefärbt und haben ein süßlich schmeckendes Fruchtfleisch.

P. avium ist in fast ganz Europa und Westasien in lichten Laubmischwäldern heimisch.

Schon Plinius der Ältere beschrieb im 1. Jh. in seiner »Naturalis historia« verschiedene durch Veredelung entstandene Kirschsorten. In Mitteleuropa kultivierte man Süßkirschen spätestens seit dem 11. Jh., zunächst in Klostergärten.

Es gibt mehrere Hundert Sorten der Süßkirsche, die sich in Fruchtfarbe, Größe, Geschmack und Reifezeit unterscheiden. Generell unterscheidet man HARTKIRSCHEN bzw. KNORPELKIRSCHEN mit festem Fruchtfleisch sowie weichfleischige HERZKIRSCHEN. Zierformen mit gefüllten Blüten werden aufgrund ihrer dekorativen Erscheinung geschätzt.

Die Früchte der Süßkirsche sind reich an Vitamin C, Kalium und Anthocyanen. Charakteristisch ist der hohe Gehalt an Zuckern (10–16 %), hauptsächlich Fructose, Glucose und Saccharose. Der Säureanteil ist oft niedrig. Die Kerne, aber auch die Blätter, enthalten giftige Blausäureglycoside.

Süßkirschen werden vorzugsweise frisch verzehrt, finden aber auch Verwendung in Desserts, Marmeladen, Kompotten, Säften und Backwaren.

Aus den Kernen presst man zuweilen Kirschkernöl, welches in Cremes und Lotionen Verwendung findet. Kirschkerne werden auch in Wärmekissen genutzt.

Die aus den Anden stammende Capulin-Kirsche (*Prunus serotina* var. *salicifolia*) wurde bereits von den Inka als Obst genutzt, geriet dann aber weitgehend in Vergessenheit.

Sauerkirsche

Prunus cerasus

Sauerkirschen mit beblätterten Blühtrieben

Die sehr ähnliche Sauerkirsche hat Blätter an den Blühtrieben und ihre Blätter sind in der Knospe gerollt und nicht längs der Mittelrippe gefaltet wie bei der Süßkirsche. Die Früchte sind typischerweise etwas herber im Geschmack und werden häufiger zum Kochen, Backen und für Konserven verwendet als zum Frischverzehr. Bekannte Sorten sind SCHATTENMORELLE, eine alte robuste Sorte mit dunklen Früchten, und die aus Kroatien stammende MARASCA-Kirsche, die speziell zur Herstellung von »Maraschino-Likör« und der dekorativen Cocktailkirschen angebaut wird.

Süßkirsche: A Zweig mit Blättern und Blüten **B** Zweig mit Früchten und Blättern **1** junges Blatt mit drüsigen Nebenblättern **2** Blatt mit extrafloralen Nektarien am Übergang zwischen Blattstiel und Spreite.

Quellen: von Schlechtendal (1840ff); Lindman (1901–1905ff).

Schlehe

Schlehdorn, Schwarzdorn
Prunus spinosa

Die Schlehe ist ein kleiner bis mittelgroßer dorniger Strauch mit weißen Blüten, die vor dem Laubaustrieb erscheinen. Die Früchte sind schwarzblaue, oft wachsig bereifte, kugelige Steinfrüchte mit 1–2 cm ⌀. Das grünliche Fruchtfleisch schmeckt sehr herb und adstringierend.

P. spinosa ist in Europa, Südwestasien und Nordafrika heimisch und wird nur selten kommerziell angebaut.

Schlehen wurden bereits in prähistorischen Zeiten gesammelt und spätestens ab dem Mittelalter als Heilmittel verwendet.

Die Früchte sind sehr reich an Vitamin C, Tanninen (insbesondere in unreifen Früchten) und organischen Säuren. Darüber hinaus enthalten sie Mineralstoffe, Pektine und Anthocyane. Die Kerne enthalten Blausäureglycoside und sollten nicht verzehrt werden.

Schlehen schmecken sehr bitter und adstringierend und sind roh nicht immer genießbar. Sie verlieren jedoch nach dem ersten Frost oder durch Erhitzen einen Teil ihrer Bitterkeit. Sie werden deshalb traditionell vor allem für Gelees, Marmeladen und Sirupe verwendet und dienen auch zur Herstellung von Schlehenlikör wie dem britischen »Sloe Gin«.

In der traditionellen Medizin werden Früchte und Blätter in Tees und Tinkturen verwendet, v. a., um Magen-Darm-Beschwerden zu lindern, das Immunsystem zu stärken und fiebrige Erkältungen zu bekämpfen.

Die tanninreiche Rinde kann zum Färben verwendet werden.

Kirschpflaume

Prunus cerasifera

Die Kirschpflaume ist ein sommergrüner, meist dornenloser Strauch oder kleiner Baum mit weißen bis zartrosa Blüten, die vor den Blättern erscheinen. Die kugeligen Früchte haben 2–3 cm ⌀ und sind je nach Sorte gelblich bis orange, rötlich oder purpurfarben. Sie enthalten einen flachen, harten Stein. Die Kirschpflaume wird häufig als Ziergehölz in Parkanlagen und Gärten gepflanzt und dient als wichtige Unterlage für die Veredelung anderer Steinobstarten. Zuweilen wird sie auch selbst als Obstgehölz kultiviert.

Schlehe: **A** Zweig mit Kurztriebdornen, Blüten und sich entfaltenden Blättern **B** Zweig mit Kurztriebdorn, Laubblättern und Früchten **1** Blüte **2** Blüte im LS mit Fruchtknoten in becherförmiger Blütenachse **3** unreife Frucht im LS mit Steinkern **4** Steinkern **5** Steinkern im LS mit Same **6** Same.

Quelle: von Schlechtendal (1840ff).

Pflaume, Mirabelle

Zwetschge
Prunus domestica *(Prunus communis)*

Die Pflaume ist ein Strauch oder kleiner sommergrüner Baum mit weißen Blüten, die kurz vor oder gleichzeitig mit dem Laubaustrieb erscheinen. Die Blüten stehen einzeln oder zu wenigen an zuweilen bedornten Zweigen. Die eiförmigen bis kugeligen Steinfrüchte sind je nach Sorte gelblich, grünlich, rötlich oder violett-schwarz und oft bereift. Das Fruchtfleisch ist saftig und süß und umschließt einen flachen Steinkern.

Die Pflaume stammt vermutlich aus dem Kaukasus und Westasien, wo sie als natürliche Kreuzung zwischen Schlehe (*P. spinosa*) und Kirschpflaume (*P. cerasifera*) entstanden ist. Heute wird sie weltweit in gemäßigten Klimazonen angebaut, insbesondere in Europa, Nordamerika und Asien.

Pflaumen wurden bereits in prähistorischer Zeit gesammelt und kultiviert. In der Antike verbreiteten die Römer:innen verbesserte Sorten in ganz Europa. Karl der Große verfügte im späten 8. Jh. den Anbau von Pflaumen in seinen kaiserlichen Gütern.

P. domestica umfasst mehr als 2.000 Sorten. Wichtige Gruppen sind die ZWETSCHGEN mit großen, länglichen, blauschwarzen Früchten mit festem Fruchtfleisch; die MIRABELLEN mit kleinen, gelblichen, süßen Früchten und die RENEKLODEN mit kugeligen, grünlichen bis gelblichen Früchten.

Pflaumenbäume werden meist durch Veredelung auf widerstandsfähige Unterlagen vermehrt. Regelmäßiger Rückschnitt fördert den Fruchtertrag und die Gesundheit des Baumes.

Pflaumen sind besonders reich an β-Carotin und Vitamin K. Sie enthalten Mineralstoffe wie Kalium, Calcium, Eisen, Kupfer und Zink. Fructose und Fruchtsäuren verleihen ihnen den kräftigen süßlich-säuerlichen Geschmack. Die blaue Farbe einiger Sorten stammt von Anthocyanen. Getrocknete Pflaumen sind besonders reich an Pektinen und dem Zuckeralkohol Sorbitol.

Pflaumen können frisch, getrocknet als Backobst oder zu Kompott, Saft, Mus (z. B. »Powidl«) und Marmelade verarbeitet werden. Zwetschgen werden häufig zu Spirituosen gebrannt (»Zwetschgenwasser«, »Sliwowitz«) und Mirabellen eignen sich insbesondere für Torten, Kuchen und Konfitüre.

Getrocknete Pflaumen werden traditionell zur Förderung der Darmgesundheit eingesetzt, einer Anwendung, die v. a. auf die abführende Wirkung des Zuckeralkohols Sorbitol zurückzuführen ist.

Zwetschgen

Renekloden

Mirabellen

Pflaume: A Zweig mit Blüten und sich entfaltenden Blättern **B** Zweig mit Blättern und Frucht **1** Blüte mit becherförmiger Blütenachse im LS (ohne Krone) **2–3** Staubblätter **4** Spitze des Griffels mit kopfiger, gefurchter Narbe **5** Steinkern **6–11** Früchte alter französischer Sorten: 6: Jacinthe, 7: Tardive de Chalon, 8: Dame aubert rouge, 9: a Longue queue, 10: de la St. Martin, 11: Id. Blanche.

Quellen: von Schlechtendal (1840ff); Jaume Saint-Hilaire (1828-1833); Svensk Botanik (1803-1843).

Filzige Apfelbeere

Rote Apfelbeere, Zwergvogelbeere
Aronia arbutifolia *(Mespilus arbutifolia)*

Die Filzige Apfelbeere ist ein mittelgroßer, sommergrüner Strauch. Sie besitzt elliptische Blätter, deren Blattunterseite dicht filzig behaart ist. Die weißlichen bis rosafarbenen Blüten erscheinen in flachen Doldentrauben. Die leuchtend roten Apfelfrüchte sind etwa erbsengroß.

Die Filzige Apfelbeere stammt aus dem östlichen Nordamerika.

Apfelbeeren wurden von den indigenen Gemeinschaften in Nordamerika als Nahrungsquelle und Heilpflanze genutzt. Das 19. Jh. brachte sie zunächst als dekorativen Strauch nach Europa, während ihre Früchte erst in neuerer Zeit als gesundes Obst entdeckt wurden.

Die Früchte enthalten hohe Mengen an Vitamin C, Ballaststoffen und sekundären Pflanzenstoffen wie Anthocyanen und Polyphenolen. Ihr hoher Gehalt an Tanninen sorgt für einen herben und adstringierenden Geschmack.

Rote Apfelbeere

Die herb-sauren Beeren werden meist gekocht zu Saft, Marmelade, Likör oder als Zusatz in Smoothies und Müslis verwendet. Roh sind sie wegen des hohen Gehalts an Tanninen nur bedingt genießbar.

A. arbutifolia wird auch als dekorativer Zierstrauch gepflanzt. Die roten Früchte und die intensive Herbstfärbung machen sie zu einem attraktiven Blickfang.

Schwarze Apfelbeere

Schwarze Apfelbeere

Aronia melanocarpa

Die Schwarze Apfelbeere ist ein kleiner, sommergrüner Strauch mit weißen bis rosafarbenen Blüten. Ihre Blätter färben sich im Herbst intensiv rot. Die schwarz glänzenden Apfelfrüchte sind etwa erbsengroß. *A. melanocarpa* stammt aus dem östlichen Nordamerika.

Im 19. Jh. gelangte *A. melanocarpa* nach Russland. Die Art wurde dort als Beerenobst kultiviert und züchterisch weiterentwickelt. In Mitteleuropa wird sie erst seit der 2. Hälfte des 20. Jh. angebaut.

Apfelbeere: A Zweig mit Blüten und Blättern **B–C** Zweig mit Früchten und Blättern **D** Zweig mit Winterknospen **1** Apfelfrucht mit Kelch **2** Apfelfrucht im QS. **A–B, 1–2: *A. arbutifolia***; **C: *A. melanocarpa***.

Quellen: Krauss (1802ff); von Wangenheim (1787).

Azaroldorn

Azarolapfel, Azarole
Crataegus azarolus *(Mespilus azarolus)*

Der Azaroldorn ist ein sommergrüner, dorniger Strauch oder kleiner Baum mit weißen, duftenden Blüten. Die Apfelfrüchte sind 2–3 Zentimeter groß und haben ein süßlich-säuerliches Fruchtfleisch.

Der Azaroldorn stammt aus dem östlichen Mittelmeerraum und Vorderasien, wo er auch kultiviert wird.

Die wichtigsten Zuchtformen sind *C. azarolus* var. *azarolus* mit roten und *C. azarolus* var. *chlorocarpa* mit gelben Früchten.

Der Zuckergehalt reifer Früchte liegt meist bei 13–16 %. Sie enthalten auch beträchtliche Mengen an Vitamin C, Pektinen, organischen Säuren sowie Flavonoiden und Proanthocyanidinen und liefern Mineralstoffe wie Kalium, Calcium und Eisen. Blätter und Blüten enthalten Triterpensäuren und Phenolcarbonsäuren.

Die Früchte des Azaroldorns werden frisch verzehrt oder zu Marmeladen, Gelees und Kompott verarbeitet. Der süßlich-säuerliche Geschmack erinnert an eine Mischung aus Apfel und Birne. In der mediterranen Küche dienen sie zur Herstellung von Likören, Sirup und Essig.

Sowohl in der traditionellen als auch in der evidenzbasierten Medizin werden Extrakte aus Blättern, Blüten und Früchten zur Stärkung der Herzfunktion und zur Regulierung des Blutdrucks verwendet.
Aktuelle Forschungen untersuchen darüber hinaus Inhaltsstoffe aus den Blättern – v. a. Triterpensäuren – auf ihr entzündungshemmendes Potenzial.

Ähnliche Arten

Die Früchte wild wachsender oder als Ziergehölz angepflanzter *Crataegus*-Arten können ebenfalls verzehrt werden. In Mitteleuropa sind dies v. a. der Zweigrifflige Weißdorn (*C. laevigata*) und der Eingrifflige Weißdorn (*C. monogyna*). Die roten Früchte dieser Arten sind allerdings deutlich kleiner als die des Azaroldorns und haben ein mehlig-trockenes Fruchtfleisch.
Diese beiden *Crataegus*-Arten sind auch von der Europäischen Arzneimittel-Agentur als Pflanzen mit traditionellen Heilwirkungen bei milden Herzbeschwerden und leichten Symptomen von mentalem Stress anerkannt.

Zweigriffliger Weißdorn

Azaroldorn: A Zweige mit Blättern und gelblichen Früchten (var. *chlorocarpa*) **B–C** Zweige mit Blättern und Blüten **D** Zweig mit Blättern und rötlichen Früchten (var. *azarolus*) **1** Apfelfrüchte **2** aufpräparierte Apfelfrucht **3** Apfelfrucht im LS **4** Same.

Quellen: Revue horticole (1856); Rozier (1781); Poiret & Turpin (1820).

Mispel

Crataegus germanica *(Mespilus germanica)*

Die Echte Mispel ist ein sommergrüner Strauch oder kleiner Baum, dessen stark verzweigte Äste mit kurzen Dornen besetzt sind. Im späten Frühjahr erscheinen die weißlichen bis rosafarbenen Blüten. Die Früchte sind kugelig bis birnenförmig, 2–6 cm groß, braun und haben eine raue, lederartige Schale.
Die Echte Mispel war lange unter dem wissenschaftlichen Namen *Mespilus germanica* bekannt. Neuere Forschungen haben jedoch gezeigt, dass die Mispel eng mit den Weißdornen verwandt ist und deshalb nun zur Gattung *Crataegus* gestellt wird.

Reife Mispeln mit langen Kelchblättern

Die Mispel stammt wahrscheinlich aus dem Kaukasus, Südwestasien und dem östlichen Mittelmeergebiet. Sie ist heute in weiten Teilen Europas verbreitet, v. a. in wärmeren Regionen.

Die Mispel war bereits in der Antike eine beliebte Frucht und wurde von den Römer:innen nach Mitteleuropa gebracht. Im Mittelalter war sie eine geschätzte Obstart in Klostergärten und diente als Wintervorrat. Sie verlor mit der Zeit an Bedeutung, erlebt gegenwärtig durch das gesteigerte Interesse an alten Kulturpflanzen eine kleine Renaissance.

Die gezielte Kultivierung hat zu Sorten mit größeren Früchten und verbesserten Geschmacksrichtungen geführt. Manche Kultursorten sind dornenlos, was die Ernte erleichtert.

Die Früchte sind reich an Ballaststoffen, Tanninen und Pektinen. Der hohe Gehalt an Tanninen sorgt für die adstringierende Wirkung und den herben Geschmack der unreifen Früchte.

Die Mispeln sind erst nach Frosteinwirkung oder Lagerung genießbar,

Reife und unreife Mispeln

wodurch sie weich und süßlich werden. Sie können dann roh verzehrt werden. Sie lassen sich aber auch zu Mus, Likör und Obstwein verarbeiten. Aufgrund des hohen Pektingehalts eignen sie sich gut für Gelees und Konfitüren.

Die Mispel wird auch als Ziergehölz geschätzt, insbesondere wegen ihrer schönen Herbstfärbung und der attraktiven Früchte.

Mispel: **A** Zweig mit Blättern und Blüten **B** 1-jähriger Zweig mit Winterknospen **1** Blüte **2** Blüte im LS mit unterständigem Fruchtknoten (ohne Krone) **3** unreife Frucht mit langen Kelchblättern **4** reife Frucht mit bleibenden Kelchblättern **5–6** freipräparierte Frucht (ohne Kelch) **7** Frucht im QS **8** Same.

Quellen: Krauss (1802ff); La Belgique Horticole (1856); Thomé (1885ff).

Quitte

Cydonia oblonga *(Pyrus cydonia)*

Die Quitte ist ein sommergrüner Strauch oder kleiner Baum mit großen, weißlichen bis hellrosa Blüten mit bis zu 5 cm ⌀. Die Apfelfrüchte sind meist 4–12 cm groß, hellgelb und zumindest unreif wollig behaart. Das feste Fruchtfleisch hat einen säuerlichen, herben und adstringierenden Geschmack.

C. oblonga stammt wahrscheinlich aus Südwestasien, dem Kaukasus und Nordiran. Heute wird die Art in vielen wärmeren Regionen der Welt angebaut, in Mitteleuropa besonders in Weinbaugebieten. Größere Anbaugebiete befinden sich in der Türkei, im Iran, in Südosteuropa und im Mittelmeergebiet.

Die Quitte gelangte über die Seidenstraße schon früh nach China. In der Antike wurde sie im Mittelmeergebiet häufig kultiviert und in Griechenland waren die duftenden »goldenen Äpfel« der Göttin Aphrodite geweiht. Sie galten als Symbol für Liebe, Fruchtbarkeit und Unsterblichkeit.
Mit den Römer:innen gelangte die Quitte nach Mitteleuropa. Karl der Große ordnete im späten 8. Jh. in seinem Landgüterverzeichnis »Capitulare de villis« ihren Anbau in seinen kaiserlichen Gütern an. Im Mittelalter war die Quitte in Mitteleuropa weit verbreitet, wurde aber später weitgehend vom ertragreicheren Apfel verdrängt.

Quittenfrüchte sind reich an Kohlenhydraten wie dem Ballaststoff Pektin (1,7–3,5 %) und Zuckern (oft ± 10 %), organischen Säuren wie Äpfelsäure, Vitamin C und Mineralstoffen wie Kalium, Calcium, Phosphor und Magnesium. Sie enthalten zudem eine Vielzahl von Polyphenolen, darunter Flavonoide und Phenolsäuren.
Quittensamen zeichnen sich durch einen außergewöhnlich hohen Schleimgehalt von bis zu 20 % aus. Sie enthalten außerdem Proteine, fette Öle (hauptsächlich Linolsäure) und das Blausäureglycosid Amygdalin.

Das harte, saure und adstringierende Fruchtfleisch wird meist zu Gelee, Marmelade, Saft oder Likör verarbeitet. Nur in sehr warmen Klimazonen können einige Sorten so weit ausreifen, dass sie auch roh genießbar sind.
Das blasse Fruchtfleisch verändert beim Kochen seine Farbe: Es wird rötlich, was auf eine chemische Umwandlung der Tannine zurückzuführen ist. Eine besondere Spezialität ist »Dulce de membrillo«, eine feste Quittenpaste aus Spanien.

Quitten werden in der traditionellen Medizin wegen ihres hohen Pektingehalts zur Behandlung von Durchfallerkrankungen und bei Schleimhautreizungen eingesetzt.

Quitten-Extrakte finden auch in Kosmetika für empfindliche Haut Verwendung. Im Obstbau wird die Quitte oft als Veredelungsunterlage für Birnen genutzt.

Quitte: **A** Zweig mit Blättern und Blüten **B** Zweig mit Apfelfrucht **1** Nebenblätter **2** Blüte im LS mit unterständigem Fruchtknoten **3** Staubblätter **4** Pollen **5** unterständiger behaarter Fruchtknoten mit 5 Griffeln **6** Spitze des Griffels mit kopfiger Narbe **7** Apfelfrucht im LS **8** Apfelfrucht im QS **9–11** Samen **12** Samen im LS.

Quelle: Köhler (1883-1898ff).

Chinesische Zierquitte

Chaenomeles speciosa

Die Chinesische Zierquitte ist ein kleiner bis mittelgroßer laubabwerfender dorniger Strauch. *Ch. speciosa* blüht im zeitigen Frühjahr mit roten, einfachen oder gefüllten Blüten, die vor den Blättern erscheinen. Die gelblich-grünlichen Apfelfrüchte sind kleiner als Quitten und verströmen einen zitronenartigen Duft.

Ch. speciosa stammt aus China und gelangte früh nach Japan. Mittlerweile ist die Art in den gemäßigten Regionen weltweit verbreitet.

In China und Japan wird die Chinesische Zierquitte schon lange als Zierpflanze und traditionelle Heilpflanze kultiviert. In Europa wurde sie im 18. Jh. als dekorativer Zierstrauch eingeführt und erfreut sich seither wachsender Beliebtheit.

Durch gezielte Kreuzungen entstanden zahlreiche Sorten mit vielfältigen Blütenfarben von Weiß über Rosa bis hin zu dunklem Karminrot. Einige Ziersorten besitzen gefüllte Blüten.

Die Früchte reifen im Herbst und sollten nach dem ersten Frost geerntet werden, da die Kälte den Gehalt an Tanninen reduziert und die Früchte weicher macht.

Die Früchte enthalten viel Vitamin C, Pektine und Mineralstoffe wie Kalium und Calcium. Außerdem sind sie reich an organischen Säuren, Polyphenolen (v. a. Flavonoide und Phenolsäuren) und Tanninen. Die Samen enthalten Blausäureglycoside und sollten daher nicht mitverzehrt werden.

Der hohe Gehalt der Früchte an Tanninen sorgt für einen herben Geschmack, weshalb sie roh kaum genießbar sind. Sie werden deshalb meist gekocht zu Gelee, Kompott oder Likör verarbeitet.

In der traditionellen Medizin werden Extrakte aus den Früchten zur Unterstützung der Verdauung und zur Stärkung des Immunsystems verwendet. Auch pharmakologische Studien zeigen immunregulatorische bzw. immunmodulatorische Eigenschaften der Inhaltsstoffe.

Als reichblühender und robuster Zierstrauch werden die Sträucher häufig in Gärten, Parks und Hecken gepflanzt.

Chinesische Zierquitte: A Zweig mit Kurztriebdornen, Blättern und Blüten an Kurztrieben **1** Kronblatt **2** aufpräparierte Blüte (ohne Krone) **3** unterständiger Fruchtknoten mit Griffel und einigen Staubblättern **4** Spitze des Griffels mit kopfiger Narbe **5** Staubbeutel **6** Apfelfrucht **7** Apfelfrucht im LS.

Quellen: Guimpel (1819-1829); Revue horticole (1876); Icones Plantarum (1900).

Japanische Wollmispel

Japanische Mispel, Wollmispel
Eriobotrya japonica *(Mespilus japonica)*

Die Japanische Wollmispel ist ein kleiner, immergrüner Baum mit derben, großen Blättern, die unterseits filzig behaart sind. Die duftenden, cremeweißen Blüten entwickeln sich zu gelblich-orangen, birnen- bis eiförmigen Apfelfrüchten mit 3–5 cm ⌀. Das saftige, süßlich-säuerliche Fruchtfleisch umschließt 1–4 große, braune Samen.

E. japonica stammt aus den subtropischen Bergregionen Zentralchinas. Heute wird die Art weltweit in subtropischen und warmen Regionen angebaut. Die größten Anbaugebiete liegen in China, dem Mittelmeerraum und Japan.

In China wird die Art seit mehr als 2.000 Jahren als Obst und Heilpflanze kultiviert. Im 6. Jh. gelangte sie nach Japan und wird seitdem auch dort in größerem Umfang kultiviert. Nach Europa kam sie Anfang des 18. Jh.

Weltweit existieren mehr als 800 Sorten der Japanischen Wollmispel, die sich in Fruchtgröße, Farbe – von Hellgelb bis Orange – und Geschmacksprofil unterscheiden.

Die Früchte enthalten reichlich β-Carotin und B-Vitamine (darunter Thiamin, Riboflavin, Niacin, B_6 und Folat) sowie etwas Vitamin C. Sie sind außerdem reich an Mineralstoffen, insbesondere Kalium, Magnesium und Phosphor, und eine gute Quelle für Ballaststoffe, z. B. Pektin. Das Fruchtfleisch enthält auch Carotinoide, Polyphenole, z. B. Flavonoide und Phenolsäuren, sowie organische Säuren, v. a. Äpfelsäure.
Die Samen enthalten das Blausäureglycosid Amygdalin und sollten deshalb nicht verzehrt werden.
Die Blätter sind reich an Triterpenen (v. a. Ursolsäure, Oleanolsäure, Corosolsäure), Flavonoiden (v. a. Quercetin, Kaempferol und deren Glycoside) und Tanninen wie Procyanidinen.

Die Früchte werden meist frisch und ohne Schale verzehrt. Der Geschmack wird meist als komplexe Mischung aus verschiedenen Früchten beschrieben. Wollmispeln eignen sich gut für die Verarbeitung zu Kompott, Marmelade, Gelee und Fruchtsäften. In Italien ist »Nespolino«, ein bittersüßer Likör aus Wollmispeln, eine regionale Spezialität.

Japanische Wollmispel: **A** Zweig mit Blättern und Blüten **B** Zweig mit Apfelfrüchten **C** Apfelfrucht **1** Kronblatt **2** aufpräparierte Blüte mit Staubblättern und Fruchtknoten (ohne Kelch und Krone) **3** Staubblätter **4** Fruchtknoten mit mehreren Griffeln (teilweise angeschnitten) **5** Apfelfrucht im QS **6** Same **7** Same im LS.

Quellen: von Siebold & Zuccarini (1835–1875); Allgemeines teutsches Garten-Magazin (1823).

In der traditionellen chinesischen Medizin werden die Blätter zur Behandlung von Atemwegserkrankungen, Hautproblemen und Verdauungsbeschwerden eingesetzt. Präklinische Studien bestätigen antioxidative, entzündungshemmende und blutzuckersenkende Wirkungen der Inhaltsstoffe.

Wollmispeln werden wegen ihrer attraktiven Belaubung, der duftenden Winterblüte und der ornamentalen Früchte auch als Ziersträucher geschätzt.

Apfel

Kulturapfel
Malus domestica
(Malus communis, Malus dasyphylla, Malus pumila, Pyrus malus)

Der Apfel ist ein sommergrüner, mittelgroßer Laubbaum, dessen weiße bis zartrosa Blüten im Frühjahr erscheinen. Die Früchte variieren in Größe, Form, Färbung und Geschmack – von klein und säuerlich bis groß und süß, von hellgelb über grün bis tiefrot.

Ursprünglich stammt *M. domestica* aus Zentralasien, wo sein wilder Vorfahr, der Asiatische Wildapfel (*Malus sieversii*), auch heute noch in Wäldern anzutreffen ist. Mittlerweile wird der Apfelbaum in gemäßigten Klimazonen weltweit angebaut und gehört zu den meistangebauten Obstbäumen in den gemäßigten Zonen.

Die Domestikation begann vermutlich vor 10.000–8.000 Jahren in Zentralasien. Von dort gelangte der Apfel über Persien in das Mittelmeergebiet, wo ihn Griech:innen und Römer:innen als erfrischendes Obst schätzten. Auch kulturell hat der Apfel seit der Antike eine außergewöhnliche Bedeutung als Symbol für Fruchtbarkeit, Liebe, Weisheit, aber auch für Verführung und Sünde. In der Kunstgeschichte erscheint er häufig, von mittelalterlichen Darstellungen der Schöpfungsgeschichte bis zu Stillleben der Neuzeit. Der Apfel ist präsent in Literatur und Populärkultur – vom vergifteten Apfel in Schneewittchen über Isaac Newtons fallenden Apfel bis zum Logo eines bekannten Technologiekonzerns.
In Hessen hat der »Ebbelwoi« (auch »Stöffche« genannt) eine jahrhundertelange Tradition als regionaltypisches, leicht alkoholisches Getränk aus vergorenem Apfelsaft, das besonders in Frankfurt und Umgebung zur kulturellen Identität gehört. Die hessische Apfelweinkultur wurde 2022 auf die UNESCO-Liste des Immateriellen Kulturerbes gesetzt. Auch die traditionell genutzten, artenreichen Streuobstwiesen stehen in Hessen unter besonderem Naturschutz.

Heute existieren 7.000–30.000 Apfelsorten, von denen allerdings nur 20–30 kommerziell bedeutsam sind. Diese Zahlen verdeutlichen, dass die enorme Vielfalt der Apfelsorten (wie auch die vieler anderer Nutzpflanzen) durch die zunehmende industrielle Standardisierung bedroht ist. Deshalb gibt es zahlreiche Initiativen für den Erhalt alter, regionaler und seltener Apfelsorten.

Traditionelle Streuobstwiese

Apfel: A Zweig mit Blättern und Blüten **B** Zweig mit Blättern und Apfelfrüchten **1** Blüte im LS mit unterständigem Fruchtknoten (ohne Krone) **2** Staubblätter **3** Pollen **4** Apfel im LS **5** Apfel im QS **6–7** Same im LS **8** Same im QS **9** Same ohne Testa.

Quelle: Köhler (1883-1898ff).

Zu den international wichtigsten Handelssorten zählen Golden Delicious, Red Delicious, Gala, Fuji, Granny Smith, Braeburn, Jonagold und Pink Lady. In Deutschland haben auch traditionelle Sorten wie Boskoop, Cox Orange oder Berlepsch noch eine gewisse Bedeutung im Handel.

Traditionelle Streuobstwiesen mit hochstämmigen Apfelbäumen prägen seit Jahrhunderten die Kulturlandschaft Mitteleuropas und dienen als wichtige Refugien für seltene und regionale Obstbaumsorten. Diese extensiv bewirtschafteten Anbausysteme bieten nicht nur eine außergewöhnliche Sorten-

vielfalt, sondern schaffen auch wertvolle Lebensräume für zahlreiche Tier- und Pflanzenarten, wodurch sie einen bedeutenden Beitrag zur Biodiversität leisten.
Der kommerzielle Apfelanbau erfolgt heute jedoch überwiegend in Niederstammanlagen. Die Bäume werden dabei auf schwachwüchsige Unterlagen veredelt und tragen nach bereits 3–5 Jahren erstmals Früchte. Die Vermehrung erfolgt fast ausschließlich vegetativ durch Veredelung, da aus Samen gezogene Apfelbäume nicht die Eigenschaften der Muttersorte aufweisen. Die Ernte erfolgt zwischen Spätsommer und Herbst, wobei die Lagerung in Kühlhäusern mit kontrollierter Atmosphäre eine ganzjährige Verfügbarkeit ermöglicht. Weltweit werden jährlich mehr als 80 Mio. t Äpfel produziert, wobei China mit großem Abstand der wichtigste Produzent ist.

Kommerzielle Apfelbaumplantage mit Niederstämmen und Hagelschutznetzen

An Inhaltsstoffen sind besonders hervorzuheben Vitamin C, Kalium, verschiedene B-Vitamine sowie Flavonoide und Phenolsäuren. Viele dieser Stoffe befinden sich hauptsächlich in der Fruchtschale, weshalb der Verzehr ungeschälter (und gewaschener) Äpfel besonders empfehlenswert ist.
Äpfel verströmen – wie auch viele andere klimakterische Früchte – Ethylen. Dieses gasförmige Pflanzenhormon steuert den Reifeprozess der Früchte – nicht nur bei ihnen selbst, sondern auch bei benachbart gelagertem Obst und Gemüse. Dieses Wissen kann man sich zunutze machen, um unreife Früchte schneller reifen zu lassen. Die gezielte Steuerung des Ethylengehalts ist heutzutage ein wichtiger Faktor bei der professionellen Lagerung von Äpfeln und anderem Obst.

Der Apfel ist eine der beliebtesten und weltweit am häufigsten verzehrten Obstsorten. Er wird frisch gegessen oder verarbeitet zu Saft, Most, Apfelwein, Apfelessig, Mus, Marmelade sowie in Backwaren wie Apfelkuchen und Apfelstrudel. Zahlreiche traditionelle Gerichte und Getränke basieren auf Äpfeln, darunter »Cidre«, »Calvados«, aber auch »Ebbelwoi« und der winterliche Bratapfel.

Apfelessig wird traditionell bei Hautproblemen und als Tonikum eingesetzt.

Das Holz des Apfelbaums hat beim Verbrennen ein angenehmes Aroma und wird gerne zum Räuchern von Lebensmitteln verwendet.

Der Apfel gehört zu den häufigeren Auslösern von Nahrungsmittelallergien. Menschen mit Birkenpollenallergie entwickeln oft Kreuzreaktionen auf Äpfel, die sich oft durch Juckreiz und Schwellungen im Mund- und Rachenraum äußern. Gekochte Äpfel werden meist besser vertragen, da die allergenen Proteine hitzeempfindlich sind. Außerdem reagieren manche Menschen auf moderne Supermarktäpfel allergisch, während sie alte Apfelsorten besser vertragen. Dies liegt u. a. an dem höheren Polyphenolgehalt der traditionellen Sorten, welcher die Allergenität herabsetzt.

Birne

Kulturbirne

Pyrus communis *(Pyrus sativa)*

Die Birne ist ein mittelgroßer sommergrüner Baum. Im Frühjahr erscheinen die weißen Blüten, aus denen sich die meist birnenförmigen Apfelfrüchte entwickeln. Im Fruchtfleisch finden sich winzige, harte, verholzte »Steinzellen«, die dazu führen, dass manche Birnen leicht »sandig« schmecken.

Die Entstehung der heute kultivierten Birnen war ein komplexer Hybridisierungsprozess mit mehreren Wildarten aus Europa und Westasien. Beteiligt waren daran vermutlich die Kaukasische Wildbirne (*P. communis* subsp. *caucasica*), die Holz-Birne (*P. pyraster*) und die Schneebirne (*P. nivalis*) aus Europa sowie die Syrische Birne (*P. syriaca*) aus Südwestasien.

Schon in der Antike kultivierten Griech:innen und Römer:innen schmackhafte Birnensorten. Plinius der Ältere unterschied im 1. Jh. in seiner »Naturalis historia« bereits 3 Dutzend Birnensorten. Karl der Große förderte im späten 8. Jh. den Birnenanbau und ließ zahlreiche Sorten in seinen kaiserlichen Gütern pflanzen.

Den lange lagerbaren getrockneten Birnen (»Dörrbirnen«, »Kletzen«) kam im Mittelalter als Wintervorrat große Bedeutung als Zucker- und Vitaminquelle zu.

Bis heute entstanden 3.000–5.000 Birnensorten, die sich in Fruchtgröße, -form und -farbe unterscheiden. Nach ihrer Reifezeit werden Birnen in Sommer-, Herbst- und Winterbirnen unterteilt. Für Wirtschaftszwecke und die Mostherstellung eignen sich besonders die klein- und hartfrüchtigen Sorten.

Birnen werden meist auf schwachwüchsige Quitten-Unterlagen veredelt, um das Wachstum zu regulieren. Ein regelmäßiger Schnitt dient der Erziehung einer stabilen Krone und der Kontrolle des Fruchtansatzes.

Birnen sind bekannt für ihren hohen Gehalt an Vitamin C, Kalium und Ballaststoffen. In nennenswerten Mengen sind auch B-Vitamine (Thiamin, Riboflavin, Niacin, B_6, Folat) und Calcium vorhanden. Besonders

Birne: A Zweig mit Blättern und Blüten **B** Zweig mit Blättern und Frucht (Apfelfrucht) **1** Blüte im LS (ohne Krone) **2** Staubblätter **3** Spitze eines Griffels mit kopfiger Narbe **4** unreife Frucht im QS **5** Apfelfrucht im LS.

Quelle: Thomé (1885ff).

in der Schale finden sich Polyphenole, z. B. Chlorogensäure, Arbutin und Catechine. Der Zuckergehalt (v. a. Fructose) ist mit 7–12 % recht hoch, variiert aber stark je nach Sorte und Reifegrad.

Birnen werden gerne roh als erfrischendes Obst genossen. Viele der gesundheitsfördernden Pflanzenstoffe, wie die antioxidativ wirkenden Polyphenole, sitzen direkt in oder unter der Schale. Daher wird empfohlen, Birnen gut gewaschen, aber ungeschält zu verzehren.
Birnen eignen sich auch sehr gut zum Backen, Dörren, Einkochen und Entsaften. Aus spät reifenden Mostbirnen, die meist viele Tannine enthalten, wird durch Vergärung Birnenwein oder »Birnen-Cider« hergestellt.

Nashi-Birne
Pyrus pyrifolia

Die Früchte der Nashi-Birne ähneln in ihrer Form eher Äpfeln als den Kulturbirnen. Sie sind kugelig bis leicht abgeflacht und haben eine gelbliche bis bronzefarbene, oft gepunktete Schale. Das knackige, saftige Fruchtfleisch vereint die Süße von Birnen mit der erfrischenden Knackigkeit von Äpfeln.
P. pyrifolia stammt aus Ostasien, insbesondere aus China und den südlich angrenzenden Regionen. Sie wurde früh nach Japan und Korea eingeführt und später weltweit in gemäßigten Klimazonen kultiviert, z. B. in Nordamerika, Australien, Neuseeland und zunehmend in Europa.

Die Nashi-Birne wird in China seit mindestens 3.000 Jahren kultiviert und gilt dort als Symbol für Langlebigkeit und Wohlstand. In Japan begann die Züchtung im 7. Jh. Seit der mittleren Edo-Periode (1603–1867) wurden Hunderte von Sorten gezüchtet. Die Nashi-Birne erreichte in der ersten Hälfte des 19. Jh. aus China die Ostküste der USA. Von Nordamerika gelangte sie im 19. Jh. nach Europa.

Vogelbeere, Eberesche

Sorbus aucuparia *(Mespilus aucuparia)*

Die Vogelbeere ist ein kleiner bis mittelgroßer sommergrüner Baum mit unpaarig gefiederten Blättern. Die cremeweißen Blüten stehen in vielblütigen flachen Trugdolden und reifen zu leuchtend orangeroten, erbsengroßen Apfelfrüchten heran.

S. aucuparia ist in fast ganz Europa und bis nach Nordasien heimisch. In Bergregionen kann sie in Höhenlagen bis über 2.000 m aufsteigen.

Vogelbeeren enthalten reichlich Vitamin C und β-Carotin sowie geringe Mengen an B-Vitaminen. An Mineralstoffen sind v. a. Kalium, Eisen und Calcium zu nennen. Die Früchte enthalten außerdem reichlich bitter schmeckende Parasorbinsäure, Pektine, Fruchtsäuren (Äpfelsäure, Zitronensäure, Weinsäure und Bernsteinsäure) sowie Tannine.

Rohe Vogelbeeren sind aufgrund der Parasorbinsäure praktisch ungenießbar, werden aber nach Frosteinwirkung oder durch Erhitzen essbar. Die Parasorbinsäure wird dabei in Sorbinsäure umgewandelt. Traditionell verarbeitet man Vogelbeeren zu Marmelade, Gelee, Sirup, Most oder Likör. Der aus vergorenen Früchten destillierte »Vogelbeerbrand« ist eine regionale Spezialität im Alpenraum.

In der traditionellen Medizin nutzt man Extrakte aus Früchten und Rinde bei Vitamin-C-Mangel, Blasenleiden und zur Verdauungsförderung.

Früchte und Rinde liefern gelbliche, bräunliche oder rötliche Farbstoffe zum Färben von Textilien.

Viele eng mit der Vogelbeere verwandte Arten haben Apfelfrüchte, die nach entsprechender Verarbeitung ebenfalls essbar sind.
Die Taxonomie innerhalb der Gattung *Sorbus* s. l. befindet sich derzeit allerdings im Wandel. Neuere phylogenetische Studien haben dazu geführt, dass traditionelle Untergattungen wie *Aria* (Mehlbeeren) und *Torminalis* (Elsbeeren) nun meist als eigenständige Gattungen aufgefasst werden: Z. B. heißt die Mehlbeere nun *Aria edulis* (früher *Sorbus aria*) und die Elsbeere firmiert unter *Torminalis glaberrima* (früher *Sorbus torminalis*).

Vogelbeere: **A** Zweig mit unpaarig gefiederten Blättern und Blütenstand **B** Zweig mit Früchten **1** Teilblütenstand mit 3 Blüten **2** Blüte im LS **3** Staubblätter **4** Fruchtknoten mit Griffeln **5** Apfelfrucht im LS **6** Apfelfrucht im QS **7** Steinkerne.

Quelle: Thomé (1885ff).

Mehlbeere

Aria edulis (Sorbus aria)

Die Mehlbeere ist ein kleiner sommergrüner Baum. Ihre Blätter glänzen oberseits dunkelgrün, während die Unterseite weißfilzig behaart ist. Die bei Reife orangeroten bis bräunlichen, kugeligen Apfelfrüchte messen 1–1,5 cm ⌀.
A. edulis ist in West-, Mittel- und Südeuropa heimisch und kommt in lichten Wäldern, Trockengebüschen sowie in subalpinen Hochstaudengebüschen vor.
Die Mehlbeere kommt vergleichsweise gut mit trockenen Böden zurecht. Sie wird deshalb in Mitteleuropa seit einigen Jahren verstärkt angepflanzt, um die Stabilität von Wäldern auf Kalkböden in dem sich ändernden Klima zu erhöhen.

Elsbeere

Torminalis glaberrima (Sorbus torminalis)

Die Elsbeere ist ein mittelgroßer sommergrüner Laubbaum mit 3–6-lappigen Blättern, die sich im Herbst leuchtend orangegelb bis blutrot verfärben. Ihre eiförmigen Apfelfrüchte sind 1–2 cm groß und haben eine rötlichbraune Schale mit charakteristischen Punkten.
T. glaberrima ist von Europa bis Westasien und Nordafrika verbreitet.
Bereits der römische Arzt Aulus Cornelius Celsus schätzte um 30 n. Chr. die Früchte der Elsbeere wegen ihrer Heilwirkung. Martin Luther ließ diese Früchte 1526 für seine Frau Katharina von Bora besorgen, die sie als Heilmittel verwendete. Der Artname »torminalis« bedeutet »Bauchschmerzen« und verweist auf die traditionelle Verwendung bei Verdauungsbeschwerden.
In Niederösterreich wird aus den Früchten ein hochwertiger Elsbeerenschnaps gebrannt, der zu den teuersten Obstbränden zählt.
Die Elsbeere gilt als trockenheitstolerante Baumart, die aufgrund ihrer Anpassungsfähigkeit an wärmere und trockenere Bedingungen eine hohe Eignung für die Mischwälder Mitteleuropas im Klimawandel aufweist.

Speierling

Cormus domestica *(Sorbus domestica)*

Der Speierling ist ein mittelgroßer, sommergrüner Baum mit unpaarig gefiederten Blättern. Die weißlichen Blüten stehen in vielblütigen endständigen, schirmförmigen Blütenständen. Die kugeligen bis birnenförmigen Früchte werden 1,5–4 cm lang. Aus botanischer Sicht handelt es sich um Apfelfrüchte.
Der Speierling war in der Wissenschaft lange Zeit als *Sorbus domestica* bekannt. Aufgrund molekulargenetischer Untersuchungen wird er nun meist als separate Gattung *Cormus* geführt.

Der Speierling kommt natürlicherweise in Südeuropa, Südwestasien sowie Nordafrika vor. In Mitteleuropa ist er zuweilen in traditionellen Streuobstbeständen zu finden.

C. domestica war bereits in der Antike bekannt und wurde von den Römer:innen als Obstbaum geschätzt. Sie brachten den Speierling auch nach Mitteleuropa, wo er als Heilpflanze und zur Veredelung von Apfelwein oder Most genutzt wurde. Sein Anbau ging in den folgenden Jahrhunderten stark zurück, erlebt aber durch das gestiegene Interesse an alten Obstsorten derzeit eine kleine Renaissance.

Der Speierling wächst langsam und trägt erst nach 15–20 Jahren regelmäßig Früchte.

Die Früchte enthalten Vitamin C, Mineralstoffe, wie Kalium, Calcium und Eisen, sowie Pektine und sekundäre Pflanzenstoffe, insbesondere Polyphenole, Flavonoide und Tannine.

Die Früchte des Speierlings sind aufgrund des hohen Gehalts an Tanninen vor der Vollreife sehr adstringierend, weshalb

sie roh erst überreif genießbar sind. Häufiger werden sie zu Mus, Marmeladen oder Trockenfrüchten verarbeitet.

Die enthaltenen Polyphenole und Flavonoide wirken als starke Antioxidantien. Ihre Wirkung auf das Potenzial zur Prävention von Krankheiten wie Diabetes oder neurodegenerativen Erkrankungen wird gegenwärtig untersucht.

Speierling: **a** Zweig mit unpaarig gefiederten Blättern und Blütenstand **b** Blüte **c** Zweig mit Früchten **d** Apfelfrucht **e** Apfelfrucht im QS **f** Wand des Kerngehäuses (Fruchtblattwand) **g** Same.

Quelle: Sturm (1796ff).

Sanddorn

Hippophae rhamnoides (*Elaeagnus rhamnoides*)

Sanddorn ist ein 2-häusiger, sommergrüner Strauch mit langen Dornen. Die Blätter sind oberseits graugrün und unterseits silbrig-schuppig. Die kleinen Blüten erscheinen, bevor die Blätter austreiben. Im Herbst reifen die leuchtend orangen Beeren.
Durch eine Symbiose mit Luftstickstoff fixierenden Bakterien der Gattung *Frankia* kann Sanddorn auch an sehr nährstoffarmen Standorten wie Sanddünen gedeihen.

H. rhamnoides ist in den gemäßigten Zonen Europas und Asiens heimisch, wo er auch kultiviert wird. Die mit Abstand größten Anbauflächen befinden sich in China.

In Europa wird Sanddorn seit dem Mittelalter als Heilpflanze verwendet. In der DDR wurde er in größerem Umfang angebaut und auch züchterisch weiterentwickelt, um eine heimische Vitamin-C-Quelle zu etablieren.

Es gibt mehrere Unterarten und Sorten. Für den Erwerbsobstbau eignen sich großfruchtige Sorten, während Zierformen oft silbriges Laub aufweisen.

Sanddornbeeren gelten als eine der reichsten natürlichen Quellen für Vitamin C, der Gehalt liegt bei 120–1.300 mg pro 100 g Frischgewicht. Auch die Vitamine A, E, K und B-Vitamine (darunter auch das in Pflanzen seltene B_{12}) sind enthalten, dazu Carotinoide, Fruchtsäuren (v. a. Äpfelsäure und Essigsäure) und Mineralstoffe wie Kalium, Calcium und Magnesium. Das aus dem Fruchtfleisch gewonnene Sanddornöl ist eine der wenigen pflanzlichen Quellen für Palmitoleinsäure.
Die Samen liefern Öl mit einem hohen Anteil an mehrfach ungesättigten Fettsäuren wie α-Linolensäure (eine Omega-3-Fettsäure) und Linolsäure.

Sanddornbeeren sind aufgrund ihres hohen Säuregehalts roh nur bedingt genießbar und werden meist zu Saft, Gelee, Marmelade oder Likör verarbeitet.

Sanddorn wird in der traditionellen Medizin zur Stärkung des Immunsystems und zur Wundheilung eingesetzt. Sowohl das aus dem Fruchtfleisch gewonnene Sanddornöl als auch das Samenöl werden als Nahrungsergänzungsmittel angeboten.
Medizinische Studien belegen eine positive Wirkung bei der Wundheilung, bei entzündlichen Hautzuständen und trockener, beanspruchter Haut. Des Weiteren gibt es fundierte Hinweise auf eine Unterstützung der Verdauungsgesundheit, die Linderung von Magenschleimhautreizungen, sowie auf einen günstigen Einfluss auf das Herz-Kreislauf-System.

Die Kosmetikindustrie nutzt Sanddornöl für Hautpflegeprodukte. Zudem wird Sanddorn zur Bodenbefestigung in erosionsgefährdeten Gebieten und Küstendünen verwendet.

Sanddorn kann bei empfindlichen Personen allergische Hautreaktionen auslösen. Aufgrund des hohen Vitamin-K-Gehalts sollten Personen mit Blutgerinnungsstörungen beim Verzehr Vorsicht walten lassen.

Sanddorn: **A** Zweig mit ♀-Blüten **B** Zweig mit ♂-Blüten **C** Zweig mit Laubblättern **D** Zweig mit Früchten **1** ♂-Blüte **2** ♀-Blüte mit Samenanlage und länglicher Narbe im LS **3** unreife Steinfrucht mit Steinkern im LS **4** ♀-Blütenknospe **5** an der Spitze offene Steinfrucht **6** Sternhaare der Blatt-US.

Quelle: von Schlechtendal (1840ff).

Chinesische Dattel

Jujube
Ziziphus jujuba *(Ziziphus vulgaris)*

Die Chinesische Dattel ist ein sommergrüner, dorniger Strauch oder kleiner Baum mit kleinen, weißlichen bis gelblich-grünlichen Blüten. Die ei- bis birnenförmigen Steinfrüchte haben eine glänzende, rötlich-bräunliche Schale und ein weißliches bis cremefarbenes, süß-mehliges Fruchtfleisch, welches einen harten Steinkern umschließt.

Ursprünglich stammt *Z. jujuba* aus Zentral- und Südasien, besonders aus China. Heute wird die Art weltweit in subtropischen und warm-gemäßigten Regionen angebaut.

In China wird die Art seit über 4.000 Jahren angebaut und galt früh als vielseitig einsetzbare und bedeutende Heilpflanze. Über die Seidenstraße und den Nahen Osten gelangte die Frucht ins Mittelmeergebiet und spielte z. B. auch in der arabischen Medizin des Mittelalters eine bedeutende Rolle.

Es existieren mehr als 800 Sorten. Einige wurden speziell für die Trockenfruchtgewinnung gezüchtet, andere für den Frischverzehr.

Die Früchte sind reich an Vitamin C, B-Vitaminen, Mineralstoffen, wie Kalium und Phosphor, sowie Ballaststoffen. Darüber hinaus enthalten sie Flavonoide, Triterpensäuren und Polysaccharide. Mit 20–30 % Zuckergehalt (v. a. Saccharose, aber auch Mannose, Galactose, Fructose und Glucose) in frischen und bis über 70 % in getrockneten Früchten sind sie auch eine gute Energiequelle.

Die vollreifen Früchte können frisch verzehrt werden. Häufiger jedoch werden sie getrocknet, wobei sie eine dattelähnliche Konsistenz annehmen. In der asiatischen Küche finden sie Verwendung in süßen Suppen, Kompott, Reisgerichten und Gebäck. Aus den Früchten werden auch Tee, Wein, Essig und Sirup hergestellt. In pulverisierter Form dienen sie als Zuckerersatz.

In der traditionellen Medizin werden die Früchte u. a. zur Stärkung von Leber und Milz, zur Wundheilung und bei Lungenerkrankungen eingesetzt.
Auch wissenschaftliche Studien deuten auf vielfältige positive Wirkungen von *Jujube*-Extrakten hin, darunter antioxidative, entzündungshemmende, nervenschützende und das Immunsystem modulierende Effekte. Außerdem kann der Verzehr der Früchte zu einer Verbesserung der Blutfettwerte und einer Reduktion des Body-Mass-Index führen.

Samen-Extrakte finden in der Kosmetikindustrie Anwendung. Die Blätter dienen als Futtermittel.

Chinesische Dattel: A Zweig mit Dornen, Blättern und kleinen Blüten **1–2** Blüten **3** Blüte im LS **4** gewölbte Kronblätter **5** Staubbeutel **6** Steinfrucht **7** Steinfrucht im LS mit Steinkern **8** Steinkern **9** Steinkern im QS **10** Same im LS mit Embryo.

Quellen: Guimpel (1819-1829); Spach (1834-1847); Oskamp et al. (1796-1800).

Feige

Ficus carica (*Ficus communis*)

Die Feige wächst als kleiner sommergrüner Baum oder Strauch mit handförmig gelappten Blättern. Charakteristisch ist der milchige Saft, der bei Verletzungen aus Blättern und Zweigen austritt.
Die kleinen Blüten wachsen im Inneren des birnenförmigen, fleischigen und innen hohlen Blütenstands. Dieser reift nach der Befruchtung zu den bekannten süßen, weichen und aromatischen Feigen heran, bei denen es sich aus botanischer Sicht um einen Beerenfruchtverband mit Früchten von mehreren Blüten handelt.
Die Feige ist funktionell 2-häusig und unterhält eine komplizierte, koevolutionär entwickelte Beziehung mit winzigen Feigengallwespen (*Blastophaga psenes*): Der Blütenstand enthält zahlreiche nach innen gerichtete Blüten, die nur durch eine kleine Öffnung an der Spitze zugänglich sind. Die »Bocksfeige« besitzt sowohl ♂-Blüten als auch kurzgriffelige ♀-Blüten. Letztere entwickeln sich normalerweise aber nicht zu Früchten, weil in ihnen die Gallwespenlarven heranwachsen. Die »Essfeige« hingegen trägt ausschließlich langgriffelige ♀-Blüten. Wenn ein Gallwespenweibchen, mit Pollen bedeckt, durch die Öffnung in eine »Essfeige« eindringt, bestäubt es dort die Blüten, kann aber keine Eier ablegen, weil die Griffel der Blüten dafür zu lang sind. In den »Essfeigen« können sich somit die kleinen Feigenfrüchte entwickeln. Die Männchen der Gallwespe sind flugunfähig und verbringen ihr ganzes Leben in den Bocksfeigen.
Dieses System stellt eine der spezialisiertesten Pflanzen-Bestäuber-Interaktionen dar und die Kenntnis der Bestäubungsbiologie ist grundlegend für den Anbau von Feigen. Moderne Feigensorten können allerdings auch ohne Bestäubung Früchte bilden.

Die Heimat von *F. carica* liegt im westlichen Asien und im östlichen Mittelmeergebiet. Heute gedeiht sie weltweit in warmen und gemäßigten Klimazonen, insbesondere im Mittelmeergebiet, Nordafrika, Teilen Asiens sowie Kalifornien, Südafrika und Australien. In Deutschland findet sich die Feige in klimatisch begünstigten Regionen wie dem Rheintal und an geschützten städtischen Standorten.

Die Feige zählt zu den ältesten Nutzpflanzen der Menschheit. Archäologische Funde aus dem Jordantal belegen ihren

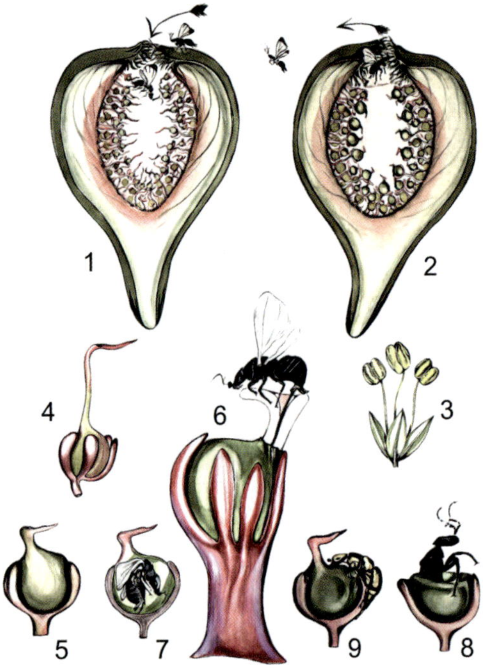

1 Birnenförmiger, distal offener und innen hohler Blütenstand mit langgriffeligen ♀-Blüten (»Essfeige«) **2** Blütenstand mit kurzgriffeligen ♀-Blüten und ♂-Blüten (»Bocksfeige«) **3** ♂-Blüte **4** langriffelige ♀-Blüte **5** kurzgriffelige ♀-Blüte **6** Eiablage einer Feigengallwespe in den Fruchtknoten einer kurzgriffeligen ♀-Blüte **7** Entwicklung einer Feigengallwespe im Fruchtknoten einer kurzgriffeligen ♀-Blüte **8** Schlüpfen der Feigengallwespe **9** flugunfähiges Männchen der Feigengallwespe an kurzgriffeliger ♀-Blüte.

Feige: **A** Zweig mit handförmig gelappten Blättern und Blütenständen **1** langgriffelige ♀-Blüte **2** ♂-Blüte **3** Same **4** Same im LS **5** Blütenstand **6** reifer Fruchtstand **7** LS durch einen birnenförmigen, distal offenen und innen hohlen Fruchtstand mit zahlreichen Blüten im Inneren.

Quelle: Thomé (1885ff).

Anbau bereits vor ± 11.400 Jahren. Im antiken Griechenland und Rom waren Feigen ein Grundnahrungsmittel und hatten einen hohen kulturellen Stellenwert. Sie galten als Symbol für Fruchtbarkeit, Wohlstand und Frieden und finden sich in zahlreichen historischen und religiösen Texten wieder, darunter altgriechische Schriften, die Bibel und der Koran.

Weltweit existieren mehr als 700 Feigensorten. Wichtige Formen sind die UNIFERA-GRUPPE, die im Frühherbst Früchte an den diesjährigen Trieben bildet, sowie die BIFERA-GRUPPE, die im Frühsommer Früchte an vorjährigen Trieben und im Herbst an den diesjährigen Trieben bildet. In Mitteleuropa werden v. a. robuste, selbstbefruchtende Sorten angebaut, weil die für die Bestäubung notwendigen Feigenwespen in kühleren Klimazonen nicht vorkommen.

Die Feige ist nur begrenzt frosthart, sodass Feigenbäume in kälteren Regionen oft geschützt gepflanzt werden, etwa an Mauern oder in Gewächshäusern. Die Vermehrung erfolgt überwiegend vegetativ durch Stecklinge, wodurch die Eigenschaften der Sorten zuverlässig erhalten bleiben. Die ersten Früchte trägt ein Feigenbaum meist schon nach 2–4 Jahren. Die maximale Produktivität wird jedoch erst nach ± 10 Jahren erreicht. Feigen sollten vollreif geerntet werden, da sie nicht nachreifen.

Frische Feigen sind nährstoffreich und enthalten viel Zucker (v. a. Glucose und Fructose), Ballaststoffe, Kalium, Calcium, Magnesium, Eisen sowie Vitamin B_6 und Vitamin K. Aufgrund ihres hohen Zuckergehalts liefern sie rasch verfügbare Energie. Besonders hervorzuheben sind auch die Ballaststoffe und die sekundären Pflanzenstoffe wie Polyphenole und Anthocyane. Der Milchsaft enthält phototoxisch wirkende Furocumarine.

Feigen werden frisch oder getrocknet verzehrt und sind insbesondere in der mediterranen Küche sehr beliebt. Feigenmarmelade oder Feigenkompott dienen als Brotaufstrich oder Beilage zu herzhaften Speisen. In Nordafrika und im Nahen Osten werden Feigen oft mit Nüssen gefüllt und zu Festtagen gereicht. Auch traditionelle Zubereitungen wie Feigenbrot oder Feigensenf verdeutlichen die kulinarische Vielseitigkeit. Getrocknete Feigen sind ganzjährig verfügbar und eignen sich als Süßungsmittel in Backwaren, Müslis oder Energieriegeln.

In der traditionellen Medizin werden Feigen seit Jahrtausenden geschätzt: Der Milchsaft wird äußerlich gegen Warzen eingesetzt, während getrocknete Feigen innerlich als mildes Abführmittel und bei Atemwegserkrankungen Anwendung finden. Wissenschaftliche Studien zeigen, dass Feigen-Extrakte entzündungshemmende und antimikrobielle Eigenschaften besitzen.

In der Kosmetikindustrie werden Feigen-Extrakte v. a. in Hautpflegeprodukten eingesetzt.

Weißer Maulbeerbaum

Morus alba

Der Weiße Maulbeerbaum ist ein meist 2-häusiger, mittelgroßer, sommergrüner Baum. Ein charakteristisches Merkmal ist das Vorkommen sowohl gelappter als auch ungelappter Blätter an ein und demselben Baum. Die Blütenstände bestehen aus unscheinbaren, grünlichen Blüten, die durch den Wind bestäubt werden. Zur Reifezeit verwachsen die einzelnen Früchte miteinander und mit den fleischig werdenden Perigonblättern zu 2–3 cm langen Fruchtverbänden. Diese sind weißlich, rosafarben oder purpur gefärbt und zeichnen sich durch ihren ausgesprochen süßen und aromatischen Geschmack aus.

Weiße und rote Fruchtverbände

Der Weiße Maulbeerbaum stammt aus Zentral- und Ostasien, insbesondere aus China, wo er seit Jahrtausenden kultiviert wird. Heute ist er in gemäßigten und subtropischen Regionen weltweit verbreitet.

Die Geschichte von *M. alba* ist untrennbar mit der Seidenraupenzucht verbunden. Die Seidenraupen (*Bombyx mori*) ernähren sich nahezu ausschließlich von den Blättern des Weißen Maulbeerbaums, was die Pflanze für die Seidenproduktion unverzichtbar macht.

In China begann die Kultivierung vor über 5.000 Jahren. Die Techniken der Seidenherstellung und Maulbeerbaumzucht wurden in China lange als Staatsgeheimnis gehütet und die Weitergabe des Wissens oder der Export von Seidenraupen und Maulbeersamen war bei Todesstrafe verboten.

Um 552 sollen auf Veranlassung des byzantinischen Kaisers Justinian I. zwei Mönche Seidenraupeneier und möglicherweise Maulbeersamen in das Byzantinische Reich geschmuggelt haben, was das Ende des chinesischen Monopols bedeutete. Von Byzanz aus verbreitete sich die Seidenraupenzucht – und mit ihr die Maulbeerbäume – nach Europa. Im 17. und 18. Jh. förderten europäische Herrschende, besonders in Frankreich und Italien, gezielt den

Raupen, Seidenkokons und Puppe des Seidenspinners auf den Blättern des Maulbeerbaums

großflächigen Anbau von Maulbeerbäumen, um die Seidenproduktion zu stärken.

Es existieren zahlreiche Sorten von *M. alba*. Für die Seidenraupenzucht werden Sorten mit besonders großen, nährstoffreichen Blättern selektiert, während für den Obstbau Sorten mit großen und aromatischen Früchten bevorzugt werden.

Die Früchte der Weißen Maulbeere sind reich an Vitamin C und Vitamin K sowie B-Vitaminen (Thiamin, Riboflavin, Niacin, Vitamin B_6 und Folat) und Mineralstoffen wie Kalium, Magnesium und Calcium. Außerdem enthalten sie 8–10 %

Weißer Maulbeerbaum: **A** Zweig mit Blättern und ♂- und ♀-Blütenständen **1–2** ♂-Blüten mit Staubblättern **3** Blütendiagramm einer ♂-Blüte **4** offene und geschlossene Staubbeutel **5** ♀-Blüte **6** Blütendiagramm einer ♀-Blüte **7** aufpräparierte ♀-Blüte **8** Frucht mit Perigonblättern **9** Fruchtstand.

Quellen: von Schlechtendal (1840ff); Meijer (1880-1905).

Zucker, insbesondere Fructose und Glucose, sowie sekundäre Pflanzenstoffe (v. a. Anthocyane, insbesondere in farbigen Sorten), Flavonoide (darunter Quercetin und Rutin) und Resveratrol mit seinen Derivaten (u. a. Oxyresveratrol).

Weiße Maulbeeren sind v. a. in Ostasien und im Mittelmeergebiet als süße, frische Frucht beliebt. Meist werden sie zu Marmelade, Gelee, Saft oder Sirup verarbeitet. Zudem wird aus den Früchten Wein hergestellt und die getrockneten Früchte dienen als Snack und werden als Alternative zu Rosinen verwendet.
In der traditionellen chinesischen und koreanischen Küche werden auch die jungen Blätter als Gemüse gedämpft oder für Tee verwendet.

In der traditionellen chinesischen Medizin werden verschiedene Teile des Maulbeerbaums verwendet: Die Blätter helfen bei Erkältungen, Fieber und regulieren den Blutzucker, während die Rinde bei Husten und Ödemen verwendet wird. Die Früchte stärken das Blut bei Mangelerscheinungen und lindern Verstopfung, und die Wurzelrinde kommt ebenfalls bei Atemwegsbeschwerden und Wassereinlagerungen zum Einsatz.

Die evidenzbasierte Medizin stützt die traditionelle Anwendung von Maulbeerblättern zur Blutzuckerregulierung bei Diabetes am stärksten. Darüber hinaus deuten Laborstudien antioxidative, entzündungshemmende, antimikrobielle und nervenschützende Wirkungen an.

Die wichtigste Verwendung von *M. alba* ist die Fütterung von Seidenraupen für die Seidenproduktion, die in Teilen Asiens noch heute sehr bedeutsam ist.
Der Weiße Maulbeerbaum wird auch gerne als Straßen- und Parkbaum gepflanzt, da er robust und tolerant gegenüber Trockenheit und Luftverschmutzung ist.

Die Staubblätter des Weißen Maulbeerbaums können Pollen mit Geschwindigkeiten von mehr als 610 km/h ausschleudern. Diese Geschwindigkeit gilt als schnellste von einem Lebewesen ausgelöste Geschwindigkeit. Da die Ausstreubewegung nur 25 µs dauert, werden dabei unglaubliche Beschleunigungen von mehr als dem 690.000-fachen der Erdbeschleunigung erreicht.
Der Pollen kann bei empfindlichen Personen zudem allergische Reaktionen auslösen.

Schwarze Maulbeere
Morus nigra

Die sehr ähnlichen Fruchtverbände der Schwarzen Maulbeere nehmen bei der Reife eine tiefschwarze bis dunkelviolette Färbung an und entwickeln dabei einen intensiv süßlich-säuerlichen Geschmack. Die Heimat von *M. nigra* liegt in Westasien, besonders in Regionen um Iran und Afghanistan. Heute wird der Baum wegen seiner schmackhaften Früchte in vielen gemäßigten und subtropischen Gebieten Europas, Asiens und Nordamerikas angebaut.

Edelkastanie, Esskastanie

Marone
Castanea sativa *(Castanea vesca, Castanea vulgaris)*

Die Edelkastanie ist ein großer Laubbaum mit auffälligen, stark riechenden Blüten. Die Früchte reifen in stacheligen, zunächst grünlichen und später braunen Fruchtbechern heran, die sich bei Reife öffnen und meist 2–3 glänzend braune Kastanien freigeben. Die Kastanien – aus botanischer Sicht handelt es sich um Nüsse – haben eine dünne, braune Fruchtwand, die die essbaren Samen umschließt.

Die Edelkastanie stammt aus dem östlichen Mittelmeergebiet und Westasien. Heute ist sie in Südeuropa und den südlichen Regionen Mitteleuropas verbreitet.

Die Edelkastanie wurde bereits in der Antike kultiviert und war ein wichtiges Grundnahrungsmittel in Südeuropa. Die Römer:innen verbreiteten sie in ihrem Reich. Aufgrund ihres hohen Stärkegehalts diente sie auch als Stärkequelle, insbesondere in Notzeiten.

Es existieren mehr als 100 Sorten, die sich in Fruchtgröße, Geschmack, Reifezeit und Schälbarkeit unterscheiden. Die als MARONEN bezeichneten Sorten zeichnen sich durch besonders große, süße Früchte mit dünnem inneren braunen Häutchen (der Samenschale) aus und werden vorwiegend für den direkten Verzehr angebaut.

Für den kommerziellen Anbau werden veredelte Bäume bevorzugt, da sie sortenecht sind und bereits nach 5–8 Jahren die ersten Früchte tragen. Die Bäume erreichen ihre volle Produktivität mit 15–20 Jahren und können über mehrere Jahrhunderte ertragreich bleiben.

Edelkastanien enthalten 40–45 % Kohlenhydrate, vorwiegend Stärke, 2–7 % Proteine und ± 5 % Fett. Sie sind reich an Ballaststoffen und liefern beachtliche Mengen an Vitamin C, mehreren B-Vitaminen und den Mineralstoffen Kalium, Phosphor, Magnesium und Kupfer.

Geröstete oder kandierte Kastanien sind eine typische Herbstspezialität und gelten in vielen Regionen als Delikatesse. Die Samen können aber auch zu einem Mehl verarbeitet werden. Darüber hinaus sind die Blüten eine gute Nektarquelle für Bienen, die daraus einen dunklen, aromatischen Honig produzieren.

Die tanninreiche Rinde und das Holz dienen traditionell zum Gerben von Leder.

Die Edelkastanie wird zunehmend als alternative Baumart für den klimawandelbedingten Waldumbau in Europa betrachtet, da sie hitze- und trockenheitstoleranter ist als viele andere Laubbäume.

Edelkastanie: **A** Zweig mit gezähnten Blättern, gelblichen ♂- und grünlichen ♀-Blütenständen mit roten Narben **1** ♂-Blüte **2** ♀-Blütenstand **3** ♀-Blüte mit roten Narben **4** ♀-Blüte im LS **5** Frucht in stacheliger Fruchthülle (Cupula) **6** Nuss (Esskastanie) **7–8** Samen **9** Stärkekörner aus den Samen.

Quelle: Köhler (1883-1898ff).

Amerikanische Kastanie
Castanea dentata

Die Amerikanische Kastanie war in den östlichen Laubwäldern Nordamerikas weit verbreitet und bildete ± 25 % des Baumbestands in den Appalachen. Heute existieren dort fast keine ausgewachsenen Exemplare mehr.
Die Einschleppung des asiatischen Kastanienrindenkrebs (*Cryphonectria parasitica*) um 1904 führte innerhalb weniger Jahrzehnte zum fast vollständigen Verschwinden der adulten Bäume. Der Pilz dringt in die Rinde des Baumes ein und zerstört das Transportgewebe, wodurch die Kastanie oberhalb der Befallsstelle abstirbt.
Diese ökologische Katastrophe veränderte die Zusammensetzung der östlichen Wälder Nordamerikas grundlegend und gilt als eines der verheerendsten Beispiele für die Auswirkungen eingeschleppter Pflanzenkrankheiten.

Durch den Kastanienrindenkrebs abgestorbene Amerikanische Kastanien (um 1943)

Chinesische Kastanie
Castanea mollissima

C. mollissima stammt aus dem östlichen Asien. Mittlerweile wird sie auch in Europa und Nordamerika angebaut und ist weltweit mit großem Abstand die wirtschaftlich wichtigste Kastanienart. Ihre wirtschaftliche Bedeutung stieg Anfang des 20. Jh., als die Bedeutung ihrer Resistenz gegen den Kastanienrindenkrebs erkannt wurde.
Hybride der Chinesischen Kastanie mit den anderen Kastanien vereinen die Resistenzeigenschaften der Chinesischen Kastanie mit den größeren Früchten der anderen Arten. *C. mollissima* wird deshalb zunehmend in der Züchtung von resistenten Hybridkastanien eingesetzt, um den europäischen und amerikanischen Kastanienbestand gegen den Kastanienrindenkrebs zu schützen.

Japanische Kastanie
Castanea crenata

Die Früchte der Japanischen Kastanie sind kleiner als die der Edelkastanie aber süßer im Geschmack. Ab dem späten 19. Jh. wurde *C. crenata* nach Europa und Nordamerika eingeführt, wo sie v. a. als Kreuzungspartner in der Züchtung krankheitsresistenter Kastaniensorten Bedeutung erlangte.

Wachsmyrte

Myrica *(Gale, Morella)*

Die Gattung *Myrica* umfasst ± 50 Arten von Sträuchern und kleinen Bäumen. Die ganzrandigen Blätter haben oft Drüsenhaare, die ätherische Öle absondern und den Pflanzen einen würzigen Duft verleihen. Die unscheinbaren Blüten entwickeln sich zu kleinen, kugeligen, oft wachsbedeckten Steinfrüchten. Durch eine Symbiose mit Bakterien, die Luftstickstoff fixieren und überwiegend zur Gattung *Frankia* gehören, können sie auch an sehr nährstoffarmen Standorten gedeihen, z. B. in Mooren, Heiden oder Dünen.
Einige Arten wie *M. rubra* und *M. esculenta* entwickeln saftige, essbare Früchte mit einem säuerlich-süßen Geschmack.

Myrica-Arten sind von den gemäßigten Breiten bis in die Tropen weltweit verbreitet.

In China und Japan wurden insbesondere *M. esculenta* und *M. rubra* bereits vor über 2.000 Jahren als Obst und Heilpflanze kultiviert. In Nordamerika verwendeten indigene Völker Blätter und Rinde von *Myrica*-Arten, insbesondere *M. cerifera*, zu medizinischen Zwecken.

Myrica rubra

In Europa wurde der Gagelstrauch (*M. gale*) traditionell für das Würzen von Bier genutzt, bevor er durch Hopfen ersetzt wurde.

Viele *Myrica*-Arten werden traditionell als Heilpflanzen genutzt, z. B. bei Erkältungen, Magen-Darm-Beschwerden oder Hautkrankheiten.
Aktuelle Studien zeigen, dass Myricetin nervenschützende Eigenschaften aufweist.

Die wachsartigen Überzüge der Früchte einiger Arten (v. a. *M. cerifera* und *M. pensylvanica*) dienen traditionell zur Herstellung von aromatischen Kerzen.
Aus den Blättern lässt sich ein Mückenschutzmittel herstellen.

Himalaya-Myrica

Myrica esculenta

Die Himalaya-Myrica stammt aus den Bergen Asiens, v. a. dem Himalaya-Gebiet. *M. esculenta* wird bisher nur in begrenztem Umfang kultiviert und die meisten Früchte stammen aus Wildsammlungen. In Indien und Nepal gibt es erste Projekte zur systematischen Kultivierung als Obstbaum, um die natürlichen Bestände zu entlasten und die lokale Wirtschaft zu fördern.

Die Früchte von *M. esculenta* sind reich an Vitamin C, phenolischen Verbindungen (wie Gallussäure, Catechin, Ellagsäure, Chlorogensäure und Myricetin), Flavonoiden (insbesondere Anthocyane), Saponinen und Alkaloiden. Zusätzlich enthalten sie Kohlenhydrate, Proteine, Fette, Ballaststoffe und wichtige Mineralstoffe wie Natrium, Kalium, Calcium, Mangan, Eisen, Kupfer und Zink.

Himalaya-Myrica: **A** Zweig mit Blättern und schuppigen Früchten **B** Zweig mit Blättern und ♂-Blütenständen **1** 2 Staubblätter mit verwachsenen Staubfäden (♂-Blüte) **2** ♂-Blüte mit Tragblatt **3** Zweig mit ♀-Blütenständen **4** Fruchtknoten mit 2 Griffeln (♀-Blüte) **5** unreife Frucht **6** Steinfrucht im QS, außen mit Schuppen.

Quellen: Revue horticole (1849); Ridley (1922–1925).

Die saftigen Früchte werden meist frisch verzehrt und haben einen süßlich-säuerlichen Geschmack. Sie werden auch zu Saft, Sirup, Marmelade und Fruchtweinen verarbeitet.
In der indischen Küche wird die getrocknete und gemahlene Rinde als Gewürz (»Kiaphal«) genutzt.
In der traditionellen Medizin findet die Rinde Anwendung bei Atemwegserkrankungen und Fieber. Aus den Wurzeln und Blättern hergestellte Präparate werden bei Hauterkrankungen und rheumatischen Beschwerden eingesetzt.
Wissenschaftliche Studien bestätigen vielfältige Wirkungen der Extrakte von *M. esculenta*, darunter antioxidative, entzündungshemmende, antimikrobielle, blutzuckersenkende, antiallergische und schmerzlindernde Eigenschaften. Das aus den Samen gewonnene Fett (»Kaiphal-Butter«) dient als Grundlage für Salben und Hautpflegeprodukte. Die tanninreiche Rinde wird traditionell zum Gerben von Leder und zum Färben verwendet.

Pappelpflaume
Myrica rubra

Die Pappelpflaume ist ein kleiner, 2-häusiger immergrüner Baum mit rundlicher Krone. Die kugeligen, meist roten bis violetten Früchte (es existieren auch weißfrüchtige Sorten) sind 1,5–2,5 cm groß und haben eine grob-warzige Oberfläche. Ihr saftiges Fruchtfleisch ist süßsäuerlich im Geschmack.
Die Kultivierung als Nahrungspflanze und Heilmittel reicht in China mehr als 2.000 Jahre zurück. Auch die beeindruckende Vielfalt von ± 100 bekannten Sorten allein in China zeugt von der langen Kultivierungsgeschichte der Pappelpflaume.
Die Früchte sind reich an Vitamin C, Anthocyanen (insbesondere Cyanidin-3-O-glucosid) und weiteren Flavonoiden. Sie enthalten reichlich Säuren (v. a. Äpfelsäure), die für den säuerlichen Geschmack verantwortlich sind.
Die Früchte schmecken süßlich-herb und werden frisch verzehrt oder zu Säften, Weinen und Marmeladen verarbeitet. In Japan wird die Frucht auch kandiert oder zu erfrischenden Getränken verarbeitet.
In China und Japan werden Früchte, Blätter, Rinde und Samen von *M. rubra* auch in der traditionellen chinesischen Medizin bei Magen-Darm-Beschwerden, Durchfall und Hautproblemen eingesetzt.
Aus den Samen wird ein kosmetisches Öl (»Yumberry seed oil«) gewonnen.
Die kurze Haltbarkeit der reifen Früchte erklärt, warum sie außerhalb Asiens kaum frisch zu finden sind. Sie müssen sehr vorsichtig geerntet werden und überstehen den Transport nur schlecht. Aktuell wird untersucht, wie die Reifeprozesse besser gesteuert werden können, um die Früchte länger haltbar zu machen.

Walnuss

Nussbaum
Juglans regia *(Juglans duclouxiana)*

Die Walnuss ist ein sommergrüner Laubbaum mit großen gefiederten Blättern. Sie ist 1-häusig getrenntgeschlechtig mit ♂-hängenden Kätzchen und unauffälligen ♀-Blüten.
Die Früchte wurden von Botaniker:innen bisher meist als Steinfrucht klassifiziert, können nach neueren Untersuchungen aber auch den Nüssen zugerechnet werden, weil die äußere grünliche Hülle nicht von der Frucht selbst, sondern von der Blütenhülle gebildet wird. Jedenfalls öffnet sich diese dicke, grünliche Hülle bei der Reife und gibt die eigentliche Walnuss frei. Deren verholzte Schale ist sehr hart und hellbraun. Darin befindet sich der Same mit einer dünnen Samenschale und dem hellen, essbaren Inneren, das aus dem Embryo mit 2 großen Keimblättern besteht. Er ist unregelmäßig gefurcht, ölhaltig und hat ein mild-nussiges Aroma.

Die Heimat von *J. regia* erstreckt sich vom Balkan über Westasien, dem Kaukasus bis zum Himalaya und nach China. Heute wird sie in den gemäßigten Zonen weltweit kultviert und ist in vielen Regionen auch eingebürgert.

Archäologische Funde belegen, dass Walnüsse bereits in der Jungsteinzeit vor ± 9.000 Jahren im Gebiet des heutigen Iran gesammelt wurden. Bemerkenswert ist, dass es auch aus Südwestfrankreich Funde gibt, die auf eine Nutzung (aber nicht auf eine Kultivierung) vor mehr als 8.000 Jahren hindeuten.
Die systematische Kultivierung begann vermutlich vor ± 4.000 Jahren in Persien. In der Antike kannten die Griech:innen die Walnuss als »Persische Nuss«, während die Römer:innen sie »Juglans« (von »Jovis glans«, »Eichel des Jupiter«) nannten und im Mittelmeergebiet verbreiteten. Eine besondere Bedeutung erfuhr sie im 18. und 19. Jh., als ihr schön gemasertes Holz für hochwertige Möbel begehrt war.

Durch jahrhundertelange Selektion entstanden ± 300 Sorten.

Walnüsse sind reich an Fettsäuren, insbesondere der Omega-3-Fettsäure α-Linolensäure, sowie an Proteinen, Ballaststoffen und Vitamin E (γ-Tocopherol). Sie enthalten zudem Mineralstoffe wie Magnesium und Kupfer sowie Flavonoide und Phenolsäuren wie Ellagsäure.
Die Blätter und die grüne Schale enthalten Juglon, das aus den herabfallenden Pflanzenteilen in den Boden gelangt und viele Pflanzenarten am Keimen hindert.

Walnüsse werden roh, geröstet oder als Bestandteil von Backwaren, Süßspeisen und herzhaften Gerichten verzehrt. Bekannte Spezialitäten sind die georgische »Churchkhela« (Nüsse in eingekochtem Traubensaft)

Walnuss: A–B Zweig mit unpaarig gefiederten Blättern, ♂- und ♀-Blütenständen **B** Zweig mit unpaarig gefiederten Laubblättern und ♀-Blütenstand **C** Zweig mit Nüssen in grünlicher, faseriger Fruchthülle **1** Teil eines ♂-Blütenstands mit 4 Blüten (jeweils mit 1 Tragblatt und 2 Vorblättern und mehreren Perigonblättern) **2** ♂-Blüte von oben **3** Staubbeutel **4** Pollen **5** ♀-Blüte **6** ♀-Blüte im LS mit unterständigem Fruchtknoten **7** Nuss mit teilweise entfernter Fruchthülle **8–9** Nuss im LS und QS **10** Same.

Quelle: Köhler (1883-1898ff).

und die französische »Tarte aux noix«. Aus unreifen, noch weichen Walnüssen werden bitter-süße Liköre hergestellt – »Nocino« in Italien und »Vin de noix« in Frankreich. Walnussöl ist für sein intensiv-nussiges Aroma bekannt und wird gerne für Dressings und Feinkostprodukte genutzt.

! Der Walnussbaum sondert über Wurzeln, Blätter und Fruchtschalen Verbindungen wie Juglon und dessen Vorstufen (z. B. Hydrojuglon) ab, welche das Wachstum anderer Pflanzen hemmen und als Insektizid wirken.

Sachalin-Walnuss

Juglans mandshurica var. *sachalinensis*

Die kugeligen Früchte der Sachalin-Walnuss sind rund bis eiförmig und haben eine dicke, grünliche, klebrige Fruchthülle, die sich bei der Reife öffnet. Die Nuss ist hartschalig, tief gerippt und enthält einen essbaren Samen. Ihre Heimat ist das kühl-gemäßigte Ostasien, insbesondere Japan und die Insel Sachalin. Die Art wird in China und Korea seit Jahrhunderten als Nahrungs- und Heilpflanze genutzt.

Schwarznuss

Juglans nigra

J. nigra stammt aus den östlichen und zentralen Teilen Nordamerikas. Heute wird die Art auch in Europa und Asien als Nutz- und Zierbaum kultiviert. Indigene Völker Nordamerikas nutzten die Schwarznuss seit Jahrhunderten als Nahrungsmittel und Heilpflanze. Europäische Siedler:innen schätzten ihr wertvolles Holz. Im 19. Jh. wurden systematische Anpflanzungen angelegt. Die Nutzung der Früchte stand jedoch meist im Schatten der leichter zu knackenden Echten Walnuss (*J. regia*). In der traditionellen Medizin dienen Extrakte aus Blättern und Fruchtschalen zur Behandlung von Hauterkrankungen und als Wurmmittel. Aus der grünen Fruchthülle wird traditionell eine bräunliche Farbe zum Färben von Textilien gewonnen.

Pekannussbaum

Carya illinoinensis *(Carya pecan, Hicoria pecan)*

Der Pekannussbaum ist ein 1-häusiger, großer, sommergrüner Baum. Die länglich-eiförmigen Nüsse sind 3–6 cm lang. Ihre dünne, holzige Schale umschließt den essbaren Samen, der eine braune, glatte Schale hat und eine ölreiche, süßlich-nussige Konsistenz besitzt. Die äußere, meist aufplatzende Hülle wird von den Perigonblättern gebildet und gehört damit nicht zur Frucht i. e. S.

C. illinoinensis stammt aus Mexiko sowie den zentralen und südlichen USA. Heute wird der Baum in vielen warmen Regionen kultiviert, u. a. in den Südstaaten der USA sowie in Südafrika, Australien, Brasilien und Israel.

Pekannüsse sind seit langer Zeit Bestandteil der Ernährung indigener Völker Nordamerikas. Auch die spanischen Konquistador:innen stießen im 16. Jh. auf die Pflanze. Der kommerzielle Anbau in großen Plantagen begann aber erst Mitte des 19. Jh. Die Pekannuss entwickelte sich dann allmählich zu einem bedeutenden Exportprodukt der USA.

Pekannüsse enthalten reichlich fette Öle, v. a. Ölsäure und die mehrfach ungesättigte Linolsäure. Sie sind außerdem reich an Proteinen, Ballaststoffen, Vitamin E, B-Vitaminen und Mineralstoffen wie Magnesium und Zink.

Pekannüsse werden roh, geröstet oder gesalzen verzehrt und sind eine beliebte Zutat in Backwaren, Müslis und Desserts. Aufgrund ihres milden, buttrigen Geschmacks werden sie häufig als Alternative zu Walnüssen genutzt. Besonders bekannt ist der »Pecan Pie«, eine traditionelle Süßspeise aus den Südstaaten der USA. Darüber hinaus wird aus den Nüssen traditionell ein fermentiertes, milchiges Getränk »Pow-cohicora« zubereitet.

In der traditionellen Medizin werden Rinde und Blätter zu einem Tee für die Behandlung von Tuberkulose verwendet. Die Extrakte aus der Fruchthülle werden derzeit auf ihre Wirkung gegen bestimmte Krebszelllinien untersucht.

In der Kosmetikindustrie findet Pekannussöl Anwendung in Hautpflegeprodukten wie Seifen, Lotionen und Massageölen. Die Fruchthülle wird traditionell als Mulchmaterial verwendet.

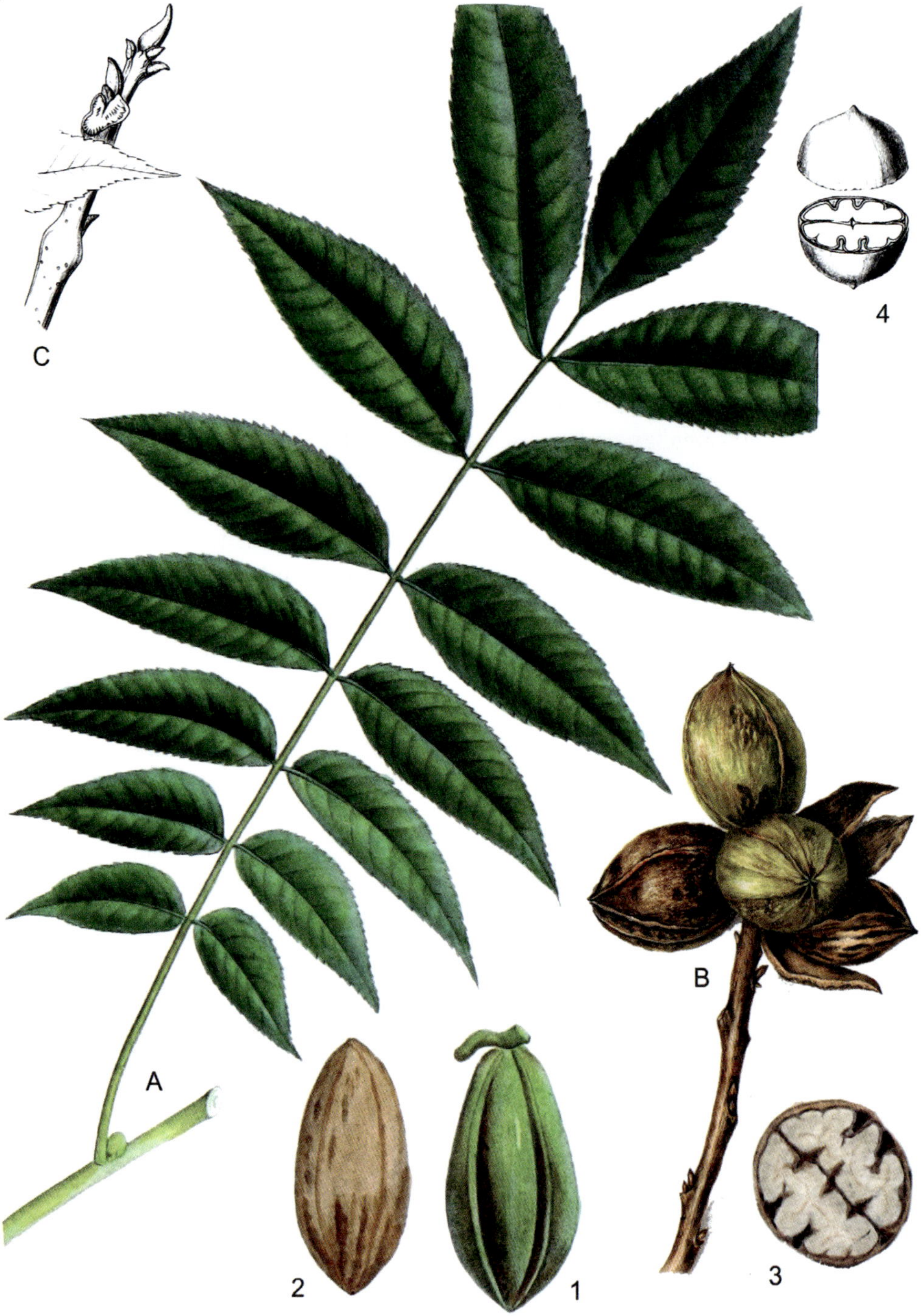

Pekannussbaum: **A** 1-jähriger Zweig mit unpaarig gefiedertem Blatt **B** Fruchtstand **C** Zweig mit Winterknospen und Spitze eines Fiederblättchens **1** Frucht mit 3–4 mm dicker, grünlicher, ledrig-faseriger Fruchthülle **2** Nuss **3–4** Nuss im QS, mit 0,6–1 mm dicker hellbrauner Fruchtwand, dünner papierartiger dunkelbrauner Testa und hellem Samen.

Quellen: Michaux (1817-1819); USDA Pomological Watercolor Collection (1904); Sargent (1891-1902ff).

Gewöhnliche Hasel

Haselstrauch
Corylus avellana *(Corylus sylvestris)*

Die Gewöhnliche Hasel ist ein 1-häusiger, sommergrüner Strauch oder kleiner Baum. Sie hat gelbe, hängende ♂-Blütenstände (Kätzchen) und sitzende, kleine ♀-Blüten mit roten Narben. Die Blüten erscheinen lange vor dem Austrieb der Blätter und entwickeln sich zu (echten) Nüssen. Die Haselnüsse stehen in Paaren zusammen und sind jeweils von einer Fruchthülle umgeben, deren verwachsene Blätter an der Spitze unregelmäßig gezähnt sind.

C. avellana ist in weiten Teilen Europas heimisch, vom Mittelmeergebiet bis Südskandinavien und vom Atlantik bis zum Kaukasus.

Archäologische Funde von Haselnussschalen belegen ihre Nutzung seit der Steinzeit vor ± 9.000 Jahren. In der Bronzezeit waren Haselnüsse ein wichtiger Teil der menschlichen Ernährung, wie Nussdepots in prähistorischen Siedlungen zeigen.
In der nordischen Mythologie gilt die Hasel als Baum der Weisheit und ist dem Gott Thor gewidmet.
Im antiken Rom erwähnte Plinius der Ältere im 1. Jh. ihren Nährwert sowie ihre Anwendung in verschiedenen Heilmitteln. Hildegard von Bingen schrieb in ihrem Hauptwerk »Physica« (entstanden 1150–1180), der Haselbaum sei »ein Sinnbild der Wollust« und für Heilzwecke kaum tauglich. Dennoch empfahl sie Nusskerne als Teil einer komplexen Zubereitung (u. a. mit der Leber eines Ziegenbocks) bei männlicher Impotenz oder Unfruchtbarkeit.

Neben der europäischen Hasel werden auch andere Arten wie die Lambertshasel (*C. maxima*) und die Baumhasel (*C. colurna*) für die Züchtung verwendet. Die meisten kommerziellen Haselnüsse stammen heute von Kreuzungen dieser Arten, v. a. unter Beteiligung von *C. maxima*.
Weiterhin existieren auch Zierformen mit dunkelroten Blättern, gelblichem Laub oder Korkenzieherhaseln mit spiralförmig gedrehten Zweigen.

Haselnüsse enthalten bis zu 65 % Öl, das vor allem aus Ölsäure besteht, aber auch die mehrfach ungesättigte Linolsäure enthält. Außerdem sind Haselnüsse reich an Proteinen, Ballaststoffen, Vitamin E, Antioxidantien und Mineralstoffen wie Magnesium, Calcium, Phosphor und Eisen.

Haselnüsse werden roh, geröstet oder gemahlen in vielen Speisen verwendet. Sie sind eine wichtige Zutat in Backwaren und Hauptbestandteil von Nougat.
Haselnussöl wird in der Feinkostküche geschätzt und gemahlene Haselnüsse dienen als Mehlersatz. Haselnussdrinks stellen eine pflanzliche Alternative zu Milch dar, die bei veganer Ernährung und Laktoseintoleranz geschätzt wird.

Gewöhnliche Hasel: **A** Zweig mit gelblichen, hängenden ♂-Blütenständen (Kätzchen) und sitzenden, eiförmigen ♀-Blütenständen mit roten Narben **B** Zweig mit doppelt gezähnten Blättern **C** Fruchtstand aus 2 Haselnüssen in getrennten und an der Spitze gezähnten bis gelappten Fruchthüllen **1** Staubblatt **2** ♂-Blüte mit Tragschuppe **3** ♀-Blüte mit gelappten Tragschuppen **4** Nuss **5** Nuss im LS.

Quelle: von Schlechtendal (1840ff).

In der traditionellen Medizin werden Blätter und Rinde aufgrund ihrer entzündungshemmenden Eigenschaften verwendet.

Haselnussöl findet auch Verwendung in Hautcremes und Haarpflegeprodukten.

Haselnussallergien gehören zu den häufigsten Nussallergien in Europa. Besonders Personen mit einer Birkenpollenallergie zeigen oft Kreuzreaktionen auf Haselnüsse.

Lambertshasel

Corylus maxima

Die Nüsse der Lambertshasel sind meist größer als die der Gewöhnlichen Hasel und besitzen eine dünnere Schale, wodurch sie leichter zu knacken sind. Die Lambertshasel hat ihr natürliches Verbreitungsgebiet im Südosten Europas und Westasien. Als Ziergehölz und wegen ihrer großen Nüsse wird sie in den gemäßigten Zonen häufig kultiviert.

Baumhasel

Corylus colurna

Die Baumhasel wächst als mittelgroßer bis großer Baum – im Gegensatz zu vielen anderen, meist strauchförmigen, *Corylus*-Arten. Ihre Nüsse sitzen in langen, tief geschlitzten und drüsig behaarten Fruchthüllen. *C. colurna* stammt aus Südosteuropa, Westasien und dem Kaukasus und ist heute als Zierbaum in ganz Europa zu finden. Im Osmanischen Reich war die Baumhasel ein wichtiger Nutzbaum. Ab dem 16. Jh. fand sie als Parkbaum Einzug in europäische Gärten. Ihre wirtschaftliche Bedeutung als Nusslieferant blieb jedoch hinter der anderer *Corylus*-Arten zurück.

Wassermelone

Citrullus lanatus *(Citrullus vulgaris, Momordica lanata)*

Die Wassermelone ist eine 1-häusige, 1-jährige Pflanze mit langen, niederliegenden Stängeln. Aus den großen, gelben Blüten entwickeln sich kugelige bis eiförmige Früchte, die bei den meisten Sorten bis 20 kg schwer werden. Die glatte, harte und dicke Schale ist oft hellgrün und dunkelgrün gestreift. Das Fruchtfleisch ist süß, saftig und meist rötlich – bei Zuchtformen auch weißlich oder gelblich – und enthält zahlreiche dunkle Samen.

Die Wassermelone stammt aus dem südlichen Afrika, vermutlich aus der Kalahari-Wüste. Heute wird sie weltweit in tropischen und subtropischen Gebieten kultiviert. Die wichtigsten Anbauländer sind China und Indien.

Die Wassermelone wurde bereits vor mehr als 4.000 Jahren in Ägypten kultiviert, in Nordostafrika eventuell sogar noch früher. Ab dem 10. Jh. etablierten die Mauren den Anbau in Spanien, von wo aus sie sich allmählich in andere europäische Länder verbreitete. Im 16. Jh. gelangte sie nach Amerika, wo sie heute eine der beliebtesten Obstsorten ist.

Es sind mehr als 1.000 Sorten der Wassermelone bekannt, von denen auch heute noch viele Hundert angebaut werden. Neuere Züchtungen enthalten meist weniger Kerne. Kernlose Wassermelonen sind das Ergebnis einer Kreuzung von diploiden Pflanzen mit einer tetraploiden Sorte. Dadurch entstehen triploide Nachkommen, die steril sind und deshalb samenarme Früchte bilden.

Das Fruchtfleisch der Wassermelone besteht zu über 90 % aus Wasser und ist dementsprechend kalorienarm. An Kohlenhydraten kommen v. a. Fructose und Glucose vor. Außerdem kommen Vitamine (v. a. β-Carotin, Vitamin B_1, B_6 und C) sowie Mineralstoffe wie Kalium und Magnesium und die Aminosäure Citrullin in nennenswerten Mengen vor. Das Carotinoid Lycopin ist für die rote Farbe des Fruchtfleisches verantwortlich.
Die Samen sind reich an Proteinen und fetten Ölen (v. a. Ölsäure und die mehrfach ungesättigte Linolsäure).

Wassermelone: **A** Spross mit handförmig gelappten Blättern, Sprossranken und Blüten mit unterständigem Fruchtknoten **B** Spross mit Frucht (Beere mit fester Schale) **1** unterständiger Fruchtknoten mit Griffel und 3-lappige Narbe **2** Staubblätter **3** aufpräparierte Krone **4** Frucht im QS **5–6** Samen.

Quellen: Oskamp et al. (1796–1800); Descourtilz (1821–1829); Kirtikar & Basu (1918).

Wassermelonen werden meist roh verzehrt, z. B. gekühlt als Erfrischung im Sommer oder in Obstsalaten. Das Fruchtfleisch wird auch für Säfte, Sorbets und Cocktails verwendet. Die Schale kann eingelegt oder gekocht werden, während sich die Samen rösten lassen oder zu Mehl gemahlen werden können.

Zuckermelone

Melone
Cucumis melo *(Melo sativus)*

Die Zuckermelone ist eine 1-jährige, krautige Pflanze mit langen, niederliegenden Trieben und gelblichen Blüten.
C. melo bildet kugelige bis eiförmige Früchte. Die Schale kann je nach Sorte grün, gelb oder orange gefärbt sein und eine glatte, netzartige oder warzige Oberfläche haben. Das süße, saftige Fruchtfleisch variiert in der Farbe von weißlich über grünlich bis hellorange und enthält meist zahlreiche kleine, eiförmige bis längliche Samen.

Die Herkunft der Zuckermelone ist nicht endgültig geklärt: Oft wird Afrika vermutet, neuere Studien deuten aber eher auf Asien hin. Heute wird *C. melo* in vielen warmen Regionen der Welt angebaut. Wichtigstes Anbaugebiet ist mit weitem Abstand China, gefolgt von der Türkei, den USA, Iran und Spanien.

Melonen wurden bereits vor 4.000 Jahren in Ägypten, Südwestasien und Afrika kultiviert. Im Mittelalter gelangten sie durch die Mauren nach Spanien. Während der Renaissance verbreitete sich der Anbau weiter, insbesondere nach Italien und Frankreich. Christoph Kolumbus brachte die ersten Melonensamen auf seiner 2. Reise nach Amerika.

Die Zuckermelone hat eine erstaunliche Vielfalt an Formen, Farben und Geschmäckern hervorgebracht: von der kleinen, apfelgroßen Frucht bis zum vielpfündigen Exemplar. Allein in der EU sind mehr als 500 Sorten zugelassen. Bekannte Gruppen sind Cantaloupe-Melonen, Honigmelonen, Netzmelonen, Galiamelonen und Charentais-Melonen.

Zuckermelonen bestehen zu ± 90 % aus Wasser und enthalten nennenswerte Mengen an Vitamin C und Kalium. Orangefleischige Sorten enthalten zudem reichlich β-Carotin. Je nach Sorte und Reifegrad variiert der Zuckergehalt von 5–15 %.
Die Samen enthalten Proteine, fette Öle (v. a. mit der mehrfach ungesättigten Linolsäure sowie Ölsäure) und Ballaststoffe.

Charentais-Melone

Honigmelone

Zuckermelone: A Kriechende Sprossachse mit lang gestielten Blättern, Sprossranken, Blüten und Frucht **B** Spross mit ♀-Blüten **1** aufpräparierte ♂-Blüte mit verwachsener Krone und Staubblättern **2** Krone einer aufpräparierten ♀-Blüte **3** Fruchtknoten mit Griffel und 3 Narben **4** Fruchtknoten im QS **5** Frucht (Beere mit harter Schale) im QS **6** Same.

Quellen: Flore des Serres et des Jardins de l'Europe (1861); Zorn (1781ff).

Das süße, saftige Fruchtfleisch wird meist roh als erfrischendes Obst verzehrt. Darüber hinaus wird die Zuckermelone gerne für Obstsalate, Smoothies oder Desserts verwendet.

Einige Sorten werden auch unreif verzehrt oder gekocht, z. B. die alten italienischen Landsorten Carosello und Barattiere. Melonensamen werden traditionell geröstet und als Snack gegessen.

Sternfrucht

Carambola, Karambole

Averrhoa carambola *(Averrhoa acutangula)*

Die Sternfrucht ist ein kleiner immergrüner Baum mit gefiederten Blättern. Die kleinen, lilafarbenen bis rötlichen Blüten erscheinen büschelweise direkt am Stamm und an älteren Ästen. Die Früchte (Beeren) weisen im Querschnitt eine charakteristische Sternform mit meist 5 tiefen Rippen auf. Sie besitzen eine dünne, gelbliche, wachsartige Schale. Das saftige, durchscheinende Fruchtfleisch umschließt mehrere flache, braune Samen.

A. carambola stammt aus dem tropischen Südostasien. Heute wird die Sternfrucht in nahezu allen tropischen und subtropischen Gebieten angebaut, mit bedeutenden Anbaugebieten in Florida, Hawaii, der Karibik, Brasilien, Australien, Israel und auf den Philippinen.

Die Sternfrucht wird in China vermutlich seit Jahrtausenden genutzt. Über die Seidenstraße gelangte sie in den Mittelmeerraum und von dort durch portugiesische Seefahrende nach Ostafrika. Im 16. Jh. wurde sie von dort nach Mittel- und Südamerika gebracht.

In Südostasien gibt es zahlreiche lokale Landsorten, die sich 2 Haupttypen zuordnen lassen: kleine, etwas süßere und größere, sehr saure Sorten.

Sternfrüchte enthalten reichlich Vitamin C, Ballaststoffe und Mineralstoffe, insbesondere Kalium, aber auch Magnesium und Phosphor. Die Früchte enthalten zudem zahlreiche Flavonoide, darunter Quercetin, Gallussäure und Epicatechin, sowie weitere Polyphenole und Saponine. Bemerkenswert sind auch der bei sauren Sorten hohe Gehalt an Oxalsäure und das Vorkommen von Caramboxin, einer neurotoxischen Aminosäure.

Sternfrüchte werden vorwiegend frisch verzehrt, wobei die gesamte Frucht inklusive der dünnen Schale essbar ist. Saure Sorten werden überwiegend gekocht verwendet. Sternfrüchte eignen sich auch hervorragend als dekorative Garnitur für Desserts, Salate und Getränke.
Aufgrund des Gehalts an Caramboxin sollten Personen mit Nierenproblemen und anderen Vorerkrankungen jedoch unbedingt auf den Verzehr verzichten. Für gesunde Menschen gilt der Verzehr in Maßen aber als unbedenklich.

In der traditionellen asiatischen Medizin Süd- und Südostasiens werden Blätter, Wurzeln und Früchte vielseitig eingesetzt, u. a. gegen Fieber und als Mittel gegen Skorbut.

In der Kosmetikindustrie finden Extrakte aus den Früchten Verwendung. Der Saft der Sternfrucht kann als natürliches Reinigungsmittel für Metallgegenstände dienen, da die enthaltene Oxalsäure Oxidationen und Verfärbungen entfernt.

Sternfrucht: A Zweig mit unpaarig gefiederten Blättern, kaulifloren Blüten und Früchten **1** Beere im QS **2** Beere im LS **3** Same **4–6** Same mit abgelöster äußerer Schicht der Samenschale.

Quellen: Transactions of the Linnean Society of London (1859); Annales du Muséum National d'Histoire Naturelle (1806).

! Die Sternfrucht gehört zu den wenigen prinzipiell essbaren Früchten, die aber für bestimmte Personengruppen lebensgefährlich sein können. Menschen mit eingeschränkter Nierenfunktion sollten sie vollständig meiden, da die enthaltenen Neurotoxine (Caramboxin) bei ihnen nicht ausreichend ausgeschieden werden und es zu schwersten neurologischen Symptomen kommen kann. Auch Menschen mit Eisenmangel, Neigung zu Nierensteinen oder Osteoporose sollten die Früchte meiden, da die reichlich vorhandene Oxalsäure die Eisenaufnahme blockiert und die Bildung von Nierensteinen begünstigt.

Averrhoa bilimbi

Gurkenbaum
Averrhoa bilimbi

Der nahe verwandte Gurkenbaum besitzt hellgrüne, eiförmig-zylindrische bis leicht gebogene Früchte, die im Querschnitt allenfalls leicht gerippt sind. Die ursprüngliche Heimat liegt vermutlich auf den Philippinen und den Molukken (»Gewürzinseln«) in Indonesien. Heute wird die Art in den gesamten Tropen kultiviert, besonders in Südostasien, auf dem indischen Subkontinent, in Teilen Afrikas, Mittel- und Südamerikas sowie in der Karibik.
Die Früchte haben einen extrem sauren Geschmack. Sie enthalten große Mengen an Oxalsäure und auch das giftige Caramboxin, sodass auch hier die Warnhinweise zu

A. carambola gelten. Darüber hinaus sind sie reich an Pektin, organischen Säuren (v. a. Äpfel- und Zitronensäure), Vitamin C und B-Vitaminen sowie Mineralstoffen, v. a. Kalium.

Afrikanischer Mangobaum

Wilder Mangobaum
Irvingia gabonensis *(Irvingia barteri)*

Der Afrikanische Mangobaum ist ein großer, immergrüner Laubbaum mit kleinen, gelblich-grünlichen Blüten. Die eiförmigen bis kugeligen Steinfrüchte haben 4,5–8 mm ⌀ und zeichnen sich durch eine dicke, faserige Schale und ein cremig-fruchtiges Fruchtfleisch aus. Im Inneren des Steinkerns – der als »Dika-Nuss« bekannt ist – befindet sich ein 3,5–5 cm großer, abgeflachter, harter Same.

I. gabonensis stammt aus dem tropischen West- und Zentralafrika und wird heute in vielen Regionen Afrikas kultiviert.

Die Früchte werden sowohl wild gesammelt als auch gezielt angebaut. Sie reifen innerhalb von 4–5 Monaten.

Die Früchte sind reich an Vitamin C, Calcium, Magnesium und Ballaststoffen. Die Samen enthalten bis zu 70 % Fett (v. a. Laurinsäure, Myristinsäure und Ölsäure) sowie Proteine und Mineralstoffe, v. a. Magnesium, Kalium und Zink.

Das gelblich-orange Fruchtfleisch wird meist frisch verzehrt oder zu Saft, Marmelade und Wein verarbeitet.

Samen bei einem Händler in der Elfenbeinküste

Dika-Brot

Der Afrikanische Mangobaum wird seit Jahrhunderten von indigenen Völkern als Nahrungs- und Heilpflanze genutzt. Die Art und ihre Produkte sind tief in den Traditionen und dem Alltagsleben vieler Gemeinschaften in West- und Zentralafrika verwurzelt. Ernte und Verarbeitung der Dika-Nüsse sind oft eine gemeinschaftliche Tätigkeit, die das soziale Gefüge stärkt. Diese kulturelle Verankerung unterstreicht die Notwendigkeit, die Pflanze nicht nur als Ressource, sondern auch als Teil des kulturellen Erbes zu betrachten und zu schützen.

Aus den Samen wird durch Trocknen, Rösten und Mahlen »Dika-Brot« hergestellt, das zum Würzen und Andicken von Soßen und Suppen verwendet wird. »Dika-Brot« ist eine wichtige Zutat für viele traditionelle Gerichte in Westafrika. Aus den Samen wird ein vielseitig einsetzbares Speisefett gewonnen – es wird z. B. für die Herstellung von Schokolade verwendet.

In der traditionellen Medizin werden Rinde, Blätter und Wurzeln u. a. zur Behandlung von Fieber, Durchfall oder Hautinfektionen verwendet.

Afrikanischer Mangobaum: **A** Zweig mit Blättern und Blüten **B** geöffnete Steinkerne (»Dika-Nüsse«) mit Samen **1** Blüte **2** Fruchtknoten im LS.

Quellen: Icones Plantarum (1877); Worthington (Foto); DXLINH (Foto).

In aktuellen Studien werden die Wirkungen von Extrakten der Rinde, Blätter und Wurzeln auf die Stoffwechsel-, Insulin- und Cholesterinregulation untersucht. Darüber hinaus zeigen pharmakologische Studien vielversprechende entzündungshemmende, antioxidative, antimikrobielle und schmerzlindernde Eigenschaften.

Mangostane

Mangostanbaum

Garcinia mangostana *(Mangostana garcinia)*

Die Mangostane ist ein kleiner bis mittelgroßer immergrüner Baum mit fleischigen, rötlichen Blüten. Die kugelförmigen Früchte mit 5–8 cm ⌀ färben sich bei der Reife purpurrot bis dunkelviolett. Die derbe 6–10 mm dicke Schale umschließt das schneeweiße, saftige Fruchtfleisch, das in 4–8 Segmente unterteilt ist.

G. mangostana stammt von der Malaiischen Halbinsel und dem Malaiischen Archipel. Heutzutage wird die Art hauptsächlich in Südostasien kultiviert, vereinzelt aber auch in Mittel- und Südamerika.

Die Mangostane wird in China mindestens seit dem 14. Jh. (Ming-Dynastie) als Heilpflanze verwendet. Europäische Entdecker lernten die Mangostane im 16. Jh. kennen. Die Verbreitung außerhalb Südostasiens blieb jedoch lange begrenzt, da die Frucht empfindlich auf Transport reagiert.

Das Fruchtfleisch enthält neben Wasser und Zucker bedeutende Mengen an Vitamin C, Folsäure und verschiedenen B-Vitaminen. Es ist reich an Ballaststoffen und Mineralstoffen wie Kalium, Magnesium und Mangan. Bemerkenswert ist der hohe Gehalt an Xanthonen (Polyphenole) in der Schale – die außerdem reichlich Tannine und Anthocyane enthält.

Die Mangostane wird meist frisch verzehrt. Um an das saftige, süßlich-säuerliche Fruchtfleisch zu gelangen, schneidet man die harte Schale ringförmig um die Mitte der Frucht ein und öffnet sie vorsichtig. Das cremig-weiße Fruchtfleisch kann direkt mit einem Löffel herausgelöst werden. Es bietet ein komplexes fruchtiges Geschmackserlebnis. In Südostasien wird die Frucht auch zu Saft, Sirup, Marmelade und Desserts verarbeitet.

In der traditionellen Medizin Südostasiens findet die Fruchtschale Anwendung bei Entzündungen und Infektionen. Extrakte aus der Fruchtschale werden zunehmend in Nahrungsergänzungsmitteln eingesetzt.
Die potenziellen medizinischen Eigenschaften der Xanthone, darunter antioxidative, entzündungshemmende und antimikrobielle Wirkungen, werden aktuell intensiv untersucht.

Extrakte aus der Fruchtschale werden auch in Hautpflegeprodukten eingesetzt.

Mangostane: A Zweig einer ♀-Pflanze mit Laubblättern, Blüten und Früchten **1** ♀-Blüte **2** ♀-Blüte im LS **3** ♂-Blüte **4, 7** aufpräparierte Frucht (Beere) mit Samen in weißlichen Arillen **5–6** Beere **8** Arillus **9** Same.

Quellen: van Nooten (1880); USDA (1872-1948); Baillon (1876-1892).

Acerola

Ahorn-Kirsche, Antillen-Kirsche, Barbados-Kirsche, Westindische Kirsche
Malpighia emarginata

Die Acerola ist ein immergrüner Strauch oder kleiner Baum mit kleinen, rosafarbenen Blüten. Die kirschgroßen, leuchtend roten Steinfrüchte sind als »Acerola-Kirschen« bekannt.
Der wissenschaftliche Name der Acerola wird häufig mit *Malpighia glabra* angegeben. Dabei handelt es sich jedoch um eine nahe verwandte Art mit kleineren Früchten.

M. emarginata ist in Süd- und Mittelamerika, der Karibik und Südtexas heimisch. Heute wird sie in tropischen und subtropischen Regionen weltweit angebaut. Wichtige Anbauregionen liegen in Brasilien, Puerto Rico und Florida.

Die Art weist eine hohe genetische Variabilität auf und es gibt zahlreiche alte Sorten. Diese unterscheiden sich u. a. in Fruchtgröße und -gewicht, Ertrag, Geschmack (Säure-Zucker-Verhältnis) und insbesondere im Gehalt an Vitamin C. Aktuelle Züchtungsprogramme zielen darauf ab, Pflanzen für spezifische Verwendungszwecke (z. B. Frischmarkt, Saftproduktion, Vitamin-C-Extraktion) und unterschiedliche Anbaubedingungen zu optimieren.

Acerola wetteifert mit der Strahlengriffel-Kiwi (*Actinidia kolomikta*) um den ersten Platz der Vitamin C-reichsten Früchte: Acerola-Kirschen enthalten oft 1.600–1.700 mg Vitamin C pro 100 g Frischgewicht. Das ist ± 40-mal so viel Vitamin C wie in Orangen oder Zitronen. Außerdem enthalten die Früchte β-Carotin, Vitamin B_1, B_2 und B_3, Mineralstoffe, wie Kalium, Calcium und Magnesium, sowie Polyphenole.

Der Vitamin-C-Gehalt ist in unreifen, grünen Früchten am höchsten und nimmt mit fortschreitender Reifung ab, während sich umgekehrt der Zuckergehalt erhöht. Daher werden für die Vitamin-C-Extraktion oft grüne Früchte bevorzugt, während reife Früchte besser für den Frischverzehr oder die Herstellung von Säften und Konfitüren geeignet sind.

Die süßlich-säuerlichen Acerola-Kirschen werden frisch verzehrt oder zu Konfitüre, Gelee und Saft verarbeitet. Acerolafruchtpulver wird als Vitamin-C-Zusatz gerne Fruchtsäften beigemischt.

In der traditionellen Medizin werden Acerola-Extrakte zur Stärkung des Immunsystems und Behandlung von Entzündungen eingesetzt.
Acerolafruchtpulver wird heute auch zur Vitaminanreicherung von Medikamenten und Nahrungsergänzungsmitteln verwendet.

Acerola: **A** Zweige mit gegenständigen Blättern und Blütenständen **B** Zweige mit Steinfrüchten **1** Blüten mit lang genagelten und am Rand gefransten Kronblättern **2** Staubblätter **3** Fruchtknoten mit 3 Griffeln **4** aufpräparierte Frucht mit 3 Samen **5** Same.

Quellen: Paxton & Lindley (1853); Merian (1646); Magazin der aesthetischen Botanik (1821ff).

Passionsblume

Maracuja, Purpurgranadilla
Passiflora edulis *(Passiflora diaden)*

Die Passionsblume ist eine mehrjährige Kletterpflanze mit spiralförmig aufgedrehten Ranken. Besonders auffällig sind die bis zu 10 cm großen Blüten mit 5 Kelch- und Kronblättern sowie einem markanten Strahlenkranz aus violetten und weißen fadenförmigen Anhängseln.
Der Name »Passionsblume« geht auf spanische Missionare des 16. Jh. zurück, die in der komplexen Blütenstruktur Symbole für die Leidensgeschichte (»Passion«) Christi erkannten: Die 3 Narbenlappen repräsentierten dabei die 3 Nägel, die 5 Staubblätter die 5 Wunden, der Strahlenkranz die Dornenkrone und die 10 Blütenblätter die 10 treuen Apostel (ohne Judas und Petrus).
Die Beere ist eiförmig bis kugelig und misst 4–7 cm ⌀. Die Farbe variiert von Dunkelviolett über rötlich bis gelblich. Im Inneren finden sich zahlreiche schwarze Samen, die jeweils von einem saftig-geleeartigen Arillus (»Pulpa«) umgeben sind. Die Arilli und die Samen sind der Teil der Frucht, der verzehrt wird.

P. edulis stammt aus Südamerika und ist besonders in Brasilien, Paraguay und Nordargentinien verbreitet. Heute wird sie weltweit in tropischen und subtropischen Regionen angebaut, wobei Brasilien, Ecuador, Kolumbien, Peru, Australien und einige afrikanische Länder zu den Hauptanbaugebieten zählen.

Bei *P. edulis* unterscheidet man 2 Varietäten der Wildform: die violette Form *P. edulis* f. *edulis* und die gelbe Form *P. edulis* f. *flavicarpa*. Die violette Form ist kleiner, aromatischer und weniger sauer. Sie wird v. a. in subtropischen Regionen angebaut. Die gelbe Form ist größer, säurehaltiger und wächst unter tropischen Bedingungen besser. Durch Züchtung wurden daraus zahlreiche Hybriden und Sorten entwickelt.

Die Passionsblume wird über Samen oder Stecklinge vermehrt und an Spalieren oder Drahtgerüsten von 2–3 m Höhe gezogen. Die Früchte benötigen 2–3 Monate bis zur vollständigen Reife.

Passionsblume: A rankender Spross mit fiederteiligen Blättern, Sprossranken, Blüten und Früchten (Beeren) **1** Beere im QS **2** Beere im LS mit von Arillus umgebenen Samen **3** Blüte **4** Blüte (Seitenansicht) mit kelchartigen Tragblättern **5** LS durch eine Blüte **a** Griffel mit kopfiger Narbe **b** Fruchtknoten **c** Staubblatt mit Staubbeutel **d** von Staub- und Fruchtblättern gebildete Säule (Androgynophor) **e** Staminodien (eine Nebenkrone bildend) **f** Kronblätter **g** Kelchblätter **h** Achsenbecher.

Quellen: Denisse (1843-1846); Allgemeines teutsches Garten-Magazin (1823); Contributions du Jardin Botanique de Rio de Janeiro (1902).

Passionsfrüchte sind reich an Vitamin C, β-Carotin und B-Vitaminen sowie an Mineralstoffen wie Kalium, Eisen, Magnesium, Calcium und Phosphor. Darüber hinaus enthalten sie Flavonoide, phenolische Säuren und das Stilbenoid Piceatannol. In den grünen Pflanzenteilen finden sich Blausäureglycoside.

Die Passionsfrucht wird wegen ihres aromatischen, süßlich-säuerlichen Geschmacks geschätzt. Zum Verzehr wird sie meist in 2 Hälften geschnitten und das Innere herausgelöffelt. Die kleinen, knackigen Samen werden mitgegessen.
Die Frucht ist eine beliebte Zutat für Desserts, findet aber auch Verwendung für herzhafte Gerichte. In Brasilien ist »Maracujá«-Saft besonders beliebt.
Passionsfrucht-Konzentrat kommt weltweit als Aroma- und Geschmacksstoff in der Getränke- und Lebensmittelindustrie zum Einsatz.

Aus den Samen wird ein Öl gewonnen, das in der Kosmetikindustrie Verwendung findet. Außerdem wird die Passionsblume wegen ihrer exotischen Blüten als dekorative Kletterpflanze gepflanzt.

Während die Früchte essbar sind, enthalten Blüten, Blätter, Wurzeln und manchmal auch die unreifen Früchte Blausäureglycoside und giftige Alkaloide und sollten nicht verzehrt werden.

Ähnliche Arten

Neben *P. edulis* werden weitere Arten der Gattung als Nahrungspflanzen kultiviert, zu den bekannteren gehören *P. ligularis* (Süße Granadilla), *P. quadrangularis* (Riesengranadilla), *P. tripartita* (Bananen-Passionsfrucht) und *P. laurifolia* (Wasserzitrone).

Passiflora tarminiana, aus der Gruppe der Bananen-Passionsfrüchte

Extrakte aus Blättern und Blüten von *P. incarnata* (Fleischfarbene Passionsblume) werden in der traditionellen Medizin zur Beruhigung und bei Schlafstörungen eingesetzt und sind in Europa auch als traditionelles pflanzliches Arzneimittel anerkannt.

Passiflora quadrangularis

Passiflora ligularis

Inka-Nuss

Plukenetia (Sajorium)

Die Gattung *Plukenetia* umfasst ± 20 Arten, die oft als Lianen wachsen. Die Früchte sind Kapseln und haben 4–6 meist voneinander getrennte Fächer. Die Fächer enthalten jeweils 1 ölreichen Samen.

Plukenetia-Arten sind in den Tropen von Mittel- und Südamerika und Afrika verbreitet. Besonders bekannt ist *P. volubilis* aus Südamerika, deren Samen als »Sacha Inchi« oder »Inka-Nuss« bekannt sind. Diese Art wird in größerem Umfang zur Ölgewinnung kultiviert.
P. conophora, die auch als »Afrikanische Walnuss« bezeichnet wird, stammt aus West- und Zentralafrika.

Die indigenen Völker des Amazonasbeckens nutzen *Plukenetia*-Samen als Nahrungsmittel und zur Ölgewinnung.

Die Pflanzen benötigen eine Rankhilfe, um sich optimal zu entwickeln. Erste Erträge sind oft bereits nach 1 Jahr zu erwarten, wobei die Früchte über mehrere Monate hinweg geerntet werden können.

Die Samen von *Plukenetia* weisen einen Ölgehalt von 40–60 % auf. Das Öl zeichnet sich durch einen hohen Gehalt an den mehrfach ungesättigten Fettsäuren α-Linolensäure (eine Omega-3-Fettsäure) und Linolsäure aus, die oft über 80 % des gesamten Fettsäureanteils ausmachen können. Außerdem enthalten die Samen viele Proteine, Vitamin E und weitere Antioxidantien.

Die Samen der Inka-Nuss werden hauptsächlich zur Ölgewinnung verwendet. Das Öl ist aufgrund des hohen Anteils mehrfach ungesättigter Bindungen nicht zum Erhitzen geeignet und empfindlich gegenüber Oxidation durch Licht, Wärme und Sauerstoff. Daher ist eine schonende, meist kalte Pressung der Samen und eine dunkle, kühle Lagerung des Öls entscheidend, um die hohe Qualität zu bewahren. Die entölten Samen werden zu Mehl verarbeitet.
Die frischen Samen können auch direkt verzehrt werden, haben jedoch einen intensiven Geschmack.

In der traditionellen Medizin Südamerikas werden Blätter und Wurzeln bei Rheuma und gegen Hauterkrankungen eingesetzt.
Die entölten Samen dienen als proteinreiche Zutat in Nahrungsergänzungsmitteln.

Aktuelle Studien untersuchen potenzielle entzündungshemmende und hautregenerierende Eigenschaften des Öls.

Plukenetia volubilis

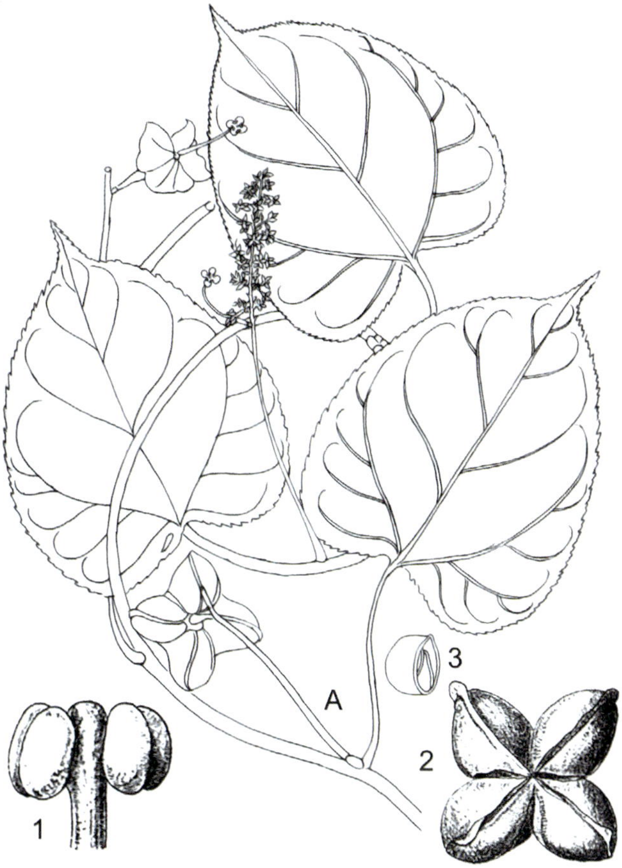

Inka-Nuss (*Plukenetia volubilis*): A Zweig mit herzförmigen Blättern, Blütenstand und unreifen Früchten (Kapseln) **1** Staubbeutel **2** Kapsel **3** Same im QS mit Embryo **4** aufpräparierte, unreife Frucht **5** reife, etwas geöffnete Kapsel mit hellbraunen Samen **6** abgeflachter Same.

Quellen: Engler (1887ff); NusHub (Foto); Hermann (Foto).

Mammiapfel

Mammea americana

Der Mammiapfel ist ein mittelgroßer immergrüner Baum mit duftenden, weißlichen, zuweilen rosa überlaufenen Blüten. Die Entwicklung von der Blüte bis zur reifen Frucht kann mehr als 1 Jahr dauern. Die kugeligen bis eiförmigen Beeren mit 10–20 cm ⌀ haben eine braune bis gelbliche, dicke und leicht raue Schale. Ihr aromatisches, saftiges Fruchtfleisch ist leuchtend orange bis lachsfarben gefärbt. Es schließt einen oder wenige große Samen ein.

M. americana ist in der Karibik und im nördlichen Südamerika heimisch. Nach Mittelamerika ist sie eventuell erst durch den Menschen gebracht worden. Heute ist die Art auch in tropischen Regionen der Alten Welt verbreitet, v. a. in Westafrika und Südostasien.

Der Mammiapfel wurde bereits von den indigenen Völkern der Karibik kultiviert und geschätzt. Auf Hispaniola und Jamaika spielt die Frucht bis heute eine wichtige Rolle in traditionellen Gerichten.

M. americana wird meist in Hausgärten kultiviert und nur selten in kommerziellen Obstgärten angebaut.

Der Mammiapfel enthält beachtliche Mengen an β-Carotin (und weiteren Carotinoiden) sowie Vitamin C und Ballaststoffen. Darüber hinaus sind Mineralstoffe wie Kalium und Magnesium sowie Phenolsäuren und Flavonoide enthalten.
Die ölreichen Samen enthalten Palmitinsäure, Ölsäure und die mehrfach ungesättigte Linolsäure. Die meisten Pflanzenteile – insbesondere Samen, Rinde und Blätter – enthalten auch toxische Substanzen, z. B. Cumarinderivate wie Mammein.

Das süß-aromatische und geschmacklich an Aprikosen erinnernde Fruchtfleisch wird entweder frisch verzehrt oder zu Säften, Marmeladen und Desserts verarbeitet. Extrakte der Blüten werden auch zur Aromatisierung von Likören verwendet.
Eine große Herausforderung bei der Vermarktung des frischen Mammiapfels ist seine hohe Verderblichkeit nach der Ernte. Daher gewinnen verarbeitete Produkte wie tiefgefrorenes Fruchtpüree oder Trockenpulver zunehmend an Bedeutung.

Extrakte aus Blättern und Rinde werden in der traditionellen Medizin bei Hautproblemen und als entzündungshemmende Mittel verwendet. Aus den Samen wird ein Öl gewonnen, das traditionell gegen Hautparasiten und Insektenstiche eingesetzt wird.

Mammiapfel: A Zweig mit Blättern und Blüten **B** Zweig mit Blättern und unreifen Früchten **C** Frucht (Beere) **1** Blüte **2** Staubblätter **3** Staubbeutel im QS **4** Fruchtknoten **5** Fruchtknoten im LS **6** Beere mit orange gefärbtem Fruchtfleisch und großen Samen.

Quellen: von Martius et al. (1840-1904); Denisse (1843-1846).

Katappenbaum

Indische Mandel, Meermandelbaum, Seemandelbaum
Terminalia catappa (*Myrobalanus catappa*)

Der Katappenbaum ist ein großer laubabwerfender Baum. Seine Blätter färben sich zu Beginn der Trockenzeit auffallend rot. Die kleinen Blüten sind weißlich-grünlich bis cremefarben und haben einen milden, meist als leicht unangenehm empfundenen Geruch. Aus ihnen entwickeln sich 3–7 cm lange Steinfrüchte mit faserig-holziger Schale. Der essbare Same im Inneren des Steinkerns hat die Form einer großen Mandel.

Unterschiedlich reife Früchte, teilweise aufpräpariert und gespalten

T. catappa stammt aus dem tropischen Asien und dem Indopazifik. Heute wird die Art weltweit in tropischen und subtropischen Regionen kultiviert und ist oft in Küstennähe zu finden, da sie salztolerant ist.

Der Katappenbaum wird seit Jahrtausenden von den indigenen Völkern in Südostasien und dem Indopazifik genutzt. Durch Handelswege und Meeresströmungen verbreitete sich der Baum früh bis nach Afrika und Südamerika.

Die Samen enthalten 50–55 % fettes Öl, das überwiegend aus Ölsäure und der mehrfach ungesättigten Linolsäure besteht. Sie sind außerdem eine gute Quelle für Proteine (20–25 %) und Mineralstoffe, v. a. Kalium, Calcium, Magnesium und Phosphor. Die Blätter sind reich an Tanninen (z. B. Punicalin, Punicalagin) und Flavonoiden (z. B. Kaempferol, Quercetin).

Die Samen werden roh oder geröstet verzehrt und traditionell zur Herstellung eines milden Speiseöls genutzt.

In der traditionellen Medizin werden nahezu alle Teile des Katappenbaums arzneilich genutzt. Extrakten von Blättern und Rinde werden antidiabetische, entzündungshemmende, antioxidative und antimikrobielle Eigenschaften zugeschrieben. Extrakte finden Anwendung bei der Behandlung von Lebererkrankungen, Magen-Darm-Beschwerden, Hautinfektionen und Fieber.

Extrakte der Blätter werden in Asien traditionell zum Gerben von Leder und zum Schwarzfärben von Textilien genutzt. Die rotgefärbten, abfallenden, trockenen Blätter werden auch Aquarien zugesetzt, um das Wasser mit Huminstoffen und Tanninen anzureichern. Außerdem wird *T. catappa* häufig als attraktiver Schattenbaum entlang von Straßen sowie in Parks und Gärten gepflanzt.

Katappenbaum: **A** Zweig mit Blättern und ährigen Blütenständen **1** Basis eines Blatts (US) mit 2 Nektardrüsen **2** ⚥-Blüte mit langröhrigem Achsenbecher **3** Staubblätter **4–5** aufpräparierte Steinfrucht mit Steinkern **6** Steinkerne **7** Steinkern im QS mit Same **8** Same **9** keimender Same mit Keimwurzel **10** keimender Same im QS.

Quellen: Roxburgh (1795-1819); von Jacquin (1781-1793); von Martius et al. (1840-1904).

Granatapfel

Punica granatum *(Punica florida)*

Der Granatapfelbaum ist ein sommergrüner, dorniger Strauch oder kleiner Baum mit leuchtend roten bis orangen Blüten. Im Inneren der leuchtend roten Beeren befinden sich zahlreiche Samen. Diese besitzen eine saftige äußere Samenschale (bei der es sich um eine Sarcotesta und nicht um einen Arillus handelt) und eine feste innere Samenschale (Sklerotesta).

Die ursprüngliche Heimat von *P. granatum* liegt in West- und Zentralasien, insbesondere in der Region vom Iran bis zum Himalaya. Heute wird der Baum in vielen warmen Zonen angebaut. Wichtige Anbauländer sind Iran, Indien, China, die Türkei, die USA (Kalifornien), Spanien und Marokko.

Der Granatapfel wurde bereits vor 5.000 Jahren in Mesopotamien angebaut. Mit den Phönizier:innen und später den Römer:innen gelangte der Baum nach Nordafrika und Südeuropa.
Die samenreiche Frucht hat in zahlreichen Kulturen und Religionen eine symbolische Bedeutung. Im antiken Ägypten galt er als Symbol für Leben und Fruchtbarkeit. In der griechischen Mythologie ist er mit der Unterweltsgöttin Persephone verbunden und im Judentum stehen die vielen Samen symbolisch für die 613 Gebote der Thora.

Granatapfelbäume werden bevorzugt aus Stecklingen vermehrt und beginnen bereits nach 2–5 Jahren zu tragen.
Sie können bis zu 200 Jahre alt werden. Die Fruchtreife erfolgt nach 5–7 Monaten. Die Ernte erfolgt per Hand, da die Früchte empfindlich auf mechanische Belastung reagieren.

Das essbare Innere ist reich an Vitamin C, Kalium, Tanninen und Anthocyanen. Der hohe Wassergehalt der Frucht sorgt für eine erfrischende Wirkung und bedingt einen niedrigen Kaloriengehalt.
Auch Blätter und Blüten enthalten eine Fülle an bioaktiven Substanzen, darunter Ellagitannine wie Punicalagin.

Die essbaren Samen werden samt der gelartigen Sarcotesta roh verzehrt oder als Zutat in Salaten, Säften, Desserts und herzhaften Gerichten verwendet. In der iranischen und indischen Küche finden getrocknete Granatapfelkerne (»Anardana«) als Gewürz Verwendung. Der fermentierte Granatapfelsaft wird in Armenien und Georgien traditionell zu Wein verarbeitet.

Getrocknete Samen (»Anardana«)

Aus der Frucht wird die dickflüssige »Grenadine« hergestellt, die als Süßungsmittel dient. Viele kommerziell erhältliche Grenadinesirupe enthalten allerdings sowohl synthetisch hergestellte Farbstoffe und Aromen als auch Aromen, die aus anderen Pflanzen gewonnen wurden.

Granatapfel: A Zweig mit Frucht (Beere) **1** Frucht im LS mit Resten der Blüte **2** Frucht im QS **3** Same **4** Same im LS (die rötliche Sarcotesta ist außen, die Sklerotesta befindet sich darunter und umgibt den Embryo). **5** Same im QS **6–7** Same ohne Sarcotesta **8** Embryo.

Quellen: Köhler (1883-1898ff); Thomé (1885ff).

Granatapfel: A Zweig einer Zuchtform mit gefüllten Blüten **B** »normale« Blüten **1** Blüte im LS mit unterständigem Fruchtknoten (ohne Krone) **2** Staubblätter **3** Pollen **4–5** Fruchtknoten im QS **6** Griffel mit Narbe.

Der Granatapfel wird in der traditionellen Medizin v. a. zur Behandlung von Verdauungsbeschwerden, Entzündungen und Infektionen eingesetzt.
Auch wissenschaftliche Studien haben gesundheitsfördernde Eigenschaften nachgewiesen, darunter entzündungshemmende Wirkungen und positive Effekte auf das Herz-Kreislauf-System. Außerdem werden Blätter und Blüten auf antioxidative, entzündungshemmende, blutzuckerregulierende und potenziell antikanzerogene Eigenschaften hin untersucht.

Aus den Samen wird Granatapfelkernöl gewonnen, das für Hautpflegeprodukte eingesetzt wird.
Die Rinde und Schale enthalten Tannine, die traditionell zur Ledergerbung genutzt werden.

Guave

Psidium guajava *(Psidium pyriferum)*

Die Guave ist ein immergrüner Strauch oder kleiner Baum. Die Blüten haben weißliche Kronblätter und zahlreiche lange Staubblätter. Die Früchte sind kugelige bis birnenförmige Beeren. Sie sind 4–12 cm lang und haben je nach Sorte eine grünliche, gelbliche oder rötliche Schale. Das Fruchtfleisch kann weißlich, gelblich, rosa oder rötlich gefärbt sein. Es enthält zahlreiche kleine, harte Samen.

Ursprünglich stammt die *P. guajava* aus Mittel- und Südamerika von Mexiko bis Peru. Heute wird die Art weltweit in tropischen und subtropischen Gebieten angebaut. Indien ist der führende Produzent, gefolgt von China, Thailand und Mexiko. In manchen Regionen, z. B. auf Hawaii oder in Teilen Australiens gilt sie als invasive Art.

Die Guave wurde bereits von den indigenen Kulturen Mittel- und Südamerikas kultiviert. Im 16. Jh. wurde sie nach Afrika gebracht und gelangte von dort bald auch nach Asien. Auf beiden Kontinenten wurde die Guave schnell Teil der lokalen Landwirtschaft und Ernährungskultur.

Es existieren Hunderte Guaven-Sorten. In kommerziellen Plantagen werden meist Sorten mit festem Fruchtfleisch und wenigen Samen bevorzugt.

Die Früchte gelten als eine der reichsten natürlichen Quellen für Vitamin C: Sie enthalten 200–250 mg pro 100 g frischer Frucht. Daneben enthalten sie Ballaststoffe, Kalium, β-Carotin und Antioxidantien wie Lycopin.
Die Blätter sind reich an Tanninen und ätherischen Ölen.

Die Früchte werden meist frisch verzehrt. Sie besitzen eine weiche, leicht körnige Textur und verströmen einen moschusartigen Duft. Der Geschmack ist intensiv süßlich-säuerlich und hat ein komplexes Aroma. Guaven werden auch zu Säften, Pasten, Marmeladen und Desserts verarbeitet. Unreife Früchte werden in einigen Regionen wie Gemüse gekocht oder zu würzigen Chutneys verarbeitet.

In der traditionellen Medizin werden die Früchte, aber auch die Blätter, Rinde und Wurzeln z. B. gegen Magen-Darm-Beschwerden verwendet.

Die Guave bietet in vielen Entwicklungsländern Kleinbauern und -bäuerinnen durch Verkauf und Verarbeitung wichtige Einkommensmöglichkeiten.

Guave: A Zweig mit gegenständigen Blättern, Blüten und Frucht (Beere) **1** Blüte mit 2 Hochblättern **2** Blüte mit unterständigem Fruchtknoten und 2 Hochblättern im LS **3** behaartes Kronblatt **4** Staubblätter **5** Pollen **6** Spitze des Griffels mit Narbe **7** Beere im LS.

Quellen: Denisse (1843–1846); USDA (1872–1948); Rodrigues (1903); von Martius et al. (1840–1904).

Rosenapfel

***Syzygium jambos** (Eugenia jambos)*

Der Rosenapfel ist ein mittelgroßer Baum mit weißlichen oder cremefarbenen bis gelblichen Blüten, die einen zarten Duft verströmen. Aufgrund ihrer Hunderte von langen, cremeweißen Staubblättern ähneln sie kleinen Puderquasten.

Die ei- bis birnenförmigen Beeren sind 4–5 cm lang. Sie haben eine dünne, wachsig-glänzende Schale, die sich bei der Reife gelblich, rosa oder rötlich verfärbt. Das feste Fruchtfleisch hat einen süßlichen Geschmack und verströmt einen rosenartigen Duft. Eine Besonderheit ist der bei Reife oft hohle Kern der Frucht, in dem 1–4 relativ große, harte Samen lose liegen und beim Schütteln wie eine Rassel klappern können.

S. jambos stammt aus Süd- und Südostasien und wird heute weltweit in tropischen und subtropischen Regionen angebaut.

Der Rosenapfel wird in Südostasien seit Jahrhunderten als Nahrungspflanze kultiviert und auch in der traditionellen asiatischen Medizin sehr geschätzt.
Im 17. und 18. Jh. brachten ihn europäische Seefahrende und Händler:innen in andere Teile der Welt, insbesondere in die Karibik und nach Mittelamerika.

Die Früchte sind reich an Vitamin C und Ballaststoffen und eine gute Quelle für Mineralstoffe, v. a. Kalium und Eisen. Sie enthalten zudem Polyphenole und ätherische Öle (z. B. Linalool und Geraniol) sowie Zimtaldehyd, die für den komplexen rosenartigen Duft verantwortlich sind.
Auch die Blätter enthalten ätherische Öle, u. a. mit α-Pinen und l-Limonen. In Wurzeln, Stängeln und Blättern wurden Blausäureglycoside nachgewiesen. Rinde sowie Wurzeln enthalten darüber hinaus Alkaloide.

Die süßen, erfrischenden Früchte werden meist roh gegessen. Ihr zartes Aroma eignet sich auch für Konfitüre, Gelee, Saft und Sirup.

In der traditionellen Medizin Südostasiens werden verschiedene Teile des Baums als Heilmittel eingesetzt, etwa gegen Durchfall, Fieber und Asthma.

Aus den Blättern kann ein würzig-blumiges ätherisches Öl gewonnen werden.
Der Rosenapfelbaum wird auch gerne als Ziergehölz in tropischen Parks und Gärten gepflanzt.

Während das Fruchtfleisch genießbar ist, sollten Blätter, Samen und Wurzeln nicht verzehrt werden.

Rosenapfel: A Zweig mit gefiederten Blättern, Blüten und Früchten (Beeren) **B** Zweig mit Blüten mit bereits abgefallenen Staubblättern **1** Blüte mit langen Staubblättern und Griffel **2** Staubbeutel **4** unreife Beere mit Kelch **5** Beere **6** Beere mit Kelchresten und wenigen großen Samen im LS **7** Beere mit Samen im QS **8** Samen mit Keimwurzeln.

Quellen: Denisse (1843–1846); Koorders & Valeton (1913–1918); Roxburgh (1795–1819).

Pilinussbaum

Kanarinussbaum
Canarium

Die Gattung *Canarium* umfasst ± 120 Arten immergrüner Bäume mit meist gefiederten Blättern. Die kleinen Blüten entwickeln sich zu eiförmigen bis länglichen Steinfrüchten, die jeweils 1–2 Samen enthalten. Die Samen von *C. ovatum* und einiger weiterer Arten werden als »Pili-Nüsse« gegessen. Um an die Samen zu gelangen, müssen aber zunächst die extrem harten Steinkerne geknackt werden.

Canarium-Arten sind in den Tropen Asiens, Afrikas und des Indopazifiks heimisch. Einige Arten, insbesondere *C. ovatum*, werden in ihren Heimatländern und auch in Mittelamerika kommerziell angebaut. Das Hauptanbauland sind die Philippinen.

Canarium-Arten, insbesondere ihre ölhaltigen Samen, spielen in ihren Herkunftsregionen seit Jahrtausenden eine wichtige Rolle als Nahrungspflanzen und als Lieferanten von Harz.
Die Samen von *C. indicum* wurden z. B. in Ausgrabungen von 6.000 Jahre alten Siedlungen in Papua-Neuguinea gefunden. Auch in China belegen 9.000 Jahre alte Funde die frühe Nutzung von *C. ovatum*.

Viele *Canarium*-Arten werden wild besammelt. Sie sind aber auch in traditionellen Agroforstsystemen zu finden und werden in Mischkulturen mit Feldfrüchten wie Kokosnuss, Muskatnuss oder als Schattenspender für Kakao kultiviert. *C. indicum* bildet das Rückgrat traditioneller Agroforstwirtschaft in Melanesien, während *C. ovatum*-Bäume auf den Philippinen häufig in Hausgärten zu finden sind.

Die Samen enthalten 70–75 % fette Öle, die hauptsächlich aus Ölsäure und der mehrfach ungesättigten Linolsäure bestehen. Der Proteingehalt liegt bei 8–14 % mit einem gut verwertbaren Aminosäureprofil. Bemerkenswert ist auch der hohe Gehalt an Mineralstoffen, insbesondere Magnesium, Kalium, Phosphor und Eisen. *C. indicum* liefert außerdem nennenswerte Mengen an B-Vitaminen und Vitamin E sowie Antioxidantien.

Die als »Pili-Nüsse« bezeichneten Samen mehrerer *Canarium*-Arten werden roh oder geröstet gegessen und zuweilen auch gekocht.
Das Samenöl wird traditionell als Speiseöl verwendet.

Verschiedene *Canarium*-Arten sondern aromatische Harze ab, die als Räucherwerk und zur Herstellung von Lacken dienen. Bekannt ist das »Manila-Elemi« von *C. luzonicum*, das in der Parfümerie und Pharmazie verwendet wird.

Vom Händler vorgekerbte Pili-Nüsse und Werkzeug zum Öffnen

Pilinussbaum (*Canarium indicum*): A Zweig mit unpaarig gefiedertem Blatt (mit spatelförmigen Nebenblättern) und Blüten **B** Fruchtstand mit Steinfrüchten **1** Blüte **2–3** Kronblätter **4** ♂-Blüte **5** ♀-Blüte **6** Staubblatt **7** aufpräparierte ♀-Blüte **8** Steinfrucht **9** Steinfrucht im QS mit 2 entwickelten Samenanlagen **10** Embryo.

Quellen: Köhler (1883-1898ff); Koorders & Valeton (1913-1918).

Cashewbaum

Acajoubaum, Kaschubaum, Nierenbaum
Anacardium occidentale *(Cassuvium pomiferum)*

Der Cashewbaum ist ein mittelgroßer, immergrüner Baum mit kleinen, blassgelben bis rötlichen Blüten. Der auffällige »Cashewapfel« geht aus der fleischig werdenden Blütenachse hervor und ist leuchtend gelb, orange oder rot gefärbt. Unterhalb (distal) sitzt die eigentliche Frucht, eine nierenförmige Steinfrucht, die den essbaren Samen enthält, der als »Cashewkern« bekannt ist. Die den Kern umgebene dicke, ölhaltige Schale (das Mesokarp der Frucht) enthält giftige Substanzen.

Der Cashewbaum stammt aus Nordost-Brasilien und wird heute in vielen tropischen Regionen der Welt kultiviert. Große Anbaugebiete finden sich in Westafrika, Indien und Südostasien.

Der Cashewbaum wurde bereits vor Jahrhunderten von den indigenen Völkern Südamerikas genutzt. Portugiesische Seefahrende brachten den Baum im 16. Jh. in ihre afrikanischen Kolonien, z. B. Mosambik, und nach Indien.
Ursprünglich wurde v. a. der saftige Cashewapfel geschätzt, während der Kern – auch aufgrund der aufwendigen Verarbeitung – zunächst nur als Nebenprodukt galt. Erst in den 1960er-Jahren entwickelte sich der Cashewkern zum Hauptexportprodukt. Heute zählt Cashew zu den wirtschaftlich wichtigsten tropischen Schalenfrüchten.

Die Ernte erfolgt manuell, wobei die Früchte vom Baum fallengelassen und aufgesammelt werden. Anschließend müssen die Kerne von den Cashewäpfeln getrennt und getrocknet werden, bevor sie weiterverarbeitet werden können.
Der Anbau von Cashew trägt in vielen Entwicklungsländern zur Einkommenssicherung der ländlichen Bevölkerung bei, weil ein Großteil der Verarbeitung in Handarbeit erfolgt, besonders in kleinbäuerlichen Betrieben in Afrika und Asien. Allerdings erfordert die Verarbeitung der Nüsse aufgrund der giftigen Schalen besondere Sorgfalt und ist für die oft nur unzureichend geschützten Arbeiter:innen gesundheitlich belastend. Arbeitsschutz,

Chashewbaum: A Zweig mit Blättern und Blüten **1** Blüte **2** aufpräparierte Blüte (ohne Krone) mit Fruchtknoten, zahlreichen kurze Staminodien und 1 langem Staubblatt **3** aufpräparierte Blüte (ohne Krone) im LS **4** bräunliche Steinfrucht (»Cashewnuss«) und großer, rötlicher, fleischiger Fruchtstiel (»Cashewapfel«) **5** Frucht im LS auf grünlichen unreifem Fruchtstiel **6** Frucht im QS.

Quelle: Köhler (1883-1898ff).

soziale Fragen und eine faire Bezahlung stehen deshalb zunehmend im Fokus von Fair-Trade-Initiativen.

Frauen in Burkina Faso ohne Schutzkleidung beim Schälen von Cashews

Cashewkerne sind reich an fetten Ölen, Proteinen, Magnesium, Kupfer und Antioxidantien. Sie enthalten zudem viel Tryptophan, eine essenzielle Aminosäure, die für die Serotoninproduktion im Körper wichtig ist. Die Schale enthält giftige Phenolverbindungen, darunter hautreizende Anacardsäuren und Cardol.
Der Cashewapfel ist reich an Vitamin C, Flavonoiden (insbesondere Flavonolglycoside) und Ballaststoffen.

Kommerziell erhältliche »rohe« Cashewkerne wurden bereits dampfbehandelt oder leicht geröstet, um das giftige Schalenöl zu entfernen. Cashewkerne werden in der asiatischen und indischen Küche häufig in Currys und Süßspeisen verwendet. Gesalzen sind sie ein beliebter Snack. Außerdem dienen sie als Basis für pflanzliche Milch- und Käsealternativen.
Der Cashewapfel ist aufgrund seiner schnellen Verderblichkeit international weniger bekannt, kann aber ebenfalls verzehrt werden. Er wird oft zu Säften oder Marmeladen verarbeitet. Aus dem Saft von Cashewäpfeln werden auch alkoholische Getränke hergestellt, z. B. »Feni« in Indien und »Aguardente de Caju« in Brasilien.

In der traditionellen Medizin werden verschiedene Teile des Baums genutzt: Die Rinde bei Durchfall, die Blätter zur Wundbehandlung und bei Verbrennungen sowie der Fruchtsaft bei Erkältungen.
Wissenschaftliche Studien zeigen Hinweise auf antimikrobielle und antioxidative Eigenschaften.

Das Öl aus der Schale der Cashewfrucht (»Cashew Nut Shell Liquid = CNSL«) ist aufgrund seiner antiseptischen und wasserabweisenden Eigenschaften industriell von Bedeutung. Es wird für Lacke, Farben, Bremsbeläge und als Ausgangsstoff für pharmazeutische Produkte verwendet. Das Kernöl findet darüber hinaus Verwendung in Kosmetikprodukten.

Cashewnüsse gehören zu den häufigeren Auslösern von Nahrungsmittelallergien.

Mangobaum

Mangifera indica

Der Mangobaum ist ein mittelgroßer bis großer, immergrüner Baum mit zahlreichen kleinen, gelblich-weißlichen bis rötlichen Blüten, die einen intensiven Duft verströmen. Die Steinfrüchte variieren stark in Größe (5–25 cm) und Farbe (von grünlich über gelblich bis orangerot oder violett). Das saftige Fruchtfleisch umschließt einen flachen, länglichen Kern. Es schmeckt süßlich und ist goldgelb bis orangerot gefärbt.

M. indica stammt aus Nordostindien, Myanmar und Bangladesch. Heute wird die Art in fast allen tropischen und subtropischen Regionen kultiviert. Die Hauptanbaugebiete liegen in Indien, China, Thailand, Indonesien, Mexiko und Brasilien.

Abbildung eines Mangobaums aus der »Flora Sinensis« von Boym (1656), einem der ersten in Europa erschienenen Bücher über die Flora von China.

Die Mango gilt in Indien als »Königin der Früchte« und wird dort seit 6.000–4.000 Jahren kultiviert. Die Frucht ist tief in der indischen Mythologie verwurzelt und symbolisiert Liebe und Fruchtbarkeit. Sie wird in zahlreichen alten Sanskrit-Texten erwähnt, darunter das »Ramayana« aus dem 2. Jh. Heute ist die Mango in Indien offizielle Nationalfrucht und wird weiterhin bei Festen und religiösen Zeremonien verwendet. Portugiesische Seefahrende brachten die Mango im 16. Jh. von Goa an der Westküste Indiens nach Afrika, Südamerika und in die Karibik. 1833 gab es den ersten Versuch, Mango-Setzlinge in Florida einzuführen, was jedoch zunächst misslang. Erfolgreiche Kultivierungen gelangen dort erst in den 1860er-Jahren.

Weltweit existieren 1.000–1.500 Mangosorten, die sich in 2 Hauptgruppen einteilen lassen: Indische Sorten haben stark gefärbte Früchte, die oft einen Terpentingeschmack aufweisen. Südostasiatische Sorten bleiben hingegen oft grün oder hellgelb, besitzen ein faserärmeres, süßeres Fruchtfleisch. Zudem enthält ihr großer Same oft mehrere Keimlinge.

Mangobäume werden meist durch Veredelung vermehrt. Sie beginnen nach 3–5 Jahren zu fruchten und erreichen ihre volle Produktivität nach ± 10 Jahren. Die empfindlichen Früchte werden kurz vor der Vollreife händisch geerntet.

Mangos sind reich an β-Carotin (und weiteren Carotinoiden wie Lutein und Violaxanthin), Vitamin C und B-Vitaminen, darunter Folsäure, Vitamin B_6, Niacin, Riboflavin und Thiamin. Sie enthalten zudem

Mangobaum: A Zweig mit Blättern und Blüten **1** funktional ♂-Blüte mit gelblich gelappten Nektarblättern **2** Blüte von unten mit Kelch und Krone **3** ⚥-Blüte **4** Blütenknospe **5** Kronblatt mit gelapptem Nektarblatt **6** Staubblätter **7** ⚥-Blüte im LS **8** Frucht **9–10** aufpräparierte Frucht mit Steinkern **11** aufpräparierter Steinkern mit Same **12** Same.

Quellen: Spach (1834-1847); USDA (1872-1948).

reichlich Polyphenole, darunter Mangiferin, Gallussäure, Catechine, Epicatechine und phenolische Säuren. Das frische Fruchtfleisch besteht zu 13–15 % aus Zuckern (v. a. Fructose und Glucose). Der Wassergehalt liegt bei 83–86 %.
Die Schale enthält Urushiole, die Kontaktallergien auslösen können.

Die Mango wird gerne frisch verzehrt und bietet je nach Sorte ein Geschmackserlebnis von blumig-süß über honigartig bis leicht terpentinartig. Die kulinarischen Einsatzmöglichkeiten sind vielfältig: Obstsalate, Smoothies, Desserts, Säfte, Marmeladen und alkoholische Getränke. Getrocknete Mangoscheiben erfreuen sich als Snack großer Beliebtheit. Nicht nur in Indien ist »Mango Lassi« ein beliebtes Joghurtgetränk.
Die Kerne werden traditionell auch als Mehlersatz verwendet oder zur Gewinnung von Mangokernöl gepresst.

In der traditionellen ayurvedischen Medizin werden verschiedene Teile des Mangobaums eingesetzt: unreife Früchte z. B. bei Durchfall, reife z. B. bei Verstopfung und Blätter sowie Rinde bei Diabetes und Hauterkrankungen.
Wissenschaftliche Studien bestätigen antidiabetische, entzündungshemmende und antimikrobielle Eigenschaften der Inhaltsstoffe.

In der Kosmetikindustrie werden Mango-Extrakte und Mangokernöl wegen ihrer Antioxidantien in Hautpflegeprodukten eingesetzt.

Mangos können beim Verzehr allergische Reaktionen hervorrufen, besonders bei Menschen mit Latex- oder Birkenpollenallergie. Außerdem kann es zu einer Kontaktdermatitis kommen – als Reaktion auf die Urushiole der Fruchtschale.

Pistazienbaum

Pistacia vera *(Pistacia trifolia)*

Der Pistazienbaum ist ein 2-häusiger, kleiner, sommergrüner Baum mit unscheinbaren Blüten. Die eiförmigen Steinfrüchte bestehen aus einer fleischigen grünlich-gelblichen bis rötlichen Hülle. Diese Hülle umhüllt anfangs den harten Steinkern, öffnet sich bei der Reife aber etwas. Der Steinkern hat eine helle, harte Schale, die den Samen einschließt, der eine dünne, häutige Samenschale besitzt. Der essbare Teil der Pistazie wird von 2 großen etwas grünlichen Keimblättern und einem kleinen Embryo gebildet.

P. vera stammt aus West- und Zentralasien und wird heute in vielen trockenen, warmen Regionen der Welt kultiviert. Die Hauptanbaugebiete liegen in der Türkei, den USA (Kalifornien) sowie dem Iran.

P. vera wurde bereits vor 8.000–7.000 Jahren in Afghanistan und dem südöstlichen Iran gesammelt und eventuell auch bereits kultiviert.

Über die Seidenstraße gelangten Pistazien im 1. Jh. ins Mittelmeergebiet und erfreuten sich bei den Römer:innen großer Beliebtheit. Sie wurden als »Syrische Nuss« bezeichnet und ihr Preis war hoch.
Früchte von wilden *Pistacia*-Arten wurden auch in der Kebara-Höhle in Israel gefunden. Diese Funde belegen, dass die Früchte bereits vor 60.000–48.000 Jahren von den Neandertalern gesammelt und gegessen wurden.

Die Bäume beginnen mit 5–10 Jahren nennenswerte Erträge zu liefern. Ihre volle Produktionskapazität erreichen sie oft erst nach 15–20 Jahren. Pistazienbäume sind zudem für ihren unregelmäßigen Ertragsrhythmus bekannt. Dies bedeutet, dass auf ein Jahr mit einer reichen Ernte häufig ein Jahr mit einem deutlich geringeren Ertrag folgt, was Produzent:innen vor große Herausforderungen stellt.

Pistazien sind reich an fetten Ölen, Proteinen (mit allen essenziellen Aminosäuren), Ballaststoffen und Mineralstoffen wie Kalium, Magnesium und Eisen. Sie enthalten außerdem Vitamin B_6 und Polyphenole in nennenswerten Mengen.

Pistazien werden roh, geröstet oder gesalzen als Snack verzehrt. Sie sind eine beliebte Zutat für Süßwaren wie Speiseeis, Gebäck, Pralinen und Nougat.

Pistazienbaum: **A** Zweig mit unpaarig gefiederten Blättern und Früchten **1** ♂-Blütenstand **2** ♀-Blütenstand **3** grünliche Keimblätter des Samens (ohne Samenschale) **4** Same mit rötlich-bräunlicher Testa und umgebendem hellem Steinkern (teilweise entfernt) **5** heller Steinkern mit ihn umgebender Fruchtwand (Meso- und Exokarp, teilweise entfernt).

Quelle: Michaux (1817-1819).

Balsampflaume, Mombinpflaume

Imbu, Umbu

Spondias

Die Gattung *Spondias* umfasst knapp 20 Arten von Bäumen mit gefiederten Blättern, die beim Zerreiben oft einen aromatischen und als mangoartig beschriebenen Geruch verströmen. Die fleischigen Steinfrüchte sind 3–10 cm lang und haben ein saftiges, oft faserreiches Fruchtfleisch, das einen harten bis faserigen Steinkern mit mehreren Samen umschließt.

Die Gattung *Spondias* ist in den tropischen Regionen von Amerika, Asien und des Südwestpazifiks beheimatet. Eine Art (*S. tefyi*) ist zusätzlich auf Madagaskar heimisch. Etwa 10 *Spondias*-Arten wurden wegen ihrer essbaren Früchte domestiziert. Davon werden heute ± 5 Arten in größerem Umfang kultiviert.
S. dulcis (Goldpflaume) stammt aus dem südpazifischen Raum und wird heute in allen Tropenregionen angebaut. *S. purpurea* (Rote Mombinpflaume) ist in Mittelamerika heimisch und wird für ihre süßlich-säuerlichen Früchte geschätzt. *S. mombin* (Gelbe Mombinpflaume) ist in den amerikanischen Tropen und Subtropen verbreitet. *S. tuberosa* (Umbu, Imbu) ist an das semiaride Klima Nordostbrasiliens angepasst. *S. pinnata* (Indische Balsampflaume) wird in Süd- und Südostasien kultiviert. Zusätzlich werden mehrere natürliche oder künstliche Hybriden genutzt. Ein Beispiel ist die in Brasilien beliebte »Umbucaja«, die eine vermutlich natürlich entstandene Hybride zwischen *S. tuberosa* und *S. mombin* ist.

Spondias-Arten werden in ihren natürlichen Verbreitungsgebieten seit Jahrtausenden von indigenen Völkern genutzt. In Mittelamerika waren *S. mombin* und *S. purpurea* bereits bei den Maya bekannt und wurden wahrscheinlich in ihren Gärten angebaut. *S. dulcis* wurde in prähistorischer Zeit von seefahrenden Austronesier:innen auf den Inseln Südostasiens und Polynesiens verbreitet. Archäologische Funde von Stärkekörnern auf Rapa Nui (Osterinsel) belegen die Kultivierung von *S. dulcis* im 10.–13. Jh. Auch für *S. pinnata* ist eine intensive und langjährige Nutzung in Süd- und Südostasien gut dokumentiert.
Vom 17.–18. Jh. wurden amerikanische Arten wie *S. mombin* nach Afrika und Asien eingeführt, während *S. dulcis* aus Polynesien in die Karibik und nach Mittelamerika gebracht wurde.

Spondias tuberosa

Spondias mombin

Spondias dulcis: Unreife Früchte

Balsampflaume: A Zweig mit unpaarig gefiederten Blättern und Blütenstand **B** Fruchtstand **C** Zweig mit unpaarig gefiederten Blättern und Früchten **1–3** Blüten **4** aufpräparierte Blüte (ohne Krone) **5** Blüte im LS **6** Fruchtknoten mit 4 Narben von oben **7** Fruchtknoten im QS **8–9** Steinfrüchte (teilweise mit freigelegtem Steinkern) **10–11** Steinkerne **12** Steinkern mit mehreren Samen im QS **13** Same im LS. **A, B, 1, 2: *S. dulcis*; C, 3–10: *S. purpurea*.**

Quellen: Curtis Botanical Magazine (1866); von Jacquin (1811-1844); USDA (1872-1948); de Monet de Lamarck & Poiret (1791).

Die Früchte der *Spondias*-Arten enthalten beachtliche Mengen an Vitamin C, Carotinoiden, Ballaststoffen und Mineralstoffen wie Kalium und Magnesium. Der Gehalt an löslichen Zuckern variiert je nach Art und Reifegrad, liegt aber typischerweise bei 8–20 %. Die Früchte enthalten außerdem organische Säuren, vorwiegend Zitronensäure und Äpfelsäure, die ihnen einen erfrischend-sauren Geschmack verleihen. *S. mombin* und *S. purpurea* sind besonders reich an Phenolsäuren (z. B. Gallussäure und 3-Caffeoylchinasäure), Flavonoiden sowie Tanninen.
Die Samen einiger Arten enthalten einen hohen Anteil an Ölsäure und der mehrfach ungesättigten Linolsäure.

Die Früchte werden oft frisch verzehrt, wobei das saftige Fruchtfleisch um den harten Kern herum abgenagt werden muss. Das Fruchtfleisch wird auch zu Saft, Nektar, Sirup, Marmelade oder Gelee verarbeitet. In Lateinamerika werden unreife Früchte von *S. purpurea* und *S. mombin* für würzige Soßen und Pickles verwendet. *S. tuberosa*-Früchte werden in Nordostbrasilien zu »Umbuzada« verarbeitet – einem nahrhaften Getränk aus Fruchtmark, Milch und Zucker.

Aus der Roten Mombinpflaume hergestellte Nahrungsmittel auf dem »Festival del Jocote Barón Rojo« in San Lorenzo, El Salvador

Rinde, Blätter und Wurzeln mehrerer Arten finden in der traditionellen Medizin Verwendung bei Durchfallerkrankungen, Hautkrankheiten und Entzündungen.

Das gummiartige Harz aus den Stämmen einiger Arten wird traditionell als Klebstoff verwendet. Die Bäume dienen auch als Schattenspender in Agroforstsystemen und werden zur Erosionsbekämpfung angepflanzt.

Akee

Akipflaume
Blighia sapida

Der Akee ist ein mittelgroßer immergrüner Baum mit kleinen, funktional eingeschlechtigen Blüten. Die birnenförmigen, 3-klappigen Kapseln haben eine leuchtend rote Schale und enthalten jeweils 3 glänzend schwarze Samen. Diese sind von einem cremefarbenen bis weißlichen Arillus umgeben – dem einzig essbaren Teil der Frucht.

B. sapida stammt aus dem tropischen Westafrika. Der Baum wird inzwischen auch in der Karibik, insbesondere auf Jamaika, sowie in Teilen Südamerikas angebaut.

In Westafrika wurde der Akee bereits lange vor der Kolonialzeit genutzt. Im späten 18. Jh. gelangte die Art mit dem transatlantischen Handel mit versklavten Menschen in die Karibik, wo sie, besonders auf Jamaika, zu einem festen Bestandteil der kulinarischen Tradition wurde. Das jamaikanische Nationalgericht »Ackee and Saltfish« symbolisiert die kulturelle Verschmelzung afrikanischer und europäischer Einflüsse in der jamaikanischen Küche. Heute ist der Akee in Jamaika so verbreitet und beliebt, dass er zur Nationalfrucht erklärt wurde.

Der essbare Arillus ist reich an fetten Ölen (mit der mehrfach ungesättigten Linolsäure), Proteinen, β-Carotin und Mineralstoffen (v. a. Calcium).
Unreife Früchte enthalten hohe Konzentrationen an giftigem Hypoglycin A und Hypoglycin B, welche die »Jamaican Vomiting Sickness« auslösen können – eine potenziell tödliche Vergiftung, die mit einer schweren Unterzuckerung einhergeht. Erst bei vollständiger Reife der Frucht sinkt der Gehalt der Giftstoffe auf ein unbedenkliches Niveau.

Nur der vollreife Arillus geöffneter Früchte ist genießbar und wird vor dem Verzehr meist gekocht.
Die gekochten Akee-Arillen haben eine cremige bis schwammige Textur und einen milden, nussigen bis butterartigen Geschmack. In der jamaikanischen Küche wird »Ackee and Saltfish« traditionell mit Zwiebeln und Tomaten zubereitet und zum Frühstück serviert. In Westafrika werden die Akee-Arilli auch in Suppen und Eintöpfen verwendet.

Eingelegte Arilli

In der traditionellen Medizin werden verschiedene Teile von *B. sapida* zur Behandlung von Fieber eingesetzt. Wässrige Samen-Extrakte dienen traditionell auch zur Bekämpfung von Darmparasiten. Allerdings sind die Samen und ihre Extrakte giftig.

In den USA ist es strikt verboten rohe Akee einzuführen – was die Gefahren bei unsachgemäßem Verzehr dieser Frucht unterstreicht.

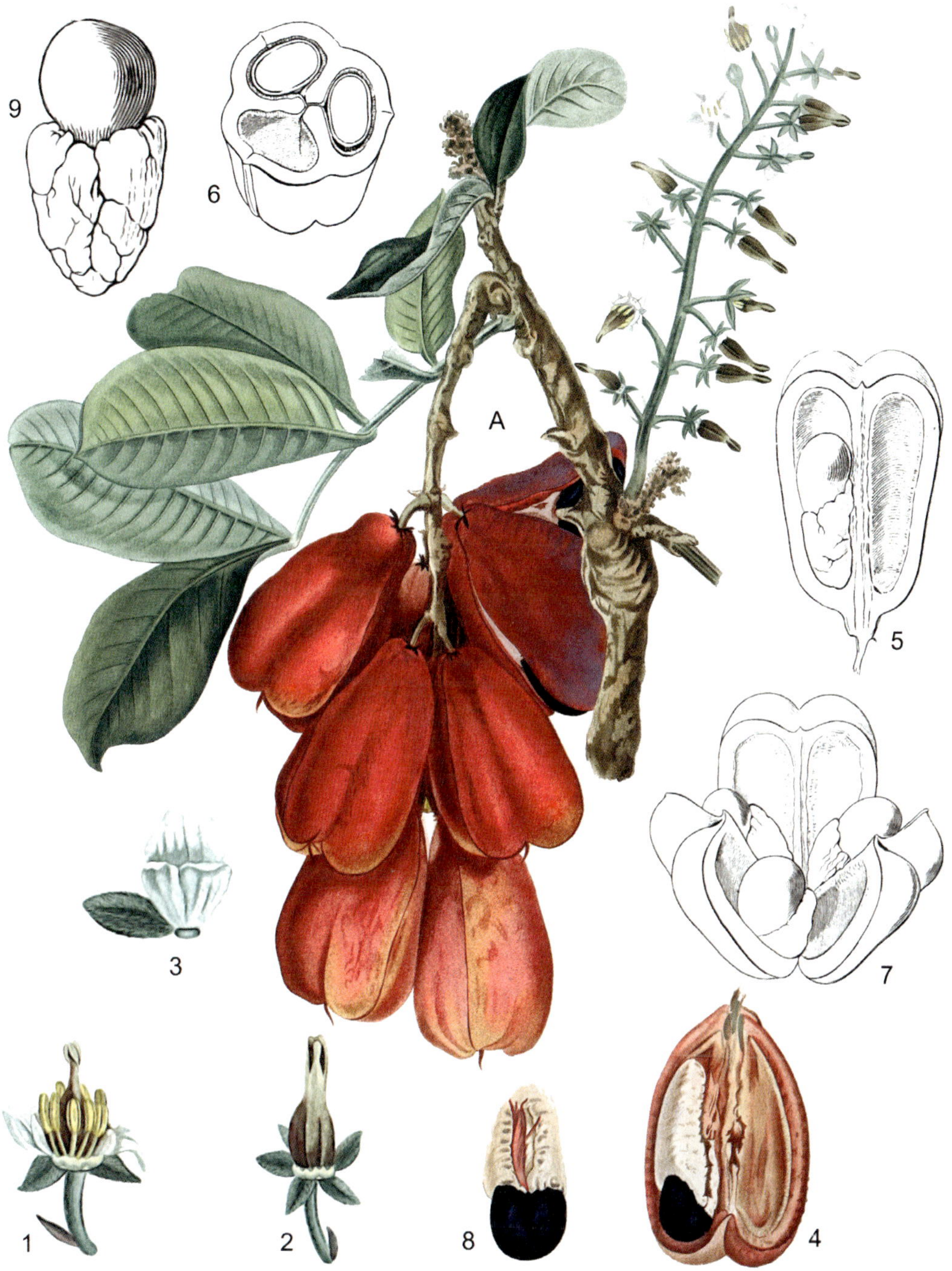

Akee: **A** Zweig mit paarig gefiederten Blättern, Blüten und Früchten **1** aufpräparierte funktional ♂-Blüte (Krone teilweise entfernt) **2** aufpräparierte funktional ♀-Blüte (ohne Krone) **3** Kronblatt mir kurzer Schuppe und mit Kelchblatt **4–5** geschlossene Kapsel im LS **6** geschlossene Kapsel im QS **7** geöffnete Kapsel **8–9** dunkler Same mit hellem Arillus.

Quellen: de Tussac (1808-1827); Annals of Botany (1885).

Litschibaum

Litchi chinensis *(Nephelium litchi)*

Der Litschibaum ist ein mittelgroßer, immergrüner Baum mit kleinen, gelblich-weißlichen Blüten. Die roten Früchte sind kugelig bis eiförmig, 2,5–5 cm groß und haben eine grobwarzige, derbe Schale. Unter dieser befindet sich ein essbarer, saftiger Arillus, der den nicht essbaren Samen umschließt.

Die Heimat von *L. chinensis* liegt in den subtropischen Regionen Südostasiens. Heute wird der Baum in vielen tropischen und subtropischen Gebieten Asiens, aber auch in Australien, Mexiko und Teilen des südlichen Afrikas kultiviert.

Die Litschi wird in China seit mehr als 2.000 Jahren kultiviert. Erste schriftliche Erwähnungen stammen aus der Zeit der Han-Dynastie (206 v. Chr. bis 220 n. Chr.).

Heute sind ± 100 verschiedene Litschi-Sorten bekannt. Manche entwickeln Früchte mit verkümmerten Samen. Dies führt dazu, dass der essbare Arillus den Platz des unterentwickelten Samens einnimmt und bis zu 80 % des Fruchtgewichts ausmacht.

Da Litschis nach der Ernte nicht nachreifen, werden sie im vollreifen Zustand gepflückt. Für den Export werden sie oft mit Schwefeldioxid behandelt, um die rote Farbe zu erhalten und Pilzbefall zu verhindern.

Der Arillus ist reich an Vitamin C, Kalium und enthält auch Vitamin A und B-Vitamine sowie Mineralstoffe wie Kalium und Kupfer. Darüber hinaus enthält er Anthocyane, z. B. Cyanidin-3-Rutinosid und Cyanidin-Glucosid, und weitere Polyphenole. Die Samen und die Schale weisen einen hohen Gehalt an Saponinen, Tanninen und Flavonoiden auf und enthalten auch das potenziell toxische Methylencyclopropylglycin, ein Strukturanalogon von Hypoglycin A.

Die Früchte werden frisch verzehrt oder zu Säften, Desserts, Konserven und Süßspeisen verarbeitet. Getrocknete Litschis, auch »Litschi-Nüsse« genannt, sind eine traditionelle Spezialität in China.

Aus der Rinde, den Wurzeln und Blüten werden traditionell Abkochungen zum Gurgeln hergestellt.
Aktuelle wissenschaftliche Untersuchungen bestätigen antioxidative, entzündungshemmende und antimikrobielle Eigenschaften von Extrakten verschiedener Pflanzenteile (Fruchtfleisch, Schale, Samen, Blätter).

Ab den 1995er-Jahren trat das »Litschi-Fieber« in Nord-Indien, einem der Hauptanbaugebiete der Litschis, mehrmals auf. Der Verzehr von vielen unreifen Litschis führte bei unterernährten Kindern zu einem drastischen Abfall des Blutzuckerspiegels, der in zahlreichen Fällen tödlich endete. Hervorgerufen wurde dies durch Methylencyclopropylglycin, welches die Glucosesynthese hemmt und v. a. in unreifen Litschi-Früchten und Samen vorkommt.
Hierzulande muss man sich beim Litschi-Konsum aber keine Sorgen machen, solange sich der Verzehr im normalen Rahmen bewegt.

Litschibaum: **1** Zweig mit paarig gefiederten Blättern, Blüten und Früchten **2** Frucht im LS mit warzigem rotem Exokarp, weißlichem Mesokarp, gräulichem Arillus und schwarzem Samen **3** Same mit Arillus im LS **4** Same (ohne Arillus) im QS mit 2 großen Keimblättern **5** Same (ohne Arillus) im LS **6** sich öffnende Frucht **7** Blüte im LS **8** Blüte **9** Staubblatt. 7–9 zeigen Blüten der nahe verwandten *Dimocarpus longan*.

Quellen: Descourtilz (1821-1829); Roxburgh (1795-1819).

Rambutan

Nephelium lappaceum

Die Rambutan ist ein immergrüner, mittelgroßer Baum mit gefiederten Blättern und kleinen grünlich-weißlichen Blüten. Die Früchte sind kugelig bis eiförmig, meist 3–6 cm lang und haben eine ledrige, meist rote Schale, die mit gebogenen Borsten bedeckt ist. Darunter befindet sich ein weißlicher, saftiger Arillus, der den Samen umgibt.

N. lappaceum stammt aus den tropischen Regenwäldern Südostasiens. Heute wird die Art auch in anderen tropischen Gebieten kultiviert, z. B. in Mittel- und Südamerika, Australien und Afrika.

Rambutan-Früchte wurden bereits vor ± 1.000 Jahren in Siedlungen im heutigen Malaysia und Indonesien konsumiert. In der traditionellen Kultur Südostasiens spielen die Bäume bei Zeremonien eine wichtige Rolle. Mit den Handelsrouten der Kolonialzeit gelangte die Frucht schließlich auch in andere tropische Regionen.

Es existieren mehr als 200 Rambutan-Sorten. Besonders beliebt sind Sorten mit kleinen Samen, die sich leicht vom Fruchtfleisch lösen.

Der saftige Arillus enthält reichlich Kohlenhydrate, Vitamin C sowie nennenswerte Mengen an den Mineralstoffen Calcium, Phosphor und Eisen. Die Schale der Frucht enthält zudem viele Tannine (Ellagsäure, Corilagin, Geraniin) und Flavonoide (z. B. Quercetin).
Die Samen enthalten 14–43 % fettes Öl und giftige Saponine, weshalb sie nicht roh verzehrt werden sollten.

Der weißlich durchscheinende, saftige Arillus wird hauptsächlich frisch genossen. Der Geschmack ist süß-säuerlich und erinnert entfernt an Trauben. In den Anbauländern wird Rambutan traditionell auch zu Marmeladen, Gelees, Kompotten und Fruchtsäften verarbeitet oder kandiert.
Die Samen können nach dem Rösten verzehrt werden, schmecken jedoch bitter.

Traditionell wird die Rinde des Baums bei Zungenerkrankungen, Blattextrakte bei Kopfschmerzen, Wurzeln bei Fieber und pulverisierte Samen gegen Diabetes verwendet.
Wissenschaftliche Studien haben gezeigt, dass Extrakte aus Rambutansamen bzw. dessen Inhaltsstoffe (z. B. Geraniin) potenziell blutzuckersenkende Eigenschaften besitzen.

Aus den Samen kann ein Öl gewonnen werden (»Rambutanfett«), das in Kosmetika und traditionell zur Herstellung von Seifen und Kerzen genutzt wird.

Rambutan: **A** Zweig mit Blättern und Früchten mit roter, lang-borstiger Schale **1** Blüte **2** aufpräparierte Krone **3** aufpräparierter Kelch **4** Staubblätter **5** Fruchtknoten im Kelch **6** aufpräparierte Blüte mit Fruchtknoten und Griffeln (ohne Kelch und Krone) **7** Fruchtknoten mit Griffeln im LS **8** Same (ohne Arillus) **9** aufpräparierte Frucht mit 1 Samen, der von einem fleischigen Arillus umgeben ist **10** Frucht im LS.

Quellen: van Nooten (1880); Pierre (1880-1907).

Zitrusfrüchte – *Citrus*: Sonnengereifte Vitamin-C-Bomben mit »Beziehungsstatus: kompliziert«

Ob der erfrischende Saft einer Orange, die würzige Schale einer duftenden Zitrone oder das aromatische Fruchtfleisch einer süßlich-säuerlichen Grapefruit – die Gattung *Citrus* gehört zu den wichtigsten Vitamin-C-Quellen. Mit einer jährlichen Produktionsmenge von über 140 Mio. t gehört sie weltweit zu den wirtschaftlich bedeutendsten Obstsorten.

Mit etwa 30 ursprünglichen Arten und Hunderten von Kultursorten haben die Zitrusgewächse ihren Siegeszug von den subtropischen Regionen Südostasiens in nahezu alle warmen Klimazonen der Erde angetreten. Die größten Anbaugebiete liegen in China, Brasilien, Indien, Mexiko und den Mittelmeerländern.

Die immergrünen, meist dornigen Bäume und Sträucher aus der Familie der Rautengewächse (*Rutaceae*) zeichnen sich durch ihre ledrigen, dunkelgrünen Blätter aus, die bei Berührung einen intensiven, ätherisch-öligen Duft verströmen. Die meist weißen, sternförmigen Blüten verströmen ebenfalls angenehmen Duft und entwickeln sich zu den bekannten, kugelförmigen bis ovalen Zitrusfrüchten.

Aus botanischer Sicht handelt es sich bei den Früchten um Beeren mit einer dicken Schale. Die äußere farbige Schale (»Flavedo«) enthält Öldrüsen. Darunter befindet sich das weißliche, schwammige Mesokarp (»Albedo«). Das Endokarp umhüllt die einzelnen Fruchtsegmente. Das Fruchtfleisch entsteht durch saftgefüllte Schläuche, die vom Endokarp nach innen wachsen und die Segmente vollständig ausfüllen. Diese Saftschläuche enthalten große Zellen mit Vakuolen sowie gelegentlich Öltröpfchen. Die Gesamtheit dieser Saftschläuche umgibt die Samen und wird »Pulpa« genannt. Sie ist reich an süßem bis bitterem Saft und ist der Teil der Frucht, der verzehrt wird. Die zentrale Achse (»Columella«) erstreckt sich vom Blütenstiel bis zum Griffelansatz und ist mit schwammigem Parenchymgewebe und Leitungsbahnen gefüllt.

Ein Charakteristikum der Zitrusfrüchte ist ihr hoher Vitamin-C-Gehalt: Eine Orange, Zitrone oder Grapefruit deckt bereits den gesamten Tagesbedarf eines Erwachsenen an diesem lebenswichtigen Antioxidans. Darüber hinaus sind die Früchte besonders reich an Kalium und Folsäure (Vitamin B_9). Das Fruchtfleisch enthält außerdem Zucker (v. a. Saccharose, Fructose und Glucose) und organische Säuren (v. a. Zitronensäure). Die Fruchtschale ist reich an ätherischen Ölen. Ballaststoffe, v. a. Pektine, finden sich in der weißen Schicht unter der Schale. Für die Lebensmittelindustrie stellen Zitrusfrüchte die Hauptquelle für Pektine (E440) dar, die primär als Geliermittel Verwendung finden.

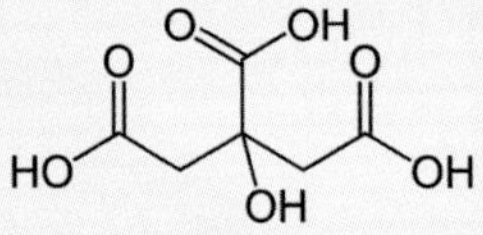

Zitronensäure

Zuchtformen und Systematik

Die ersten kultivierten Zitrusfrüchte waren vermutlich Zitronatzitronen und Mandarinen, die bereits vor über 4.000 Jahren in China und Indien angebaut wurden.

Nach Europa gelangten die ersten Zitrusfrüchte durch Alexander den Großen, der

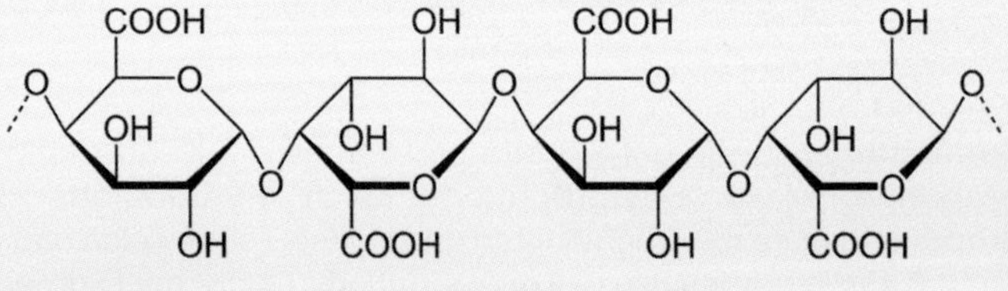

Das Rückgrat von Pektinen: Poly-α-(1→4)-Galacturonsäure

im 4. Jh. v. Chr. die Zitronatzitrone ins Mittelmeergebiet mitbrachte, wo sie später insbesondere von den Römer:innen weiterverbreitet wurde. Die Bittere Orange wurde im 10. Jh. durch Araber:innen im Mittelmeergebiet eingeführt. Die Süße Orange erreichte Europa erst im 15. Jh. durch portugiesische Seefahrende.
Die wirtschaftlich wichtigsten Zitrusfrüchte gehen auf fünf Urformen zurück:

- ZITRONATZITRONE (*Citrus medica*) mit gelber Schale
- MANDARINE (*Citrus reticulata*) mit kleinen Früchten und oranger Schale
- PAMPELMUSE (*Citrus maxima*) mit großen Früchten und grünlicher bis gelblicher Schale
- SAURE LIMETTE (*Citrus aurantiifolia*) mit kleinen, sauren und aromatisch schmeckenden Früchten, die viele Samen enthalten und eine dünne Schale haben
- KUMQUAT (*Citrus japonica* = *Fortunella japonica*) mit sehr kleinen, eiförmigen Früchten mit essbarer, süßer Schale und saurem Fruchtfleisch. Die Kumquat und nahe verwandte Arten können auch als eigenständige Gattung *Fortunella* aufgefasst werden.

Durch Kreuzungen entstanden daraus zahlreiche neue Kulturformen, die bekanntesten sind:

- SÜSSE ORANGE (= APFELSINE, *Citrus sinensis*) mit mittelgroßen, meist süßlichen Früchten und oranger Schale. Sie ist eine Hybride aus PAMPELMUSE und MANDARINE.
- BITTERE ORANGE (= POMERANZE, *Citrus aurantium*) mit mittelgroßen, meist sauren Früchten und oranger Schale. Auch sie ist aus einer Kreuzung von PAMPELMUSE und MANDARINE hervorgegangen.
- ZITRONE (*Citrus limon*) mit mittelgroßen, sehr sauren Früchten und gelber warziger Schale. Sie ist aus einer Kreuzung zwischen BITTERER ORANGE und ZITRONATZITRONE entstanden.

Daneben gibt es zahllose weitere Zitrusarten, Hybride und Kulturformen, wie z. B. die

- YUZU (*Citrus junos*) mit Früchten, die etwas größer als MANDARINEN sind und eine gelbe, oft höckrige Schale sowie ein sehr saures Fruchtfleisch haben. Sie entstand vor mehr als 1.000 Jahren als natürliche Kreu-

Zitrone mit QS, Samen und Fruchtknoten im LS.

zung zwischen einer winterharten Zitrusart (*C. cavaleriei*) und der MANDARINE. Sie wird hauptsächlich wegen ihres intensiven Dufts geschätzt.

- GRAPEFRUIT (*Citrus paradisi*) mit großen Früchten mit herb-süßlichem Geschmack. Sie ist im 18. Jh. auf Barbados als natürliche Kreuzung zwischen PAMPELMUSE und ORANGE entstanden.
- PERSISCHE LIMETTE (*Citrus latifolia*) mit fast immer kernlosen Früchten, die im Vergleich zu *C. aurantiifolia* etwas größer sind und einen milderen Geschmack aufweisen. Sie ist vermutlich im 19. Jh. als Kreuzung zwischen SAURER LIMETTE und ZITRONATZITRONE entstanden.
- CLEMENTINE mit kleinen, süßen und meist kernlosen Früchten mit dünner, leicht ablösbarer Schale. Sie entstand Ende des 19. Jh. durch eine zufällige Kreuzung zwischen MANDARINE und BITTERORANGE.
- TANGERINE mit leuchtend orange-roter Schale und süßlich-säuerlichem Geschmack. Sie ist eng mit der MANDARINE verwandt.
- MINNEOLA mit großen, birnenförmigen Früchten mit charakteristischem »Hals« am Stielende und süßlich-säuerlichem Geschmack. Sie wurde 1931 in Florida durch Kreuzung von GRAPEFRUIT und TANGERINE gezüchtet.
- MEYER-ZITRONE mit dünner, glatter Schale und mildem, sauer-süßlichem Geschmack. Sie gilt als natürliche Kreuzung zwischen ZITRONE und MANDARINE, wurde aber erst 1908 in China entdeckt.

Die taxonomische Stellung der Zitrusarten zueinander ist immer noch nicht abschließend geklärt, obwohl durch genetische Methoden in den letzten Jahrzehnten viele Verwandtschaftsverhältnisse geklärt werden konnten. Neben der oben wiedergegebenen Auffassung, welche die wichtigsten Kulturformen und Hybride als jeweils eigenständige Art ansieht, können MANDARINE, ORANGE, BITTERORANGE (inkl. CHINOTTO), CLEMENTINE, GRAPEFRUIT, TANGERINE und MINNEOLA und viele »moderne« Zitrusfrüchte auch als Hybridkomplex *Citrus* × *aurantium* zusammengefasst werden.
Auch in Zukunft ist sicherlich damit zu rechnen, dass die Systematik der Zitrusfrüchte sich ändern wird. Beispielsweise zeigen neuere genetische Untersuchungen, dass auch in ursprünglichen Mandarinensorten bereits Erbgut von *Citrus maxima*, der Pampelmuse, zu finden ist.

Zitronatzitrone

Apfel aus Medien, Cedrizitrone, Zedernapfel, Zedrate
Citrus medica *(Citrus cedra)*

Die Zitronatzitrone ist ein immergrüner Strauch oder kleiner Baum mit Dornen. Ihre Früchte sind eiförmig bis länglich und können bis zu 25 cm lang werden. Charakteristisch für die Zitronatzitrone ist ihre dicke, meist warzige Schale, die bis zu 70 % des Fruchtvolumens ausmachen kann. Das Fruchtfleisch ist relativ trocken, leicht sauer und enthält zahlreiche Samen.

Die genaue Herkunft von *C. medica* ist unklar, vermutlich stammt sie aus dem südostasiatischen Raum. Heute wird die Zitronatzitrone in vielen subtropischen Gebieten kultiviert, z. B. im Mittelmeergebiet, in Südamerika und Südostasien.

Im Buddhismus wird die Zitronatzitrone als Opfergabe verwendet. Die Frucht spielt auch eine wichtige Rolle in der jüdischen Kultur, wo sie als »Etrog« während des Laubhüttenfestes als eine der 4 rituellen Pflanzenarten Menschen symbolisiert, die sowohl Torah-Wissen besitzen als auch gute Taten vollbringen. Durch jüdische Migrant:innen, insbesondere nach der Zerstörung Jerusalems im Jahr 70 durch den römischen Feldherrn Titus, gelangte *C. medica* als wahrscheinlich erste Zitrusfrucht nach Europa.

Manche Sorten haben birnenförmige, andere zylindrische Früchte. Sorten mit besonders dicker Schale werden für den Handel mit kandierten Schalen (»Zitronat«) verwendet.

Zitronatzitronen müssen in kühlen Gebieten im Winter geschützt werden. Sie werden meist durch Veredelung auf frosthärtere Unterlagen vermehrt (z. B. auf die Dreiblättrige Orange – *C. trifoliata*).

In der dicken ölhaltigen Schale findet sich neben Limonen, Citral und anderen Monoterpenen auch der Bitterstoff Limonin. Die Frucht ist zudem reich an Vitamin C, Flavonoiden (z. B. Hesperidin und Diosmin) und Cumarinen.

Die Hauptverwendung der Zitronatzitrone liegt in ihrer dicken Schale. Kandierte Zitronenschalen (»Zitronat«) sind eine zentrale Zutat in dem traditionellen Mailänder »Panettone« und anderen Back- und Süßwaren. In der mediterranen Küche wird die Schale auch fein gerieben und als aromatische Würze verwendet.

Buddhas Hand (*C. medica* var. *sarcodactylis*) – der Legende nach die Sorte, die Buddha für seine Opfergaben bevorzugt hat

Eine Zitronatzitrone wird von einem chassidischen Juden darauf untersucht, ob sie ohne jeglichen Fehl ist. Nur dann darf sie als Etrog verwendet werden.

Zitronatzitrone: **A** Zweig mit Dornen, Laubblättern und Blüten **B** Blütenstand **C** Blatt mit punktförmigen Drüsen **1** aufpräparierte Blüte (ohne Krone) **2** Kronblatt **3** Staubblätter im Kelch **4** Staubbeutel **5** Staubblätter **6** Fruchtknoten mit Griffel und Narbe im Kelch **7** Fruchtknoten im LS **8** Fruchtknoten im QS **9** Frucht (Beere) **10** Frucht im LS **11** Frucht im QS.

Quellen: Wight (1846–1851); Allgemeines teutsches Garten-Magazin (1815–1824); USDA (1872–1948).

Die in der Schale enthaltenen Flavonoide und Cumarine zeigen in Laborversuchen antioxidative, entzündungshemmende und krebshemmende Eigenschaften.

Die ätherischen Öle finden Verwendung in Parfüms und Kosmetikprodukten. Die Pflanze wird zudem als dekorativer Zierbaum kultiviert.

Mandarine

Citrus reticulata

Die Mandarine ist ein kleiner bis mittelgroßer immergrüner Baum mit glänzenden, dunkelgrünen, lanzettlichen Blättern und wohlriechenden weißen Blüten. Die Frucht ist kleiner und flacher als eine Orange und lässt sich leicht in ihre Segmente unterteilen. Die Schale ist leuchtend orange bis rötlich und lässt sich leicht ablösen.

C. reticulata stammt aus Südostasien, vermutlich von den südöstlichen Ausläufern des Himalayas. Heute wird sie in vielen Regionen mit subtropischem Klima angebaut, darunter der Mittelmeerraum, Japan, Brasilien, Nordafrika sowie Florida und Kalifornien.

Mandarinen werden in China seit mindestens 3.000 Jahren kultiviert. Nach Europa gelangten sie erst im frühen 19. Jh. Sie wurden zunächst nach England und anschließend in den Mittelmeerraum eingeführt. In den USA begann der kommerzielle Anbau in den 1840er-Jahren in Florida.

Viele Zitrusfrüchte entstanden durch Kreuzungen unter Beteiligung von Mandarinen. Auch moderne Sorten wie Clementinen (süß, meist kernlos) und Tangerinen (tieforange bis rötlich) oder Satsumas (kernarm, früh reifend) gehen auf die Mandarine zurück.

Mandarinen sind reich an Vitamin C und enthalten Provitamin A (hauptsächlich in Form von orange-rotem β-Cryptoxanthin und β-Carotin), B-Vitamine (Folsäure, Thiamin, Vitamin B_6) und Kalium. Sie liefern Ballaststoffe und sekundäre Pflanzenstoffe.
Die ätherischen Öle in der Schale enthalten hauptsächlich Limonen (oft über 90 %), das für den charakteristischen Duft verantwortlich ist. Außerdem enthält die Schale polymethoxylierte Flavone wie Nobiletin und Tangeretin.

Mandarinen werden überwiegend frisch verzehrt, aber auch als Konserven angeboten. Mandarinenschalen sind eines der 7 Gewürze der traditionellen japanischen »Shichimi tōgarashi«-Gewürzmischung.

In der traditionellen chinesischen Medizin werden getrocknete Mandarinenschalen (»Chen Pi«) zur Förderung der Verdauung und bei Atemwegsbeschwerden verwendet.
Inhaltsstoffe der Schale wie Nobiletin und Tangeretin werden intensiv auf ihre antioxidativen, entzündungshemmenden und krebshemmenden Potenziale untersucht.

Das ätherische Öl aus der Mandarinenschale (»Mandarinenöl«) wird in der Parfümerie und Kosmetikindustrie verwendet und gilt als entspannend und stimmungsaufhellend.

Mandarine: A Zweig mit Blättern und Frucht **1** Frucht (Beere) **2** Frucht im QS mit Samen.

Quellen: Revue horticole (1852); USDA (1872-1948).

Pampelmuse

Pomelo
Citrus maxima *(Citrus grandis)*

Die Pampelmuse ist ein großer, oft bedornter, immergrüner Baum, der die größten aller Zitrusfrüchte ausbildet. Die Früchte messen meist 10–30 cm ⌀ und haben ein Gewicht von 1–2 kg, Rekordexemplare können mehr als 11 kg wiegen. Die dicke, schwammige Schale ist grünlich bis gelblich gefärbt. Das Fruchtfleisch ist meist blassgelb bis rosafarben, kann aber rötlich sein. Es hat einen mild-säuerlichen bis süßen Geschmack.

Die Heimat von *C. maxima* liegt in Südostasien, insbesondere in Malaysia, Indonesien und dem südlichen China. Heute wird die Art in vielen tropischen und subtropischen Regionen angebaut.

In China wurde die Pampelmuse bereits vor über 2.000 Jahren kultiviert und ist tief in Traditionen verwurzelt. So wird sie in China während des Mond-Neujahrsfestes als Symbol für Glück, Wohlstand und familiären Zusammenhalt rituell dargebracht.
Im späten 17. Jh. gelangte die Pampelmuse in die Karibik.

Es gibt ± 60 Pampelmusensorten und Hybride. Durch Kreuzungen mit anderen Zitrusarten, insbesondere mit der Orange, entstand die Grapefruit (*Citrus × paradisi*).

Das Fruchtfleisch enthält Vitamin C, Zucker, organische Säuren (v. a. Zitronensäure) sowie Mineralstoffe wie Kalium, Phosphor und Magnesium. Im Vergleich zu Orangen und Zitronen hat die Pampelmuse einen geringeren Säuregehalt.

Das saftige Fruchtfleisch wird üblicherweise frisch verzehrt oder in Obstsalaten und Süßspeisen verwendet und eignet sich auch zur Herstellung von Saft. In Südostasien werden Pampelmusen-Segmente oft mit Salz gewürzt und als Snack serviert. Die Schale wird traditionell zu Marmelade verarbeitet.

Die Pampelmuse wird in der traditionellen Medizin als vielseitiges Hausmittel geschätzt, wobei Blätter, Blüten und Früchte bei Husten, Fieber oder Magenbeschwerden Linderung verschaffen sollen.
Wissenschaftlich belegt sind für die Inhaltsstoffe der Pampelmuse, insbesondere die Flavonoide und Limonoide, antioxidative und entzündungshemmende Wirkungen. Auch ein positiver Einfluss auf die Verdauung und den Blutzuckerstoffwechsel wird diskutiert.

Die ätherischen Öle aus der Schale werden in der Parfüm- und Kosmetikindustrie verwendet.

Pampelmuse: A Zweig mit Blättern, Blüten und Frucht **1** aufpräparierte Blüte mit Kelch und Fruchtknoten **2** Frucht (Beere) im QS **3** unreife Frucht im QS **4** unreife Frucht im LS **5** Same **6** Segment einer Form mit rötlichem Fruchtfleisch.

Quellen: Duhamel du Monceau (1755-1768ff); Hayata (1911-1921); van Nooten (1880); Descourtilz (1821-1829).

Zitrone, Bergamotte

Limone
Citrus limon *(Citrus bergamia)*

Die Zitrone wächst als bedornter, immergrüner, kleiner Baum oder Strauch. Der Stiel der derben, immergrünen Blätter ist verbreitert. Die Früchte haben ein saures, saftiges Fruchtfleisch und eine zur Fruchtreife gelbe bis grünlich-gelbliche Schale.

C. limon entstand als Hybride zwischen Bitterorange (*C. × aurantium*) und Zitronatzitrone (*C. medica*) vermutlich in Nordindien. Heute wird sie weltweit in den Subtropen und Tropen angebaut. Die wichtigsten Anbauländer sind Indien, Argentinien, Spanien, Iran und die USA.

Die genauen Ursprünge der Zitrone sind unsicher, aber es gibt Hinweise, dass Zitronen im 1. Jahrtausend v. Chr. im Nordosten von Indien entstanden sind.
Aus Europa stammen die ersten verlässlichen Aufzeichnungen aus Süditalien, wo sie im 1.–2. Jh. ankam. Im antiken Rom galt die Zitrone noch als exotische Pflanze. Um das 10. Jh. begannen arabische Händler:innen, Zitronen im gesamten Mittelmeerraum zu verbreiten. Im 17. und 18. Jh. waren die das ganze Jahr hindurch gleichzeitig Blüten und Früchte tragenden Bäume auch eine der häufigsten Pflanzen in den herrschaftlichen Orangerien.
Ab dem späten 18. Jh. wuchs ihre wirtschaftliche Bedeutung enorm, als die britische Marine 1795 auf Empfehlung des schottischen Arztes James Lind verpflichtende Zitronensaftrationen für ihre Matrosen einführte, um den Skorbut zu bekämpfen. Zuvor waren allein vom 16.–18. Jh. etwa 2 Mio. Seeleute an Skorbut gestorben.

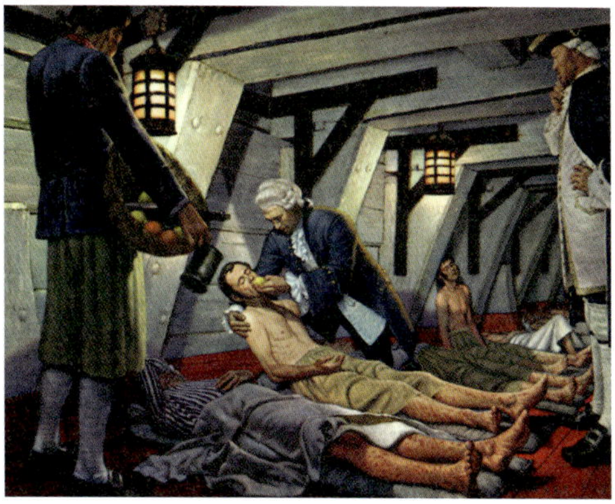

James Lind – Besieger des Skorbuts. Illustration von R. A. Thorn, 1959

C. limon kann in 2 große Gruppen eingeteilt werden: die klassischen Zitronen und die Bergamotten, die oft auch als eigene Art oder Unterart aufgefasst werden.

Orangerie im Barockgarten in der Karlsaue, Kassel-Wilhelmshöhe, 1890-1900

Bergamotte

Zitrone: A Zweig mit Blättern mit verbreiterten Blattstielen, Blüten und unreifer Frucht **1** Blüte **2** aufpräparierte Blüte (ohne Krone, Staubblätter teilweise entfernt) **3** Fruchtknoten im LS **3a** Fruchtknoten im QS **4** Staubbeutel **4a** Pollen **5** Frucht (Beere) **6** Frucht im QS **7** Same **8** Same im LS **9** Samen im QS (unten mit 2 Embryonen).

Quelle: Köhler (1883-1898ff).

Die Bergamotte wird erstmals Mitte des 17. Jh. erwähnt und heute als Hybride von Bitterorange mit Zitronatzitrone oder Zitrone angesehen. Sie wird weniger als Obst genutzt, sondern hauptsächlich wegen der ätherischen Öle in ihrer dicken Schale angebaut. Ein nur 100 km langer Küstenstreifen in Kalabrien, von Villa San Giovanni bis Gioiosa Ionica, liefert 90 % der globalen Bergamotte-Ernte.

Die Vermehrung erfolgt meist durch Veredelung auf frostharte Unterlagen wie Bitterorange oder Citrange (eine Kreuzung zwischen Süsser Orange und Dreiblättriger Orange).

Zitronen sind reich an Vitamin C. 100 g Fruchtfleisch enthalten 40–50 mg Vitamin C und Kalium. Zitronensaft enthält typischerweise 5–6 % Zitronensäure.
Die Schale ist reich an ätherischen Ölen (v. a. Limonen und Citral, aber auch Camphen, Citronellal, Phellandren, Pinen und Terpinol). Darüber hinaus enthält sie Flavonoide (z. B. Hesperidin und Eriocitrin) und Cumarine (z. B. Umbelliferon).

Aufgrund ihres intensiven Geschmacks und ihrer vielseitigen Verwendung zählt die Zitrone zu den am häufigsten genutzten Zitrusfrüchten weltweit.
Sie wird frisch als aromatische Zutat in Getränken, Salaten, Fisch- und Fleischgerichten sowie zur Herstellung von Süßspeisen und Desserts verwendet. Die Schale, gerieben oder kandiert, findet sich in Backwaren, Desserts oder Likören wie »Limoncello«.
Zitronensaft ist ein beliebtes Würzmittel und dient auch zum Konservieren. Darüber hinaus wird Zitronensäure als Lebensmittelzusatzstoff E330 in der Lebensmittelindustrie als Konservierungsmittel und Säureregulator eingesetzt.

Zitronensaft wird in der traditionellen Medizin v. a. zur Behandlung leichter Erkältungen oder Verdauungsbeschwerden eingesetzt. Weitere Anwendungen sind z. B. die Stimulierung der Verdauung und als Mittel gegen Blähungen.
Die v. a. in den Schalen enthaltenen Flavonoide (v. a. Hesperidin und Eriocitrin) und Terpenoide (v. a. Limonin) sind Gegenstand intensiver Forschung hinsichtlich ihrer antioxidativen, entzündungshemmenden und potenziell gesundheitsfördernden Eigenschaften.

Das Zitronenöl aus den Schalen ist Bestandteil zahlreicher Parfüms und Kosmetika – insbesondere in der Haar- und Hautpflege – sowie von Reinigungsmitteln.
Das Bergamottöl spielt eine außerordentlich wichtige Rolle in der Parfümindustrie und wird darüber hinaus zum Aromatisieren des Tees »Earl Grey« verwendet.

Bittere Orange, Apfelsine, Bitterorange, Clementine, Grapefruit, Orange, Pomelo, Pomeranze, Satsuma, Tangelo

Citrus × aurantium

Zu diesem Hybrid-Komplex gehören Dutzende Kulturformen, die oft auch als eigene Arten aufgefasst werden (vgl. auch das Übersichtskapitel zu den Zitrusfrüchten). Die bekanntesten sind:

Die Süsse Orange (= Apfelsine, *Citrus sinensis*) zeichnet sich durch 10–13 Segmente und eine markgefüllte zentrale Achse aus. Sie schmeckt süßlich aromatisch. 100 g Fruchtfleisch enthalten 40–50 mg Vitamin C.

Die Bittere Orange (= Pomeranze, *Citrus aurantium s. str.*) ist wahrscheinlich ein Hybrid zwischen Pampelmuse und Mandarine. Ihre Frucht besitzt 10–13 Segmente und eine hohle zentrale Achse. Im Vergleich zur Süssen Orange ist sie etwas kleiner und schmeckt herb und bitter.

Die Grapefruit (*Citrus paradisi*) ist ein Hybrid zwischen Orange und Pampelmuse. Sie zeichnet sich durch große Früchte mit herbsüßem Geschmack aus.

Die Clementine (*Citrus clementina*) ist ein Hybrid zwischen Mandarine und Orange. Die Früchte sind kleiner als Orangen, haben 7–14 Segmente und enthalten wenige Kerne.

Die Tangerine (*Citrus tangerina*) ähnelt stark der Mandarine. Ihre Herkunft und systematische Stellung sind nicht abschließend geklärt.

Die Minneola (*Citrus tangelo*) ist ein Hybrid zwischen der Grapefruit-Sorte Duncan und der Mandarinen-Sorte Dancy. Die Früchte sind etwas größer als Orangen und haben eine charakteristische Ausstülpung am Stiel. Ihre Schale ist glänzend tieforange und löst sich leicht vom Fruchtfleisch.

Apfelsine

Grapefruit

Tangerine

Minneola

Bittere Orange: **A** Zweig mit Blättern mit verbreiterten Blattstielen und Blüten **B** Frucht (Beere) **1** aufpräparierte Blüte (ohne Krone) **2** Blüte im LS **3** Kronblatt **4** basal verwachsene Staubblätter **4a** Staubbeutel **4b** Pollen **5** Fruchtknoten mit langem Griffel und kopfiger Narbe **5a** Fruchtknoten im QS **6** Frucht im QS **7** Mesokarp (»Albedo«) im mikroskopischen QS **8** Same **9** Same im LS **10** Same im QS, rechts mit 2 Embryonen. Die Abbildung zeigt eine Bitterorange.

Quelle: Köhler (1883–1898ff).

Echte Limette

Limette, Mexikanische Limette, Saure Limette
Citrus aurantiifolia (*Limonia aurantiifolia*)

Die Echte Limette ist ein immergrüner Baum oder Strauch. Die kugeligen bis eiförmigen Früchte sind 2,5–8 cm groß. Ihre dünne Schale ist zunächst grünlich und verfärbt sich bei Vollreife gelblich. Das meist blass-grünliche Fruchtfleisch ist sehr sauer und enthält viele Samen – im Gegensatz zu *C. latifolia*.

Die genaue Herkunft von *C. aurantiifolia* ist nicht endgültig geklärt. Vermutet wird eine Entstehung im indo-malaiischen Raum. Heute wird die Echte Limette in vielen subtropischen und tropischen Gebieten kultiviert.

Limetten wurden durch arabische und persische Händler:innen nach Europa gebracht. Nach Amerika gelangte sie vermutlich bereits auf der 2. Reise von Christoph Kolumbus.
In der Schifffahrt des 18. und 19. Jh. spielte die Frucht eine wichtige Rolle bei der Vorbeugung von Skorbut bei Seeleuten. Auf Empfehlung des schottischen Arztes James Lind führte die britische Marine Rationen zunächst von Zitronensaft und später auch von Limettensaft ein. Dies brachte den britischen Matrosen den Spitznamen »Limeys« ein. Mitte des 19. Jh. begann der Anbau im großen Stil, v. a. in der Karibik und Florida, später auch in Mittelamerika.

Limettenbäume sind frostempfindlicher als viele andere Zitrusarten. Sie werden deshalb oft auf robuste Unterlagen veredelt, um ihre Widerstandsfähigkeit zu erhöhen. Die Ernte erfolgt mehrmals im Jahr, da die Pflanzen kontinuierlich blühen und fruchten.

Limetten sind eine gute Quelle für Vitamin C und enthalten auch viel Kalium und sekundäre Pflanzenstoffe, insbesondere Flavonoide. Das Fruchtfleisch enthält meist 7–8 % Zitronensäure, die für den intensiven, säuerlichen Geschmack verantwortlich ist. Die ätherischen Öle in der Schale verleihen Limetten ihren erfrischenden Duft.

Der Saft und die Schale der Limette finden vielseitige Verwendung in Getränken, Dressings und Desserts wie dem »Key Lime Pie« aus Florida. Sie sind Hauptbestandteil bekannter Cocktails wie »Caipirinha« und »Margarita«. Auch in Currys, Suppen und Fischgerichten sorgt ihr Aroma für eine frische, leicht bittere Note.

In der traditionellen Medizin wird Limettensaft vielseitig eingesetzt, u. a. zur Behandlung von Erkältungen, Husten und Halsschmerzen.

Limettenöl wird in der Kosmetikindustrie für Parfüms, Seifen und Hautpflegeprodukte genutzt.

Echte Limette: **A** Zweig mit Blättern und Frucht (Beere) **B** Zweig mit Blüten **1** Blüte **2** unreife Früchte **3** Frucht im QS **4** Mesokarp (»Albedo«) im mikroskopischen QS.

Quellen: Curtis Botanical Magazine (1884); USDA (1872-1948); Merian (1705ff).

Persische Limette
Citrus latifolia

Die Persische Limette ähnelt der Echten Limette. Allerdings werden keine Samen gebildet, da *C. latifolia* aufgrund ihres triploiden Chromosomensatzes steril ist.

Kaviarlimette
Citrus australasica

Die Früchte der Kaviarlimette sind – im Gegensatz zu den meisten anderen Zitrusfrüchten – länglich-zylindrisch und meist 4–10 cm lang. Sie haben eine dünne, raue Schale. Das Fruchtfleisch ist in viele kleine, perlenförmige Segmente unterteilt, die an Kaviar erinnern und beim Verzehr aufplatzen. Es ist sehr saftig und hat einen erfrischend sauren Geschmack.

C. australasica ist eine der wenigen Zitrusfrüchte, die in Australien heimisch ist. Seit den späten 1990er-Jahren wird sie dort auch kommerziell angebaut.
Die Kaviarlimette wurde von indigenen Völkern Australiens seit Jahrtausenden als Nahrungs- und Heilpflanze genutzt. Mit der europäischen Kolonisierung im frühen 19. Jh. wurden die Fingerlimetten-Bestände durch Landrodung bedroht.
Die Frucht wird seit wenigen Jahren in der gehobenen Küche Australiens als exotische Zutat verwendet. Die perlenartigen Segmente dienen als Garnierung für Meeresfrüchte, Sushi, Desserts und Cocktails. Sie verleihen den Gerichten durch ihr erfrischendes Aroma und ihre knackige Konsistenz eine besondere Note.
Die Australische Fingerlimette wird in der traditionellen Medizin Australiens seit Jahrtausenden zur Wundheilung genutzt.

Kaffir-Limette

Combava, Papeda
Citrus hystrix *(Citrus papeda)*

Die Kaffir-Limette ist ein kleiner, dorniger Baum. Die Blätter haben eine ovale Spreite und einen breit geflügelten, spreitenähnlichen Blattstiel. Beim Zerreiben verströmen sie einen intensiv zitronigen Duft. Die kugeligen bis birnenförmigen Früchte haben eine grobwarzige Schale, die zunächst dunkelgrün und später gelblich gefärbt ist. Sie enthalten wenig und sehr saures Fruchtfleisch.

C. hystrix stammt aus den Regenwäldern der Malayischen Halbinsel. Heute wird sie zuweilen auch in Indonesien und auf La Réunion kultiviert.

Die Blätter und Früchte enthalten ätherische Öle wie Limonen und Citronellal, die für ihr intensives Aroma verantwortlich sind. Die Frucht ist reich an Vitamin C und hat einen sehr hohen Säuregehalt.
Sowohl im Fruchtfleisch als auch in der Schale wurden phototoxisch wirkende Furocumarine nachgewiesen.

Die Kaffir-Limette ist eine der wenigen Zitrusarten, bei denen die Blätter eine größere Bedeutung haben als die Früchte. Die Blätter sind eine wichtige Zutat in der thailändischen, indonesischen und vietnamesischen Küche, wobei sie meist im Ganzen mitgekocht und vor dem Servieren entfernt werden. Sie werden oft in Currys, Suppen (wie »Tom-Yum-Suppe«) und Fischgerichten verwendet. Die geriebene Schale der Frucht wird für Würzpasten und Marinaden verwendet. Das Fruchtfleisch eignet sich wegen des sehr sauren Geschmacks und der geringen Saftmenge nicht zum Direktverzehr. Der Saft wird in kleinen Mengen als Würzmittel genutzt.

In der traditionellen asiatischen Medizin werden Blätter und Schale zur Behandlung von Hauterkrankungen, Erkältungen und Verdauungsproblemen eingesetzt.

Das ätherische Öl findet in der Parfüm- und Kosmetikindustrie Verwendung, insbesondere in Seifen und Shampoos. Darüber hinaus wird es als Insektenschutzmittel genutzt.
Aufgrund ihrer dekorativen Blätter und des angenehmen Duftes wird die Kaffir-Limette auch als Zierpflanze kultiviert.

Kaffir-Limette: A Zweig mit Dornen, Früchten (Beeren) und Blättern mit stark verbreiterten, spreitenartigen Blattstielen **B** Zweig mit Blüten **1** Frucht im QS, mit grobwarziger Schale.

Quelle: Annales de flore et de pomone (1817-1842).

Kumquat

Citrus japonica *(Fortunella japonica)*

Die Kumquat ist ein kleiner, immergrüner Baum oder Strauch. Die eiförmigen bis kugeligen Früchte sind 2,5–5 cm groß. Die Schale ist dünn, essbar und in reifem Zustand leuchtend orange.

C. japonica stammt aus Südchina und möglicherweise auch aus Zentralchina. Heute wird sie in vielen subtropischen Regionen kultiviert, u. a. in China, Südostasien, Japan, den USA und im Mittelmeergebiet.

In China wurde die Kumquat schon vor 3.000–2.000 Jahren kultiviert und gilt dort als Symbol für Wohlstand und Glück. Auch in Japan wird sie schon seit Jahrhunderten kultiviert.
Nach Europa und Nordamerika gelangte sie erst Mitte des 19. Jh.

Es gibt zahlreiche Kumquat-Sorten, die teilweise auch als eigene Arten, oft innerhalb der Gattung *Fortunella*, geführt werden.
Durch gezielte Kreuzungen mit anderen Zitrusarten sind Hybride entstanden, darunter die Calamondin-Orange (*C. mites* = *C. microcarpa*), vermutlich ein Hybrid mit der Mandarine, und die Limequat (*C. floridana*), ein Hybrid mit der Limette.

Die Kumquat verträgt Temperaturen bis zu -10 °C und kann deshalb auch in kühleren Regionen angebaut werden.

Kumquats sind reich an Vitamin C und Ballaststoffen. Insbesondere die Schale enthält Carotinoide, wie das orange-rote β-Cryptoxanthin (eine Form des Provitamin A) und ätherische Öle, v. a. Limonen (oft 70–90 %), aber auch α-Pinen und Myrcen, die für das charakteristische Aroma sorgen, sowie Flavonoide wie 3′,5′-Di-C-β-Glucopyranosylphloretin.

Kumquats werden meist frisch und mit der Schale verzehrt, wobei die süße Schale und das säuerliche Fruchtfleisch einen interessanten Kontrast bieten. Die Früchte eignen sich auch für Marmeladen, Chutneys und Süßspeisen. Eingelegt in Zuckersirup oder Alkohol ergeben sie dekorative Desserts. Fruchtfleisch und Schale aromatisieren Gebäck, Soßen und Getränke.

In der traditionellen chinesischen Medizin werden Kumquats zur Linderung von Erkältungen und Verdauungsproblemen eingesetzt.
Die in Kumquat vorhandenen Flavonoide werden in aktuellen Studien hinsichtlich ihrer antioxidativen und weiteren gesundheitsfördernden Eigenschaften erforscht.

Ätherische Öle aus der Schale werden in der Parfüm- und Kosmetikindustrie genutzt. In gemäßigten Breiten wird die Kumquat auch als Zierpflanze in Kübeln kultiviert.

Kumquat: A Zweig mit Blättern und Blüten **B** Zweig mit Früchten **1** Blütenknospe **2** aufpräparierte Blüte (ohne Krone) **3** Staubblätter, z. T. basal verwachsen **4** Kelch mit Fruchtknoten und kurzem Griffel **5** Fruchtknoten im QS **6** Fruchtknoten im LS **7–9** Früchte (Beeren) **10** Frucht im QS **11** Samen.

Quellen: Revue horticole (1913); Seemann (1857); von Siebold & Zuccarini (1835-1875).

Baobab

Affenbrotbaum, Afrikanischer Affenbrotbaum
Adansonia digitata *(Ophelus sitularius)*

Der Affenbrotbaum, auch als »Baobab« bekannt, ist einer der markantesten Bäume Afrikas. Er wird bis zu 25 m hoch und sein massiver, flaschenförmiger Stamm kann bis zu 10 m ⌀ erreichen.
Aufgrund seiner Fähigkeit, Wasser im Stamm zu speichern, übersteht er lange Trockenperioden. Die handförmig geteilten Blätter bestehen aus 5–7 einzelnen Fiederblättchen und werden in der Trockenzeit abgeworfen.
Die großen, hängenden Blüten sind cremefarben bis weiß und öffnen sich in der Dämmerung. Interessanterweise erfolgt die Bestäubung in West- und Ostafrika hauptsächlich durch Flughunde und im südlichen Afrika vorwiegend durch Nachtfalter.

Blüte im QS (oben) und geöffnete Frucht (unten)

Die Früchte sind 15–40 cm lang und kurzzylindrisch bis eiförmig. Sie besitzen eine harte, holzige Schale und ein trockenes, mehliges, cremefarbenes bis gelbliches Fruchtfleisch, das zahlreiche braune Samen fest umschließt.

A. digitata ist in den Savannen und Halbwüsten Afrikas südlich der Sahara heimisch. Der Verbreitungsschwerpunkt liegt im »Baobab-Gürtel« von Senegal bis Sudan und südlich bis Südafrika. In Indien und auf Madagaskar wurde die Art eingeführt.

Der Affenbrotbaum spielt seit Jahrtausenden eine zentrale Rolle in der afrikanischen Kultur und Mythologie. In Anspielung auf sein markantes Aussehen während der Trockenzeit – mit dickem Stamm und abstehenden, unbelaubten Ästen – entstand die Legende, dass Gott den Baobab verkehrt herum eingepflanzt hat, weshalb seine Zweige wie Wurzeln in den Himmel ragen.
Schon in prähistorischer Zeit nutzten indigene Gemeinschaften seine Früchte als Nahrungsmittel und seine Rinde zur Herstellung von Seilen und Stoffen. Historische Aufzeichnungen belegen, dass der Baum im antiken Ägypten bereits vor 4.500 Jahren bekannt war. Unter Affenbrotbäumen finden in traditionellen Gemeinschaften oft Versammlungen und Feierlichkeiten statt. In vielen afrikanischen Kulturen gilt er als »Baum des Lebens« wegen seiner vielfältigen Nutzungsmöglichkeiten, seiner beeindruckenden Langlebigkeit – er kann mehr als 2.000 Jahre alt werden – und weil er Lebensraum für zahlreiche Tiere bietet.

Der Baobab wächst meist wild und wird nicht kommerziell kultiviert. Trotzdem gilt er als eine der wichtigsten Mehrzweck-

Baobab: A–B Zweig mit Blättern und lang gestielten herabhängenden Blüten bzw. Knospen **1** Blüte im LS **2** Frucht im LS **3** Frucht im QS **4** Same **5** Staubblätter.

Quellen: Descourtilz (1834); USDA (1872–1948); Cavanilles (1785–1790).

pflanzen der afrikanischen Savanne. Die nachhaltige Nutzung der Baumprodukte durch lokale Gemeinschaften spielt auch eine wichtige Rolle für den Erhalt der Art. Traditionelle Schutzmechanismen wie die spirituelle Bedeutung der Bäume tragen ebenfalls zu ihrem Schutz bei.

Die Frucht enthält viel Vitamin C, das mit 280–300 mg Vitamin C pro 100 g Fruchtfleisch mehrfach höher konzentriert als in Orangen ist. Außerdem finden sich Mineralstoffe, v. a. Calcium, Magnesium, Kalium und Eisen, sowie Ballaststoffe und Antioxidantien. Die Samen sind proteinreich und enthalten

± 15 % fette Öle, die v. a. aus Ölsäure (30–40 %), der mehrfach ungesättigten Linolsäure (25–30 %) sowie Palmitinsäure (20–25 %) bestehen. Außerdem finden sich B-Vitamine und Mineralstoffe in nennenswerten Mengen.

Fast alle Teile des Affenbrotbaums sind essbar. Das säuerliche, pulvrige Fruchtfleisch wird traditionell zu erfrischenden Getränken verarbeitet oder als Zutat für Breie und Soßen verwendet. In Westafrika wird es mit Milch und Zucker zu einem Getränk namens »Bouye« gemischt. Als »Baobab-Pulver« wird es mittlerweile auch international vermarktet. Die proteinreichen Samen werden geröstet verzehrt oder zu Mehl vermahlen und Suppen beigegeben. Junge Blätter dienen als vitaminreiches Gemüse. Die Blüten können roh gegessen werden.

In der traditionellen Medizin wird das Fruchtpulver gegen Fieber und Durchfall sowie Rindenauszüge gegen Malaria eingesetzt. Weitere Anwendungsgebiete betreffen Blutarmut, Atembeschwerden, Entzündungen und die Wundheilung.

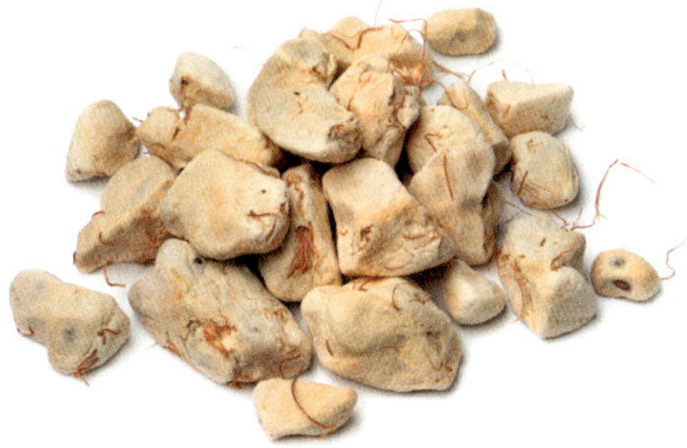

Trockenes, mehliges Fruchtfleisch mit eingebetteten Samen

Wissenschaftliche Studien deuten hauptsächlich blutzuckersenkende, antioxidative und verdauungsfördernde Wirkungen an. Jedoch ist die medizinische Evidenz begrenzt und erfordert weitere Forschung.

Das Samenöl findet Verwendung in Hautpflegeprodukten.
Fasern der Rinde werden traditionell zu Seilen, Körben und Matten verarbeitet. Hohle Stämme alter Bäume dienen in Afrika als Wasserspeicher oder werden als Lagerräume genutzt.

Der Baobab wurde in Südafrika bereits 1941 unter Schutz gestellt. Seit 2005 sind dort allerdings viele der ältesten und größten Baobab-Bäume abgestorben, möglicherweise aufgrund von Klimaveränderungen und Dürreperioden. Diese besorgniserregende Entwicklung betrifft auch Exemplare, die über 2.000 Jahre alt waren.

Durian

Zibetbaum
Durio zibethinus *(Durio acuminatissimus)*

Durian ist ein großer immergrüner Baum mit großen cremefarbenen bis gelblichen oder grünlich-weißlichen Blüten. Die Blüten bilden sich direkt am Stamm oder an dicken Ästen. Sie öffnen sich nachts und werden von Fledermäusen und Nachtfaltern bestäubt.
Die Frucht ist kugelig bis länglich-eiförmig, kann bis zu 30 cm lang werden und wiegt meist 1–4 kg, große Exemplare können bis zu 8 kg schwer werden. Ihre harte, gelblich-grünliche bis bräunliche Schale ist mit derben, spitzen Stacheln bedeckt. Im Inneren befinden sich mehrere Kammern mit großen Samen, die je von einem weichen, cremefarbenen bis gelblichen Arillus (meist als »Fruchtfleisch« bezeichnet) umgeben sind. Die Arilli verströmen einen intensiven, süßlich-würzigen Geruch, den viele Menschen als äußerst unangenehm empfinden.

D. zibethinus ist in Malaysia und Indonesien, v. a. auf Borneo und Sumatra, beheimatet. Heute wird der Baum dort sowie in Thailand und weiten Teilen Südostasiens kultiviert. In geringerem Maße erfolgt der Anbau auch in Nordaustralien, einigen pazifischen Inseln sowie in Teilen Afrikas und Amerikas.

Durian ist in Südostasien seit prähistorischen Zeiten bekannt und wird seit Jahrhunderten gezielt kultiviert.
In Europa wurde die Frucht im 15.–16. Jh. durch portugiesische Seefahrende bekannt, konnte sich dort aber wegen ihres starken Geruchs und der geringen Haltbarkeit nicht durchsetzen.

Obwohl Hunderte von Durian-Sorten existieren, die eine beeindruckende genetische Vielfalt und eine breite Palette an Geschmacksrichtungen und Eigenschaften darstellen, konzentriert sich der kommerzielle Anbau oft auf wenige beliebte Sorten, die sich durch besonders großes, cremiges und süßes Fruchtfleisch auszeichnen.

Die Bäume werden meist durch Veredelung vermehrt, um die Sorten zu erhalten. Erste Früchte erscheinen ab einem Alter von 5–7 Jahren.
Traditionell erfolgt die Ernte, wenn die vollreifen Früchte vom Baum fallen. Um zu verhindern, dass die stacheligen, schweren Früchte beim Aufprall auf den Boden beschädigt werden, spannen die Landwirt:innen große Netze unter den Bäumen auf. In vielen kommerziellen Plantagen, insbesondere in Thailand, werden die Früchte hingegen oft kurz

Durian: A Zweig mit Blättern, Blüten und Frucht **1** basal verwachsene Staubblätter **2** Staubbeutel mit gekerbtem Rand **3** Fruchtknoten im LS mit langem Griffel und kopfiger Narbe **4** Fruchtknoten mit Griffel auf Blütenstiel **5** aufpräparierte unreife Frucht mit von Arillen umhüllten Samen **6** Samen.

Quellen: van Nooten (1880); Brandes (1779-1786).

vor der Vollreife vom Baum geschnitten. Dies soll auch der Sicherheit der Arbeiter:innen dienen, weil die schweren Früchte eine ernsthafte Gefahr darstellen, wenn sie herabfallen.

Das gelbliche, cremige Fruchtfleisch (eigentlich die Arilli) ist reich an Kohlenhydraten (v. a. Zucker wie Saccharose, Glucose und Fructose, aber auch Stärke) und enthält fette Öle (v. a. Ölsäure und Palmitinsäure), Proteine und Ballaststoffe. Durian ist ein guter Lieferant für B-Vitamine (insbesondere Thiamin und Vitamin B_6), Vitamin C und Mineralstoffe wie Kalium. Der hohe Gehalt an mehr als 40 flüchtigen organischen Verbindungen, darunter viele schwefelhaltige wie Thiole, Sulfide und diverse Ester, verleiht der Frucht ihr charakteristisches Aroma.

Das weiche Fruchtfleisch reifer Durians wird meist frisch gegessen und gilt in Südostasien als Delikatesse. Es schmeckt intensiv süß und cremig. Unreife Früchte werden traditionell gegart und als Gemüse zubereitet.
Rohe Samen sind potenziell giftig (z. B. wegen ihres Gehalts an Cyclopropenfettsäuren) und sollten nicht verzehrt werden. Durch Kochen, Rösten oder Frittieren werden die Giftstoffe neutralisiert und die Samen können gegessen werden. Sie haben dann eine nussige Textur mit einem milden Geschmack.

Blätter, Rinde und Wurzeln werden traditionell z. B. zur Behandlung von Fieber, Gelbsucht oder Hautkrankheiten eingesetzt.
Pharmakologische Studien weisen auf starke antioxidative, entzündungshemmende und antibakterielle Wirkungen hin, welche die traditionelle Anwendung bei Fieber und Hautkrankheiten plausibel erscheinen lassen.

Aufgrund ihres starken und für viele Menschen unangenehmen Geruchs (den andere als appetitanregend empfinden) ist es in Südostasien in vielen Hotels, öffentlichen Verkehrsmitteln und Flugzeugen explizit verboten, Durians mitzuführen.

Verbotsschild aus der U-Bahn von Singapur

Unter der stacheligen, grünlichen Fruchtschale befindet sich eine Schicht mit dem weißlichen, schwammigen eigentlichen Fruchtfleisch. Meist wird aber der essbare, gelbe Arillus als Fruchtfleisch bezeichnet. Er umhüllt die großen Samen.

Papaya

Melonenbaum

Carica papaya *(Papaya carica)*

Die Papaya ist eine schnell wachsende, baumartige Pflanze, deren nicht oder wenig verzweigter Stamm bis zu 10 m hoch wird. Die Blüten sind weißlich bis cremefarben und erscheinen in den Blattachseln. Sie sind überwiegend eingeschlechtig.
Die Früchte sind kugelig bis eiförmig, können bis zu 50 cm lang werden und 0,5–9 kg wiegen. Ihre dünne, meist orange Schale umschließt das weiche, saftige, orange Fruchtfleisch. In dessen hohlem Zentrum finden sich zahlreiche kleine, schwarze, von einer gallertartigen Hülle (Sarcotesta) umgebene Samen. Die Frucht verströmt einen milden, süßlichen Duft und schmeckt je nach Reifegrad süßlich bis aromatisch.

C. papaya stammt aus dem tropischen Mittelamerika, insbesondere aus dem südlichen Mexiko und angrenzenden Gebieten. Heute zählt die Papaya zu den bedeutendsten tropischen Nutzpflanzen und wird in nahezu allen tropischen und subtropischen Regionen kultiviert. Die bedeutendsten Anbauländer sind Indien, Brasilien, Mexiko, Indonesien, Nigeria und Thailand.

Bereits die Vorläuferkulturen der Maya und Azteken bauten Papaya an und nutzten sie sowohl als Nahrungs- als auch als Heilpflanze.

Im 16. Jh. verbreiteten spanische und portugiesische Seefahrende die Papaya zunächst in die Karibik und später nach Afrika und Südostasien. Der spanische Chronist Oviedo erwähnte die Frucht bereits in der ersten Hälfte des 16. Jh.

Durch Züchtung sind zahlreiche Papaya-Sorten entstanden, die sich in 2 Hauptgruppen einteilen lassen: Der Solo-Typ besitzt kleinere, birnenförmige Früchte von 0,5–1 kg Gewicht und orangem, süßem Fruchtfleisch. Der Mexikanische Typ zeichnet sich durch größere, längliche Früchte von 1–5 kg Gewicht und meist gelblich-orangem Fruchtfleisch aus. Außerdem gibt es Sorten, die speziell für die Gewinnung von Papain, einem proteinspaltenden Enzym, angebaut werden.
In jüngerer Zeit wurden auch gentechnisch veränderte Varianten entwickelt, die eine Resistenz gegen das verheerende Papaya-Ringfleckenvirus aufweisen. Dieses Virus hätte in manchen tropischen Anbaugebieten, z. B. auf Hawaii, die Papaya-Industrie fast vollständig zerstört.

C. papaya wird über Samen vermehrt und kann bereits 9–12 Monate nach der Aussaat erste Früchte tragen. Die typische Nutzungsdauer einer Papaya-Pflanze beträgt 3–5 Jahre.

Das Fruchtfleisch ist reich an Vitamin C, β-Carotin, Folsäure und Mineralstoffen, insbesondere Kalium. Es ist kalorienarm, wasserreich und enthält zahlreiche sekundäre Pflanzenstoffe mit antioxidativer Wirkung, darunter Carotinoide (wie Lycopin und Zeaxanthin), Flavonoide und Polyphenole. Besonders

Papaya: **A** Baum mit Früchten **1** ♀-Blüte **2** ♀-Blüte im LS und QS **3** Frucht im LS **4** Same **5** Same im LS, außen mit dunkler, fleischiger Sarcotesta **6** ♂-Blüte **7** Staubblätter.

Quellen: Köhler (1883–1898ff); Wight (1840–1850).

bemerkenswert ist das Enzym Papain, das v. a. in unreifen Früchten und im Milchsaft vorkommt und Proteine spalten kann.
Die Samen enthalten scharf schmeckende Senfölglycoside.

Papaya wird meist roh verzehrt oder in Obstsalaten, Smoothies und Desserts verarbeitet. Zum Verzehr wird die Frucht halbiert, die schwarzen Samen entfernt und das Fruchtfleisch ausgelöffelt oder in Stücke geschnitten.
In den Anbauländern wird Papaya gerne zum Frühstück, als Snack oder Dessert gegessen, aber auch zu Saft, Marmelade und Konfitüren verarbeitet. Unreife Früchte werden traditionell als Gemüse gekocht oder bilden die Grundlage von Salaten. Auch getrocknete Papayastreifen sind eine beliebte Süßigkeit.
Die Samen haben einen scharf-würzigen, pfefferähnlichen Geschmack und werden zuweilen als Gewürz genutzt.
Papaya-Extrakte bzw. das Enzym Papain werden sowohl traditionell als auch in der Lebensmittelindustrie als Fleischzartmacher verwendet.

Getrocknete Papayastreifen

Das Enzym Papain, das v. a. in der Milch der unreifen Früchte und in den Blättern enthalten ist, wird medizinisch zur Unterstützung der Verdauung und zur enzymatischen Wundreinigung eingesetzt.
Wissenschaftliche Studien haben antimikrobielle, entzündungshemmende und antioxidative Eigenschaften von Papaya-Extrakten bestätigt.

In der Kosmetikindustrie wird Papain in Peelings verwendet und dient auch als Weichmacher in der Leder- und Textilindustrie.

Bei der Verarbeitung unreifer Papaya ist Vorsicht geboten, da der Milchsaft Hautreizungen verursachen kann.

Feigenkaktus, Opuntie

Opuntia ficus-indica *(Opuntia crassa)*

Der Feigenkaktus ist eine mehrjährige, sukkulente Pflanze, die eine Höhe von 3–6 m erreichen kann. Laubblätter fehlen, stattdessen bilden die Pflanzen große, abgeflachte, ovale Sprossabschnitte mit grünlich-bläulicher Färbung aus. Deren Oberfläche ist mit winzigen Stacheln (Glochiden) besetzt, die an der Spitze hakig gekrümmt sind und sich bei Berührung leicht ablösen. Außerdem haben viele Opuntien-Arten große, derbe und sehr spitze Dornen.

Im 16. Jh. gelangte die Pflanze nach Europa und verbreitete sich rasch im gesamten Mittelmeergebiet. Eine besondere Bedeutung erlangte sie durch die Zucht der Cochenilleschildlaus (*Dactylopius coccus*), die auf Opuntien lebt und aus der der wertvolle Farbstoff »Karminrot« gewonnen wird. Karminrot war besonders im 18.–19. Jh. wirtschaftlich bedeutsam, bevor es durch synthetische Farbstoffe abgelöst wurde.

Glochidien und Dornen von *Opuntia howeyi*

Cochenilleschildläuse auf einer Opuntie

Die gelblichen bis orangen Blüten erscheinen an den Rändern der oberen Sprossabschnitte. Aus ihnen entwickeln sich birnenförmige, 5–10 cm lange Früchte, die als »Kaktusfeigen« bekannt sind. Ihre Schale variiert in der Färbung von gelb bis purpur, während das saftige Fruchtfleisch gelblich bis rötlich ist und zahlreiche Samen enthält.

O. ficus-indica stammt aus Mexiko. Als alte Kulturpflanze ist die Art heute in vielen warmen und trockenen Regionen der Welt zu finden – häufig auch verwildert.

Bereits die Azteken kultivierten den Feigenkaktus und nutzten seine Früchte sowie die abgeflachten Sprosse als Nahrungsmittel.

Es gibt zahlreiche kultivierte Sorten, die sich z. B. in der Fruchtfarbe und -größe sowie der Größe und Dichte der Glochidien und Dornen unterscheiden. Besonders geschätzt sind kernarme und unbewehrte Kulturformen, die leichter geerntet und verzehrt werden können. Neben den essbaren Sorten gibt es spezielle Futterkaktus-Sorten, die als Viehfutter dienen und sich durch schnelles Wachstum und hohen Wassergehalt auszeichnen.

Die Vermehrung von *O. ficus-indica* erfolgt meist vegetativ durch die Pflanzung von Sprossabschnitten. Die ersten Früchte bilden sich nach 2–4 Jahren, die volle Ertragsfähigkeit wird nach 7–10 Jahren erreicht. Die Ernte erfordert wegen der feinen Glochiden Schutzkleidung.

Feigenkaktus: **A** blühende Pflanze mit 2 blattähnlichen Spross-Segmenten **1** Blüte mit unterständigem Fruchtknoten im LS **2** Staubblätter **3** distaler Teil des Griffels mit Narbe **4** Narbe von oben **5** Frucht **6** Samen **7** Same im LS mit gekrümmtem Embryo.

Quelle: Thomé (1885ff).

Die Frucht ist reich an Vitamin C, Betalainen, Kalium und Magnesium. Sie enthält zudem Ballaststoffe und zahlreiche sekundäre Pflanzenstoffe.
Die Sprosse sind ebenfalls nahrhaft und enthalten hohe Mengen an Schleimstoffen.

Die vielseitige Nutzung des Feigenkaktus umfasst verschiedene Pflanzenteile. Die Früchte werden gerne frisch verzehrt, wobei die mit Glochiden besetzte Schale zuvor entfernt werden muss. Das süße Fruchtfleisch hat einen erfrischenden, an Melone erinnernden Geschmack. Aus den Früchten werden auch Marmeladen, Gelees, Sirupe und Fruchtsäfte hergestellt. In Mexiko ist »Agua de Tuna«, ein erfrischendes Getränk aus Kaktusfeigensaft, sehr beliebt.

Geschälte Kaktusfeigen auf einem Straßenmarkt in Zacatecas, Mexiko

Die jungen Sprossabschnitte, in Mexiko als »Nopalitos« bekannt, werden traditionell als Gemüse genutzt. Sie werden von Dornen befreit, in Streifen geschnitten und gekocht oder gegrillt. Ihr leicht säuerlicher Geschmack harmoniert gut mit Eiern (»Huevos con Nopales«), Käse und Tomaten.

In der traditionellen Medizin werden Zubereitungen aus Früchten und Sprossabschnitten bei Diabetes, Magen-Darm-Beschwerden und Wunden eingesetzt.
Pharmakologische Studien bestätigen antioxidative, entzündungshemmende und blutzuckersenkende Eigenschaften von Extrakten der Pflanze.

Aus den Früchten werden Extrakte für die Kosmetikindustrie gewonnen, hauptsächlich zur Feuchtigkeitspflege und Hautverbesserung.
In trockenen Regionen dient der Feigenkaktus als Viehfutter. Auch die Eignung als nachwachsender Rohstoff für die Biogas- und Bioethanolproduktion wird gegenwärtig erforscht.

O. ficus-indica gehört zu CAM-Pflanzen, bei denen die Spaltöffnungen nachts geöffnet werden, um CO_2 aufzunehmen. Diese Anpassung ermöglicht es den Pflanzen, äußerst effektiv mit Wasser umzugehen, sodass sie in trockenen Gebieten überleben können. Der Wasserverbrauch pro produziertem Kilogramm Biomasse liegt bei nur ± 30 % dessen, was konventionelle Kulturpflanzen benötigen. Angesichts zunehmender Wasserknappheit wird der Feigenkaktus deshalb zunehmend als Nutzpflanze für aride Standorte in Betracht gezogen.

Kornelkirsche

Gelber Hartriegel

Cornus mas *(Cornus mascula)*

Die Kornelkirsche ist ein bis zu 5 m hoher Strauch oder kleiner Baum. Die gegenständig angeordneten Blätter sind oval bis zugespitzt und ganzrandig. Die kleinen, gelben Blüten erscheinen im zeitigen Frühjahr vor dem Laubaustrieb in Büscheln. Bei Berührung der Staubbeutel werden die Pollen katapultartig mit hoher Geschwindigkeit ausgeschleudert.
Die länglich-eiförmigen Steinfrüchte leuchten kirschrot (bei Zuchtformen auch gelblich) und schmecken leicht süßlich bis aromatisch-sauer.

C. mas ist in Mittel- und Südosteuropa sowie in Südwestasien heimisch und wird dort als Zierpflanze auch häufig kultiviert.

Die Kornelkirsche wird in Europa seit der Jungsteinzeit vor über 5.000 Jahren als Nahrung genutzt. In der Antike war sie sowohl als Nahrungs- als auch als Heilpflanze geschätzt. Das harte Holz der Kornelkirsche – es gilt als das härteste europäische Holz – wurde damals für die Werkzeug- und Waffenherstellung genutzt. Der Legende nach soll der griechische Held Odysseus einen Speer aus Kornelkirschholz besessen haben und auch das Trojanische Pferd aus diesem Holz gefertigt worden sein.

Heute sind mehr als 100 Sorten der Kornelkirsche bekannt. Das Spektrum reicht von speziell auf die Fruchtproduktion ausgerichteten Sorten mit besonders großen und aromatischen Früchten bis hin zu zahlreichen Ziersorten, die durch außergewöhnliche Blattformen und -farben oder besondere Wuchsformen bestechen.

Die Früchte der Kornelkirsche sind reich an Vitamin C, Flavonoiden, insbesondere Anthocyanen (die bei gelbfrüchtigen Sorten weitgehend fehlen) und organischen Säuren. Den charakteristisch herben und adstringierenden Geschmack verdanken sie zudem ihrem hohen Gehalt an Tanninen.

Die Früchte werden meist gekocht zu Marmelade, Saft oder Likör verarbeitet. Traditionell werden auch Kompotte und süßliche Soßen zu Wildgerichten aus Kornelkirschen zubereitet.

In der traditionellen Medizin werden Kornelkirschen aufgrund ihres hohen Vitamin-C-Gehalts bei Erkältungskrankheiten eingesetzt.
Entzündungshemmende und antioxidative Eigenschaften der Inhaltsstoffe werden auch durch aktuelle pharmakologische Studien bestätigt.

C. mas ist wegen der frühen Blütezeit und der attraktiven Blüten und Früchte ein häufig gepflanztes Ziergehölz.

Kornelkirsche: **A** Zweig mit Blütenständen **B** Zweig mit gegenständigen Blättern und Früchten **1** Blütenstand **2** Blütenknospe **3** Blüten **4** Blüte im LS **5** Staubbeutel **6** Steinfrucht im LS mit 1 Steinkern mit 2 Samen.

Quelle: von Schlechtendal (1840ff).

Paranussbaum

Brasilianische Kastanie
Bertholletia excelsa *(Bertholletia nobilis)*

Der Paranussbaum ist ein großer, immergrüner Baum mit gelblich-weißlichen Blüten.
Die kugeligen Kapseln können 10–15 cm ⌀ erreichen und bis zu 2 kg wiegen. Sie enthalten 10–25 3-kantige und hartschalige Samen – die als »Paranüsse« bekannt sind.
Das harte, holzige Perikarp der Frucht öffnet sich erst nach äußeren Einwirkungen. Eine Schlüsselrolle spielt dabei das Aguti, ein Nagetier, das die harten Kapseln aufnagt und die Samen als Vorrat vergräbt. Manche Depots werden von den Agutis vergessen und daraus entsteht die nächste Generation der mächtigen Bäume – ein faszinierendes Beispiel für die Koevolution von Pflanzen und Tieren als Samenausbreitern.

B. excelsa ist in den tropischen Regenwäldern des Amazonasbeckens von Venezuela bis Bolivien heimisch.

Früchte und Samen der Paranuss auf einem Markt in Belém, Brasilien

Die Paranuss war bereits den indigenen Völkern des Amazonasgebiets als Nahrungsquelle bekannt.
Niederländische Händler:innen brachten die Nüsse im 17. Jh. nach Europa. Der weltweite Handel nahm allerdings erst im späten 19. Jh. deutlich zu.

Die Früchte der Paranussbäume werden meist wild geerntet, da die Bäume für die Bestäubung auf Wildbienen der Gattung *Euglossa* angewiesen sind, die nur in intakten Regenwäldern vorkommen. Zudem dauert es nach der Aussaat 12–20 Jahre, bis ein Baum die ersten Früchte trägt. Nichtsdestotrotz versuchen sich einige Plantagen in Südamerika im kommerziellen Anbau.

Paranüsse gelten als eine der besten natürlichen Quellen für Selen. Sie sind reich an fetten Ölen, Proteinen, Ballaststoffen, Vitamin E und Mineralstoffen wie Magnesium und Phosphor. Außerdem enthalten sie vergleichsweise hohe Mengen an radioaktiven Elementen wie Radium und Barium, die bei normalem Verzehr aber unbedenklich sind.

Paranüsse werden nach Entfernen der Samenschale meist roh gegessen. Aufgrund des hohen Selengehalts sollten nicht mehr als 2–3 Paranüsse pro Tag verzehrt werden.

Paranussbaum: A Zweig mit Blättern, Blüten und Frucht **B** Blütenstand **C** Blatt **1, 3** Blüte **2** Blütenknospe **4** Kronblatt mit Staubblättern und mit Staminodien bedeckter Blütenboden **5** Blütendiagramm (ohne Staubblätter) **6** Staubblätter **7** Pollen **8** Staminodien **10** Griffel mit Narbe **11** Fruchtknoten im QS **12** Fruchtknoten im LS **13** Samenanlage **14** aufpräparierte Frucht **15** zentrale Achse der Frucht **16** Same **17** Same mit verholzter Testa im QS **18** Same ohne Testa.

Quellen: von Humboldt & Bonpland (1808-1817); von Martius et al. (1840-1904).

Neben dem kulinarischen Einsatz wird Paranussöl auch in der Kosmetikindustrie geschätzt, insbesondere für Hautpflegeprodukte aufgrund seiner feuchtigkeitsspendenden Eigenschaften.

Der Handel mit Paranüssen ist für viele indigene Völker im Amazonasgebiet, insbesondere in Brasilien und Bolivien, eine bedeutende Einkommensquelle. Aufgrund der Wildsammlung sind Paranüsse auch eines der wenigen kommerziellen Produkte, die aus dem Amazonasregenwald nachhaltig geerntet werden können. Durch einen gezielten Konsum von nachhaltig und ethisch einwandfrei gewonnenen Nüssen kann die Lebensweise der indigenen Sammler:innen unterstützt werden.
Seit 2003 existieren in der EU allerdings strenge Auflagen für den Import von Paranüssen, weil diese zuweilen mit hochgiftigen Aflatoxinen belastet waren. Diese Giftstoffe werden von Schimmelpilzen produziert.

Paradiesnuss
Lecythis

Lecythis-Arten sind große, meist immergrüne Bäume. In den Blüten finden sich bis zu 1.000 Staubblätter, die nur z. T. fertil sind und teilweise als sterile, z. T. nektarproduzierende Staminodien ausgebildet sind. Die fertilen Staubblätter sind in einem Ring um den Fruchtknoten angeordnet. Die Staminodien sitzen auf einem seitlichen Auswuchs der Blütenachse, die über dem Fruchtknoten liegt.

Die großen, kugel- bis krugförmigen Deckelkapseln enthalten in ihrem Inneren etwas fleischiges bis faseriges Fruchtfleisch. Die ölreichen Samen, die essbaren »Paradiesnüsse«, sind bis zu 9 cm lang und haben eine feste Samenschale. Ihr Nährstoffprofil ähnelt dem von Paranüssen.
L. pisonis und *L. zabucajo* sind die am häufigsten genutzten Arten. Ähnlich wie die Paranuss werden sie meist wild gesammelt und nur selten kultiviert.

Lecythis minor

Lecythis marcgraaviana

Breiapfelbaum

Kaugummibaum, Sapote, Sapotillbaum
Manilkara zapota *(Achras zapota, Sapota achras)*

Der Breiapfelbaum ist ein großer, immergrüner Baum mit kleinen rötlich-bräunlich behaarten, weißlichen Blüten. Die kugeligen bis eiförmigen Beeren haben meist 4–10 cm ⌀ und eine bräunlich bis orange gefärbte, leicht raue Schale. Das Fruchtfleisch ist orange-bräunlich bis rötlich, süß und saftig und enthält mehrere schwarze Samen.

M. zapota stammt aus den tropischen Regionen Mittelamerikas. Heute wird die Pflanze in vielen tropischen und subtropischen Regionen kultiviert.

Die Früchte (»Sapodilla«) waren eine wichtige Nahrungsquelle der indigenen Völker Mittelamerikas. Die Maya und Azteken nutzten den Milchsaft (»Chicle«) als Kaumasse – ein Vorläufer des modernen Kaugummis.
Im 16. Jh. brachten spanische Seefahrende den Breiapfelbaum nach Asien, wo er schnell Teil der regionalen Küche wurde.

Die Frucht ist reich an Kohlenhydraten, Ballaststoffen und Vitamin C. Sie enthält bedeutende Mengen an Mineralstoffen wie Kalium, Kupfer und Eisen. Der Milchsaft unreifer Früchte enthält zahlreiche Triterpene, Polyterpene, Sapogenine, Flavonoide, Polyphenole, Tannine und Harze.
Die Samen enthalten 20–30 % fettes Öl und Saponine.

Die Früchte werden meist frisch verzehrt. Sie schmecken süßlich, mit Noten von Karamell und braunem Zucker. Das Fruchtfleisch wird zu Saft, Nektar, Marmelade, Gelees und Eiscreme-Desserts – wie dem indischen »Chikoo Kulfi« – verarbeitet.

In der traditionellen Medizin wird der Breiapfelbaum zur Behandlung von Durchfall, Fieber und Insektenstichen verwendet.
Aktuelle wissenschaftliche Studien untersuchen Extrakte aus Blättern, Rinde und Früchten und deuten antioxidative, blutzuckerregulierende, antimikrobielle und entzündungshemmende Wirkungen an.

Der wichtigste traditionelle Nutzen des Breiapfelbaums ist die Gewinnung des »Chicle«. Dieser war bis zur Entwicklung synthetischer Alternativen in den 1950er-Jahren die Hauptzutat für kommerzielle Kaugummis.

Aus dem Stamm fließender Milchsaft (»Chicle«)

Ähnliche Arten

Die nahe verwandte Lúcuma (*Pouteria lucuma*) wurde bereits von den Inka und anderen indigenen Völkern als Nahrungs- und Heilpflanze genutzt, bevor sie weitgehend in Vergessenheit geriet.

Breiapfelbaum: A Zweig mit Blättern, Blüten und Früchten (Beeren) **B** aufpräparierte Beere mit Samen **1** Blüte **2** aufpräparierte Blüte (ohne Kelch) **3** Samen **4** Blatt **5** Beere **6** Same **7** Same im QS **8** Same im LS **9** Embryo.

Quellen: Herbier général de l'amateur (1822); Koorders & Valeton (1913-1918); Curtis Botanical Magazine (1831).

Dattelpflaume, Kakipflaume, Lotuspflaume

Ebenholzbaum
Diospyros

Die Gattung *Diospyros* umfasst fast 800 überwiegend 2-häusige Bäume und Sträucher mit einfachen, ganzrandigen Blättern. Die fleischigen, saftigen Beeren sind häufig von einem vergrößerten Kelch umgeben, der oft sternförmig ausgebreitet ist. Die Beeren enthalten mehrere abgeflachte, dunkelbraune Samen.

Die wichtigsten als Nahrungspflanzen genutzten Arten sind: *D. kaki* (Kakipflaume) ist die wirtschaftlich bedeutendste Art mit weltweitem Anbau. *D. lotus* (Lotuspflaume) stammt aus Westasien und zeichnet sich durch kleine, süße Früchte aus. *D. virginiana* (Virginische Dattelpflaume) hat kleine, sehr aromatische Früchte und stammt aus dem östlichen Nordamerika. *D. nigra* (Schwarze Sapote) ist in Mittel- und Südamerika heimisch und besitzt dunkles schokoladenfarbiges Fruchtfleisch. *D. blancoi* (Weißes Ebenholz) stammt aus Südostasien und ihre Früchte haben eine rötliche bis bräunliche, samtig behaarte Schale und ein cremiges Fruchtfleisch.

Die Gattung *Diospyros* ist weltweit in den Tropen verbreitet, mit Schwerpunkten in Südostasien, auf Madagaskar sowie in Afrika und Amerika. Nur wenige Arten wie die Kakipflaume oder die Virginische Dattelpflaume gedeihen auch in kühleren Klimaten.

Diospyros-Arten werden sowohl als Obstlieferanten als auch als Quelle für wertvolles Ebenholz geschätzt.

Die Kakipflaume wird seit mehr als 2.000 Jahren in China als Obst und Heilpflanze kultiviert und gelangte im 7. Jh. nach Japan. Auch die Lotuspflaume wird bereits seit der Antike angebaut.

Auch die Verwendung des harten, dunklen Kernholzes verschiedener *Diospyros*-Arten, besonders des Schwarzen Ebenholzes (*D. ebenum*) lässt sich bis ins alte Ägypten zurückverfolgen, wo es für Luxusgüter und religiöse Gegenstände verwendet wurde.

Die intensivste züchterische Bearbeitung erfolgte bei der Kakipflaume, von der mehr als 1.000 Sorten existieren. Diese variieren in Fruchtgröße, -form und -farbe und insbesondere im Gehalt an adstringierenden Tanninen. Adstringierende Sorten sind erst nach vollständiger Reife oder Behandlung genießbar, während nicht-adstringierende Sorten bereits zuvor verzehrt werden können.

Die Früchte der kommerziell relevanten Arten sind typischerweise reich an Vitaminen, besonders β-Carotin und Vitamin C, sowie an Mineralstoffen (v. a. Kalium und Magnesium) und Ballaststoffen. Unreife Früchte

Kakipflaume

Lotuspflaume: A Zweig mit Blättern und Blüten **B** Zweig mit Früchten (Beeren) **1** Blüte **2** aufpräparierte Blüte **3** Staubblätter **4** Beere mit Kelch **5** Beere im QS **6** Same.

Quellen: Natural History Museum (1768–1771); Stewart & Brandis (1874); Duhamel du Monceau (1755–1768ff).

Lotuspflaume

enthalten hohe Konzentrationen an Tanninen, die sich während der Reifung abbauen. Die orange Farbe der Früchte stammt von Carotinoiden, v. a. Cryptoxanthin.
Die Wurzelrinde vieler Arten, in geringerem Umfang auch die Rinde der Äste, enthalten Naphthochinone. Aus den Wurzeln von *D. kaki* wurde z. B. Plumbagin isoliert.

Die Früchte werden meist frisch verzehrt, wenn sie vollreif und weich sind. Frische Kakipflaumen werden in Desserts, Salaten, Smoothies oder als Beigabe zu herzhaften Gerichten verwendet.
Getrocknete Kakipflaumen (»Hoshigaki« in Japan oder »Gotgam« in Korea) werden nach einer traditionellen Konservierungsmethode zubereitet. Dabei werden die Früchte nach dem Schälen mehrere Wochen an der Luft getrocknet und dabei regelmäßig massiert.

In der traditionellen Medizin finden Rinde, Blätter und unreife Früchte Verwendung bei Durchfall, Bluthochdruck und Entzündungen.

Extrakte mehrerer *Diospyros*-Arten werden in aktuellen Studien auf antioxidative, entzündungshemmende und antidiabetische Wirkungen untersucht. Besonders die Blattextrakte von *D. kaki* zeigen vielversprechende Ergebnisse bei der Blutzuckerregulation. Außerdem werden die Naphthochinone aus der Rinde auf ihre Wirkung gegen Krebszellen getestet.

Das Holz verschiedener *Diospyros*-Arten zählt als »Ebenholz« zu den wertvollsten Edelhölzern und zeichnet sich durch seine extreme Dichte aus, die bei manchen Hölzern über 1,0 g pro cm$_3$ liegt. Das dunkle Kernholz entsteht durch Einlagerung von Tanninen und anderen sekundären Pflanzenstoffen. Besonders wertvoll sind *D. ebenum* (Schwarzes Ebenholz), *D. crassiflora* (Afrikanisches Ebenholz) und *D. celebica* (Makassar-Ebenholz).
Viele dieser wertvollen Hölzer – z. B. wenn sie aus Madagaskar kommen – unterliegen jedoch internationalen Handelsbeschränkungen durch das Washingtoner Artenschutzübereinkommen (CITES).

Kiwi

Chinesische Stachelbeere
Actinidia chinensis

Die Kiwi ist eine 2-häusige Liane mit weißlich-cremefarbenen Blüten. Die Frucht ist eine eiförmige Beere mit brauner behaarter Schale und saftigem, grünem Fruchtfleisch, in dem zahlreiche kleine, schwarze Samen kreisförmig angeordnet sind.

Die Pflanze stammt aus Süd- und Zentralchina, wo sie in subtropischen und gemäßigten Regionen vorkommt. Sie wird heute insbesondere in China und Neuseeland kultiviert. Weitere Anbaugebiete finden sich in Europa (v. a. in Italien und Frankreich), den USA, Japan und Chile.

In China ist die Kiwi seit der Tang-Dynastie (8. Jh.) unter dem Namen »Yang Tao« bekannt. 1904 brachte die neuseeländische Lehrerin Isabel Fraser Samen aus China nach Neuseeland, wo der kommerzielle Anbau in den 1930er-Jahren begann. Der Name »Kiwi« wurde dort erst 1959 eingeführt – eine offensichtlich erfolgreiche Marketingstrategie in Anlehnung an den Nationalvogel Neuseelands.

A. chinensis umfasst 3 Varietäten (var. *chinensis*, var. *deliciosa* und var. *setosa*), die zuweilen auch als eigenständige Arten aufgefasst werden. Die gelbfleischige Kiwi wurde in den 1990er-Jahren durch selektive Züchtung in Neuseeland entwickelt. In jüngerer Zeit werden auch samenlose und größere Sorten entwickelt.

Die Kiwi wird meist in Plantagen angebaut und benötigt Rankhilfen. Nach der Pflanzung dauert es 3–5 Jahre bis zur ersten Ernte.

Die Früchte sind außerordentlich reich an Vitamin C. Der Gehalt kann 50–420 mg pro 100 g frischer Frucht betragen. Zudem enthält Kiwi Vitamin E, Kalium, Ballaststoffe sowie Carotinoide und Polyphenole. Bemerkenswert ist auch das Vorkommen des proteinabbauenden Enzyms Actinidain.
Die schwarzen Samen enthalten die Omega-3-Fettsäure α-Linolensäure.

Kiwifrüchte werden überwiegend frisch verzehrt, wobei auch die Schale prinzipiell essbar ist und besonders viele Vitamine und Ballaststoffe enthält – dem steht allerdings ihre pelzige Behaarung entgegen.
Aus Kiwis werden Säfte, Marmeladen, getrocknete Früchte und sogar Wein hergestellt.

Gelbfleischige Kiwi

Kiwi: **A** Zweig mit Blättern und Blüten **B** Zweig mit Beere **1** Blüte **2** Staubbeutel **3** aufpräparierte Blüte (ohne Kelch und Krone) mit den Fruchtknoten umgebenden Staubblättern **4** Beere im LS **5** Beere im QS **6** Same im LS **7** behaarter Fruchtknoten **8** Same.

Quellen: Curtis Botanical Magazine (1914); Tackenberg (Foto); Kollmann (Foto); Icones Plantarum (1887).

Das proteinabbauende Enzym Actinidain verhindert allerdings das Gelieren von Gelatine, weshalb bei der Herstellung von Desserts mit Gelatine die Kiwifrucht vorher erhitzt werden sollte. Dank des Actinidain eignet sich Kiwisaft auch zum Marinieren von Fleisch.

Der hohe Vitamin-C-Gehalt und die Antioxidantien der Kiwi stärken das Immunsystem. Das enthaltene Actinidain kann bei Verdauungsproblemen helfen.

Kiwifrüchte können bei manchen Menschen allergische Reaktionen hervorrufen, v. a. aufgrund des Actinidaingehalts.

Kiwibeeren mit Kiwi als Größenvergleich

Kiwibeere
Actinidia arguta

Die Kiwibeere ist eine 2-häusige Liane. Die Beeren sind eiförmig bis kugelig, 2–4 cm groß (also deutlich kleiner als die Kiwi). Sie haben eine glatte, essbare Schale, die grünlich bis bräunlich-rötlich gefärbt sein kann. Das Fruchtfleisch ist hellgrün, saftig und süßer als das der Kiwi.
A. arguta stammt aus Ostasien und ist in den gemäßigten Klimazonen von China, Japan, Korea und Russland heimisch. Heute wird die Kiwibeere auch in Europa, Nordamerika und Neuseeland angebaut.
Da die Kiwibeeren eine essbare Schale haben, sind sie praktischer als die größere Kiwi.
Aufgrund ihrer Frosthärte gewinnt die Art in kühleren Klimazonen zunehmend an Bedeutung.

Kolomikta-Strahlengriffel
Actinidia kolomikta

Die Strahlengriffel-Kiwi entwickelt eiförmige bis kurz-zylindrische, 2–3 cm lange Beeren, deren Farbe je nach Sorte von grünlich über gelblich bis orange oder rötlich variieren kann.
A. kolomikta stammt aus gemäßigten Gebieten Ostasiens und wird seit dem Ende des 19. Jh. außerhalb ihres natürlichen Verbreitungsgebiets kultiviert. In westlichen Ländern wird sie bisher nur selten angebaut, gewinnt aber zunehmend an Bedeutung, weil sie frostresistenter als die herkömmliche Kiwi ist.
Die Früchte wetteifern mit der Acerola-Kirsche (*Malpighia emarginata*) um den ersten Platz der Vitamin C-reichen Früchte: Sie enthalten 900–1.500 (2200) mg Vitamin C pro 100 g Frischgewicht – das ist bis 40–50-mal so viel wie in Zitronen oder Orangen.
Die kleinen Früchte haben einen intensiven, süßlichen Geschmack, der oft als Mischung aus Stachelbeere, Ananas und Erdbeere beschrieben wird. Ihre glatte, dünne Schale ist problemlos essbar.

Kulturheidelbeere

Amerikanische Heidelbeere
Vaccinium corymbosum

Die Kulturheidelbeere ist ein sommergrüner Strauch mit röhren- bis glockenförmigen, weißlichen bis hellrosa gefärbten Blüten. Die dunkelblauen Beeren haben meist ein helles Fruchtfleisch, das den Mund beim Verzehr nur wenig verfärbt – im Gegensatz zur wilden Heidelbeere (*V. myrtillus*). *Vaccinium*-Arten wachsen i. d. R. auf sauren und nährstoffarmen Böden. Ermöglicht wird dies durch eine Symbiose mit speziellen Mykorrhiza-Pilzen, die ihre Wurzeln umhüllen. Diese Pilze erweitern das Wurzelsystem um ein Vielfaches und helfen den Pflanzen Mineralstoffe aufzunehmen.

Die Stammformen der Kulturheidelbeere kommen aus Nordamerika. Heute wird die Art weltweit in gemäßigten Klimazonen angebaut.

Bei der Züchtung der heute mehr als 50 Sorten wurden amerikanische *Vaccinium*-Arten der Sektion *Cyanococcus* miteinander gekreuzt. Die wichtigsten Elternarten sind *V. corymbosum* und *V. angustifolium*. Bei den Kaninchenäugigen Heidelbeeren ist *V. virgatum* als Elternart vertreten.

Der kommerzielle Anbau und die gezielte Züchtung neuer Sorten begannen erst Anfang des 20. Jh. Damals erkannte der US-amerikanische Botaniker Frederick Vernon Coville die Notwendigkeit saurer Böden für das Wachstum der Heidelbeeren und legte damit den Grundstein für ihren kommerziellen Anbau. Dieser erfolgt heute meist durch Stecklinge oder Containerpflanzen. Die ersten Früchte erscheinen nach ± 3 Jahren und gut gepflegte Pflanzen können mehr als 20 Jahre lang Früchte tragen.

Die Beeren sind reich an Vitamin C, Vitamin K, Mangan und Ballaststoffen. Sie enthalten außerdem Anthocyane, die für die intensive blaue Farbe verantwortlich sind, sowie weitere Flavonoide und Phenolsäuren.

Die süß-säuerlich schmeckenden Früchte werden oft frisch verzehrt und sind eine beliebte Zutat in Backwaren, Konfitüren, Müslis, Smoothies und Säften. Auch getrocknete Heidelbeeren sind weit verbreitet.

Kulturheidelbeere mit hellem Fruchtfleisch

Kulturheidelbeere: **A** Zweig mit Blättern und Blüten **B** Blütenstand **C–D** Zweige mit Früchten (Beeren) **1** Blüte **2** Staubblätter **3–4** Fruchtknoten mit Griffel im Kelch (ohne Krone) **5** Beere mit mehreren Samen im QS.

Quellen: Curtis Botanical Magazine (1835); USDA (1872-1948).

Heidelbeere

Blaubeere
Vaccinium myrtillus *(Vaccinium oreophilum)*

Die Heidelbeere ist ein sommergrüner Zwergstrauch. Ihre ovalen Blätter sind hellgrün und verfärben sich im Herbst rötlich. Die kleinen Blüten sind weißlich bis rosa gefärbt. Die saftigen Beeren sind im reifen Zustand schwarzblau und von einem abwischbaren, bereiften Überzug bedeckt. Das Fruchtfleisch ist dunkelblau und verfärbt den Mund beim Verzehr bläulich oder rötlich. Es hat einen süßlich-säuerlichen und adstringierenden Geschmack.

Heidelbeere mit gefärbtem Fruchtfleisch

V. myrtillus ist in weiten Teilen der borealen und gemäßigten Klimazonen der nördlichen Hemisphäre heimisch. In Gebirgen sind Heidelbeeren auch oberhalb der Waldgrenze zu finden.

Im Mittelalter schätzte man die Früchte als Mittel gegen Durchfall. Aufgrund ihres hohen Gehalts an Anthocyanen wurden sie auch zum Färben von Stoffen verwendet.

Heidelbeeren werden nur selten kultiviert und die Früchte meist von Wildpflanzen gesammelt.

Heidelbeeren haben einen hohen Gehalt an Vitamin C und enthalten auch Vitamin K und Ballaststoffe in nennenswerten Mengen. Sie sind zudem reich an Anthocyanen, Phenolsäuren (z. B. Chlorogensäure), Flavonoiden (z. B. Quercetin, Catechin), Tanninen und Triterpenen.

Heidelbeeren werden frisch, getrocknet oder als Saft genossen. Sie eignen sich auch für Kuchen, Desserts, Marmeladen und Liköre.

In der traditionellen Medizin werden Früchte und Blätter zur Behandlung von Magen-Darm-Beschwerden, entzündlichen Erkrankungen und zur Förderung der Sehkraft eingesetzt.
Die Heidelbeere wird auch von der Europäischen Arzneimittel-Agentur als Pflanze mit diesen traditionellen Heilwirkungen anerkannt. Laborstudien deuten auf antioxidative, antitumor- und immunmodulatorische Wirkungen hin. Die antioxidativen Eigenschaften machen die Heidelbeere zu einem beliebten Bestandteil in Nahrungsergänzungsmitteln.

Neben der Verwendung als Nahrungsmittel und Heilpflanze finden Heidelbeeren auch in Anti-Aging-Produkten der Kosmetikindustrie Verwendung.

Bei den im Handel erhältlichen »Blaubeeren« handelt es sich meist um die Früchte der Kulturheidelbeere (*V. corymbosum*).

Heidelbeere: **A** 1-jähriger grüner Spross mit Blüten **B** mehrjähriger, verholzter Zweig, distal mit 1-jährigen, grünen Sprossen und Laubblättern und Früchten **1** Blüte **2** aufpräparierte Blüte (ohne Krone) **3** Staubblätter mit gezähnten Staubbeuteln **4** Beere im LS **5** Beere von oben mit Resten der Blütenhülle **6** Samen.

Quelle: von Schlechtendal (1840ff).

Preiselbeere

Vaccinium vitis-idaea *(Vitis-idaea punctata)*

Die Preiselbeere ist ein immergrüner Zwergstrauch mit derben, oberseits dunkelgrün gefärbten Blättern. Die glockenförmigen Blüten zeigen sich in weißlicher bis rosa Färbung. Die roten Beeren schmecken sauer und besitzen ein intensives Aroma.

V. vitis-idaea ist über weite Teile der nördlichen Hemisphäre verbreitet, insbesondere in der borealen und gemäßigten Klimazone. In Gebirgsregionen wächst die Art auch oberhalb der Waldgrenze.

Bereits in prähistorischen Zeiten wurde die Preiselbeere als Nahrungspflanze geschätzt.

Im kommerziellen Anbau werden die Sträucher durch Stecklinge vermehrt und auf sauren, humosen Böden gepflanzt. Die Präferenz für saure, nährstoffarme Standorte hängt mit ihrer engen Partnerschaft mit speziellen Bodenpilzen zusammen. Diese Symbiose hilft den Pflanzen, Nährstoffe wie Stickstoff und Phosphor effizienter aufzunehmen, die im sauren Boden sonst kaum verfügbar wären.

Preiselbeeren sind reich an Vitamin C, Vitamin E und β-Carotin. Sie enthalten auch reichlich Mineralstoffe, insbesondere Kalium, Calcium und Magnesium, sowie Anthocyane, Proanthocyanidine und Tannine. Für den sauren Geschmack sind organische Säuren wie Benzoesäure und Zitronensäure verantwortlich.

Preiselbeeren werden vorwiegend zu Kompott, Gelee, Marmelade oder Saft verarbeitet und gerne als Beilage zu kräftigen Fleischgerichten geschätzt. In getrockneter Form werden sie Müslis zugesetzt oder für Backwaren verwendet.

Der hohe Gehalt an Antioxidantien und Vitaminen macht die Preiselbeere zu einem traditionellen Mittel zur Stärkung des Immunsystems und bei der Behandlung von Harnwegsinfektionen.
Viele der angenommenen gesundheitlichen Wirkungen werden den Proanthocyanidinen zugeschrieben, dies ist für Preiselbeer-Extrakte jedoch noch nicht durch aussagekräftige Studien belegt.

Darüber hinaus finden Extrakte aus Preiselbeeren Anwendung in der Kosmetikindustrie, insbesondere in Produkten zur Hautpflege.

Preiselbeere: A Zweig mit Blättern und Blüten **B** Zweig mit Früchten **1** Staubblätter mit behaarten Staubfäden **2** Frucht (Beere) **3** Frucht im LS **4** Same.

Quelle: von Schlechtendal (1840ff).

Großfrüchtige Moosbeere, Cranberry

Kranbeere

Vaccinium macrocarpon (*Oxycoccus macrocarpus*)

Die Großfrüchtige Moosbeere (meist unter ihrem englischen Namen »Cranberry« im Handel) ist ein immergrüner Zwergstrauch mit fadenförmigen, niederliegenden Stängeln. Die rosafarbenen Blüten bilden sich an langen aufrechten Stielen. Die reifen Beeren sind leuchtend rot, kugelig bis eiförmig und erreichen 2 cm ⌀. Sie sind für ihren herben, leicht säuerlichen Geschmack bekannt.

Die Pflanze ist im östlichen Nordamerika heimisch, wo auch heute noch der Großteil der weltweiten Ernte erzeugt wird. Kleinere Anbaugebiete finden sich in Südamerika, Europa und Asien.

Cranberrys wurden schon von indigenen Völkern Nordamerikas als Nahrungsmittel und Heilmittel geschätzt. Sie wurden frisch, getrocknet oder als Bestandteil von »Pemmikan«, einer vitamin- und energiereichen Mischung von Cranberrys, Trockenfleisch und Fett, verwendet.
Später wurde »Pemmikan« auch von Seefahrenden, dem Militär oder auf Polarexpeditionen als Energielieferant und Vitamin-C-Quelle verwendet.

Der Anbau erfolgt in speziell angelegten flachen Feldern, sogenannten »Cranberry-Bogs«. Zur Ernte werden die Felder meist überflutet, sodass sich die dann schwimmenden Beeren leichter absammeln lassen.

Cranberrys enthalten reichlich Vitamin C, außerdem Vitamin E, Ballaststoffe und Mineralstoffe. Für die rote Farbe sorgen v. a. Anthocyanidine wie Peonidin und Cyanidin. Weitere sekundäre Pflanzenstoffe umfassen Proanthocyanidine und Flavonoide, wie Quercetin und Myricetin, sowie Phenolsäuren.

Überflutete Felder einer Cranberry-Farm zur Erntezeit

Cranberrys werden selten roh verzehrt, sondern meist zu Saft, Kompott, Marmelade oder Trockenfrüchten verarbeitet. Getrocknete Beeren sind ein beliebter Snack und werden in Müslis und Backwaren verwendet.
In den USA ist Cranberry-Soße eine traditionelle Zutat zu herzhaften Gerichten und besonders als Beilage zum Truthahn an Thanksgiving beliebt.

V. macrocarpon wird traditionell als Mittel gegen Harnwegsinfekte genutzt, eine Wirkung, die auch in Laborstudien nachgewiesen wurde.
Aktuelle Studien untersuchen auch die Wirkung der Inhaltsstoffe auf Herz-Kreislauf-Gesundheit, Blutzuckerregulation, Mundgesundheit und kognitive Funktionen im Alter.

Großfrüchtige Moosbeere: **A** Zweig mit Blättern und Blüten **B** Zweig mit Blättern und Früchten (Beeren) **1** Blüte **2** Blüte im LS (ohne Krone) mit unterständigem Fruchtknoten **3** Staubblätter mit roten Staubfäden und orangen Staubbeuteln **4** Frucht (Beere) **5** Beere im LS **6** Same (stark vergrößert).

Quellen: Gartenflora (1871); Kops (1800-1934); USDA (1872-1948).

Gewöhnlicher Bocksdorn, Goji-Beere

Bocksdorn, Chinesische Wolfsbeere, Hexenzwirn, Teufelszwirn
Lycium barbarum (*Lycium barbarum, Lycium halimifolium*)

Die Goji-Beere ist ein sommergrüner Strauch mit violetten Blüten, aus denen sich leuchtend rote, länglich-eiförmige Beeren entwickeln.

Die Heimat von *L. barbarum* liegt in China und in Tibet. Heute wird sie weltweit in gemäßigten und trockenen Klimazonen kultiviert.

Die Goji-Beere wird in China seit mehr als 2.000 Jahren als Nahrung und Heilmittel genutzt. Eine chinesische Legende berichtet vom über 250 Jahre alten Mönch Li Qing Yuen, der seine Langlebigkeit dem Konsum von Goji-Beeren zuschrieb.
Obwohl die Goji-Beere bereits im 18. Jh. nach Europa und Nordamerika eingeführt wurde, erlangte sie dort erst im 21. Jh. größere Popularität.

Goji-Beeren enthalten viel Vitamin C (bis zu 50 mg pro 100 g Frischgewicht) und Vitamin E (v. a. Tocopherol) sowie 9–15 % Proteine mit 8 essenziellen Aminosäuren. Sie gelten als eine der reichsten natürlichen Quellen des Carotinoids Zeaxanthin. Sie enthalten außerdem weitere Carotinoide (z. B. β-Carotin) und »Lycium-barbarum-Polysaccharide« (LBP). An Mineralstoffen sind Kalium, Natrium, Phosphor, Magnesium, Calcium und Eisen in nennenswerten Mengen vorhanden.

Frische Beeren sind in Europa nur selten erhältlich, da sie schnell verderben. Die süßlich-säuerlichen Früchte werden deshalb meist als Trockenfrüchte angeboten. Auch Goji-Saft ist erhältlich.

In der traditionellen chinesischen Medizin werden Goji-Beeren vielfältig eingesetzt. Im chinesischen »Bencao Gangmu«, dem »Buch heilender Kräuter« aus dem 16. Jh., wird sie als stärkendes Mittel für Augen, Immunsystem und Langlebigkeit erwähnt.
Die speziellen Polysaccharide der Gojibeere sind die zentralen Wirkstoffe, deren starke antioxidativen, immunregulierenden und nervenschützenden Eigenschaften in Labor- und Tierstudien gut belegt sind. Wissenschaftliche Studien deuten auch auf positive Effekte für die Augengesundheit und den Stoffwechsel hin. Für viele der im modernen Marketing gemachten Versprechungen fehlt hingegen die Unterstützung aus robusten, klinischen Studien. Insbesondere gibt es für positive Effekte bei der Diabetes-Behandlung oder für einen Gewichtsverlust bisher keine gesicherte Evidenz.

Goji-Beeren können die Blutgerinnung beeinflussen. Bei Gerinnungsstörungen kann es deshalb sinnvoll sein, vor dem Verzehr ärztlichen Rat einzuholen.

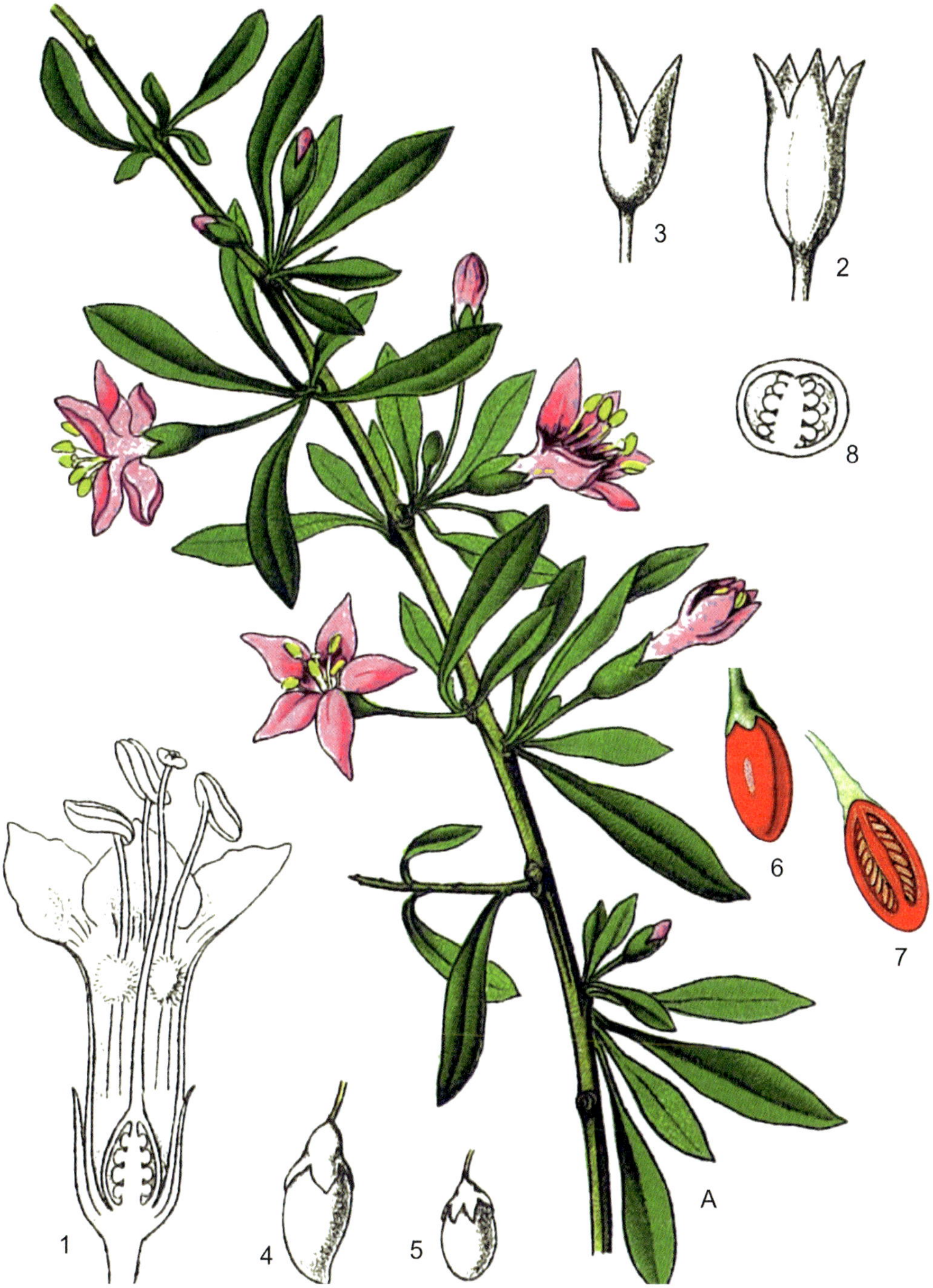

Gewöhnlicher Bocksdorn: **A** Zweig mit Blättern und Blüten **1** Blüte im LS **2** 5-lippiger Kelch **3** 2-zipfeliger Kelch **4–6** Früchte (Beeren) mit Kelch **7** Beere im LS **8** Beere im QS.

Quellen: von Schlechtendal (1840ff); Thomé (1885ff).

Tomatillo

Physalis philadelphica *(Physalis philadelphica)*

Tomatillo ist eine mehrjährige Pflanze mit glockenförmigen, gelblichen Blüten, die innen dunkle Flecken haben.
Die kugelige bis leicht abgeflachte Beere ist von einer lampionartigen und lange grünlich gefärbten Hülle (dem vergrößerten Kelch) eingeschlossen. Die reife Beere füllt die dann bräunlich-gräulich gefärbte Hülle ± komplett aus und sprengt sie in vielen Fällen auf. Die reife Beere kann grünlich, gelblich oder violett gefärbt sein. Sie besitzt eine saftige, leicht klebrige Textur und hat einen süßlich-säuerlichen Geschmack.

P. philadelphica stammt aus Mittelamerika, insbesondere Mexiko. Heute wird die Art insbesondere in Mittel-, Nord-, und Südamerika kultiviert.

Bereits die indigenen Völker Mittelamerikas kultivierten die Tomatillo als Nahrungspflanze. Im 16. Jh. gelangten die ersten Exemplare nach Europa, konnten sich dort aber nicht durchsetzen.

Die Beeren sind reich an Vitamin C, Carotinoiden wie β-Carotin, Lutein und Zeaxanthin, Ballaststoffen und Mineralstoffen wie Kalium und Magnesium. Besonders bemerkenswert sind auch die zahlreichen sekundären Pflanzenstoffe, v. a. Flavonoide und Withanolide.

Vor der Weiterverarbeitung bzw. dem Verzehr sollte die papierartige Hülle entfernt und die Beere gründlich gewaschen werden, um die leicht klebrige Schicht zu entfernen.
Die Beeren können roh verzehrt, gekocht oder geröstet werden und besitzen eine frische, saure bis leicht süßliche Note. Besonders bekannt sind sie als traditionelle Hauptzutat der mexikanischen »Salsa Verde«, einer grünen, würzigen Soße. Darüber hinaus können unreife Tomatillos zu einer erfrischenden Marmelade eingekocht werden.

Die Beeren werden in der traditionellen Medizin zur Behandlung von Fieber, Husten und Magen-Darm-Beschwerden eingesetzt.
Inhaltsstoffe von *P. philadelphica* – insbesondere die Withanolide – haben entzündungshemmende Eigenschaften und konnten in Laborstudien das Wachstum von Krebszellen hemmen, ohne gesunde Zellen zu schädigen.

Gelegentlich wird die papierartige Hülle zur Dekoration oder als Verpackung verwendet.

Tomatillo: **A** distaler Teil einer Pflanze mit Blättern, Blüten und (unreifen) Fruchtkelchen **1** Blüte **2** Krone **3** aufpräparierte Krone mit Staubblättern **4** Fruchtknoten mit Griffel und kopfiger Narbe **5** Fruchtkelch **6** unreife Frucht (Beere) **7** Beeren im QS **8** Same.

Quelle: von Jacquin (1811-1844).

Kapstachelbeere

Anden-Beere, Peruanische Blasenkirsche
Physalis peruviana *(Physalis edulis)*

Die Kapstachelbeere ist eine krautige, mehrjährige Pflanze, die bis zu 1,5 m hoch werden kann. Die Pflanze bildet glockenförmige, gelbe Blüten mit dunkler Zeichnung. Die kugeligen Beeren sind von einer papierartigen, pergamentähnlichen Hülle umgeben, die vom sich vergrößernden Kelch gebildet wird. Die Beeren sind ± 1,5–2 cm groß, haben eine leuchtend orange Schale und ein saftig-süßliches bis säuerliches Fruchtfleisch mit zahlreichen kleinen Samen.

Die Heimat von *P. peruviana* liegt in den Andenregionen von Peru, Ecuador und Kolumbien. Heute wird die Art weltweit in tropischen und subtropischen Regionen angebaut.

P. peruviana wurde bereits von den indigenen Völkern in Südamerika kultiviert.
Im 18. Jh. gelangte die Art nach Südafrika, wo sie ihren Namen »Kapstachelbeere« erhielt. Von dort verbreitete sie sich weiter nach Europa, Asien und Australien. In den letzten Jahrzehnten hat die Kapstachelbeere als exotische Frucht an Bedeutung gewonnen und wird heute auch kommerziell angebaut.

In gemäßigten Breiten wird *P. peruviana* oft 1-jährig kultiviert, da sie nicht frosthart ist. Die Ernte erfolgt, wenn die papierartigen Hüllen trocken und strohgelb bis bräunlich geworden sind.

Die Früchte sind reich an Vitamin C, β-Carotin, Eisen sowie Flavonoiden und weiteren Phenolen.
Blätter, unreife Früchte und Wurzeln der Pflanze enthalten giftige Alkaloide, darunter Withanolide. Die Konzentration dieser Alkaloide nimmt in den Früchten während des Reifeprozesses ab, sodass reife Beeren als sicher für den Verzehr gelten.

Die reifen süßlich-säuerlichen Früchte werden roh als Obst verzehrt oder zu Marmelade, Saft, Likör oder Chutneys verarbeitet. Darüber hinaus eignen sie sich auch als Dekoration für Desserts und Backwaren.

In der traditionellen Medizin Südamerikas werden die Blätter zur Wundheilung eingesetzt. Diese enthalten jedoch giftige Alkaloide und sollten daher nur mit Vorsicht verwendet werden.

Aufgrund ihres attraktiven Aussehens wird die Pflanze auch gerne als Zierpflanze kultiviert.

Ähnliche Arten

Die nahe verwandte *P. ixocarpa* und auch *P. grisea* können ähnlich genutzt werden.
Andere *Physalis*-Arten, darunter die in Europa beliebte Lampionblume (*P. alkekengi*) bilden hingegen ungenießbare oder sogar giftige Beeren aus.

Kapstachelbeere: A Spross mit Blättern und Blüte **B** Spross mit Früchten im vergrößerten Fruchtkelch **1–2** Blüten **3** aufpräparierte Blüte mit verwachsenen Kronblättern mit dunkel gefärbtem Schlund und Staubblättern **4** Fruchtknoten mit Griffel und kopfiger Narbe (Kelchblätter nach unten gebogen) **5** distaler Teil des Griffels mit 2-teiliger Narbe **6** Staubblätter **7** Fruchtknoten im LS (Kelchblätter nach unten gebogen) **8** Fruchtknoten im QS **9** reife Beere mit zurückgeschlagenem Fruchtkelch **10** Beere im QS **11** Same mit gekrümmtem Embryo im LS.

Quellen: Miers (1849-1857); Penfold & Garnons (1845); Curtis Botanical Magazine (1808).

Schwarzer Holunder

Holderbusch, Holler, Holunder
Sambucus nigra *(Sambucus vulgaris)*

Der Schwarze Holunder ist ein sommergrüner Strauch oder kleiner Baum mit gegenständigen, unpaarig gefiederten Blättern. Die schirmförmigen Blütenstände bestehen aus zahlreichen weißlichen bis cremefarbenen und intensiv duftenden Blüten. Die kugeligen Früchte – aus botanischer Sicht handelt es sich um Steinfrüchte – erreichen 4–8 mm ⌀ und glänzen schwarz bis schwarzviolett. Jede Frucht enthält 3–5 Steinkerne, die jeweils einen Samen umschließen.

S. nigra ist in Europa, Nordafrika und Südwestasien heimisch und wird zuweilen auch kultiviert.

Holunderbeeren wurden bereits in der Steinzeit gegessen. Hippokrates (um 400 v. Chr.) bezeichnete sie als »Arzneitruhe«.

Für die Fruchtnutzung wurden großfrüchtige Sorten entwickelt. Darüber hinaus sind Zuchtformen mit gelblich oder weißlich panaschierten Blättern, tief geschlitztem Laub, rosa Blüten oder gräulichen Früchten als Ziergehölze beliebt.

Holunderbeeren werden traditionell an wild wachsenden Pflanzen gesammelt. Seit einiger Zeit spielt der kommerzielle Anbau eine immer stärkere Rolle.

Die Früchte sind reich an Anthocyanen, Flavonoiden (z. B. Quercetin und Rutin), Vitamin C und B-Vitaminen (u. a. Riboflavin und Pyridoxin). Sie enthalten außerdem organische Säuren (z. B. Zitronensäure, Äpfelsäure, Shikimisäure und Fumarsäure) und ätherische Öle, die reich an Phenylacetaldehyd und Benzaldehyd sind. Außerdem finden sich geringe Mengen an Sambunigrin (ein Blausäureglycosid), das durch Erhitzen neutralisiert werden kann.
Die Blüten weisen hohe Mengen an Flavonoiden und Schleimstoffen auf.

Die süßlich-fruchtig und blumig duftenden Holunderblüten werden traditionell zur Herstellung von Sirup, Tee, aromatischen Getränken wie Holunderblütensekt, Desserts und Limonaden verwendet.
Die säuerlich-herben Früchte finden Verwendung in Säften, Gelees, Marmeladen, Holunderwein und für die Herstellung von farbintensiven Fruchtsaucen.

Holunderblütentee wird traditionell als Hausmittel gegen Erkältungen und grippale Infekte verwendet.
Der Schwarze Holunder wird auch von der Europäischen Arzneimittel-Agentur als Pflanze mit traditionellen Heilwirkungen anerkannt, v. a. die Anwendung der Beeren zur Unterstützung des Immunsystems.

In der Kosmetikindustrie finden Holunder-Extrakte Anwendung in Hautpflegeprodukten.

Schwarzer Holunder: **A** Zweig mit unpaarig gefiederten Laubblättern und Blütenstand **1** Blütenknospen **2** 5-zählige Blüten **3** 4-zählige Blüte **4** Staubbeutel **5** Pollen **6** verblühte Blüten (Krone abgefallen) **7** aufpräparierte Blüte mit Fruchtknoten mit 3 Narben (ohne Krone) **8** Fruchtknoten im LS **9** Teil eines Fruchtstands **10** Steinfrucht **11** 3-kernige Steinfrucht im QS **12–13** Steinkerne **14–15** Steinkerne im LS und QS.

Quelle: Köhler (1883-1898ff).

Gewürze

Gewürze gehören zu den faszinierendsten Naturprodukten und haben die menschliche Zivilisation auf vielfältige Weise geprägt. In Speisen entfalten sie bereits in kleinsten Mengen eine erstaunliche geschmackliche Wirkung und verleihen Gerichten charakteristische Aromen, Farben und Schärfe.

Gewürze werden aus den verschiedensten Pflanzenteilen gewonnen. Eine der gängigsten Klassifikationen von Gewürzen erfolgt deshalb nach den verwendeten Pflanzenteilen:

Blätter: Echter Lorbeer, Bärlauch, Zitronengräser oder die Kaffirlimette sind Beispiele für Pflanzen, deren Blätter, frisch oder getrocknet, als Gewürz verwendet werden. Die Grenzen zu Küchenkräutern sind hier fließend.

Samen und Früchte: Bei diesen Gewürzpflanzen dienen die Samen oder Früchte als konzentrierte Speicher für ätherische Öle und andere Aromastoffe. Hierzu zählt eine Vielzahl von Gewürzen, darunter Kardamom, Muskatnuss, Pfeffer, Kümmel und Fenchel.

Wurzeln und Rhizome: Diese unterirdischen Pflanzenteile dienen als Speicherorgane und enthalten zum Schutz vor Pflanzenfressern und Krankheitserregern komplexe Mischungen aus scharfen Inhaltsstoffen. Zu dieser Gruppe zählen beispielsweise Ingwer, Kurkuma, Süßholz und Meerrettich.

Blüten: Hierzu gehören Safran (die Narben der Blüten), Gewürznelken (getrocknete Blütenknospen) und Kapern (eingelegte Blütenknospen). Diese Gewürze sind oft besonders kostbar, da ihre Gewinnung arbeitsintensiv ist und die Erntemengen vergleichsweise gering ausfallen.

Rinden: Hier sind vor allem Zimt und Chinarinde zu nennen, die aus der getrockneten Innenrinde von Bäumen gewonnen werden.

Anbau und Handel

Im Mittelalter waren Gewürze äußerst kostbare Luxusgüter, die oft mit Gold oder Silber aufgewogen wurden und als Statussymbole der Oberschicht dienten. Der Handel mit exotischen Gewürzen wie Pfeffer, Zimt, Muskat und Nelken bildete die Grundlage für Venedigs und Genuas Reichtum und trieb die Entwicklung internationaler Handelsrouten und der ersten global agierenden Handelsgesellschaften voran.

Heute haben Gewürze diese herausragende wirtschaftliche Bedeutung verloren: Der globale Gewürzmarkt wird aber noch auf ± 25 Mrd. US-Dollar geschätzt. Die Hauptproduzent:innen sind überwiegend tropische und subtropische Länder, wobei Indien, China, Indonesien, Vietnam und Brasilien zu den größten Exporteuren zählen.

Als die mengenmäßig bedeutendsten Gewürze gelten Echter Pfeffer, Chili und Paprika, Ingwer, Knoblauch und Kurkuma. Allerdings ist hier die Abgrenzung zu Gemüse bei Arten wie Paprika oder Knoblauch kaum möglich.

Als wertvollstes aller Gewürze gilt jedenfalls Safran, dessen Preis pro Kilogramm von 3.000–10.000 Euro schwankt. Die hohen Kosten entstehen bei der Ernte, denn für 1 kg Safran müssen die Narben von 150.000–230.000 Krokusblüten von Hand geerntet werden. Vanille gilt als zweitteuerstes Gewürz: Für 1 kg hochwertige Bourbon-Vanilleschoten müssen Käufer:innen 500–650 Euro bezahlen, für Tahiti-Vanille werden zuweilen sogar bis zu 1.000 Euro gefordert. Der hohe Preis resultiert hier aus dem extrem aufwendigen Anbau, bei dem jede Blüte einzeln von Hand bestäubt werden muss, und dem langwierigen, komplexen Verarbeitungsprozess.

Inhaltsstoffe und gesundheitliche Aspekte

Die Inhaltsstoffe von Gewürzen sind außerordentlich vielfältig und komplex. Was den meisten dieser sekundären Pflanzenstoffe gemeinsam ist: Sie dienen den Pflanzen als chemische Waffen gegen Fraßfeinde und Krankheitserreger. Dies erklärt auch, warum Gewürze so vielfältige Wirkungen auf unseren Stoffwechsel entfalten.

Dementsprechend nutzt auch die traditionelle Medizin, darunter die arabische Medizin, das indische Ayurveda und die traditionelle chinesische Medizin, seit Jahrtausenden die heilsamen Eigenschaften von Gewürzen. Und auch die moderne Wissenschaft erkennt zunehmend viele dieser traditionellen Anwendungen an. Der gesundheitliche Nutzen beruht vor allem auf den folgenden Eigenschaften:

Antioxidative Wirkungen: Die Inhaltsstoffe vieler Gewürze wie Nelken, Oregano und Kurkuma gehören zu den stärksten Antioxidantien. Sie können freie Radikale abfangen und oxidativen Stress reduzieren, der mit chronischen Erkrankungen und Alterungsprozessen in Verbindung gebracht wird.

Entzündungshemmende Eigenschaften: Substanzen wie das goldgelbe Kurkumin aus Kurkuma und die scharfen Gingerole aus Ingwer zeigen in Studien deutliche entzündungshemmende Effekte und werden bei entzündlichen Erkrankungen wie Arthritis unterstützend eingesetzt.

Antimikrobielle Wirkungen: Viele Gewürze besitzen keimhemmende Eigenschaften, was ihren traditionellen Einsatz zur Konservierung von Lebensmitteln in Zeiten und Regionen ohne Kühltechnik erklärt. Knoblauch, Zimt, Oregano und Thymian gehören zu den antimikrobiell wirksamsten Gewürzen.

Verdauungsfördernde Effekte: Gewürze wie Kümmel, Fenchel, Anis und Ingwer können die Produktion von Verdauungsenzymen anregen, die Darmperistaltik fördern und Blähungen reduzieren.

Stoffwechselanregende Eigenschaften: Einige scharfe Gewürze wie Chili (Inhaltsstoff: Capsaicin) und Echter Pfeffer (Piperin) können kurzfristig den Energieumsatz steigern und den Körper dazu bringen, vermehrt Wärme zu produzieren. Zudem verbessert Piperin die Bioverfügbarkeit anderer Pflanzenstoffe, beispielsweise von Kurkumin.

Blutzuckerregulierende Wirkungen: Zimt (aber auch Bockshornklee und Kurkuma) enthalten Verbindungen, die insulinähnliche Effekte zeigen und den Blutzuckerspiegel beeinflussen können. Mehrere Studien deuten auf ein Potenzial in der unterstützenden Behandlung von Typ-2-Diabetes hin.

Trotz dieser vielversprechenden Eigenschaften – von denen hier nur wenige Beispiele genannt werden können – ist zu beachten, dass viele der gesundheitlichen Effekte in Laborstudien mit hoch konzentrierten Extrakten nachgewiesen wurden. Die Wirksamkeit bei normalen Verzehrmengen ist oft geringer, jedoch kann eine regelmäßige Verwendung in der täglichen Ernährung durchaus positive Gesundheitseffekte mit sich bringen.

Dabei sollte auch beachtet werden, dass Gewürze wie Zimt, Senf und bestimmte Paprikasorten bei sensiblen Personen allergische Reaktionen auslösen können.

In der globalen Küche fließen seit Langem Gewürztraditionen aus aller Welt zusammen. Charakteristische Gewürzmischungen wie das britisch-indische »Curry«, »Ras el-Hanout« aus der nordafrikanischen oder das »Fünf-Gewürze-Pulver« aus der chinesischen Küche prägen den Geschmack mittlerweile weltweit. Gleichzeitig wächst das Interesse an alten, teils vergessenen Gewürzen wie Ysop und deren traditionellen Anwendungen.

Gewöhnlicher Wacholder

Juniperus communis *(Juniperus vulgaris)*

Der Gewöhnliche Wacholder ist ein 2-häusiger, immergrüner Strauch oder kleiner säulenförmiger Nadelbaum. Die unscheinbaren ♀-Blüten entwickeln sich in 2–3 Jahren zu dunkelblauen bis schwarzvioletten »Wacholderbeeren«, die einen intensiven, harzigen bis würzigen Geschmack haben. Wacholder gehört zu den Nadelbäumen (und damit zu den Nacktsamern) und diese bilden keine echten Früchte aus. Aus botanischer Sicht handelt es sich deshalb bei den Wacholderbeeren nicht um Früchte, sondern um Zapfen mit fleischigen, verwachsenen Samen- und Deckschuppen.

Frische und getrocknete Wacholderbeeren

J. communis ist in weiten Teilen der Nordhalbkugel heimisch.

Von *J. communis* existieren mehrere Unterarten und zahlreiche Kulturformen für den gärtnerischen Bereich. Für die Nutzung als Gewürzpflanze werden jedoch meist Wildpflanzen besammelt.

Wacholderbeeren enthalten 0,5–2 % ätherisches Öl mit den Hauptbestandteilen α-Pinen, Sabinen und Myrcen, die für das charakteristische Aroma verantwortlich sind. Daneben finden sich Flavonoide, Tannine, Invertzucker (bis zu 30 %) und organische Säuren.

Wacholderbeeren sind ein traditionelles Gewürz für Wildgerichte und werden auch gerne zum Würzen von Sauerkraut verwendet. Wacholderbeeren bilden auch die aromatische Grundlage für Getränke wie »Genever« und »Gin«.

Wacholderbeeren werden in der traditionellen Medizin als harntreibendes Mittel und zur Behandlung von Verdauungsbeschwerden eingesetzt.
Auch die Europäische Arzneimittel-Agentur erkennt Wacholderbeeren und das daraus gewonnene Öl als traditionelles Heilmittel bei leichten Verdauungs- und Harnwegsbeschwerden sowie äußerlich bei Muskel- und Gelenkschmerzen an.

Das ätherische Öl des Wacholders wird auch in der Aromatherapie und Parfümindustrie geschätzt. Das harte, harzreiche Holz verbrennt mit angenehmem Duft und eignet sich gut zum Räuchern von Lebensmitteln.

Wacholderbeeren sollten aufgrund der enthaltenen ätherischen Öle nicht übermäßig konsumiert werden. Insbesondere Schwangere sollten besondere Vorsicht walten lassen, da größere Mengen wehenfördernd wirken können.

Ähnliche Arten

Die Beeren des nahe verwandten Sadebaums, *J. sabina*, sind stark giftig und dürfen nicht gegessen werden.

Gewöhnlicher Wacholder: **A** Zweig mit nadelförmigen Blättern und ♂-Blüten **B** Zweig mit Blättern, ♀-Blüten sowie unreifen und reifen Zapfen **1** Zweig im QS mit 3 nadelförmigen Blättern (US) **2–3** Blätter **4** Zweig mit 3 Blättern (OS) und ♂-Blüten **5** ♂-Blüte **6–8** Staubblätter **9** Pollen **10** ♀-Blütenstand (Zapfen) **11** 3 Samenschuppen mit mehreren Samenanlagen **12** ♀-Blütenstand mit 2 Samenanlagen im LS **13** Zweig mit Nadelblatt und reifem, beerenartigem Zapfen **14** Zapfen mit mehreren Samen im LS **15** Zapfen mit mehreren Samen im QS **16–17** Samen **18** Same im LS.

Quelle: Köhler (1883-1898ff).

Echter Sternanis

Illicium verum *(Illicium san-ki)*

Der Echte Sternanis ist ein immergrüner, mittelgroßer Baum. Seine gelblichen Blüten entwickeln sich zu sternförmig angeordneten Sammelfrüchten, die aus 5–10 kahnförmigen, dunkelbraunen, sich öffnenden Teilfrüchten (Bälgen) bestehen. Die Früchte duften intensiv süßlich-würzig nach Anis und Lakritze.

I. verum stammt aus dem südwestlichen China und dem nördlichen Vietnam. Heute wird die Art auch in weiteren Teilen Südostasiens sowie in Indien, Brasilien und auf Jamaika kultiviert.

In der traditionellen chinesischen Medizin wird Sternanis seit Langem als Heilpflanze genutzt. Über die Seidenstraße gelangte er früh in andere Teile Asiens und mit arabischen Händler:innen im Mittelalter nach Europa. Auch dort fand er zunächst als Arzneimittel und später auch als Gewürz Verwendung.

Die Früchte enthalten 20–30 % fette Öle sowie meist 5–8 % ätherische Öle. Letztere bestehen hauptsächlich aus trans-Anethol, welches für den intensiv süßen Geschmack verantwortlich ist, sowie aus Estragol und Limonen. Weitere Inhaltsstoffe der Früchte sind Shikimisäure, Phenylpropanoide, Flavonoide und Tannine.

Sternanis ist ein charakteristisches Gewürz der chinesischen »Fünf-Gewürze-Mischung« und der vietnamesischen »Pho-Suppe«. Er aromatisiert Fleischgerichte, Currys, Gemüse, Reis und Gebäck. In Europa findet er v. a. für Glühwein, Punsch, Liköre, Kräutertees oder Backwaren Verwendung.

In der traditionellen Medizin wird *I. verum* v. a. zur Förderung der Verdauung und als Erkältungsmittel eingesetzt. Sternanis wird von der Europäischen Arzneimittel-Agentur als Pflanze mit traditionellen Heilwirkungen anerkannt. Extrakte und ätherische Öle werden in aktuellen Studien in Hinblick auf ihre antioxidativen, entzündungshemmenden, antimikrobiellen und insektiziden Wirkungen untersucht.
Bis vor wenigen Jahren war der Echte Sternanis die Hauptquelle für Shikimisäure, und der überwiegende Teil der Ernte wurde dafür verwendet. Shikimisäure wirkt gegen Viren und dient als Ausgangsstoff für Grippemedikamente. Seit den 2010er-Jahren wird die Verbindung auch von gentechnisch veränderten *E. coli*-Bakterien produziert.

Die Früchte des Japanischen Sternanis (*I. anisatum*) sind äußerlich kaum von den Früchten von *I. verum* unterscheidbar. Sie sind aber stark giftig und sollten auf keinen Fall verzehrt werden.

Echter Sternanis: **A** Zweig mit Laubblättern und Blüten **1** aufpräparierte Blüte (ohne Kelch und Krone) mit Blütenstiel **2** Blüte im LS **3** Staubbeutel **4** Pollen **5** Fruchtblatt mit Griffel im LS **6** Gynoeceum aus allenfalls basal verwachsenen Fruchtblättern **7** Basis des Gynoeceums im QS **8** unreife Frucht **9** reife geöffnete Frucht (Sammelbalgfrucht) **10** Same **11** Same im LS mit großem Endosperm (Nährgewebe) und kleinem Embryo.

Quelle: Köhler (1883–1898ff).

Echter Pfeffer

Grüner Pfeffer, Roter Pfeffer, Schwarzer Pfeffer, Weißer Pfeffer
Piper nigrum *(Muldera multinervis)*

Der Echte Pfeffer ist eine immergrüne Liane mit kleinen, unscheinbaren Blüten in ährenförmigen Blütenständen. Die kugeligen Steinfrüchte (oft auch als Beeren bezeichnet) haben 3–6 mm ⌀. Sie sind zunächst grünlich und werden bei der Reife rötlich. Sie enthalten einen Steinkern, der bei der Reife schwarz ist.
Schwarzer, weißer, grüner und roter Pfeffer werden alle aus den Früchten von *P. nigrum* gewonnen und unterscheiden sich lediglich durch den Erntezeitpunkt und die Art der Weiterverarbeitung. SCHWARZER PFEFFER wird aus unreifen Früchten gewonnen, die langsam getrocknet und dabei schwarz werden. WEISSER PFEFFER ist der getrocknete und oft in der Sonne gebleichte Steinkern der reifen Früchte. GRÜNER PFEFFER wird aus unreifen Früchten gewonnen, die eingelegt oder schnell getrocknet werden, sodass sie ihre Farbe behalten. ROTER PFEFFER wird aus reifen Früchten gewonnen, die eingelegt oder schnell getrocknet werden. Er ist außerhalb der Anbaugebiete nur selten erhältlich.
Bei dem in vielen Gewürzmischungen angebotenen ROSA PFEFFER handelt es sich um die Früchte von Pfefferbäumen (*Schinus*), die mit dem Pfeffer nicht näher verwandt sind.

Roter Pfeffer: schnell getrocknete, reife Früchte

Die Heimat von *P. nigrum* ist der Südwesten Indiens, speziell die Malabarküste. Heute wird der Echte Pfeffer in zahlreichen tropischen Ländern kultiviert. Die größten Anbauländer sind Vietnam, Brasilien, Indonesien und Indien.

Echter Pfeffer wurde bereits vor mehr als 4.000 Jahren in Indien als Gewürz verwendet. Im Mittelmeergebiet ist Pfeffer seit mindestens 500 v. Chr. bekannt. Er galt im antiken Griechenland und Rom als begehrtes Luxusgut und wurde buchstäblich mit Gold aufgewogen: So forderte Kaiser Alarich I., König der Westgoten, im Jahr 408 bei der Belagerung Roms neben 5.000 Pfund Gold auch bzw. »nur« 3.000 Pfund Pfeffer als Lösegeld – ein Beleg für den unermesslichen Wert des exotischen Gewürzes.
Im Mittelalter galt Pfeffer in Europa als Symbol für Wohlstand. Venezianische Kaufleute hüteten ihre Handelsrouten wie Staatsgeheimnisse und kontrollierten jahrhundertelang den europäischen Pfeffermarkt. Ihre prächtigen Paläste am Canal Grande finanzierten sich zu großen Teilen aus dem Gewürzhandel. Reiche Bürger:innen vermachten in ihren Testamenten kostbare Pfefferkörner wie Edelsteine und Gutsbesitzer ließen sich Pacht oder Steuern manchmal mit Pfeffer bezahlen.
Die Suche nach direktem Zugang zu Pfeffer (und anderen Gewürzen) trieb die europäischen Entdeckungsreisenden im 15. und 16. Jh. maßgeblich an. Nach der Entdeckung des Seewegs nach Indien um das Kap der Guten Hoffnung durch den portugiesischen Seefahrer Vasco da Gama 1498 übernahmen zunächst Portugal, später die Niederlande und Großbritannien die Kontrolle über den weltweiten Pfefferhandel.

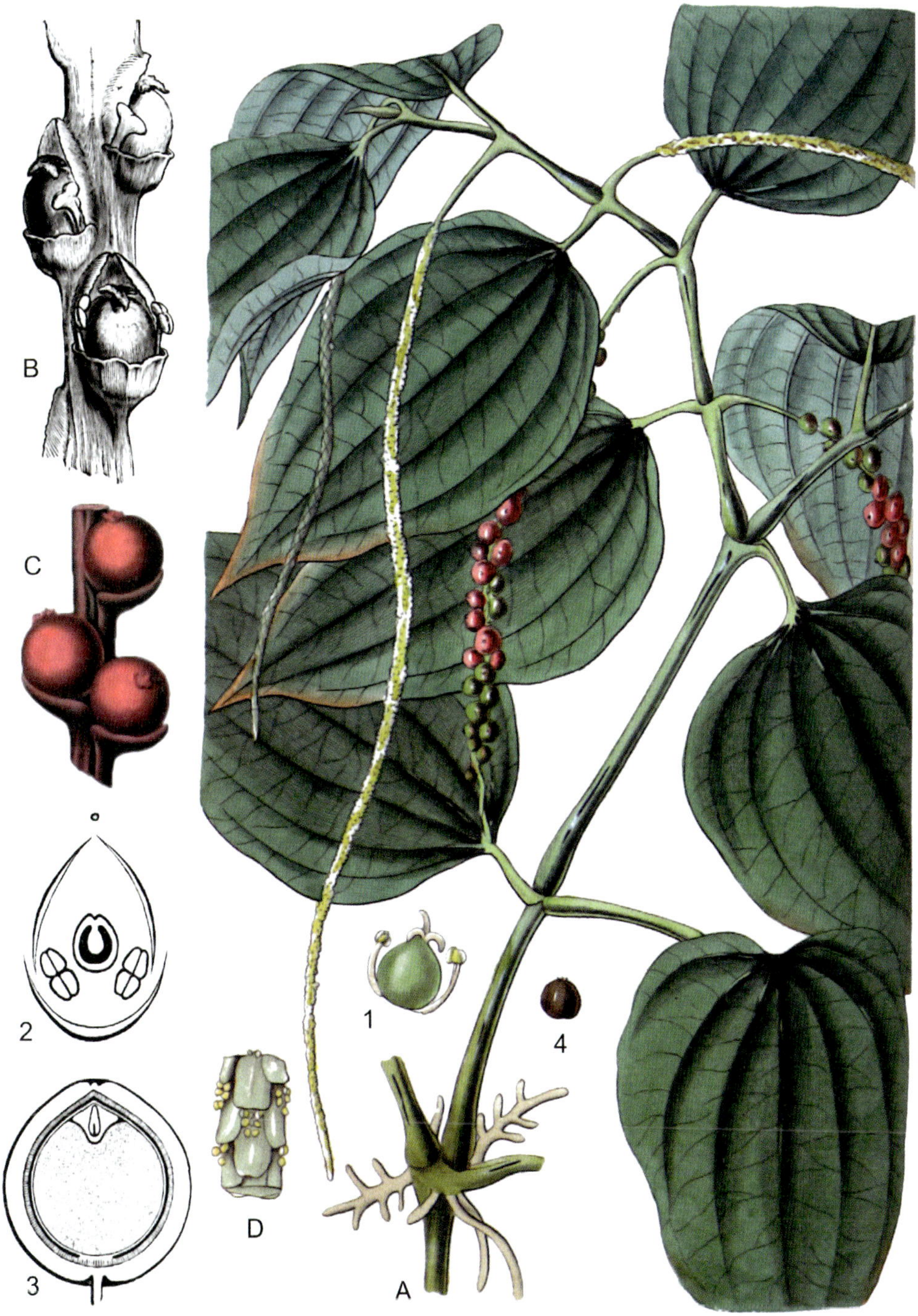

Echter Pfeffer: A Spross mit Luftwurzeln, Blättern sowie Blüten- und Fruchtständen **B** Blütenstand im späten Stadium (der Fruchtknoten ist entwickelt, die Staubblätter haben bereits ausgestreut) **C** reife, rötliche Früchte **D** Blütenstand im frühen Stadium (nur mit Staubblättern) **1** Blüte **2** Blütendiagramm mit Tragblatt, 2 lateralen Vorblättern und Blüte aus 2 Staubblättern und Fruchtknoten **3** Frucht (Steinfrucht) im LS: Der Same besteht aus der Samenschale (schwarz), dem großen Perisperm (gräulich) und dem kleinen Embryo im kleinen Endosperm (oben) **4** getrocknete, schwarze Frucht.

Quelle: Curtis Botanical Magazine (1832).

Auch Kolumbus hatte 6 Jahre zuvor den westlichen Seeweg nach Indien gesucht, um an das kostbare Gewürz zu gelangen. Als er – westwärts segelnd – in der Karibik landete, nannte er nicht nur die Region irreführend »Westindische Inseln«, sondern verwechselte auch die feurig-scharfen Chilischoten mit dem begehrten indischen Pfeffer. Dieser Irrtum prägt die Bezeichnung scharfer amerikanischer *Capsicum*-Sorten wie CAYENNEPFEFFER bis heute – obwohl diese botanisch nichts mit dem Echten Pfeffer gemein haben.

Die Vermehrung erfolgt hauptsächlich über Stecklinge von ertragreichen Mutterpflanzen. Diese werden an Stützpfählen oder Gerüsten hochgezogen. Die ersten Blüten erscheinen nach ± 3 Jahren, die volle Ertragsfähigkeit wird oft nach 7 Jahren erreicht. Eine Pflanze kann mehr als 20 Jahre lang produktiv bleiben.

Der scharfe Geschmack des Echten Pfeffers wird durch das Alkaloid Piperin verursacht, das bis zu 9 % der Trockenmasse ausmachen kann. Daneben enthält Pfeffer ätherische Öle (0,4–7 %), die sein Aroma ausmachen. Wichtige Aromakomponenten sind Monoterpene (z. B. α-Pinen, Limonen und Sabinen) sowie Sesquiterpene (z. B. β-Caryophyllen). Pfeffer ist auch reich an Mangan und Eisen sowie Vitamin K.

Der Echte Pfeffer ist weltweit eines der wichtigsten Gewürze und Bestandteil nahezu aller Küchen. Pfeffer wird verwendet, um Speisen zu würzen und ihre Bekömmlichkeit zu fördern. Er ist auch Bestandteil zahlreicher traditioneller Gewürzmischungen wie »Garam Masala« und vieler Curry-Mischungen. Grüner und roter Pfeffer werden oft in eingelegter Form verwendet, wobei grüner Pfeffer als besonders mild gilt.
In der Lebensmittelindustrie dient Piperin aus Pfeffer als Konservierungsmittel.

Echter Pfeffer hat eine lange Tradition im indischen Ayurveda und der traditionellen chinesischen Medizin, v. a. aufgrund seiner anregenden und verdauungsfördernden Wirkungen.
Der Hauptwirkstoff Piperin wird zunehmend pharmakologisch erforscht und findet in Arzneimitteln Verwendung, insbesondere zur Verbesserung der Aufnahme anderer Wirkstoffe im Körper. Darüber hinaus zeigen aktuelle Studien, dass Piperin entzündungshemmende, antioxidative und potenziell krebshemmende Eigenschaften besitzt.

Auch in Kosmetikprodukten wird Pfefferextrakt genutzt – v. a. aufgrund seiner durchblutungsfördernden und antioxidativen Eigenschaften.

Weißer Pfeffer: der getrocknete Steinkern

Schwarzer Pfeffer: getrocknete Früchte

Unreifer (grüner) und getrockneter (schwarzer) Pfeffer

Kubebenpfeffer

Cubebenpfeffer, Stielpfeffer
Piper cubeba *(Cubeba officinalis)*

Kubeben-Pfeffer ist eine immergrüne Liane mit kleinen, unscheinbaren Blüten in trauben- bis ährenartigen Blütenständen. Die dunkelbraunen bis schwarzen Steinfrüchte (oft auch als Beeren bezeichnet) haben einen kurzen, stielartigen Fortsatz und weisen ein scharf-würziges Aroma mit einer leicht bitteren Note auf.

P. cubeba stammt aus Indonesien, insbesondere von Java und Sumatra. Heute existieren größere Anpflanzungen auf Sumatra, Borneo, Sri Lanka sowie in Indien und Malaysia.

Auf Java kauen indigene Gemeinschaften die Früchte seit Jahrhunderten zur Erfrischung des Atems und nutzen sie auch als Aphrodisiakum. Durch arabische Händler:innen gelangte die Art im Mittelalter nach Europa, wo sie vor allem als Heilmittel galt. Im 19. Jh. wurde Kubebenpfeffer als (vermeintliches) Heilmittel gegen Gonorrhö gehandelt.

Für den kommerziellen Anbau werden Stecklinge an Stützpflanzen wie z. B. Kaffee gezogen. Die reifen Früchte werden mehrmals jährlich per Hand gepflückt und anschließend getrocknet.

Die Früchte sind reich an ätherischen Ölen, v. a. Monoterpene (wie Sabinen, 1,4-Cineol und 1,8-Cineol) und Piperidin (aber wenig Piperin) sowie Cubebin (ein Lignan) und Sesquiterpenen (wie Caryophyllen). Sie enthalten auch Flavonoide sowie Kaffeesäure und ihre Derivate in nennenswerten Mengen.

Kubebenpfeffer hat ein intensives, pfeffriges Aroma mit Noten von Eukalyptus und Gewürznelken. Er findet sich in Gewürzmischungen wie »Ras el-Hanout« oder »Lebkuchengewürz«.
Kubebenpfeffer wird sowohl in traditionellen Gins als auch in modernen Craft Gins zur Aromatisierung eingesetzt. In Asien, insbesondere auf Java, kaut man die Früchte nach wie vor zur Erfrischung des Atems.

Kubebenpfeffer galt lange Zeit als Aphrodisiakum und Heilmittel bei Gonorrhö und anderen Infektionen der Harnwege.
Wissenschaftliche Studien haben antioxidative, antibakterielle und entzündungshemmende Wirkungen von *P. cubeba* und seinen Inhaltsstoffen (insbesondere der Terpene und Lignane) gezeigt.
Die Früchte sollten aber nur in geringer Menge verzehrt werden, weil die Nebenwirkungen bei medizinisch wirksamen Dosen nicht ausreichend untersucht sind.

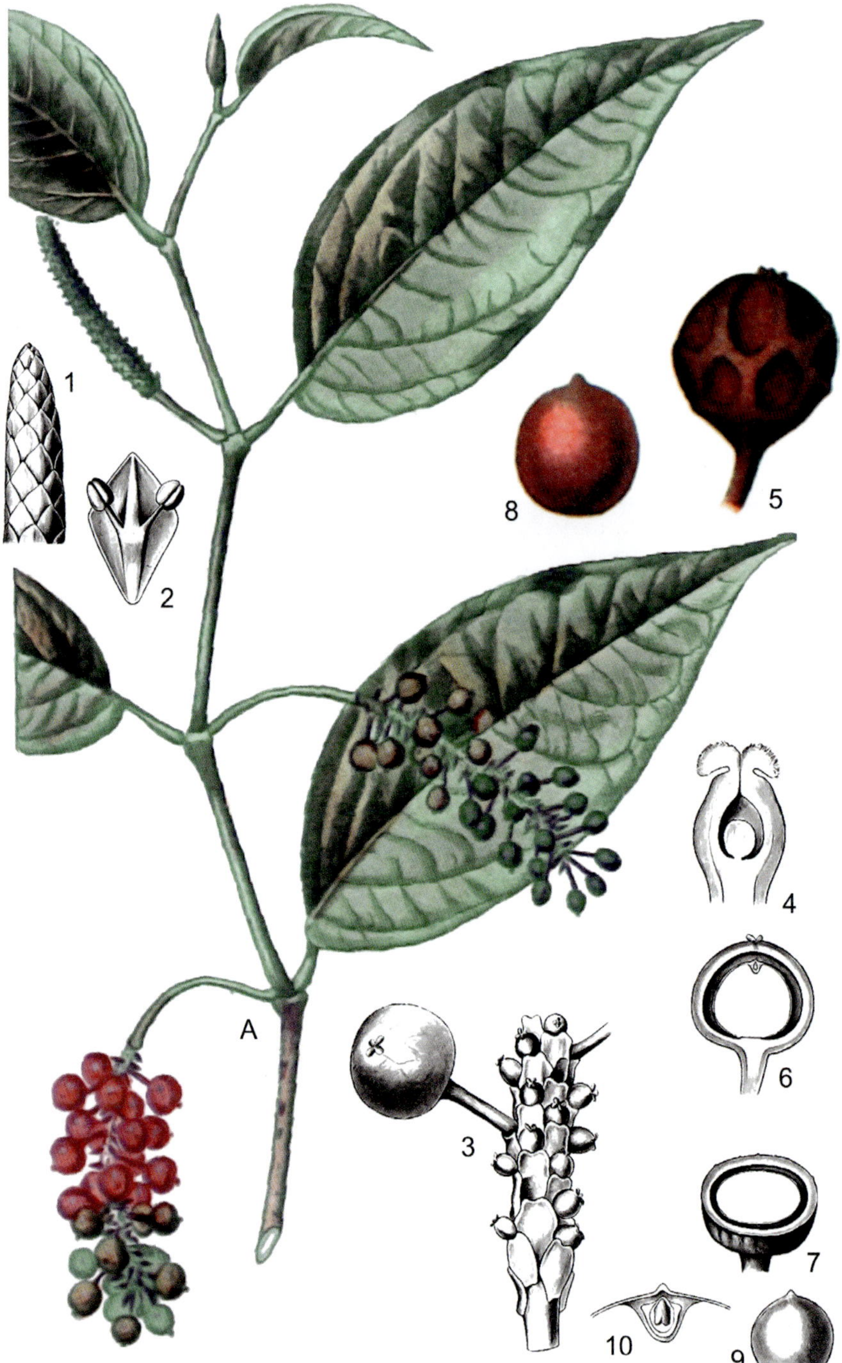

Kubebenpfeffer: A Zweig mit Blättern sowie ♀-Blüten- und Fruchtständen **1** Spitze eines ♂-Blütenstands (Staubblätter noch nicht sichtbar) **2** Tragblatt mit ♂-Blüte aus 2 Staubblättern **3** Teil eines ♀-Blütenstands mit 1 reifen Frucht **4** Fruchtknoten im LS **5** reife Frucht **6** Frucht im LS (mit dunklem Endokarp und Samen mit großem, weißem Perisperm) **7** Frucht im QS (mit dunklem Endokarp und weißem Perisperm des Samen) **8–9** Same mit großem Endosperm **10** Spitze des Samens mit kleinem Embryo, kleinem Endosperm und großem Perisperm im LS.

Quellen: Chaumeton (1814ff); Botanische Wandplaten (1882); Köhler (1883-1898ff).

Muskatnussbaum

Myristica fragrans
(Myristica aromatica, Myristica officinalis)

Der Muskatnussbaum ist ein großer, immergrüner, oft 2-häusiger Baum mit kleinen, glockenförmigen, hellgelben Blüten. Die ei-, herz- oder birnenförmigen Früchte besitzen eine glatte, gelbliche bis orange Schale (Fruchtwand), die bei der Reife aufplatzt. Aus botanischer Sicht ist die Frucht als Balgfrucht anzusprechen. Die sich öffnende Schale hüllt den fingerartig zerschlitzten, rötlichen Samenmantel (Arillus) ein, der den Samen umgibt und als »Macis« oder »Muskatblüte« bekannt ist. Der eiförmige, braune Same – bekannt als »Muskatnuss« – besteht aus einem kleinen Embryo und 2 Typen von Nährgeweben: Bei dem hellen Gewebe handelt es sich um das an fetten Ölen reiche Endosperm und bei dem dunklen Gewebe um das Perisperm, welches reich an ätherischen Ölen ist.

Geöffnete Balgfrucht

Die ursprüngliche Heimat des Muskatnussbaums liegt auf den Molukken (»Gewürzinseln«) in Indonesien. Heute liegen die Hauptanbaugebiete in Indonesien, auf Grenada und Sri Lanka. Der Baum wird aber auch in anderen tropischen Gebieten angebaut.

Die Muskatnuss war bereits im alten Indien und China bekannt und wurde sowohl kulinarisch als auch medizinisch genutzt. Im Mittelalter erreichte sie über arabische Händler:innen Europa und wurde dort zu einem hochgeschätzten Luxusgut. Damals gehörte die Muskatnuss neben Pfeffer und Zimt zu den wertvollsten Handelsgütern aus dem Orient. Ihr Handel war lange Zeit in der Hand von arabischen und später portugiesischen und niederländischen Händler:innen, die Monopole errichteten und mit der Muskatnuss beträchtliche Gewinne erzielten.
Der Handel mit Gewürzen, insbesondere durch die Niederländische Ostindien-Kompanie, prägte Handelsrouten und Wirtschaftsstrukturen für Jahrhunderte. Im 17. Jh. kam es sogar zu einem kriegerischen Konflikt zwischen den Niederländern und Engländern, als sie in den »Muskatnusskriegen« um das Monopol auf den Gewürzinseln kämpften.
Erst als es dem Franzosen Pierre Poivre im 18. Jh. gelang, Muskatnuss-Setzlinge von den indonesischen Banda-Inseln zu schmuggeln, konnten Muskatnüsse auch in anderen Regionen angebaut werden und das lukrative Monopol begann allmählich zu zerfallen.

Muskatnussbäume werden aus Samen gezogen und tragen erstmals nach 7–9 Jahren Früchte. Diese reifen in ± 8 Monaten und werden traditionell mit langen Stöcken geerntet, sobald sie aufplatzen. Anschließend wird der Samenmantel abgelöst und zur »Muskatblüte« getrocknet. Auch die Samen werden für mehrere Wochen getrocknet, bevor sie in den Handel gelangen.

Die Samen von *M. fragrans* enthalten ätherische Öle, fette Öle, Harze und

Muskatnussbaum: **A** Zweig mit Blättern und Blüten **1** Staubblattsäule **2** Staubblattsäule im LS **3** Staubblattsäule im QS **4** Pollen **5** aufpräparierte ♀-Blüte **6** Fruchtknoten im LS **7** Balg mit sich öffnender fleischiger Fruchtwand **8** aufpräparierte Frucht mit rotem Arillus, der den Samen umgibt **9–10** Same **11** Same im LS mit kleinem, hellem Embryo und großem, gemustertem Nährgewebe aus hellem Endosperm und dunkelbraunem Perisperm **12** Embryo.

Quelle: Köhler (1883-1898ff).

zahlreiche sekundäre Pflanzenstoffe, darunter Phenolverbindungen und Terpene. Die aromatische Wirkung beruht hauptsächlich auf Myristicin, Safrol, Eugenol, Sabinen und anderen Terpenen, die für den charakteristischen, würzig-süßen Geschmack und Geruch sorgen. Muskatnüsse und Macis enthalten zudem Vitamine sowie Mineralstoffe wie Kalium, Magnesium, Eisen und Calcium.

Muskatnüsse und Macis sind weltweit wichtige und geschätzte Gewürze. Muskatnüsse werden meist gerieben, um Kartoffelgerichte, Gemüse, Suppen, Soßen und Backwaren zu aromatisieren. Macis hat ein noch feineres Aroma und eignet sich besonders gut für süße Speisen, Gebäck und Wurstwaren. Neben den ätherischen Ölen für das Gewürz, die v. a. im Perisperm des Samens gespeichert sind, liefert die Muskatnuss aus den fetten Ölen des Endosperms auch »Muskatbutter«. Muskatbutter ist ein bei Raumtemperatur festes, aromatisches Pflanzenfett.

In der traditionellen Medizin wird Muskatnuss bei Magenbeschwerden, Rheuma, Schlafproblemen oder zur Herstellung von entzündungshemmenden Salben verwendet.
M. fragrans-Extrakte zeigen in Laborstudien antimikrobielle, antioxidative und entzündungshemmende Eigenschaften, die hauptsächlich auf Verbindungen wie Myristicin zurückgeführt werden.

Das ätherische Muskatnussöl wird in Kosmetikprodukten, v. a. zur Hautpflege, verwendet und kommt auch in Parfüms zum Einsatz.

In sehr hoher Dosierung kann der Verzehr von Muskatnuss berauschend und halluzinogen wirken, wofür v. a. das Myristicin verantwortlich ist. Die für eine psychische Wirkung erforderlichen Dosen liegen aber im toxischen Bereich.
Der Konsum von 1–2 ganzen Nüssen kann u. a. Übelkeit, Schwindel, Angstzustände und Herzrhythmusstörungen auslösen und darüber hinaus Leberschäden verursachen.

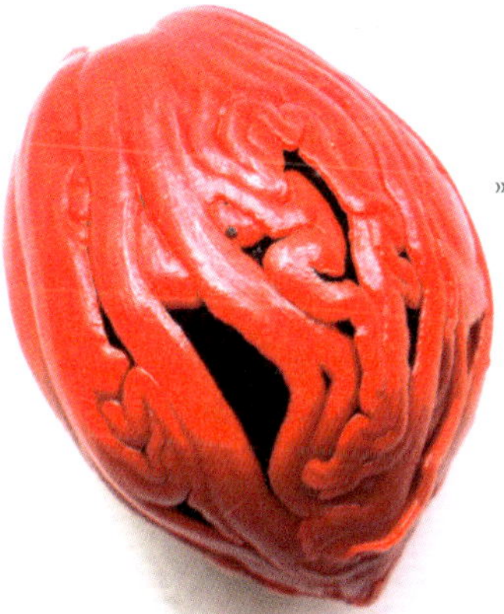
»Macis«

Muskatnüsse

Ceylon-Zimtbaum

Echter Zimtbaum
Cinnamomum verum *(Cinnamomum zeylanicum)*

Der Ceylon-Zimtbaum ist ein immergrüner, mittelgroßer Baum mit kleinen, gelblich-weißlichen Blüten, die sich zu dunkelvioletten Steinfrüchten entwickeln. Besonders wertvoll ist die dünne, hell- bis rotbraune Rinde, die sich in feinen Schichten ablösen lässt. Getrocknet rollt sich die dünne Rinde ein und ergibt die bekannten Zimtstangen. Die gesamte Pflanze verströmt einen intensiv süßlich-würzigen Duft, der auf die enthaltenen ätherischen Öle zurückzuführen ist.

C. verum stammt aus Sri Lanka (früher als »Ceylon« bekannt) und Südindien. Heute wird Ceylon-Zimt auch in anderen tropischen Regionen wie Madagaskar, den Seychellen, auf Mauritius und in Teilen Südostasiens kultiviert. Sri Lanka bleibt aber weiterhin das wichtigste Anbaugebiet.

Zimt wurde bereits im antiken Ägypten vor über 4.000 Jahren als kostbares Handelsgut und für Einbalsamierungen verwendet. Später wurde er von arabischen Händler:innen über Handelsrouten nach Europa gebracht.
Im Mittelalter war Zimt eines der teuersten Gewürze. Seine genaue Herkunft wurde lange Zeit geheim gehalten. Arabische Händler:innen kontrollierten den lukrativen Handel und verbreiteten Legenden über die gefährliche Gewinnung des Gewürzes, um ihre Monopolstellung zu sichern.
Die Portugies:innen erlangten im 16. Jh. die Kontrolle über Ceylon und damit über den Zimthandel, später übernahmen die Niederlande und schließlich Großbritannien die Kolonialherrschaft und damit den Zimthandel. Die systematische Kultivierung des Ceylon-Zimts begann im 18. Jh. unter niederländischer Herrschaft.

Ceylon-Zimtstangen mit Zimtpulver

C. verum wird vorwiegend in Plantagen angebaut. Nach 2–3 Jahren werden die Jungpflanzen auf Kniehöhe zurückgeschnitten, um die Bildung möglichst vieler gerader Triebe zu fördern. Die Schösslinge werden nach 1–2 Jahren während der Regenzeit geerntet. Die Ernte erfolgt, wenn die Äste 1,5–2 cm dick sind. Dabei wird die äußere Rinde entfernt und die innere Rinde vorsichtig abgelöst. Die Rindenstreifen werden getrocknet, wobei sie sich zu den charakteristischen Röhrchen einrollen. Ein Baum kann über mehrere Jahrzehnte hinweg alle 2 Jahre beerntet werden und liefert mit zunehmendem Alter qualitativ hochwertigeren Zimt.

Ceylon-Zimt enthält 1–2 % ätherisches Öl, das als Hauptkomponente (55–78 %) Zimtaldehyd enthält, welches ihm seinen charakteristischen Geruch und Geschmack verleiht. Weitere Bestandteile des Öls sind Eugenol, Linalool, Cumarin und weitere Terpene. Zudem finden sich in der Rinde auch Tannine, Schleimstoffe, Zucker und Mineralstoffe wie Calcium, Eisen und Mangan.

Zimtstangen können zum Aromatisieren von Flüssigkeiten verwendet werden und gemahlener Zimt ist ein vielseitig ein-

Ceylon-Zimtbaum: **A** Zweig mit gegenständigen Blättern und Blüten **1** Blüte **2** Blüte im LS **3** Staubblatt mit Staminodien **4** Staminodien **5** offene und geschlossene Staubblätter **6** Pollen **7** Fruchtknoten mit Griffel **8** unreife (grüne) und reife (rötliche) Steinfrüchte **9** aufpräparierter Steinkern mit Same **10** Same **11** abgeschälte und aufgerollte Zimtrinde **12** Zellstruktur der Rinde mit rötlichen Zimtöl-Bläschen.

Quellen: Köhler (1883-1898ff); Zenker (1831-1835); Vietz (1800-1822ff).

setzbares Gewürz. In der westlichen Küche findet er besonders in Gebäck, Desserts und Getränken wie Glühwein oder »Chai-Tee« Verwendung. In der asiatischen Küche ist Zimt auch in herzhaften Gerichten zu finden. In der südindischen und sri-lankischen Küche werden auch Zimtblätter als Würze verwendet, ähnlich wie Lorbeerblätter.

In der traditionellen Medizin wird Ceylon-Zimt zur Behandlung von Verdauungsbeschwerden, Erkältungen und zur Förderung der Durchblutung genutzt und kommt bei rheumatischen Beschwerden und Muskelschmerzen zum Einsatz. In der Aromatherapie wird Zimtöl zur Stimmungsaufhellung und Konzentrationssteigerung verwendet.
Der Ceylon-Zimtbaum ist von der Europäischen Arzneimittel-Agentur als Pflanze mit traditionellen Heilwirkungen anerkannt. Auch wissenschaftliche Studien deuten auf gesundheitsfördernde Eigenschaften hin, darunter eine mögliche Senkung des Blutzuckerspiegels und antioxidative sowie antimikrobielle Wirkungen.

Zimtöl wird auch in der Parfüm- und Kosmetikindustrie als Duftkomponente eingesetzt und findet in der Naturkosmetik Verwendung.

Ein Arbeiter beim Abschälen der Zimtrinde

Beim Ceylon-Zimt gibt es verschiedene Qualitätsstufen, die sich hauptsächlich durch die Dicke und Farbe der Rinde und ihren Gehalt an ätherischen Ölen unterscheiden. Die höchste Qualitätsstufe wird als »Alba« bezeichnet und zeichnet sich durch besonders dünne, helle Rinde mit einem hohen Anteil an ätherischen Ölen aus. Weitere Abstufungen werden oft als »Continental«, »Mexican« und »Hamburg« bezeichnet.

Indonesischer Zimtbaum
Cinnamomum burmanni

C. burmanni stammt aus Südostasien, insbesondere aus Indonesien, Malaysia und Südchina, wo sie auch in Plantagen kultiviert wird. Große Anbaugebiete befinden sich auf Sumatra, Java und Borneo. *C. cassia*, die Zimtkassie, wird hier als Synonym von *C. burmanni* aufgefasst, kann jedoch auch als eigene Art betrachtet werden.
Indonesischer Zimt verbreitete sich ab dem 15. Jh. durch portugiesische und arabische Händler:innen in Europa und wurde als preiswertere Alternative zum »Echten Zimt« (*C. verum*) populär.
Indonesischer Zimt enthält 2–4 % ätherisches Öl mit Zimtaldehyd als Hauptkomponente. Daneben finden sich weitere Terpene, Tannine, Schleimstoffe und Cumarin (in höheren Konzentrationen als in *C. verum*).

Indonesischer Zimt ist heute der in Europa am häufigsten verwendete Zimt. Er ist Bestandteil von vielen Currypulvern und dem klassischen chinesischen »Fünf-Gewürze-Pulver«.

Zum Trocknen ausgelegte Zimtrinde

Lorbeer

Laurus nobilis *(Laurus undulata)*

Lorbeer ist ein 2-häusiger, immergrüner Strauch oder kleiner Baum mit kleinen gelblich-grünlichen oder weißlichen Blüten. Die länglich-ovalen, derben, dunkelgrün glänzenden Blätter sind am Rand meist etwas gewellt. Beim Zerreiben verströmen sie einen würzigen Duft. Die Früchte sind erbsengroße, glänzend schwarze Beeren, die einen einzelnen Samen enthalten.

Lorbeer stammt aus dem östlichen Mittelmeergebiet. Heute ist die Art in den gesamten mediterranen Regionen verbreitet und wird in Plantagen kultiviert.

Der Legende nach verfolgte der griechische Gott Apollon die Nymphe Daphne, die sich in einen Lorbeerbaum verwandelte, um ihm zu entkommen. Daraufhin erklärte Apollon den Lorbeer zu seinem heiligen Baum und trug dessen Blätter als Krone. Der Lorbeerkranz wurde als Symbol des Ruhmes und Sieges bei den Wettkämpfen verliehen und im antiken Rom an erfolgreiche Feldherren überreicht. Über die kulturelle Bedeutung hinaus wurden Lorbeerblätter auch im antiken Rom bereits als Gewürz geschätzt.

Lorbeerblätter enthalten 1–3 % ätherische Öle mit den Hauptkomponenten Cineol, Linalool, Terpineol und Pinen, die für das charakteristische Aroma verantwortlich sind. Darüber hinaus finden sich Flavonoide, Phenolsäuren und Tannine wie Proanthocyanidine.
Die Früchte enthalten neben den ätherischen Ölen auch bis zu 30 % fettes Öl, das v. a. aus Laurin- und Ölsäure besteht.

Lorbeerblätter werden vorwiegend getrocknet verwendet. Da die Blätter beim Kochen zäh bleiben, werden sie vor dem Servieren aus den Gerichten entfernt.
In der französischen Küche sind Lorbeerblätter Bestandteil des traditionellen Kräuterbündels »Bouquet garni«.

In der traditionellen Medizin werden Lorbeerblätter-Extrakte zur Anregung der Verdauung und bei Blähungen eingesetzt. Das aus den Früchten gewonnene Öl (»Oleum Lauri«) wird äußerlich bei rheumatischen Beschwerden und Hauterkrankungen angewendet. Es hat durch pharmakologische Studien nachgewiesene antimikrobielle Eigenschaften.

In der Parfümindustrie dient Lorbeeröl als Duftstoff für Seifen und Kosmetika. Getrocknete Lorbeerblätter werden als traditionelles Insektenschutzmittel eingesetzt. Schließlich ist Lorbeer als Zierpflanze auch ein beliebtes Element in mediterranen Gärten.

Lorbeer: A Zweig mit Blättern und ♀-Blüten **1** ♀-Blütenstand **2** ♂-Blüte **3** ♂-Blüte im LS mit rudimentärem Fruchtknoten **4** freipräpariertes Perigon **5** offene und geschlossene Staubblätter **6** Pollen **7** ♀-Blüte mit Fruchtknoten und Staminodien **8** ♀-Blüte im LS **9** Staminodium einer ♀-Blüte **10** Fruchtknoten mit Griffel mit 2-lappiger Narbe **11** Fruchtknoten im QS **12** Frucht **13** Frucht im QS **14** Same.

Quelle: Köhler (1883–1898ff).

Schraubenbaum

Schraubenpalme
Pandanus

Die Schraubenbäume sind 2-häusige, immergrüne Gehölze mit langen, schmalen, oft stacheligen Blättern, die spiralförmig am Stamm angeordnet sind. Bei vielen Arten entwickeln die ausgewachsenen Exemplare auffällige Stelzwurzeln.
Die großen, oft orange bis rötlich gefärbten Fruchtverbände werden von verholzten oder fleischigen Früchten von zahlreichen Blüten gebildet.
Zu den wichtigsten als Nahrungsmittel genutzten Arten zählen *P. tectorius*, deren Früchte auf vielen pazifischen Inseln eine wichtige Nahrungsquelle darstellen. *P. odorifer* wird in Südasien für seine aromatischen Blüten geschätzt. Die duftenden Blätter von *P. amaryllifolius* dienen in der südostasiatischen Küche als Gewürz. Die roten Früchte von *P. conoideus* werden auf Neuguinea als Nahrungsmittel und Öl-Pflanze genutzt. Die großen Früchte von *P. julianettii* werden im Hochland von Neuguinea gegessen.

Die ± 600 *Pandanus*-Arten sind hauptsächlich in den Küstenregionen des tropischen und subtropischen Indopazifiks verbreitet. Besonders artenreich ist die Gattung auf Madagaskar.

Schraubenbäume werden seit Jahrtausenden von indigenen Völkern im pazifischen Raum vielfältig genutzt. In Mikronesien und Polynesien spielen Pandanüsse eine wichtige Rolle in den traditionellen Gesellschaften.

Das Fruchtfleisch der als Nahrungsmittel genutzten Arten enthält reichlich Kohlenhydrate, Ballaststoffe, Vitamin C und Mineralstoffe wie Kalium und Eisen. Orangefarbene Früchte sind zudem reich an Carotinoiden wie β-Carotin.
Die Samen enthalten bis zu 40 % Fett und sind auch reich an Proteinen.

Pandanus tectorius

Pandanus utilis mit Stelzwurzeln

Schraubenbaum (*Pandanus odorifer*): **A** Zweig mit schraubig angeordneten Blättern **B** ♀-Blütenstand mit laubblattähnlichen Tragblättern **C** ♂-Blütenstand mit Tragblättern **D** ♂-Blüten mit Tragblatt **1** Steinfrucht **2** Steinfrucht im LS **3** unreife Steinfrucht **4–5** Steinfrüchte im QS **6** Steinfruchtverband (von den verwachsenen Früchten mehrerer Blüten gebildet) **7** Tragblatt einer ♂-Blüte.

Quelle: Kerner (1795).

Pandanus odorifer

Bei den meisten *Pandanus*-Arten werden die fleischigen Teile der Sammelfrüchte verzehrt. Diese können roh gegessen, gekocht oder zu Püree verarbeitet werden. Auf vielen pazifischen Inseln wird das Fruchtfleisch zu einer haltbaren Paste verarbeitet oder getrocknet. Auch die Samen werden traditionell geröstet und können dann wie Nüsse gegessen werden.
Darüber hinaus dienen die wohlriechenden Blätter von *P. amaryllifolius* in der südostasiatischen Küche zur Aromatisierung von Süßspeisen und Reisgerichten. Aus den aromatischen Blüten von *P. odorifer* werden »Kewra-Öl« und »Kewra-Wasser« gewonnen, die ähnlich verwendet werden.

In der traditionellen Medizin finden verschiedene Pflanzenteile bei Hautkrankheiten, Verdauungsbeschwerden und als Tonikum Verwendung.

Extrakte aus Blättern von *P. amaryllifolius* und Blüten von *P. odorifer* werden auch für die Herstellung von Parfüms verwendet.
Die stabilen Blätter werden traditionell für die Herstellung von Kleidung, Matten, Körben, Segeln und Dachbedeckungen verwendet.

Pandanus amaryllifolius

Vanille

Vanilla

Die Gattung *Vanilla* umfasst ± 100 immergrüne Arten, die als Lianen wachsen. Nach der Bestäubung entwickeln sich aus den Blüten lange, schmale Kapseln, welche unzählige winzige Samen enthalten. Das Gewürz »Vanille« wird gewonnen, indem die Kapseln mitsamt den darin enthaltenen Samen fermentiert werden. Erst dadurch entwickelt Vanille ihren charakteristischen Geruch und Geschmack.

Reife, unfermentierte Vanilleschote im LS

Die Arten der Gattung *Vanilla* sind in den tropischen Regionen Amerikas, Afrikas und Asiens verbreitet. Die wirtschaftlich wichtigste Art, *V. planifolia*, stammt aus Mexiko. Sie wird heute v. a. auf Madagaskar, in Indonesien, auf Réunion und in weiteren tropischen Gebieten kultiviert.

V. planifolia ist die mit Abstand am häufigsten angebaute Art. *V. tahitensis* ist eine in Französisch-Polynesien kultivierte Art mit blumigem, fruchtigem Aroma. *V. pompona* bildet größere, aber weniger aromatische Schoten aus und wird nur selten angebaut. Bourbon-Vanille ist keine spezielle Art oder Sorte, sondern stammt von den im Indischen Ozean gelegenen ehemaligen französischen Kolonien La Réunion (die bis 1794 »Île Bourbon« hieß), Madagaskar oder den Komoren.

Der komplizierte Prozess der Gewinnung von Vanille war ursprünglich ein gut gehütetes Geheimnis der Totonaken, einem indigenen Volk, das an der Golfküste des heutigen Mexikos lebte. Die Orchideenschoten wurden einem komplexen Fermentationsprozess unterzogen, bei dem sie tagsüber der Sonne ausgesetzt und nachts in Tücher gewickelt wurden. Die Azteken unterwarfen die Totonaken in der Mitte des 15. Jh. und verwendeten Vanille hauptsächlich zur Aromatisierung ihres »xocolatl«-Getränks, einer bitteren Kakaomischung für die Elite. Vanille galt ihnen als heilig und wurde in Zeremonien verwendet, die den Göttern gewidmet waren.

Als die spanischen Konquistador:innen im frühen 16. Jh. das Aztekenreich eroberten, erkannten sie schnell das wirtschaftliche Potenzial der Vanille. Durch königliche Dekrete wurde der Vanillehandel reglementiert und europäische Kaufleute mussten exorbitante Preise für die Ausfuhr zahlen, was Vanille zu einem der wertvollsten Handelsgüter der Neuen Welt machte, zeitweise sogar wertvoller als Silber. Die Spanier:innen etablierten ein streng kontrolliertes Handelsmonopol, das drei Jahrhunderte Bestand haben sollte. Erst Mitte des 18. Jh. gelang es, Vanillepflanzen auch in anderen Ländern zu kultivieren, zunächst wurden dort aber keine der wertvollen Früchte ausgebildet.

1841 gelang dem 12-jährigen versklavten Edmond Albius auf der Insel Réunion im Indischen Ozean eine bahnbrechende Entdeckung: die Handbestäubung der Vanilleblüten. Dieses Verfahren löste ein fundamentales Problem, denn außerhalb ihres natürlichen Verbreitungsgebiets fehlten die spezialisierten *Melipona*-Bienen, die als einzige natürliche Bestäuber der Vanillepflanze fungieren.

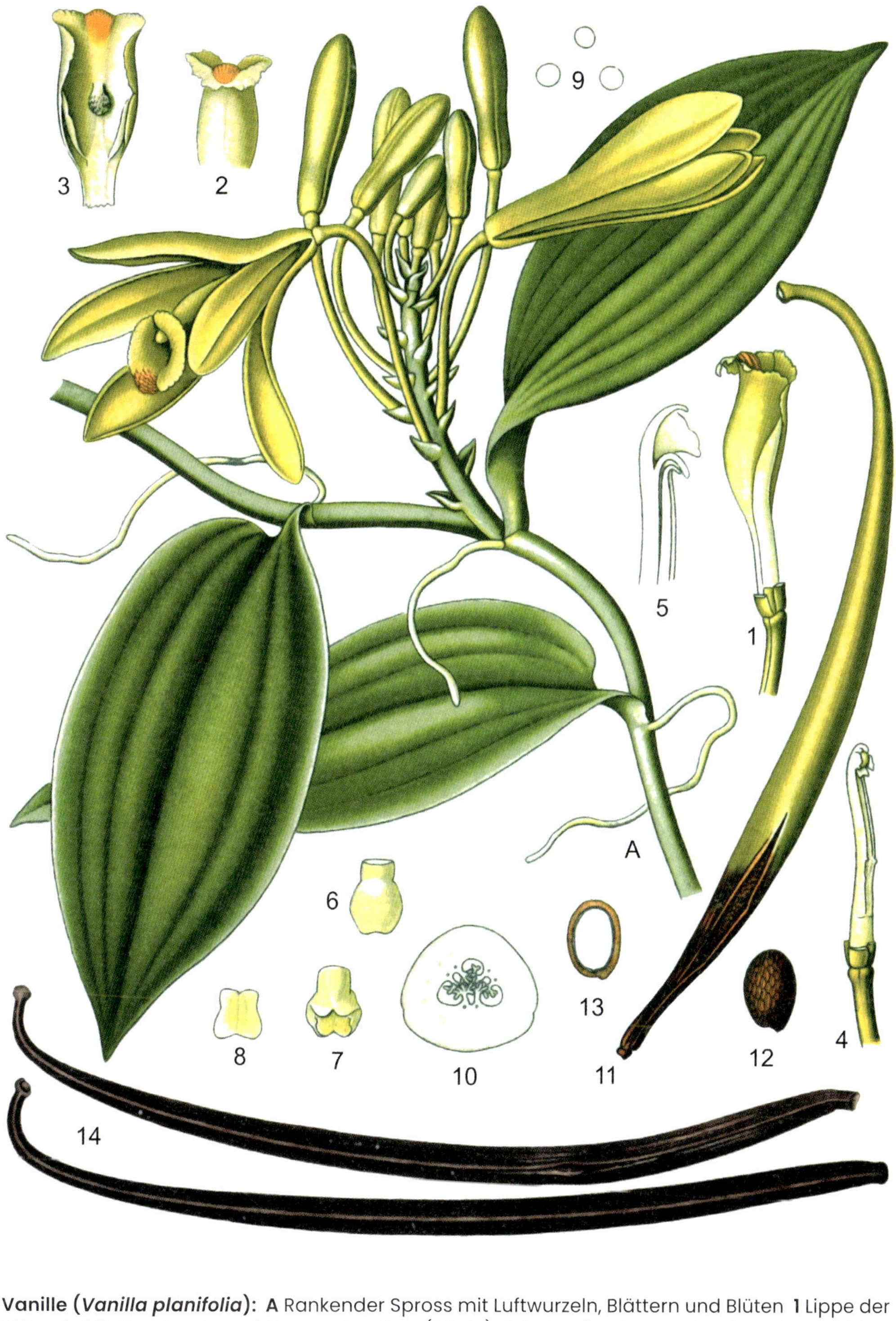

Vanille (*Vanilla planifolia*): A Rankender Spross mit Luftwurzeln, Blättern und Blüten **1** Lippe der Blüte **2–3** Spitze der Lippe **4** Gymnostemium (Säule) **5** Spitze des Gymnostemium **6** Staubblatt (geschlossen) **7** Staubblatt (an der Spitze geöffnet) **8** Spitze eines Staubblatts **9** Pollen **10** Fruchtknoten im QS **11** Kapsel (»Vanilleschote«) **12** Same **13** Same im LS **14** fermentierte Vanilleschoten.

Quellen: Köhler (1883-1898ff); Annales de la Société royale d'Agriculture et de Botanique de Gand (1849).

Die von Albius entwickelte Methode – ein präziser Handgriff mit einem dünnen Bambusstäbchen – ermöglichte erstmals die kommerzielle Vanilleproduktion außerhalb Mittelamerikas und wird bis heute in nahezu unveränderter Form eingesetzt.
Die Vanille wandelte sich dadurch von einem exotischen Luxusgut zu einer charakteristischen Geschmacksnote von Süßspeisen. Die wirtschaftliche Bedeutung und der immer noch hohe Preis der Vanille führten auch zu wissenschaftlichen Durchbrüchen. Die Isolierung des Hauptaromastoffs Vanillin im Jahr 1858 markiert einen Meilenstein in der organischen Chemie und legte den Grundstein für die moderne Aromastoffindustrie.

Der kommerzielle Anbau von Vanille ist sehr arbeitsintensiv. Die Kletterpflanzen wachsen an Stützbäumen oder Rankgerüsten empor und müssen regelmäßig beschnitten werden. Da außerhalb ihres natürlichen Verbreitungsgebiets die Bestäuber fehlen, muss jede einzelne Blüte per Hand bestäubt werden. Nach 8–9 Monaten sind die Früchte reif und werden einzeln gepflückt. Anschließend folgt eine mehrwöchige Fermentation, bei der die Kapseln welken, erhitzt und getrocknet werden, bis sie dunkelbraun und aromatisch sind.

Vanilla pompona

Vanilleschoten enthalten bis zu 2 % ätherische Öle, v. a. Vanillin, Vanillinsäure und Vanillylalkohol. Dazu kommen Zucker, Mineralstoffe und Ballaststoffe. Das charakteristische Vanille-Aroma entsteht erst durch enzymatische Prozesse während der Fermentation.

Vanille ist eines der beliebtesten Gewürze weltweit und verleiht Süßspeisen und Getränken eine unverwechselbare Note. Ein einfaches Vanillearoma kann auch chemisch oder biotechnologisch hergestellt werden.

In der Aromatherapie soll Vanille beruhigend und entspannend wirken.

Vanille wird auch als Basisnote in Duftkreationen verwendet und dient zur Aromatisierung von zahlreichen Körperpflegeprodukten.

Safran

Crocus sativus *(Crocus officinalis)*

Safran ist eine niedrigwüchsige, mehrjährige Knollenpflanze mit schmalen Blättern, die eine weiße Mittelrippe besitzen. Die lilafarbenen Blüten erscheinen erst im Herbst – im Gegensatz zu vielen anderen Krokusarten. Charakteristisch sind die 3 leuchtend roten, fadenförmigen Narben, die aus den Blüten herausragen. Aus den Narben entsteht nach Trocknung das wertvolle Safrangewürz, das dabei ein intensives Aroma sowie eine kräftige gelb-orange Farbe annimmt.
Die Art ist aus dem in der Ägais vorkommenden *C. cartwrightianus* hervorgegangen und besitzt einen triploiden Chromosomensatz. Dieser führt dazu, dass die Pflanzen steril sind und nur durch Knollenteilung vermehrt werden können.

C. sativus stammt ursprünglich aus der Ägais. Heute wird die Pflanze hauptsächlich im Iran angebaut, der für mehr als 90 % der weltweiten Produktion verantwortlich ist – die pro Jahr nur ± 200 t beträgt. Kleinere Anbaugebiete finden sich in Spanien, Indien (Kaschmir), Marokko, Griechenland und Italien.

Bereits auf 3.500 Jahre alten minoischen Fresken auf Kreta sind Darstellungen zu finden, auf denen Safran gesammelt wird. Im antiken Griechenland, Persien und Ägypten wurde Safran als Gewürz, Färbemittel, Parfüm und Heilmittel hoch geschätzt. Legenden zufolge verwendete die ägyptische Königin Kleopatra Safran in Bädern, um ihre Haut zu verschönern. Im antiken Rom wurde das Gewürz u. a. zum Aromatisieren von Wein genutzt.
Während des Mittelalters breitete sich der Safrananbau aus, besonders in Spanien, Frankreich, Italien und England. In der Region um Saffron Walden in Essex (England) wurde im 14. Jh. intensiver Safrananbau betrieben, was der Stadt ihren Namen gab. Der Handel mit dem kostbaren Gewürz war so lukrativ, dass Safran-Fälscher streng bestraft wurden. Im 17. Jh. ging der europäische Safrananbau zurück, während er in Kaschmir und Persien zunahm.

Die Ernte der Narben im Herbst muss von Hand erfolgen, wobei die Blüten frühmorgens gesammelt und die 3 roten Narben vorsichtig herausgetrennt werden. Nach der Ernte werden die Narben schonend getrocknet. Für 1 kg getrockneten Safran werden 150.000–230.000 Blüten benötigt, deren Ernte ± 400 Arbeitsstunden erfordert.

Safran-Ernte bei Torbat-e Heydariyeh, Iran

Herauslösen der Narben

Safran: A basaler Teil einer Pflanze mit Knolle und Stängel mit Niederblättern **B** distaler Teil einer Pflanze mit Niederblättern, Laubblättern und langröhriger Blüte **C** aufpräparierte Blüte im LS mit 3 rötlichen Narben **1–2** Staubbeutel **3** Narbe (Safrangewürz) **4** Fruchtknoten im LS **5** Fruchtknoten im QS.

Quelle: von Schlechtendal (1840ff).

Safran enthält zahlreiche biologisch aktive Verbindungen: Carotinoide, v. a. Crocin und Crocetin, die für die intensive Färbung verantwortlich sind. Ätherische Öle mit Monoterpen-Aldehyden, insbesondere Safranal, tragen zum charakteristischen Duft bei. Das Monoterpenglycosid Picrocrocin ist hauptverantwortlich für den bitteren Geschmack.

Safran wird aufgrund seines intensiven Aromas, seiner färbenden Eigenschaften und seines charakteristischen Geschmacks vielseitig verwendet. Wichtig bei der Verwendung ist, dass Safran vorab in warmer Flüssigkeit eingeweicht wird, um seine Farbstoffe und Aromen optimal freizusetzen. Im Nahen Osten und in Nordafrika wird Safran traditionell für aromatische Reisgerichte, geschmortes Fleisch (»Tajines«) und Süßspeisen verwendet. In der spanischen Küche ist Safran eine wesentliche Zutat für »Paella«. In Italien findet sich Safran im »Risotto alla Milanese«. In Skandinavien sind Safranbrötchen (»Lussekatter«) ein beliebtes traditionelles Gericht. Das färbende Gewürz wird auch gerne für Fischgerichte und Meeresfrüchte wie die provenzalische »Bouillabaisse« verwendet.

In der traditionellen Medizin wird Safran seit Jahrhunderten eingesetzt und gilt u. a. als Mittel gegen Melancholie und zur Stärkung des Herzens.
Wissenschaftliche Studien deuten auf antioxidative und antidepressive Eigenschaften hin.
Bei der Einnahme höherer Dosen von Safran ist Vorsicht geboten, da Nebenwirkungen wie Übelkeit oder allergische Reaktionen auftreten können. Schwangere sollten Safran auch in geringen Dosen meiden, da er als menstruationsfördernd gilt.

Safran wird auch als Färbemittel für Textilien verwendet und findet Anwendung in der Parfümindustrie.

Aufgrund der aufwendigen Ernte ist Safran heute das teuerste Gewürz der Welt – und vermutlich auch das am häufigsten gefälschte. Übliche Fälschungsmethoden umfassen das Strecken mit Saflorblüten (*Carthamus tinctorius*) oder Ringelblumenblüten (*Calendula officinalis*). Im Gegensatz zu den Fälschungen färbt Echter Safran Wasser nur langsam gelblich und verliert dabei seine eigene Farbe nur allmählich.
Fälschungen zu vermeiden und sicherzustellen, dass der Verbraucher qualitativ hochwertigen Safran erhält, ist auch die Aufgabe der ISO-Norm 3632, nach der die Qualität von Safran international klassifiziert wird. Sie beruht auf dem Gehalt der Hauptkomponenten Crocin (Farbkraft), Picrocrocin (Bitterkeit) und Safranal (Aroma).

2 Gramm Safran

Schnittlauch

Allium schoenoprasum *(Allium sibiricum)*

Schnittlauch ist eine mehrjährige, krautige Pflanze mit röhrenförmigen, hohlen Blättern, die meist 15–30 cm lang sind. Die Stängel enden mit einer Dolde aus violetten bis rosafarbenen Blüten.

A. schoenoprasum ist in den gemäßigten und borealen Klimazonen auf der gesamten Nordhalbkugel verbreitet. In alpinen Regionen wächst die Art bis in Höhen von 2.500 m. Schnittlauch wird weltweit in Gärten und landwirtschaftlichen Betrieben angebaut.

Im antiken Rom wurde Schnittlauch bereits als Heilmittel und würzende Zutat verwendet. Später im Mittelalter etablierte sich *A. schoenoprasum* auch in Mitteleuropa als wichtige Gemüse- und Heilpflanze. Marco Polo berichtete im 13. Jh. von seinem Anbau in China.

Schnittlauch ist reich an Vitamin C, A und K sowie Folsäure und liefert Mineralstoffe wie Calcium und Eisen.
Das leicht zwiebelartige Aroma der Pflanze entsteht erst, wenn die Zellen verletzt werden, beispielsweise durch Schneiden. Dabei wird das schwefelhaltige Alliin durch das Enzym Alliinase in verschiedene reaktive Schwefelverbindungen (z. B. Allicin) umgewandelt, die den typischen Geruch erzeugen.

Im Vergleich zu seinen nahen Verwandten wie Knoblauch oder der Küchenzwiebel zeichnet sich Schnittlauch durch ein deutlich milderes und feineres Aroma aus. In der Küche wird das Kraut vorwiegend frisch verwendet, da sein feines Aroma beim Trocknen oder längeren Erhitzen verloren geht.
Die fein geschnittenen Röhrenblätter eignen sich hervorragend zum Würzen von Salaten, Suppen, Soßen, Quark- und Frischkäsezubereitungen sowie Eierspeisen. Schnittlauch ist eines der 7 traditionellen Kräuter der »Frankfurter Grünen Soße« und Bestandteil der französischen »Fines Herbes«.

In der traditionellen Medizin wird Schnittlauch wegen seiner antibakteriellen, verdauungsfördernden und hautberuhigenden Eigenschaften geschätzt.
Die schwefelhaltigen Verbindungen haben auch in Laborstudien antimikrobielle und entzündungshemmende Wirkungen gezeigt.

Die dekorativen Blütenstände machen ihn zu einer beliebten Zierpflanze in Gärten und auf Balkonen.

Schnittlauch: A Habitus **1** Blütenknospe **2** Blüte **3** aufpräparierte Blüte **4** Fruchtknoten mit Griffel.

Quelle: von Schlechtendal (1840ff).

Knoblauch-Schnittlauch

Chinesischer Lauch, Knolau, Schnittknoblauch
Allium tuberosum
(Allium angulosum, Allium roxburghii, Allium tuberosum)

Knoblauch-Schnittlauch ist eine mehrjährige, krautige Pflanze. Die hell- bis graugrünen Blätter verströmen einen milden Knoblauchduft. Sie besitzen eine flach ausgebreitete Spreite, die 1,5–8 mm breit ist. Am Ende der Stängel bilden sich die weißlichen Blüten in Dolden.

A. tuberosum stammt aus Ostasien, insbesondere aus dem nördlichen China, der Mongolei und Sibirien. Heute wird Knoblauch-Schnittlauch weltweit in gemäßigten bis subtropischen Klimazonen kultiviert. Besonders verbreitet ist sein Anbau in China, Korea, Japan und Südostasien.

Die Nutzung von Knoblauch-Schnittlauch reicht in China mindestens 3.000 Jahre zurück, wo er sowohl als Nahrungsmittel als auch als Heilpflanze Verwendung fand. In der traditionellen chinesischen Küche hat er bis heute einen festen Platz.

Die Blätter enthalten Vitamin C und β-Carotin. Zudem liefert *A. tuberosum* Mineralstoffe wie Calcium, Eisen und Kalium sowie Flavonoide und Saponine.

Knoblauch-Schnittlauch enthält, wie auch andere *Allium*-Arten, schwefelhaltige Verbindungen wie Alliin. Diese werden bei Verletzung der Zellen enzymatisch umgewandelt und die dabei entstehenden Verbindungen verleihen ihm sein charakteristisches Aroma.

In der ostasiatischen Küche ist Knoblauch-Schnittlauch ein beliebtes Gemüse und Gewürzkraut. Die zarten Blätter können frisch oder kurz gegart verwendet werden. In der chinesischen Küche gilt der im Dunkeln gezogene, bleiche »Gelbe Lauch« als besondere Delikatesse.
Die Blüten sind ebenfalls essbar und dienen als sowohl dekorative als auch aromatische Zutat. Darüber hinaus werden sie traditionell zu einer würzigen, fermentierten Paste verarbeitet.

In der traditionellen chinesischen Medizin gilt Knoblauch-Schnittlauch als vielseitige Heilpflanze, die z. B. zur Stärkung der Nieren und Unterstützung der Verdauung eingesetzt wird.
Die nierenunterstützende Wirkung findet mittlerweile durch Laborstudien wissen-

Knoblauch-Schnittlauch: A Habitus **B** Blütenstand **C** Kapseln mit Samen **D** Stängel mit Laubblättern.

Quellen: Blanco (1875); Tackenberg (Fotos).

schaftliche Bestätigung. Darüber hinaus belegen moderne Untersuchungen das antioxidative und antimikrobielle Potenzial der Inhaltsstoffe.

Im Gartenbau wird *A. tuberosum* auch als attraktive Zierpflanze geschätzt.

Bärlauch

Waldknoblauch
Allium ursinum *(Allium latifolium)*

Bärlauch ist eine krautige, mehrjährige Pflanze mit gestielten, lanzettlichen Blättern, die einen knoblauchähnlichen Duft verströmen. Die weißen Blüten sind in endständigen Dolden angeordnet.

A. ursinum ist in den gemäßigten Klimazonen von Europa bis nach Westsibirien heimisch und wächst dort in nährstoffreichen Laubwäldern.

Seit der Steinzeit nutzen Menschen Bärlauch als Heil- und Nahrungspflanze.

Bärlauch wird meist wild gesammelt. Die Ernte erfolgt üblicherweise von März bis Mai, bevor sich die Blüten vollständig öffnen, da zu diesem Zeitpunkt das Aroma am intensivsten ist.
Aufgrund seiner zunehmenden Beliebtheit sind die natürlichen Bestände jedoch mancherorts durch übermäßiges Sammeln gefährdet. Deshalb gelten in vielen Gebieten mittlerweile Erntebeschränkungen.

Bärlauch enthält schwefelhaltige Verbindungen wie Alliin und andere Cysteinsulfoxide (z. B. Methiin), die bei Zellverletzungen zu Allicin umgewandelt werden und für das charakteristische Aroma verantwortlich sind. Außerdem enthalten die Blätter reichlich Vitamin C, die Mineralstoffe Eisen und Magnesium sowie Flavonoide und das Nukleosid Adenosin.

In der Küche werden vorwiegend die frischen Blätter verwendet, die ein feines, knoblauchähnliches Aroma besitzen, jedoch milder im Geschmack sind. Besonders beliebt sind Bärlauchbutter, Bärlauchpesto und Bärlauchquark.
Die weißen Blüten sind ebenfalls essbar und eignen sich als dekorative und aromatische Zutat.

In der traditionellen Medizin wird Bärlauch zur Senkung des Blutdrucks und zur Förderung der Verdauung eingesetzt. Wissenschaftliche Studien bestätigen, dass die Inhaltsstoffe antibakterielle, antimykotische und antioxidative Eigenschaften besitzen und sich positiv auf den Blutdruck und das Herz-Kreislauf-System auswirken können.

Bei der Wildsammlung von Bärlauch besteht Verwechslungsgefahr mit stark giftigen Pflanzen wie Maiglöckchen, Herbstzeitlose oder Aronstab. Daher ist eine sichere Identifikation, z. B. über den charakteristischen Knoblauchgeruch, unerlässlich.

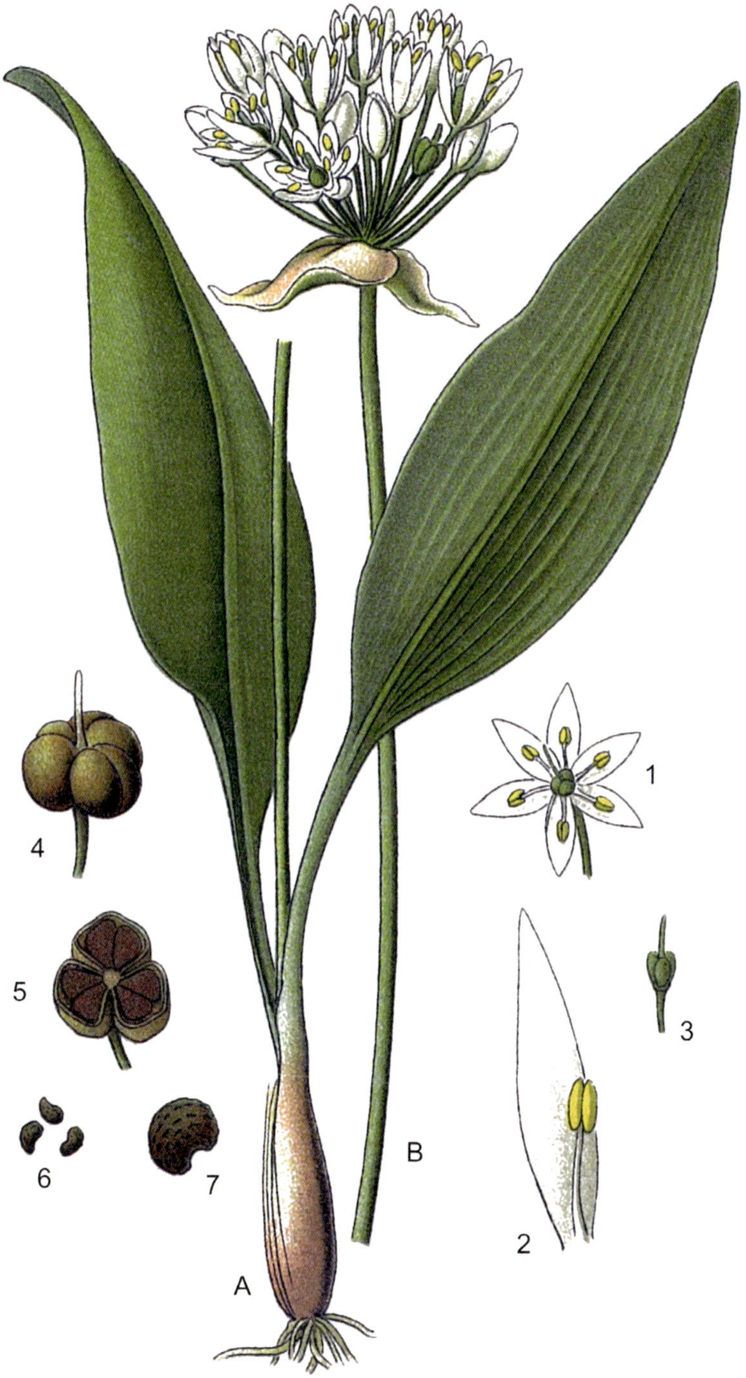

Bärlauch: **A** basaler Teil einer Pflanze mit länglichen Zwiebeln und länglich-lanzettlichen Grundblättern **B** distaler Teil einer Pflanze mit 2 Hochblättern unter der Dolde **1** Blüte **2** Perigon- und Staubblatt **3** Fruchtknoten mit Griffel **4** Kapsel **5** Kapsel im QS **6–7** Samen.

Quelle: von Schlechtendal (1840ff).

Paradieskörnerpflanze

Guinea-Pfeffer, Meleguetapfeffer

Aframomum melegueta *(Amomum melegueta)*

Die Paradieskörnerpflanze ist eine mehrjährige, krautige Pflanze mit bis zu 1,5 m hohen Stängeln und langen, lanzettlichen Blättern. Die auffälligen, weißlichen bis rötlichen Blüten wachsen direkt aus dem Rhizom. Aus ihnen entwickeln sich längliche, rotbraune Kapselfrüchte, die zahlreiche kleine Samen enthalten. Die Samen schmecken würzig-scharf und sind als »Paradieskörner« oder »Guineapfeffer« bekannt.

A. melegueta ist im tropischen Westafrika beheimatet. Die Art wird hauptsächlich in Ghana, Nigeria, Liberia und an der Elfenbeinküste angebaut. Gelegentlich wird sie auch in anderen Regionen mit tropischem Klima kultiviert.

Paradieskörner waren im Mittelalter ein begehrtes Handelsgut und wurden als Pfefferersatz verwendet. Dieser Handel prägte sogar die Geografie: Die afrikanische Küstenlinie nördlich der Elfenbeinküste erhielt von portugiesischen Händler:innen den Namen »Pfefferküste«. Nach der Entdeckung des Seewegs nach Indien wurden die Paradieskörner in Europa vom Echten Pfeffer (*Piper nigrum*) verdrängt. In ihrer westafrikanischen Heimat blieben sie hingegen ein geschätztes Gewürz und Heilmittel.

Die Samen der Paradieskörnerpflanze enthalten eine Vielzahl bioaktiver Verbindungen: ätherische Öle wie α-Terpineol, β-Caryophyllen, α-Humulen, Eugenol sowie scharf schmeckende phenolische Ketone wie 6-Paradol, 6-Gingerol und 6-Shogaol.

Paradieskörner haben einen pfeffrigen, leicht zitronigen Geschmack mit feinen Noten von Ingwer, Kardamom und Nelke. Sie bilden ein traditionelles Gewürz der westafrikanischen Küche und werden dort auch gerne zum Aromatisieren von alkoholischen Getränken eingesetzt.

Kapseln auf einem Markt in São João dos Angolares, São Tomé and Príncipe

Traditionell werden die Paradieskörner in der afrikanischen Medizin zur Behandlung von Verdauungsproblemen, Erkältungen, Entzündungen und gegen Schmerzen genutzt.

Für einige dieser traditionellen Anwendungen finden sich auch wissenschaftliche Belege: Extrakte der Pflanze wirken nachweislich antibakteriell und entzündungshemmend. Außerdem wird die Wirkung der Inhaltsstoffe 6-Paradol und 6-Gingerol untersucht – hinsichtlich einer möglichen Unterstützung des Nervensystems und ihres Potenzials beim Abnehmen durch eine Aktivierung des braunen Fettgewebes.

Paradieskörnerpflanze: **A** Spross mit Laubblättern **B** basaler Teil einer Pflanze mit Rhizom, Blütenstand und Spross mit Blättern **C** Blütenstand mit 1 entwickelten Blüte **D** Frucht (Beere) **E** warzige Samen mit fransigem Arillus **1** röhrenförmiges Blatt aus dem Blütenstand **2** Platte des Kronblatts **3** kronblattähnliches, basal röhrenförmig verwachsenes und oben 3-lappiges Staubblatt mit mittig inseriertem Staubbeutel **4** Fruchtknoten mit langem Griffel und trichterförmiger Narbe.

Quellen: Curtis Botanical Magazine (1851); Roscoe (1828ff); Shaddiii (Foto).

Echter Galgant

Galangawurzel, Galgant, Kleiner Galgant
Alpinia officinarum *(Languas officinarum)*

Der Echte Galgant ist eine mehrjährige Pflanze, die bis zu 2,5 m hoch werden kann. Sie besitzt auffällige, weißliche bis rosafarbene Blüten mit rötlich-violetten Adern. Die Pflanze bildet unterirdische Rhizome aus, die eine rötlich-braune Rinde und ein aromatisches, würzig-scharfes Inneres haben.

A. officinarum stammt aus Südostasien, insbesondere aus China und möglicherweise Thailand. Heute wird die Art v. a. in Südchina, Indien und Indonesien kultiviert.

Der Echte Galgant wurde im frühen Mittelalter von arabischen Händler:innen nach Europa gebracht und als Gewürz und Heilmittel geschätzt. Die Rhizome waren im 12. Jh. eine wichtige Zutat in vielen Rezepten der Benediktiner-Äbtissin Hildegard von Bingen, welche Galgant als »Gewürz des Lebens« bezeichnete.

Das Rhizom enthält typischerweise 0,5–1,5 % ätherische Öle, die aus zahlreichen Monoterpenen und Sesquiterpenen bestehen. Hauptkomponente ist 1,8-Cineol. Darüber hinaus sind auch γ-Cadinen, α-Farnesen, α-Terpineol, α-Bergamoten und Globulol im Öl enthalten. Weitere wichtige Inhaltsstoffe sind Flavonoide wie das leuchtend gelbe Galangin und Diarylheptanoide.

Die würzig-scharfen Rhizome werden als Gewürz und zur Aromatisierung von Getränken wie Kräuterlikören und Tee verwendet.

A. officinarum wird in der traditionellen Medizin v. a. zur Linderung von Magen-Darm-Beschwerden und Erkältungssymptomen eingesetzt.
In der aktuellen Forschung wird das Flavonol Galangin hinsichtlich antioxidativer und entzündungshemmender Eigenschaften untersucht.

Rhizom-Extrakte sind auch Bestandteil von Duftkompositionen und werden in Hautpflegeprodukten zur Förderung der Durchblutung verwendet.

Im Handel ist oft auch die verwandte Art *Alpinia galanga* unter der Bezeichnung »Galgant« erhältlich, dessen Rhizome stärker knollig verdickt und außen dunkler gefärbt sind.

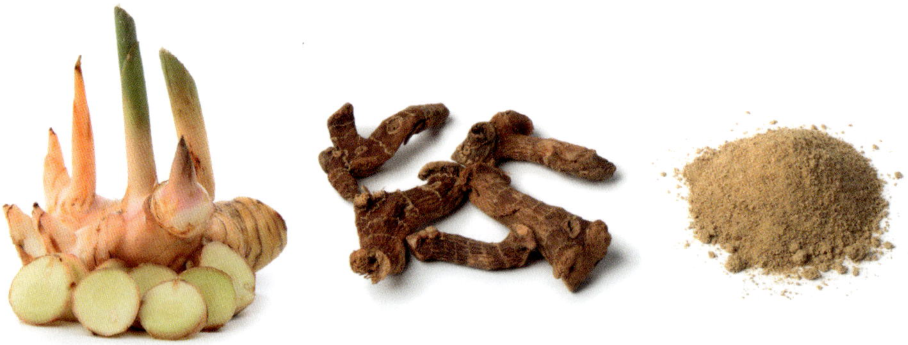

Frische und getrocknete Rhizome sowie Pulver

Echter Galgant: A basaler Teil einer Pflanze mit verdicktem Rhizom **B** distaler Teil einer Pflanze mit Blättern und Blüten **1** Blüte **2** verwachsene Staubbeutel mit durchlaufendem Griffel und kopfiger Narbe **3** Fruchtknoten im LS mit aufsitzendem drüsenartigem Staminodium, Griffel und röhrenförmig verwachsenen Staubfäden **4** QS durch Staubbeutel mit Konnektiv und Griffel **5** QS durch Staubfaden mit Griffel.

Quelle: Köhler (1883-1898ff).

Thai-Ingwer, Großer Galgant

Galangawurzel, Galgant

Alpinia galanga *(Galanga officinalis, Languas galanga)*

Thai-Ingwer ist eine mehrjährige, krautige Pflanze, die bis 2 m hoch werden kann. Sie besitzt lange, schmale, glänzend grüne Blätter. Die weißlichen bis rötlichen Blüten sind in endständigen Blütenständen angeordnet. Das kräftige, knollig verdickte Rhizom ist außen dunkelbraun gefärbt und besitzt ein stark scharfes, würziges Aroma.

A. galanga stammt aus Südostasien, insbesondere aus Indonesien und Südchina. Die Art wird heute in größerem Stil in Thailand, Indonesien, Malaysia und Indien kultiviert und auch in vielen weiteren tropischen Regionen angebaut.

Thai-Ingwer hat insbesondere in Thailand und Indonesien eine lange Tradition als Gewürz und Heilpflanze. Im Mittelalter gelangte er mit arabischen Händler:innen nach Europa.

Die Rhizome enthalten 0,5–1,5 % ätherische Öle, deren Hauptbestandteile Methylcinnamat und 1,8-Cineol sind. Darüber hinaus finden sich Flavonoide wie Galangin, Gingerole sowie Eugenol und Diarylheptanoide.

Frischer Thai-Ingwer ist eine wichtige Zutat in der südostasiatischen Küche. Im Vergleich zum Echten Galgant ist sein Geschmack schärfer, pfeffriger und hat eine harzige und zitronige Note. Das frische Rhizom wird meist in dünnen Scheiben oder als Paste verwendet. Thai-Ingwer wird auch zur Aromatisierung von Getränken eingesetzt. Getrocknet findet er sich in vielen thailändischen oder indonesischen Gewürzmischungen, auch wenn beim Trocknen das kräftige Aroma größtenteils verloren geht.

Frische Rhizome

In der traditionellen Medizin Südostasiens werden die Rhizome bei Hauterkrankungen, Entzündungen, Magen-Darm-Beschwerden und Erkältungen eingesetzt. Außerdem werden die ätherischen Öle in der Aromatherapie genutzt.
Aktuell werden die antioxidativen, antimikrobiellen und entzündungshemmenden Wirkungen des Galangin und der Diarylheptanoide genauer untersucht.

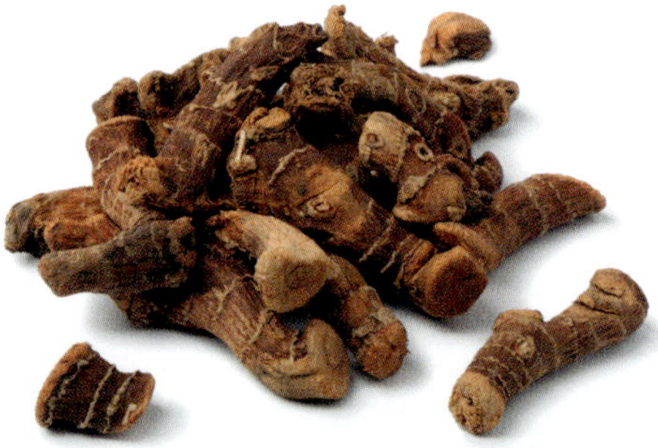

Getrocknete Rhizome

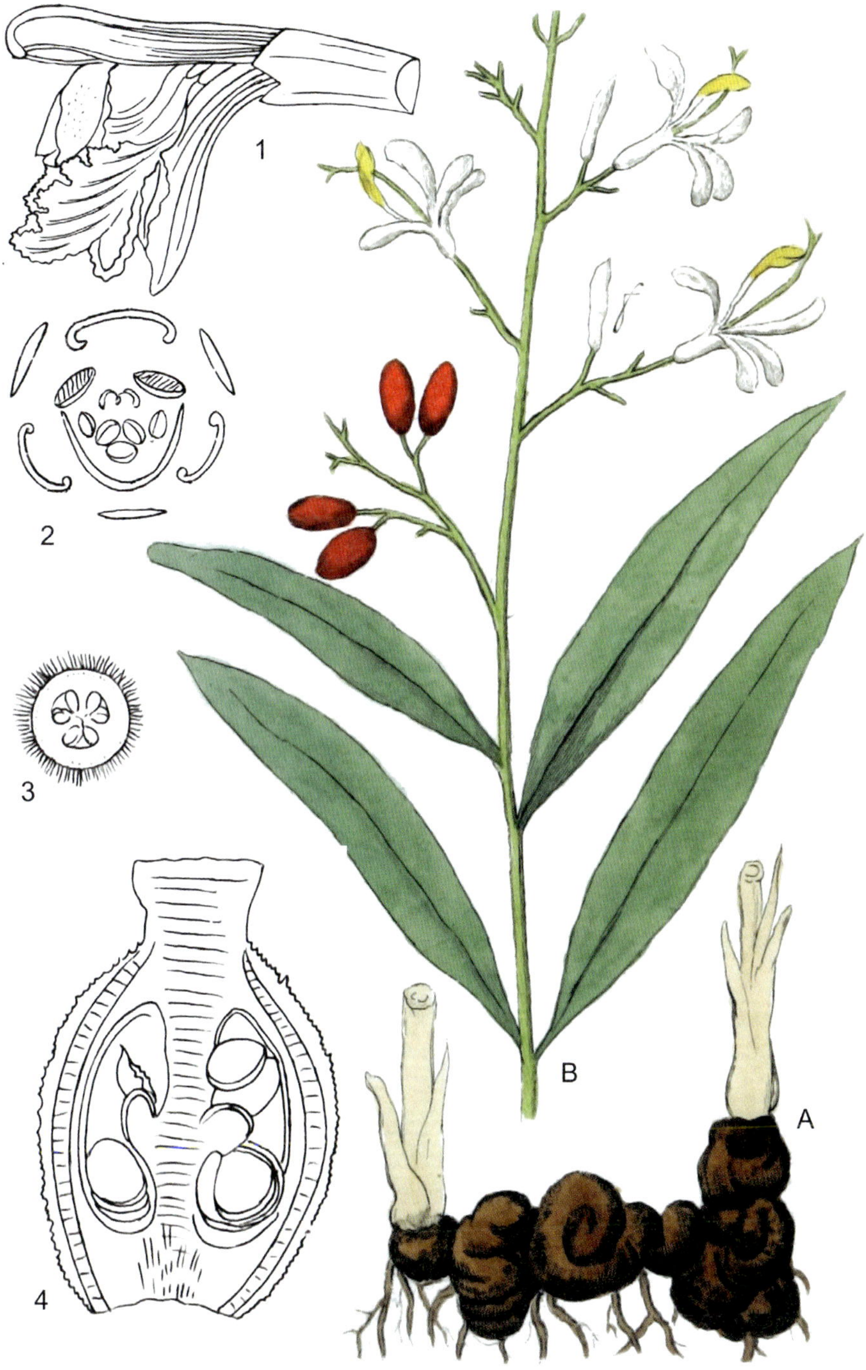

Thai-Ingwer: **A** basaler Teil einer Pflanze mit knollig verdicktem Rhizom **B** distaler Teil einer Pflanze mit Blättern, Blüten und Früchten (Kapseln) **1** Blüte **2** Blütendiagramm **3** Fruchtknoten im QS **4** Fruchtknoten im LS.

Quellen: Oskamp et al. (1796–1800); Kirtikar & Basu (1918).

Schwarzer Kardamom

Brauner Kardamom, Nepal-Kardamom
Amomum subulatum *(Cardamomum subulatum)*

Der Schwarze Kardamom ist eine mehrjährige, krautige Pflanze mit langen, kräftigen Rhizomen, aus denen sich aufrechte Sprosse entwickeln. Die weißlichen bis gelblichen und rötlich bis violett gezeichneten Blüten entstehen in bodennahen, ährenartigen Blütenständen. Die sich daraus entwickelnden bräunlich-schwarzen Kapseln enthalten mehrere unregelmäßig geformte Samen.

Reife Kapseln

A. subulatum stammt aus den feuchtwarmen unteren Gebirgsregionen des Himalayas, insbesondere aus Nepal, Bhutan, Nordindien und Tibet. In Nepal, Indien und Bhutan wird er auch angebaut.

Die Art wird seit Jahrhunderten in der traditionellen Medizin Südasiens geschätzt. Auch die Samen wurden bereits früh als Gewürz verwendet.

Die Pflanze wird meist aus Rhizomstücken vermehrt. Die ersten Früchte zeigen sich nach ± 3 Jahren. Die Kapseln werden per Hand gepflückt und die Samen anschließend traditionell über Holzfeuern getrocknet, wodurch das typische rauchige Aroma entsteht.
Für zahlreiche Familien in den Bergregionen Nepals, Indiens und Bhutans stellt der Anbau von Schwarzem Kardamom eine wichtige, oft die primäre Einkommensquelle dar. Die Kultivierung und die traditionelle, arbeitsintensive Verarbeitung der Kapseln prägen die lokale Wirtschaft und die Lebensweise in den Anbauregionen.

Die Kardamomsamen enthalten 2–5 % ätherische Öle mit mehr als 50 verschiedenen Aromastoffen. 1,8-Cineol bildet die Hauptkomponente, oft mit einem Anteil von 60–70 %. Das Öl enthält außerdem α-Terpinylacetat, α-Terpineol, verschiedene Pinene und β-Caryophyllen.

Getrocknete Kapseln und Samen des Schwarzen Kardamoms (links) und Grünen Kardamoms (rechts)

Schwarzer Kardamom ist ein häufig verwendetes Gewürz in der südasiatischen Küche und verleiht Gerichten ein rauchiges Aroma. Die Samen sind auch Bestandteil von Gewürzmischungen wie dem bekannten »Garam Masala«.
Aufgrund der antibakteriellen Inhaltsstoffe dient er auch als Konservierungsmittel für Lebensmittel.

A. subulatum wird in der traditionellen Medizin zur Unterstützung der Verdauung und der Atemwege verwendet.

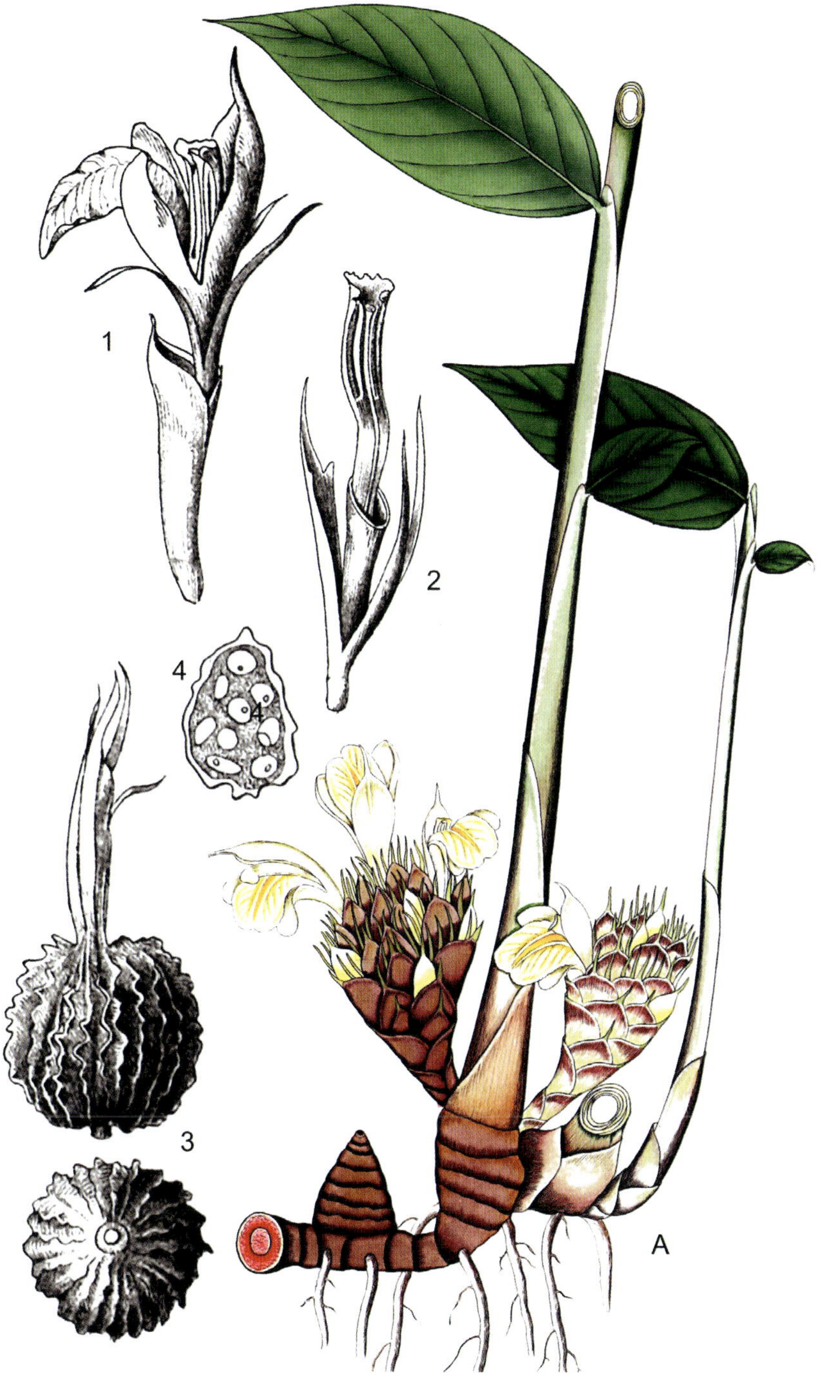

Schwarzer Kardamom: A basaler Teil einer Pflanze mit verdicktem Rhizom, Basis eines Sprosses mit Blättern und Blütenständen **1** Blüte **2** Staubblatt mit 2 Staminodien **3** Frucht (Kapsel), distal mit Resten der Blütenhülle **4** Frucht mit Samen im QS.

Quellen: Kirtikar & Basu (1918); Engler (1887ff).

Grüner Kardamom

Ceylon-Kardamom, Kardamom, Malabar-Kardamom
Elettaria cardamomum *(Amomum cardamomum)*

Grüner Kardamom ist eine mehrjährige, krautige Pflanze, die eine Wuchshöhe von 3 m erreichen kann. Wildformen können sogar bis zu 6 m hoch werden. Die Pflanze verströmt einen intensiven, würzigen Duft.
Die Blüten sind weißlich mit purpur bis violett gefärbten Lippen und entstehen in dichten Blütenständen nahe dem Boden. Nach der Bestäubung entwickeln sich daraus eiförmige Kapselfrüchte, die mehrere unregelmäßig geformte Samen enthalten.

E. cardamomum stammt aus den tropischen Regenwäldern Südindiens und Sri Lankas. Heute wird die Art v. a. in Indien, Guatemala, Tansania, aber auch in anderen tropischen Regionen kultiviert.

Kardamom-Samen finden seit Jahrhunderten in der ayurvedischen und traditionellen chinesischen Medizin Verwendung. Die Ägypter:innen, Griech:innen und Römer:innen nutzten ihn in der Antike für medizinische Zwecke, als Räuchermittel, in Parfüms und seltener auch als Gewürz.

Die noch geschlossenen Kapselfrüchte werden kurz vor der Vollreife von Hand geerntet und anschließend sorgfältig getrocknet. Die Ernte in oft steilen Hanglagen erfolgt meist über einen längeren Zeitraum, da die Kapseln nicht gleichzeitig reifen. Der aufwendige Ernteprozess trägt zu den hohen Kosten des Gewürzes bei.

Die Samen enthalten bis zu 10 % ätherisches Öl mit hohen Anteilen an 1,8-Cineol und α-Terpinylacetat. Außerdem sind darin Limonen, α-Terpineol, Tannine und Flavonoide zu finden.

Grüner Kardamom wird sowohl in süßen als auch in herzhaften Speisen verwendet. Besonders gerne wird er für Backwaren wie Lebkuchen, »Pulla« aus Finnland oder »Kanelbullar« aus Schweden verwendet. Darüber hinaus dient er zum Aromatisieren von Getränken wie »Chai-Tee«, »Arabischem Kaffee« und diversen Spirituosen.

Im indischen Ayurveda gilt Kardamom als verdauungsfördernd, entgiftend und stärkend. Kardamomöl wird in der Aromatherapie zur Anregung und Konzentrationssteigerung eingesetzt.

Auch die Kosmetikindustrie nutzt aromatische Kardamom-Extrakte in Parfüms und Pflegeprodukten.

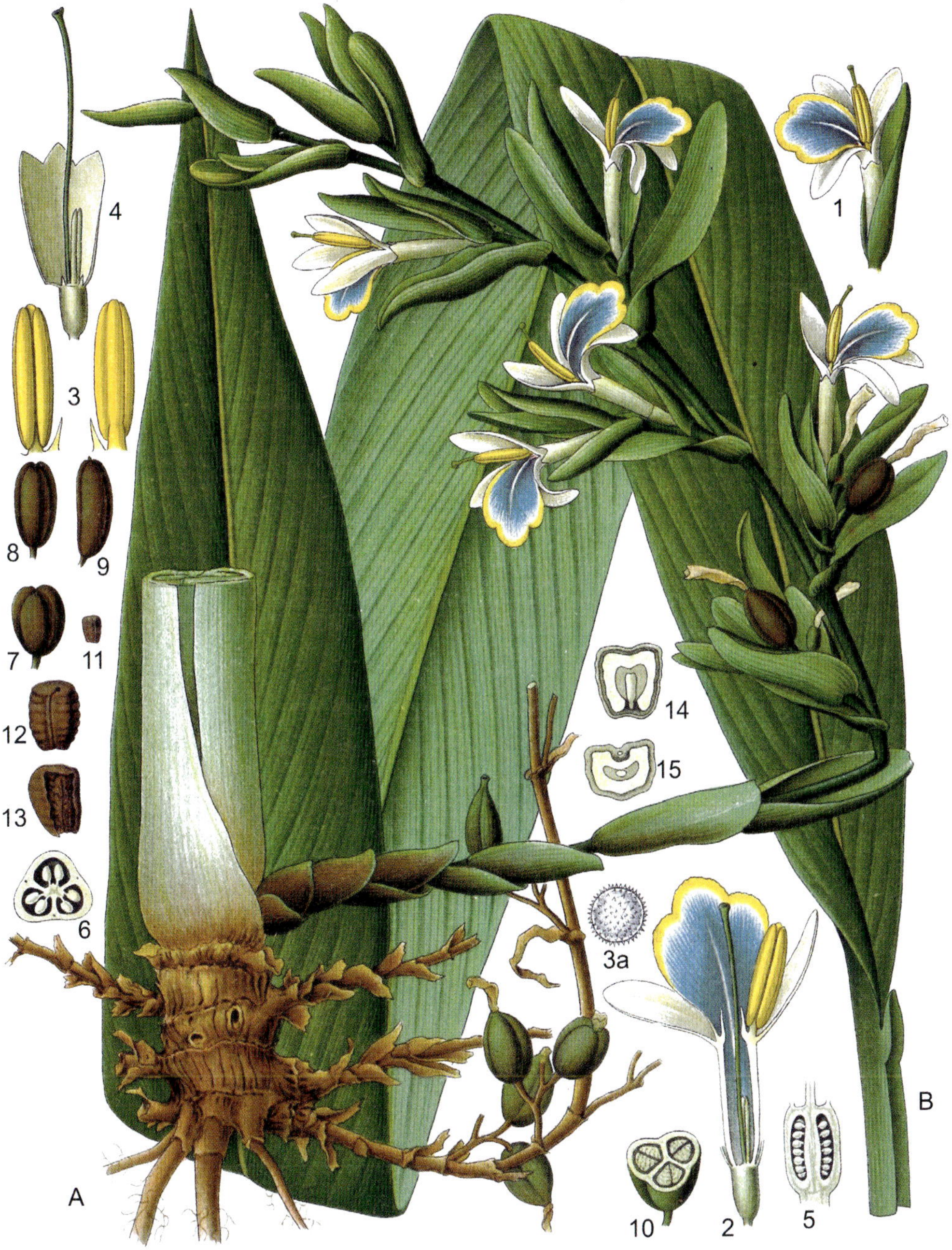

Grüner Kardamom: A Pflanze mit verzweigtem Rhizom, mit Basis von 1 Blatt und 1 Blütenspross **B** Laubblatt **1** Blüte mit Tragblatt **2** aufpräparierte Blüte **3** Staubblätter **3a** Pollen **4** aufpräparierte Blüte mit unterständigem Fruchtknoten, langem Griffel und kopfiger Narbe im Kelch **5** Fruchtknoten im LS **6** Fruchtknoten im QS **7–9** Kapseln **10** Kapsel im QS **11–13** Samen **14** Same im LS **15** Same im QS. Die Blüten sind eher purpur bis violett gemustert (und nicht bläulich).

Quelle: Köhler (1883–1898ff).

Kurkuma

Gelbwurzel
Curcuma longa *(Curcuma domestica)*

Kurkuma ist eine mehrjährige, krautige Pflanze. Die langröhrigen bis trichterförmigen, gelblich-weißlichen bis orange-violetten Blüten sind von auffälligen Hochblättern umgeben. Das knollige Rhizom ist im Inneren intensiv orange-gelblich gefärbt.

C. longa stammt aus Süd- und Südostasien und wird in vielen tropischen und subtropischen Regionen angebaut, v. a. in Indien, China, Indonesien und Thailand.

Anbau von Kurkuma unter Kokosnusspalmen in Tamil Nadu, Indien

In den altindischen vedischen Schriften wird Kurkuma schon vor ± 4.000 Jahren erwähnt. Die Art spielt eine bedeutende Rolle im indischen Ayurveda und der traditionellen chinesischen Medizin.
Über die Seidenstraße gelangte Kurkuma wahrscheinlich im Mittelalter nach Europa und wurde aufgrund seiner intensiven Farbe als »Indischer Safran« bekannt.

Es gibt zahlreiche lokale Kurkuma-Sorten, die sich in Form, Farbe, Aroma sowie im Gehalt an färbenden und aromatischen Inhaltsstoffen der Rhizome unterscheiden.

Das Aroma entsteht durch ätherische Öle, die v. a. Sesquiterpene wie ar-Turmeron, Cadinen und Zingiberen enthalten. Die kräftige gelbe Farbe stammt von Curcuminoiden, v. a. Curcumin.

Das Rhizom von Kurkuma wird meist getrocknet und pulverisiert. Das Pulver ist Hauptbestandteil in den meisten Curry-Mischungen und verleiht Gerichten eine leuchtend gelbe Farbe.

Die Europäische Arzneimittel-Agentur erkennt Kurkuma als Pflanze mit traditionellen Heilwirkungen an. Wissenschaftliche Studien zeigen vielversprechende entzündungshemmende, antimikrobielle, verdauungsfördernde und krebshemmende Wirkungen der Inhaltsstoffe, v. a. von Curcumin.
Curcumin wird allerdings nur relativ schlecht vom Körper aufgenommen. Traditionell wird Kurkuma deshalb oft zusammen mit Pfeffer verwendet, dessen Inhaltsstoff Piperin die Aufnahme von Curcumin nachweislich verbessert. Auch in Nahrungsergänzungsmitteln wird versucht, die Bioverfügbarkeit durch spezielle Formulierungen, z. B. mit Fetten oder durch Mizellbildung, zu erhöhen.

Kurkuma: **A** Habitus **B** basaler Teil einer Pflanze mit Rhizom und Stängel mit Blättern **C** Blütenstand **1** Blüte mit Kelch und langröhriger Krone **2** Blüte im LS mit 1 zentralem Staubblatt mit langem Staubfaden und gespornten Staubbeuteln **3** basaler Teil einer Blüte im LS mit unterständigem Fruchtknoten, Kronröhre, kurzen Staminodien und dem Staubfaden des fertilen Staubblatts (das den Griffel röhrenförmig umgibt) **4** Fruchtknoten im QS **5–7** Staubblatt mit langem Staubfaden und gespornten Staubbeuteln sowie durchlaufendem Griffel mit kopfiger Narbe in aufpräparierter Kronröhre.

Quellen: Denisse (1843–1846); Köhler (1883–1898ff).

Die leuchtend gelbe Farbe findet zudem Anwendung in der Kosmetik und Textilfärbung.

Ähnliche Arten

Nahe verwandte Arten wie Mangoingwer (*C. amada*), die Wilde Gelbwurz (*C. aromatica*) oder die Javanische Gelbwurz (*C. xanthorrhiza*) werden ähnlich genutzt.

Ingwer

Zingiber officinale *(Amomum zingiber)*

Ingwer ist eine mehrjährige krautige Pflanze, die bis zu 1,5 m hoch wird. Die Pflanze bildet steif aufrechte Sprosse aus einem unterirdischen knolligen Rhizom. Die gelblich-grünlichen Blüten haben eine rötliche, 3-lappige Lippe.

Z. officinale stammt aus den tropischen Regionen Südostasiens, insbesondere aus Indien und China. Heute wird Ingwer weltweit in tropischen und subtropischen Regionen kultiviert. Große Anbaugebiete liegen in Indien, Nigeria, China, Nepal und weiteren Staaten Südostasiens.

Ingwer wurde schon vor 5.000 Jahren in China und Indien als Heil- und Gewürzpflanze genutzt.
Ins Mittelmeergebiet kam die Art vermutlich durch arabische Händler:innen vor ± 2.000 Jahren. Seit dem 16. Jh. bauen spanische und englische Siedler:innen Ingwer auch in der Karibik an.

Es existieren zahlreiche lokale Ingwer-Varianten, die sich in Form, Farbe, Schärfe und Aroma unterscheiden.

Ingwer enthält ätherische Öle mit Sesquiterpenen wie Zingiberen, β-Bisabolen und β-Sesquiphellandren, die das würzige Aroma ausmachen. Die Schärfe stammt von Gingerolen, die bei der Trocknung zu den noch schärferen Shogaolen umgewandelt werden. Darüber hinaus enthält das Rhizom auch reichlich Mineralstoffe wie Kalium, Magnesium und Eisen.

Ingwer ist ein vielseitig einsetzbares Gewürz und kann frisch oder getrocknet verwendet werden. Das würzige Rhizom passt zu Fleisch- und Fischgerichten, Gemüse, Reis und Hülsenfrüchten.
In Europa wird Ingwer auch gerne für Gebäck wie Lebkuchen und Printen genutzt. Bekannte Getränke mit Ingwer sind Ginger Ale, Ingwertee und Ingwer-Shots.

Ingwer wird in der traditionellen Medizin als verdauungsförderndes, entzündungshemmendes, schmerzlinderndes und entgiftendes Mittel eingesetzt.
Auch die Europäische Arzneimittel-Agentur erkennt Extrakte der Rhizome als etabliertes Mittel zur Vorbeugung von Reisekrankheit sowie als traditionelles Mittel zur Linderung von leichten Magen-Darm-Beschwerden, Erkältungssymptomen und geringfügigen Gelenkschmerzen an. Wissenschaftliche Studien stützen insbesondere die Verwendung bei Übelkeit. Auch antivirale Eigenschaften der Inhaltsstoffe sind durch Laborstudien belegt.

Schwangere Frauen und Menschen mit Gallenproblemen sollten beim Verzehr größerer Mengen Ingwer Vorsicht walten lassen.

Ingwer: A Habitus **B** Spross mit Laubblättern **1** Blütenknospe **2** Blüte **3** aufpräparierte Kelchblätter **4** Blüte im LS mit zahnförmigen Staminodien und fruchtbarem Staubblatt mit durchlaufendem Griffel mit kopfiger Narbe **5** 3-lappige Krone mit zahnförmigen Staminodien **6** Fruchtknoten mit Griffel, basal mit zahnförmigen Staminodien **7** distaler Teil des Griffels mit Narbe **8** Fruchtknoten im QS **9** Fruchtknoten im LS.

Quelle: Köhler (1883–1898ff).

Westindisches Zitronengras

Guatemaltekisches Lemongras, Westindisches Lemongras
Cymbopogon citratus *(Andropogon citratus)*

Das Westindische Zitronengras ist ein immergrünes, horstig wachsendes 1–2 m hohes Gras mit starkem Zitronenduft. Die Pflanze bildet an ihrer Basis kräftige Halme, die aus eng anliegenden Blattscheiden gebildet werden und unten zwiebelartig verdickt sind.

C. citratus stammt aus Südasien, vermutlich aus Indien oder Sri Lanka. Mittlerweile hat sich die Art in allen Tropenregionen der Welt ausgebreitet und wird u. a. in Asien, Afrika, der Karibik und Mittelamerika kultiviert.

Das Westindische Zitronengras wird in der traditionellen Thai-Medizin seit Langem als Heilpflanze eingesetzt und gelangte früh nach Afrika. Die Kultivierung in Südamerika, der Karibik und Mittelamerika begann erst nach dem 2. Weltkrieg.

Die Blätter enthalten 0,5–2 % ätherisches Öl (auf Trockengewichtsbasis), dessen Hauptinhaltsstoffe Citral, Geraniol, Citronellal und Myrcen für das charakteristische Zitronenaroma sorgen. Des Weiteren finden sich Flavonoide, Phenolcarbonsäuren wie Kaffeesäure und Chlorogensäure sowie Glucane.

Die frischen oder getrockneten Blätter und die weißen, verdickten Blattbasen werden als Gewürz verwendet. Getrocknete Blätter werden oft als Tee aufgebrüht.

Echtes Zitronengras

Cymbopogon nardus

C. nardus ist auf dem indischen Subkontinent und in Südostasien heimisch. Hauptanbaugebiete sind heute Sri Lanka, Indien und Java. Auch in tropischen Regionen Afrikas und Südamerikas wird die Art kultiviert.
Das ätherische Öl enthält mehr als 30 Komponenten. Die Hauptbestandteile sind Citronellal, Citronellol und Geraniol. Die genaue Zusammensetzung unterscheidet sich zwischen verschiedenen Chemotypen der Art. Generell enthält sie weniger Citral als das Westindische Zitronengras.
In der Küche wird *C. nardus* nur selten als Gewürz verwendet.

Zitronengras: A Stängel mit Blättern **B** distaler Teil einer Pflanze mit Blütenstand **C** Teil eines Blütenstands **1** fertiles Blütchen **2** 2-blütiges Ährchen, basal mit fertiler, distal mit sterilem Blütchen **3** Hüllspelze **4** Deckspelze. **A–B:** ***C. martinii***; **C, 1–4:** ***C. citratus***.

Quellen: Bulletin of Miscellaneous Information (1906); Royle (1839); Kirtikar & Basu (1918).

Das ätherische Öl wird in großen Mengen als preiswerter Aromastoff für Seifen, Kerzen und Kosmetika verwendet. Es säubert die Haut und kann Körpergerüche überdecken. Das Öl hat zudem insektenabweisende Eigenschaften. Weitere zum Aromatisieren genutzte Zitronengras-Arten sind *C. martini* und *C. flexuosus.*

Schlafmohn

Papaver somniferum

Schlafmohn ist eine 1-jährige Pflanze mit opiumhaltigem Milchsaft. Die großen Blüten sind weißlich, rosafarben, rötlich oder violett. Die fast kugelige Kapsel enthält viele kleine Samen.

P. somniferum stammt vermutlich aus dem östlichen Mittelmeergebiet und Westasien. Die Pflanze wird heute weltweit kultiviert, v. a. in gemäßigten Breiten.

Schon in der Antike kannten Sumerer:innen und Ägypter:innen Opium und nutzten es zur Behandlung von Schmerzen sowie als Beruhigungsmittel. Im 19. Jh. wurde aus Opium das Alkaloid Morphin isoliert, was zu einem bedeutenden Fortschritt in der medizinischen Schmerzbehandlung führte.

Viele Sorten wurden gezielt für die Opiumproduktion optimiert. Für die Mohnsamenproduktion entwickelte Sorten umfassen auch solche mit hellen Samen.

Schlafmohn ist v. a. wegen der im Milchsaft enthaltenen Alkaloide bekannt, die eine schmerzstillende Wirkung haben, aber auch schnell abhängig machen. Die wichtigsten sind Morphin, Codein, Thebain und Narcotin.
Die Samen bestehen bis zu 50 % aus fetten Ölen (v. a. aus Ölsäure und der mehrfach ungesättigten Linolsäure), zu 20 % aus Proteinen und enthalten zudem reichlich Ballaststoffe. Außerdem sind Mineralstoffe wie Calcium, Eisen und Magnesium sowie B-Vitamine und Vitamin E in nennenswerten Mengen vorhanden. Für das charakteristische Aroma sorgen Hexanal, 2-Pentylfuran und Capronsäure sowie Pyrazine.
Die Samen selbst enthalten keinen signifikanten Alkaloidgehalt, können jedoch bei der Ernte und Verarbeitung damit kontaminiert werden.

Die Samen finden als Gewürz und Backzutat vielfältige Verwendung. Sie werden Brot, Brötchen, Kuchen und Desserts zugesetzt. Darüber hinaus sind Mohnsamen auch eines der 7 Gewürze der traditionellen japanischen »Shichimi tōgarashi«-Gewürzmischung.
Das aus den Samen gepresste Öl eignet sich hervorragend zum Kochen und für Salate.

Aus dem Milchsaft der unreifen Kapseln wird Opium gewonnen, das als Droge, starkes Schmerzmittel und Ausgangsstoff für viele Arzneimittel wie Morphin und Codein dient.
Opium wirkt stark schmerzlindernd, beruhigend und euphorisierend. Gleichzeitig birgt es ein extrem hohes Suchtpotenzial und kann zu gefährlichen Nebenwirkungen wie einer lebensbedrohlichen Lähmung des Atemzentrums führen.

In Deutschland und vielen anderen Ländern ist der Anbau von Schlafmohn nur mit spezieller Genehmigung erlaubt und streng reglementiert.

Schlafmohn: **A** distaler Teil einer Pflanze mit stängelumfassenden Laubblättern und weißlicher Blüte **B** rötliche Blüte **1** aufpräparierte Blüte im LS mit Fruchtknoten und Staubblättern (ohne Kelch und Krone) **2** Staubbeutel **3** Pollen **4** Fruchtknoten **5** Fruchtknoten im QS **6** Kapsel **7** Same **8** Same im LS **9** Same im QS.

Quelle: Köhler (1883–1898ff).

Schwarzkümmel

Nigella sativa *(Nigella cretica)*

Schwarzkümmel ist eine 1-jährige, krautige Pflanze mit feinen, mehrfach gefiederten Blättern. Die zarten, weißlichen und zuweilen hellbläulich bis hellgrünlich überlaufenen Blüten sitzen einzeln an den Stängelenden. In den aufgeblasenen Bälgen befinden sich zahlreiche kleine, schwarze Samen.

N. sativa stammt aus dem östlichen Mittelmeerraum sowie Südwestasien. Heute wird die Art in vielen warmen Regionen kultiviert, v. a. in der Mittelmeerregion, in Indien, Pakistan, der Türkei und Saudi-Arabien.

Schwarzkümmel wurde schon vor über 3.000 Jahren als Gewürz- und Heilpflanze geschätzt. Im antiken Ägypten gehörte er zu den Grabbeigaben der Pharaonen. Auch im Alten Testament und in den Überlieferungen des Propheten Mohammed wird seine Heilkraft erwähnt.

Die Samen enthalten 30–40 % fettes Öl mit einem hohen Anteil an der mehrfach ungesättigten Linolsäure sowie Ölsäure. Das ätherische Öl hat Thymochinon und Carvacrol als Hauptbestandteile und enthält zudem bittere Alkaloide wie Nigellicin und Nigellidin. Darüber hinaus sind Saponine (z. B. α-Hederin), Phytosterine (z. B. β-Sitosterol) und Flavonoide zu finden.

Schwarzkümmel wird in vielen Küchen des Nahen Ostens, Nordafrikas und Südasiens als aromatisches Gewürz geschätzt. Die Samen haben einen leicht bitteren, nussigen Geschmack und können sowohl ganz als auch gemahlen verwendet werden. Durch Rösten intensiviert sich ihr Aroma.

Schwarzkümmelöl wird in der traditionellen Medizin vielfältig verwendet, z. B. gegen Schwangerschaftsbeschwerden, Allergien, Neurodermitis oder Schuppenflechte. Dem Öl werden auch positive Wirkungen bei Magen-Darm-Problemen und Bluthochdruck zugeschrieben.
In Laborversuchen zeigen einige Inhaltsstoffe antibakterielle, entzündungshemmende und krebshemmende Effekte.

Neben der medizinischen Anwendung findet Schwarzkümmelöl auch in Kosmetikprodukten Verwendung.

Damaszener Schwarzkümmel

Nigella damascena

Die Samen des nahe verwandten Damaszener Schwarzkümmels werden in Mitteleuropa seit der Bronzezeit genutzt, konnten sich jedoch gegen andere Gewürze nicht durchsetzen.

Schwarzkümmel: **A** distaler Teil einer Pflanze mit fiederteiligen Stängelblättern und Blüten **B** basaler Teil einer Pflanze mit Grundblättern und Pfahlwurzel **1** Perigonblatt **2** 2-lippiges Nektarblatt **3** Fruchtknoten im QS **4** Gynoeceum aus mehreren Bälgen **5** Samen, auch im QS.

Quelle: von Schlechtendal (1840ff).

Süßholz

Glycyrrhiza glabra
(Glycyrrhiza echinata, Glycyrrhiza officinalis)

Das Süßholz ist eine mehrjährige, krautige Pflanze, die 1–1,5 m hoch wird. Die großen Blätter sind unpaarig gefiedert. Die blassvioletten Schmetterlingsblüten entwickeln sich zu 2–3 cm langen, abgeflachten Hülsenfrüchten.
Die Pflanze bildet ein weit verzweigtes unterirdisches Rhizom und eine dicke Pfahlwurzel aus. Rhizom und Wurzel werden gemeinsam als »Süßholzwurzel« bezeichnet und genutzt.

G. glabra ist im Mittelmeergebiet und in Südwestasien heimisch. Dort, aber auch in Mitteleuropa und anderen Regionen wird die Art kultiviert.

Die Nutzung verschiedener *Glycyrrhiza*-Arten reicht in China mehr als 4.000 Jahre zurück. Im antiken Ägypten wurde *G. glabra* als Heilpflanze verwendet. Ab dem Mittelalter wurde die Art auch in Mitteleuropa populär und fand Eingang in die Klostermedizin. Italienische Mönche stellten im 13. Jh. erstmals Blocklakritz her, ein konzentriertes Süßholzextrakt aus den unterirdischen Pflanzenteilen. Der englische Apotheker George Dunhill fügte um 1760 Zucker und Mehl hinzu und verkaufte erstmals Lakritz in seiner heutigen Form als Süßigkeit.

Die Wurzeln von *G. glabra* enthalten 2–15 % Glycyrrhizin, eine 50-fach süßer als Rohrzucker schmeckende Saponinverbindung, und ein Triterpenoid. An Ballaststoffen sind v. a. Arabinogalactane zu nennen. Weitere Inhaltsstoffe sind zahlreiche Flavonoide, Phytoöstrogene, Cumarine und ätherische Öle.

Die aus den unterirdischen Pflanzenteilen gewonnenen Extrakte werden zum Süßen und Aromatisieren von Getränken, Süßwaren und Backwaren verwendet. Lakritz ist das bekannteste Produkt.
Traditionell wird Süßholz auch zur Stabilisierung des Schaumes in Bier und anderen Getränken verwendet.

Süßholz ist eine wichtige Heilpflanze der traditionellen chinesischen Medizin und wird von der Europäischen Arzneimittel-Agentur als Pflanze mit traditionellen Heilwirkungen anerkannt.
Extrakte haben entzündungshemmende, antioxidative und hautaufhellende Wirkungen. Sie werden auch bei Erkrankungen der oberen Luftwege, Magen-Darm-Entzündungen und Magengeschwüren eingesetzt.

Die Kosmetikindustrie nutzt Süßholz-Extrakte in Hautpflegeprodukten. In technischen Anwendungen dient Glycyrrhizin als Schaumbildner und Emulgator, z. B. in Feuerlöschmitteln.

Bei übermäßigem und längerfristigem Verzehr ist Vorsicht geboten, da das enthaltene Glycyrrhizin den Mineralstoffhaushalt beeinflussen und zu Nebenwirkungen wie Bluthochdruck, Ödemen oder Kaliummangel führen kann.

Süßholz: A distaler Teil einer Pflanze mit unpaarig gefiederten Laubblättern und Blütenständen (Trauben) **B** Rhizom mit austreibenden Sprossen und Wurzeln **1** Schmetterlingsblüte **2** Blüte im LS **3** Fahne **4** Flügel **5** Schiffchen **6** 1 freies und 9 verwachsene Staubblätter und Spitze des Griffels **7** aufpräparierte Staubblätter **8** Staubbeutel **9** Pollen **10** aufpräparierte Blüte (ohne Krone) mit Tragblatt **11** Fruchtknoten mit gekrümmtem Griffel und kopfiger Narbe **12** Fruchtknoten im LS mit Samenanlagen **13** unreife Frucht (Hülse) **14** aufpräparierte Hülse mit Samen **15** Hülse mit Same im QS **16** Same **17** Same im LS **18** Same im QS **19** Embryo.

Quellen: Thomé (1885ff); Berg & Schmidt (1891-1902); Vietz (1800-1822ff).

Bockshornklee

Griechischer Bockshornklee, Griechisches Heu
Trigonella foenum-graecum
(Foenum-graecum officinale, Trigonella graeca)

Bockshornklee ist eine 1-jährige Pflanze mit 3-teiligen Blättern. Die kleinen, weißlich-cremefarbenen bis hellgelblichen Schmetterlingsblüten entwickeln sich zu schlanken Hülsenfrüchten. Jede Hülse enthält mehrere unregelmäßig geformte, rötliche, bräunliche oder gelbliche Samen, die ein würziges, leicht bitteres Aroma besitzen.

T. foenum-graecum stammt aus dem Mittelmeergebiet und Südwestasien. Die Art wird heute in vielen subtropischen und tropischen Regionen kultiviert, besonders in Indien und Nordafrika, zuweilen auch in Mitteleuropa.

Im antiken Ägypten wurde Bockshornklee als Nahrungsmittel und Arzneipflanze kultiviert und spielte eine wichtige Rolle als Heilpflanze. Auch im indischen Ayurveda hat er eine bedeutende Stellung.

Die Samen von *T. foenum-graecum* sind reich an Proteinen (oft 20–25 %) und enthalten alle essenziellen Aminosäuren, allerdings mit einem ungünstigen Aminosäureprofil. Daneben finden sich 6–8 % fette Öle sowie Mineralstoffe wie Eisen und Calcium, Alkaloide (v. a. Trigonellin), Steroidsaponine (v. a. Diosgenin) und Lactone (v. a. Sotolon).

Die Samen des Bockshornklees werden oft geröstet und gemahlen verwendet. Sie sind insbesondere in der indischen Küche ein wichtiges Gewürz (»Methi«) und Bestandteil bekannter Gewürzmischungen wie »Garam Masala« und »Sambar-Pulver«. Gekeimte Samen finden in Salaten Verwendung und die jungen Blätter können als Gemüse zubereitet werden.

In vielen traditionellen Medizinsystemen spielt Bockshornklee eine wichtige Rolle: Die Samen gelten als verdauungsfördernd, entzündungshemmend und blutzuckerregulierend.
Die Art wird auch von der Europäischen Arzneimittel-Agentur als Pflanze mit traditionellen Heilwirkungen zur Behandlung von vorübergehendem Appetitverlust und leichten Hautentzündungen anerkannt. Auch die positive Wirkung auf den Blutzuckerspiegel ist gut belegt und macht ihn zu einem interessanten Kandidaten in der Begleittherapie von Diabetes.

Bockshornklee findet auch Anwendung in der Kosmetikindustrie, wo Extrakte aus den Samen für Haut- und Haarpflegeprodukte genutzt werden. Darüber hinaus wird die Pflanze als proteinreiches Grünfutter verwendet.

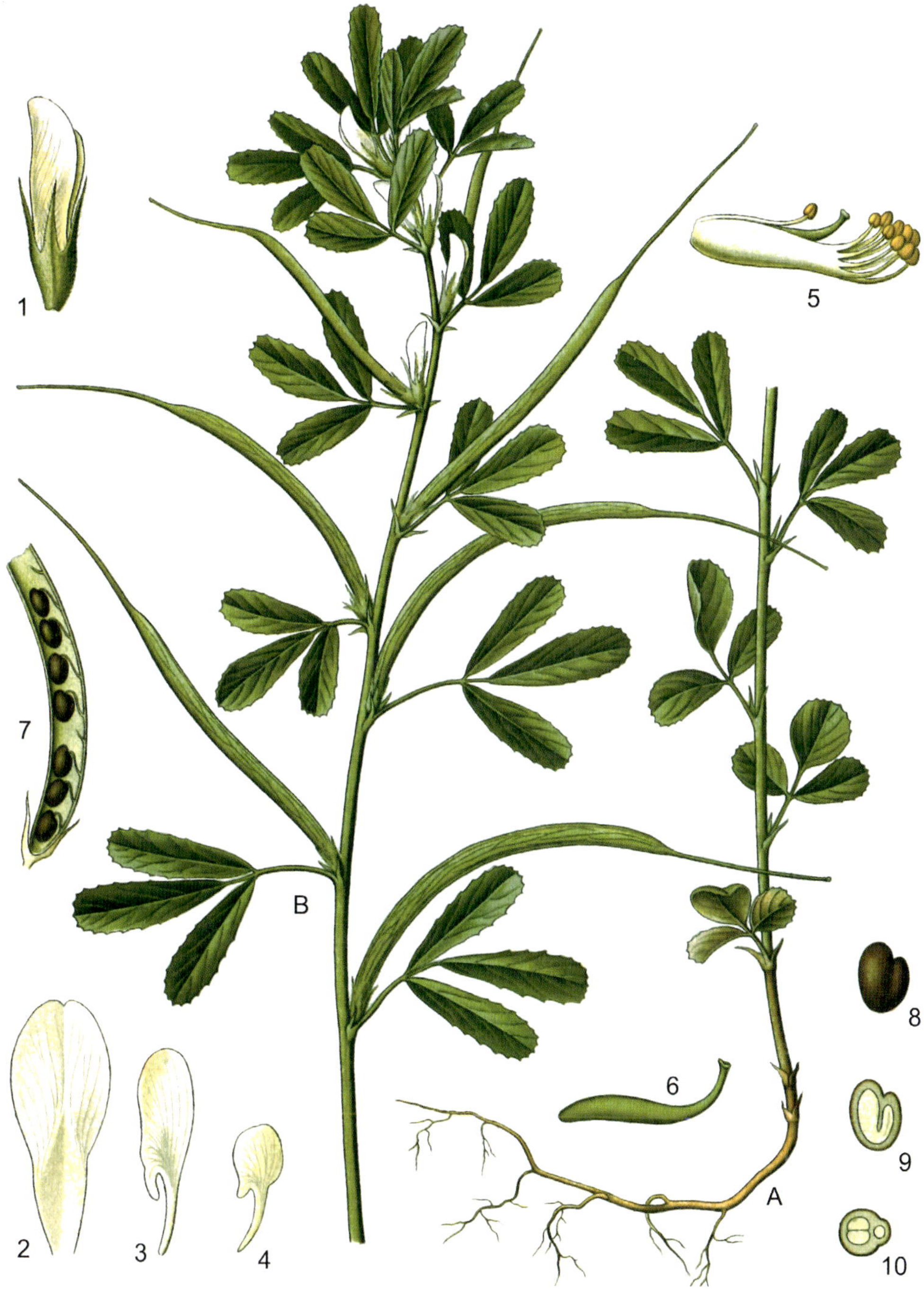

Bockshornklee: **A** basaler Teil einer Pflanze mit Wurzel und 3-teiligen Blättern **B** distaler Teil einer Pflanze mit Blüten und Früchten (Hülsen) mit langem Schnabel **1** Schmetterlingsblüte **2** Fahne **3** Flügel **4** Schiffchen **5** 1 freies und 9 verwachsene Staubblätter und Spitze des Griffels **6** Fruchtknoten mit gekrümmtem Griffel und kopfiger Narbe **7** Hülse im LS mit mehreren Samen **8** Same **9–10** Same in LS und QS.

Quelle: Köhler (1883-1898ff).

Schabzigerklee

Blauer Bockshornklee, Brotklee, Käseklee,
Schabziegerkraut, Zigerklee
Trigonella caerulea (*Melilotus caeruleus*)

Der Schabzigerklee ist eine 1-jährige krautige Pflanze mit bläulichen Schmetterlingsblüten, die 30–60 cm hoch wird. Die 3-teiligen Laubblätter sind am Rand gezähnt und werden 2–3 cm lang. Die eiförmigen Hülsenfrüchte sind spitz geschnäbelt und enthalten nur wenige Samen.

T. caerulea ist eine vermutlich im östlichen Mittelmeergebiet oder eventuell im Kaukasus entstandene Kulturpflanze. Heute wird die Pflanze v. a. in den alpinen Gebieten der Schweiz, Österreichs und Süddeutschlands sowie in Georgien kultiviert.

Schabzigerklee hat im Alpenraum, dem östlichen Mittelmeergebiet und der Kaukasusregion eine lange Tradition als Würzpflanze. Bereits im Mittelalter wurde er dem »Schabziger Käse« (»Glarner Ziger«) in der Schweiz beigemischt, um ihm sein charakteristisches Aroma zu verleihen.

Die oberirdischen Pflanzenteile enthalten ätherische Öle, die eine komplexe Mischung aus Aldehyden (z. B. Tiglicaldehyd, Phenylacetaldehyd, Hexanal), Monoterpenen (z. B. trans-Menthon) sowie Benzoesäuremethylester und Cumarin darstellen. Außerdem sind Flavonoide (insbesondere Flavonolglycoside von Kaempferol und Quercetin) sowie Bitterstoffe zu finden.
In den Samen kommen auch Sterole vor, v. a. Sitosterol aber auch Diosgenin.

Das getrocknete und gemahlene Kraut wird als würzende Zutat für Schabzigerkäse und andere Käsesorten verwendet. Es verleiht dem Käse eine grünliche Farbe und ein mildes, heuartig-würziges Aroma. In Georgien und der Türkei wird die Pflanze in vielen traditionellen Gerichten und der Gewürzmischung »Khmeli Suneli« verwendet und auch als Teeaufguss geschätzt.

In der traditionellen Medizin wird Schabzigerklee vielfältig eingesetzt, v. a. bei Verdauungsbeschwerden, aber auch zur Appetitanregung und bei Atemwegserkrankungen.
Wissenschaftliche Studien deuten darauf hin, dass Extrakte aus *T. caerulea* schützende Effekte auf die Haut gegenüber umweltbedingtem Stress haben könnten. Dies wird insbesondere mit den Flavonoiden und Sitosterol in Verbindung gebracht, die für ihre antioxidativen und entzündungshemmenden Eigenschaften bekannt sind.

Schabzigerklee: A distaler Teil einer Pflanze mit 3-teiligen Blättern, Blüten- und Fruchtständen **1** Schmetterlingsblüte **2** Kelch **3** Hülse im Kelch **4** Hülse mit dünnem Schnabel **5** geöffnete Hülse mit 2 Samen **6** Same.

Quelle: Sturm (1796ff).

Hopfen

Humulus lupulus *(Humulus vulgaris)*

Hopfen ist eine 2-häusige, mehrjährige Kletterpflanze. In den eiförmigen ♀-Blütenständen befinden sich zahlreiche Drüsen, die das stark aromatische, harzige bis pulverartige hellgelbe Sekret »Lupulin« bilden.

LS durch einen ♀-Blütenstand mit vielen kleinen, gelben Lupulinkörnchen

H. lupulus ist in den gemäßigten Zonen der Nordhalbkugel heimisch und wächst dort natürlicherweise in Auwäldern. Die Hauptanbaugebiete liegen in Deutschland, Tschechien und den USA.

Der Anbau von Hopfen ist seit dem 8. Jh. aus der Hallertau (± 60 km nördlich von München) bekannt. Die Region gilt auch heute noch als das größte, zusammenhängende Hopfenanbaugebiet der Welt.
Die erste schriftliche Erwähnung der Hopfenzugabe zu Bier stammt aus dem Jahr 1079. Im 12. Jh. schrieb die Benediktinerin Hildegard von Bingen über Hopfen: »Seine Bitterkeit verhindert die Fäulnis« und förderte damit maßgeblich den Einsatz von Hopfen als Konservierungsmittel.

Weltweit gibt es mehr als 250 Hopfensorten, wobei 2 Haupttypen unterschieden werden: Aromahopfen weist meist feine, blumig-würzige Noten auf. Bitterhopfen zeichnet sich durch einen hohen Gehalt an Bitterstoffen aus und ist besonders zur Konservierung von Bier geeignet.

Hopfen wird in »Hopfengärten« kultiviert, wo die Pflanzen an hohen Gerüsten emporranken. Die Ernte erfolgt meist von August bis September.

Hopfen erreicht in den Hopfengärten mit Kletterhilfen aus Draht meist 7 m Höhe.

Die ♀-Blütenstände enthalten Bitterstoffe (v. a. Humulone = α-Säuren und Lupulone = β-Säuren) und ätherische Öle mit Flavonoiden, Polyphenolen (z. B. Xanthohumol) sowie Tanninen.

Die Hauptverwendung von Hopfen ist die Aromatisierung und Konservierung von Bier.
Darüber hinaus gelten die jungen Hopfensprossen als traditionelle Delikatesse.

In der traditionellen Medizin wird Hopfen als Beruhigungs- und Schlafmittel geschätzt.
Auch die Europäische Arzneimittel-Agentur erkennt Hopfen als Pflanze mit traditionellen Heilwirkungen gegen leichte Stresssymptome und Schlafstörungen an. Darüber hinaus werden Inhaltsstoffe wie Xanthohumol auf ihre

Hopfen: A Spross mit ♂-Blütenstand **B** Spross mit ♀-Blütenstand **C** Spross mit 3-lappigen Blättern und Fruchtständen **1** ♂-Blüten mit Staubblättern **2** Perigon einer ♂-Blüte **3** Staubblätter **4** Staubblatt mit geöffnetem Staubbeutel **5** Pollen **6** ♀-Blütenstand mit Tragblättern **7–8, 10** Teilblütenstand (mit Tragblatt) aus 2 ♀-Blüten und deren Tragblättern **9** ♀-Blüte und Tragblatt **10** 2 Tragblätter von 2-Blüten und Tragblatt des 2-blütigen Teilblütenstands **11–12** ♀-Blüten **13** Tragblatt mit Frucht **14** Harzdrüse **15** vom drüsigen Tragblatt umschlossene Frucht **16–17** Nüsschen ohne Perigon **18–19** Nuss im LS und QS mit Embryo **20** Harzdrüsen aus dem ♀-Blütenstand.

Quelle: Köhler (1883-1898ff).

---

antioxidativen, entzündungshemmenden und sogar krebsvorbeugenden Eigenschaften hin untersucht.

Hopfen-Extrakte finden zunehmend Verwendung in Hautpflegeprodukten. Die Fasern der Stängel dienen traditionell zur Herstellung von Garnen und Seilen.

Gagelstrauch

Moorgagel
Myrica gale *(Gale palustris)*

Der Gagelstrauch ist ein kleiner, intensiv würzig-harzig duftender Strauch, der dicht mit kleinen gelblichen Drüsen bedeckt ist. Die kleinen, unscheinbaren, 1-geschlechtigen Blüten haben keine Blütenhülle und stehen in kurzen ährenartigen Blütenständen, aufgeteilt in ♂- und ♀-Kätzchen. Aus den ♀-Blüten entwickeln sich 2–3 mm große, harzige Nüsse.

♀-Blütenstand

M. gale ist in den gemäßigten Zonen Europas und Nordamerikas verbreitet und wächst in feuchten, nährstoffarmen Moorlandschaften. Die Fähigkeit, in extrem nährstoffarmen Umgebungen zu gedeihen, wird durch eine Symbiose mit stickstofffixierenden Bakterien der Gattung *Frankia* in den Wurzeln ermöglicht.

Bereits im Mittelalter wurde *M. gale* in Mittel- und Nordeuropa als Heil- und Würzpflanze genutzt. Auch die Wikinger nutzten ihn zum Würzen von Met. Vor der Einführung von Hopfen wurde Gagel in Mitteleuropa häufig zur Konservierung und Aromatisierung von Bier (sogenanntes »Gagelbier«) verwendet.

Das zähflüssige bis feste Sekret der Drüsen ist reich an ätherischen Ölen, die α-Pinen, γ-Cadinen, Eukalyptol und Limonen sowie Flavonoide und Dihydrochalcone enthalten. Die Rinde enthält Tannine.

Die Blätter werden traditionell als Würzmittel verwendet, insbesondere als aromatische Zutat für Gagelbier, für Spirituosen wie Gin und für Wild- und Fleischgerichte.

Aus den Blättern wird traditionell ein Tee hergestellt, der zur Unterstützung der Verdauung und zur Linderung von Magenbeschwerden eingesetzt wird.
Das hochkonzentrierte ätherische Öl der Pflanze ist allerdings giftig und sollte keinesfalls unverdünnt eingenommen werden. Da *M. gale* in der traditionellen Medizin auch als abtreibendes Mittel bekannt ist, wird schwangeren und stillenden Frauen von einer Verwendung generell abgeraten.

Wegen seines starken Duftes wurde Gagel als traditionelles Mittel zum Parfümieren von Kleidung und als Insektenabwehrmittel eingesetzt. Außerdem diente die tanninreiche Rinde zum Gerben von Leder.

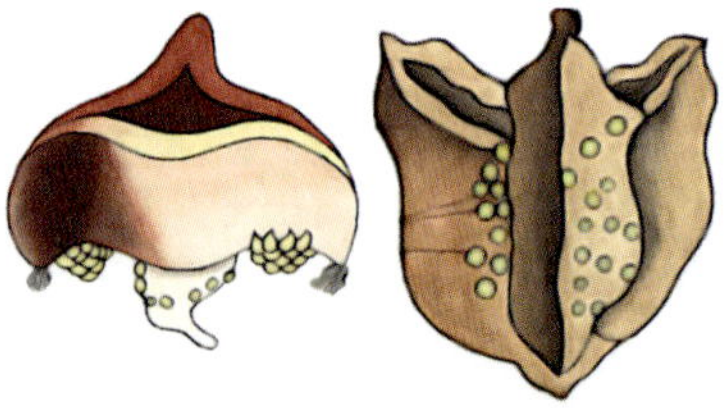

Gelbliche Drüsen auf Hochblättern und Frucht

Gagelstrauch: A Zweig einer ♂-Pflanze mit 3 Blütenständen **B** Zweig einer ♀-Pflanze mit mehreren Blütenständen **C** Zweig einer fruchtenden Pflanze **1–2** ♂-Blüten aus Staubblättern mit Tragblatt **3** ♀-Blütenstand aus zahlreichen Blüten **4** ♀-Blüte aus Fruchtknoten mit 1 Tragblatt und 2 Vorblättern **5** ♀-Blüte mit 2 Vorblättern im LS **6** Frucht mit 2 verwachsenen Vorblättern.

Quelle: Thomé (1885ff).

Myrte

Myrtus communis

Die Myrte ist ein kleiner immergrüner Strauch mit gegenständigen, derben Blättern. Diese sind oval bis lanzettlich geformt, ganzrandig und duften beim Zerreiben intensiv aromatisch. Die weißen Blüten besitzen zahlreiche lange Staubblätter. Sie entwickeln sich zu erbsengroßen, meist blauschwarzen Beeren, die aromatisch duften.

Myrte mit reifen Früchten

M. communis ist im Mittelmeergebiet heimisch. In mediterranen Ländern und Teilen Asiens wird sie heute auch kultiviert.

In der griechischen Antike war die Myrte der Göttin Aphrodite geweiht und galt als Symbol für Liebe, Schönheit und Fruchtbarkeit. Die Römer:innen übernahmen diese Symbolik für ihre Göttin Venus, und noch heute wird die Myrte gerne in Brautsträußen und Hochzeitsdekorationen verwendet. Darüber hinaus wurden Blätter und Beeren bereits im antiken Rom als Gewürz verwendet.

Es gibt mehrere Kulturformen von *M. communis*, die sich in Wuchshöhe, Blattgröße und Fruchtfarbe unterscheiden: Zwergmyrten sind kompakte Sorten für die Garten- und Topfkultur. Weissfrüchtige Myrten haben helle Beeren und Aromatische Kulturformen besitzen besonders intensiv duftende Blätter.

Die Blätter und Früchte enthalten ätherische Öle, die v. a. aus 1,8-Cineol, Linalool, α-Pinen, Limonen und α-Terpineol bestehen. Weitere Inhaltsstoffe sind Tannine, Flavonoide und Harze.

Die aromatischen Blätter und Beeren werden sowohl frisch als auch getrocknet zum Würzen verwendet. Die Beeren weisen meist eine harzige Note auf und schmecken je nach Reifegrad herb-würzig bis dezent süßlich. Sie können auch roh gegessen werden. Auf Sardinien, Korsika und einigen dalmatinischen Inseln wird die Myrte zudem zur Herstellung von »Mirto«, einem traditionellen Likör, verwendet.

In der traditionellen Medizin wird die Myrte gegen Atemwegserkrankungen und Verdauungsbeschwerden eingesetzt. Wissenschaftliche Untersuchungen deuten auf antioxidative, entzündungshemmende und antimikrobielle Eigenschaften der Inhaltsstoffe hin.

Myrten-Extrakte sind auch Bestandteile von Duftstoffen und Seifen und finden in der Kosmetikindustrie Verwendung.

Brautkrone aus Myrtenblättern

Myrte: **A** Zweig mit gegenständigen Blättern und lang gestielten Blüten **1** Kronblätter **2** Staubblätter **3** Frucht (Beere) **4** Frucht im QS **5** Same **6** Same im LS.

Quelle: von Schlechtendal (1840ff).

Gewürznelkenbaum

Syzygium aromaticum
(Caryophyllus aromaticus, Eugenia caryophyllata)

Der Gewürznelkenbaum ist ein kleiner bis mittelgroßer immergrüner Baum mit kleinen, rötlich-weißlichen Blüten.
Die getrockneten Blütenknospen sind als »Gewürznelken« bekannt. Nach dem Trocknen haben sie eine charakteristische dunkelbraune Farbe sowie eine harte, holzige Textur und verströmen ein intensiv-würziges und leicht süßliches Aroma.

S. aromaticum stammt von den Molukken, einer indonesischen Inselgruppe, die auch als Gewürzinseln bekannt ist.
Heute wird der Baum in vielen tropischen Regionen kultiviert, hauptsächlich auf Madagaskar, in Indonesien, auf Sri Lanka und in Tansania.

Gewürznelken gelangten mit arabischen Händler:innen über die Seidenstraße früh nach Europa und wurden bereits in der Antike als wertvolles Gewürz und Heilpflanze gehandelt. Auch im Mittelalter galt ihr Besitz noch als Statussymbol. Im 16. und 17. Jh. führten die Niederlande und Portugal in ihren Kolonien blutige Kriege um die Vorherrschaft über den Gewürznelkenhandel.

Gewürznelken enthalten 15–20 % ätherische Öle, die zu 70–85 % aus Eugenol bestehen, das ihnen den charakteristischen Duft und Geschmack verleiht. Außerdem enthalten sie Mineralstoffe wie Calcium, Eisen und Magnesium sowie Tannine und Flavonoide.

Gewürznelken werden gerne für Backwaren wie Lebkuchen, Spekulatius und andere Gewürzkuchen verwendet und aromatisieren Glühwein, Punsch und Chai-Tee. Schließlich sind sie fester Bestandteil von Gewürzmischungen wie »Garam Masala« oder dem chinesischen »Fünf-Gewürze-Pulver«.

Die traditionelle Medizin setzt sie gegen Verdauungsbeschwerden und Übelkeit ein.
Nelkenöl findet wegen seiner antiseptischen und schmerzstillenden Wirkung Anwendung in der Zahnmedizin, etwa bei Wurzelkanalbehandlungen. Laborstudien zeigen, dass Eugenol die Leberfunktion unterstützen kann. In Form von Kaugummi oder Mundspray kann es Mundgeruch neutralisieren.

Das Öl ist auch in der Parfüm- und Seifenherstellung beliebt.

Hochwertige Gewürznelken erkennt man daran, dass sie beim Drücken Öl abgeben und in Wasser senkrecht schwimmen oder untergehen. Minderwertige Nelken schwimmen hingegen horizontal.

Gewürznelkenbaum: A Zweig mit gegenständigen Blättern, Blütenknospen und Blüten **1** Blütenknospe mit abgelösten Kronblättern **2** Blütenknospe (ohne Kronblätter) im LS mit unterständigem Fruchtknoten **3** Staubbeutel **4** Pollen **5** Fruchtknoten im QS **6** Frucht (Beere) **7** Same im QS **8** Embryo **9** Embryo im LS.

Quelle: Köhler (1883-1898ff).

Piment

Jamaika-Pfeffer, Nelkenpfeffer
Pimenta dioica *(Myrtus pimenta, Pimenta officinalis)*

Piment ist ein (funktional) 2-häusiger, kleiner bis mittelgroßer immergrüner Baum mit gegenständigen, derben, länglich-ovalen Blättern, die beim Zerreiben aromatisch duften. Aus den kleinen weißlichen bis gelblichen ♀-Blüten entwickeln sich dunkelgrüne, kugelige Beeren, die sich bei der Reife am Baum rotviolett bis blauschwarz färben. Die Früchte haben einen würzigen Duft und enthalten 1–2 Samen.

P. dioica stammt aus Mittelamerika, der Karibik und dem nördlichen Südamerika. Der Baum wird heute in der Karibik (v. a. auf Jamaika) und Mittelamerika (v. a. in Mexiko und Honduras) kommerziell angebaut.

Bereits die Maya und Azteken nutzten die getrockneten Beeren als Gewürz, als Heilpflanze sowie für rituelle Zwecke wie die Einbalsamierung. Im 16. Jh. gelangte Piment nach Europa, stand anfänglich aber im Schatten von bereits etablierten Gewürzen wie der aus Asien stammenden Gewürznelke. Seine Popularität nahm erst ab dem 18. Jh. zu.

Die Ernte erfolgt, wenn die Beeren noch grün sind. Anschließend werden die Früchte getrocknet, wobei sie ihre typische braune bis rotbraune Farbe und ihr charakteristisches Aroma annehmen.

Pimentfrüchte enthalten 1–4 % ätherisches Öl, welches aus über 40 verschiedenen Komponenten besteht. Hauptbestandteile sind Eugenol (oft 60–80 %), β-Caryophyllen (meist 3–9 %), β-Myrcen und Phellandren. Daneben kommen Tannine, Harze und Zucker vor.

Das komplexe Aroma erinnert an eine Mischung aus Pfeffer, Zimt, Muskat und Nelke. Britische Seeleute gaben dem Gewürz deshalb den Namen »Allspice«.
Piment passt gut zu dunklem Fleisch, Eintöpfen, Würsten, aber auch zu Lebkuchen und Gewürzkuchen. Darüber hinaus wird es zum Aromatisieren von traditionellen Likören wie dem jamaikanischen »Pimento Dram« verwendet.
Auch die Blätter werden traditionell zum Würzen von Speisen verwendet, wobei das enthaltene Eugenol die Lebensmittel auch konserviert.

In der traditionellen Medizin wird Piment zur Behandlung von Verdauungsproblemen, Zahnschmerzen und Entzündungen genutzt.
Laborstudien zeigen vielversprechende Eigenschaften wie antibakterielle, blutdrucksenkende, nervenschmerzlindernde und schmerzstillende Wirkungen.

Das aus den Früchten gewonnene ätherische Öl wird in Düften mit warmen, würzigen Noten verwendet und ist Bestandteil von Lotionen und Massageölen mit durchblutungsfördernder Wirkung.

Piment: **A** Zweig mit gegenständigen Laubblättern und Blütenständen **1** Blütenknospe **2** Blütenknospe im LS **3** Blüte im LS mit unterständigem Fruchtknoten **4** aufpräparierte Blüten mit Kelch, Fruchtknoten und Griffel **5** Staubbeutel **6** Fruchtknoten im QS **7** Fruchtstand mit mehreren Beeren **8** Samen **9** Same im LS.

Quelle: Köhler (1883-1898ff).

Gerbersumach

Rhus coriaria *(Toxicodendron coriaria)*

Der Gerbersumach ist ein sommergrüner Strauch oder kleiner Baum. Die großen unpaarig gefiederten Blätter sind am Rand gezähnt und färben sich im Herbst in leuchtenden Rottönen. Die kleinen, weißlich- bis gelblich-grünlichen Blüten stehen in dichten Blütenständen. Die dunkelroten bis purpurfarbenen Steinfrüchte sind kurz behaart.

R. coriaria ist im östlichen Mittelmeergebiet und Südwestasien beheimatet. Zuweilen wird der Gerbersumach dort auch kommerziell angebaut.

Bereits in der Antike verwendeten die Römer:innen die Früchte als säuerliches Würzmittel, bevor diese durch Zitronen abgelöst wurden.

Die Blätter von *R. coriaria* enthalten 21–28 % Tannine, v. a. Gallotannine. Außerdem sind sie reich an Flavonoiden, Mineralstoffen wie Kalium, Calcium, Magnesium und Eisen sowie ätherischen Ölen (u. a. mit toxischen Urushiolen).
Die Steinfrüchte haben einen hohen Vitamin C-Gehalt und enthalten zudem Säuren, v. a. Äpfelsäure und Zitronensäure, aber auch Fumarsäure und Weinsäure, sowie Anthocyane und Tannine.

Die säuerlich-fruchtigen Steinfrüchte ergeben getrocknet und gemahlen ein vielseitig einsetzbares Gewürz, das v. a. im Nahen Osten und Mittelmeergebiet beliebt ist. Insbesondere in der nordafrikanischen und arabischen Küche hat Gerbersumach eine lange Tradition als wichtiger Bestandteil von Gewürzmischungen wie »Zatar«.

In der traditionellen Medizin werden Tees und Extrakte aus den tanninhaltigen Blättern bei Durchfall verwendet, während die sauren Früchte zur Unterstützung der Verdauung eingesetzt werden.

Extrakte der Blätter und der Rinde werden traditionell zum Gerben von Leder eingesetzt. Sie eignen sich auch zum Färben von Wolle und Seide in warmen Braun- und Grautönen.

Ähnliche Arten

Der essbare Gerbersumach mit seinen charakteristischen roten Fruchtständen darf nicht mit seinen giftigen Verwandten, wie dem nordamerikanischen Giftsumach (*Toxicodendron*), verwechselt werden.

Behaarte Steinfrucht und Same

Getrocknete Früchte und Sumach-Pulver

Gerbersumach: **I** Zweig mit unpaarig gefiederten Blättern und ♂-Blüten **a** ♂-Blüten **b** Kelch und Blütenstiel mit Vorblättern einer ♂-Blüte **c** Same **d** behaarte Steinfrucht **e** Fruchtstand.

Quelle: Sibthorp & Smith (1806–1840).

Pfefferbaum

***Schinus** (Sarcotheca)*

Die Gattung *Schinus* umfasst ± 35 Arten immergrüner Sträucher und Bäume. Sie haben gefiederte Blätter, die beim Zerreiben oft einen charakteristisch würzigen Duft verströmen. Die meist kleinen, weißlich-gelblichen Blüten erscheinen in vielblütigen Blütenständen. Sie entwickeln sich zu kleinen, kugeligen, oft leuchtend roten Steinfrüchten.

Alle *Schinus*-Arten stammen aus Mittel- und Südamerika.
Der Brasilianische Pfefferbaum (*Sch. terebinthifolia*) ist in Brasilien, Argentinien und Paraguay heimisch. Er bildet pfefferkorngroße Früchte, die als Gewürz »Rosa Pfeffer« bekannt sind. Der Peruanische Pfefferbaum (*Sch. molle*) stammt aus den Anden Perus. Seine Früchte sind etwas größer als die von *Sch. terebinthifolia* und werden ebenfalls als Pfefferersatz genutzt.
Diese beiden Arten – insbesondere *Sch. molle* – werden heute weltweit in warmen Regionen angebaut. Der Brasilianische Pfefferbaum gilt in einigen Ländern als invasive Pflanze – z. B. breitet er sich in Florida in den Everglades aus.

Brasilianischer Pfefferbaum

Die indigenen Völker der Andenregion und Brasiliens nutzen verschiedene Pfefferbaum-Arten seit langer Zeit zu medizinischen und kulinarischen Zwecken. Die Inka stellten aus den Früchten z. B. das leicht alkoholische Getränk »Chicha de molle« her und verwendeten das Öl der Blätter zur Mumifizierung.
Im frühen 18. Jh. wurde *Sch. molle* nach Europa eingeführt, *Sch. terebinthifolia* folgte später. Populär wurde das Gewürz dort erst ab den 1960er- und 1970er-Jahren.

Peruanischer Pfefferbaum

Die Früchte der kommerziell genutzten *Schinus*-Arten enthalten 7–14 % ätherische Öle. Diese sind reich an Monoterpenen wie α-Pinen, β-Pinen, Limonen und Phellandrene. Im Gegensatz zum Echten Pfeffer enthalten sie jedoch kein (oder kaum) Piperin, weshalb sie keine ausgeprägte Schärfe besitzen. Stattdessen weisen sie einen milden, leicht süßlichen und harzigen Geschmack auf. Des Weiteren enthalten die Früchte Flavonoide (z. B. Kaempferol), Tannine, Triterpensäuren und harzige Bestandteile. Ihr Proteingehalt liegt bei 10–26 %.

Die getrockneten Früchte von *Sch. molle* und *Sch. terebinthifolia* sind als »Rosa Pfeffer« oder »Rosa Beeren« bekannt. Sie werden oft in Pfeffermischungen gemeinsam mit schwarzem und weißem Pfeffer – die vom Echten Pfeffer (*Piper nigrum*) stammen – verwendet, wo sie neben ihrem dezenten Aroma

Peruanischer Pfefferbaum: **A** Zweig mit unpaarig gefiederten Blättern und Blüten **B** Zweig mit Früchten **1** aufpräparierte Blüte (Blütenhülle teilweise entfernt) **2** Blüte **3** Blüte im LS **4** Blütendiagramm **5** aufpräparierte Blüte mit Staubblättern und Fruchtknoten (ohne Kelch und Krone) **6** Staubbeutel **7** Steinfrucht **8** Steinfrucht im QS.

Quellen: Curtis Botanical Magazine (1834); Baillon (1866-1895); Sharp (1888-1910).

Pfeffermischung mit rotem (rosa) *Schinus*-Pfeffer und schwarzem, weißem und grünem *Piper*-Pfeffer

auch optische Reize bieten.
Da die Früchte relativ weich und harzig sind, sollten sie nicht in Pfeffermühlen verwendet werden, sondern kurz vor der Verwendung im Mörser leicht angedrückt werden, um ihr Aroma zu entfalten.

Das Harz des Holzes und Extrakte der Rinde, von Blättern und von Früchten werden in der traditionellen Medizin vielfältig eingesetzt, z. B. zur Behandlung von Wunden, Infektionen, Entzündungen, Magen-Darm-Problemen, Atemwegserkrankungen, rheumatischen Schmerzen und Menstruationsbeschwerden.
Extrakte von *Schinus*-Arten zeigen in Laborstudien u. a. antimikrobielle, antifungale, entzündungshemmende und schmerzstillende Eigenschaften.

Das gummiartige Harz des Holzes ist als »Aroeireharz« bekannt und wurde traditionell vielfältig genutzt: z. B. in Lacken, Firnissen und Klebstoffen sowie als Duftstoff in Kosmetika und Parfüms.

Schinus gehört zur Familie der Sumachgewächse (*Anacardiaceae*), zu der auch Cashew und Mango zählen. Praktisch alle Pflanzenteile enthalten Allergene und reizende Substanzen (z. B. Triterpene) und können bei empfindlichen Personen unerwünschte Effekte hervorrufen.

Roselle

Afrikanische Malve, Karkadeh
Hibiscus sabdariffa *(Hibiscus digitatus)*

Die Roselle ist eine 1-jährige Pflanze, deren oft rötlich gefärbte Stängel bis 2,5 m hoch werden. Die großen Kronblätter haben eine weißliche bis blassgelbe oder rosa Platte und ihr Nagel ist oft rötlich überlaufen. Die fleischigen, leuchtend roten Kelchblätter hüllen nach der Blüte die reife Kapsel ein.

Vermutlich stammt *H. sabdariffa* aus den tropischen Regionen Afrikas. Heute wird die Art in vielen tropischen und subtropischen Gebieten angebaut.

In Afrika wird die Roselle seit Langem als Nahrungsmittel, Heilpflanze und Faserpflanze genutzt. Insbesondere im Sudan und in Ägypten hat der Anbau für die Getränkeherstellung eine lange Tradition.
Im Zuge des transatlantischen Handels mit versklavten Afrikaner:innen gelangte die Art in die Karibik und nach Amerika. Ab dem 19. Jh. wurde *H. sabdariffa* in Mittelamerika, den südlichen USA und später auch in Indonesien als Faserpflanze kultiviert.

Es gibt 2 Hauptvarietäten: Die Varietät ALTISSIMA wird vorwiegend zur Fasergewinnung angebaut, während SABDARIFFA hauptsächlich für die Verwendung als Lebensmittel genutzt wird. Innerhalb dieser Varietäten gibt es zahlreiche lokale Sorten, z. B. mit unterschiedlicher Färbung und Größe der Kelchblätter.

Die Kelchblätter enthalten organische Säuren, besonders Zitronensäure und Äpfelsäure. Sie sind zudem reich an Vitamin C, Anthocyanen (v. a. Delphinidin-3-O-sambubiosid und Cyanidin-3-O-sambubiosid) sowie Mineralstoffen wie Calcium und Eisen.

Die getrockneten Kelchblätter (»Hibiskus-Blüten«) werden v. a. für die Zubereitung von Tees und erfrischenden Getränken verwendet. Insbesondere der rubinrote »Hibiskus-Tee« ist in vielen Ländern beliebt.

Roselle auf einem Gewürzmarkt in Kairo

In der traditionellen afrikanischen und karibischen Küche werden die frischen Kelchblätter für Soßen, Suppen und Eintöpfe genutzt. Sie verleihen Gerichten eine angenehme Säure.

In der traditionellen Medizin findet die Roselle Anwendung bei Bluthochdruck, zur Senkung des Cholesterinspiegels und bei Lebererkrankungen.

Roselle: **A** Zweig mit Blättern, Blüten und rötlichen Blütenknospen **B** Zweig mit von roten Kelchblättern eingehüllten Früchten **1** Kapsel im LS mit roten Kelchblättern.

Quellen: Botanical Register (1822); USDA (1872–1948).

Auch in der evidenzbasierten Medizin werden Extrakte wegen der nachgewiesenen blutdrucksenkenden Wirkung (v. a. der Anthocyane und anderer Polyphenole) genutzt. Auch für cholesterinsenkende Wirkungen gibt es Hinweise.

Die Stängel liefern Fasern, die für die traditionelle Herstellung von Seilen, groben Textilien und Papier verwendet werden.

Meerrettichbaum

Behennussbaum, Pferderettichbaum, Trommelstockbaum
Moringa oleifera *(Moringa pterygosperma)*

Der Meerrettichbaum ist ein kleiner bis mittelgroßer Baum mit 2–3-fach gefiederten Blättern. Die duftenden, weißlichen bis cremefarbenen Blüten entwickeln sich zu 10–60 cm langen, zylindrischen Kapseln, die zahlreiche geflügelte Samen enthalten.

M. oleifera stammt von den Ausläufern des Himalayas in Indien. Heute ist die Art in vielen tropischen und subtropischen Regionen verbreitet.

Die Nutzung des Baumes reicht in Indien mehrere Tausend Jahre zurück. In Europa war das aus dem Baum gewonnene Behenöl früher als hochstabiles Schmieröl in der Uhrenindustrie begehrt.

Die Blätter sind reich an Proteinen, β-Carotin und Vitamin C sowie den Mineralstoffen Calcium und Kalium. Fast alle Pflanzenteile zeigen ein breites Spektrum antioxidativer Verbindungen, darunter Flavonoide (v. a. Quercetin), Phenolsäuren (v. a. Chlorogensäure) und Carotinoide. Wurzeln und Rinde enthalten giftige Alkaloide wie Moringin und Moringinin.
Die Samen enthalten zudem reichlich fette Öle, insbesondere Ölsäure, aber auch Behensäure, eine seltene, gesättigte Fettsäure.

Blätter und unreife Früchte des Meerrettichbaums können als Gemüse gegart zubereitet werden. Aus den Samen wird ein Speiseöl gepresst.
Die Wurzeln haben einen scharfen Geschmack – ähnlich dem von Meerrettich – sollten jedoch (genauso wie die Rinde) aufgrund der giftigen Alkaloide nicht verzehrt werden.

In der traditionellen ayurvedischen Medizin werden Moringa-Extrakte aus praktisch allen Pflanzenorganen zur Behandlung von Entzündungen, Bluthochdruck und Diabetes eingesetzt. Wurzel und Rinde gelten mittlerweile allerdings als giftig.
Extrakte aus den nährstoffreichen Blättern finden sich heute in Nahrungsergänzungsmitteln. Erste Ergebnisse wissenschaftlicher Studien deuten mittlerweile auf potenzielle positive Effekte auf den Blutzucker- und Cholesterinspiegel hin.

Moringa-Öl wird für Haut- und Haarpflegeprodukte genutzt. Aus den Samen wird ein Flockungsmittel zur Wasserreinigung gewonnen. Die nährstoffreichen Blätter werden auch als Tierfutter verwendet.

Meerrettichbaum: A Zweig mit 3-fach gefiederten Blättern und Blütenstand **1** Blüte im LS **2** Kronblätter **3** basal verwachsene Staubblätter **4** Fruchtknoten im LS **5** Kapsel **6** Kapsel im LS **7–8** Kapsel im QS **9–10** geflügelte Samen.

Quellen: Chaumeton (1814ff); Beddome (1869-1874).

! Aufgrund seiner vielseitigen Nutzbarkeit und seiner Fähigkeit, auch auf kargen Böden und in Trockengebieten zu wachsen, gilt der Meerrettichbaum als wertvolle Ressource für die Ernährungssicherung in Entwicklungsländern, insbesondere in Hinblick auf den Klimawandel. Sein Anbau wird deshalb gegenwärtig in mehreren Projekten gefördert.

Schwarzer Senf

Brassica nigra *(Sinapis nigra)*

Der Schwarze Senf ist eine 1-jährige, krautige Pflanze mit leuchtend gelben Blüten, die sich zu zylindrischen, 4-kantigen Schoten entwickeln. Die kleinen, dunkelbraunen bis schwarzen Samen haben einen intensiven, scharfen Geschmack.

B. nigra stammt aus dem Mittelmeergebiet und Südwestasien und wird heute weltweit in gemäßigten und subtropischen Regionen kultiviert.

Im antiken Griechenland und Rom wurde Schwarzer Senf sowohl als Gewürz als auch als Heilmittel geschätzt. Der griechische Arzt Hippokrates empfahl um 400 v. Chr. Senfumschläge zur Behandlung verschiedener Leiden.

Die Samen des Schwarzen Senfs enthalten 25–40 % fette Öle, mit Erucasäure und Ölsäure als wichtigen Bestandteilen. Ätherische Öle machen ± 2 % aus und zeichnen sich durch einen hohen Gehalt an Sinigrin aus. Es handelt sich dabei um ein Senfölglycosid, das durch das Enzym Myrosinase bei Verletzung der Zellen in Allylsenföl umgewandelt wird. Dieses ist für die typische Schärfe verantwortlich. Daneben finden sich Proteine, Schleimstoffe, Mineralstoffe (v. a. Calcium, Magnesium und Eisen) sowie Vitamin E in nennenswerten Mengen. Die Blätter enthalten Vitamin C, Carotinoide sowie Flavonoide und Senfölglycoside.

Die Samen werden hauptsächlich zur Herstellung von Senf verwendet. Dabei werden die gemahlenen Samen mit Wasser, Essig oder Wein vermischt und zu einer cremigen Paste verarbeitet. Der Senf aus den Samen von *B. nigra* zeichnet sich durch seine intensive, durchdringende Schärfe aus und wird oft mit milderen Senfsorten gemischt. In der indischen Küche werden auch ungemahlene Senfsamen als Gewürz verwendet, wobei sie meist in heißem Öl angeröstet werden, um die Schärfe etwas abzumildern und ein volles Aroma zu erzeugen.
Die jungen Blätter können als würzige Zutat in Salaten verwendet werden.

In der traditionellen Medizin wird *B. nigra* für seine verdauungsfördernde Wirkung geschätzt. Senfmehl wird äußerlich als wärmendes Mittel bei Muskelschmerzen und Erkältungen eingesetzt.
Laborstudien zeigen, dass Sinigrin und sein Abbauprodukt Allylisothiocyanat vielversprechende krebshemmende und antimikrobielle Eigenschaften aufweisen könnten. Diese Wirkungen sind aber noch nicht durch klinische Studien am Menschen bestätigt.

Senf kann bei empfindlichen Personen allergische Reaktionen auslösen.

Schwarzer Senf: A basaler Teil einer Pflanze mit Wurzel und Grundblättern **B** distaler Teil einer Pflanze mit Stängelblättern, Blüten und Früchten **C** Fruchtstand **1** Blüte **2** Blüte ohne Krone **3** Fruchtknoten mit Griffel und kopfiger Narbe **4** Kronblatt mit Nagel und Platte **5** Staubbeutel **6** Pollen **7** Frucht (Schote) **8** geöffnete Schote mit Samen an Rahmen und Scheidewand **9** Same **10** Same ohne Testa **11** Same im LS und QS.

Quelle: Köhler (1883-1898ff).

Brauner Senf

Chinesischer Senf, Indischer Senf, Rutenkohl, Sarepta-Senf
Brassica juncea *(Sinapis juncea)*

Der Braune Senf ist eine 1–2-jährige Pflanze. Die gelben Blüten entwickeln sich zu Schoten, die kugelige, meist bräunliche bis gelbliche Samen enthalten.

B. juncea ist eine natürlich entstandene Hybride aus Rübsen (*B. rapa*) und Schwarzem Senf (*B. nigra*) und stammt wahrscheinlich aus Zentralasien und den Ausläufern des Himalayas. Heute wird die Art weltweit in gemäßigten bis subtropischen Klimazonen angebaut, besonders in China, Indien und Japan, aber auch in Nordamerika.

In Indien hat die Kultivierung vor 5.000–4.000 Jahren begonnen. Die Pflanze wurde sowohl als Blatt- und Ölgemüse als auch für medizinische Zwecke genutzt. In Europa, besonders in Frankreich, hat der Braune Senf eine lange Geschichte, die bis ins Spätmittelalter zurückreicht und eng mit der Senfproduktion in Burgund verbunden ist. Nach dem Zweiten Weltkrieg wurde der Anbau in Frankreich unrentabel, weshalb die Senfhersteller, einschließlich der aus Dijon, ihre Senfkörner überwiegend importierten. Heute erlebt der lokale Anbau in Frankreich, angetrieben durch das steigende Interesse an heimischen Produkten, ein Comeback.

Besonders verbreitet sind großblättrige asiatische Sorten, die als Blattgemüse angebaut werden, während andere Sorten hauptsächlich für die Senfherstellung kultiviert werden.

Die Blätter sind reich an β-Carotin, Vitamin C und Vitamin K sowie Mineralstoffen wie Calcium, Eisen und Kalium. Charakteristisch sind die Senfölglycoside, die, bei Verletzung der Zellen, den scharfen Geschmack erzeugen.
Die Samen enthalten darüber hinaus Proteine und 30–50 % fette Öle.

Die Samen werden zur Herstellung von »Braunem Senf« (z. B. »Dijon-Senf«) verarbeitet oder dienen als Gewürz in eingelegten Speisen. Das aus den Samen gewonnene Öl ist ein traditionelles und weit verbreitetes Speiseöl in der indischen Küche.
Die jungen, zarten Blätter der in Asien verbreiteten Sorten werden in Salaten verwendet, während ältere Blätter gedünstet, gekocht oder fermentiert werden.

In der traditionellen Medizin Asiens werden Senfsamen und -öl bei Atemwegserkrankungen, Muskelschmerzen und Verdauungsproblemen eingesetzt.

Das ätherische Senföl findet sich in Hautpflegeprodukten, Massageölen und Haarpflegemitteln.
B. juncea wird auch zur Phytosanierung eingesetzt, da die Pflanze Schwermetalle aus dem Boden aufnehmen kann.

Breitblättrige asiatische Sorte, die als Blattgemüse zubereitet wird

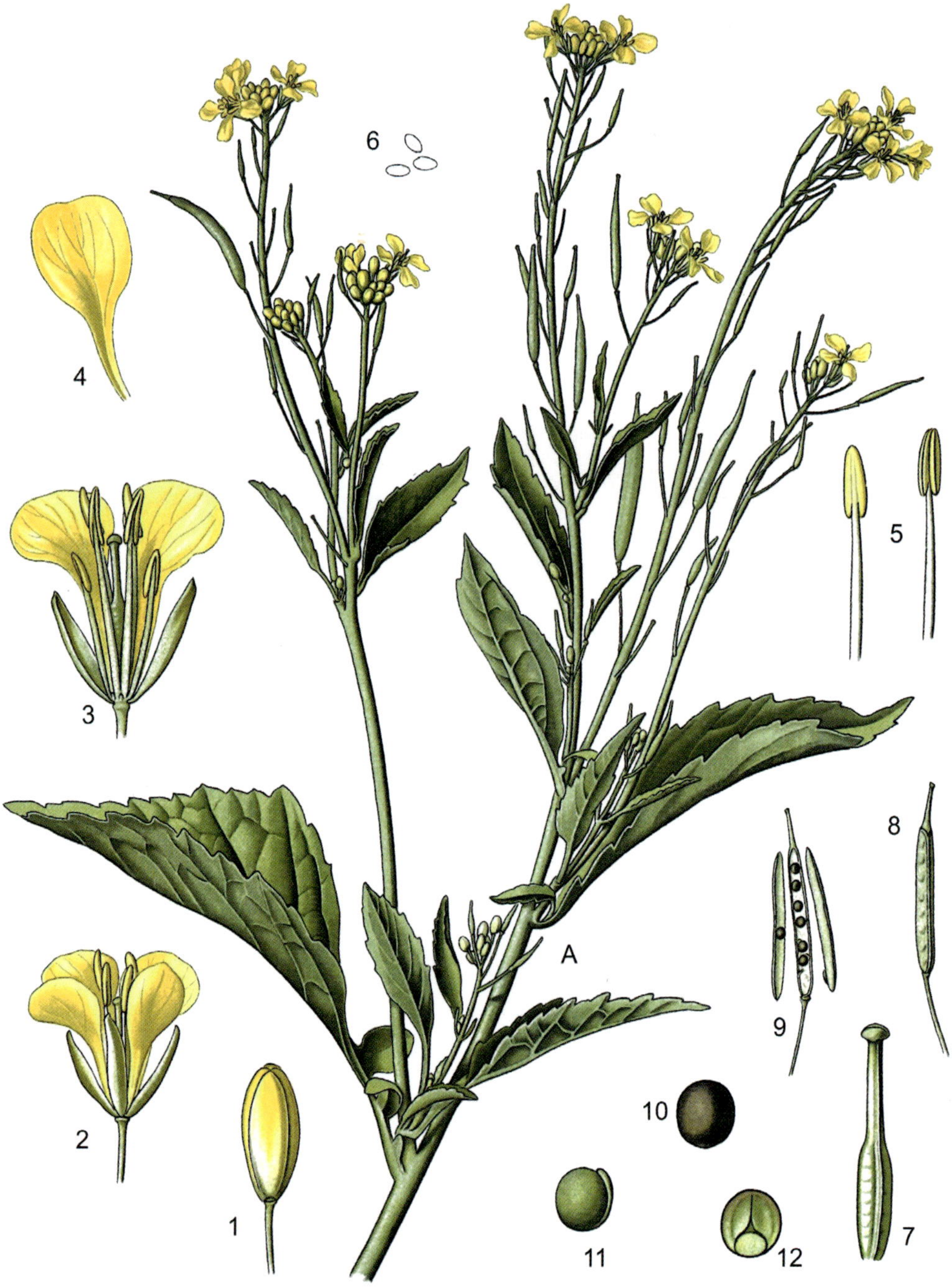

Brauner Senf: **A** distaler Teil einer Pflanze mit Stängelblättern, Blüten und Früchten **1** Blütenknospe **2** Blüte **3** aufpräparierte Blüte **4** Kronblatt mit Nagel und Platte **5** Staubblätter **6** Pollen **7** Fruchtknoten mit Griffel und kopfiger Narbe **8** Frucht (Schote) **9** geöffnete Schote mit Samen an Rahmen und Scheidewand **10** Same **11** Same ohne Testa **12** Same im QS.

Quelle: Köhler (1883-1898ff).

Weißer Senf

Gelber Senf
Sinapis alba *(Brassica alba)*

Der Weiße Senf ist eine 1-jährige, krautige Pflanze mit leuchtend gelben Blüten, aus denen sich borstig behaarte Schoten mit langen Schnäbeln entwickeln. Diese enthalten mehrere cremefarbene bis hellbraune Samen.

S. alba stammt aus dem Mittelmeergebiet und Südwestasien und wird heute weltweit angebaut. Der größte Teil der Ernte dient der Produktion von Speisesenf.

Bereits in der Antike kannten Römer:innen und Griech:innen die medizinischen und kulinarischen Vorzüge des Weißen Senfs. Seit dem Mittelalter wird er auch in Mitteleuropa als Gewürz- und Heilpflanze geschätzt.

Es gibt Sommer- und Wintersaaten des Weißen Senfs. Letztere werden im Herbst ausgesät und sind frosthart. Viele Sorten wurden speziell für die Senfproduktion gezüchtet, andere für die Verwendung als Futtermittel oder die Gründüngung optimiert.

Die Samen enthalten 25–36 % fette Öle und 26–30 % Proteine. Darüber hinaus kommen Mineralstoffe (v. a. Calcium, Magnesium, Phosphor und Selen) sowie verschiedene B-Vitamine in nennenswerten Mengen vor.

Das Senfölglycosid Sinalbin ist wichtiger Bestandteil der aromatischen Senföle und wird nach Verletzung der Zellen durch das Enzym Myrosinase zu Hydroxybenzylisothiocyanat umgewandelt. Dieser Stoff ist für den scharfen Geschmack verantwortlich, zerfällt aber schnell in mildere Komponenten. Dies erklärt, warum Weißer Senf im Vergleich zu Schwarzem Senf (dessen Scharfstoff stabiler ist) milder schmeckt.

Aus den gemahlenen Samen wird Tafelsenf hergestellt und fettes Senföl gewonnen. Darüber hinaus werden junge Blätter und Sprosse traditionell auch als würziger Salat oder Gemüse zubereitet.

In der traditionellen Medizin wird Senfmehl als Hautreizmittel verwendet. Die Inhaltsstoffe zeigen in Laborstudien antimikrobielle, entzündungshemmende und antioxidative Wirkungen, jedoch fehlen dazu noch umfassende klinische Studien.

Weißer Senf wird in der Landwirtschaft als Zwischenfrucht zur Schädlingsbekämpfung angepflanzt, weil die Senföle Nematoden und bodenbürtige Pilze unterdrücken.

Senf kann bei empfindlichen Personen allergische Reaktionen auslösen.

Ähnliche Arten

Der sehr ähnliche Ackersenf (*S. arvensis*) ist in Europa, Nordafrika und Teilen Asiens heimisch und heute in vielen gemäßigten Regionen verbreitet. Er wird heute nur noch selten kultiviert.

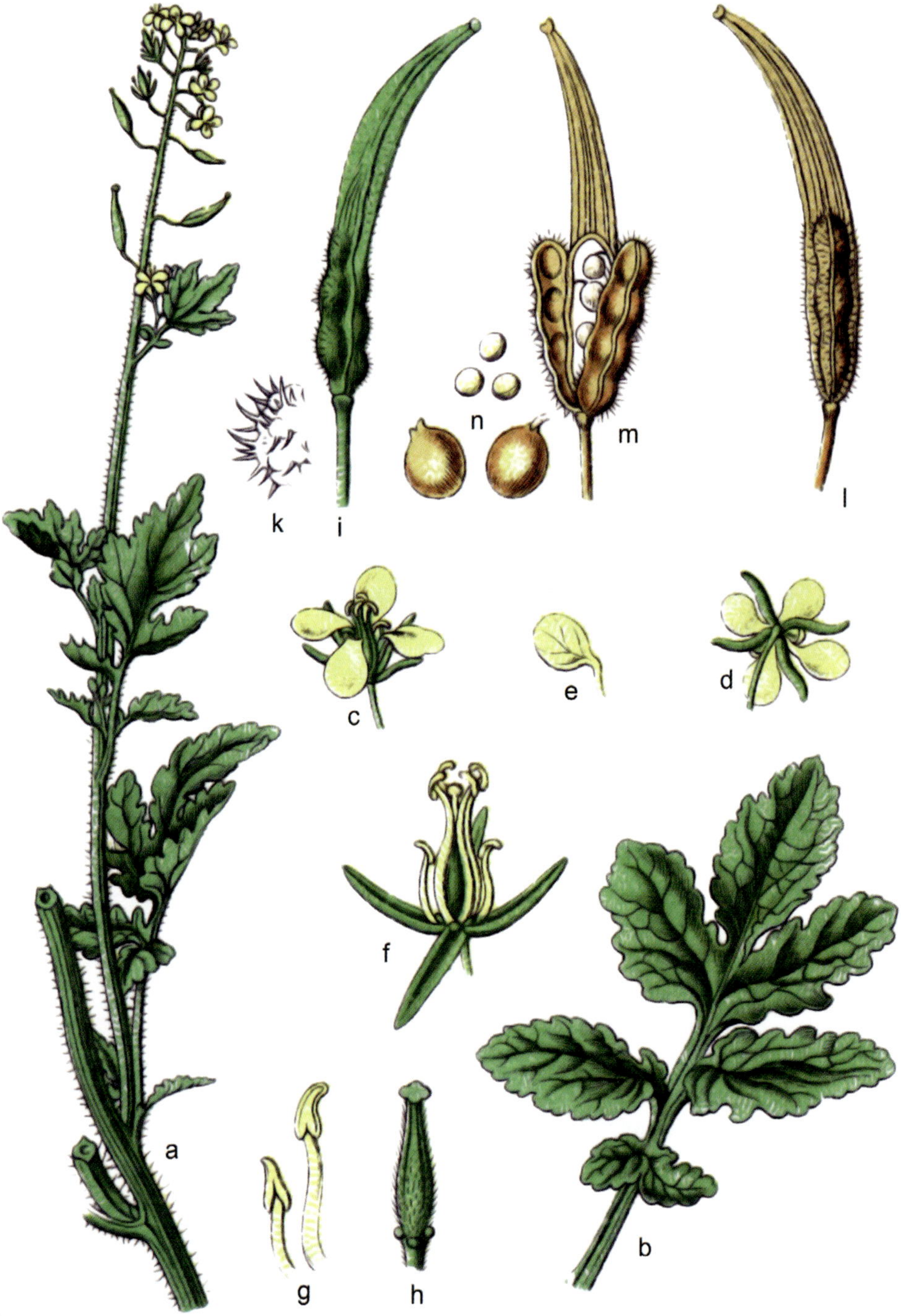

Weißer Senf: **a** Stängel mit Laubblättern, Blüten und unreifen Früchten **b** Grundblatt **c–d** Blüten **e** Kronblatt mit Nagel und Platte **f** Blüte ohne Krone **g** Staubblätter **h** Fruchtknoten mit basalen Nektarien **i** unreife Frucht (Schote) mit Schnabel **k** Haare der Schote **l** reife Schote **m** geöffnete Schote 2 Klappen und Samen am Rahmen mit Scheidewand **n** Samen.

Quelle: Sturm (1796ff).

Meerrettich

Kren
Armoracia rusticana
(Armoracia lapathifolia, Cochlearia armoracia)

Meerrettich ist eine mehrjährige, krautige Pflanze mit einer dicken, fleischigen Hauptwurzel. Die Pflanze hat große, länglich-ovale Grundblätter mit gewelltem Rand, die bis zu 60 cm lang werden können. Die traubenförmigen Blütenstände bestehen aus zahlreichen, kleinen, weißlichen Blüten.
Die Wurzel ist essbar und hat einen sehr scharfen, aromatischen Geschmack.

A. rusticana stammt aus Südosteuropa und Südwestasien, wird jedoch heute in vielen gemäßigten Regionen kultiviert. Besonders in Mitteleuropa, den USA und Japan wird sie auch kommerziell angebaut.

Die Nutzung von Meerrettich als Gewürz- und Heilpflanze reicht bis in die Antike in Ägypten, Griechenland und Rom zurück. Im Mittelalter war er in Kloster- und bäuerlichen Gärten verbreitet und wurde als Heilmittel geschätzt. Später breitete sich sein Anbau in Mitteleuropa aus, insbesondere in Österreich, Deutschland und Polen.

Die Züchtung konzentriert sich auf Sorten mit glatten, leicht zu verarbeitenden Wurzeln oder hohem Gehalt an Senfölglycosiden.

Meerrettich enthält Senfölglycoside (insbesondere Sinigrin), die beim Zerkleinern der Wurzel enzymatisch in Isothiocyanate (v. a. Allylisothiocyanat) umgewandelt werden und für den intensiven Geschmack verantwortlich sind. Zudem ist er reich an Vitamin C, Ballaststoffen und Mineralstoffen, v. a. Kalium und Magnesium, sowie Phenolen.

Meerrettich wird besonders in der mittel- und osteuropäischen Küche als würzende Zutat verwendet: Frisch gerieben wird er gerne zu Fisch, Fleisch oder geräucherten Speisen gereicht und zuweilen in Essig eingelegt. Pulverisierter Meerrettich wird auch für Gewürzmischungen und in der Lebensmittelindustrie verwendet.
Frischer Meerrettich sollte in Maßen genossen werden, da übermäßiger Verzehr bei empfindlichen Personen zu Magen-Darm-Reizungen führen kann.

In der traditionellen Medizin gilt Meerrettich als Mittel zur Verdauungsanregung sowie gegen Erkältungskrankheiten und Blasenleiden.
Pharmakologische Studien deuten auf antibakterielle, krebshemmende und entgiftende Wirkungen der Inhaltsstoffe, insbesondere der Isothiocyanate, hin.

Meerrettich: A basaler Teil einer Pflanze mit verdickter Pfahlwurzel und Basis eines am Rand gezähnten Grundblatts **B** Stängel mit gelappten Stängelblättern **C** distaler Teil einer Pflanze mit Stängelblättern, Blüten und kleinen, kugeligen Früchten **1** Blüte **2** aufpräparierte Blüte (ohne Blütenhülle) **3** Kronblatt **4** Fruchtstand mit Schötchen **5** Fruchtknoten und Staubblätter **6** Schötchen **7** Schötchen ohne Fruchtklappen mit Samen an Scheidewand und Rahmen **8** Same **9** Same im QS.

Quellen: Kops (1800-1934); von Schlechtendal (1840ff).

Wasabi

Japanischer Meerrettich
Eutrema japonicum *(Wasabia japonica)*

Wasabi ist eine mehrjährige, krautige Pflanze mit großen, herzförmigen Blättern. Die kleinen, weißlichen Blüten entstehen in verlängerten Trauben. Das dickfleischige, grünliche Rhizom hat ein außerordentlich scharfes Aroma.

E. japonicum ist in Japan heimisch, wird aber auch in Taiwan und den USA angebaut.

Wasabi wird in Japan seit dem 10. Jh. als Heilpflanze kultiviert. In der Edo-Periode (1603–1868) etablierte sich die Pflanze auch als Gewürz, insbesondere zu rohem Fisch. Dies diente ursprünglich auch der Lebensmittelsicherheit, da die antibakteriellen Eigenschaften von Wasabi das Risiko von Lebensmittelvergiftungen reduzierten.

Es gibt verschiedene Sorten von *E. japonicum*, eine bekannte ist DARUM. Wichtiger für die Qualität sind aber Anbauverfahren und anschließende Aufbereitung.

Die traditionelle Kultivierung liefert den hochwertigsten Wasabi und erfolgt im »Sawa-Verfahren« in Terrassen mit fließendem, klarem Wasser. Beim »Oka«- oder »Hatake-Verfahren« wird Wasabi hingegen auf gewöhnlichen Feldern kultiviert, was zu einem weniger ausgeprägten Aroma führt.

Anbau im traditionellen Sawa-Verfahren

Wasabi enthält Senfölglycoside, die bei Verletzung der Zellen enzymatisch umgewandelt werden. Dabei entstehen insbesondere Allylisothiocyanat und 6-Methylsulfinyl-Hexyl-Isothiocyanat. Darüber hinaus ist das Rhizom reich an Vitamin C, Kalium und Calcium.

Frisch am Tisch geriebener Wasabi wird als »Hon Wasabi« bezeichnet. Das charakteristische Aroma entfaltet sich erst beim Reiben und verfliegt innerhalb von ± 15 Minuten.

Am Tisch geriebener »Hon Wasabi«

Wasabi ist ein hoch geschätztes Gewürz für japanische Meeresfrüchtegerichte wie »Sushi« oder »Sashimi«. Als gefrorene Paste oder getrocknetes Pulver wird er mit Wasser angerührt und ist weniger aromatisch.
Auch die Blätter und Blattstiele können als würziges Gemüse verwendet werden.

Über seine traditionelle Verwendung als antibakterielles Mittel hinaus gibt es erste Hinweise, dass Inhaltsstoffe von Wasabi die Gedächtnisfunktion bei älteren Erwachsenen verbessern können. Für entzündungshemmende, antimikrobielle und krebshemmende Wirkungen existieren vielversprechende Laborstudien.

Aufgrund des hohen Preises von echtem Wasabi (bis über 200 Euro pro kg) wird oft auch grün eingefärbter Meerrettich (oder ein Meerrettich-Senf-Gemisch) als »Seiyō Wasabi« oder »Kona Wasabi« angeboten.

Wasabi: A–B basaler Teil einer mehrjährigen Pflanze mit verdickten Rhizomen und herzförmigen Grundblättern **C** basaler Teil einer 1-jährigen Pflanze **D–E** distaler Teil einer Pflanze mit Stängelblättern, Blüten und Früchten.

Quelle: Sō (1804ff).

Waldmeister

Maikraut

Galium odoratum *(Asperula odorata)*

Waldmeister ist eine mehrjährige krautige Pflanze mit 6–8 quirlständigen Blättern an jedem Knoten. Die kleinen Blüten sind weiß.

G. odoratum stammt aus den schattigen Laubwäldern Mittel- und Nordeuropas sowie Asiens. Er wird dort normalerweise wild gesammelt.

Waldmeister wird in Deutschland traditionell Anfang Mai gesammelt und wird deshalb zuweilen auch als »Maikraut« bezeichnet. Durch den Klimawandel beginnt die Blühsaison in Deutschland aber mittlerweile 1–2 Wochen früher.
Im Mittelalter sollte die Art Schutz vor Hexerei bieten und die berauschende Wirkung der Maibowle verstärken.

Die Pflanze enthält reichlich Cumarin bzw. seine geruchlose Vorstufe, das Glycosid Melilotosid. Außerdem kommen Flavonoide (v. a. Quercetin und Kaempferol), weitere Polyphenole, Anthrachinone, Tannine und Vitamin C vor.
Die frische Pflanze ist nahezu geruchlos. Erst durch das Anwelken oder Trocknen der Blätter wird das Cumarin enzymatisch aus seiner geruchlosen Vorstufe, dem Melilotosid, freigesetzt und entfaltet dabei das typische an frisch gemähtes Heu erinnernde Aroma.

In der Küche wird Waldmeister für die Zubereitung von aromatischen Getränken wie der traditionellen Maibowle verwendet. In geringen Mengen verleihen die Blätter Bowle, Sirup, Desserts und Gebäck ein liebliches Aroma.
Aufgrund des hohen Gehaltes an Cumarin, das in hohen Dosen die Leber schädigen kann, wird jedoch von regelmäßigem oder übermäßigem Verzehr abgeraten.

Waldmeister-Bowle

In der traditionellen Medizin wird Waldmeister zur Behandlung von Schlaflosigkeit und nervösen Störungen eingesetzt.
Obwohl Cumarin in tierexperimentellen Studien, insbesondere bei Nagetieren, leberschädigende Wirkungen zeigte, wird es vom menschlichen Organismus anders verstoffwechselt, was zu einer generell geringeren Toxizität führt.

Waldmeister: **A** Habitus einer blühenden Pflanze mit wirtelig angeordneten Stängelblättern **1** Blüte im LS mit unterständigem Fruchtknoten **2** Teil eines Fruchtstands **3** Frucht mit 2-teiligem Griffel und zahlreichen kleinen Widerhaken.

Quelle: von Schlechtendal (1840ff).

Gelber Enzian

Gentiana lutea *(Asterias lutea)*

Der Gelbe Enzian ist eine mehrjährige, krautige und bis 1,5 m hohe Pflanze mit großen, gegenständig angeordneten Blättern und goldgelben Blüten. Unterirdisch entwickelt die Pflanze eine kräftige, fleischige Wurzel sowie ein sehr dickes Rhizom, die beide intensiv bitter schmecken.

Anbau von Gelbem Enzian für die Schnapsherstellung

Der Gelbe Enzian ist in den Gebirgsregionen Mittel- und Südeuropas in Höhenlagen von 600–2.500 m heimisch, v. a. in den Alpen, Pyrenäen, im Jura und im Apennin.

Dioskurides erwähnt die heilenden Eigenschaften des Gelben Enzians bereits im 1. Jh. Im Mittelalter wurde Enzian in Klostergärten kultiviert und in der traditionellen Medizin genutzt. Seit dem 18. Jh. werden Wurzel und Rhizom auch zur Herstellung von Spirituosen verwendet, zunächst in den französischen Alpen.

Der Gelbe Enzian steht heute in vielen europäischen Ländern unter besonderem Naturschutz und das Sammeln wild wachsender Pflanzen ist streng reglementiert oder verboten.
Die für die Aromatisierung von Schnaps verwendeten Pflanzen stammen deshalb meist aus speziell angelegten Kulturen, in denen sie erst nach 5–12 Jahren blühen. Die Ernte der unterirdischen Organe erfolgt im Herbst, wenn der Wirkstoffgehalt am höchsten ist.

Wurzeln und Rhizome enthalten bitter schmeckende Secoiridoid-Glucoside wie Gentiopikrosid, Amarogentin und Swertiamarin. Zudem finden sich Xanthone, ätherische Öle, Pektine und bis zu 40 % Kohlenhydrate in Form von Inulin und Saccharose. Amarogentin gilt als eine der bittersten bekannten natürlichen Verbindungen und ist selbst in einer Verdünnung von 1:50.000 noch wahrnehmbar. Die Substanz dient auch als wissenschaftliche Referenz zur Messung von Bitterkeit.

Die Hauptverwendung des Gelben Enzians liegt in der Herstellung von Spirituosen. Die Bitterstoffe dienen zur Aromatisierung von Aperitifs, Bitter-Likören und Magenbitter. Enzianschnaps wird durch Vergärung der Wurzeln und Rhizome und anschließende Destillation gewonnen.

In der traditionellen Medizin werden Enzianwurzel-Extrakte bei Verdauungsbeschwerden, Appetitlosigkeit und zur Anregung der Magensaftsekretion eingesetzt. Der Gelbe Enzian wurde für diese Anwendungen auch von der Europäischen Arzneimittel-Agentur als Pflanze mit traditionellen Heilwirkungen anerkannt.

Ausgraben von Enzian-Wurzeln und Rhizomen in den Schweizer Alpen im Oktober 1932

Gelber Enzian: A distaler Teil einer Pflanze mit dichten Blütenständen in den Achseln von Tragblättern **B** Grundblatt **C** basaler Teil einer Pflanze mit Wurzeln und Rhizomen **1** Blütenknospe **2** Blüte im LS **3** Staubbeutel **4** Fruchtknoten mit Griffel und 2-teiliger Narbe **5** Fruchtknoten im QS **6** geöffnete Kapsel **7** geflügelter Same **8** Same im LS.

Quelle: Köhler (1883–1898ff).

Paprika, Chili, Peperoni

Cayennepfeffer, Pfefferoni, Spanischer Pfeffer
Capsicum

Die Gattung *Capsicum* umfasst ± 40 meist krautige Arten mit sternförmigen, meist weißlichen und selten violetten Blüten. Die innen hohlen Früchte haben eine fleischige Schale und enthalten viele abgeflachte Samen. Sie sind aus botanischer Sicht als Beeren anzusprechen. Diese Früchte, allgemein als »Paprika-Schoten« oder »Chili-Schoten« bezeichnet, variieren stark in Form, Größe, Farbe und Geschmack.
Die meisten der kommerziell genutzten Arten sind Zuchtformen von *C. annuum*, weitere domestizierte Arten sind *C. baccatum*, *C. chinense* und *C. frutescens*. *C. pubescens* wurde bereits von den Inka genutzt, spielt kommerziell heute aber nur eine untergeordnete Rolle.

Die Gattung *Capsicum* ist ursprünglich in Mittelamerika und den angrenzenden Regionen Südamerikas beheimatet. *Capsicum*-Arten werden heute weltweit in tropischen bis gemäßigten Regionen kultiviert. Die wichtigsten Anbaugebiete befinden sich in China und Indien sowie in Mexiko, Spanien, Ungarn, Indonesien und den USA.

Die Gattung *Capsicum* wurde vor 7.000–6.000 Jahren in Mittel- und Südamerika domestiziert, wo die Früchte als Gewürz, Heilmittel und religiöses Symbol dienten.
Christoph Kolumbus brachte Paprika im späten 15. Jh. nach Europa, von wo aus sie rasch ihren Weg nach Afrika und Asien fand. Im Europa des 16. und 17. Jh. galt Paprika zunächst als exotische Zierpflanze, bevor sie als Gewürz und Gemüse populär wurde. Gleichzeitig etablierte sie sich auch in Asien als integraler Bestandteil der lokalen Küchen und auch dort entwickelte sich eine eigenständige Gewürzkultur.

Durch jahrtausendelange Kultivierung sind unzählige Sorten aus den 5 kultivierten *Capsicum*-Arten hervorgegangen, die sich in Fruchtform, -farbe, Schärfegrad und Verwendung unterscheiden. Bekannte scharfe Sorten sind Jalapeño, Habanero und die besonders scharfe Bhut Jolokia. Zu den milden Paprikasorten zählen Gemüsepaprika und Snackpaprika in verschiedenen Farben und Formen.

Paprika (*Capsicum annuum*): A distaler Teil einer Pflanze mit Stängelblättern und Blüten **1** Blüte im LS **2** aufpräparierte Krone mit Staubblättern **3** Staubbeutel **4** Pollen **5** Fruchtknoten **6** Griffel und Narbe **7** Fruchtknoten im QS **8** Frucht (Beere) **9** Frucht im QS **10** Same **11–12** Same im LS und QS.

Quelle: Köhler (1883-1898ff).

Aufgrund ihrer Kälteempfindlichkeit werden *Capsicum*-Arten in gemäßigten Klimazonen oft im Gewächshaus oder unter Folie kultiviert. Die Ernte erfolgt meist per Hand, wobei die Früchte in unterschiedlichen Reifestadien gepflückt werden, je nach gewünschtem Geschmack und Verwendungszweck.

Capsicum-Früchte sind bekannt für ihren hohen Gehalt an Vitamin C, β-Carotin, Vitamin B_6 und sekundären Pflanzenstoffen wie Capsaicin. Darüber hinaus enthalten sie Mineralstoffe wie Kalium, Magnesium und Eisen. Farbige Paprika, insbesondere rote und gelbe Sorten, sind zudem reich an Flavonoiden und Carotinoiden.
Die brennende Schärfe von Chilis wird durch die Capsaicinoide verursacht, deren Konzentration mit der »Scoville-Skala« angegeben wird, benannt nach ihrem Erfinder Wilbur Scoville. Ursprünglich basierte diese Skala auf der Verdünnung von Chili-Extrakt, bis die Schärfe nicht mehr wahrnehmbar war, heute erfolgt die Messung mittels präziser Hochleistungsflüssigkeitschromatographie. Die Skala reicht von 0 für eine Gemüsepaprika bis über 2,6 Mio. für die aktuell schärfste Chili-Sorte der Welt, »Chili X«. Bei dieser Sorte ist die Schärfe noch wahrnehmbar, wenn man 1 kleine Messerspitze Chilipulver in einer großen Badewanne auflösen würde.

Carolina Reaper – die von 2013–2023 schärfste Paprika-Sorte der Welt

Ob roh als knackiger Snack, gegart als Gemüsebeilage oder getrocknet und gemahlen als scharfes Gewürz – *Capsicum*-Früchte bringen Farbe, Geschmack und Schärfe auf den Teller und sind weltweit Bestandteil unzähliger Gerichte.

Capsicum-Arten finden Verwendung in der traditionellen Medizin und in pharmazeutischen Produkten, insbesondere aufgrund der Wirkungen von Capsaicin, welches in Schmerzmitteln oder Salben gegen rheumatische Beschwerden eingesetzt wird.
Paprika wird von der Europäischen Arzneimittel-Agentur als Pflanze mit traditionellen Heilwirkungen anerkannt. Capsaicin wirkt nachgewiesenermaßen stoffwechselanregend und antibakteriell, ist aber in hoher Konzentration stark reizend.

Auch in der Kosmetikindustrie werden Extrakte von *Capsicum*-Arten zur Hautpflege verwendet, insbesondere aufgrund ihrer durchblutungsfördernden Wirkung.

Paprika und Chili sind besonders in Mittel- und Südamerika tief in den lokalen Traditionen und Kulturen verwurzelt. In vielen Regionen finden dort jährlich Veranstaltungen wie »Chili-Festivals« statt, welche die Vielfalt der *Capsicum*-Arten feiern und ihre wirtschaftliche und kulturelle Bedeutung hervorheben.

Lippenblütler – *Lamiaceae*: Mehr als Kräuter der Provence

Wer schon einmal frischen Basilikum zwischen den Fingern gerieben oder den intensiven Duft von Thymian oder Lavendel eingeatmet hat, kennt die charakteristische Aromakraft der Lippenblütler.

Die Familie der Lippenblütler umfasst etwa 230 Gattungen mit 7.700 Arten und ist nahezu weltweit verbreitet. Ihr charakteristisches Merkmal sind die 2-lippigen Blüten, deren obere und untere Kronblätter eine Ober- und Unterlippe ausbilden – eine evolutionäre Anpassung, die nektarsuchenden Insekten eine perfekte Landeplattform bietet und die Bestäubung sicherstellt. Der 2-blättrige Fruchtknoten (erkennbar an den 2 Narben) gliedert sich in 4 Teile, die bei der Reife in 4 Teilfrüchte (Klausen) zerfallen. Die Pflanzen besitzen meist 4-kantige Stängel und gegenständig angeordnete Blätter, die zuweilen drüsig behaart sind.

Die biochemische Besonderheit der Lippenblütler liegt in ihren komplexen ätherischen Ölen, die oft in Drüsenhaaren auf Blättern und Blüten konzentriert sind. Diese Öle bestehen aus einem vielschichtigen Gemisch von Monoterpenen und Sesquiterpenen, darunter das kühlende Menthol, Thymol, Carvacrol und Linalool, die für die charakteristischen Aromen verantwortlich sind. Häufig finden sich auch Polyphenole wie Rosmarinsäure und andere Phenolcarbonsäuren sowie Flavonoide mit starker antioxidativer Wirkung. Viele Arten enthalten zudem bitter schmeckende Diterpene und Triterpene. Besonders bemerkenswert sind auch die mit den zahlreichen Inhaltsstoffen zusammenhängenden antimikrobiellen Eigenschaften – viele Öle sind in hohen Konzentrationen aber auch für den Menschen stark giftig.

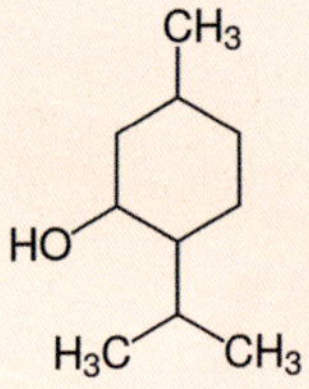

Menthol, ein zyklisches Monoterpen

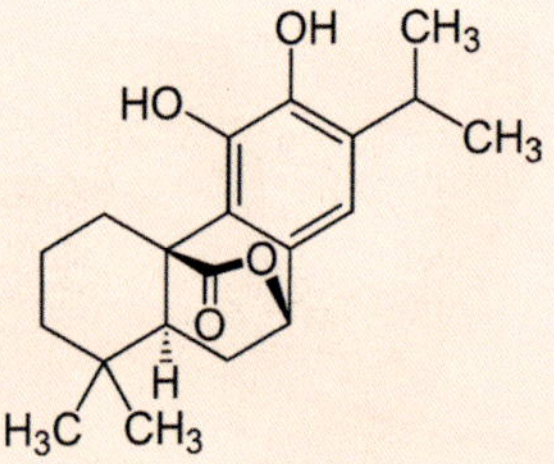

Carnosol, ein phenolisches Diterpen aus Rosmarin.

Ysop

Hyssopus officinalis

Ysop ist ein aromatisch riechender, immergrüner Halbstrauch mit schmal-lanzettlichen, dunkelgrünen Laubblättern. Die bei Wildformen blauen bis violetten Lippenblüten stehen quirlständig in den oberen Blattachseln. Zierformen haben auch weiße oder rosafarbene Blüten.

H. officinalis stammt aus dem Mittelmeergebiet und Südwestasien. Ysop wird heute weltweit in gemäßigten Klimazonen kultiviert.

Ysop wurde schon in der Antike als Gewürz- und Heilpflanze genutzt. Die Griech:innen und Römer:innen verwendeten ihn auch zur spirituellen Reinigung von Tempeln und als Bestandteil von Heiltränken. Im Mittelalter galt er als Schutz gegen Hexerei und wurde in Kloster- und bäuerlichen Gärten angebaut. Hildegard von Bingen empfahl im 12. Jh. Ysop zur Stärkung der Lunge und bei Erkältungskrankheiten.

Die Blätter und Blüten enthalten ätherische Öle, hauptsächlich Pinocamphon, Isopinocamphon und 1,8-Cineol. Außerdem finden sich Flavonoide, Phenolcarbonsäuren und Tannine.

Die Blätter können frisch oder getrocknet verwendet werden und verleihen Gerichten ein würzig-herbes Aroma.

In der traditionellen Medizin wird Ysop bei Atemwegserkrankungen, Verdauungsbeschwerden und zur Stärkung des Immunsystems eingesetzt.
Die ätherischen Öle verleihen Ysop antimikrobielle, schleimlösende und verdauungsfördernde Eigenschaften, die durch pharmakologische Studien nachgewiesen wurden. Zudem deuten Untersuchungsergebnisse auf entzündungshemmende und antivirale Eigenschaften hin.
Das im ätherischen Öl enthaltene Pinocamphon kann in hohen Dosen neurotoxisch wirken und Krampfanfälle auslösen, weshalb von einer Einnahme des reinen Öls dringend abgeraten wird.
Schwangere und Stillende sowie Menschen mit Epilepsie sollten Ysop-Präparate generell meiden.

Als dekorativer Halbstrauch wird *H. officinalis* auch als Zierpflanze kultiviert.

Ysop: A distaler Teil einer Pflanze mit gegenständigen Blättern und bläulich-violetten Blüten **B** distaler Teil einer Pflanze mit rötlich-violetten Blüten **1** Blütenknospe **2** Lippenblüte **3** Blüte im LS **4** Staubbeutel **5** Narben **6** Fruchtkelch **7** Teilfrucht (Klause).

Quelle: von Schlechtendal (1840ff).

Zitronenmelisse

Melisse
Melissa officinalis

Die Zitronenmelisse ist eine mehrjährige, krautige Pflanze. Ihre gegenständigen Blätter sind oval bis herzförmig, am Rand gekerbt und haben eine runzelige Oberfläche. Beim Zerreiben entfaltet sich ein intensiver zitronenartiger Duft. Die großen weißlichen bis blassrosa Lippenblüten erscheinen in kleinen Gruppen in den Blattachseln.

Die Zitronenmelisse stammt aus dem östlichen Mittelmeergebiet und Südwestasien. Heute findet man sie in weiten Teilen Europas, Nordamerikas und Asiens. Sie wird sowohl in Hausgärten als auch kommerziell kultiviert.

Die Zitronenmelisse wurde bereits im antiken Griechenland und im Römischen Reich als Heil- und Gewürzpflanze geschätzt. Im Mittelalter war sie ein fester Bestandteil der Klostergärten. Auch der berühmte schweizerisch-österreichische Arzt Paracelsus lobte im 16. Jh. ihre beruhigenden und herzstärkenden Eigenschaften.

Die Blätter der Zitronenmelisse enthalten ätherische Öle mit Citronellal, Citral und Geranial als Hauptbestandteilen – sie sind für den charakteristischen Zitronenduft verantwortlich. Darüber hinaus finden sich Tannine, Flavonoide und Rosmarinsäure.

Zitronenmelissenblätter verleihen Getränken, Salaten und Desserts ein feines Zitrusaroma. Sie können frisch oder getrocknet verwendet werden, verlieren jedoch beim Kochen schnell ihr Aroma.
Bekannt ist auch das Tonikum »Melissengeist«, dessen namensgebender Bestandteil die Zitronenmelisse ist.

M. officinalis wird in der traditionellen Medizin gegen nervöse Einschlafstörungen, Verdauungsbeschwerden und Erkältungskrankheiten eingesetzt.
Auch von der Europäischen Arzneimittel-Agentur wird die Zitronenmelisse als Pflanze mit traditionellen Heilwirkungen anerkannt. Zubereitungen aus den Blättern wirken demnach beruhigend und krampflösend, aber auch antibakteriell und antiviral. Sie werden z. B. gegen Lippenherpes eingesetzt.

Das ätherische Öl der Zitronenmelisse findet sich in Kosmetikprodukten und Parfüms, wo es wegen seines frischen Dufts geschätzt wird.

Personen mit Schilddrüsenerkrankungen sollten beim Verzehr Vorsicht walten lassen, weil es Hinweise gibt, dass Zitronenmelisse die Schilddrüsenfunktion beeinflussen kann.

Zitronenmelisse: A distaler Teil einer Pflanze mit gegenständigen Blättern und Blüten **1** Blütenknospe **2** Lippenblüte **3** Blüte im LS **4** Krone **5** Kelch mit Griffel **6–7** Staubbeutel **8** Pollen **9** Fruchtknoten mit langem Griffel und 2-teiliger Narbe **10** 4-teiliger Fruchtknoten **11** Fruchtknoten im LS **12** Fruchtknoten im QS **13** Fruchtkelch **14–15** Teilfrüchte (Klausen) **16–17** Teilfrüchte im LS und QS.

Quelle: Köhler (1883-1898ff).

Pfefferminze

Mentha × piperita *(Mentha piperita)*

Pfefferminze ist eine mehrjährige, krautige Pflanze mit langen, unterirdischen Ausläufern (Rhizomen). Die lanzettlichen, gezähnten, dunkelgrünen Blätter verströmen beim Zerreiben einen intensiven Duft. Die Blüten können rosa, hellviolett oder purpurn gefärbt sein und wirken – ungewöhnlich für einen Lippenblütler – fast radiärsymmetrisch.

M. × *piperita* ist eine weitgehend sterile Kreuzung aus *M. aquatica* (Wasserminze) und *Mentha spicata* (Grüne Minze). Sie entstand vermutlich Ende des 17. Jh. in England und wird heute weltweit in gemäßigten Klimazonen kultiviert.

Die Blätter enthalten ätherisches Öl, das als Hauptkomponenten (-)-Menthol, Menthon und Menthylacetat enthält. Weitere Inhaltsstoffe sind Flavonoide (v. a. Eriocitrin, Hesperidin und Luteolin-Derivate wie Luteolin-7-O-rutinosid) sowie Rosmarinsäure und Kaffeesäure.

Pfefferminzblätter werden frisch oder getrocknet zum Aromatisieren von Getränken, Cocktails, Süßspeisen und Kaugummis genutzt.
Das ätherische Öl ist ein häufig eingesetztes Aroma in der Lebensmittel- und Getränkeindustrie.

M. × *piperita* ist eine der wichtigsten traditionellen Heilpflanzen, deren Heilwirkungen auch von der Europäischen Arzneimittel-Agentur anerkannt werden. Zubereitungen aus den Blättern wirken krampflösend, beruhigend, antimikrobiell und (scheinbar) kühlend. Hauptanwendungsgebiete sind Magen-Darm-Beschwerden, Kopfschmerzen, Erkältungen und lokale Entzündungen einschließlich des Reizdarmsyndroms.

Pfefferminzöl wird auch in Kosmetika, Mundhygieneprodukten und Badezusätzen verwendet.

Die Kühlwirkung der Minze resultiert aus dem hohen Gehalt an (-)-Menthol. Dieses senkt die Temperatur nicht tatsächlich, sondern aktiviert Kälterezeptoren in Haut und Schleimhaut und löst dabei dieselben Nervensignale aus wie echte Kälte.
Obwohl Pfefferminze allgemein als sicher gilt, ist bei Säuglingen und Kleinkindern Vorsicht geboten, da Menthol in hohen Konzentrationen Atemprobleme auslösen kann.

Ähnliche Arten

Auch andere *Mentha*-Arten, darunter Ackerminze (*M. arvensis*) und Wasserminze (*M. aquatica*), haben ätherische Öle mit ähnlichen Aromen und werden sowohl als Nahrungsmittel als auch als Heilpflanze genutzt.

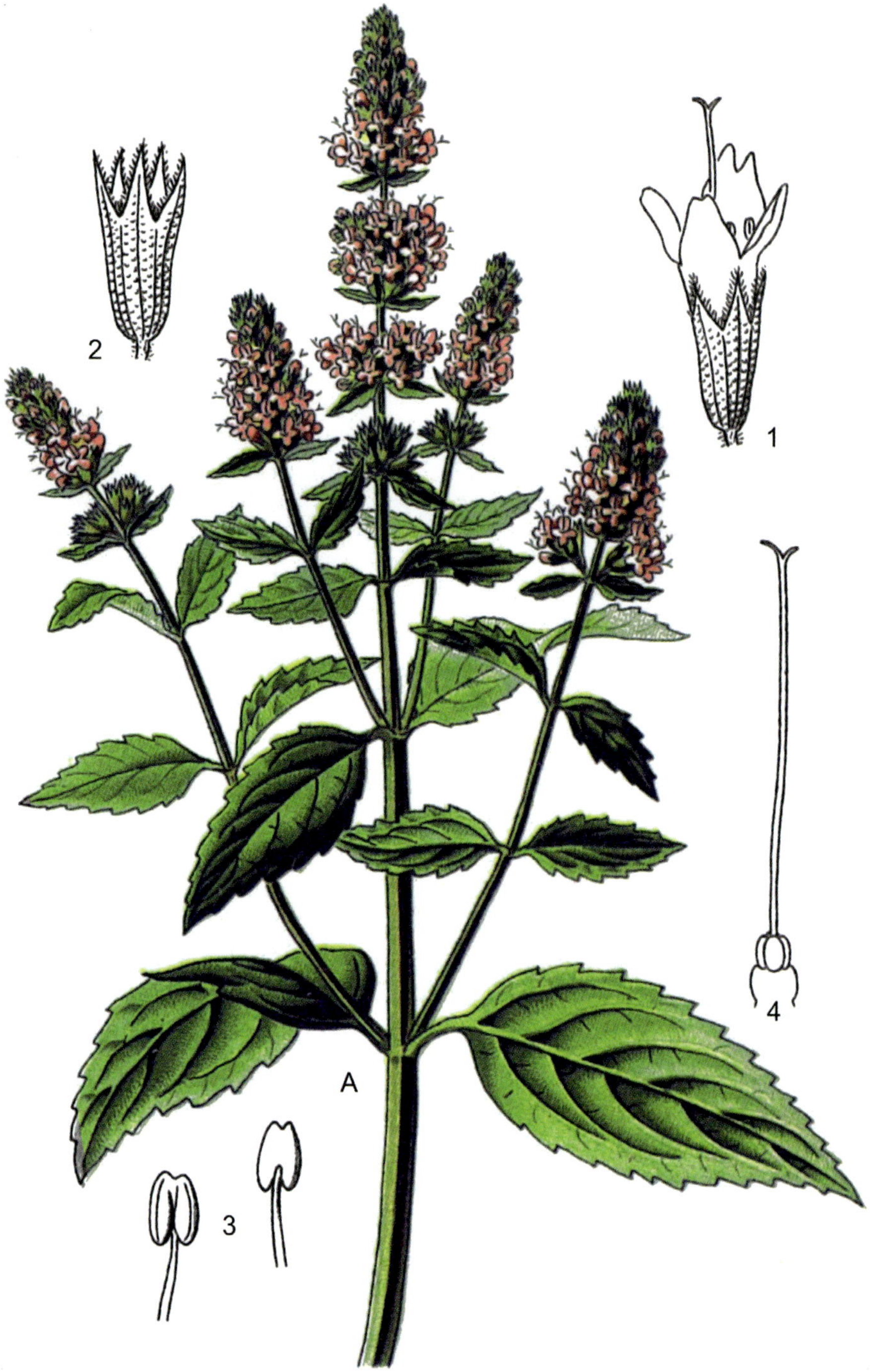

Pfefferminze: A distaler Teil einer Pflanze mit gegenständigen Blättern und Blütenständen **1** Lippenblüte **2** Kelch **3** Staubeutel **4** Fruchtknoten mit langem Griffel und 2-teiliger Narbe.

Quelle: von Schlechtendal (1840ff).

Majoran

Origanum majorana (*Majorana hortensis*)

Majoran ist ein stark verzweigter Halbstrauch mit weich behaarten, graugrünen, ovalen Blättern und kleinen, rosafarbenen bis weißlichen Blüten, die in kugeligen Blütenständen angeordnet sind. Die Pflanze verströmt einen süßlich-würzigen, leicht kampferartigen Duft.

Ursprünglich stammt *O. majorana* aus dem östlichen Mittelmeerraum und Westasien. Er wird dort und in vielen anderen Regionen kultiviert.

Majoran wurde bereits in der Antike von den Ägypter:innen für Parfüms und als Heilpflanze verwendet. Bei den Griech:innen war die Pflanze Aphrodite, der Göttin der Liebe, geweiht und wurde bei Hochzeiten als Kranz getragen.
Im Mittelalter gelangte Majoran mit den Römer:innen nach Mitteleuropa und ist spätestens seit dem 16. Jh. auch dort ein beliebtes Küchenkraut.

Getrockneter Majoran enthält 0,7–3,5 % ätherisches Öl mit den Hauptkomponenten Terpinen-4-ol, γ-Terpinen, trans-Sabinenhydrat und Sabinen. Daneben finden sich Vitamin C, Vitamin K sowie Mineralstoffe (v. a. Kalium, Calcium und Eisen) und Flavonoide.

In der Küche ist Majoran ein vielseitig einsetzbares Gewürz. Er sollte möglichst erst gegen Ende der Garzeit zugegeben werden, um sein feines Aroma zu bewahren. Majoran ist Bestandteil von Gewürzmischungen wie den französischen »Herbes de Provence« oder Wurstgewürzmischungen, z. B. für Thüringer Bratwurst.
Die nahe verwandten Arten Majoran (*O. majorana*) und Oregano (*O. vulgare*) besitzen unterschiedliche Aromen: Majoran ist typischerweise süßer und milder im Geschmack, während Oregano meist kräftiger und pfefferiger ist.

Majoran wird in der traditionellen Medizin bei Verdauungsbeschwerden eingesetzt und sein aromatisches Öl soll beruhigend und krampflösend wirken.
Auch wissenschaftliche Studien deuten darauf hin, dass die Inhalation von ätherischem Majoranöl Stresssymptome reduzieren und angstlösende Effekte haben kann.

Majoran: A distaler Teil einer Pflanze mit gegenständigen Blättern und Blüten **B** basaler Teil einer Pflanze **1–4** Blüten **5** mehrblütiger, kugeliger Teilblütenstand mit Hochblättern und 1 blühenden Blüte **6** Teilfrucht (Klause).

Quelle: von Schlechtendal (1840ff).

Oregano

Dost, Wilder Majoran
Origanum vulgare

Oregano ist eine mehrjährige, krautige Pflanze mit aromatisch riechenden Blättern und rosafarbenen Blüten.

O. vulgare ist im Mittelmeergebiet, in Mitteleuropa sowie in Südwestasien heimisch. Heute wird die Art weltweit kultiviert.

Oregano wurde schon in der Antike von den Griech:innen und Römer:innen als Gewürz- und Heilpflanze geschätzt.

Das ätherische Öl enthält als Hauptinhaltsstoffe Carvacrol, Thymol, γ-Terpinen und p-Cymen. Darüber hinaus kommen Tannine, Flavonoide und weitere Polyphenole wie Rosmarinsäure vor.

Die Blätter werden frisch oder getrocknet verwendet, wobei getrockneter Oregano intensiver schmeckt. Das Aroma kann von mild würzig bis scharf oder leicht bitter variieren.
Oregano ist ein typisches Gewürz der mediterranen Küche und wird vielfältig verwendet. Er ist auch Bestandteil von Gewürzmischungen wie den französischen »Herbes de Provence«.

In der traditionellen Medizin wird Oregano als verdauungsförderndes, krampflösendes und antiseptisches Mittel verwendet und dient äußerlich zur Behandlung von Entzündungen und Rheuma.
Studien zeigen, dass viele der traditionellen Anwendungen mit der stark antimikrobiellen Wirkung von Carvacrol und Thymol sowie den antioxidativen und entzündungshemmenden Eigenschaften von Carvacrol und Rosmarinsäure zusammenhängen.

Diptam-Dost

Origanum dictamnus

Diptam-Dost ist ein kleiner Strauch mit rosafarbenen Blüten und aromatisch riechenden Blättern, die weißwollig behaart sind.
O. dictamnus ist auf Kreta heimisch, wird aber auch in anderen Mittelmeerregionen kultiviert.

Im antiken Griechenland war Diptam-Dost sowohl als Gewürz als auch als Universal-Heilmittel hoch geschätzt. Der Arzt Hippokrates empfahl um 400 v. Chr. Diptam-Dost gegen Magen- und Atemwegserkrankungen.
Der griechischen Mythologie zufolge liefen von Jägerpfeilen getroffene Tiere instinktiv zu den Wuchsorten dieser Heilpflanze und fraßen davon. Daraufhin fiel der Pfeil wie von selbst aus der Wunde und sie schloss sich sofort.
In der traditionellen Medizin wird Diptam-Dost zur Unterstützung des Immunsystems bei Erkältungen und zur Wundheilung und als Antiseptikum eingesetzt.

Oregano: A distaler Teil einer Pflanze mit gegenständigen Blättern und Blüten **1–2** Lippenblüten mit kleiner Oberlippe **3** Tragblatt einer Blüte **4–5** Kelch mit Drüsen **6** Blatt mit Drüsen **7** Teilfrüchte (Klausen) **8** Tragblatt eines Blütenquirls.

Quelle: Sturm (1796ff).

Echter Salbei

Garten-Salbei, Küchensalbei
Salvia officinalis

Der Echte Salbei ist ein Halbstrauch mit graugrünen, runzligen Blättern. Die großen, violett-blauen bis rosafarbenen oder weißlichen Blüten stehen in lockeren Quirlen.

S. officinalis stammt aus dem Mittelmeergebiet und wird heute weltweit in gemäßigten bis warmen Klimazonen kultiviert. Besonders verbreitet ist der Anbau in Südeuropa, Nordafrika und Nordamerika.

Salbei wurde im antiken Ägypten zur Mumifizierung eingesetzt. Die Griech:innen und Römer:innen schätzten ihn als Heilpflanze. Seine Bedeutung für die traditionelle Medizin im Mittelalter verdeutlicht der zeitgenössische Ausspruch: »Warum sollte ein Mensch sterben, in dessen Garten Salbei wächst?« Der wissenschaftliche Name »Salvia« leitet sich vom lateinischen »salvare« (heilen) ab.

Salbeiblätter enthalten 1–3 % ätherisches Öl mit Thujon, Cineol und Campher als Hauptbestandteilen. Zudem sind Tannine, Flavonoide wie Apigenin, Bitterstoffe (v. a. Carnosol) und Harze (v. a. Ursolsäure und Oleanolsäure) enthalten.

Salbeiblätter sind ein traditionelles und vielseitig eingesetztes Gewürz der mediterranen Küche.

In der traditionellen Medizin wird Salbei als Tee gegen Halsschmerzen, Verdauungsbeschwerden und übermäßiges Schwitzen eingesetzt.
Auch die Europäische Arzneimittel-Agentur erkennt Salbei als Pflanze mit traditionellen Heilwirkungen an – zur Behandlung von Verdauungsstörungen, übermäßiger Schweißsekretion sowie zur äußerlichen Anwendung bei Entzündungen der Mund- und Rachenschleimhaut und auf der Haut.

Die ätherischen Öle werden auch Zahnpasten und Mundwässern zugesetzt und finden sich in Kosmetikprodukten.

Muskateller-Salbei

Salvia sclarea

Muskateller-Salbei hat rosafarbene bis bläulich-violette Blüten, die von gefärbten Hochblättern umgeben sind. Die Pflanze verströmt einen intensiven Duft, der an Muskat erinnert. *S. sclarea* stammt aus Südeuropa und Westasien. Heute wird die Art in vielen mediterranen Ländern sowie in Mitteleuropa angebaut. Sein Geschmack ist intensiver als beim Echten Salbei. Das ätherische Öl wird in der Parfümindustrie für hochwertige Duftkompositionen verwendet.

Echter Salbei: A distaler Teil einer Pflanze mit gegenständigen Blättern und Blüten **1** Lippenblüte **2** Blüte im LS **3** aufpräparierte Blüte (ohne Kelch) **4–5** fruchtbare Staubblätter **6** Staminodien **7** Pollen **8** aufpräparierter Kelch mit Fruchtknoten **9** 4-teiliger Fruchtknoten mit langem Griffel und 2-teiliger Narbe **10** Fruchtknoten im QS **11** Fruchtknoten im LS **12** Fruchtkelch **13** Spaltfrucht **14–15** Teilfrüchte (Klausen) **16–17** Teilfrüchte im LS und QS **18** Same.

Quelle: Köhler (1883-1898ff).

Rosmarin

Salvia rosmarinus *(Rosmarinus officinalis)*

Rosmarin ist ein immergrüner Strauch mit hellblauen bis weißlichen Lippenblüten. Die derben Blätter sind oberseits dunkelgrün, am Rand nach unten gebogen und unterseits grau- bis weißfilzig. Die Pflanze verströmt einen intensiven, würzigen Duft.

Botaniker:innen führten Rosmarin lange Zeit unter dem Namen *Rosmarinus officinalis*. Aufgrund genetischer Untersuchungen wurde nun aber erkannt, dass er eng mit Salbei verwandt ist, und er wird nun oft in die Gattung *Salvia* eingeordnet.

Rosmarin ist im Mittelmeergebiet beheimatet. Heute wird er weltweit in milden Klimazonen angebaut und ist mancherorts eingebürgert.

Im antiken Ägypten wurden Totenmasken mit Rosmarin geschmückt und in Griechenland und Rom wurde er für rituelle Räucherungen genutzt. Er galt als Symbol der Treue – in Brautkränzen – und der Erinnerung – bei Begräbnissen.
Im Mittelalter fand Rosmarin Einzug in die mitteleuropäischen Klostergärten und wurde als Heilmittel gegen Verdauungsbeschwerden und Erkältungen eingesetzt.

Rosmarinblätter enthalten 1–3 % ätherisches Öl mit hohem Gehalt an Cineol, Campher und Borneol. Weitere Inhaltsstoffe sind Tannine, Bitterstoffe (z. B. Carnosol und Carnosolsäure), Flavonoide (wie Luteolin und Apigenin) und Rosmarinsäure.

Die schmalen Blätter können frisch oder getrocknet verwendet werden. Rosmarin ist ein klassisches Gewürz der mediterranen Küche und auch Bestandteil von Gewürzmischungen wie den französischen »Herbes de Provence«.

In der traditionellen Medizin wird Rosmarin innerlich zur Förderung der Verdauung und des Kreislaufs sowie äußerlich zur Linderung von Muskel- und Gelenkschmerzen, zur Durchblutungsförderung und zur Haarpflege eingesetzt.
S. rosmarinus wird von der Europäischen Arzneimittel-Agentur als Pflanze mit traditionellen Heilwirkungen anerkannt. Extrakte fördern demnach die Durchblutung und werden bei Kreislaufbeschwerden, Rheuma und Muskelschmerzen angewendet.
Darüber hinaus geben aktuelle Studien Hinweise, dass Rosmarinsäure positive Effekte auf Gedächtnis und kognitive Funktionen hat und Nervenzellen schützen könnte.

Das ätherische Öl eignet sich auch für Massageöle, Bäder und Inhalationen und ist Bestandteil von Shampoos und Hautpflegeprodukten. Es soll anregend auf Körper und Geist wirken.

Rosmarin: A Zweig mit gegenständigen Blättern und Blüten **1–2** Blüten **3** Blüte im LS **4** Staubblätter **5** Pollen **6** Staminodium **7** 4-teiliger Fruchtknoten mit langem Griffel und 2-teiliger Narbe **8** Fruchtknoten im LS **9** Fruchtknoten im QS **10** Fruchtkelch **11** Spaltfrucht aus 4 Teilfrüchten **12–13** Teilfrüchte (Klausen) **14** Teilfrucht im LS.

Quelle: Köhler (1883-1898ff).

Sommer-Bohnenkraut

Echtes Bohnenkraut, Gartenbohnenkraut
Satureja hortensis

Sommer-Bohnenkraut ist eine 1-jährige, krautige Pflanze mit kleinen, rosa- bis lilafarbenen Lippenblüten, die zu mehreren in den Blattachseln sitzen. Die schmallanzettlichen Blätter duften beim Zerreiben aromatisch.

S. hortensis stammt aus dem östlichen Mittelmeergebiet und Südwestasien. Heute wird die Art weltweit in gemäßigten Klimazonen angebaut, besonders in Europa, Nordamerika und Teilen Asiens.

Bereits in der Antike war Bohnenkraut als Gewürz- und Heilpflanze bekannt und wurde z. B. vom römischen Gelehrten Plinius dem Älteren im 1. Jh. in seinem Werk »Naturalis historia« erwähnt.
Die Römer:innen brachten die Art nach Mitteleuropa, wo sie seit dem Mittelalter als Gewürz und Heilpflanze geschätzt wird.

Bohnenkraut enthält ätherische Öle mit Carvacrol, Cymol und Terpenen als Hauptkomponenten. Daneben finden sich Tannine und Flavonoide.

Die Blätter können frisch oder getrocknet genutzt werden. Da sich das intensive Aroma beim Kochen schnell verflüchtigt, sollte Bohnenkraut erst gegen Ende der Garzeit zugegeben werden. Bohnenkraut ist seit Langem als Würze für Gerichte mit Hülsenfrüchten beliebt, denen es ein würzig-pikantes Aroma verleiht. Darüber hinaus ist es Bestandteil von Gewürzmischungen wie den französischen »Herbes de Provence«.

Bohnenkraut gilt in der traditionellen Medizin als verdauungsfördernd und wird zur Linderung von Blähungen und bei Erkältungsbeschwerden verwendet.
Das ätherische Öl des Bohnenkrauts besitzt nachgewiesene antibakterielle Eigenschaften. Zudem gibt es Hinweise auf eine unterstützende Wirkung bei Verdauungsbeschwerden und Sodbrennen.

Winter-Bohnenkraut

Satureja montana

Das Winter-Bohnenkraut wird ähnlich verwendet wie das Sommer-Bohnenkraut und ist dabei etwas kräftiger im Geschmack. Es handelt sich um einen in Südeuropa heimischen Halbstrauch.

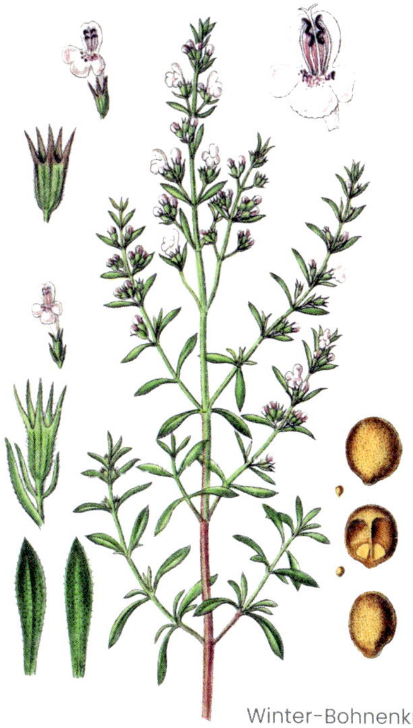

Winter-Bohnenkraut

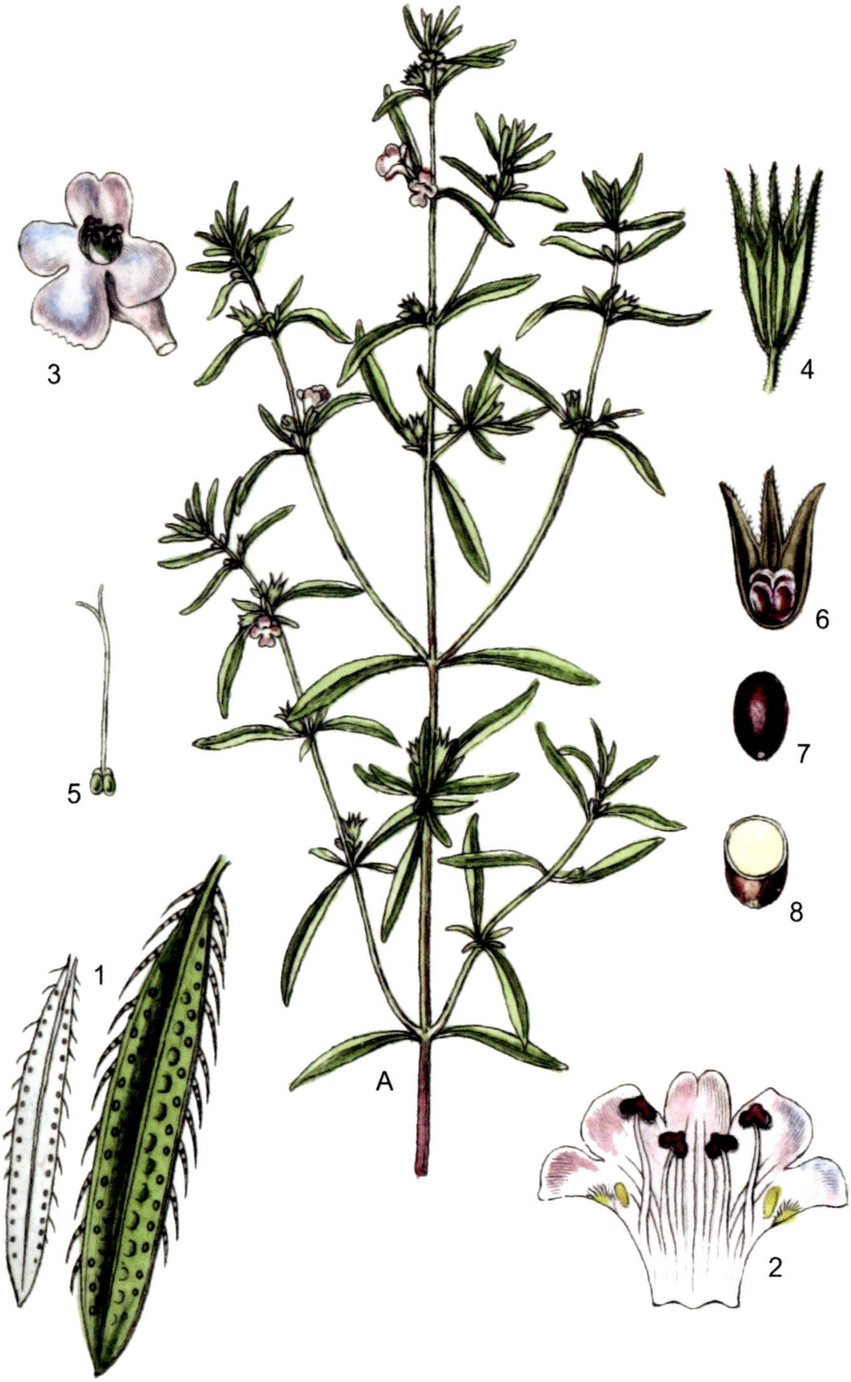

Sommer-Bohnenkraut: **A** distaler Teil einer Pflanze mit gegenständigen Blättern und Blüten **1** Stängelblätter mit gewimpertem Rand und Öldrüsen **2** aufpräparierte Krone mit Staubblättern **3** Krone **4** Kelch **5** 4-teiliger Fruchtknoten mit langem Griffel und 2-teiliger Narbe **6** 4-teilige Spaltfrucht im Fruchtkelch **7** Teilfrucht (Klause) **8** Teilfrucht im QS.

Quelle: Sturm (1796ff).

Thymian

Thymus vulgaris *(Thymus collinus)*

Thymian ist ein kleiner Halbstrauch mit vielen aufsteigenden, am Grund verholzenden Stängeln und rosafarbenen bis weißlichen Lippenblüten. Die kleinen Blätter duften aromatisch.

T. vulgaris ist im Mittelmeergebiet beheimatet und wird weltweit angebaut.

Bereits in der Antike nutzten die Ägypter:innen Thymian zum Einbalsamieren, während die Griech:innen ihn als Räucherwerk und Heilpflanze schätzten.

Thymian ist reich an ätherischen Ölen, die v. a. Thymol und Carvacrol enthalten. Hinzu kommen Tannine, Flavonoide und Triterpene.

Die Blätter können frisch oder getrocknet verwendet werden und verleihen Speisen ein intensiv würziges Aroma. Thymian ist ein klassisches und vielseitiges eingesetztes Gewürz der mediterranen Küche und Bestandteil von Gewürzmischungen wie den französischen »Herbes de Provence«.

Als traditionelle Heilpflanze wird Thymian v. a. bei Erkältungskrankheiten eingesetzt. Thymiantee gilt als verdauungsfördernd und krampflösend.
T. vulgaris wird von der Europäischen Arzneimittel-Agentur als Pflanze mit traditionellen Heilwirkungen anerkannt. Die antiseptische und antibakterielle Wirkung der ätherischen Öle lässt sich bei entzündeter Haut nutzen.

Zitronen-Thymian

Thymus × citriodorus

Die Blätter des Zitronen-Thymians verströmen einen intensiven, zitronenartigen Duft.
T. × citriodorus wurde bisher meist als Hybride zwischen *T. pulegioides* und *T. vulgaris* angesehen, ist nach neueren Untersuchungen aber eine eigenständige Art.

Das ätherische Öl enthält neben Thymol und Carvacrol auch einen hohen Anteil an Citral und Geraniol, die für den Zitronenduft verantwortlich sind.
Zitronen-Thymian ist ein vielseitiges Küchenkraut, das frisch oder getrocknet verwendet wird.
In der traditionellen Medizin wird das ätherische Öl für seine stimmungsaufhellenden und antiseptischen Eigenschaften geschätzt. In der Naturkosmetik werden Extrakte in Seifen, Badeölen und Haarpflegeprodukten genutzt. Der Duft wirkt – wissenschaftlich belegt – insektenabweisend.

Thymian: A Habitus **1** Blütenknospe **2** Lippenblüte **3** Blüte im LS **4** Staubbeutel **5** 4-teiliger Fruchtknoten mit langem Griffel und 2-teiliger Narbe **6** Fruchtkelch **7** Teilfrucht **8** Teilfrucht im LS **9** Stängelblatt (US).

Quellen: von Schlechtendal (1840ff); Köhler (1883-1898ff).

Lavendel

Echter Lavendel, Schmalblättriger Lavendel
Lavandula angustifolia

Lavendel ist ein 30–60 cm hoher Halbstrauch mit schmal-lanzettlichen graugrünen Blättern. Die violett-blauen Blüten sitzen an langen gestielten Ähren und verströmen einen intensiven Duft.

L. angustifolia stammt aus dem westlichen Mittelmeergebiet. Heute wird die Art weltweit in warmen, trockenen Klimazonen kultiviert. Das Hauptanbaugebiet ist die Provence in Südfrankreich.

Bereits die Römer:innen verwendeten Lavendel in der Antike als Heilmittel sowie zur Parfümierung und Wäsche.

Das ätherische Öl enthält v. a. Linalool, Linalylacetat, 1,8-Cineol und Campher.

In der Küche werden Blüten und Blätter zum Aromatisieren von Desserts, Backwaren, Süßspeisen und Getränken verwendet.

In der traditionellen Medizin wird Lavendelöl bei Schlafstörungen und zur Beruhigung eingesetzt. Lavendel wird auch von der Europäischen Arzneimittel-Agentur als traditionelle Heilpflanze mit entspannenden, stressreduzierenden und schlaffördernden Wirkungen anerkannt.

Lavendelöl findet vielfältige Verwendung in der Parfümerie, Kosmetik und Aromatherapie. Darüber hinaus schützen Lavendelsäckchen Wäsche seit Jahrhunderten vor Motten.

Das ätherische Lavendelöl kann in seltenen Fällen Hautsensibilisierungen oder allergische Reaktionen auslösen.

Ähnliche Arten

Auch Breitblättriger Lavendel (*L. latifolia*) und Schopflavendel (L. stoechas) werden zuweilen als Nutzpflanzen kultiviert. Am häufigsten von allen Lavendel-Arten wird aber Lavandin (*Lavandula* × *intermedia*) angebaut, eine natürlich entstandene, weitgehend sterile Hybride aus *L. angustifolia* und *L. latifolia*. Die Pflanzen sind in der Regel größer als die der Elternarten, bilden mehr Blüten und produzieren auch mehr ätherisches Öl. Das Öl hat allerdings eine etwas andere chemische Zusammensetzung und damit auch ein anderes Duftprofil – oft mit einer deutlicheren Kampfernote.

Lavandula stoechas

Die weltweite Jahresproduktion von Lavandinöl wird auf 1.000–1.200 t geschätzt, während vom Öl des Echten Lavendel nur 200–500 t produziert werden.

Lavendel: **A** Habitus **1** Zweig mit Kelch und Tragblatt **2** Spross mit 2 Blüten und Tragblättern **3** Lippenblüte **4** Blüte im LS **5** Staubbeutel **6** geöffneter Staubbeutel **7** Pollen **8** aufpräparierter Kelch mit Fruchtknoten **9** 4-teiliger Fruchtknoten mit langem Griffel und 2-teiliger Narbe **10** Fruchtknoten im LS **11** Teilfrucht (Klause) **12–13** Teilfrucht im LS und QS.

Quelle: Köhler (1883-1898ff).

Basilikum

Basilienkraut, Horapa, Thai-Basilikum
Ocimum basilicum

Basilikum ist eine meist 1-jährige Pflanze mit ovalen, meist leicht glänzenden Blättern, die je nach Sorte von hellgrün bis dunkelviolett variieren können. Die Pflanze bildet kleine, weißliche bis rosafarbene Lippenblüten aus. Die gesamte Pflanze verströmt ein intensives Aroma, das je nach Chemotyp von fruchtig bis würzig oder scharf variiert.

Ursprünglich stammt *O. basilicum* aus dem tropischen und subtropischen Asien. Heute wird die Art weltweit in gemäßigten und warmen Klimazonen kultiviert, besonders in Südeuropa, Indien, Thailand und Nordamerika.

Die Domestizierung von Basilikum als Heil- und Gewürzpflanze begann vor ± 5.000 Jahren in Nordwestindien. Die Art spielt in der Ayurveda-Medizin, aber auch in der traditionellen chinesischen Medizin, seit Langem eine wichtige Rolle.
Über historische Handelsrouten gelangte sie über den Mittleren Osten nach Ägypten, wo sie bereits vor ± 4.600 Jahren als Einbalsamierungsmittel genutzt wurde. In der Antike verbreiteten die Römer:innen Basilikum im gesamten Mittelmeergebiet und dem Rest ihres Reiches. Im Mittelalter wurde die Art in Klostergärten angebaut und verbreitete sich auch in Mitteleuropa.

Die Blätter enthalten 0,5–1,0 % ätherisches Öl, dessen Hauptbestandteile Linalool (27–84 %), Estragol (16–86 %) und Eugenol (6–80 %) sind. Weiterhin kommen Tannine, Flavonoide und Rosmarinsäure vor. Basilikum weist verschiedene Chemotypen auf, die im Anteil der Hauptkomponenten ihres ätherischen Öls variieren. Diese biochemischen Unterschiede sind verantwortlich für die markanten Aroma- und Geschmacksprofile der verschiedenen Basilikum-Sorten. Linalool-reiche Chemotypen entwickeln ein süß-würziges, blumiges Bouquet, während Estragol-dominierte Typen ein anisartiges Aroma aufweisen. Eugenol-betonte Chemotypen präsentieren sich mit einem intensiven, nelkenähnlichen Duftprofil. Diese chemische Variabilität erklärt die charakteristischen Unterschiede zwischen mediterranem Basilikum, Thai-Basilikum und Zimt-Basilikum.

Frische Basilikum-Blätter haben das stärkste Aroma, sie können aber auch getrocknet oder eingefroren verwendet werden. Basilikum zählt zu den beliebtesten Küchenkräutern und wird vielfältig verwendet.

In der traditionellen Medizin wird Basilikum als Mittel gegen Magen-Darm-Beschwerden und zur Beruhigung eingesetzt. Das ätherische Öl soll entspannend und konzentrationsfördernd wirken.
Wissenschaftliche Studien belegen entzündungshemmende und antimikrobielle Wirkungen. Darüber hinaus sind antioxidative und stressreduzierende Eigenschaften der Inhaltsstoffe dokumentiert.

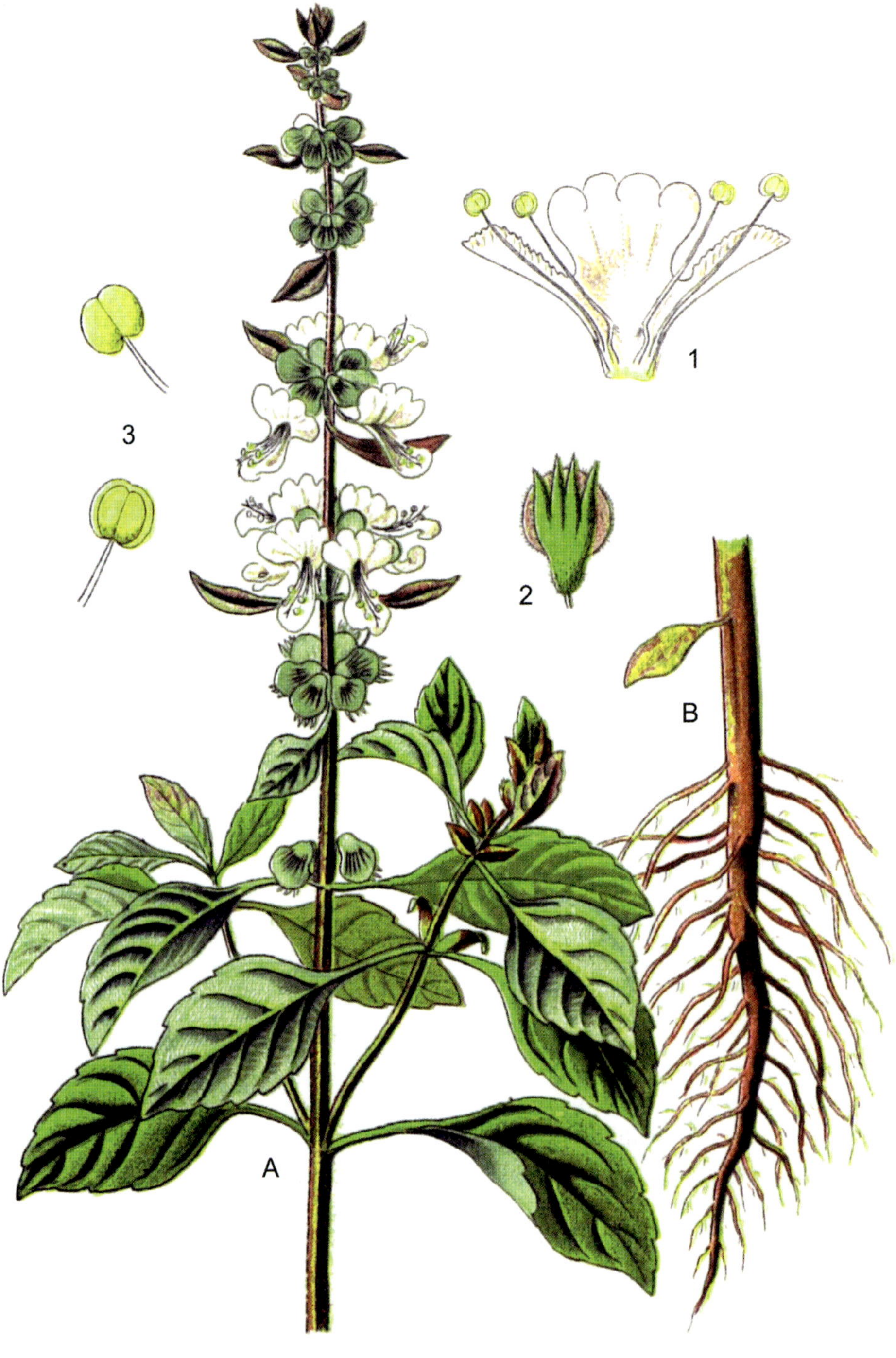

Basilikum: **A** distaler Teil einer Pflanze mit gegenständigen Blättern und Blüten **B** basaler Teil einer Pflanze mit Wurzeln **1** aufpräparierte Krone mit Staubblättern **2** Kelch mit schüsselförmigem Tragblatt **3** Staubbeutel.

Quelle: von Schlechtendal (1840ff).

Das ätherische Öl wird auch in Seifen und Hautpflegeprodukten genutzt.

Der Inhaltsstoff Estragol wird als potenziell karzinogen eingestuft, weshalb Estragol-arme Varietäten bevorzugt werden sollten. Das in Europa handelsübliche Genovese-Basilikum weist niedrige Estragol-Werte auf, während Thai-Basilikum und Indisches Basilikum oft erhöhte Konzentrationen dieser Verbindung enthalten.
Schwangeren und stillenden Frauen wird empfohlen, vorsichtshalber auf den Verzehr von Basilikum zu verzichten.

Limonenbasilikum
Ocimum × africanum

Limonenbasilikum ist eine 1-jährige Pflanze mit eiförmigen bis lanzettlichen Blättern, die beim Zerreiben einen intensiven zitronigen Duft verströmen.
Ocimum × africanum ist eine Hybride, die aus einer Kreuzung zwischen *O. basilicum* und *O. americanum* hervorgegangen ist. Ursprünglich stammt die Art aus den tropischen Regionen Afrikas und Asiens. Sie wird heute in warmen Regionen weltweit kultiviert.
Die Blätter enthalten ätherische Öle mit Campher, Linalool und Estragol als Hauptkomponenten. Diese verleihen der Art ihr charakteristisches zitroniges Aroma.
In der traditionellen Medizin Afrikas wird *Ocimum × africanum* zur Behandlung von Verdauungsbeschwerden und Atemwegserkrankungen verwendet.

Heiliges Basilikum
Ocimum tenuiflorum

Heiliges Basilikum – auch als »Indisches Basilikum« oder »Thai-Basilikum« bekannt – wird ebenfalls als Gewürz und Heilpflanze genutzt. Im Gegensatz zu den meisten anderen *Basilikum*-Arten sind die Blätter meist behaart und am Rand deutlich gezähnt.
Die Art wird in Indien seit mindestens 3.000 Jahren kultiviert, wie alte vedische Schriften belegen. *O. tenuiflorum* wird im Hinduismus als irdische Inkarnation der Göttin Lakshmi verehrt und in religiösen Ritualen verwendet.
Heiliges Basilikum spielt in der Küche Südostasiens – insbesondere in Thailand – eine wichtige Rolle. Der Geschmack ist deutlich anders als der des gewöhnlichen Basilikums und zeigt ein intensiveres, pfeffriges, leicht scharfes Aroma mit Noten von Nelken und Piment.

In der traditionellen indischen Medizin, dem Ayurveda, gilt *O. tenuiflorum* als »Königin der Kräuter« und wird zur Stressbewältigung und Stärkung der Gesundheit eingesetzt.
Bestimmte *O. basilicum*- und *Ocimum × africanum*-Sorten werden auch als »Thai-Basilikum« bezeichnet.

Estragon

Artemisia dracunculus
(Artemisia aromatica, Artemisia glauca, Artemisia nutans)

Estragon ist eine mehrjährige, krautige Pflanze mit zahlreichen kleinen gelblich-grünlichen Blütenkörben. Die schmallanzettlichen Blätter verströmen einen feinwürzigen Duft.

A. dracunculus stammt aus Zentralasien, Sibirien und Nordamerika. Heute wird die Art weltweit in borealen und gemäßigten Zonen kultiviert.

Aus der Antike und dem Mittelalter liegen kaum Angaben zu Estragon aus Europa vor. In Frankreich erlangte er ab dem 16. Jh. kulinarische Bedeutung und wurde unter dem »Sonnenkönig« Ludwig XIV. (1638–1715) zu einem festen Bestandteil der französischen Küche.

Es existieren 2 Hauptvarianten: Der »Französische Estragon« (auch »Deutscher Estragon« oder »Echter Estragon« genannt) hat ein feines, intensives Aroma mit süßlich-anisartigen Noten. Er wird vegetativ vermehrt, da er kaum keimfähige Samen bildet. Im Gegensatz dazu hat der »Russische Estragon« ein weniger feines Aroma, ist dafür aber winterhärter und kann durch Aussaat vermehrt werden.

Estragon enthält 0,15–3,1 % ätherisches Öl mit Estragol als Hauptkomponente (oft 60–80 %), das für das charakteristische Anis- bzw. Lakritzaroma verantwortlich ist. Daneben enthält das Öl Terpinolen, (Z)-β-Ocimen, β-Phellandren, Limonen und β-Pinen sowie Flavonoide und Cumarine. Die Pflanze enthält außerdem β-Carotin, B-Vitamine und Mineralstoffe wie Kalium, Calcium und Eisen.

In der Küche gilt Estragon als wichtiges Gewürz der gehobenen französischen Küche und findet sich auch in den »Fines Herbes«. Mit seinem feinen Aroma prägt er z. B. die »Soße Béarnaise«.
Frische Blätter eignen sich für Salate, Kräuteressig oder aromatisierte Getränke.

In der traditionellen Medizin wird Estragon wegen seiner verdauungsfördernden und appetitanregenden Wirkung geschätzt. Die enthaltenen ätherischen Öle können krampflösend bei Magenbeschwerden wirken.

In der Parfümindustrie findet Estragon als Duftnote Verwendung. Darüber hinaus wirkt die Pflanze insektenabweisend und kann als natürliches Repellent im Garten eingesetzt werden.

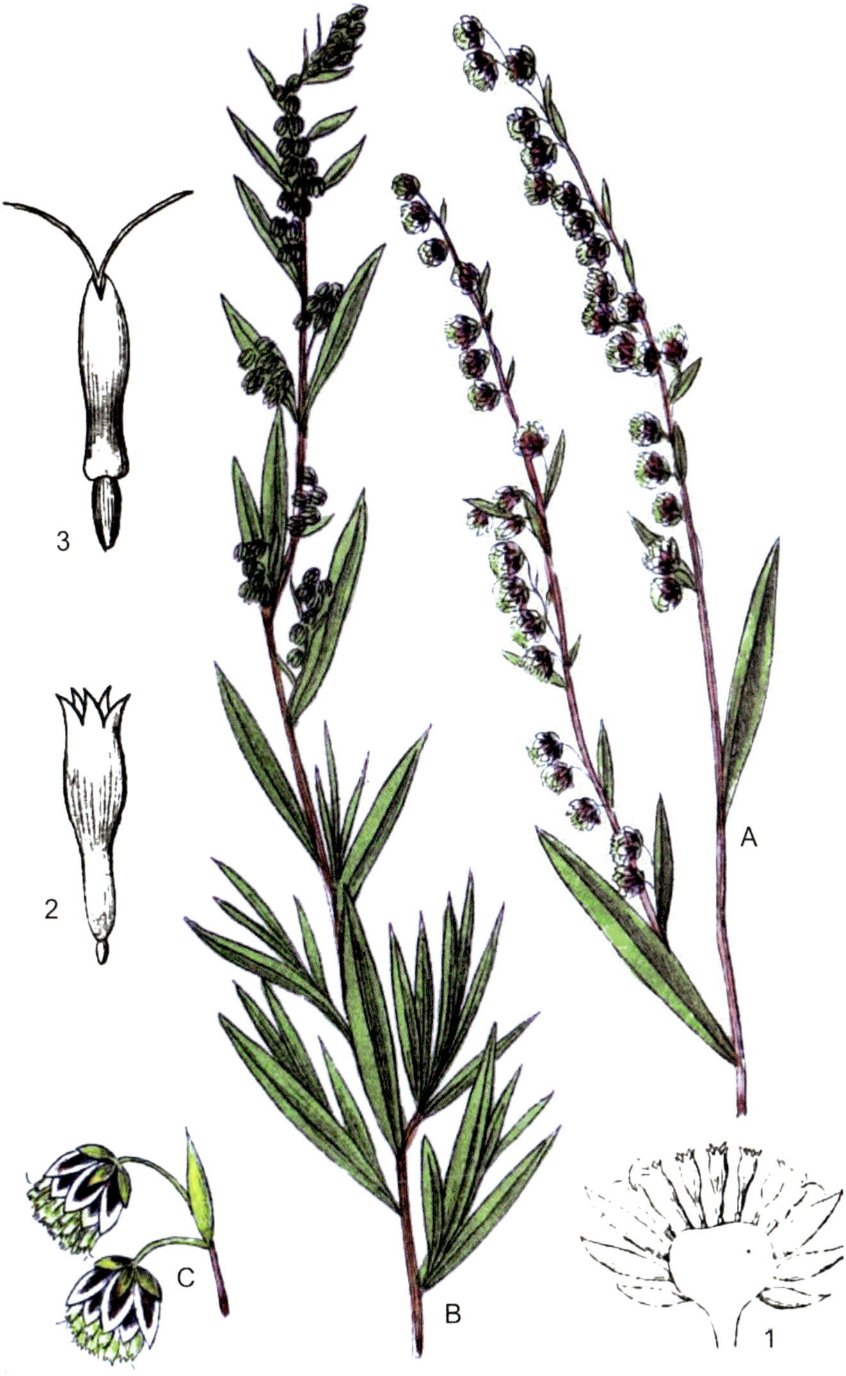

Estragon: A–B obere Teile von Pflanzen mit zahlreichen Blütenständen (Körbchen) **C** Körbchen **1** Körbchen im LS mit Hüllblättern und Röhrenblüten **2** zentrale Röhrenblüte **3** randständige Röhrenblüte.

Quelle: Sturm (1796ff).

Wermut

Absinth

Artemisia absinthium

Wermut ist eine mehrjährige, krautige Pflanze mit silbrig-grünen, fein gefiederten Blättern und zahlreichen kleinen, gelblichen Blütenkörbchen. Die ganze Pflanze verströmt einen intensiven würzigen Duft.

Ursprünglich im Mittelmeergebiet und in Westasien beheimatet, ist *A. absinthium* heute in weiten Teilen Europas, Nordafrikas und Nordamerikas zu finden.

Im Mittelalter wurde Wermut als Heilpflanze gegen Verdauungsprobleme und Parasiten eingesetzt. Berühmt wurde die Pflanze als Hauptwürze des *Absinth*, eines alkoholischen Getränks, das im 19. Jh. sehr beliebt war, aber wegen der giftigen Inhaltsstoffe später in vielen Ländern verboten wurde.

Wermut enthält reichlich ätherische Öle, v. a. Thujone, die für ihre neurotoxische Wirkung bekannt sind. Hinzu kommen Tannine und Bitterstoffe, v. a. Sesquiterpenlactone wie Absinthin, Artabsin und Anabsinthin. Letztere, v. a. Absinthin, verleihen den Extrakten der Pflanze ihren unverwechselbar bitteren Geschmack.

Wermut wird traditionell in kleinsten Mengen als Gewürz für Tee, Liköre und Bitterschnäpse genutzt, darunter Absinth und Wermutwein.
Aufgrund der extremen Bitterkeit und des hohen Thujon-Gehalts sollte Wermut nur in äußerst geringen Mengen verwendet werden. Bei unsachgemäßer Dosierung können toxische Wirkungen auftreten.

In der traditionellen Medizin wird *A. absinthium* zur Appetitanregung, bei Verdauungsbeschwerden und zur Stärkung der Gallenproduktion eingesetzt. Äußerlich angewendet soll die Pflanze entzündungshemmend und wundheilungsfördernd wirken.
Wermut wird von der Europäischen Arzneimittel-Agentur als Pflanze mit traditionellen Heilwirkungen bei vorübergehender Appetitlosigkeit und bei leichten Magen-Darm-Beschwerden anerkannt. Die Behörde weist aber gleichzeitig auf Risiken wegen des Thujon-Gehalts hin.

Aufgrund des Thujon-Gehalts unterliegt die Verwendung von Absinth in vielen Ländern gesetzlichen Beschränkungen.

Ähnliche Arten

Auch andere *Artemisia*-Arten werden als Gewürz bzw. Küchenkraut verwendet, so z. B. die Eberraute (*A. abrotanum*), der Strand-Beifuß (*A. maritima*) und der Pontische Beifuß (*A. pontica*).
Die Gattung *Artemisia* zeichnet sich allgemein durch eine hohe chemische Diversität aus, was zu unterschiedlichen Geschmacksprofilen, Heilwirkungen – aber auch Toxizitätsgraden – der einzelnen Arten führt.

Wermut: **A** 2-fach gefiedertes Grundblatt **B** distaler Teil einer Pflanze mit fiederteiligen Stängelblättern und Blütenständen (Körbchen) **1** Blütenstand (Körbchen) **2** Körbchen im LS mit Hüllblättern und Röhrenblüten **3** randständige Röhrenblüte **4** Knospe einer Röhrenblüte **5** zentrale Röhrenblüte **6** Röhrenblüte im LS **7** Staubbeutel **8** Pollen **9** Griffel mit 2 Narben **10** Frucht (Achäne) **11–12** Frucht im LS und QS.

Quelle: Köhler (1883-1898ff).

Süßkraut

Honigkraut, Süßblatt
Stevia rebaudiana *(Eupatorium rebaudianum)*

Stevia ist eine mehrjährige krautige Pflanze mit kleinen, weißen Blüten. Die lanzettförmigen Blätter sind für ihren extrem süßen Geschmack bekannt.

S. rebaudiana stammt aus dem tropischen Südamerika, insbesondere aus Paraguay und Brasilien.

Indigene Völker Südamerikas nutzen Stevia-Pflanzen schon seit Jahrhunderten zum Süßen von Speisen und Getränken sowie als Heilmittel. Seit den 1970er-Jahren wird Stevia auch kommerziell angebaut und zu Süßstoffen verarbeitet. Das jährliche Handelsvolumen liegt mittlerweile in der Größenordnung von 0,9 Mrd. US-Dollar.

Die Blätter von *S. rebaudiana* enthalten mehrere intensiv süß schmeckende Diterpenglycoside, allen voran Steviosid (250–300-mal süßer als Zucker) und Rebaudiosid A (250–450-mal süßer als Zucker). Zudem finden sich ätherische Öle, Flavonoide, Carotinoide, Alkaloide und Hydroxyzimtsäuren in den Blättern.
Mittlerweile wurden Stevia-Sorten mit unterschiedlichen Verhältnissen der beiden Hauptsüßstoffe gezüchtet, die auch unterschiedlich schmecken.

Getrocknete und zerkleinerte Stevia-Blätter dienen in Südamerika traditionell als kalorienarmer Zuckerersatz.
Aus den Blättern werden heute vor allem Steviolglycosid-Extrakte gewonnen, die aufwendig gereinigt werden und in der Lebensmittelindustrie als Süßstoff dienen.
Manche Menschen empfinden einen leicht bitteren oder lakritzartigen Nachgeschmack beim Verzehr, der v. a. bei höheren Konzentrationen von Steviosid auftritt, während Rebaudiosid A oft als reiner im Geschmack empfunden wird.

In der traditionellen Medizin Südamerikas verwendet man Stevia-Aufgüsse zur Behandlung von Diabetes, Bluthochdruck und Sodbrennen.
Pharmakologische Studien bestätigen antibakterielle und entzündungshemmende Eigenschaften der Inhaltsstoffe. Bezüglich der blutzuckerregulierenden Wirkungen sind die Studienergebnisse widersprüchlich.

Die Verwendung von Stevia als Lebensmittelzusatz war in einigen Ländern zeitweise verboten, da es Bedenken hinsichtlich der gesundheitlichen Auswirkungen verschiedener Inhaltsstoffe gab. Seit 2011 sind gereinigte Stevia-Extrakte in der EU als Lebensmittelzusatzstoff E960(a) zugelassen, während vom direkten Verzehr der Blätter oft abgeraten wird.
Seit 2021 ist unter der Nummer E960c auch eine Variante zugelassen, die mit gentechnisch veränderten Mikroorganismen hergestellt wird – laut EU-Recht aber nicht als »gentechnisch verändert« gekennzeichnet werden muss.

Frische Blätter und Stevia-Pulver

Süßkraut: A distaler Teil einer Pflanze mit gegenständigen Blättern und kugeligen Blütenständen aus zahlreichen Körbchen **1** Blütenstand (Körbchen) aus wenigen Röhrenblüten **2** Röhrenblüte mit unterständigem Fruchtknoten **3** Blatt des Hüllkelchs **4** Staubbeutel **5** Röhrenblüte mit unterständigem Fruchtknoten und Pappus **6** raues Pappushaar **7** 2-teilige Narbe. **A, 1–2: *S. ovata*; 3–6: *S. rebaudiana*.**

Quellen: Edwards Botanical Register (1838); Icones Plantarum (1909).

Dill

Dillkraut
Anethum graveolens *(Peucedanum graveolens)*

Dill ist eine 1-jährige, krautige Pflanze mit hohlem Stängel und kleinen gelben Blüten, die in vielblütigen Doppeldolden stehen. Die zarten, fein gefiederten Blätter sind blaugrün gefärbt und duften aromatisch.
Die Früchte zerfallen bei der Reife in 2 ovalelliptische, abgeflachte Teilfrüchte, die mehrere Längsrippen und einen schmalen Flügelrand besitzen.

A. graveolens stammt ursprünglich aus dem Mittelmeergebiet und dem Nahen Osten. Die Art wird heute weltweit kultiviert.

Dill wurde bereits im antiken Ägypten als Heil- und Gewürzpflanze verwendet. Auch die Griech:innen und Römer:innen schätzten die Pflanze für ihre verdauungsfördernden Eigenschaften. Im Mittelalter wurde Dill als Gewürz verwendet, galt aber auch als Schutzkraut gegen Hexen und böse Geister.

Dillsamen enthalten 2–4 % ätherische Öle, wobei Carvon mit 40–60 % als Hauptkomponente den charakteristischen süß-würzigen Geschmack verleiht, ergänzt durch Limonen, α-Phellandren und weitere Monoterpene. Darüber hinaus sind fette Öle (10–18 %), Proteine, Flavonoide, Mineralstoffe, wie Calcium und Magnesium, sowie verschiedene Vitamine enthalten.
Auch die Blätter enthalten die ätherischen Öle und sind darüber hinaus reich an β-Carotin und Vitamin C sowie Mineralstoffen wie Eisen und Calcium.

Die feinen Dillblätter sind ein traditionelles Gewürz für Fischgerichte, helle Soßen und eingelegte Gurken. Auch Kartoffeln, Quark und Salate lassen sich damit verfeinern. Aus den Samen kann zudem ein Tee zubereitet werden, der bei Verdauungsbeschwerden helfen soll.

In der traditionellen Medizin wird Dill bei Magenbeschwerden, Blähungen und Schlafstörungen verwendet. Dillwasser ist ein traditionelles Mittel gegen Koliken bei Säuglingen. Zudem soll Dill beruhigend wirken und die Milchbildung bei stillenden Frauen fördern.
In Laborstudien zeigen Dill-Extrakte antimikrobielle und antioxidative Eigenschaften und wirken krampflösend bei Verdauungsbeschwerden. Zudem scheinen sich positive Wirkungen auf die Regulation von Blutzucker und Blutfetten abzuzeichnen.

Dill: **a** basaler Teil einer Pflanze mit Wurzel **b** distaler Teil einer Pflanze mit Stängelblättern und Blüten- und Fruchtständen (Doppeldolden) **c** Blüte **d** Staubblatt **e** Kronblatt mit zurückgekrümmter Spitze **f–g** Spaltfrüchte **h** Griffel mit Griffelpolster von oben **i** Doldenstrahl mit Hüllchenblättern und Döldchen **k–l** Teilfrüchte **m–n** Teilfrüchte im QS **o** Blüte.

Quellen: Sturm (1796ff); Thomé (1885ff).

Kümmel

Echter Kümmel, Wiesenkümmel
Carum carvi *(Carum officinale)*

Kümmel ist eine 2-jährige krautige Pflanze, die im 1. Jahr eine Blattrosette und eine fleischige Pfahlwurzel ausbildet. Die 2–3-fach fiederspaltigen Blätter bestehen aus zahlreichen schmal linealen Abschnitten.
Die kleinen, weißlichen Blüten stehen in doppeldoldigen Blütenständen. Sie entwickeln sich zu länglich-eiförmigen, leicht gebogenen Teilfrüchten, die meist als »Kümmelsamen« bezeichnet werden.

C. carvi ist in weiten Teilen Europas und im gemäßigten Asien heimisch. Die Art wird heute in vielen Regionen der Welt kultiviert und ist häufig auch verwildert zu finden. Die Hauptanbaugebiete liegen in Europa, Ägypten und der Türkei.

Die Nutzung von Kümmel reicht bis in die Steinzeit zurück, wie z. B. archäologische Funde aus 5.000 Jahre alten Pfahlbauten am Bodensee zeigen. In den Kochbüchern der römischen Antike wird »Kümmel« erwähnt, es ist aber umstritten, ob es sich dabei um den Echten Kümmel oder um Kreuzkümmel (*Cuminum cyminum*) handelt. Unumstritten ist hingegen, dass Echter Kümmel in Mitteleuropa seit dem Mittelalter zu den bedeutendsten Gewürzen zählt.

Kümmelfrüchte enthalten 2–7 % ätherische Öle. Die Hauptkomponenten sind Carvon (mit bis zu 60 % Anteil), das für den Kümmelgeruch verantwortlich ist, und Limonen (30–40 %) mit einem zitrusartigen Aroma. Des Weiteren enthalten sie 10–20 % fette Öle und 15–20 % Proteine. Auch Flavonoide wie Kaempferol und Quercetin, Phenolsäuren und Cumarine sind nachweisbar.

Kümmel ist ein vielseitig einsetzbares Gewürz, das Speisen einen warm-würzigen und leicht scharfen Geschmack verleiht. In der deutschen Küche wird Kümmel v. a. zum Würzen von schwerverdaulichen Speisen (z. B. Kohlgerichten) genutzt. Zudem dient er als Brotgewürz (v. a. für Roggenbrot) und zum Würzen von Käse. Darüber hinaus wird er für die Herstellung von Kümmelschnaps, -branntwein, -likör und blähungshemmendem Tee verwendet.
Traditionell werden auch die Blätter und jungen Sprosse für Suppen und Salate verwendet. Auch die rübenartige Pfahlwurzel kann gegart und als Gemüse zubereitet werden.

Kümmelsamen und das daraus gewonnene ätherische Öl werden in der traditionellen Medizin vielfältig eingesetzt und sind auch von der Europäischen Arzneimittel-Agentur als traditionelles Heilmittel anerkannt: Sie regen die Verdauung an und lindern krampfartige Beschwerden im Magen-Darm-Bereich, Blähungen und Völlegefühl. Die Öle wirken darüber hinaus antibakteriell sowie gegen Pilze und werden deshalb z. B. in Mundpflegemitteln eingesetzt.

Kümmel: **A** 2–3-fach gefiedertes Grundblatt **B** distaler Teil einer Pflanze mit Stängelblättern, Blüten- und Fruchtständen (Doppeldolden) **1–2** Blütenknospen **3** Blüte **4** Kronblatt mit zurückgerollter Spitze **5** Staubbeutel **6** Pollen **7** unterständiger Fruchtknoten mit Griffelpolster und Griffeln **8** Fruchtknoten im LS **9** Fruchtknoten im QS **10** Döldchen mit Früchten **11** reife Spaltfrucht mit Fruchthalter und 2 Teilfrüchten **12** Teilfrucht im LS **13** Teilfrüchte im QS.

Quelle: Köhler (1883-1898ff).

Kreuzkümmel

Cumin, Kumin, Römischer Kümmel
Cuminum cyminum *(Cuminum odorum)*

Kreuzkümmel ist eine 1-jährige, krautige Pflanze mit fein gefiederten Blättern mit fadenförmigen Blattzipfeln. Die weißlichen oder rosa Blüten sind in Doppeldolden angeordnet und entwickeln sich zu länglich-eiförmigen, borstig behaarten Spaltfrüchten.

C. cyminum ist im östlichen Mittelmeergebiet und Südwestasien beheimatet. Die mit Abstand größten Anbauflächen befinden sich in Indien, weitere liegen in der Türkei, in China und im Nahen Osten.

Bereits im antiken Ägypten wurde Kreuzkümmel vor 5.000–4.000 Jahren als Gewürz, Heilmittel und in religiösen Zeremonien verwendet. Auch die Griech:innen und Römer:innen schätzten die Art als Küchengewürz und verbreiteten sie im Mittelalter nach Mitteleuropa.

Die Samen enthalten 2,5–4,5 % ätherische Öle mit einem hohen Anteil an Cuminaldehyd. Außerdem tragen Terpene wie β-Pinen, p-Cymen, γ-Terpinen und diverse Pyrazine zum typischen Aroma bei. Darüber hinaus enthalten die Samen fette Öle, Proteine, Flavonoide sowie Phenole.

Kreuzkümmel ist eines der wichtigsten Gewürze in der indischen, nordafrikanischen und lateinamerikanischen Küche. Die aromatisch-würzigen Samen werden in »Currys«, »Chutneys« und »Falafel« verwendet und würzen auch Brot, Käse und eingelegte Gurken. Kreuzkümmel findet sich zudem in verschiedenen Gewürzmischungen wieder, beispielsweise im indischen »Garam Masala« und im bengalischen »Panch Phoron«. Darüber hinaus findet er sich reichlich in vielen Gewürzmischungen für »Chili con Carne«.

Traditionell gilt Kreuzkümmel als verdauungsfördernd und wird zur Förderung der Gallensekretion und bei Blähungen eingesetzt. Darüber hinaus soll er die Milchbildung bei stillenden Frauen anregen. Laborstudien belegen antioxidative und antimikrobielle Eigenschaften von Kreuzkümmel-Extrakten, während kleinere klinische Studien erste Hinweise auf positive Effekte bei Blutzucker- und Cholesterinwerten geben.

Kreuzkümmel: A Habitus einer blühenden Pflanze **B** Döldchen mit teilweise fiederteiligen Hüllchenblättern **1** Blüte mit unterständigem Fruchtknoten **2** Fruchtknoten mit 3 kurzen, 3-eckigen und 3 langen, grannenartigen Kelchblättern **3** borstig behaarte Spaltfrüchte **4** Teilfrucht im QS **5** Teilfrucht im LS.

Quelle: Köhler (1883-1898ff).

Bärwurz

Meum athamanticum *(Aethusa meum)*

Bärwurz ist eine mehrjährige, krautige Pflanze mit kleinen, weißlichen bis zart-rosa Blüten. Die fein gefiederten Blätter mit haarförmigen Blattzipfeln verströmen beim Zerreiben einen intensiven, aromatischen Duft. Die Pflanze bildet eine kräftige, längliche Pfahlwurzel, die außen dunkelbraun und innen weißlich gefärbt ist.

M. athamanticum ist v. a. in den Mittel- und Hochgebirgen Mittel- und Südeuropas heimisch, wo sie in Höhenlagen von 550–2.900 m vorkommt.

Im alpenländischen Raum hat die Bärwurz eine lange Tradition als Heil- und Gewürzpflanze.

In vielen Regionen, insbesondere in Deutschland, steht die Bärwurz unter Naturschutz und darf in freier Natur nur mit einer speziellen Genehmigung gesammelt werden. Aufgrund der steigenden Nachfrage wird sie deshalb zunehmend gezielt angebaut.

Das ätherische Öl der Wurzel enthält hauptsächlich das Phthalid-Derivat (Z)-Ligustilid, das den Wurzel-Extrakten ihr bitteres und scharfes Aroma verleiht. Außerdem finden sich Cumarine und Flavonoide, verschiedene Sesquiterpen-Kohlenwasserstoffe (wie β-Bazzanen, α-Barbatene und Isobarbatene), Zimtsäureester (z. B. Methylferulat), weitere Phthalid-Derivate und Sterolderivate (wie Cetylalkohol und Sitosterol).
Die Blätter enthalten ein ätherisches Öl, das reich an Monoterpen-Kohlenwasserstoffen wie Limonen, α-Phellandren und β-Ocimen ist und auch Flavonoide und Cumarin-Derivate enthält.

In der Küche wird hauptsächlich die aromatische Wurzel der Bärwurz verwendet. Am bekanntesten ist die Verwendung der Wurzeln zur Herstellung von »Bärwurz-Schnaps«, einem kräftigen Kräuterlikör, der besonders in Süddeutschland Tradition hat. Die jungen Blätter eignen sich als aromatische Zutat in Suppen, Eintöpfen oder Salaten.

In der traditionellen Medizin wird Bärwurztee aus den Wurzeln bei Erkältungskrankheiten, Nierenproblemen, Verdauungsbeschwerden und als appetitanregendes Mittel sowie zur allgemeinen Stärkung eingesetzt.
Auch pharmakologische Studien deuten darauf hin, dass die Inhaltsstoffe der Bärwurz entzündungshemmende, leberschützende und verdauungsfördernde Wirkungen haben könnten.

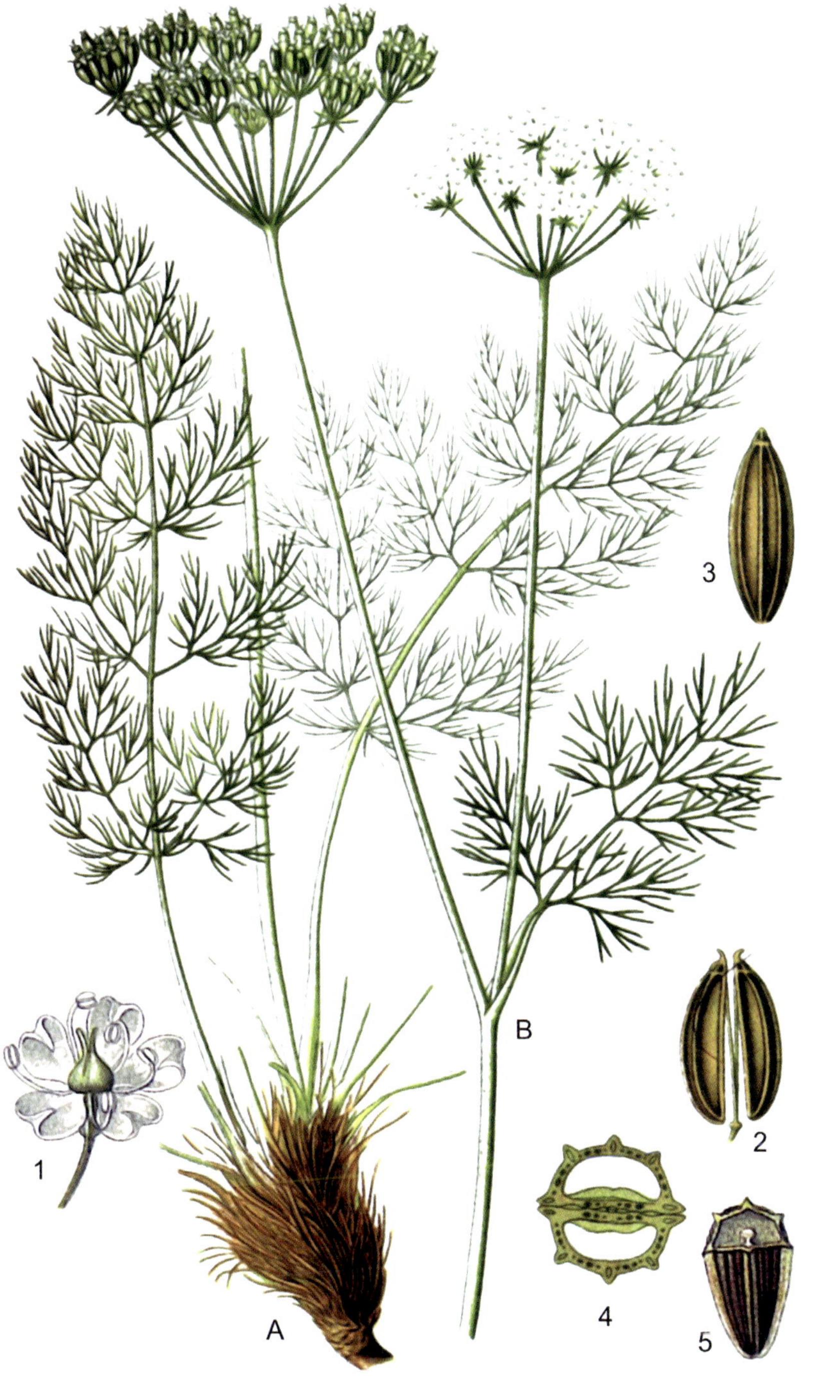

Bärwurz: **A** basaler Teil einer Pflanze mit 2–3-fach gefiederten Grundblättern mit haarfeinen Blattzipfeln, abgestorbenen Blattscheiden und dicker Pfahlwurzel **B** distaler Teil einer Pflanze mit Stängelblättern, Blüten- und Fruchtstand (Doppeldolden) **1** Blüte **2** Spaltfrucht aus 2 Teilfrüchten mit Fruchthalter **3** Teilfrucht **4** Frucht im QS **5** Teilfrucht im QS.

Quellen: Thomé (1885ff); von Schlechtendal (1840ff).

Koriander

Coriandrum sativum *(Coriandrum majus)*

Koriander ist eine 1-jährige Pflanze mit mehrfach gefiederten Blättern. Die kleinen weißlichen bis rötlichen Blüten reifen zu kugeligen Früchten heran. Die Teilfrüchte bleiben auch bei der Fruchtreife oft zusammen.

C. sativum stammt aus dem östlichen Mittelmeergebiet und Südwestasien. Die Art wird heute weltweit kultiviert, von der gemäßigten bis in die tropische Zone.

Koriander war im antiken Ägypten ein hoch geschätztes Heilmittel und Gewürz und wurde z. B. als Beigabe im Grab von Tutanchamun gefunden (± 1325 v. Chr.).

Die Früchte enthalten 0,2–1,4 % ätherisches Öl mit mehr als 200 Inhaltsstoffen. Hauptbestandteil ist Linalool, das oft 40–80 % ausmacht. Außerdem spielen Geraniol (0,5–4,6 %) und Terpene wie Pinen und Campher eine größere Rolle.
Auch die Korianderblätter enthalten ätherische Öle und sind zudem reich an β-Carotin, Vitamin K und C.

In der Küche werden sowohl die frischen Blätter als auch die getrockneten Früchte verwendet. Die Blätter verfeinern Salate, Suppen, Chutneys und Soßen. Gemahlene Samen sind Bestandteil vieler Gewürzmischungen wie Currypulvern, dem »Garam Masala« der indischen Küche oder dem arabischen »Baharat«.
Geschmack und Geruch von Koriander werden allerdings unterschiedlich wahrgenommen. Viele Menschen empfinden ihn als frisch und zitronig, während andere ihn als seifig und unangenehm empfinden. Diese unterschiedliche Wahrnehmung hat eine genetische Grundlage und hängt mit Variationen in den Geruchsrezeptoren zusammen.

Koriander wird in der traditionellen Medizin zur Unterstützung der Verdauung, als Mittel gegen Blähungen sowie als Appetitanreger und Magenmittel verwendet. Die ätherischen Öle haben nachgewiesene antibakterielle und entzündungshemmende Eigenschaften. Darüber hinaus zeigen Koriander-Extrakte in klinischen Studien vielversprechende Wirkungen bei Verdauungsbeschwerden und der Regulierung des Blutzucker- und Cholesterinspiegels.

Obwohl Koriander für die meisten Menschen gut verträglich ist, können bei empfindlichen Personen allergische Reaktionen auftreten, insbesondere bei Hautkontakt mit dem frischen Kraut.

Koriander: **A** basaler Teil einer Pflanze mit Grundblättern mit breiten Fiederblättchen **B** distaler Teil einer Pflanze mit Stängelblättern mit schmalen Blattzipfeln sowie Blüten- und Fruchtstand (Doppeldolden) **1** Randblüte mit vergrößerten Kronblättern **2** Blüte mit zurückgebogenen Kronblättern **3** Blüte **4** Blüte mit unterständigem Fruchtknoten im LS **5** Frucht **6** Frucht im QS, die Teilfrüchte bleiben oft zusammen.

Quellen: von Schlechtendal (1840ff); Baillon (1866–1895).

Anis

Pimpinella anisum *(Anisum vulgare)*

Anis ist eine 1-jährige, krautige Pflanze, die 30–50 cm hoch wird. Die unteren Laubblätter sind rundlich bis gelappt, die oberen gefiedert. Die kleinen weißlichen Blüten sind in Doppeldolden angeordnet und entwickeln sich zu eiförmigen Spaltfrüchten.

P. anisum stammt aus dem östlichen Mittelmeergebiet und Südwestasien. Heute wird Anis weltweit in warmen Regionen kultiviert. Die größten Anbaugebiete finden sich in Russland, Italien, Spanien, Frankreich, der Türkei sowie in Indien, Pakistan und Mexiko.

Bereits im antiken Ägypten wurde Anis vor ± 4.500 Jahren als Gewürz und Heilmittel genutzt und auch die Griech:innen und Römer:innen schätzten die Pflanze. Benediktinermönche brachten Anis über die Alpen nach Mitteleuropa, wo er bald sowohl in der Küche als auch als Heilmittel verwendet wurde.

Die Früchte enthalten 2–6 % ätherisches Öl, das bis zu 95 % aus trans-Anethol besteht. Daneben spielen Estragol, p-Anisaldehyd und p-Anissäure eine größere Rolle. Ebenfalls enthalten sind fette Öle (8–23 %), Proteine (± 18 %) und Mineralstoffe wie Calcium, Magnesium, Eisen und Phosphor sowie Furocumarine.

Anisfrüchte verleihen Gebäck, Likören, Tees und Konfekt einen süßlich-aromatischen Geschmack. In der orientalischen Küche würzt Anis auch herzhafte Gerichte wie »Couscous« oder »Falafel«.
Seit dem 19. Jh. wird Anis in der Spirituosenherstellung genutzt, insbesondere für die Herstellung von Anislikören wie »Pastis«, »Ouzo« oder »Raki«.
Auch in der Lebensmittelindustrie dient Anisöl als vielseitig verwendbarer Aromastoff, z. B. für Fischprodukte, Eiscreme, Süßigkeiten und Kaugummi.

Anis wird in der traditionellen Medizin v. a. gegen Verdauungsbeschwerden, Blähungen und Husten verwendet. Darüber hinaus findet er auch Anwendung als Aphrodisiakum und wird gegen Menstruationsbeschwerden und Melancholie eingesetzt.
Die Europäische Arzneimittel-Agentur hat Anisöl und Anisfrüchte als traditionelle Heilmittel anerkannt – bei leichten Verdauungsbeschwerden und als Hustenlöser bei Erkältungen.

Anisöl und daraus gewonnene Komponenten wie Anisalkohol werden aufgrund ihres angenehmen Duftes gerne in der Parfüm- und Kosmetikindustrie verwendet, beispielsweise in Hautpflegeprodukten und Parfüms.

Anis: A basaler Teil einer Pflanze mit gezähnten bis gelappten Grundblättern **B** distaler Teil einer Pflanze mit fiederteiligen Stängelblättern und Blütenständen (Doppeldolden) **1** Blütenknospe **2** Blüte mit zurückgebogenen Kronblättern **3** Staubbeutel **4** Pollen **5** unterständiger Fruchtknoten mit Griffelpolster und Griffeln **6** Fruchtknoten im LS **7** Fruchtknoten im QS **8** unreife Spaltfrucht **9** Spaltfrucht aus 2 Teilfrüchten im LS **10** Frucht im QS.

Quelle: Köhler (1883-1898ff).

Echter Kerbel

Gartenkerbel

Anthriscus cerefolium *(Scandix cerefolium)*

Der Echte Kerbel ist eine 1-jährige Pflanze mit kleinen weißlichen Blüten, die in den typischen Doppeldolden angeordnet sind. Die zarten, hellgrünen Blätter sind 2–3-fach gefiedert und erinnern an Petersilienblätter.

A. cerefolium stammt aus dem östlichen Mittelmeergebiet und Südwestasien. Heute wird die Art weltweit angebaut und verwildert gelegentlich in der Nähe menschlicher Siedlungen.

Bereits in der Antike nutzten die Römer:innen Kerbel als Küchenkraut und Heilpflanze. Auch im Mittelalter war er eine geschätzte Heilpflanze, die in Klostergärten kultiviert wurde.

Es gibt 2 Hauptformen von Kerbel: GLATTER KERBEL hat fein gefiederte, glatte Blätter, während FRANZÖSISCHER KERBEL (auch KRAUSER KERBEL genannt) stärker gekräuselte Blätter und ein etwas intensiveres Aroma hat.

Kerbelblätter enthalten ätherische Öle, deren Hauptbestandteil mit ± 60 % Estragol ist. Dieses ist im Zusammenspiel mit den Monoterpenen α-Pinen, β-Pinen, Myrcen und Limonen für das feine Anis-Aroma verantwortlich. Daneben finden sich Flavonoide, v. a. Apigenin- und Luteolin-Glycoside, sowie Vitamin C und β-Carotin, aber auch Polyine und die phototoxisch wirkenden Furocumarine.

Die jungen frischen Blätter werden meist fein gehackt und Salaten, Suppen, Eierspeisen oder Kräuterquark beigefügt. Sie verleihen den Gerichten eine würzige, leicht süßliche Note.

Kerbel ist eines der 7 traditionellen Kräuter der »Frankfurter Grünen Soße« und Bestandteil der französischen »Fines herbes«. Bei diesen beiden Kräutermischungen werden meist frische Kräuter verwendet, denn Kerbel büßt beim Trocknen rasch sein charakteristisches Aroma ein. Das Einfrieren gehackter Kerbel-Blätter mit etwas Wasser hat sich aber als bewährte Methode zur Konservierung des Aromas erwiesen.

In der traditionellen Medizin wird Kerbel v. a. zur Anregung des Stoffwechsels und zur Förderung der Verdauung eingesetzt. Außerdem soll er harntreibend wirken und kommt auch bei Erkältungen und Hautleiden zum Einsatz.
Laborstudien deuten auf entzündungshemmende oder antimikrobielle Wirkungen von Kerbel-Extrakten hin.

Die in allen Pflanzenteilen enthaltenen Furocumarine können bei empfindlichen Menschen phototoxische Reaktionen der Haut auslösen.

Echter Kerbel: **A** basaler Teil einer Pflanze mit Rhizom und 2–3-fach gefiederten Grundblättern **B** distaler Teil einer Pflanze mit Stängelblättern und Blütenständen (Doppeldolden) **1** Blüte **2** Spaltfrucht aus 2 Teilfrüchten mit Fruchthalter **3** Teilfrucht im QS.

Quelle: von Schlechtendal (1840ff).

Asant

Stinkasant, Teufelsdreck
Ferula assa-foetida *(Ferula foetida)*

Asant ist eine bis zu 2 m hohe Staude mit dicker Pfahlwurzel, aus der bei Verletzung ein gummiartiger Saft austritt. Dieser härtet an der Luft aus und ist als stark riechendes Harz »Asafoetida« bekannt.

Aushärtendes »Asafoetida«

F. assa-foetida ist in den trockenen Regionen West- und Zentralasiens heimisch. Die größten Anbauregionen für echtes Asafoetida liegen im Iran, in Afghanistan und in Teilen Indiens.

Asafoetida spielt in der traditionellen persischen und indischen Medizin eine wichtige Rolle. Hingegen war das Harz bei den Römer:innen vorwiegend als Gewürz bekannt. Im Mittelalter gelangte Asant als Gewürz nach Mitteleuropa. Ab dem 16. Jh. nahm die Nutzung dort jedoch stark ab, wahrscheinlich wegen des strengen Geruchs.

Zur Gewinnung von Asafoetida wird die große Wurzel angeritzt. Der austretende Milchsaft erhärtet an der Luft zu einer bräunlichen, wachsartigen Substanz, die getrocknet in den Handel gelangt. Der Name »Asafoetida« wird im Handel allerdings auch für das Harz anderer *Ferula*-Arten verwendet. Die traditionelle Wildsammlung hat – bei steigender Nachfrage – in einigen Regionen zu einer Übernutzung der Bestände geführt. In Ländern wie Indien werden deshalb nachhaltige Anbaumethoden entwickelt.

Das streng riechende Harz, das an faule Eier oder Knoblauch erinnert, enthält schwefelhaltige Verbindungen sowie Ferulasäure und Vanillinsäure.
Asafoetida ist in frischem Zustand zähflüssig, nach dem Trocknen wird es hart und spröde.

Das intensive Aroma des Harzes wird oft als unangenehm empfunden, was ihm Beinamen wie »Teufelsdreck« einbrachte. Beim starken Erhitzen in Fett werden die riechenden Schwefelverbindungen chemisch umgewandelt, wodurch ein milderes, komplexes Aroma entsteht. Das Gewürz verleiht Speisen dann einen kräftig-würzigen Geschmack, der an Knoblauch und Zwiebeln erinnert.
In der indischen Küche wird Asafoetida gerne für vegetarische Gerichte verwendet.

In der traditionellen Medizin wird Asant als verdauungsförderndes und blähungslinderndes Mittel eingesetzt. Es soll zudem schleimlösend wirken und bei Atemwegserkrankungen helfen.

Aus der Wurzel austretender gummiartiger Saft

Asant: **A** Habitus **B** Stängel mit ♂-Blütenstand (Doppeldolde) **C** Fruchtstand (Döldchen) **1** gelbe ♂-Blüte **2** weiße ♀-Blüte **3** Staubblätter **4** Fruchtknoten mit Griffelpolster und Griffeln **5** Fruchtknoten mit Griffelpolster und Griffeln **6** Fruchtknoten im LS **7** Fruchtknoten im QS **8** Teilfrüchte **9** Spaltfrucht aus 2 Teilfrüchten mit Fruchthalter **10** Teilfrucht im LS **11** Spaltfrucht im QS.

Quelle: Köhler (1883-1898ff).

Arzneiengelwurz

Echte Engelwurz, Engelwurz
Angelica archangelica
(Angelica major, Archangelica officinalis)

Die Arzneiengelwurz ist eine imposante, 2- bis mehrjährige Staude, die eine Höhe von bis zu 2,5 m erreichen kann. Sie besitzt kräftige, hohle Stängel mit bis zu 5 cm ⌀ und große, 2–3-fach gefiederte Blätter. Die Blattscheiden sind basal stark vergrößert. Die großen, kugelförmigen Doppeldolden werden von zahlreichen kleinen, grünlich-weißlichen Blüten gebildet.

A. archangelica ist in Nord- und Osteuropa sowie in Teilen Asiens heimisch und wird dort auch kultiviert. In Mitteleuropa ist sie nur selten wild anzutreffen und wird auch nur selten angebaut.

Im Norden Europas wird die Art seit dem Mittelalter als Heil- und Nahrungspflanze geschätzt. Im »Gulathingslov« des 11. Jh. – der ältesten überlieferten Gesetzessammlung aus Norwegen – finden sich schwere Strafen für das Stehlen der Pflanze.
Im 17. Jh. war »Angelica-Wasser« – zusammen mit Muskatnuss und Sirup – Bestandteil des britischen »The King's Majesty's Excellent Recipe for the Plague«. Das Mittel sollte, 2-mal täglich eingenommen, gegen die Pest helfen.

Die Wurzeln enthalten 0,5–1,5 % ätherische Öle, mit Cumarinen wie Angelicin und Bergapten als wichtigen Bestandteilen. Des Weiteren finden sich Bitterstoffe, Tannine, Harze und Flavonoide.

Die Früchte und Wurzeln dienen traditionell als Gewürz für Fleischgerichte, Suppen und Soßen und aromatisieren auch Spirituosen wie Gin oder Wermut.

In der traditionellen nordischen Küche werden auch die jungen Stängel zu Marmelade verarbeitet oder als Gemüse zubereitet. Kandiert dienen sie als Dekoration für Gebäck und Desserts.

Die Arzneiengelwurz wird in der traditionellen Medizin bei Verdauungsbeschwerden, Appetitlosigkeit, als Stärkungsmittel und gegen Infektionskrankheiten eingesetzt.
Die Art wird auch von der Europäischen Arzneimittel-Agentur als Pflanze mit traditionellen Heilwirkungen anerkannt – bei Appetitlosigkeit und Verdauungsbeschwerden wie leichten Magen-Darm-Krämpfen, Völlegefühl und Blähungen.

Das ätherische Öl wird auch in der Parfümindustrie genutzt.

Die in der Engelwurz enthaltenen Furocumarine können bei Hautkontakt in Verbindung mit Sonneneinstrahlung zu Hautschäden führen. Bei der Verarbeitung sollten deshalb Handschuhe getragen werden.

Arzneiengelwurz: A distaler Teil einer Pflanze mit hohlem Stängel, Stängelblättern mit großer Blattbasis und Blütenständen (Doppeldolden) **1** Blüte mit zurückgebogenen Kronblättern **2** Staubbeutel **3** Pollen **4** Fruchtknoten mit Griffelposter und Griffeln **5** Fruchtknoten im LS **6** Fruchtknoten im QS **7ab** Spaltfrucht aus 2 Teilfrüchten **8** Spaltfrucht aus 2 Teilfrüchten im LS **9** Teilfrucht **10** Spaltfrucht aus 2 Teilfrüchten im QS **11** Teilfrucht im LS.

Quelle: Köhler (1883-1898ff).

Liebstöckel

Maggikraut
Levisticum officinale *(Ligusticum levisticum)*

Liebstöckel ist eine stattliche, mehrjährige Staude, die bis zu 2 m hoch werden kann und eine kräftige, fleischige Pfahlwurzel besitzt. Die glänzenden, dunkelgrünen Blätter sind doppelt gefiedert und verströmen beim Zerreiben einen intensiven, würzigen Duft, der an Sellerie und Maggi erinnert. Die kleinen gelblich-grünlichen Blüten entwickeln sich zu gerippten Spaltfrüchten.

L. officinale stammt aus dem westlichen Asien, vermutlich aus dem Iran und Afghanistan. Heute wird die Art in den gemäßigten Klimazonen weltweit angebaut.

Liebstöckel wurde bereits im antiken Rom kultiviert und als Heilpflanze geschätzt. Karl der Große ordnete im späten 8. Jh. in seinem »Capitulare de villis« ihren Anbau in seinen kaiserlichen Gütern an. Im Mittelalter war die Pflanze in Mitteleuropa als Heilmittel in Klostergärten weit verbreitet. Der Volksname MAGGIKRAUT entstand erst im 19. Jh., als das Maggi-Würzmittel mit seinem ähnlichen Aroma populär wurde – obwohl es keinen Liebstöckel enthält.

Liebstöckel enthält, insbesondere in den Wurzeln, ein komplexes ätherisches Öl mit Terpenen und Phthaliden (v. a. (Z)-Ligustilid), die für das charakteristische Aroma verantwortlich sind. Des Weiteren finden sich Flavonoide, Hydroxyzimt- und Kaffeesäurederivate sowie Vitamin E.

In der Küche werden v. a. die frischen oder getrockneten Blätter als Würzkraut für Suppen, Eintöpfe, Kartoffelgerichte und Salate geschätzt. Das Kraut verleiht Gerichten eine würzige, leicht süßliche Note, die an Sellerie erinnert.
Darüber hinaus werden die Samen als traditionelles Gewürz für Brot und Käse verwendet. Auch die Wurzeln lassen sich als Gemüse zubereiten oder als Gewürz trocknen.

In der traditionellen Medizin wird Liebstöckel bei Verdauungsbeschwerden, Blähungen sowie als harntreibendes Mittel und gegen bakterielle Infektionen eingesetzt. Wurzel-Extrakte von Liebstöckel werden auch von der Europäischen Arzneimittel-Agentur als traditionelles harntreibendes Heilmittel anerkannt. Zudem haben die ätherischen Öle antimikrobielle Eigenschaften.

In der Kosmetikindustrie wird Liebstöckel-Extrakt für Badezusätze und Haarwässer genutzt.

Liebstöckel: **A** Stängel mit 2-fach gefiedertem Blatt **B** distaler Teil einer Pflanze mit Blättern und Blüten- und Fruchtständen (Doppeldolden) **1** Blüte **2** zurückgebogenes Kronblatt **3** Staubbeutel **4** Pollen **5** unterständiger Fruchtknoten mit Griffelpolster und Griffeln **6** Fruchtknoten im LS **7** Fruchtknoten im QS **8–98** Teilfrüchte **10** Teilfrucht im QS.

Quelle: Köhler (1883-1898ff).

Genussmittel und Drogen

Aus Pflanzen gewonnene Genussmittel nehmen in der menschlichen Kultur einen besonderen und faszinierenden Stellenwert ein. Menschen nutzen sie nicht in erster Linie zur Nährstoffversorgung, sondern schätzen ihre besonderen Eigenschaften: Sie können psychoaktiv wirken, stimulieren oder entspannen. Die komplexen Wirkstoffe dieser Pflanzen haben häufig eine spezifische Wirkung auf das Nervensystem – führen in vielen Fällen aber auch zu psychischen oder physischen Abhängigkeiten und haben schwerwiegende gesundheitsschädliche Auswirkungen.

Dabei sind die Grenzen zwischen erlaubten Genussmitteln, verbotenen Drogen und Heilpflanzen fließend. Viele Substanzen lassen sich nicht eindeutig zuordnen und werden je nach kulturellem und rechtlichem Kontext unterschiedlich bewertet. Tabak und Alkohol werden z. B. in den meisten Ländern rechtlich als Genussmittel behandelt, obwohl sie ein erhebliches Suchtpotenzial besitzen und die Gesundheit erheblich schädigen. Besonders dramatisch zeigt sich dies beim Tabakkonsum, der als führende vermeidbare Todesursache weltweit gilt und jährlich etwa 8 Mio. Todesfälle verursacht. Cannabis wird in vielen Ländern als illegale Droge eingestuft, in anderen hingegen als Genussmittel oder Medizin.

Auch die Abgrenzung zu Gewürzen kann fließend sein: Die Muskatnuss wird normalerweise als aromatisches Gewürz verwendet, kann in höheren Dosen aber auch als Rauschmittel wirken.

Inhaltsstoffe und Wirkung

Zu den bekanntesten pflanzlichen Genussmitteln zählen coffeinhaltige Stimulanzien wie Kaffee, Tee, Kakao und Mate, aber auch Tabak, Schlafmohn sowie weitere, meist regional bedeutsame Arten wie Betelnuss, Kath oder Koka. Die nachfolgende Übersicht erläutert die wesentlichen Inhaltsstoffe sowie deren Hauptwirkungen. Eine detaillierte Darstellung sämtlicher schädlicher Konsequenzen, die aus dem Konsum pflanzlicher Genussmittel bzw. Drogen resultieren, kann an dieser Stelle jedoch nicht geleistet werden. Die Verantwortung für den Konsum und dessen Folgen liegt immer bei jedem Einzelnen.

Coffein ist das Hauptalkaloid in Kaffee, Tee, Guarana und Mate. Dieses natürliche Stimulans wirkt als Adenosin-Antagonist im zentralen Nervensystem und hemmt dadurch die natürliche Müdigkeit. Gleichzeitig erhöht es die Konzentration von Neurotransmittern wie Dopamin und Noradrenalin, was zu gesteigerter Wachheit, verbesserter Konzentration und erhöhter körperlicher Leistungsfähigkeit führt. Daneben stimuliert es die Magensäureproduktion und wirkt leicht harntreibend.

Theobromin ist chemisch mit Coffein verwandt und das Hauptalkaloid in Kakao. Im Vergleich zu Coffein bewirkt es eine schwächere Stimulation des zentralen Nervensystems, erweitert die Blutgefäße jedoch stärker und wirkt bronchienerweiternd.

Nicotin ist ein hochwirksames Alkaloid, das als Nervengift zur Abwehr von Pflanzenfressern in den Blättern der Tabakpflanze und anderen Nachtschattengewächsen vor-

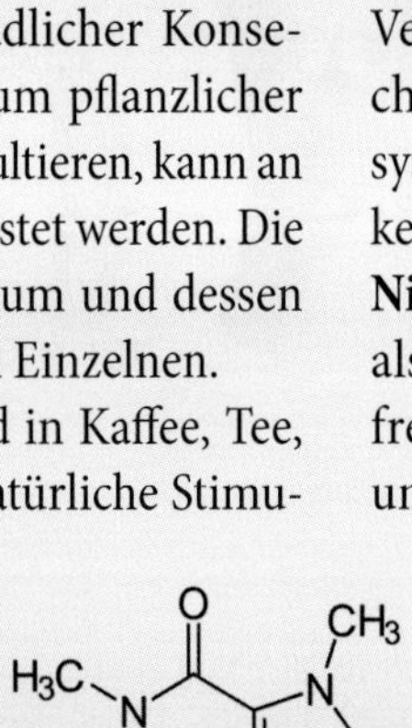
Coffein

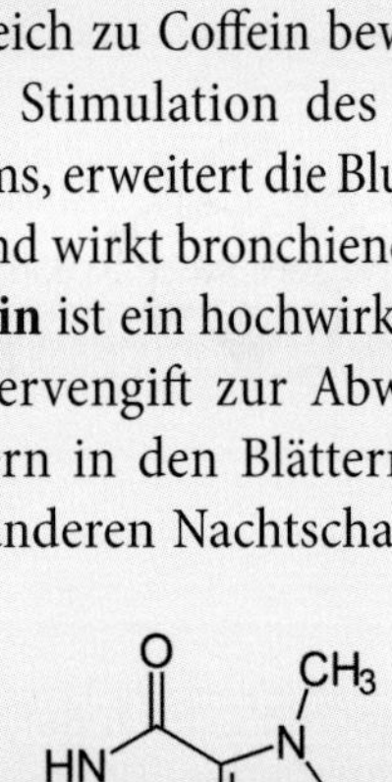
Theobromin

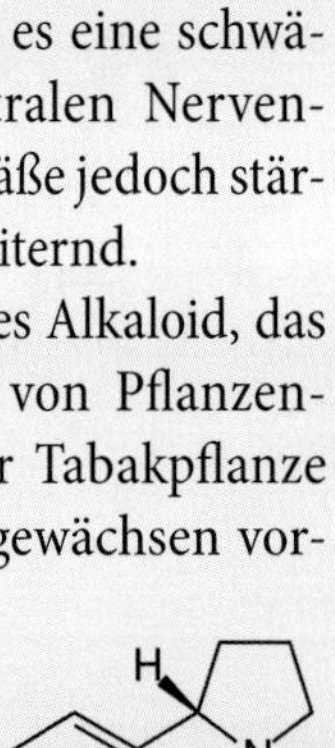
Nicotin

kommt. Im menschlichen Gehirn stimuliert es die Ausschüttung von Dopamin und anderen Neurotransmittern, was zu einem kurzfristigen Gefühl von Entspannung, erhöhter Konzentrationsfähigkeit und leichter Euphorie führt. Gleichzeitig beeinflusst es das Herz-Kreislauf-System erheblich: Es erhöht die Herzfrequenz und den Blutdruck, während sich die Blutgefäße verengen. Regelmäßiger Konsum führt zu einer starken physischen und psychischen Abhängigkeit. Das Suchtpotenzial zählt zu den höchsten unter allen bekannten Drogen.

Opium wird aus dem eingetrockneten Milchsaft unreifer Samenkapseln des Schlafmohns (*Papaver somniferum*) gewonnen und enthält über 20 verschiedene Alkaloide, von denen Morphin mit 10–15 % den Hauptwirkstoff darstellt. Die psychoaktiven Substanzen wirken stark schmerzlindernd und beruhigend auf das zentrale Nervensystem, führen aber bereits bei kurzfristiger Anwendung zu körperlicher Abhängigkeit.

Kokain aus den Blättern des Kokastrauchs blockiert die Wiederaufnahme von Dopamin, Noradrenalin und Serotonin an den Synapsen und bewirkt dadurch eine intensive Euphorie, gesteigerte Energie und die Unterdrückung von Hunger- und Müdigkeitsgefühlen. Kokainkonsum kann aufgrund seiner extrem starken belohnenden Wirkung bereits nach der ersten Einnahme ein intensives Verlangen nach erneutem Konsum auslösen und eine schnelle Entwicklung psychischer Abhängigkeit begünstigen. Außerdem kann Kokainkonsum zu Herzinfarkten, Schlaganfällen, einem Kreislaufzusammenbruch und der Zerstörung der inneren Organe führen. Langfristig verursacht es oft schwere Psychosen und Depressionen.

Arecolin ist das Hauptalkaloid der Betelnuss. Es bewirkt eine stimulierende Wirkung, indem es an Acetylcholin-Rezeptoren bindet und so das zentrale und periphere Nervensystem beeinflusst. Arecolin hat eine krebserregende Wirkung, die besonders das Risiko für Mund-, Speiseröhren-, Lungen-, Kehlkopf-, Leber- und Bauchspeicheldrüsenkrebs erhöht und kann bereits ab 50 mg zu tödlichen Vergiftungen mit Atemlähmung führen.

Cathinon und **Cathin** aus dem Kathstrauch ähneln in ihrer Wirkung Amphetaminen und führen zu erhöhter Wachheit und reduziertem Hungergefühl. Sie können schwerwiegende Herz-Kreislauf-Probleme wie Herzrhythmusstörungen und Bluthochdruck sowie psychiatrische Nebenwirkungen wie Angstzustände, Paranoia und bei chronischem Gebrauch Abhängigkeit verursachen.

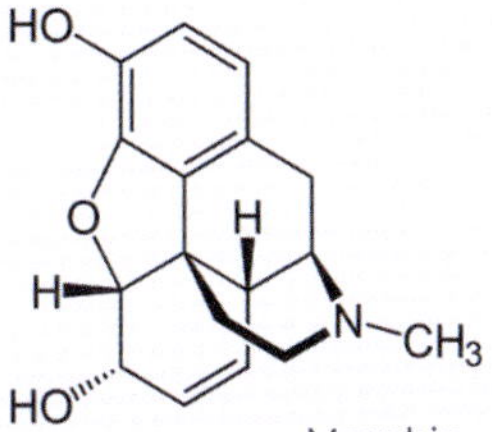

Morphin

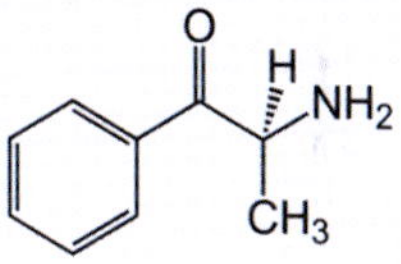

Cathinon

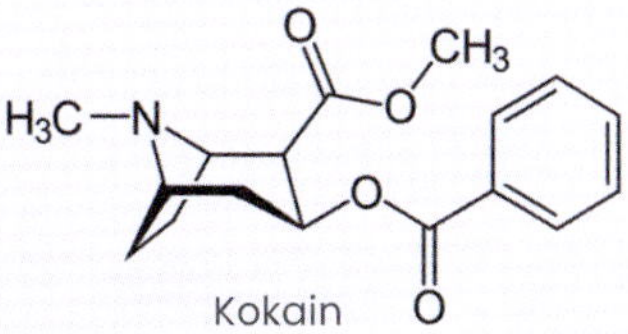

Kokain

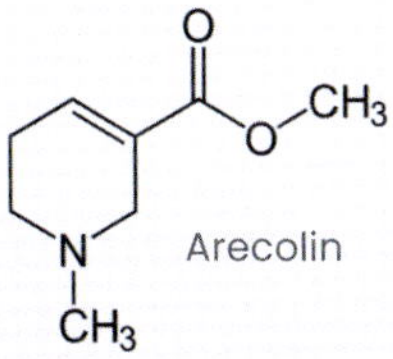

Arecolin

Betelpfeffer

Betel

Piper betle *(Chavica betle)*

Betelpfeffer ist eine immergrüne, mehrjährige Kletterpflanze mit herzförmigen, glänzenden Blättern. Die Blüten sind klein, unscheinbar und stehen in langen, zylindrischen Blütenständen. Aus den Blüten entwickeln sich kleine, kugelige bis eiförmige, 1-samige Steinfrüchte von orange-roter bis bräunlich-violetter Farbe.

Die Heimat von *P. betle* liegt in Süd- und Südostasien. Heute ist die Art in Indien, Sri Lanka, Bangladesch, Myanmar, Thailand, Indonesien, Malaysia und den Philippinen weit verbreitet und wird in vielen weiteren tropischen und subtropischen Regionen angebaut.

Das Kauen der Blätter des Betelpfeffers zusammen mit den Samen der Betelnusspalme (*Areca catechu*) und gelöschtem Kalk im sogenannten »Betel-Quid« ist in vielen Ländern Süd- und Südostasiens im Alltag weit verbreitet. Das Ritual spielt bei vielen

Zubereitung von Betel-Quids durch einen Straßenhändler in Lalitpur, Nepal

gesellschaftlichen Anlässen eine wichtige Rolle – von Hochzeiten bis hin zu religiösen Zeremonien. Die Tradition dieses Rituals reicht mindestens 5.000 Jahre zurück, wie z. B. durch Funde von Skeletten mit geschwärzten Zähnen auf den Philippinen belegt ist. Einige der frühesten schriftlichen Erwähnungen finden sich in der frühen tamilischen »Sangam-Literatur« aus Südindien (vermutlich 100 v. Chr. bis 250 n. Chr.).
In vielen Kulturen Süd- und Südostasiens ist das Anbieten von Betel an Gäste bis heute ein fester Bestandteil der Etikette und ein Zeichen von Höflichkeit und Wertschätzung.

Weltweit existieren mehr als 100 Sorten des Betelpfeffers, allein in Indien sind ± 40 bekannt, die sich in Blattgröße und -farbe sowie Aroma und Schärfe unterscheiden.

Der traditionelle Anbau erfolgt in kleinbäuerlichen Agroforstsystemen, sogenannten »Barouj« (Betelgärten), die Schatten und Stützstrukturen bieten und eine hohe Biodiversität aufweisen können.
In vielen Regionen Süd- und Südostasiens stellt der Anbau und Handel von Betelblättern eine wichtige Einkommensquelle für kleinbäuerliche Familien und ländliche Gemeinschaften dar.

Die Blätter des Betelpfeffers enthalten ein komplexes Gemisch bioaktiver Substanzen mit stimulierenden, antimikrobiellen und antioxidativen Eigenschaften.
Ätherische Öle prägen den charakteristischen aromatischen Geruch und Geschmack der Blätter. Die Hauptkomponenten sind Eugenol, Chavicol, Chavibetol, Caryophyllen und Cineol.
Phenolverbindungen, darunter Chavibetol, Hydroxychavicol und Allylpyrocatechol, wirken antimikrobiell, entzündungshemmend und antioxidativ. Betelpfeffer enthält auch nennenswerte Mengen an Mineralstoffen wie Calcium, Eisen sowie Carotinoide und Vitamin C und B-Vitamine.

Betelpfeffer: **A** Stängel mit Blättern und Blütenständen **1** Blütenstand mit Blütenknospen **2** Teil eines Blütenstands (oben im QS) **3–4** Fruchtknoten mit 3–6 Narben **5** Same.

Quellen: Curtis Botanical Magazine (1896); Miquel (1855-1860); Wight (1840-1846).

Die Blätter werden traditionell zusammen mit den Samen der Betelnusspalme (*Areca catechu*) und gelöschtem Kalk (Calciumhydroxid) gekaut.
Dieses als »Betel« bekannte Kaugemisch hat eine leicht stimulierende und euphorisierende Wirkung, die v. a. auf das Alkaloid Arecolin der Betelnusspalme zurückgeht. Regelmäßige Konsument:innen berichten von gesteigerter Wachheit, vermindertem Hungergefühl und erhöhter Arbeitsfähigkeit. Betelkauen steigert die Speichelproduktion, erfrischt den Atem und soll die Verdauung anregen.
Beim Kauen färbt sich der Speichel durch die Inhaltsstoffe der Betelnuss im Zusammenspiel mit dem gelöschten Kalk rot. Diese Substanzen sind auch für die bräunlich-schwarze Verfärbung der Zähne bei regelmäßigem Konsum mitverantwortlich. Zur Zahnverfärbung tragen auch die Tannine aus den Blättern des Pfeffers bei.

Trotz der langen kulturellen Tradition ist der regelmäßige Konsum von Betel aus medizinischer Sicht sehr bedenklich.
Die im Betelpfeffer und der Betelnusspalme enthaltenen Tannine und Alkaloide greifen im Zusammenspiel mit dem eingenommenen Kalk bei häufigem Gebrauch die Zähne und das Zahnfleisch an. Noch problematischer sind die Auswirkungen auf die Mundschleimhaut: Studien haben gezeigt, dass regelmäßiges Betelkauen das Risiko für Mundschleimhautveränderungen sowie für Mundhöhlen-, Rachen- und Speiseröhrenkrebs signifikant erhöht. Diese Gefahr steigt weiter, wenn gleichzeitig Tabak konsumiert wird. Aufgrund dieser gesundheitlichen Risiken ist das Betelkauen in vielen Ländern inzwischen rückläufig, regional aber noch weit verbreitet. Es ist wichtig zu beachten, dass viele der gesundheitlich bedenklichen Effekte, insbesondere das erhöhte Krebsrisiko, primär auf die Kombination der Betelblätter mit der *Areca*-Nuss und gelöschtem Kalk zurückzuführen sind. Hingegen sind in der traditionellen Medizin Südostasiens die Blätter des Betelpfeffers allein ein geschätztes Heilmittel. Sie werden zur Behandlung von Mundinfektionen, Atemwegserkrankungen und Hautproblemen genutzt.
Auch wissenschaftliche Studien deuten darauf hin, dass Extrakte aus Betelblättern antioxidative und antimikrobielle Wirkungen besitzen.

Aufgrund der antimikrobiellen Wirkung der Blätter werden diese auch in der Lebensmittelkonservierung eingesetzt. Die ätherischen Öle finden Anwendung in der Naturkosmetik und Parfümherstellung.

Betelnusspalme

Arekapalme, Betelpalme
Areca catechu *(Areca faufel)*

Die Betelnusspalme ist eine schlanke, große Palme mit großen, gefiederten Blättern. Die länglich-eiförmigen Steinfrüchte färben sich bei der Reife orange-rot. In ihrem Inneren befindet sich 1 Steinkern, der als »Betelnuss« bekannt ist.

A. catechu stammt aus den tropischen Regenwäldern Südostasiens, wahrscheinlich aus Malaysia oder Indonesien. Heute wird die Betelnusspalme in zahlreichen tropischen Ländern Süd- und Südostasiens sowie in Teilen Afrikas und auf einigen Pazifikinseln kultiviert.

Archäologische Befunde aus einer thailändischen Höhle belegen den Konsum der Nüsse bereits vor 12.000 Jahren.

Die Betelnuss enthält verschiedene pharmakologisch wirksame Alkaloide, hauptsächlich Arecolin (0,3–0,7 %), aber auch Arecaidin, Guvacin und Guvacolin. Darüber hinaus kommen fette Öle, Kohlenhydrate, Proteine und Polyphenole, v. a. Catechine und Tannine, in nennenswerten Mengen vor.

Die Hauptverwendung der Betelnuss liegt im traditionellen Betelkauen, dem in Südostasien weit verbreiteten Konsum der Betelnuss in Kombination mit Betelpfeffer und gelöschtem Kalk. Details hierzu finden sich im vorherigen Kapitel über den Betelpfeffer.

Für den Konsum geschnittene Betelnüsse

In der traditionellen asiatischen Medizin wird die Betelnuss auch bei Verdauungsbeschwerden und als Tonikum eingesetzt.

Die Schale der Früchte dient traditionell als Rohmaterial für Kunsthandwerk und aus den Fasern der Blätter können Seile hergestellt werden.

Das regelmäßige Betelkauen ist mit erheblichen Gesundheitsrisiken verbunden. Details zu den gesundheitlichen Risiken finden sich im vorherigen Kapitel über den Betelpfeffer.
Darüber hinaus hat die Internationale Agentur für Krebsforschung Betelnüsse als krebserregend eingestuft.

Betelnusspalme: A Habitus **1** Blütenstand mit ♂-Blüten (oben) und ♀-Blüten (unten) (der Blütenstand ist eigentlich gelblich gefärbt) **2** Perigon einer ♂-Blüte **3** Staubbeutel **4** Spitze des Fruchtknotens mit 3 Narben **5** Perigon einer ♀-Blüte **6** unreife Frucht, basal mit Perigon **7** äußeres Perigonblatt **8** inneres Perigonblatt **9** LS durch den Fruchtknoten **10** Teil eines Fruchtstands mit reifer Frucht **11** reife Frucht im LS **12** reife Frucht im QS **13** Steinkern (»Betelnuss«).

Quelle: Köhler (1883–1898ff).

Hanf

Cannabis sativa *(Cannabis indica)*

Hanf ist eine meist 2-häusige, 1-jährige, krautige Pflanze, die 3–5,5 m hoch werden kann. Die fingerförmig geteilten Blätter sind lang gestielt und bestehen aus 3–9 länglich-lanzettlichen, grob gezähnten Fiederblättchen.

Die ♂-Blütenstände sind rispig, die ♀-Blüten bilden kleine zapfenartige Blütenstände. Die Drüsen, welche die Harze mit den Cannabinoiden enthalten, sitzen hauptsächlich auf den Blüten und Blättern der ♀-Pflanzen, besonders dicht auf den Kelchblättern und Tragblättern der ♀-Blütenstände.

♀-Blütenstand mit gelblichen Harzdrüsen

Die ovalen Früchte – aus botanischer Sicht handelt es sich um Nussfrüchte bzw. Achänen – sind 3–4 mm groß und haben eine harte, glatte, glänzende grääliche bis bräunliche Schale. Sie umschließen die weißlich-grünlichen Hanfsamen.

C. sativa stammt aus Zentral- oder Ostasien und wird heute weltweit kultiviert. Auch in Europa war Hanfanbau bis ins 20. Jh. weit verbreitet. Aufgrund des Gehalts an psychoaktiven Inhaltsstoffen ist der Anbau von Hanf heutzutage in den meisten Ländern gesetzlich reglementiert.

Bereits vor 12.000–10.000 Jahren wurde Hanf in China als Faserpflanze angebaut. Die frühe Nutzung prägte die Entwicklung von Textilien, Seilen und später auch Papier entscheidend mit. Somit beeinflusste Hanf die Entwicklung der menschlichen Zivilisation bereits lange, bevor andere Eigenschaften der Pflanze in den Vordergrund traten. Hanfsamen und -blätter dienten aber auch schon im alten China als Nahrungsmittel und Medizin.

Schätzungen zufolge gibt es mehr als 700 Kultursorten von *C. sativa*, die sich in Größe, Blattform, Wirkstoffgehalt und Verwendungszweck unterscheiden. Für den Faseranbau werden großwüchsige Sorten mit einem geringen Cannabinoid-Gehalt bevorzugt. Hanfsorten, die für essbare Samen gezüchtet werden, zeichnen sich durch einen sehr niedrigen Cannabinoid-Gehalt, hohe Samenerträge und einen hohen Gehalt an gesunden fetten Ölen und hochwertigen Proteinen aus. Andere Sorten dienen speziell der Gewinnung von Cannabinoiden.

Hanf: **A** distaler Teil einer ♀-Pflanze mit fingerförmig gefiederten Blättern und Blütenständen **B** Stängel mit ♀- Blütenstand **C** Wurzel **1** ♂-Blüte **2** ♀-Blüte mit 2 Griffeln und drüsig behaarten Hochblättern **3–4** Früchte mit drüsig behaarten Tragblättern **5–6** Nussfrucht **7** Frucht im LS mit gekrümmtem Embryo.

Quelle: von Schlechtendal (1840ff).

Aus dem Harz der Drüsen der Blätter und v. a. der ♀-Blütenstände wurde eine Vielzahl an bioaktiven Verbindungen isoliert – insgesamt mehr als 550. Bedeutend sind v. a. Cannabinoide wie Cannabidiol (CBD) und Tetrahydrocannabinol (THC). Während CBD nicht psychoaktiv ist und medizinisch genutzt wird, hat THC eine berauschende Wirkung.
Die Früchte (»ungeschälte Hanfsamen«) enthalten 45–53 % fette Öle, mit einem ausgewogenen Verhältnis von Omega-6- und Omega-3-Fettsäuren (4–3:1). Sie sind auch reich an Ballaststoffen und hochwertigen Proteinen (30–34 %), die alle essenziellen Aminosäuren mit einem sehr guten Aminosäureprofil enthalten – Lysin kann allerdings leicht limitierend sein.

Die gerösteten Samen schmecken nussig und eignen sich als Würzmittel. Sie sind auch eines der 7 Gewürze der traditionellen japanischen »Shichimi Togarashi«-Gewürzmischung.
Das aus den Samen gewonnene Hanfmehl lässt sich gut zum Backen verwenden. Zudem lässt sich aus Hanfblättern und Blüten ein Tee herstellen, dem beruhigende Eigenschaften zugeschrieben werden.

Praktisch alle Teile der Hanfpflanze werden in der traditionellen chinesischen Medizin seit ± 2.000 Jahren vielseitig verwendet, z. B. bei Schmerzzuständen und psychischen Erkrankungen.
Hanf hat als psychoaktive Droge durch seinen Hauptwirkstoff THC eine jahrhundertelange Geschichte als Rauschgift und zählt heute weltweit zu den am häufigsten konsumierten pflanzlichen Genussmitteln. Die euphorisierende und bewusstseinsverändernde Wirkung dient dabei sowohl der Entspannung als auch sozialen und kulturellen Praktiken.
Cannabis hat ein moderates Suchtpotenzial, wobei ± 9 % der Konsument:innen eine Abhängigkeit entwickeln, die sich durch Toleranzentwicklung, Entzugssymptome und zwanghaften Konsum äußert. Darüber hinaus entwickeln 20–30 % der Konsument:innen eine Cannabis-Gebrauchsstörung. Das Risiko ist besonders erhöht bei frühem Konsumbeginn im Jugendalter, täglichem Gebrauch und der Verwendung von Produkten mit hohem THC-Gehalt.
Cannabis erlebt gegenwärtig eine medizinische Renaissance, da sowohl THC als auch CBD therapeutisches Potenzial bei Erkrankungen wie chronischen Schmerzen, Epilepsie, Übelkeit bei Chemotherapien und neurologischen Störungen zeigen. Dies führte zur Legalisierung von medizinischem Cannabis in vielen Ländern und zur Entwicklung standardisierter pharmazeutischer Cannabispräparate. Auch die Europäische Arzneimittel-Agentur arbeitet derzeit an einer Monografie zur Anerkennung von Cannabisblüten als traditionelles Heilmittel.

Auch neben seiner Bedeutung als Cannabinoid-Quelle ist Hanf eine vielseitige Nutzpflanze. Manchen Schätzungen zufolge gibt es mehr als 25.000 Produkte, die aus Hanf hergestellt werden. Die Anwendungsbereiche umfassen Fasern für Textilien und Seile, Samen und Öl für Nahrungsmittel und Kosmetika, Stängel für Baumaterialien (z. B. Hanfbeton), Dämmstoffe, Biokunststoffe und Papier. Darüber hinaus wird Hanf auch zur Sanierung von Böden eingesetzt, da er Schadstoffe aufnehmen kann.

Kathstrauch

Abessinischer Tee
Catha edulis *(Celastrus edulis)*

Der Khatstrauch ist ein großer, immergrüner Strauch oder kleiner Baum. Die Blätter sind jung rötlich gefärbt, bevor sie eine grünliche Färbung annehmen. Die kleinen, weißlichen Blüten entwickeln sich zu länglichen Kapseln.

C. edulis ist ursprünglich in Ostafrika und auf der Arabischen Halbinsel heimisch. Die Hauptanbaugebiete liegen in Äthiopien, Kenia, Jemen und Somalia.

Insbesondere im Jemen und in Teilen Ostafrikas hat das Kauen frischer Khatblätter als Stimulans eine lange Tradition und spielt bei sozialen Zusammenkünften eine wichtige Rolle.
Die ersten schriftlichen Erwähnungen dazu stammen aus arabischen medizinischen Texten des 11. Jh. Der Khatkonsum ist bis heute in bestimmten Regionen Ostafrikas ein bedeutender wirtschaftlicher und kultureller Faktor.

Khatkauender Mann in Sanaa, Jemen

Die grünen Pflanzenteile enthalten die psychoaktiven Alkaloide Cathinon und Cathin, die chemisch mit Amphetaminen verwandt sind. Cathinon ist dabei die potentere Substanz, zerfällt aber innerhalb von 48 Stunden nach der Ernte. Die Konzentration der Wirkstoffe ist in jungen Blättern am höchsten. Daneben enthält die Pflanze Tannine, Flavonoide, Terpenoide sowie Vitamin C.

Traditionell werden die frischen jungen Blätter und Triebe gekaut, wobei der bittere Saft geschluckt und die Pflanzenreste nach dem Auspressen ausgespuckt werden. Üblicherweise werden die Blätter über mehrere Stunden hinweg konsumiert, oft begleitet von süßen Getränken, um den bitteren Geschmack zu mildern.
Das Getränk »Abessinischer Tee« (auch »Arabischer Tee«) wird aus getrockneten und pulverisierten Khat-Blättern zubereitet, soll jedoch eine weniger starke Wirkung aufweisen.

In der traditionellen Medizin wird Khat zur Behandlung von Erschöpfungszuständen, Hunger und Depression eingesetzt. Die Inhaltsstoffe führen zu erhöhter Wachheit und reduziertem Hungergefühl. Sie können aber auch schwerwiegende Herz-Kreislauf-Probleme sowie Nebenwirkungen wie Angstzustände, Paranoia und bei regelmäßigem Gebrauch psychische Abhängigkeit verursachen.

Der Anbau und Konsum von Khat ist in vielen Ländern aufgrund der psychoaktiven Wirkung verboten oder reguliert. In den traditionellen Anbaugebieten wie dem Jemen stellt der Anbau jedoch weiterhin einen wichtigen Wirtschaftsfaktor dar, dessen sozioökonomische und gesundheitliche Auswirkungen kontrovers diskutiert werden.

Kathstrauch: A Zweig mit gegenständigen Laubblättern und Blüten **1** Blütendiagramm **2** Blütenknospe **3** Blüte **4** Blüte im LS **5** Blütenknospen **6** aufpräparierter Fruchtknoten mit 3 Narben **7** Fruchtknoten im QS **8** Frucht im LS mit geflügeltem Samen **9** Same mit Embryo im LS (ohne Flügel) **10–11** Samen mit Flügeln.

Quellen: Balugani (1765-1771); Richard (1847-1851).

Guaraná

Paullinia cupana (*Paullinia sorbilis*)

Guaraná ist ein immergrüner Strauch oder eine kletternde Liane mit gefiederten Blättern. Die weißen oder gelblich-weißlichen Blüten entwickeln sich zu walnussgroßen, roten Kapseln. Diese enthalten jeweils 1–3 dunkelbraune bis schwarze Samen, die von einem weißlichen Arillus umgeben sind. Die Erscheinung erinnert an ein Auge und hat zur Entstehung von Mythen beigetragen.

P. cupana stammt aus dem Amazonasgebiet Brasiliens und Venezuelas. Guaraná wird v. a. in in den brasilianischen Bundesstaaten Bahia und Amazonas kultiviert.

Die Samen werden seit Jahrhunderten von den indigenen Völkern des Amazonas als Stimulans und Heilmittel genutzt. Sie werden geröstet, zu Pulver zermahlen und zu einer energiereichen Paste verarbeitet. Ab dem späten 18. Jh. begann auch die kommerzielle Nutzung und der Export von Guaraná nach Europa und in die USA.

Guaraná wird heute in Plantagen kultiviert. Die Samen werden vorgezogen und auf den Feldern an Stützsystemen gepflanzt, an denen die Pflanzen hochwachsen können. Die Kapseln werden meist von Hand geerntet, da die Früchte nicht gleichzeitig reifen. Nach der Ernte werden die Samen 4–6 Tage fermentiert und getrocknet, wodurch der Coffeingehalt auf mehr als 2 % ansteigt.

Guaraná enthält 2–6 % Coffein – deutlich mehr als Kaffeebohnen. Das Coffein dient als natürlicher Abwehrmechanismus gegen Insekten und Pathogene. Außerdem finden sich in den Samen Theobromin, Theophyllin, Tannine, Saponine und zahlreiche Procyanidine in nennenswerten Mengen.

In Brasilien wird aus Guaraná ein traditionelles und beliebtes Erfrischungsgetränk zubereitet. Die gerösteten, gemahlenen Guaraná-Samen dienen heute auch als Zusatz in Energy-Drinks.
Aufgrund des hohen Coffeingehalts sollte Guaraná jedoch nur in Maßen konsumiert werden.

In der traditionellen Medizin wird Guaraná als Tonikum, Fiebermittel und Aphrodisiakum eingesetzt. Zudem findet es Anwendung bei Erschöpfungszuständen und wird zur Leistungssteigerung eingesetzt. Die gerösteten, gemahlenen Samen werden auch als Nahrungsergänzungsmittel angeboten.
Laborstudien haben Coffein, Theobromin, Theophyllin sowie Catechine als Hauptwirkstoffe identifiziert, die antioxidative, entzündungshemmende und stoffwechselregulierende Wirkungen zeigen.

V. l. n. r: Früchte mit Samen in Arilli, Samen und Guarana-Pulver

Guaraná: **A** Zweig mit gefiederten Laubblättern, Blüten und unreifen Früchten **1** ♂-Blüte mit doppeltem Perigon **2** aufpräparierte ♂-Blüte **3** ⚥-Blüte (funktional eingeschlechtig) **4** aufpräparierte ⚥-Blüte **5** oberes Kronblatt mit Anhängsel **6** seitliches Kronblatt mit Anhängsel **7** Staubblätter einer ♂-Blüte **8** Staubblätter einer ⚥-Blüte **9** Fruchtknoten einer ♀-Blüte **10** Fruchtknoten einer ⚥-Blüte **11a** 2-samige Kapsel im QS (die Kapselwand ist meist dicker und fleischig) **11b** 2-samige Frucht im LS **12a** 1-samige Frucht im QS **12b** 1-samige Frucht im LS **13** schwarzer Samen mit Arillus (eigentlich ist der Arillus weißlich und die Kapsel rötlich) **13a** Samen im LS.

Quelle: Köhler (1883-1898ff).

Kolabaum

***Cola** (Sterculia)*

Die Gattung *Cola* umfasst ± 130 Arten immergrüner Laubbäume. Ihre kleinen Blüten entwickeln sich zu großen, holzigen Balgfrüchten, die mehrere große, eiförmige Samen enthalten.
Die Samen werden meist als »Kolanüsse« bezeichnet. Ihre Farbe reicht von weißlich über gelblich bis kräftig rot in frischem Zustand und ändert sich bei verarbeiteten Samen zu bräunlich bis dunkelrot.

Die Kolabäume sind in den tropischen Regenwäldern West- und Zentralafrikas beheimatet. Die wichtigsten Anbauländer für Kolanüsse sind heute Nigeria, Ghana und die Elfenbeinküste. Darüber hinaus werden sie auch in anderen tropischen Regionen kultiviert, darunter in Südamerika und Südostasien.
Die kommerziell wichtigsten Arten stammen aus Westafrika. *C. nitida* liefert größere Nüsse und *C. acuminata* kleinere. In geringerem Umfang werden auch *C. verticillata*, *C. anomala* und *C. ballayi* kultiviert.

Die Nutzung der Kolanüsse hat eine lange Tradition in Westafrika. Sie werden als Stimulans und in religiösen Zeremonien genutzt und Gästen als Symbol des Respekts und der Gastfreundschaft gereicht.
Seit den 1880er-Jahren werden coffeinhaltige Extrakte des Kolabaums mit Zucker und anderen Aromastoffen für die Herstellung von Erfrischungsgetränken verwendet – so entstand auch die berühmte Rezeptur von »Coca-Cola«. Bis 1903 enthielt ein Liter Coca-Cola übrigens auch ± 250 mg Kokain aus den Blättern des Kokastrauchs (*Erythroxylum coca*).

Kolanüsse enthalten 1,2–3,5 % Coffein sowie kleine Mengen verwandter Alkaloide wie Theobromin. Außerdem enthalten sie Catechine (v. a. Catechin und Epicatechin), Proanthocyanidine und Tannine (± 4 %). Der Gehalt an Kohlenhydraten beträgt ± 50 % (überwiegend Zucker, aber auch Stärke) und der an Proteinen ± 4 %.

In Afrika wird die stimulierende Kolanuss traditionell gekaut. Darüber hinaus werden getrocknete Nüsse auch zu Pulver gemahlen und als »Kola-Kaffee« aufgegossen. Kolanuss-Extrakte werden Erfrischungsgetränken und Energy-Drinks zugesetzt.

In der traditionellen afrikanischen Medizin gelten die Nüsse als Stärkungsmittel. Extrakte sind Bestandteil von Kräutermischungen gegen Müdigkeit und zur Förderung der Verdauung.

Frische Kolanüsse

Getrocknete Kolanüsse

Kolabaum (*Cola acuminata*): **A** Zweig mit Blättern **1** Balgfrucht im LS mit rötlichen Samen mit dünnem, weißlichem Arillus **2** rötlicher Same (ohne Arillus) **3** weißlicher Same (ohne Arillus) **4** Same im QS **5** aufpräparierter Same mit gelblichem Embryo **6–7** Samen im LS.

Quelle: Köhler (1883-1898ff).

Kakaobaum

Theobroma cacao (*Theobroma sativum*)

Der Kakaobaum ist ein immergrüner, kleiner Baum mit bis zu 30 cm langen, derben Blättern. Die kleinen, gelblich-weißlichen bis blassrosa Blüten wachsen direkt am Stamm und an älteren Ästen.
Aus den Blüten entwickeln sich 15–30 cm lange Früchte mit dicker, derber Schale, die je nach Sorte gelblich, rötlich oder bräunlich sein können. Aus botanischer Sicht handelt es sich bei den Früchten um Beeren mit einer harten Schale, sie werden aber meist als »Kakaoschoten« bezeichnet. Jede Frucht enthält 30–50 Samen. Die äußerste Schicht der Samen ist als fleischige, weißliche Sarcotesta ausgebildet. Darunter befindet sich die harte, bräunliche Sklerotesta mit dem Embryo im Inneren – die »Kakaobohne«.

T. cacao stammt aus den tropischen Regenwäldern des Amazonasbeckens. Heute wird der Kakaobaum im gesamten tropischen Gürtel zwischen 20° nördlicher und südlicher Breite kultiviert. Die Hauptanbaugebiete liegen in Westafrika, Südostasien sowie Mittel- und Südamerika.

Die ältesten gesicherten Spuren der Nutzung von Kakao stammen von den Olmeken in Mittelamerika und reichen mindestens 3.500 Jahre zurück. Neuere Forschungen deuten sogar auf eine Nutzung im oberen Amazonasbecken von Ecuador vor über 5.300 Jahren hin.
Bei den Maya und Azteken besaß Kakao eine außerordentlich hohe symbolische Bedeutung. Darauf spielt auch der wissenschaftliche Name der Gattung *Theobroma* an, der »Götterspeise« bedeutet. Kakao wurde in zeremoniellen Getränken verwendet und diente auch als direktes Zahlungsmittel – um 1545 konnte man für 30 Bohnen ein kleines Kaninchen erwerben. Mitte des 16. Jh. gelangte Kakao nach Spanien und Europa, wo er zunächst als bitteres Getränk konsumiert und später durch Zugabe von Zucker zu einem luxuriösen Genussmittel wurde. Im 19. Jh. revolutionierten neue Verarbeitungstechniken – die hydraulische Kakaopresse und die Conchiermaschine, eine spezielle Rührmaschine – die Kakaoherstellung, wodurch Schokolade und andere Kakaoprodukte weltweit populär wurden.

Die Sorten werden traditionell in 3 Hauptgruppen unterteilt: CRIOLLO (inklusive NACIONAL) ist eine ursprüngliche Form, die hochwertige Bohnen mit feinem Aroma liefert. Sie macht heute weniger als 5 % der Welternte aus, da sie krankheitsanfällig ist und geringere Erträge liefert. FORASTERO ist ein robuster, ertragreicher Typ, der mit 80–90 % den Weltmarkt dominiert. Sie liefert kräftig schmeckende, bittere Bohnen, die allerdings weniger aromatisch als die von »Criollo« sind. TRINITARIO ist eine auf Trinidad entstandene Hybride zwischen »Criollo« und »Forastero«, die gutes Aroma mit hoher Widerstandsfähigkeit verbindet.
Aufgrund genetischer Studien werden inzwischen 10 Hauptgruppen unterschieden und Forscher gehen von der Existenz von Hunderten, möglicherweise sogar Tausenden von unterschiedlichen Kakaosorten aus.

Der Kakaobaum wird traditionell unter dem Schatten höherer Bäume angebaut. Die Vermehrung erfolgt über Samen oder Stecklinge. Nach der Pflanzung dauert es 3–5 Jahre bis zur ersten Ernte.
Die reifen Früchte werden von Hand geerntet, aufgeschlagen und die Samen mit dem Fruchtfleisch entnommen. Bei der anschließenden Fermentation entwickeln sich wichtige

Malvaceae – Malvengewächse

Kakaobaum: **A** Zweig mit Laubblättern und stängelbürtigen Blüten **B** Frucht (Beere, »Kakaoschote«) **C** aufpräparierte Frucht mit Samen **1** Blüte mit spitzen Kelchblättern und kappenförmigen Kronblättern mit gelben, spatelförmigen Zungen **2** Blüte im LS **3** kappenförmiges Kronblatt (im Inneren rötlich gestreift) mit spatelförmiger gelblicher Zunge **4** aufpräparierte Blüte (ohne Kelch und Krone) mit langen, rötlichen Staminoiden und kurzen Staubblättern mit gelblichen Staubbeuteln **5–7** Staubblätter **8** Fruchtknoten mit Griffel und kurzer gelappter Narbe **9** Fruchtknoten im LS **10** Fruchtknoten im QS **11** aufpräparierte Frucht mit Samen mit weißlicher Sarcotesta **12** unreife Frucht im QS **13–14, 17** Samen ohne Sarcotesta **15** Samen ohne Sarcotesta im LS **16** Samen ohne Sarcotesta im QS **18** Samen mit Sarcotesta.

Quellen: Köhler (1883-1898ff); Spach (1834-1847).

Aromastoffe, während Bitterstoffe abgebaut werden. Nach dem Trocknen sind die Bohnen transportfähig.

Kakaobohnen enthalten 50–55 % fette Öle, welche die sogenannte »Kakaobutter« bilden. Diese besteht zu ± 60 % aus gesättigten Fettsäuren (hauptsächlich Stearin- und Palmitinsäure), zu ± 30 % aus einfach ungesättigten Fettsäuren (v. a. Ölsäure) und enthält auch die mehrfach ungesättigte Linolsäure. Darüber hinaus enthalten die Samen 10–15 % Proteine mit allen essenziellen Aminosäuren.
Außerdem kommen Polyphenole, Flavonoide, Procyanidine sowie Methylxanthine mit anregender Wirkung (hauptsächlich Theobromin und etwas Coffein) und auch Mineralstoffe, wie Magnesium, Eisen und Zink, in relevanten Mengen vor.

Die wichtigste Nutzung des Kakaos ist die Herstellung von Schokolade und Schokoladenprodukten. Nach Röstung und Schälung werden die Kakaobohnen gemahlen, wobei eine flüssige Kakaomasse entsteht. Diese kann direkt zur Schokoladenherstellung dienen oder in Kakaobutter und Kakaopulver getrennt werden.
Kakaopulver findet vielfältige Verwendung in Getränken, Backwaren und Desserts. In der traditionellen mexikanischen Küche wird Kakao auch für herzhafte Chili-Gerichte wie »Mole Poblano« verwendet.

Neuere Forschungen zeigen Hinweise auf gesundheitsfördernde Eigenschaften der Kakaopolyphenole, insbesondere positive Effekte auf das Herz-Kreislauf-System und antioxidative Wirkungen.

Kakaobutter wird in der Kosmetik- und Pharmaindustrie hoch geschätzt, wo sie für Hautcremes, Lippenpflegeprodukte und Salben verwendet wird.

Die globale Kakaoindustrie ist mit zahlreichen ökologischen und sozialen Herausforderungen konfrontiert. Etwa 5–6 Mio. Kleinbauern und -bäuerinnen bauen weltweit Kakao an, oft unter schwierigen wirtschaftlichen und sozialen Bedingungen. Kinderarbeit und unfaire Löhne sind weiterhin große Probleme in der Branche. Nachhaltiger, fairer und biologischer Anbau sollte deshalb weiterhin an Bedeutung gewinnen.
Der Kakaoanbau ist außerdem durch den Klimawandel bedroht, da die Bäume sehr spezifische Temperatur- und Feuchtigkeitsbedingungen benötigen. Nach aktuellen Studien könnten viele traditionelle Anbaugebiete bis 2050 ungeeignet für den Kakaoanbau werden.

Kakao

Cupuaçu

Theobroma grandiflorum

Die Früchte des aus Brasilien stammenden Cupuaçu werden ähnlich genutzt. Sie haben im Vergleich zu Kakao jedoch bisher im weltweiten Handel eine verschwindend geringe Bedeutung.

Tee

Camellia sinensis *(Thea sinensis)*

Die Teepflanze ist ein immergrüner Strauch oder kleiner Baum. In Plantagen wird die Art meist auf einer Höhe von 1–2 m gehalten, kann in der Natur jedoch 15 m erreichen. Die derben, elliptischen Blätter sind dunkelgrün, glänzend und am Rand fein gezähnt.

Die duftenden, weißlichen Blüten besitzen zahlreiche gelbe Staubblätter. Nach der Blüte entwickeln sich daraus 3-teilige Kapselfrüchte mit jeweils 1–3 kugeligen, braunen Samen.

C. sinensis stammt aus Süd- und Südostasien, insbesondere aus den Regionen Assam (Indien), Yunnan (China) und Myanmar.

Heute wird sie weltweit in tropischen und subtropischen Regionen kultiviert. China und Indien dominieren die Weltproduktion mit zusammen fast 60 %, weitere größere Anbauflächen befinden sich in Sri Lanka, Japan, Vietnam, Kenia und Taiwan.

Der Legende nach entdeckte der chinesische Kaiser Shennong die anregende Wirkung des Tees bereits im Jahr 2737 v. Chr. Erste schriftliche Belege der Teenutzung stammen aus dem 3. Jh. Im 8. Jh. gelangte der Tee mit buddhistischen Mönchen nach Japan, wo sich eine ausgeklügelte Teezeremonie (»Chado«) entwickelte, die Harmonie, Respekt, Reinheit und Ruhe betont.

Nach Europa kam Tee in größerem Umfang erst im 17. Jh. durch portugiesische Händler:innen und die Niederländische Ostindien-Kompanie. Er war dort zunächst ein begehrtes Luxusgut. Großbritannien förderte im 19. Jh. als Kolonialmacht den Teeanbau in Indien und Sri Lanka, wodurch neue Sorten und Anbaumethoden entstanden. In dieser Zeit etablierte sich auch die berühmte Tradition des britischen Nachmittagstees.

Heute ist Tee nach Wasser das weltweit am meisten konsumierte Getränk. Das weltweite Handelsvolumen von Tee beträgt ± 1,6 Mio. t pro Jahr mit einem Gesamtwert von 7–8 Mrd. US-Dollar.

Bei *C. sinensis* werden 2 Hauptvarietäten unterschieden: *C. sinensis* var. *sinensis* (China-Tee) mit kleineren Blättern und höherer Frosttoleranz sowie *C. sinensis* var. *assamica* (Assam-Tee) mit größeren Blättern und robusterem Wuchs. Aus diesen Grundformen wurden zahlreiche Sorten gezüchtet, die sich in Blattform, Wuchshöhe, Ertrag, Inhaltsstoffen und Geschmacksprofil unterscheiden.

Kniende Frau, die Wasser für die Teezeremonie kocht. Holzschnitt von Utagawa Kuniyosh, um 1843.

Tee: **A** Zweig mit Laubblättern und Blüten **1** Blüte im LS **2** Staubbeutel **3** Fruchtknoten im QS **4** Fruchtknoten mit langem Griffel und gelappter Narbe im Kelch **5** Kapseln mit Samen **6** Kapseln von unten **7** Same **8** Same im QS **9** Embryo mit großen Keimblättern.

Quelle: Köhler (1883–1898ff).

Die Pflanze wird durch Samen oder Stecklinge vermehrt und benötigt 4–5 Jahre, bis sie erstmals geerntet werden kann. Die Blätter werden mehrmals jährlich von Hand gepflückt, wobei nur die obersten Blätter und die Knospen verwendet werden.

Teeblätter enthalten eine Vielzahl biologisch aktiver Substanzen: Dazu gehören Polyphenole, v. a. Catechine wie EGCG, die für die antioxidative Wirkung verantwortlich sind. Coffein hat eine stimulierende Wirkung auf das Zentralnervensystem. Theanin ist eine Aminosäure, die beruhigend wirkt und die Coffeinwirkung moduliert. Theaflavine und Thearubigine entstehen bei der Fermentation und prägen Farbe und Geschmack von schwarzem Tee. Schließlich enthalten die Blätter B-Vitamine und Vitamin C.

Je nach Verarbeitungsmethode unterscheidet man verschiedene Teesorten: Grüner Tee wird nach der Ernte schnell erhitzt, um die Oxidation zu verhindern; schwarzer Tee durchläuft einen vollständigen Fermentationsprozess; Oolong-Tee ist teilfermentiert; weißer Tee besteht nur aus jungen Blattknospen und ist minimal verarbeitet.

In der traditionellen chinesischen Medizin wird Tee seit Jahrtausenden eingesetzt, u. a. zur Förderung der Verdauung und zur Verbesserung der geistigen Wachheit. Wissenschaftliche Studien bestätigen, dass die enthaltenen Polyphenole Herz-Kreislauf-Erkrankungen vorbeugen und entzündungshemmend wirken können.
Coffein aus Teeblättern dient in der Pharmaindustrie als Bestandteil von Schmerz- und Erkältungsmitteln.

Tee-Extrakte finden auch in der Kosmetikindustrie Verwendung, wo sie in Hautpflegeprodukten und Anti-Aging-Cremes eingesetzt werden.

Der industrielle Teeanbau ist mit zahlreichen ökologischen und sozialen Herausforderungen konfrontiert.
In Ländern wie Sri Lanka und Kenia wurden großflächig ursprüngliche Bergwälder zerstört, um Platz für Tee-Monokulturen zu schaffen, wodurch seltene Pflanzen- und Tierarten unwiederbringlich verschwinden.
Teepflücker:innen in Assam und Darjeeling arbeiten täglich bis zu 12 Stunden für weniger als 2,50 Euro pro Tag und sind dabei krebserregenden Pestiziden wie dem Totalherbizid Glyphosat ausgesetzt, die ohne Schutzkleidung versprüht werden. Gleichzeitig bedroht der Klimawandel Anbaugebiete im Himalaya durch unregelmäßigere Monsunregen und häufigere Dürreperioden, was bereits heute zu Ernteausfällen von bis zu 30 % führt. Prognosen gehen davon aus, dass in dieser Region durch den Klimawandel bis 2050 15–30 % der Anbaufläche für Tee verloren gehen könnte.
Für die vor Ort lösbaren Missstände scheinen 2 Ansätze notwendig: Die Auswirkungen auf die Umwelt können durch nachhaltige und zertifizierte Anbaumethoden deutlich verbessert werden – wie z. B. dem biologischen Mischkulturanbau. Fair-Trade-Zertifizierungen verbessern die Löhne der Pflücker:innen und schaffen bessere Arbeitsbedingungen. Sie können so dazu beitragen, die sozialen und ökonomischen Bedingungen in den Anbauregionen zu verbessern. Die Bekämpfung des Klimawandels und seiner Auswirkungen erfordert hingegen Maßnahmen, die von der lokalen bis zur globalen Ebene reichen.

Zum Trocknen ausgelegte Teeblätter in einer Teefabrik in Taiwan

Kaffee

Coffea

Die Gattung *Coffea* umfasst ± 130 Arten immergrüner Sträucher oder kleiner Bäume mit dunkelgrünen Blättern und duftenden, weißlichen bis cremefarbenen Blüten. Die kugeligen bis eiförmigen, zunächst grünlichen, später rötlichen Steinfrüchte werden als »Kaffeekirsche« oder »Kaffeebeere« bezeichnet. Sie enthalten meist 2 Steinkerne. Die Samenwand (Testa) wird von einem dünnen silbrigen Häutchen gebildet. Der darunter liegende helle, feste Kern des Samens, bestehend aus Nährgewebe und Embryo, ist als »Kaffeebohne« bekannt. Die dunkle Farbe nehmen die Kaffeebohnen erst beim Rösten an.

Reife Früchte (Kaffeekirschen)

In größerem Umfang angebaut werden 3 Arten:

ARABICA-KAFFEE (*C. arabica*) macht 60–70 % des Weltmarktes aus. Er besitzt eine hohe aromatische Qualität, ist aber empfindlich gegenüber Krankheiten.

ROBUSTA-KAFFEE (*C. canephora = C. robusta*) ist hingegen widerstandsfähiger und besitzt einen höheren Coffeingehalt. Die Sorte gilt jedoch geschmacklich als weniger komplex.

LIBERICA-KAFFEE (*C. liberica*) wird in geringerem Umfang angebaut, v. a. in Westafrika und Südostasien. Er bildet sehr große Bohnen und weist ein oft als rauchig oder nussig beschriebenes Aroma auf.

Coffea-Arten stammen aus dem tropischen Afrika, insbesondere Äthiopien und angrenzenden Regionen. Der Anbau erfolgt weltweit, überwiegend in den Tropen und Subtropen. Bedeutende Anbauländer sind Brasilien, Vietnam, Kolumbien, Äthiopien, Indonesien und Honduras.

Kaffee wurde im Hochland Äthiopiens domestiziert, wo die Früchte mindestens seit dem 9. Jh. genutzt wurden.

Im 15. Jh. erreichte Kaffee über arabische Händler:innen den Jemen, von wo aus er sich zunächst im Nahen Osten verbreitete und als Getränk große Beliebtheit erlangte. Im 16. und

Trocknende Steinkerne (Kaffeebohnen)

17. Jh. breitete sich Kaffee über das Osmanische Reich nach Europa aus, wo das Getränk ebenfalls schnell populär wurde. Mitte des 17. Jh. entstanden die ersten europäischen Kaffeehäuser in Venedig, Oxford, London und Amsterdam. Nach Amerika gelangte die Pflanze im 18. Jh., wo sie schnell zu einem wichtigen Handelsprodukt wurde.

Heute ist Kaffee eines der wichtigsten Agrarprodukte weltweit und besitzt eine enorme wirtschaftliche, kulturelle und soziale Bedeutung. Das weltweite Handelsvolumen beträgt ± 9 Mio. t pro Jahr mit einem Gesamtwert von ± 80 Mrd. US-Dollar.

Arabica-Kaffee: A Zweig mit gegenständigen Blättern, Blüten und unreifen Früchten **1** aufpräparierte Krone mit Staubblättern **2** Staubbeutel **3** unterständiger Fruchtknoten mit langem Griffel und 2-lappiger Narbe **4** unterständiger Fruchtknoten im LS mit Kelchzipfeln **5** Frucht im QS mit 2 Steinkernen **6** aufpräparierter Steinkern mit gelblich-bräunlichem Endokarp und grünlichem Samen (Kaffeebohne) **7** Same mit häutiger, silbriger Testa **8–9** Kaffeebohne (getrocknete Samen ohne Testa) von der Rücken- und Bauchseite **10** Kaffeebohne im LS und QS **11** Frucht im LS **12** aufpräparierte Kaffeebohne **13** Embryo.

Quellen: Köhler (1883-1898ff); Kohl (1891-1895).

Die Kaffeebohne enthält neben Coffein (je nach *Coffea*-Art 1–2,5 %) zahlreiche Aromastoffe, Chlorogensäuren, Trigonellin, Proteine, Kohlenhydrate und fette Öle. Beim Rösten entstehen mehr als 900 verschiedene Aromakomponenten.
Coffein wirkt stimulierend auf das Zentralnervensystem, erhöht die Konzentrationsfähigkeit und kann die Stimmung heben.
Die Blätter enthalten als bioaktive Inhaltsstoffe v. a. Chlorogensäure und Mangiferin. Zusätzlich enthalten sie wie die Bohnen Coffein, Trigonelline und weitere phenolische Verbindungen.

Kaffee wird hauptsächlich als Heißgetränk konsumiert, wobei die Zubereitungsarten vielfältig sind: Filterkaffee, Espresso, Cappuccino, Latte Macchiato oder türkischer Kaffee. Darüber hinaus findet Kaffee Verwendung für Süßigkeiten, Desserts, Kuchen, aber auch als Bestandteil von Marinaden für Fleischgerichte.
Coffeinhaltiges Kaffeeextrakt wird auch für Energy-Drinks genutzt.

In der traditionellen Medizin Ostafrikas werden Kaffeeblätter als Heilmittel gegen Fieber, Kopfschmerzen, bei Verdauungsbeschwerden und Atemwegserkrankungen eingesetzt.

Zum Trocknen ausgelegte Kaffeekirschen

Laborstudien deuten auf starke antioxidative und entzündungshemmende Eigenschaften von Kaffeeblättern durch Chlorogensäure und Mangiferin hin, mit höherer antioxidativer Kapazität als bei Kaffeebohnen.

Aus dem bei der Kaffeeröstung entstehenden Öl werden Seifen und Kosmetika hergestellt. Kaffeesatz dient als traditionelles Peeling – aber auch als Düngemittel.

Der Kaffeeanbau steht, wie viele global bedeutende Kulturpflanzen, zunehmend im Fokus von Nachhaltigkeitsbemühungen. Umweltprobleme, Arbeitsbedingungen und soziale Gerechtigkeit im Kaffeehandel sind zentrale Themen in der Kaffeeproduktion. Zertifizierungen fördern einen nachhaltigeren Anbau, was sowohl ökologischen als auch sozialen Standards Rechnung trägt.

Kaffeekirschen mit hellem Samen und geröstete, dunkle Kaffeebohnen

Tabak

Nicotiana

Die Gattung *Nicotiana* umfasst 75–100 Arten 1- bis mehrjähriger Kräuter mit großen, oft klebrig-drüsigen Blättern. Die meist röhrenförmigen Blüten entwickeln sich zu Kapselfrüchten mit zahlreichen kleinen Samen.

Während der großblättrige Virginische Tabak (*N. tabacum*) mit seinen bis zu 50 cm langen, lanzettlichen Blättern die Grundlage der modernen Tabakindustrie bildet und rosa bis purpurfarbene Blüten ausbildet, ist Bauern-Tabak (*N. rustica*) eine kompaktere Pflanze mit kleineren, rundlicheren Blättern und gelblich-grünlichen bis blassgelben Blüten.
Ein entscheidender Unterschied liegt auch im Nicotingehalt: *N. rustica* enthält mit 2–9 % einen deutlich höheren Anteil dieses toxischen Alkaloids als *N. tabacum* mit 0,3–4 %.

Nicotiana-Arten kommen natürlicherweise in Amerika, Australien und dem südwestlichen Afrika vor. Heute wird Tabak in mehr als 100 Ländern weltweit angebaut, besonders in subtropischen und gemäßigten Klimazonen. Der Marktwert für Tabakprodukte wird weltweit auf 800 Mio. bis 1 Mrd. US-Dollar pro Jahr geschätzt.
Die beiden wirtschaftlich wichtigsten Arten, *N. tabacum* (Virginischer Tabak) und *N. rustica* (Bauerntabak), stammen aus Amerika.

Die Nutzung von Tabak hat ihren Ursprung bei den indigenen Völkern Amerikas, die die Pflanze vor mehr als 8.000 Jahren domestizierten. Tabak hatte in vielen indigenen Kulturen Süd- und Mittelamerikas eine große religiöse und zeremonielle Bedeutung.

Im 16. Jh. gelangte Tabak nach Europa, zunächst als Zierpflanze und Heilmittel. Der französische Diplomat Jean Nicot – nach dem später die Gattung benannt wurde – führte die Pflanze 1560 aus Lissabon am französischen Hof ein, was die frühe Ausbreitung des Tabakkonsums in Frankreich begünstigte.
Im 17. Jh. begann der kommerzielle Tabakanbau in der Karibik und Nordamerika, was letztendlich zur Entstehung der globalen Tabakindustrie führte.

Tabakblätter enthalten eine komplexe Mischung aus mehr als 1.000 chemischen Verbindungen, aus denen beim Verbrennen über 3.000 Substanzen entstehen.
Der bedeutsamste Inhaltsstoff ist das Nervengift Nicotin, das in den Blättern typischerweise in Konzentrationen von 0,3–4 % vorkommt. Weitere wichtige Inhaltsstoffgruppen sind Terpene, ätherische Öle, Harze und Polyphenole.

In Südamerika mischten einige indigene Völker früher getrocknete und pulverisierte Tabakblätter auch in kleinen Mengen in

Virginischer Tabak: A distaler Teil einer Pflanze mit Stängelblättern und Blüten **1** Blüte mit langer Kronröhre **2** Staubblatt **3** Fruchtknoten mit langem Griffel und kopfiger Narbe **4** Fruchtknoten mit zahlreichen Samen im QS **5** Kapsel **6** Same.

Quelle: von Schlechtendal (1840ff).

Bauern-Tabak

Nahrungsmittel und Getränke – meist in Zusammenhang mit rituellen Praktiken. Heute wird Tabak fast ausschließlich geraucht.

Die Hauptverwendung von Tabak liegt in der Herstellung von Zigaretten, Zigarren und Pfeifentabak sowie Kau- und Schnupftabak.
Aus Tabakblättern werden auch Pestizide hergestellt. Nicotinhaltige Pflanzenschutzmittel sind in der EU aber seit 2010 nicht mehr zugelassen, weil sie wenig spezifisch sind.

! Die in Tabak enthaltenen Stoffe, insbesondere Nicotin, können schwerwiegende gesundheitliche Schäden verursachen. Regelmäßiger Konsum führt zu einer starken physischen und psychischen Abhängigkeit.
Die Weltgesundheitsorganisation klassifiziert Tabakkonsum als führende vermeidbare Todesursache weltweit.

Matestrauch

Yerba-Mate
Ilex paraguariensis *(Ilex mate)*

Der Matestrauch ist ein 2-häusiger, immergrüner, kleiner Baum mit derben, dunkelgrünen Blättern. Diese sind 7–12 cm lang und haben eine länglich-ovale Form sowie einen gezähnten Rand.
Die kleinen, weißlichen Blüten entwickeln sich zu kleinen, roten Steinfrüchten, die wenige Samen enthalten.

I. paraguariensis ist in den subtropischen Regionen Südamerikas heimisch. Angebaut wird die Art hauptsächlich in Brasilien (in der Provinz Paraná), Argentinien (in Misiones) und Paraguay (in Itapúa).

Die Nutzung von Mate als Getränk hat eine jahrtausendealte Tradition bei den indigenen Völkern Südamerikas. Insbesondere die Guaraní verwendeten das stimulierende Getränk.
Die spanischen Kolonialherren übernahmen den Brauch und im 17. Jh. begannen die Jesuiten in den spanischen Kolonien mit dem systematischen Anbau. Heute gilt Mate als ein identitätsstiftendes Nationalgetränk in südamerikanischen Ländern wie Argentinien, Uruguay und Paraguay mit jeweils eigenen Rezepturen und Bräuchen.

Die Qualität von Mate wird maßgeblich durch Erntezeitpunkt, Trocknungsverfahren und Lagerung beeinflusst. Traditionelle Räucherung verleiht stärkere Aromen, während moderne Verarbeitungsmethoden standardisierte Qualität ermöglichen.

Mate-Blätter enthalten 1–2 % Coffein und etwas Theobromin. Sie liefern außerdem Vitamine (besonders B_1, B_2, C und E) sowie Mineralstoffe (v. a. Kalium, Magnesium und Mangan) und reichlich Polyphenole und Saponine.

Die wichtigste Verwendung von *I. paraguariensis* ist die Zubereitung des Mate-Getränks. Traditionell wird es in einer speziellen Kalebasse aufgebrüht und durch einen Metalltrinkhalm getrunken. Die Blätter werden mit heißem, aber nicht kochendem Wasser übergossen, was mehrfach wiederholt werden kann. Der Geschmack des Tees ist kräftig und leicht bitter.
Mate wird in Südamerika oft täglich und in sozialen Runden konsumiert. Es gibt zudem Mate-Teebeutel und Mate-Limonaden.

In der traditionellen Medizin wird Mate zur Steigerung der Leistungsfähigkeit, bei Verdauungsbeschwerden und als harntreibendes Mittel eingesetzt.
Mate-Extrakte finden sich auch in Nahrungsergänzungsmitteln. Wissenschaftliche Studien untersuchen potenzielle gesundheitsfördernde Eigenschaften wie antioxidative, entzündungshemmende und gewichtsregulierende Wirkungen.

In der Kosmetikindustrie finden sich Mate-Extrakte in Produkten gegen Hautalterung sowie in Haarpflegeprodukten.

Getrocknete Mateblätter

Matestrauch: **A** Zweig mit Laubblättern und ♂- Blüten **B** Zweig mit Laubblättern und ♀- Blüten **C** Zweig mit Früchten **1** ♂-Blüte mit rudimentärem Fruchtknoten **2** ♂-Blüte im LS **3** ♀-Blüte mit Staminodien **4** ♀-Blüte im LS **5** Steinfrucht **6** Frucht im LS **7** Frucht im QS.

Quelle: Köhler (1883-1898ff).

Algen

Die Nutzung von Algen als Nahrungsmittel reicht Jahrtausende zurück und ist besonders in den Küstenregionen Ostasiens fester Bestandteil der traditionellen Ernährungskultur. In Japan hat die kunstvolle Zubereitung von »Nori-Blättern« aus Rotalgen der Gattungen *Porphyra* und *Pyropia* für die »Sushi«-Herstellung eine jahrhundertealte Tradition.

Geröstete Nori-Rollen (»yaki-nori«) aus Rotalgen. Während des Trocknungsprozesses werden die hitzeempfindlichen Phycobiliproteine, die für die rote Farbe der lebenden Algen verantwortlich sind, abgebaut und das grüne Chlorophyll kommt zum Vorschein.

Auch an den Küsten Südamerikas nutzt die indigene Bevölkerung seit Jahrhunderten die reichen Algenvorkommen: Hier werden robuste Braunalgen wie *Durvillaea antarctica* oder zarte Rotalgen wie *Porphyra columbina* nicht nur für Gerichte wie »Charquicán de cochayuyo« oder »Luche con Papas« verwendet, sondern dienen traditionell auch als Heilmittel und waren früher wertvolles Tauschgut für den Handel mit den Bewohner:innen des Binnenlandes.

Die für die menschliche Ernährung relevanten Algen finden sich hauptsächlich in den Rotalgen (*Rhodophyta*), Braunalgen (*Ochrophyta*) und Grünalgen (*Chlorophyta*). Während die Grünalgen als nächste Verwandte der Landpflanzen gelten, haben sich die Entwicklungswege der Rot- und Braunalgen bereits vor über 1 Mrd. Jahren von den Grünalgen und Landpflanzen getrennt. Darüber hinaus werden auch Cyanobakterien (auch als »Blaualgen« bezeichnet) kommerziell genutzt.

Heute gewinnen Algen weit über den direkten Verzehr hinaus an Bedeutung. Algenextrakte sind begehrte funktionelle Lebensmittelzutaten – sie dienen als Farbstoffe, Antioxidantien oder zur Proteinanreicherung. Innovationen wie nährstoffreiches Algenmehl, hoch konzentrierte Algenproteine als nachhaltige Fleischalternativen oder fermentierte Algenprodukte mit verbesserter Verdaulichkeit erweitern das Anwendungsspektrum kontinuierlich. Besonders vielversprechend scheint auch die Entwicklung von Omega-3-reichen Algenölen aus Mikroalgen als nachhaltige Alternative zu Fischöl.

Insbesondere aus Mikroalgen wie *Chlorella* werden Nahrungsergänzungsmittel hergestellt. Dazu werden die einzelligen Algen in Photobioreaktoren oder offenen Beckenanlagen gehalten, wo Licht, Temperatur, pH-Wert und Nährstoffversorgung optimiert werden können. Diese Produktionsform ermöglicht hohe Erträge auf vergleichsweise kleiner Fläche.

Zum Trocknen aufgehängte *Durvillaea antarctica*

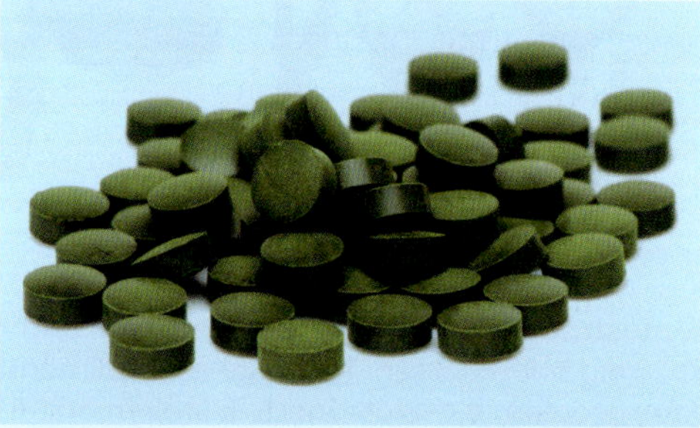

Chlorella-Tabletten.

Unter Nachhaltigkeitsgesichtspunkten bietet die Nutzung von Algen erhebliche Vorteile: Sie benötigen weder kostbare Süßwasserressourcen noch schädliche Düngemittel oder Pestizide und beanspruchen keine wertvollen landwirtschaftlichen Flächen. Besonders beeindruckend: Einzellige Algen weisen eine außergewöhnlich hohe Photosyntheserate auf – ihre Biomasseproduktion übertrifft die produktivsten Landpflanzen um das 5–15-Fache.

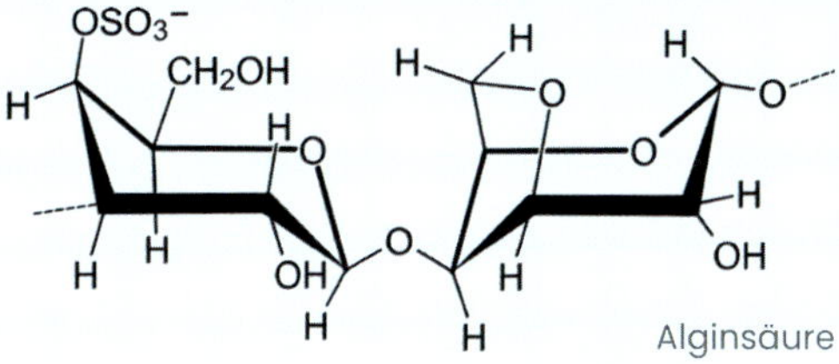

Alginsäure

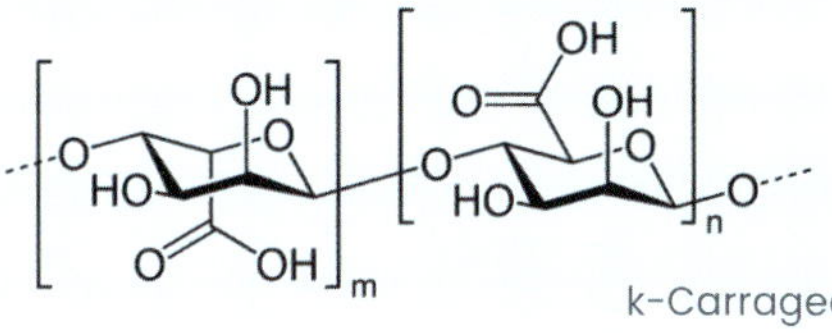

k-Carrageen

Inhaltsstoffe und gesundheitliche Aspekte

Viele Algen haben einen außergewöhnlich hohen Nährstoffgehalt. Dieser Reichtum hängt hauptsächlich mit dem mineralstoffreichen Meerwasser zusammen, in dem die meisten Arten leben und das als natürliche Düngung wirkt. Dies betrifft vor allem den Gehalt an essenziellen Mineralstoffen: Jod, Eisen, Calcium, Magnesium und Selen kommen oft in Konzentrationen vor, die die Werte von Landpflanzen um ein Vielfaches übertreffen.

Beim Proteingehalt zeigen sich deutliche Unterschiede zwischen den Algengruppen: Während viele Rotalgen bis zu 35 % Proteine in der Trockenmasse aufweisen können, liegt der Wert bei vielen Braunalgen deutlich niedriger. Besonders hervorzuheben ist dabei das ausgewogene Aminosäureprofil vieler Algenproteine, das dem von Soja bzw. tierischem Eiweiß nahekommt.

Die Kohlenhydrate in Algen unterscheiden sich grundlegend von denen in Landpflanzen. Es handelt sich überwiegend um komplexe, für den Menschen unverdauliche Polysaccharide wie Alginate (Salze der Alginsäure) in Braunalgen, Agar und Carrageen in Rotalgen oder Ulvan in Grünalgen. Diese gelartigen Substanzen fungieren als Ballaststoffe mit präbiotischer Wirkung und sind heute Bestandteil vieler Nahrungsmittelzusatzstoffe.

Der Fettgehalt ist bei den meisten Makroalgen zwar mit meist 1–5 % eher gering, die vorhandenen Fette enthalten jedoch oft einen beachtlichen Anteil an gesunden mehrfach ungesättigten Omega-3-Fettsäuren.

Besonders hervorzuheben sind auch die zahlreichen bioaktiven Sekundärstoffe, darunter Polyphenole mit antioxidativer Wirkung, sowie ein breites Spektrum an Vitaminen, insbesondere der B-Gruppe. Das in bestimmten Rotalgen vorkommende Vitamin B_{12} ist dabei eine der wenigen pflanzlichen Quellen dieses für Veganer:innen kritischen Nährstoffs. Allerdings ist die Frage der Bioverfügbarkeit dieses Vitamins aus den Algen nicht abschließend geklärt, und es ist auch umstritten, ob es sich wirklich um Vitamin B_{12} oder um eine ähnliche Verbindung handelt.

Die Nutzung wild geernteter Algen sollte – wie bei allen aquatischen Nahrungspflanzen – allerdings mit Vorsicht erfolgen, da einige Arten Schwermetalle oder Toxine anreichern können. Daher sind bei der kommerziellen Produktion von Algen strenge Qualitätskontrollen unerlässlich.

Nutzung und Handel

Die weltwirtschaftliche Bedeutung der Algenproduktion hat in den letzten Jahrzehnten stark zugenommen. Die globale Produktion

Nori-Herstellung, nach einem japanischen Druck um 1905.

von Algen erreichte zuletzt ein Volumen von 30–40 Mio. t (Frischgewicht) mit einem Marktwert von 15 Mrd. US-Dollar. Mehr als 95 % der Ernte stammen dabei aus kontrollierten Aquakulturen, nur wenige Prozent werden wild geerntet. Geografisch dominiert der asiatisch-pazifische Raum mit über 95 % der Weltproduktion, wobei China mit 19 Mio. t der mit Abstand größte Produzent ist, gefolgt von Indonesien (9 Mio. t) und den Philippinen (1,5 Mio. t).

Obwohl Japan mengenmäßig heute nur noch der sechstgrößte Produzent ist und erhebliche Mengen an Algen importiert, bleibt der kulturelle Einfluss des Landes unvergleichlich. Das Land hat die Nutzung von Meeresalgen als Nahrungsmittel über Jahrhunderte perfektioniert und global populär gemacht. Viele der heute weltweit bekannten Zubereitungsarten haben ihren Ursprung in Japan.

Die wirtschaftlich bedeutendsten Algenarten sind die tropischen Rotalgen der Gattungen *Eucheuma* und *Kappaphycus alvarezii*, die vor allem für die Extraktion von Carrageen (einem Geliermittel) kultiviert werden. Dieses wird vor allem in der Lebensmittelindustrie als vielseitig einsetzbarer Zusatzstoff genutzt. Verschiedene *Gelidium*- und *Gracilaria*-Arten spielen ebenfalls eine wichtige Rolle, da aus ihnen Agar-Agar gewonnen wird, welches ebenfalls ein beliebtes Geliermittel ist.

Darüber hinaus spielen die Braunalge *Saccharina japonica* und Rotalgen der Gattung *Porphyra* eine größere Rolle. *Saccharina japonica* wird dabei sowohl als direktes Nahrungsmittel als auch für die Alginatgewinnung genutzt.

Blaualgen

Cyanobakterien

Cyanophyceae *(Cyanobacteria)*

Cyanobakterien, früher auch als »Blaualgen« bezeichnet, sind prokaryotische Mikroorganismen (»Bakterien«), die Photosynthese betreiben. Sie gehören zu den ältesten Lebewesen der Erde und haben maßgeblich zur Anreicherung von Sauerstoff in der Erdatmosphäre beigetragen.
Cyanobakterien besitzen neben Chlorophyll a auch spezielle Photosynthese-Pigmente wie Phycocyanin und Phycoerythrin, die ihnen eine charakteristische blaugrüne, zuweilen auch rötliche Färbung verleihen.
Zu den wichtigsten als Nahrungsmittel genutzten Cyanobakterien zählen: *Arthrospira platensis* und *Arthrospira maxima* (beide unter dem Namen SPIRULINA vermarktet, weil sie früher zu dieser Gattung gezählt wurden), *Aphanizomenon flos-aquae*, *Nostoc commune*, *Nostoc flagelliforme* und *Nostoc sphaericum*. Während SPIRULINA bereits weltweit als Nahrungsergänzungsmittel etabliert ist, werden die anderen Cyanobakterien erst allmählich entdeckt.

Cyanobakterien sind in nahezu allen Klimazonen der Erde zu finden – von tropischen Gewässern bis hin zu polaren Regionen. Sie besiedeln eine Vielzahl von Lebensräumen: von Süßgewässern, salzigen Seen und Meeren bis hin zu trockenen Felsen. Zudem spielen sie als Symbiosepartner in Flechten eine wichtige Rolle.

Die Nutzung von Cyanobakterien als Nahrungsmittel hat auf vielen Kontinenten eine jahrhundertealte Tradition.
Die Azteken sammelten im 16. Jh. *Arthrospira*-Arten als »Tecuitlatl« aus dem Texcoco-See und verarbeiteten sie zu nahrhaften Fladen. Unabhängig dazu entwickelten sich ähnliche Traditionen in anderen Weltregionen: Auch in der Tschad-Region Afrikas werden die lokal als »Dihe« bezeichneten *Arthrospira*-Arten seit Generationen geerntet und zu Soßen und Brotaufstrichen verarbeitet. In China sind *Nostoc*-Arten als »fà cài« seit der Ming-Dynastie (1368–1644) eine beliebte Delikatesse und werden bei festlichen Anlässen serviert. Auch indigene Völker der Hochanden nutzen *Nostoc*-Arten als »Cushuro« oder »Llullucha« seit Langem für Suppen, Eintöpfe und Salate.

»Cushuro« (*Nostoc*) auf einem Markt in Huaraz, Peru

Die kommerzielle Kultivierung von Cyanobakterien erfolgt in offenen Beckenanlagen oder geschlossenen Photobioreaktoren. SPIRULINA wird auch häufig in seichten, kreisförmigen oder mäandrierenden Becken mit kontinuierlicher Durchmischung gezüchtet. Die Ernte erfolgt durch Filtration oder Zentrifugation. Unter optimalen Bedingungen können bis zu 30 t Trockenmasse pro ha und Jahr erzielt werden, was die Cyanobakterien zu äußerst effizienten Proteinproduzentinnen macht.
Weltweit haben sich verschiedene Anbauregionen etabliert – die führenden Produzent:innen sind China, Indien, die USA und mehrere afrikanische Länder.

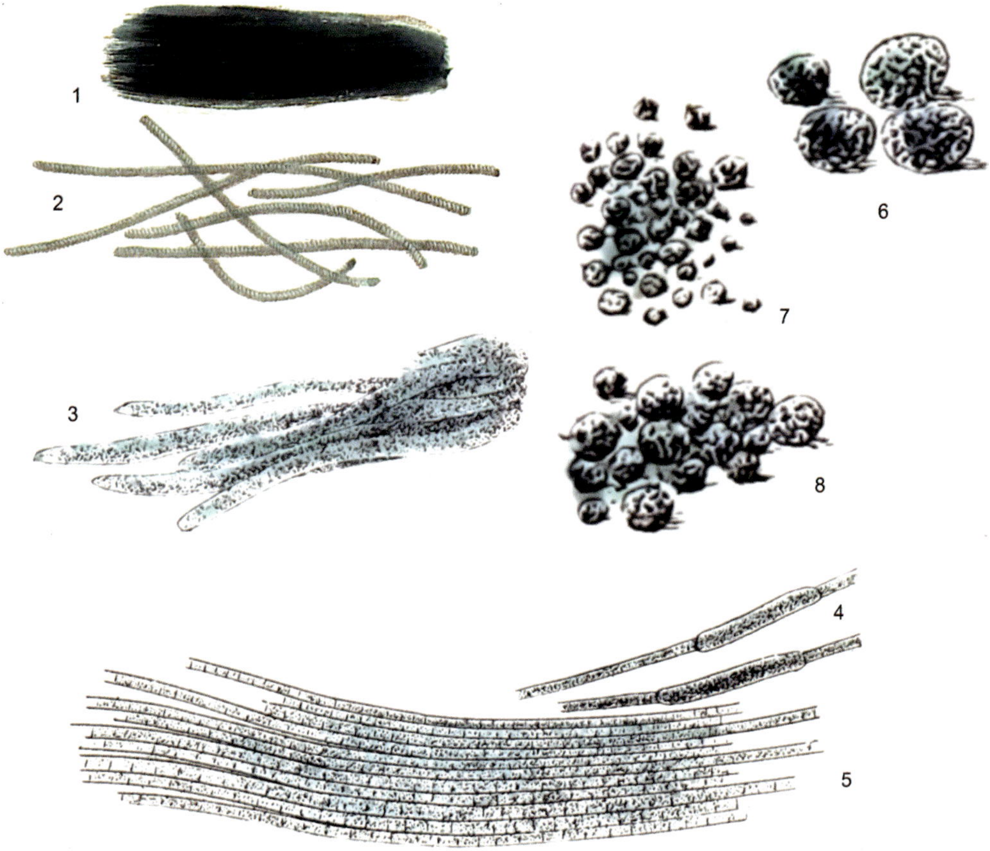

Blaualgen: 1–2 *Spirulina subsalsa* **3** *Nostoc flagelliforme* **4–5** *Aphanizomenon flos-aquae* **6–8** *Nostoc sphaericum.*

Quellen: Wolle (1887); Harvey (1846-1851).

Photobioreaktor zur Kultivierung von 1-zelligen Mikroalgen

Cyanobakterien, insbesondere SPIRULINA (*Arthrospira*), zeichnen sich durch ihren außergewöhnlich hohen Proteingehalt von 50–70 % der Trockenmasse aus. Diese Proteine enthalten alle essenziellen Aminosäuren in einem sehr guten Aminosäureprofil. Die Algen enthalten auch reichlich B-Vitamine (besonders B_{12}) und die Mineralstoffe Eisen, Calcium, Magnesium und Kalium.
Charakteristisch sind zudem Pigmente wie Phycocyanin und Carotinoide. SPIRULINA enthält zudem die mehrfach ungesättigte γ-Linolensäure sowie Polysaccharide mit immunmodulierenden Eigenschaften.

SPIRULINA wird heute hauptsächlich als Nahrungsergänzungsmittel in Form von Pulver, Tabletten oder Kapseln konsumiert.
Das Pulver wird Smoothies, Säften oder Müslis beigemischt und findet auch Verwendung in Energieriegeln, Pasta und sogar Schokolade. Auch *Aphanizomenon flos-aquae* wird als proteinreiches Nahrungsergänzungsmittel genutzt und das blaue Pigment Phycocyanin findet als Lebensmittelfarbstoff Verwendung. Darüber hinaus wurden die seit Jahrhunderten traditionell genutzten *Nostoc*-Arten in den letzten Jahren von innovativen Köchen in Lima als »Kaviar der Anden« wiederentdeckt und in die gehobene Gastronomie integriert.

In der pharmazeutischen Forschung werden Inhaltsstoffe von Cyanobakterien auf antivirale, antibakterielle und antitumorale Wirkungen hin untersucht. Besonders vielversprechend scheinen auch immunmodulierende Eigenschaften zu sein.

Extrakte aus Cyanobakterien werden in der Kosmetikindustrie häufig für Anti-Aging-Produkte eingesetzt.
In der Landwirtschaft werden Cyanobakterien wie *Nostoc* und *Anabaena* als Biodünger eingesetzt, da sie Luftstickstoff fixieren können. In der Biotechnologie werden sie zunehmend zur Produktion von Biokraftstoffen und anderen Biochemikalien eingesetzt.

Bei der Wildsammlung von Cyanobakterien ist Vorsicht geboten, da manche Arten gefährliche Giftstoffe produzieren können.

Spirulina als Nahrungsergänzungsmittel

Braunalgen

Ochrophyta *(Phaeophyceae)*

Braunalgen sind mehrzellige, überwiegend marine Makroalgen, die ihre charakteristische oliv- bis dunkelbraune Färbung dem Pigment Fucoxanthin verdanken. Sie gehören zu den größten und komplexesten Algen mit einer deutlichen Differenzierung in spezialisierte Gewebe. Besonders beeindruckend sind die Riesentange (*Macrocystis*), die über 45 m lang werden können.
Die essbaren Arten zeichnen sich durch einen fleischigen, bisweilen knorpeligen Thallus aus. Zu den wichtigsten als Nahrungsmittel genutzten Braunalgen zählen: *Laminaria japonica* (Japanischer Blatttang, »Kombu«), *Laminaria saccharina* (Zuckertang), *Undaria pinnatifida* (»Wakame«), *Sargassum fusiforme* (Beerentang, »Hijiki«), *Eisenia bicyclis* (»Arame«), *Macrocystis pyrifera* (Riesentang, Kelp), *Alaria esculenta* (Flügeltang) und *Fucus vesiculosus* (Blasentang).

Braunalgen sind fast ausschließlich in marinen Lebensräumen zu finden und bevorzugen gemäßigte bis kalte Küstengewässer. Sie bilden in vielen Regionen ausgedehnte Unterwasserwälder, die wichtige marine Ökosysteme darstellen.

Die Nutzung von Braunalgen als Nahrungsmittel hat besonders in Ostasien eine jahrtausendealte Tradition. In Japan werden Arten wie Kombu und Wakame mindestens seit dem 8. Jh. systematisch gesammelt und kultiviert.
An den Pazifik-Küsten Südamerikas nutzt die indigene Bevölkerung seit Jahrhunderten robuste Braunalgen, insbesondere *Durvillaea antarctica* als Nahrungs- und Heilmittel. Die Alge diente zudem als Tauschgut für den Handel mit den Bewohner:innen des Binnenlandes.
Auch in europäischen Küstenregionen wie Irland, Schottland und der Bretagne wurden Braunalgen traditionell als Nahrungsquelle in Notzeiten genutzt. Darüber hinaus entwickelte sich im frühen 18. Jh. entlang der Atlantikküsten Frankreichs und Englands die systematische Verbrennung von Seetang (Kelp) zu einem bedeutenden Wirtschaftszweig. Aus der dabei entstehenden Asche wurden zunächst calcium- und alkalihaltige Grundstoffe für die aufkommende Glas- und Seifenindustrie gewonnen. Die schon im Niedergang begriffene Industrie blühte mit der steigenden Nachfrage nach Jod für medizinische Zwecke in den 1840er-Jahren noch einmal kurz auf.

Japan und China sind führend in der kommerziellen Kultivierung von Braunalgen mit hochentwickelten Anbaumethoden, die hohe Erträge ermöglichen.
Die kommerzielle Kultivierung erfolgt hauptsächlich in kontrollierten Meeresfarmen. Bei Kombu und Wakame werden die Sporen zunächst in Tanks zur Keimung gebracht. Die jungen Sporophyten werden dann auf Seile aufgebracht, die an schwimmenden Langleinen oder stabilen Gerüsten in Küstengewässern befestigt werden. Nach mehreren Monaten Wachstum erfolgt die Ernte.

»Cochayuyo« (*Durvillaea antarctica*) auf einem Markt in Ancud, Chile

Braunalgen: **A** *Alaria esculenta* **B** *Sargassum natans* **C** *Fucus vesiculosus* **D** *Laminaria digitata*.

Quellen: Harvey (1846-1851); Johnstone & Croall (1859-1860).

Braunalgen zeichnen sich durch einen hohen Gehalt an Ballaststoffen aus, insbesondere enthalten sie lösliche Polysaccharide wie Alginat, Fucoidan und Laminarin. Darüber hinaus sind sie reich an Mineralstoffen wie Jod, Kalium, Calcium, Magnesium und Eisen und enthalten auch Vitamin A, C, E und verschiedene B-Vitamine. Charakteristisch sind schließlich bioaktive Substanzen wie Fucoxanthin, Phlorotannine und mehrfach ungesättigte Fettsäuren. Proteine kommen typischerweise mit 8–15 % der Trockenmasse vor.

Kombu ist eine wichtige Zutat in der japanischen Küche und bildet die Grundlage für den Fischsud »Dashi«. Die Alge wird auch in getrockneter Form als Würzmittel oder gekocht als Gemüsebeilage verwendet. Wakame ist ein wesentlicher Bestandteil von Misosuppe und Algensalaten. Hijiki wird gerne gedünstet oder eingelegt verzehrt.

In der westlichen Küche finden Braunalgen zunehmend Verwendung in innovativen Gerichten oder als funktionelle Lebensmittelzutat.

Braunalgen-Extrakte finden sich zunehmend auch in Nahrungsergänzungsmitteln. Die medizinische Forschung untersucht bioaktive Substanzen aus Braunalgen auf ihre antioxidativen, entzündungshemmenden und antitumoralen Eigenschaften.

Aus Braunalgen wird Alginat gewonnen, ein vielseitiges Hydrokolloid, das in der Lebensmittel-, Textil- und Papierindustrie als Verdickungsmittel und Stabilisator eingesetzt wird.
In der Kosmetikindustrie dienen Extrakte aus Braunalgen als Ausgangstoff für Anti-Aging-Produkte und Feuchtigkeitscremes. In der Landwirtschaft werden Braunalgen-Extrakte als Bodenverbesserer und Pflanzenstärkungsmittel eingesetzt.

Gerollte Kombu-Platten

Frisches Wakame

»Ensalada de Cochayuyo« mit *Durvillaea antarctica*

Rotalgen

Rhodophyta

Rotalgen sind überwiegend mehrzellige Organismen mit meist roter bis violetter Färbung. Diese entsteht durch das Photosynthesepigment Phycoerythrin, das neben Chlorophyll vorkommt. Die Färbung kann je nach Art von hellrosa über tiefrot bis hin zu fast schwarz variieren. Rotalgen wachsen meist als verzweigte oder blattartige Thalli und besitzen einen komplexen Aufbau mit differenzierten Gewebestrukturen.
Zu den wichtigsten als Nahrungsmittel genutzten Rotalgen zählen: *Pyropia yezoensis* (»Nori«), *Pyropia tenera* (»Nori«), *Palmaria palmata* (Lappentang), *Chondrus crispus* (Knorpeltang), *Gracilaria*-Arten, *Gelidium*-Arten, *Eucheuma*-Arten und *Meristotheca papulosa*.

Rotalgen sind vorwiegend in marinen Ökosystemen zu finden – nur 3–5 % der Arten kommen im Süßwasser vor. Besonders artenreich sind sie in gemäßigten bis subtropischen Küstengewässern. Die für die Ernährung bedeutsamen Arten wachsen in der Gezeitenzone. Durch ihre speziellen Pigmente können sie auch in größeren Wassertiefen gedeihen als Grünalgen, wo wenig Licht vorhanden ist.

Die Nutzung von Rotalgen als Nahrungsmittel hat in ostasiatischen Kulturen eine jahrtausendealte Tradition. Insbesondere in Japan, Korea und China werden verschiedene Arten seit mindestens dem 8. Jh. systematisch gesammelt und kultiviert. Nori ist spätestens seit dieser Zeit ein wichtiger Bestandteil der japanischen Küche.
In Europa wurden Rotalgen wie Lappentang traditionell in Küstenregionen Irlands, Schottlands und Islands verzehrt, besonders in Zeiten von Nahrungsknappheit.

Die Kultivierung von Rotalgen erfolgt hauptsächlich in kontrollierten Meeresfarmen.
Die Sporen von Nori werden zunächst in Tanks zum Keimen gebracht und später auf horizontale Netze übertragen, die in der Gezeitenzone oder flachen Küstengewässern installiert werden. Der Lebenszyklus der Algen wird dabei genau kontrolliert.
Im Unterschied dazu werden Lappentang, *Gelidium* und *Gracilaria*-Arten an vertikalen Seilen oder auf künstlichen Riffen kultiviert.

Kultivierung von Nori in der Bucht von Gokasho, Japan

Rotalgen enthalten beachtliche Mengen an Proteinen (oft bis 19 % der Trockenmasse), Ballaststoffen und Mineralstoffen, insbesondere Jod, Eisen, Calcium und Magnesium. Sie sind reich an Vitamin A, C und verschiedenen B-Vitaminen. Besonders charakteristisch sind die komplexen Kohlenhydrate wie Agar und Carrageen, die als Ballaststoffe wirken. Zudem enthalten Rotalgen mehrfach ungesättigte Fettsäuren und Antioxidantien wie Carotinoide und Polyphenole.

Viele Rotalgengerichte sind grün, denn beim Trocknungsprozess werden die hitzeempfindlichen Phycobiliproteine, die für die rote Farbe der lebenden Algen verantwortlich sind, meist abgebaut und das grüne Chlorophyll kommt zum Vorschein.

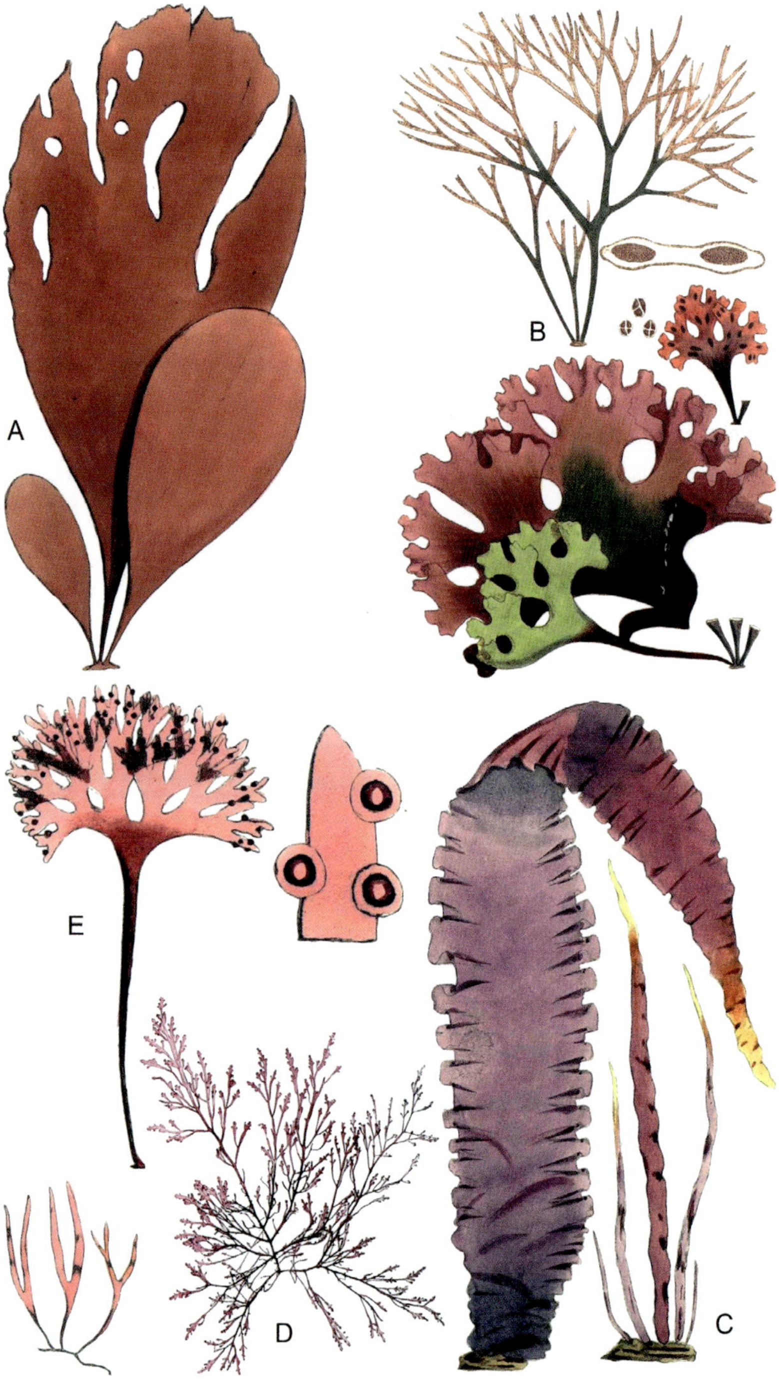

Rotalgen: A *Dilsea carnosa* **B** *Chondrus crispus* **C** *Porphyra purpurea* **D** *Laurencia obtusa* **E** *Palmaria palmata*.

Quellen: Harvey (1846-1851); Johnstone & Croall (1859-1860).

Getrocknete Nori

In Nori-Blätter eingelegte Wakame

Nori ist die bekannteste essbare Rotalge und wird für Sushi-Rollen und knusprige Snacks verwendet. Sie ist auch Bestandteil von traditionellen Gewürzmischungen wie dem japanischen »Shichimi tōgarashi«.

»Agar-Agar« (auch »Agar«) wird hauptsächlich aus *Gelidium*- und *Gracilaria*-Arten (und weiteren nahe verwandten Arten) gewonnen und dient als Geliermittel. Als Lebensmittelzusatzstoff E406 beträgt das jährliche Handelsvolumen ± 1 Mrd. US-Dollar.

Carrageen, überwiegend gewonnen aus *Chondrus crispus*, wird ebenfalls als Geliermittel und Verdickungsmittel verwendet. Der jährliche Handelswert als Lebensmittelzusatzstoff E407 beläuft sich ebenfalls auf etwa 1 Mrd. US-Dollar.

In der pharmazeutischen Forschung werden bioaktive Substanzen aus Rotalgen bezüglich ihrer entzündungshemmenden, antiviralen und antioxidativen Eigenschaften untersucht.

In der Biotechnologie dient Agar aus Rotalgen als Standard-Nährmedium für Mikroorganismen. Die Kosmetikindustrie nutzt Extrakte aus Rotalgen für Hautpflegeprodukte.

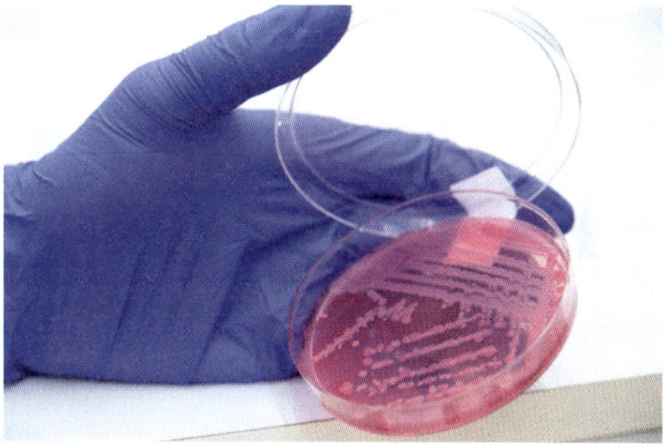

Agar ist ein wichtiges Nährmedium in der mikrobiologischen Forschung

Grünalgen

Chlorophyta

Grünalgen sind eine vielfältige Gruppe photosynthetischer Organismen, die im Wasser oder an feuchten Standorten leben. Sie besitzen die für höhere Pflanzen typischen Chlorophylle a und b, wodurch sie ihre charakteristische grüne Färbung erhalten. Grünalgen sind die nächsten lebenden Verwandten der Landpflanzen und Wissenschaftler:innen gehen davon aus, dass alle höheren Pflanzen vor ± 500 Mio. Jahren aus einer Gruppe von Grünalgen entstanden sind, die erfolgreich das Land besiedelte.
Die als Nahrungsmittel genutzten Grünalgen variieren in ihrer Wuchsform stark – von einzelligen Mikroalgen bis hin zu mehrzelligen Arten mit vielschichtigen und differenzierten Geweben.
Zu den wichtigsten als Nahrungsmittel genutzten Grünalgen zählen: *Ulva lactuca* (Meersalat), *Ulva intestinalis* (Darmtang), *Caulerpa lentillifera* (Meerestraube, Grüner Kaviar), *Caulerpa racemosa* (Kriechsprossalge) und *Codium fragile* (Grüner Leuchter, Grüne Feltalge) sowie die Mikroalgen *Chlorella vulgaris* und *Chlorella pyrenoidosa*.

Grünalgen sind weltweit in Süß- und Salzwasserökosystemen verbreitet.

Die Nutzung von Grünalgen als Nahrungsmittel hat besonders in ostasiatischen Ländern wie Japan, China und Korea eine lange Tradition. Hier werden sie seit Jahrhunderten gesammelt und verzehrt.
In Europa und Nordamerika wurden essbare Grünalgen erst in jüngerer Zeit als Nahrungsergänzungsmittel oder Delikatesse entdeckt.

Die Kultivierung von Grünalgen erfolgt sowohl im Meer als auch in kontrollierten Systemen an Land. *Ulva*-Arten werden häufig an Seilen oder Netzen in Küstengewässern gezüchtet.
Mikroalgen wie *Chlorella* werden in Photobioreaktoren oder in offenen Beckenanlagen produziert, wo Licht, Temperatur, pH-Wert und Nährstoffversorgung optimiert werden können. Diese Produktionsform ermöglicht hohe Erträge auf vergleichsweise kleiner Fläche.

Grünalgen sind reich an Proteinen, Ballaststoffen, Mineralstoffen (besonders Eisen, Magnesium und Calcium) sowie Vitaminen (A, B-Komplex, C und E). Viele Grünalgen enthalten zudem bioaktive Substanzen mit antioxidativer Wirkung.
Chlorella enthält bis zu 50 % Proteine mit einem sehr guten Aminosäureprofil und wird auch für den hohen Gehalt an Chlorophyll und ungesättigten Fettsäuren geschätzt.

Ulva-Arten wie Meersalat werden frisch in Salaten verwendet oder getrocknet und gemahlen als Würzmittel eingesetzt. In Japan sind sie als »Aonori« eines der 7 Gewürze der traditionellen japanischen »Shichimi tōgarashi«-Gewürzmischung. Die Meerestraube ist eine beliebte Salatkomponente in Japan und den Philippinen, wo sie auch als »Grüner Kaviar« bekannt ist.

Meerestraube, Grüner Kaviar

Grünalgen: A *Ulva lactuca* **B** *Chlorella* **C** *Monostroma* **D** *Scenedesmus*.

Quellen: Harvey (1846-1851); von Wettstein (1895); Wolle (1887); Kny (1874-1912).

Koreanischer Algensalat aus *Monostroma*-Algen

Algenzucht in der Biskaya, Île de Ré, Frankreich

Mikroalgen wie *Chlorella* werden meist als Nahrungsergänzungsmittel in Pulver-, Tabletten- oder Kapselform konsumiert und werden Smoothies, Säften und anderen Speisen beigemischt. *Chlorella* ist eine hochproduktive einzellige Mikroalge und gilt als potenziell wichtige Proteinquelle für eine wachsende Weltbevölkerung.

In der Medizin werden bioaktive Substanzen aus Grünalgen bezüglich ihrer gesundheitsfördernden Eigenschaften untersucht.

Grünalgen werden in der Kosmetikindustrie für Hautpflegeprodukte genutzt. In der Landwirtschaft dienen sie als Bodenverbesserer und biologische Düngemittel. Darüber hinaus gewinnen sie als Ausgangsmaterial für Biokraftstoffe zunehmend an Bedeutung.

Der Anbau von Grünalgen gilt als besonders nachhaltig, da keine landwirtschaftlichen Flächen benötigt werden. Gleichzeitig können sie zur Wasserreinigung beitragen, indem sie überschüssige Nährstoffe entfernen. Diese Eigenschaften machen sie zu wertvollen Partnern in der integrierten Aquakultur.
Allerdings können Grünalgen – wie viele aquatische Organismen – auch Schwermetalle und andere Schadstoffe aus ihrer Umgebung akkumulieren. Beim Sammeln wilder Grünalgen sollten deshalb nur saubere Gewässer gewählt werden.

Meersalat

Bildquellenverzeichnis

Das Bildquellenverzeichnis ist in zwei Abschnitte gegliedert: Zunächst werden die Quellen der großen, ausführlich beschrifteten Hauptabbildungen zitiert, anschließend werden die Bildautoren – und wenn relevant die Lizenzbedingungen – der übrigen Fotos und Illustrationen aufgelistet.

Hauptabbildungen

Abhandlungen der Mathematisch-Physikalischen Classe der Königlich Bayerischen Akademie der Wissenschaften (1832–1916).
- *Oxalis tuberosa*

Allgemeines teutsches Garten-Magazin (1804–1824).
- *Citrus medica, Eriobotrya japonica, Lablab purpureus, Passiflora edulis*

Alozade, Hasnaa (Fotos): – Lizenz: CC BY SA 4.0.
- *Argania spinosa*

Alphand, A. (1867–1873): Flore ornementale des Promenades de Paris. Planches. Paris: Rothschild.
- *Colocasia esculenta*

Annales de flore et de pomone (1832–1847).
- *Citrus hystrix*

Annales de la Société royale d'Agriculture et de Botanique de Gand (1845–1849).
- *Vanilla*

Annales du Muséum National d'Histoire Naturelle (1802–1827). Paris.
- *Averrhoa carambola*

Annals of Botany (1887ff).
- *Blighia sapida*

Anonymus (1816): Gnetum gnemon.
- *Gnetum gnemon*

Anonymus (o. J.).
- *Glycine max*

Antoine, F. (1840): Die Coniferen. 11 Bände. Wien: Beck'sche Universitätsbuchhandlung.
- *Araucaria araucana, Pinus pinea*

Baillon, H. E. (1866–1895): Histoire des plantes. 13 Bände. Paris: Librairie Hachette.
- *Amaranthus, Annona, Coriandrum sativum, Cynara scolymus, Dahlia, Euryale ferox, Helianthus annuus, Helianthus tuberosus, Oxalis tuberosa, Schinus, Tropaeolum majus*

Baillon, H. E. (1876–1892): Dictionnaire de botanique.
- *Garcinia mangostana, Parkia biglobosa*

Balugani, L. (1765–1771): Drawings of African plants.
- *Catha edulis*

Banks, J., D. Solander & J. Britten (1900–1905): Illustrations of Australian plants. 3 Bände: (auch folgende Auflagen).
- *Vigna*

Beddome, R. H. (1869–1874): The flora sylvatica of southern India.
- *Moringa oleifera*

Berg, O. C. & C. F. Schmidt (1891–1902): Atlas der officinellen Pflanzen. 2. Auflage. 3 Bände. Leipzig: Felix.
- *Beta vulgaris, Glycyrrhiza glabra*

Blackwell, E. (1750–1773): Herbarium Blackwellianum. 6 Bände. Norimbergae: Fleischmanni.
- *Cucumis sativus, Gossypium, Phoenix dactylifera*

Blanco, M. (1875): Flora de Filipinas. 3. Auflage. Manila: Sto. Tomás por D. Candido Lope.
- *Allium tuberosum, Arenga pinnata, Artocarpus altilis, Pachyrhizus, Psophocarpus tetragonolobus*

Blume, C. L. (1835–1848): Rumphia. 4 Bände. Amstelodami: Lugduni Batavorum.
- *Arenga pinnata, Metroxylon sagu*

Bonelli, G. (1771–1793): Hortus Romanus. 8 Bände. Roma: Junchi.
- *Cicer arietinum*

Botanical Register (1815–1828).
- *Hibiscus sabdariffa, Ipomoea aquatica, Salvia hispanica*

Botanische Wandplaten (1870ff): Botanische Wandplaten.
- *Piper cubeba*

Brandes, J. (1779–1786): Sketchbook.
- *Durio zibethinus*

Bruce, J. (1790–1792): Cartes et figures du Voyage en Nubie et en Abyssinie. Edinburgh: Ruthven.
- *Eragrostis tef*

Bulletin of Miscellaneous Information (1901–1923). Kew: Royal Botanic Gardens.
- *Cymbopogon citratus*

Carson, J., J. H. Colen & R. P. Smith (1847): Illustrations of medical botany. 2 Bände. Philadelphia: Smith.
- *Metroxylon sagu*

Cavanilles, A. J. (1785–1790): Monadelphiae classicae dissertationes decem. Matriti: Baylo.
- *Abelmoschus esculentus, Adansonia digitata*

Cavanilles, A. J. (1791–1801): Icones et descriptiones plantarum. Matriti: Gayguer.
- *Solanum betaceum*

Chaumeton, F. P. (1814ff): Flore médicale. 6 Bände. Paris: Panckoucke (auch folgende Auflagen).
- *Canna indica, Lactuca sativa, Moringa oleifera, Musa × paradisiaca, Phoenix dactylifera, Piper cubeba, Rheum × hybridum*

Contributions du Jardin Botanique de Rio de Janeiro (1901–1907).
- *Passiflora edulis*

Curtis, W. (1777–1798): Flora Londinensis. 6 Bände. London: Curtis.
- *Alliaria petiolata*

Curtis Botanical Magazine (1801–1920).
- *Actinidia chinensis, Aframomum melegueta, Annona, Arracacia xanthorrhiza, Artocarpus altilis, Cajanus cajan, Canavalia ensiformis, Canna indica, Chenopodium quinoa, Citrus aurantiifolia, Colocasia esculenta, Corchorus olitorius, Cucumis metuliferus, Cynara scolymus, Helianthus tuberosus, Lathyrus sativus, Manilkara zapota, Persea americana, Physalis peruviana, Piper betle, Piper nigrum, Rubus fruticosus, Schinus, Spondias, Tacca leontopetaloides, Telfairia pedata, Treculia africana, Tropaeolum tuberosum, Ullucus tuberosus, Vaccinium corymbosum*

d'Orbigny, A. D. (1841–1849): Dictionnaire universel d'histoire naturelle. 13 Bände. Paris: Renard, Martinet.
- *Attalea speciosa, Basella alba, Canna indica*

de Candolle et al., A. P., P. J. Redouté & G. D. Gordon (1799–1837): Plantarum historia succulentarum. 3 Bände. Paris: Dugour et Durand.
- *Tetragonia tetragonoides*

de Monet de Lamarck, J. B. P. A. & J. L. M. Poiret (1791): Tableau encyclopédique et méthodique des trois règnes de la nature. Botanique. Paris: Panckoucke.
- *Perilla frutescens, Rheum × hybridum, Spondias*

de Saint-Hilaire, A. F. C. P. (1825–1832): Flora Brasiliae meridionalis. Paris: Belin.
- *Tropaeolum majus*

de Tournefort, J. P. (1700–1703): Institutiones rei herbariæ. 3 Bände. Paris: Typographia Regia.
- *Prunus armeniaca, Solanum lycopersicum*

de Tussac, F. R. (1808–1827): Flore des Antilles. 4 Bände. Paris.
- *Blighia sapida*

Delessert, B. & A. P. de Candolle (1820–1846): Icones selectae plantarum. Parisiis: Fortin Masson et Sociorum.
- *Cochlearia officinalis*

Denisse, E. (1843–1846): Flore d'Amérique. Paris: Gihaut.
- *Abelmoschus esculentus, Ananas comosus, Annona, Artocarpus altilis, Curcuma longa, Ipomoea batatas, Mammea americana, Manihot esculenta, Mucuna, Passiflora edulis, Persea americana, Psidium guajava, Saccharum officinarum, Syzygium jambos*

Descourtilz, M. E. (1821–1829): Flore médicale des Antilles. 9 Bände. Paris: Pichard.
- *Abelmoschus esculentus, Bambusoideae, Brosimum alicastrum, Citrullus lanatus, Citrus maxima, Lagenaria siceraria, Litchi chinensis, Sicyos edulis, Xanthosoma sagittifolium*

Descourtilz, J. T. (1834): Oiseaux brillants du Brésil. Paris.
- *Adansonia digitata*

Dietrich, A. G. (1833–1844): Flora regni borussici. 12 Bände. Berlin: Oehmigke.
- *Ribes nigrum*

Duhamel du Monceau, H. L. (1755–1768ff): Traité des arbres et arbustes. 2 Bände. Paris: Michel & Bertrand (auch folgende Auflagen).
- *Citrus maxima, Diospyros*

DXLINH (Fotos): – Lizenz: CC BY-SA 3.0.
- *Irvingia gabonensis*

Edwards Botanical Register (1829–1844).
- *Stevia rebaudiana*

Engler, A. & O. Drude (1896–1928): Die Vegetation der Erde. 15 Bände. Leipzig: Engelmann.
- *Vitellaria paradoxa*

Engler, A. (1887ff): Die natürlichen Pflanzenfamilien. 4 Bände. Leipzig: Engelmann.
- *Amomum subulatum, Chenopodium quinoa, Cucumis metuliferus, Plukenetia*

Engler, A. (1900–1937): Das Pflanzenreich. 102 Bände. Leipzig: Engelmann.
- *Brassica oleracea*

Fawcett, W. & A. B. Rendle (1910–1936): Flora of Jamaica. 7 Bände. London: Trustees of the British Museum.
- *Brosimum alicastrum, Manihot esculenta*

Fitch, W. H., W. G. Smith et al. (Begr.) (1880ff): Illustrations of the British flora. 5. Auflage. London: Reeve & Co. (auch folgende Auflagen).
- *Alliaria petiolata, Nasturtium officinale*

Flore des Serres et des Jardins de l'Europe (1845–1880). Gent: van Houtte.
- *Araucaria araucana, Bambusoideae, Cucumis melo, Cucurbita, Euryale ferox, Momordica charantia, Tropaeolum tuberosum*

Forest & Kim Starr: – Lizenz: CC BY 3.0.
- *Macadamia*

Gaertner, J. (1788–1791): De fructibus et seminibus plantarum. Stuttgart: Carolinae.
- *Lablab purpureus*

Gartenflora (1852–1940).
- *Vaccinium macrocarpon, Zizania*

Gaudichaud-Beaupré, C. (1841–1852): Voyage autour du monde sur la corvette la Bonite exécuté pendant les années 1836 et 1837. 4 Bände. Paris: Bertrand.
- *Jubaea chilensis*

Gerus, Tatiana: – Lizenz: CC BY 2.0.
- *Macadamia*

Gesellschaft Kräuterkenner (Hrsg.) (1778–1794): Plantarum indigenarum et exoticarum icones ad vivum coloratae. Wien: Hochenleiter.
- *Zizania*
Gilg, E. & K. Schumann (1900): Das Pflanzenreich. Neudamm: Neumann.
- *Cucumis sativus, Dioscorea*
Guimpel, F. (Hrsg.) (1819–1829): Abbildung der fremden, in Deutschland ausdauernden Holzarten. 2 Bände. Berlin: Reimer.
- *Chaenomeles speciosa, Ziziphus jujuba*
Harvey, W. H. (1846–1851): Phycologia Britannica. 4 Bände. London: Reeve.
- *Chlorophyta, Cyanophyceae, Ochrophyta, Rhodophyta*
Hayata, B. (1911–1921): Icones plantarum formosanarum. 8 Bände. Taihoku: Bureau of Productive Industry.
- *Citrus maxima*
Hayne, F. G. (Begr.) (1805–1856): Getreue Darstellung und Beschreibung der in der Arzneykunde gebräuchlichen Gewächse. 13 Bände. Berlin.
- *Phaseolus*
Herbier général de l'amateur (1814–1850).
- *Manilkara zapota*
Hérincq, F. & F. Gérard (1870): Jardin potager et jardin fruitier. Paris: Guérin.
- *Cichorium endivia, Cyperus esculentus, Pseudopodospermum hispanicum, Rheum × hybridum*
Hermann, Michael (Fotos): – Lizenz: CC BY-SA 3.0.
- *Plukenetia*
Hooker's journal of botany and Kew Garden miscellany (1849–1857). London: Reeve.
- *Argania spinosa*
Host, N. T. (1801–1809): Icones et descriptiones graminum austriacorum. 4 Bände. Wien: Schmidt.
- *Setaria italica*
Icones Plantarum (1837–1933).
- *Actinidia chinensis, Chaenomeles speciosa, Digitaria exilis, Irvingia gabonensis, Stevia rebaudiana*
Iwasaki, T. (1828–1921): Iwasaki. 93 Bände. Tokio: Senshôbô (auch folgende Auflagen).
- *Eleusine coracana*
Jaume Saint-Hilaire, J. H. (1828–1833): La flore et la pomone françaises. 6 Bände. Paris.
- *Prunus domestica*
Johnstone, W. G. & A. Croall (1859–1860): The Nature-Printed British Sea-Weeds. 4 Bände. London: Bradbury & Evans.
- *Ochrophyta, Rhodophyta*
Kerner, J. S. (1795): Hortus sempervirens. Stuttgartia: Academiae Carolinae.
- *Dahlia, Ipomoea batatas, Pandanus*
Kirtikar, K. R. & B. D. Basu (1918): Indian medicinal plants. Bahadurganj: Sudhindra Nath Basu.
- *Alpinia galanga, Amomum subulatum, Citrullus lanatus, Cyamopsis tetragonoloba, Cymbopogon citratus, Eleusine coracana, Glycine max, Ipomoea aquatica, Portulaca oleracea, Vigna*
Kny, L. (1874–1912): Botanische Wandtafeln. Berlin: Parey.
- *Chlorophyta, Mesembryanthemum crystallinum*
Kohl, F. G. (1891–1895): Die officinellen Pflanzen der Pharmacopoea Germanica. Leipzig: Barth.
- *Coffea*
Köhler, H. A. (Begr.) (1883–1898ff): Köhler's Medizinal-Pflanzen in naturgetreuen Abbildungen mit kurz erläuterndem Text. 4 Bände. Gera: Köhler (auch folgende Auflagen).
- *Alpinia officinarum, Althaea officinalis, Anacardium occidentale, Angelica archangelica, Arachis hypogaea, Areca catechu, Artemisia absinthium, Brassica juncea, Brassica napus, Brassica nigra, Camellia sinensis, Canarium, Capsicum, Carica papaya, Carum carvi, Castanea sativa, Cinnamomum verum, Citrus × aurantium, Citrus limon, Cocos nucifera, Coffea, Cola, Cuminum cyminum, Curcuma longa, Cydonia oblonga, Elaeis guineensis, Elettaria cardamomum, Fagus sylvatica, Ferula assa-foetida, Foeniculum vulgare, Gentiana lutea, Humulus lupulus, Ilex paraguariensis, Illicium verum, Juglans regia, Juniperus communis, Laurus nobilis, Lavandula angustifolia, Levisticum officinale, Linum usitatissimum, Malus domestica, Manihot esculenta, Melissa officinalis, Myristica fragrans, Olea europaea, Oryza sativa, Papaver somniferum, Paullinia cupana, Pimenta dioica, Pimpinella anisum, Piper cubeba, Prunus amygdalus, Punica granatum, Rubus idaeus, Saccharum officinarum, Salvia officinalis, Salvia rosmarinus, Sambucus nigra, Senegalia senegal, Sesamum indicum, Syzygium aromaticum, Tamarindus indica, Taraxacum officinale, Theobroma cacao, Thymus vulgaris, Trigonella foenum-graecum, Triticum, Vanilla, Zea mays, Zingiber officinale*
Kollmann, Dan.
- *Actinidia chinensis*
Koorders, S. H. & T. Valeton (1897–1914): Icones Bogoriensis. 4 Bände. Leiden: Brill.
- *Maranta arundinacea*
Koorders, S. H. & T. Valeton (1913–1918): Atlas der Baumarten von Java. 4 Bände. Leiden: Buch- und Steindruckerei.
- *Canarium, Manilkara zapota, Syzygium jambos*
Kops, J. (Begr.) (1800–1934): Flora Batava. 28 Bände. Amsterdam: Sepp en Zoon.
- *Armoracia rusticana, Camelina sativa, Cenchrus americanus, Claytonia perfoliata, Pseudopodospermum hispanicum, Ribes nigrum, Rosa, Rumex patientia, Vaccinium macrocarpon*
Krauss, J. C. (1802ff): Afbeeldingen der fraaiste, meest uitheemsche boomen en heesters. Amsterdam: Allart.
- *Aronia arbutifolia, Crataegus germanica*
L' Illustration horticole (1854–1896).
- *Phoenix sylvestris*
L'Héritier de Brutelle, C. L. (1784): Stirpes novae aut minus cognitae. 2 Bände.
- *Cyamopsis tetragonoloba*
La Belgique Horticole (1851–1885).
- *Crataegus germanica, Raphanus sativus, Tropaeolum tuberosum, Ullucus tuberosus*
Lambert, A. B. (1803–1824ff): A description of the genus Pinus. 2 Bände. London: White (auch folgende Auflagen).
- *Araucaria araucana, Pinus pinea*

Lindman, C. A. M. (1901–1905ff): Bilder ur Nordens Flora. 4 Bände. Stockholm: Wahlström & Widstrand (auch folgende Auflagen).
- *Alliaria petiolata, Myrrhis odorata, Prunus avium, Tragopogon porrifolius*
Magazin der aesthetischen Botanik (1821ff).
- *Malpighia emarginata*
Maiden, J. H. (1902–1925): The Forest Flora of New South Wales. 8 Bände. Sidney: Gullick.
- *Macadamia*
Masclef, A. (1890–1893): Atlas des plantes de France. 3 Bände. Paris: Klincksieck.
- *Cucumis sativus*
Meijer, J. G. (1880–1905): Botanische onderwijsplaten. Amsterdam: UVA.
- *Morus alba, Musa × paradisiaca*
Memoires de la Société de physique et d'histoire naturelle de Genève (1821–1923).
- *Lagenaria siceraria*
Mémoires du Muséum d'histoire naturelle (1815–1832).
- *Helianthus tuberosus, Ipomoea batatas*
Merian, M. (1646): Der Fruchtbringenden Gesellschaft.
- *Malpighia emarginata*
Merian, M. S. (1705ff): De metamorphosibus insectorum Surinamensium. Amsterdam: Valck (auch folgende Auflagen).
- *Citrus aurantiifolia*
Michaux, F. A. (1817–1819): North American sylva. 3 Bände. Philadelphia: Rice, Rutter & Co.
- *Carya illinoinensis, Pistacia vera*
Miers, J. (1849–1857): Illustrations of South American plants. 2 Bände. London: Bailliere.
- *Physalis peruviana*
Miller, J. F. & C. von Linné (1776–1785): Icones animalium et plantarum. 10 Bände. London.
- *Pachira aquatica*
Miquel, F. A. W. (1855–1860): Flora van Nederlandsch Indië. 3 Bände. Leipzig: Fleischer.
- *Piper betle*
Munting, A. (1696): Naauwkeurige beschrijving der aardgewassen. Leyden: Halma.
- *Rumex patientia*
Natural History Museum (Hrsg.) (1768–1771): The Endeavour Botanical Illustrations. London.
- *Diospyros*
Nees von Esenbeck, T. F. L. & M. F. Wijhe (1828–1833): Plantae medicinales. 2 Bände. Düsseldorf: Arnz.
- *Allium sativum, Phoenix dactylifera, Pinus pinea*
Notizblatt des Königlichen Botanischen Gartens und Museums zu Berlin (1895–1917).
- *Senegalia senegal*
NusHub (Fotos): – Lizenz: CC BY-SA 3.0.
- *Plukenetia*
Nuttal, T. (1836–1841): Thomas Nuttall collection of illustrations for North American Sylva.
- *Acer saccharum*
Oeder, G. C. (Begr.) (1766–1883): Flora Danica. 17 Bände. Kopenhagen: Möller.
- *Brassica oleracea, Brassica rapa, Myrrhis odorata*
Oskamp, D. L., M. Houttuyn, J. C. Krauss, A. Ypey, J. Zorn & S. Jan (1796–1800): Afbeeldingen der Artseny-Gewassen met derzelver Nederduitsche en Latynsche beschryvingen. 6 Bände. Amsterdam: Sepp.
- *Alpinia galanga, Citrullus lanatus, Lagenaria siceraria, Lupinus, Solanum tuberosum, Ziziphus jujuba*
Paxton, J. & J. Lindley (1853): Paxton's flower garden. London: Braxton.
- *Malpighia emarginata*
Penfold, J. W. & W. L. P. Garnons (1845): Madeira flowers, fruits, and ferns. London: Reeve & Co.
- *Physalis peruviana*
Pierre, L. (1880–1907): Flore forestiere de la Cochinchine. 4 Bände.
- *Nephelium lappaceum, Sterculia urens*
Poiret, J. L. M. & P. J. F. Turpin (1820): Leçons de flore.
- *Crataegus azarolus*
Ralph, T. S. (1849): Icones carpologicae.
- *Parkia biglobosa, Psophocarpus tetragonolobus*
Reichenbach, H. G. L. (1837ff): Icones florae Germanicae et Helveticae. 2. Auflage. 24 Bände. Leipzig: Hofmeister (auf folgende Auflagen).
- *Lactuca sativa, Salvia hispanica, Tragopogon porrifolius*
Revue horticole (1829–1974). Paris.
- *Chaenomeles speciosa, Citrus japonica, Citrus reticulata, Crataegus azarolus, Dioscorea, Fragaria, Myrica, Pachira aquatica, Perilla frutescens, Prunus mume, Rheum × hybridum, Solanum betaceum*
Richard, A. (1847–1851): Tentamen florae Abyssinicae. Paris: Bertrand.
- *Catha edulis*
Ridley, H. N. (1922–1925): The flora of the Malay Peninsula. 5 Bände. London: Reeve & Co.
- *Myrica*
Rodrigues, J. B. (1903): Sertum palmarum brasiliensium.
- *Psidium guajava*
Roscoe, W. (1828ff): Monandrian plants of the order Scitamineae. Liverpool: Smith.
- *Aframomum melegueta*
Rothschild, J. (Hrsg.) (1867–1870): Les plantes a feuillage coloré. 2 Bände. Paris: Rothschild.
- *Perilla frutescens*
Roxburgh, W. (1795–1819): Plants of the coast of Coromandel. 3 Bände. London: Bulmer & Co.
- *Bambusoideae, Borassus flabellifer, Eleocharis dulcis, Euryale ferox, Litchi chinensis, Sterculia urens, Syzygium jambos, Tacca leontopetaloides, Terminalia catappa*

Royle, J. F. (1839): Illustrations of the botany and other branches of the natural history of the Himalayan Mountains and of the flora of Cashmere. London: Allen.
- *Cymbopogon citratus*
Rozier, J. F. (1781): Cours complet d'Agriculture. Paris.
- *Crataegus azarolus*
Sargent, C. S. (1891–1902ff): The silva of North America. 14 Bände. Boston: Houghton, Mifflin & Co. (auch folgende Auflagen).
- *Acer saccharum, Carya illinoinensis*
Seemann, B. (1857): The botany of the voyage of H.M.S. Herald.
- *Citrus japonica*
Shaddiii: – Lizenz: CC BY SA 3.0.
- *Aframomum melegueta*
Sharp, H. (1888–1910): Water color sketches of plants of North America and Europe. 18 Bände.
- *Schinus*
Sibthorp, J. & J. E. Smith (1806–1840): Flora Graeca. 10 Bände. London: Taylor.
- *Cicer arietinum, Cichorium endivia, Lathyrus sativus, Mesembryanthemum crystallinum, Rhus coriaria*
Sō, S. (1804ff): Seikei zusetsu. 45 Bände. Kagoshima-han zōhan.
- *Colocasia esculenta, Eleusine coracana, Eutrema japonicum, Glycine max, Vigna*
Sowerby, J. E. (Begr.) (1790–1813ff): English Botany. 36 Bände. London: R. Hardwicke (auch folgende Auflagen).
- *Claytonia perfoliata, Lathyrus tuberosus, Myrrhis odorata, Petroselinum crispum*
Spach, E. (1834–1847): Histoire naturelle des végétaux. Paris: Librairie encyclopédique de Roret.
- *Gnetum gnemon, Mangifera indica, Theobroma cacao, Ziziphus jujuba*
Step, E., B. Herincq, W. Watson & D. Bois (1896–1897): Favourite flowers of garden and greenhouse. 4 Bände. London: Partridge.
- *Amaranthus*
Stewart, J. & D. Brandis (1874): The forest flora of north-west and central India. London: Allen & Co.
- *Diospyros*
Sturm, J. (Begr.) (1796ff): Flora von Deutschland in Abbildungen nach der Natur. Nürnberg: Sturm (auch folgende Auflagen).
- *Anethum graveolens, Artemisia dracunculus, Carthamus tinctorius, Chenopodium bonus-henricus, Cichorium endivia, Cormus domestica, Daucus carota, Diplotaxis tenuifolia, Eruca vesicaria, Lathyrus oleraceus, Lepidium sativum, Origanum vulgare, Pastinaca sativa, Prunus armeniaca, Rosa, Satureja hortensis, Sinapis alba, Trigonella caerulea*
Svensk Botanik (1803–1843).
- *Prunus domestica*
Sweet, R. (1827–1828): Flora Australasica. London: Ridgeway.
- *Lupinus*
Tackenberg, Oliver (Fotos).
- *Actinidia chinensis, Allium tuberosum*
Thomé, O. W. (1885ff): Flora von Deutschland. Gera: Zezschwitz (auch folgende Auflagen).
- *Anethum graveolens, Asparagus officinalis, Capparis spinosa, Ceratonia siliqua, Crataegus germanica, Ficus carica, Glycyrrhiza glabra, Lycium barbarum, Meum athamanticum, Myrica gale, Opuntia ficus-indica, Prunus persica, Punica granatum, Pyrus communis, Salicornia europaea, Secale cereale, Sorbus aucuparia, Trapa natans*
Transactions of the Linnean Society of London (1791–1955).
- *Averrhoa carambola, Gnetum gnemon*
Trinius, K. B. (1828–1836): Species graminum. Petropoli: Impensis Academiae Imperialis Scientiarum.
- *Setaria italica*
USDA (Hrsg.) (1872–1948): USDA Pomological Watercolor Collection.
- *Adansonia digitata, Carya illinoinensis, Citrus aurantiifolia, Citrus medica, Citrus reticulata, Garcinia mangostana, Hibiscus sabdariffa, Macadamia, Mangifera indica, Prunus mume, Psidium guajava, Sicyos edulis, Solanum melongena, Spondias, Vaccinium corymbosum, Vaccinium macrocarpon*
van Nooten, B. H. (1880): Fleurs, fruits et feuillages choisis de l'île de Java. Bruxelles: Muquardt.
- *Citrus maxima, Durio zibethinus, Garcinia mangostana, Nephelium lappaceum*
van Rheede tot Drakestein, H. A. (1678–1703): Hortus Indicus Malabaricus. 12 Bände.
- *Phoenix sylvestris*
Vietz, F. B. (1800–1822ff): Icones plantarum medico-oeconomico-technologicarum. 3 Bände. Wien: Schalbaecher (auch folgende Auflagen).
- *Cinnamomum verum, Cucurbita, Glycyrrhiza glabra*
von Gaertner, C. F. (1805–1807): Supplementum carpologicae: Supplementum carpologiae: seu continuati operis Josephi Gaertner de Fructibus et seminibus plantarum. Leipzig: Richter.
- *Vitellaria paradoxa*
von Humboldt, F. H. A. & A. Bonpland (1808–1817): Plantes équinoxiales recueillies au Mexique. 2 Bände. Paris: Schoell.
- *Bertholletia excelsa*
von Humboldt, F. H. A., A. Bonpland & K. S. Kunth (1815–1825): Nova genera et species plantarum. 7 Bände. Antverpiae: Plantini.
- *Brosimum alicastrum*
von Jacquin, N. J. (1764–1771): Observationum botanicarum. Vindobonae: Krausiana.
- *Canna indica*
von Jacquin, N. J. (1780–1781): Selectarum stirpium Americanarum historia. 2. Auflage. Vindobonae: Strauss (auch folgende Auflagen).
- *Parkia biglobosa*
von Jacquin, N. J. (1781–1793): Icones plantarum rariorum. 3 Bände. Vindobonae: Wappler.
- *Canavalia ensiformis, Eragrostis tef, Terminalia catappa*
von Jacquin, N. J. (1811–1844): Eclogae plantarum rariorum aut minus cognitarum. 2 Bände. Vindobonae: Strauss.
- *Physalis philadelphica, Spondias*

von Martius, C. F. P. (1823–1850): Historia Naturalis Palmarum. 3 Bände. Leipzig: Weigel.
- *Attalea speciosa, Borassus flabellifer, Euterpe oleracea, Metroxylon sagu*
von Martius, C., A. W. Eichler & I. Urban (1840–1904): Flora Brasiliensis. 15 Bände. München & Leipzig: Oldenbourg.
- *Bertholletia excelsa, Euterpe oleracea, Mammea americana, Pachyrhizus, Psidium guajava, Sicyos edulis, Terminalia catappa, Tetragonia tetragonoides, Xanthosoma sagittifolium*
von Panhuys, L. (1811–1824): Watercolours of Surinam.
- *Maranta arundinacea*
von Schlechtendal, D. F. L. (Hrsg.) (1840ff): Flora von Deutschland. 24 Bände. Jena: Mauke (auch folgende Auflagen).
- *Alliaria petiolata, Allium ampeloprasum, Allium cepa, Allium sativum, Allium schoenoprasum, Allium ursinum, Anthriscus cerefolium, Apium graveolens, Armoracia rusticana, Atriplex hortensis, Avena sativa, Berberis vulgaris, Borago officinalis, Cannabis sativa, Capparis spinosa, Carthamus tinctorius, Cichorium intybus, Cochlearia officinalis, Coriandrum sativum, Cornus mas, Corylus avellana, Crocus sativus, Cyperus esculentus, Fagopyrum esculentum, Fragaria, Galium odoratum, Helianthus annuus, Hemerocallis fulva, Hippophae rhamnoides, Hordeum vulgare, Hyssopus officinalis, Lactuca sativa, Lycium barbarum, Mentha × piperita, Meum athamanticum, Morus alba, Myrtus communis, Nasturtium officinale, Nicotiana, Nigella sativa, Ocimum basilicum, Origanum majorana, Panicum miliaceum, Petroselinum crispum, Portulaca oleracea, Prunus armeniaca, Prunus avium, Prunus domestica, Prunus spinosa, Pseudopodospermum hispanicum, Raphanus sativus, Ribes nigrum, Ribes rubrum, Ribes uva-crispa, Rosa, Rubus fruticosus, Salicornia europaea, Sium sisarum, Solanum tuberosum, Sorghum bicolor, Spinacia oleracea, Thymus vulgaris, Urtica dioica, Vaccinium myrtillus, Vaccinium vitis-idaea, Valeriana locusta, Vicia faba, Vicia lens, Vicia sativa, Vitis vinifera*
von Siebold, P. F. B & J. G. Zuccarini (1835–1875): Flora Japonica. Lugduni Batavorum.
- *Citrus japonica, Eriobotrya japonica*
von Wangenheim, F. A. J. (1787): Beytrag zur teutschen Holzgerechten Forstwissenschaft mit Anwendung auf teutsche Forsten betreffend. Göttingen: Dieterich.
- *Aronia arbutifolia*
von Wettstein, R. (1895): Die Arten der Gattung Euphrasia. Wien.
- *Chlorophyta*
Wallich, N. (1830–1832): Plantae Asiaticae rariores. London: Treuttel & Würtz.
- *Parkia biglobosa*
Weinmann, J. W. (1737–1745): Phytanthoza iconographia. Ratisbonae: Lentzium.
- *Brassica rapa, Solanum lycopersicum*
Wight, R. (1840–1846): Icones Plantarum Indiae Orientalis. 6 Bände. Madras: Pharoah.
- *Cicer arietinum, Momordica charantia, Piper betle*
Wight, R. (1840–1850): Illustrations of Indian botany. 2 Bände. Madras: Pharoah.
- *Carica papaya, Guizotia abyssinica, Solanum melongena*
Wight, R. (1846–1851): Spicilegium Neilgherrense. 2 Bände. Madras.
- *Citrus medica*
Wilhelm, G. T. (1792–1828): Unterhaltungen aus der Naturgeschichte des Pflanzenreichs. 10 Bände. Augsburg: Engelbrecht.
- *Borassus flabellifer, Phoenix sylvestris*
Willdenow, C. L. (1806–1816): Hortus Berolinensis. Berolini: Schüppel.
- *Dahlia*
Willkomm, H. M. (1881–1885): Illustrationes florae Hispaniae insularumque Balearium. 2 Bände. Stuttgart: Schweizerbart.
- *Eruca vesicaria*
Witte, H. (1868): Flora. Groningen: Wolters.
- *Lupinus*
Wolle, F. (1887): Fresh-water Algae of the United States. Bethlehem, PA: Comenius.
- *Chlorophyta, Cyanophyceae*
Woodville, W. (1790–1794ff): Medical botany. 4 Bände. London: Phillips (auch folgende Auflagen).
- *Rheum × hybridum*
Worthington, Len (Fotos): – Lizenz: CC BY-SA 2.0.
- *Irvingia gabonensis*
Zenker, J. C. (1831–1835): Merkantilische Waarenkunde. 2 Bände. Jena: Mauke.
- *Cinnamomum verum*
Zippel, H. & C. Bollmann (1876–1880ff): Ausländische Culturpflanzen in bunten Wand-Tafeln. Braunschweig: Vieweg (auch folgende Auflagen).
- *Cenchrus americanus, Vitellaria paradoxa*
Zorn, J. & N. J. F. von Jacquin (1785–1788): Dreyhundert auserlesene amerikanische Gewächse. 3 Bände. Nürnberg: Raspische Buchhandlung.
- *Momordica charantia*
Zorn, J. (1781ff): Icones plantarum medicinalium. 5 Bände. Nürnberg: Raspische Buchhandlung.
- *Capparis spinosa, Cucumis melo*

weitere Abbildungen

S. 2: Trier, Walter (um 1935). **S. 4: links:** alexanruiz, Envato; **rechts:** fotodestock, Envato. **S. 5: links:** ndanko, Envato; **mittig:** picturepartners, Envato; **rechts:** foodstock, Envato. **S. 6: links:** sommai, Envato; **rechts:** SeDmi, Envato. **S. 7: links:** alexanruiz, Envato; **rechts:** rthanuthattaphong, Envato. **S. 8:** von Schlechtendal (1840ff); USDA (1952); Matt Lavin: Lizenz: CC BY-SA 2.0. **S. 10:** Tackenberg. **S. 12:** Anonymus, Wikimedia. **S. 13:** Anonymus, Wikimedia, CC BY-SA 4.0. **S. 14:** wirestock, Envato. **S. 15:** Warthmüller, Robert (1886), Wikimedia. **S. 16:** Clark, William (1823). **S. 17:** thanyapatm, Envato. **S. 19: links:** INRA DIST, Wikimedia, CC BY 2.0; **rechts:** Triordeum, Wikimedia, CC BY-SA 4.0. **S. 24: oben:** David. moreno72, Wikimedia, CC BY-SA 4.0; **unten:** Scot Nelson, Wikimedia. **S. 25: links:** Image-Source, Envato; **rechts:** Dag Terje Filip Endresen, Wikimedia. **S. 26:** Macro_Media, Envato. **S. 31:** Tackenberg. **S. 32: Glucose:** ChemSim, Wikimedia; **Saccharose:** NEUROtiker, Wikimedia; **Stachyose:** Yikrazuul, Wikimedia. **S. 33: Amylopektin:** NEUROtiker, Wikimedia; **Cellulose:** NEUROtiker, Wikimedia; **Inulin:** NEUROtiker, Wikimedia. **S. 34: Palmitinsäure:** NEUROtiker, Wikimedia; **Ölsäure:** Jü, Wikimedia. **S. 35: α-Linolensäure:** Jü, Wikimedia; **Linolsäure:** Jü, Wikimedia. **S. 36: Gliadin:** BallenaBlanca, Wikimedia; **Peptid:** Jü, Wikimedia. **S. 37: ß-Carotin:** NEUROtiker, Wikimedia; **Retinol:** NEUROtiker, Wikimedia. **S. 38: Thiamin:** NEUROtiker, Wikimedia; **Riboflavin:** Yikrazuul, Wikimedia; **Nicotinsäure:** Mysid, Wikimedia; **Pantothensäure:** Jü, Wikimedia. **S. 39: Pyridoxalphosphat:** NEUROtiker, Wikimedia; **Biotiin:** Mysid, Wikimedia; **Folsäure:** Ayacop, Wikimedia; **Adenosylcobalamin:** NEUROtiker, Wikimedia. **S. 40: Ascorbinsäure:** Yikrazuul, Wikimedia; **Cholecalciferol:** NEUROtiker, Wikimedia; **Tocotrienole:** Jü, Wikimedia; **Vitamin K:** NEUROtiker, Wikimedia. **S. 41: Cumarsäure:** Calvero., Wikimedia; **Phenol:** NEUROtiker, Wikimedia; **Apigenin:** Koval Maxym, Wikimedia, CC BY-SA 4.0; **Cyanidin-3-O-glucosid:** Yikrazuul, Wikimedia; **Ellagsäure:** Yikrazuul, Wikimedia; **Limonen:** ChemSim, Wikimedia; **Piperin:** NEUROtiker, Wikimedia; **Sarsasapogenin:** Hbf878, Wikimedia. **S. 42: Lycopin:** Roland Mattern, Wikimedia; **Alliin:** Jü, Wikimedia; **β-Sitosterol:** Jü, Wikimedia; **Oxalsäure:** NEUROtiker, Wikimedia. **S. 47:** Tackenberg (Foto). **S. 48:** chormail, Envato. **S. 50: links:** Ji-Elle, Wikimedia, CC BY-SA 4.0; **rechts:** Wil540 art, Wikimedia, CC BY 4.0. **S. 52: links:** GitaKulinica, Envato; **rechts:** Remi Tournebize, Wikimedia, CC BY-SA 3.0. **S. 54: oben:** Ayodeji Ogunro, Wikimedia, CC BY-SA 4.0; **unten links:** Hasec, Wikimedia; **unten rechts:** Fumikas Sagisavas, Wikimedia. **S. 55:** Ton Rulkens, Wikimedia, CC BY-SA 2.0. **S. 57:** von Panhuys (1811-1824). **S. 58: links:** Dericks-Tan, Wikimedia, CC BY-SA 3.0; **rechts:** Samsule2, Wikimedia, CC BY-SA 4.0. **S. 60:** Fumikas Sagisavas, Wikimedia. **S. 62: links:** spamas, Envato; **rechts:** bowonpats, Envato. **S. 64: links:** Tas, Wikimedia, CC BY-SA 2.0; **rechts:** Kerchove de Denterghem (1878). **S. 66: links:** HPNadig, Wikimedia, CC BY-SA 3.0; **rechts:** Pakshya, Wikimedia, CC BY-SA 4.0. **S. 68: oben:** Revue horticole (1885); **unten:** Michael Hermann, Wikimedia, CC BY-SA 3. **S. 70:** Vis M, Wikimedia, CC BY-SA 4.0. **S. 72: links:** jirkaejc, Envato; **mittig:** picturepartners, Envato; **rechts:** picturepartners, Envato. **S. 74:** Tackenberg. **S. 75:** Universität Göttingen, CC BY-SA 4.0. **S. 78:** Tackenberg (Foto). **S. 79: links:** KrzysztofBubel, Envato; **rechts:** natika, Envato. **S. 80:** Anonymus, Wikimedia. **S. 82: links:** Wilhelm (1792-1828); **rechts:** spamas, Envato. **S. 83: links:** Universität Göttingen, CC BY-SA 4.0; **rechts:** vvoennyy, Envato. **S. 85: links:** emartsstudio, Envato; **rechts:** Alicia Fagerving, Wikimedia, CC BY-SA 3.0. **S. 86: links:** Tackenberg (Foto); **rechts:** westend61, Envato. **S. 88:** xamtiw, Envato. **S. 89:** Katsushika Hokusai. **S. 91: oben:** International Rice Research Institute, Wikimedia, CC BY 2.0; **unten:** ADDICTIVE_ STOCK, Envato. **S. 92:** Sven Teschke, Wikimedia, CC BY-SA 2.0. **S. 93: links:** Jastrow, Wikimedia; **rechts:** Micromesistiu, Wikimedia. **S. 95:** Maheder, Wikimedia, CC BY-SA 4.0. **S. 97:** Tackenberg (Foto). **S. 99: links:** Tackenberg (Foto); **rechts:** vvoennyy, Envato. **S. 100:** vvoennyy, Envato. **S. 102:** Vyacheslav Argenberg, Wikimedia, CC BY 4.0. **S. 103: links:** Tackenberg (Foto); **rechts:** Salil Kumar Mukherjee, Wikimedia, CC BY-SA 4.0. **S. 105: links:** Jose_Hernandez, Wikimedia; **rechts:** Richard Nyberg (US AID), Wikimedia. **S. 107:** J. Wilson, Wikimedia. **S. 109:** Aathavan jaffna, Wikimedia, CC BY-SA 3. **S. 111:** sommai, Envato. **S. 113: oben:** wirestock, Envato; **unten:** FamilyStock, Envato. **S. 114: links:** sommai, Envato; **rechts:** United States Mint, Wikimedia. **S. 116: oben:** Descourtilz (1834); **unten:** picturepartners, Envato. **S. 117:** baliukhpavlo, Envato. **S. 118:** Dionisvero, Envato. **S. 120:** Simon A. Eugster, Wikimedia, CC BY-SA 3.0. **S. 122:** Ram!n, Wikimedia. **S. 123: links:** Ton Rulkens, Wikimedia, CC BY-SA 2.0; **mittig:** Ton Rulkens, Wikimedia, CC BY-SA 2.0; **rechts:** Amaresh Chandra Das, Wikimedia, CC BY-SA 3.0. **S. 125: links:** Descourtilz (1821-1829); Icones Plantarum (1889); **rechts:** sommai, Envato. **S. 127:** Stefan Lefnaer, Wikimedia, CC BY-SA 4.0. **S. 129:** Mitchell Library, State Library of New South Wales, Wikimedia. **S. 131: oben:** spamas, Envato; **mittig:** Lobachad, Envato; **unten links:** Studio_OMG, Envato; **unten rechts:** alesaberlezova, Envato. **S. 132:** Janhendrix, Wikimedia, CC BY-SA 4.0. **S. 134:** Engler (1898-1904). **S. 136: links:** Peter (1901); **rechts:** picturepartners, Envato. **S. 138:** Luisa Sirpa, Wikimedia, CC BY-SA 4.0. **S. 140:** picturepartners, Envato. **S. 142: links:** aetb, Envato; **rechts:** Dream79, Envato. **S. 144:** François Nguyen, Wikimedia, CC BY 2.0. **S. 146:** Michael Hermann, Wikimedia, CC BY-SA 4.0. **S. 148: oben:** picturepartners, Envato; **unten:** Tackenberg (Foto). **S. 150: oben:** digitalr, Envato; **unten:** Gesellschaft Kraeuterkenner (1778-1794). **S. 152:** Tania232323, Envato. **S. 154:** Stanzilla, Wikimedia, CC BY-SA 3.0. **S. 155: links:** spamas, Envato; **mittig:** Fasci, Envato; **rechts:** picturepartners, Envato. **S. 157:** Nzfauna, Wikimedia, CC BY-SA 3.0. **S. 159: oben:** sommai, Envato; **unten:** katorisi, Wikimedia, CC BY 3.0. **S. 160:** Pdemchick, Wikimedia, CC BY-SA 3.0. **S. 162: oben:** Universität Göttingen, CC BY-SA 40; **unten:** USDA-ARS, Wikimedia. **S. 163:** picturepartners, Envato. **S. 165: oben:** Krzysztof Ziarnek, Kenraiz, Wikimedia, CC BY-SA 4.0; **unten links:** DmytroMykhailov, Envato; **unten rechts:** towfiqu98, Envato. **S. 167: oben:** cynoclub, Envato; **unten:** sommai, Envato. **S. 169: oben:** seyfutdinovaolga, Envato; **unten:** L' Illustration horticole (1884). **S. 171:** Germarquezm, Wikimedia, CC BY-SA 3.0. **S. 174: links:** lkunl, Envato; **rechts:** AlbertoCarrera, Envato. **S. 175:** JcPietro, Wikimedia, CC BY-SA 4.0. **S. 177:** ThamKC, Envato. **S. 179:** Jberkel, Wikimedia, CC BY 4.0. **S. 180:** Rik Schuiling, TropCrop, Wikimedia, CC BY-SA 4.0. **S. 182:** akophotography, Envato. **S. 184:** Microstock_Growth, Envato. **S. 186: oben:** vvoennyy, Envato; **unten:** Tackenberg (Foto). **S. 188: links:** Rainer Zenz, Wikimedia, CC BY-SA 3.0; **rechts:** Weinmann (1737-1745). **S. 189: oben:** Marie Portas, Wikimedia, CC BY-SA 2.0 fr; **unten:** Bliesgauoele, Wikimedia, CC BY-SA 4.0. **S. 191:** westend61, Envato. **S. 195: links:** TREEAID, Wikimedia, CC BY 2.0; **rechts:** Marco Schmidt, Wikimedia, CC BY-SA 3.0. **S. 196:** Anonymus. **S. 198: oben:** Olaf Tausch, Wikimedia, CC BY 3.0; **unten:** maxsol7, Envato. **S. 199: links:** vvoennyy, Envato; **rechts:** vvoennyy, Envato. **S. 201: links:** emartsstudio, Envato; **rechts:** fotodestock, Envato. **S. 203:** vvoennyy, Envato. **S. 205: oben:** vvoennyy, Envato; **unten :** picturepartners, Envato. **S. 207: links (Früchte und Blüten):** Lindman (1901-1905ff); Sturm (1796ff); **rechts (Wurzelknöllchen):** Universität Göttingen, CC BY-SA 4.0. **S. 208:** Yikrazuul, Wikimedia. **S. 210: links:** Ji-Elle, Wikimedia, CC BY-SA 4.0; **rechts:** Marco Schmidt, Wikimedia, CC BY-SA 2.0 de. **S. 212:** Rik Schuiling, TropCrop, CC BY-SA 3. **S. 213:** picturepartners, Envato. **S. 215: links:** BreakingTheWalls, Envato; **rechts:** maxsol7, Envato. **S. 217:** picturepartners, Envato. **S. 219: links:** Ton Rulkens, Wikimedia, CC BY-SA 2.0; **rechts:** Vmenkov, Wikimedia, CC BY-SA 3.0. **S. 221: links:** jirkaejc, Envato; **rechts:** AntonioGravante, Envato. **S. 223: links:** spamas, Envato; **mittig:** tkasperova, Envato; **rechts:** EvergreenPlanet, Envato. **S. 224: links:** Steve_

Hurst, Wikimedia; **rechts:** picturepartners, Envato. **S. 226: links:** Vijayanrajapuram, Wikimedia, CC BY-SA 4.0; **rechts:** Piyush Kothari, Wikimedia, CC BY-SA 4.0. **S. 228: links:** PhyEnvironment, Wikimedia, CC BY-SA 4.0; **rechts:** sommai, Envato. **S. 230: Teparybohnen:** Tracey Slotta, Wikimedia; **Lima-Bohnen:** Roger Culos, Wikimedia, CC BY-SA 3.0; **Pintobohnen:** xamtiw, Envato; **Kidneybohne:** picturepartners, Envato. **S. 233: oben links:** duskbabe, Envato; **oben rechts:** vvoennyy, Envato; **unten links:** rfaizal707, Envato; **unten rechts:** Ton Rulkens, Wikimedia, CC BY-SA 2.0. **S. 235: oben links:** Samuel Wong, Wikimedia, CC BY-SA 2.5; **oben rechts:** Paul Goyette, Wikimedia, CC BY-SA 2.0; **unten links:** jirkaejc, Envato; **unten rechts:** maxsol7, Envato. **S. 236:** Linnaeus filius (1767). **S. 237:** spamas, Envato. **S. 239:** annafedorovafoto, Envato. **S. 241: links:** picturepartners, Envato; **rechts:** bhofack2, Envato. **S. 243: links:** picturepartners, Envato; **mittig:** picturepartners, Envato; **rechts:** GitaKulinica, Envato. **S. 245:** Sturm (1796ff). **S. 248:** sonyakamoz, Envato. **S. 249: links:** Hariadhi, Wikimedia, CC BY 4.0; **rechts:** tyasindayanti, Envato. **S. 251: links oben:** chuyu2014, Envato; **links unten:** Tackenberg (Foto); **unten links:** picturepartners, Envato; **unten rechts:** FacetsOfNonStickPans, Wikimedia, CC BY-SA 4.0. **S. 253:** sommai, Envato. **S. 255:** ivankmit, Envato. **S. 257:** Anonymus, Wikimedia. **S. 258: links:** natika, Envato; **mittig:** boomeart, Envato; **rechts:** AtlasComposer, Envato. **S. 260: oben links:** composter-box, Envato; **oben rechts:** vvoennyy, Envato; **unten links:** maxsol7, Envato; **unten rechts:** motghnit, Envato. **S. 261:** vvoennyy, Envato. **S. 263: links:** sommai, Envato; **rechts:** Leiden University Libraries. **S. 265:** wirestock, Envato. **S. 266:** sommai, Envato. **S. 268: links:** motghnit, Envato; **rechts:** sommai, Envato. **S. 270:** SeDmi, Envato. **S. 272: links:** emartsstudio, Envato; **rechts oben:** Rawpixel, Envato; **rechts unten:** AtlasComposer, Envato. **S. 274: oben:** IciakPhotos, Envato; **unten links:** picturepartners, Envato; **unten rechts:** Microstock_Growth, Envato. **S. 278: Hokkaido:** albinasol777, Envato; **Turbankürbis:** Real_life_Studio, Envato; **Spaghettikürbis:** picturepartners, Envato; **Butternut:** spamas, Envato; **Zucchini:** emartsstudio, Envato. **S. 279:** M. T. Penny Ross (1914), Wikimedia. **S. 280: oben:** picturepartners, Envato; **mittig:** wirestock, Envato; **unten:** picturepartners, Envato. **S. 281: oben links:** Tackenberg (Foto); **oben rechts:** Llez, Wikimedia, CC BY-SA 3.0; **unten:** spamas, Envato. **S. 283: links:** spamas, Envato; **rechts:** sommai, Envato. **S. 285: links:** cynoclub, Envato; **rechts:** Downtowngal, Wikimedia. **S. 287:** sommai, Envato. **S. 289: links:** Hooker's journal of botany and Kew Garden miscellany (1850); **rechts:** Rhodadara, Wikimedia, CC BY-SA 4.0. **S. 291: oben:** Maša Sinreih in Valentina Vivod, Wikimedia, CC BY-SA 3.0; **mittig:** AtlasComposer, Envato; **unten:** esindeniz, Envato. **S. 293: oben:** Tackenberg (Foto); **unten links:** picturepartners, Envato; **unten rechts:** maxsol7, Envato. **S. 295:** msandrioli, Envato. **S. 297: links:** esindeniz, Envato; **rechts:** esindeniz, Envato. **S. 299: links:** xamtiw, Envato; **rechts:** esindeniz, Envato. **S. 301: oben:** Yikrazuul, Wikimedia; **unten links:** Tackenberg; **unten rechts:** Köhler (1883-1898ff). **S. 302:** Tackenberg (Foto). **S. 306: Weißkohl:** magone, Envato; **Brokkoli:** Givaga, Envato; **Rotkohl:** spamas, Envato; **Grünkohl:** spamas, Envato; **Wirsing:** jirkaejc, Envato; **Blumenkohl:** sommai, Envato. **S. 307: Palmkohl:** EvergreenPlanet, Envato; **Spitzkohl:** Rainer Zenz, Wikimedia, CC BY-SA 3.0; **Rosenkohl (oben):** motghnit, Envato; **Kohlrabi:** picturepartners, Envato; **Rosenkohl (unten):** GitaKulinica, Envato; **Romanesco-Blumenkohl:** sergeyskleznev, Envato. **S. 308: Chinakohl:** sommai, Envato; **Tatsoi:** EvergreenPlanet, Envato; **Teltower Rübchen:** Karpe, Wikimedia, CC BY 2.5. **S. 310: Kimchi:** Manuta, Envato; **Pak Choi:** picturepartners, Envato; **Rübstiel:** Alice Wiegand, Wikimedia, CC BY-SA 3.0; **Speiserüben:** picturepartners, Envato. **S. 311: links:** maxsol7, Envato; **rechts:** Leo Michels, Wikimedia. **S. 313:** vmariia, Envato. **S. 315: links:** Prostock-studio, Envato; **mittig:** sommai, Envato; **rechts:** ivankmit, Envato. **S. 317: links:** Tackenberg (Foto); **rechts:** Tackenberg (Foto). **S. 319:** ThamKC, Envato. **S. 321:** cristi180884, Envato. **S. 323: links:** natika, Envato; **rechts:** maxsol7, Envato. **S. 325:** Tackenberg. **S. 327:** DS-Studio-N, Envato. **S. 329: links:** melis82, Envato; **rechts:** picturepartners, Envato. **S. 331: oben:** Tackenberg; **unten:** Sturm (1796ff). **S. 333: links:** BlackBoxGuild, Envato; **rechts:** vvoennyy, Envato. **S. 335: links:** Tackenberg (Foto); **rechts:** maxsol7, Envato. **S. 337: links:** Krzysztof Ziarnek, Kenraiz, Wikimedia, CC BY-SA 4.0; **mittig:** Pato Novoa, Wikimedia, CC BY 2.0; **rechts:** Sin-siōng, Wikimedia, CC BY-SA 4.0. **S. 339: links:** picturepartners, Envato; **rechts:** picturepartners, Envato. **S. 341: oben:** chuyu2014, Envato; **unten links:** sommai, Envato; **unten rechts:** sommai, Envato. **S. 343:** motghnit, Envato. **S. 345: oben:** picturepartners, Envato; **unten:** maxsol7, Envato. **S. 347: links:** Sudzie, Wikimedia, CC BY-SA 4.0; **rechts:** sommai, Envato. **S. 349:** xamtiw, Envato. **S. 351:** Botanisk tidsskrift (1872). **S. 352: links:** Revue horticole (1877); **rechts:** Revue horticole (1877). **S. 353: links:** maxsol7, Envato; **rechts:** ROHE-Creative-Studio, Envato. **S. 355:** The floral world and garden guide (1874). **S. 357: oben:** sommai, Envato; **mittig links:** sommai, Envato; **mittig rechts:** maxsol7, Envato; **unten links:** vvoennyy, Envato; **unten rechts:** EvergreenPlanet, Envato. **S. 358: links:** picturepartners, Envato; **mittig:** spamas, Envato; **rechts:** lizzykomen, Envato. **S. 360: oben:** Tackenberg (Foto); **unten links:** Microstock_Growth, Envato; **unten rechts:** Paola Sucato, Wikimedia, CC BY 2.0. **S. 362: links:** cynoclub, Envato; **rechts:** cynoclub, Envato. **S. 364: oben links:** Witlof, Wikimedia, CC BY-SA 3.0; **oben rechts:** Michel Chauvet, Wikimedia, CC BY-SA 3.0; **unten links:** digitalr, Envato; **unten rechts:** picturepartners, Envato. **S. 368:** fotodoroga, Envato. **S. 370: Lollo-Rosso-Salat:** picturepartners, Envato; **Eisbergsalat:** spamas, Envato; **Eichblattsalat:** spamas, Envato; **Kopfsalat:** vvoennyy, Envato; **Stängelsalat:** picturepartners, Envato. **S. 371:** cynoclub, Envato. **S. 373:** Simon Speed, Wikimedia. **S. 375:** vmariia, Envato. **S. 377: oben:** von Schlechtendal (1840ff); Sturm (1796ff); **Angelicin:** Emeldir, Wikimedia; **trans-Anethol:** Jü, Wikimedia. **S. 378:** esindeniz, Envato. **S. 380: links:** foodphotoalex, Envato; **rechts:** picturepartners, Envato. **S. 381: links:** sommai, Envato; **rechts:** GitaKulinica, Envato. **S. 383:** ucculentserenity - Apios Institute, Wikimedia, CC BY-SA 3.0. **S. 385: links:** Vell, Envato; **rechts:** FabrikaPhoto, Envato. **S. 387:** sommai, Envato. **S. 389: links:** Tackenberg (Foto); **rechts:** Jacquin (1773). **S. 391: links:** grafvision, Envato; **rechts:** karandaev, Envato. **S. 394: Walnuss:** Köhler (1883-1898ff); **Fleischige Früchte:** Denisse (1843–1846); Revue horticole (1861, 1864); Sturm (1796ff); Universität Göttingen, CC BY-SA 4.0; USDA (1923); von Schlechtendal (1840ff).; **Apfel:** Bollmann (1879-1882); **Steinfrucht:** von Schlechtendal (1840ff); Sturm (1796ff); Köhler (1883-1898ff); **Papaya:** Köhler (1883-1898ff), USDA (1872-1948). **S. 396:** Bsea, Wikimedia, CC BY-SA 3.0. **S. 398: oben:** SeDmi, Envato; **unten:** SeDmi, Envato. **S. 400: links:** Tamarac, Wikimedia, CC BY 2.0; **mittig:** a-giâu, Wikimedia, CC BY-SA 3.0; **rechts:** CiXeL, Wikimedia, CC BY-SA 3.0. **S. 402: links:** sommai, Envato; **rechts:** picturepartners, Envato. **S. 403: oben:** Tackenberg (Foto); **unten:** USDA (1872-1948). **S. 405: links:** kenishirotie, Envato; **rechts oben:** kenishirotie, Envato; **rechts unten:** chandlervid85, Envato. **S. 406:** Köhler (1883-1898ff). **S. 408:** YVdavyd, Envato. **S. 409:** alexanruiz, Envato. **S. 411: links:** von Martius (1823-1850); **rechts:** vinnikava, Envato. **S. 413: links:** spamas, Envato; **mittig:** AtlasComposer, Envato; **rechts:** picturepartners, Envato. **S. 414:** bowonpats, Envato. **S. 417:** AtlasComposer, Envato. **S. 420:** vmariia, Envato. **S. 422: oben:** ilovebundaberg.com, Wikimedia, CC BY-SA 2.0; **unten:** spamas, Envato. **S. 424:** Dionisvero, Envato. **S. 426: links:** Tania232323, Envato; **rechts:** maxsol7, Envato. **S. 428: links:** picturepartners, Envato; **rechts:** digitalr, Envato. **S. 430: links:** wirestock, Envato; **rechts:** vaaseenaa, Envato. **S. 432:** Tackenberg (Foto). **S. 433:** spamas, Envato. **S. 435:** kolesnikovsergii, Envato. **S. 437:** Mrcluxury, Envato. **S. 438: oben:** Tackenberg (Foto); **unten links:** Andy_Dean_Photog, Envato; **unten rechts:** safakcl, Envato. **S. 440:** Gartenflora (1868). **S. 441: links:** Dionisvero, Envato; **rechts:** perutskyy, Envato. **S. 443: links:** gresei, Envato; **rechts:** picturepartners, Envato. **S. 445: links:** YVdavyd, Envato; **rechts:** billberryphotography, Envato. **S. 447:**

oben: PixelSquid360, Envato; **unten:** maxsol7, Envato. **S. 448: links:** Tackenberg (Foto); **rechts:** JosieElias, Envato. **S. 450: oben:** Tackenberg (Foto); **unten:** GitaKulinica, Envato. **S. 451:** Duhamel du Monceau (1755-1768); ATG (1804); THLS (1822). **S. 453:** AtlasComposer, Envato. **S. 455: oben:** Buntan2019, Envato; **unten:** bowonpats, Envato. **S. 457: oben:** spamas, Envato; **unten:** maxsol7, Envato. **S. 459: oben:** Tackenberg (Foto); **unten:** Tackenberg (Foto). **S. 461: links:** picturepartners, Envato; **mittig:** begemot_dn, Envato; **rechts:** emartsstudio, Envato. **S. 463: oben:** DouglasGoldman, Wikimedia, CC BY-SA 4.0; **unten:** vmariia, Envato. **S. 465: links:** Retama, Wikimedia, CC BY-SA 3.0; **rechts:** von Schlechtendal (1840ff). **S. 467: links:** Tackenberg (Foto); **rechts:** Takkk, Wikimedia, CC BY-SA 3.0. **S. 469:** Tackenberg (Foto). **S. 471: links:** Tackenberg (Foto); **rechts:** Tackenberg (Foto). **S. 473: links:** Tackenberg (Foto); **rechts:** andreahast, Envato. **S. 475:** Annu1tochka, Envato. **S. 477:** erika8213, Envato. **S. 478: links:** Tackenberg; **rechts:** picturepartners, Envato. **S. 480:** picturepartners, Envato. **S. 481: links:** baibaz, Envato; **rechts:** magone, Envato. **S. 483: oben:** Tackenberg (Foto); **unten:** Tackenberg (Foto). **S. 484: links:** Tackenberg (Foto); **rechts:** Superbass, Wikimedia, CC BY-SA 4.0_MOD. **S. 486:** emartsstudio, Envato. **S. 488: oben:** sommai, Envato; **unten:** digitalr, Envato. **S. 490:** Botanische Wandplaten (1882). **S. 492:** photomaru, Envato. **S. 493: links:** puhimec, Envato; **mittig:** lolodean, Envato; **rechts:** akportfolio24, Envato. **S. 495:** safakcl, Envato. **S. 496: oben:** picturepartners, Envato; **unten:** cynoclub, Envato. **S. 498: oben:** USDA Forest Service, Bugwood.org, Wikimedia, CC BY 3.0 us; **unten:** motghnit, Envato. **S. 499:** EvergreenPlanet, Envato. **S. 501: oben:** Yaman2407, Envato; **unten:** spamas, Envato. **S. 502: links:** magone, Envato; **rechts:** AtlasComposer, Envato. **S. 504:** Annales de la Société royale d'Agriculture et de Botanique de Gand (1845-1849). **S. 505:** AtlasComposer, Envato. **S. 507:** safakcl, Envato. **S. 509: oben:** von Schlechtendal (1840ff); **unten:** Kerner (1795). **S. 510: links:** picturepartners, Envato; **rechts:** sommai, Envato. **S. 512: links:** sommai, Envato; **rechts:** picturepartners, Envato. **S. 514:** sommai, Envato. **S. 516: oben links:** sommai, Envato; **oben rechts:** Wight (1840-1850); **unten:** irfanmnur, Envato. **S. 517: links:** Yasield, Wikimedia, CC BY-SA 4.0; **rechts:** Bufh, Wikimedia, CC BY-SA 4.0. **S. 519: links:** BLACKDAY, Envato; **rechts:** spamas, Envato. **S. 521:** motghnit, Envato. **S. 523: Blüte:** picturepartners, Envato; **Frucht:** spamas, Envato. **S. 525: oben:** Forest &Kim Starr, Wikimedia, CC BY 3.0; **unten links:** USDA (1872-1948); **unten mittig:** USDA (1872-1948); **unten rechts:** DmitriBelokoni, Envato. **S. 526:** spamas, Envato. **S. 528:** Sven Volkens, Wikimedia, CC BY-SA 4.0. **S. 530:** Staticd, Wikimedia, CC BY-SA 3.0. **S. 532: oben:** monkeybusiness, Envato; **unten:** xamtiw, Envato. **S. 534: oben:** Köhler (1883-1898ff); **unten:** xamtiw, Envato. **S. 535:** photomaru, Envato. **S. 537: oben:** Tackenberg (Foto); **unten:** sommai, Envato. **S. 539:** picturepartners, Envato. **S. 541: links:** Vinayaraj, Wikimedia, CC BY-SA 3.0; **rechts:** CostaPPPR, Wikimedia, CC BY-SA 4.0. **S. 543: oben:** Javier Mármol (Manos Unidas), Wikimedia, CC BY 2.0; **unten:** sommai, Envato. **S. 544:** Boym (1656). **S. 546: oben:** bowonpats, Envato; **unten:** emartsstudio, Envato. **S. 547: oben:** Missvain, Wikimedia, CC BY 4.0; **unten:** Dionisvero, Envato. **S. 549: links:** CostaPPPR, Wikimedia, CC BY-SA 4.0; **mittig:** Adoscam, Wikimedia, CC BY-SA 4.0; **rechts:** picturepartners, Envato. **S. 551: oben:** Presidencia de El Salvador, Wikimedia; **unten:** sommai, Envato. **S. 552: links:** wirestock, Envato; **rechts:** Hans B., Wikimedia. **S. 554:** Ivar Leidus, Wikimedia, CC BY-SA 4.0. **S. 556:** spamas, Envato. **S. 558: Zitronensäure:** NEUROtiker, Wikimedia; **Pektine:** NEUROtiker, Wikimedia. **S. 559:** USDA Pomological Watercolor Collection (1872-1948); Köhler (1883-1898ff). **S. 560:** AtlasComposer, Envato. **S. 561: links:** Kaldari, Wikimedia; **rechts:** Mark Neyman (Government Press Office of Israel), Wikimedia, CC BY-SA 3.0. **S. 563:** spamas, Envato. **S. 565: links:** picturepartners, Envato; **rechts:** spamas, Envato. **S. 567: links:** Detroit Publishing Co; **rechts oben:** Parke, Davis &Company, CC BY-SA 4.0; **rechts unten:** kovalnadiya, Envato. **S. 570: Apfelsine:** Microstock_ Growth, Envato; **Grapefruit:** emartsstudio, Envato; **Tangerine:** Hyrma, Envato; **Minneola:** Amada44, Wikimedia, CC BY 3.0. **S. 572:** FabrikaPhoto, Envato. **S. 574: oben:** FabrikaPhoto, Envato; **mittig:** Brebca, Envato; **unten:** cynoclub, Envato. **S. 575: oben:** spamas, Envato; **1:** picturepartners, Envato. **S. 577:** maxsol7, Envato. **S. 579: oben:** Marco Schmidt, Wikimedia, CC BY-SA 3.0; **unten:** Kristof Zyskowski &Yulia Bereshpolova, CC BY 2.0. **S. 581: oben:** Gerbe et al. (1833-1840); **unten:** picturepartners, Envato. **S. 582: links:** FabrikaPhoto, Envato; **rechts:** ThamKC, Envato. **S. 584: links:** ThamKC, Envato; **rechts oben:** Anonymus; **rechts unten:** Bluesandisland, Envato. **S. 585:** RK1919, Envato. **S. 587: oben links:** picturepartners, Envato; **oben rechts:** sommai, Envato; **unten:** Satura_, Envato. **S. 588: links:** Succu, Wikimedia, CC BY 3.0; **rechts:** Zyance, Wikimedia, CC BY-SA 2.5. **S. 590: oben:** Tomás Castelazo, Wikimedia, CC BY-SA 2.5; **unten:** picturepartners, Envato. **S. 591:** Tackenberg. **S. 593: links:** Lima Andruška, Wikimedia, CC BY-SA 2.0; **rechts:** motghnit, Envato. **S. 595: links:** von Jacquin (1811-1844); Zorn &von Jacquin (1785-1788); Baillon (1866-1895); **rechts:** Alex Popovkin, Wikimedia, CC BY 4.0. **S. 596: links:** Ivar Leidus, Wikimedia, CC BY-SA 4.0; **rechts:** BlackBoxGuild, Envato. **S. 598:** AtlasComposer, Envato. **S. 600:** Gmihail, Wikimedia, CC BY-SA 3.0. **S. 601: links:** andreahast, Envato; **rechts:** spamas, Envato. **S. 603: oben links:** picturepartners, Envato; **oben rechts:** picturepartners, Envato; **unten:** USDA (1872-1948). **S. 604: links:** Tackenberg (Foto); **rechts:** spamas, Envato. **S. 606: oben:** Anonymus, Wikimedia; **unten:** Tackenberg (Foto). **S. 608: links:** Tackenberg (Foto); **rechts:** maxsol7, Envato. **S. 610:** MayFayStudio, Envato. **S. 612:** kjekol, Envato. **S. 614: links:** picturepartners, Envato; **rechts:** maxsol7, Envato. **S. 616:** spamas, Envato. **S. 618:** Tackenberg (Foto). **S. 622: links:** Tackenberg; **rechts:** AntonioGravante, Envato. **S. 624:** seregam, Envato. **S. 626:** Fornax, Wikimedia, CC BY-SA 3.0. **S. 628: links:** xamtiw, Envato; **mittig:** spamas, Envato; **rechts:** sommai, Envato. **S. 629:** vvoennyy, Envato. **S. 631:** W.A. Djatmiko, Wikimedia, CC BY-SA 3.0. **S. 633: links:** Ramesh NG, Wikimedia, CC BY-SA 2.0; **rechts:** spamas, Envato. **S. 634:** AtlasComposer, Envato. **S. 636: oben:** Chalabala, Envato; **unten:** Chalabala, Envato. **S. 637:** natika, Envato. **S. 639: links:** erika8213, Envato; **rechts:** StudioPeace, Envato. **S. 641: oben:** Forbes (1885); **unten:** sommai, Envato. **S. 642:** thanyapatm, Envato. **S. 644:** Mulsant &Verreaux (1874-1877). **S. 645: links:** Safa.daneshvar, Wikimedia, CC BY-SA 3.0; **rechts:** zhaaks, Envato. **S. 647:** Hubertl, Wikimedia, CC BY-SA 4.0. **S. 648: oben:** Tackenberg (Foto); **unten:** YVdavyd, Envato. **S. 650: links:** bowonpats, Envato; **rechts:** spamas, Envato. **S. 652: links:** Tackenberg; **rechts:** digitalr, Envato. **S. 654:** Inna Moody, Wikimedia, CC BY 2.0. **S. 656:** picturepartners, Envato. **S. 658: oben:** Susan Slater, Wikimedia, CC BY-SA 4.0; **unten:** picturepartners, Envato. **S. 660: links:** bowonpats, Envato; **rechts:** Ronald van der Graaf, Wikimedia, CC BY 2.0. **S. 662: oben:** maxsol7, Envato; **unten:** rozum, Envato. **S. 664: oben:** Thamizhpparithi Maari, Wikimedia, CC BY-SA 3.0; **unten:** spamas, Envato. **S. 666:** vmariia, Envato. **S. 668: links:** digitalr, Envato; **rechts:** spamas, Envato. **S. 670: links:** magone, Envato; **rechts:** Sanjay Acharya, Wikimedia, CC BY-SA 3.0. **S. 672: oben:** vvoennyy, Envato; **unten:** vmariia, Envato. **S. 674:** esindeniz, Envato. **S. 676: links:** vvoennyy, Envato; **rechts:** maxsol7, Envato. **S. 678: oben:** Tackenberg (Foto); **unten:** Zenon Sych, Wikimedia, CC BY-SA 4.0. **S. 680: links:** motghnit, Envato; **rechts:** UrosPoteko, Envato. **S. 682: links:** Tackenberg (Foto); **rechts:** Botanische Wandplaten (1870ff). **S. 684: links:** Giancarlo Dessì, Wikimedia, CC BY-SA 3.0; **rechts:** Hansa Andersson, Wikimedia, CC BY-SA 4.0. **S. 686:** Dionisvero, Envato. **S. 688:** maxsol7, Envato. **S. 690: links:** Gmihail, Wikimedia, CC BY-SA 3.0 RS; **rechts:** picturepartners, Envato. **S. 692: links:** Philipp Michel Reichold, CC BY-SA 4.0; **rechts:** Georges Jansoone, Wikimedia, CC BY 2.5. **S. 694: oben:** BreakingTheWalls, Envato; **unten:** FabrikaPhoto, Envato. **S. 695: oben:** Bertramz, Wikimedia, CC BY 3.0; **unten links:** sommai, Envato; **unten rechts:** spamas, Envato. **S. 697: links:** sommai, Envato; **rechts:** sommai, Envato. **S. 699:** vvoennyy, Envato. **S. 701: oben:** vvoennyy, Envato;

unten: sommai, Envato. **S. 703:** vvoennyy, Envato. **S. 705:** Dionisvero, Envato. **S. 707: links:** leungchopan, Envato; **rechts:** leungchopan, Envato. **S. 709: links:** Tackenberg; **rechts:** Brebca, Envato. **S. 711: links:** charlespierre, Wikimedia, CC BY 1.0; **rechts:** Staatsarchiv Bern, Foto: C. Jost., CC BY-SA 4.0. **S. 713: links oben:** maxsol7, Envato; **links unten:** picturepartners, Envato; **mittig und rechts unten:** maxsol7, Envato; **rechts oben:** AtlasComposer, Envato. **S. 715:** alessandrozocc, Envato. **S. 716: oben:** Sturm (1796ff); **Menthol:** ChemSim, Wikimedia; **Carnosol:** Yikrazuul, Wikimedia. **S. 717: links:** Valentini (1719); **rechts:** vvoennyy, Envato. **S. 719:** magone, Envato. **S. 721:** natika, Envato. **S. 723:** maxsol7, Envato. **S. 725: oben:** vmariia, Envato; **unten:** Tackenberg. **S. 727: oben:** vvoennyy, Envato; **unten:** von Schlechtendal (1840ff). **S. 729: links:** Tackenberg; **rechts:** natika, Envato. **S. 731:** Sturm (1796ff). **S. 733: oben:** kovalnadiya, Envato; **unten:** Tackenberg (Foto). **S. 735: links:** Tackenberg; **rechts:** Tackenberg. **S. 737:** natika, Envato. **S. 739: oben:** 小石川人晃, Wikimedia, CC BY-SA 4.0; **unten:** Forest &Kim Starr, Wikimedia, CC BY 3.0. **S. 740: links:** Tackenberg (Foto); **rechts:** xamtiw, Envato. **S. 742:** andreahast, Envato. **S. 744:** rawf8, Envato. **S. 746: links:** digitalr, Envato; **rechts:** vmariia, Envato. **S. 748:** maxsol7, Envato. **S. 750: oben:** Mankar-t, Envato; **unten:** maxsol7, Envato. **S. 752: links:** Tackenberg; **rechts:** Tackenberg. **S. 754: links:** spamas, Envato; **rechts:** magone, Envato. **S. 756:** vvoennyy, Envato. **S. 758:** vvoennyy, Envato. **S. 760: links:** Tricholome, Wikimedia, CC BY-SA 4.0; **rechts:** Tricholome, Wikimedia, CC BY-SA 4.0. **S. 762:** SeDmi, Envato. **S. 764:** picturepartners, Envato. **S. 766: Coffein:** NEUROtiker, Wikimedia; **Theobromin:** NEUROtiker, Wikimedia; **Nicotin:** Jü, Wikimedia. **S. 767: Morphin:** NEUROtiker, Wikimedia; **Kokain:** NEUROtiker, Wikimedia; **Arecolin:** NEUROtiker, Wikimedia; **Cathinon:** Jü , Wikimedia. **S. 768:** Janak Bhatta, Wikimedia, CC BY-SA 4.0. **S. 770:** picturepartners, Envato. **S. 771: oben:** stockimagefactory, Envato; **unten:** sommai, Envato. **S. 773: oben:** Tackenberg; **unten:** LittleIvan, Envato. **S. 776:** Ferdinand Reus, Wikimedia, CC BY-SA 2.0. **S. 778:** Geoff Gallic, CC BY 2.0; Envato; Flo2511, CC BY-SA 3.0.. **S. 780: links:** picturepartners, Envato; **rechts:** cynoclub, Envato. **S. 784:** spamas, Envato. **S. 785:** Kuniyosh (1843), Wikimedia. **S. 787:** leungchopan, Envato. **S. 788: links:** Tackenberg (Foto); **rechts:** freedomnaruk, Envato. **S. 790: oben:** freedomnaruk, Envato; **unten:** sommai, Envato. **S. 791: links:** safakc1, Envato; **rechts:** safakc1, Envato. **S. 793:** von Schlechtendal (1840ff). **S. 794:** jirkaejc, Envato. **S. 796: links oben:** sommai, Envato; **links unten:** Tackenberg (Foto); **rechts unten:** NoShanti, Envato. **S. 797: Alginsäure:** NEUROtiker, Wikimedia; **Carrageen:** Roland Mattern, Wikimedia. **S. 798:** Anonymus, Wikimedia. **S. 799:** Cbrescia, Wikimedia, CC BY-SA 4.0. **S. 801: links:** GV Biotech, Wikimedia, CC BY-SA 3.0; **rechts:** Annamartianova80, Envato. **S. 802:** Carlos Figueroa Rojas, Wikimedia, CC BY-SA 4.0. **S. 804: oben:** picturepartners, Envato; **unten links:** jirkaejc, Envato; **unten rechts:** Marco Antonio Correa Flores, Wikimedia, CC BY-SA 4.0. **S. 805:** Asturio Cantabrio, Wikimedia, CC BY-SA 4.0. **S. 807: links oben:** tyasindayanti, Envato; **rechts oben:** Mumemories, Envato; **unten:** Ladanifer, Envato. **S. 808:** weewendy, Envato. **S. 810: oben links:** 국립국어원, Wikimedia, CC BY-SA 2.0 kr; **oben rechts:** Captaindjo, Wikimedia, CC BY-SA 4.0; **unten:** picturepartners, Envato. **S. 826: Acetylcholin:** NEUROtiker, Wikimedia; **Adenosin:** NEUROtiker, Wikimedia; **Ährchen:** Tackenberg; **Ähre:** Tackenberg. **S. 827: Alginsäure:** NEUROtiker, Wikimedia; **Allantoin:** NEUROtiker, Wikimedia; **Allicin:** Emeldir, Wikimedia; **Alliin:** Jü, Wikimedia; **Allylisothiocyanat:** Emeldir, Wikimedia; **Aminosäure:** Jü, Wikimedia; **Amygdalin:** Yikrazuul, Wikimedia; **α-Linolensäure:** Jü, Wikimedia. **S. 828: Amylopektin:** NEUROtiker, Wikimedia; **Amylose:** Roland Mattern, Wikimedia, CC BY-SA 3.0; **Anethol:** Jü, Wikimedia; **Anisaldehyd:** Yikrazuul, Wikimedia; **Anissäure:** Yikrazuul, Wikimedia; **Anthocyane:** selbst, Wikimedia; **Anthrachinone:** Jü, Wikimedia. **S. 829: Apfelfrucht:** Bollmann (1879-1882); **Äpfelsäure:** NEUROtiker, Wikimedia; **Apigenin:** Koval Maxym, Wikimedia, CC BY-SA 4.0; **Apiin:** Yikrazuul, Wikimedia; **Apiol:** Souna23, Wikimedia; **apokarpes Gynoeceum:** Tackenberg; **Arabinoxylan:** Gimli21, Wikimedia. **S. 830: Arecaidin:** Durfo, Wikimedia; **Arecolin:** NEUROtiker, Wikimedia; **Asparagin:** NEUROtiker, Wikimedia; **Asparaginsäure:** NEUROtiker, Wikimedia; **Asparagusinsäure:** Ben Mills, Wikimedia. **S. 831: Balg:** Tackenberg; **Beere:** Köhler (1883-1898ff), USDA (1872-1948); **Benzaldehyd:** Emeldir, Wikimedia; **Benzoesäure:** NEUROtiker, Wikimedia; **Benzylisothiocyanat:** Ed, Wikimedia; **β-Carotin:** NEUROtiker, Wikimedia. **S. 832: Bergamotene:** Edgar181, Wikimedia; **Bergapten:** Emeldir, Wikimedia; **Betanin:** NEUROtiker, Wikimedia; **Blatt:** Tackenberg. **S. 833: Blattbasis:** Tackenberg; **Blattfolge:** Tackenberg. **S. 834: Blüte (oben):** Tackenberg (Foto); **Blüte (unten):** Tackenberg; **Blütendiagramm:** Tackenberg. **S. 835: Campher:** Jü, Wikimedia; **Cannabidiol:** Jü, Wikimedia. **S. 836: Cannabinoide:** Yikrazuul, Wikimedia; **Capsaicin:** Emeldir, Wikimedia; **Caren:** Jü, Wikimedia; **Carnosol:** Yikrazuul, Wikimedia. **S. 837: Carrageen:** Roland Mattern, Wikimedia; **Carvon:** Jü , Wikimedia; **Caryophyllen:** NEUROtiker, Wikimedia; **Catechine:** Edgar181, Wikimedia; **Cathin:** NEUROtiker, Wikimedia; **Cathinon:** Jü , Wikimedia; **Chalcone:** Yikrazuul, Wikimedia. **S. 838: Chlorogensäure:** Ple210, Wikimedia; **Chlorophyll:** Yikrazuul, Wikimedia; **Cholesterin:** ChemSim, Wikimedia; **Cholin:** NEUROtiker, Wikimedia. **S. 839: Cineol:** NEUROtiker, Wikimedia; **Codein:** NEUROtiker, Wikimedia; **Coffein:** NEUROtiker, Wikimedia; **Convicin:** Anonymus; **Crocetin:** Jü, Wikimedia. **S. 840: Crocin:** Edgar181, Wikimedia; **Cryptoxanthin:** Oks, Wikimedia; **Cucurbitacine:** Ple210, Wikimedia; **Cumarin:** Emeldir, Wikimedia; **Cuminaldehyd:** Yikrazuul, Wikimedia; **Curcumin:** NadirSH, Wikimedia; **Cyanidin-3-O-glucosid:** Yikrazuul, Wikimedia; **Cymol:** NEUROtiker, Wikimedia. **S. 841: Diterpene:** JaCzo, Wikimedia; **Doppeldolde:** Tackenberg. **S. 842: einfaches Blatt:** Tackenberg; **Ellagsäure:** Yikrazuul, Wikimedia; **Epicatechin:** NEUROtiker, Wikimedia; **Epigallocatechingallat:** Su-no-G, Wikimedia. **S. 843: Erucasäure:** Edgar181, Wikimedia; **Ester:** Dschanz, Wikimedia; **Estragol:** Sponk, Wikimedia; **Ethylen:** McMonster, Wikimedia; **Eugenol:** NEUROtiker, Wikimedia. **S. 844: Ferulasäure:** Calvero, Wikimedia; **Fette:** Roland.chem, Wikimedia; **fiedernervig:** Tackenberg; **fiederspaltig:** Tackenberg; **fingerförmig geteilte Spreite:** Tackenberg; **Flavonoide:** Calvero, Wikimedia; **Fruchtblatt:** Tackenberg. **S. 845: Früchtchen:** Tackenberg; **Fruchtverband:** Tackenberg; **Fructose:** NEUROtiker, Wikimedia; **Fucoidan:** Anonymus; **Fucoxanthin:** Zyirkon, Wikimedia; **Furocumarine:** Emeldir, Wikimedia; **gabelnervig:** Tackenberg; **Galactomannane:** Edgar181, Wikimedia. **S. 846: Gallate:** Su-no-G, Wikimedia; **gefiederte Spreite:** Tackenberg; **gegenständige Blattstellung:** Tackenberg; **gelappte Spreite:** Tackenberg. **S. 847: gezähnter Blattrand:** Tackenberg; **Gingerole:** Bert. Kilanowski, Wikimedia; **Glucane:** NEUROtiker, Wikimedia; **Glucocochlearin:** Anonymus; **γ-Linolensäure:** Edgar181, Wikimedia. **S. 848: Glucose:** ChemSim, Wikimedia; **Glutamat:** NEUROtiker, Wikimedia; **Glycoside:** Yikrazuul, Wikimedia. **S. 849: Guanosinmonophosphat:** NEUROtiker, Wikimedia; **Guaran:** Yikrazuul, Wikimedia; **Hagebutte:** von Schlechtendahl (1840ff); **handförmig gelappte Spreite:** Tackenberg. **S. 850: heterochlamydeische Blüte:** Tackenberg; **Hexylbutyrat:** Tpa2067, Wikimedia; **Histamin:** NEUROtiker, Wikimedia; **Hülse:** Lindman (1901-1905ff), Sturm (1796ff); **Humulon:** Yikrazuul, Wikimedia. **S. 851: Hydroxybenzaldehyde:** Yikrazuul, Wikimedia; **Hydroxybenzylisothiocyanat:** Anagkai, Wikimedia; **Hydroxyzimtsäuren:** Roland Mattern, Wikimedia; **Inulin:** NEUROtiker, Wikimedia. **S. 852: Iridoide:** Chodulik, Wikimedia; **Isoalliin:** Jü, Wikimedia; **Isoflavone:** NEUROtiker, Wikimedia; **Isopren:** Jü, Wikimedia; **Isoquercetin:** Yikrazuul, Wikimedia; **Isothiocyanate:** Jü, Wikimedia; **Kaempferol:** Yikrazuul, Wikimedia; **Kaffeesäure:** NEUROtiker, Wikimedia. **S. 853: Kapsel:** Tackenberg; **Karyopse:** Universität Göttingen, CC BY-SA 4.0; **Ketone:** Jü, Wikimedia; **Klause:** Tackenberg. **S. 854: Kokain:** NEUROtiker, Wikimedia; **Kolben:** Tackenberg; **Köpfchen:** Tackenberg; **Körbchen:** Tackenberg. **S. 855:**

Laminarin: Jü, Wikimedia; **längliche Spreite:** Tackenberg; **lanzettliche Spreite:** Tackenberg; **Laurinsäure:** NEUROtiker, Wikimedia; **Ligula:** Tackenberg; **Limonen:** ChemSim, Wikimedia; **Linalool:** ChemSim, Wikimedia. **S. 856: lineale Spreite:** Tackenberg; **Linolsäure:** Jü, Wikimedia; **Lupulon:** Ed, Wikimedia; **Lutein:** Yikrazuul, Wikimedia; **Luteolin:** Yikrazuul, Wikimedia; **Lycopin:** Roland Mattern, Wikimedia; **Lysin:** NEUROtiker, Wikimedia. **S. 857: Mannit:** Roland Mattern, Wikimedia; **mehrfach gefiederte Spreite:** Tackenberg; **Menthol:** Meinichselbst, Wikimedia; **Menthon:** Jü, Wikimedia; **Methiin:** Kreuz Elf, Wikimedia, CC BY-SA 4.0. **S. 858: Methionin:** NEUROtiker, Wikimedia; **mittelständiger Fruchtknoten:** Tackenberg; **Morphin:** NEUROtiker, Wikimedia; **Myrcen:** Jü, Wikimedia; **Myricetin:** Fuse809, Wikimedia; **Myristicin:** NEUROtiker, Wikimedia. **S. 859: Myristinsäure:** NEUROtiker, Wikimedia; **Naphthochinone:** Emeldir, Wikimedia; **Nicotin:** Jü, Wikimedia. **S. 860: Nitrat:** Ben Mills, Wikimedia; **Nuss:** Köhler (1883-1898ff); **oberständiger Fruchtknoten:** Tackenberg; **Oleanolsäure:** Edgar181, Wikimedia; **Ölsäure:** Jü, Wikimedia. **S. 861: Oxalsäure:** NEUROtiker, Wikimedia; **Palmitinsäure:** NEUROtiker, Wikimedia; **Palmitoleinsäure:** Jü, Wikimedia; **Panzerbeere:** Tackenberg; **parakarper Fruchtknoten:** Tackenberg. **S. 862: parallelnervig:** Tackenberg; **Pektine:** NEUROtiker, Wikimedia; **Perigon:** Tackenberg; **pfeilförmige Spreite:** Tackenberg; **Phenole:** NEUROtiker, Wikimedia. **S. 863: Phenolsäuren:** Roland Mattern, Wikimedia; **Phthalide:** Anagkai, Wikimedia; **Phycoerythrin:** NEUROtiker, Wikimedia; **Phytinsäure:** Yikrazuul, Wikimedia. **S. 864: Pinene:** NEUROtiker, Wikimedia; **Pinitol:** Yikrazuul, Wikimedia; **Piperin:** NEUROtiker, Wikimedia. **S. 865: Propanthial-S-oxid:** Jü, Wikimedia; **Pyrazine:** Jü, Wikimedia; **radiärsymmetrische Blüte:** Tackenberg; **Ranke:** Tackenberg. **S. 866: rautenförmige Spreite:** Tackenberg; **Resveratrol:** Fvasconcellos, Wikimedia; **Rispe:** Tackenberg; **Rosettenpflanze:** Tackenberg; **Rosmarinsäure:** Calvero, Wikimedia. **S. 867: Saccharose:** NEUROtiker, Wikimedia; **Safrol:** NEUROtiker, Wikimedia; **Sammelbeerenfrucht:** Tackenberg; **Sammelnussfrucht:** Tackenberg; **Sammelsteinfrucht:** Tackenberg. **S. 868: Schirmrispe:** Tackenberg; **Schmetterlingsblüte:** Sturm (1796ff). **S. 869: Senfölglycoside:** FranziskaSH, Wikimedia; **Sesquiterpenlactone:** charlesy, Wikimedia; **Shikimisäure:** Xplus1, Wikimedia; **Sinigrin:** Yikrazuul, Wikimedia; **Sitosterol:** Jü, Wikimedia. **S. 870: Solanin:** Anagkai, Wikimedia; **Sorbinsäure:** NEUROtiker, Wikimedia; **Sorbitol:** NEUROtiker, Wikimedia; **Spaltfrucht:** Tackenberg; **spatelförmige Spreite:** Tackenberg; **spießförmige Spreite:** Tackenberg; **spiralige Blüte:** Tackenberg. **S. 871: Squalen:** TSOL, Wikimedia; **Stachyose:** Yikrazuul, Wikimedia; **Stärke:** NEUROtiker, Wikimedia; **Staubblatt:** Tackenberg. **S. 872: Stearinsäure:** NEUROtiker, Wikimedia; **Steinfrucht:** von Schlechtendal (1840ff); Sturm (1796ff); Köhler (1883-1898ff); **Sterine:** Roland Mattern, Wikimedia. **S. 873: synkarper Fruchtknoten:** Tackenberg; **Terpinen:** NEUROtiker, Wikimedia. **S. 874: Theobromin:** NEUROtiker, Wikimedia; **Theophyllin:** NEUROtiker, Wikimedia; **Thymol:** NEUROtiker, Wikimedia; **Tocopherole:** Jü, Wikimedia; **Tocotrienole:** Jü, Wikimedia. **S. 875: Traube:** Tackenberg; **Triglyceride:** Jü, Wikimedia; **Tryptophan:** NEUROtiker, Wikimedia. **S. 876: Ulvan:** Anonymus; **Umbelliferon:** Alcibiades, Wikimedia; **unterbrochen gefiederte Spreite:** Tackenberg; **unterständiger Fruchtknoten:** Tackenberg; **Vanillin:** NEUROtiker, Wikimedia; **Veredlung:** Hérincq &Gérard (1870). **S. 877: Violaxanthin:** JaGa, Yikrazuul, Wikimedia; **Vitamin A:** NEUROtiker, Wikimedia; **Vitamin B:** Ayacop, Wikimedia; **Vitamin B_1:** NEUROtiker, Wikimedia; **Vitamin B_2:** Yikrazuul, Wikimedia; **Vitamin B_3:** Mysid, Wikimedia; **Vitamin B_5:** Jü, Wikimedia. **S. 878: Vitamin B_6:** NEUROtiker, Wikimedia; **Vitamin B_7:** Mysid, Wikimedia; **Vitamin B_{12}:** NEUROtiker, Wikimedia; **Vitamin C:** Yikrazuul, Wikimedia; **Vitamin D:** NEUROtiker, Wikimedia; **Vitamin D_2:** Zyirkon, Wikimedia; **Vitamin E:** Jü, Wikimedia. **S. 879: Vitamin K:** NEUROtiker, Wikimedia; **wechselständige Blattstellung:** Tackenberg; **wirtelige Blattstellung:** Tackenberg; **Zeaxanthin:** NEUROtiker, Wikimedia. **S. 880: Zimtaldehyd:** NEUROtiker, Wikimedia; **Zitronensäure:** NEUROtiker, Wikimedia; **Zitrusfrüchte:** Köhler (1883-1898ff); **zygomorphe Blüte:** Tackenberg.

Auswahlbibliografie

Im Rahmen dieses populärwissenschaftlichen Buches kann nicht im Detail auf die verwendete Primärliteratur eingegangen werden, die viele Hundert wissenschaftliche Originalarbeiten, umfangreiche Standardwerke und Tausende von Datenbankabfragen von Online-Ressourcen umfasst.
Der Autor stellt auf Anfrage aber gerne Literaturlisten zur Verfügung, um einzelne Aussagen zu belegen. Im Folgenden wird eine kurze Auswahlbibliografie von fundierten populärwissenschaftlichen Darstellungen, grundlegenden Übersichtswerken und umfangreichen Online-Ressourcen gegeben.

Agroforestree Database (World Agroforestry Centre) (2025). Online-Ressource: apps.worldagroforestry.org/treedb. Letzter Zugriff: 22.7.2025

Belitz, H. D., Grosch, W., & Schieberle, P. (2008). Lehrbuch der Lebensmittelchemie. 6. Auflage. Springer.

Bundeszentrum für Ernährung (2025). Online-Ressource: www.bzfe.de/. Letzter Zugriff: 21.5.2025

CABI-Compendium (Centre for Agriculture and Bioscience International) (2025). Online-Ressource: www.cabidigitallibrary.org/journal/cabicompendium. Letzter Zugriff: 21.5.2025

Deutsche Gesellschaft für Ernährung (2025). Online-Ressource: www.dge.de/. Letzter Zugriff: 21.5.2025

Dixon, B. (1998). Der Pilz, der John F. Kennedy zum Präsidenten machte und andere Geschichten aus der Welt der Mikroorganismen. Spektrum-Verlag.

FAOSTAT (FAO) (2025). Online-Ressource: www.fao.org/faostat/en/. Letzter Zugriff: 21.5.2025

Fleischmann, S. G., Spiegelberger, R. & Guthmann, J. (2023). Enzyklopädie Essbare Wildpflanzen. 2000 Pflanzen Mitteleuropas. 14. Auflage. AT Verlag.

Food and Agriculture Organization of the United Nations (FAO) (2025). Online-Ressource: www.fao.org. Letzter Zugriff: 21.5.2025

Food Composition Databases (FAO) (2025). Online-Ressource: www.fao.org/infoods/infoods/tables-and-databases/faoinfoods-databases/en/. Letzter Zugriff: 21.5.2025

FoodData Central (United States Department of Agriculture) (2025). Online-Ressource: fdc.nal.usda.gov/. Letzter Zugriff: 21.5.2025

Franke, E., Lieberei, R., & Reisdorff, C. (2012). Nutzpflanzen: Botanik, Anbau, Inhaltsstoffe und Nutzung. 8. Auflage. Thieme.

Frohne, D., & Pfänder, H. J. (2005). Giftpflanzen: Ein Handbuch für Apotheker, Ärzte, Toxikologen und Biologen. 5. Auflage. Wissenschaftliche Verlagsgesellschaft.

Harari, Y. N. (2013). Sapiens – Eine kurze Geschichte der Menschheit. Deutsche Verlags-Anstalt.

Herbal medicines (European Medicines Agency) (2025). Online-Ressource: www.ema.europa.eu/en/medicines. Letzter Zugriff: 21.5.2025

IFEU (Hrsg.) (2020). Ökologische Fußabdrücke von Lebensmitteln und Gerichten in Deutschland. Erstellt von Reinhardt, G., Gärtner, S. & Wagner, T. Institut für Energie- und Umweltforschung Heidelberg.

Kiple, K. F. & Ornelas, K. C. (Hrsg.) (2000): The Cambridge World History of Food. Cambridge University Press.

Küster, H. (2003). Kleine Kulturgeschichte der Gewürze. Ein Lexikon von Anis bis Zimt. CH Beck.

Lexikon der Arzneipflanzen und Drogen (Spektrum.de) (2025). Online-Ressource: www.spektrum.de/lexikon/arzneipflanzen-drogen/. Letzter Zugriff: 21.5.2025

Lim, T. K. (Hrsg.) (2012ff): Edible Medicinal And Non-Medicinal Plants. Book Series. Springer Nature.

Mansfeld's World Database of Agricultural and Horticultural Crops (IPK-Gaterleben) (2025). Online-Ressource: mansfeld.ipk-gatersleben.de/. Letzter Zugriff: 21.5.2025

Nationales Inventar Pflanzengenetischer Ressourcen (Bundesanstalt für Landwirtschaft und Ernährung) (2025). Online-Ressource: pgrdeu.genres.de/. Letzter Zugriff: 21.5.2025

Plants Database (United States Department of Agriculture) (2025). Online-Ressource: plants.usda.gov/. Letzter Zugriff: 21.5.2025

Plants for a Future (2025). Online-Ressource: pfaf.org. Letzter Zugriff: 21.5.2025

Plants of the World Online (Kew Royal Botanic Gardens) (2025). Online-Ressource: powo.science.kew.org/. Letzter Zugriff: 21.5.2025

Prance, G. & Nesbitt, M. (Hrsg.) (2004): The Cultural History of Plants. Routledge.

Rätsch, C. (2019). Enzyklopädie der psychoaktiven Pflanzen: Botanik, Ethnopharmakologie und Anwendungen. AT Verlag.

Teuscher, E., Melzig, M. F. & Lindequist, U. (2020). Biogene Arzneimittel. 8. Auflage. Wissenschaftliche Verlagsgesellschaft.

US National Research Council (1989). Lost crops of the Incas: Little-known plants of the Andes with promise for worldwide cultivation. National Academy Press.

Watzl, B., & Leitzmann, C. (2005). Bioaktive Substanzen in Lebensmitteln. 3. Auflage. Hippokrates Verlag.

Wikipedia: Die freie Enzyklopädie (Wikimedia Foundation) (2025). Online-Ressource: de.wikipedia.org/. Letzter Zugriff: 23.7.2025

Wikipedia: The free encyclopedia (Wikimedia Foundation) (2025). Online-Ressource: en.wikipedia.org/. Letzter Zugriff: 23.7.2025

World Flora Online (2025). Online-Ressource: www.worldfloraonline.org/. Letzter Zugriff: 20.7.2025

Yahia, E. M. (Hrsg.) (2018). Fruit and Vegetable Phytochemicals. Chemistry and Human Health. 2 Bände. 2. Auflage. Wiley.

Glossar

Absenker: Absenker sind eine vegetative Vermehrungsmethode, bei der ein Trieb der Mutterpflanze zum Boden gebogen und mit Erde bedeckt wird. An der Kontaktstelle bilden sich Wurzeln und der Trieb kann schließlich als eigenständige Pflanze abgetrennt werden. Diese Methode wird z. B. häufig bei Beerenobst wie Himbeeren und Brombeeren angewendet.

Absinthin: Absinthin (Absinthiin) ist ein Triterpen-Lacton, das zu den Bitterstoffen gehört. Es trägt maßgeblich zum bitteren Geschmack von *Artemisia absinthium* – Wermut bei, aus dem früher das alkoholische Getränk Absinth hergestellt wurde.

Abteilung: Eine Abteilung bezeichnet in der Pflanzensystematik eine große, monophyletische Pflanzengruppe. Der Abteilung übergeordnet ist das Reich, ihr untergeordnet die Klasse. Der wissenschaftliche Name von Abteilungen des Pflanzenreichs endet auf »phyta«, z. B. bei den *Tracheophyta* – Gefäßpflanzen.

α-Carotin: siehe Carotine

Acetogenine: Acetogenine wie z. B. Annonancin sind komplexe Fettsäurederivate, die v. a. in der Pflanzenfamilie der *Annonaceae* – Annonengewächse vorkommen. Sie tragen zum bitteren Aroma der Früchte bei. Sie wirken stark cytotoxisch und werden mit neurodegenerativen Erkrankungen in Verbindung gebracht.

Acetylcholin: Acetylcholin ist ein Neurotransmitter, der die Erregungsübertragung im parasympathischen Nervensystem vermittelt. *Urtica dioica* – Große Brennnessel enthält Acetylcholin in ihren Brennhaaren.

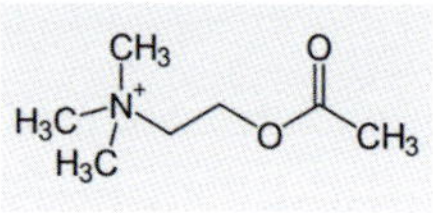

Achäne: Eine Achäne ist eine 1-samige Nuss, die aus 2 Fruchtblättern eines unterständigen Fruchtknotens entsteht (z. B. bei *Matricaria* – Kamille und anderen *Asteraceae* – Korbblütler).

Actinidain: Actinidain (oft fälschlicherweise als Actinidin bezeichnet) ist ein Enzym aus der Gruppe der Cysteinproteasen. Es kommt v. a. in *Actinidia* – Kiwi vor und trägt zum Erweichen des Fruchtfleisches während des Reifeprozesses bei. Das Enzym ist in der Lage, Proteine zu spalten und kann so die Verdauung unterstützen. Actinidain wird in der Lebensmitteltechnologie deshalb gelegentlich genutzt, um die Zartheit von Fleischprodukten zu verbessern. Es kann bei empfindlichen Personen Allergien auslösen.

Adenosin: Adenosin ist ein Nukleosid und Bestandteil bedeutender Moleküle wie ATP, cAMP und RNA. Im menschlichen Körper wirkt es als Neuromodulator und spielt eine wichtige Rolle bei der Regulation des Schlaf-Wach-Rhythmus, der Herzfrequenz sowie der Immunfunktion. Adenosin kommt in allen lebenden Organismen vor, so auch in Pflanzen. *Allium ursinum* – Bärlauch enthält in den Blättern größere Mengen an Adenosin und seinen Derivaten.

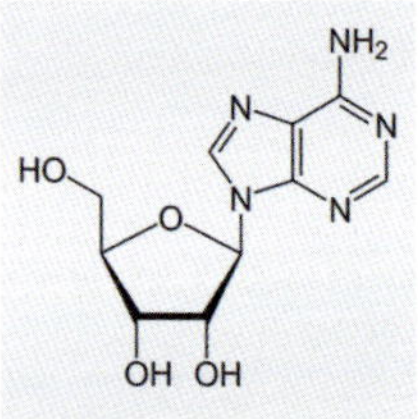

adstringierend: Als adstringierend bezeichnet man den zusammenziehenden, pelzigen Geschmack und das trockene Mundgefühl, das beim Verzehr bestimmter Pflanzenteile auftritt. Diese charakteristische Empfindung entsteht hauptsächlich durch Tannine (Gerbstoffe), die eine Protein-Gerbstoff-Reaktion auslösen: Sie binden sich an Speichelproteine und fällen diese aus, wodurch der Speichel dickflüssiger wird. Adstringenz ist dabei kein Geschmack im eigentlichen Sinne, sondern ein sogenannter »trigeminaler Reiz« – eine Tastempfindung der Mundschleimhäute, die oft mit dem Geschmack der Bitterkeit verbunden ist. Während milde Adstringenz erwünscht sein kann (z. B. bei Rotwein oder Tee), beeinträchtigen stark adstringierende Pflanzenteile den Genuss erheblich.

Agar: Agar ist ein komplexes Polysaccharid (Galactose-Polymer), das aus den Zellwänden von Rotalgen wie *Gelidium* und *Gracilaria* gewonnen wird. Als geschmacklich neutrales Geliermittel (E406) spielt es in der Lebensmittelindustrie eine wichtige Rolle als Stabilisator und Verdickungsmittel. Agar wirkt sich als löslicher Ballaststoff positiv auf die Darmgesundheit aus. Darüber hinaus dient es als wichtigstes Nährmedium in der Mikrobiologie.

Aggregat: Als »Aggregat« (Sammelart, Abkürzung: »agg.«) wird eine Artengruppe bezeichnet, die aus mehreren, meist nur schwer unterscheidbaren Arten besteht (z. B. *Sorbus latifolia* agg. – Bastard-Mehlbeere).

Aglycone: Aglycone sind die nicht-zuckerbasierten Teile von Glycosiden.

Ährchen: Ein Ährchen ist ein ährenartiger Teilblütenstand, der v. a. bei den *Poaceae* – Süßgräser und *Cyperaceae* – Sauergräser zu finden ist. Bei den *Poaceae* sitzen an der Basis des Ährchens typischerweise 2 Hüllspelzen (z. B. bei *Avena sativa* – Saat-Hafer).

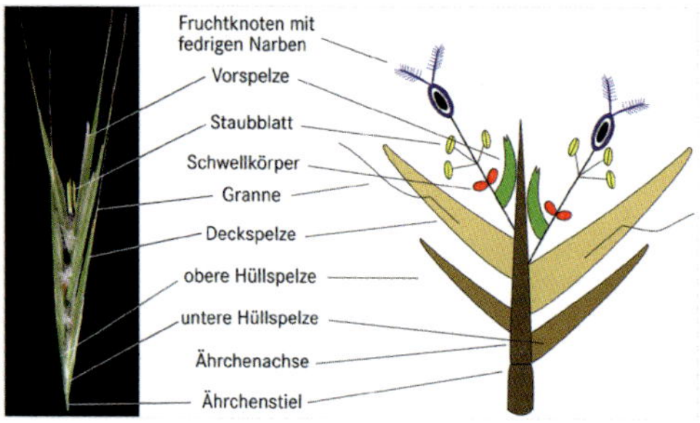

Ährchenachse: Die Ährchenachse ist die Hauptachse eines Ährchens. Bei den *Poaceae* – Süßgräser beginnt die Ährchenachse oberhalb der Hüllspelzen.

Ährchenstiel: Der Ährchenstiel ist der Stiel eines Ährchens. Bei den *Poaceae* – Süßgräser befindet sich der Ährchenstiel unterhalb der Hüllspelzen.

Ähre: Eine Ähre ist ein Blütenstand, in dem die Blüten einzeln und ungestielt an der unverzweigten Hauptachse sitzen (z. B. bei *Plantago major* – Breit-Wegerich) (siehe auch Ährchen, Ährengras).

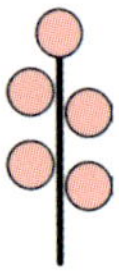

Ährenachse: Die Ährenachse ist die Hauptachse einer Ähre, an der die Blüten (bzw. Ährchen bei Ährengräsern) entspringen.

Ährengras: Ein Ährengras hat einen zusammengesetzten ährenartigen Blütenstand, bei dem sich anstelle der Blüten Ährchen befinden (z. B. bei *Lolium multiflorum* – Vielblütiges Weidelgras).

Ährenrispe: Eine Ährenrispe ist ein Blütenstand, dessen Verzweigungen einer Rispe entsprechen, bei dem die Blütenstiele (bzw. Ährchenstiele) aber so kurz sind, dass er einer Ähre ähnelt (z. B. bei *Phleum pratense* – Wiesen-Lieschgras). Der Begriff »Ährenrispe« wird v. a. bei den *Poaceae* – Süßgräser verwendet.

ALA: siehe α-Linolensäure

Albumine: Albumine sind eine Gruppe von globulären Proteinen, die in Pflanzen vorkommen. Sie haben eine hohe Löslichkeit in Wasser und sind hitzeempfindlich. Albumine spielen eine wichtige Rolle als Speicherproteine in Samen, wie z. B. Getreidekörnern oder Hülsenfrüchten. Albumine sind eine wertvolle Quelle für essenzielle Aminosäuren. Nach dem Verzehr werden sie im Darm zu einzelnen Aminosäuren abgebaut und stehen dann dem Körper zum Aufbau körpereigener Proteine zur Verfügung.

Alginate: Alginate sind Salze der Alginsäure. In den Zellwänden der Braunalgen liegen v. a. Calcium- und Magnesiumalginate vor.

Alginsäure: Alginsäure kommt als Calcium- und Magnesiumalginat in den Zellwänden

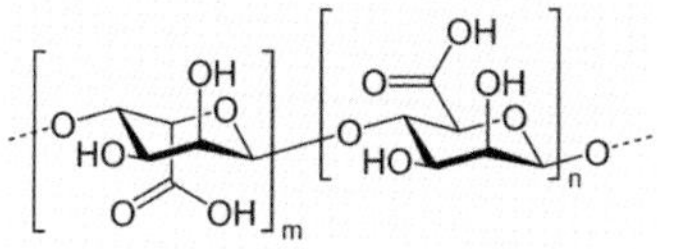

von *Phaeophyceae* – Braunalgen vor. Es handelt sich um ein komplexes Polysaccharid, das aus Abfolgen von Mannuronsäure und Guluronsäure besteht. Alginsäure und ihre Salze, die Alginate, finden breite Anwendung als Verdickungsmittel und Stabilisatoren in der Lebensmittelindustrie. Sie können die Viskosität erhöhen, Emulsionen und Schäume stabilisieren und die Textur verbessern. Im menschlichen Verdauungstrakt wirkt Alginsäure als unverdaulicher Ballaststoff.

α-Linolensäure: Die α-Linolensäure (ALA, kurz Linolensäure) ist eine mehrfach ungesättigte Omega-3-Fettsäure. Sie ist für den Menschen essenziell, kann also nicht selbst

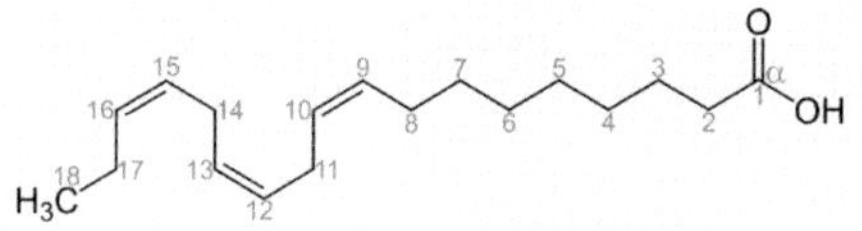

gebildet werden. ALA wird in geringem Umfang zu den anderen langkettigen Omega-3-Fettsäuren umgewandelt und ist daher für die Funktion von Herz, Gehirn und Augen von Bedeutung. Gute pflanzliche Quellen für ALA sind *Perilla frutescens*, *Linum usitatissimum* – Lein, *Salvia hispanica* – Mexikanische Chia, *Juglans regia* – Echte Walnuss und aus den genannten Samen bzw. Früchten gewonnene Öle.

Aliphatische Ester: Aliphatische Ester entstehen durch die Verbindung von Carbonsäuren mit Alkoholen. Sie verleihen vielen Früchten und Pflanzen ihre Geschmacks- und Duftnoten, darunter *Malus domestica* – Apfel, *Fragaria* – Erdbeere und *Prunus persica* – Pfirsich. Viele aliphatische Ester besitzen süßliche, fruchtige Aromen. Sie werden im menschlichen Körper durch Enzyme gespalten.

Alkaloide: Alkaloide sind eine große Gruppe komplexer organischer Verbindungen, die mindestens ein Stickstoffatom in einem heterozyklischen Ring enthalten. Sie kommen in vielen Pflanzen vor und dienen u. a. als Schutz vor Pflanzenfressern. Bekannte Beispiele sind Nicotin in Tabak, Coffein in Kaffee, Theobromin in Kakao und Capsaicin in Chili. Einige Alkaloide haben starke pharmakologische Wirkungen auf den menschlichen Körper. In geringen Dosen werden sie als Arzneistoffe eingesetzt, in höherer Dosierung sind viele giftig.

Allantoin: Allantoin ist ein Abbauprodukt der Purinsynthese und kommt in vielen Pflanzen vor, u. a. in der Wurzel von *Symphytum officinale* – Gewöhnlicher Beinwell. Es handelt sich um ein Harnstoff-

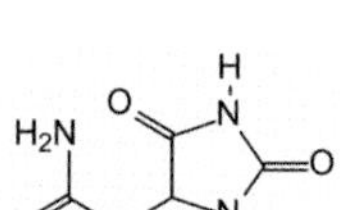

derivat mit wundheilungsfördernden und zellerneuernden Eigenschaften. In Pflanzen wirkt es als Wachstumsregulator und Schutzsubstanz. Allantoin wird im Darm kaum aufgenommen. In der Kosmetik wird Allantoin in Cremes und Lotionen eingesetzt, um die Haut zu beruhigen und Reizungen zu lindern.

Allicin: Allicin ist ein schwefelhaltiges Thiosulfinat, das v. a. in *Allium sativum* – Knoblauch

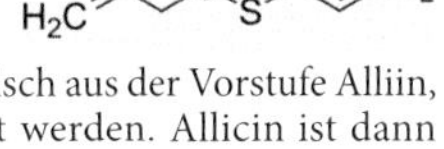

vorkommt. Es entsteht enzymatisch aus der Vorstufe Alliin, wenn Knoblauchzellen verletzt werden. Allicin ist dann hauptverantwortlich für den charakteristischen Geruch und Geschmack von Knoblauch. Es hat antimikrobielle und cholesterinsenkende Wirkungen. Bei Erhitzung zerfällt es in mehrere Folgeprodukte.

Alliin: Alliin ist eine nicht-proteinogene Aminosäure, die als geruchlose Vorstufe von Allicin in *Allium sativum* – Knoblauch vorkommt. Nach Verletzung der Zellen wird Alliin durch das Enzym Alliinase in Allicin umgewandelt, welches für den typischen Knoblauchgeruch verantwortlich ist.

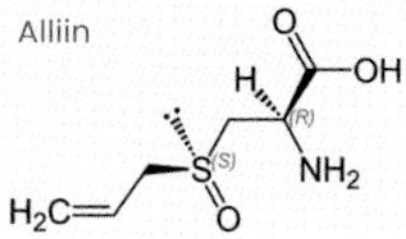

Allylisothiocyanat: Allylisothiocyanat bildet sich bei der enzymatischen Umsetzung des Senfölglycosids Sinigrin

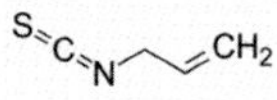

und ist für den scharfen Geschmack und Geruch von *Brassica* – Senf, *Armoracia rusticana* – Meerrettich und *Eutrema japonicum* – Wasabi verantwortlich. Es wirkt antimikrobiell, durchblutungsfördernd und schmerzstillend. In geringen Mengen als Gewürz verzehrt, regt es die Durchblutung an, fördert die Bildung von Speichel und Magensaft und erleichtert so die Verdauung fetter Speisen. In höheren Konzentrationen reizt es Schleimhäute und Haut und kann bei empfindlichen Personen allergische Reaktionen auslösen. Die Verbindung wird wegen ihrer fungiziden Wirkung auch als Pflanzenschutzmittel eingesetzt.

Allylpyrocatechol: 4-Allylpyrocatechol ist ein Phenylpropanoid, das in *Piper betle* – Betelpfeffer vorkommt. Allylpyrocatechol hat antioxidative und entzündungshemmende Eigenschaften. In Studien zeigte es eine potenziell krebsschützende Wirkung.

Amarogentin: Amarogentin ist ein außergewöhnlich intensiver Bitterstoff aus der Gruppe der Secoiridoid-Glycoside. Es kommt v. a. in *Gentiana lutea* – Gelber Enzian vor und gilt als einer der bittersten natürlichen Stoffe: Amarogentin wird noch in Verdünnungen von 1:50.000 als bitter wahrgenommen. Es wirkt nicht nur über Bitterrezeptoren im Mundraum, sondern im gesamten Verdauungstrakt und kann so die Magensaftsekretion anregen. Neuere Forschungen deuten auf potenzielle antioxidative, leberschützende und antidiabetische Wirkungen hin.

Amide: siehe Säureamide

Aminosäure: Aminosäuren sind die Grundbausteine der Proteine und essenziell für den menschlichen Stoffwechsel. Sie bestehen aus einem Kohlenstoffgerüst mit einer Aminogruppe und einer Carboxygruppe. Es gibt 22 Aminosäuren, die im genetischen Code festgelegt sind. Davon kommen in Eukaryoten typischerweise 20 in Proteinen vor (proteinogene Aminosäuren). 9 Aminosäuren sind für den Menschen essenziell und müssen mit der Nahrung aufgenommen werden. Außerdem gibt es ± 900 nicht im genetischen Code kodierte Aminosäuren, die im Aminosäure-Stoffwechsel und bei der Proteinbiosynthese eine wichtige Rolle spielen. Davon kommen > 140 auch in Proteinen vor.

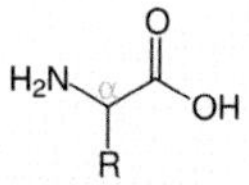

Grundstruktur einer α-Aminosäure mit der Seitenkette (R) am zweiten Kohlenstoffatom

Aminosäureprofil: Das Aminosäureprofil beschreibt die qualitative und quantitative Zusammensetzung der in einem Protein enthaltenen Aminosäuren. Für die menschliche Ernährung ist besonders das Vorkommen der essenziellen Aminosäuren von Bedeutung, da der Körper diese nicht selbst synthetisieren kann. Ein vollständiges Aminosäureprofil mit allen 9 essenziellen Aminosäuren findet sich z. B. in *Glycine max* – Soja, *Chenopodium quinoa* – Quinoa, *Amaranthus* – Amarant und *Cannabis sativa* – Hanf.

Amygdalin: Amygdalin ist ein Blausäureglycosid, welches in den Kernen von Steinobst wie Aprikosen, Pflaumen und

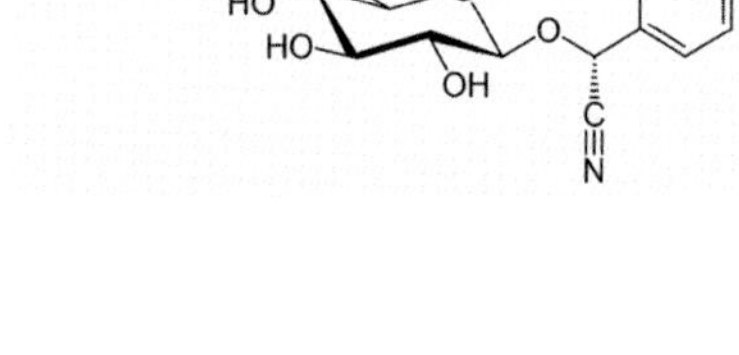

Mandeln vorkommt. Im Körper wird es zu giftiger Blausäure und Benzaldehyd abgebaut. Letzteres ist für den charakteristischen Bittermandelgeruch verantwortlich. Insbesondere Bittermandeln enthalten hohe Mengen an Amygdalin und sollten deshalb in rohem Zustand nicht verzehrt werden.

Amylopektin: Amylopektin ist neben Amylose eines der beiden Hauptbestandteile von Stärke. Es macht 70–80 % des Stärkekorns aus und ist ein stark verzweigtes Polysaccharid

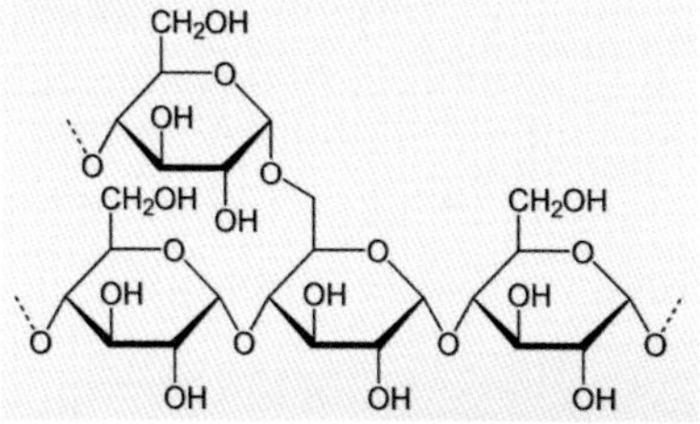

aus Glucose-Einheiten. Amylopektin ist in kaltem Wasser kaum löslich und quillt auf. Im Körper wird es schnell zu Glucose abgebaut, was zu einem hohen glykämischen Index führt.

Amylose: Amylose ist neben Amylopektin einer der beiden Hauptbestandteile von Stärke und macht 20–30 % des Stärkekorns aus. Amylose ist eine lineare Kette aus α-1,4-glycosidisch verknüpften Glucosemolekülen. Im Körper wird sie deutlich langsamer verdaut als das verzweigte Amylopektin, was zu einem niedrigeren glykämischen Index

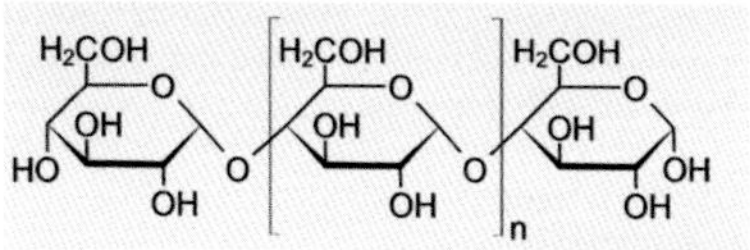

führt. Amylose kommt wie Amylopektin in stärkehaltigen Pflanzenteilen wie Getreidekörnern, Kartoffeln und Hülsenfrüchten vor. Amylose-Lösungen bilden bei Abkühlung Gele, weshalb amylosehaltige Stärken häufig als Geliermittel verwendet werden.

Anabsinthin: Anabsinthin ist ein Sesquiterpenlacton, das in *Artemisia absinthium* – Wermut vorkommt. Die kristalline Verbindung verleiht der Pflanze ihren außergewöhnlich intensiven, anhaltend bitteren Geschmack. Der Bitterstoff stimuliert die Produktion von Verdauungssäften und kann bei Verdauungsbeschwerden hilfreich sein. In höheren Konzentrationen kann Anabsinthin toxische Eigenschaften aufweisen.

Anacardöl: Anacardöl ist eine komplexe Mischung phenolischer Lipide, v. a. Cardol und Anacarsäure, die aus der Schale von *Anacardium occidentale* – Cashewbaum gewonnen wird. Es gehört zu den Alkylphenolen und ist im rohen Zustand stark hautreizend. Die Samen und unraffiniertes Öl enthalten Urushiole, die eine Kontaktdermatitis verursachen können. Sowohl das raffinierte Öl der Cashewschalen (CNSL), welches durch Hitzebehandlung entgiftet wurde, als auch die im Handel erhältlichen Cashewnüsse sind bereits entgiftet.

Anacardsäuren: Anacardsäuren sind eine Gruppe von phenolischen Lipiden, die v. a. in den Früchten von *Anacardium occidentale* – Cashewbaum vorkommen. Die bekannteste ist die Anacardinsäure, die für die hautreizende Wirkung des Cashewöls verantwortlich ist. Außerdem finden sich Anacardsäuren auch im Wachs der Schalen von *Mangifera indica* – Mango und in geringeren Konzentrationen in *Pistacia vera* – Echte Pistazie. In hohen Konzentrationen können Anacardsäuren starke allergische Reaktionen auslösen. In geringen Dosen werden ihnen aber auch entzündungshemmende und antimikrobielle Eigenschaften zugeschrieben.

Androeceum: Als Androeceum wird die Gesamtheit der Staubblätter einer Blüte bezeichnet.

Anethol: Anethol ist der Hauptaromastoff in den Früchten von *Pimpinella anisum* – Anis, *Illicium verum* – Echter Sternanis und *Foeniculum vulgare* – Fenchel. Es gibt 2 Stereoisomere, die in der Natur beide vorkommen. Anethol gehört zur Gruppe der Phenylpropanoide und ist eine farblose, ölige Flüssigkeit mit süßlichem Anisgeruch und -geschmack. Anethol hat entkrampfende, schleimlösende und antibakterielle Eigenschaften. Es fördert die Verdauung und wirkt beruhigend auf den Magen-Darm-Trakt. In der Lebensmittelindustrie wird es als Aromastoff verwendet. In hohen Dosen kann Anethol neurotoxisch wirken oder allergische Reaktionen hervorrufen.

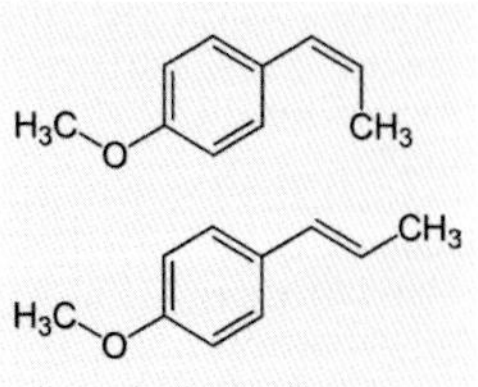

oben: cis-Anethol;
unten: trans-Anethol

Angiospermae: siehe Bedecktsamer

Anisaldehyd: Anisaldehyd hat einen intensiven Anisgeruch und ist der Hauptaromastoff in *Illicium verum* – Echter Sternanis. In geringen Konzentrationen kommt die Verbindung auch in den ätherischen Ölen von *Pimpinella anisum* – Anis und *Foeniculum vulgare* – Fenchel vor. Anisaldehyd hat ein leicht süßliches und würziges Aroma. In hohen Konzentrationen wirkt es reizend. Er wird als Duftstoff in der Parfümindustrie und als Aromastoff in Lebensmitteln eingesetzt und heute auch synthetisch hergestellt.

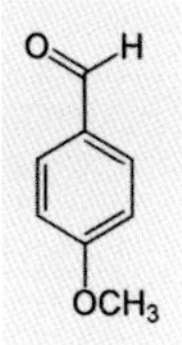

Anissäure: Anissäure ist eine aromatische Carbonsäure mit schwach süßlichem Geruch, die in 3 Isomeren vorkommt, die z. T. auch unterschiedlich benannt werden. Sie kommt in geringen Mengen in Früchten von *Pimpinella anisum* – Anis und *Vanilla* – Vanille vor. Anissäure und ihre Ester werden als Aroma- und Duftstoffe verwendet. Anissäure ist in hohen Dosen reizend für Haut und Schleimhäute.

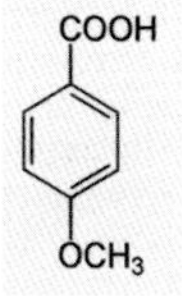

Annonacin: Annonacin ist ein lipophiles Molekül, das zu den Acetogeninen zählt. Es kommt besonders reichhaltig in *Annona muricata* – Stachelannone vor. Annonacin zeigt eine starke Wirkung gegen Krebszellen. Bei hohem Konsum könnte allerdings ein erhöhtes Risiko für neurodegenerative Erkrankungen bestehen.

annuelle Pflanze: siehe einjährige Pflanze

Anthere: siehe Staubbeutel

Anthocyane: Anthocyane (Anthocyanine) sind Pflanzenfarbstoffe aus der Gruppe der Flavonoide, deren Grundstruktur ein Flavylium-Kation ist. Sie verleihen Blüten, Früchten und Blättern eine rote, violette oder blaue Färbung. Die Farbe der Anthocyane variiert dabei je nach pH-Wert: in saurem Milieu erscheinen sie rot, in neutralem violett und in basischem blau bis grünlich. Besonders anthocyanreiche Pflanzen sind *Vaccinium myrtillus* – Heidelbeere, *Vaccinium vitis-idaea* – Preiselbeere, *Sambucus nigra* – Holunderbeeren, Rote Weintrauben (*Vitis vinifera*), *Brassica oleracea* convar. *capitata* f. *rubra* – Rotkohl. Anthocyane wirken als Antioxidantien. Einige Studien deuten auf positive Effekte für die Gesundheit hin, wie eine Verringerung des Risikos für Herz-Kreislauf-Erkrankungen.

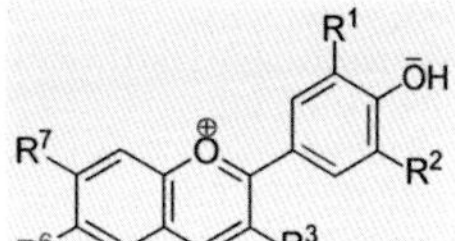

Flavylium-Kation

Anthrachinone: Die Grundstruktur von Anthrachinonen wird von Anthrachinon gebildet, welches aus 3 miteinander verbundenen Benzolringen besteht. Anthrachinone kommen z. B. in den

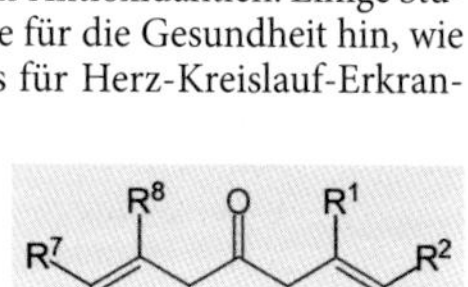

Blättern von *Aloe vera* – Echte Aloe und *Rheum rhabarbarum* – Gewöhnlicher Rhabarber oder in der Rinde von *Frangula alnus* – Echter Faulbaum vor. Anthrachinone haben eine abführende Wirkung, indem sie die Darmbewegung anregen und die Wasserausscheidung in den Darm fördern. In hohen Dosen können sie Nebenwirkungen wie Krämpfe und Durchfall verursachen.

Antinährstoffe: siehe antinutritive Substanzen

antinutritive Substanzen: Antinutritive Substanzen können die Aufnahme und Verwertung von Nährstoffen beeinträchtigen. Dazu gehören z. B. Lektine, Phytate, Oxalate und Proteaseinhibitoren. Sie kommen u. a. in Hülsenfrüchten, Nüssen, Samen und Getreide vor. In hohen Konzentrationen können antinutritive Substanzen die Verdauung stören und die Bioverfügbarkeit von Mineralstoffen verringern. Durch geeignete Verarbeitungsmethoden wie Kochen, Keimen oder Fermentieren lässt sich der Gehalt oft reduzieren bzw. die Stoffe neutralisieren.

Antioxidantien: Antioxidantien sind Substanzen, die oxidativen Stress im Körper verringern können, indem sie freie Radikale neutralisieren. Sie kommen in vielen Obst- und Gemüsesorten sowie Gewürzen vor, besonders in farbigen Pflanzenteilen. Oxidativer Stress wird mit verschiedenen Krankheiten wie Herz-Kreislauf-Erkrankungen, Diabetes und Krebs in Verbindung gebracht. Zu den pflanzlichen Antioxidantien zählen v. a. sekundäre Pflanzenstoffe wie Polyphenole (z. B. Flavonoide), Carotinoide, Vitamin C und Anthocyane. Eine ausgewogene Ernährung mit einem hohen Anteil pflanzlicher Lebensmittel versorgt den Körper mit Antioxidantien. Die Wirksamkeit von Antioxidantien ist dosisabhängig und folgt oft einer glockenförmigen Kurve, wobei sowohl zu niedrige als auch zu hohe Dosen weniger wirksam oder sogar schädlich sein können.

Apfelfrucht: Eine Apfelfrucht besteht aus 2–5 Fruchtblättern, die *nicht* untereinander, aber mit der Innenwand des krugförmigen Blütenbodens verwachsen sind. Der Blütenboden von Apfelfrüchten vergrößert sich während der Fruchtreife, wird fleischig und schließt dann die Fruchtblätter ein. Das Fruchtfleisch wird somit vom Blütenboden gebildet, während die Fruchtblätter ein 5-fächriges Kerngehäuse bilden, in dem die Samen sitzen (z. B. bei *Malus domestica* – Kultur-Apfel, *Pyrus communis* – Kultur-Birne, *Sorbus aucuparia* – Vogelbeere und anderen *Rosaceae* – Rosengewächse).

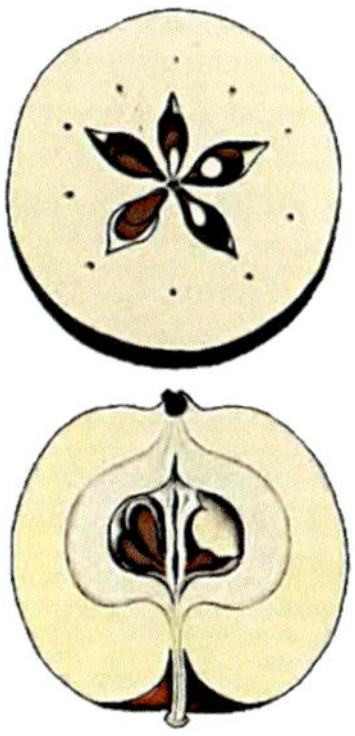

Apfelsäure: siehe Äpfelsäure

Äpfelsäure: Äpfelsäure ist eine organische Säure, die in vielen Früchten und Gemüsesorten vorkommt. Äpfelsäure trägt zum erfrischend sauren Geschmack von *Malus* – Äpfeln, *Ribes uva-crispa* – Stachelbeeren, *Rheum* – Rhabarber und vielen anderen Lebensmitteln bei. Sie spielt eine zentrale Rolle im Citratzyklus bei der Energiegewinnung in den Zellen. Als Lebensmittelzusatzstoff E296 dient Äpfelsäure als Säuerungsmittel und Antioxidationsmittel.

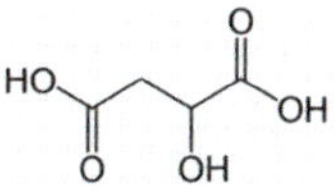

Apigenin: Apigenin ist ein Flavon und kommt in vielen Obst- und Gemüsesorten vor, z. B. in *Petroselinum crispum* – Petersilie, *Apium graveolens* – Sellerie, *Matricaria chamomilla* – Echte Kamille, *Salvia officinalis* – Echter Salbei und in den Schalen von *Citrus × aurantium* – Orange. In Pflanzen fungiert es als Wachstumsregulator und Schutz vor UV-Strahlung. In Laborstudien zeigte Apigenin entzündungshemmende, antioxidative und krebshemmende Eigenschaften. Neuere Studien weisen auch auf mögliche nervenschützende Wirkungen hin.

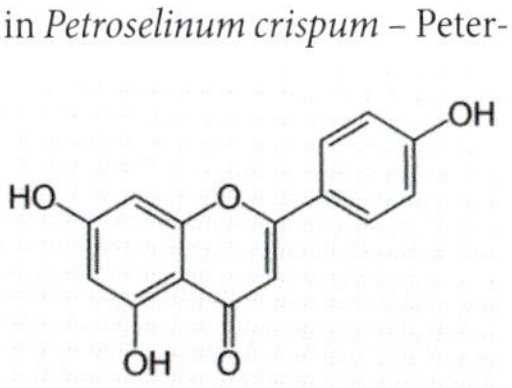

Apiin: Apiin (Apiosid) ist ein Flavonoid-Glycosid und besteht aus dem Flavon Apigenin und dem Zucker Apiose. Besonders hohe Konzentrationen finden sich in *Apium graveolens* – Sellerie, es kommt aber auch in anderen *Apiaceae* – Doldenblütler vor. Apiin besitzt antioxidative und entzündungshemmende Eigenschaften.

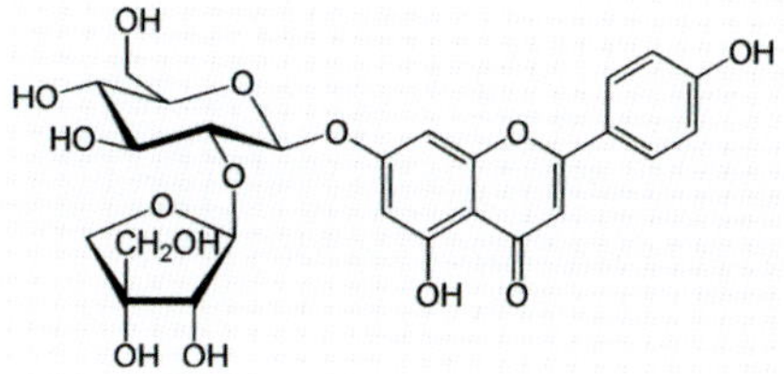

Apiol: Apiol ist ein ätherisches Öl, das v. a. in *Apiaceae* – Doldengewächse wie *Petroselinum crispum* – Petersilie oder *Apium graveolens* – Sellerie vorkommt. In hohen Dosen kann es giftig sein und Symptome wie Krämpfe, Lähmungen und Organschäden hervorrufen. In der Vergangenheit wurde der Stoff als Abtreibungsmittel verwendet, was zu schweren Vergiftungen und Todesfällen führte. In den Mengen, die bei normaler Verwendung als Küchenkraut vorkommen, ist Apiol jedoch unbedenklich.

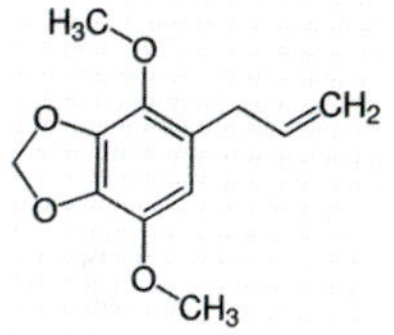

Apiosid: siehe Apiin

apokarper Fruchtknoten: siehe apokarpes Gynoeceum

apokarpes Gynoeceum: Bei einem apokarpen (chorikarpen) Gynoeceum sind die Fruchtblätter frei, d. h. nicht miteinander verwachsen: entweder findet sich in der Blüte nur ein 1-blättriger Fruchtknoten (z. B. bei *Consolida* – Rittersporn) oder es gibt mehrere, *nicht* miteinander verwachsene Fruchtblätter, aus denen einzeln ausgebreitete Diasporen entstehen (z. B. bei *Geum urbanum* – Gewöhnliche Nelkenwurz) (siehe auch coenokarpes Gynoeceum).

Arabinoxylane: Arabinoxylane gehören zu den Hemizellulosen und kommen besonders reichlich in Getreide vor. Sie befinden sich dort v. a. in den Zellwänden der äußeren Kornschichten und verleihen Vollkornprodukten ihre charakteristische faserige Struktur. Die Kohlenhydrate bestehen aus Xylose-Ketten mit angelagerten Arabinose-Einheiten. Sie wirken als präbiotische Ballaststoffe, fördern die Darmgesundheit und können den Cholesterinspiegel senken. Durch seine wasserbindende Wirkung fördert Arabinoxylan zudem ein lang anhaltendes Sättigungsgefühl.

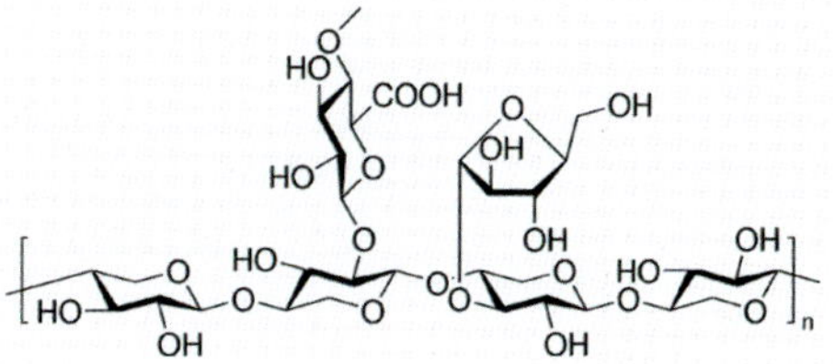

Arbutin: β-Arbutin ist ein Phenolglycosid, das aus Glucose und Hydrochinon besteht. Das Glycosid kommt z. B. in *Arctostaphylos uva-ursi* – Bärentraube, *Vaccinium vitis-idaea* – Preiselbeere und *Pyrus communis* – Birne vor. Arbutin wirkt antimikrobiell. Es besitzt harntreibende und entzündungshemmende Eigenschaften.

Archäophyt: Als Archäophyten werden Pflanzen bezeichnet, die in einem Gebiet *nicht* einheimisch sind, sondern durch den Menschen *vor* 1492 dorthin gebracht wurden (z. B. gilt *Centaurea cyanus* – Kornblume in Deutschland als Archäophyt). Je nach Einbürgerungsgrad unterscheidet man Agriophyten, Epökophyten und Ephemerophyten (siehe auch Neophyten, invasive Arten).

Arecaidin: Arecaidin ist ein Alkaloid, das in der Frucht von *Areca catechu* – Betelnusspalme vorkommt. Regelmäßiger Konsum wird mit einem erhöhten Risiko für Mund-, Rachen- und Speiseröhrenkrebs in Verbindung gebracht. In Südostasien wird die Betelnuss dennoch traditionell als Genussmittel gekaut, wobei Arecaidin zusammen mit anderen Alkaloiden eine leicht euphorisierende und anregende Wirkung entfaltet.

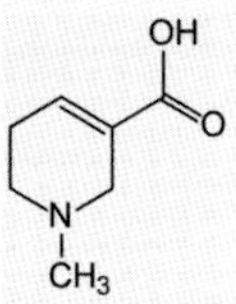

Arecolin: Arecolin ist das Hauptalkaloid der Frucht von *Areca catechu* – Betelnusspalme und chemisch verwandt mit Arecaidin. Es verstärkt die Aktivität des parasympathischen Nervensystems und kann in hohen Dosen zu Wachstumsverzögerungen und Herz-Kreislauf-Störungen führen. In der Veterinärmedizin wird es gelegentlich als Wurmmittel eingesetzt.

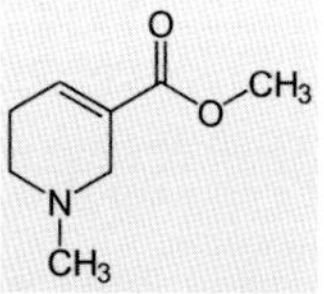

Arillus: Mit dem Begriff »Arillus« werden im weiteren Sinn ± fleischige Hüllschichten von Samen bezeichnet, die sich von dem »normalen« Fruchtfleisch unterscheiden. Als Arillus im engeren Sinn wird ein fleischiger Auswuchs an der Basis von Samen bezeichnet, der i. d. R. der Anlockung von Tieren zum Zwecke der Samenausbreitung dient. Der rote Arillus bei *Taxus baccata* – Europäische Eibe dient z. B. der Anlockung von Vögeln oder das Elaiosom bei *Euphorbia verrucosa* – Warzen-Wolfsmilch der Anlockung von Ameisen.

Arktische Zone: Die arktische oder polare Klimazone umfasst die nördlichsten Gebiete der Erde mit extremen klimatischen Bedingungen. Charakteristisch sind baumlose Tundra-Landschaften, Permafrostböden und Temperaturen, die nur wenige Monate über dem Gefrierpunkt liegen. Die kurze Vegetationsperiode von 3–4 Monaten ermöglicht nur robusten, niedrigwüchsigen Pflanzen das Überleben.

Art: Die Art (Spezies) ist die Grundeinheit der biologischen Systematik. Allerdings gibt es unterschiedliche Definitionen des Artbegriffs. Häufig wird der biologische Artbegriff verwendet, nach dem eine Art eine Gruppe natürlicher Populationen ist, die sich untereinander kreuzen können und von anderen Gruppen reproduktiv isoliert sind. Gerade im Pflanzenreich ist der biologische Artbegriff aber nicht unproblematisch, u. a., weil es zahlreiche sich rein ungeschlechtig (apomiktisch) fortpflanzende Taxa gibt (z. B. viele Arten der Gattung *Hieracium* – Habichtskraut) und es außerdem häufig zu Kreuzungen zwischen üblicherweise als Art aufgefassten Taxa kommt (z. B. bei *Salix* – Weiden). Arten werden gemäß der binären Nomenklatur benannt (z. B. *Quercus petraea* – Trauben-Eiche).

Artabsin: Artabsin ist ein Sesquiterpenlacton, das vorwiegend in *Artemisia*-Arten – Beifuß und anderen *Asteraceae* – Korbblütler vorkommt. Es trägt zum bitteren Geschmack der Blätter bei, z. B. von *Artemisia absinthium* – Wermut.

Asaron: ß-Asaron (cis-Asaron) gehört zu den Phenylpropanoiden und kommt v. a. in *Acorus calamus* – Kalmus und *Asarum europaeum* – Haselwurz vor. Asaron besitzt einen würzigen, leicht bitteren Geschmack und wirkt in höheren Dosen toxisch und halluzinogen. Moderne Forschungen zeigen sowohl antibakterielle als auch insektizide Eigenschaften. In der EU ist der Gehalt in Lebensmitteln aufgrund seiner potenziellen Gentoxizität und karzinogenen Wirkung streng limitiert.

α-Säuren: Die bitter schmeckenden α-Säuren – deren Hauptvertreter Humulon ist – kommen in *Humulus lupulus* – Hopfen vor. Während des Brauprozesses von Bier werden α-Säuren zu Iso-α-Säuren umgewandelt, die eine antimikrobielle Wirkung besitzen. Sie schützen das Bier vor schädlichen Bakterien und verleihen ihm seinen herben Geschmack.

Ascorbinsäure: siehe Vitamin C

Asparagin: Asparagin ist eine Aminosäure, die erstmals aus *Asparagus officinalis* – Gemüse-Spargel isoliert wurde. Asparagin kommt aber auch in vielen weiteren Pflanzen vor, z. B. in *Solanum tuberosum* – Kartoffel. Neben ihrer Bedeutung als Proteinbaustein spielt sie auch eine wichtige Rolle im Stickstoffmetabolismus. Bei starker Erhitzung, besonders in stärkehaltigen Lebensmitteln, kann Asparagin mit Zuckern reagieren und potenziell krebserregendes Acrylamid bilden.

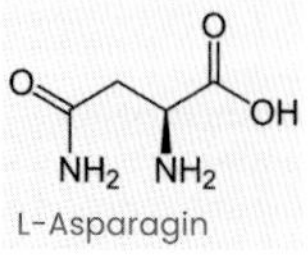

Asparaginsäure: L-Asparaginsäure (Aspartat) ist eine Aminosäure. Sie spielt eine zentrale Rolle im Stickstoff- und Energiestoffwechsel und fungiert als wichtiger Baustein für Proteine. In Pflanzen kommt sie besonders reichlich in *Asparagus officinalis* – Spargel vor, findet sich aber auch in vielen anderen Pflanzen. Die Verbindung trägt zum Umami-Geschmack vieler Nahrungspflanzen bei.

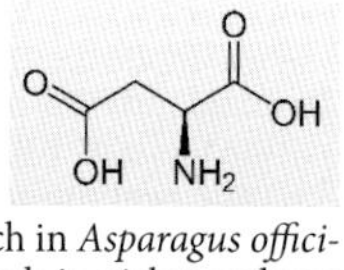

Asparagusinsäure: L-Asparagusinsäure ist eine schwefelhaltige organische Säure, die in *Asparagus officinalis* – Spargel vorkommt. Asparagusinsäure ist geschmacksneutral. Sie wird von den meisten Menschen bei Verzehr zu schwefelhaltigen Metaboliten abgebaut, die dem Urin nach Spargelkonsum seinen charakteristischen, intensiven Geruch verleihen. Jedoch können nicht alle Menschen diese Abbauprodukte riechen.

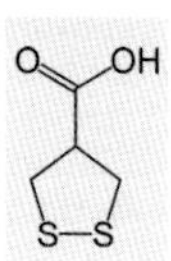

Aspartat: siehe Asparaginsäure

asymmetrische Blüte: Asymmetrische Blüten sind weder spiegelsymmetrisch noch drehsymmetrisch. Sie sind relativ selten ausgebildet, z. B. bei *Valeriana officinalis* – Arznei-Baldrian, dessen Blüten einen einseitig angelegten Sporn besitzen.

ätherische Öle: Ätherische Öle sind komplexe Gemische flüchtiger, lipophiler Verbindungen, v. a. Terpene und Phenylpropane, die den Duft und Geschmack vieler Pflanzen, insbesondere von Gewürzpflanzen, prägen. Viele ätherische Öle besitzen antimikrobielle, verdauungsfördernde und entzündungshemmende Eigenschaften. In konzentrierter Form können sie jedoch Hautreizungen verursachen und wirken bei oraler Einnahme in hoher Konzentration oft toxisch.

Aucubin: Aucubin ist ein Iridoid-Glycosid, das in mehreren Pflanzenarten vorkommt, besonders in *Plantaginaceae* – Wegerichgewächse wie *Plantago* – Wegerich, *Veronica* – Ehrenpreis und *Euphrasia* – Augentrost. Als Glycosid wird es erst durch enzymatische Spaltung im Körper zu Aucubigenin umgewandelt. Die beiden Verbindungen wirken leberschützend, entzündungshemmend und antioxidativ.

aufgesetzte Spitze: Die Spitze eines Blattes wird als aufgesetzt bezeichnet, wenn aus einem ansonsten abgerundeten Blattende plötzlich und ohne Übergang eine (Stachel-)Spitze entspringt.

Aurone: Aurone gehören zu den Flavonoiden. Sie kommen z. B. in *Helianthus annuus* – Sonnenblume, *Dahlia* – Dahlie und *Hieracium* – Habichtskräutern vor. Sie verleihen den Blüten ihre leuchtend goldgelbe bis orange Färbung und schützen Pflanzen vor schädlicher UV-Strahlung. In vielen Fällen besitzen sie antioxidative und entzündungshemmende Eigenschaften.

ausgerandet: Als ausgerandet (eingeschnitten) werden Blattenden bezeichnet, die an der Spitze eingekerbt bis gelappt sind.

Ausläufer: Als Ausläufer bezeichnet man horizontal wachsende und am oder im Boden kriechende Seitensprosse von Pflanzen. Oberirdische Ausläufer nennt man Stolone (z. B.

bei *Fragaria vesca* – Wald-Erdbeere), unterirdische werden als Rhizome bezeichnet (z. B. bei *Elymus repens* – Quecke).

Avenanthramide: Avenanthramide sind Phenolverbindungen, die in *Avena* – Hafer vorkommen. Ihre Konzentration ist in der äußeren Kornschicht am höchsten. Sie wirken stark antioxidativ und besitzen entzündungshemmende Eigenschaften. Avenanthramide können die Hautgesundheit fördern und allergische Reaktionen lindern.

axilläre Verzweigung: Bei der axillären Verzweigung erfolgt die Verzweigung der Sprossachse aus den Achseln von Tragblättern. Bei Samenpflanzen gelten, im Gegensatz zu den Farnpflanzen, *alle* Verzweigungen als axillär.

Balg: Ein Balg ist eine Öffnungsfrucht (z. B. bei *Consolida* – Rittersporn) bzw. ein sich öffnendes Früchtchen (z. B. bei *Trollius* – Trollblume). Ein Balg wird aus einem Fruchtblatt gebildet und öffnet sich bei der Fruchtreife nur an der Bauchnaht.

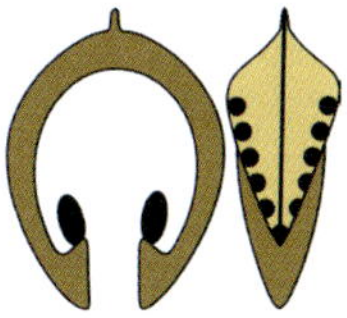

Ballaststoffe: Ballaststoffe sind unverdauliche Pflanzenbestandteile, v. a. Polysaccharide wie Cellulose, Hemicellulose, Pektine sowie Lignin. Sie sind essenziell für eine gesunde Ernährung und zeigen zahlreiche positive präbiotische Wirkungen, fördern die Darmgesundheit und regulieren die Verdauung. Ballaststoffe kommen in allen pflanzlichen Nahrungsmitteln vor, besonders reichhaltig in Vollkornprodukten, Hülsenfrüchten, Nüssen, Samen sowie Obst und Gemüse. Sie binden Wasser, erhöhen das Stuhlvolumen, dienen als Nahrung für die Darmflora und können den Cholesterinspiegel senken. Eine ballaststoffreiche Ernährung wird mit einem verringerten Risiko für Herz-Kreislauf-Erkrankungen, Diabetes Typ 2 und bestimmte Krebsarten in Verbindung gebracht. Nach aktuellen Ernährungsempfehlungen sollten Erwachsene täglich ± 30 g Ballaststoffe zu sich nehmen.

basal: Als basal bezeichnet man den Bereich eines Organs, welcher der Basis der Sprossachse am nächsten steht (siehe auch distal).

Bassorin: Bassorin ist ein komplexes Polysaccharid aus der Gruppe der Pflanzengummis und kommt im Saft verschiedener Arten der Gattung *Astragalus* – Tragant vor. Bassorin quillt in Wasser stark auf, ohne sich vollständig zu lösen, was seine Verwendung als Verdickungsmittel und Emulgator in der Lebensmittelindustrie begründet. Es wirkt als Ballaststoff, der die Darmgesundheit fördert und den Cholesterinspiegel senken kann.

Bauchnaht: Als Bauchnaht wird die Verwachsungsnaht der beiden Ränder eines Fruchtblattes bezeichnet.

Baum: Als Baum werden verholzte Pflanzen bezeichnet, die mit einem basal *nicht* verzweigten Stamm wachsen, an dessen distalem Ende sich eine Krone mit verzweigten Ästen befindet.

β-Carotin: β-Carotin ist ein orangeroter Pflanzenfarbstoff aus der Gruppe der Carotinoide. Es dient als Vorstufe (Provitamin) für Vitamin A. β-Carotin ist ein wichtiger Bestandteil einer ausgewogenen Ernährung und kommt in

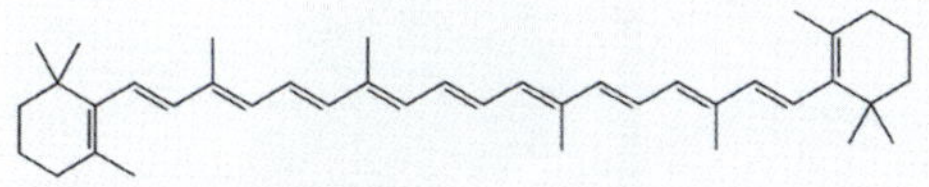

vielen Gemüse- und Obstsorten vor, besonders reichhaltig in *Daucus carota* – Möhre, *Cucurbita* – Kürbis, *Capsicum annuum* – Paprika, *Brassica oleracea* var. *sabellica* – Grünkohl, *Spinacia oleracea* – Spinat, *Mangifera indica* – Mango und *Prunus armeniaca* – Kultur-Aprikose. Ein hoher Verzehr von β-Carotin-haltigen Lebensmitteln ist mit einem verringerten Risiko für chronische Erkrankungen assoziiert. Als Nahrungsergänzungsmittel in hoher Dosierung ist es für Raucher jedoch möglicherweise gesundheitsschädlich.

Bedecktsamer: Die *Angiospermae* – Bedecktsamer bilden die größte und evolutiv fortschrittlichste Gruppe innerhalb der Samenpflanzen, die u. a. durch das Vorhandensein von Fruchtblättern gekennzeichnet ist. Vertreter ursprünglicher Taxa sind z. B. die *Magnoliaceae* – Magnoliengewächse oder die *Aristolochiaceae* – Osterluzeigewächse, abgeleitete Taxa sind z. B. *Asteraceae* – Korbblütler oder *Apiaceae* – Doldengewächse.

Beere: Eine Beere ist eine Schließfrucht mit fleischig-saftigem Fruchtfleisch (genauer: Endo- oder Mesokarp) und häutigem Exokarp (z. B. bei *Vaccinium* – Heidelbeere).

Papaya mit LS, QS durch den Fruchtknoten, Same, und Same im LS.

Beiknospe: Wenn in den Achseln eines Tragblattes mehrere Knospen zu finden sind, nennt man die zusätzlichen Knospen Beiknospen. Stehen diese vertikal über der Hauptknospe, handelt es sich um seriale Beiknospen (z. B. bei *Lonicera* – Heckenkirsche), stehen sie horizontal neben der Hauptknospe, spricht man von lateralen Beiknospen (z. B. im Blütenstand von *Musa* – Banane).

Benzaldehyd: Benzaldehyd ist ein Aldehyd, der als wichtiger Aromastoff in vielen Pflanzen vorkommt. Diese flüchtige Verbindung verleiht verschiedenen Früchten und Blüten ihren charakteristischen süßlich-mandelartigen Duft. Benzaldehyd entsteht beim Abbau von Amygdalin, einem Blausäureglycosid. Besonders reichlich findet es sich in *Prunus dulcis* – Mandel, *Prunus armeniaca* – Aprikose und *Prunus persica* – Pfirsich.

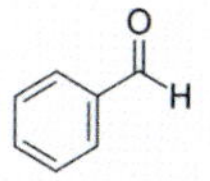

Benzoesäure: Benzoesäure ist eine aromatische Carbonsäure, die in vielen Pflanzen vorkommt und ihnen einen leicht säuerlichen Geschmack verleiht. Sie spielt eine wichtige Rolle als Konservierungsmittel in der Lebensmittelindustrie, da sie das Wachstum von Mikroorganismen hemmt.

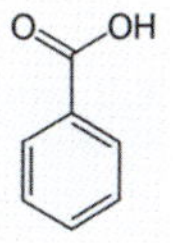

Benzoesäuremethylester: Benzoesäuremethylester entsteht durch die Veresterung von Benzoesäure mit Methanol. Er findet sich z. B. in *Fragaria moschata* – Moschus-Erdbeere und *Trigonella caerulea* – Schabzigerklee. Die flüchtige Verbindung hat einen süßlich-fruchtigen Duft und besitzt leicht antiseptische Eigenschaften. In konzentrierter Form wirkt Benzoesäuremethylester hautreizend.

Benzylglucosinolat: siehe Glucotropaeolin

Benzylisothiocyanat: Benzylisothiocyanat ist ein Isothiocyanat, welches in Kreuzblütlern wie z. B. *Lepidium sativum* – Gartenkresse, *Nasturtium officinale* – Brunnenkresse und *Armoracia rusticana* – Meerrettich entsteht. Der Stoff wirkt als Schutz vor Pflanzenfressern und verleiht den Pflanzen ihren typischen scharfen, brennenden Geschmack. Benzylisothiocyanat entsteht erst beim Zerkleinern der Pflanzenzellen, wenn das Enzym Myrosinase Glucosinolate abbaut. Es besitzt antimikrobielle und potenziell krebshemmende Eigenschaften.

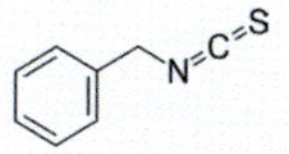

Benzylsenföl: siehe Benzylisothiocyanat

Berberin: Berberin ist ein gelbfarbenes Alkaloid, das in Arten der *Berberidaceae* – Berberitzengewächse, *Rutaceae* – Rautengewächse und *Menispermaceae* – Mondsamengewächse zu finden ist. Berberin wirkt antimikrobiell, entzündungshemmend und galletreibend. Außerdem kann es den Blutzuckerspiegel regulieren und den Lipidstoffwechsel verbessern und wird zunehmend als Wirkstoff für die Behandlung von Hyperlipidämie und Typ-2-Diabetes untersucht. In hohen Dosen kann Berberin allerdings toxisch wirken.

Bergamotene: Bergamotene sind bizyklische Sesquiterpene, die zu den ätherischen Ölen gehören. Besonders reichlich kommen sie in *Citrus bergamia* – Bergamotte vor, sind aber auch in *Lavandula* – Lavendel zu finden. Diese komplexen organischen Verbindungen verleihen den Pflanzen ihren frischen Duft.

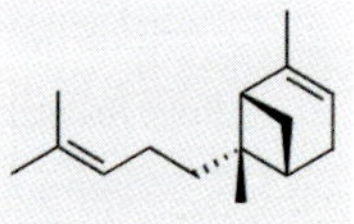
α-cis-Bergamoten aus der Bergamotte

Bergapten: Bergapten ist ein Furocumarin, das in vielen *Rutaceae* – Rautengewächse und *Apiaceae* – Doldengewächse zu finden ist. Es kann die Lichtempfindlichkeit der Haut erhöhen und phototoxisch wirken. Es wird auch in der Phototherapie bei Hautkrankheiten eingesetzt. Bergapten gilt außerdem als wahrscheinlich krebserregend für den Menschen.

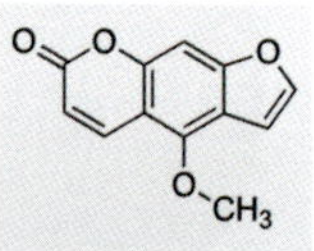

Betacyanine: Betacyanine sind wasserlösliche, stickstoffhaltige Pflanzenfarbstoffe, die zu den Betalainen gehören. Sie kommen besonders reichlich in *Beta vulgaris* – Rote Beete, *Opuntia ficus-indica* – Feigenkaktus und *Amaranthus*-Arten – Amarant vor und verleihen den Pflanzen eine intensive rötliche bis violette Färbung. Die Pigmente besitzen starke antioxidative Eigenschaften. Betacyanine sind hitzeempfindlich und können beim Kochen ihre leuchtende Farbe verlieren.

Betain: Betain ist eine Ammoniumverbindung, die in vielen Pflanzen vorkommt, besonders reichhaltig in *Triticum* – Weizen, *Beta vulgaris* – Rote Beete und *Spinacia oleracea* – Spinat. Betain fungiert als Osmolyt und schützt die Pflanzenzellen vor Stress durch Trockenheit, Hitze oder hohe Salzkonzentrationen und wirkt auch als Antioxidans. Einige Studien zeigen positive Effekte bei der Steigerung der sportlichen Leistungsfähigkeit. Eine betainreiche Ernährung kann möglicherweise das Risiko für Herz-Kreislauf-Erkrankungen senken, sich bei zu hohen Dosen aber auch negativ auf den Fettstoffwechsel auswirken.

Betalaine: Betalaine sind wasserlösliche Blüten- und Fruchtfarbstoffe, die neben Anthocyanen und Carotinoiden die 3. große Gruppe pflanzlicher Farbstoffe bilden. Betalaine kommen ausschließlich in der Ordnung der *Caryophyllales* vor, allerdings *nicht* in den Familien *Caryophyllaceae* – Nelkengewächse und *Molluginaceae* – Mollugogewächse, die Anthocyane produzieren. Sie verleihen Pflanzenteilen eine rote, violette oder gelbe Farbe. Die bekanntesten Vertreter sind Betanin und Indicaxanthin. Betalaine wirken als Antioxidantien und können möglicherweise entzündungshemmende und krebsschützende Eigenschaften haben. Sie sind hitze- und lichtempfindlich und werden als Farbstoffe in Lebensmitteln eingesetzt.

Betanin: Betanin (Betanoin, Betenrot) ist ein rotes Betacyanin-Pigment, das u. a. in *Beta vulgaris* – Rote Beete vorkommt. Es verleiht den Pflanzen eine tiefrote Farbe und wirkt als starkes Antioxidans. Studien deuten darauf hin, dass Betanin entzündungshemmende Eigenschaften besitzt und das Risiko für bestimmte Krebsarten verringern könnte.

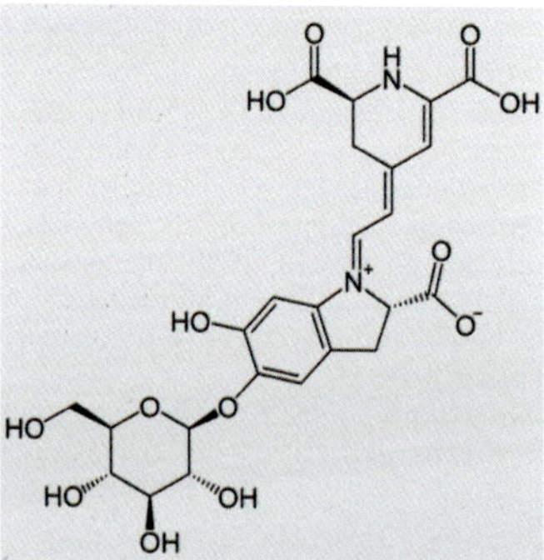

Betanoin: siehe Betanin

Betelphenol: siehe Chavibetol

Betenrot: siehe Betanin

binäre Nomenklatur: Die wissenschaftliche Benennung von Arten erfolgt gemäß den Regeln der binären Nomenklatur, die von Carl von Linné eingeführt wurden. Der Name einer Art besteht demnach aus 2 Teilen, dem Namen der Gattung (z. B. *Fagus* für die Gattung der Buchen) und einem Art-Epitheton (z. B. *sylvatica*). Außerdem wird der (abgekürzte) Autoren-Name angegeben, mit dem die Wissenschaftler:innen genannt werden, welche die Art zuerst beschrieben haben (z. B. »L.« für Carl von Linné). Üblicherweise werden Gattungsname und Art-Epitheton kursiv gesetzt. Der vollständige wissenschaftliche Name der Rotbuche ist demnach *Fagus sylvatica* L.

Biochanin A: Biochanin A ist ein Isoflavon, das zur Gruppe der Phytoöstrogene gehört. Es kommt in *Fabaceae* – Schmetterlingsblütler wie *Trifolium pratense* – Rotklee, *Glycine max* – Sojabohne und *Arachis hypogaea* – Erdnuss vor. Biochanin A kann östrogenähnliche Wirkungen entfalten. Es wird vermutet, dass Biochanin A positive Effekte auf die Knochengesundheit hat und Symptome der Menopause lindern könnte. Allerdings sind die genauen Wirkungen noch nicht abschließend geklärt.

Biotin: siehe Vitamin B_7

Bisabolen: β-Bisabolen ist ein Sesquiterpen mit entzündungshemmenden und antimikrobiellen Eigenschaften. Es trägt zum Aroma von *Matricaria chamomilla* – Echte Kamille, *Achillea* – Schafgarbe und *Silphium perfoliatum* – Silphie bei und wird in der Parfümerie genutzt.

Bisabolol: (-)-α-Bisabolol ist ein monozyklischer Sesquiterpenalkohol mit entzündungshemmenden und hautberuhigenden Eigenschaften. Es kommt in *Matricaria chamomilla* – Echte Kamille vor und wird häufig in Kosmetikprodukten verwendet. Bisabolol hat einen schwach süßlichen Geruch und eine farblose bis leicht gelbliche Erscheinung. Neben seiner entzündungshemmenden Wirkung zeigt es auch antibakterielle und antifungale Effekte.

Bitterstoffe: Bitterstoffe sind eine heterogene Gruppe von Verbindungen. Sie schmecken bitter und dienen meist zur Abwehr vor Fraßfeinden. Zu den Bitterstoffen zählen viele Sesquiterpenlactone, Iridoidglycoside, Cucurbitacine und Alkaloide. Viele Bitterstoffe fördern die Verdauung, indem sie die Produktion von Verdauungssäften anregen.

Blatt: Das Blatt ist neben Sprossachse und Wurzel eines der 3 Grundorgane von Kormophyten. Als Laubblatt dient es v. a. der Photosynthese, bei einigen Arten haben Blätter aber auch weitere Aufgaben übernommen. Je nach Lage und Funktion werden eine Vielzahl unterschiedlicher Blatttypen unterschieden (siehe auch Blattfolge): u. a. Keimblatt, Primärblatt, Folgeblatt, Laubblatt, Niederblatt, Knospenschuppe, Hochblatt, Blütenhüllblatt, Tepale, Kelchblatt, Kronblatt, Nektarblatt, Staubblatt, Fruchtblatt, Tragblatt, Deckblatt, Vorblatt.

Blattachsel: Als Blattachsel wird bei Samenpflanzen der Bereich der Sprossachse direkt oberhalb der Ansatzstelle von Blättern (bzw. Blattstielen) bezeichnet, aus dem bei Samenpflanzen die Verzweigung der Sprossachse erfolgt (axilläre Verzweigung).

Blattbasis: Als Blattbasis (Blattgrund) wird der basale Abschnitt von Blättern bezeichnet, der den Übergang zur Sprossachse darstellt.

Blättchen: Als Blättchen bezeichnet man die blattähnlichen Organe von Moosen oder die einzelnen Abschnitte von gefiederten Blättern (besser: Fiederblättchen).
Blattfolge: Blätter treten in einer großen Vielfalt auf und übernehmen neben ihrer primären Funktion, der Photosynthese, eine Vielzahl weiterer Aufgaben. Die Blätter werden dabei in einer charakteristischen Blattfolge gebildet.

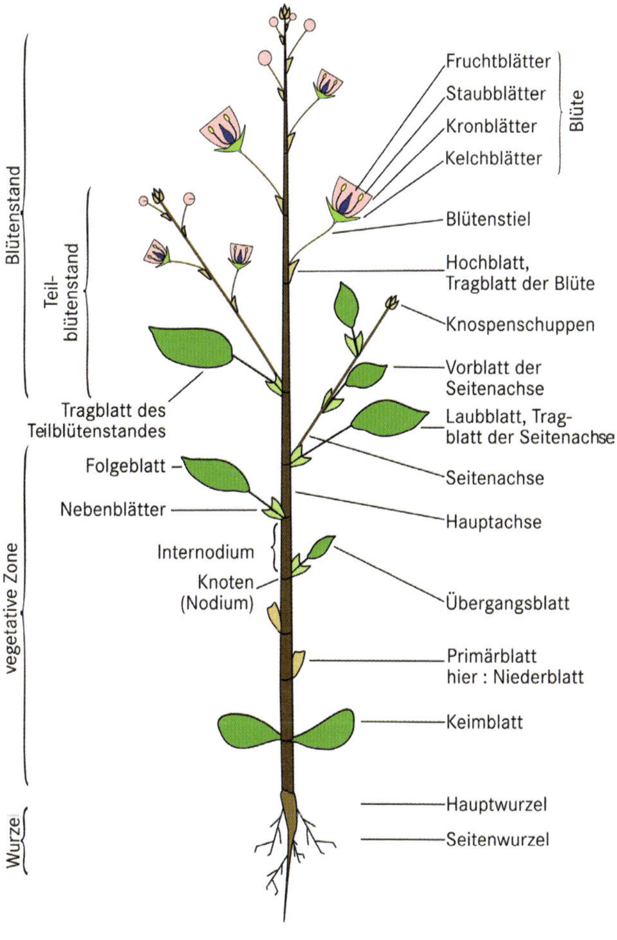

Blattgrund: siehe Blattbasis
Blatthäutchen: siehe Ligula
Blattnarbe: Als Blattnarben bezeichnet man die Narben an der Sprossachse, die entstehen, wenn die Blätter abfallen. Blattnarben erlauben oft Rückschlüsse auf die Blattstellung, selbst wenn die Blätter bereits abgefallen sind.
Blattnerv: Als Blattnerven werden die Leitbündel der Blätter bezeichnet. Die Blattnerven sind oft gut sichtbar, weil sie durch Festigungsgewebe verdickt sind. Je nach Verzweigung der Nerven unterscheidet man gabelnervige, parallelnervige und fiedernervige bzw. netznervige Blätter.
Blattscheide: Die Blattscheide ist ein Auswuchs des Blattgrundes, der die Sprossachse als häutige Scheide umgibt. Sie ist nur bei manchen Artengruppen ausgebildet, so z. B. bei *Rumex* – Ampfer (siehe auch Ochrea), *Poaceae* – Süßgräser oder *Cyperaceae* – Sauergräsern.
Blattspindel: siehe Rhachis
Blattstellung: Die Blattstellung beschreibt die Anordnung der (Laub-) Blätter an der Sprossachse. Unterschieden werden v. a. die wirtelige Blattstellung, die gegenständige Blattstellung sowie die wechselständige Blattstellung, zu der die spiralige Blattstellung und die 2-zeilige Blattstellung gehören.
Blattstiel: Der Blattstiel befindet sich zwischen Sprossachse bzw. Blattgrund und Spreite (siehe auch Spreite). Er ist meist schmal-lineal und deutlich von der Spreite abgesetzt (z. B. bei *Acer* – Ahorn). Bei anderen Arten geht der Blattstiel allmählich in die Spreite über (z. B. bei *Taraxacum* – Löwenzahn) oder fehlt komplett (z. B. bei den *Poaceae* – Süßgräser).
Blausäureglycoside: Blausäureglycoside (cyanogene Glycoside) sind Pflanzeninhaltsstoffe, die Blausäure freisetzen können und den Pflanzen als Fraßschutz dienen. Zu den wichtigsten Vertretern zählen Amygdalin in Mandeln und Steinobstkernen, Linamarin in Leinsamen und Maniok sowie Dhurrin in bestimmten Hirsearten. Blausäureglycoside werden im Pflanzengewebe enzymatisch zu giftiger Blausäure abgebaut. Eine chronische Aufnahme kann zu Vergiftungserscheinungen führen. Erhitzen zerstört das Enzym und verhindert die Blausäurebildung.
Blume: Als Blume wird in der Botanik eine bestäubungsbiologische Einheit bezeichnet. Bei den meisten Arten entspricht die bestäubungsbiologische Einheit einer Blüte. Eine Blüte kann aber auch aus mehreren bestäubungsbiologischen Einheiten bestehen (z. B. bei *Iris* – Iris) oder mehrere Blüten fungieren gemeinsam als bestäubungsbiologische Einheit (Pseudanthium, z. B. bei vielen *Asteraceae* – Korbblütler).
Blütchen: Als Blütchen werden die Blüten der *Poaceae* – Süßgräser bezeichnet, die in ein- bis vielblütigen Ährchen angeordnet sind (siehe auch Ährchen). Die Süßgräser werden durch Wind bestäubt und haben stark reduzierte und hochspezialisierte Blüten, die stark vom normalen Blüten-Bauplan abweichen. Nach einer der beiden gängigen Interpretationen der Süßgrasblüte steht an der Basis der Blüte die Deckspelze, die als Tragblatt der Blüte gedeutet wird und damit nicht zur Blüte im engeren Sinn gehört. Das unterste Blütenorgan ist eine (meist 2-spitzige) Vorspelze, die als 2 miteinander verwachsene Perigonblätter des äußeren Kreises gedeutet wird. Das 3. Perigonblatt fehlt. Als nächste Organe kommen 2 (3) Schwellkörper (Lodiculae), die durch Aufnahme bzw. Abgabe von Wasser das Öffnen und Schließen der Blüten bewirken. Die Schwellkörper werden als umgewandelte Perigonblätter des inneren Kreises gedeutet. Im Inneren der Blüte folgen 3 (2) Staubblätter und ein oberständiger, einsamiger Fruchtknoten, der aus 2–3 Fruchtblättern gebildet wird und 2 (3) endständige Narben aufweist. Die Hüllspelzen sind nicht Bestandteil der Blüte, sondern stehen an der Basis des Ährchens.

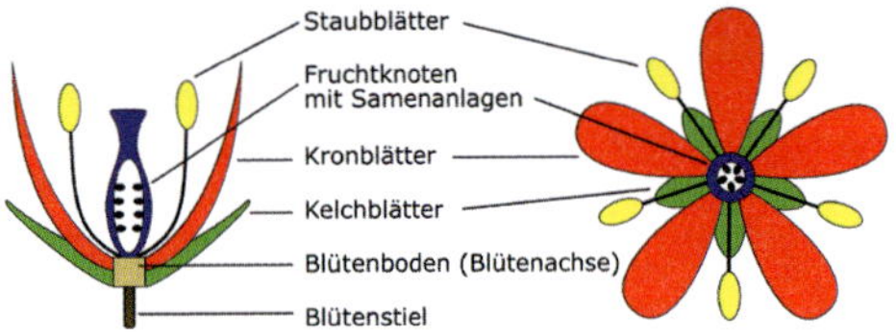

Blüte: Eine Blüte ist ein Kurztrieb, der im Dienste der sexuellen Fortpflanzung steht und i. d. R. aus männlichen (Staubblättern) und/oder weiblichen (Fruchtblättern) Fortpflanzungsorganen sowie aus Blütenhüllblättern besteht. Die Blütenorgane werden zusammenfassend als Blütenblätter bezeichnet und sind meist in Wirteln angeordnet. Ein Staubblatt entspricht einem Mikrosporophyll und ein Fruchtblatt einem Makrosporophyll, sodass die Blüte auch als Sporophyllstand begrenzten Wachstums definiert werden kann.
Blütenachse: Die Blütenachse (Blütenboden) ist der auf den Blütenstiel folgende Abschnitt der Sprossachse, an dem die Blütenblätter stehen. Bei den meisten Arten ist die Blütenachse kurz und kaum als solche erkennbar, bei anderen ist sie auffällig verlängert oder verbreitert (z. B. bei *Myosurus minimus* – Kleines Mäuseschwänzchen). Ist sie krug- oder röhrenförmig ausgebildet, spricht man von einem Blütenbecher oder Achsenbecher (Hypanthium) (z. B. bei *Epilobium* – Weidenröschen).
Blütenblatt: Als Blütenblätter werden die meist in Wirteln angeordneten Organe in der Blüte bezeichnet: i. d. R. handelt es sich dabei um männliche (Staubblätter) und weibliche (Fruchtblätter) Fortpflanzungsorgane sowie um sterile Blütenhüllblätter, die in Kelchblätter und Kronblätter differenziert sein können (siehe auch Blüte).
Blütenboden: siehe Blütenachse
Blütendiagramm: Ein Blütendiagramm ist eine schematische, kreisförmige Darstellung des Blütenaufbaus aus der Vogelperspektive, die wichtige systematische Merkmale einer Pflanzenart visualisiert. Es zeigt die Anzahl und Anordnung der einzelnen Blütenorgane (Kelch-, Kron-, Staub- und Fruchtblätter) sowie deren Verwachsungen durch standardisierte Symbole. Blütendiagramme dienen der botanischen Bestimmung und systematischen Einordnung von Pflanzen.

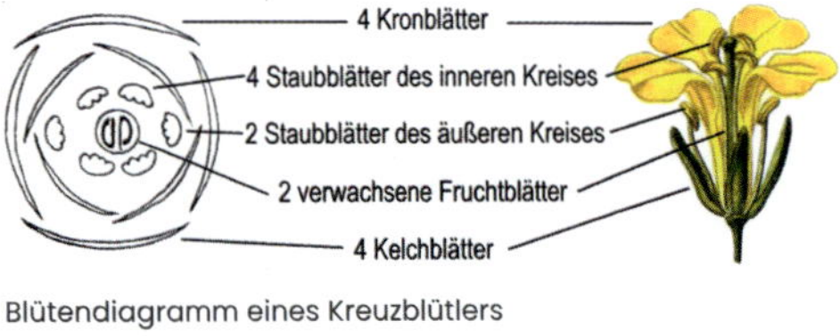

Blütendiagramm eines Kreuzblütlers

Blütenhüllblatt: Blütenhüllblatt ist die Bezeichnung für die sterilen Blattorgane der Blütenhülle (siehe auch Blüte). Die Blütenhülle ist oft aus sich morphologisch unterscheidenden Kelchblättern und Kronblättern aufgebaut (z. B. bei *Rosa* – Rose). Sind Kelch- und Kronblätter gleichartig (z. B. bei *Tulipa* – Tulpe) *oder* ist nur ein Kreis von Blütenhüllblättern vorhanden (z. B. bei *Scleranthus* – Knäuel), spricht man von Perigonblättern (Tepalen). Zuweilen sind auch sterile und kronblattartig ausgebildete Staubblätter (Staminodien) am Aufbau der Blütenhülle beteiligt (z. B. bei einigen *Ranunculaceae* – Hahnenfußgewächse).
Blütenhülle: siehe Perianth
Blütenknospe: Blütenknospen sind die Knospen, aus denen sich Blüten entwickeln.
Blütenstand: Ein Blütenstand ist der (laubblattlose) Abschnitt von Sprossachsen, der eine Gruppe von Blüten umfasst und ein charakteristisches Verzweigungsmuster aufweist (z. B. Ähre, Traube, Rispe, Dolde). Blütenstände können endständig sein oder in der Achsel von Tragblättern stehen. In vielen Blütenständen finden sich Hochblätter.
Blütenstiel: Der Blütenstiel ist der unverzweigte Sprossabschnitt zwischen einer Blüte und ihrem Tragblatt.
Boreale Zone: Die Boreale Zone bildet das ausgedehnte Nadelwaldgebiet zwischen arktischer Tundra und gemäßigten Laubwäldern. Sie erstreckt sich als größtes zusammenhängendes Waldökosystem der Erde durch Kanada, Alaska, Skandinavien und Sibirien. Die kühlen, schneereichen Winter und mäßig warmen Sommer schaffen optimale Bedingungen für Nadelbäume wie Fichte, Tanne und Kiefer. Zwischen den dichten Wäldern wachsen zahlreiche essbare Beeren wie *Vaccinium myrtillus* – Heidelbeere und *Vaccinium vitis-idaea* – Preiselbeere.
Borke: Als Borke bezeichnet man das tertiäre Abschlussgewebe des Stammes von Gehölzen, das bei den meisten Bäumen und einigen Sträuchern zu finden ist. Nach Epidermis und Rinde ist es das 3. Abschlussgewebe, welches angelegt wird, wenn die Rinde durch das Dickenwachstum aufreißt. Je nach Struktur werden unterschiedliche Borkentypen unterschieden: längsrissige Borke (z. B. bei *Robinia* – Robinie), querrissige Borke (z. B. bei *Prunus avium* – Vogelkirsche), netzartige Borke (z. B. bei *Quercus* – Eiche) und schuppige Borke (z. B. bei *Platanus × hispanica* – Gewöhnliche Platane). Die Borkentypen gehen bei vielen Taxa fließend ineinander über und ändern sich oft auch mit dem Alter, sodass sie als Bestimmungsmerkmal nur bedingt geeignet sind.
Borneol: Borneol ist ein bizyklischer Monoterpenalkohol mit kampferartigem Geruch. Es kommt in vielen ätherischen Ölen wie dem von *Salvia rosmarinus* – Rosmarin, *Lavandula angustifolia* – Lavendel und *Juniperus communis* – Wacholder vor. Es zeigt antimikrobielle und insektenabweisende Eigenschaften. In hohen Dosen kann Borneol toxisch wirken und Reizungen der Schleimhäute hervorrufen.
Borste: Als Borsten werden derbe, steife Haare bezeichnet (z. B. im Blütenstand von *Setaria* – Borstenhirse).
borstenförmiges Blatt: Borstenförmige Blätter sind sehr schmal (meist < 2 mm breit). Ihre Spreite ist zusammengerollt oder stark gefaltet und kann nicht (oder nur sehr schwer) entfaltet werden, ohne das Blatt zu beschädigen (z. B. bei *Festuca ovina* – Schafschwingel).
Braktee: siehe Hochblatt
Brennhaar: Ein Brennhaar ist ein Haar, das durch Freisetzung chemischer Wirkstoffe bzw. Widerhaken ein Brennen auf der Haut verursacht. Brennhaare dienen dem Schutz vor Herbivoren (z. B. bei *Urtica* – Brennnessel).

Bromelain: Bromelain ist ein Enzymkomplex, der aus dem Stamm von *Ananas comosus* – Ananas gewonnen wird. Es besteht v. a. aus Proteasen, die Eiweiße spalten können. In der Lebensmittelindustrie findet es Anwendung als Zartmacher für Fleisch. Bromelain hat entzündungshemmende und gerinnungshemmende Wirkungen und wird als Nahrungsergänzungsmittel bei Sportverletzungen, Arthrose und Verdauungsbeschwerden eingesetzt. In klinischen Studien zeigte Bromelain positive Effekte bei der Behandlung von Nasennebenhöhlenentzündungen und bei der Reduzierung von Schwellungen nach operativen Eingriffen.

Brutknospe: Eine Brutknospe (Bulbille) ist ein spezialisierter Kurztrieb, welcher sich von der Elternpflanze lösen kann und der Ausbreitung und vegetativen Vermehrung dient (z. B. bei *Cardamine bulbifera* – Zwiebelzahnwurz).

Brutzwiebel: Als Brutzwiebeln werden Zwiebeln bezeichnet, die in Blattachseln oder im Bereich des Blütenstands gebildet werden. Brutzwiebeln können sich, wie auch Brutknospen, von der Elternpflanze lösen und dienen der Ausbreitung und vegetativen Vermehrung (z. B. bei *Allium vineale* – Weinbergslauch).

β-Säuren: β-Säuren kommen in *Humulus lupulus* – Hopfen vor, wobei Lupulon die Hauptkomponente darstellt. Sie bilden gemeinsam mit α-Säuren die charakteristischen Hopfenbitterstoffe. Im Gegensatz zu α-Säuren lösen sich β-Säuren beim Brauen von Bier schlechter in Wasser und werden nur teilweise extrahiert. Sie besitzen antimikrobielle Eigenschaften und können zur Haltbarkeit von Bier beitragen.

Bulbille: siehe Brutknospe

C_3-Pflanze: C_3-Pflanzen nutzen den bei Landpflanzen am häufigsten vorkommenden Stoffwechselweg. Sie nutzen die Dunkelreaktion der Photosynthese, um CO_2 mit Hilfe des Enzyms RuBisCO zu fixieren. Das erste stabile Produkt dieses Prozesses ist eine Verbindung mit 3 Kohlenstoffatomen, das 3-Phosphoglycerat (3-PGA) (siehe auch C_4-Pflanzen, CAM-Pflanzen).

C_4-Pflanze: C_4-Pflanzen haben einen besonderen Mechanismus entwickelt, um die Photosynthese-Effizienz zu steigern. Sie können CO_2 in speziellen Bündelscheidenzellen um die Leitbündel anreichern. Dort wird es durch das Enzym RuBisCO fixiert, ohne Konkurrenz durch Sauerstoff. Das erste stabile Produkt, das Oxalacetat, hat 4 Kohlenstoffatome. C_4-Pflanzen sind besonders in heißen, trockenen Gebieten verbreitet. Zu den C_4-Pflanzen gehören z. B. *Zea mays* – Mais, *Saccharum officinarum* – Zuckerrohr und *Amaranthus* – Amarant (siehe auch C_3-Pflanzen, CAM-Pflanzen).

Cadinene: Cadinene sind bizyklische Sesquiterpene, die in vielen ätherischen Ölen vorkommen und zu deren Duft beitragen, z. B. in *Eucalyptus* – Eukalyptus, *Cupressus* – Zypresse und *Carum carvi* – Kümmel. In einigen Studien deuten sich entzündungshemmende, antimikrobielle und krebshemmende Effekte von Cadinenen an.

Caffeoylchinasäure: Caffeoylchinasäure gehört zu den Phenolcarbonsäuren. Besonders reich an Caffeoylchinasäure sind Kaffeebohnen, aber auch *Helianthus tuberosus* – Topinambur, *Cynara scolymus* – Artischocke und verschiedene Obstarten enthalten nennenswerte Mengen. Der Stoff trägt zur Abwehr gegen Fraßfeinde und Pathogene bei und verleiht den Pflanzen einen herben, leicht bitteren Geschmack. Er wirkt als starkes Antioxidans und kann den Blutzuckerspiegel positiv beeinflussen.

Calcium: Calcium ist ein lebenswichtiger Mineralstoff. Als Baustein von Knochen und Zähnen ist es für deren Stabilität und Stärke verantwortlich. Außerdem spielt Calcium eine zentrale Rolle bei der Reizweiterleitung in Nerven und Muskeln, der Blutgerinnung und als Botenstoff in Zellen. Gute pflanzliche Calciumquellen sind grünes Blattgemüse, Nüsse, Samen und Hülsenfrüchte.

Calciumoxalat: Calciumoxalat ist ein Salz der Oxalsäure, das von vielen Pflanzen als Abfallprodukt des Stoffwechsels in Kristallform abgelagert wird. In höheren Konzentrationen wirkt es auf den Menschen giftig. Beim Verzehr kristallreicher Pflanzenteile wie den Blättern von *Rheum* – Rhabarber kann es zu Irritationen im Mund- und Rachenraum kommen. Auch *Spinacia oleracea* – Spinat und *Oxalis* – Sauerklee können nennenswerte Mengen enthalten. Durch Kochen oder starkes Erhitzen wird das Calciumoxalat zersetzt. Beim Verzehr von calciumoxalatreichen Pflanzen kann die gleichzeitige Aufnahme von calciumreichen Lebensmitteln wie Milchprodukten die Bioverfügbarkeit von Oxalaten reduzieren und so ihre potenziell negative Wirkung vermindern.

Calyx: siehe Kelch

Campesterin: siehe Campesterol

Campesterol: Campesterol zählt zu den Phytosterinen, einer Gruppe pflanzlicher Steroidverbindungen, die strukturell dem Cholesterin ähneln. Campesterol kommt in vielen Pflanzenölen vor, z. B. in *Brassica napus* – Raps, *Helianthus annuus* – Sonnenblume, aber auch in Getreiden wie *Zea mays* – Mais und *Triticum aestivum* – Weizen. Campesterol kann die Cholesterinaufnahme im Darm hemmen und somit zu einer Senkung des Blutcholesterinspiegels beitragen.

CAM-Pflanze: CAM-Pflanzen nutzen den Crassulaceen-Säurestoffwechsel (Crassulacean Acid Metabolism), um Wasser zu sparen. Sie öffnen ihre Spaltöffnungen nur nachts und reichern CO_2 in Form organischer Säuren (v. a. Äpfelsäure) in den Vakuolen an. Tagsüber wird das gespeicherte CO_2 freigesetzt und für die Photosynthese genutzt. CAM-Pflanzen sind an trockene Standorte angepasst. Beispiele für CAM-Pflanzen sind *Ananas comosus* – Ananas, *Opuntia ficus-indica* – Feigenkaktus und in geringerem Ausmaß auch *Vanilla planifolia* – Vanille (siehe auch C_3-Pflanzen, C_4-Pflanzen).

Campher: Campher ist ein bizyklisches Monoterpen-Keton mit einem durchdringenden Geruch. Es kommt v. a. im Holz und in den Blättern von *Cinnamomum camphora* – Kampferbaum, aber auch in *Lamiaceae* – Lippenblütler wie *Lavandula* – Lavendel oder *Salvia* – Salbei vor. Campher wird seit Langem als Arzneimittel verwendet, z. B. äußerlich gegen Muskelschmerzen und Rheuma. In höheren Dosen kann er allerdings giftig wirken und Krämpfe auslösen.

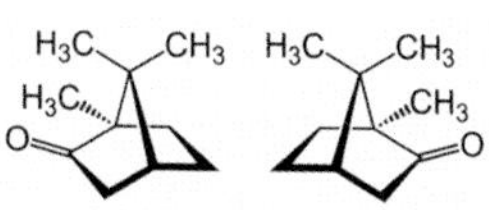

links: (+)-Campher
rechts: (-)-Campher

Camphogen: siehe Cymol

Canavanin: Canavanin ist eine nicht-proteinogene Aminosäure aus der Gruppe der Guanidinderivate. Sie kommt in vielen *Fabaceae* – Schmetterlingsblütler wie *Trifolium* – Klee, *Vicia* – Wicke und *Lupinus* – Lupine vor. Canavanin wirkt in höheren Dosen toxisch, da es fälschlicherweise in Proteine eingebaut wird. Vergiftungssymptome sind Erbrechen und Durchfall. Canavanin muss vor dem Verzehr durch starkes Erhitzen oder langes Einweichen reduziert werden.

Cannabidiol: Cannabidiol (CBD) ist ein nicht-psychoaktives Cannabinoid aus *Cannabis sativa* – Hanf. Es wirkt entzündungshemmend, angstlösend und krampflösend. CBD interagiert mit dem körpereigenen Endocannabinoid-System, das viele physiologische Prozesse reguliert. In der Hanf-Pflanze kommt es v. a. in den Blüten und Blättern vor. CBD wird zunehmend in der Medizin eingesetzt, ist aber in vielen Ländern noch nicht zugelassen.

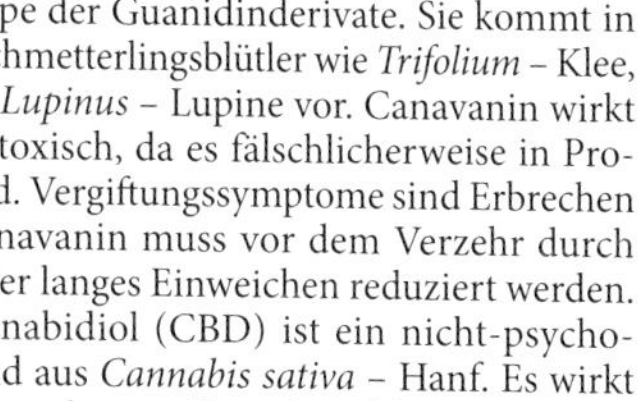

Cannabigerol: siehe Cannabinoide

Cannabinoide: Cannabinoide sind eine Gruppe von Terpenphenolen, die v. a. in *Cannabis sativa* – Hanf vorkommen. Die bekanntesten Vertreter sind Tetrahydrocannabinol

(THC), Cannabidiol (CBD) und Cannabigerol (CBG). Mittlerweile wurden > 100 verschiedene Cannabinoide in *Cannabis sativa* – Hanf identifiziert, deren medizinische Eigenschaften noch genauer erforscht werden müssen. Viele Cannabinoide haben eine psychoaktive und schmerzstillende Wirkung, indem sie an die Cannabinoid-Rezeptoren im Nervensystem binden. Medizinisch werden sie u. a. bei chronischen Schmerzen, Übelkeit und Appetitverlust eingesetzt. Als Rauschmittel ist Cannabis weit verbreitet, in vielen Ländern aber verboten.

Tetrahydrocannabinol

Caprinsäure: Caprinsäure (Decansäure) ist eine mittelkettige gesättigte Fettsäure. Sie kommt z. B. in *Cocos nucifera* – Kokosnuss und in geringeren Mengen auch in *Elaeis guineensis* – Ölpalme vor. Sie zeichnet sich durch eine besonders schnelle Verstoffwechselung aus und kann vom Körper direkt als Energiequelle genutzt werden.

Capronsäure: Capronsäure (Hexansäure) ist eine kurzkettige gesättigte Fettsäure mit 6 Kohlenstoffatomen. Capronsäure kommt z. B. in Früchten von *Rubus idaeus* – Himbeere und *Fragaria × ananassa* – Erdbeere vor. Capronsäure besitzt in Reinform einen intensiven, leicht stechenden Geruch, trägt in normalen Konzentrationen aber zur komplexen Aromabildung der Früchte bei. Im menschlichen Stoffwechsel wird sie schnell zu Energie umgewandelt und kann positive Effekte auf die Darmgesundheit haben.

Caprylsäure: Caprylsäure (Octansäure) gehört mit 8 Kohlenstoffatomen zu den mittelkettigen gesättigten Fettsäuren. Sie ist z. B. in *Cocos nucifera* – Kokosnuss enthalten, aber auch in *Elaeis guineensis* – Ölpalme und in verschiedenen Nüssen. Caprylsäure wird im menschlichen Organismus besonders effizient verstoffwechselt und kann als schnelle Energiequelle dienen. Sie hat antimikrobielle Eigenschaften und einen ranzig-seifigen Geruch. In der Lebensmitteltechnologie dient Caprylsäure als Konservierungsmittel.

Capsaicin: Capsaicin ist ein Alkaloid und v. a. verantwortlich für die Schärfe der Früchte von *Capsicum* – Chili. Es aktiviert hitzeempfindliche Schmerzrezeptoren und führt so zur typischen Schärfeempfindung. Die individuelle Toleranzschwelle für Capsaicin variiert stark. Die Schärfeintensität von Capsaicin wird in Scoville-Einheiten gemessen, wobei reine Capsaicin-Verbindungen Werte von 15–16 Mio. Scoville erreichen können. In hohen Dosen ist

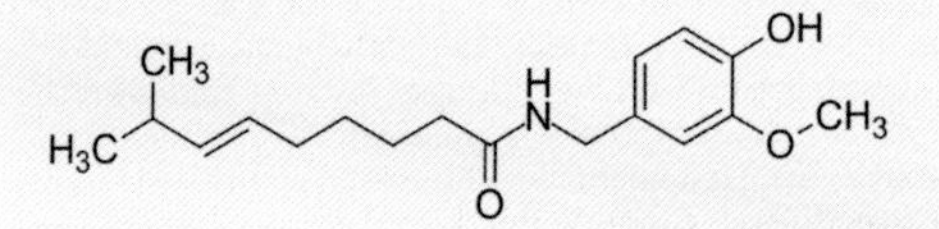

Capsaicin reizend bis toxisch. Medizinisch wird es äußerlich gegen Schmerzen eingesetzt. Capsaicin regt die Durchblutung und Verdauung an.

Caramboxin: Caramboxin ist ein neurotoxisches Aminosäurederivat, das in *Averrhoa carambola* – Sternfrucht vorkommt. Diese nicht-proteinogene Aminosäure stimuliert Glutamatrezeptoren im Nervensystem. Für gesunde Menschen mit normaler Nierenfunktion ist der Verzehr unbedenklich, da Caramboxin von ihnen ausgeschieden wird. Bei Niereninsuffizienz verursacht die Verbindung neurologische Symptome bis hin zu Krampfanfällen und Bewusstseinsstörungen. Patienten mit eingeschränkter Nierenfunktion sollten daher auf den Verzehr von Sternfrüchten verzichten.

Carbonsäuren: Carbonsäuren sind organische Säuren, die ein Kohlenstoffgerüst und eine oder mehrere Carboxylgruppen (-COOH) enthalten. Sie kommen in allen Pflanzen vor und haben vielfältige Funktionen im Stoffwechsel. Zu den wichtigsten pflanzlichen Carbonsäuren zählen Zitronensäure, Äpfelsäure, Weinsäure und Oxalsäure. Sie verleihen vielen Früchten wie *Citrus limon* – Zitrone oder *Malus domestica* – Apfel ihren sauren Geschmack. Während sie in moderaten Mengen bekömmlich sind, die Produktion von Verdauungssäften anregen und als Konservierungsmittel dienen, können einige Vertreter wie Oxalsäure in größeren Mengen die Eisen- und Calciumaufnahme beeinträchtigen und bei empfindlichen Personen Beschwerden verursachen.

Cardenolide: Cardenolide sind herzwirksame Glycoside. Sie kommen z. B. in *Digitalis purpurea* – Roter Fingerhut, *Convallaria majalis* – Maiglöckchen und *Nerium oleander* – Oleander vor und wirken dort als Fraßschutz. Cardenolide sind in höheren Konzentrationen hochgiftig für Menschen und Tiere und können zu schweren Herzrhythmusstörungen führen. Die Substanzen sind meist geschmacklos. In therapeutischen Dosen können sie herzstärkende Wirkungen entfalten.

Cardol: Cardol ist ein Phenolderivat, das vor allem in *Anacardium occidentale* – Cashewbaum vorkommt. Es ist Hauptbestandteil des Cashew-Nutshell-Liquid (CNSL), einer öligen Substanz zwischen der äußeren und inneren Schale der Cashewnuss. Cardol verursacht starke Hautreizungen und kann bei Kontakt schmerzhafte Dermatitis auslösen. Während der Verarbeitung der Nüsse wird das Cardol entfernt. Es findet Anwendung als Insektizid und als Ausgangsstoff für Harze, Lacke und Schmiermittel.

Caren: 3-Caren ist ein Monoterpen, das in vielen *Apiaceae* – Doldengewächse wie *Carum carvi* – Wiesenkümmel, *Anethum graveolens* – Dill, *Cuminum cyminum* – Kreuzkümmel und *Coriandrum sativum* – Koriander vorkommt. Es hat einen kräftig-würzigen Geruch und Geschmack. Studien deuten auch auf mögliche antibakterielle und krebshemmende Wirkungen hin.

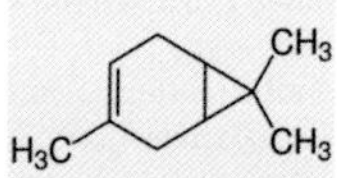

Carnosol: Carnosol ist ein phenolisches Diterpen, das z. B. in *Salvia rosmarinus* – Rosmarin vorkommt – aber auch in anderen *Lamiaceae* – Lippenblütler. Carnosol zeigt starke antioxidative, entzündungshemmende und nervenschützende Eigenschaften und kann zur Vorbeugung degenerativer Erkrankungen beitragen. In der Lebensmittelindustrie wird es zur Konservierung von Ölen und Fetten eingesetzt.

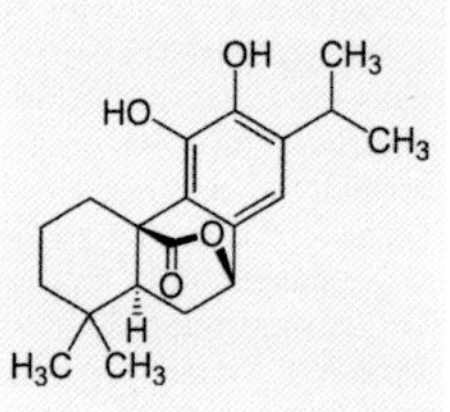

Carnosolsäure: Carnosolsäure (Carnosinsäure) ist ein phenolisches Diterpen, das eng mit Carnosol verwandt ist. Carnosolsäure findet sich v. a. in *Salvia rosmarinus* – Rosmarin und anderen *Lamiaceae* – Lippenblütlern. Der Stoff verleiht diesen Pflanzen einen Teil ihres intensiven, harzigen Duftes. Er hat starke antioxidative Eigenschaften und konservierende Eigenschaften. In der aktuellen Forschung wird Carnosolsäure als potenzieller Wirkstoff gegen neurodegenerative Erkrankungen untersucht.

Carotatoxin: siehe Falcarinol

Carotine: Carotine sind fettlösliche Pflanzenfarbstoffe aus der Gruppe der Carotinoide. Die bekanntesten Vertreter sind α- und β-Carotin, die Provitamine von Vitamin A sind. Der Körper kann sie in Vitamin A umwandeln, das für Sehkraft, Haut und Schleimhäute wichtig ist. Carotine sind starke Antioxidantien. Sie kommen in Gemüse wie *Daucus carota* – Möhre, *Cucurbita* – Kürbis, *Brassica oleracea* – Gemüsekohl und *Spinacia oleracea* – Spinat in besonders großen Mengen vor. Für die optimale Aufnahme von Carotinen im Körper ist die gleichzeitige Zufuhr einer kleinen Menge Fett förderlich, da sie fettlöslich sind.

Carotinoide: Carotinoide sind eine Gruppe von Tetraterpenen mit > 600 Vertretern. Die bekanntesten sind Carotin, Lycopin und Lutein. Carotinoide sind fettlösliche

Naturfarbstoffe und kommen in vielen Pflanzen vor. Es handelt sich um Antioxidantien. Studien deuten darauf hin, dass eine carotinoidreiche Ernährung das Risiko für bestimmte Krebsarten und Herz-Kreislauf-Erkrankungen senken könnte. Einige Carotinoide (Retinoide) sind auch Vorstufen für Vitamin A.

Carpelle: siehe Fruchtblatt

Carrageen: Carrageene (eigentlich Carrageenane) sind sulfatierte Polysaccharide, die aus Rotalgen wie *Eucheuma* und *Kappaphycus alvarezii* gewonnen werden. Je nach Struktur unterscheidet man κ-, ι- und λ-Carrageen mit verschiedenen Geliereigenschaften. Hochmolekulares Carrageen gilt als unbedenklicher Ballaststoff, während niedermolekulare Formen entzündliche Prozesse im Darm begünstigen können. In der Lebensmittelindustrie dient es als Verdickungsmittel, Gelbildner und Stabilisator (E407).

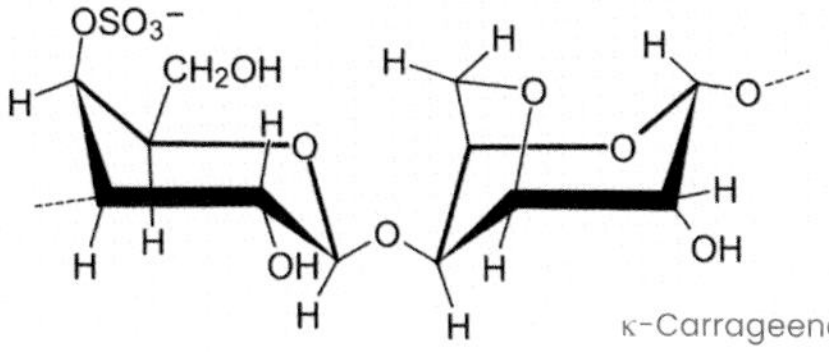
κ-Carrageenan

Carrageenan: siehe Carrageen

Carthamin: Carthamin ist ein roter Naturfarbstoff aus den Blüten von *Carthamus tinctorius* – Färberdistel. Es gehört zur Gruppe der Chinonchalcone. Traditionell wurde Carthamin zum Färben von Textilien und Lebensmitteln verwendet. Als Farbstoff für Lippenstift und Rouge ist es auch heute noch in Gebrauch. In hoher Konzentration kann Carthamin allergen und reizend wirken.

Carvacrol: Carvacrol (Cymophenol) ist ein Monoterpenoid, das zur Gruppe der Phenole gehört. Es kommt in ätherischen Ölen mehrerer Pflanzen vor, insbesondere in *Lamiaceae* – Lippenblütler wie *Origanum vulgare* – Oregano, *Thymus vulgaris* – Thymian und *Satureja hortensis* – Echtes Bohnenkraut. In der Pflanzenwelt dient es als Fungizid und Insektizid. Carvacrol trägt zum würzigen Geruch und Geschmack der Gewürzpflanzen bei. Für den Menschen hat Carvacrol entzündungshemmende und antimikrobielle Eigenschaften. In hohen Dosen kann es reizend wirken.

Carvon: Carvon ist ein Monoterpen-Keton, das in 2 spiegelbildlichen Formen (Enantiomeren) vorkommt. (R)-Carvon hat einen typischen Minzgeruch, während (S)-Carvon nach Kümmel riecht. (S)-Carvon ist Hauptbestandteil der ätherischen Öle von *Apiaceae* – Doldengewächse wie *Cuminum cyminum* – Kreuzkümmel, *Anethum graveolens* – Dill und *Carum carvi* – Kümmel. Es wirkt antimikrobiell und wird als Aromazusatz in Lebensmitteln und Kosmetika verwendet. Carvon kann bei empfindlichen Personen Allergien auslösen.

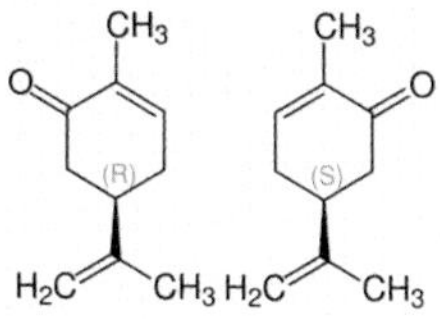
links: (R)-Carvon
rechts: (S)-Carvon

Caryophyllen: β-Caryophyllen ist ein bicyklisches Sesquiterpen, das in vielen ätherischen Ölen vorkommt, u. a. in *Pimenta dioica* – Piment, *Aframomum melegueta* – Guineapfeffer, *Piper* – Pfeffer, *Humulus lupulus* – Gewöhnlicher Hopfen und *Cannabis sativa* – Hanf. Es hat einen würzigen, holzigen Geruch und wird häufig als Aromastoff verwendet. Caryophyllen zeigt entzündungshemmende und schmerzmildernde Wirkungen, indem es an die Cannabinoid-Rezeptoren im Körper bindet. Zudem wirkt es krampflösend und gegen Angstzustände.

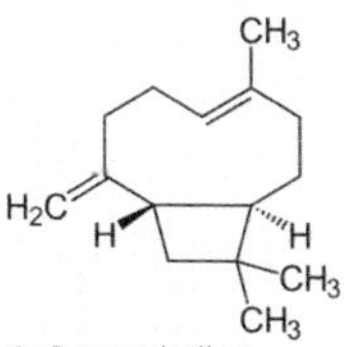
β-Caryophyllen

Catechine: Catechine (Flavanole) sind eine Gruppe von Polyphenolen aus der Familie der Flavonoide, die sich vom Flavan-3-ol ableiten. Die bekanntesten Vertreter sind Epicatechin, Epigallocatechin und deren Gallate. Catechine kommen in Tee, Kakao, Rotwein und vielen Obstsorten vor. Sie wirken als starke Antioxidantien. Catechinen aus grünem Tee wird in zahlreichen Studien eine positive Wirkung auf die Gefäßgesundheit und eine mögliche Rolle bei der Prävention von Herz-Kreislauf-Erkrankungen zugesprochen.

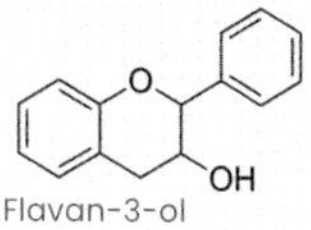
Flavan-3-ol

Cathin: Cathin (Norpseudoephedrin) ist ein Phenylalkylamin und kommt v. a. in *Catha edulis* – Kathstrauch vor, einer Pflanze, deren frische Blätter in Ostafrika traditionell als Genussmittel gekaut werden. Es erhöht die Ausschüttung von Neurotransmittern wie Noradrenalin und wirkt appetithemmend. In niedrigen Konzentrationen erzeugt es eine leicht euphorisierende Wirkung mit erhöhter Wachheit und vermindertem Hungergefühl. Es kann schwerwiegende Herz-Kreislauf-Probleme, Herzrhythmusstörungen sowie psychische Nebenwirkungen wie Angstzustände, Paranoia und bei chronischem Gebrauch Abhängigkeit verursachen. In vielen Ländern unterliegt Cathin aufgrund seiner psychoaktiven Eigenschaften dem Betäubungsmittelgesetz.

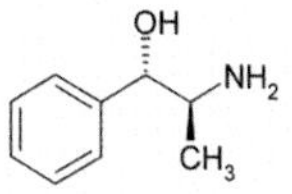

Cathinon: Cathinon ist ein Alkaloid und der Hauptwirkstoff von *Catha edulis* – Kathstrauch. Es wirkt als starkes Stimulans auf das zentrale Nervensystem, indem es die Freisetzung von Dopamin und Noradrenalin erhöht und deren Wiederaufnahme hemmt. Dies führt zu gesteigerter Energie, Euphorie und vermindertem Appetit. Cathinon kann schwerwiegende Herz-Kreislauf-Probleme wie Herzrhythmusstörungen und Bluthochdruck sowie psychiatrische Nebenwirkungen wie Angstzustände, Paranoia und bei chronischem Gebrauch Abhängigkeit verursachen. Der Stoff ist instabil und zerfällt in der Pflanze nach der Ernte rasch zu Cathin. Aufgrund seiner suchtfördernden und gesundheitsschädlichen Eigenschaften unterliegt Cathinon in vielen Ländern gesetzlichen Regelungen.

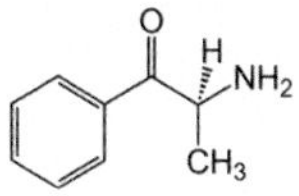

CBD: siehe Cannabidiol

CBG: siehe Cannabinoide

Cetylalkohol: Cetylalkohol ist ein langkettiger, gesättigter Fettalkohol mit 16 Kohlenstoffatomen. Cetylalkohol kommt in den Wachsschichten von Pflanzen vor, z. B. bei Palmen und *Euphorbia* – Wolfsmilch. Der Stoff dient den Pflanzen als Schutz vor Feuchtigkeitsverlusten. In der Lebensmitteltechnik wird Cetylalkohol gelegentlich als Emulgator und Texturverbesserer eingesetzt.

Chaconin: α-Chaconin ist ein Glycoalkaloid. Diese bitter schmeckende, giftige Verbindung findet sich v. a. in *Solanum tuberosum* – Kartoffel, besonders konzentriert in grünen Knollen, Keimen und Schalen. α-Chaconin kann bereits in geringen Mengen Übelkeit, Kopfschmerzen und Verdauungsbeschwerden verursachen. Die Konzentration steigt deutlich an, wenn Kartoffeln Licht ausgesetzt werden oder zu keimen beginnen, weshalb solche Knollen nicht verzehrt werden sollten.

Chalcone: Chalcone gehören zu den Flavonoiden und kommen in Pflanzen vor, besonders reich sind *Humulus lupulus* – Hopfen, *Glycyrrhiza glabra* – Süßholz und verschiedene Obstarten. Sie verleihen Früchten und Blüten ihre gelben bis orangefarbenen Farben und tragen zum bitteren Geschmack bei. Chalcone zeigen starke antioxidative, entzündungshemmende und antimikrobielle Eigenschaften und können das Immunsystem unterstützen.

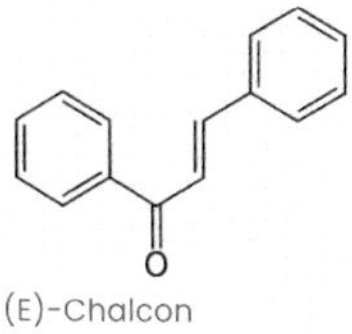
(E)-Chalcon

Chamazulen: Chamazulen ist ein Azulen-Derivat, das für die blaue Farbe des ätherischen Öls von *Matricaria recutita* – Echte Kamille verantwortlich ist. Es entsteht aus dem farblosen Matricin durch Wasserdampfdestillation. Chamazulen hat entzündungshemmende, krampflösende und wundheilungsfördernde Eigenschaften. Es wirkt zudem beruhigend und leicht antidepressiv und findet auch Anwendung in der Kosmetik.
Charantin: Charantin ist eine 1:1-Mischung der Steroid-Glykoside Sitosterol-Glucosid und Stigmasterol-Glucosid, die in *Momordica charantia* – Bittermelone vorkommt. Studien deuten auch auf eine potenzielle antidiabetische Wirkung hin, weshalb Bittermelonen-Extrakte in manchen Ländern als Nahrungsergänzungsmittel bei Diabetes mellitus Typ 2 eingesetzt werden. In hohen Dosen kann Charantin aufgrund seiner Bitterkeit zu Übelkeit und Erbrechen führen.
Chavibetol: Chavibetol (Betelphenol) ist ein Phenylpropanoid, welches in den Blättern von *Piper betle* – Betelpfeffer vorkommt. Es dient als Schutz vor Krankheitserregern und hat eine antimikrobielle Wirkung.
Chavicol: Chavicol ist ein Phenylpropanoid, das z. B. in *Piper betle* – Betelpfeffer und *Ocimum basilicum* – Basilikum vorkommt. Chavicol zeigt in Laborstudien antimikrobielle und entzündungshemmende Eigenschaften. Seine Wirkungen im menschlichen Körper sind jedoch nur wenig erforscht. In hohen Dosen kann Chavicol toxisch und möglicherweise krebserregend wirken.
Chinidin: Chinidin ist ein Alkaloid und ein Stereoisomer des Chinins. Es kommt in der Rinde von *Cinchona* – Chinarindenbaum vor. Chinidin wird in der Medizin eingesetzt, um Herzrhythmusstörungen zu behandeln. In hohen Dosen kann es jedoch selbst Herzrhythmusstörungen und andere Nebenwirkungen verursachen. Chinidin hat einen intensiv bitteren Geschmack.
Chinin: Chinin ist ein Alkaloid aus der Rinde von *Cinchona* – Chinarindenbaum-Arten. Es wurde früher zur Behandlung von Malaria und gegen Erkältungen und Muskelkrämpfe eingesetzt, wird heute aber aufgrund besserer Alternativen nur noch selten verwendet. Chinin hat einen bitteren Geschmack und ist Bestandteil von Tonic Water. In hohen Dosen ist es giftig.
Chinolizidin-Alkaloide: Chinolizidin-Alkaloide sind eine Gruppe von stickstoffhaltigen Pflanzenstoffen. Sie kommen v. a. in *Fabaceae* – Schmetterlingsblütler wie *Lupinus* – Lupine vor. Einige Chinolizidin-Alkaloide wie Spartein und Lupanin sind für den Menschen potenziell giftig und haben eine hemmende Wirkung auf das Nervensystem.
Chlorogensäure: Chlorogensäure ist eine polyphenolische organische Säure, genauer ein Ester der Kaffeesäure mit Chinasäure, die in vielen Pflanzen wie *Coffea* – Kaffee, *Solanum tuberosum* – Kartoffel und *Malus domestica* – Kultur-Apfel vorkommt. Sie trägt zum bitteren, adstringierenden Geschmack von Kaffee bei. Chlorogensäure hat antioxidative Eigenschaften und wird mit potenziell gesundheitsfördernden Wirkungen in Verbindung gebracht, z. B. bei Diabetes und Herz-Kreislauf-Erkrankungen.

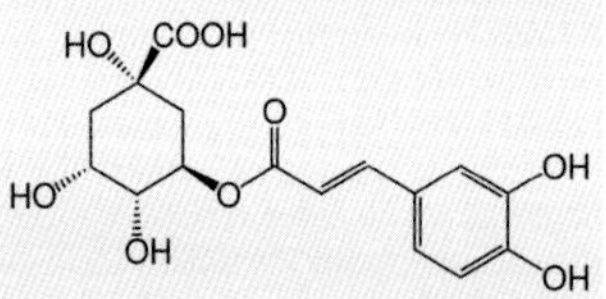

Chlorophyll: Chlorophylle sind grüne Pigmente, die in den Chloroplasten der Pflanzenzellen vorkommen und für die Photosynthese unerlässlich sind. Sie absorbieren v. a. blaues und rotes Licht, während sie grünes Licht reflektieren, was den Pflanzen ihre Färbung verleiht. Die beiden Haupttypen sind Chlorophyll a und Chlorophyll b. Bei vielen Algengruppen tritt Chlorophyll c anstelle von Chlorophyll b auf. Chlorophyll d kommt in Cyanobakterien vor. Chlorophylle wandeln Lichtenergie in chemische Energie um, indem sie Elektronen anregen, die dann in komplexen biochemischen

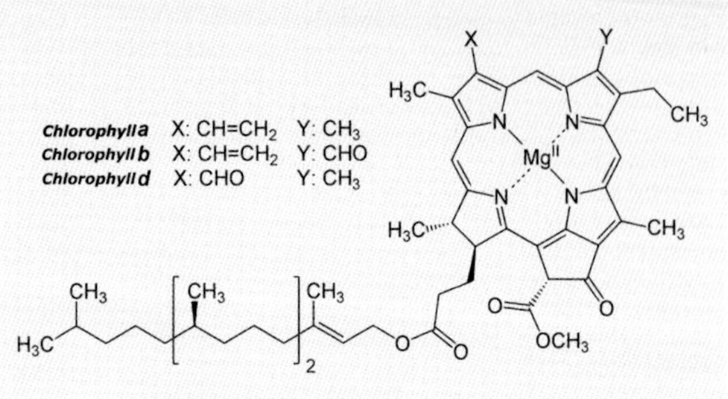

Prozessen zur Herstellung von Glucose aus Kohlendioxid und Wasser genutzt werden. In der Lebensmittelindustrie wird es als grüner Farbstoff (E140) verwendet und bindet auch unerwünschte Gerüche.
Cholecalciferol: siehe Vitamin D
Cholesterin: Cholesterin ist ein fettähnliches Sterol und ein lebenswichtiger Baustein für Zellmembranen und Hormone. Der menschliche Körper stellt ± 80 % des Cholesterins selbst her, die restlichen 20 % stammen aus der Nahrung. Während tierische Produkte Cholesterin enthalten, sind pflanzliche Lebensmittel grundsätzlich cholesterinfrei. Manche Pflanzenarten enthalten aber Phytosterine – strukturell ähnliche Verbindungen, die die Cholesterinaufnahme im Darm hemmen können. Viele Nahrungspflanzen wie *Beta vulgaris* – Rote Beete oder *Allium sativum* – Knoblauch können die körpereigene Cholesterinproduktion und dessen Verteilung positiv beeinflussen. Ein ausgewogener Cholesterinspiegel ist entscheidend für die Herz-Kreislauf-Gesundheit. Cholesterin wird im Blut an Transportproteine gebunden: LDL (»Low Density Lipoprotein«) transportiert Cholesterin von der Leber zu den Geweben und gilt als »schlechtes« Cholesterin, da erhöhte Werte Arterienverkalkung fördern können. HDL (»High Density Lipoprotein«) hingegen transportiert überschüssiges Cholesterin zurück zur Leber und wird als »gutes« Cholesterin bezeichnet. Viele essbare Pflanzen beeinflussen diese Werte positiv: Lösliche Ballaststoffe aus *Avena sativa* – Hafer oder *Plantago ovata* – Flohsamen können LDL senken.

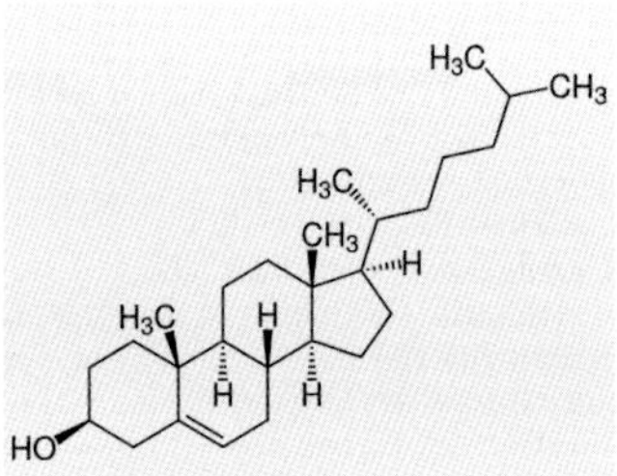

Cholin: Cholin ist ein essenzieller Nährstoff, der strukturell den B-Vitaminen ähnelt. Im Körper spielt es als Bestandteil von Phospholipiden eine wichtige Rolle beim Aufbau von Zellmembranen und bei der Bildung des Neurotransmitters Acetylcholin. Cholin kommt in vielen Lebensmitteln wie Eiern, Leber, Hülsenfrüchten und Nüssen vor. Ein Cholinmangel ist selten, kann aber u. a. Leberschäden verursachen. Eine übermäßige Zufuhr von Cholin sollte jedoch auch vermieden werden.

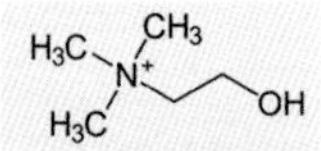

chorikarpes Gynoeceum: siehe apokarpes Gynoeceum
Cichoriensäure: Cichoriensäure ist ein Bitterstoff, der besonders in den Blättern und Wurzeln von *Cichorium intybus* – Chicorée vorkommt. Cichoriensäure regt die Verdauungssäfte an und wirkt dadurch vermutlich verdauungsfördernd. Zudem zeigt sie eine leicht antibakterielle Wirkung.
Cinchonidin: Cinchonidin ist wie Chinin und Chinidin ein Alkaloid, das in der Rinde von *Cinchona* – Chinarindenbaum-Arten enthalten ist. Es wurde früher zur Behandlung von Malaria genutzt. Heute wird Cinchonidin aufgrund besserer Alternativen therapeutisch kaum noch

eingesetzt. In höheren Dosen kann die Verbindung Nebenwirkungen wie Benommenheit, Übelkeit und Sehstörungen verursachen.

Cinchonin: Cinchonin ist ein Alkaloid, das in den Rinden von *Cinchona*-Arten – Chinarindenbaum vorkommt. Es ist eng verwandt mit Chinin, das zur Behandlung von Malaria eingesetzt wird. In hohen Dosen kann es toxisch wirken.

Cineol: 1,8-Cineol (Eucalyptol) ist ein Monoterpenether, der Hauptbestandteil des ätherischen Öls von *Eucalyptus* – Eukalyptus, *Laurus* – Lorbeer und *Salvia rosmarinus* – Rosmarin ist. Es riecht frisch und wird als Aromastoff eingesetzt. Cineol wirkt

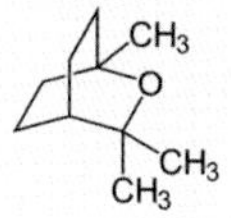

abschwellend auf die Nasenschleimhaut, weshalb es in vielen Erkältungsmitteln enthalten ist. Auch entzündungshemmende und bronchienerweiternde Wirkungen wurden klinisch nachgewiesen. In höheren Dosen kann 1,8-Cineol allerdings reizend wirken.

Cinnamaldehyde: siehe Zimtaldehyd

Cinnamoylcocain: trans-Cinnamoylcocain ist ein Alkaloid, das in den Blättern von *Erythroxylum coca* – Kokastrauch vorkommt. Die Substanz ist ein Zwischenprodukt bei der Herstellung von Kokain und steht in vielen Ländern unter gesetzlicher Kontrolle.

cis-Anethol: siehe Anethol

Citral: Das Terpenoid Citral ist eine Mischung der Isomere Neral und Geranial. Es ist Hauptbestandteil vieler ätherischer Öle, u. a. von *Cymbopogon* – Zitronengras und Lemongras sowie *Melissa officinalis* – Zitronenmelisse. Citral riecht intensiv nach Zitrone und wird als Duft- und Aromastoff eingesetzt. Es besitzt antibakterielle und fungizide Eigenschaften.

Citronellal: Citronellal ist ein Monoterpenoid mit Zitronengeruch. Es kommt in ätherischen Ölen von *Cymbopogon* – Zitronengras, *Corymbia citriodora* – Zitroneneukalyptus und einigen Arten der Gattung *Pelargonium* – Pelargonie vor. Citronellal wirkt insekten- und milbenabweisend und wird in Duftkerzen und Mückensprays verwendet.

Citronellol: Das Terpenoid Citronellol kommt in ätherischen Ölen wie Rosenöl, Zitronenöl und Geraniumöl vor. Citronellol wird als frischer, blumiger Duft- und Aromastoff eingesetzt. Es kann in höherer Konzentration Haut und Augen reizen, besitzt aber insgesamt ein günstiges toxikologisches Profil.

Citronensäure: siehe Zitronensäure

Citrullin: Citrullin ist eine nicht-proteinogene Aminosäure, die im Harnstoffzyklus eine wichtige Rolle spielt und die Stickstoffausscheidung unterstützt. Besonders hohe Konzentrationen finden sich in *Citrullus lanatus* – Wassermelone, vor allem in der weißen Schale. Weitere Quellen sind *Cucumis melo* – Honigmelone und verschiedene Kürbisgewächse. Nach dem Verzehr wird Citrullin zu Arginin umgewandelt, was die Durchblutung fördern und die sportliche Leistungsfähigkeit steigern kann.

Clade: siehe Klade

Cocain: siehe Kokain

Codein: Codein ist ein Opioid-Alkaloid, das v. a. im Milchsaft von *Papaver somniferum* – Schlafmohn enthalten ist. Codein wirkt hustenreizstillend und schmerzlindernd, ist aber deutlich schwächer als Morphin. Es wird als Arznei-

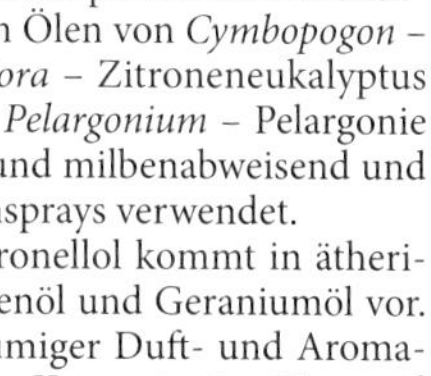

stoff in der Schmerztherapie, bei unproduktivem Husten und zur Behandlung von Durchfall verwendet. Codein kann abhängig machen und Verstopfung verursachen.

coenokarpes Gynoeceum: Bei einem coenokarpen Gynoeceum sind mehrere Fruchtblätter zu einem Fruchtknoten verwachsen. Dieser kann entweder einfächrig (parakarp) (z. B. bei *Viola* – Veilchen) oder mehrfächrig (synkarp) (z. B. bei *Allium* – Lauch) ausgebildet sein (siehe auch apokarpes Gynoeceum).

Coffein: Coffein (Teein) ist ein Alkaloid aus der Gruppe der Xanthine. Es kommt in mehreren Pflanzenarten wie *Coffea* – Kaffee, *Camellia sinensis* – Tee, *Paullinia cupana* – Guarana und *Theobroma cacao* – Kakaobaum vor. Coffein wirkt als Stimulans, indem es die

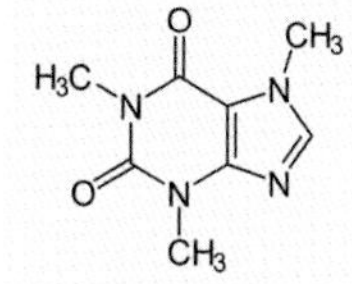

Müdigkeit reduziert und die Konzentrationsfähigkeit verbessert. Außerdem steigert es den Stoffwechsel und fördert kurzfristig die körperliche Leistungsfähigkeit. Die stimulierende Wirkung des Coffeins beruht v. a. auf der Blockade von Adenosinrezeptoren im Gehirn. In hohen Dosen kann Coffein zu Nebenwirkungen wie Unruhe, Schlafstörungen und Herzklopfen führen.

Colecalciferol: siehe Vitamin D

Convicin: Convicin ist ein giftiges Pyrimidinglycosid, das in einigen Sorten von *Vicia faba* – Ackerbohne vorkommt. Es gehört zu den sogenannten

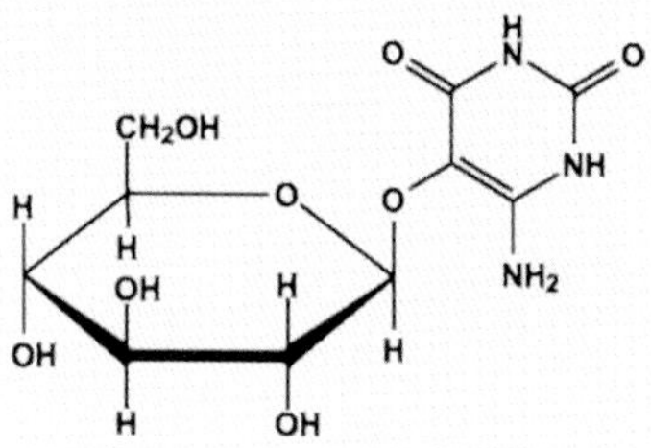

»Favismus-Glycosiden«, die bei Personen mit einem Mangel an Glucose-6-Phosphat-Dehydrogenase zur Auflösung der roten Blutkörperchen führen können. Aus diesem Grund wird Favismus-Patienten vom Verzehr von Ackerbohnen-Sorten dringend abgeraten. Mittlerweile wurden aber auch Ackerbohnen-Sorten mit niedrigerem Convicin-Gehalt gezüchtet, die auch für Menschen mit Favismus sicherer sind.

Corilagin: Corilagin ist ein Ellagitannin – eine komplexe phenolische Verbindung mit stark ausgeprägten antioxidativen Eigenschaften. Es kommt z. B. in *Nephelium lappaceum* – Rambutan und verschiedenen Eichen- und Kastanienarten vor. Es trägt zum herben, adstringierenden Geschmack tanninreicher Pflanzenteile bei. Corilagin zeigt entzündungshemmende Wirkungen.

Cormophyt: siehe Kormophyt

Cormus: siehe Kormus

Corolla: siehe Krone

Crocetin: Crocetin ist ein Apocarotinoid und ein Abkömmling des Carotinoids Crocin. Es kommt v. a. in den Blütennarben von *Crocus sativus* – Safran vor. Crocetin ist ein

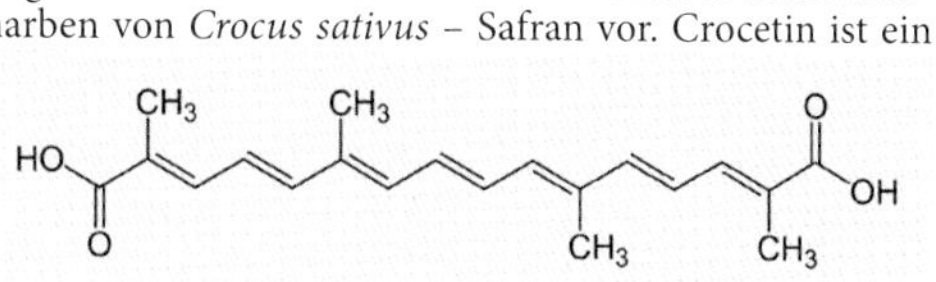

starkes Antioxidans und zeigt in Studien entzündungshemmende, krebsbekämpfende und nervenschützende Wirkungen. Crocetin ist gut wasserlöslich.

Crocin: Crocin ist ein Carotinoid-Glucosid, das aus dem Apocarotinoid Crocetin und Zuckermolekülen besteht (*Strukturformel siehe nächste Seite*). Crocin kommt v. a. in den Blütennarben von *Crocus sativus* – Safran vor und verleiht ihnen ihre Farbe. In qualitativ hochwertigem Safran macht es bis zu 30 % der Trockenmasse aus. Crocin ist ein starkes Antioxidans und zeigt in Studien entzündungshemmende, krebsbekämpfende, antidepressive und gedächtnisfördernde Wirkungen.

Cryptoxanthin: β-Cryptoxanthin ist ein orange-rotes Xanthophyll und fungiert als wichtige Vorstufe von Vitamin A. Besonders reichhaltig findet sich β-Cryptoxanthin in *Citrus reticulata* – Mandarine, *Cucurbita pepo* – Kürbis, *Capsicum annuum* – Paprika und *Diospyros kaki* – Kakipflaume. Diese Verbindung unterstützt die Sehkraft, das Immunsystem und die Hautgesundheit und zeigt anti-

Crocin

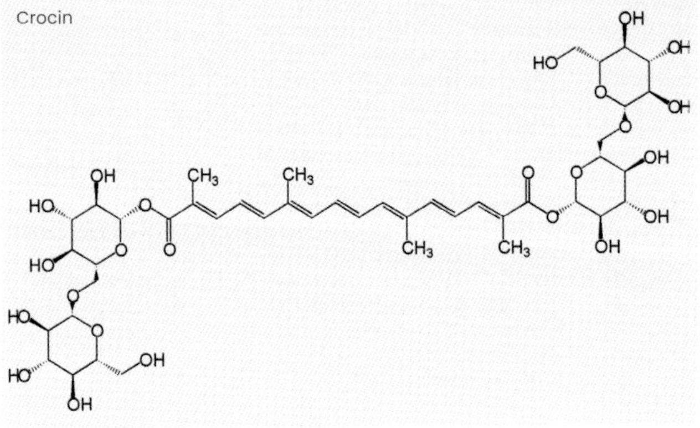

oxidative Eigenschaften. Möglicherweise kann sie das Risiko für bestimmte Krebsarten und Herz-Kreislauf-Erkrankungen senken.

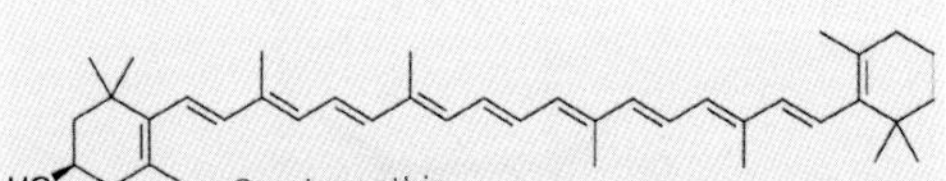

Cryptoxanthin

Cubebin: Cubebin ist ein Lignan, das sich v. a. in *Piper cubeba* – Kubebenpfeffer und verwandten Pfefferarten findet. Cubebin zeigt antimikrobielle und antioxidative Wirkungen und kann entzündungshemmend wirken.

Cucurbitacine: Cucurbitacine sind Bitterstoffe, die zu den tetrazyklischen Triterpenen gehören. Sie kommen in *Cucurbitaceae* – Kürbisgewächse wie *Cucurbita pepo* – Zucchini und *Cucumis sativus* – Gurke vor. Cucurbitacine schmecken extrem bitter und sind in höheren Mengen giftig. Einige Cucurbitacine zeigen in Studien eine krebshemmende Wirkung, sind jedoch aufgrund ihrer Toxizität nicht für die Anwendung am Menschen geeignet. Durch gezielte Züchtung wurde der Gehalt in vielen Lebensmittelpflanzen minimiert.

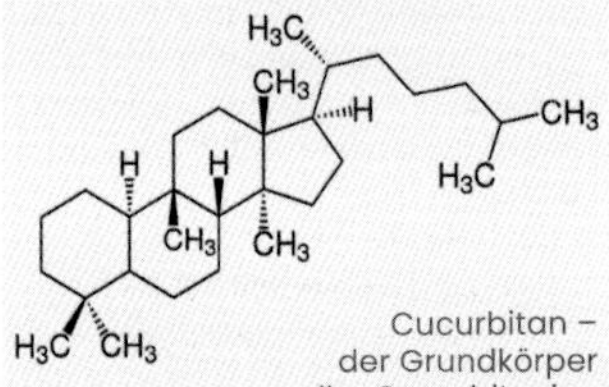

Cucurbitan – der Grundkörper aller Cucurbitacine

Cultivar: siehe Kultivar

Cumarin: Cumarin ist ein Phenylpropanoid, das in vielen Pflanzen vorkommt – u. a. in *Galium odoratum* – Waldmeister und *Melilotus* – Steinklee. Cumarin riecht angenehm süß und aromatisch. In hohen Dosen kann es leberschädigend wirken. In der EU ist der Einsatz von Cumarin in Lebensmitteln reguliert, mit festgelegten Höchstmengen für verschiedene Produktkategorien wie Backwaren und alkoholische Getränke.

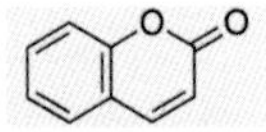

Cuminaldehyd: Cuminaldehyd ist ein aromatisches Aldehyd und eine farblose bis hellgelbe Flüssigkeit mit intensiv würzigem Aroma. Cuminaldehyd kommt z. B. in *Cuminum cyminum* – Kreuzkümmel vor, wo es den Hauptbestandteil des ätherischen Öls ausmacht, findet sich aber auch in *Carum carvi* – Kümmel.

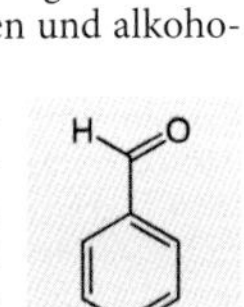

Curcumin: Curcumin ist ein intensiv gelb-oranges Polyphenol aus dem Rhizom von *Curcuma longa* – Kurkuma. Es gehört zur Stoffgruppe der Curcuminoide. Curcumin besitzt vielfältige positive Eigenschaften: Es wirkt stark antioxidativ und entzündungshemmend, zeigt krebsbekämpfende Wirkung und schützt Gehirn und Leber. Aufgrund seiner geringen Bioverfügbarkeit wird es oft in Kombination mit Piperin aus *Piper nigrum* – Pfeffer verwendet.

Curcumin

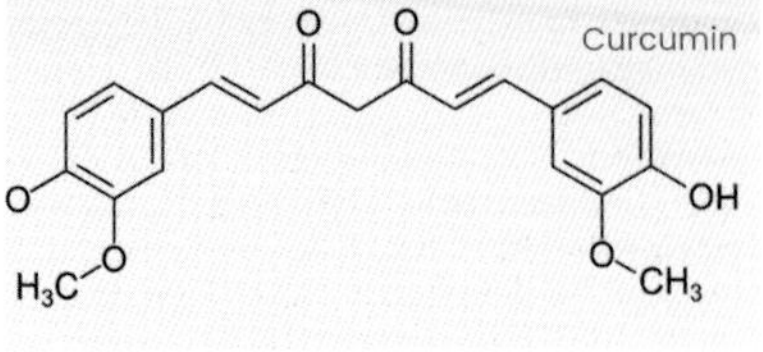

Curcuminoide: Curcuminoide sind eine Gruppe von Polyphenolen, die im Rhizom von *Curcuma longa* – Kurkuma vorkommen. Die 3 Hauptcurcuminoide sind Curcumin, Demethoxycurcumin und Bisdemethoxycurcumin. Sie verleihen Kurkuma die kräftige gelbe Farbe. Curcuminoide wirken stark antioxidativ und entzündungshemmend, zeigen krebsbekämpfende Wirkung und können Nerven und Leber schützen. Aufgrund ihrer geringen Bioverfügbarkeit werden sie oft mit Piperin aus *Piper nigrum* – Pfeffer kombiniert.

Cyanidin-3-O-glucosid: Cyanidin-3-O-glucosid ist ein weit verbreitetes Anthocyan, das in vielen rot und blau gefärbten Früchten und Gemüsesorten vorkommt, z. B. in *Vaccinium myrtillus* – Heidelbeere, *Sambucus nigra* – Holunder und *Brassica oleracea* convar. *capitata* f. *rubra* – Rotkohl.

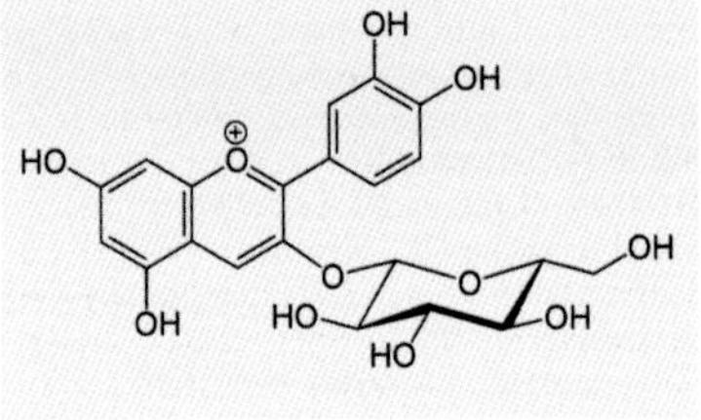

Es schützt die Pflanzen vor UV-Strahlung und Fraßfeinden. Die Farbe ist dabei pH-abhängig, wobei es bei saurem pH rot erscheint und mit steigendem pH-Wert über violett nach blau umschlägt. Cyanidin-3-O-glucosid ist ein starkes Antioxidans. Studien deuten auf entzündungshemmende, vor Krebs schützende und herzschützende Wirkungen hin.

Cyanidin-3-Rutinosid: Cyanidin-3-Rutinosid gehört zu den Anthocyanen – wasserlöslichen Flavonoiden. Besonders reich daran sind *Vaccinium myrtillus* – Heidelbeere, *Sambucus nigra* – Schwarzer Holunder und dunkle Kirschen. Cyanidin-3-Rutinosid trägt zur intensiv rötlichen bis violetten Färbung der Früchte bei. Die starke antioxidative Verbindung wirkt entzündungshemmend und unterstützt die Herz-Kreislauf-Gesundheit. Darüber hinaus deuten Studien an, dass sie kognitive Funktionen verbessern könnte.

cyanogene Glycoside: siehe Blausäureglycoside

Cyclopropenfettsäuren: Cyclopropenfettsäuren sind Fettsäuren, die einen Cyclopropan-Ring enthalten. Sie kommen z. B. in *Sterculia foetida* – Stinkbaum und *Malva sylvestris* – Wilde Malve vor. Diese Verbindungen können den Fettstoffwechsel beeinflussen und die Synthese bestimmter Fettsäuren hemmen.

Cymol: p-Cymol (Camphogen) ist ein aromatisches Monoterpen. Es kommt in ätherischen Ölen vieler Pflanzen wie *Carum carvi* – Kümmel, *Thymus vulgaris* – Thymian und *Origanum vulgare* – Oregano vor und trägt zu deren Aroma bei. p-Cymol besitzt einen zitronenartigen Geruch.

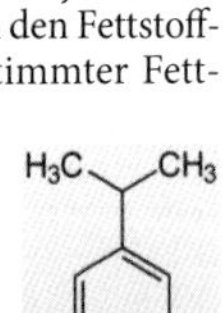

Cynarin: Cynarin ist ein Hydroxyzimtsäurederivat, das v. a. in *Cynara scolymus* – Artischocke vorkommt. Es trägt zum bitteren Geschmack der Pflanze bei. Cynarin fördert die Produktion und Ausschüttung von Gallenflüssigkeit und kann daher die Fettverdauung verbessern. Artischockenextrakte, die reich an Cynarin sind, sind als traditionelles Arzneimittel zur Linderung von Verdauungsstörungen anerkannt.

Cynaropicrin: Cynaropicrin ist ein Sesquiterpenlacton – eine bitter schmeckende Verbindung, die v. a. in *Cynara scolymus* – Artischocke und verwandten Korbblütlern vorkommt. Cynaropicrin regt die Verdauung an, fördert die Gallenproduktion und unterstützt die Leberfunktion.
Cysteinsulfoxid: siehe Alliin
Daidzein: Daidzein gehört zur Gruppe der Isoflavone, einer Untergruppe der Polyphenole. Es kommt v. a. in *Glycine max* – Sojabohne und anderen *Fabaceae* – Schmetterlingsblütler vor. Es hat eine östrogenähnliche Wirkung und kann Wechseljahresbeschwerden lindern sowie möglicherweise das Risiko für hormonabhängige Krebsarten senken. Zudem werden den Isoflavonen knochenschützende Eigenschaften zugeschrieben.
Decansäure: siehe Caprinsäure
Deckblatt: siehe Tragblatt
Deckelkapsel: Deckelkapseln sind Öffnungsfrüchte, die sich öffnen, indem der obere Teil der Kapsel, meist entlang einer vordefinierten Sollbruchstelle, abfällt und dann die Samen ausgestreut werden (z. B. bei *Anagallis* – Gauchheil) (siehe auch Kapsel, Spaltkapsel, Porenkapsel).
Deckschuppe: Als Deckschuppe wird das Tragblatt der Blüte der *Gymnospermae* – Nacktsamer bezeichnet. In den Zapfen sind Deckschuppen und Samenschuppen meist verwachsen.
Deckspelze: Deckspelzen sind spelzenartige Tragblätter der Blütchen der *Poaceae* – Süßgräser. Bei den Süßgräsern ist die Deckspelze die untere und typischerweise größere Spelze an der Basis eines Blütchens (siehe auch Blütchen). Die Deckspelze ist zuweilen begrannt (z. B. bei *Bromus* – Trespe).
dekussierte Blattstellung: siehe gegenständige Blattstellung
Diallyldisulfid: Diallyldisulfid ist eine schwefelhaltige Verbindung aus der Gruppe der Disulfide, die v. a. in *Allium sativum* – Knoblauch vorkommt. Sie trägt zum Geruch und Geschmack der Pflanze bei. Diallyldisulfid besitzt antibakterielle Eigenschaften. Zudem werden blutdrucksenkende, cholesterinregulierende, nervenschützende und potenziell krebshemmende Wirkungen vermutet.
Diallyltrisulfid: Diallyltrisulfid ist eine schwefelhaltige Verbindung aus der Gruppe der Trisulfide. Sie kommt v. a. in *Allium sativum* – Knoblauch vor und ist für den Geruch und Geschmack mitverantwortlich. Die Verbindung hat antimikrobielle Eigenschaften und soll eventuell auch Blutdruck und Cholesterinspiegel beeinflussen.
Diarylheptanoide: Diarylheptanoide sind eine Gruppe von Polyphenolen, die sich durch 2 aromatische Ringe und eine verbindende C_7-Kette auszeichnen. Sie kommen u. a. in *Zingiber officinale* – Ingwer und *Curcuma longa* – Kurkuma vor. Diarylheptanoide besitzen entzündungshemmende, antioxidative und potenziell nervenschützende Eigenschaften. Sie können die Bildung von entzündungsfördernden Substanzen wie Prostaglandinen und Leukotrienen hemmen.
Dicaffeoylweinsäure: siehe Cichoriensäure
dichotome Nervatur: siehe gabelnervig
Dihydrochalcone: Dihydrochalcone bilden eine Untergruppe der Flavonoide. Sie kommen z. B. in *Malus domestica* – Apfel (besonders in der Schale) aber auch in *Aspalathus linearis* – Rooibos vor. Einige Dihydrochalcone schmecken sehr süß und werden als Süßstoffe erforscht. Darüber hinaus zeigen sie antioxidative und entzündungshemmende Wirkungen.
Dikotyle: Als Dikotyle (Dikotyledonae – Zweikeimblättrige) wird eine Pflanzengruppe innerhalb der Bedecktsamer bezeichnet, die durch 2 Keimblätter (und zahlreiche weitere Merkmale) gekennzeichnet ist.
Diosgenin: Diosgenin ist ein Steroid-Sapogenin aus der Gruppe der Phytosterine und dient als wichtige Ausgangssubstanz für die Synthese von Steroidhormonen und oralen Kontrazeptiva. Diosgenin kommt v. a. in *Dioscorea villosa* – Wilder Yams und anderen Yams-Arten vor, aber auch in *Trigonella foenum-graecum* – Bockshornklee. Traditionell werden diosgeninreiche Pflanzen zur Linderung von Menstruationsbeschwerden eingesetzt. Neuere Forschungen deuten auf potenzielle cholesterinsenkende, entzündungshemmende und möglicherweise antikanzerogene Eigenschaften hin. Es wird als Vorstufe pharmazeutischer Präparate genutzt.
Diosmin: Diosmin ist ein Flavonoid-Glycosid mit ausgeprägten gefäßschützenden Eigenschaften. Es stärkt die Venenwände und wird für die Unterstützung der Gefäßgesundheit eingesetzt. Es findet sich v. a. in *Citrus limon* – Zitrone und anderen Zitrusfrüchten, besonders im weißen Mesokarp (Albedo). Die regelmäßige Aufnahme über Zitrusfrüchte kann zur kardiovaskulären Prävention beitragen.
Diskus: Als Diskus wird eine an der Basis des Fruchtknotens sitzende, meist ringförmige Nektardrüse bezeichnet (z. B. bei *Acer* – Ahorn).
distal: Als distal bezeichnet man den Bereich eines Organs, der am weitesten von der Basis der Sprossachse entfernt ist (siehe auch basal).
disymmetrische Blüte: Durch disymmetrische Blüten lassen sich genau 2 Symmetrie-Ebenen legen (z. B. bei *Brassica* – Kohl und anderen *Brassicaceae* – Kreuzblütler).
Diterpene: Diterpene bestehen aus 4 Isopren-Einheiten. Sie kommen in vielen Pflanzen vor, darunter *Salvia officinalis* –

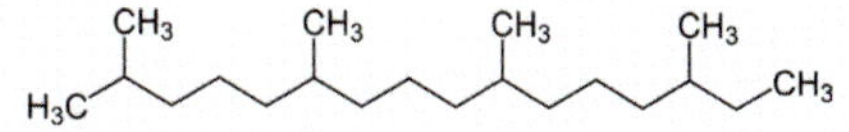

Grundstruktur der Diterpene: Phytan

Echter Salbei und *Ginkgo biloba* – Ginkgo. Diterpene besitzen oft antimikrobielle, entzündungshemmende und antioxidative Eigenschaften.
Diterpenglycoside: Diterpenglycoside bestehen aus einem Diterpen und einem oder mehreren Zuckermolekülen.
Dolcymen: siehe Cymol
Döldchen: Als Döldchen werden die Dolden 2. Ordnung in den Doppeldolden der *Apiaceae* – Doldengewächse bezeichnet.
Dolde: Eine Dolde ist ein endständiger, racemöser, einfach verzweigter Blütenstand, bei dem an einem Knoten > 2 gestielte Blüten in den Achseln von (manchmal fehlenden) wirtelig angeordneten Hochblättern stehen (z. B. bei *Hedera* – Efeu).
Domäne: Der Begriff »Domäne« wird in der Systematik verwendet, um eine große monophyletische Gruppe von Sippen zu kennzeichnen, z. B. die *Eukaryota* (Eukaryoten). Die Domäne ist die oberste Ebene der Systematik, ihr untergeordnet ist das Reich.
Doppeldolde: Eine Doppeldolde ist ein mehrfach verzweigter Blütenstand, der aus Dolden aufgebaut ist, bei denen anstelle der Blüten Dolden, die als Döldchen (Dolden 2. Ordnung) bezeichnet werden, stehen (z. B. bei *Heracleum* – Bärenklau und anderen *Apiaceae* – Doldengewächse).

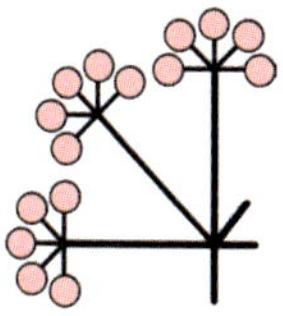

doppelt gezähnter Blattrand: Bei einem doppelt gezähnten Blattrand finden sich am Blattrand unterschiedlich große Zähne (z. B. bei *Corylus avellana* – Gewöhnliche Hasel).
Dorn: Dornen sind spitze, stechende und meist vollständig verholzte Organe wie Kurztriebe (z. B. bei *Crataegus* – Weißdorn) oder umgewandelte (Neben-) Blätter (z. B. bei *Robinia* – Robinie).
drehsymmetrische Blüte: In einer drehsymmetrischen Blüte lassen sich die Blütenblätter nur durch Drehung um die Blütenachse und nicht durch Spiegelung zur Deckung bringen (z. B. bei *Vinca* – Immergrün).
Drüse: Drüsen scheiden aktiv Substanzen in die Umwelt aus. Bei Pflanzen handelt es sich meist um Nektardrüsen, die in den Blüten zu finden sind (z. B. bei *Helleborus* – Nieswurz). Drüsen können aber auch außerhalb von Blüten vorkommen, z. B. als extraflorale Nektarien (z. B. am Übergang zwischen Blattstiel und Spreite bei *Prunus avium* – Vogel-Kirsche) oder als Kalkdrüsen (z. B. an den Blättern von *Saxifraga paniculata* – Trauben-Steinbrech).

Drüsenhaar: Als Drüsenhaare bezeichnet man Haare, die als Drüsen fungieren. Drüsenhaare können verschiedene Sekrete wie ätherische Öle, Schleim oder klebrige Substanzen absondern und haben wichtige Funktionen im Pflanzenschutz gegen Fraßfeinde und Krankheitserreger. Sie kommen häufig bei *Lamiaceae* – Lippenblütler vor.

EGCG: siehe Epigallocatechingallat

Eichel: Als Eicheln werden die an der Basis von einer Fruchthülle (Cupula) umgebenen Nussfrüchte von *Quercus* – Eiche bezeichnet.

Einblattfrucht: Eine Einblattfrucht wird aus einem Fruchtblatt gebildet (z. B. die Hülsen der *Fabaceae* – Schmetterlingsblütler oder die Bälge der *Ranunculaceae* – Hahnenfußgewächse).

einfaches Blatt: Bei einfachen (ungeteilten) Blättern ist die Spreite *nicht* in separate Fiederblättchen zerteilt, sondern bildet eine zusammenhängende Einheit (z. B. bei *Fagus* – Buche). Die Spreite kann allerdings durch Buchten in Blattlappen gegliedert sein (z. B. bei *Quercus* – Eiche).

einfaches Haar: Ein einfaches Haar ist nicht geteilt oder untergliedert.

eingeschlechtige Blüte: In eingeschlechtigen Blüten finden sich nur weibliche (Fruchtblätter) *oder* männliche (Staubblätter) Fortpflanzungsorgane (z. B. bei *Corylus* – Hasel). Zuweilen ist das jeweils andere Geschlecht angelegt, aber nicht fertil (z. B. häufig bei *Acer platanoides* – Spitzahorn).

eingeschnitten: Als eingeschnitten (ausgerandet) werden Blattenden bezeichnet, die an der Spitze tief eingekerbt bis gelappt sind.

einhäusig: Eine einhäusige Pflanze hat sowohl rein weibliche Blüten (mit Fruchtblättern) als auch rein männliche Blüten (mit Staubblättern) (z. B. bei *Corylus* – Hasel). Zuweilen ist das andere Geschlecht zwar angelegt, aber nicht fertil (z. B. häufig bei *Acer platanoides* – Spitzahorn).

einjährige Pflanze: Einjährige Pflanzen (annuelle Pflanzen, Therophyten) sterben nach spätestens einem Jahr ab und überdauern die ungünstige Jahreszeit als Same (z. B. *Hordeum* – Gerste und andere Getreide).

Eisen: Eisen ist ein essenzielles Spurenelement, das für viele Körperfunktionen unerlässlich ist. Es kommt z. B. in pflanzlichen Lebensmitteln wie Hülsenfrüchten, Getreide, grünem Blattgemüse und einigen weiteren Früchten vor. Eisen ist Bestandteil des roten Blutfarbstoffs Hämoglobin und damit für den Sauerstofftransport im Körper verantwortlich. Zudem spielt es eine wichtige Rolle bei der Energiegewinnung in den Zellen und ist an zahlreichen Enzymreaktionen beteiligt. Eine ausreichende Eisenzufuhr ist besonders für Frauen im gebärfähigen Alter, Schwangere und Leistungssportler wichtig, um einen Eisenmangel zu vermeiden. Die Bioverfügbarkeit von Eisen aus pflanzlichen Quellen (Nicht-Häm-Eisen) ist geringer als aus tierischen Produkten, kann aber durch gleichzeitige Aufnahme von Vitamin C verbessert werden.

Eiweiße: siehe Proteine

Elemicin: Elemicin ist ein Phenylpropanoid. Es kommt in mehreren Pflanzenarten vor, darunter *Myristica fragrans* – Muskatnussbaum, *Petroselinum crispum* – Petersilie, *Illicium anisum* – Japanischer Sternanis und *Ocimum basilicum* – Basilikum. In höheren Dosen kann Elemicin toxisch wirken und Halluzinationen hervorrufen.

Ellagitannine: siehe Tannine

Ellagsäure: Ellagsäure ist ein Polyphenol, das zu den Tanninen zählt. Sie entsteht beim Abbau von Ellagitanninen und kommt in vielen Pflanzen vor, v. a. in Beerenfrüchten, Nüssen und *Punica granatum* – Granatapfelbaum. Ellagsäure wirkt als starkes Antioxidans und zeigt entzündungshemmende sowie antimikrobielle Effekte. Die Bioverfügbarkeit aus Lebensmitteln ist jedoch gering.

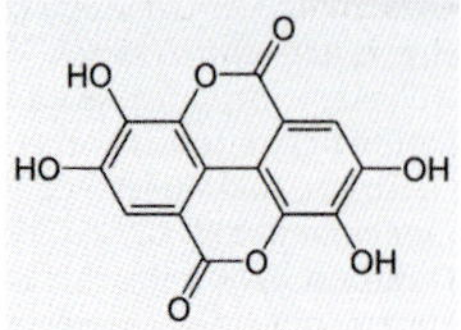

Emodin: Emodin ist ein Anthrachinon-Derivat, das z. B. im Wurzelstock von *Rheum* – Rhabarber und in Blättern von *Senna alexandrina* – Alexandrinische Senna vorkommt. Es wirkt abführend und wird daher teils in Laxantien eingesetzt. Darüber hinaus werden Emodin entzündungshemmende, antimikrobielle und krebshemmende Effekte zugeschrieben, wobei die Datenlage dazu allerdings begrenzt ist. In höheren Dosen kann Emodin toxisch wirken.

Endknospe: Die Endknospe (Terminalknospe) ist die Knospe am distalen Ende eines Sprosses. Bei monopodial wachsenden Gehölzen setzt die Endknospe das Wachstum fort, während sie sich bei sympodial wachsenden Gehölzen zu einer Blüte (oder einem Blütenstand) entwickelt oder verkümmert (siehe auch Seitenknospe).

Endokarp: Das Endokarp ist die innere Schicht der Fruchtwand (Perikarp).

Endosperm: Endosperm ist ein Nährgewebe in Samen, welches den Embryo umgibt. Es entsteht aus befruchteten Zellen, enthält also genetische Information von beiden Eltern. Endosperm ist bei den meisten Pflanzengruppen entwickelt, fehlt aber z. B. bei den *Orchidaceae* – Orchideengewächse (siehe auch Perisperm).

Epicatechin: Epicatechin ist ein Flavonoid. Besonders reichhaltig kommt es in *Theobroma cacao* – Kakaobaum, *Camellia sinensis* – Teestrauch und *Malus domestica* – Kulturapfel vor. Der Stoff trägt zum herben, leicht bitteren Geschmack von grünem Tee bei. Es ist ein starkes Antioxidans. Außerdem verbessert Epicatechin die Herz-Kreislauf-Gesundheit, die Durchblutung und kann den Blutdruck senken.

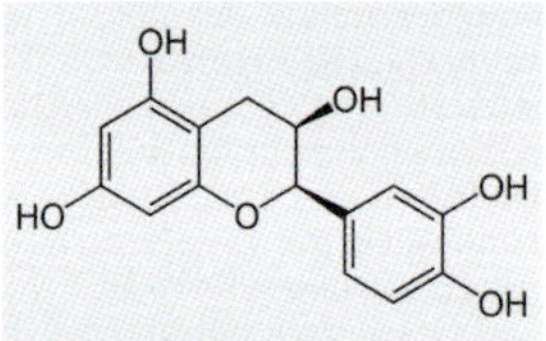

Epidermis: Die Epidermis ist das primäre Abschlussgewebe von Sprossachsen und Blättern, bei Wurzeln wird das Abschlussgewebe als Rhizodermis bezeichnet. Die Epidermis von Pflanzen ist normalerweise einschichtig und enthält kein Chlorophyll.

Epigallocatechingallat: Epigallocatechingallat (EGCG) ist ein Catechin aus der Gruppe der Polyphenole. Es ist der Hauptwirkstoff in *Camellia sinensis* – Tee. EGCG ist ein starkes Antioxidans und kann in hohen Dosen toxisch wirken. Ihm werden jedoch zahlreiche gesundheitsfördernde Wirkungen zugeschrieben, darunter entzündungshemmende, krebsvorbeugende und herzschützende Effekte. Darüber hinaus wird EGCG derzeit intensiv klinisch hinsichtlich seiner Wirkung bei neurodegenerativen Erkrankungen wie Alzheimer und Parkinson untersucht.

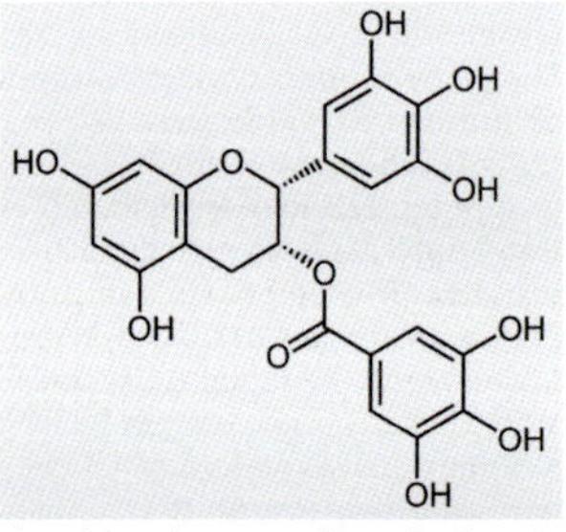

Epiphyt: Epiphyten sind auf Bäumen (oder Sträuchern) wachsende Pflanzen. Epiphyten sind im winterkalten Klima Mitteleuropas vergleichsweise selten (z. B. der Parasit *Viscum* – Mistel; zuweilen auch *Polypodium* – Tüpfelfarn).

Eriocitrin: Eriocitrin ist ein Flavonoid-Glycosid. Es findet sich v. a. in *Citrus limon* – Zitrone sowie anderen Zitrusfrüchten und trägt zum bitteren Geschmack der weißen Schalenschicht (Albedo) bei. Es wirkt entzündungshemmend und antioxidativ, unterstützt die Immunfunktion und kann den Cholesterinspiegel positiv beeinflussen.

Erneuerungsspross: Als Erneuerungssprosse werden die Sprosse mit aktiven Knospen bezeichnet. Bei den *Poaceae* – Süßgräser finden sich die Erneuerungssprosse an der Basis der älteren Grashalme. Ihre Blätter können wichtige Bestimmungsmerkmale liefern (z. B. bei *Festuca* – Schwingel) (siehe auch Knospenlage).

Erucasäure: Erucasäure ist eine langkettige einfach ungesättigte Fettsäure. Sie findet sich v. a. in *Brassicaceae* – Kreuzblütler wie *Brassica napus* – Raps. Moderne Rapssorten wurden gezielt auf niedrige Erucasäure-Gehalte gezüchtet (»Canola«). In größeren Mengen kann sie das Herzmuskelgewebe belasten, weshalb der Gehalt in Speiseölen reguliert ist.

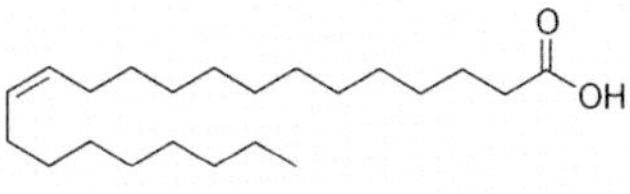

essenzielle Aminosäuren: Essenzielle Aminosäuren sind Aminosäuren, die der menschliche Körper nicht selbst herstellen kann und daher mit der Nahrung aufnehmen muss. Dazu zählen Leucin, Isoleucin, Valin, Lysin, Methionin, Phenylalanin, Threonin und Tryptophan. Histidin ist im Säuglingsalter ebenfalls essenziell. Essenzielle Aminosäuren sind unerlässlich für viele Körperfunktionen wie Wachstum, Gewebeerhalt und Immunfunktion. Die meisten proteinreichen Lebensmittel wie Fleisch, Fisch, Eier, Milchprodukte, Hülsenfrüchte und Vollkornprodukte liefern essenzielle Aminosäuren.

Essigsäureoctylester: siehe Octylacetat

Ester: Ester entstehen durch Veresterung von Alkoholen und Säuren unter Abspaltung von Wasser. Sie tragen wesentlich zum Duft von Früchten und Blüten vieler Arten bei, wie z. B. Essigsäureethylester (Essigester), der für das fruchtig-reife Aroma von Weintrauben mitverantwortlich ist.

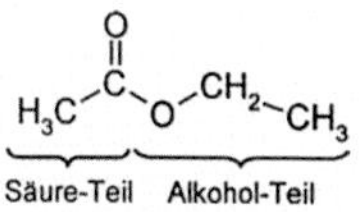

Essigsäureethylester als Beispiel für einen Carbonsäureester, der aus Essigsäure und Ethanol besteht

Estragol: Estragol (Methylchavicol, p-Allylanisol) ist ein Phenylpropanoid. Es kommt in Pflanzen wie *Artemisia dracunculus* – Estragon, *Pimpinella anisum* – Anis, *Foeniculum vulgare* – Fenchel und *Ocimum basilicum* – Basilikum vor und trägt zu deren Aroma bei. In geringen Mengen, wie sie üblicherweise beim Verzehr dieser Gewürze aufgenommen werden, gilt Estragol als unbedenklich für die menschliche Gesundheit. Aufgrund seiner toxischen und potenziell krebserregenden Wirkung ist seine Verwendung jedoch streng reguliert.

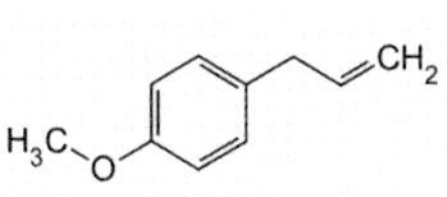

Ethylen: Ethylen (Ethen) ist ein gasförmiges Phytohormon aus der Gruppe der Alkene. Es beschleunigt die Fruchtreife, den Blattfall und andere Alterungsprozesse in Pflanzen. Klimakterische Früchte produzieren Ethylen, besonders ausgeprägt bei *Malus domestica* – Kulturapfel, *Musa* × *paradisiaca* – Banane und *Solanum lycopersicum* – Tomate. Diese »klimakterischen Früchte« können nach der Ernte nachreifen. Ethylen beeinflusst Textur, Farbe und Aromaentwicklung und erklärt, warum reife Früchte andere zum schnelleren Reifen anregen.

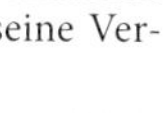

Eucalyptol: siehe Cineol

Eugenol: Eugenol ist ein Phenol und Hauptbestandteil des Öls von *Pimenta dioica* – Piment und *Syzygium aromaticum* – Gewürznelken. In geringerer Konzentration kommt es auch in anderen Pflanzen wie *Laurus nobilis* – Echter Lorbeer, *Cinnamomum* – Zimtbaum und *Ocimum basilicum* – Basilikum vor. Eugenol besitzt einen würzigen Geruch und Geschmack. In Lebensmitteln dient es als Aroma- und Konservierungsstoff. Es wirkt antimikrobiell und entzündungshemmend und wird auch in der Zahnmedizin eingesetzt. In hohen Dosen kann Eugenol allerdings toxisch wirken und Haut- und Schleimhautreizungen verursachen.

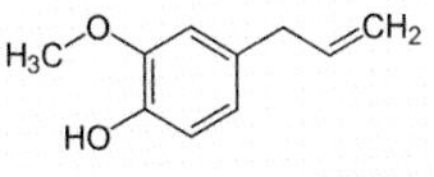

Exokarp: Das Exokarp ist die äußere Schicht der Fruchtwand (Perikarp).

Exopolysaccharide: Exopolysaccharide sind komplexe Kohlenhydrate, die von Mikroorganismen wie Milchsäurebakterien außerhalb ihrer Zellwand produziert werden. Sie kommen in fermentierten Lebensmitteln sowie als Oberflächenbeläge auf Blättern vor und unterstützen deren Wasserspeicherung und Schutzfunktion. Sie wirken als Präbiotika und können das Immunsystem stärken.

Fahne: Als Fahne wird das obere Kronblatt bei Schmetterlingsblüten bezeichnet, welches oft vergrößert ist und nach oben absteht (z. B. bei *Cytisus scoparius* – Besenginster und anderen *Fabaceae* – Schmetterlingsblütler).

Falcarinol: Falcarinol ist ein Polyacetylen, das in *Apiaceae* – Doldengewächse vorkommt. Falcarinol wirkt antibakteriell und fungizid und schützt die Pflanzen so vor Krankheitserregern. Es gibt Hinweise, dass Falcarinol einen positiven Einfluss auf chronische Entzündungserkrankungen haben könnte. Bei manchen Menschen kann es aber auch Kontaktdermatitis auslösen, die als »Möhrendermatitis« bekannt ist. In sehr hohen Dosen, die durch normalen Gemüseverzehr kaum erreicht werden können, wirkt Falcarinol toxisch.

Familie: Der Begriff »Familie« wird in der Pflanzensystematik verwendet, um eine monophyletische Gruppe von nahe verwandten Sippen zu kennzeichnen. Der Familie übergeordnet ist die Ordnung, ihr untergeordnet die Gattung. Die wissenschaftlichen Namen von Pflanzenfamilien enden auf »ceae« (z. B. bei den *Poaceae* – Süßgräser).

Farnesen: Farnesen ist ein Sesquiterpen, das zu den ätherischen Ölen gehört. Es findet sich in *Malus domestica* – Kulturapfel (besonders in der Schale), *Citrus bergamia* – Bergamotte und *Humulus lupulus* – Echter Hopfen. Farnesen dient der Kommunikation zwischen Pflanzen und als Schutz vor Schädlingen. Farnesen besitzt antimikrobielle Eigenschaften und kann Entzündungen hemmen. Der süßlich-fruchtige Duft wird auch in der Parfümindustrie geschätzt.

Farnpflanze: Die Farnpflanzen (*Pteridophyta* – Farne im weiteren Sinn) besitzen keine Samen, sondern vermehren sich über Sporen. Sie umfassen die *Equisetopsida* – Schachtelhalme, *Selaginellales* – Moosfarne, *Lycopodiales* – Bärlappe, *Isoetales* – Brachsenkräuter sowie die *Ophioglossales* – Natterzungenartige und die *Polypodiopsida* – Farne im engeren Sinn.

Faserstoffe: Faserstoffe sind unverdauliche Bestandteile pflanzlicher Lebensmittel und zählen zu den Ballaststoffen. Sie werden in lösliche und unlösliche Faserstoffe unterteilt. Lösliche Faserstoffe wie Pektine und Inulin sind wasserlöslich und werden im Dickdarm fermentiert. Unlösliche Faserstoffe wie Cellulose und Lignin sind wasserunlöslich und erhöhen das Stuhlvolumen. Faserstoffe sind wichtig für eine gesunde Verdauung, da sie die Darmmotorik anregen, die Darmflora nähren und zur Sättigung beitragen. Sie können das Risiko für Verstopfung, Dickdarmkrebs, Diabetes und Herz-Kreislauf-Erkrankungen senken.

Fenchon: Fenchon ist ein bizyklisches Monoterpen-Keton, das den Geruch und Geschmack von *Foeniculum vulgare* – Fenchel maßgeblich prägt. Es kommt auch in anderen Arten wie *Pimpinella anisum* – Anis, *Artemisia dracunculus* – Estragon und *Artemisia absinthium* – Wermut vor. Fenchon wirkt krampflösend und blähungstreibend und fördert die Durchblutung und Sekretion im Magen-Darm-Trakt. Dadurch unterstützt es die Verdauung und hilft bei Völlegefühl und Blähungen. In höheren Dosen kann Fenchon neurotoxisch wirken und epileptische Anfälle auslösen.

Ferulasäure: trans-Ferulasäure gehört zur Gruppe der Hydroxyzimtsäuren und kommt in vielen Getreidearten, Gemüse, Zitrusfrüchten und Gewürzen vor. Sie ist ein wirksames Antioxidans.

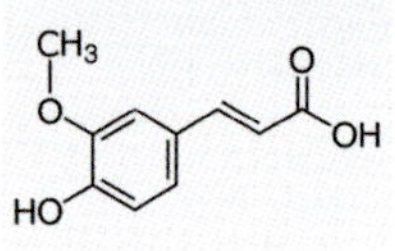

Studien deuten auf antikanzerogene, entzündungshemmende und antimikrobielle Eigenschaften hin. Im menschlichen Stoffwechsel hemmt trans-Ferulasäure bestimmte Enzyme und kann so den Blutzuckerspiegel regulieren. Sie wird deshalb als potenzieller Wirkstoff gegen Diabetes mellitus Typ 2 erforscht.

Fette: Fette sind Triglyceride, die aus einem Glycerin-Molekül und 3 Fettsäuren bestehen. Fette dienen als Energiespeicher und Geschmacksträger und sind essenziell für die Aufnahme fettlöslicher Vitamine. Sie werden in gesättigte, einfach ungesättigte und mehrfach ungesättigte Fette unterteilt. Ungesättigte Fettsäuren wie Omega-3- und Omega-6-Fettsäuren sind wichtig für Zellmembranen, Hormone und entzündliche Prozesse. Pflanzliche Fette finden sich v. a. in Nüssen, Samen und Pflanzenölen. Sie sind überwiegend reich an einfach und mehrfach ungesättigten Fettsäuren und damit im Allgemeinen gesünder als tierische Fette, weil ein übermäßiger Verzehr von gesättigten Fetten das Risiko für Herz-Kreislauf-Erkrankungen erhöhen kann.

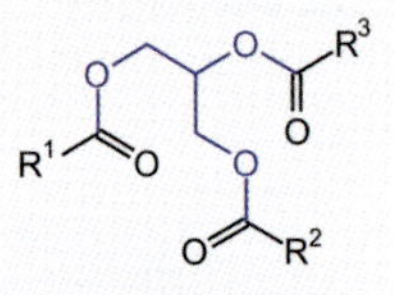

Grundstruktur von Fetten mit dem dreifach acylierten Glycerin in blau

Fiederblättchen: Als Fiederblättchen bezeichnet man die separaten, nur durch die Rhachis miteinander verbundenen Teilblättchen bei zusammengesetzten Blättern (z. B. bei *Fraxinus* – Esche).

fiedernervig: Bei der Fiedernervatur sind die Nerven des Blattes ein- bis mehrfach verzweigt (typisch für Zweikeimblättrige, z. B. bei *Quercus* – Eiche). Wenn deutliche Querverbindungen zwischen den Nerven erkennbar sind, spricht man häufig von Netznervatur (siehe auch Nervatur).

fiederschnittig: siehe fiederspaltig

fiederspaltig: fiederspaltige (fiederteilige, fiederschnittige) Blätter bilden eine Übergangsform zwischen ungeteilten und geteilten Blättern.

fiederteilig: siehe fiederspaltig

Filament: siehe Staubfaden

fingerförmig geteilte Spreite: Arten mit fingerförmig geteilten (gefingerten) Spreiten haben zusammengesetzte Blätter, deren Spreite in separate Fiederblättchen aufgeteilt ist, die wie die Finger einer Hand strahlig von einem Punkt ausgehen. Die Fiederblättchen sind dabei nur durch die Rhachis und *nicht* durch flächig ausgebildete Spreitenabschnitte miteinander verbunden (z. B. bei *Aesculus* – Rosskastanie).

Flavanole: siehe Catechine

Flavonoide: Flavonoide sind Polyphenole, die in fast allen Pflanzen zu finden sind, besonders in farbigem Obst und Gemüse. Die wichtigsten Untergruppen sind Flavonole, Flavone, Flavanone, Flavanole, Anthocyanidine und Isoflavonoide. Flavonoide fungieren als Antioxidantien und schützen die Pflanzen vor UV-Strahlung und Fraßfeinden. Sie besitzen entzündungshemmende, antimikrobielle, durchblutungsfördernde und möglicherweise krebsvorbeugende Wirkungen. Ihre positiven Effekte auf die menschliche Gesundheit sind Gegenstand zahlreicher Studien.

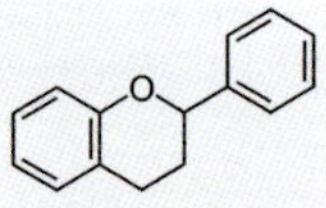

Grundstruktur der Flavonoide: Flavan

Flavonolglycoside: Flavonolglycoside sind glycosidisch gebundene Flavonoide, bei denen Flavonole mit Zuckermolekülen verknüpft sind. Diese Verbindung erhöht die Wasserlöslichkeit und Bioverfügbarkeit der Flavonoide. Sie wirken stark antioxidativ, schützen vor UV-Strahlung und stärken die Kapillaren. Hauptvertreter sind Quercetin- und Kaempferol-Glycoside z. B. in *Allium cepa* – Zwiebel, *Malus domestica* – Kulturapfel und *Vaccinium myrtillus* – Heidelbeere. Sie verleihen vielen Früchten und Gemüsen ihre leuchtenden Farben und tragen zum herben bis bitteren Geschmack bei.

fleischige Frucht: Fleischige Früchte besitzen ein meist saftiges Fruchtfleisch, welches in der Regel der Anlockung von Tieren zur endozoochoren Samenausbreitung dient. Es handelt sich um Beeren (z. B. bei *Ribes* – Stachelbeere), Steinfrüchte (z. B. bei *Prunus* – Steinobst), Panzerbeeren (z. B. bei *Bryonia* – Zaunrübe), Sammelfrüchte mit Fruchtfleisch (z. B. bei *Fragaria* – Erdbeere) sowie um fleischige Fruchtstände (z. B. bei *Morus* – Maulbeere). Die fleischigen Samenstände einiger Nacktsamer (z. B. bei *Juniperus* – Wacholder) sind definitionsgemäß keine Früchte.

Flügel: Die seitlich abstehenden Kronblätter der Schmetterlingsblüten werden als »Flügel« bezeichnet (z. B. bei *Cytisus scoparius* – Besenginster und anderen *Fabaceae* – Schmetterlingsblütler). Außerdem wird der Begriff auch für weitere flügelartige Strukturen verwendet (z. B. an den Früchten von *Acer* – Ahorn oder an der Sprossachse von *Cirsium vulgare* – Gewöhnliche Kratzdistel).

Folgeblatt: Als Folgeblätter werden die Laubblätter bezeichnet, die sich nach den Keimblättern und Primärblättern entwickeln (siehe auch Blattfolge).

Folsäure: siehe Vitamin B_9

Formononetin: Formononetin ist ein Isoflavon. Es wirkt als Phytoöstrogen und kann an Östrogenrezeptoren binden. Formononetin zeigt antioxidative, entzündungshemmende und krebshemmende Eigenschaften. Es kommt v. a. in den Früchten von *Fabaceae* – Schmetterlingsblütler vor, z. B. bei *Glycine max* – Sojabohne und *Trifolium pratense* – Rotklee.

freies Blatt: Freie Blätter sind *nicht* miteinander verwachsen. Meist bezieht sich der Begriff auf Blütenblätter. Bei *Rosa* – Rose sind z. B. alle Blütenblätter (Kronblätter, Kelchblätter, Staubblätter und Fruchtblätter) frei.

Frucht: Als Frucht wird hier die Blüte von bedecktsamigen Blütenpflanzen im Zustand der Samenreife bezeichnet: Sie besteht immer aus dem Samen und den meist schlauchförmigen Fruchtblättern, in denen die Samen gebildet werden und zuweilen aus weiteren Organen der Blüte, z. B. dem fleischigen Blütenboden bei Äpfeln. Einer etwas anderen Auffassung nach wird der Begriff »Frucht« nur auf das Gynoeceum (alle Fruchtknoten einer Blüte) im Zustand der Samenreife bezogen. Bei Anwendung dieser Definition würde der Apfel als »Scheinfrucht« bezeichnet, weil das Fruchtfleisch nicht vom Fruchtknoten, sondern vom Blütenboden gebildet wird.

Fruchtbarer Halbmond: Der Fruchtbare Halbmond ist eine historisch bedeutsame Kulturlandschaft. Sie erstreckt sich halbmondförmig von der Levante über Mesopotamien bis zum Persischen Golf und gilt als Wiege der Landwirtschaft. Vor ± 12.000 Jahren begannen hier Menschen erstmals, wilde Gräser systematisch zu kultivieren und entwickelten die Grundlagen des Ackerbaus. Diese neolithische Revolution ermöglichte sesshafte Lebensweisen und legte den Grundstein für die Entwicklung der Zivilisation.

Fruchtblatt: Das Fruchtblatt (Carpell, Karpell) ist ein von einem Blatt abzuleitendes Organ innerhalb der Blüte von Bedecktsamern, das, oft verwachsen mit mehreren anderen Fruchtblättern, einen Hohlraum bildet, in dessen Inneren die Samenanlagen entstehen. Das Fruchtblatt entspricht einem Megasporophyll.

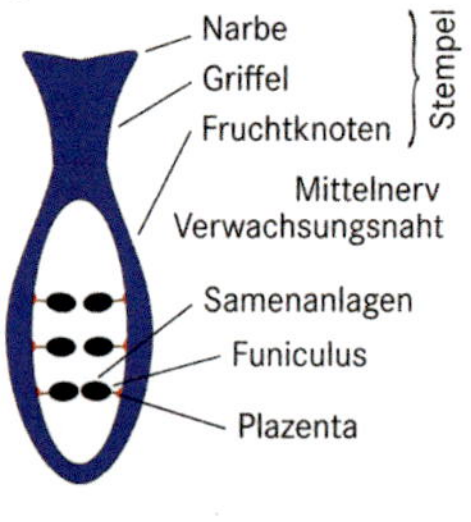

Früchtchen: Mit dem Begriff »Früchtchen« werden, im engeren Sinn, die aus einem apokarpen Gynoeceum entstehenden Früchtchen verstanden (z. B. bei *Geum* – Nelkenwurz oder *Potentilla* – Fingerkraut). Man unterscheidet v. a. Nüsschen (z. B. bei *Fragaria* – Erdbeere), Steinfrüchtchen (z. B. bei *Rubus* – Brombeere) oder Bälge (z. B. bei *Trollius* – Trollblume). Im weiteren Sinn umfasst der Begriff auch die aus einer Spaltfrucht entstehenden Teilfrüchte.

Fruchtfleisch: Bei fleischigen Früchten sind die Samen bzw. Steinkerne von saftigem Fruchtfleisch umgeben, welches in der Regel der Anlockung von Tieren zur endozoochoren Samenausbreitung dient.
Fruchthalter: Als Fruchthalter (Karpophor) wird das Verbindungsstück zwischen den beiden Hälften der Spaltfrucht der *Apiaceae* – Doldengewächse bezeichnet (z. B. bei *Anthriscus* – Kerbel).
Fruchthülle: Als Fruchthülle wird eine aus sterilen Blattorganen gebildete Hülle bezeichnet, welche die Frucht umgibt (z. B. bei *Ostrya* – Hopfenbuche).
Fruchtknoten: Der Fruchtknoten ist der basale, bauchige Teil des Stempels, in dem sich die Samenanlagen befinden.
Fruchtstand: Ein Fruchtstand ist der oft endständige Abschnitt von Sprossachsen, der eine Gruppe von Früchten enthält und meist ein charakteristisches Verzweigungsmuster aufweist. Bei einigen Arten (z. B. bei *Tilia* – Linde) fungieren die Fruchtstände als Ausbreitungseinheit. Die Klassifizierung der Fruchtstände entspricht der der Blütenstände.
Fruchtverband: Von einem Fruchtverband spricht man, wenn die Früchte mehrerer Blüten eine zusammenhängende Einheit bilden (z. B. bei *Tilia* – Linde, *Morus* – Maulbeere oder *Ananas* – Ananas).

Fruchtwand: siehe Perikarp
Fruchtzucker: siehe Fructose
Fructose: D-Fructose (Fruchtzucker) ist ein Einfachzucker (Monosaccharid) und die süßeste aller natürlichen Zuckerarten. Fructose kommt v. a. in Früchten und Honig vor, ist aber auch Bestandteil von vielen verarbeiteten Lebensmitteln. Im Gegensatz zu Glucose wird Fructose erst in der Leber verstoffwechselt und hat deshalb einen niedrigeren glykämischen Index. Fructose wird oft als Süßungsmittel in verarbeiteten Lebensmitteln verwendet, da sie eine höhere Süßkraft als Glucose besitzt und günstiger hergestellt werden kann. Ein übermäßiger Fructosekonsum wird mit der Entstehung von Übergewicht, Diabetes und Fettleber in Verbindung gebracht.

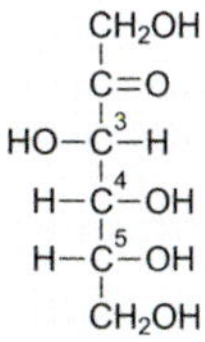
D-Fructose

Fucoidan: Fucoidan ist ein sulfatiertes Polysaccharid, das v. a. in Braunalgen vorkommt. Fucoidan ist ein Ballaststoff und besitzt entzündungshemmende, antivirale, antithrombotische und antitumorale Eigenschaften. Der Stoff kann das Immunsystem modulieren und die Wundheilung fördern.

Fucoxanthin: Fucoxanthin ist ein orangefarbenes Carotinoid, das v. a. in braunen Meeresalgen und einigen Mikroalgen vorkommt. Es besitzt starke antioxidative Eigenschaften. Fucoxanthin fördert die Thermogenese und hemmt die Fetteinlagerung. Die Bioverfügbarkeit von Fucoxanthin ist jedoch gering.

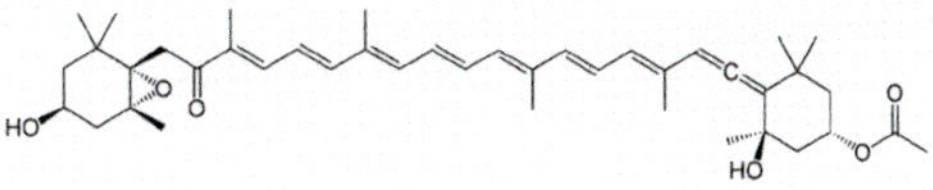

Funiculus: siehe Samenstiel
Furanocumarine: siehe Furocumarine
Furanolabdan-Diterpene: Furanolabdan-Diterpene sind Diterpene, die einen Furanring enthalten. Sie kommen u. a. in *Lamiaceae* – Lippenblütler wie *Salvia rosmarinus* – Rosmarin und *Satureja hortensis* – Echtes Bohnenkraut und tragen zu deren Geschmack und Geruch bei. Furanolabdan-Diterpene besitzen antimikrobielle, entzündungshemmende und antioxidative Eigenschaften.
Furocumarine: Furocumarine (Furanocumarine) sind organische Verbindungen, die v. a. in *Apiaceae* – Doldengewächse, wie *Heracleum* – Bärenklau, *Angelica* – Angelika und *Pastinaca sativa* – Pastinak, vorkommen. Sie können die Lichtempfindlichkeit der Haut erhöhen und bei Kontakt in Verbindung mit Sonnenlicht zu Hautreizungen und Verbrennungen führen. Der Verzehr von größeren Mengen kann zu Vergiftungserscheinungen führen.

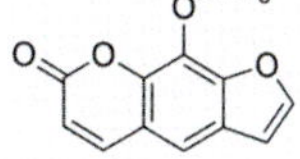
Xanthotoxin aus *Heracleum mantegazzianum*

gabelnervig: Als gabelnervig bezeichnet man Blätter mit dichotom verzweigten Nerven, z. B. bei *Ginkgo biloba* – Ginkgo und einigen Farnen im engeren Sinn (siehe auch Nervatur).

Galactomannane: Galactomannane sind pflanzliche Polysaccharide, die aus Galactose- und Mannose-Einheiten bestehen. Sie kommen als Reservekohlenhydrate in

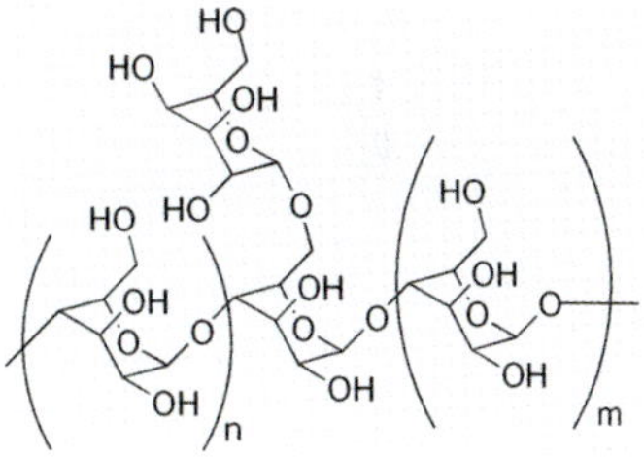

den Samen einiger *Fabaceae* – Schmetterlingsblütler wie *Ceratonia siliqua* – Johannisbrotbaum, *Cyamopsis tetragonoloba* – Guarbohne und *Caesalpinia spinosa* – Tara-Strauch vor. Galactomannane werden als Verdickungsmittel und Stabilisatoren in der Lebensmittelindustrie eingesetzt. Sie können die Verdauung verlangsamen, das Sättigungsgefühl fördern und den Cholesterinspiegel senken.
Galacturonorhamnane: Galacturonorhamnane sind komplexe Pektine, die überwiegend aus Galacturonsäure

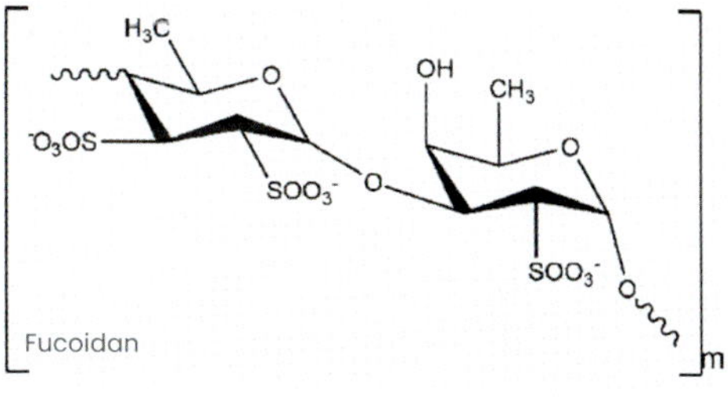
Fucoidan

und Rhamnose aufgebaut sind. Sie kommen in den Zellwänden vieler Früchte und Gemüse vor und tragen zu deren Festigkeit bei. Beim Erhitzen lösen sich Galacturonorhamnane und bilden Gelierstoffe. Sie wirken präbiotisch, indem sie das Wachstum nützlicher Darmbakterien fördern. Außerdem binden Galacturonorhamnane Cholesterin und Gallensäuren im Darm.

Galaktomannane: siehe Galactomannane

Galangin: Galangin ist ein leuchtend gelbes Flavonol, welches in *Zingiber officinale* – Ingwer und *Alpinia officinarum* – Echter Galgant vorkommt. Es wirkt antioxidativ, entzündungshemmend und krebsvorbeugend. Galangin hemmt die Aufnahme von Fetten im Darm und senkt so den Cholesterinspiegel. Aktuelle Forschungen untersuchen seine potenziell schützende Wirkung bei neurodegenerativen Erkrankungen wie Alzheimer.

Gallate: Gallate sind Ester der Gallussäure, eine Gruppe phenolischer Verbindungen mit ausgeprägter antioxidativer Wirkung. Besonders reich an Gallaten sind *Camellia sinensis* – Teestrauch (vor allem grüner Tee), *Vitis vinifera* – Weinrebe und *Punica granatum* – Granatapfel. Der bekannteste Vertreter ist Epigallocatechingallat (EGCG) im grünen Tee. Gallate verleihen einen adstringierenden, herben Geschmack und werden insbesondere mit herzschützenden und krebsvorbeugenden Wirkungen in Verbindung gebracht.

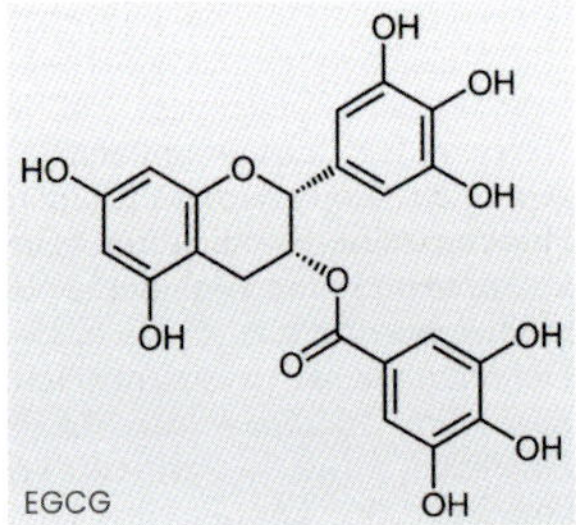

Gallocatechin: Gallocatechin ist ein Flavonoid und kommt v. a. in *Camellia sinensis* – Teestrauch vor, besonders in grünem und weißem Tee, sowie in geringeren Mengen in *Theobroma cacao* – Kakaobaum. Es trägt zum herben, leicht bitteren Geschmack des Tees bei. Gallocatechin ist ein starkes Antioxidans und kann entzündungshemmend wirken und den Stoffwechsel fördern sowie sich positiv auf Herz-Kreislauf-Erkrankungen auswirken.

Gallotannine: Gallotannine sind Polyphenole. Sie kommen z. B. in *Camellia sinensis* – Tee, *Castanea sativa* – Edelkastanie, *Quercus* – Eiche und *Punica granatum* – Granatapfelbaum vor. Gallotannine schmecken adstringierend und bitter. Sie besitzen antioxidative, antimikrobielle und entzündungshemmende Eigenschaften. Studien deuten auf krebsvorbeugende und leberschützende Wirkungen hin.

Gallussäure: siehe Phenolsäuren

Gameten: Gameten sind Zellen, aus denen nach einer Befruchtung ein Nachkomme entsteht. Bei Pflanzen handelt es sich meist um Eizellen (♀-Gameten) und Spermazellen (♂-Gameten).

Gametophyt: Gametophyten sind Organismen, welche sich durch Gameten vermehren. Im Gegensatz dazu pflanzen sich Sporophyten durch Sporen fort.

Gattung: Der Begriff »Gattung« wird in der Pflanzensystematik verwendet, um eine monophyletische Gruppe von nahe verwandten Sippen zu kennzeichnen, z. B. *Quercus* – Eiche. Der Gattung übergeordnet ist die Familie, ihr untergeordnet die Art. Der Name der Gattung bildet nach der binären Nomenklatur den ersten Teil des wissenschaftlichen Artnamens, z. B. bei *Quercus petraea* – Trauben-Eiche.

Gaumen: Als Gaumen wird eine Aufwölbung der Unterlippe bei Lippenblüten bezeichnet, die den Schlund teilweise (z. B. bei *Chaenorhinum minus* – Kleines Leinkraut) oder komplett (z. B. bei *Linaria vulgaris* – Gewöhnliches Leinkraut) verschließen kann.

gefiederte Spreite: Bei Blättern mit gefiederten Spreiten ist die Spreite in separate Fiederblättchen aufgeteilt, die nur durch die Rhachis miteinander verbunden sind. Es handelt sich also um zusammengesetzte Blätter (z. B. bei *Fraxinus* – Esche).

gefingerte Spreite: siehe fingerförmig geteilte Spreite

gefüllte Blüten: Gefüllte Blüten stellen eine durch Mutation oder Züchtung entstandene Blütenform dar, bei der die Staubblätter teilweise oder vollständig in zusätzliche Blütenblätter umgewandelt sind. Diese optisch attraktiven Blüten entstehen durch genetische Veränderungen in den Entwicklungsgenen der Blüte.

gegenständige Blattstellung: Bei der gegenständigen (dekussierten) Blattstellung stehen an jedem Knoten 2 Blätter. Die Blätter an aufeinanderfolgenden Knoten stehen dabei fast immer in einem 90° Winkel zueinander (gekreuzt-gegenständige Blattstellung), z. B. bei *Lamium* – Taubnessel und anderen *Lamiaceae* – Lippenblütler (siehe auch wechselständige Blattstellung, wirtelige Blattstellung).

gekerbter Blattrand: Ein gekerbter Blattrand ist durch abgerundete (stumpfe) Zähne gekennzeichnet (z. B. bei *Glechoma hederacea* – Gewöhnlicher Gundermann) (siehe auch gesägter Blattrand und gezähnter Blattrand).

gekniete Granne: Eine gekniete Granne ist in 2 Teile gegliedert, Untergranne und Obergranne bilden dabei einen von 180° verschiedenen Winkel zueinander.

gekreuzt-gegenständige Blattstellung: siehe gegenständige Blattstellung

gelappte Spreite: Bei einer gelappten Spreite ist die Spreite durch Buchten oder Einschnitte gegliedert. Die Spreite bildet dabei eine zusammenhängende Einheit und ist nicht in separate Fiederblättchen aufgeteilt (z. B. bei *Quercus robur* – Stiel-Eiche). Im Unterschied zu Blättern mit gezähntem Rand sind die Einschnitte tiefer und erreichen mindestens ± 20 % der Spreitenbreite.

Gemäßigte Zone: Die gemäßigte Zone liegt zwischen den Subtropen und der borealen Zone. Sie zeichnet sich durch deutlich ausgeprägte Jahreszeiten mit milden bis warmen Sommern und kühlen Wintern aus. Diese Zone beherbergt einige der produktivsten Ackerbaugebiete der Welt.

Gemüse: Gemüse ist ein Sammelbegriff für essbare Pflanzenteile, die meist gekocht verzehrt werden. Dazu zählen v. a. Blätter, Stängel, Wurzeln, Knollen oder Blüten. Samen oder Früchte werden deutlich seltener als Gemüse angesehen, sondern eher dem Obst (inkl. Nüssen) zugeordnet. Prominente Ausnahmen sind die als Gemüse geltenden Früchte von *Solanum lycopersicum* – Tomate, *Solanum melongena* – Aubergine, *Cucumis sativus* – Gurke sowie die meisten Arten der Gattung *Cucurbita* – Kürbis.

genageltes Kronblatt: Als genagelt bezeichnet man ein Kronblatt, dessen basales Ende (der Nagel) schmal und lang ausgezogen ist und dadurch stielartig wirkt, während das distale Ende (die Platte) breit und flächig ausgebildet ist (z. B. bei *Dianthus* – Nelke oder *Geranium* – Storchschnabel) (siehe auch Blüte).

Genistein: Genistein gehört zu den Isoflavonen, einer Untergruppe der Flavonoide. Hauptquellen sind *Glycine max* – Sojabohne und andere Hülsenfrüchte. Der Gehalt an Genistein variiert je nach Verarbeitungsgrad, wobei fermentierte Sojaprodukte wie Miso und Tempeh besonders hohe Konzentrationen aufweisen können. Als Phytoöstrogen dockt es an Östrogenrezeptoren an und lindert Wechseljahresbeschwerden. Genistein wirkt antioxidativ und kann das Risiko für hormonsensitive Tumoren senken.

Genomische Selektion: Die genomische Selektion ist ein neues Züchtungsverfahren, das genetische Marker im gesamten Genom nutzt, um erwünschte Eigenschaften bei Pflanzen vorherzusagen und zu selektieren. Anders als bei traditioneller Selektion werden nicht einzelne Merkmale betrachtet, sondern Tausende von Genen gleichzeitig analysiert. Modernste Sequenziertechnologien und bioinformatische Algorithmen ermöglichen es, komplexe Merkmale wie Nährstoffgehalt, Krankheitsresistenz oder Ertrag anhand der Gene abzuschätzen. Diese Methode beschleunigt die Entwicklung neuer Sorten erheblich und ermöglicht Verbesserungen ohne gentechnische Veränderungen.

Gentiopikrosid: Gentiopikrosid ist ein Secoiridoid-Glycosid, das zur Gruppe der Monoterpene gehört. Es kommt in *Gentiana lutea* – Gelber Enzian vor, findet sich aber auch in anderen *Gentiana*-Arten und trägt zu deren intensiv bitterem Geschmack bei. Wissenschaftliche Studien bestätigen gallenanregende und leberschützende Wirkungen. In der Lebensmittelindustrie wird Gentiopikrosid als Bitterstoff in alkoholischen Getränken verwendet.
Geranial: siehe Citral
Geraniin: Geraniin gehört zu den Ellagitanninen. Es kommt besonders reichlich in *Geranium* – Storchschnabel sowie in verschiedenen Rosengewächsen vor. Die wasserlösliche Verbindung verleiht Pflanzenextrakten einen herben, adstringierenden Geschmack.
Geraniol: Geraniol ist ein azyklischer Monoterpenalkohol mit einem blumig-fruchtigen Geruch, der z. B. in *Rosa* – Rose, *Cymbopogon* – Zitronengras und *Pelargonium* – Pelargonie vorkommt. Geraniol wirkt insektenabwehrend und antimikrobiell. In Kosmetika fungiert es als Duftstoff, Konservierungsmittel und Repellent. Geraniol kann bei empfindlichen Personen allergische Reaktionen hervorrufen und gilt in der EU als deklarationspflichtiger Duftstoff.
Gerbsäuren: siehe Tannine
Gerbstoffe: siehe Tannine
gesägter Blattrand: Ein gesägter Blattrand ist durch spitze Zähne gekennzeichnet (z. B. bei *Carpinus* – Hainbuche) (siehe auch gekerbter Blattrand, gezähnter Blattrand, gelappte Spreite).
Gewürze: Gewürze sind Pflanzenteile, die Speisen geschmacklich und geruchlich verfeinern. Sie werden üblicherweise getrocknet und nur in geringen Mengen verwendet. Viele Gewürze enthalten ätherische Öle und zahlreiche weitere sekundäre Pflanzenstoffe, die oft zu ihren konservierenden und medizinischen Wirkungen beitragen.
gezähnter Blattrand: Ein gezähnter Blattrand hat Einschnitte oder Kerben, die nicht tiefer als ± 25 % der Breite der Spreite reichen (vgl. gelappte Spreite). Es wird unterschieden zwischen gekerbtem Blattrand (mit stumpfen bzw. abgerundeten Zähnen, z. B. bei *Glechoma hederacea* – Gewöhnlicher Gundermann) und gesägtem Blattrand (mit spitzen Zähnen, z. B. bei *Carpinus* – Hainbuche).

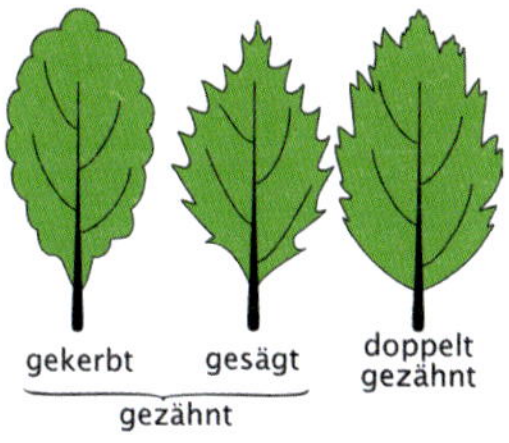

Gingerole: Gingerole sind Phenole, die für den scharfen Geschmack von *Zingiber officinale* – Ingwer verantwortlich sind. Die Schärfe der Gingerole nimmt bei längerem Erhitzen ab, während gleichzeitig mildere, aromatische Ver-

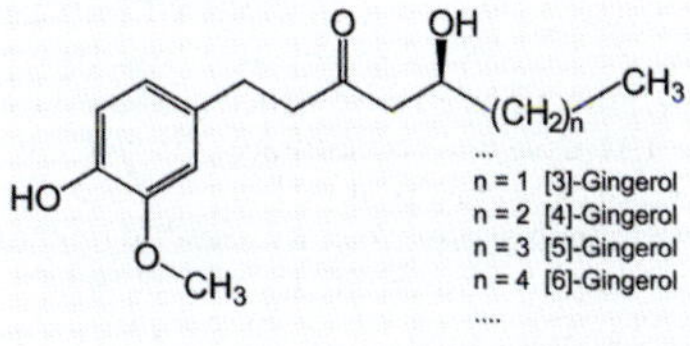

bindungen entstehen, weshalb die Zubereitungsart den Geschmack von Ingwer stark beeinflusst. Gingerole wirken verdauungsfordernd, entzündungshemmend, antimikrobiell, krebsvorbeugend und hemmen die Blutgerinnung.
GLA: siehe γ-Linolensäure
Gliadine: Gliadine sind Kleberproteine in *Triticum* – Weizen, die zu den Prolaminen zählen. Sie bilden zusammen mit Gluteninen den Kleber, der Weizen-Teige elastisch macht. Bei Zöliakie führen Gliadine zu einer Autoimmunreaktion, die die Darmschleimhaut schädigt. Gliadinfragmente werden auch mit Weizenallergie und neurodegenerativen Störungen in Verbindung gebracht.

γ-Linolensäure: γ-Linolensäure (GLA) ist eine mehrfach ungesättigte Omega-6-Fettsäure. Sie kommt in wenigen Pflanzenölen wie Borretschöl, Nachtkerzenöl und Hanföl vor. Der menschliche Körper kann GLA in begrenztem

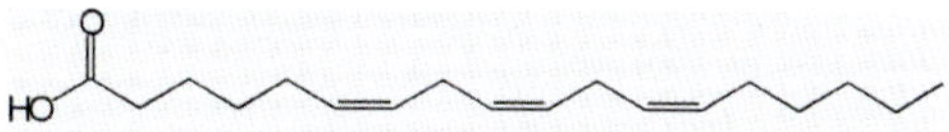

Umfang auch aus der essenziellen Linolsäure herstellen. GLA ist ein wichtiger Baustein für Eicosanoide, die zahlreiche Körperfunktionen wie Entzündungsprozesse, Blutdruck und Immunreaktionen regulieren. Die Einnahme von GLA kann bei Neurodermitis, prämenstruellem Syndrom und rheumatoider Arthritis helfen.
Globuline: Globuline sind komplexe Speicherproteine in Pflanzensamen, v. a. in Hülsenfrüchten und Getreide. Für den Menschen sind Globuline wertvolle Proteinquellen. Globuline können blutdrucksenkend und krebsvorbeugend wirken, aber auch Allergien auslösen.
Globulol: Globulol ist ein Sesquiterpen-Alkohol mit ausgeprägtem aromatischem Charakter. Diese lipophile Verbindung trägt wesentlich zum würzigen Duft verschiedener ätherischer Öle bei. Globulol findet sich besonders konzentriert in *Eucalyptus globulus* – Blauer Eukalyptus und anderen Eukalyptusarten, kommt aber auch in *Alpinia officinarum* – Echter Galgant vor.
Glochidie: Glochidien sind widerhakenartige Haare auf den Areolen der *Opuntioideae* – Feigenkakteen. Sie dienen der Verteidigung gegen Pflanzenfresser. Bei Berührung dringen die Glochidien leicht in Haut und Schleimhäute ein und verursachen schmerzhafte Reizungen. Bei der Ernte und Zubereitung der Früchte von *Opuntia ficus-indica* – Feigenkaktus ist daher Vorsicht geboten. Die Glochidien müssen gründlich entfernt werden, bevor die Früchte verzehrt werden können.
Glucane: Glucane sind Polysaccharide, die ausschließlich aus Glucose-Monomeren bestehen. Sie kommen in vielen Pflanzen als Speicher- und Strukturmoleküle vor, beispielsweise als Stärke, Cellulose oder Dextrane. Dextrane sind z. B. stark verzweigte Polysaccharide von Hefen oder Bakterien, bei denen die glycosidische Bindung v. a. als 1,6-Verknüpfungen erfolgt. Für den Menschen sind Glucane wichtige Energiequellen und Ballaststoffe. (siehe auch β-Glucane).

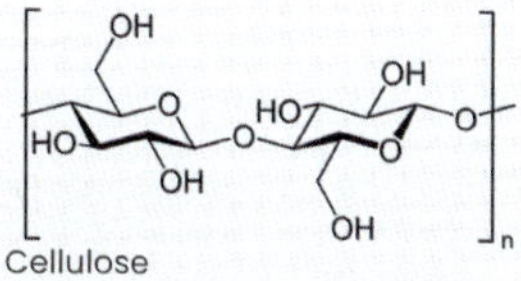

Cellulose

Glucitol: siehe Sorbitol
Glucocapparin: Glucocapparin gehört zu den schwefelhaltigen Glucosinolaten. Glucocapparin kommt v. a. in Kreuzblütlern wie *Lepidium sativum* – Gartenkresse und *Capparis spinosa* – Echter Kapernstrauch vor. Bei Zellschädigung wird es durch das Enzym Myrosinase zu Isothiocyanaten gespalten, die für den scharfen Geschmack verantwortlich sind.
Glucocochlearin: Glucocochlearin ist ein Glucosinolat. Es kommt v. a. in *Brassicaceae* – Kreuzblütler wie *Armoracia rusticana* – Meerrettich und *Brassica* – Kohl vor. Beim Zerkleinern oder Kauen der Pflanzen entsteht aus Glucocochlearin das scharf schmeckende und antimikrobiell wirkende Cochlearin. Glucosinolate werden mit einer krebsvorbeugenden Wirkung in Verbindung gebracht.

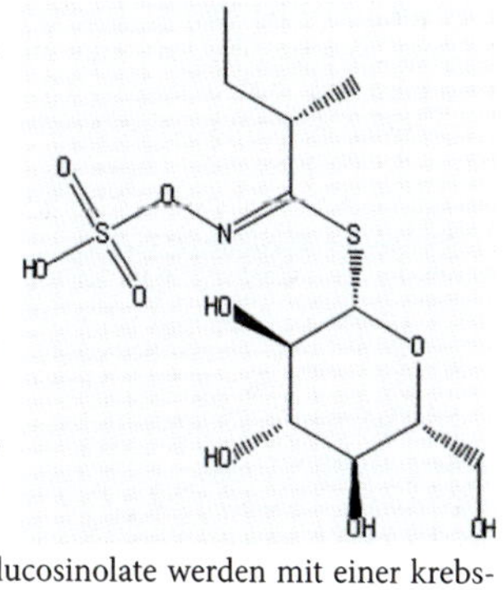

Gluconasturtiin: Gluconasturtiin ist ein Glucosinolat, das vorwiegend in *Nasturtium* – Brunnenkresse zu finden ist. Beim Zerkleinern der Pflanze entsteht daraus das scharf und leicht bitter schmeckende Phenylethylisothiocyanat. Gluconasturtiin wird eine antioxidative und vor Krebs schützende Wirkung zugeschrieben.
Glucopyranosylphloretin: Glucopyranosylphloretin ist ein Dihydrochalcon-Glycosid. Besonders reichlich findet sich Glucopyranosylphloretin in *Citrus japonica* – Kumquat und verwandten Arten. Der Stoff trägt zum leicht bitteren Nachgeschmack der Früchte bei. Die wasserlösliche Verbindung besitzt antioxidative, antimikrobielle und entzündungshemmende Eigenschaften.
Glucose: D-Glucose (Traubenzucker) ist ein Einfachzucker (Monosaccharid) und dient Pflanzen als Energiespeicher und Transportmolekül. Für den Menschen ist Glucose der wichtigste Energielieferant. Sie kommt in vielen Obst- und Gemüsesorten sowie in Honig vor und schmeckt leicht süß.

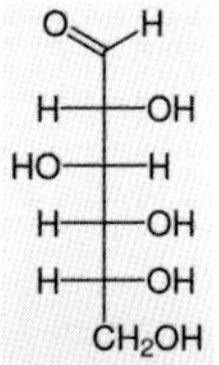

D-Glucose

Glucosinolate: siehe Senfölglycoside
Glucotropaeolin: Glucotropaeolin ist ein Glucosinolat, das v. a. in *Tropaeolum majus* – Große Kapuzinerkresse vorkommt. Beim Zerkleinern der Pflanze entsteht daraus Benzylisothiocyanat, das scharf schmeckt und antimikrobiell wirkt.
Glukane: siehe Glucane
Glukose: siehe Glucose
Glutamat: Glutamate sind Salze der Glutaminsäure, die eine nicht-essenzielle proteinogene Aminosäure ist. Glutamat ist Träger des 5. Grundgeschmacks – dem herzhaften Umami. Reife Tomaten, würzige Pilze wie Shiitake und fermentierte Pflanzenprodukte enthalten bemerkenswert hohe Konzentrationen an natürlichem Glutamat. Als synthetisch hergestelltes Mononatriumglutamat (E621) wird es als »Geschmacksverstärker« zahlreichen Lebensmitteln zugesetzt.

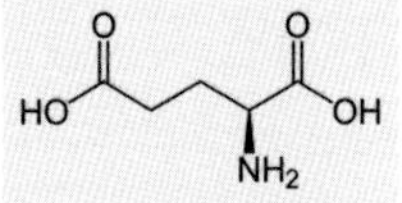

Gluten: Gluten (Klebereiweiß) ist ein Sammelbegriff für die Speicherproteine vieler Getreidesorten, v. a. *Triticum* – Weizen, *Secale cereale* – Roggen und *Hordeum vulgare* – Gerste. Es handelt sich um einen hochmolekularen Komplex aus variierenden Anteilen von Eiweißen aus den Prolamin- und Glutenin-Gruppen. Gluten ist ein wertvoller pflanzlicher Proteinlieferant und trägt wesentlich zur Backfähigkeit von Mehl bei. Bei Menschen mit Zöliakie oder Glutensensitivität kann Gluten allerdings Entzündungen im Darm auslösen.
Glutenin: Glutenin ist neben Gliadin eines der Hauptproteine des Gluten-Komplexes in *Triticum* – Weizen. Glutenine sind sehr große Moleküle und bestehen aus vielen miteinander vernetzten Aminosäureketten. Es ist ein Prolamin und trägt durch seine elastischen Eigenschaften maßgeblich zur Backfähigkeit von Weizenmehl bei. Bei Glutenunverträglichkeiten kann Glutenin Beschwerden im Verdauungstrakt hervorrufen.
Glutenunverträglichkeit: siehe Zöliakie
Glycoproteine: Glycoproteine sind komplexe Protein-Kohlenhydrat-Verbindungen, bei denen Zuckermoleküle kovalent an Aminosäuren gebunden sind. In Pflanzen finden sich Glycoproteine besonders in Samen, Wurzeln und Speicherorganen. Diese multifunktionalen Makromoleküle spielen eine entscheidende Rolle in der menschlichen Ernährung als hochwertige Proteinquellen mit verbesserter Bioverfügbarkeit. Sie fungieren als Speicher- und Strukturproteine und können immunmodulatorische Eigenschaften besitzen. Viele pflanzliche Glycoproteine zeigen eine hohe Verdaulichkeit und können allergene Potenziale von Proteinen modifizieren.
Glycoside: Glycoside bilden eine umfangreiche Stoffklasse, bei der Zucker mit nicht-zuckerhaltigen Molekülen (Aglyconen) verknüpft sind. Diese Verbindungen dienen Pflanzen als wasserlösliche Speicher- und Transportformen wichtiger Wirkstoffe und werden erst bei Bedarf enzymatisch gespalten. Glycoside kommen in praktisch allen Pflanzen vor und umfassen Untergruppen wie Flavonoid-, Phenol- und Steroidal-Glycoside.

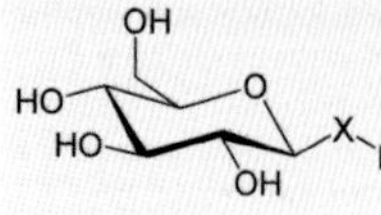

Glycosid mit Glucose (R: Aglycon)

Glycyrrhizin: Glycyrrhizin (Glycyrrhizinsäure) ist ein Triterpen-Saponin, das v. a. in der Wurzel von *Glycyrrhiza glabra* – Süßholz vorkommt. Es ist für den süßen Geschmack des Süßholzes verantwortlich und hat eine bis zu 50-fach stärkere Süßkraft als Zucker. In der Pflanzenheilkunde wird Glycyrrhizin wegen seiner entzündungshemmenden und schleimlösenden Wirkung geschätzt. Allerdings kann es in höheren Dosen zu Nebenwirkungen wie Bluthochdruck und Wassereinlagerungen führen. In der Lebensmittelindustrie wird es als Süßstoff und Geschmacksverstärker eingesetzt. Am bekanntesten ist das aus der Süßholzwurzel gewonnene Lakritz.
Glycyrrhizinsäure: siehe Glycyrrhizin
Glykämischer Index: Der glykämische Index (GI) ist ein Maßsystem, das die Wirkung kohlenhydrathaltiger Lebensmittel auf den Blutzuckerspiegel im Vergleich zu reiner Glucose (GI = 100) beschreibt. Lebensmittel mit niedrigem GI (< 55) wie *Lens culinaris* – Linsen oder *Avena sativa* – Hafer bewirken einen langsamen, moderaten Blutzuckeranstieg und gelten als gesundheitsfördernd. Faktoren wie Ballaststoffgehalt, Fett- und Proteinanteil sowie Verarbeitungsgrad beeinflussen den GI-Wert. Für Menschen mit Diabetes oder Insulinresistenz ist die Kenntnis des GI besonders wichtig.
Glykoside: siehe Glycoside
Gnetin C: Gnetin C gehört zur Gruppe der Stilben-Derivate und stellt eine strukturell komplexe phenolische Verbindung dar. Gnetin C findet sich in *Gnetum gnemon* – Melinjo. Es besitzt antioxidative und nervenschützende Eigenschaften und kann Entzündungsprozesse beeinflussen.
Gossypol: Gossypol ist ein Sesquiterpen-Dialdehyd. Gossypol kommt v. a. in *Gossypium*-Arten – Baumwolle vor, besonders konzentriert in Samen und Wurzeln. Die gelbliche Verbindung dient Pflanzen als Schutz vor Fraßfeinden. Gossypol besitzt antimikrobielle Eigenschaften und ist toxisch. Die Herstellung von Öl aus Baumwollsamen erfordert daher spezielle Entgiftungsverfahren.
Granne: Grannen sind schlanke, borstenartige Anhänge von Blattorganen, die deutlich von der Spreite abgesetzt sind (z. B. die Grannen der Deckspelze bei *Hordeum* – Gerste und anderen *Poaceae* – Süßgräser).
Grannenspitze: Eine Grannenspitze ist eine lange dünne Spitze von Blattorganen, diese ist aber (im Gegensatz zur Granne) *nicht* deutlich von der Spreite abgesetzt, sondern geht allmählich in diese über (z. B. an den Blättern und Kronblättern von *Galium mollugo* – Gemeines Labkraut).
Grasartige: Der Begriff »Grasartige« im engeren Sinn umfasst die *Poaceae* – Süßgräser, *Cyperaceae* – Sauergräser, *Juncaceae* – Binsen. Im weiteren Sinn werden darunter alle Arten mit grasartigem Habitus verstanden (z. B. auch *Plantago lanceolata* – Spitz-Wegerich).
Griffel: Der Griffel ist ein verlängerter Abschnitt des Stempels zwischen Fruchtknoten und Narbe (z. B. bei *Crocus* – Krokus), der Griffel kann fehlen oder sehr kurz sein (z. B. bei *Tulipa* – Tulpe) (siehe auch Fruchtblatt).
Griffelkanal: Bei Hagebutten, den Früchten von *Rosa* – Rose, bildet die Blütenachse eine krugartige Frucht, die an der Spitze offen ist. Die Öffnung, aus der meist die Griffel ragen, wird als Griffelkanal bezeichnet.
Griffelpolster: Als Griffelpolster wird eine meist ringförmige Nektardrüse bezeichnet, die zwischen Fruchtknoten und der Basis des Griffels sitzt (z. B. bei *Ammi* – Sichelmöhre und anderen *Apiaceae* – Doldengewächse).
Grundachse: Der basale Abschnitt der Sprossachse wird zuweilen als Grundachse bezeichnet, insbesondere, wenn diese spezielle Anpassungen zeigt: z. B. findet sich bei *Fragaria* – Erdbeere eine kriechende Grundachse (Rhizom).

Grundblatt: Als Grundblätter werden die unteren Blätter an der Sprossachse bezeichnet. Grundblätter sind zuweilen rosettig angeordnet und unterscheiden sich morphologisch oft von den folgenden Stängelblättern (z. B. bei *Verbascum* – Königskerze).

Grundnahrungsmittel: Grundnahrungsmittel sind Lebensmittel, die den Großteil der täglichen Energie- und Nährstoffzufuhr in einer Gesellschaft decken. Sie sichern damit das Überleben der Bevölkerung und sind von zentraler Bedeutung für die Ernährung. Meist handelt es sich um stärkehaltige Pflanzen wie Getreide, Knollen oder Hülsenfrüchte, die viele Kohlenhydrate liefern. Weltweit zählen *Oryza sativa* – Reis, *Triticum* – Weizen und *Zea mays* – Mais zu den wichtigsten Grundnahrungsmitteln. In einigen Regionen haben auch Pflanzen wie *Solanum tuberosum* – Kartoffel, *Manihot esculenta* – Maniok, *Sorghum* – Sorghum-Hirsen oder *Chenopodium quinoa* – Quinoa diese Rolle. Hülsenfrüchte, die durch einen hohen Proteingehalt charakterisiert sind, zählen ebenfalls dazu, z. B. *Glycine max* – Soja, *Lens* – Linse, *Phaseolus* – Gartenbohne, *Vigna* – Vigna-Bohnen (Mungbohne, Urdbohne, Mattenbohne, Augenbohne, etc.).

Guanosinmonophosphat: Guanosinmonophosphat (GMP, Guanylsäure) ist ein Nukleotid und Baustein der RNA und damit essenziell für viele Stoffwechselprozesse.

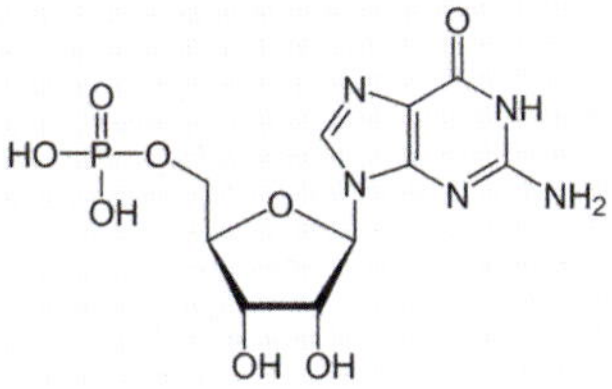

Darüber hinaus spielt es eine wichtige Rolle als Geschmacksverstärker, insbesondere für den herzhaft-würzigen Umami-Geschmack. Als Lebensmittelzusatzstoff wird GMP als E627 geführt und oft in Kombination mit Inosinmonophosphat (E631) und Glutamat (E621) als Geschmacksverstärker verwendet. GMP kommt in hoher Konzentration in *Lentinula edodes* – Shiitake-Pilz, Seetang und Meeresfrüchten vor.

Guanylsäure: siehe Guanosinmonophosphat

Guaran: Guaran ist ein komplexes, wasserlösliches Polysaccharid (Galactomannan), das aus den Samen von *Cyamopsis tetragonoloba* – Guarbohne gewonnen wird. Es hat

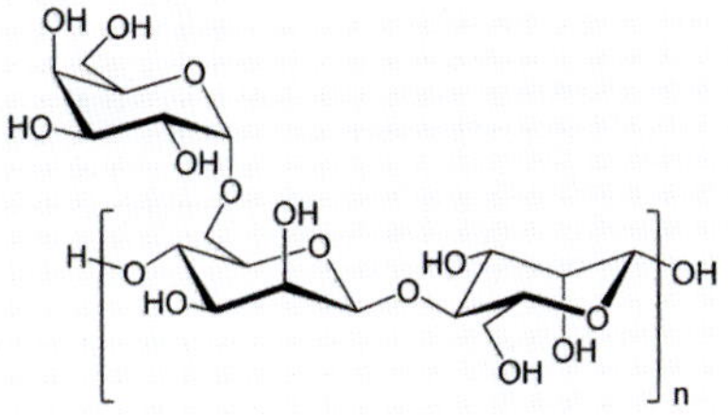

eine Molekülmasse von bis zu 1 Mio. Dalton und besitzt eine außergewöhnliche Wasserbindungsfähigkeit: Es kann das 60–100-fache seines Eigengewichts an Wasser binden. Als löslicher Ballaststoff verlangsamt Guaran die Magen-Darm-Passage und verstärkt dabei das Sättigungsgefühl. Es trägt zur Darmgesundheit bei und kann cholesterinsenkende Wirkungen entfalten. In der Lebensmittelindustrie dient Guaran (E412) als Verdickungsmittel, Stabilisator und Emulgator in Soßen, Eiscreme und Backwaren.

Guaranin: siehe Coffein

Gummi arabicum: Gummi arabicum ist ein komplexes Polysaccharid. Es wird aus den Stämmen und Ästen verschiedener *Acacia*-Arten, insbesondere *A. senegal* – Senegal-Akazie und *A. seyal* – Seyal-Akazie gewonnen. Gummi arabicum wirkt als Ballaststoff und besitzt präbiotische Eigenschaften. Es zeichnet sich durch seine ausgezeichnete Wasserlöslichkeit, neutrale Geschmackseigenschaften und hohe Stabilität gegenüber Säuren aus. Gummi arabicum (E414) dient als wichtiger Emulgator, Stabilisator und Verdickungsmittel in zahlreichen Lebensmitteln.

Guvacin: Guvacin ist ein Tetrahydropyridin-Alkaloid, das in *Areca catechu* – Betelnusspalme zu finden ist. Zusammen mit Guvacolin ist es einer der Hauptwirkstoffe der Betelnuss, die v. a. in Süd- und Südostasien als Genussmittel gekaut wird. Guvacin wirkt als GABA-Wiederaufnahmehemmer und hat Einfluss auf die Neurotransmitterkonzentration im Gehirn. Es hat eine psychoaktive Wirkung und kann in hohen Dosen Übelkeit, Schwindel und Krampfanfälle auslösen.

Guvacolin: Guvacolin ist eine nicht-proteinogene Aminosäure, die zusammen mit Guvacin in den Früchten von *Areca catechu* – Betelnusspalme enthalten ist. Wie Guvacin wirkt sie als GABA-Transaminase-Hemmer und hat Einfluss auf die Neurotransmitterkonzentration im Gehirn. Guvacolin hat eine psychoaktive und stimulierende Wirkung auf das zentrale Nervensystem.

Gymnospermae: siehe Nacktsamer

Gymnostemium: Das Gymnostemium (Säule) ist eine säulenartige Struktur in den Blüten der *Orchidaceae* – Orchideengewächse, welche durch Verwachsung von Fruchtblättern und Staubblättern entsteht.

Gynoeceum: Als Gynoeceum wird die Gesamtheit der Fruchtblätter einer Blüte bezeichnet.

Gynophor: Ein Gynophor ist ein stielartiger, verlängerter Blütenboden, der den Fruchtknoten einer Blüte über die anderen Blütenteile hinaushebt. Besonders ausgeprägt findet sich das Gynophor bei *Capparaceae* – Kaperngewächsen wie *Capparis spinosa* – Kaper.

Haar: Ein Haar ist ein Auswuchs der Epidermis. Je nach Morphologie und Funktion unterscheidet man z. B. einfache Haare, Gliederhaare, Gabelhaare, Sternhaare, Kletterhaare, Brennhaare, Drüsenhaare.

Habitus: Als Habitus wird das äußere Erscheinungsbild eines Organismus bezeichnet.

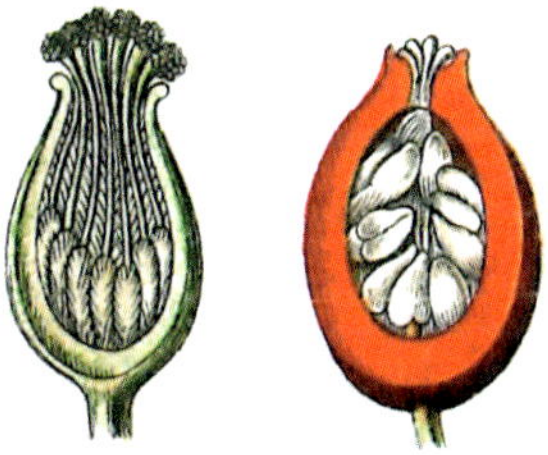

Hagebutte: Als Hagebutte wird die Frucht von *Rosa* – Rose bezeichnet. Es handelt sich um eine Sammelnussfrucht mit einer fleischigen, krugförmigen Blütenachse (Achsenbecher). Die Öffnung an der Spitze der Hagebutte wird als Griffelkanal bezeichnet. Hagebutten sind besonders reich an Vitamin C.

Halbstrauch: Halbsträucher sind nur an ihrer Basis verholzt, die oberen Seitenäste bleiben krautig und sterben im Winter ab (z. B. *Vaccinium myrtillus* – Blaubeere).

Hämagglutinine: siehe Phytohämagglutinin

handförmig gelappte Spreite: Eine handförmig gelappte Spreite ist durch Buchten oder Einschnitte gegliedert, die wie die Finger einer Hand von einem zentralen Punkt ausgehen. Die Spreite bildet dabei eine zusammenhängende Einheit und ist *nicht* in separate Fiederblättchen aufgeteilt (z. B. bei *Acer campestre* – Feld-Ahorn).

haplochlamydeische Blüte: Haplochlamydeische Blüten haben ein einfaches Perigon, d. h. es ist nur ein Kreis von Blütenhüllblättern ausgebildet.

Harman-Alkaloide: Harman-Alkaloide haben eine trizyklische Ringstruktur. Sie finden sich in Pflanzen wie *Peganum harmala* – Steppenraute und in Spuren eventuell auch in *Passiflora incarnata* – Fleischfarbene Passionsblume. Die stickstoffhaltigen Verbindungen besitzen psychoaktive und enzymhemmende Eigenschaften und können Neurotransmitter-Systeme beeinflussen. In höheren Dosen wirken sie potenziell toxisch.

Harze: Harze sind zähflüssige bis feste Pflanzenexsudate, die von vielen Gehölzen gebildet werden, um Wunden zu verschließen und Schädlinge abzuwehren. Sie bestehen v. a. aus Terpenen und Phenolen. Viele Harze haben einen intensiven würzigen Duft, der auf ätherische Öle zurückgeht. Zu den bekanntesten Harzen zählen die von *Boswellia sacra* – Weihrauch, *Commiphora myrrha* – Myrrhe und *Pistacia lentiscus* – Mastixstrauch. Sie werden seit der Antike als Räucherwerk sowie in der Medizin und Parfümerie verwendet.

HDL: siehe Cholesterin

Hederin: α-Hederin ist ein triterpenes Saponin, das in wässrigen Lösungen schaumbildend wirkt. Es kommt besonders reichlich in *Hedera helix* – Gemeiner Efeu vor. Der Stoff verleiht den Pflanzenteilen einen intensiv bitteren Geschmack und kann bei Verzehr größerer Mengen toxisch wirken. Hederin besitzt schleimfördernde und antimikrobielle Wirkungen.

Herbivor: Herbivoren sind sich von Pflanzen ernährende Organismen (Pflanzenfresser). Die evolutionäre Entwicklung von sekundären Pflanzenstoffen dient oft dem Schutz vor Herbivoren.

Hesperidin: Hesperidin ist ein Flavanon-Glycosid. Hesperidin findet sich besonders reichlich in Zitrusfrüchten, vor allem in *Citrus aurantium* – Bitterorange und *Citrus sinensis* – Süße Orange, konzentriert in der weißen Innenschicht der Schale. Der Stoff trägt zum charakteristisch bitteren Geschmack der Zitrusschalen bei. Die wasserlösliche Verbindung besitzt ausgeprägte antioxidative, entzündungshemmende und gefäßschützende Eigenschaften und kann die Kapillarpermeabilität positiv beeinflussen.

heterochlamydeische Blüte: Heterochlamydeische Blüten sind in Kelch und Krone gegliedert.

Hexanal: Hexanal ist ein Aldehyd und entsteht beim enzymatischen Abbau ungesättigter Fettsäuren. Der Stoff entsteht verstärkt bei mechanischer Verletzung der Pflanzenzellen und trägt dann zum typischen Aroma frisch geschnittener Pflanzen bei. Besonders reich an Hexanal sind *Malus domestica* – Kulturapfel, *Solanum lycopersicum* – Tomate und verschiedene Blattgemüse.

Hexansäure: siehe Capronsäure

Hexylbutyrat: Hexylbutyrat ist ein Ester der Buttersäure und zählt zu den wichtigsten Aromastoffen. Die Verbindung trägt bei vielen Beeren und Steinfrüchten zum süßlich-fruchtigen Duft und Geschmack bei, darunter *Fragaria* – Erdbeere, *Rubus idaeus* – Himbeere und *Prunus persica* – Pfirsich. Der angenehme, intensive Fruchtgeruch macht Hexylbutyrat zu einem begehrten Aromastoff in der Lebensmittelindustrie.

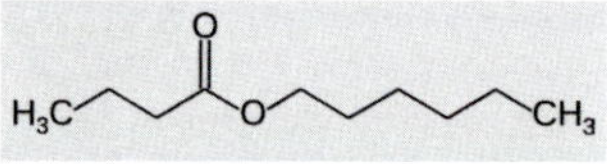

Himbeerketon: Himbeerketon ist ein aromatisches Keton und der Hauptaromastoff von *Rubus idaeus* – Himbeere. Darüber hinaus findet sich der Stoff in anderen *Rubus*-Arten, aber auch in *Betula* – Birke. Die phenolische Verbindung besitzt einen intensiv süßlich-fruchtigen Duft und wird in geringen Mengen über die Nahrung aufgenommen. Himbeerketon wird in der Lebensmittelindustrie häufig als Geschmacksverstärker verwendet.

Histamin: Histamin ist ein biogenes Amin, das als Gewebehormon und Neurotransmitter weit verbreitet ist. Besonders histaminreich sind verdorbener Fisch, reifer Käse, Rotwein und fermentierte Produkte wie Sauerkraut. Bei Pflanzen spielt Histamin im Allgemeinen eine Rolle bei der Regulation von Wachstum, Blütenbildung und Fruchtreife. *Urtica dioica* – Brennnessel enthält Histamin in ihren Brennhaaren, was zu dem bekannten Brennen bei Berührungen führt. Im menschlichen Körper ist es an allergischen Reaktionen, der Magensäureproduktion und der Regulation des Schlaf-Wach-Rhythmus beteiligt. Bei einer Histaminintoleranz führt der Verzehr größerer Mengen zu Beschwerden wie Hautjucken, Bluthochdruck und Verdauungsproblemen.

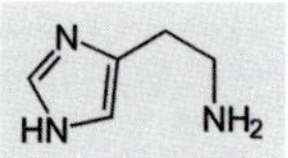

Hochblatt: Als Hochblatt werden Blätter bezeichnet, die im Bereich der Blüten oder Blütenstände stehen und sich in Farbe, Größe oder Morphologie deutlich von den Laubblättern unterscheiden (siehe auch Blattfolge). So wird die auffällige, große weiße Spatha um den Blütenstand von *Arum* – Aronstab von einem Hochblatt gebildet. Hochblätter können aber auch klein und schuppenartig sein (z. B. die Hüllchenblätter der *Apiaceae* – Doldengewächse).

homochlamydeische Blüte: Homochlamydeische Blüten haben ein Perigon, d. h. sie sind nicht in Kelch und Krone gegliedert (siehe auch Perigon).

Honigblatt: siehe Nektarblatt

Hopfenbittersäure: siehe Lupulon

Horstpflanze: Horstpflanzen haben zahlreiche, aufrecht wachsende Sprossachsen, die dicht gedrängt zusammenstehen. Die Pflanzen sind meist grasartig (z. B. *Festuca ovina* – Schafschwingel oder *Carex paniculata* – Rispen-Segge).

Hüllchen: Als Hüllchen bezeichnet man die Hochblätter unterhalb der Döldchenstrahlen (Dolden 2. Ordnung) bei den *Apiaceae* – Doldengewächse.

Hülle: Als Hülle bezeichnet man meist dichtstehende Hochblätter im Bereich des Blütenstandes. Bei den *Apiaceae* – Doldengewächse bezieht sich der Begriff auf die Hochblätter unterhalb der Doldenstrahlen (Dolden erster Ordnung). Bei den *Asteraceae* – Korbblütler sind die Hochblätter unterhalb der Köpfchen gemeint, welche den Hüllkelch bilden.

Hüllkelch: Als Hüllkelch werden bei den *Asteraceae* – Korbblütler die Hochblätter unterhalb der Köpfchen bezeichnet.

Hüllspelze: Als Hüllspelzen werden 2 Spelzen an der Basis des Ährchens der *Poaceae* – Süßgräser bezeichnet (z. B. bei *Avena* – Hafer), selten ist nur eine Hüllspelze ausgebildet (z. B. bei *Lolium* – Weidelgras). Die untere Hüllspelze wird als Tragblatt des Ährchens, die obere als adossiertes Vorblatt der Ährchenachse gedeutet (siehe auch Blütchen).

Hülse: Die Hülse ist eine Öffnungsfrucht, die aus einem Fruchtblatt besteht, welches sich an Bauchnaht *und* Rückennaht öffnet (z. B. bei *Robinia* – Robinie und anderen *Fabaceae* – Schmetterlingsblütler).

Humulon: Humulon (α-Lupulinsäure) ist ein Bitterstoff, der v. a. in den Blüten von *Humulus lupulus* – Gewöhnlicher Hopfen vorkommt und beim Bierbrauen eingesetzt wird. Dabei wird Humulon in seine isomere Form Iso-α-Lupulinsäure umgewandelt, die für den bitteren Geschmack verantwortlich ist und als Konservierungsmittel wirkt. Einige Studien weisen auf mögliche entzündungshemmende und krebsvorbeugende Eigenschaften hin.

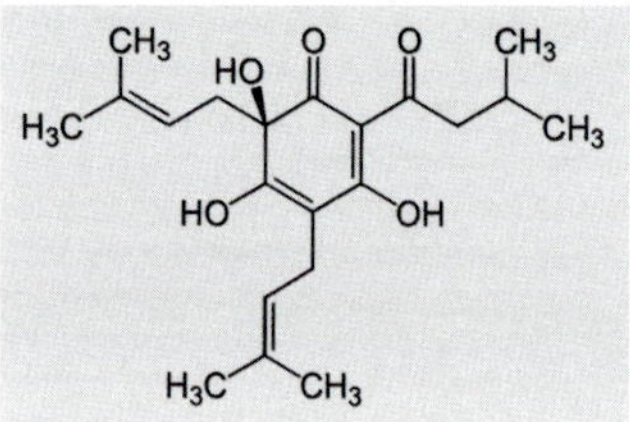

Hybride: Als Hybride bezeichnet man Organismen, die durch Kreuzung von Eltern unterschiedlicher Taxa entstanden sind. Im wissenschaftlichen Namen werden Hybride häufig durch »×« gekennzeichnet. Die Eltern gehören meist einer Gattung an (z. B. ist *Salix × sepulcralis* eine Kreuzung aus *Salix alba* und *Salix babylonica*). Es sind aber auch Hybride bekannt, deren Eltern aus unterschiedlichen Gattungen stammen: so ist z. B. × *Calammophila baltica* aus einer Kreuzung aus *Ammophila arenaria* und *Calamagrostis epigejos* entstanden.

Hydrangin: siehe Umbelliferon

Hydroxy-α-sanshool: Hydroxy-α-sanshool ist ein Alkylamid. Es kommt v. a. in Pflanzen der Gattung *Zanthoxylum* – Szechuanpfeffer vor, die als Gewürze verwendet werden. Hydroxy-α-sanshool stimuliert spezielle Rezeptoren in den Schleimhäuten und führt zu einem leichten Taubheitsgefühl. Es ist hauptverantwortlich für die Schärfe und das prickelnde, pelzige Mundgefühl beim Verzehr des Gewürzes. In hohen Dosen kann es zu Reizungen der Schleimhäute kommen.

Hydroxybenzaldehyde: Hydroxybenzaldehyde sind aromatische Aldehyde mit einer zusätzlichen OH-Gruppe. Die prominentesten Vertreter sind Vanillin aus der *Vanilla* – Vanille, das für den typischen Vanillegeschmack verantwortlich ist, und Salicylaldehyd, das z. B. in *Solanum lycopersicum* – Tomate vorkommt. Beide werden als Aromastoff, Duftstoff und Geschmacksverstärker eingesetzt. Salicylaldehyd hat zudem eine antiseptische und schmerzlindernde Wirkung.

Salicylaldehyd

Hydroxybenzylisothiocyanat: 4-Hydroxybenzylisothiocyanat gehört zur Gruppe der Isothiocyanate und entsteht beim Abbau von Glucosinolaten in *Brassicaceae* – Kreuzblütler. Diese schwefelhaltige Verbindung zeigt antimikrobielle und potenziell vor Krebs schützende Wirkungen und trägt zum scharfen, leicht bitteren Geschmack vieler Kohlarten bei. Im menschlichen Körper können Isothiocyanate Entgiftungsenzyme aktivieren. Besonders reichhaltig findet es sich in *Nasturtium officinale* – Brunnenkresse, aber auch *Brassica oleracea* – Kohl und *Raphanus sativus* – Rettich enthalten nennenswerte Mengen.

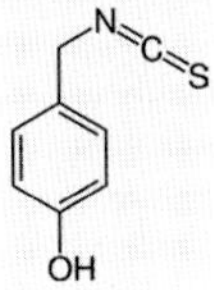

Hydroxy-β-sanshool: Hydroxy-β-sanshool gehört zu den Alkylamiden. Es ist v. a. in Arten der Gattung *Zanthoxylum* – Szechuanpfeffer enthalten. Hydroxy-β-sanshool trägt zum scharfen, prickelnden Geschmack bei, wenn auch in geringerem Ausmaß als das α-Isomer. Durch Stimulation spezieller Rezeptoren löst es ein leichtes Taubheitsgefühl in den Schleimhäuten aus. In größeren Mengen kann es zu Reizungen führen.

Hydroxychavicol: Hydroxychavicol (Hydroxychavikol) ist ein Phenylpropanoid, das v. a. in den Blättern von *Piper betle* – Betelpfeffer enthalten ist. Es trägt zum brennend-scharfen Geschmack beim Kauen der Blätter bei und hat in höheren Konzentrationen eine lokal betäubende Wirkung auf die Mundschleimhaut. Aktuelle Studien untersuchen Effekte gegen Krebszellen und Viren. In sehr hohen Dosen ist der Stoff allerdings toxisch und möglicherweise selbst krebserregend.

Hydroxytyrosol: Hydroxytyrosol ist ein Phenylethanoid, das v. a. in den Früchten und Blättern von *Olea europaea* – Olivenbaum vorkommt. Es entsteht beim Abbau von Oleuropein, dem Hauptbitterstoff der Oliven. Hydroxytyrosol hat ein hohes antioxidatives Potenzial. Der Verbindung werden entzündungshemmende, antimikrobielle und antivirale Effekte zugeschrieben.

Hydroxyzimtsäuren: Hydroxyzimtsäuren sind eine Gruppe von phenolischen Säuren, die sich von der Zimtsäure ableiten. Sie kommen in vielen Pflanzen vor, oft in Form von Estern mit Chinasäure oder Glucose. Die bekanntesten Vertreter sind Kaffeesäure, Ferulasäure und Sinapinsäure. Hydroxyzimtsäuren wirken als Antioxidantien und zeigen entzündungshemmende Wirkungen.

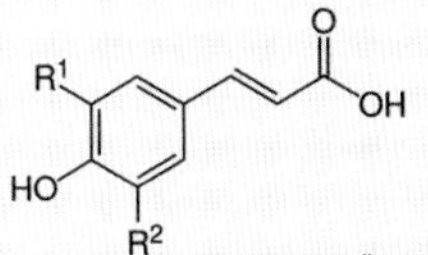

p-Cumarsäure

Hypoglycin: Hypoglycin ist ein nicht-proteinogener Aminosäureabkömmling, der in 2 Formen vorkommt: Hypoglycin A und B. Es wird v. a. in unreifen Früchten von *Blighia sapida* – Akee gefunden. Diese toxische Verbindung wirkt als starker Inhibitor des Fettsäureabbaus und blockiert Enzyme des Energiestoffwechsels. Bei Menschen kann es einen gefährlich niedrigen Blutzuckerspiegel verursachen, was zur »Jamaican Vomiting Sickness« führen kann – einer potenziell tödlichen Erkrankung mit Symptomen wie Erbrechen, Krämpfen, Koma und Leberschäden.

immergrünes Blatt: Immergrüne Blätter werden mehrere Jahre alt, sind im Sommer wie im Winter grün und meistens derb (z. B. bei *Hedera* – Efeu).

Indol-3-Carbinol: Indol-3-Carbinol ist ein Glucosinolat-Derivat, das beim Kauen oder Schneiden von *Brassicaceae* – Kreuzblütler aus Glucobrassicin freigesetzt wird. Hauptquellen sind *Brassica oleracea* var. *italica* – Brokkoli, *Brassica rapa* – Chinakohl und *Brassica nigra* – Schwarzer Senf. Diese Verbindung spielt eine wichtige Rolle im Hormonmetabolismus und kann die Verstoffwechselung von Östrogenen beeinflussen. Wissenschaftliche Studien deuten auf vor Krebs schützende Wirkungen hin, insbesondere bei hormonabhängigen Tumoren.

Insektenbestäubung: Von Insektenbestäubung spricht man, wenn die Pollen durch Insekten von einer Blüte zur anderen transportiert werden. Viele insektenbestäubte Blüten bieten den Insekten Nektar (z. B. *Lamium* – Taubnessel) oder Pollen (z. B. bei *Magnolia* – Magnolie) als Nahrung und locken sie durch auffällig gefärbte Kronblätter (z. B. bei *Ranunculus* – Hahnenfuß) bzw. Geruch (z. B. bei *Berberis* – Berberitze) an.

Internodium: Als Internodien (Stängelglieder) werden die Abschnitte der Sprossachse bezeichnet, an denen keine Blätter sitzen, wenn sie sich deutlich von den Bereichen unterscheiden, an denen die Blätter sitzen (siehe Knoten) (z. B. bei *Poaceae* – Süßgräser) (siehe auch Blattfolge).

Intybin: siehe Lactucopikrin

Inulin: Inulin ist ein Polysaccharid aus meist 10–35 Fructose-Einheiten, das zur Gruppe der Ballaststoffe gehört. Es kommt in vielen Pflanzen vor, besonders in Wurzeln und Knollen von *Asteraceae* – Korbblütler wie *Helianthus tuberosus* – Topinambur. Inulin fördert selektiv das Wachstum von bestimmten Mikroorganismen (präbiotischer Effekt). Diese Darmbakterien produzieren u. a. kurzkettige Fettsäuren, die sich positiv auf die Darmgesundheit auswirken (präbiotischer Effekt) und die vom menschlichen Körper auch direkt verdaut werden können. Durch diesen Umweg über die kurzkettigen Fettsäuren hat Inulin letztendlich auch einen Nährwert, der 25–50 % von dem von Stärke beträgt. Außerdem erhöht Inulin die Stuhlmasse und wirkt so einer Verstopfung entgegen, kann allerdings auch zu Blähungen führen, weil bei der Verstoffwechselung Gase wie Wasserstoff, Methan und Kohlendioxid entstehen. Auch in der Lebensmittelindustrie wird Inulin als Ballaststoff eingesetzt und kann zur Regulierung des Blutzuckerspiegels eingesetzt werden.

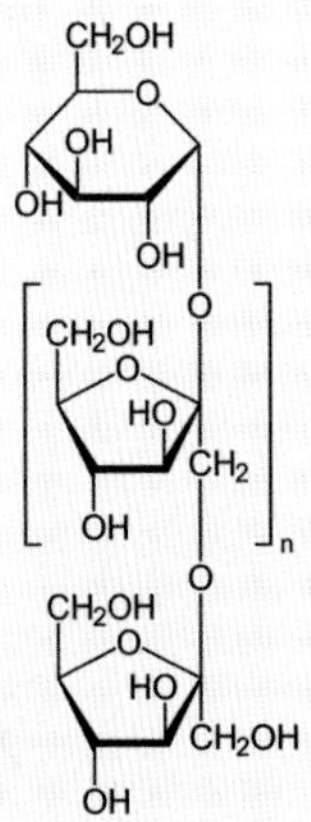

invasive Art: Als invasiv werden Neophyten bezeichnet, die sich gegenwärtig (stark) ausbreiten und die zumindest potenziell unerwünschte Auswirkungen auf die Umwelt (bzw. den Menschen) haben können. In Mitteleuropa zählen z. B. die aus Nordamerika stammende Beifußblättrige Ambrosie – *Ambrosia artemisiifolia*, deren Pollen hochallergen sind, *Fallopia japonica* – Japanischer Staudenknöterich und *Heracleum mantegazzianum* – Riesen-Bärenklau zu den problematischen invasiven Arten.

Invertzucker: Invertzucker ist ein Gemisch aus gleichen Teilen Glucose und Fructose. Er entsteht durch enzymatische Spaltung von Saccharose (Haushaltszucker) und kommt in Honig und reifen Früchten vor. Invertzucker hat aufgrund des hohen Fructoseanteils eine höhere Süßkraft als Saccharose. Er wird schnell ins Blut aufgenommen und liefert rasch verfügbare Energie. In größeren Mengen zugeführte Fructose kann jedoch die Blutfettwerte ungünstig beeinflussen und zur Leberverfettung beitragen.

Iridoide: Iridoide leiten sich von Monoterpenen ab. Sie kommen in vielen Pflanzen vor, z. B. *Sambucus* – Holunder,

Vaccinium myrtillus – Heidelbeere, *Vaccinium vitis-idaea* – Preiselbeere und *Olea europaea* – Olivenbaum. Einige Iridoide sind Bitterstoffe und tragen zum herben Geschmack bei, z. B. bei Oliven und Preiselbeeren. Iridoide werden mit antimikrobiellen, entzündungshemmenden, antioxidativen, immunmodulierenden, blutdrucksenkenden und krebshemmenden Wirkungen in Verbindung gebracht.

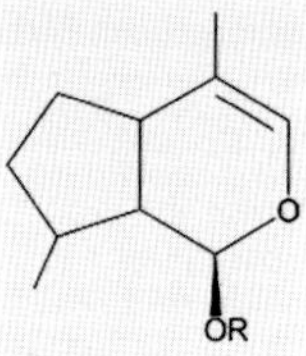

Grundgerüst der Iridoide

Iridoidglycoside: Iridoidglycoside sind Iridoide, die mit Zuckern verknüpft sind, z. B. Catalpol, Aucubin und Verbenalin. Sie kommen in vielen Pflanzen vor, z. B. *Plantago* – Wegerich. Beim Verdauungsprozess werden die Zuckermoleküle abgespalten, wodurch der bittere Geschmack der freien Iridoide entsteht.

Isoalliin: Isoalliin ist eine schwefelhaltige Aminosäure, die v. a. in *Allium cepa* – Zwiebel vorkommt, jedoch in geringeren Konzentrationen als das verwandte Alliin. Die Verbindung dient als Vorstufe für Schwefelverbindungen, die beim Zerkleinern der Zwiebeln entstehen und für den typischen Geruch und die tränentreibende Wirkung verantwortlich sind. Isoalliin hat antimikrobielle und herzschützende Eigenschaften.

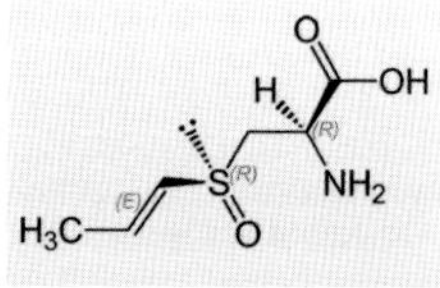

Isoflavone: Isoflavone sind Polyphenole, die Isoflavon als Grundgerüst enthalten und als Phytoöstrogene wirken. Isoflavone kommen fast ausschließlich in den Hülsenfrüchten der *Fabaceae* – Schmetterlingsblütler vor, besonders in *Glycine max* – Soja. Die höchsten Konzentrationen finden sich in fermentierten Sojaprodukten wie Miso und Tempeh, während unfermentierte Produkte wie Tofu geringere Mengen enthalten. Wichtige Vertreter sind Glycitein, Genistein und Daidzein. Isoflavone haben antioxidative und entzündungshemmende Eigenschaften. Studien deuten auf schützende Effekte bei Herz-Kreislauf-Erkrankungen, Osteoporose und bestimmten hormonabhängigen Krebsarten hin. Aufgrund ihrer östrogenartigen Wirkung sollten Isoflavone jedoch nicht unkontrolliert in hohen Dosen verzehrt werden.

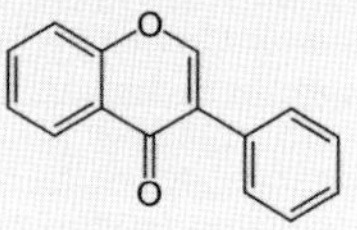

Isoflavon

Isoflavonoide: siehe Isoflavone

Isomer: Isomere sind chemische Verbindungen, die zwar die gleiche Summenformel besitzen, sich aber in der strukturellen oder räumlichen Anordnung ihrer Atome unterscheiden. Diese Unterschiede führen oft zu völlig verschiedenen Eigenschaften, obwohl die Moleküle aus denselben Elementen in identischer Anzahl bestehen. Insbesondere bei ätherischen Ölen entscheiden isomere Formen über den charakteristischen Duft und Geschmack.

Isopinocamphon: siehe Pinocamphone

Isopren: Isopren ist eine flüchtige organische Verbindung, die von Pflanzen in Blättern und anderen Geweben produziert wird. Es dient als Grundbaustein für die Biosynthese komplexerer Moleküle wie Terpene, ätherische Öle und Harze. Die Verbindung fungiert als Schutzstoff gegen Hitzestress und oxidative Schäden, wodurch die Photosynthese auch bei erhöhten Temperaturen aufrechterhalten werden kann. An warmen Tagen geben viele Pflanzen gasförmiges Isopren an die Atmosphäre ab. Isopren bildet die Basis vieler Aromastoffe, beispielsweise bei *Mentha* – Minze oder *Rosmarinus officinalis* – Rosmarin.

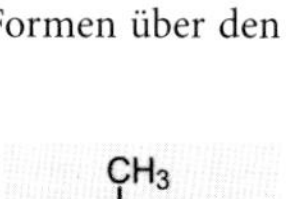

Isoquercetin: Isoquercetin (Quercetin-3-O-glucosid) ist ein Flavonol-Glycosid und eine der häufigsten Formen des Quercetins in Naturprodukten. Besonders reich an Isoquercetin sind *Allium cepa* – Zwiebeln, *Malus domestica* – Äpfel und *Vaccinium myrtillus* – Heidelbeeren. Die wasserlösliche Verbindung besitzt starke antioxidative und entzündungshemmende Eigenschaften und kann die Gefäßgesundheit fördern. Im menschlichen Körper wird Isoquercetin zu freiem Quercetin hydrolysiert und wirkt als Antioxidans.

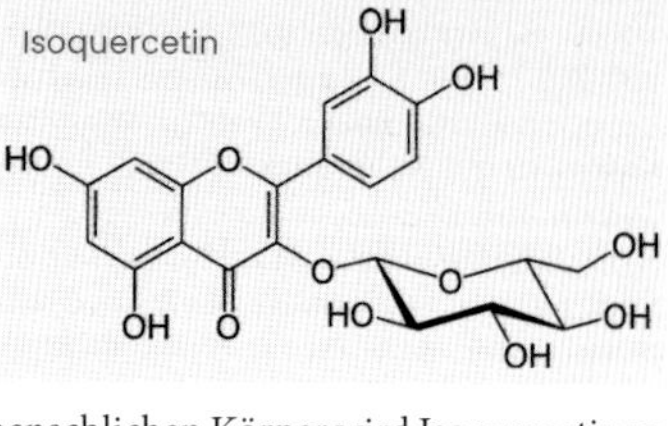

Isothiocyanate: Isothiocyanate entstehen beim Zerstören von Zellen durch enzymatische Spaltung durch das Enzym Myrosinase aus Glucosinolaten. Isothiocyanate sind bei *Brassicaceae* – Kreuzblütler, wie *Brassica* – Kohl, *Armoracia rusticana* – Meerrettich oder *Nasturtium officinale* – Echte Brunnenkresse häufig zu finden. Die bekanntesten Vertreter sind Sulforaphan und Allylisothiocyanat. Isothiocyanate sind für den scharfen Geschmack und stechenden Geruch vieler Kohlgemüse verantwortlich. Sie haben antioxidative, entzündungshemmende und antimikrobielle Eigenschaften. Präklinische Studien deuten auf krebshemmende Effekte hin, insbesondere von Sulforaphan. In hohen Dosen können Isothiocyanate die Schilddrüsenfunktion beeinträchtigen.

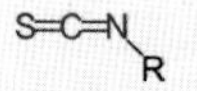

Grundstruktur der Isothiocyanate. Die funktionelle Gruppe ist blau markiert

Jod: Jod ist ein essenzielles Spurenelement. Es wird für die Bildung der Schilddrüsenhormone Thyroxin und Trijodthyronin benötigt, die vielfältige Funktionen im Körper haben. Schilddrüsenhormone regulieren u. a. den Energiestoffwechsel, die Körpertemperatur und das Wachstum. Hauptquellen für Jod sind jodiertes Speisesalz, Seefisch und Meeresfrüchte. Auch Meeresalgen wie *Laminaria* – Kombu-Alge können sehr hohe Jodgehalte aufweisen. Jodmangel kann zur Vergrößerung der Schilddrüse (Kropf) und in der Schwangerschaft zu Entwicklungsstörungen beim Kind führen. Eine übermäßige Jodzufuhr kann jedoch die Schilddrüse überstimulieren.

Juglon: Juglon (5-Hydroxy-1,4-naphthochinon) ist ein Naphthochinon, das v. a. in Blättern und Fruchthüllen von *Juglans* – Walnuss vorkommt. Juglon hemmt auch das Wachstum konkurrierender Pflanzen im Umkreis von Walnussbäumen. Es spielt auch eine wichtige Rolle in der Pflanzenabwehr gegen Pflanzenfresser. Juglon sollte nicht mit Schleimhäuten in Kontakt kommen und ist in hohen Dosen giftig.

Juniperine: Juniperine sind Terpenoide, die v. a. in den Wacholderbeeren von *Juniperus communis* – Gemeiner Wacholder enthalten sind. Sie tragen zum Wacholdergeschmack bei und werden auch als Aromastoff verwendet. Ihr intensiver Geruch erinnert an eine Mischung aus Zitrusfrüchten und Pinien. Juniperine wirken verdauungsfördernd und harntreibend.

Kaempferol: Kaempferol gehört zur Gruppe der Flavonoide und kommt in vielen Obst- und Gemüsesorten wie *Brassica oleracea* var. *sabellica* – Grünkohl, *Brassica oleracea* var. *italica* – Brokkoli, *Fragaria* – Erdbeere und *Vaccinium vitis-idaea* – Preiselbeere vor. Den Pflanzen dient Kaempferol als UV-Filter und schützt die Zellen als Antioxidans vor Strahlungsschäden. Studien deuten darauf hin, dass Kaempferol entzündungshemmende, krebsvorbeugende und herzschützende Eigenschaften besitzt.

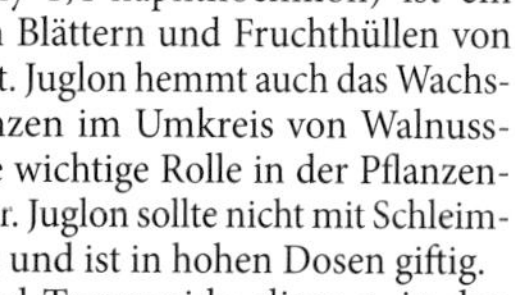

Kaffeesäure: Die Kaffeesäure ist eine Phenolcarbonsäure, die in Pflanzen wie *Coffea* – Kaffee, *Helianthus annuus* – Sonnenblume und *Cynara scolymus* – Artischocke vorkommt. Sie

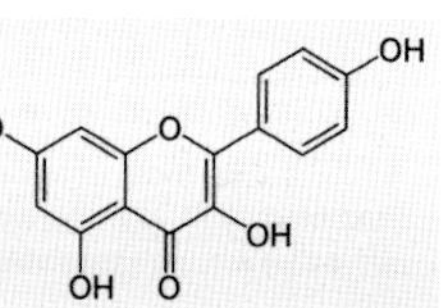

wirkt als starkes Antioxidans und schützt den Körper vor Zellschäden. Zudem hat Kaffeesäure entzündungshemmende und antimikrobielle Eigenschaften.

Kakaobutter: Kakaobutter (Kakaofett) ist das Fett aus den Samen von *Theobroma cacao* – Kakaobaum. Sie enthält einen hohen Anteil an gesättigten Fettsäuren, insbesondere Stearin- und Palmitinsäure. Durch ihren niedrigen Schmelzpunkt von ± 34 °C verleiht Kakaobutter Schokolade ihre zartschmelzende Konsistenz. Zudem wird sie in Kosmetikprodukten als Feuchtigkeitsspender und Emolliens verwendet. Kakaobutter hat ein mildes, angenehmes Aroma.

Kakaofett: siehe Kakaobutter

Kalium: Kalium ist ein essenzieller Mineralstoff, der in Pflanzen z. B. in *Musa* – Banane, *Solanum tuberosum* – Kartoffel und Hülsenfrüchten enthalten ist. Als wichtigster intrazellulärer Elektrolyt regelt es den Wasserhaushalt und ist an der Erregungsleitung von Nerven und Muskeln beteiligt. Kalium senkt den Blutdruck und schützt vor Herz-Kreislauf-Erkrankungen. Eine ausreichende Kaliumzufuhr unterstützt zudem die Nierenfunktion und den Knochenstoffwechsel.

Kalzium: siehe Calcium

Kapsel: Kapseln sind Öffnungsfrüchte, die aus mehreren Fruchtblättern bestehen und sich während der Fruchtreife öffnen, um die Samen freizusetzen. Nach ihrem Öffnungs-

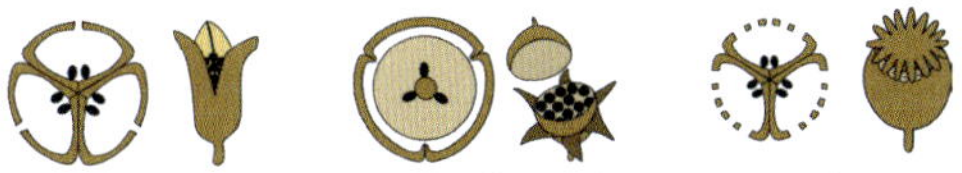

mechanismus unterscheidet man Spaltkapseln (z. B. bei *Epilobium* – Weidenröschen), Deckelkapseln (z. B. bei *Anagallis* – Gauchheil) und Porenkapseln (z. B. bei *Papaver* – Mohn).

Karotinoide: siehe Carotinoide

Karpell: siehe Fruchtblatt

Karpophor: siehe Fruchthalter

Karyopse: Als Karyopsen bezeichnet man die einsamigen Nussfrüchte der *Poaceae* – Süßgräser, die von einem oberständigen, mehrblättrigen Fruchtknoten gebildet werden. Bei Karyopsen ist die Fruchtwand (Perikarp) fest mit der Samenschale verwachsen.

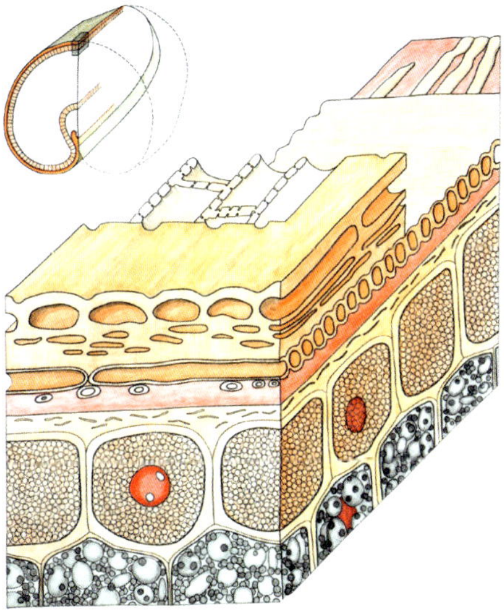

Weizen-Karyopse im QS: Äußerste Zellschicht des Endosperms mit großen Stärkekörnern (unten, in blaugrau), darüber die proteinreiche Aleuronschicht mit großen Zellen und oben die mit der Fruchtwand verwachsene Samenschale. Der Embryo liegt außerhalb der Schnittfläche.

Kätzchen: Als Kätzchen werden dichte, trauben- bis ährenartige Blüten- und Fruchtstände bezeichnet, die aus zahlreichen, unscheinbaren Einzelblüten bestehen (z. B. bei *Salix* – Weide).

Keimblatt: Als Keimblätter werden die Blätter des keimenden Embryos bezeichnet, die meist einfacher gebaut sind als die folgenden Blätter. Bei 1-Keimblättrigen ist ein Keimblatt sichtbar, bei 2-Keimblättrigen Pflanzen sind es meist 2 (siehe auch Blattfolge, Primärblatt, Folgeblatt).

Kelch: Als Kelch (Calyx) wird die Gesamtheit der Kelchblätter einer Blüte bezeichnet.

Kelchblatt: Als Kelchblätter (Sepalen) werden die äußeren (meist unauffällig gestalteten) Blütenhüllblätter bezeichnet, wenn die Blütenhüllblätter des inneren und äußeren Kreises unterschiedlich gestaltet sind (siehe auch Blattfolge, Perigon).

Ketone: Ketone sind organische Carbonylverbindungen, bei denen die Carbonylgruppe (C=O) zwischen 2 Kohlenstoffatomen liegt, was sie von Aldehyden unterscheidet. In Pflanzen dienen sie u. a. der Abwehr von Pflanzenfressern. Bekannte Vertreter sind Carvon in *Carum carvi* – Kümmel, *Anethum graveolens* – Dill und Menthon in *Mentha* – Minze. Viele Ketone haben einen intensiven Geruch und Geschmack. Sie werden daher oft als Aromastoffe und Duftstoffe eingesetzt.

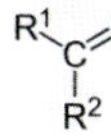

Kiefernartige: siehe Nadelbäume

Kiel: Als Kiel bezeichnet man kielförmige Strukturen, meist auf der Unterseite von Blattorganen. Sie werden meist von verstärkten Blattnerven gebildet (z. B. bei Blättern von *Dactylis* – Knäuelgras).

Kieselsäuren: Kieselsäuren sind Verbindungen aus Silizium und Sauerstoff. In Pflanzen kommen sie in Form von Silikaten vor und verleihen ihnen Stabilität und Festigkeit. *Equisetum* – Schachtelhalm und *Urtica dioica* – Große Brennnessel sind besonders reich an Kieselsäuren.

Klade: Eine Klade (Clade) ist eine ranglose monophyletische Abstammungsgemeinschaft.

Klasse: Der Begriff »Klasse« wird in der Pflanzensystematik verwendet, um eine große monophyletische Gruppe von Sippen zu kennzeichnen. Der Klasse übergeordnet ist die Abteilung, ihr untergeordnet die Ordnung. Die wissenschaftlichen Namen von Pflanzenklassen enden auf »opsida«, z. B. bei den *Magnoliopsida* – Bedecktsamern.

Klause: Als Klausen bezeichnet man die 4 einsamigen Spaltfrüchte, die aus einem 2-blättrigen Fruchtknoten durch Einziehen von Scheidewänden entstehen (z. B. bei *Cynoglossum* – Hundszunge und anderen *Boraginaceae* – Raublattgewächse).

Klebereiweiß: siehe Gluten

Kletterhaar: Als Kletterhaare werden nach unten gerichtete oder widerhakige Haare bezeichnet, mit denen sich Kletterpflanzen an anderen Pflanzen oder am Substrat wie Felsen oder Mauern festhalten (z. B. bei *Humulus lupulus* – Gewöhnlicher Hopfen).

Kletterpflanze: Kletterpflanzen haben keine selbsttragende Sprossachse, sondern haften mithilfe von Ranken (z. B. bei *Vitis* – Wein), Haftwurzeln (z. B. bei *Hedera* – Efeu), Widerhaken (z. B. bei *Galium aparine* – Kletten-Labkraut), Kletterhaaren (z. B. bei *Humulus lupulus* – Gewöhnlicher Hopfen) oder einer windenden Sprossachse (z. B. bei *Calystegia* – Zaunwinde) an anderen Pflanzen oder Substraten wie Felsen oder Mauern an, um besser ans Licht zu gelangen.

Klimakterische Früchte: Klimakterische Früchte reifen nach der Ernte nach und entwickeln dabei ihre charakteristischen Eigenschaften wie Süße, Aroma und Textur. Dieser Reifeprozess wird durch das gasförmige Pflanzenhormon Ethylen gesteuert, das die Früchte selbst produzieren. Während der sogenannten klimakterischen Phase steigt sowohl die Ethylenproduktion als auch die Atmungsaktivität der Frucht drastisch an. Typische Vertreter sind *Malus domestica* – Apfel, *Musa × paradisiaca* – Banane und *Solanum* *lycopersicum* – Tomate. Es ist möglich, klimakterische Früchte unreif zu ernten und durch Begasung mit Ethylen kontrolliert nachreifen zu lassen, was Transport und Lagerung erheblich erleichtert. Beispiele für nicht-klimakterische Früchte sind *Fragaria* × *ananassa* – Erdbeere und *Prunus avium* – Süßkirsche. Diese Früchte müssen vollreif geerntet werden.

Knäuel: Knäuel ist ein Sammelbegriff für dicht stehende, blattachselständige Blütenstände. Oft handelt es sich um Rispen, Thyrsen oder Zymen (z. B. bei *Rumex* – Ampfer).

Knolle: Knollen sind verdickte Speicherorgane, die v. a. im Bereich der Sprossachsen oder Wurzeln gebildet werden (z. B. bei *Corydalis* – Lerchensporn).

Knospe: Als Knospe wird der juvenile Zustand von Sprossachsen bezeichnet. In Knospen hat das Längenwachstum noch nicht begonnen, oft sind aber bereits Blätter (bzw. Knospenschuppen) angelegt und schützen das Bildungsgewebe an der Spitze. Nach Funktion und Lage werden Blütenknospen, Innovationsknospen, Seitenknospen und Endknospen unterschieden.

Knoten: Als Knoten (Nodium) werden die Abschnitte der Sprossachse bezeichnet, an denen die Blätter sitzen, wenn sie auffallend verdickt und stabil gebaut sind und sich deutlich von den dazwischenliegenden, i. d. R. hohlen Abschnitten (Internodien) unterscheiden (z. B. bei *Poaceae* – Süßgräser).

Kodein: siehe Codein

Koffein: siehe Coffein

Kohlenhydrate: Kohlenhydrate sind organische Verbindungen aus Kohlenstoff, Wasserstoff und Sauerstoff. Sie sind die Hauptenergiequelle für den pflanzlichen und tierischen Stoffwechsel. Komplexe Kohlenhydrate wie Stärke sorgen für eine langsame, gleichmäßige Energiefreisetzung, während einfache Zucker schnell ins Blut gelangen und den Blutzuckerspiegel rasch ansteigen lassen. Ballaststoffe sind unverdauliche Kohlenhydrate, die wichtig für die Darmgesundheit sind.

Kokain: Kokain ist ein Alkaloid, das aus den Blättern von *Erythroxylum coca* – Kokastrauch gewonnen wird. Kokain schmeckt bitter und führt zu Taubheitsgefühlen im Mundbereich. Es wirkt stark stimulierend, macht schnell abhängig und ist ein gefährliches Rauschmittel.

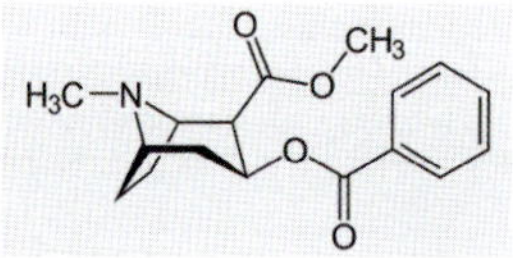

Kolben: Kolben sind Blütenstände, bei denen die Blüten ungestielt an einer ± fleischig verdickten Hauptachse sitzen (z. B. bei *Zea* – Mais).

Koniferen: siehe Nadelbäume

Köpfchen: Köpfchen sind dichtblütige, oft kugelige bis kurz-eiförmige Blütenstände, die meist endständig an der Sprossachse angeordnet sind (z. B. bei *Jasione* – Sandglöckchen). Oft bildet ein Köpfchen eine bestäubungsbiologische Einheit (siehe auch Blume, Scheinblüte).

Körbchen: Als Körbchen wird ein meist scheiben- bis köpfchenförmiger Blütenstand bezeichnet, bei dem die Blüten von einer gemeinsamen Hülle aus meist grünlichen, dicht stehenden Hochblättern umgeben sind (z. B. bei *Carduus* – Distel und anderen *Asteraceae* – Korbblütler).

Kormophyt: Kormophyten (Cormophyten) sind Pflanzen, die aus Sprossachse, Blättern und Wurzeln aufgebaut sind. Es handelt sich um Bärlappe, Farne, Nacktsamer oder Bedecktsamer.

Kormus: Der Kormus bezeichnet den Grundbauplan von Kormophyten, der aus den Grundorganen Sprossachse, Blatt und Wurzel aufgebaut ist.

Kronblatt: Kronblätter sind der innere (meist auffällig gestaltete) Kreis von Blütenhüllblättern, wenn die Blütenhüllblätter des inneren und äußeren Kreises unterschiedlich gestaltet sind (Perigon). Die Kronblätter werden auch Petalen genannt (siehe auch Blüte).

Krone: Krone bezeichnet die Gesamtheit der Kronblätter einer Blüte.

Kultivar: Ein Kultivar ist eine Kulturpflanzensorte, die durch gezielte Selektion und Züchtung entstanden ist. Kultivare sind genetisch einheitlich und behalten ihre Merkmale bei der Vermehrung bei, z. B. weil sie aus Stecklingen gezogen werden. Viele der heutigen Nutzpflanzen sind Kultivare. Bekannte Apfelkultivare sind z. B. Boskoop, Elstar oder Cox Orange. Im internationalen Code der Nomenklatur für Kulturpflanzen wird der Begriff »Cultivar« verwendet, wobei der Name in einfache Anführungszeichen gesetzt werden soll, z. B. *Malus domestica* ›Boskoop‹.

Kupfer: Für Pflanzen ist Kupfer ein wichtiger Mikronährstoff, der an der Photosynthese und der Bildung von Enzymen beteiligt ist. Gute pflanzliche Kupferquellen sind Nüsse, Hülsenfrüchte und Vollkornprodukte. *Spinacia oleracea* – Spinat und *Cucurbita pepo* – Kürbis gehören zu den kupferreicheren Gemüsearten. Für den menschlichen Organismus spielt Kupfer als essenzielles Spurenelement eine wichtige Rolle bei der Blutbildung, beim Kohlenhydratstoffwechsel und bei der Bildung von Bindegewebe. Kupfermangel kann zu Blutarmut und Störungen des Nervensystems führen. In hohen Dosen ist Kupfer giftig.

Kurkumin: Kurkumin ist ein Polyphenol und der Hauptwirkstoff von *Curcuma longa* – Kurkuma. Diese leuchtend gelbe Verbindung besitzt starke entzündungshemmende und antioxidative Eigenschaften. Die Bioverfügbarkeit von Kurkumin kann durch gleichzeitige Aufnahme mit Piperin aus Pfeffer erhöht werden. Der Stoff verleiht Speisen einen erdigen, leicht bitteren Geschmack und eine intensive goldgelbe Farbe. Hohe Dosen können mild leberstimulierend wirken.

Kurztrieb: Ein Kurztrieb ist ein Sprossabschnitt, dessen Längenwachstum (im Vergleich zum Langtrieb) stark reduziert ist, sodass Blätter (bzw. Blüten) dicht gedrängt (oft scheinbar wirtelig) angeordnet sind. Der Begriff wird v. a. verwendet, um das Wachstum von Gehölzen zu beschreiben (z. B. bei *Prunus* – Steinobst).

Lactoflavin: siehe Vitamin B_2

Lactone: Lactone sind Verbindungen, die eine Carbonsäureester-Funktion als Teil eines Kohlenstoffrings aufweisen. Sie gehören zu den wichtigsten Aromastoffen. Durch enzymatische Spaltung werden Lactone in ihre entsprechenden Hydroxysäuren gespalten, was ihre Bioverfügbarkeit und sensorischen Eigenschaften beeinflusst. Lactone verleihen vielen Pflanzen ihre charakteristischen, oft süßlich-fruchtigen Duftnoten.

Lactucarium: Lactucarium ist ein bitterer, milchiger Saft, der aus verschiedenen *Lactuca*-Arten gewonnen wird – insbesondere aus *L. virosa* – Gift-Lattich und *L. serriola* – Kompass-Lattich. Es handelt sich um ein komplexes Gemisch aus Sesquiterpenlactonen, Bitterstoffen, Harzen und weiteren Verbindungen. Die Hauptwirkstoffe Lactucopikrin und Lactucin verleihen dem Saft seinen bitteren Geschmack, der auch in Kulturformen wie dem Gartensalat (*L. sativa*) in abgeschwächter Form vorhanden ist. Wissenschaftliche Studien deuten auf entzündungshemmende und antioxidative Wirkungen hin.

Lactucin: Lactucin ist ein Bitterstoff, der in *Lactuca*-Arten – Lattich vorkommt, v. a. in *Lactuca virosa* – Giftlattich. Lactucin schmeckt stark bitter. Es wirkt beruhigend und schlaffördernd. In sehr hohen Dosen kann es toxisch wirken.

Lactucopikrin: Lactucopikrin (Intybin) ist ein Bitterstoff, der wie Lactucin in *Lactuca*-Arten – Lattich vorkommt. Es hat ähnliche Wirkungen wie Lactucin (beruhigend, schlaffördernd), ist aber bitterer im Geschmack und stärker toxisch.

Laminarin: Laminarin ist ein Vielfachzucker (Polysaccharid), der v. a. in *Phaeophyceae* – Braunalgen wie *Fucus vesiculosus* – Blasentang vorkommt. Es dient als Speicherkohlenhydrat. Laminarin hat als Ballaststoff positive Effekte auf die Darmgesundheit. Außerdem soll es eine krebshemmende und immunstimulierende Wirkung haben. In

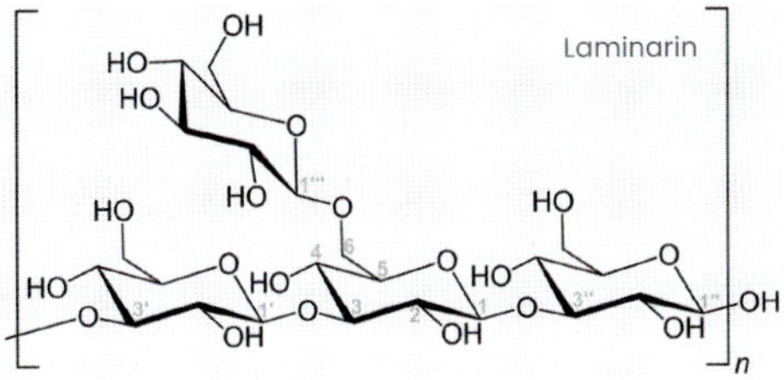

Nahrungsergänzungsmitteln wird Laminarin in gereinigter Form eingesetzt.

längliche Spreite: Bei einer länglichen Spreite ist die Spreite mindestens 3–4-mal länger als breit (z. B. bei *Salix alba* – Silber-Weide).

Langtrieb: Ein Langtrieb ist ein Sprossabschnitt mit deutlichem Längenwachstum (im Vergleich zum Kurztrieb). Der Begriff wird v. a. verwendet, um das Wachstum von Gehölzen zu beschreiben.

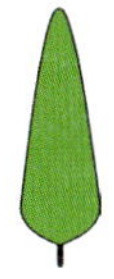

lanzettliche Spreite: Eine lanzettliche Spreite ist sowohl zur Blattbasis als auch zur Spitze hin verschmälert (z. B. bei *Betula pendula* – Hängebirke).

laterale Beiknospen: Wenn in den Achseln eines Tragblattes mehrere Knospen zu finden sind, nennt man diese zusätzlichen Knospen Beiknospen. Stehen diese horizontal neben der Hauptknospe, handelt es sich um lateral angeordnete Beiknospen (z. B. im Blütenstand von *Musa* – Banane und bei anderen Einkeimblättrigen) (siehe auch seriale Beiknospen).

Laubblatt: Als Laubblätter werden die »normal« ausgebildeten Blätter an der Sprossachse bezeichnet, die v. a. der Photosynthese dienen (siehe auch Blattfolge).

Laurinsäure: Laurinsäure ist eine gesättigte Fettsäure, die in pflanzlichen Fetten und Ölen vorkommt, besonders reichlich in den Ölen von *Cocos nucifera* – Kokospalme und *Elaeis guineensis* – Ölpalme. Sie macht dort ± 50 % der Fettsäuren aus. Studien deuten darauf hin, dass Laurinsäure antibakteriell und entzündungshemmend wirkt. In Kosmetika wird sie wegen ihrer schäumenden Eigenschaft eingesetzt.

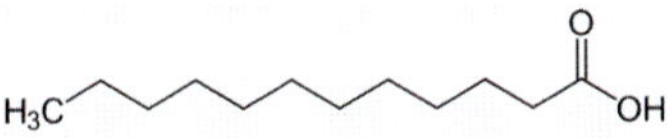

LBP: siehe Lycium-Barbarum-Polysaccharide

LDL: siehe Cholesterin

L-DOPA: L-DOPA (Levodopa) ist eine aromatische Aminosäure und die biologische Vorstufe des Neurotransmitters Dopamin. In Pflanzen kommt sie in größeren Mengen in *Mucuna pruriens* – Juckbohne vor, aber auch *Vicia faba* – Ackerbohne enthält geringe Mengen. Diese Verbindung kann die Blut-Hirn-Schranke überwinden und wird im Gehirn zu Dopamin umgewandelt, wodurch sie neurologische Funktionen beeinflusst. In der Medizin wird L-Dopa zur Behandlung der Parkinson-Krankheit eingesetzt.

Lektine: Lektine sind komplexe Proteine, die spezifisch an Kohlenhydrate binden können. Sie kommen in vielen Pflanzen vor, besonders in *Fabaceae* – Schmetterlingsblütler (z. B. Phasin) und Getreide (z. B. Weizenkeimagglutinin). In rohen Hülsenfrüchten und Getreide können Lektine toxisch wirken und Verdauungsbeschwerden hervorrufen. Durch ausreichendes Erhitzen werden sie aber inaktiviert.

Leukopin: siehe Lycopin

Levodopa: siehe L-DOPA

Levomenol: siehe Bisabolol

Levulinat: Levulinate sind Salze der Levulinsäure, einer kurzkettigen Fettsäure. Sie kommen in Sauerkraut und anderen milchsauer eingelegten Gemüsesorten vor. Levulinate entstehen beim enzymatischen Abbau von Kohlenhydraten und besitzen antimikrobielle Eigenschaften. Sie sind geruchlos und verleihen fermentierten Produkten einen leicht säuerlichen Geschmack. In höheren Konzentrationen können sie mild abführend wirken.

Liane: Eine Liane ist eine verholzende Kletterpflanze (z. B. *Hedera helix* – Gewöhnlicher Efeu).

Lignane: Lignane sind Polyphenole. Lignane haben eine antioxidative und schwach östrogenartige Wirkung und können möglicherweise Symptome der Menopause lindern. Ein häufiges Lignan ist das Secoisolariciresinoldiglucosid, das in hohem Gehalt in *Linum usitatissimum* – Lein vorkommt, aber auch in *Sesamum indicum* – Sesam, *Helianthus annuus* – Sonnenblume und *Cucurbita* – Kürbis zu finden ist. Podophyllotoxin aus *Podophyllum peltatum* dient als Ausgangsstoff für die Produktion halbsynthetischer Krebsmedikamente wie Etoposid und Teniposid.

Ligula: Die Ligula (Blatthäutchen) ist ein meist kragenförmiges Häutchen am Übergang zwischen Blatt und Sprossachse, welches nur bei manchen Artengruppen ausgebildet ist (z. B. bei *Dactylis* – Knäuelgras und anderen *Poaceae* – Süßgräser). Die Ligula kann auch haarförmig ausgebildet sein (z. B. bei *Phragmites* – Schilf). Die Ligula ist eine Verlängerung der inneren Epidermis der Blattscheide.

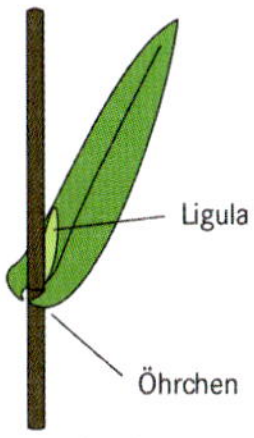

Ligustilid: Ligustilid ist ein Phthalid-Derivat und gehört zu den typischen Aromastoffen der Doldenblütler. Es trägt z. B. zum Geschmack von *Levisticum officinale* – Liebstöckel bei. Die lipophile Verbindung besitzt einen würzigen, sellerieartigen Duft und wird traditionell für ihre beruhigenden und krampflösenden Eigenschaften geschätzt, kann die Durchblutung fördern und zeigt schwache östrogene Aktivität. In größeren Mengen kann es photosensibilisierend wirken.

Limonen: Limonen ist ein zyklisches Monoterpen und kommt als Duft- und Geschmacksstoff in ätherischen Ölen von *Citrus* – Zitrusfrüchte und Gewürzpflanzen wie *Mentha* – Minze und *Coriandrum sativum* – Koriander vor. Es hat antibakterielle und fungistatische Eigenschaften. In hohen Dosen kann reines Limonen die Haut und Schleimhäute reizen. In Zitrusfrüchten ist Limonen jedoch nur in geringen Mengen enthalten und unbedenklich für die Gesundheit.

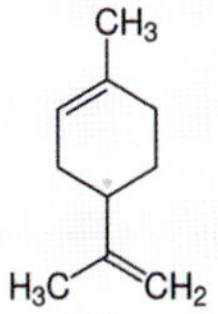

Limonin: Limonin ist ein Terpen, das in Zitrusfrüchten vorkommt und zu deren bitteren Geschmack beiträgt. Solche Bitterstoffe fördern i. d. R. die Bildung von Verdauungsenzymen und regen den Gallenfluss an, was die Fettverdauung unterstützt. In Studien zeigt Limonin auch eine antitumorale und entzündungshemmende Wirkung. Zitrusfrüchte enthalten jedoch nur geringe Mengen an Limonin, die nicht ausreichen, um solche Effekte zu erzielen.

Linalool: Linalool ist ein azyklisches Monoterpenoid und kommt in > 200 Pflanzenarten vor, darunter *Lavandula angustifolia* – Lavendel, *Coriandrum sativum* – Koriander, *Ocimum basilicum* – Basilikum und *Humulus lupulus* – Gewöhnlicher Hopfen. Es riecht blumig-fruchtig und wird als Duftstoff in Parfüms und Kosmetika eingesetzt. In ätherischen Ölen soll Linalool entspannend, angstlösend und schlaffördernd wirken. Bei empfindlichen Personen kann es allerdings Hautirritationen hervorrufen. Als Bestandteil von Gewürzen ist Linalool in geringen Mengen unbedenklich.

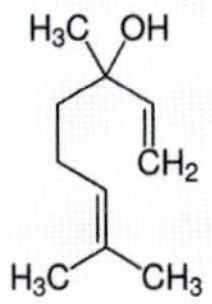

Linalylacetat: Linalylacetat ist der Essigsäureester des Linalools und kommt zusammen mit diesem in ätherischen Ölen vor. In Gewürzpflanzen wie *Lavandula angustifolia* – Lavendel und *Salvia sclarea* – Muskatellersalbei bildet es den Hauptaromastoff, kommt aber auch in vielen weiteren Arten vor, darunter zahlreiche weitere *Lamiaceae* – Lippenblütler und Zitrusfrüchte. Es hat einen blumigen, lavendelartigen Duft und wird sowohl in der Lebensmittelindustrie als auch in der Parfüm- und Kosmetikindustrie vielfältig verwendet. Über die Haut aufgenommen wirkt Linalylacetat leicht entspannend und kann Stress sowie nervöse Anspannung reduzieren. Bei Inhalation oder großflächigem Hautkontakt kann Linalylacetat allerdings auch allergen wirken.

Linamarin: Linamarin ist ein Blausäureglycosid, das in *Linum usitatissimum* – Lein und *Manihot esculenta* – Maniok vorkommt. Aus Linamarin kann im Körper giftige Blausäure freigesetzt werden, was in höheren Dosen zu Vergiftungserscheinungen führt. Durch Erhitzen oder Einweichen in Wasser kann Linamarin inaktiviert werden. Leinsamen enthalten nur sehr geringe, unbedenkliche Spuren des Glycosids. In bitteren Manioksorten ist der Linamarin-Gehalt besonders hoch.

lineale Spreite: Bei einer linealen Spreite verlaufen die Blattränder (fast) parallel. Die Spreite ist länglich, das heißt mehr als 4–6-mal länger als breit (z. B. bei *Abies* – Tanne oder *Salix eleagnos* – Lavendel-Weide).

Linolensäure: siehe α-Linolensäure und γ-Linolensäure

Linolsäure: Linolsäure ist eine mehrfach ungesättigte Omega-6-Fettsäure. Sie zählt zu den essenziellen Fettsäuren, die mit der Nahrung aufgenommen werden müssen. Linolsäure kommt in pflanzlichen Ölen von *Carthamus tinctorius* – Färberdistel, *Helianthus annuus* – Gewöhnliche Sonnenblume, *Glycine max* – Sojabohne und *Zea mays* – Mais vor. Im Körper ist sie Bestandteil der Zellmembranen und dient als Ausgangssubstanz für Gewebehormone. Ein ausgewogenes Verhältnis von Omega-6- zu Omega-3-Fettsäuren ist wichtig für die Gesundheit. Studien deuten darauf hin, dass ein zu hoher Linolsäure-Konsum Entzündungen begünstigen kann.

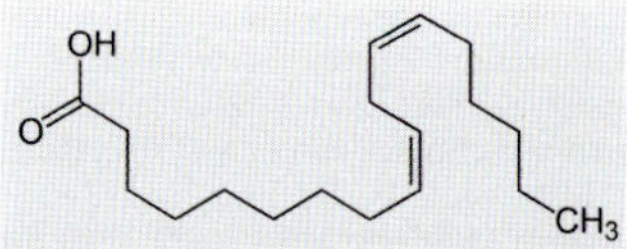

Lipide: Lipide (inkl. Lipoide) sind eine vielfältige Klasse von Biomolekülen, die sich in Wasser nicht, aber sehr gut in hydrophoben Lösungsmitteln wie Chloroform lösen. Lipide umfassen die Fette, Öle, Wachse und fettähnliche Stoffe. Sie dienen als wichtige Energiespeicher, Strukturkomponenten von Zellmembranen und Ausgangsstoffe für Hormone. Lipide sind in tierischen Lebensmitteln wie Fleisch, Milchprodukten und Eiern enthalten, aber auch in pflanzlichen Ölen.

Lipoide: siehe Lipide

Lippenblüte: Bei den verwachsenen und zygomorphen Lippenblüten bilden die Kron- bzw. Perigonblätter eine Oberlippe und Unterlippe aus (z. B. bei *Lamium* – Taubnessel oder anderen *Lamiaceae* – Lippenblütler). Zuweilen ist die Oberlippe helmförmig (z. B. bei *Aconitum* – Eisenhut) oder es ist nur eine Lippe (meist die Unterlippe) ausgebildet (z. B. bei *Ajuga* – Günsel) (siehe auch Blüte).

Lodiculae: Im Blütchen der *Poaceae* – Süßgräser finden sich 2 (3) Schwellkörper (Lodiculae), die durch Aufnahme bzw. Abgabe von Wasser das Öffnen und Schließen der Deckspelze bewirken. Die Schwellkörper werden als umgewandelte Perigonblätter des inneren Kreises gedeutet (siehe auch Blütchen).

Lupulinsäure: siehe Humulon

Lupulon: Lupulon (β-Lupulinsäure, β-Hopfenbittersäure) ist ein Phloroglucinderivat, welches in den Blütenknospen von *Humulus lupulus* – Hopfen vorkommt. Es trägt zum charakteristischen bitteren Geschmack von Bier bei und hat konservierende Eigenschaften. Lupulon besitzt entzündungshemmende, beruhigende und möglicherweise krebsvorbeugende Wirkungen. Hopfenextrakte mit Lupulon werden auch als pflanzliche Beruhigungsmittel oder Schlafmittel angeboten.

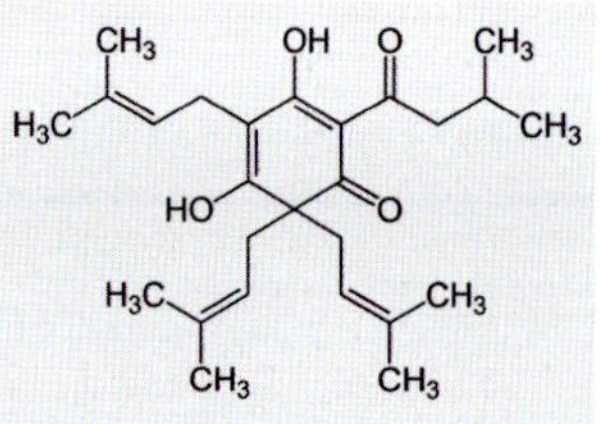

Lutein: Lutein ist ein gelbes Pflanzenpigment aus der Gruppe der Carotinoide. Es kommt in vielen Gemüse- und Obstsorten vor, besonders reichhaltig in grünem Blattgemüse

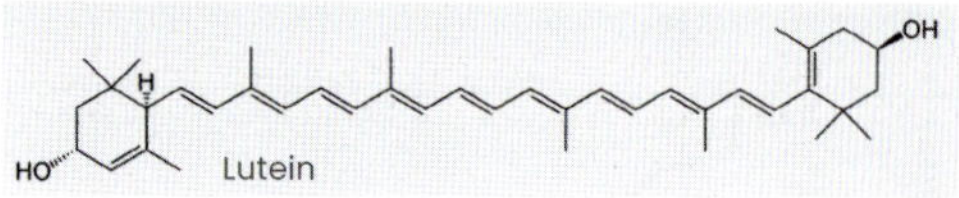

wie *Spinacia oleracea* – Spinat, *Brassica oleracea* var. *sabellica* – Grünkohl und *Lactuca sativa* – Gartensalat, aber auch in *Zea mays* – Mais, *Capsicum annuum* – Paprika sowie in Eidotter. Im menschlichen Körper konzentriert sich Lutein in der Netzhaut des Auges, insbesondere in der Makula, wo es zusammen mit Zeaxanthin als Blaulichtfilter und Antioxidans fungiert. Eine ausreichende Zufuhr von Lutein über die Nahrung trägt zur Erhaltung der Sehkraft bei und kann möglicherweise altersbedingten Makulaschäden und Grauem Star vorbeugen.

Luteolin: Luteolin ist ein weit verbreitetes Flavonoid. Besonders reichhaltige Quellen sind *Petroselinum crispum* – Petersilie, *Apium graveolens* – Sellerie, *Cynara scolymus* – Artischocke und verschiedene Kamillenarten. Die Verbindung wirkt als Antioxidans und hat einen bitteren, würzigen Geschmack. Luteolin unterstützt die Immunfunktion und zeigt entzündungshemmende Eigenschaften.

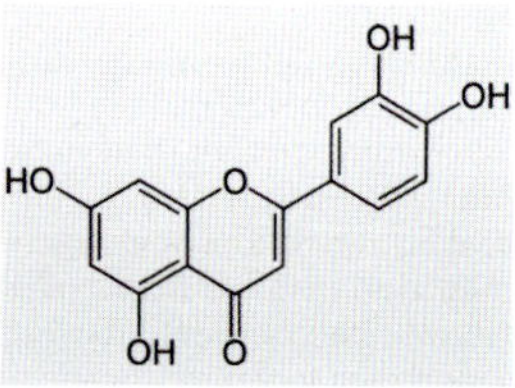

Lycium-Barbarum-Polysaccharide: Diese komplexen Kohlenhydratverbindungen kommen in den als »Goji-Beeren« bekannten Früchten von *Lycium barbarum* – Gemeiner Bocksdorn vor. Die wasserlöslichen Polysaccharide fördern die Zellregeneration, zeigen antioxidative Wirkungen, wirken immunmodulierend und unterstützen die körpereigenen Abwehrkräfte.

Lycopen: siehe Lycopin

Lycopin: Lycopin (Lycopen, Leukopin) ist ein rotes Carotinoid-Pigment, das z. B. in *Solanum lycopersicum* – Tomate, rosafleischigen Grapefruits (*Citrus paradisi*) und *Citrullus lanatus* – Wassermelone vorkommt. Lycopin wird im Körper besser aufgenommen, wenn die Lebensmittel erhitzt und mit etwas Öl zubereitet werden, da es fettlöslich ist. Es

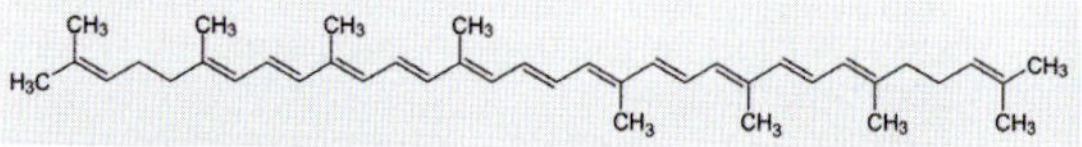

ist ein starkes Antioxidans. Studien deuten darauf hin, dass eine lycopinreiche Ernährung das Risiko für bestimmte Krebsarten, insbesondere Prostatakrebs, möglicherweise senken kann. Neben seiner gesundheitlichen Bedeutung wird Lycopin als Lebensmittelfarbstoff verwendet.

Lysin: Lysin ist eine essenzielle Aminosäure, die insbesondere in Kollagen und anderen Strukturproteinen in Knochen, Knorpeln, Haut und Bindegewebe zu finden ist. Gute pflanzliche Lysinquellen sind die Samen von *Fabaceae* – Schmetterlingsblütler wie *Phaseolus* und *Vigna* – Bohnen, *Lens* – Linse und *Glycine max* – Sojabohne sowie *Chenopodium quinoa* – Quinoa. Bei einer ausgewogenen Ernährung ist die Lysinversorgung in der Regel gesichert.

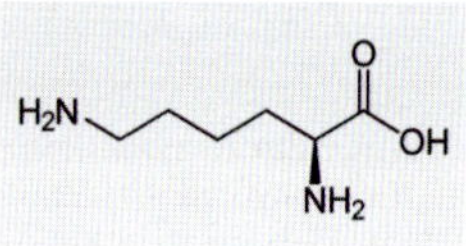

Magnesium: In Pflanzen ist Magnesium als Bestandteil des Chlorophylls für die Photosynthese unverzichtbar und daher in hohen Konzentrationen in allen grünen Pflanzenteilen zu finden. Kürbiskerne, Sonnenblumenkerne, Mandeln und viele Vollkornprodukte haben ebenfalls einen hohen Magnesiumgehalt. Für Menschen ist Magnesium ein lebenswichtiger Mineralstoff, der als Cofaktor an > 300 enzymatischen Reaktionen im Körper beteiligt ist. Es spielt eine Schlüsselrolle für die Funktion von Muskeln und Nerven, die Energiegewinnung, die Bildung von Knochen und Zähnen und die Regulierung des Herzrhythmus. Eine gute Magnesiumversorgung trägt zu einem normalen Energie-

stoffwechsel, einer gesunden Muskelfunktion und der Erhaltung stabiler Knochen bei. Bei Magnesiummangel können Symptome wie Müdigkeit, Muskelschwäche, Krämpfe oder Herzrhythmusstörungen auftreten.
Makronährstoffe für Menschen: Makronährstoffe für Menschen sind Nährstoffe, die der Körper in größeren Mengen benötigt. Sie umfassen Kohlenhydrate, Proteine und Fette, die dem Körper Energie liefern und wesentliche Bausteine für Wachstum und Erhaltung bereitstellen. Während Kohlenhydrate die Hauptenergiequelle darstellen, sind Proteine für den Aufbau von Gewebe unverzichtbar und Fette speichern Energie und unterstützen die Aufnahme fettlöslicher Vitamine. Pflanzen enthalten unterschiedliche Anteile dieser Nährstoffe, wobei Getreide reich an Kohlenhydraten, Hülsenfrüchte an Proteinen und Nüsse an Fetten sind.
Makronährstoffe für Pflanzen: Makronährstoffe für Pflanzen sind essenzielle Elemente, die Pflanzen in relativ großen Mengen benötigen. Hierzu zählen Stickstoff (N), Phosphor (P), Kalium (K), Calcium (Ca), Magnesium (Mg) und Schwefel (S). Diese Nährstoffe sind entscheidend für Wachstum, Stoffwechsel und Reproduktion der Pflanzen. Sie werden v. a. durch die Wurzeln aus dem Boden aufgenommen und beeinflussen maßgeblich die Qualität und Menge der Ernte. Bei Kulturpflanzen werden diese Nährstoffe oft durch gezielte Düngung ergänzt, um optimale Wachstumsbedingungen zu schaffen.
Malol: siehe Ursolsäure
Mammein: Mammein ist ein Cumarin-Derivat, das v. a. in *Mammea americana* vorkommt. Diese Verbindung hat antimikrobielle Eigenschaften.
Mangan: Mangan ist ein essenzielles Spurenelement, das als Bestandteil oder Aktivator vieler Enzyme wichtige Aufgaben im Stoffwechsel erfüllt. Es ist u. a. an der Bildung von Bindegewebe, Knochen und Knorpel, der Wundheilung, dem Fettstoffwechsel und dem Kohlenhydratstoffwechsel beteiligt. Auch für die Funktion des Gehirns und des Nervensystems spielt Mangan eine wichtige Rolle. Gute pflanzliche Manganquellen sind Vollkornprodukte, Hülsenfrüchte, grünes Blattgemüse, Nüsse und Tee. Eine ausgewogene Ernährung deckt normalerweise den Manganbedarf.
Mangiferin: Mangiferin ist ein Xanthon-Glycosid und der Hauptwirkstoff von *Mangifera indica* – Mango. Besonders konzentriert findet sich diese Verbindung in den Blättern und der Rinde, aber auch im Fruchtfleisch. Mangiferin ist ein starkes Antioxidans, zeigt entzündungshemmende Wirkungen und unterstützt auch die Regulation des Blutzuckerspiegels.
Mannit: D-Mannit (Mannitol) ist ein Zuckeralkohol, der in vielen Pflanzen vorkommt, z. B. in Algen oder *Ficus carica* – Feige. Mannit hat 60–70 % der Saccharose-Süßkraft und wird häufig als Zuckeraustauschstoff (E421) verwendet, z. B. in zahnfreundlichen Süßwaren. Es wird vom menschlichen Körper nur langsam verstoffwechselt und hat einen geringen Einfluss auf den Blutzuckerspiegel. In höheren Dosen wirkt es abführend. In der Medizin wird Mannit zur Senkung des Hirndrucks und zur Behandlung des akuten Nierenversagens eingesetzt.

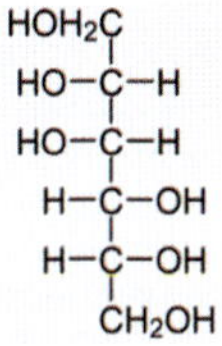

Mannitol: siehe Mannit
Mark (Parenchym): Das pflanzliche Mark bezeichnet das weiche Speichergewebe im Inneren von Stängeln und Wurzeln vieler Pflanzen. Dieses schwammartige Parenchym besteht aus großen, dünnwandigen Zellen und dient der Speicherung von Nährstoffen und Wasser.
Marrubiin: Marrubiin ist ein bizyklisches Diterpen, welches in *Marrubium vulgare* – Gewöhnlicher Andorn vorkommt. Es ist für den bitteren Geschmack der Pflanze verantwortlich. Marrubiin wird in medizinischen Studien auf seine potenzielle Wirkung bei Atemwegserkrankungen untersucht, insbesondere bei akuter und chronischer Bronchitis.
mehrfach gefiederte Spreite: Bei mehrfach gefiederten Spreiten sind die Fiederblättchen 1. Ordnung ihrerseits > 1-mal gefiedert. *Chaerophyllum temulum* – Hecken-Kälberkropf hat z. B. 2–3-fach gefiederte Blätter.

Menthofuran: Menthofuran ist ein zyklisches Monoterpen, das in vielen Arten der Gattung *Mentha* – Minze vorkommt. Es trägt zum typischen Minzaroma bei, besitzt aber im Gegensatz zu Menthol einen schärferen, weniger kühlenden Geschmack. In hohen Dosen kann Menthofuran lebertoxisch wirken, daher enthalten viele Zuchtformen von *Mentha* × *piperita* – Pfefferminze nur geringe Mengen dieses Stoffes.
Menthol: Menthol ist ein zyklisches Monoterpen und der Hauptaromastoff von *Mentha* × *piperita* – Pfefferminze. Es erzeugt ein kühlendes, erfrischendes Gefühl auf Haut und Schleimhäuten. Die (-)-Menthol-Form ist der in der Natur v. a. vorkommende Wirkstoff mit dem stärksten Kühleffekt, während synthetisches Menthol oft ein Gemisch verschiedener Isomere darstellt. Das Kältegefühl entsteht, weil Menthol Kälterezeptoren in Haut und Schleimhaut aktiviert und damit dieselben Nervensignale auslöst wie bei echter Kälte, ohne die Temperatur tatsächlich zu senken. Darüber hinaus wirkt Menthol leicht lokalanästhetisch, antibakteriell und fördert die Durchblutung. Es wird zur symptomatischen Behandlung von Spannungskopfschmerzen und zur Linderung von Erkältungssymptomen eingesetzt und findet sich häufig in Mundpflegeprodukten, Inhalationsmitteln und Salben gegen Muskelschmerzen.

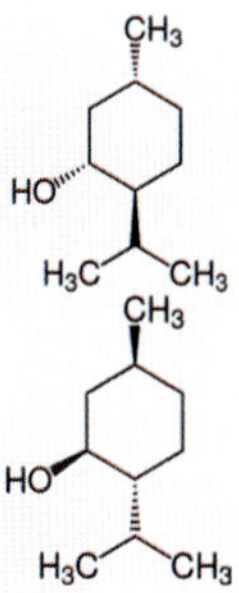

oben: (-)-Menthol; unten: (+)-Menthol

Menthon: Menthon ist ein Monoterpenketon, das sich als (+)-Menthon im Geraniumöl und im Pfefferminzöl findet. Menthon entsteht durch Oxidation aus Menthol und kann im menschlichen Körper auch wieder zu Menthol reduziert werden. Es hat einen minzigen, leicht süßlichen Geruch und trägt zum Aroma von Pfefferminzöl bei. (-)-Menthon findet sich in den Blättern von *Agathosma betulina* – Bukkostrauch.

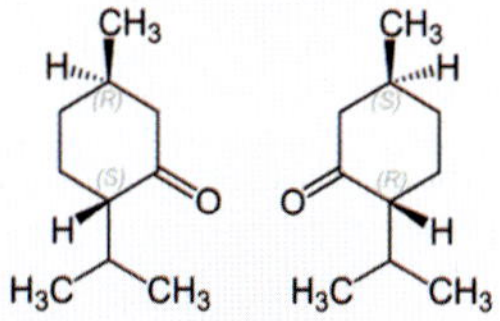

links: (-)-Menthon; rechts: (+)-Menthon

Menthylacetat: Menthylacetat ist der Essigsäureester des Menthols. Er kommt in geringen Mengen im Öl von *Mentha* × *piperita* – Pfefferminze vor und hat einen frischen, leicht fruchtigen Minzgeruch. Menthylacetat trägt zur Komplexität des Aromas bei und wird gelegentlich als Aromastoff in der Lebensmittelindustrie eingesetzt.
Mesokarp: Das Mesokarp ist die mittlere Schicht der Fruchtwand (Perikarp).
Mesopotamien: Mesopotamien ist das antike Zweistromland zwischen Euphrat und Tigris im heutigen Irak. Es gilt als eine der wichtigsten Ursprungsregionen der Landwirtschaft. Die fruchtbaren Schwemmlandebenen ermöglichten vor 12.000–10.000 Jahren die ersten systematischen Anbauversuche mit wilden Gräsern. Hier entstanden die ersten Bewässerungssysteme und landwirtschaftlichen Techniken, die sich über die ganze Welt ausbreiteten. Mesopotamische Farmer domestizierten essbare Pflanzen wie *Hordeum vulgare* – Gerste und *Lens culinaris* – Linse, die heute zu den wichtigsten Nahrungspflanzen der Menschheit gehören.
Methiin: Methiin ist eine schwefelhaltige Aminosäure. Sie kommt in *Allium sativum* – Knoblauch und anderen Lauchgewächsen vor. Methiin wirkt antimikrobiell und unterstützt das Herz-Kreislauf-System. Die Konzentration ist in frischen, unbeschädigten Knoblauchzehen am höchsten und nimmt durch Erhitzen oder längere Lagerung ab.

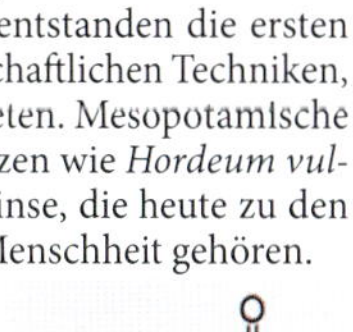

Methionin: Methionin ist eine schwefelhaltige essenzielle Aminosäure. Gute pflanzliche Quellen sind *Bertholletia excelsa* – Paranuss, *Triticum* – Weizen, *Oryza sativa* – Reis sowie Nüsse, Samen und Hülsenfrüchte weiterer Arten. Methionin ist ein Baustein von Proteinen und dient als Vorläufer für andere schwefelhaltige Verbindungen wie Cystein und S-Adenosylmethionin. Es spielt eine wichtige Rolle bei Entgiftungsprozessen in der Leber und ist am Stoffwechsel von Neurotransmittern beteiligt.

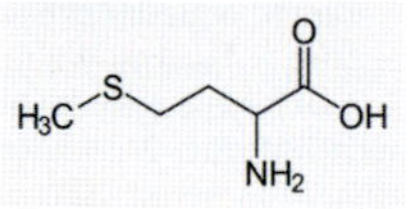

Methoxsalen: Methoxsalen (Xanthotoxin, Ammoidin) ist ein Furocumarin. Es kommt u. a. in *Ammi majus* – Große Knorpelmöhre, *Citrus* – Zitruspflanzen und *Pastinaca sativa* – Pastinak vor. Methoxsalen erhöht die Lichtempfindlichkeit der Haut und wird auch zur Behandlung von Psoriasis und anderen Hautkrankheiten eingesetzt. In hohen Dosen ist es giftig und potenziell krebserregend.

Methoxypsoralen: siehe Bergapten

Methylchavicol: siehe Estragol

Methylcinnamat: siehe Zimtsäuremethylester

Methylferulat: Methylferulat ist ein Ester der Ferulasäure und gehört zur Gruppe der Phenolsäure-Derivate. Diese aromatische Verbindung zeigt starke antioxidative Eigenschaften und schützt Pflanzenzellen vor UV-Strahlung. Besonders reich an Methylferulat sind *Oryza sativa* – Reis und verschiedene Getreidekleien. Methylferulat trägt zum nussigen, leicht süßlichen Aroma von Vollkornprodukten bei. Die Verbindung ist hitzebeständig und bleibt auch beim Kochen weitgehend erhalten.

Methylsalicylat: siehe Salicylsäuremethylester

Milchsaft: Als Milchsaft wird weißlicher oder farbiger, oft giftiger Saft bezeichnet, der bei Verletzungen aus Sprossachsen oder Blättern (seltener auch aus Wurzeln) austritt und die Wunde rasch verschließt (z. B. bei *Euphorbia* – Wolfsmilch). Milchsaft besteht v. a. aus Isoprenoiden oder Terpenen sowie zahlreichen sekundären Pflanzenstoffen, die meist der Abwehr von Herbivoren dienen und oft giftig sind.

Mineralstoffe für Menschen: Mineralstoffe sind lebensnotwendige anorganische Substanzen, die der menschliche Körper nicht selbst herstellen kann und daher über die Nahrung aufnehmen muss. Mengenelemente wie Calcium, Magnesium und Kalium werden in größeren Mengen benötigt, während Spurenelemente wie Eisen, Zink und Selen nur in winzigen Dosen erforderlich sind. Sie erfüllen vielfältige Funktionen: Calcium stärkt Knochen und Zähne, Eisen transportiert Sauerstoff im Blut, Magnesium aktiviert Enzyme.

Mineralstoffe für Pflanzen: Mineralstoffe sind anorganische Nährstoffe, die Pflanzen aus dem Boden aufnehmen und für lebenswichtige Stoffwechselprozesse benötigen. Man unterscheidet zwischen Makronährstoffen wie Stickstoff, Phosphor und Kalium, die in größeren Mengen erforderlich sind, und Mikronährstoffen wie Eisen, Mangan oder Zink, die nur in geringen Spuren benötigt werden. Diese essenziellen Bausteine ermöglichen erst die Photosynthese, das Wachstum und die Bildung von Früchten und Samen.

Mittelrippe: Die Mittelrippe ist der mittlere Blattnerv.

mittelständiger Fruchtknoten: Bei einem mittelständigen Fruchtknoten ist der Fruchtknoten teilweise in den Blütenboden eingesenkt (z. B. bei *Saxifraga bryoides* – Moos-Steinbrech). Zuweilen werden Fruchtknoten auch als mittelständig bezeichnet, wenn sie in einem von der Blütenachse gebildeten Krug stehen (z. B. bei *Prunus* – Steinobst) (siehe auch Achsenbecher, oberständiger Fruchtknoten, unterständiger Fruchtknoten).

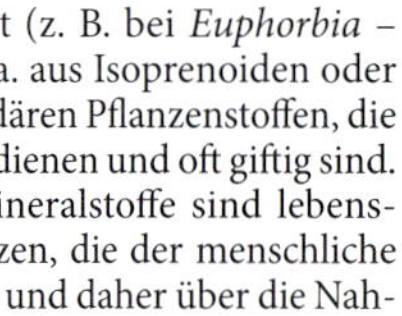

Momordicine: Momordicine sind Triterpen-Glycoside. Sie kommen in *Momordica charantia* – Bittermelone vor und sind für den bitteren Geschmack der Früchte verantwortlich. Momordicine haben vermutlich antibakterielle, entzündungshemmende und blutzuckersenkende Eigenschaften. Ihre Anwendung als unterstützende Maßnahme zur Kontrolle des Blutzuckerspiegels bei Diabetes mellitus Typ 2 wird gegenwärtig untersucht.

Monokotyledonae: Die Monokotyledonae (Monokotyle) – Einkeimblättrige sind eine monophyletische Gruppe innerhalb der *Angiospermae* – Bedecktsamer, die meist ein Keimblatt haben und durch zahlreiche weitere Merkmale (z. B. Parallelnervatur der Blätter, sekundäres Dickenwachstum ohne Kambium, zerstreut angeordnete Leitbündel, meist 3-zählige Blüten) gekennzeichnet sind (z. B. *Lilium* – Lilie).

monophyletische Gruppe: Eine monophyletische Gruppe (Monophyllum) umfasst genau die Taxa, die auf einen gemeinsamen Vorfahren zurückgehen.

Monophyllum: siehe monophyletische Gruppe

Monoterpene: Monoterpene sind flüchtige organische Verbindungen, die aus 2 Isopren-Einheiten bestehen und einen Großteil der pflanzlichen ätherischen Öle ausmachen, z. B. in *Salvia rosmarinus* – Rosmarin, *Thymus vulgaris* – Thymian, *Mentha × piperita* – Pfefferminze oder *Citrus* – Zitrusfrüchte. Obwohl sie in geringen Mengen als Aromastoffe unbedenklich sind, können konzentrierte Monoterpene Haut und Schleimhäute reizen.

Morphin: Das Alkaloid Morphin (Morphium) ist ein Opioid mit starker analgetischer Wirkung. Es ist der Hauptwirkstoff des Opiums, das aus dem Milchsaft von *Papaver somniferum* – Schlafmohn gewonnen wird. Es wirkt stark schmerzlindernd und wird medizinisch als starkes Schmerzmittel eingesetzt. Morphin aktiviert Opioidrezeptoren im Gehirn, was zu Schmerzlinderung, Euphorie und Sedierung führt. Wegen seines hohen Suchtpotenzials unterliegt es strengen Auflagen. In höherer Dosierung kann Morphin zu Atemdepression bis zum Atemstillstand führen.

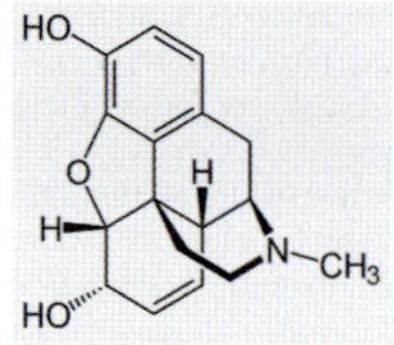

Morphium: siehe Morphin

Morphologie: Die Morphologie beschreibt die äußere Gestalt und Struktur.

Myrcen: Das Monoterpen Myrcen kommt in vielen Pflanzen wie *Humulus lupulus* – Gewöhnlicher Hopfen, *Thymus vulgaris* – Thymian, *Laurus* – Lorbeer, *Mangifera indica* – Mango und *Cymbopogon* – Zitronengras vor. Es besitzt einen erdig-würzigen, an Muskat erinnernden Duft. In Hopfen trägt Myrcen zum Aroma bei. Myrcen soll entzündungshemmende und schmerzlindernde Eigenschaften besitzen. Einige Studien deuten darauf hin, dass es die Wirkung von THC im Cannabis verstärken könnte. In hoher Konzentration kann Myrcen allergen wirken und Haut und Schleimhäute reizen.

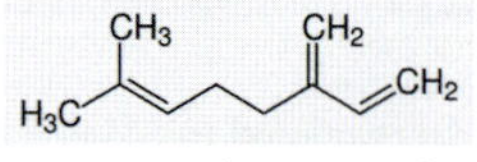

Myricetin: Myricetin ist ein Flavonol, das zur Gruppe der Polyphenole gehört. Es kommt in vielen Obst- und Gemüsesorten wie *Myrica* – Gagel, *Vaccinium* – Blaubeere, *Brassica oleracea* var. *italica* – Brokkoli und roten Zwiebeln (*Allium cepa*) vor. Myricetin wirkt als Antioxidans. In Lebensmitteln trägt es durch Komplexbildung mit Metallionen zur Farbe bei. Studien deuten auf krebshemmende, entzündungshemmende und schützende Effekte für Herz-Kreislauf-System und Leber hin. Zudem zeigen neuere Studien, dass Myricetin nervenschützende Wirkungen aufweist.

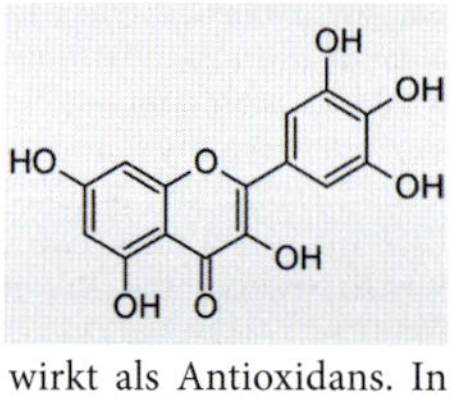

Myristicin: Myristicin ist ein Phenylpropanoid, das u. a. im ätherischen Öl von *Myristica fragrans* – Muskatnuss enthalten ist und für ihr Aroma mitverantwortlich ist. Myristicin kommt

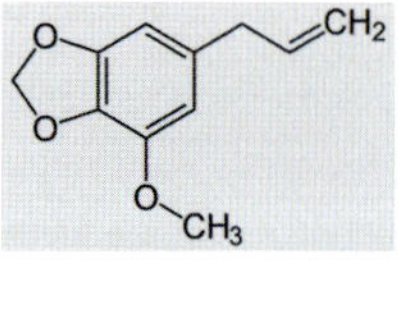

auch in Arten wie *Petroselinum crispum* – Petersilie, *Anethum graveolens* – Dill und *Daucus carota* – Möhre vor. In hoher Dosis kann Myristicin halluzinogene Wirkungen hervorrufen und bei langfristiger Einnahme kann es zu neurotoxischen Wirkungen kommen.

Myristinsäure: Die Myristinsäure ist eine gesättigte Fettsäure. Sie wurde erstmals aus dem Samen von *Myristica fragrans* – Muskatnussbaum isoliert, kommt aber auch in den Ölen von *Cocos nucifera* – Kokospalme und *Elaeis guineensis* – Ölpalme vor. Sie spielt eine Rolle bei der Bildung von Ceramiden, die für die Barrierefunktion der menschlichen Haut wichtig sind. In der Kosmetik wird Myristinsäure oft als Emulgator und Konsistenzgeber eingesetzt. Sie dient aber auch zur Herstellung von Seifen und Wachsen.

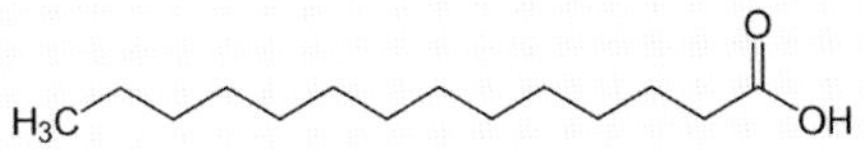

Myrosinase: Myrosinase (Sinigrinase, Thioglucosidase) ist ein Enzym, das Senfölglycoside in den Zellen von *Brassicaceae* – Kreuzblütler wie *Brassica* – Kohl sowie *Sinapis* – Senf spaltet. Das Enzym und sein Substrat liegen in den Pflanzenzellen getrennt voneinander vor. Werden die Zellen durch Schneiden oder Kauen zerstört, setzt die Myrosinase Senföle frei, die für die Pflanzen einen wichtigen pflanzlichen Abwehrmechanismus gegen Fraßfeinde darstellen. Dabei entstehen Senföle, schwefelhaltige Verbindungen mit charakteristischem, scharfem Geschmack und Geruch. Das Enzym ist hitzeempfindlich und wird durch Kochen größtenteils inaktiviert.

Nabel: Als Nabel (Hilum) wird die Ansatzstelle des Samenstiels (Funiculus) am Samen bezeichnet. Der Nabel ist bei vielen Arten auch noch an bereits ausgestreuten Samen durch eine andere Farbe oder Oberflächenstruktur erkennbar (z. B. bei *Brassica napus* – Raps). Er kann bei der Samenbestimmung wichtige taxonomische Merkmale liefern und variiert stark in Form und Größe zwischen verschiedenen Pflanzenarten.

Nacktsamer: Die *Gymnospermae* – Nacktsamer sind eine Gruppe innerhalb der Samenpflanzen, die sich u. a. dadurch auszeichnet, dass die Samen auf der Oberfläche von Blättern gebildet werden, während schlauchförmig verwachsene Fruchtblätter fehlen. Die Nacktsamer umfassen die *Ginkgoopsida* – Ginkgogewächse, *Pinopsida* – Nadelgehölze sowie die *Cycadopsida* – Palmfarne.

Nadelbäume: Die *Pinopsida* – Nadelbäume (Koniferen, Kiefernartige, Nadelgehölze) sind die größte, heute noch lebende Pflanzengruppe der Nacktsamer (z. B. *Pinus* – Kiefer, *Abies* – Tanne, *Larix* – Lärche).

Nadelblatt: Als Nadelblätter werden lange, dünne Blätter mit parallelen Rändern und einer linealen Spreite bezeichnet, die man bei vielen Nadelbäumen findet (z. B. bei *Pinus* – Kiefer).

Naphthochinone: Naphthochinone bestehen aus einem Naphthalin-Grundgerüst und 2 Carbonylgruppen. Zu den bekanntesten Vertretern zählen Juglon, Lawson und Plumbagin, die in *Juglans regia* – Walnuss, *Lawsonia inermis* – Hennastrauch und *Plumbago*-Arten – Bleiwurz vorkommen. Sie sind starke Antioxidantien und zeigen antimikrobielle Eigenschaften, können in höheren Konzentrationen aber auch toxisch wirken. Ihr Geschmack ist meist bitter bis adstringierend.

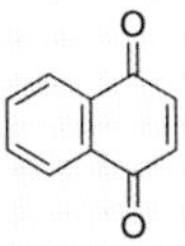

1,4-Naphthochinon, die Grundstruktur von Vitamin K

Narbe: Die Narbe ist der (meist) distale Abschnitt des Stempels, welcher der Aufnahme der Pollen dient (siehe auch Fruchtblatt).

Narcotin: siehe Noscapin

Nasunin: Nasunin ist ein Anthocyan, das zur Gruppe der Flavonoide zählt. Es verleiht den Schalen der Früchte von *Solanum melongena* – Aubergine ihre typische dunkle, fast schwarze Farbe. Nasunin wirkt als Antioxidans. Außerdem soll es Entzündungen hemmen und Blutgefäße schützen. Studien deuten zudem darauf hin, dass Nasunin den oxidativen Abbau von Lipiden im Gehirn vermindern und so vor altersbedingten kognitiven Beeinträchtigungen schützen könnte.

Nebenblatt: Nebenblätter sind (meist) blattartige Auswüchse des Blattgrundes am Übergang zwischen Blattstiel und Sprossachse (z. B. bei *Salix* – Weide). Die Ochrea der *Polygonaceae* – Knöterichgewächse kann von Nebenblättern abgeleitet werden (siehe auch Spreite).

Nebenkrone: Als Nebenkrone werden Auswüchse der Oberseite der Kronblätter bezeichnet. Meist findet man sie bei genagelten Kronblättern am Übergang zwischen Nagel und Platte (z. B. bei *Narcissus* – Narzisse) (siehe auch Blüte).

Nebenzwiebel: siehe Tochterzwiebel

Nektarblatt: Ein Nektarblatt (Honigblatt) ist ein Blütenblatt, das eine Nektardrüse besitzt (z. B. bei *Ranunculus* – Hahnenfuß) (siehe auch Blüte).

Nektardrüse: Nektardrüsen (Nektarien) sind nektarproduzierende Drüsen. Sie sind oft in den Blüten (z. B. bei *Helleborus* – Nieswurz), aber auch als extraflorale Nektarien z. B. an Blättern zu finden (z. B. bei *Prunus avium* – Vogelkirsche).

Nektarium: siehe Nektardrüse

Neophyt: Als Neophyten werden Pflanzen bezeichnet, die in einem Gebiet *nicht* ursprünglich vorkamen, sondern erst ab 1492 durch den Menschen in das betreffende Gebiet gebracht wurden (z. B. *Solidago canadensis* – Kanadische Goldrute in Deutschland). Je nach Einbürgerungsgrad unterscheidet man Agriophyten, Epökophyten und Ephemerophyten (siehe auch invasive Art, Archäophyt).

Nerol: Nerol ist ein azyklischer Monoterpenalkohol. Es ist ein Isomer von Geraniol und hat einen blumigen Geruch nach Rose. Nerol kommt in ätherischen Ölen mehrerer Pflanzen vor, darunter *Rosa* – Rose, *Cymbopogon* – Zitronengras und *Melaleuca quinquenervia*. Nerol wird auch als Aromastoff in der Parfüm- und Kosmetikindustrie eingesetzt.

Nervatur: Als Nervatur wird die Gesamtheit der Nerven (Leitbündel) eines Blattes bezeichnet. Man unterscheidet u. a. Blätter mit Fiedernervatur (Netznervatur) (bei den meisten Zweikeimblättrigen, z. B. bei *Quercus* – Eiche), Parallelnervatur (bei den meisten Einkeimblättrigen, z. B. bei *Deschampsia caespitosa* – Rasen-Schmiele) und gabeliger (dichotomer) Nervatur (bei vielen Farnen und Nacktsamern, z. B. *Ginkgo*).

netznervig: siehe fiedernervig

Niacin: siehe Vitamin B_3

nicht-proteinogene Aminosäure: siehe Aminosäure

Nicotin: Nicotin ist ein toxisches Alkaloid, das v. a. in *Nicotiana tabacum* – Tabak vorkommt, in geringen Mengen aber auch in anderen Nachtschattengewächsen wie *Solanum tuberosum* – Kartoffel oder *Lycopersicon esculentum* – Tomate. Dieses hochgiftige Nervengift wirkt bereits in kleinen Dosen tödlich und macht stark abhängig. Nicotin hat einen intensiv bitteren Geschmack und stechenden Geruch. In essbaren Pflanzen ist die Konzentration normalerweise so gering, dass keine Gesundheitsgefahr besteht.

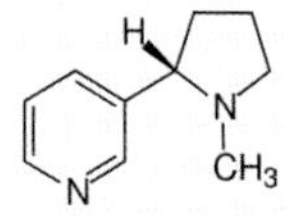

Nicotinsäure: siehe Vitamin B_3

Niederblatt: Als Niederblätter werden einfach gebaute, oft schuppenartige Blätter außerhalb des Blütenstandes bezeichnet (z. B. am Rhizom von *Phragmites* – Schilf) (siehe auch Blattfolge).

Nigellicin: Nigellicin ist ein Indazol-Alkaloid, das in den Samen von *Nigella sativa* – Schwarzkümmel vorkommt. Nigellicin gilt als das erste pflanzliche Alkaloid, bei dem ein Indazol-Ringsystem nachgewiesen wurde. Es trägt zu den antimikrobiellen Eigenschaften des Schwarzkümmels bei.

Nigellidin: Nigellidin ist ein Indazol-Alkaloid, das in den Samen von *Nigella sativa* – Schwarzkümmel vorkommt.

Nitrat: Nitrat (NO_3^-) ist ein anorganisches Ion, das aus Stickstoff und Sauerstoff besteht. Es kommt in Böden und Wasser

Nitrat

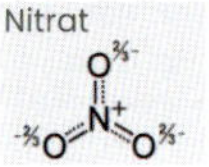

vor und wird von Pflanzen als wichtige Stickstoffquelle aufgenommen. In Pflanzen wird Nitrat zu Aminosäuren und anderen stickstoffhaltigen Verbindungen umgewandelt. Gemüse, die viel Nitrat enthalten können, sind *Spinacia oleracea* – Spinat, *Eruca sativa* – Rucola, und *Beta vulgaris*-Sorten wie Mangold und Rote Beete. Über die Nahrung aufgenommenes Nitrat kann im Körper zu Nitrit umgewandelt werden, das in hohen Konzentrationen gesundheitsschädlich sein kann. Moderate Nitratmengen gelten als unbedenklich für die Gesundheit.

Nobiletin: Nobiletin ist ein polymethoxyliertes Flavon aus Zitrusfrüchten. Besonders konzentriert findet sich diese orangefarbene und aromatisch duftende Verbindung in den Schalen von *Citrus reticulata* – Mandarine und *Citrus sinensis* – Orange. Als starkes Antioxidans schützt Nobiletin vor Zellschäden und zeigt entzündungshemmende Eigenschaften. Aktuelle Forschung deutet zudem auf positive Effekte bei der Regulation des Cholesterinspiegels hin. Nobiletin ist hitzebeständig.

Nodium: siehe Knoten

Noscapin: (-)-α-Noscapin (auch Narcotin) ist ein Alkaloid aus dem Milchsaft von *Papaver somniferum* – Schlafmohn. Es hat eine hustenreizstillende Wirkung, ist aber deutlich schwächer als Morphin und Codein. Noscapin besitzt keine schmerzstillenden Eigenschaften und hat ein geringes Abhängigkeitspotenzial. In einigen Ländern wird es als rezeptfreies Hustenmittel verwendet. Noscapin wird auch als möglicher Wirkstoff für Krebsmedikamente erforscht.

Nucellus: Der Nucellus ist eine mikroskopisch kleine Struktur im Fruchtknoten von Samenpflanzen, in dem die Samen entstehen. Er wird von den Integumenten eingehüllt, aus denen sich die Samenschale entwickelt.

Nuss: Eine Nuss ist eine Frucht mit hartem (holzigem) Perikarp, fleischiges Fruchtfleisch fehlt (z. B. die Eichel bei *Quercus* – Eiche). Im botanischen Sinne sind nicht alle Nüsse, die wir umgangssprachlich so nennen, tatsächlich Nüsse. Beispielsweise sind Erdnüsse botanisch betrachtet Hülsenfrüchte und Kokosnüsse Steinfrüchte.

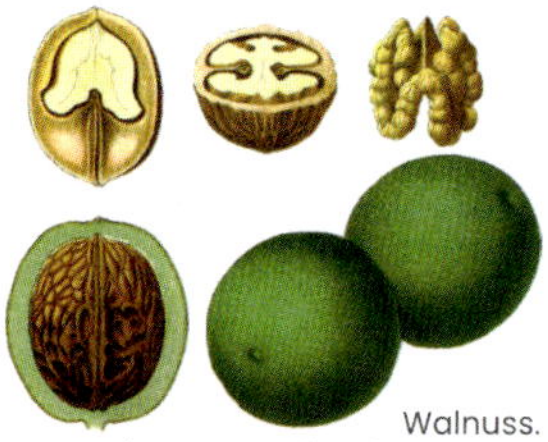

Walnuss.
Die grüne Hülle wird von der Blütenhülle gebildet und gehört nicht zur Frucht im engeren Sinn.

Nüsschen: Als Nüsschen werden die Früchtchen einer Sammelfrucht bezeichnet, wenn sie während der Fruchtreife geschlossen bleiben und ein hartes Perikarp haben (z. B. bei *Ranunculus* – Hahnenfuß).

oberständiger Fruchtknoten: Bei einem oberständigen Fruchtknoten liegt die Basis des Fruchtknotens oberhalb der Ansatzstelle der Blütenhüllblätter (z. B. bei *Lilium* – Lilie) (siehe auch mittelständiger Fruchtknoten, unterständiger Fruchtknoten).

Obst: Zu Obst werden hier sowohl die meist fleischigen Früchte, aber auch das sogenannte Schalenobst, also Nüsse und nussähnliche Früchte und Samen gezählt, die eine harte Schale besitzen. Obst kann roh verzehrt werden und wächst oft an Bäumen und Sträuchern. Aus botanischer Sicht kann es sich um Beeren, Steinfrüchte, Apfelfrüchte, Sammelfrüchte, Scheinfrüchte, Nüsse, Steinkerne oder Samen handeln.

Ochrea: Eine Ochrea ist eine Blattscheide, die aus Nebenblättern gebildet wird (z. B. bei *Polygonum* – Knöterich).

Ocimen: β-Ocimen ist ein azyklisches Monoterpen, das als ätherisches Öl in zahlreichen Pflanzen vorkommt. Besonders reichlich findet sich β-Ocimen in *Ocimum basilicum* – Basilikum und *Cannabis sativa* – Hanf. Die flüchtige Verbindung verströmt einen süßlich-blumigen, leicht zitrusartigen Duft. Ihr wird auch eine leicht antimikrobielle und beruhigende Wirkung zugeschrieben. Das ähnliche α-Ocimen wurde in *Lavandula angustifolia* – Lavendel nachgewiesen.

Octansäure: siehe Caprylsäure

Octylacetat: Octylacetat (Essigsäureoctylester) ist ein flüchtiger Fettsäureester aus Octanol und Essigsäure. Es kommt z. B. in *Citrus sinensis* – Orange vor und verleiht deren Schale das typische Aroma.

Octylbutyrat: Octylbutyrat ist ein Ester, der durch die Veresterung von Octanol mit Buttersäure entsteht. Diese aromatische Verbindung kommt in *Ananas comosus* – Ananas sowie in verschiedenen anderen tropischen Früchten vor, wo sie maßgeblich zum süßen-fruchtigen Aroma beiträgt.

ODAP: siehe Oxalyldiaminopropionsäure

Öffnungsfrucht: Öffnungsfrüchte (Streufrüchte) öffnen sich während der Fruchtreife und setzen die Samen frei: Es handelt sich um Kapseln (z. B. bei *Agrostemma* – Kornrade), Hülsen (z. B. bei *Vicia* – Wicke) oder Bälge (z. B. bei *Trollius* – Trollblume).

Öhrchen: Als Öhrchen (Blattöhrchen) werden kleine Auswüchse des Blattgrundes verstanden, welche die Sprossachse ganz oder teilweise umfassen (z. B. bei *Triticum* – Weizen). Seltener sind Öhrchen nach oben gerichtet (z. B. bei *Festuca ovina* – Schaf-Schwingel).

Oleanolsäure: Oleanolsäure ist eine pentazyklische Triterpensäure. Sie kommt in vielen Pflanzengruppen vor, z. B. in *Olea europaea* – Olivenbaum, *Hedera helix* – Efeu und *Calendula officinalis* – Ringelblume. Oleanolsäure hat einen leicht bitteren Geschmack. Sie wirkt als Antioxidans und besitzt entzündungshemmende, leberschützende und cholesterinsenkende Eigenschaften.

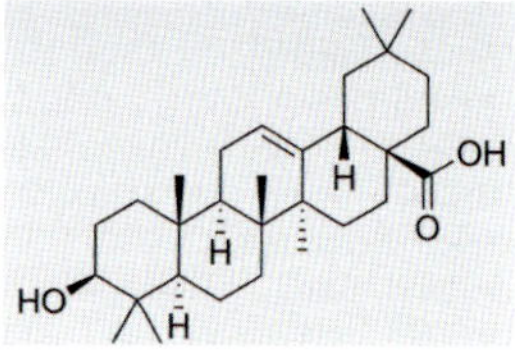

Oleinsäure: siehe Ölsäure

Oleuropein: Oleuropein ist ein Secoiridoid-Glucosid. Es ist der Hauptbitterstoff in Blättern und unreifen Früchten von *Olea europaea* – Olivenbaum. Oleuropein hat antioxidative, entzündungshemmende und antimikrobielle Eigenschaften und wird als Nahrungsergänzungsmittel vermarktet. Es soll positive Auswirkungen auf den Blutdruck, den Blutzuckerspiegel und den Fettstoffwechsel haben, allerdings sind die gesundheitlichen Effekte beim Menschen wissenschaftlich nicht abgesichert.

Oligosaccharide: Oligosaccharide sind Kohlenhydrate, die aus wenigen (typischerweise 2–10) Monosaccharid-Einheiten bestehen. Sie kommen in vielen Pflanzen vor, z. B. als Raffinose in Hülsenfrüchten, als Stachyose in *Glycine max* – Sojabohne und als Fructooligosaccharide in *Allium cepa* – Küchenzwiebel und *Cichorium intybus* – Chicorée. Oligosaccharide gelten als Präbiotika, da sie im Darm die Vermehrung nützlicher Darmbakterien (Probiotika) fördern. Sie werden als Zuckerersatz und funktionelle Zusatzstoffe auch industriell genutzt.

Olitorisid: Olitorisid ist ein komplexes Triterpen-Saponin, das zur Gruppe der Glycoside gehört. Es kommt in *Corchorus olitorius* – Langkapselige Jute vor und ist Teil der pflanzlichen Abwehrmechanismen gegen Krankheitserreger und Fraßfeinde. Olitorisid hat die für Saponine typische schaumbildende Eigenschaft und besitzt einen bitteren Geschmack.

Ölsäure: Die Ölsäure (Oleinsäure) ist eine einfach ungesättigte Omega-9-Fettsäure. Sie ist die häufigste ungesättigte Fettsäure in pflanzlichen Ölen und tierischen Fetten. Reich an Ölsäure sind insbesondere

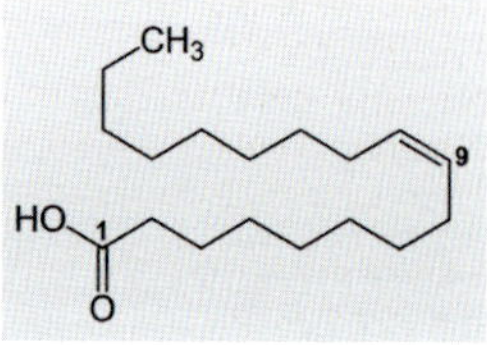

die Öle von *Olea europaea* – Olivenbaum, aber auch von *Brassica napus* – Raps, *Arachis hypogaea* – Erdnuss und *Persea americana* – Avocado. Ölsäure senkt im Körper das LDL-Cholesterin und erhöht das HDL-Cholesterin. Eine ölsäurereiche Ernährung kann daher zur Senkung des Risikos für Herz-Kreislauf-Erkrankungen beitragen.

Omega-n-Fettsäuren: Omega-n-Fettsäuren sind ungesättigte Fettsäuren, bei denen sich die erste Doppelbindung am n-ten Kohlenstoffatom vom Methylende der Kohlenstoffkette befindet. Zu den ernährungsphysiologisch wichtigsten Omega-Fettsäuren zählen die essenziellen Omega-3-Fettsäuren (α-Linolensäure = Linolensäure), Eicosapentaensäure, Docosahexaensäure und Omega-6-Fettsäuren (Linolsäure, γ-Linolensäure). Diese müssen mit der Nahrung aufgenommen werden, da sie der Körper nicht selbst herstellen kann. Obwohl beide Fettsäure-Gruppen im Körper benötigt werden, kommt es in der Ernährung auch auf ihr Verhältnis an. Während Omega-6-Fettsäuren in hohen Mengen entzündungsfördernd wirken können, gelten Omega-3-Fettsäuren als entzündungshemmend.

Ordnung: Der Begriff Ordnung wird in der Pflanzensystematik verwendet, um eine große monophyletische Gruppe von Sippen zu kennzeichnen. Der Ordnung übergeordnet ist die Klasse, ihr untergeordnet die Familie. Die wissenschaftlichen Namen von Pflanzenordnungen enden auf »ales«, z. B. bei den *Nymphaeales* – Seerosenartigen.

organische Säuren: siehe Carbonsäuren

Oxalat: Oxalat ist das Salz der Oxalsäure, einer organischen Dicarbonsäure. Es kommt in vielen Pflanzen als Calciumoxalat vor, so in *Rheum rhabarbarum* – Gewöhnlicher Rhabarber, *Spinacia oleracea* – Spinat, *Beta vulgaris* subsp. *vulgaris* – Rote Beete, *Theobroma cacao* – Kakaobaum und vielen Nüssen. Oxalat schmeckt leicht säuerlich und ist in höheren Dosen giftig.

Oxalsäure: Oxalsäure ist eine Dicarbonsäure. Oxalsäure und ihre Salze, die Oxalate, kommen in vielen Pflanzen wie *Rheum rhabarbarum* – Gewöhnlicher Rhabarber, *Spinacia oleracea* – Spinat und *Theobroma cacao* – Kakaobaum vor. Sie verleihen ihnen einen säuerlichen Geschmack. In hohen Konzentrationen wirkt die Säure giftig, da sie die Aufnahme von Calcium und Eisen beeinträchtigen und zur Bildung von Nierensteinen beitragen kann. Durch Kochen und Abgießen des Kochwassers kann der Oxalatgehalt um bis zu 50 % reduziert werden. Geringe Mengen können problemlos verstoffwechselt werden.

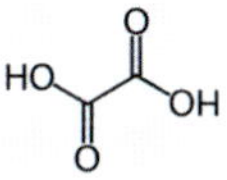

Oxalyldiaminopropionsäure: Oxalyldiaminopropionsäure (ODAP) ist ein nicht-proteinogenes Aminosäurederivat, das v. a. in *Lathyrus sativus* – Saat-Platterbse vorkommt. ODAP wirkt als Neurotoxin und kann bei regelmäßigem Verzehr größerer Mengen zum Krankheitsbild »Lathyrismus« führen – einer irreversiblen spastischen Lähmung der Beine.

p. p.: »p. p.« ist die Abkürzung für »pro parte« und wird bei taxonomischen Bezeichnungen verwendet, um zu verdeutlichen, dass nur ein Teil der betreffenden Sippe gemeint ist.

paarig gefiederte Spreite: Eine paarig gefiederte Spreite hat eine gerade Anzahl von Fiederblättchen, die Endfieder fehlt oder ist zu Ranken oder Dornen umgewandelt (z. B. bei *Vicia* – Wicke).

Palmherzen: Palmherzen sind essbare Pflanzenteile aus dem Inneren verschiedener Palmenarten wie *Euterpe oleracea* – Kohlpalme, *A. pinnata* – Zuckerpalme, *Bactris gasipaes* – Pfirsichpalme oder *Cocos nucifera* – Kokospalme. Sie bestehen aus dem zarten, unentwickelten Sprossgewebe im oberen Teil des Palmenstamms. Die Entnahme von Palmherzen führt zum Absterben des Stammes, da dieser ohne den Vegetationskegel nicht weiterwachsen kann. Da viele Palmenarten keine Seitenäste ausbilden, stirbt dann sogar das komplette Individuum ab. Palmherzen zeichnen sich durch einen hohen Gehalt an Ballaststoffen, Mineralien wie Kalium, Magnesium und Phosphor sowie einen niedrigen Kaloriengehalt aus. Sie enthalten Vitamine der B-Gruppe und Vitamin C. Palmherzen schmecken mild, leicht nussig mit einer zarten, knackigen Textur und werden in der Küche häufig in Salaten, als Beilage oder in vegetarischen Gerichten verwendet.

Palmitinsäure: Die Palmitinsäure ist eine gesättigte Fettsäure, die in tierischen und pflanzlichen Fetten vorkommt. Sie ist nach *Elaeis guineensis* – Ölpalme benannt, in deren Öl sie zu einem hohen Anteil enthalten ist. Palmitinsäure

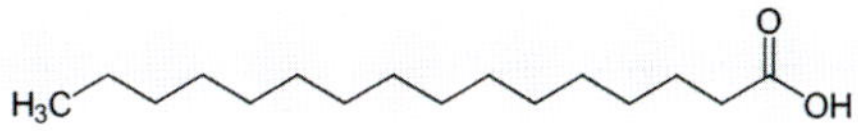

ist auch ein Hauptbestandteil des menschlichen Körperfetts und dient als Energiespeicher und Baustein für Zellmembranen. In Lebensmitteln wie Butter, Käse, Fleisch und vielen Pflanzenölen trägt sie zu Konsistenz und Geschmack bei. Ein übermäßiger Verzehr kann sich ungünstig auf den Cholesterinspiegel auswirken.

Palmitinsäureethylester: Palmitinsäureethylester ist der Ester aus Palmitinsäure und Ethanol. Er kommt in geringen Mengen in Pflanzen wie *Vitis vinifera* – Echte Weinrebe, *Malus domestica* – Kultur-Apfel und *Vaccinium myrtillus* – Heidelbeere vor. Palmitinsäureethylester wird als Aromastoff und Lösungsmittel verwendet.

Palmitoleinsäure: Palmitoleinsäure (eine Omega-7-Fettsäure) ist eine einfach ungesättigte Fettsäure. Sie kommt in höheren Konzentrationen in *Hippophae rhamnoides* – Sanddorn, *Macadamia integrifolia* – Macadamianuss und in geringeren Mengen in anderen Nüssen und Samen vor. Sie spielt eine wichtige Rolle im menschlichen Lipidstoffwechsel und kann entzündungshemmende Eigenschaften besitzen sowie die Insulinsensitivität verbessern.

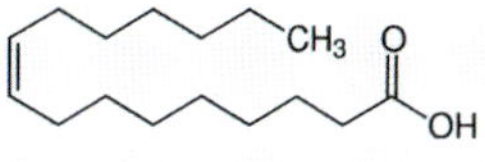

Pantothensäure: siehe Vitamin B_5

Panzerbeere: Panzerbeeren sind kürbis- oder melonenartige Beeren, deren saftiges Fruchtfleisch (Mesokarp) von einer harten Außenschicht (Exokarp) geschützt ist (z. B. bei vielen *Cucurbitaceae* – Kürbisgewächse).

Papain: Papain ist ein eiweißspaltendes Enzym aus dem Milchsaft der unreifen Früchte und Blätter von *Carica papaya* – Melonenbaum. Es baut Proteine zu Peptiden und Aminosäuren ab. In der Lebensmittelindustrie wird Papain zum Zartmachen von Fleisch und zur Klärung von Bier genutzt. Als Nahrungsergänzungsmittel soll es die Verdauung unterstützen. In der Medizin kommt es u. a. zur Unterstützung der Heilung chronischer Wunden zum Einsatz. Auch in Kosmetika wird Papain aufgrund seiner hauterneuernden Eigenschaften verwendet.

Papaya-Proteinase: siehe Papain

Papille: Als Papillen bezeichnet man kleine, meist rundliche, warzenähnliche Erhebungen auf der Oberfläche von Blättern, Sprossachsen, Früchten oder Samen (z. B. bei den Samen von *Arenaria serpyllifolia* – Quendel-Sandkraut).

Pappus: Als Pappus wird der umgewandelte Kelch bei den *Asteraceae* – Korbblütler bezeichnet. Er sitzt über dem unterständigen Fruchtknoten und kann aus gefiederten Haaren (z. B. bei *Tragopogon* – Bocksbart), Borsten (z. B. bei *Centaurea* – Flockenblume), Haken (z. B. bei *Bidens* – Zweizahn) oder kleinen Schuppen (z. B. bei *Leucanthemum* – Margerite) bestehen.

Paradol: Paradol ist ein Scharfstoff, der v. a. in der Wurzel von *Aframomum melegueta* – Paradieskörnerpflanze und anderer *Zingiberaceae* – Ingwergewächse vorkommt. Paradol hat einen brennend-scharfen Geschmack. Da Paradol magenschonender als Piperin ist, wird es in manchen Gewürzmischungen anstelle von Pfeffer verwendet.

parakarper Fruchtknoten: Bei einem parakarpen Fruchtknoten sind mehrere Fruchtblätter zu einem Fruchtknoten verwachsen, in dem ein zentrales Fach ausgebildet ist, in welchem die Samen sitzen (z. B. bei *Agrostemma* – Kornrade).

parallelnervig: Bei der Parallelnervatur sind die Nerven des Blattes zueinander parallel ausgerichtet (siehe auch Nervatur). Sie haben oft keine sichtbaren Verzweigungen oder Querverbindungen (bei fast allen Einkeimblättrigen).

Paramorphin: siehe Thebain

Parasorbinsäure: Parasorbinsäure ist ein ungesättigtes Lacton. Sie kommt z. B. in *Sorbus aucuparia* – Vogelbeere vor, besonders in unreifen Früchten. Parasorbinsäure wirkt als Reizstoff auf die Schleimhäute und kann bei Verzehr größerer Mengen unreifer Vogelbeeren zu Magen-Darm-Beschwerden führen. Mit zunehmender Reife und durch Erhitzung wird Parasorbinsäure in die ungiftige Sorbinsäure umgewandelt.

Parietin: Parietin (Physcion) ist ein Anthrachinon-Derivat. Dieser gelbe, kristalline Farbstoff findet sich z. B. in *Rheum* – Rhabarber und anderen Arten der *Polygonaceae* – Knöterichgewächse. Die Verbindung trägt zum bitteren Geschmack von Rhabarber bei und besitzt antimikrobielle und entzündungshemmende Eigenschaften.

Pektine: Pektine sind komplexe Kohlenhydrate aus den Zellwänden von Pflanzen. Sie bestehen v. a. aus D-Galacturonsäuren, die α-1,4-glycosidisch verknüpft sind. Der Veresterungsgrad bestimmt ihre Geliereigenschaften, wobei

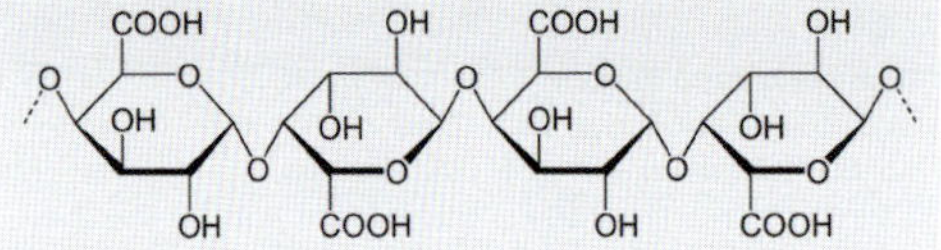

Rückgrat von Pektinen: Poly-α-(1→4)-Galacturonsäure

hochveresterte Pektine Zucker und Säure zum Gelieren benötigen. Als lösliche Ballaststoffe können sie viel Wasser binden. Sie kommen v. a. in Obst wie *Malus domestica* – Kultur-Apfel, *Cydonia oblonga* – Quitte und *Citrus* – Zitrusfrüchte vor. Beim Erhitzen gelieren Pektine und werden daher als Geliermittel zur Herstellung von Marmeladen, Gelees und Fruchtgummis genutzt. Im Darm wirken Pektine als Präbiotikum und regulieren den Cholesterinspiegel.

Pentosane: Pentosane sind Kohlenhydrate, die aus Pentosen (Zuckern mit 5 Kohlenstoffatomen) aufgebaut sind. Die wichtigsten Vertreter sind die Hemicellulosen Xylan und Arabinan. Pentosane kommen in pflanzlichen Zellwänden vor, v. a. in Getreiden wie *Triticum* – Weizen und *Secale cereale* – Roggen. Bei Roggen machen sie 2–3 % und bei Weizen 5–8 % des Getreidekorns aus. Als unlösliche Ballaststoffe fördern Pentosane die Verdauung und in Backwaren beeinflussen sie Teigausbeute und -konsistenz.

Pentylfuran: 2-Pentylfuran ist ein Furanderivat. Es entsteht bei der thermischen Behandlung von *Coffea* – Kaffee oder *Glycine max* – Sojabohne und anderen Hülsenfrüchten. Der Geruch der flüchtigen Verbindung erinnert an Bohnen oder geröstete Nüsse. In typischen Verzehrmengen ist es für den Menschen unbedenklich.

Perianth: Die Blütenhülle wird als Perianth bezeichnet.

Perigon: Als Perigon wird die Gesamtheit der Blütenhüllblätter einer Blüte bezeichnet, wenn diese *nicht* in Kelch- und Kronblätter differenziert sind oder wenn nur ein Kreis von Blütenhüllblättern vorhanden ist.

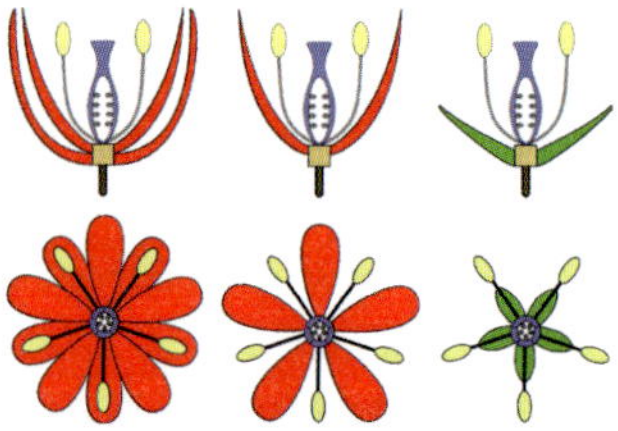

Perigonblatt: Wenn der innere und äußere Kreis der Blütenhüllblätter gleich gestaltet ist *oder* nur ein Kreis von Blütenhüllblättern vorhanden ist, werden die Blütenhüllblätter als Perigonblätter oder Tepalen bezeichnet (z. B. bei *Lilium* – Lilie). Blüten mit Perigon sind haplo- bzw. homochlamydeisch.

Perikarp: Als Perikarp (Fruchtwand) wird das den Samen umhüllende Gewebe der Frucht bezeichnet, häufig sind 3 Schichten erkennbar: Endokarp, Mesokarp und Exokarp.

Perillaaldehyd: Perillaaldehyd ist ein zyklisches Monoterpen-Aldehyd und kommt in den ätherischen Ölen von *Perilla frutescens* vor. Die Verbindung besitzt einen frisch-würzigen Duft mit leicht zitrusartigem Aroma und trägt wesentlich zum typischen Geschmacksprofil von *Perilla* bei. Die Verbindung wird auch in der Parfüm- und Kosmetikindustrie eingesetzt.

Perillaketon: Perillaketon ist ein ätherisches Öl, das zu den bizyklischen Monoterpen-Ketonen gehört. Es kommt v. a. in *Perilla frutescens* vor, besonders in verwelkten oder getrockneten Blättern, wo es durch enzymatische Prozesse entsteht. Perillaketon besitzt einen intensiv würzigen, leicht kampferähnlichen Geruch. Es kann bei Menschen Atemwegsreizungen verursachen und sollte nicht verzehrt werden. Für Wiederkäuer ist die Verbindung hochgradig toxisch.

Perisperm: Das Perisperm ist ein Nährgewebe im Samen mancher Pflanzen, das den Embryo umgibt und das von Zellen des Nucellus (der zur Mutterpflanze gehört) gebildet wird (z. B. bei vielen *Caryophyllaceae* – Nelkengewächse) (siehe auch Endosperm).

Persin: Persin ist eine fettsäureartige Verbindung, die in *Persea americana* – Avocado vorkommt. Besonders hohe Konzentrationen finden sich in Rinde, Blättern und den Samen, während das Fruchtfleisch deutlich geringere Mengen enthält. Sie dient der Pflanze als Abwehrmechanismus gegen Krankheitserreger und Schädlinge, insbesondere Pilze. Für Menschen ist Persin in den üblichen Verzehrmengen von Avocado-Fruchtfleisch weitgehend unbedenklich, kann jedoch bei sehr empfindlichen Personen leichte Magen-Darm-Beschwerden verursachen. Für viele Tiere, insbesondere Vögel, Kaninchen und Wiederkäuer, ist Persin jedoch hochgiftig und kann schwere Vergiftungserscheinungen hervorrufen.

Petale: siehe Kronblatt

Petroselinsäure: Petroselinsäure ist eine seltene einfach ungesättigte Fettsäure. Sie kommt in hohen Konzentrationen in den Samen von *Petroselinum crispum* – Petersilie sowie in *Coriandrum sativum* – Koriander vor.

Pfahlwurzel: Eine senkrecht nach unten wachsende und meist dicke Wurzel wird als Pfahlwurzel bezeichnet (z. B. bei *Taraxacum* – Löwenzahn). Sie fungiert als Speicherorgan. In als Nahrungsmittel genutzten Arten, z. B. *Daucus carota* – Möhre oder *Beta vulgaris* – Rübe, werden sie durch Züchtung gezielt vergrößert.

pfeilförmige Spreite: Bei einer pfeilförmigen Spreite ist die Spreite länglich und spitz, der Blattgrund tief ausgerandet und die basalen Blattzipfel *nicht* deutlich nach außen gerichtet (z. B. bei *Rumex acetosa* – Großer Sauerampfer) (siehe auch spießförmige Spreite).

Phänologie: Die Phänologie befasst sich mit den im Jahresablauf periodisch wiederkehrenden Entwicklungen in der Natur, z. B. den Blühperioden von Pflanzen.

Phasine: siehe Phytohämagglutinin

Phellandrene: Phellandrene sind bizyklische Monoterpene. Sie kommen in vielen ätherischen Ölen vor, z. B. in den von *Eucalyptus* – Eukalyptus, *Foeniculum vulgare* – Fenchel, *Pimpinella anisum* – Anis und *Carum carvi* – Kümmel. Phellandrene tragen zum Aroma dieser Pflanzen bei. In hohen Konzentrationen können sie hautreizend wirken. Sie finden Verwendung als Duft- und Aromastoffe.

Phenolcarbonsäuren: siehe Phenolsäuren

Phenole: Phenole sind aromatische Verbindungen mit einer oder mehreren Hydroxygruppen am Benzolring. Sie kommen in vielen Pflanzen vor und erfüllen dort unterschiedliche Funktionen, z. B. als Farbstoffe, Geschmacksstoffe oder Abwehrstoffe. Viele Phenole wirken als Antioxidantien. Zu den ernährungsrelevanten phenolischen Verbindungen zählen z. B. Flavonoide, Phenolsäuren und Stilbene.

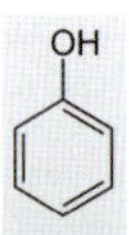

Phenol

Phenolsäuren: Phenolsäuren sind Phenole mit einer Carboxylgruppe. Die häufigsten Vertreter sind Hydroxyzimtsäuren wie Kaffeesäure, Ferulasäure und p-Cumarsäure sowie Hydroxybenzoesäuren wie Gallussäure und Vanillinsäure. Sie kommen in vielen Obst- und Gemüsearten sowie in *Coffea* – Kaffee, *Camellia sinensis* – Tee, aber auch in Getreide vor. Phenolsäuren haben antioxidative, entzündungshemmende und antimikrobielle Eigenschaften. Studien deuten auf eine präventive Wirkung gegenüber Herz-Kreislauf-Erkrankungen und bestimmten Krebsarten hin.

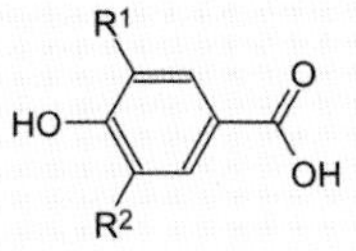

p-Hydroxybenzoesäure

Phenylacetaldehyd: Phenylacetaldehyd (Phenylethanal) ist ein aromatisches Aldehyd. Es kommt z. B. in *Rosa* – Rose, *Hyacinthus* – Hyazinthe und vielen anderen Pflanzen vor und hat einen süßlich-blumigen Duft.

Phenylethanal: siehe Phenylacetaldehyd

Phenylethylisothiocyanat: Phenylethylisothiocyanat ist eine schwefelhaltige Verbindung aus der Gruppe der Isothiocyanate. Sie entsteht beim enzymatischen Abbau von Gluconasturtiin, einem Senfölglycosid, das u. a. in *Tropaeolum majus* – Kapuzinerkresse vorkommt. Phenylethylisothiocyanat hat einen scharfen Geschmack und Geruch, der an Meerrettich erinnert. Die Substanz wirkt antimikrobiell und wird in einigen Studien mit einer krebshemmenden Wirkung in Verbindung gebracht. In hohen Konzentrationen kann Phenylethylisothiocyanat allerdings auch reizend auf Haut und Schleimhäute wirken.

Phenylpropanoide: Phenylpropanoide leiten sich von der Aminosäure Phenylalanin ab. Zu ihnen gehören u. a. Zimtsäurederivate, Lignane und Cumarine. Sie kommen in vielen Obst- und Gemüsearten sowie Gewürzen vor und tragen zu deren Aroma, Farbe und Geschmack bei. Bekannte Beispiele sind Chlorogensäure in *Coffea* – Kaffee, Ferulasäure in Getreide sowie Sinapinsäure in *Brassica* – Senf und *Brassica napus* – Raps. Viele Phenylpropanoide wirken antioxidativ, entzündungshemmend, antimikrobiell und z. T. auch krebsvorbeugend.

Phlorotannine: Phlorotannine sind eine Gruppe phenolischer Verbindungen, die v. a. in *Phaeophyceae* – Braunalgen wie Wakame vorkommen. Sie besitzen antioxidative, entzündungshemmende sowie antimikrobielle Eigenschaften. Wissenschaftliche Studien deuten darauf hin, dass sie positive Effekte auf die Gesundheit haben könnten, indem sie beispielsweise den Blutzuckerspiegel regulieren und das Risiko für bestimmte Krebsarten senken.

Phorbolester: Phorbolester gehören zu den Diterpenen. Sie finden sich v. a. in Pflanzen der Familie der *Euphorbiaceae* – Wolfsmilchgewächse, Phorbol-12-myristat-13-acetat (PMA) z. B. in der Gattung *Croton* – Krotonbaum. Phorbolester wirken stark reizend auf Haut und Schleimhäute und sind häufig toxisch. Einige Verbindungen erzeugen Tumore und werden dafür in Tierversuchen eingesetzt.

Phosphor: Phosphor ist ein essenzieller Mineralstoff, der in vielen Lebensmitteln pflanzlichen und tierischen Ursprungs vorkommt. Er ist u. a. in Milchprodukten, Fisch, Fleisch, Vollkornprodukten, Hülsenfrüchten und Nüssen enthalten. Im Körper ist Phosphor am Aufbau von Knochen und Zähnen beteiligt und spielt eine wichtige Rolle bei der Energiegewinnung, dem Säure-Basen-Haushalt sowie als Bestandteil von DNA und Zellmembranen. Ein Mangel ist selten, da Phosphor in vielen Lebensmitteln ausreichend vorhanden ist.

Photosensibilisierung: Die Photosensibilisierung ist eine lichtbedingte Überreaktion der Haut, die durch bestimmte Pflanzenstoffe ausgelöst wird. Photosensibilisierende Substanzen wie Furocumarine absorbieren UV-Strahlung und setzen dabei reaktive Sauerstoffverbindungen frei, die Hautzellen schädigen können. Bekanntester Auslöser ist *Heracleum mantegazzianum* – Riesen-Bärenklau. Die Reaktion äußert sich in schmerzhaften Verbrennungen, Blasenbildung und langanhaltenden Pigmentveränderungen.

Phthalide: Phthalide sind aromatische Verbindungen, die besonders häufig in *Apiaceae* – Doldenblütler vorkommen, z. B. in *Apium graveolens* – Sellerie und *Levisticum officinale* – Liebstöckel. Phthalide verleihen diesen Pflanzen ihr würziges Aroma. Sie zeigen antimikrobielle, entzündungshemmende und nervenschützende Wirkungen und können die Herz-Kreislauf-Gesundheit unterstützen.

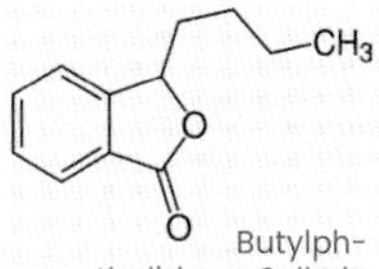

Butylphthalid aus Sellerie

Phycocyanin: Phycocyanin ist ein wasserlösliches, blaugrünes Protein, das in Cyanobakterien und Rotalgen vorkommt. Phycocyanin ist ein starkes Antioxidans mit entzündungshemmenden und immunmodulierenden Eigenschaften. Als Farbstoff (E18) findet Phycocyanin Verwendung als Färbemittel in der Lebensmittelindustrie und in Nahrungsergänzungsmitteln.

Phycoerythrin: Phycoerythrin ist ein wasserlösliches Pigment, das in Rotalgen und Cyanobakterien vorkommt. Es dient als akzessorisches Pigment bei der Photosynthese, indem es Licht im grünen und gelben Bereich absorbiert. Es besteht aus einem Proteinkomplex, der eine chromophore Gruppe, das Phycoerythrobilin, trägt. Aufgrund seiner intensiv pinkfarbenen bis roten Färbung wird Phycoerythrin als Farbstoff in Lebensmitteln eingesetzt.

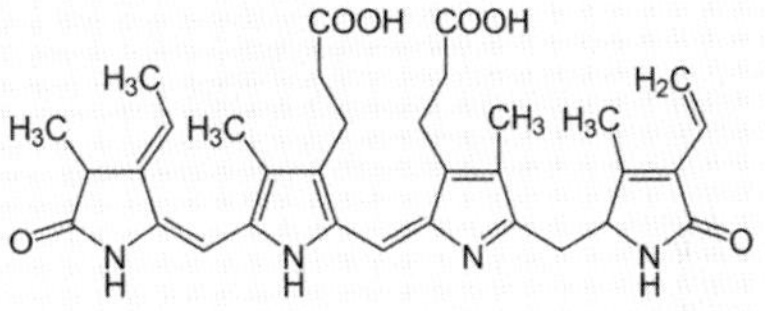

Phycoerythrobilin

Phyllokladium: Phyllokladien sind umgewandelte Sprossachsen, die abgeflacht sind und in nennenswertem Umfang Photosynthese betreiben (z. B. bei *Asparagus* – Spargel).

Physcion: siehe Parietin

Phytamine: siehe sekundäre Pflanzenstoffe

Phytinsäure: Phytinsäure ist die Speicherform von Phosphor in Pflanzen und kommt v. a. in Samen, Hülsenfrüchten und Nüssen vor. Einerseits kann Phytinsäure die Bioverfügbarkeit von Mineralstoffen wie Eisen, Zink und Calcium verringern, andererseits besitzt sie antioxidative Eigenschaften und wird mit einer möglichen krebshemmenden Wirkung in Verbindung gebracht.

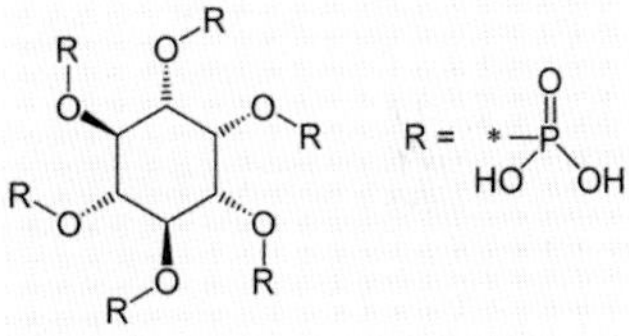

Phytohämagglutinin: Phytohämagglutinine sind Proteine aus der Gruppe der Lektine. Sie kommen u. a. in den Samen von *Fabaceae* – Schmetterlingsblütler, wie z. B. von *Phaseolus* – Bohne, *Lens* – Linse und *Lathyrus oleraceus* – Erbse, vor. Phytohämagglutinine können rote Blutkörperchen verklumpen lassen. In rohen Hülsenfrüchten wirken sie in höheren Dosen toxisch und können Übelkeit, Erbrechen und Durchfall auslösen. Durch Kochen werden sie jedoch inaktiviert und die Hülsenfrüchte für den menschlichen Verzehr unbedenklich.

Phytoöstrogene: Phytoöstrogene sind Pflanzenstoffe mit östrogenähnlicher Wirkung. Sie kommen v. a. in Hülsenfrüchten, z. B. von *Glycine max* – Sojabohne vor. Einige Studien deuten auf positive Wirkungen bei Wechseljahresbeschwerden und Osteoporose hin, die Datenlage ist jedoch nicht eindeutig. Auch in *Linum usitatissimum* – Lein sind sie zu finden, diese wirken allerdings deutlich schwächer.

Phytosterine: siehe Sterine

Phytosterole: siehe Sterine

Piceatannol: Piceatannol ist ein polyphenolisches Stilben, das z. B. in *Vitis vinifera* – Weintraube, *Vaccinium*-Arten –

Heidelbeeren, *Picea abies* – Gemeine Fichte und *Passiflora edulis* – Passionsfrucht vorkommt. Es wirkt als starkes Antioxidans mit entzündungshemmenden und antikarzinogenen Eigenschaften. Piceatannol unterstützt die Herz-Kreislauf-Gesundheit und zeigt vielversprechende Effekte bei der Regulation des Fettstoffwechsels.

Picrocrocin: Picrocrocin ist ein Monoterpenglycosid und der Bitterstoff von *Crocus sativus* – Safran. Beim Trocknen der Safranfäden entsteht aus Picrocrocin durch enzymatische Spaltung das Safranal, welches für das typische Aroma verantwortlich ist.

Pinene: Pinene sind bizyklische Monoterpene. Sie zählen zu den wichtigsten Aromastoffen in Pflanzen und haben einen frischen, harzigen Duft, insbesondere in Nadelhölzern wie *Pinus* – Kiefer und Gewürzpflanzen wie *Salvia rosmarinus* – Rosmarin, *Salvia officinalis* – Echter Salbei oder *Ocimum basilicum* – Basilikum.

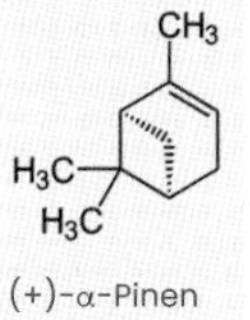

(+)-α-Pinen

Pinitol: D-Pinitol ist ein zyklisches Polyol. Diese süßlich schmeckende Verbindung ist besonders reichlich in den Pflanzenfamilien *Fabaceae* – Schmetterlingsblütler und *Pinaceae* – Kieferngewächse vertreten und kommt z. B. in *Ceratonia siliqua* – Johannisbrotbaum und *Pinus lambertiana* – Zucker-Kiefer vor. Pinitol dient Pflanzen als Osmoregulator zum Schutz vor Wasserstress und hohen Salzkonzentrationen. In der menschlichen Ernährung zeigt es antidiabetische Eigenschaften und kann z. B. die Insulinresistenz verbessern. Zusätzlich besitzt es entzündungshemmende und antioxidative Effekte, die zur Herz-Kreislauf-Gesundheit beitragen können.

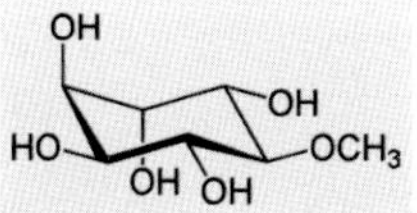

Pinocamphone: Pinocamphone sind bicyklische Monoterpenketone. Sie kommen in ätherischen Ölen von *Hyssopus* – Ysop vor. Pinocamphone haben einen kampferartigen Geruch und Geschmack. In hohen Konzentrationen können sie reizend auf Haut und Schleimhäute wirken.

pinselartige Blüte: Pinselartige Blüten haben lange, auffällige Staubblätter, die weit aus den Blüten herausragen. Meist fehlt die Blütenhülle oder ist reduziert (z. B. bei *Salix* – Weide).

Piperin: Piperin ist ein Alkaloid und der Scharfstoff von *Piper nigrum* – Pfeffer. Es ist für den brennend-scharfen Geschmack des Gewürzes verantwortlich. Piperin regt die Durchblutung der Magenschleimhaut an und kann dadurch die Magensaftsekretion fördern, was die Verdauung unterstützt. Piperin fördert auch die Aufnahme verschiedener Mikronährstoffe und Wirkstoffe im Darm, indem es Enzyme hemmt, die diese abbauen. So kann es deren Bioverfügbarkeit erhöhen. Aus diesem Grund wird Piperin häufig Nahrungsergänzungsmitteln zugesetzt. Außerdem werden ihm weitere positive Wirkungen wie antioxidative und entzündungshemmende Effekte zugeschrieben.

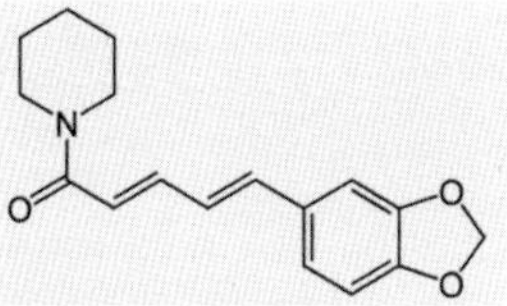

Plumbagin: Plumbagin ist ein Naphthochinon mit intensiver gelber Farbe, die sich v. a. in 3 Pflanzenfamilien findet: *Plumbaginaceae*, *Ebenaceae* und *Droseraceae*. Plumbagin ist ein Vitamin K_3-Analogon mit antikarzinogenen Eigenschaften und starken antimikrobiellen, entzündungshemmenden sowie antioxidativen Wirkungen. Aufgrund der möglichen Giftigkeit in höheren Dosen sollte es nur in streng kontrollierten Mengen konsumiert werden. Die Verbindung besitzt einen bitteren, adstringierenden Geschmack.

Pollen: Pollen werden in den Staubblättern (genauer in den Pollensäcken) durch meiotische Teilung gebildet, keimen auf der Narbe des Fruchtblatts aus und befruchten dann über Pollenschlauch und Spermazellen die Eizelle.

Pollensack: Als Pollensäcke werden die 4 Fächer von Staubbeuteln bezeichnet, in denen die Pollen gebildet werden (siehe auch Staubblatt). Ein Pollensack entspricht einem Mikrosporangium.

Polyine: Polyine (Polyalkine) sind ungesättigte Kohlenwasserstoffe mit mehreren Dreifachbindungen. In Pflanzen kommen sie oft als Abwehrstoffe gegen Schädlinge vor, z. B. in *Asteraceae* – Korbblütler, wie *Cynara scolymus* – Artischocke oder *Inula* – Alant. Viele Polyine besitzen aber auch antioxidative, entzündungshemmende oder antimikrobielle Eigenschaften. In hohen Dosen können sie toxisch oder karzinogen wirken.

Polyphenole: Polyphenole sind eine umfangreiche Gruppe von Pflanzenstoffen, die mehrere phenolische OH-Gruppen enthalten. Sie lassen sich in verschiedene Klassen wie Phenolsäuren, Flavonoide, Stilbene oder Lignane einteilen. Polyphenole sind in fast allen Pflanzen enthalten, besonders reich an ihnen sind Obst, Gemüse, Hülsenfrüchte, Kräuter, *Camellia sinensis* – Tee und *Coffea* – Kaffee. Als Antioxidantien werden vielen Polyphenolen positive Effekte auf die Gesundheit zugeschrieben.

Polysaccharide: Polysaccharide sind lange Ketten aus vielen Zuckermolekülen (Monosacchariden). Zu ihnen zählen Amylose und Amylopektin (Stärke), Cellulose (Ballaststoff), Inulin (Ballaststoff) und Pektine (Geliermittel). Sie dienen in Pflanzen als Energiespeicher (Stärke), Gerüst- und Faserstoffe. Für die Ernährung sind Polysaccharide v. a. als Kohlenhydratquelle (Stärke) und Ballaststoffe bedeutsam.

Porenkapsel: Porenkapseln sind Öffnungsfrüchte, die sich öffnen, indem an vordefinierten Stellen Löcher entstehen, aus denen die Samen herausfallen (z. B. bei *Papaver* – Mohn) (siehe auch Kapsel, Deckelkapsel, Spaltkapsel).

Präbiotika: Präbiotika sind unverdauliche Nahrungsbestandteile, v. a. Ballaststoffe, die das Wachstum und die Aktivität nützlicher Darmbakterien selektiv fördern. Sie dienen als Nahrung für die Darmflora, besonders für probiotische Mikroorganismen. Zu den wichtigsten Präbiotika zählen Inulin und Oligofructose, die in Pflanzen wie *Cichorium intybus* – Chicorée, *Allium cepa* – Zwiebel und *Asparagus officinalis* – Spargel enthalten sind. Präbiotika verbessern die Darmgesundheit, unterstützen die Nährstoffaufnahme und können zur Stärkung des Immunsystems beitragen.

Primärblatt: Als Primärblätter werden die ersten, auf das Keimblatt folgenden, oft einfach gebauten Laubblätter bezeichnet (siehe auch Blattfolge).

Proanthocyanidine: siehe Procyanidine

Probiotika: Probiotika sind lebende Mikroorganismen, v. a. bestimmte Bakterien- und Hefestämme, die, in ausreichender Menge aufgenommen, eine gesundheitsfördernde Wirkung ausüben können. Sie kommen in fermentierten Lebensmitteln wie Sauerkraut (*Brassica oleracea var. capitata* – Weißkohl) vor oder werden gezielt zugesetzt. Probiotika unterstützen die Darmflora, stärken das Immunsystem und verbessern die Verdauung. Die wichtigsten probiotischen Bakteriengattungen sind *Lactobacillus* – Laktobazillen und *Bifidobacterium* – Bifidobakterien, während *Saccharomyces boulardii* – Arzneihefe die bedeutendste probiotische Hefe darstellt.

Procyanidine: Procyanidine sind oligomere Proanthocyanidine, welche aus Catechin- und Epicatechin-Einheiten aufgebaut sind. Diese stark antioxidativen Polyphenole finden sich in vielen Pflanzenarten. Sie kommen besonders reichlich in *Vitis vinifera* – Weintraube (besonders in Schalen und Kernen), *Vaccinium*-Arten – Heidelbeere, *Malus domestica* – Apfel und *Theobroma cacao* – Kakao vor. Procyanidine verleihen den Früchten einen herben, adstringierenden Geschmack und tragen z. B. zur Bitterkeit von Rotwein und dunkler Schokolade bei. Sie unterstützen die Herz-Kreislauf-Gesundheit durch Verbesserung der Endothelfunktion und Senkung des Blutdrucks.

Prolamine: Prolamine sind eine Gruppe von Speicherproteinen, die vorwiegend in den Samen von Getreidearten vorkommen. Sie zeichnen sich durch ihren hohen Gehalt an der Aminosäure Prolin aus. Zu den bekanntesten zählt das Gliadin aus *Triticum aestivum* – Weizen, welches zusammen mit Glutenin das Klebereiweiß (Gluten) bildet. Weitere Beispiele sind Hordein in *Hordeum vulgare* – Gerste und Zein in *Zea mays* – Mais. Für Menschen mit Zöliakie sind bestimmte Prolamine problematisch.

Propanthial-S-oxid: Propanthial-S-oxid ist ein flüchtiges Thiosulfinat, das als primärer tränenreizender Faktor von *Allium cepa* – Küchenzwiebel bekannt ist. Die instabile Verbindung entsteht enzymatisch beim Verletzen des Zwiebelgewebes aus der Vorstufe S-Propenyl-L-cystein-sulfoxid durch das Enzym Alliinase. Propanthial-S-oxid ist für den scharfen Zwiebelgeschmack und das brennende Gefühl in Augen und Nase verantwortlich und besitzt antimikrobielle und möglicherweise entzündungshemmende Wirkungen.

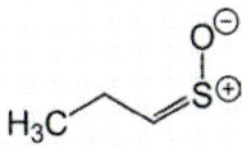

Proteaseinhibitoren: Proteaseinhibitoren sind Moleküle, die Proteasen (eiweißspaltende Enzyme) hemmen können. In Pflanzen fungieren sie als Abwehrstoffe gegen Fraßfeinde, indem sie die Verdauungsenzyme von Insekten oder Mikroben blockieren. Beim Verzehr von rohen Hülsenfrüchten und Getreide können sie auch die menschliche Proteinverdauung beeinträchtigen, werden beim Erhitzen aber meist zerstört. Einige Proteaseinhibitoren werden als Medikamente eingesetzt, z. B. gegen HIV, Hepatitis C oder Krebs.

Proteine: Proteine sind aus Aminosäuren aufgebaut. Sie erfüllen im menschlichen Körper vielfältige Funktionen, u. a. als Strukturelemente, Enzyme, Hormone und Antikörper. Für den Aufbau und Erhalt von Muskeln, Organen, Haut und anderen Geweben sind Proteine unerlässlich. Gute pflanzliche Proteinquellen sind die Samen der *Fabaceae* – Schmetterlingsblütler wie *Phaseolus* – Bohne, *Lens* – Linse und *Lathyrus oleraceus* – Erbse sowie Getreide wie *Triticum* – Weizen und Pseudogetreide wie *Chenopodium quinoa* – Quinoa, aber auch Nüsse und Samen vieler anderer Pflanzen.

proteinogene Aminosäure: siehe Aminosäure

Provitamin A: siehe Carotine

Provitamine: Provitamine sind Vorstufen von Vitaminen, die der Körper in die aktive Form umwandeln kann. Ein bekanntes Beispiel ist β-Carotin, das Provitamin A, aus dem der Organismus bei Bedarf Vitamin A herstellt.

Prunol: siehe Ursolsäure

Pseudanthium: siehe Scheinblüte

Pseudogetreide: Als Pseudogetreide werden getreideähnliche Samen von Pflanzen bezeichnet, die botanisch nicht zu den *Poaceae* – Süßgräsern gehören, aber ähnlich verwendet werden. Bekannte Vertreter sind *Chenopodium quinoa* – Quinoa und *Amaranthus caudatus* – Garten-Fuchsschwanz aus der Familie der Fuchsschwanzgewächse. Pseudogetreide sind von Natur aus glutenfrei und besitzen oft eine günstigere Aminosäure-Zusammensetzung als herkömmliches Getreide.

Pseudoviviparie: Bei der Pseudoviviparie entstehen im Blütenstand vegetativ gebildete Brutknospen, die bereits zu keimen beginnen, während sie noch mit der Mutterpflanze verbunden sind (z. B. bei *Poa bulbosa* – Zwiebel-Rispengras).

Pulegon: Pulegon ist ein Monoterpen-Keton mit minzartigem Geruch, das in vielen Pflanzen der *Lamiaceae* – Lippenblütler vorkommt, darunter *Mentha pulegium* – Polei-Minze und *Nepeta cataria* – Katzenminze. In hohen Dosen kann Pulegon toxisch wirken und zu Leber- und Nierenschäden führen. Aus Sicherheitsgründen ist die Verwendung in Lebensmitteln in vielen Ländern reguliert oder verboten.

Punicalagin: Punicalagin ist ein hochmolekulares Ellagitannin und einer der größten bekannten wasserlöslichen Polyphenole. Diese komplexe Verbindung kommt in *Punica granatum* – Granatapfel vor, besonders konzentriert in der Schale und in geringeren Mengen im Fruchtfleisch. Punicalagin besitzt außergewöhnlich starke antioxidative Eigenschaften. In der menschlichen Ernährung unterstützt es die Herz-Kreislauf-Gesundheit, zeigt entzündungshemmende Wirkungen und kann zur Krebsprävention beitragen. Die Verbindung trägt zum herb-adstringierenden Geschmack des Granatapfels bei.

Punicalin: Punicalin ist ein Ellagitannin und struktureller Vorläufer von Punicalagin. Die polyphenolischen Verbindungen kommen v. a. in *Punica granatum* – Granatapfel vor, besonders konzentriert in Fruchtschale, Rinde und Blättern. Die Verbindung besitzt einen ausgesprochen herben und adstringierenden Geschmack. Punicalin zeigt starke antioxidative und entzündungshemmende Eigenschaften, wenn auch in geringerer Intensität als Punicalagin. In der menschlichen Ernährung trägt es zur Unterstützung der Gefäßgesundheit und des Immunsystems bei.

Pyrazine: Pyrazine sind stickstoffheterozyklische Verbindungen. Sie kommen in geringen Mengen in Pflanzen vor, z. B. in *Theobroma cacao* – Kakao, *Coffea*-Arten – Kaffee und *Corylus avellana* – Haselnuss. Pyrazine entstehen außerdem beim Rösten oder Erhitzen stickstoffhaltiger Lebensmittel. Sie besitzen bereits in sehr geringen Konzentrationen einen intensiven, erdigen und nussigen Geruch und tragen wesentlich zum Aromaprofil verschiedener Röstprodukte bei.

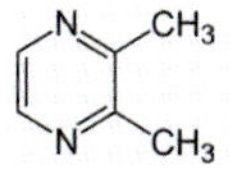

2,3-Dimethylpyrazin, eine Aromakomponente aus gerösteten Sesam

Pyridin-3-Carbonsäure: siehe Vitamin B_3

Pyrrolizidinalkaloide: Pyrrolizidinalkaloide (PAs) enthalten als Grundstruktur das Ringsystem Pyrrolizidin, ein bizyklisches tertiäres Amin. Sie kommen v. a. in *Boraginaceae* – Borretschgewächse, *Asteraceae* – Korbblütler und *Fabaceae* – Schmetterlingsblütler vor. Viele PAs wirken lebertoxisch und einige sind als krebserregend eingestuft. Bekannte PA-haltige Pflanzen sind *Symphytum officinale* – Beinwell, *Tussilago farfara* – Huflattich und *Jacobaea vulgaris* – Jakobskreuzkraut. Der Verzehr solcher Pflanzen sollte gemieden werden.

Quercetin: Quercetin ist ein Flavonoid mit antioxidativen und entzündungshemmenden Eigenschaften. Es kommt in vielen Obst- und Gemüsesorten vor, besonders in *Allium cepa* – Küchenzwiebel, *Malus domestica* – Kultur-Apfel, *Brassica oleracea* var. *sabellica* – Grünkohl und *Brassica oleracea* var. *italica* – Brokkoli. Studien deuten darauf hin, dass Quercetin das Risiko für bestimmte Herz-Kreislauf-Erkrankungen und einige Krebsarten verringern könnte. In aktuellen klinischen Studien wird auch eine mögliche antivirale Wirkung erforscht.

Quirl: Als Quirl im engeren Sinn werden wirtelig angeordnete, meist blattachselständige Blütenstände bezeichnet. Bei den meisten Pflanzenarten (z. B. vielen *Lamiaceae* – Lippenblütler) handelt es sich aber nicht um Quirle im engeren Sinn, sondern um Scheinquirle, die eigentlich als Zymen bzw. Thyrsen anzusprechen sind (siehe auch Knäuel, wirtelige Blattstellung).

quirlige Blattstellung: siehe wirtelige Blattstellung

radiärsymmetrische Blüte: Durch radiärsymmetrische Blüten lassen sich > 2 Symmetrie-Ebenen legen (z. B. bei *Tulipa* – Tulpe).

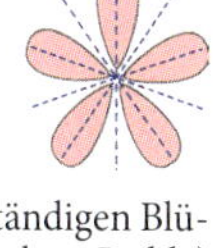

Randblüte: Als Randblüten werden die randständigen Blüten eines kompakten Blütenstandes (z. B. Körbchen, Dolde) bezeichnet, besonders dann, wenn sie sich von den zentral stehenden Blüten unterscheiden (z. B. die weißen randlich stehenden Zungenblüten bei *Bellis* – Gänseblümchen oder die vergrößerten Randblüten bei *Viburnum opulus* – Gewöhnlicher Schneeball).

Ranke: Als Ranke werden umgewandelte Sprosse (z. B. bei *Vitis* – Wein) oder Blätter bzw. Blattteile (z. B. bei *Lathyrus* – Platterbse) bezeichnet, mit deren Hilfe Kletterpflanzen sich an Pflanzen oder Substraten wie Felsen oder Mauern festhalten.

Rapellum: Das Rapellum (Rahmen) ist ein Teil der Schote der *Brassicaceae* – Kreuzblütler. Es wird von 2 schmalen Fruchtblättern gebildet, an denen sich auch die Samenanlagen befinden. Bei der Fruchtreife bleibt das Rapellum gemeinsam mit einer Scheidewand in der Regel stehen, während die von 2 sterilen Fruchtblättern gebildeten Fruchtklappen oft abfallen (z. B. bei *Lunaria* – Silberblatt).

Raphanin: Raphanin ist ein Glucosinolat, das v. a. in *Brassicaceae* – Kreuzblütler vorkommt, darunter *Raphanus sativus* – Rettich (Radieschen) und *Lepidium sativum* – Gartenkresse. Raphanin wirkt antimikrobiell.

rautenförmige Spreite: Eine rautenförmige Spreite hat die Form einer Raute (z. B. bei einigen Blättern von *Betula pendula* – Hängebirke).

Rebaudiosid A: Rebaudiosid A ist ein Süßstoff, der aus den Blättern von *Stevia rebaudiana* – Stevia gewonnen wird. Die Substanz ist rund 200-mal süßer als Zucker und wird als Süßungsmittel (E960) eingesetzt. Rebaudiosid A ist eines von mehreren Steviolglycosiden in der Pflanze und hat im Vergleich zu den anderen Stoffen (z. B. Steviosid) einen angenehmeren Geschmack. Allerdings kann die Süße bei manchen Menschen einen leichten Beigeschmack haben, der oft als lakritz- oder mentholartig beschrieben wird.

Reich: Der Begriff »Reich« wird in der Systematik verwendet, um eine große monophyletische Gruppe von Sippen zu kennzeichnen, z. B. die *Plantae* (Pflanzen, Pflanzenreich). Das Reich ist eine der obersten Ebenen der Systematik, ihr übergeordnet ist nur die Domäne, untergeordnet ist die Abteilung.

Remontierende Pflanzen: Remontierende Pflanzen zeichnen sich durch die Fähigkeit aus, mehrmals im Jahr zu blühen oder Früchte zu tragen. Bei Erdbeeren beispielsweise tragen nicht-remontierende Sorten nur einmal im Frühsommer Früchte, während remontierende Sorten vom Frühsommer bis zum ersten Frost kontinuierlich oder in mehreren Schüben Blüten und Früchte bilden können. Diese Eigenschaft wird in der Pflanzenzüchtung geschätzt, da sie die Ernteperiode verlängert und den Ertrag erhöhen kann.

Resveratrol: Resveratrol ist ein Polyphenol, das in den Schalen von roten Weintrauben (*Vitis vinifera*), *Vaccinium* – Blaubeeren, *Arachis hypogaea* – Erdnüssen und einigen anderen Pflanzen vorkommt. Studien an Tieren und Zellkulturen deuten auf potenzielle Effekte gegen Herz-Kreislauf-Erkrankungen, Diabetes und Krebs hin.

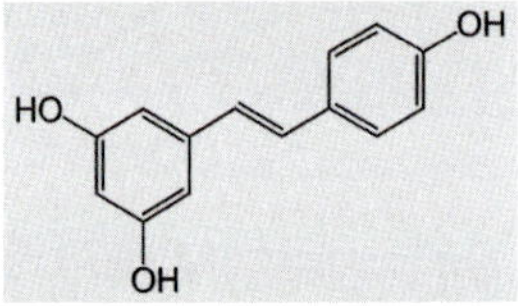

Retinol: siehe Vitamin A

Rhachis: Als Rhachis (Blattspindel) wird bei zusammengesetzten Blättern der der Mittelrippe entsprechende Abschnitt bezeichnet, welcher die einzelnen Fiederblättchen miteinander verbindet.

Rhizom: Als Rhizom werden unterirdisch wachsende Ausläufer bezeichnet (z. B. bei *Anemone* – Windröschen). Sie dienen der Pflanze zur Speicherung von Nährstoffen und zur vegetativen Vermehrung.

Rhodinal: siehe Citronellal

Riboflavin: siehe Vitamin B_2

Rinde: Als Rinde bezeichnet man das sekundäre Abschlussgewebe an Stamm und Ästen von Gehölzen. Die Rinde wird angelegt, wenn das primäre Abschlussgewebe, die Epidermis, durch das Dickenwachstum aufreißt. Die Rinde ist meist glatt und wenig strukturiert und wird bei den meisten Bäumen im Alter durch die Borke (tertiäres Abschlussgewebe) abgelöst. Nur bei wenigen Arten bleibt die Rinde lange erhalten (z. B. bei *Fagus* – Buche).

Rispe: Eine Rispe ist ein racemöser Blütenstand, der mehrfach verzweigt ist und aus einzeln stehenden, gestielten Blüten zusammengesetzt ist (z. B. bei *Syringa* – Flieder). Bei Rispengräsern stehen anstelle der Blüten Ährchen (z. B. bei *Poa* – Rispengras).

Röhrenblüte: Bei Röhrenblüten sind die Blütenhüllblätter zu einer langen Röhre verwachsen (z. B. bei *Crocus* – Krokus oder den Röhrenblüten der *Asteraceae* – Korbblütler) (siehe auch Blüte).

Rosette: Von einer Rosette spricht man, wenn viele Laubblätter dicht gedrängt am Grunde der Sprossachse angeordnet sind. Die Blattstellung in der Rosette ist meist wechselständig, allerdings ist das Längenwachstum der Sprossachse im Bereich der Rosette unterdrückt, sodass die Blätter scheinbar wirtelig stehen. Man unterscheidet Rosettenpflanzen (z. B. *Taraxacum* – Löwenzahn) und Halbrosettenpflanzen (z. B. *Verbascum* – Königskerze).

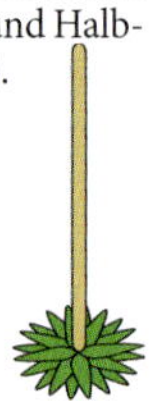

Rosettenpflanze: Bei Rosettenpflanzen sind *alle* Laubblätter in einer grundständigen Rosette angeordnet, die Sprossachse ist blattlos (z. B. *Taraxacum* – Löwenzahn) oder mit allenfalls kleinen Schuppenblättern besetzt (z. B. *Hieracium pilosella* – Kleines Habichtskraut) (siehe auch Halbrosettenpflanze).

Rosmarinsäure: Rosmarinsäure ist eine Hydroxyzimtsäure, die v. a. in *Lamiaceae* – Lippenblütler wie z. B. *Salvia rosmarinus* – Rosmarin und *Thymus vulgaris* – Thymian vorkommt. Rosmarinsäure besitzt antioxidative, entzündungshemmende und antimikrobielle Eigenschaften. In vitro wurden auch nervenschützende und antidepressive Wirkungen beobachtet. Aufgrund ihrer vielseitigen Wirkungen findet sie Anwendung in Nahrungsergänzungsmitteln und Kosmetikprodukten.

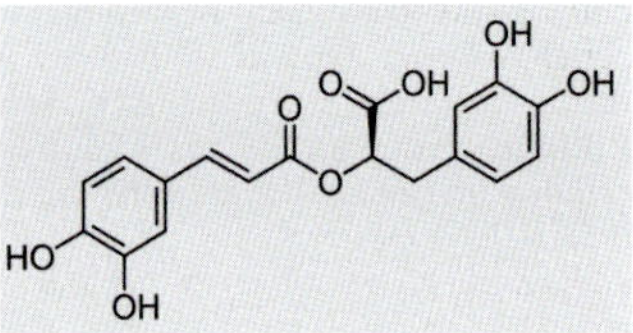

Rotenon: Rotenon ist ein Insektizid, das in den Wurzeln tropischer *Fabaceae* – Schmetterlingsblütler wie *Pachyrhizus* – Yamsbohne, *Derris elliptica* – Tubawurzel und *Tephrosia vogelii* – Fischfangbaum vorkommt. Rotenon hemmt den Elektronentransport in den Mitochondrien und ist in hohen Dosen für Fische, Vögel und Säugetiere giftig. Aufgrund seiner geringen Persistenz galt Rotenon lange als umweltfreundliche Alternative zu synthetischen Insektiziden. Seit 2009 ist die Verwendung in der EU jedoch nicht mehr erlaubt.

Rotenonoide: Rotenonoide sind Isoflavonoide mit insektizider Wirkung. Sie kommen in den Wurzeln tropischer Schmetterlingsblütler vor und schützen die Pflanzen vor Fraßfeinden. Neben Rotenon zählen dazu Deguelin, Tephrosin und Sumatrol. Rotenonoide wirken als Atmungsgifte. In hohen Dosen sind sie für Wirbeltiere toxisch.

Rückennaht: Die Rückennaht entspricht dem zentralen Leitbündel eines Fruchtblattes. Hülsen öffnen sich an Rücken- *und* Bauchnaht (z. B. bei *Robinia* – Robinie und anderen *Fabaceae* – Schmetterlingsblütler).

Ruderalpflanze: Ruderalpflanzen wachsen an von Menschen geschaffenen und meist häufig gestörten Standorten wie Straßenrändern (z. B. *Hordeum murinum* – Mäusegerste).

Rutin: Rutin ist ein Flavonol-Glycosid, das z. B. in *Fagopyrum esculentum* – Buchweizen, *Citrus* – Zitrusfrüchte und *Malus* – Apfel vorkommt. Es schützt die Pflanzen vor UV-Strahlung und Pathogenen. Rutin ist ein starkes Antioxidans. Weiterhin wurden in vitro entzündungshemmende, anti-diabetische und nervenschützende Wirkungen beobachtet. Es wird bei venöser Insuffizienz und Krampfadern eingesetzt. Die Bioverfügbarkeit von Rutin aus Nahrungsmitteln ist jedoch gering, da es von der Darmflora zu Quercetin abgebaut wird.

s. l.: »s. l.« ist die Abkürzung für »sensu lato« und bedeutet »im weiteren Sinn«.

s. str.: »s. str.« ist die Abkürzung für »sensu stricto« und bedeutet »im engeren Sinn«.

Sabinen: Sabinen ist ein bizyklisches Monoterpen, das in vielen ätherischen Ölen vorkommt, u. a. in *Myristica fragrans* – Muskatnussbaum, *Juniperus sabina* – Sadebaum und

Coriandrum sativum – Koriander. Es besitzt einen würzig-holzigen Geruch und wird als Aromastoff verwendet. In hohen Dosen wirkt Sabinen hautreizend und kann Allergien auslösen.

Saccharose: Saccharose (Haushaltszucker) ist ein Disaccharid aus Glucose und Fructose. Als wichtigstes Speicherkohlenhydrat kommt es in vielen Pflanzen vor, in großen Mengen in *Saccharum officinarum* – Zuckerrohr und *Beta vulgaris* – Zuckerrüben. Früchte, Nektar und Pflanzensäfte enthalten ebenfalls Saccharose. Sie dient den Pflanzen als Energiespeicher, Kälteschutz und Lockstoff für Bestäuber. In der menschlichen Ernährung ist Saccharose eine wichtige Quelle für rasch verfügbare Energie. Ein übermäßiger Verzehr wird mit Gesundheitsproblemen wie Übergewicht, Diabetes mellitus Typ 2 und Karies in Verbindung gebracht.

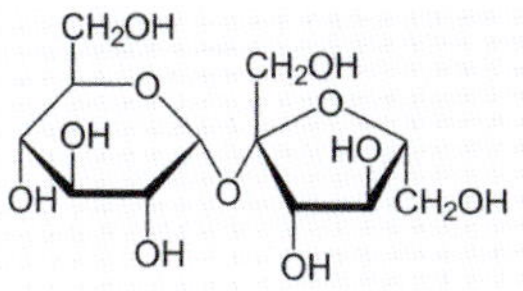

Saflorgelb: Saflorgelb wird von mehreren wasserlöslichen gelben Pigmenten gebildet, die in den Blüten von *Carthamus tinctorius* – Färberdistel vorkommen und diesen ihre gelb-orange Farbe verleihen. Dazu gehören u. a. Saflorgelb A und Hydroxysaflor Gelb A. Saflorgelb A ist ein wasserlösliches Glycosid des Farbstoffs Carthamidin. Traditionell wurde Saflorgelb als Textilfarbstoff und Lebensmittelfarbstoff verwendet. Heute findet es aufgrund seiner Lichtempfindlichkeit und Instabilität kaum noch Verwendung.

Safranal: Safranal ist ein Terpenaldehyd und der Hauptaromastoff des Gewürzes Safran, welcher aus den getrockneten Narben von *Crocus sativus* – Safran gewonnen wird. Es trägt wesentlich zum Geruch und Geschmack des Safrans bei. Safranal entsteht beim Trocknungsprozess aus dem geruchlosen Vorläufer Picrocrocin. Safranal hat antioxidative und entzündungshemmende Eigenschaften und zeigte in Studien auch positive Effekte auf Gedächtnisleistung und mögliche antidepressive Effekte. In hohen Dosen kann es allerdings toxisch wirken.

Safrol: Safrol ist ein Phenylpropanoid, das den Hauptbestandteil des ätherischen Öls von *Sassafras albidum* – Sassafras bildet. In *Illicium verum* – Sternanis und einigen anderen Pflanzen kommt es in geringer Konzentration vor. Es besitzt einen süßlichen Geruch und Geschmack, ähnlich Anis oder Lakritze. Safrol wird auch als Aromastoff genutzt. In hohen Dosen wirkt es toxisch. Weil Safrol ein Vorläuferstoff für die Herstellung der Droge Ecstasy ist, sind Herstellung, Erwerb und Abgabe in vielen Ländern verboten.

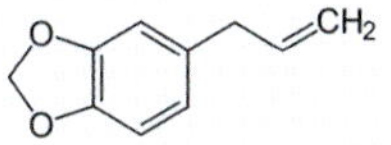

Salicylsäuremethylester: Salicylsäuremethylester (Methylsalicylat) ist ein Ester der Salicylsäure. Es kommt in mehreren Pflanzenarten vor, u. a. in *Gaultheria* – Wintergrün. Dort fungiert es als Abwehrstoff gegen Pflanzenfresser. Salicylsäuremethylester hat einen minzartigen Geruch und wird als Aromastoff eingesetzt, beispielsweise in Kaugummis und Mundwässern. In höheren Dosen ist Salicylsäuremethylester jedoch giftig.

Same: Samen dienen der Ausbreitung und Vermehrung. Sie sind typischerweise aus Embryo, Nährgewebe und Samenschale (Testa) aufgebaut.

Samenanlage: Aus der Samenanlage entwickelt sich nach der Befruchtung der Samen. Die Samenanlage befindet sich bei Bedecktsamern im Fruchtblatt und bei Nacktsamern auf der Samenschuppe und entspricht dem von Integumenten umhüllten Megasporangium.

Samenpflanzen: Samenpflanzen sind die am weitesten entwickelte und diversifizierte Gruppe der Landpflanzen, welche die *Angiospermae* – Bedecktsamer und *Gymnospermae* – Nacktsamer umfasst. Sie stellen die wirtschaftlich bedeutendste Pflanzengruppe dar und liefern den Großteil unserer Nahrungsmittel, Futtermittel, Fasern, Baustoffe und Arzneistoffe.

Samenschale: siehe Testa

Samenschuppe: Als Samenschuppe wird das Megasporophyll der Nacktsamer bezeichnet. Im Zapfen ist sie meist mit dem Tragblatt der weiblichen Blüte (Deckschuppe) verwachsen.

Samenstand: Der Zapfen der Nacktsamer kann (in Analogie zum Fruchtstand) als Samenstand bezeichnet werden, weil die Nacktsamer per Definition keine Früchte haben.

Samenstiel: Als Samenstiel (Funiculus) bezeichnet man die Verbindung zwischen Samen (bzw. den Samenanlagen) und der Plazenta des Fruchtblattes.

Sammelbeerenfrucht: Bei einer Sammelbeerenfrucht verwachsen die zur Blütezeit zunächst *nicht* miteinander verwachsenen Fruchtblätter während der Fruchtreife zu einer strukturellen Einheit. Die Früchtchen entsprechen im Aufbau ihrer Fruchtwand einer Beere (z. B. bei *Morus* – Maulbeere).

Sammelfrucht: Bei einer Sammelfrucht verwachsen die zur Blütezeit zunächst *nicht* miteinander verwachsenen Fruchtblätter während der Fruchtreife zu einer strukturellen Einheit. Man unterscheidet u. a. Sammelnussfrüchte (z. B. bei *Fragaria* – Erdbeere), Sammelsteinfrüchte (z. B. bei *Rubus* – Brombeere) und Sammelbeerenfrüchte (z. B. bei *Morus* – Maulbeere).

Sammelnussfrucht: Bei einer Sammelnussfrucht verwachsen die zur Blütezeit zunächst *nicht* miteinander verwachsenen Fruchtblätter während der Fruchtreife zu einer strukturellen Einheit. Die Früchtchen entsprechen im Aufbau ihrer Fruchtwand einer Nuss (z. B. bei *Fragaria* – Erdbeere).

Sammelsteinfrucht: Bei einer Sammelsteinfrucht verwachsen die zur Blütezeit zunächst *nicht* miteinander verwachsenen Fruchtblätter während der Fruchtreife zu einer strukturellen Einheit. Die Früchtchen entsprechen im Aufbau ihrer Fruchtwand einer Steinfrucht (z. B. bei *Rubus* – Brombeere).

Saponine: Saponine sind oberflächenaktive Substanzen, die mit Wasser schäumende Lösungen bilden. In Pflanzen dienen sie u. a. als Fraßschutz. Einige Saponine wirken cholesterinsenkend, antioxidativ und krebshemmend. Andere hemmen die Nährstoffaufnahme oder schädigen in höheren Dosen die Darmschleimhaut und rote Blutkörperchen. Viele Saponine sind besonders für Fische und Insekten toxisch, weshalb sie traditionell auch als Fisch- und Insektengift verwendet wurden.

Sarcotesta: Als Sarcotesta bezeichnet man eine fleischige Schicht der Samenschale (z. B. die äußeren Schichten der Samen von *Ginkgo* oder vielen *Cycadopsida* – Palmfarnen) (siehe auch Sklerotesta).

Sarsasapogenin: Sarsasapogenin ist ein Steroid-Sapogenin, das in Pflanzen wie *Smilax* – Stechwinde und *Dioscorea* – Yams vorkommt. In der Pflanze hat es wie andere Saponine eine Schutzfunktion gegen Fraßfeinde und Pathogene. Sarsasapogenin dient als Ausgangssubstanz für die halbsynthetische Herstellung von Steroidhormonen wie Testosteron, Progesteron und Corticosteroiden, die als Arzneistoffe eingesetzt werden.

Säule: siehe Gymnostemium

Säureamide: Säureamide sind organische Verbindungen, die entstehen, wenn die Hydroxygruppe einer Carbonsäure durch eine Amino- oder Amidgruppe ersetzt wird. In Pflanzen kommen sie z. B. als Capsaicin in Chilischoten oder als Piperamid in Pfeffer vor. Viele Säureamide schmecken scharf und regen durch Reizung der Schleimhäute den Speichelfluss und die Durchblutung an.

Scheinblüte: Als Scheinblüte (Pseudanthium) bezeichnet man Blütenstände, bei denen mehrere Blüten eng zusammenstehen und als bestäubungsbiologische Einheit (Blume) fungieren (z. B. bei *Bellis* – Gänseblümchen und anderen *Asteraceae* – Korbblütler).

Scheinfrucht: Von einer Scheinfrucht spricht man bei Sammelfrüchten oder Fruchtverbänden, wenn an der Ausbildung der Diasporen nicht nur die Frucht im engeren Sinn, sondern auch weitere Gewebe beteiligt sind (z. B. die Blütenachse bei *Fragaria* – Erdbeere oder ganze Fruchtstände bei *Morus* – Maulbeere).

Schiffchen: Als Schiffchen werden die beiden unteren Kronblätter bei Schmetterlingsblüten bezeichnet. Die beiden das Schiffchen bildenden Kronblätter sind oft verwachsen (z. B. bei *Cytisus scoparius* – Besenginster und anderen *Fabaceae* – Schmetterlingsblütler).

Schirmrispe: Eine Schirmrispe ist eine Rispe, die durch Streckung der Seitenäste und Verkürzung der Hauptachse eine ebene bis leicht gewölbte, schirmförmige Oberfläche aufweist (z. B. bei *Sambucus nigra* – Schwarzer Holunder oder *Achillea* – Schafgarbe).

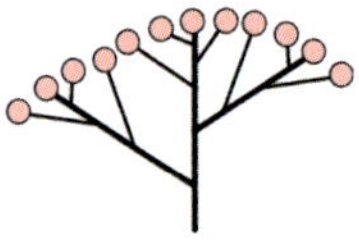

Schleimstoffe: Schleimstoffe sind komplexe Kohlenhydrate, die von vielen Pflanzen gebildet werden. Sie können große Mengen Wasser binden und bilden dann viskose, schleimige Lösungen. Bekannte Vertreter sind Pektine in Obst, Galactomannane in Hülsenfrüchten und Glucomannane im Wurzelextrakt von *Amorphophallus konjac* – Teufelszunge. In Pflanzen erfüllen Schleimstoffe vielfältige Funktionen, u. a. als Wasserspeicher und Keimungsschutz. Für den Menschen gelten sie als Ballaststoffe, die die Verdauung regulieren, den Blutzuckerspiegel stabilisieren und das Sättigungsgefühl fördern. Einige Schleimstoffe werden als Dickungsmittel und Bindemittel in der Lebensmittelherstellung genutzt. In der Pharmazie werden Schleimstoffe als Bestandteil von Hustensirupen, Abführmitteln und zum Schutz von Schleimhäuten genutzt, etwa bei entzündlichen Magen-Darm-Erkrankungen.

Schließfrucht: Bei einer Schließfrucht sind die Samen von einer trockenen, pergamentartigen bis verholzten Fruchtwand umgeben, die während der Fruchtreife geschlossen bleibt. Es handelt sich u. a. um Beeren (z. B. bei *Vaccinium* – Heidelbeere), Steinfrüchte (z. B. bei *Prunus* – Steinobst), Nüsse (z. B. bei *Quercus* – Eiche), Nüsschen (z. B. bei *Ranunculus* – Hahnenfuß), Achänen (z. B. bei *Ambrosia* – Ambrosie und anderen *Asteraceae* – Korbblütler) und Karyopsen (z. B. bei *Setaria* – Borstenhirse und anderen *Poaceae* – Süßgräser).

Schlund: Den Übergangsbereich zwischen Kronröhre und Kronzipfeln bezeichnet man bei verwachsenblättrigen Blüten als Schlund (z. B. bei *Myosotis* – Vergissmeinnicht).

Schlundschuppen: Als Schlundschuppen werden schuppenartige Strukturen, Haare, Falten oder Auswüchse am Übergangsbereich zwischen Kronröhre und Kronzipfeln bezeichnet (z. B. bei *Myosotis* – Vergissmeinnicht oder *Anchusa* – Ochsenzunge) (siehe auch Blüte).

Schmetterlingsblüte: Eine Schmetterlingsblüte ist eine zygomorphe Blüte, bei der die seitlichen Kronblätter (Flügel) seitlich von den beiden unteren (Schiffchen) und dem oberen (Fahne) abstehen (z. B. bei *Cytisus scoparius* – Besenginster und anderen *Fabaceae* – Schmetterlingsblütler) (siehe auch Blüte).

Schötchen: Ein Schötchen ist eine Schote im weiteren Sinn (Frucht der *Brassicaceae* – Kreuzblütler), die < 3-mal so lang wie breit ist (z. B. bei *Draba* – Hungerblümchen oder *Biscutella* – Brillenschötchen).

Schote: Als Schote wird die Öffnungsfrucht bei den *Brassicaceae* – Kreuzblütler bezeichnet. Diese besteht aus 4 (nach älteren Deutungen aus 2) Fruchtblättern: 2 schmale Fruchtblätter sind fertil und bilden den Rahmen (Rapellum), an dem die Plazenta mit den Samenanlagen sitzt. Die 2 breiten Fruchtblätter sind steril und lösen sich meist zur Fruchtreife als Klappen von der Frucht. Oft wird auch zwischen Schote im engeren Sinn (Frucht > 3-mal so lang wie breit, z. B. bei *Erysimum* – Schöterich) und Schötchen (Frucht < 3-mal so lang wie breit, z. B. bei *Thlaspi* – Hellerkraut) unterschieden.

Schuppenblatt: Bei einem Schuppenblatt ist die Blattspreite reduziert, oft handelt es sich um trockene Spelzen (z. B. im Blütenstand der *Poaceae* – Süßgräser) oder um stark reduzierte Blätter im Bereich der Sprossachse (z. B. am Blütenstandsschaft von *Tussilago farfara* – Huflattich).

Schwellkörper: siehe Lodiculae

Schwiele: Als Schwielen werden knorpelartige Verdickungen an den inneren Perigonblättern (Valven) bei einigen Arten der Gattung *Rumex* – Ampfer bezeichnet (z. B. bei *Rumex conglomeratus* – Knäuelblütiger Ampfer).

Secoiridoid-Glucoside: Secoiridoid-Glucoside sind eine Untergruppe der Iridoide und gehören zu den Monoterpenoiden. Sie kommen v. a. in Pflanzen der Familien *Oleaceae* (z. B. *Olea europaea* – Olivenbaum), *Gentianaceae* (z. B. *Gentiana lutea* – Gelber Enzian) und *Apocynaceae* vor. Der bekannteste Vertreter ist Oleuropein im Olivenöl. Die Verbindungen zeichnen sich typischerweise durch starke antioxidative und entzündungshemmende Eigenschaften aus. Epidemiologische Studien deuten auf herzschützende und nervenschützende Wirkungen einiger Secoiridoid-Glucoside hin.

sect.: »sect.« ist die Abkürzung für »Sektion«.

Seitenblatt: Seitenblätter sind die an der Seite der Sprossachse stehenden Blätter. Der Begriff wird angewendet, wenn die Blätter in deutlichen Zeilen angeordnet sind (z. B. bei *Selaginella* – Moosfarn).

Seitenknospe: Aus Seitenknospen, die in den Achseln von Tragblättern stehen, entwickeln sich Seitensprosse (siehe auch Endknospe).

Seitenspross: Als Seitensprosse bezeichnet man die Sprosse, die sich aus Seitenknospen, also aus den Achseln von Tragblättern entwickeln und *nicht* aus der Endknospe.

Sektion: Sektion (Abkürzung: »sect.«) ist die Bezeichnung für eine eng miteinander verwandte Pflanzengruppe. Der Sektion übergeordnet ist die (Unter-)Gattung, ihr untergeordnet die Art. Die Rangstufe der Sektion wird v. a. bei artenreichen und taxonomisch schwierigen Sippen wie *Taraxacum* – Löwenzahn oder *Rubus* – Brombeere verwendet.

Sekundäre Pflanzenstoffe: Sekundäre Pflanzenstoffe sind organische Verbindungen, die im Gegensatz zu den primären Pflanzenstoffen wie Kohlenhydraten, Fetten und Proteinen nicht direkt am Wachstum und der Entwicklung der Pflanze beteiligt sind. Sie erfüllen jedoch wichtige ökologische Funktionen, beispielsweise als Fraßschutz, Lockstoffe oder Signalstoffe. Bekannte Gruppen sind Polyphenole wie Flavonoide und Anthocyane, Carotinoide, Phytosterine, Saponine, Glucosinolate, Sulfide und Terpene. Seriöse Schätzungen gehen davon aus, dass es bis zu 100.000 verschiedene sekundäre Pflanzenstoffe gibt, von denen 5.000–10.000 in Nahrungspflanzen vorkommen. Diese sind nur zu einem kleinen Teil wissenschaftlich identifiziert und ihre physiologischen Wirkungen genau erforscht. In der modernen Ernährungswissenschaft wird die Bedeutung sekundärer Pflanzenstoffe für eine gesunde Ernährung zunehmend betont, da sie bei regelmäßigem Verzehr das Risiko für chronische Erkrankungen senken können.

Selen: Selen ist ein essenzielles Spurenelement, das in Form von Selenocystein in einige Proteine eingebaut wird. Selenoproteine erfüllen wichtige Funktionen als Enzyme und Antioxidantien, u. a. bei der Schilddrüsenhormon-Aktivierung und der Spermienbildung. Selen kommt in Böden und damit auch in Pflanzen in stark schwankenden Mengen vor. Eine gute pflanzliche Selenquelle ist *Bertholletia excelsa* – Paranuss, aber auch Hülsenfrüchte und Getreide sowie Pilze.

Senföle: Als Senföl werden 2 unterschiedliche Öle aus den Samen von *Brassicaceae* – Kreuzblütler bezeichnet. »Fettes Senföl« ist, wie andere echte Fette, ein Gemisch von Triestern des Glycerins und besteht v. a. aus ungesättigten Fettsäuren wie Erucasäure, Ölsäure und Linolsäure. Es wird durch Kaltpressung gewonnen und eignet sich zum Kochen bei hohen Temperaturen. »Ätherisches Senföl« entsteht erst beim Zerkleinern der Pflanzen, wenn das Enzym Myrosinase auf Senfölglycoside (Glucosinolate) trifft. Diese biochemische Reaktion erzeugt die scharfen, beißenden Aromastoffe, die für den typischen Geschmack und Geruch von Senf und anderen *Brassicaceae* – Kreuzblütler wie *Armoracia rusticana* – Meerrettich und *Eutrema japonicum* – Wasabi verantwortlich sind. Ätherische Senföle wirken antimikrobiell und können in höheren Konzentrationen hautreizend sein.

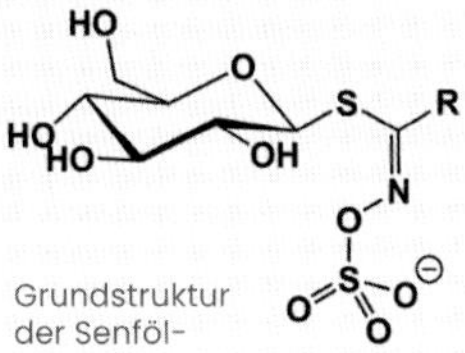

Grundstruktur der Senfölglycoside

Senfölglycoside: Senfölglycoside (Glucosinolate) sind schwefelhaltige Glycoside, die in *Brassicaceae* – Kreuzblütler vorkommen. Sie werden beim Zerkleinern der Pflanzen enzymatisch in die scharf schmeckenden ätherischen Senföle umgewandelt. Senfölglycoside regen die Verdauungssäfte an und wirken antimikrobiell. In größeren Mengen können sie allerdings die Schilddrüsenfunktion beeinträchtigen. Bekannte Vertreter sind Sinigrin und Sinalbin.

Sepale: siehe Kelchblatt

seriale Beiknospen: Wenn in den Achseln eines Tragblattes mehrere Knospen zu finden sind, nennt man diese zusätzlichen Knospen Beiknospen. Stehen diese vertikal über der Hauptknospe, handelt es sich um serial angeordnete Beiknospen (z. B. bei *Lonicera* – Heckenkirsche) (siehe auch laterale Beiknospen).

Sesamin: Sesamin ist ein Lignan, das v. a. in den Samen von *Sesamum indicum* – Sesam vorkommt. Es besitzt antioxidative und entzündungshemmende Eigenschaften. Sesamin kann die Cholesterinwerte verbessern und möglicherweise Lebererkrankungen sowie Bluthochdruck vorbeugen. Beim Rösten von Sesamsamen entsteht aus Sesamin das Sesamol, das für das nussige Aroma verantwortlich ist.

Sesquiphellandren: β-Sesquiphellandren ist ein bizyklisches Sesquiterpen mit intensiv pfeffrigem Geschmack. Es kommt in Gewürzpflanzen wie *Zingiber officinale* – Ingwer, *Elettaria cardamomum* – Grüner Kardamom und *Piper nigrum* – Pfeffer vor und trägt wesentlich zu deren Aroma bei. β-Sesquiphellandren zeigt in Studien entzündungshemmende, schmerzlindernde und krebshemmende Wirkungen, die Dosierung sollte jedoch nur nach ärztlicher Anweisung erfolgen. In zu hoher Konzentration kann es die Haut und Schleimhäute reizen.

Sesquiterpenlactone: Sesquiterpenlactone sind Bitterstoffe, die charakteristisch für *Asteraceae* – Korbblütler sind, aber auch in anderen Familien vorkommen. Es gibt > 5.000 verschiedene Sesquiterpenlactone, die wichtigsten Klassen sind Germacranolide (A), Heliangolide (B), Guaianolide (C, D), Pseudoguaianolide (E), Hypocretenolide (F) und Eudesmanolide (G). Sie verleihen den Pflanzen ihren bitteren Geschmack. Sesquiterpenlactone regen i. a. die Gallensaftproduktion an und fördern so die Fettverdauung. Zudem besitzen sie oft entzündungshemmende und antimikrobielle Eigenschaften. Einige Vertreter wie Artemisinin werden aufgrund ihrer antimalarialen Wirkung als Arzneimittel eingesetzt.

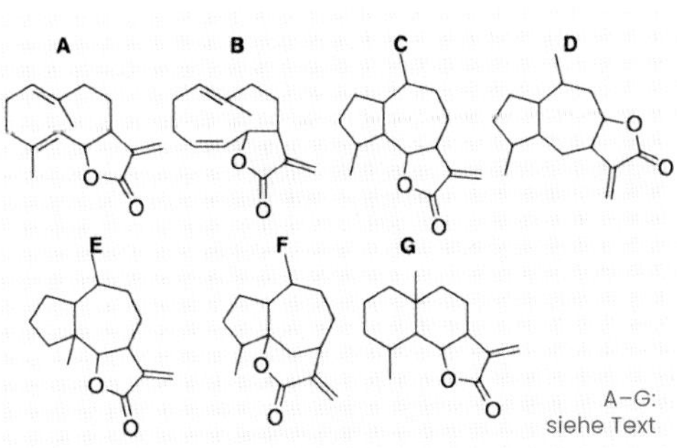

A–G: siehe Text

Shikimisäure: Shikimisäure ist eine zyklische Carbonsäure und zentraler Baustein des Shikimatwegs, über den Pflanzen aromatische Aminosäuren biosynthetisieren. Ihre medizinische Relevanz liegt in der Verwendung als Ausgangsstoff zur Synthese von antiviralen Wirkstoffen, z. B. Tamiflu. Besonders reich an Shikimisäure sind die getrockneten Früchte von *Illicium verum* – Echtem Sternanis, wo sie bis zu 7 % des Trockengewichts ausmachen kann. Auch in anderen Pflanzen der Familie *Illiciaceae* – Sternanisgewächse ist sie anzutreffen.

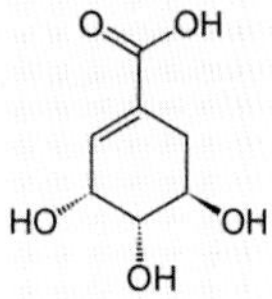

Shogaol: Shogaole sind scharf schmeckende Phenylalkanoide, die in Ingwer (*Zingiber officinale*) vorkommen. Sie entstehen beim Trocknen oder Erhitzen aus den Gingerolen. Shogaole sind maßgeblich für die Schärfe von getrocknetem Ingwer verantwortlich. Sie regen die Durchblutung an, wirken antimikrobiell und können Übelkeit lindern. In Studien zeigen Shogaole auch krebshemmende Effekte.

Sinalbin: Sinalbin ist ein Senfölglycosid, das in hoher Konzentration in *Sinapis alba* – Weißer Senf vorkommt. Es ist geruchs- und geschmacklos. Erst wenn das Gewebe verletzt wird, z. B. durch Kauen, entsteht durch das Enzym Myrosinase der scharfe Geschmack und beißende Geruch des Sinalbinsenföls. Es wirkt durchblutungsfördernd, leicht schmerzlindernd und antibakteriell. In Tierversuchen zeigte Sinalbin krebshemmende Effekte.

Sinigrin: Sinigrin ist das Senfölglycosid von *Brassica juncea* – Brauner Senf, *Brassica nigra* – Schwarzer Senf und *Armoracia rusticana* – Meerrettich. Bei Gewebeverletzung wird es durch das Enzym Myrosinase in das sehr scharfe und beißende Allylisothiocyanat umgewandelt. Dieses wirkt durchblutungsfördernd und antimikrobiell. Sinigrin selbst zeigte in Tierversuchen entzündungshemmende, leberschützende sowie krebshemmende Wirkungen, v. a. gegen Darm- und Brustkrebs.

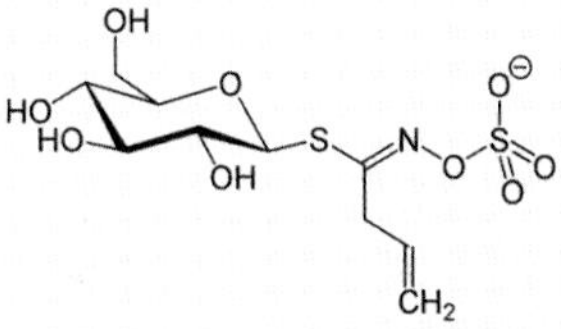

Sinigrinase: siehe Myrosinase

Sippe: siehe Taxon

Sitosterol: β-Sitosterol (β-Sitosterin) zählt zu den wichtigsten Phytosterinen und weist strukturelle Ähnlichkeit zum tierischen Cholesterin auf. Es findet sich in hohen Konzentrationen in *Sesamum indicum* – Sesam, *Helianthus annuus* – Sonnenblume, sowie in Nüssen und pflanzlichen Ölen. Diese pflanzliche Steroidverbindung kann den Cholesterinspiegel im menschlichen Blut signifikant senken, indem sie die Cholesterinaufnahme im Darm kompetitiv hemmt. Ernährungsphysiologisch trägt Sitosterol zur Prävention kardiovaskulärer Erkrankungen bei.

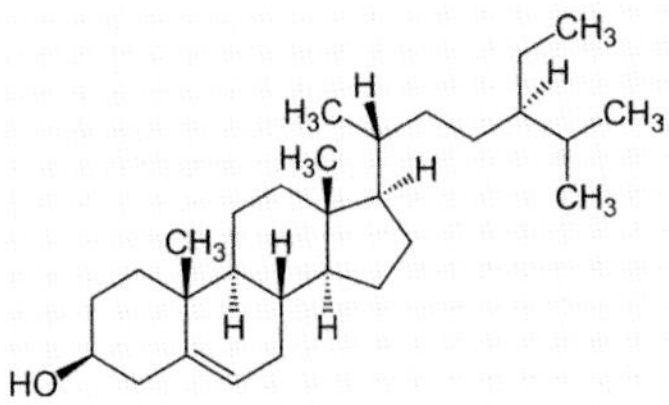

Sklerenchym: Sklerenchym ist Festigungsgewebe, das verholzt ist. Es ist beispielsweise in den Sprossachsen der meisten Pflanzen zu finden. In Blättern ist es fast immer in den Blattnerven zu finden. Das Festigungsgewebe kann als Sklerenchymstrang oder Sklerenchymscheide ausgebildet sein.

Sklerotesta: Als Sklerotesta bezeichnet man eine verholzte Schicht der Samenschale (Testa) (z. B. die innere Schicht der Samen von *Ginkgo*) (siehe auch Sarcotesta).

Solanin: Solanin ist ein giftiges Alkaloidglycosid in den *Solanaceae* – Nachtschattengewächse, z. B. *Solanum tuberosum* – Kartoffel, *Solanum lycopersicum* – Tomate und *Solanum melongena* – Aubergine. Grüne Tomaten oder keimende Kartoffeln enthalten besonders viel Solanin und sind für den Menschen ungenießbar bis giftig. Symptome einer Solaninvergiftung sind Übelkeit, Erbrechen, Bauchschmerzen und Durchfall. Solanin wirkt neurotoxisch und hemmt die Acetylcholinesterase. Die reifen Früchte enthalten nur geringe, ungefährliche Mengen.

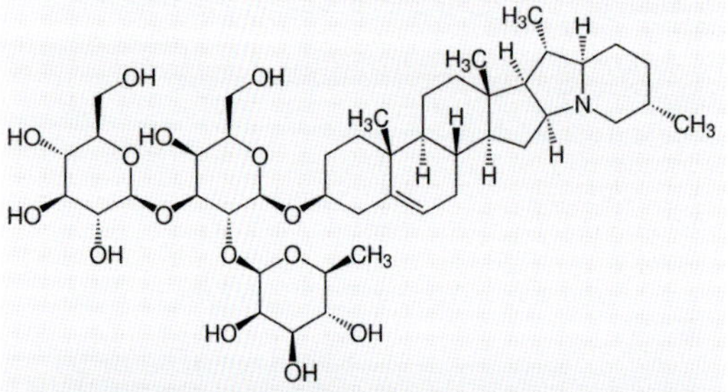

Sommersaat: Sommersaat bezieht sich auf die Aussaat der Sommerfrüchte, welche im Frühjahr ausgesät werden.

Sorbinsäure: Sorbinsäure ist eine ungesättigte Fettsäure, die z. B. in den unreifen Früchten der *Sorbus aucuparia* – Vogelbeere und verwandten Arten vorkommt. Sie wirkt als effektives Konservierungsmittel gegen Hefen, Schimmelpilze und Bakterien. Sie ist geschmacksneutral und wird in der Lebensmittelindustrie als Konservierungsstoff (E200) eingesetzt. Heute wird sie v. a. synthetisch hergestellt.

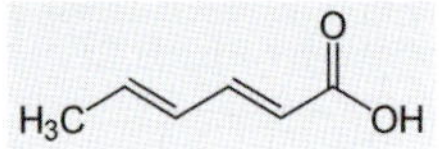

Sorbitol: Sorbitol (D-Glucitol) ist ein Zuckeralkohol und besitzt ± 60 % der Süßkraft von Saccharose. Es kommt z. B. in *Sorbus aucuparia* – Vogelbeere, *Prunus domestica* – Pflaume, aber auch in Äpfeln und Birnen vor. Dieser 6-wertige Alkohol wird im menschlichen Organismus langsamer metabolisiert als gewöhnlicher Zucker, verursacht einen geringeren Blutzuckeranstieg und ist deshalb in moderaten Mengen auch für Diabetiker geeignet. In größeren Mengen wirkt es abführend. Sorbitol wird auch als Süßstoff (E420) in der Lebensmittelindustrie verwendet.

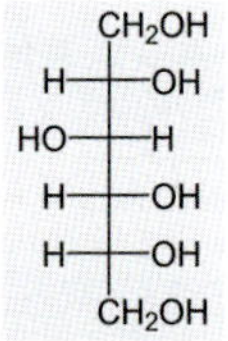

Sorte: Eine Sorte (Zuchtform) ist eine durch züchterische Bearbeitung entstandene, einheitliche Gruppe von Kulturpflanzen mit spezifischen Eigenschaften, die sie von anderen Populationen derselben Art unterscheidet. Im Gegensatz zu wildwachsenden Pflanzen wie *Taraxacum officinale* – Gewöhnlicher Löwenzahn wurden Sorten gezielt auf bestimmte Merkmale wie Geschmack, Ertrag, Wuchsform oder Resistenzen selektiert. Bei Kulturpflanzen wie *Brassica oleracea* – Gemüsekohl existieren zahlreiche Sorten, z. B. Rubine, eine intensiv rotviolette, aromatische Rotkohl-Sorte mit kompaktem, festem Kopf; Snowball, eine Blumenkohl-Sorte mit schneeweißen, dichten Blütenständen und mildem Geschmack oder Nero di Toscana, eine traditionelle Palmkohl-Sorte aus Italien mit dunkelgrünen, blasigen, länglich-schmalen Blättern und nussigem Geschmack. Sorten können registriert werden und sind dann rechtlich geschützt, wenn sie die Kriterien Unterscheidbarkeit, Homogenität und Beständigkeit erfüllen.

Spaltfrucht: Bei einer Spaltfrucht (Zerfallsfrucht) zerfällt die zunächst zusammenhängende Frucht bei der Fruchtreife in mehrere Teilfrüchte, die i. d. R. unabhängig voneinander ausgebreitet werden (z. B. bei *Ammi* – Sichelmöhre und anderen *Apiaceae* – Doldengewächse, *Acer* – Ahorn oder *Malva* – Malve).

Spaltkapsel: Spaltkapseln sind Öffnungsfrüchte, bei denen während der Fruchtreife (meist) an den Seiten Spalten bzw. Risse entstehen, aus denen die Samen herausfallen (z. B. bei *Epilobium* – Weidenröschen) (siehe auch Kapsel, Deckelkapsel, Porenkapsel).

spatelförmige Spreite: Eine spatelförmige Spreite ist am distalen Ende verbreitert (z. B. bei *Bellis* – Gänseblümchen).

Speicherwurzel: Speicherwurzeln dienen der Speicherung von Nährstoffen und sind meist verdickt (z. B. bei *Daucus* – Möhre).

Spelze: Eine Spelze ist ein trockenes, pergamentartiges Hochblatt im Bereich des Blütenstandes, z. B. die Hüllspelzen an der Basis der Ährchen der *Poaceae* – Süßgräser (siehe auch Blütchen) oder die spelzenartigen Perigonblätter bei *Luzula* – Hainsimse (siehe auch Blüte).

Spezies: siehe Art

spießförmige Spreite: Bei einer spießförmigen Spreite ist die Spreite länglich und meist spitz, der Blattgrund tief ausgerandet und die basalen Blattzipfel nach außen gerichtet (z. B. bei *Rumex acetosella* – Kleiner Sauerampfer) (siehe auch pfeilförmige Spreite).

Spilanthol: Spilanthol ist ein Alkamid, das v. a. in *Acmella oleracea* – Jambú vorkommt, in geringen Mengen aber auch in *Nasturtium officinale* – Brunnenkresse und *Armoracia rusticana* – Meerrettich nachgewiesen wurde. Es ist für den pelzigen und prickelnden Geschmack von Jambú verantwortlich. In der Lebensmittelindustrie dient Spilanthol als Aromastoff und Konservierungsmittel. Spilanthol hat lokalanästhetische, entzündungshemmende, immunmodulatorische, antimikrobielle sowie eventuell auch Anti-Krebs-Wirkungen. Es hemmt die Adhäsion von Bakterien an Zellen und schützt möglicherweise vor Karies und Parodontitis. In Kosmetika wird es zur Faltenreduktion eingesetzt.

Spindel: siehe Rhachis

spiralige Blattstellung: Bei der spiraligen Blattstellung steht an jedem Knoten nur ein Blatt (wechselständige Blattstellung) und die Blätter sind in Spiralen an der Sprossachse angeordnet (z. B. bei *Salix alba* – Silber-Weide).

spiralige Blüte: In spiraligen Blüten sind Blütenhüllblätter, Staub- bzw. Fruchtblätter *nicht* wirtelig, sondern spiralig angeordnet. Blüten, bei denen alle Blütenorgane spiralig angeordnet sind, sind v. a. bei ursprünglichen Pflanzengruppen wie *Magnolia* – Magnolie anzutreffen. Spiralig angeordnete Fruchtblätter finden sich z. B. bei *Myosurus minimus* – Kleines Mäuseschwänzchen und anderen *Ranunculaceae* – Hahnenfußgewächse.

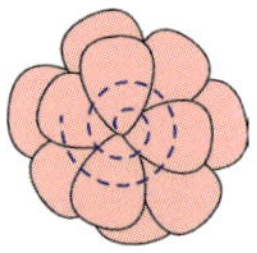

Spore: Sporen sind Zellen, aus denen sich ohne Befruchtung ein Nachkomme entwickeln kann. Bei einigen Farnen, z. B. bei *Lycopodium* – Bärlapp (im Prinzip aber auch bei den Samenpflanzen) gibt es 2 Typen von Sporen, die großen Sporen nennt man Makro- oder Megasporen, die kleinen Mikrosporen.

Sporn: Als Sporn bezeichnet man eine sackartige Ausstülpung an der Basis von Blüten mit verwachsenen Kronblättern, an deren Grund meist Nektardrüsen sitzen (z. B. bei *Linaria* – Leinkraut) (siehe auch Blüte).

Spaltfrüchte

Sporophyt: Sporophyten sind Organismen, welche sich durch Sporen fortpflanzen. Im Gegensatz dazu pflanzen sich Gametophyten durch Gameten fort.
Spreite: Als Spreite bezeichnet man den flächig ausgebildeten Abschnitt von Blättern, welcher bei Laubblättern v. a. der Photosynthese dient.
Spreitengrund: Als Spreitengrund (Spreitenbasis) wird der basale Abschnitt der Blattspreite bezeichnet.
Spreizklimmer: Spreizklimmer sind Kletterpflanzen, die sich mithilfe von nach unten gerichteten oder hakenförmigen Haaren (Kletterhaaren) bzw. spreizenden Seitenästen an anderen Pflanzen oder Substraten wie Felsen oder Mauern abstützen können (z. B. *Galium aparine* – Kletten-Labkraut).
Spreublatt: Als Spreublätter werden schuppenförmige Tragblätter der Blüten bezeichnet, die auf dem Boden der Köpfchen bei einigen *Asteraceae* – Korbblütler zu finden sind (z. B. bei *Helianthus* – Sonnenblume).
Spreuschuppen: Bei Farnen werden flächenhaft ausgebildete Haare als Spreuschuppen bezeichnet, die v. a. im Bereich des Blattstiels, der Spindel, aber auch an der Spreite vorkommen können.
Sprossachse: Die Sprossachse (Stängel, bei Bäumen Stamm) ist eines der 3 Grundorgane von Kormophyten und dient v. a. dazu, Blätter (und Blüten) in eine günstige Position zu bringen (siehe auch Blattfolge).
Spurenelemente: Spurenelemente sind anorganische Nährstoffe, die der menschliche Körper in sehr geringen Mengen benötigt. Obwohl nur winzige Mengen erforderlich sind, spielen sie eine entscheidende Rolle für den Stoffwechsel und die Gesundheit. Zu den wichtigsten Spurenelementen zählen Eisen, Zink, Kupfer, Mangan, Selen und Jod. Sie sind essenziell für verschiedene Körperfunktionen wie die Blutbildung (Eisen), das Immunsystem (Zink), die Schilddrüsenfunktion (Jod) und den Schutz vor oxidativem Stress (Selen). Spurenelemente kommen in vielen pflanzlichen Lebensmitteln vor, insbesondere in Vollkornprodukten, Hülsenfrüchten, Nüssen, Samen und grünem Blattgemüse.
Squalen: Squalen ist ein ungesättigtes Triterpen und fungiert als biochemische Vorstufe aller Steroide im menschlichen Organismus. Diese wichtige Zwischenverbindung

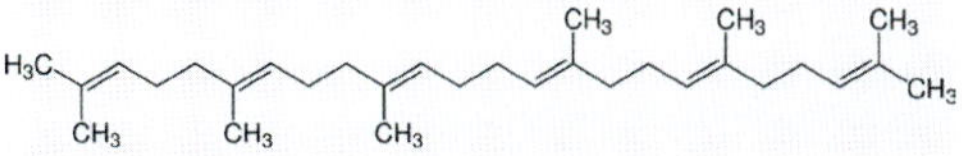

wird zu Cholesterol und anderen essenziellen Steroiden umgewandelt. Squalen zeigt antioxidative Eigenschaften und kann die Hautalterung verlangsamen. Besonders hohe Konzentrationen finden sich im Öl von *Amaranthus* – Amarant, *Olea europaea* – Olivenbaum (natives Olivenöl), sowie in Reiskleie. Ursprünglich wurde Squalen aus Haifischleber gewonnen, heute stammt es v. a. aus pflanzlichen Quellen. Seine kosmetische Anwendung als Hautpflegemittel ist weit verbreitet.
Stachel: Ein Stachel ist ein spitzer Auswuchs, meist an Blättern oder Sprossachsen. Stacheln sind (im Gegensatz zu Dornen) nicht komplett verholzt und können meist relativ leicht abgebrochen werden (z. B. bei *Rosa* – Rose).
Stachyose: Stachyose ist ein komplexes Kohlenhydrat aus der Gruppe der Oligosaccharide, welches in vielen Hülsenfrüchten der *Fabaceae* – Schmetterlingsblütler vorkommt. Stachyose besteht aus 4 Einfachzucker-Einheiten: 2 Galactose-, einer Glucose- und einer Fructose-Einheit und wirkt als Ballaststoff.
Stamen: siehe Staubblatt
Staminodium: Staminodien sind sterile Staubblätter, in denen sich kein Pollen entwickelt. Die Staubbeutel können dabei verkümmert sein oder komplett fehlen (z. B. bei *Parnassia palustris* – Sumpf-Herzblatt).
Stammsukkulente: Pflanzen mit verdickten Sprossachsen, in denen Wasser gespeichert wird, werden als Stammsukkulente bezeichnet. Stammsukkulenz ist in Mitteleuropa bei nur wenigen Arten anzutreffen, z. B. (scheinbar) bei *Salicornia* – Queller. Sie kommt außerdem, zusätzlich zur häufiger vorkommenden Blattsukkulenz, auch bei einigen *Crassulaceae* – Dickblattgewächse vor.
Stängel: siehe Sprossachse
Stängelglied: siehe Internodium
Stärke: Stärke ist ein pflanzliches Polysaccharid, das aus vielen Glucose-Einheiten besteht und als Energiespeicher in Pflanzen dient. Sie setzt sich aus 2 Komponenten zusammen:

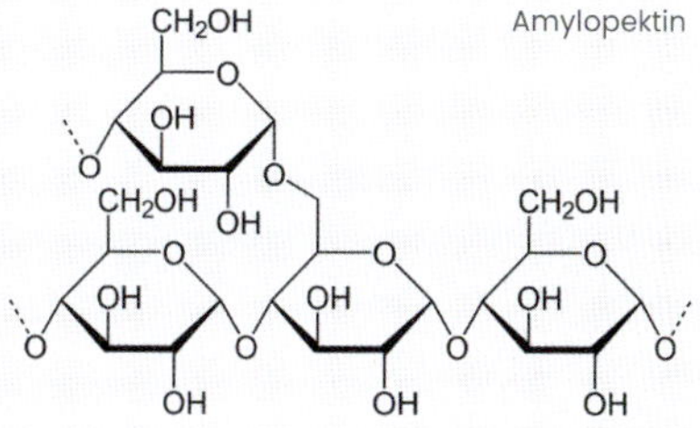

Amylose, eine lineare Kette von Glucose-Einheiten, und Amylopektin, eine verzweigte Struktur. Stärke ist die Hauptenergiequelle in der menschlichen Ernährung und kommt in zahlreichen Lebensmitteln wie Getreide, *Solanum tuberosum* – Kartoffel oder *Dioscorea* – Yams vor. Es gibt verschiedene Stärketypen. Die Stärke in *Solanum tuberosum* – Kartoffel ist z. B. leichter verdaulich als die von *Phaseolus vulgaris* – Bohne. Während des Verdauungsprozesses wird Stärke enzymatisch in einfachere Zucker aufgespalten, die vom Körper als Energiequelle genutzt werden. Neben ihrer Rolle als Energielieferant beeinflusst Stärke auch die Konsistenz und Textur von Lebensmitteln. Eine spezielle Form ist die resistente Stärke, die nicht im Dünndarm verdaut wird und als Ballaststoff wirkt.
Staubbeutel: Als Staubbeutel (Anthere) bezeichnet man den distalen, fertilen Abschnitt der Staubblätter, in dem die Pollen gebildet werden. Staubbeutel bestehen meist aus 2 Theken mit je 2 Pollensäcken.
Staubblatt: Das Staubblatt (Stamen) ist ein von einem Blatt abzuleitendes Organ innerhalb der Blüte, in welchem sich die Pollen entwickeln (siehe auch Blüte). Ein Staubblatt entspricht einem Mikrosporophyll und ist typischerweise in Staubfaden (Filament) und 2 Staubbeutel (Antheren) gegliedert. Jeder Staubbeutel besteht aus 2 Theken, die durch ein steriles Mittelstück (Konnektiv) miteinander verbunden sind. Jede Theka besteht wiederum aus 2 Pollensäcken.

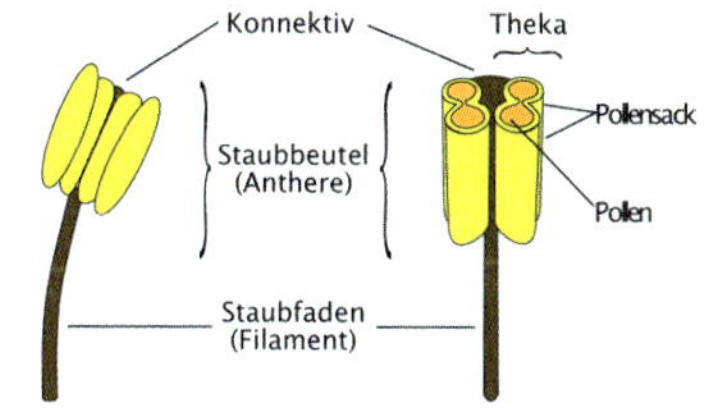

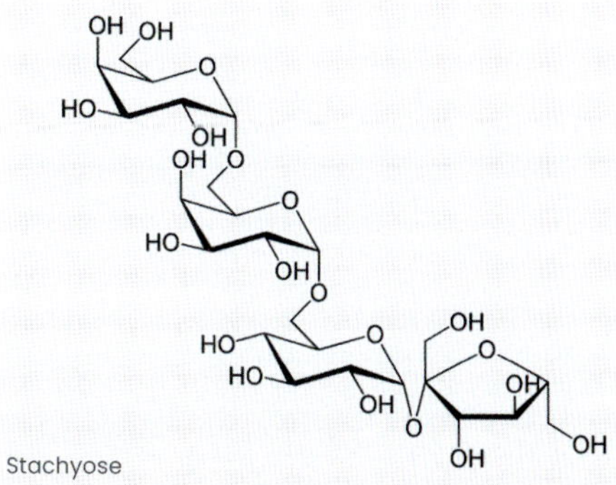

Staubfaden: Als Staubfaden (Filament) bezeichnet man den basalen, sterilen Stiel der Staubblätter.

Stearinsäure: Stearinsäure ist eine gesättigte Fettsäure mit 18 Kohlenstoffatomen. Sie kommt in vielen tierischen und pflanzlichen Fetten vor, insbesondere in Kakao- und Sheabutter. Bei Raumtemperatur ist Stearinsäure fest, was zur

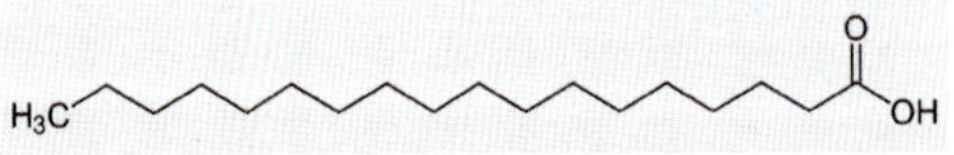

festen Konsistenz von Schokolade beiträgt. Im menschlichen Körper spielt Stearinsäure eine Rolle als Energiequelle und als struktureller Bestandteil von Zellmembranen. Im Vergleich zu anderen gesättigten Fettsäuren hat Stearinsäure einen geringeren Einfluss auf den Cholesterinspiegel. Studien deuten darauf hin, dass sie sich neutral oder sogar leicht positiv auf das Verhältnis von LDL- zu HDL-Cholesterin auswirken kann.

Stecklinge: Stecklinge sind Pflanzenteile, die zur vegetativen, also ungeschlechtlichen Vermehrung verwendet werden. Dafür schneidet man geeignete Spross- oder Wurzelabschnitte von der Mutterpflanze ab und bewurzelt sie. Die daraus entstehenden Jungpflanzen sind mit der Mutterpflanze genetisch identisch – man spricht von einem Klon oder Kultivar. Die Stecklingsmethode wird oft bei Zier- und Nutzpflanzen angewandt, um die besonderen Eigenschaften der Zuchtformen zu erhalten.

Steinfrucht: Eine Steinfrucht hat ein häutchenartiges Exokarp, ein fleischiges Mesokarp und ein hartes Endokarp. Der zentrale Kern, der aus Endokarp und dem Samen besteht, wird als Steinkern bezeichnet (z. B. bei *Prunus* – Kirsche und anderem Steinobst).

Steinfrucht (Pfirsich) und Steinkern der Mandel m LS.

Steinfrüchtchen: Als Steinfrüchtchen werden die Früchtchen einer Sammelfrucht bezeichnet, wenn sie ein häutchenartiges Exokarp, ein fleischiges Mesokarp und ein hartes Endokarp aufweisen (z. B. bei *Rubus* – Brombeere).

Steinkern: Als Steinkern bezeichnet man den inneren, harten Kern von Steinfrüchten, der vom holzigen Endokarp gebildet wird und den Samen enthält (z. B. bei *Prunus* – Kirsche und anderem Steinobst).

Steinzelle: Als Steinzellen werden verholzte Zellen bezeichnet, die eine ± kugelige Form haben, also nicht länglich-faserartig ausgebildet sind (z. B. in den Früchten von *Pyrus* – Birne).

Stempel: Als Stempel bezeichnet man das von den verwachsenen Fruchtblättern gebildete Gynoeceum, wenn es in Fruchtknoten, Griffel und Narbe differenziert ist (siehe auch Fruchtblatt).

Sterculiasäure: Sterculiasäure ist eine ungewöhnliche Fettsäure, die einen Cyclopropenring enthält. Sie kommt v. a. in den Samen von *Sterculia foetida* – Stinkbaum und anderen *Sterculiaceae* vor. Aufgrund gesundheitlicher Risiken – sie kann normale Fettsäure-Stoffwechselwege stören – sollten sterculiasäurehaltige Pflanzenöle gemieden werden.

Sterine: Sterine sind eine Klasse von organischen Verbindungen, die strukturell dem Cholesterin ähneln. Pflanzliche Sterine werden als Phytosterine bezeichnet und kommen in geringen Mengen in pflanzlichen Ölen, Nüssen, Samen und Getreide vor. Die am häufigsten vorkommenden Phytosterine sind Sitosterin, Campesterin und Stigmasterin. Besonders reich an Phytosterinen sind *Glycine max* – Sojabohne und *Sesamum indicum* – Sesam. Sterine können die Aufnahme von Cholesterin im Darm hemmen und somit dazu beitragen, den Cholesterinspiegel im Blut zu senken. Aufgrund dieser Eigenschaft werden sie oft angereicherten Lebensmitteln wie Margarine oder Joghurt zugesetzt. Studien haben gezeigt, dass der regelmäßige Verzehr von Phytosterinen das Risiko für Herz-Kreislauf-Erkrankungen verringern kann. Bei Personen mit bestimmten genetischen Veranlagungen können Sterine das Risiko für Herz-Kreislauf-Erkrankungen allerdings auch erhöhen. Darüber hinaus können hohe Dosen auch zu Verdauungsbeschwerden führen.

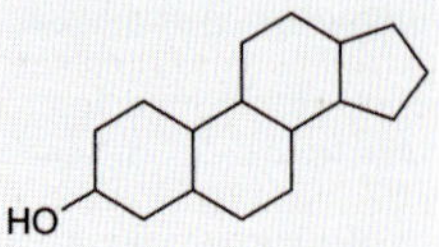

Grundgerüst der Sterine

Steroidsapogenine: Steroidsapogenine bestehen aus einem Steroidgerüst, an das ein oder mehrere Zuckermoleküle gebunden sind. Sie kommen in mehreren Pflanzenarten vor, darunter in den Gattungen *Yucca* – Palmlilie, *Agave* – Agave und *Dioscorea* – Yams und fungieren als Abwehrstoffe gegen Fraßfeinde und Pathogene. Für den Menschen sind sie in den üblicherweise verzehrten Mengen unbedenklich. Hochdosiert können Steroidsapogenine jedoch toxisch wirken und Magen-Darm-Beschwerden, Übelkeit und Erbrechen verursachen. Einige Steroidsapogenine wie Diosgenin und Hecogenin dienen als Ausgangsstoffe für die Synthese von Steroidhormonen wie Progesteron und Testosteron.

Steroidsaponine: Steroidsaponine sind komplexe Glycoside mit einem Steroidgerüst. Hohe Konzentrationen finden sich z. B. in *Tribulus terrestris* – Erd-Burzeldorn, sowie in *Asparagus* – Spargel und *Dioscorea* – Yams. In Verbindung mit Wasser zeigen Steroidsaponine schaumbildende Eigenschaften. Manche Steroidsaponine können den Cholesterinspiegel senken und besitzen entzündungshemmende Wirkungen.

Sterole: siehe Sterine

Steviosid: Steviosid ist ein Diterpenglycosid und der Hauptsüßstoff von *Stevia rebaudiana* – Süßkraut. Mit einer ± 250-fach höheren Süßkraft als Saccharose stellt es einen starken und kalorienfreien Süßstoff dar. Diese Eigenschaften machen Steviosid besonders wertvoll für Diabetiker. Es besitzt einen leicht metallischen Nachgeschmack. Neben der Hauptkomponente Steviosid enthält Stevia weitere süße Glycoside wie Rebaudiosid A.

stieltellerförmige Blüte: Bei den Kronblättern der stieltellerförmigen Blüten sind die Spitzen der Kronblätter ± waagerecht (tellerförmig) ausgebreitet und deutlich vom unteren Abschnitt abgesetzt. Die Krone kann dabei verwachsen (z. B. bei *Gentiana verna* – Frühlingsenzian) oder frei (z. B. bei *Geranium* – Storchschnabel) sein.

Stigmasterol: Stigmasterol (Stigmasterin) gehört zur Gruppe der Phytosterine. Es kann entzündungshemmend wirken und zeigt cholesterinsenkende Eigenschaften. Stigmasterol dient als Ausgangsstoff für die Synthese von Progesteron in der pharmazeutischen Industrie. Besonders reich an Stigmasterol sind *Glycine max* – Sojabohne, *Brassica napus* – Raps, sowie Kürbiskerne und Sonnenblumenkerne.

Stilbenoide: Stilbenoide sind durch ihr Stilben-Grundgerüst gekennzeichnet. Das bekannteste Stilbenoid ist Resveratrol, das v. a. in Weintrauben und Rotwein vorkommt. Weitere Quellen sind *Arachis hypogaea* – Erdnuss, *Vaccinium myrtillus* – Heidelbeere und *Fallopia japonica* – Japanischer Staudenknöterich. Stilbenoide wirken als Antioxidantien und können entzündungshemmende und krebsschützende Eigenschaften haben.

Stipel: siehe Nebenblatt

Stolon: Als Stolone bezeichnet man an oder auf der Erdoberfläche, also oberirdisch, kriechende Ausläufer (z. B. bei *Fragaria* – Erdbeere).

Stomium: Die mundförmige Öffnung der Sporangien der *Ophioglossaceae* – Natternzungengewächse wird als Stomium bezeichnet.

Strauch: Als Strauch werden verholzte Pflanzen bezeichnet, die mit mehreren Stämmen wachsen bzw. bei denen sich die verholzte Sprossachse bereits vom Boden an verzweigt *und* die demzufolge *nicht* in Stamm und Krone gegliedert sind.

Streufrucht: siehe Öffnungsfrucht

Strophanthidin: k-Strophanthidin zählt zu den herzwirksamen Glycosiden. Strophanthidin kommt in verschiedenen

Strophanthus-Arten vor, insbesondere in *Strophanthus gratus*, aber auch in *Corchorus olitorius* – Langkapselige Jute. k-Strophanthidin beeinflusst die Herzmuskelkontraktion durch Hemmung der Natrium-Kalium-ATPase und ist stark toxisch. Medizinisch wird es zur Behandlung von Herzinsuffizienz eingesetzt, jedoch nur unter strenger ärztlicher Kontrolle.

subg.: »subg.« ist die Abkürzung für »Subgenus« (Untergattung).

subsp.: »subsp.« ist die Abkürzung für »Subspecies« (Unterart).

Subtropische Zone: Die subtropische Zone ist die warme Übergangsregion zwischen den gemäßigten und tropischen Klimazonen. Sie umschließt die tropische Zone in 2 Gürteln, die von jeweils 20° bis 40° nördlicher und südlicher Breite reichen. Die subtropische Zone wird in 3 Regionen unterteilt: die trockenen, die winterfeuchten und die immerfeuchten Subtropen. Charakteristisch sind milde Winter ohne Frost und heiße Sommer. Diese klimatischen Bedingungen begünstigen eine reiche Vielfalt essbarer Pflanzen wie *Olea europaea* – Olivenbaum, *Citrus limon* – Zitrone und *Vitis vinifera* – Weinrebe. Die langen Vegetationsperioden ermöglichen intensive landwirtschaftliche Nutzung und machen subtropische Gebiete zu wichtigen Produktionszentren für Nahrungsmittel.

sukkulent: Als sukkulent werden Pflanzen bezeichnet, die in ihren Organen (in Mitteleuropa meist in den Blättern) größere Mengen Wasser speichern können (z. B. bei *Sedum* – Fetthenne).

Sulforaphan: Sulforaphan ist ein schwefelhaltiges Isothiocyanat und entsteht durch enzymatische Spaltung von Glucoraphanin beim Zerkauen oder Schneiden der Pflanze. Besonders hohe Konzentrationen finden sich in *Brassica oleracea* var. *italica* – Brokkoli, sowie in anderen Kreuzblütlern wie Rosenkohl und Grünkohl. Sulforaphan hat einen leicht scharfen, senfartigen Geschmack und zeigt starke antioxidative Eigenschaften. Vermutete krebsvorbeugende und das Immunsystem stärkende Wirkungen werden kontrovers diskutiert.

Swertiamarin: Swertiamarin ist ein Iridoid-Glycosid, das v. a. in den *Gentianaceae* – Enziangewächse vorkommt. Es schmeckt intensiv bitter und trägt zum Geschmack vieler traditioneller Kräuterliköre und Magenbitter bei. Wissenschaftliche Studien zeigen antioxidative, entzündungshemmende, leberschützende und blutzuckersenkende Wirkungen.

synkarper Fruchtknoten: In einem synkarpen Fruchtknoten sind mehrere Fruchtblätter so miteinander verwachsen, dass der Fruchtknoten in mehrere, separate Fächer aufgeteilt ist, in denen sich die Samen befinden (z. B. bei *Lilium* – Lilie).

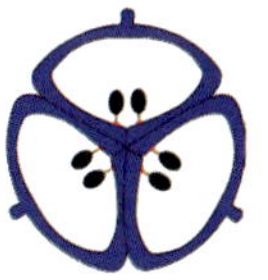

Systematik: Die biologische Systematik beschäftigt sich v. a. mit der Klassifikation, Benennung und Bestimmung von Organismen. Zur Klassifikation wird in der Regel ein hierarchisches System verwendet, dessen wichtigste Rangstufen Art, Gattung, Familie, Ordnung, Klasse, Abteilung und Reich sind. Die Benennung der Taxa folgt der binären Nomenklatur. Die moderne molekularbiologische Systematik nutzt DNA-Sequenzanalysen, um die phylogenetischen Beziehungen zwischen Arten präziser zu erfassen.

Taccalonolide: Taccalonolide sind Steroide und wurden aus den unterirdischen Organen von *Tacca* – Fledermausblume isoliert. Diese komplexen Moleküle schmecken bitter und zeigen in Laborstudien antitumorale Eigenschaften durch ihre Fähigkeit, die Zellteilung zu hemmen.

Tangeretin: Tangeretin ist ein Flavonoid und verleiht Zitrusschalen ihren charakteristischen Duft. Besonders reich an Tangeretin sind *Citrus reticulata* – Mandarine und *Citrus sinensis* – Orange. Die Verbindung zeigt antioxidative und entzündungshemmende Eigenschaften.

Tannine: Tannine (Gerbstoffe, Gerbsäuren) sind eine Gruppe phenolischer Verbindungen, die in vielen Pflanzen vorkommen. Besonders tanninreich sind die Früchte von *Quercus robur* – Stieleiche, die Rinde von *Salix alba* – Silberweide und die Blätter von *Camellia sinensis* – Teestrauch. Tannine beeinflussen den Geschmack von Lebensmitteln wie Rotwein, Tee, Kaffee und unreifen Früchten und wirken oft adstringierend. Sie haben antioxidative und entzündungshemmende Eigenschaften. In hohen Dosen können Tannine jedoch die Eisenaufnahme hemmen und zu Verdauungsbeschwerden führen.

Taraxasterol: Taraxasterol ist ein pentazyklisches Triterpen, welches in *Taraxacum* – Löwenzahn vorkommt. Es gehört zur Gruppe der Phytosterine, die strukturell dem Cholesterin ähneln. Studien deuten darauf hin, dass Taraxasterol entzündungshemmende, krebshemmende und immunmodulierende Eigenschaften besitzt.

Taxiphyllin: Taxiphyllin ist ein Blausäureglycosid, das in Pflanzen der Gattung *Taxus* – Eiben vorkommt, aber auch in Bambus gefunden wurde. Es wird bei Verletzung der Pflanze enzymatisch in giftige Blausäure und Glucose gespalten und dient der Abwehr von Pflanzenfressern.

Taxon: Taxon (Sippe) bezeichnet eine als systematische Einheit anerkannte Gruppe unabhängig von der Rangstufe.

Taxonomie: Die Taxonomie ist eine Disziplin der biologischen Systematik, die sich mit der Klassifikation, Benennung und Einteilung der Organismen beschäftigt.

Teein: siehe Coffein

Teilfrucht: Teilfrüchte sind die beim Zerfall einer Spaltfrucht entstehenden Teile (z. B. bei *Ammi* – Sichelmöhre und anderen *Apiaceae* – Doldengewächse, *Acer* – Ahorn oder *Malva* – Malve).

Tein: siehe Coffein

Tepale: siehe Perigonblatt

Terminalknospe: siehe Endknospe

Terpene: Terpene sind eine vielfältige Klasse sekundärer Pflanzenstoffe, die aus Isopren-Einheiten aufgebaut sind. Sie sind Hauptbestandteile ätherischer Öle und verleihen vielen Pflanzen ihre typischen Düfte. Untergruppen umfassen Monoterpene, Diterpene und Sesquiterpene. In Pflanzen dienen sie u. a. der Abwehr von Schädlingen und Krankheitserregern sowie der Anlockung von Bestäubern. Viele Terpene wirken antibakteriell, entzündungshemmend oder stimmungsaufhellend.

Terpenoide: Terpenoide bilden eine der größten und vielfältigsten Naturstoffklassen mit > 30.000 bekannten Verbindungen. Sie entstehen durch Modifikation von Terpenen und umfassen ätherische Öle, Carotinoide und Steroide. Viele verleihen Pflanzen ihre charakteristischen Aromen und Farben und wirken als Antioxidantien.

Terpentin: Terpentin ist ein Balsam, der aus Nadelbäumen wie *Pinus* – Kiefer gewonnen wird. Es enthält verschiedene Terpene, v. a. α-Pinen und β-Pinen. Terpentin dient in der Pflanze als Wundverschluss und Schutz vor Infektionen nach Verletzungen. Terpentinöl, das aus Terpentin destilliert wird, wurde traditionell als Reinigungsmittel, Lösungsmittel und Verdünnungsmittel verwendet. Es kann Schleimhäute und Haut stark reizen.

Terpinen: γ-Terpinen ist ein monozyklisches Monoterpen mit zitrusartigem, leicht scharfem Geruch. Es ist Bestandteil vieler ätherischer Öle wie Oreganoöl, Thymianöl, Korianderöl und Kümmelöl. Da es leicht oxidiert und Hitze schlecht verträgt, ist es kaum als Einzelaromastoff geeignet. γ-Terpinen hat antimikrobielle und antioxidative Eigenschaften. In Tierversuchen zeigte es entzündungshemmende und schmerzlindernde Wirkungen. In hohen Dosen und als isolierte Substanz kann γ-Terpinen die Haut und Schleimhäute reizen.

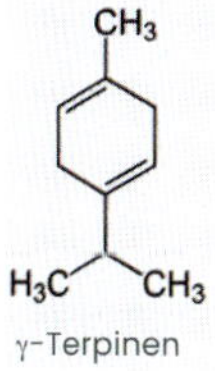

γ-Terpinen

Terpineol: Terpineol ist ein monozyklisches Monoterpenoid, das in vielen ätherischen Ölen vorkommt. Es hat einen lieblichen, fliederartigen Duft und ist Bestandteil vieler Kosmetika und Parfüms. Die häufigste Form ist α-Terpineol. Studien weisen auf entzündungshemmende, antimikrobielle und entspannungsfördernde Eigenschaften hin.

Terpinylacetat: Terpinylacetat ist der Essigsäureester des Terpineols. Es kommt in ätherischen Ölen vor, z. B. in *Elettaria cardamomum* – Grüner Kardamom. Terpinylacetat ist eine farblose Flüssigkeit mit einem Duft, der an Kiefern und Bergamotte erinnert. Es wird häufig als Duftstoff und Aromastoff verwendet und wird heute auch synthetisch hergestellt.
Testa: Als Testa wird die Schale von Samen bezeichnet. Sie entwickelt sich aus den äußeren Schichten (Integumenten) der Samenanlage.
Tetradecansäure: siehe Myristinsäure
Tetrahydrocannabinol: siehe Cannabinoide
Thaumatin: Thaumatin ist ein Süßstoff und Geschmacksverstärker, der aus den Früchten von *Thaumatococcus daniellii* – Katamfe, einer westafrikanischen Pflanze, gewonnen wird. Es ist ein Protein und ± 2.000-mal süßer als Zucker. Thaumatin ist hitze- und säurestabil und hat einen verzögert einsetzenden, lang anhaltenden Süßgeschmack. Es wird als Lebensmittelzusatzstoff E957 verwendet und ist besonders für Diabetiker geeignet, da es keine Auswirkung auf den Blutzuckerspiegel hat.
THC: siehe Cannabinoide
Theaflavine: Theaflavine sind komplexe Polyphenole aus der Gruppe der Flavonoide, die durch enzymatische Oxidation aus Catechinen entstehen. Theaflavine kommen v. a. in fermentierten schwarzen Tees vor und tragen zur charakteristischen rötlich-braunen Farbe und zum adstringierenden Geschmack bei. Sie besitzen starke antioxidative Eigenschaften. Studien deuten zudem auf herzschützende, krebshemmende und entzündungshemmende Wirkungen hin.
Theanin: L-Theanin ist eine nicht-proteinogene Aminosäure, die in den Blättern von *Camellia sinensis* – Teestrauch vorkommt. Die höchsten Konzentrationen finden sich in »Matcha-Tee« und »Gyokuro-Tee«. Die Verbindung ist für den umami-artigen Geschmack von grünem Tee verantwortlich. Theanin kann die Blut-Hirn-Schranke überwinden und im Gehirn anxiolytisch und entspannend wirken, ohne Müdigkeit hervorzurufen. Außerdem wird die Ausschüttung von GABA, Dopamin und Serotonin gefördert.
Thearubigine: Thearubigine sind eine heterogene Gruppe von Polyphenolen, die während der Fermentation der Blätter von *Camellia sinensis* – Teestrauch entstehen. Sie machen den Hauptteil der Polyphenole in schwarzem Tee aus und tragen zu dessen Farbe und adstringierendem Geschmack bei. Sie besitzen antioxidative Eigenschaften.
Thebain: Thebain ist ein Opiumalkaloid, das u. a. im Milchsaft von *Papaver somniferum* – Schlafmohn vorkommt. Als Ausgangsstoff zur Synthese einiger halbsynthetischer Opioide wie Oxycodon, Buprenorphin und Etorphin ist Thebain pharmazeutisch bedeutsam. Thebain selbst hat jedoch eine geringere analgetische Wirkung als andere Opiumalkaloide. In hohen Dosen wirkt es krampfauslösend und toxisch.
Thein: siehe Coffein
Theka: siehe Pollensack
Theobromin: Theobromin ist ein Alkaloid aus der Gruppe der Methylxanthine. Es kommt v. a. in den Samen von *Theobroma cacao* – Kakaobaum vor und ist neben Coffein für den bitteren Geschmack von Schokolade verantwortlich. Wie Coffein wirkt Theobromin anregend, aber aufgrund der schlechteren Passage durch die Blut-Hirn-Schranke deutlich schwächer. Klinische Studien untersuchen, ob regelmäßiger, moderater Konsum von Theobromin aus Kakao herzschützende Effekte haben könnte. Für einige Tierarten wie Hunde und Pferde ist Theobromin allerdings bereits in geringen Dosen giftig.

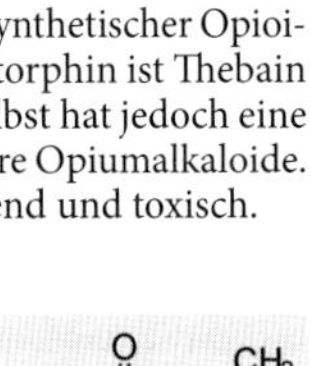

Theophyllin: Theophyllin ist ein Alkaloid aus der Gruppe der Methylxanthine, und kommt in Getränken wie Schwarzem Tee, Grünem Tee, Mate-Tee und Guaraná-haltigen Getränken vor. Wie das verwandte Coffein wirkt es anregend auf das Nervensystem. Theophyllin findet aufgrund seiner bronchienerweiternden und entzündungshemmenden Eigenschaften Anwendung als Arzneistoff bei Asthma bronchiale und COPD. Nebenwirkungen sind u. a. Herzrhythmusstörungen und Krampfanfälle.

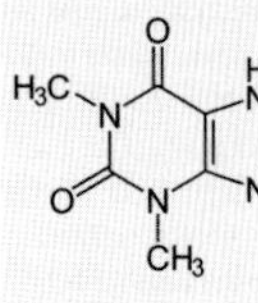

Theophyllin

Thiamin: siehe Vitamin B_1
Thioglucosidase: siehe Myrosinase
Thujone: Thujone sind Monoterpene, die u. a. in *Artemisia absinthium* – Wermut, *Thuja* – Lebensbaum und *Salvia* – Salbei vorkommen. Sie sind z. B. für den bitteren Geschmack von Absinth mitverantwortlich. In hohen Dosen wirken Thujone neurotoxisch und können epileptische Anfälle, Halluzinationen und Wahnvorstellungen hervorrufen. Die in alkoholischen Getränken wie Absinth enthaltenen Mengen sind gesetzlich reguliert und gelten als unbedenklich. Dennoch wird von einem übermäßigen Konsum abgeraten.
Thymochinon: Thymochinon (Thymoquinon) ist ein Benzochinon und der Hauptwirkstoff von *Nigella sativa* – Schwarzkümmel und verleiht den Samen ihren würzig-bitteren Geschmack. Thymochinon zeigt starke antioxidative, entzündungshemmende und antimikrobielle Eigenschaften. Es unterstützt möglicherweise die Immunfunktion und kann sich positiv auf den Stoffwechsel auswirken.

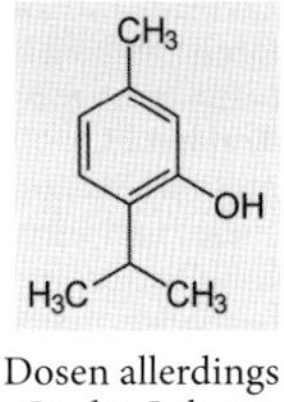

Thymol: Thymol ist ein phenolischer Inhaltsstoff ätherischer Öle und gehört zu den Monoterpenen. Es kommt v. a. in *Thymus vulgaris* – Thymian und *Origanum vulgare* – Oregano vor und verleiht diesen Kräutern ihren leicht scharfen Geschmack und Geruch. Thymol wirkt antibakteriell, desinfizierend und entzündungshemmend, kann in höheren Dosen allerdings toxisch wirken und Schleimhäute reizen. In der Lebensmittelindustrie dient Thymol als Konservierungsstoff und findet auch Verwendung in Mundwässern und Zahnpasta.
Thymoquinon: siehe Thymochinon
Tiglicaldehyd: Tiglicaldehyd ist ein ungesättigter Aldehyd mit intensivem, stechendem Geruch. Es kommt z. B. in *Trigonella caerulea* – Schabzigerklee vor. Tiglicaldehyd besitzt eine stark reizende Wirkung auf Haut und Schleimhäute und kann allergische Reaktionen auslösen.
Tochterzwiebel: Als Tochterzwiebel (Nebenzwiebel) werden seitlich von der Hauptachse gebildete Zwiebeln bezeichnet (z. B. bei *Allium sativum* – Knoblauch).
Tocopherole: Tocopherole sind fettlösliche Antioxidantien, die zur Vitamin-E-Gruppe gehören. Sie kommen in pflanzlichen Ölen wie Weizenkeimöl, Sonnenblumenöl und Olivenöl sowie in Nüssen und Samen vor. Tocopherole sind essenziell für die Nerven- und Muskelfunktion, unterstützen das Immunsystem und beugen Gefäßerkrankungen vor. Ein Mangel kann u. a. zu Muskelschwäche und Störungen des Nervensystems führen.

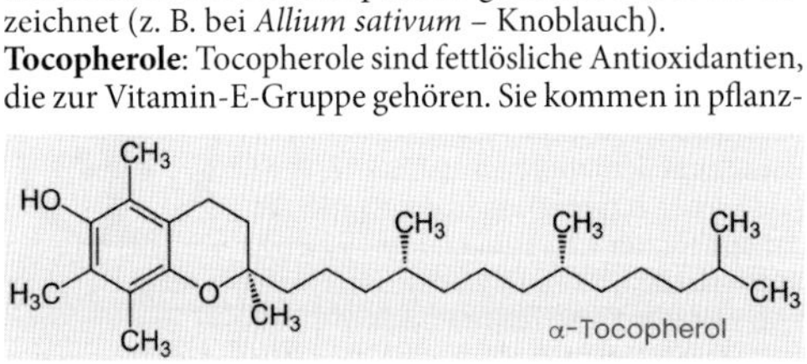

α-Tocopherol

Tocotrienole: Tocotrienole sind fettlösliche Antioxidantien, die zur Vitamin-E-Gruppe gehören. Sie finden sich v. a. in Palmöl, Reiskeimöl und Gerstenkeimöl. Tocotrienole sind wichtig für die Nerven- und Muskelfunktion und unterstützen das Immunsystem. Ein Mangel kann u. a. zu Muskelschwäche und Störungen des Nervensystems führen.

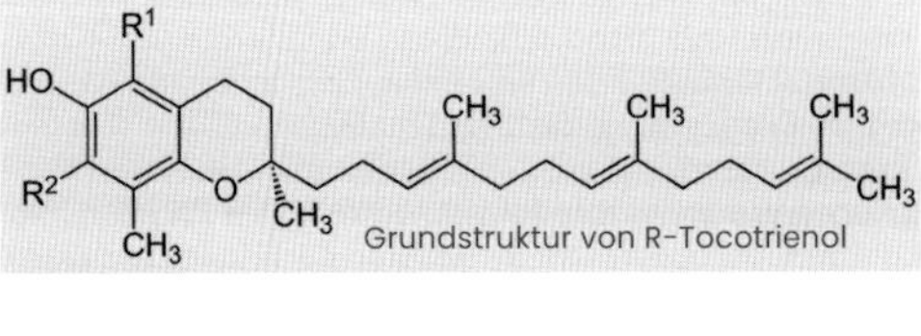

Grundstruktur von R-Tocotrienol

Tomatin: α-Tomatin ist ein Steroidalkaloid und gehört zu den Abwehrstoffen von *Solanum lycopersicum* – Tomate. Besonders hohe Konzentrationen finden sich in grünen, unreifen Tomaten und den Blättern der Pflanze. Tomatin hat antimikrobielle Eigenschaften und schützt die Pflanze vor pilzlichen Krankheitserregern. Das bitter schmeckende Alkaloid wirkt in größeren Mengen toxisch, da es Zellmembranen schädigt. Während der Reife sinkt der Tomatin-Gehalt in den Früchten deutlich ab, sodass reife, rote Tomaten für den menschlichen Verzehr unbedenklich sind.
Tragacanthin: Tragacanthin ist ein komplexes Polysaccharid aus der Gruppe der Pflanzengummis. Tragacanthin wird aus dem eingetrockneten Pflanzensaft von *Astragalus gummifer* – Gummitragant und verwandten Arten gewonnen, die in Vorderasien beheimatet sind. Tragacanthin besteht u. a. aus Galacturonsäure, Xylose und Galactose und bildet mit Wasser eine hochviskose, leicht saure Lösung. Als löslicher Ballaststoff kann es die Darmgesundheit fördern und den Cholesterinspiegel positiv beeinflussen. In der Lebensmittelindustrie dient es als Emulgator, Verdickungsmittel und Stabilisator (E413). Auch in der Pharmazie findet der Stoff als Bindemittel Verwendung.
Tragblatt: Als Tragblätter werden die Blätter bezeichnet, in deren Achsel ein Seitenspross bzw. eine Blüte steht (siehe auch Blattfolge). Das Tragblatt einer Blüte wird auch als Deckblatt bezeichnet.
trans-Anethol: siehe Anethol
Traube: Eine Traube ist ein einfacher, racemöser Blütenstand, bei dem die Blüten gestielt und einzeln an der unverzweigten Hauptachse des Blütenstandes stehen (z. B. bei *Sinapis* – Senf und anderen *Brassicaceae* – Kreuzblütler).

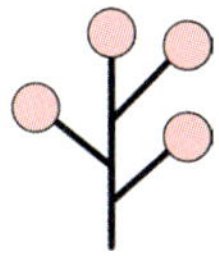

Traubenzucker: siehe Glucose
Triglyceride: Triglyceride sind Ester aus dem 3-wertigen Alkohol Glycerin und 3 Fettsäuren. Sie stellen die Hauptbestandteile von tierischen und pflanzlichen Fetten dar. Triglyceride aus Speiseölen, Nüssen und Samen liefern wertvolle Energie und enthalten fettlösliche Vitamine. Mittelkettige Triglyceride (z. B. aus Kokosfett) werden besonders schnell verdaut und dienen als rasche Energiequelle. Im Stoffwechsel werden überschüssige Triglyceride im Fettgewebe gespeichert.

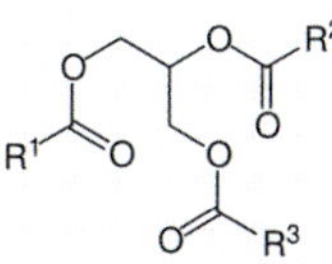

Grundstruktur von Triglyceriden mit drei Fettsäuren (R1–R3)

Trigonellin: Trigonellin ist ein Alkaloid, das u. a. in *Trigonella foenum-graecum* – Bockshornklee und *Coffea* – Kaffee vorkommt. Es gehört zur Gruppe der Pyridinderivate. Beim Rösten von Kaffeebohnen oder Bockshornklee-Samen wird Trigonellin teilweise zu Niacin und anderen Aromastoffen umgewandelt. Die Substanz verleiht Kaffee seinen leicht bitteren Geschmack. Trigonellin wirkt antioxidativ und antimikrobiell. Tierversuche weisen darauf hin, dass Trigonellin möglicherweise den Blutzucker- und Cholesterinspiegel senken sowie die Gedächtnisleistung verbessern könnte; diese Effekte sind beim Menschen jedoch noch unzureichend erforscht.
Trimyristin: Trimyristin ist ein Triglycerid der Myristinsäure. Besonders reich an Trimyristin sind die Samen von *Myristica fragrans* – Muskatnussbaum, wo es bis zu 75 % der fetten Öle ausmachen kann.
Triterpene: Triterpene leiten sich vom Squalen ab und bestehen aus 6 Isopren-Einheiten. Es sind meist wachsartige, kristalline Substanzen, die in Blättern, Blüten, Früchten oder Rinden vieler Pflanzen vorkommen, z. B. als Oleanolsäure, Betulinsäure, Lupeol etc. Einige Triterpene wirken antiviral, antitumoral oder entzündungshemmend.
Triterpensaponine: Die Triterpensaponine sind eine Untergruppe der Saponine. Sie bestehen aus einem Triterpenteil und Zuckerresten.
Triterpensäuren: Triterpensäuren sind eine Untergruppe der Terpene, bestehend aus 6 Isopren-Einheiten mit einer Carbonsäuregruppe. Sie kommen häufig in den Wachsschichten von Früchten wie *Malus domestica* – Kulturapfel und in Heilpflanzen wie *Boswellia serrata* – Indischer Weihrauch vor. Zu den bekanntesten Vertretern zählen Ursolsäure, Oleanolsäure und Betulinsäure. In der Pflanze dienen sie v. a. als Schutz gegen Pflanzenfresser und Krankheitserreger. Triterpensäuren zeigen vielversprechende entzündungshemmende, antimikrobielle und antioxidative Wirkungen.
Trophophyll: Ein Trophophyll ist ein Blatt, welches v. a. im Dienste der Photosynthese steht und *nicht* der generativen Vermehrung dient. Der Begriff wird v. a. verwendet, um unterschiedliche Blatttypen bei Farnen zu charakterisieren (z. B. bei *Blechnum* – Rippenfarn) (siehe auch Sporophyll, Sporo-Trophophyll).
Tropische Zone: Die tropische Zone bildet den äquatornahen Klimagürtel zwischen den Wendekreisen. Sie zeichnet sich durch ganzjährig hohe Temperaturen und intensive Sonneneinstrahlung aus. Das feucht-warme Klima ohne ausgeprägte Jahreszeiten schafft optimale Wachstumsbedingungen für eine außerordentlich hohe Artenvielfalt. Die tropischen Regenwälder beherbergen schätzungsweise 80 % aller bekannten Pflanzenarten. Bekannte Nutzpflanzen der Tropen sind *Musa acuminata* – Banane, *Theobroma cacao* – Kakaobaum oder *Coffea arabica* – Arabica-Kaffee.
Trypsininhibitoren: Trypsininhibitoren sind Proteine in bestimmten Pflanzen, v. a. in Hülsenfrüchten und Getreide, die das Enzym Trypsin hemmen. Trypsin wird für die Eiweißverdauung benötigt. Ein hoher Gehalt an Trypsininhibitoren vermindert daher die Proteinverdaulichkeit der Pflanzen und deren Nährwert (antinutritive Wirkung). Durch Erhitzen werden die Inhibitoren inaktiviert.
Tryptophan: Tryptophan ist eine essenzielle Aminosäure. Sie dient als Baustein für Proteine und ist Vorläufer von Serotonin, einem wichtigen Neurotransmitter, der die Stimmung, den Schlaf-Wach-Rhythmus und die Schmerzwahrnehmung beeinflusst. Tryptophan kommt in vielen proteinreichen Lebensmitteln vor, u. a. in vielen Nüssen und Hülsenfrüchten.

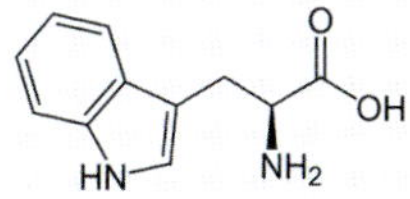

Turion: Als Turionen werden die sich von der Mutterpflanze ablösenden und auf den Gewässergrund absinkenden Überdauerungsknospen von Wasserpflanzen bezeichnet (z. B. bei *Trapa* – Wassernuss).
Turmerone: Turmerone sind Sesquiterpene, die v. a. in *Curcuma longa* – Kurkuma vorkommen. Sie tragen zu den entzündungshemmenden und antioxidativen Wirkungen von Kurkuma bei. Turmerone können die Produktion von Gallenflüssigkeit anregen und haben in Studien nervenschützende Effekte gezeigt. In hohen Dosen können sie allerdings leberschädigend wirken.
Tyramin: Tyramin ist ein biogenes Amin, das durch Decarboxylierung der Aminosäure Tyrosin entsteht. Es kommt in fermentierten Lebensmitteln wie Wein oder Sauerkraut vor. Tyramin erhöht den Blutdruck und die Herzfrequenz.
Tyrosol: Tyrosol ist ein Phenylethanoid, das besonders in nativem Olivenöl und Olivenblättern reichlich vorkommt. Tyrosol hat einen leicht bitteren Geschmack. Es hat antioxidative und entzündungshemmende Effekte. Auch eine nervenschützende Wirkung wird diskutiert.
überwinternd grünes Blatt: Überwinternd grüne Blätter sind auch im Winter grün, sterben aber im Laufe der folgenden Vegetationsperiode ab (z. B. bei *Stellaria media* – Vogelmiere). Sie sind meist deutlich weniger derb als immergrüne Blätter. Bei vielen Arten ist nur ein Teil der Blätter wintergrün (meist die Grundblätter), während die Stängelblätter sommergrün sind.
Ulvan: Ulvan ist ein sulfatiertes Polysaccharid, das in den Zellwänden von Grünalgen wie *Ulva lactuca* – Meersalat vorkommt. Es besitzt immunmodulierende, entzündungshemmende und antivirale Eigenschaften. Präklinische Stu-

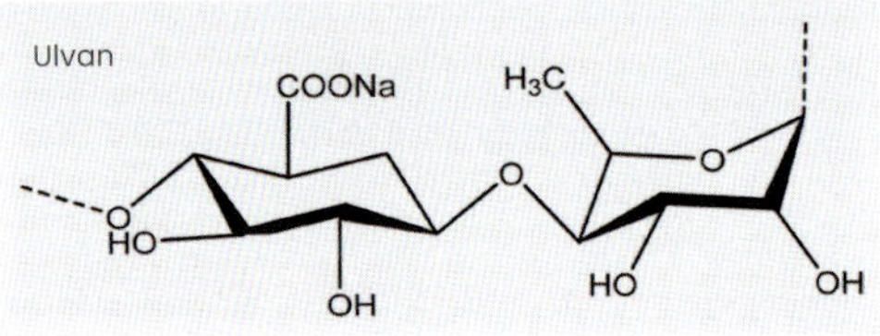

dien zeigen, dass Ulvan ein Potenzial für medizinische Anwendungen hat, z. B. zum Schutz der Darmschleimhaut oder als Wirkstoff-Carrier.

Umami: Umami ist neben süß, sauer, salzig und bitter einer der 5 Grundgeschmäcker. Der japanische Begriff bedeutet »wohlschmeckend« oder »fleischig«. Der herzhafte Umami-Geschmack wird durch spezielle Rezeptoren auf der Zunge wahrgenommen, die v. a. auf Glutamat und bestimmte Nukleotide reagieren. In der Lebensmittelindustrie wird Umami häufig durch die Zugabe der Aminosäure Mononatriumglutamat (E621), anderen Glutamatsalzen oder Nukleotiden wie Guanylsäure (E626) oder Inosinsäure (E630) erzeugt.

Umbelliferon: Umbelliferon ist ein Cumarin mit süßlichem, heuartigem Duft und kommt in vielen Doldenblütlern vor, z. B. in *Angelica archangelica* – Arznei-Engelwurz. Die Verbindung trägt zum Aroma der Gewürzkräuter bei und kann die Verdauung fördern. In größeren Mengen sollte es jedoch gemieden werden, da Cumarine blutverdünnende Wirkung haben können. Umbelliferon hat antimikrobielle und entzündungshemmende Eigenschaften und kann bei UV-Bestrahlung fluoreszieren.

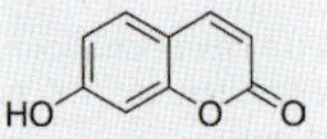

ungesättigte Fettsäuren: Ungesättigte Fettsäuren besitzen eine oder mehrere Doppelbindungen zwischen den Kohlenstoffatomen. Man unterscheidet einfach und mehrfach ungesättigte Fettsäuren. Wichtige einfach ungesättigte Fettsäuren sind die Ölsäure (in Olivenöl) und die Erucasäure (in Rapsöl). Zu den wichtigsten mehrfach ungesättigten Fettsäuren zählen Linolsäure (z. B. in Safloröl) und α-Linolensäure (z. B. in Leinöl). Sie werden als gesundheitsfördernd angesehen, da sie u. a. entzündungshemmend wirken und die Blutfettwerte günstig beeinflussen.

unpaarig gefiederte Spreite: Eine unpaarig gefiederte Spreite hat eine ungerade Anzahl von Fiederblättchen, eine Endfieder ist also vorhanden (z. B. bei *Fraxinus* – Esche).

Unterart: Der Begriff »Unterart« (Abkürzung: »subsp.«) wird in der Pflanzensystematik verwendet, um nahe verwandte Sippen zu unterscheiden, die zu einer Art gehören. So können bei *Juniperus communis* die Unterarten *Juniperus communis* subsp. *communis* L. – Gewöhnlicher Wacholder und *Juniperus communis* subsp. *nana* (Willd.) Syme – Zwerg-Wacholder unterschieden werden.

unterbrochen gefiederte Spreite: Eine unterbrochen gefiederte Spreite ist eine spezielle Form eines gefiederten Blattes, bei dem größere und kleinere Fiederblätter abwechselnd an der Rhachis stehen (z. B. bei *Filipendula* – Mädesüß und anderen *Rosaceae* – Rosengewächse).

unterständiger Fruchtknoten: Bei einem unterständigen Fruchtknoten liegt die Ansatzstelle der Blütenhüllblätter oberhalb des Fruchtknotens (z. B. bei *Galanthus* – Schneeglöckchen) (siehe auch oberständiger Fruchtknoten, mittelständiger Fruchtknoten).

Ursolsäure: Ursolsäure (Urson, Prunol oder Malol) ist eine pentazyklische Triterpensäure. Sie kommt in den Wachsschichten vieler Früchte vor, besonders reichhaltig in Schalen von *Malus domestica* – Apfel und *Vaccinium* – Heidelbeere. Ursolsäure zeigt entzündungshemmende, antimikrobielle und möglicherweise krebshemmende Eigenschaften. Sie kann den Muskelaufbau unterstützen und den Blutzuckerspiegel regulieren und wird zunehmend als Nahrungsergänzungsmittel geschätzt.

Urson: siehe Ursolsäure

Urushiole: Urushiole sind ein Gemisch phenolischer Verbindungen und der Hauptverursacher allergischer Reaktionen bei Kontakt mit *Toxicodendron radicans* – Giftefeu und anderen *Anacardiaceae* – Sumachgewächsen wie Mango. Diese meist öligen Substanzen (nur Urushiol I ist ein Feststoff) können bereits in winzigsten Mengen schwere Hautreizungen und blasenbildende Ekzeme auslösen. Urushiole sind außerordentlich stabil und bleiben jahrelang aktiv, selbst an getrockneten Pflanzenteilen. Die Verbindung dient den Pflanzen als hochwirksamer Schutz vor Herbivoren.

Valve: Als Valven werden die inneren Perigonblätter bei *Rumex* – Ampfer bezeichnet.

Vanillin: Vanillin ist ein phenolischer Aldehyd und Hauptaromastoff der Vanille. Natürliches Vanillin wird aus den fermentierten Kapselfrüchten von *Vanilla planifolia* – Echte Vanille gewonnen, kann aber auch synthetisch hergestellt werden. Es hat einen intensiv süßlichen, warmen Geruch und Geschmack. Neben der Verwendung als Gewürz besitzt Vanillin auch antioxidative Eigenschaften.

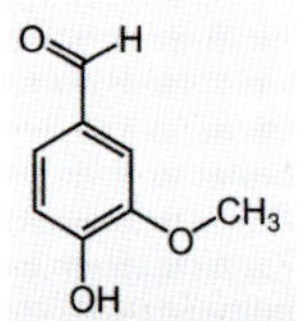

Vanillinsäure: Vanillinsäure ist eine organische Säure aus der Gruppe der Phenolsäuren. Sie kommt in mehreren Pflanzenarten vor, darunter *Vanilla* – Vanille, *Vaccinium myrtillus* – Heidelbeere und *Zea mays* – Mais. Vanillinsäure besitzt antioxidative und möglicherweise entzündungshemmende Eigenschaften. In Lebensmitteln trägt sie zum Aroma von Vanille bei.

Varietät: Eine Varietät ist eine taxonomische Rangstufe unterhalb der Art. Sie bezeichnet Populationen von Pflanzen oder Tieren, die sich durch bestimmte Merkmale vom Typus der Art unterscheiden, aber noch keine eigene Art bilden. Die Abweichungen können natürlichen Ursprungs sein, etwa durch Anpassung an standörtliche Gegebenheiten. Bei Kulturpflanzen entstehen Varietäten oft durch züchterische Selektion gewünschter Eigenschaften. Varietäten werden in der wissenschaftlichen Namensgebung durch die Abkürzung »var.« gekennzeichnet, gefolgt vom Varietätsnamen. Beispiel: *Brassica oleracea* var. *italica* (Brokkoli).

Vegetationskegel: Der Vegetationskegel (Vegetationspunkt) ist die Wachstumsspitze an Trieben und Wurzeln, in der sich teilungsaktive Zellen befinden. Diese kuppelförmige, nur wenige Millimeter große Struktur bildet kontinuierlich neue Zellen, aus denen sich Blätter, Stängel und Blüten entwickeln. Bei essbaren Pflanzen wie *Asparagus officinalis* – Spargel oder den »Palmherzen« werden die jungen Triebe mitsamt dem zarten Vegetationskegel geerntet.

Vegetationspunkt: siehe Vegetationskegel

Veredlung: Die Veredlung ist eine gärtnerische Methode zur vegetativen Vermehrung von Gehölzen. Dabei verbindet man einen als Edelreis bezeichneten Zweig der Wunschsorte mit einer bewurzelten Unterlage. Beide verwachsen an der Veredlungsstelle und bilden eine dauerhafte Einheit. Die Unterlage sorgt für Bewurzelung und Nährstoffversorgung, während der Edelreis den oberirdischen Teil der Pflanze bildet. Veredelte Obstgehölze vereinen oft positive Eigenschaften von Edelreis und Unterlage, z. B. besondere Fruchtqualität und Frosttoleranz.

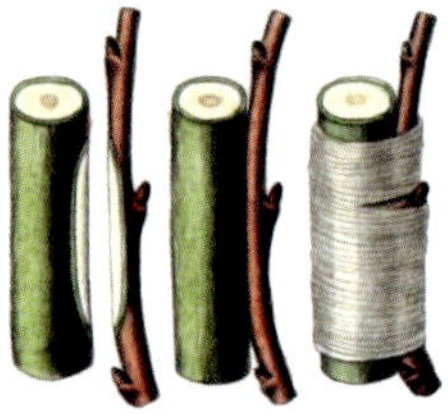

Vernalisation: Die Vernalisation ist ein physiologischer Prozess, bei dem Pflanzen einer Kälteperiode ausgesetzt werden müssen, um später blühen zu können. Dieser »epigenetische« Vorgang betrifft besonders 2-jährige Pflanzen wie *Beta vulgaris* – Zuckerrübe und Wintergetreide wie *Triticum aestivum* – Winterweizen. Während der Kälteexposition werden bestimmte Gene aktiviert, die später die Blütenbildung ermöglichen. Für die menschliche Ernährung ist die Vernalisation bedeutsam, da sie die jahreszeitliche Verfügbarkeit vieler Kulturpflanzen beeinflusst und deren Ernteertrag sichert. Die erfolgreiche Vernalisation hängt von Faktoren wie Temperatur, Dauer der Kälteperiode und dem Entwicklungsstadium der Pflanze ab.

verwachsenes Blatt: Verwachsene Laubblätter sind mit der Sprossachse verwachsen. Dabei können einzelne Laubblätter an der Sprossachse herablaufen (z. B. bei *Echium* – Natternkopf und anderen *Boraginaceae* – Raublattgewächse), gegenüberliegende Blätter an der Basis miteinander verwachsen sein (z. B. bei *Lonicera* – Geißblatt) oder die Blätter umfassen den »durchwachsenen Stängel« (z. B. bei *Bupleurum rotundifolium* – Rundblättriges Hasenohr). Blütenblätter werden als verwachsen bezeichnet, wenn sie miteinander verwachsen sind (siehe auch Blüte). Verwachsene Kronblätter sind z. B. typisch für *Gentiana* – Enzian, verwachsene Kelchblätter für *Dianthus* – Nelke, verwachsene Fruchtblätter für *Papaver* – Mohn und verwachsene Staubblätter für *Malva* – Malve. Bei manchen Arten sind außerdem die Staubfäden mit den Kronblättern verwachsen (z. B. bei *Gentiana verna* – Frühlings-Enzian).

Vicin: Vicin ist ein Pyrimidinglycosid, das in Samen von *Fabaceae* – Schmetterlingsblütler wie *Vicia faba* – Saubohne und *Vicia* – Wicke vorkommt. Für Menschen ist Vicin in hohen Dosen toxisch und kann bei Personen mit einem Mangel am Enzym Glucose-6-Phosphat-Dehydrogenase zur Auflösung der roten Blutkörperchen führen.

Violaxanthin: Violaxanthin ist ein Xanthophyll-Carotinoid und spielt eine entscheidende Rolle im pflanzlichen Photo-

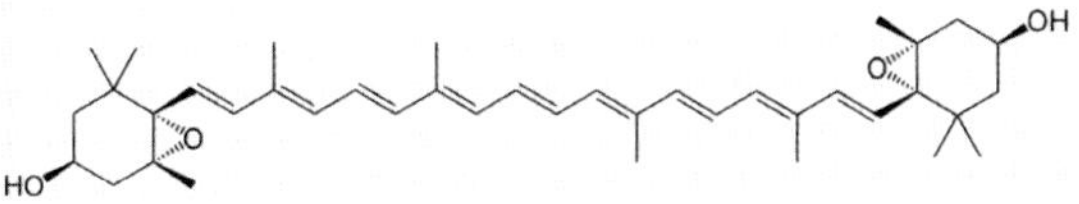

schutzsystem. Besonders reich an Violaxanthin sind dunkelgrüne Blattgemüse wie *Spinacia oleracea* – Spinat und *Lactuca sativa* – Kopfsalat. Die gelblich gefärbte Verbindung ist fettlöslich und wird besser resorbiert, wenn sie zusammen mit Fetten verzehrt wird. Violaxanthin schützt die Photosynthesepigmente vor Lichtschäden und kann überschüssige Lichtenergie in Wärme umwandeln. Es wirkt als Antioxidans und kann zur Augengesundheit beitragen.

Vitamin: Vitamine sind essenzielle organische Verbindungen, die der menschliche Körper nicht selbst herstellen kann und daher mit der Nahrung aufnehmen muss. Sie sind für viele lebenswichtige Funktionen im Stoffwechsel notwendig, u. a. als Cofaktoren für Enzyme. Vitamine kommen in pflanzlichen Lebensmitteln wie Obst, Gemüse, Vollkornprodukten und Nüssen vor. Ein Vitaminmangel kann zu ernsthaften Gesundheitsproblemen führen. Die wichtigsten Vitamine sind die fettlöslichen Vitamine A, D, E und K sowie die wasserlöslichen B-Vitamine und Vitamin C.

Vitamin A: Vitamin A ist eine Gruppe von fettlöslichen Vitaminen, die in

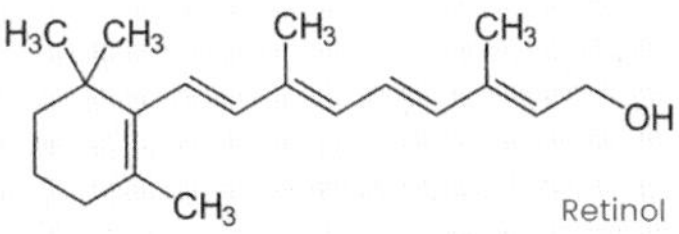

Retinol

Form von Retinol und Provitamin A (wie β-Carotin) in Lebensmitteln vorkommen. Vitamin A spielt eine wichtige Rolle für das Sehvermögen, die Immunfunktion, das Zellwachstum und die Entwicklung von Embryonen. Gute pflanzliche Quellen sind grünes und gelb-oranges Gemüse wie *Spinacia oleracea* – Spinat, *Brassica oleracea* var. *sabellica* – Grünkohl, *Daucus carota* – Möhren und *Ipomoea batatas* – Süßkartoffel. Vitamin-A-Mangel kann zu Nachtblindheit und einem erhöhten Infektionsrisiko führen.

Vitamin B: Vitamin B ist ein Sammelbegriff für 8 wasserlösliche Vitamine: B_1 (Thiamin), B_2 (Riboflavin), B_3 (Niacin), B_5 (Pantothensäure), B_6 (Pyridoxin), B_7 (Biotin), B_9 (Folsäure) und B_{12} (Cobalamin). Sie spielen eine Schlüsselrolle bei der Energiegewinnung aus Nährstoffen, der Blutbildung, der Nervenfunktion und vielen Stoffwechselprozessen. B-

Folsäure

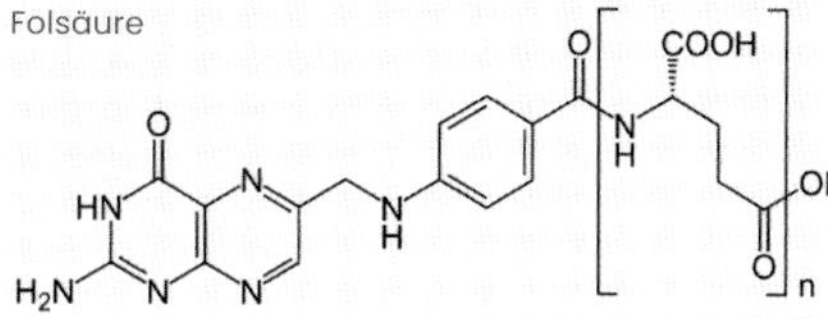

Vitamine kommen v. a. in Vollkornprodukten, Hülsenfrüchten, grünem Blattgemüse und Nüssen vor.

Vitamin B_1: Vitamin B_1 (Thiamin) ist ein wasserlösliches Vitamin, das als Cofaktor essenziell für den Energiestoffwechsel ist. Es kommt in vielen pflanzlichen Lebensmitteln wie Vollkornprodukten, Hülsenfrüchten und Kartoffeln vor. Auch einige Pilze und Algen sind gute Thiaminquellen. Ein ausgeprägter Mangel führt zu der Krankheit »Beriberi« (Schafsgang) mit Störungen des Nervensystems, Muskelschwäche und Herzinsuffizienz. In Industrieländern tritt echter Mangel selten auf, ist aber z. B. bei chronischem Alkoholismus möglich.

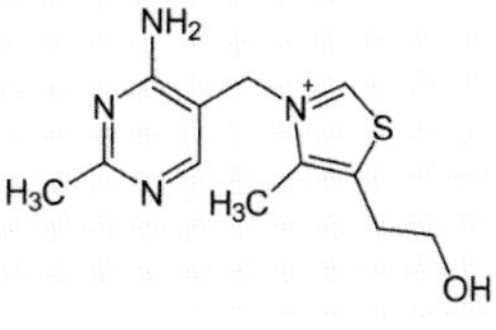

Vitamin B_2: Vitamin B_2 (Riboflavin) gehört zur Gruppe der wasserlöslichen B-Vitamine. Es spielt eine wichtige Rolle im Energiestoffwechsel, indem es als Cofaktor für verschiedene Enzyme fungiert. Riboflavin ist essenziell für die Aufrechterhaltung einer gesunden Haut, gesunder Schleimhäute und des Nervensystems. Ein Mangel kann zu Symptomen wie Müdigkeit, Hautproblemen und Entzündungen im Mund- und Rachenraum führen. Wichtige pflanzliche Quellen für Riboflavin sind Hülsenfrüchte, grünes Blattgemüse und Getreide sowie Pilze. Der Gehalt in Lebensmitteln kann durch Hitze, Licht und Sauerstoff reduziert werden.

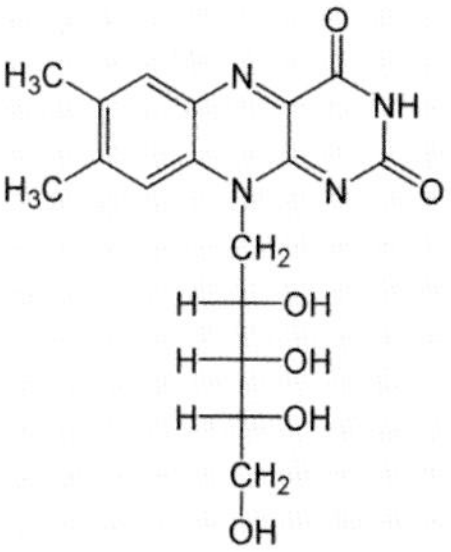

Vitamin B_3: Vitamin B_3 (Nicotinsäure, Niacin, Pyridin-3-Carbonsäure) ist ein wasserlösliches B-Vitamin. Es spielt eine wichtige Rolle im Energiestoffwechsel und ist an > 400 Enzymreaktionen beteiligt. Vitamin B_3 kommt in vielen Lebensmitteln vor, besonders reichhaltige Quellen sind Fleisch, Fisch, Nüsse sowie Getreide und Hülsenfrüchte. Ein Mangel kann zu Müdigkeit, Konzentrationsstörungen und in schweren Fällen zu Pellagra führen. Vitamin B_3 wird therapeutisch zur Verbesserung des Lipidprofils und zur Prävention kardiovaskulärer Erkrankungen eingesetzt.

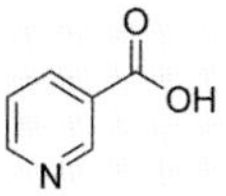

Vitamin B_5: Vitamin B_5 (Pantothensäure) ist ein wasserlösliches Vitamin. Pantothensäure kommt in fast allen Lebensmitteln vor, besonders reichhaltige Quellen sind Vollkornprodukte, Hülsenfrüchte und Avocados, aber auch Pilze und Eigelb. Pantothensäure ist essenziell für den Stoffwechsel von Kohlenhydraten, Fetten und Proteinen und an der Biosynthese von Hormonen, Neurotransmittern und Hämoglobin beteiligt. Pantothensäure unterstützt auch die Wundheilung und Regeneration der Haut.

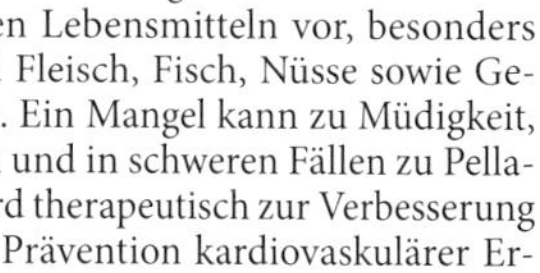

Vitamin B_6: Vitamin B_6 umfasst mehrere verwandte Verbindungen, darunter Pyridoxin, Pyridoxal und Pyridoxamin. Es ist an > 100 enzymatischen Reaktionen im Stoffwechsel beteiligt, insbesondere beim Aminosäure-, Kohlenhydrat- und Fettstoffwechsel. Vitamin B_6 ist wichtig für die

Blutbildung, das Immunsystem und die Nervenfunktion. Gute pflanzliche Quellen sind Hülsenfrüchte, *Solanum tuberosum* – Kartoffel, Vollkornprodukte und *Musa* – Banane.

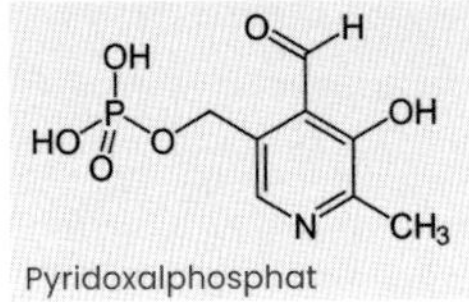
Pyridoxalphosphat

Vitamin B_7: Vitamin B_7 (Biotin) ist ein wasserlösliches B-Vitamin. Biotin kommt in vielen Pflanzenarten vor, z. B. in *Avena sativa* – Hafer, *Glycine max* – Soja, *Brassica oleracea* var. *botrytis* – Blumenkohl, *Spinacia oleracea* – Spinat oder *Helianthus annuus* – Gewöhnliche Sonnenblume. Biotin ist ein Cofaktor für Carboxylasen und spielt eine wichtige Rolle bei der Gluconeogenese, dem Fettsäuremetabolismus und dem Aminosäureabbau. Es ist essenziell für gesunde Haut, Haare und Nägel. Ein Mangel ist selten, kann aber zu Hautproblemen, Haarausfall und neurologischen Störungen führen.

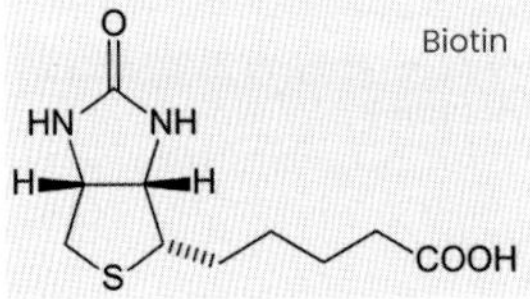
Biotin

Vitamin B_9: Vitamin B_9 (Folsäure, Vitamin B_{11}) ist ein wasserlösliches B-Vitamin, das für die Blutbildung, Zellteilung und das Nervensystem unentbehrlich ist. Besonders in der Schwangerschaft ist eine gute Folsäureversorgung wichtig für die Entwicklung des Kindes. Folsäuremangel kann zu Blutarmut und Entwicklungsstörungen führen. Folsäure kommt v. a. in grünem Blattgemüse, Hülsenfrüchten und Vollkornprodukten vor. Besonders folsäurereich sind *Spinacia oleracea* – Spinat, *Asparagus officinalis* – Spargel und *Brassica oleracea var. italica* – Brokkoli. Lebensmitteln wird oft synthetisch hergestellte Folsäure zugesetzt, z. B. Frühstückscerealien.

Vitamin B_{11}: siehe Vitamin B_9

Vitamin B_{12}: Vitamin B_{12} (Cobalamin) ist ein wasserlösliches Vitamin, das fast ausschließlich in tierischen Lebensmitteln vorkommt. Es wird auch von Mikroorganismen synthetisiert. Vitamin B_{12} ist essenziell für die Bildung roter Blutkörperchen, die Funktion des Nervensystems und die DNA-Synthese. Ein Mangel kann zu Blutarmut und neurologischen Störungen führen. Veganer und ältere Menschen haben ein erhöhtes Risiko für eine Unterversorgung.

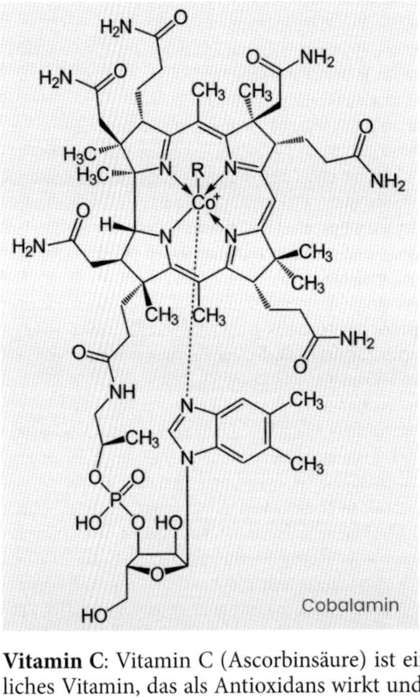
Cobalamin

Vitamin C: Vitamin C (Ascorbinsäure) ist ein wasserlösliches Vitamin, das als Antioxidans wirkt und bei der Bildung von Kollagen, einem Bindegewebeprotein, mitwirkt. Gute Vitamin-C-Quellen sind Obst und Gemüse, v. a. *Citrus* – Zitrusfrüchte, *Capsicum annuum* – Paprika, *Brassica oleracea* var. *italica* – Brokkoli und *Solanum tuberosum* – Kartoffel. Es fördert die Eisenaufnahme und stärkt das Immunsystem. Vitamin-C-Mangel äußert sich in Müdigkeit, verzögerter Wundheilung und Zahnfleischbluten und kann zu Skorbut führen.

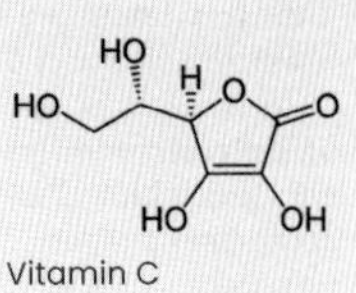
Vitamin C

Vitamin D: Vitamin D ist ein fettlösliches Vitamin. Es liegt v. a. in 2 Formen vor: Vitamin D_2 (Ergocalciferol) ist pflanzlichen Ursprungs. Vitamin D_3 (Cholecalciferol) wird unter Einwirkung von UV-Licht von tierischen Organismen, also auch dem Menschen gebildet, wurde aber auch in Flechten gefunden. Vitamin D reguliert die Aufnahme und den Stoffwechsel von Calcium und Phosphat und ist daher essenziell für gesunde Knochen und Zähne. Es beeinflusst auch das Immunsystem, die Muskelkraft und möglicherweise die Stimmung.

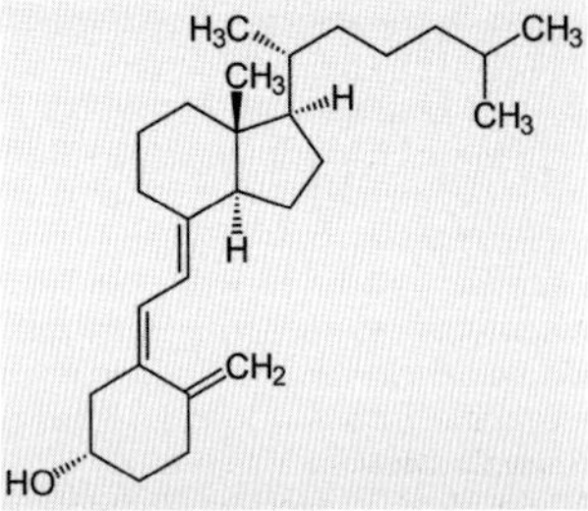

Vitamin D_2: Vitamin D_2 (Ergocalciferol) ist eine Form von Vitamin D, die von Pflanzen durch UV-Bestrahlung aus dem Sterol Ergosterin gebildet wird.

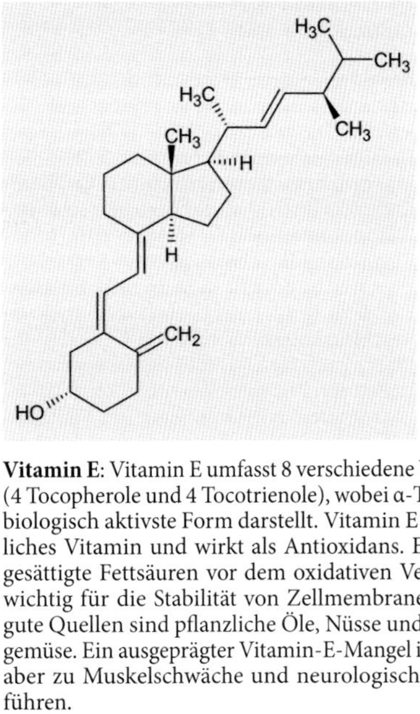

Vitamin E: Vitamin E umfasst 8 verschiedene Verbindungen (4 Tocopherole und 4 Tocotrienole), wobei α-Tocopherol die biologisch aktivste Form darstellt. Vitamin E ist ein fettlösliches Vitamin und wirkt als Antioxidans. Es schützt ungesättigte Fettsäuren vor dem oxidativen Verderb und ist wichtig für die Stabilität von Zellmembranen. Besonders gute Quellen sind pflanzliche Öle, Nüsse und grünes Blattgemüse. Ein ausgeprägter Vitamin-E-Mangel ist selten, kann aber zu Muskelschwäche und neurologischen Störungen führen.

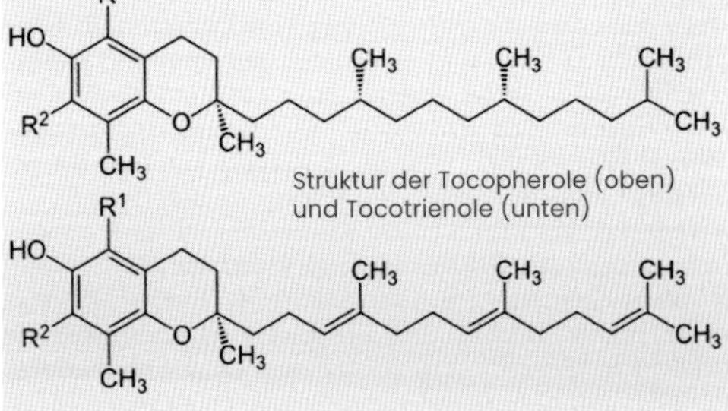
Struktur der Tocopherole (oben) und Tocotrienole (unten)

Vitamin G: siehe Vitamin B_2
Vitamin H: siehe Vitamin B_7
Vitamin I: siehe Vitamin B_7
Vitamin K: Vitamin K (Phyllochinon, Menachinon) ist ein fettlösliches Vitamin, das in den Formen Vitamin K_1 (Phyllochinon) in Pflanzen und Vitamin K_2 (Menachinon) in tierischen Lebensmitteln und fermentierten Produkten vorkommt. Es spielt eine zentrale Rolle bei der Blutgerinnung sowie im Knochenstoffwechsel. Gute Quellen für

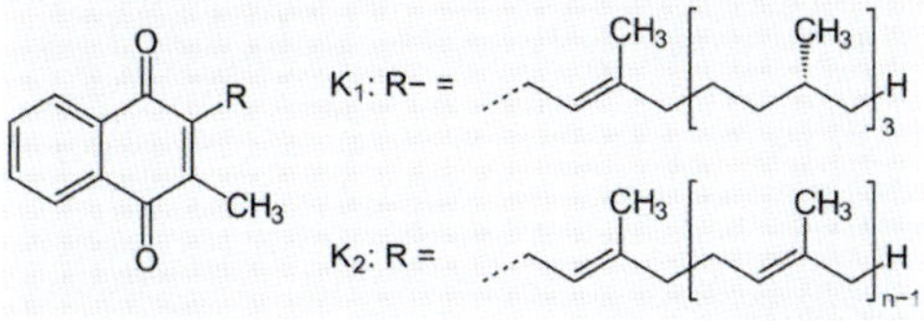

Vitamin K_1 sind grünes Blattgemüse, Kohl und Pflanzenöle. Vitamin-K-Mangel ist selten, kann aber zu Blutgerinnungsstörungen führen.
Vitamin M: siehe Vitamin B_9
Viviparie: Von (echter) Viviparie spricht man in der Botanik, wenn die Samen bereits zu keimen beginnen, wenn sie noch mit der Mutterpflanze verbunden sind (z. B. bei *Rhizophora mangle* – Rote Mangrove) (siehe auch Pseudoviviparie).
Vorblatt: Als Vorblatt werden die ersten 1–2 Blätter an einem Seitenspross bezeichnet (siehe auch Blattfolge). Sie zeichnen sich durch eine besondere Blattstellung und meist durch eine besondere Morphologie aus (sie sind oft schuppenartig). Bei den meisten Einkeimblättrigen findet sich nur ein Vorblatt, das zwischen Hauptachse und Seitenspross steht (adossiertes Vorblatt), bei den meisten Zweikeimblättrigen finden sich 2 Vorblätter, die gegenständig angeordnet sind und dabei seitlich zur Hauptachse stehen (transversale Vorblätter).
Vorspelze: Als Vorspelze wird das obere und typischerweise kleinere Hochblatt an der Basis der Blütchen der *Poaceae* – Süßgräser bezeichnet. Die Vorspelze wird meist als adossiertes Vorblatt der Ährchenachse gedeutet (siehe auch Blütchen).
Vulgaxanthin: Vulgaxanthin ist ein Betalain. Es kommt in 2 Formen vor: Vulgaxanthin I und Vulgaxanthin II und ist für die rote Farbe der Roten Beete verantwortlich. Als Carotinoid könnte es möglicherweise antioxidative Eigenschaften besitzen.
wechselständige Blattstellung: Bei der wechselständigen Blattstellung steht an jedem Knoten nur 1 Blatt. Je nach Ausrichtung der Blätter wird zwischen der spiraligen Blattstellung und der 2-zeiligen Blattstellung unterschieden (siehe auch gegenständige Blattstellung, wirtelige Blattstellung).

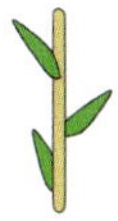

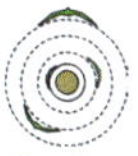

Wimper: Als Wimpern bezeichnet man ± elastische Haare, die ± regelmäßig und gerade vom Blattrand abstehen (z. B. bei *Bromus erectus* – Aufrechte Trespe) (vgl. auch Borste).
Windbestäubung: Von Windbestäubung spricht man, wenn die Pollen durch Wind von einer Blüte zur anderen transportiert werden. Viele windbestäubte Blüten zeichnen sich durch eine fehlende oder reduzierte Blütenhülle, lang gestielte Staubblätter und eine fedrige Narbe aus (z. B. bei *Poaceae* – Süßgräsern, *Fagus* – Buche). Windbestäubte Pflanzen produzieren typischerweise große Mengen leichten Pollens, um die zufällige Bestäubung zu erhöhen.
wintergrünes Blatt: siehe überwinternd grünes Blatt
Wintersaat: Wintersaat bezieht sich auf die Aussaat der Winterfrüchte im Herbst. Zu typischen Wintersaaten gehören *Triticum aestivum* – Winterweizen, *Secale cereale* – Winterroggen und *Brassica napus* – Winterraps.
Wintersteher: Als Wintersteher bezeichnet man Pflanzen, deren Früchte den Winter über an der Pflanze verbleiben und die über einen langen Zeitraum ausgestreut werden (z. B. *Fraxinus excelsior* – Gewöhnliche Esche).
wirtelige Blattstellung: Bei der wirteligen (quirligen) Blattstellung stehen an jedem Knoten > 2 Blätter (z. B. bei *Galium odoratum* – Waldmeister) (siehe auch gegenständige Blattstellung, wechselständige Blattstellung).

Withanolide: Withanolide sind komplexe Steroide, die zur Gruppe der Phytosterine gehören und v. a. in der Familie *Solanaceae* – Nachtschattengewächse vorkommen. Die bekannteste Quelle ist *Withania somnifera* – Schlafbeere. Wissenschaftliche Studien zeigen antioxidative, entzündungshemmende und immunmodulierende Eigenschaften. Einige Withanolide schmecken intensiv bitter.
Wurzel: Die Wurzel ist eines der 3 Grundorgane von Kormophyten, das v. a. der Nährstoffaufnahme und Verankerung im Boden dient.
Wurzelstock: Als Wurzelstock wird zuweilen der Übergangsbereich zwischen Wurzel und Sprossachse bezeichnet.
Xanthin: Xanthin ist eine Purinbase, die im Stoffwechsel von Pflanzen, Tieren und Menschen vorkommt. Sie ist ein Zwischenprodukt beim Abbau von Purinbasen wie Adenin und Guanin und wird durch das Enzym Xanthinoxidase zu Harnsäure umgewandelt. Xanthin kommt in vielen Lebensmitteln vor, u. a. in Fleisch, Fisch, Gemüse und *Coffea* – Kaffee. In hohen Konzentrationen kann es zur Bildung von Nierensteinen beitragen.
Xanthohumol: Xanthohumol ist ein Polyphenol, das in *Humulus lupulus* – Gewöhnlicher Hopfen vorkommt und dort v. a. in den Lupulindrüsen der weiblichen Blütenstände zu finden ist. In der Pflanze dient es als Fungizid und hat eine starke antioxidative Wirkung. Im Brauprozess geht ein Großteil des Xanthohumols verloren oder wird zu Isoxanthohumol umgewandelt. Wissenschaftliche Studien zeigen krebshemmende, entzündungshemmende und antimikrobielle Wirkungen.
Xanthone: Xanthone bilden eine vielfältige Stoffklasse polyphenolischer Verbindungen. Besonders reichhaltig kommen Xanthone in *Garcinia mangostana* – Mangostane vor, aber auch in *Hypericum perforatum* – Johanniskraut und in geringeren Mengen in *Citrus*-Arten und anderen tropischen Früchten. Der bittere Geschmack mancher Xanthone trägt zum Aroma einiger Zitrusfrüchte bei. Die gelblichen bis orangefarbenen Farbstoffe besitzen starke antioxidative Eigenschaften. Die aktuelle Forschung deutet entzündungshemmende und antimikrobielle Wirkungen an.
Xanthotoxin: siehe Methoxsalen
Zapfen: Zapfen bezeichnet im Allgemeinen einen Fruchtstand, bei dem die Früchte ungestielt an einer verdickten, holzigen Hauptachse sitzen (z. B. bei *Alnus* – Erle). Meist bezieht sich der Begriff auf den weiblichen Blüten- und Samenstand der Nacktsamer: Hier steht in der Achsel der Deckschuppe (die einem Tragblatt entspricht) eine stark reduzierte Blüte, die nur aus einer Samenschuppe (die einem Megasporophyll entspricht) mit meist 2 Samenanlagen besteht. Zuweilen wird der Begriff Zapfen auch fälschlicherweise für die männlichen Blüten der Nacktsamer verwendet.
Zapfenspindel: Als Zapfenspindel wird die verholzte Hauptachse der Zapfen von Nadelbäumen bezeichnet. Bei *Abies* – Tanne bleibt die Zapfenspindel aufrecht am Baum stehen, weil sich die Samenschuppen zur Fruchtreife von ihr lösen. Bei den meisten anderen Nadelbäumen (z. B. bei *Picea* – Fichte) lösen sich die Samenschuppen *nicht* von der Zapfenspindel und die Zapfen fallen als Ganzes ab.
Zeaxanthin: Zeaxanthin ist ein Xanthophyll-Carotinoid. Es kommt v. a. in (dunkel-)grünem Blattgemüse wie *Brassica oleracea* var. *sabellica* – Grünkohl oder *Spinacia oleracea* – Spinat vor. Zusammen mit Lutein reichert sich Zeaxanthin in der Makula des Auges an. Dort wirkt es als Blaulicht-

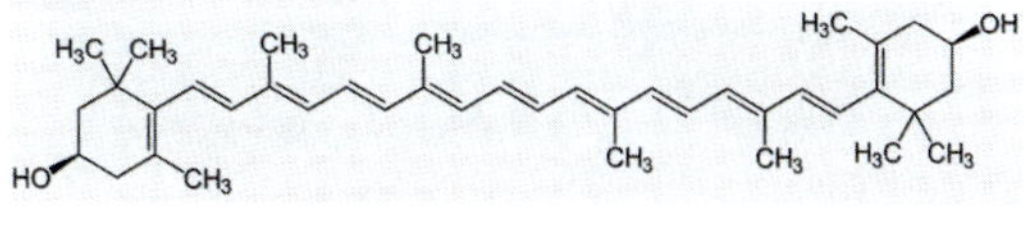

filter und Antioxidans und trägt so zum Schutz vor altersbedingter Makuladegeneration bei.

Zein: Zein ist das Hauptspeicherprotein in Maiskörnern und macht 45–60 % des Gesamtproteins in *Zea mays* – Mais aus. Es gehört zur Gruppe der Prolamine. Zein ist arm an essenziellen Aminosäuren und daher als alleinige Proteinquelle ungeeignet für die menschliche Ernährung. Es wird industriell zur Herstellung von Fasern, Folien und Beschichtungen genutzt. Bei Zöliakie-Patienten kann Zein allergische Reaktionen auslösen, da es Ähnlichkeiten mit dem Klebereiweiß Gliadin aus Weizen aufweist.

Zerfallsfrucht: siehe Spaltfrucht

Zimtaldehyd: Zimtaldehyd (Zimtal, Cinnamaldehyd) ist der Hauptaromastoff von *Cinnamomum* – Zimt und soll anregend auf die Verdauung wirken.

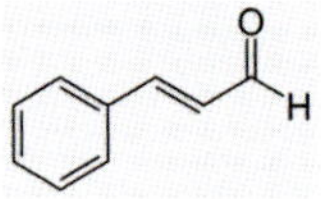

Zimtsäuremethylester: Zimtsäuremethylester (Methylcinnamat) kommt in Pflanzenarten wie *Eucalyptus* und *Fragaria* – Erdbeeren vor und trägt zu deren Duft bei. Zimtsäuremethylester wird auch in der Parfümindustrie verwendet.

Zingiberen: Zingiberen ist ein Sesquiterpen und Hauptbestandteil des ätherischen Öls von *Zingiber officinale* – Ingwer. Es trägt wesentlich zum Aroma von Ingwer bei und hat entzündungshemmende und schmerzlindernde Eigenschaften.

Zink: Zink ist ein essenzielles Spurenelement und an > 200 Stoffwechselvorgängen im menschlichen Körper beteiligt. Es spielt eine wichtige Rolle für das Immunsystem, die Wundheilung, den Kohlenhydrat- und Fettstoffwechsel sowie die Fruchtbarkeit. Zinkmangel kann u. a. zu Wachstumsstörungen, Hautproblemen und einer erhöhten Infektanfälligkeit führen. Gute pflanzliche Zinkquellen sind Vollkornprodukte, Nüsse und Hülsenfrüchte.

Zitronensäure: Zitronensäure ist eine organische Säure, die in vielen Früchten und Beeren vorkommt, insbesondere in *Citrus limon* – Zitrone und *Citrus aurantiifolia* – Limette. Sie ist ein wichtiger Bestandteil des Citratzyklus, in dem Energie aus der Nahrung gewonnen wird. Industriell wird sie durch Fermentation aus Zucker hergestellt. In der Lebensmittelindustrie ist Zitronensäure die am häufigsten verwendete Säure. Sie dient als Säuerungsmittel, Konservierungsmittel und Komplexbildner.

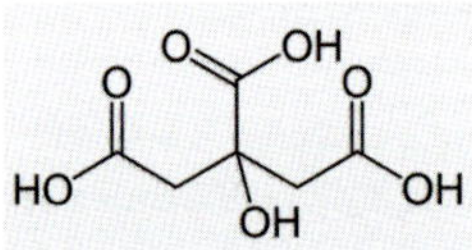

Zitrusfrüchte: Die Früchte der Gattung *Citrus* (z. B. Orange, Zitrone, Grapefruit) sind botanisch betrachtet Beeren. Sie bestehen aus einer ölhaltigen, farbigen Außenschicht (Exokarp), einer weißlichen, schwammigen Mittelschicht (Mesokarp) und dem saftigen, in Segmente unterteilten Inneren (Endokarp). Die Segmente, die den einzelnen Fruchtblättern entsprechen, sind von einer dünnen Haut umhüllt und enthalten die saftgefüllten Saftschläuche sowie gegebenenfalls Samen, wobei viele moderne Kultivare durch Züchtung weitgehend samenlos sind. Zitrusfrüchte zeichnen sich durch ihren hohen Gehalt an Vitamin C (Ascorbinsäure) aus, enthalten aber auch zahlreiche weitere sekundäre Pflanzenstoffe wie Flavonoide, Carotinoide und Limonoide. Die ätherischen Öle in der Schale verleihen ihnen ihr typisches Aroma und finden Verwendung in der Lebensmittelindustrie, Parfümerie und Aromatherapie.

Zöliakie: Zöliakie (Glutenunverträglichkeit) ist eine chronische Autoimmunerkrankung des Dünndarms, die durch eine Überempfindlichkeit gegenüber dem Klebereiweiß Gluten ausgelöst wird. Gluten ist in Getreidesorten wie Weizen, Roggen und Gerste enthalten. Bei Betroffenen führt der Verzehr glutenhaltiger Lebensmittel zu einer Schädigung der Dünndarmschleimhaut, was die Aufnahme von Nährstoffen beeinträchtigt. Typische Symptome sind Durchfall, Bauchschmerzen, Blähungen und Mangelerscheinungen. Die Behandlung besteht in einer glutenfreien Ernährung. Dabei müssen Betroffene nicht nur auf glutenhaltiges Brot und Backwaren, sondern auch auf viele verarbeitete Lebensmittel verzichten, denen oft Gluten zugesetzt wird.

Zuchtform: siehe Sorte

Zucker: Zucker ist ein Sammelbegriff für süß schmeckende, meist gut wasserlösliche Kohlenhydrate. Die wichtigsten Vertreter sind die Einfachzucker (Monosaccharide) Glucose und Fructose sowie der Zweifachzucker (Disaccharid) Saccharose. Zucker kommen in vielen Pflanzen vor, besonders zuckerreich sind Zuckerrohr, Zuckerrübe und süße Früchte. Zucker sind leicht verdauliche Energiequellen. Übermäßiger Zuckerkonsum kann Übergewicht und Karies fördern.

Zungenblüte: Eine Zungenblüte ist eine zygomorphe Blüte, bei der ein oder mehrere Blütenhüllblätter eine längliche, zungen- bzw. fahnenartige Form haben. Zungenblüten sind v. a. bei den *Asteraceae* – Korbblütler zu finden (siehe auch Röhrenblüten) und stehen dann in dichten Köpfchen bzw. Körbchen, die oft wie eine einzelne Blüte wirken (z. B. bei *Taraxacum* – Löwenzahn oder *Bellis* – Gänseblümchen).

zusammengesetztes Blatt: Bei zusammengesetzten Blättern ist die Spreite in separate, nur über die Rhachis miteinander verbundene Fiederblättchen aufgeteilt (z. B. bei *Fraxinus* – Esche).

zweihäusig: Bei 2-häusigen Pflanzen gibt es sowohl rein weibliche Pflanzen (alle Blüten nur mit Fruchtblättern) als auch rein männliche Pflanzen (alle Blüten nur mit Staubblättern) (z. B. bei *Salix* – Weide). Zuweilen ist das jeweils andere Geschlecht angelegt, aber nicht fertil.

Zweikeimblättrige: siehe Dikotyle

zweizeilige Blattstellung: Bei der 2-zeiligen Blattstellung steht an jedem Knoten nur 1 Blatt (wechselständige Blattstellung) und die Blätter sind in 2 Zeilen ausgerichtet und stehen oft ± waagerecht von der Sprossachse ab (z. B. bei *Taxus* – Eibe). Bei vielen Gehölzen ist an Schattenzweigen eine ± 2-zeilige Blattstellung ausgebildet, während an Sonnenzweigen eine ± spiralige Blattstellung ausgebildet ist.

Zwergstrauch: Als Zwergsträucher werden niedrige, bis ± 100 cm hohe Sträucher und Halbsträucher bezeichnet (z. B. *Calluna* – Besenheide).

Zwiebel: Als Zwiebeln werden Speicherorgane bezeichnet, welche die Nährstoffe in meist fleischigen Niederblättern und/oder Blattbasen speichern, die an einer verkürzten Sprossachse stehen. Meist werden Zwiebeln unterirdisch gebildet (z. B. bei *Allium* – Zwiebel). Brutzwiebeln können aber auch oberirdisch angelegt werden (z. B. bei *Allium oleraceum* – Gemüse-Lauch).

zwittrige Blüte: In einer zwittrigen Blüte sind sowohl Fruchtblätter (weiblich) als auch Staubblätter (männlich) zu finden. Oft sind die beiden Geschlechter aber nicht gleichzeitig reif (z. B. bei *Lilium* – Lilie).

zygomorphe Blüte: Durch zygomorphe Blüten lässt sich genau eine Symmetrie-Ebene legen (z. B. bei *Lamium* – Taubnessel).

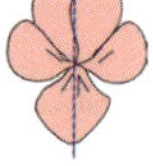

Register der Pflanzennamen

Im Register sind die gültigen wissenschaftlichen Namen, die gebräuchlichen Synonyme und die deutschen Namen der in diesem Buch berücksichtigten Arten und Gattungen enthalten. Die Seitenzahlen verweisen auf die erste Seite der jeweiligen Pflanzenporträts. Wissenschaftliche Namen sind kursiv gedruckt. Namen, die zu mehreren Pflanzenarten passen, sind grau dargestellt.

Abelmoschus esculentus 293
Abessinischer Tee → *Catha edulis* 776
Absinth → *Artemisia absinthium* 742
Absinthium ponticum
→ *Artemisia pontica* 742
Acacia
– *senegal* → *Senegalia senegal* 120
– *seyal* → *Vachellia seyal* 122
Açaí-Palme → *Euterpe oleracea* 409
Acajoubaum
→ *Anacardium occidentale* 541
Acer saccharum 142
Acerola → *Malpighia emarginata* 521
Acha → *Digitaria exilis* 105
Achira → *Canna indica* 68
Achras zapota → *Manilkara zapota* 596
Ackerbohne → *Vicia faba* 241
Ackerknoblauch
→ *Allium ampeloprasum* 261
Ackerlauch
→ *Allium ampeloprasum* 261
Ackerminze → *Mentha arvensis* 721
Ackersalat → *Valeriana locusta* 375
Ackersenf → *Sinapis arvensis* 703
Actinidia
– *arguta* 603
– *chinensis* 601
– *kolomikta* 603
Adansonia digitata 579
Adzukibohne → *Vigna angularis* 233
Aethusa meum
→ *Meum athamanticum* 752
Affenbaum → *Araucaria araucana* 396
Affenbrotbaum
→ *Adansonia digitata* 579
Affenschwanzbaum
→ *Araucaria araucana* 396
Aframomum melegueta 654
Afrikanische Malve
→ *Hibiscus sabdariffa* 695
Afrikanische Ölpalme
→ *Elaeis guineensis* 177
Afrikanischer Affenbrotbaum
→ *Adansonia digitata* 579
Afrikanischer Brotfruchtbaum
→ *Treculia africana* 134
Afrikanischer Mangobaum
→ *Irvingia gabonensis* 517
Afrikanischer Reis
→ *Oryza glaberrima* 92
Ägyptische Bohne
→ *Lablab purpureus* 224
Ägyptischer Lauch
→ *Allium ampeloprasum* 261
Ägyptischer Spinat
→ *Corchorus olitorius* 289
Ahorn → *Acer* 142
Ahorn-Kirsche
→ *Malpighia emarginata* 521
Ähriger Erdbeerspinat
→ *Chenopodium capitatum* 331
Akee → *Blighia sapida* 552
Akipflaume → *Blighia sapida* 552
Alaria 802
Alicastrum brownei
→ *Brosimum alicastrum* 132
Alliaria
– *officinalis* → *A. petiolata* 302
– *petiolata* 302
Allium
– *ampeloprasum* 261
– *angulosum* → *A. tuberosum* 650
– *ascalonicum* 260
– *cepa* 258
– *esculentum* → *A. cepa* 258
– *fistulosum* 260
– *latifolium* → *A. ursinum* 652
– *leucanthum* → *A. ampeloprasum* 261
– *lineare* → *A. ampeloprasum* 261
– *moly* → *A. fistulosum* 260
– *moschatum* → *A. fistulosum* 260
– *multiflorum* → *A. ampeloprasum* 261
– *paniculatum* → *A. fistulosum* 260
– *polyanthum* → *A. ampeloprasum* 261
– *porrum* → *A. ampeloprasum* 261
– *roxburghii* → *A. tuberosum* 650
– *rupestre* → *A. fistulosum* 260
– *sativum* 263
– *saxatile* → *A. fistulosum* 260
– *schoenoprasum* 648
– *sibiricum* → *A. schoenoprasum* 648
– *tuberosum* 650
– *ursinum* 652
Alpinia
– *galanga* 658
– *officinarum* 656
Althaea
– *kragujevacensis* → *A. officinalis* 291
– *officinalis* 291
Altweltliche Bohnen → *Vigna* 233
Amaracus dictamnus
→ *Origanum dictamnus* 725
Amarant → *Amaranthus* 150
Amaranthus caudatus 150
Amazonische Jamsbohne
→ *Pachyrhizus tuberosus* 125
Amazonische Knollenbohne
→ *Pachyrhizus tuberosus* 125
Ambarella → *Spondias dulcis* 549
Amerikanische Heidelbeere
→ *Vaccinium corymbosum* 604
Amerikanische Kastanie
→ *Castanea dentata* 498
Amerikanische Persimone
→ *Diospyros virginiana* 598
Amomum
– *cardamomum*
→ *Elettaria cardamomum* 662
– *melegueta*
→ *Aframomum melegueta* 654
– *subulatum* 660
– *zingiber* → *Zingiber officinale* 666
Ampfer → *Rumex* 325
Amur-Strahlengriffel
→ *Actinidia kolomikta* 603
Amygdalus
– *communis* → *Prunus amygdalus* 448
– *dulcis* → *Prunus amygdalus* 448
– *persica* → *Prunus persica* 451
Anacardium occidentale 541
Ananas → *Ananas comosus* 417
Ananas comosus 417
Ananaskirsche → *Physalis grisea* 616
Ananassa sativa → *Ananas comosus* 417
Anden-Beere → *Physalis peruviana* 616
Anden-Tanne
→ *Araucaria araucana* 396
Andropogon
– *citratus* → *Cymbopogon citratus* 668
– *nardus* → *Cymbopogon nardus* 668
– *sorghum* → *Sorghum bicolor* 100
Anethum
– *foeniculum*
→ *Foeniculum vulgare* 378
– *graveolens* 746
Angelica
– *archangelica* 762
– *major* → *A. archangelica* 762
Anis → *Pimpinella anisum* 756
Anisum vulgare
→ *Pimpinella anisum* 756
Anneslea spinosa → *Euryale ferox* 251
Annona
– *asiatica* → *A. squamosa* 400
– *bonplandiana* → *A. muricata* 400
– *cherimola* 400
– *diversifolia*
→ *A. macroprophyllata* 400
– *glabra* 400
– *laevis* → *A. reticulata* 400
– *laurifolia* → *A. glabra* 400
– *macroprophyllata* 400
– *muricata* 400
– *pubescens* → *A. cherimola* 400
– *reticulata* 400
– *squamosa* 400
Annone → *Annona* 400
Anthriscus cerefolium 758
Antillengurke → *Cucumis anguria* 274
Antillen-Kirsche
→ *Malpighia emarginata* 521
Apfel → *Malus domestica* 475
Apfel aus Medien → *Citrus medica* 561
Apfelbeere → *Aronia* 463
Apfelbirne → *Pyrus pyrifolia* 480
Apfelsine → *Citrus × aurantium* 570
Aphanizomenon 799
Apium
– *graveolens* 381
– *petroselinum*
→ *Petroselinum crispum* 391
Aprikose → *Prunus armeniaca* 453
Arabica-Kaffee → *Coffea arabica* 788
Arachis
– *hypogaea* 435
– *nambyquarae* → *A. hypogaea* 435
Arakacha
→ *Arracacia xanthorrhiza* 171
Arame → *Eisenia* 802

Araucaria
- *angustifolia* 396
- *araucana* 396
- *bidwillii* 396
- *imbricata* → *A. araucana* 396

Araukarie → *Araucaria* 396
Archangelica officinalis
→ *Angelica archangelica* 762
Areca
- *catechu* 771
- *faufel* → *A. catechu* 771

Arekapalme → *Areca catechu* 771
Arenga
- *pinnata* 58
- *saccharifera* → *A. pinnata* 58

Arganbaum → *Argania spinosa* 191
Argania spinosa 191
Arganie → *Argania spinosa* 191
Aria edulis 483
Armeniaca
- *mume* → *Prunus mume* 455
- *vulgaris* → *Prunus armeniaca* 453

Armoracia
- *lapathifolia* → *A. rusticana* 705
- *rusticana* 705

Aronia
- *arbutifolia* 463
- *melanocarpa* 463

Arracacia
- *esculenta* → *A. xanthorrhiza* 171
- *xanthorrhiza* 171

Artemisia
- *abrotanum* 742
- *absinthium* 742
- *aromatica* → *A. dracunculus* 740
- *dracunculus* 740
- *glauca* → *A. dracunculus* 740
- *maritima* 742
- *nutans* → *A. dracunculus* 740
- *pontica* 742

Arthrospira 799
Artischocke → *Cynara scolymus* 360
Artocarpus
- *altilis* 129
- *communis* → *A. altilis* 129
- *heterophyllus* 131
- *incisus* → *A. altilis* 129

Arum
- *esculentum* → *Colocasia esculenta* 48
- *nigrum*
→ *Xanthosoma sagittifolium* 50
- *sagittifolium*
→ *Xanthosoma sagittifolium* 50

Arve → *Pinus cembra* 398
Arzneieibisch → *Althaea officinalis* 291
Arzneiengelwurz
→ *Angelica archangelica* 762
Asant → *Ferula assa-foetida* 760
Asiatische Birne → *Pyrus pyrifolia* 480
Asparagus
- *altilis* → *A. officinalis* 255
- *officinalis* 255
- *tenuifolius* → *A. officinalis* 255

Asperula odorata
→ *Galium odoratum* 709
Asterias lutea → *Gentiana lutea* 711
Astracantha gummifera
→ *Astragalus gummifer* 122
Astragalus gummifer 122
Äthiopisches Liebesgras
→ *Eragrostis tef* 95
Atriplex
- *acuminata* → *A. hortensis* 329
- *hortensis* 329

Attalea speciosa 175
Aubergine → *Solanum melongena* 355
Augenbohne → *Vigna unguiculata* 233
Australische Fingerlimette
→ *Citrus australasica* 574
Avena
- *georgica* → *A. sativa* 86
- *sativa* 86

Averrhoa
- *abtusangulata* → *A. bilimbi* 516
- *acutangula* → *A. carambola* 514
- *bilimbi* 516
- *carambola* 514

Avocado → *Persea americana* 403
Ayote → *Cucurbita argyrosperma* 276
Azarolapfel → *Crataegus azarolus* 465
Azaroldorn → *Crataegus azarolus* 465
Azarole → *Crataegus azarolus* 465
Babassupalme → *Attalea speciosa* 175
Bachminze → *Mentha aquatica* 721
Balbis' Banane → *Musa balbisiana* 414
Balsamapfel → *Momordica* 283
Balsampflaume → *Spondias* 549
Bambara-Erdnuss
→ *Vigna subterranea* 235
Bambus → *Bambusoideae* 268
Bambusartige → *Bambusoideae* 268
Bambusoideae 268
Banane → *Musa × paradisiaca* 414
Bananen-Passionsfrucht
→ *Passiflora tripartita* 525
Baobab → *Adansonia digitata* 579
Bapfel → *Pyrus pyrifolia* 480
Barbados-Kirsche
→ *Malpighia emarginata* 521
Bärlauch → *Allium ursinum* 652
Bärwurz → *Meum athamanticum* 752
Basella
- *alba* 341
- *rubra* → *B. alba* 341

Basilienkraut → *Ocimum basilicum* 737
Basilikum → *Ocimum basilicum* 737
Batate → *Ipomoea batatas* 159
Batavia-Kassie
→ *Cinnamomum burmanni* 636
Batavia-Salat → *Lactuca sativa* 368
Bauern-Tabak → *Nicotiana rustica* 791
Baumchili → *Capsicum pubescens* 713
Baumhasel → *Corylus colurna* 509
Baumtomate → *Solanum betaceum* 353
Baumwolle → *Gossypium* 184
Beerentang → *Sargassum* 802
Behennussbaum
→ *Moringa oleifera* 697
Beifuß → *Artemisia* 740
Bennuss → *Moringa* 697
Berberis vulgaris 420
Berberitze → *Berberis vulgaris* 420
Bergamotte → *Citrus limon* 567
Berg-Bohnenkraut
→ *Satureja montana* 731
Berg-Kaffee → *Coffea arabica* 788
Bertholletia
- *excelsa* 593
- *nobilis* → *B. excelsa* 593

Beta
- *cicla* → *B. vulgaris* 154
- *maritima* → *B. vulgaris* 154
- *vulgaris* 154

Betel → *Piper betle* 768
Betelnusspalme → *Areca catechu* 771
Betelpalme → *Areca catechu* 771
Betelpfeffer → *Piper betle* 768
Bilimbi → *Averrhoa bilimbi* 516
Bindesalat → *Lactuca sativa* 368
Birne → *Pyrus communis* 478
Birpfel → *Pyrus pyrifolia* 480
Bittere Kolanuss → *Cola acuminata* 780
Bittere Orange
→ *Citrus × aurantium* 570
Bittergurke
→ *Momordica charantia* 283
Bittermelone
→ *Momordica charantia* 283
Bitterorange → *Citrus × aurantium* 570
Bitterwicke → *Vicia ervilia* 245
Blasenkirsche → *Physalis* 614
Blasentang → *Fucus* 802
Blattsalat → *Lactuca sativa* 368
Blatttang → *Saccharina* 802
Blaualgen → *Cyanophyceae* 799
Blaue Lupine
→ *Lupinus angustifolius* 213
Blauer Bockshornklee
→ *Trigonella caerulea* 678
Blighia sapida 552
Blitum
- *bonus-henricus*
→ *Chenopodium bonus-henricus* 331
- *capitatum*
→ *Chenopodium capitatum* 331
- *petiolare*
→ *Chenopodium capitatum* 331

Blumenkohl → *Brassica oleracea* 304
Blumenrohr → *Canna* 68
Bocksbart → *Tragopogon* 373
Bocksdorn → *Lycium barbarum* 612
Bockshornklee
→ *Trigonella foenum-graecum* 676
Bohne → *Phaseolus* 230
Bohne → *Vigna* 233
Bohnenkraut → *Satureja* 731
Borago
- *advena* → *B. officinalis* 345
- *officinalis* 345

Borassus
- *flabellifer* 62
- *flabelliformis* → *B. flabellifer* 62
- *sundaicus* → *B. flabellifer* 62

Borretsch → *Borago officinalis* 345
Borstenhirse → *Setaria italica* 103
Brasilianische Araukarie
→ *Araucaria angustifolia* 396
Brasilianische Kastanie
→ *Bertholletia excelsa* 593
Brasilianischer Pfefferbaum
→ *Schinus terebinthifolia* 692
Brasil-Kiefer
→ *Araucaria angustifolia* 396
Brassica
- *alba* → *Sinapis alba* 703
- *arvensis* → *Sinapis arvensis* 703
- *campestris* → *B. rapa* 308
- *juncea* 701
- *napus* 186
- *nigra* 699
- *oleracea* 304
- *rapa* 308
- *sylvestris* → *B. oleracea* 304

Braunalgen → *Ochrophyta* 802
Brauner Kardamom
→ *Amomum subulatum* 660
Brauner Senf → *Brassica juncea* 701
Braunrote Taglilie
→ *Hemerocallis fulva* 253

Breiapfelbaum → *Manilkara zapota* 596
Breitblättriger Lavendel
→ *Lavandula latifolia* 735
Brennhülse → *Mucuna* 226
Brennnessel → *Urtica* 270
Brokkoli → *Brassica oleracea* 304
Brombeere → *Rubus fruticosus* 445
Bromelia comosa
→ *Ananas comosus* 417
Brosimum alicastrum 132
Brotfruchtbaum
→ *Artocarpus altilis* 129
Brotklee → *Trigonella caerulea* 678
Brotnussbaum
→ *Brosimum alicastrum* 132
Brotweizen → *Triticum aestivum* 76
Brunnenkresse
→ *Nasturtium officinale* 319
Brustbeere → *Ziziphus* 488
Bubroma grandiflorum
→ *Theobroma grandiflorum* 784
Buche → *Fagus sylvatica* 136
Buchweizen → *Fagopyrum* 148
Bunter Strahlengriffel
→ *Actinidia kolomikta* 603
Bunya-Bunya-Baum
→ *Araucaria bidwillii* 396
Buschbohne → *Phaseolus vulgaris* 230
Büschelbohne
→ *Cyamopsis tetragonoloba* 123
Butyrospermum paradoxum
→ *Vitellaria paradoxa* 193
Cajanus cajan 217
Caladium esculentum
→ *Colocasia esculenta* 48
Camelina
- *pilosa* → *C. sativa* 189
- *sativa* 189
Camellia sinensis 785
Canarium
- *indicum* 539
- *ovatum* 539
- *pachyphyllum* → *C. ovatum* 539
Canavalia
- *ensiformis* 219
- *gladiata* 219
Cañihua
→ *Chenopodium pallidicaule* 152
Canna
- *edulis* → *C. indica* 68
- *indica* 68
Cannabis
- *indica* → *C. sativa* 773
- *sativa* 773
Capparis spinosa 299
Capsicum
- *annuum* 713
- *baccatum* 713
- *chinense* 713
- *fastigiatum* → *C. frutescens* 713
- *frutescens* 713
- *grossum* → *C. annuum* 713
- *pubescens* 713
- *sinense* → *C. chinense* 713
Carambola → *Averrhoa carambola* 514
Cardamomum subulatum
→ *Amomum subulatum* 660
Carduus tinctorius
→ *Carthamus tinctorius* 205
Cardy → *Cynara cardunculus* 360
Carica papaya 585
Carolinea macrocarpa
→ *Pachira aquatica* 295
Carthamus tinctorius 205
Carum
- *carvi* 748
- *officinale* → *C. carvi* 748
Carya
- *illinoinensis* 505
- *pecan* → *C. illinoinensis* 505
Caryophyllus aromaticus
→ *Syzygium aromaticum* 686
Cashewbaum
→ *Anacardium occidentale* 541
Cassava → *Manihot esculenta* 140
Cassuvium pomiferum
→ *Anacardium occidentale* 541
Castanea
- *americana* → *C. dentata* 498
- *bungeana* → *C. mollissima* 498
- *crenata* 498
- *dentata* 498
- *japonica* → *C. crenata* 498
- *mollissima* 498
- *sativa* 496
- *vesca* → *C. sativa* 496
- *vulgaris* → *C. sativa* 496
Catha edulis 776
Catjangbohne → *Vigna unguiculata* 233
Caulerpa 808
Cayennepfeffer → *Capsicum* 713
Cedrizitrone → *Citrus medica* 561
Celastrus edulis → *Catha edulis* 776
Cenchrus
- *americanus* 107
- *spicatus* → *C. americanus* 107
Cerasus
- *avium* → *Prunus avium* 457
- *fruticosa* → *Prunus cerasus* 457
- *vulgaris* → *Prunus cerasus* 457
Ceratonia siliqua 118
Ceylon-Kardamom
→ *Elettaria cardamomum* 662
Ceylon-Spinat → *Basella alba* 341
Ceylon-Zimtbaum
→ *Cinnamomum verum* 634
Chaenomeles speciosa 471
Chavica betle → *Piper betle* 768
Chayote → *Sicyos edulis* 285
Chenopodium
- *bonus-henricus* 331
- *capitatum* 331
- *pallidicaule* 152
- *quinoa* 152
Chia → *Salvia hispanica* 165
Chicorée → *Cichorium intybus* 364
Chile-Erdbeere
→ *Fragaria chiloensis* 438
Chilenische Araukarie
→ *Araucaria araucana* 396
Chilenische Schmucktanne
→ *Araucaria araucana* 396
Chile-Tanne → *Araucaria araucana* 396
Chili → *Capsicum* 713
China-Kohl → *Brassica rapa* 308
China-Salat → *Brassica rapa* 308
Chinesische Birne
→ *Pyrus pyrifolia* 480
Chinesische Dattel
→ *Ziziphus jujuba* 488
Chinesische Kastanie
→ *Castanea mollissima* 498
Chinesische Paprika
→ *Capsicum chinense* 713
Chinesische Stachelbeere
→ *Actinidia chinensis* 601
Chinesische Wasserkastanie
→ *Eleocharis dulcis* 266
Chinesische Wolfsbeere
→ *Lycium barbarum* 612
Chinesische Zierquitte
→ *Chaenomeles speciosa* 471
Chinesischer Lauch
→ *Allium tuberosum* 650
Chinesischer Senf
→ *Brassica juncea* 701
Chlorella 808
Chlorocyperus aureus
→ *Cyperus esculentus* 72
Chlorophyta 808
Chondrus 805
Cicer
- *arietinum* 215
- *edessanum* → *C. arietinum* 215
Cichorium
- *endivia* 362
- *intybus* 364
- *sylvestre* → *C. intybus* 364
Cinnamomum
- *burmanni* 636
- *cassia* → *C. burmanni* 636
- *dulce* → *C. burmanni* 636
- *verum* 634
- *zeylanicum* → *C. verum* 634
Citrullus
- *lanatus* 510
- *vulgaris* → *C. lanatus* 510
Citrus
- *aurantiifolia* 572
- *australasica* 574
- *bergamia* → *C. limon* 567
- *cedra* → *C. medica* 561
- *grandis* → *C. maxima* 565
- *hystrix* 575
- *japonica* 577
- *latifolia* 574
- *limon* 567
- *maxima* 565
- *medica* 561
- *papeda* → *C. hystrix* 575
- *reticulata* 563
- × *aurantium* 570
Claytonia perfoliata 339
Clementine → *Citrus* × *aurantium* 570
Cochlearia
- *armoracia*
→ *Armoracia rusticana* 705
- *officinalis* 317
Cocos nucifera 406
Codium 808
Coffea
- *arabica* 788
- *canephora* 788
- *laurifolia* → *C. arabica* 788
- *liberica* 788
- *robusta* → *C. canephora* 788
- *vulgaris* → *C. arabica* 788
Cola
- *acuminata* 780
- *nitida* 780
- *vera* → *C. nitida* 780
- *verticillata* 780
Colocasia
- *antiquorum* → *C. esculenta* 48
- *esculenta* 48
Colorado-Pinyon-Kiefer
→ *Pinus edulis* 398
Columbea angustifolia
→ *Araucaria angustifolia* 396

Combava → *Citrus hystrix* 575
Convolvulus batatas
→ *Ipomoea batatas* 159
Corchorus
- *capsularis* 289
- *olitorius* 289
- *quinquelocularis* → *C. olitorius* 289
Coriandrum
- *majus* → *C. sativum* 754
- *sativum* 754
Corinthia
→ *Cinnamomum burmanni* 636
Cormus domestica 484
Cornus
- *mas* 591
- *mascula* → *C. mas* 591
Corylus
- *avellana* 507
- *colurna* 509
- *maxima* 509
- *sylvestris* → *C. avellana* 507
- *tubulosa* → *C. maxima* 509
Cranberry
→ *Vaccinium macrocarpon* 610
Crataegus
- *azarolus* 465
- *chlorocarpa* → *C. monogyna* 465
- *germanica* 467
- *laevigata* 465
- *monogyna* 465
- *oxyacantha* → *C. laevigata* 465
- *palmstruchii* → *C. laevigata* 465
Crocus
- *officinalis* → *C. sativus* 645
- *sativus* 645
Cryophytum crystallinum → *Mesembryanthemum crystallinum* 337
Cubeba officinalis → *Piper cubeba* 629
Cubebenpfeffer → *Piper cubeba* 629
Cucumis
- *anguria* 274
- *erinaceus* → *C. anguria* 274
- *esculentus* → *C. sativus* 272
- *melo* 512
- *metuliferus* 274
- *sativus* 272
Cucurbita
- *argyrosperma* 276
- *ficifolia* 276
- *lagenaria* → *Lagenaria siceraria* 281
- *macrocarpa* → *C. moschata* 276
- *maxima* 276
- *mixta* → *C. argyrosperma* 276
- *moschata* 276
- *pepo* 276
Cumin → *Cuminum cyminum* 750
Cuminum
- *cyminum* 750
- *odorum* → *C. cyminum* 750
Cupuaçu
→ *Theobroma grandiflorum* 784
Curcuma
- *amada* 665
- *aromatica* 665
- *domestica* → *C. longa* 664
- *longa* 664
- *xanthorrhiza* 665
Cusi-Palme → *Attalea speciosa* 175
Cyamopsis
- *psoralioides* → *C. tetragonoloba* 123
- *tetragonoloba* 123
Cyanobakterien → *Cyanophyceae* 799
Cyanophyceae 799
Cydonia oblonga 469
Cymbopogon
- *citratus* 668
- *flexuosus* 669
- *martini* 669
- *nardus* 668
Cynara
- *cardunculus* 360
- *scolymus* 360
Cynosurus coracanus
→ *Eleusine coracana* 109
Cyperus
- *esculentus* 72
- *gracilis* → *C. esculentus* 72
Cyphomandra betacea
→ *Solanum betaceum* 353
Dahlie → *Dahlia* 169
Damaszener Kümmel
→ *Nigella damascena* 672
Damaszener Schwarzkümmel
→ *Nigella damascena* 672
Darmtang → *Ulva* 808
Dattelpalme → *Phoenix dactylifera* 411
Dattelpflaume → *Diospyros* 598
Daucus
- *carota* 385
- *glaber* → *D. carota* 385
Dicke Bohne → *Vicia faba* 241
Digitaria exilis 105
Dill → *Anethum graveolens* 746
Dillkraut → *Anethum graveolens* 746
Dilsea 805
Dioscorea
- *alata* 52
- *atropurpurea* → *D. alata* 52
- *globosa* → *D. alata* 52
Diospyros
- *blancoi* 598
- *calycina* → *D. lotus* 598
- *chinensis* → *D. kaki* 598
- *discolor* → *D. blancoi* 598
- *kaki* 598
- *lotus* 598
- *mosieri* → *D. virginiana* 598
- *nigra* 598
- *virginiana* 598
Diplotaxis tenuifolia 311
Diptam-Dost
→ *Origanum dictamnus* 725
Dolichos
- *angularis* → *Vigna angularis* 233
- *ensiformis*
→ *Canavalia ensiformis* 219
- *gladiatus* → *Canavalia gladiata* 219
- *pruriens* → *Mucuna pruriens* 226
- *tetragonolobus*
→ *Psophocarpus tetragonolobus* 228
- *tuberosus*
→ *Pachyrhizus tuberosus* 125
- *unguiculatus*
→ *Vigna unguiculata* 233
Doppelsame → *Diplotaxis* 311
Dost → *Origanum vulgare* 725
Duft-Schraubenbaum
→ *Pandanus odorifer* 639
Durian → *Durio zibethinus* 582
Durio
- *acuminatissimus* → *D. zibethinus* 582
- *zibethinus* 582
Ebenholzbaum → *Diospyros* 598
Eberesche → *Sorbus aucuparia* 481
Eberraute → *Artemisia abrotanum* 742
Echte Engelwurz
→ *Angelica archangelica* 762
Echte Hirse → *Panicum miliaceum* 97
Echte Kicher → *Cicer arietinum* 215
Echte Limette
→ *Citrus aurantiifolia* 572
Echter Buchweizen
→ *Fagopyrum esculentum* 148
Echter Eibisch → *Althaea officinalis* 291
Echter Galgant
→ *Alpinia officinarum* 656
Echter Hafer → *Avena sativa* 86
Echter Kapernstrauch
→ *Capparis spinosa* 299
Echter Kerbel
→ *Anthriscus cerefolium* 758
Echter Kümmel → *Carum carvi* 748
Echter Lavendel
→ *Lavandula angustifolia* 735
Echter Pfeffer → *Piper nigrum* 626
Echter Salbei → *Salvia officinalis* 727
Echter Sternanis → *Illicium verum* 624
Echter Zimtbaum
→ *Cinnamomum verum* 634
Echtes Bohnenkraut
→ *Satureja hortensis* 731
Echtes Lemongras
→ *Cymbopogon nardus* 668
Echtes Löffelkraut
→ *Cochlearia officinalis* 317
Echtes Zitronengras
→ *Cymbopogon nardus* 668
Ecklonia 802
Ecklonie → *Ecklonia* 802
Eddo → *Colocasia esculenta* 48
Edelkastanie → *Castanea sativa* 496
Eibisch → *Althaea* 291
Eichblattsalat → *Lactuca sativa* 368
Eierfrucht → *Solanum melongena* 355
Eingriffliger Weißdorn
→ *Crataegus monogyna* 465
Einkorn → *Triticum monococcum* 76
Eisbergsalat → *Lactuca sativa* 368
Eisblume → *Mesembryanthemum crystallinum* 337
Eisenia 802
Eisenie → *Eisenia* 802
Eiskraut → *Mesembryanthemum crystallinum* 337
Elaeagnus rhamnoides
→ *Hippophae rhamnoides* 486
Elaeis
- *guineensis* 177
- *melanococca* → *E. guineensis* 177
Elate sylvestris → *Phoenix sylvestris* 66
Elchgeweih-Seemoos
→ *Kappaphycus* 805
Elefanten-Knoblauch
→ *Allium ampeloprasum* 261
Eleocharis
- *dulcis* 266
- *tuberosa* → *E. dulcis* 266
Elettaria cardamomum 662
Eleusine coracana 109
Elsbeere → *Torminalis glaberrima* 483
Endivie → *Cichorium endivia* 362
Engelwurz → *Angelica archangelica* 762
Englischer Spinat
→ *Rumex patientia* 325
Englischer Weizen
→ *Triticum turgidum* 76
Enzian → *Gentiana* 711
Eragrostis
- *abyssinica* → *E. tef* 95

- *tef* 95
Erbse → *Lathyrus oleraceus* 237
Erdapfel → *Solanum tuberosum* 162
Erdbeere → *Fragaria* 438
Erdbeerspinat
→ *Chenopodium capitatum* 331
Erdbirne → *Helianthus tuberosus* 167
Erderbse → *Vigna subterranea* 235
Erdkirsche → *Physalis grisea* 616
Erdmandel → *Cyperus esculentus* 72
Erdnuss → *Arachis hypogaea* 435
Erdnuss-Platterbse
→ *Lathyrus tuberosus* 127
Eriobotrya japonica 473
Eruca
- *sativa* → *E. vesicaria* 313
- *vesicaria* 313
Ervilie → *Vicia ervilia* 245
Ervum ervilia → *Vicia ervilia* 245
Erysimum alliaria
→ *Alliaria petiolata* 302
Escariol → *Cichorium endivia* 362
Eschalotte → *Allium ascalonicum* 260
Eschlauch → *Allium ascalonicum* 260
Eskariol → *Cichorium endivia* 362
Essigrose → *Rosa gallica* 441
Esskastanie → *Castanea sativa* 496
Estragon → *Artemisia dracunculus* 740
Eucheuma 805
Eugenia
- *caryophyllata*
→ *Syzygium aromaticum* 686
- *jambos* → *Syzygium jambos* 537
Eupatorium rebaudianum
→ *Stevia rebaudiana* 744
Europäischer Queller
→ *Salicornia europaea* 333
Euryale ferox 251
Euterpe
- *badiocarpa* → *E. oleracea* 409
- *oleracea* 409
Eutrema japonicum 707
Faba vulgaris → *Vicia faba* 241
Fagopyrum
- *esculentum* 148
- *tataricum* 148
Fagus
- *sylvatica* 136
- *sylvestris* → *F. sylvatica* 136
Falscher Buchweizen
→ *Fagopyrum tataricum* 148
Färberdistel
→ *Carthamus tinctorius* 205
Färbersaflor
→ *Carthamus tinctorius* 205
Faselbohne → *Lablab purpureus* 224
Favabohne → *Vicia faba* 241
Feige → *Ficus carica* 490
Feigenblatt-Kürbis
→ *Cucurbita ficifolia* 276
Feigenkaktus
→ *Opuntia ficus-indica* 588
Feldrübe → *Brassica rapa* 308
Fenchel → *Foeniculum vulgare* 378
Ferula
- *assa-foetida* 760
- *foetida* → *F. assa-foetida* 760
Feuerbohne → *Phaseolus coccineus* 230
Ficus
- *carica* 490
- *communis* → *F. carica* 490
Filzige Apfelbeere
→ *Aronia arbutifolia* 463
Fingereibisch → *Abelmoschus* 293
Fingerhirse → *Eleusine coracana* 109
Fingertang → *Laminaria* 802
Fisole → *Phaseolus vulgaris* 230
Flachs → *Linum usitatissimum* 182
Flamingo-Strahlengriffel
→ *Actinidia kolomikta* 603
Flaschenkürbis
→ *Lagenaria siceraria* 281
Fledermausblume → *Tacca* 55
Fleischfarbene Passionsblume
→ *Passiflora incarnata* 525
Flügelbohne
→ *Psophocarpus tetragonolobus* 228
Flügeltang → *Alaria* 802
Foeniculum
- *officinale* → *F. vulgare* 378
- *vulgare* 378
Foenum-graecum officinale
→ *Trigonella foenum-graecum* 676
Foniohirse → *Digitaria exilis* 105
Fortunella japonica
→ *Citrus japonica* 577
Fragaria
- *ananassa* → *F.* × *ananassa* 438
- *chiloensis* 438
- *moschata* 438
- *vesca* 438
- *virginiana* 438
- × *ananassa* 438
Frühlingszwiebel
→ *Allium fistulosum* 260
Fucus 802
Futterhirse → *Sorghum bicolor* 100
Futterrübe → *Beta vulgaris* 154
Futterwicke → *Vicia sativa* 245
Gagelstrauch → *Myrica gale* 682
Galanga officinalis
→ *Alpinia galanga* 658
Galangawurzel
→ *Alpinia officinarum* 656
Galangawurzel → *Alpinia galanga* 658
Gale palustris → *Myrica gale* 682
Galgant → *Alpinia officinarum* 656
Galgant → *Alpinia galanga* 658
Galium odoratum 709
Gänsefuß → *Chenopodium* 152, 331
Garcinia mangostana 519
Gartenampfer → *Rumex patientia* 325
Gartenbohne → *Phaseolus vulgaris* 230
Gartenbohnenkraut
→ *Satureja hortensis* 731
Gartenerdbeere
→ *Fragaria* × *ananassa* 438
Garten-Fuchsschwanz
→ *Amaranthus caudatus* 150
Gartenkerbel
→ *Anthriscus cerefolium* 758
Gartenkresse → *Lepidium sativum* 321
Gartenkürbis → *Cucurbita pepo* 276
Gartenlattich → *Lactuca sativa* 368
Gartenmelde → *Atriplex hortensis* 329
Gartensalat → *Lactuca sativa* 368
Garten-Salbei → *Salvia officinalis* 727
Garten-Schwarzwurzel → *Pseudopodospermum hispanicum* 371
Gelbe Beete → *Beta vulgaris* 154
Gelbe Lupine → *Lupinus luteus* 213
Gelbe Mombinpflaume
→ *Spondias mombin* 549
Gelbe Rübe → *Beta vulgaris* 154
Gelber Enzian → *Gentiana lutea* 711
Gelber Hartriegel → *Cornus mas* 591
Gelber Senf → *Sinapis alba* 703
Gelbrote Taglilie
→ *Hemerocallis fulva* 253
Gelbwurzel → *Curcuma longa* 664
Gelidium 805
Gemüseampfer → *Rumex patientia* 325
Gemüseeibisch
→ *Abelmoschus esculentus* 293
Gemüsekohl → *Brassica oleracea* 304
Gentiana lutea 711
Gerads Kiefer → *Pinus gerardiana* 398
Gerbersumach → *Rhus coriaria* 690
Gerste → *Hordeum vulgare* 80
Gewöhnliche Hasel
→ *Corylus avellana* 507
Gewöhnlicher Bocksdorn
→ *Lycium barbarum* 612
Gewöhnlicher Feldsalat
→ *Valeriana locusta* 375
Gewöhnlicher Queller
→ *Salicornia europaea* 333
Gewöhnlicher Wacholder
→ *Juniperus communis* 622
Gewürzlavendel
→ *Lavandula latifolia* 735
Gewürznelkenbaum
→ *Syzygium aromaticum* 686
Gingellikraut → *Guizotia abyssinica* 203
Glänzende Kolanuss → *Cola nitida* 780
Glatte Endivie
→ *Cichorium endivia* 362
Glockenchili
→ *Capsicum baccatum* 713
Glückskastanie → *Pachira aquatica* 295
Glycine max 221
Glycyrrhiza
- *echinata* → *G. glabra* 674
- *glabra* 674
- *officinalis* → *G. glabra* 674
Gnetum gnemon 249
Goabohne
→ *Psophocarpus tetragonolobus* 228
Goji-Beere → *Lycium barbarum* 612
Goldnarbe → *Xanthosoma* 50
Goldpflaume → *Spondias dulcis* 549
Golftang → *Sargassum* 802
Goya-Gurke
→ *Momordica charantia* 283
Gracilaria 805
Granatapfel → *Punica granatum* 532
Grapefruit → *Citrus* × *aurantium* 570
Griechischer Bockshornklee
→ *Trigonella foenum-graecum* 676
Griechisches Heu
→ *Trigonella foenum-graecum* 676
Großblütiger Kakao
→ *Theobroma grandiflorum* 784
Große Brennnessel → *Urtica dioica* 270
Große Erdbeere
→ *Fragaria moschata* 438
Große Kapuzinerkresse
→ *Tropaeolum majus* 297
Großer Galgant → *Alpinia galanga* 658
Großer Sauerampfer
→ *Rumex acetosa* 325
Großfrüchtige Moosbeere
→ *Vaccinium macrocarpon* 610
Grünalgen → *Chlorophyta* 808
Grüne Bohne → *Phaseolus vulgaris* 230
Grüne Feltalge → *Codium* 808
Grüne Fledermausblume
→ *Tacca leontopetaloides* 55
Grüner Kardamom

→ *Elettaria cardamomum* 662
Grüner Kaviar → *Caulerpa* 808
Grüner Leuchter → *Codium* 808
Grüner Pfeffer → *Piper nigrum* 626
Grüner Salat → *Lactuca sativa* 368
Grünkohl → *Brassica oleracea* 304
Guaraná → *Paullinia cupana* 778
Guarbohne
→ *Cyamopsis tetragonoloba* 123
Guatemaltekisches Lemongras
→ *Cymbopogon citratus* 668
Guave → *Psidium guajava* 535
Guinea-Pfeffer
→ *Aframomum melegueta* 654
Guizotia abyssinica 203
Gummiarabikum-Baum
→ *Senegalia senegal* 120
Gummibaum → *Ficus* 490
Gummitragant
→ *Astragalus gummifer* 122
Gurke → *Cucumis sativus* 272
Gurkenbaum → *Averrhoa bilimbi* 516
Gurkenkraut → *Borago officinalis* 345
Guter Heinrich
→ *Chenopodium bonus-henricus* 331
Haargurke → *Sicyos* 285
Hafer → *Avena* 86
Haferwurzel
→ *Tragopogon porrifolius* 373
Hanf → *Cannabis sativa* 773
Hängender Fuchsschwanz
→ *Amaranthus caudatus* 150
Hartriegel → *Cornus* 591
Hasel → *Corylus* 507
Haselstrauch → *Corylus avellana* 507
Heidelbeere → *Vaccinium myrtillus* 606
Heiliges Basilikum
→ *Ocimum tenuiflorum* 739
Helianthus
- *annuus* 201
- *indicus* → *H. annuus* 201
- *tomentosus* → *H. tuberosus* 167
- *tuberosus* 167
Helmbohne → *Lablab purpureus* 224
Hemerocallis fulva 253
Herbstrübe → *Brassica rapa* 308
Hexenzwirn → *Lycium barbarum* 612
Hibiscus
- *digitatus* → *H. sabdariffa* 695
- *esculentus*
→ *Abelmoschus esculentus* 293
- *sabdariffa* 695
Hickorynuss → *Carya* 505
Hicoria pecan → *Carya illinoinensis* 505
Hijiki → *Sargassum* 802
Himalaya-Myrica
→ *Myrica esculenta* 499
Himanthalia 802
Himbeere → *Rubus idaeus* 443
Hippophae rhamnoides 486
Hirse → *Panicum* 97
Holderbusch → *Sambucus nigra* 618
Holler → *Sambucus nigra* 618
Holunder → *Sambucus nigra* 618
Honigkraut → *Stevia rebaudiana* 744
Honigpalme → *Jubaea chilensis* 64
Hopfen → *Humulus lupulus* 680
Horapa → *Ocimum basilicum* 737
Hordeum
- *sativum* → *H. vulgare* 80
- *vulgare* 80
Horngurke → *Cucumis metuliferus* 274
Hornmelone
→ *Cucumis metuliferus* 274
Humulus
- *lupulus* 680
- *vulgaris* → *H. lupulus* 680
Hungerhirse → *Digitaria exilis* 105
Hungerreis → *Digitaria exilis* 105
Hydropyrum latifolium
→ *Zizania latifolia* 93
Hyssopus officinalis 717
Ilama → *Annona macroprophyllata* 400
Ilex
- *mate* → *I. paraguariensis* 794
- *paraguariensis* 794
Illicium
- *san-ki* → *I. verum* 624
- *verum* 624
Imbu → *Spondias* 549
Indische Balsampflaume
→ *Spondias pinnata* 549
Indische Dattel
→ *Tamarindus indica* 433
Indische Mandel
→ *Terminalia catappa* 530
Indische Mombinpflaume
→ *Spondias pinnata* 549
Indische Wald-Dattelpalme
→ *Phoenix sylvestris* 66
Indische Waldpalme
→ *Phoenix sylvestris* 66
Indischer Senf → *Brassica juncea* 701
Indischer Spinat → *Basella alba* 341
Indischer Tragant → *Sterculia urens* 144
Indisches Basilikum
→ *Ocimum tenuiflorum* 739
Indisches Blumenrohr
→ *Canna indica* 68
Indonesischer Zimtbaum
→ *Cinnamomum burmanni* 636
Ingwer → *Zingiber officinale* 666
Ingwergras → *Cymbopogon martini* 669
Inka-Nuss → *Plukenetia* 526
Ipomoea
- *aquatica* 347
- *batatas* 159
Irvingia
- *barteri* → *I. gabonensis* 517
- *gabonensis* 517
Jackbohne → *Canavalia ensiformis* 219
Jackfruchtbaum
→ *Artocarpus heterophyllus* 131
Jamaika-Pfeffer → *Pimenta dioica* 688
Japanische Aprikose
→ *Prunus mume* 455
Japanische Birne → *Pyrus pyrifolia* 480
Japanische Faserbanane
→ *Musa balbisiana* 414
Japanische Kastanie
→ *Castanea crenata* 498
Japanische Mispel
→ *Eriobotrya japonica* 473
Japanische Pflaume
→ *Prunus mume* 455
Japanische Wollmispel
→ *Eriobotrya japonica* 473
Japanischer Blatttang → *Laminaria* 802
Japanischer Meerrettich
→ *Eutrema japonicum* 707
Jatropha manihot
→ *Manihot esculenta* 140
Java-Kaffee → *Coffea arabica* 788
Javanische Gelbwurzel
→ *Curcuma xanthorrhiza* 665
Jerusalem-Artischocke
→ *Helianthus tuberosus* 167
Jerusalem-Bohne → *Vigna radiata* 233
Jocote → *Spondias purpurea* 549
Johannisbeere → *Ribes* 424
Johannisbeer-Tomate
→ *Solanum pimpinellifolium* 351
Johannisbrotbaum
→ *Ceratonia siliqua* 118
Jubaea
- *chilensis* 64
- *spectabilis* → *J. chilensis* 64
Juckbohne → *Mucuna* 226
Juglans
- *ailantifolia* → *J. mandshurica var. sachalinensis* 504
- *duclouxiana* → *J. regia* 502
- *nigra* 504
- *regia* 502
Jujube → *Ziziphus jujuba* 488
Jungfer im Grünen
→ *Nigella damascena* 672
Juniperus
- *communis* 622
- *vulgaris* → *J. communis* 622
Jute → *Corchorus* 289
Käferbohne → *Phaseolus coccineus* 230
Kaffee → *Coffea* 788
Kaffir-Limette → *Citrus hystrix* 575
Kahle Apfelbeere
→ *Aronia melanocarpa* 463
Kaiserschote → *Lathyrus oleraceus* 237
Kajime → *Ecklonia* 802
Kakaobaum → *Theobroma cacao* 782
Kakipflaume → *Diospyros* 598
Kamelie → *Camellia* 785
Kanadischer Reis
→ *Zizania palustris* 93
Kanarinussbaum → *Canarium* 539
Kañiwa
→ *Chenopodium pallidicaule* 152
Kapernstrauch → *Capparis spinosa* 299
Kappaphycus 805
Kapstachelbeere
→ *Physalis peruviana* 616
Kapuzinerkresse
→ *Tropaeolum majus* 297
Karambole → *Averrhoa carambola* 514
Karaya-Gummibaum
→ *Sterculia urens* 144
Kardamom
→ *Elettaria cardamomum* 662
Kardone → *Cynara cardunculus* 360
Karitébaum → *Vitellaria paradoxa* 193
Karkadeh → *Hibiscus sabdariffa* 695
Karobbaum → *Ceratonia siliqua* 118
Karotte → *Daucus carota* 385
Kartoffel → *Solanum tuberosum* 162
Karubenbaum → *Ceratonia siliqua* 118
Kaschubaum
→ *Anacardium occidentale* 541
Käseklee → *Trigonella caerulea* 678
Katappenbaum
→ *Terminalia catappa* 530
Kathstrauch → *Catha edulis* 776
Kaugummibaum
→ *Manilkara zapota* 596
Kavalama urens → *Sterculia urens* 144
Kaviarlimette → *Citrus australasica* 574
Kelp → *Macrocystis* 802
Kenarinussbaum
→ *Canarium indicum* 539
Kenia-Banane → *Musa velutina* 414
Kerbel → *Anthriscus* 758

Kichererbse → *Cicer arietinum* 215
Kidneybohne → *Phaseolus vulgaris* 230
Kiefer → *Pinus* 398
Kirsche → *Prunus* 448
Kirschpflaume → *Prunus cerasifera* 459
Kiwai → *Actinidia arguta* 603
Kiwano → *Cucumis metuliferus* 274
Kiwi → *Actinidia chinensis* 601
Kiwibeere → *Actinidia arguta* 603
Kleine Hirse → *Panicum sumatrense* 99
Kleiner Galgant
→ *Alpinia officinarum* 656
Knoblauch → *Allium sativum* 263
Knoblauchhederich
→ *Alliaria petiolata* 302
Knoblauch-Schnittlauch
→ *Allium tuberosum* 650
Knoblauchsrauke
→ *Alliaria petiolata* 302
Knolau → *Allium tuberosum* 650
Knollenbohne → *Pachyrhizus* 125
Knollen-Platterbse
→ *Lathyrus tuberosus* 127
Knollige Kapuzinerkresse
→ *Tropaeolum tuberosum* 146
Knollige Sonnenblume
→ *Helianthus tuberosus* 167
Knolliger Sauerklee
→ *Oxalis tuberosa* 138
Knorpeltang → *Chondrus* 805
Kohl → *Brassica* 186, 304, 701
Kohlpalme → *Euterpe oleracea* 409
Kohlrabi → *Brassica oleracea* 304
Kohlrübe → *Brassica napus* 186
Kokospalme → *Cocos nucifera* 406
Kokuwa → *Actinidia arguta* 603
Kolabaum → *Cola* 780
Kolbenhirse → *Setaria italica* 103
Kolokasie → *Colocasia esculenta* 48
Kolomikta-Strahlengriffel
→ *Actinidia kolomikta* 603
Kombu → *Laminaria* 802
Kombu → *Saccharina* 802
Königsbasilikum
→ *Ocimum tenuiflorum* 739
Königsgranadilla
→ *Passiflora quadrangularis* 525
Kopfiger Erdbeerspinat
→ *Chenopodium capitatum* 331
Kopfsalat → *Lactuca sativa* 368
Koreanische Birne
→ *Pyrus pyrifolia* 480
Koriander → *Coriandrum sativum* 754
Korintje
→ *Cinnamomum burmanni* 636
Kornelkirsche → *Cornus mas* 591
Körnerhirse → *Sorghum bicolor* 100
Kranbeere
→ *Vaccinium macrocarpon* 610
Krauskohl → *Brassica oleracea* 304
Kraussterntang → *Mastocarpus* 805
Kren → *Armoracia rusticana* 705
Kresse → *Lepidium* 321
Kretischer Diptam
→ *Origanum dictamnus* 725
Kretischer Dost
→ *Origanum dictamnus* 725
Kreuzkümmel
→ *Cuminum cyminum* 750
Kriechsprossalge → *Caulerpa* 808
Kristall-Mittagsblume → *Mesembryanthemum crystallinum* 337
Krokus → *Crocus* 645
Kuba-Spinat → *Claytonia perfoliata* 339
Kubebenpfeffer → *Piper cubeba* 629
Küchensalbei → *Salvia officinalis* 727
Küchenzwiebel → *Allium cepa* 258
Kuhblume → *Taraxacum officinale* 366
Kuhbohne → *Vigna unguiculata* 233
Kukuruz → *Zea mays* 114
Kulturapfel → *Malus domestica* 475
Kulturbanane
→ *Musa × paradisiaca* 414
Kulturbirne → *Pyrus communis* 478
Kulturerdbeere
→ *Fragaria × ananassa* 438
Kulturheidelbeere
→ *Vaccinium corymbosum* 604
Kumin → *Cuminum cyminum* 750
Kümmel → *Carum carvi* 748
Kumquat → *Citrus japonica* 577
Kürbis → *Cucurbita* 276
Kurkuma → *Curcuma longa* 664
Kurrat → *Allium ampeloprasum* 261
Kutkihirse → *Panicum sumatrense* 99
Labkraut → *Galium* 709
Lablab purpureus 224
Lactuca sativa 368
Lagenaria
- *siceraria* 281
- *vulgaris* → *L. siceraria* 281
Lambertshasel → *Corylus maxima* 509
Laminaria 802
Lampenputzergras → *Cenchrus* 107
Langkapselige Jute
→ *Corchorus olitorius* 289
Languas
- *galanga* → *Alpinia galanga* 658
- *officinarum*
→ *Alpinia officinarum* 656
Lappentang → *Palmaria* 805
Lappentang → *Laurencia* 805
Lathyrus
- *asiaticus* → *L. sativus* 239
- *oleraceus* 237
- *sativus* 239
- *stenophyllus* → *L. sativus* 239
- *tuberosus* 127
Lattich → *Lactuca* 368
Lauch → *Allium ampeloprasum* 261
Lauchhederich → *Alliaria petiolata* 302
Lauchzwiebel → *Allium fistulosum* 260
Laurencia 805
Laurus
- *nobilis* 637
- *undulata* → *L. nobilis* 637
Lavandin
→ *Lavandula × intermedia* 735
Lavandula
- *angustifolia* 735
- *latifolia* 735
- *stoechas* 735
- *× intermedia* 735
Lavendel → *Lavandula angustifolia* 735
Lecythis
- *pisonis* 595
- *zabucajo* 595
Lein → *Linum usitatissimum* 182
Leindotter → *Camelina sativa* 189
Lemongras → *Cymbopogon nardus* 668
- *culinaris* → *Vicia lens* 243
- *esculenta* → *Vicia lens* 243
Lepidium
- *meyenii* 321
- *sativum* 321
Levisticum officinale 764
Lewat → *Brassica napus* 186
Liberica-Kaffee → *Coffea liberica* 788
Liebesapfel
→ *Solanum lycopersicum* 349
Liebesgras → *Eragrostis* 95
Liebstöckel → *Levisticum officinale* 764
Ligusticum levisticum
→ *Levisticum officinale* 764
Lima-Bohne → *Phaseolus lunatus* 230
Limette → *Citrus aurantiifolia* 572
Limone → *Citrus limon* 567
Limonenbasilikum
→ *Ocimum × africanum* 739
Limonia aurantiifolia
→ *Citrus aurantiifolia* 572
Linse → *Vicia lens* 243
Linsenbohne → *Vigna mungo* 233
Linsenwicke → *Vicia ervilia* 245
Linum usitatissimum 182
Litchi chinensis 554
Litschibaum → *Litchi chinensis* 554
Löffelkraut → *Cochlearia* 317
Löffelkresse → *Cochlearia officinalis* 317
Loganbeere → *Rubus loganobaccus* 446
Lorbeer → *Laurus nobilis* 637
Lorbeerblättrige Passionsblume
→ *Passiflora laurifolia* 525
Lotuspflaume → *Diospyros* 598
Löwenzahn → *Taraxacum officinale* 366
Lúcuma → *Pouteria lucuma* 596
Lunjabohne → *Vigna radiata* 233
Lupine → *Lupinus* 213
Lupinus
- *albus* 213
- *angustifolius* 213
- *cruckshanksii* → *L. mutabilis* 213
- *luteus* 213
- *mutabilis* 213
- *varius* → *L. angustifolius* 213
Lycium
- *barbarum* 612
- *halimifolium* → *L. barbarum* 612
Lycopersicon esculentum
→ *Solanum lycopersicum* 349
Maca → *Lepidium meyenii* 321
Macadamia
- *integrifolia* 422
- *tetraphylla* 422
Macrocystis 802
Madagaskar-Bohne
→ *Canavalia ensiformis* 219
Maggikraut → *Levisticum officinale* 764
Maikraut → *Galium odoratum* 709
Mairübe → *Brassica rapa* 308
Mais → *Zea mays* 114
Majoran → *Origanum majorana* 723
Majorana hortensis
→ *Origanum majorana* 723
Malabar-Gras
→ *Cymbopogon flexuosus* 669
Malabar-Kardamom
→ *Elettaria cardamomum* 662
Malabar-Spinat → *Basella alba* 341
Malanga
→ *Xanthosoma sagittifolium* 50
Malpighia emarginata 521
Malus
- *communis* → *M. domestica* 475
- *dasyphylla* → *M. domestica* 475
- *domestica* 475
- *pumila* → *M. domestica* 475
Mammea americana 528
Mammiapfel

→ *Mammea americana* 528
Mandarine → *Citrus reticulata* 563
Mandelbaum → *Prunus amygdalus* 448
Mandschurischer Wasserreis
→ *Zizania latifolia* 93
Mangifera indica 544
Mango-Balsampflaume
→ *Spondias pinnata* 549
Mangobaum → *Mangifera indica* 544
Mangoingwer → *Curcuma amada* 665
Mangold → *Beta vulgaris* 154
Mangopflaume → *Spondias pinnata* 549
Mangostana garcinia
→ *Garcinia mangostana* 519
Mangostanbaum
→ *Garcinia mangostana* 519
Mangostane
→ *Garcinia mangostana* 519
Manihot
– *esculenta* 140
– *utilissima* → *M. esculenta* 140
Manilkara zapota 596
Maniok → *Manihot esculenta* 140
Maracuja → *Passiflora edulis* 523
Maranta
– *arundinacea* 70
– *indica* → *M. arundinacea* 70
– *sylvatica* → *M. arundinacea* 70
Marille → *Prunus armeniaca* 453
Markstammkohl
→ *Brassica oleracea* 304
Marone → *Castanea sativa* 496
Marywildea bidwillii
→ *Araucaria bidwillii* 396
Mashua → *Tropaeolum tuberosum* 146
Mastocarpus 805
Matestrauch → *Ilex paraguariensis* 794
Maulbeerbaum → *Morus* 493
Mays zea → *Zea mays* 114
Meeresspargel
→ *Salicornia europaea* 333
Meerestraube → *Caulerpa* 808
Meermandelbaum
→ *Terminalia catappa* 530
Meerrettich → *Armoracia rusticana* 705
Meerrettichbaum
→ *Moringa oleifera* 697
Meersalat → *Ulva* 808
Mehlbeere → *Aria edulis* 483
Melde → *Atriplex* 329
Meleguetapfeffer
→ *Aframomum melegueta* 654
Melilotus caeruleus
→ *Trigonella caerulea* 678
Melinjo → *Gnetum gnemon* 249
Melissa officinalis 719
Melisse → *Melissa officinalis* 719
Melloca tuberosa
→ *Ullucus tuberosus* 157
Melloco → *Ullucus tuberosus* 157
Melo sativus → *Cucumis melo* 512
Melone → *Cucumis melo* 512
Melonenbaum → *Carica papaya* 585
Melonenbirne
→ *Solanum muricatum* 352
Mentha
– *agrestis* → *M. arvensis* 721
– *aquatica* 721
– *arvensis* 721
– *gentilis* → *M. arvensis* 721
– *hirsuta* → *M. aquatica* 721
– *nemorosa* → *M. arvensis* 721
– *piperita* → *M. × piperita* 721
– *villosa* → *M. arvensis* 721
– *× piperita* 721
Meristotheca 805
Merk → *Sium* 383
Mesembryanthemum crystallinum 337
Mespilus
– *arbutifolia* → *Aronia arbutifolia* 463
– *aucuparia* → *Sorbus aucuparia* 481
– *azarolus* → *Crataegus azarolus* 465
– *germanica*
→ *Crataegus germanica* 467
– *japonica* → *Eriobotrya japonica* 473
Metroxylon
– *rumphii* → *M. sagu* 60
– *sagu* 60
Meum athamanticum 752
Mexikanische Chia
→ *Salvia hispanica* 165
Mexikanische Limette
→ *Citrus aurantiifolia* 572
Mexikanische Nusskiefer
→ *Pinus cembroides* 398
Microcitrus australasica
→ *Citrus australasica* 574
Milium panicum
→ *Panicum miliaceum* 97
Milo → *Sorghum bicolor* 100
Mimosa biglobosa
→ *Parkia biglobosa* 210
Mini-Kiwi → *Actinidia arguta* 603
Mini-Kiwi → *Actinidia kolomikta* 603
Minze → *Mentha* 721
Mirabelle → *Prunus domestica* 461
Mispel → *Crataegus germanica* 467
Mittelmeer-Kiefer → *Pinus pinea* 398
Mizuna → *Brassica rapa* 308
Mohn → *Papaver* 670
Möhre → *Daucus carota* 385
Moltebeere → *Rubus chamaemorus* 447
Mombinpflaume → *Spondias* 549
Momordica
– *charantia* 283
– *lanata* → *Citrullus lanatus* 510
– *muricata* → *M. charantia* 283
Mond-Bohne → *Phaseolus lunatus* 230
Monostroma 808
Montia perfoliata
→ *Claytonia perfoliata* 339
Moorgagel → *Myrica gale* 682
Morella
– *esculenta* → *Myrica esculenta* 499
– *rubra* → *Myrica rubra* 501
Moringa
– *oleifera* 697
– *pterygosperma* → *M. oleifera* 697
Morus
– *alba* 493
– *nigra* 495
Moschuserdbeere
→ *Fragaria moschata* 438
Moschuskürbis
→ *Cucurbita moschata* 276
Mucuna
– *diplax* 226
– *pruriens* 226
Muldera multinervis
→ *Piper nigrum* 626
Mungbohne → *Vigna radiata* 233
Mungobohne → *Vigna radiata* 233
Musa
– *acuminata* 414
– *balbisiana* 414
– *dasycarpa* → *M. velutina* 414
– *velutina* 414
– *× paradisiaca* 414
Muskateller-Salbei → *Salvia sclarea* 727
Muskatnussbaum
→ *Myristica fragrans* 631
Muskraut → *Corchorus olitorius* 289
Myagrum sativum
→ *Camelina sativa* 189
Myrica
– *esculenta* 499
– *gale* 682
– *rubra* 501
Myristica
– *aromatica* → *M. fragrans* 631
– *fragrans* 631
– *officinalis* → *M. fragrans* 631
Myrobalane → *Prunus cerasifera* 459
Myrobalanus catappa
→ *Terminalia catappa* 530
Myrrhenkerbel → *Myrrhis odorata* 389
Myrrhis odorata 389
Myrte → *Myrtus communis* 684
Myrtus
– *communis* 684
– *pimenta* → *Pimenta dioica* 688
Nachtschatten → *Solanum* 162, 349
Nadeltang → *Mastocarpus* 805
Nashi-Birne → *Pyrus pyrifolia* 480
Nasturtium
– *officinale* 319
– *sativum* → *Lepidium sativum* 321
Nektarine → *Prunus persica* 451
Nelkenpfeffer → *Pimenta dioica* 688
Nepal-Kardamom
→ *Amomum subulatum* 660
Nephelium
– *lappaceum* 556
– *litchi* → *Litchi chinensis* 554
Néré → *Parkia biglobosa* 210
Netzannone → *Annona reticulata* 400
Netzapfel → *Annona reticulata* 400
Neuseeländer Spinat
→ *Tetragonia tetragonoides* 335
Neuweltliche Bohnen → *Phaseolus* 230
Nicotiana
– *humilis* → *N. rustica* 791
– *rustica* 791
– *tabacum* 791
Nierenbaum
→ *Anacardium occidentale* 541
Nigella
– *cretica* → *N. sativa* 672
– *damascena* 672
– *sativa* 672
Nigersaat → *Guizotia abyssinica* 203
Nori → *Porphyra* 805
Nori → *Pyropia* 805
Nori → *Monostroma* 808
Nostoc 799
Nussbaum → *Juglans regia* 502
Nüsslisalat → *Valeriana locusta* 375
Nützlicher Schraubenbaum
→ *Pandanus utilis* 639
Oca → *Oxalis tuberosa* 138
Ochrophyta 802
Ocimum
– *basilicum* 737
– *citriodorum* → *O. × africanum* 739
– *sanctum* → *O. tenuiflorum* 739
– *tenuiflorum* 739
– *× africanum* 739
Oka → *Oxalis tuberosa* 138
Okra → *Abelmoschus esculentus* 293

Okwabaum → *Treculia africana* 134
Ölbaum → *Olea europaea* 196
Olea
– *europaea* 196
– *sativa* → *O. europaea* 196
Olivenbaum → *Olea europaea* 196
Olluco → *Ullucus tuberosus* 157
Ölpalme → *Elaeis guineensis* 177
Ölrauke → *Eruca vesicaria* 313
Ophelus sitularius
→ *Adansonia digitata* 579
Opuntia
– *crassa* → *O. ficus-indica* 588
– *ficus-indica* 588
Opuntie → *Opuntia ficus-indica* 588
Orange → *Citrus × aurantium* 570
Orbignya
– *martiana* → *Attalea speciosa* 175
– *phalerata* → *Attalea speciosa* 175
Oregano → *Origanum vulgare* 725
Origanum
– *dictamnus* 725
– *majorana* 723
– *vulgare* 725
Oryza
– *glaberrima* 92
– *glutinosa* → *O. sativa* 89
– *sativa* 89
Ostindische Pfeilwurz
→ *Tacca leontopetaloides* 55
Ostindisches Lemongras
→ *Cymbopogon flexuosus* 669
Ostindisches Zitronengras
→ *Cymbopogon flexuosus* 669
Oxalis tuberosa 138
Oxycoccus macrocarpus
→ *Vaccinium macrocarpon* 610
Pachira aquatica 295
Pachyrhizus
– *erosus* 125
– *tuberosus* 125
Padang-Kassie
→ *Cinnamomum burmanni* 636
Padang-Zimtbaum
→ *Cinnamomum burmanni* 636
Pak Choi → *Brassica rapa* 308
Palma cocos → *Cocos nucifera* 406
Palmaria 805
Palmentang → *Laminaria* 802
Palmyrapalme → *Borassus flabellifer* 62
Pampelmuse → *Citrus maxima* 565
Pandanus
– *amaryllifolius* 639
– *conoideus* 639
– *julianettii* 639
– *latifolius* → *P. amaryllifolius* 639
– *odoratissimus* → *P. odorifer* 639
– *odorifer* 639
– *ruber* → *P. conoideus* 639
– *sativus* → *P. utilis* 639
– *tectorius* 639
– *utilis* 639
Panicum
– *italicum* → *Setaria italica* 103
– *miliaceum* 97
– *psilopodium* → *P. sumatrense* 99
– *sumatrense* 99
Papa Lisa → *Ullucus tuberosus* 157
Papaver somniferum 670
Papaya → *Carica papaya* 585
Papaya carica → *Carica papaya* 585
Papeda → *Citrus hystrix* 575
Pappelpflaume → *Myrica rubra* 501
Paprika → *Capsicum* 713
Paradieskörnerpflanze
→ *Aframomum melegueta* 654
Paradiesnuss → *Lecythis* 595
Paranussbaum
→ *Bertholletia excelsa* 593
Parkia biglobosa 210
Paspalum exile → *Digitaria exilis* 105
Passiflora
– *diaden* → *P. edulis* 523
– *edulis* 523
– *incarnata* 525
– *laurifolia* 525
– *ligularis* 525
– *macrocarpa* → *P. quadrangularis* 525
– *quadrangularis* 525
– *tinifolia* → *P. laurifolia* 525
– *tripartita* 525
Passionsblume → *Passiflora edulis* 523
Pastinaca
– *sativa* 387
– *sylvestris* → *P. sativa* 387
Pastinak → *Pastinaca sativa* 387
Pastinake → *Pastinaca sativa* 387
Paullinia
– *cupana* 778
– *sorbilis* → *P. cupana* 778
Pekannussbaum
→ *Carya illinoinensis* 505
Peking-Kohl → *Brassica rapa* 308
Pennisetum glaucum
→ *Cenchrus americanus* 107
Peperoni → *Capsicum* 713
Pepino → *Solanum muricatum* 352
Pepo ficifolia → *Cucurbita ficifolia* 276
Perilla 358
– *frutescens* 358
– *ocymoides* → *P. frutescens* 358
Perlhirse → *Cenchrus americanus* 107
Perlzwiebel
→ *Allium ampeloprasum* 261
Persea
– *americana* 403
– *gratissima* → *P. americana* 403
Persica vulgaris → *Prunus persica* 451
Persische Limette → *Citrus latifolia* 574
Peruanische Blasenkirsche
→ *Physalis peruviana* 616
Peruanischer Pfefferbaum
→ *Schinus molle* 692
Peruanischer Sauerklee
→ *Oxalis tuberosa* 138
Peru-Ginseng → *Lepidium meyenii* 321
Petersilie → *Petroselinum crispum* 391
Petroselinum
– *crispum* 391
– *sativum* → *P. crispum* 391
Pe-Tsai → *Brassica rapa* 308
Peucedanum graveolens
→ *Anethum graveolens* 746
Pfeffer → *Piper* 626, 768
Pfefferbaum → *Schinus* 692
Pfefferminze → *Mentha × piperita* 721
Pfefferoni → *Capsicum* 713
Pfeilwurz → *Maranta arundinacea* 70
Pferdebohne → *Vicia faba* 241
Pferderettichbaum
→ *Moringa oleifera* 697
Pfirsich → *Prunus persica* 451
Pflaume → *Prunus domestica* 461
Pflücksalat → *Lactuca sativa* 368
Phaseolus
– *acutifolius* 230
– *angularis* → *Vigna angularis* 233
– *aureus* → *Vigna radiata* 233
– *calcaratus* → *Vigna umbellata* 233
– *coccineus* 230
– *communis* → *P. vulgaris* 230
– *inamoenus* → *P. lunatus* 230
– *lunatus* 230
– *max* → *Glycine max* 221
– *multiflorus* → *P. coccineus* 230
– *mungo* → *Vigna mungo* 233
– *nanus* → *P. vulgaris* 230
– *polyanthus* → *P. × dumosus* 230
– *vulgaris* 230
– *× dumosus* 230
Phoenix
– *dactylifera* 411
– *excelsior* → *P. dactylifera* 411
– *sylvestris* 66
Physalis
– *edulis* → *P. peruviana* 616
– *grisea* 616
– *ixocarpa* 616
– *peruviana* 616
– *philadelphica* 614
Pilinussbaum → *Canarium* 539
Piment → *Pimenta dioica* 688
Pimenta
– *dioica* 688
– *officinalis* → *P. dioica* 688
Pimpinella anisum 756
Pinie → *Pinus pinea* 398
Pinselgras → *Cenchrus americanus* 107
Pinus
– *cembra* 398
– *cembroides* 398
– *chilghoza* → *P. gerardiana* 398
– *edulis* 398
– *gerardiana* 398
– *pinea* 398
– *sativa* → *P. pinea* 398
– *sibirica* 398
Piper
– *betle* 768
– *cubeba* 629
– *nigrum* 626
Pistacia
– *trifolia* → *P. vera* 547
– *vera* 547
Pistazie → *Pistacia* 547
Pistazienbaum → *Pistacia vera* 547
Pisum sativum
→ *Lathyrus oleraceus* 237
Platterbse → *Lathyrus* 127, 237
Plukenetia volubilis 526
Poa tef → *Eragrostis tef* 95
Polygonum fagopyrum
→ *Fagopyrum esculentum* 148
Polymnia abyssinica
→ *Guizotia abyssinica* 203
Pomelo → *Citrus maxima* 565
Pomeranze → *Citrus × aurantium* 570
Pontischer Beifuß
→ *Artemisia pontica* 742
Pontischer Wermut
→ *Artemisia pontica* 742
Porphyra 805
Porphyrtang → *Porphyra* 805
Porphyrtang → *Pyropia* 805
Porree → *Allium ampeloprasum* 261
Porrum sativum
→ *Allium ampeloprasum* 261
Portulaca
– *oleracea* 343

- *sativa* → *P. oleracea* 343
Portulak → *Portulaca oleracea* 343
Postelein → *Claytonia perfoliata* 339
Pouteria lucuma 596
Preiselbeere
→ *Vaccinium vitis-idaea* 608
Prosohirse → *Panicum miliaceum* 97
Prunus
- *amygdalus* 448
- *armeniaca* 453
- *avium* 457
- *cerasifera* 459
- *cerasus* 457
- *communis* → *P. domestica* 461
- *domestica* 461
- *dulcis* → *P. avium* 457
- *mume* 455
- *myrobalana* → *P. cerasifera* 459
- *persica* 451
- *spinosa* 459
Pseudopodospermum hispanicum 371
Psidium
- *guajava* 535
- *pyriferum* → *P. guajava* 535
Psophocarpus tetragonolobus 228
Puffbohne → *Vicia faba* 241
Punica
- *florida* → *P. granatum* 532
- *granatum* 532
Purpur-Bocksbart
→ *Tragopogon porrifolius* 373
Purpurgranadilla
→ *Passiflora edulis* 523
Purpurtang → *Porphyra* 805
Purpurtang → *Pyropia* 805
Pyropia 805
Pyrus
- *communis* 478
- *cydonia* → *Cydonia oblonga* 469
- *malus* → *Malus domestica* 475
- *melanocarpa*
→ *Aronia melanocarpa* 463
- *pyrifolia* 480
- *sativa* → *P. communis* 478
- *serotina* → *P. pyrifolia* 480
Queensland-Araukarie
→ *Araucaria bidwillii* 396
Queller → *Salicornia europaea* 333
Quinoa → *Chenopodium quinoa* 152
Quitte → *Cydonia oblonga* 469
Radicchio → *Cichorium intybus* 364
Radieschen → *Raphanus sativus* 315
Rahmannone → *Annona squamosa* 400
Rahmapfel → *Annona* 400
Rambutan → *Nephelium lappaceum* 556
Ramtillkraut → *Guizotia abyssinica* 203
Raphanus sativus 315
Raps → *Brassica napus* 186
Rapunzel → *Valeriana locusta* 375
Rauweizen → *Triticum turgidum* 76
Reis → *Oryza sativa* 89
Reisbohne → *Vigna umbellata* 233
Reismelde → *Chenopodium quinoa* 152
Rettich → *Raphanus sativus* 315
Rhabarber → *Rheum × hybridum* 323
Rhabarber → *Rheum rhabarbarum* 323
Rheum
- *rhabarbarum* 323
- *undulatum* → *R. rhabarbarum* 323
- × *hybridum* 323
Rhodophyta 805
Rhus coriaria 690
Ribes
- *nigrum* 424
- *rubrum* 426
- *uva-crispa* 428
- *vulgare* → *R. rubrum* 426
Ribisel → *Ribes rubrum* 426
Riementang → *Himanthalia* 802
Riesengranadilla
→ *Passiflora quadrangularis* 525
Riesenkürbis → *Cucurbita maxima* 276
Riesenschwertbohne
→ *Canavalia gladiata* 219
Riesentang → *Macrocystis* 802
Rispenhirse → *Panicum miliaceum* 97
Robusta-Kaffee → *Coffea canephora* 788
Roggen → *Secale cereale* 83
Romanasalat → *Lactuca sativa* 368
Römersalat → *Lactuca sativa* 368
Römische Kicher
→ *Cicer arietinum* 215
Römischer Kümmel
→ *Cuminum cyminum* 750
Römischer Salat → *Lactuca sativa* 368
Römischer Salbei → *Salvia sclarea* 727
Römischer Wermut
→ *Artemisia pontica* 742
Rorippa nasturtium-aquaticum
→ *Nasturtium officinale* 319
Rosa gallica 441
Rosa Pfefferbaum → *Schinus molle* 692
Rosa Pfefferbaum
→ *Schinus terebinthifolia* 692
Rosa Zwergbanane
→ *Musa velutina* 414
Rose → *Rosa* 441
Roselle → *Hibiscus sabdariffa* 695
Rosenapfel → *Syzygium jambos* 537
Rosenkohl → *Brassica oleracea* 304
Rosmarin → *Salvia rosmarinus* 729
Rosmarinus officinalis
→ *Salvia rosmarinus* 729
Rotalgen → *Rhodophyta* 805
Rotbandalge → *Dilsea* 805
Rotbuche → *Fagus sylvatica* 136
Rote Apfelbeere
→ *Aronia arbutifolia* 463
Rote Banane → *Musa acuminata* 414
Rote Beete → *Beta vulgaris* 154
Rote Johannisbeere
→ *Ribes rubrum* 426
Rote Mombinpflaume
→ *Spondias purpurea* 549
Rote Rübe → *Beta vulgaris* 154
Roter Pfeffer → *Piper nigrum* 626
Rotgelbe Taglilie
→ *Hemerocallis fulva* 253
Rotkohl → *Brassica oleracea* 304
Rübe → *Beta vulgaris* 154
Rübsaat → *Brassica rapa* 308
Rübsamen → *Brassica rapa* 308
Rübsen → *Brassica rapa* 308
Rubus
- *chamaemorus* 447
- *fruticosus* 445
- *idaeus* 443
- *loganobaccus* 446
Rucola → *Diplotaxis tenuifolia* 311
Rucola → *Eruca vesicaria* 313
Rudua aurea → *Vigna radiata* 233
Rumex
- *acetosa* 325
- *patientia* 325
Rundkapsel-Jute
→ *Corchorus capsularis* 289
Runkelrübe → *Beta vulgaris* 154
Rutenkohl → *Brassica juncea* 701
Saathafer → *Avena sativa* 86
Saatlein → *Linum usitatissimum* 182
Saatleindotter → *Camelina sativa* 189
Saatplatterbse → *Lathyrus sativus* 239
Saatweizen → *Triticum aestivum* 76
Saatwicke → *Vicia sativa* 245
Saccharina 802
Saccharodendron saccharum
→ *Acer saccharum* 142
Saccharum
- *officinarum* 111
- *violaceum* → *S. officinarum* 111
Sacha Inchi → *Plukenetia volubilis* 526
Saflor → *Carthamus tinctorius* 205
Safran → *Crocus sativus* 645
Sagopalme → *Metroxylon sagu* 60
Sagus rumphii → *Metroxylon sagu* 60
Sajorium volubile
→ *Plukenetia volubilis* 526
Salbei → *Salvia* 165, 727
Salicornia
- *europaea* 333
- *herbacea* → *S. europaea* 333
- *stricta* → *S. europaea* 333
Salvia
- *hispanica* 165
- *officinalis* 727
- *rosmarinus* 729
- *sclarea* 727
Sambucus
- *nigra* 618
- *vulgaris* → *S. nigra* 618
Sanddorn
→ *Hippophae rhamnoides* 486
Sapota achras → *Manilkara zapota* 596
Sapote → *Manilkara zapota* 596
Sapotillbaum → *Manilkara zapota* 596
Sapucaianuss → *Lecythis* 595
Sarcotheca bahiensis
→ *Schinus terebinthifolia* 692
Sarepta-Senf → *Brassica juncea* 701
Sargassum 802
Satureja
- *hortensis* 731
- *montana* 731
Saubohne → *Vicia faba* 241
Sauerampfer → *Rumex acetosa* 325
Sauerdorn → *Berberis vulgaris* 420
Sauerkirsche → *Prunus cerasus* 457
Sauerklee → *Oxalis* 138
Sauersack → *Annona muricata* 400
Saure Limette
→ *Citrus aurantiifolia* 572
Scandix
- *cerefolium*
→ *Anthriscus cerefolium* 758
- *odorata* → *Myrrhis odorata* 389
Scenedesmus 808
Schabziegerkraut
→ *Trigonella caerulea* 678
Schabzigerklee
→ *Trigonella caerulea* 678
Schalotte → *Allium ascalonicum* 260
Scharbockskraut
→ *Cochlearia officinalis* 317
Scharfzähniger Strahlengriffel
→ *Actinidia arguta* 603
Scharlacherdbeere
→ *Fragaria virginiana* 438
Schattenmorelle → *Prunus cerasus* 457
Schibaum → *Vitellaria paradoxa* 193

Schinus
- *molle* 692
- *terebinthifolia* 692
Schirmkiefer → *Pinus pinea* 398
Schlafmohn → *Papaver somniferum* 670
Schlangenbohne
→ *Vigna unguiculata* 233
Schlehdorn → *Prunus spinosa* 459
Schlehe → *Prunus spinosa* 459
Schlotten → *Allium fistulosum* 260
Schmalblättrige Doppelrauke
→ *Diplotaxis tenuifolia* 311
Schmalblättrige Lupine
→ *Lupinus angustifolius* 213
Schmalblättriger Doppelsame
→ *Diplotaxis tenuifolia* 311
Schmalblättriger Lavendel
→ *Lavandula angustifolia* 735
Schnittbohne → *Phaseolus vulgaris* 230
Schnittknoblauch
→ *Allium tuberosum* 650
Schnittlauch
→ *Allium schoenoprasum* 648
Schnittsalat → *Lactuca sativa* 368
Schnittzwiebel → *Allium fistulosum* 260
Schopflavendel
→ *Lavandula stoechas* 735
Schraubenbaum → *Pandanus* 639
Schraubenpalme → *Pandanus* 639
Schwarzaugenbohne
→ *Vigna unguiculata* 233
Schwarzdorn → *Prunus spinosa* 459
Schwarze Apfelbeere
→ *Aronia melanocarpa* 463
Schwarze Johannisbeere
→ *Ribes nigrum* 424
Schwarze Maulbeere
→ *Morus nigra* 495
Schwarze Sapote → *Diospyros nigra* 598
Schwarzer Holunder
→ *Sambucus nigra* 618
Schwarzer Kardamom
→ *Amomum subulatum* 660
Schwarzer Pfeffer → *Piper nigrum* 626
Schwarzer Senf → *Brassica nigra* 699
Schwarzkümmel → *Nigella sativa* 672
Schwarznuss → *Juglans nigra* 504
Schwarzwurzel → *Pseudopodospermum hispanicum* 371
Schwertfarn → *Persea* 403
Scorzonera hispanica → *Pseudopodospermum hispanicum* 371
Secale cereale 83
Sechium edule → *Sicyos edulis* 285
Seemandelbaum
→ *Terminalia catappa* 530
Seetang → *Eucheuma* 805
Sellerie → *Apium graveolens* 381
Senegal-Akazie → *Senegalia senegal* 120
Senegalia senegal 120
Senf → *Sinapis* 703
Senfrauke → *Eruca vesicaria* 313
Senfspinat → *Brassica rapa* 308
Sesam → *Sesamum indicum* 199
Sesamum
- *indicum* 199
- *orientale* → *S. indicum* 199
Setaria
- *glauca* → *Cenchrus americanus* 107
- *italica* 103
Seyal-Akazie → *Vachellia seyal* 122
Sheanussbaum
→ *Vitellaria paradoxa* 193
Shiso → *Perilla frutescens* 358
Sibirische Zeder → *Pinus sibirica* 398
Sibirische Zirbelkiefer
→ *Pinus sibirica* 398
Sichelalge → *Aphanizomenon* 799
Sicyos edulis 285
Silber-Dattelpalme
→ *Phoenix sylvestris* 66
Sinapis
- *alba* 703
- *arvensis* 703
- *juncea* → *Brassica juncea* 701
- *nigra* → *Brassica nigra* 699
Sisymbrium
- *nasturtium-aquaticum*
→ *Nasturtium officinale* 319
- *tenuifolium*
→ *Diplotaxis tenuifolia* 311
Sium
- *graveolens* → *Apium graveolens* 381
- *sisarum* 383
Skorbutkraut
→ *Cochlearia officinalis* 317
Smallanthus sonchifolius 167
Soja max → *Glycine max* 221
Sojabohne → *Glycine max* 221
Solanum
- *andigenum* → *S. tuberosum* 162
- *betaceum* 353
- *esculentum* → *S. melongena* 355
- *lycopersicum* 349
- *melongena* 355
- *muricatum* 352
- *pimpinellifolium* 351
- *scabrum* → *S. muricatum* 352
- *tuberosum* 162
- *variegatum* → *S. muricatum* 352
Sommer-Bohnenkraut
→ *Satureja hortensis* 731
Sommerknoblauch
→ *Allium ampeloprasum* 261
Sommerportulak
→ *Portulaca oleracea* 343
Sonnenblume
→ *Helianthus annuus* 201
Sorbus
- *acutiloba* → *Aria edulis* 483
- *aria* → *Aria edulis* 483
- *aucuparia* 481
- *carpatica* → *Aria edulis* 483
- *domestica* → *Cormus domestica* 484
- *torminalis*
→ *Torminalis glaberrima* 483
Sorghum
- *bicolor* 100
- *cernuum* → *S. bicolor* 100
- *saccharatum* → *S. bicolor* 100
- *technicum* → *S. bicolor* 100
- *vulgare* → *S. bicolor* 100
Sorghumhirse → *Sorghum bicolor* 100
Spanische Schwarzwurzel → *Pseudopodospermum hispanicum* 371
Spanischer Kerbel
→ *Myrrhis odorata* 389
Spanischer Lavendel
→ *Lavandula latifolia* 735
Spanischer Pfeffer → *Capsicum* 713
Spanischer Spinat
→ *Atriplex hortensis* 329
Spargel → *Asparagus officinalis* 255
Spargelbohne → *Vigna unguiculata* 233
Spargelsalat → *Lactuca sativa* 368
Speierling → *Cormus domestica* 484
Speiklavendel → *Lavandula latifolia* 735
Speiserübe → *Brassica rapa* 308
Spinacia
- *glabra* → *S. oleracea* 327
- *oleracea* 327
Spinat → *Spinacia oleracea* 327
Spitzkohl → *Brassica oleracea* 304
Spitzlappiger Weißdorn
→ *Crataegus monogyna* 465
Spondias
- *cytherea* → *S. dulcis* 549
- *dulcis* 549
- *lutea* → *S. mombin* 549
- *mangifera* → *S. pinnata* 549
- *mombin* 549
- *myrobalanus* → *S. purpurea* 549
- *pinnata* 549
- *purpurea* 549
- *tuberosa* 549
Spornbaldrian → *Valeriana* 375
Stabwurz → *Artemisia abrotanum* 742
Stachelannone → *Annona muricata* 400
Stachelbeere → *Ribes uva-crispa* 428
Stachelseerose → *Euryale ferox* 251
Stängelkohl → *Brassica rapa* 308
Stängelsalat → *Lactuca sativa* 368
Stangenbohne → *Phaseolus vulgaris* 230
Stechpalme → *Ilex* 794
Steckrübe → *Brassica napus* 186
Steckwurz → *Ferula* 760
Sterculia
- *acuminata* → *Cola acuminata* 780
- *urens* 144
Sternanis → *Illicium* 624
Sternfrucht → *Averrhoa carambola* 514
Stevia rebaudiana 744
Stielpfeffer → *Piper cubeba* 629
Stinkasant → *Ferula assa-foetida* 760
Stinkbaum → *Sterculia urens* 144
Stinkrauke → *Diplotaxis tenuifolia* 311
Stizolobium pruriens
→ *Mucuna pruriens* 226
Stoechas officinarum
→ *Lavandula stoechas* 735
Stoppelrübe → *Brassica rapa* 308
Strahlengriffel → *Actinidia* 601
Strand-Beifuß
→ *Artemisia maritima* 742
Straucherbse → *Cajanus cajan* 217
Stumpflappiger Weißdorn
→ *Crataegus laevigata* 465
Stundenblume → *Hibiscus* 695
Sumach → *Rhus* 690
Süßblatt → *Stevia rebaudiana* 744
Süßdolde → *Myrrhis odorata* 389
Süße Balsampflaume
→ *Spondias dulcis* 549
Süße Granadilla
→ *Passiflora ligularis* 525
Süße Wildbanane
→ *Musa balbisiana* 414
Süßholz → *Glycyrrhiza glabra* 674
Süßkartoffel → *Ipomoea batatas* 159
Süßkirsche → *Prunus avium* 457
Süßkraut → *Stevia rebaudiana* 744
Süßsack → *Annona* 400
Syzygium
- *aromaticum* 686
- *jambos* 537
Tabak → *Nicotiana* 791
Tacca
- *leontopetaloides* 55
- *pinnatifida* → *T. leontopetaloides* 55

Taglilie → *Hemerocallis* 253
Tahiti-Limette → *Citrus latifolia* 574
Tahiti-Schraubenbaum
→ *Pandanus tectorius* 639
Taioba → *Colocasia esculenta* 48
Talerkürbis → *Telfairia pedata* 180
Tamarillo → *Solanum betaceum* 353
Tamarinde → *Tamarindus indica* 433
Tamarindus
- *indica* 433
- *occidentalis* → *T. indica* 433
Tangelo → *Citrus × aurantium* 570
Tannia → *Xanthosoma sagittifolium* 50
Taraxacum officinale 366
Taro → *Colocasia esculenta* 48
Tataren-Buchweizen
→ *Fagopyrum tataricum* 148
Tatsoi → *Brassica rapa* 308
Tee → *Camellia sinensis* 785
Teff → *Eragrostis tef* 95
Telfairia pedata 180
Tellerkraut → *Claytonia perfoliata* 339
Teparybohne
→ *Phaseolus acutifolius* 230
Terminalia catappa 530
Tetragonia
- *expansa* → *T. tetragonoides* 335
- *tetragonoides* 335
Teufelsdreck → *Ferula assa-foetida* 760
Teufelszwirn → *Lycium barbarum* 612
Thai-Basilikum
→ *Ocimum basilicum* 737
Thai-Basilikum
→ *Ocimum × africanum* 739
Thai-Basilikum
→ *Ocimum tenuiflorum* 739
Thai-Ingwer → *Alpinia galanga* 658
Thea sinensis → *Camellia sinensis* 785
Theobroma
- *cacao* 782
- *grandiflorum* 784
- *sativum* → *T. cacao* 782
Thymian → *Thymus vulgaris* 733
Thymus
- *collinus* → *T. vulgaris* 733
- *vulgaris* 733
- × *citriodorus* 733
Tiefland-Kaffee
→ *Coffea canephora* 788
Tigernuss → *Cyperus esculentus* 72
Tomate → *Solanum lycopersicum* 349
Tomatillo → *Physalis philadelphica* 614
Tomatillo → *Physalis ixocarpa* 616
Topinambur
→ *Helianthus tuberosus* 167
Torminalis glaberrima 483
Toxicodendron coriaria
→ *Rhus coriaria* 690
Tragant → *Astragalus* 122
Tragopogon
- *porrifolius* 373
- *sativus* → *T. porrifolius* 373
Trapa natans 287
Treculia africana 134
Trichterwinde → *Ipomoea* 159, 347
Trigonella
- *caerulea* 678
- *foenum-graecum* 676
- *graeca* → *T. foenum-graecum* 676
Triticum
- *aestivum* 76
- *cereale* → *Secale cereale* 83
- *monococcum* 76
- *turgidum* 76
- *vulgare* → *T. aestivum* 76
Trochostigma kolomikta
→ *Actinidia kolomikta* 603
Trommelstockbaum
→ *Moringa oleifera* 697
Tropaeolum
- *hybridum* → *T. majus* 297
- *majus* 297
- *tuberosum* 146
Tulasi → *Ocimum tenuiflorum* 739
Tulsi → *Ocimum tenuiflorum* 739
Türkische Hasel → *Corylus colurna* 509
Türkischer Tabak
→ *Nicotiana rustica* 791
Ulluco → *Ullucus tuberosus* 157
Ullucus tuberosus 157
Ulva 808
Umbu → *Spondias* 549
Ume → *Prunus mume* 455
Undaria 802
Urdbohne → *Vigna mungo* 233
Urtica dioica 270
Vaccinium
- *corymbosum* 604
- *macrocarpon* 610
- *myrtillus* 606
- *oreophilum* → *V. myrtillus* 606
- *vitis-idaea* 608
Vachellia seyal 122
Valeriana locusta 375
Valerianella
- *locusta* → *Valeriana locusta* 375
- *olitoria* → *Valeriana locusta* 375
Vanilla
- *fragrans* → *V. planifolia* 642
- *planifolia* 642
- *pompona* 642
- *tahitensis* 642
Vanille → *Vanilla* 642
Veränderliche Lupine
→ *Lupinus mutabilis* 213
Verschiedenzähniger Weißdorn
→ *Crataegus monogyna* 465
Vicia
- *ervilia* 245
- *faba* 241
- *lens* 243
- *sativa* 245
Vielblütige Bohne
→ *Phaseolus × dumosus* 230
Vigna
- *angularis* 233
- *mungo* 233
- *radiata* 233
- *sinensis* → *V. unguiculata* 233
- *subterranea* 235
- *umbellata* 233
- *unguiculata* 233
Virginische Dattelpflaume
→ *Diospyros virginiana* 598
Virginischer Tabak
→ *Nicotiana tabacum* 791
Vitellaria paradoxa 193
Vitis
- *sylvestris* → *V. vinifera* 430
- *vinifera* 430
Vitis-idaea punctata
→ *Vaccinium vitis-idaea* 608
Voandzeia subterranea
→ *Vigna subterranea* 235
Vogelbeere → *Sorbus aucuparia* 481
Vogelhirse → *Setaria italica* 103
Vogelkirsche → *Prunus avium* 457
Vogerlsalat → *Valeriana locusta* 375
Wacholder → *Juniperus* 622
Wachsmyrte → *Myrica* 499, 682
Wachtelbohne
→ *Phaseolus vulgaris* 230
Wakame → *Undaria* 802
Walderdbeere → *Fragaria vesca* 438
Waldknoblauch → *Allium ursinum* 652
Waldmeister → *Galium odoratum* 709
Walnuss → *Juglans regia* 502
Wasabi → *Eutrema japonicum* 707
Wasabia japonica
→ *Eutrema japonicum* 707
Wasserbrotwurzel
→ *Colocasia esculenta* 48
Wasserkastanie → *Eleocharis dulcis* 266
Wasserkresse
→ *Nasturtium officinale* 319
Wassermelone → *Citrullus lanatus* 510
Wasserminze → *Mentha aquatica* 721
Wassernuss → *Trapa natans* 287
Wasserreis → *Zizania* 93
Wasserrübe → *Brassica rapa* 308
Wasserspinat → *Ipomoea aquatica* 347
Wasseryams → *Dioscorea alata* 52
Wasserzitrone
→ *Passiflora laurifolia* 525
Wegwarte → *Cichorium intybus* 364
Weichkastanie
→ *Castanea mollissima* 498
Weichsel → *Prunus cerasus* 457
Weichweizen → *Triticum aestivum* 76
Weinrebe → *Vitis vinifera* 430
Weißdorn → *Crataegus* 465
Weiße Johannisbeere
→ *Ribes rubrum* 426
Weiße Lupine → *Lupinus albus* 213
Weiße Rübe → *Brassica rapa* 308
Weißer Maulbeerbaum
→ *Morus alba* 493
Weißer Pfeffer → *Piper nigrum* 626
Weißer Senf → *Sinapis alba* 703
Weißes Ebenholz
→ *Diospyros blancoi* 598
Weißkohl → *Brassica oleracea* 304
Weizen → *Triticum* 76
Wermut → *Artemisia absinthium* 742
Westindische Kirsche
→ *Malpighia emarginata* 521
Westindisches Blumenrohr
→ *Canna indica* 68
Westindisches Lemongras
→ *Cymbopogon citratus* 668
Westindisches Zitronengras
→ *Cymbopogon citratus* 668
Wicke → *Vicia* 241
Wicklinse → *Vicia ervilia* 245
Wiesenkümmel → *Carum carvi* 748
Wiesen-Sauerampfer
→ *Rumex acetosa* 325
Wilde Banane → *Musa acuminata* 414
Wilde Gelbwurz
→ *Curcuma aromatica* 665
Wilde Rauke
→ *Diplotaxis tenuifolia* 311
Wilde Rübe → *Beta vulgaris* 154
Wilder Kurkuma
→ *Curcuma aromatica* 665
Wilder Majoran
→ *Origanum vulgare* 725
Wilder Mangobaum
→ *Irvingia gabonensis* 517

Wilder Senf → *Sinapis arvensis* 703
Wilder Spinat
→ *Chenopodium bonus-henricus* 331
Wildkohl → *Brassica oleracea* 304
Wildreis → *Zizania* 93
Winter-Bohnenkraut
→ *Satureja montana* 731
Winterharte Passionsblume
→ *Passiflora incarnata* 525
Winterportulak
→ *Claytonia perfoliata* 339
Winterzwiebel → *Allium fistulosum* 260
Wirsing → *Brassica oleracea* 304
Wollbohne → *Phaseolus coccineus* 230
Wollmispel → *Eriobotrya japonica* 473
Wruke → *Brassica napus* 186
Xanthosoma
- *atrovirens* → *X. sagittifolium* 50
- *sagittifolium* 50
- *violaceum* → *X. sagittifolium* 50
Yacón → *Smallanthus sonchifolius* 167
Yambohne → *Pachyrhizus* 125
Yams → *Dioscorea* 52
Yamsbohne → *Pachyrhizus erosus* 125
Yamswurzel → *Dioscorea* 52
Yerba-Mate → *Ilex paraguariensis* 794
Ysop → *Hyssopus officinalis* 717
Zea mays 114
Zedernapfel → *Citrus medica* 561
Zedrate → *Citrus medica* 561
Zeller → *Apium graveolens* 381
Zibetbaum → *Durio zibethinus* 582
Zichorie → *Cichorium intybus* 364
Zierquitte → *Chaenomeles* 471
Zigerklee → *Trigonella caerulea* 678
Zimt → *Cinnamomum* 634
Zimtapfel → *Annona squamosa* 400
Zimtbaum
→ *Cinnamomum burmanni* 636
Zimterdbeere → *Fragaria moschata* 438
Zingiber officinale 666
Zirbe → *Pinus cembra* 398
Zirbelkiefer → *Pinus cembra* 398
Zitronatzitrone → *Citrus medica* 561
Zitrone → *Citrus limon* 567
Zitronenbasilikum
→ *Ocimum × africanum* 739
Zitronengras
→ *Cymbopogon nardus* 668
Zitronenmelisse
→ *Melissa officinalis* 719
Zitronen-Thymian
→ *Thymus × citriodorus* 733
Zitrusfrüchte → *Citrus* 561
Zitteralge → *Nostoc* 799
Zizania
- *aquatica* 93
- *latifolia* 93
- *palustris* 93
Ziziphus
- *jujuba* 488
- *vulgaris* → *Z. jujuba* 488
Zucchini → *Cucurbita pepo* 276
Zuckerahorn → *Acer saccharum* 142
Zuckerapfel → *Annona reticulata* 400
Zuckerapfel → *Annona squamosa* 400
Zuckererbse → *Lathyrus oleraceus* 237
Zuckerhirse → *Sorghum bicolor* 100
Zuckerhut → *Cichorium intybus* 364
Zuckermelone → *Cucumis melo* 512
Zuckerpalme → *Arenga pinnata* 58
Zuckerrohr
→ *Saccharum officinarum* 111
Zuckerrübe → *Beta vulgaris* 154
Zuckertang → *Laminaria* 802
Zuckertang → *Saccharina* 802
Zuckerwurz → *Sium sisarum* 383
Zuckerwurzel → *Sium sisarum* 383
Zweigriffliger Weißdorn
→ *Crataegus laevigata* 465
Zweikern-Weißdorn
→ *Crataegus laevigata* 465
Zwergbanane → *Musa acuminata* 414
Zwerghirse → *Eragrostis tef* 95
Zwergvogelbeere
→ *Aronia arbutifolia* 463
Zwetschge → *Prunus domestica* 461
Zypergras → *Cyperus* 72

Wichtige Hinweise

Die in diesem Buch enthaltenen Informationen, insbesondere die zur Essbarkeit bzw. Giftigkeit von Pflanzen und ihren möglichen medizinischen Anwendungen dienen ausschließlich der Orientierung und allgemeinen Information. Sie sind keinesfalls als vollständige oder abschließende Beratung zu verstehen und ersetzen nicht die Konsultation von qualifizierten Ärzt:innen, Apotheker:innen oder Fachleuten für Botanik und Pflanzenheilkunde. Vor der Verwendung von Wildpflanzen für den Verzehr oder zu medizinischen Zwecken sollte immer eine fachkundige Beratung eingeholt werden. Verlag und Autor übernehmen keine Haftung für etwaige negative Folgen, die aus der Anwendung der hier bereitgestellten Informationen resultieren könnten. Für Recherchearbeiten und sprachliche Überarbeitungen wurde für dieses Buch unterstützend künstliche Intelligenz eingesetzt. Die angegebenen Daten (z. B. zu Handelsvolumen und Erntemengen) beziehen sich in der Regel auf das Jahr 2023. Alle enthaltenen Informationen wurden vom Autor sorgfältig geprüft und verifiziert, um eine größtmögliche Korrektheit zu gewährleisten. Trotz aller Sorgfalt können Fehler jedoch nicht vollständig ausgeschlossen werden.
Der Autor ist für Hinweise und Korrekturen unter info@i-flora.com ausdrücklich dankbar.

Der Autor

Dr. Oliver Tackenberg ist freiberuflich arbeitender Biologe. Zuvor arbeitete er an der Goethe-Universität Frankfurt und leitete dort unter anderem Bestimmungsübungen für Pflanzen. In den letzten Jahren hat er zahlreiche Bücher über Pflanzen verfasst, darunter ein Illustrierte Flora von Deutschland und eine Alpenflora. Informationen zu Pflanzen werden auch auf einer umfangreichen Webseite (www.i-flora.com) zur Verfügung gestellt. Zahlreiche Pflanzenfotos und Illustrationen sind auch unter www.plant-images.de erhältlich.

Impressum

ISBN: 978-3-96849-165-3

Zu diesem Buch erscheint eine handgebundene Leinen-Vorzugsausgabe
mit der ISBN 978-3-96849-198-1

Favoritenpresse, Berlin 2025
Favoritenpresse GmbH, Graefestraße 67, 10967 Berlin
verlag@favoritenpresse.de

Konzept und Inhalt: Dr. Oliver Tackenberg, www.i-flora.com
Gestaltung: Christin Albert, www.calbert.de
Korrektorat/Redaktion: Karolin Leyendecker, www.lektorat-leyendecker.de
Druck vermittelt durch: feingedruckt – Michael Luthe www.feingedruckt.de

MIX
Papier | Fördert gute Waldnutzung
FSC® C084698
FSC www.fsc.org

Information zum Verlagsprogramm: www.favoritenpresse.de